EUROPA LEHRMITTEL

SÉRIE DE PUBLICATIONS SPÉCIALISÉES
de la maison d'édition Europa-Lehrmittel

Technique de la construction métallique

1ère édition française

Edité par des enseignants d'écoles professionnelles, des ingénieurs et des maîtres (voir au verso)

Editeur de matériel pédagogique :

VERLAG EUROPA-LEHRMITTEL · Nourney, Vollmer GmbH & Co. KG
Düsselberger Straße 23 · 42781 Haan-Gruiten, Allemagne

Nº de la maison d'édition : 12180

Titre original : Metallbautechnik Fachbildung nach Lernfeldern, 8e édition, 1e quota d'impression :

Ignatowitz, Eckhard	Docteur en ingénierie, Conseiller d'études	Waldbronn, Allemagne
Kluge, Manfred	Ingénieur diplômé, Directeur de l'enseignement supérieur	Schorndorf, Allemagne
Lämmlin, Gerhard	Ingénieur diplômé, Directeur d'études	Neustadt/Weinstr., Allemagne
Noack, Sven	Ingénieur diplômé	Hambourg, Allemagne
Pahl, Hans-J.	Ingénieur diplômé, Conseiller d'études supérieur	Hambourg, Allemagne
Thiele, Eckhard	Ingénieur diplômé, Conseiller d'études	Wildau, Allemagne
Steinmüller, Armin	Ingénieur diplômé	Hambourg, Allemagne
Weinstock, Hans-Martin	Ingénieur diplômé, Conseiller d'études supérieur	Heilbronn, Allemagne

Rédaction et gestion du groupe de travail :
Gerhard Lämmlin

Les traducteurs :
Nicolas Chaffaut, Claude Fleischner, François Grobet et Jean-Pierre Kägi

Les coordinateurs et relecteurs :
Adrien Birr, Alexandre Birr, Roland Bochud, Yves Bussard, Michel Cavin, Thierry Charrière, Hervé Christan, Thierry Clerc, Mickaël Currat, Patrice Formaz, Christian Hirsch, Jean-Pierre Kägi, Bernhard Lüscher, Patrick Paudex et André Tinguely

Conceptions d'images et photos :
Les auteurs ainsi que des prêts d'entreprises et d'auteurs d'autres ouvrages (voir annexe).

Traitement des images :
Bureau de dessin de la maison d'édition Europa-Lehrmittel GmbH & Co., Ostfildern, Allemagne

1ère édition française 2024
Impression 5 4 3 2 1

Tous les tirages d'une même édition peuvent être utilisés en parallèle, car ils sont inchangés les uns par rapport aux autres, à l'exception de la correction des erreurs d'impression.

Ce livre est basé sur des normes DIN, EN et ISO et des directives VDI/VDE. Toutefois, seules les feuilles DIN et les directives VDI/VDE elles-mêmes font foi.
Éditeur des normes : Beuth-Verlag GmbH, Burggrafenstraße 6, 10787 Berlin, Allemagne
Éditeur des directives VDE : VDE-Verlag GmbH, Bismarckstraße 33, 10625 Berlin, Allemagne

ISBN 978-3-8085-1218-0

Composition : Grafische Produktionen Neumann, 97222 Rimpar, Allemagne
Couverture : braunwerbeagentur, 42477 Radevormwald, Allemagne
Photo de couverture : SAAGE, Nettetal-Leuth, Allemagne, „SAAGE TREPPEN, www.saage.com
Impression : UAB BALTO print, 08217 Vilnius (LT)

Préface

C'est avec beaucoup de plaisir que nous accueillons la traduction de l'ouvrage Metallbautechnik Fachbildung nach Lernfeldern, marquant la finalisation d'un projet laborieux, fruit d'un travail collaboratif romand de plusieurs années. Ce moyen d'enseignement, désormais disponible en français, est une traduction aussi fidèle que possible mais aussi adaptée que nécessaire de l'ouvrage original en allemand sur la construction métallique, destiné à servir de précieux outil pédagogique aux apprenti-e-s et professionnel-le-s de ce domaine de la formation professionnelle. L'ouvrage original nous provient d'un groupe d'auteurs d'Allemagne et ses contenus ont été reconnus par les praticiens comme pertinents et adaptés aux besoins et aux contraintes de la formation professionnelle suisse.

La construction métallique occupe une place essentielle dans l'industrie du bâtiment et de la construction. Elle repose sur des principes solides et une expertise technique pointue, et constitue un élément crucial dans la réalisation de structures résistantes, durables et esthétiquement réussies. En tant que domaine en constante évolution, la construction métallique exige des connaissances approfondies, une compréhension précise des matériaux et des techniques, ainsi qu'une maîtrise des normes et réglementations en vigueur.

Cet ouvrage a été conçu pour répondre aux besoins spécifiques des apprenti-e-s et des professionnel-le-s de la construction métallique, en offrant un contenu complet et accessible qui couvre tous les aspects essentiels de ce domaine. Grâce à une approche didactique et structurée, les lecteurs seront guidés à travers les concepts fondamentaux de la construction métallique, depuis les bases de la métallurgie jusqu'aux techniques de soudage et de montage les plus avancées.

L'élaboration de cet ouvrage a été un véritable effort collaboratif, impliquant des experts de divers domaines de la construction métallique. Nous saluons avant tout, le travail précis et complet des auteurs de l'ouvrage original. De même, les traducteurs ont travaillé avec diligence pour garantir la précision et la fidélité de la traduction, tandis que les relecteurs ont veillé à la cohérence, à la clarté du texte final et à son adéquation avec le cadre de la formation professionnelle suisse.

En conclusion, nous sommes convaincus que cet ouvrage sera une ressource inestimable pour tous ceux et toutes celles qui s'intéressent à la construction métallique, qu'ils soient apprenti-e-s, professionnel-le-s ou simplement passionné-e-s par ce domaine fascinant. Nous tenons à exprimer notre gratitude à toutes les personnes qui ont contribué à la réalisation de ce projet, ainsi qu'à tous les lecteurs et lectrices qui choisiront d'explorer les pages de cet ouvrage. Nous espérons qu'il vous apportera connaissances, inspiration et succès dans vos futures entreprises dans le domaine de la construction métallique.

Metaltec Romandie et la Commission romande d'évaluation des moyens d'enseignement (CREME)

lektorat@europa-lehrmittel.de.

Avril 2024

Sommaire

Domaine d'apprentissage : Fabrication de pièces en tôle, pièces façonnées et constructions en profilés

1 Façonnage

Les procédés de fabrication sont souvent appelés « façonnage ou usinage par déformation », parce qu'ils ne produisent pas de copeaux.

Le façonnage, c'est la fabrication par la modification plastique de la forme d'un corps solide.

Lors de la déformation, la pièce est sollicitée par des forces extérieures. Par exemple si l'on serre une tôle dans un étau en la pliant légèrement, en la relâchant elle revient en position initiale. Avec plus de pression on peut la plier définitivement. En effectuant un va-et-vient le pli se détériore. Ceci nous amène à l'essai de traction des matériaux **(fig. 1)** on peut voir alors la différence entre la zone élastique et plastique. Il y a destruction si l'on augmente la force au-au delà de la zone plastique. Pour ces raisons l'on ne doit pas dépasser une certaine force. Pour déformer de la matière on utilise des métaux dont la résistance à la déformation est relativement faible. Ce sont généralement l'acier, le cuivre, l'aluminium, le zinc et ses alliages (par exemple tôle en zinc-titane).

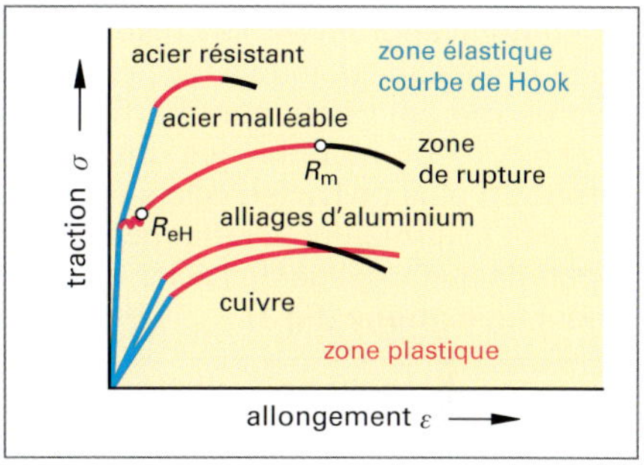

1 Diagramme de traction de métaux avec zone élastique et plastique prononcée

1.1 Classification des procédés de façonnage

La plasticité des matériaux change lorsque la température augmente, c'est pourquoi on fait la distinction entre le **façonnage à froid et à chaud**. La forme géométrique de la pièce permet un classement entre **façonnage** massif et **façonnage de tôle**. La classification normalisée des procédés de fabrication du façonnage fait la distinction entre cinq groupes, en fonction de la tension qui survient dans la section de la pièce **(fig. 2)**.

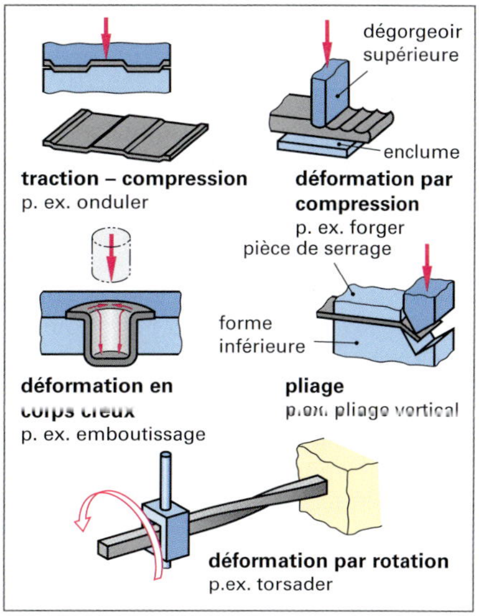

2 Classification des procédés de façonnage en cinq groupes

1.2 Forgeage

Le forgeage est une modification de forme par déformation de pièces métalliques, la plupart du temps chauffées, entre deux outils.

1.2.1 Fondements techniques

Lors du forgeage la pièce chauffée est en règle générale déformée par pression. Il en résulte une modification de la section sans perte de matière. Les tensions de pression et de poussée qui surviennent dans la pièce ont pour effet un lent fluage des particules, parallèlement les unes aux autres. La déformation n'est pas aussi forte sur les bords qu'à l'intérieur de la pièce **(fig. 3)**. Le matériau est compressé et densifié, ce qui augmente la résistance.

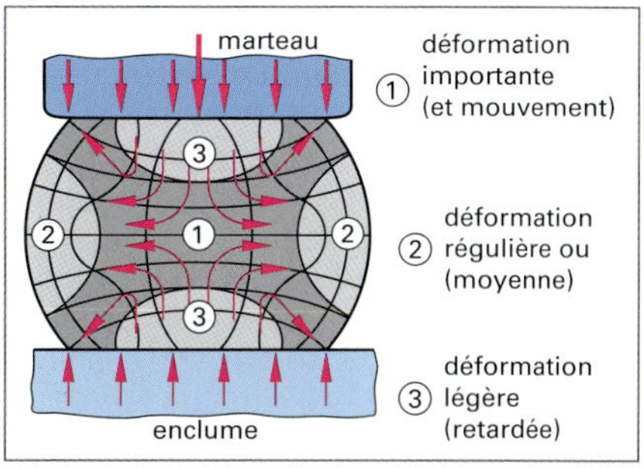

3 Différentes sollicitations à l'intérieur d'une pièce lors du forgeage

Aptitude au forgeage des matériaux

Presque tous les métaux et alliages de métaux peuvent être forgés. Pour améliorer la plasticité, les matériaux ayant une plus grande résistance doivent être amenés à une température supérieure. Ceux qui possèdent une grande zone plastique entre la phase solide et la phase liquide sont particulièrement appropriés. Ils présentent souvent un réseau cristallin cubique à faces centrées **(p. 460)**. Cela permet un glissement particulièrement bon des cristaux du matériau les uns par rapport aux autres. En plus de l'acier, cela s'applique aussi au cuivre et l'aluminium. L'influence la plus forte sur l'aptitude au forgeage de **l'acier** est exercée par la **teneur en carbone (fig 1)**.

> Lorsque la teneur en carbone augmente, la dureté augmente, la maléabilité diminue et l'acier est plus difficilement forgeable.

Température de forgeage

L'aptitude au forgeage augmente avec la température. Pour l'acier, elle est située dans la plage de température dans laquelle sa structure s'est transformée de cubique centré en cubique à face centrées. Pour l'acier, cela dépend non seulement de la proportion en carbone mais aussi des autres composants de l'alliage.

Le procédé de forgeage commence à la **température de début** du forgeage (tableau). La **température de forgeage finale** est située légèrement au-dessus de la **température de recristallisation**. Comme pour le traitement thermique **(voir. p. 464)** les cristaux d'un matériau tendu par la déformation à froid, se reconstituent.

> Plus la teneur en carbone d'un acier est faible, plus la température de début du forgeage peut être élevée avec une plage de température de forgeage importante.

Lors de l'échauffement de l'acier, les niveaux de température peuvent être identifiés assez précisément à l'aide des **couleurs d'incandescence (tableau ci-contre et fig. 1)**.

Avantages du forgeage

Des pièces forgées de petite et de moyenne taille sont fabriquées à partir d'un matériau laminé. Il possède une structure (texture) semblable à des fibres, la **résistance** étant augmentée par rapport à la structure de coulée **(fig. 2)**. Cette structure fibreuse est fondamentalement conservée lors du forgeage, la **structure à grains fins** devient uniforme et encore plus résistante. Lors des procédés par enlèvement de copeaux, le tracé de ces fibres est interrompu et la résistance diminue **(fig. 3)**. En outre, les pièces atteignent presque leur forme finie lors du forgeage, une économie de matière étant obtenue par rapport à l'usinage par enlèvement de copeaux.

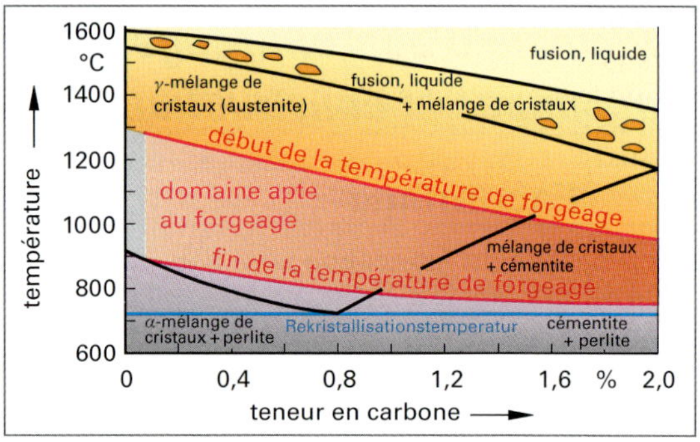

1 Dépendance de la teneur en carbone de la zone forgée pour l'acier non allié, représentée dans le diagramme Fer - Carbone

Couleurs des températures de recuit

Matière	Température de début	Température finale
Acier de construction Fe 360 B	1250 °C	780 °C
Acier à outil non - allié	1000 °C	800 °C
Acier rapide	1150 °C	900 °C
Laiton, cuivre, bronze	700 °C	500 °C
Aluminium	500 °C	300 °C

Rouge foncé	650 °C	Jaune - rouge	900 °C
Rouge cerise	750 °C	Jaune foncé	1050 °C
Rouge cerise clair	800 °C	Jaune clair	1150 °C
Rouge clair	850 °C	Jaune - blanc	1300 °C

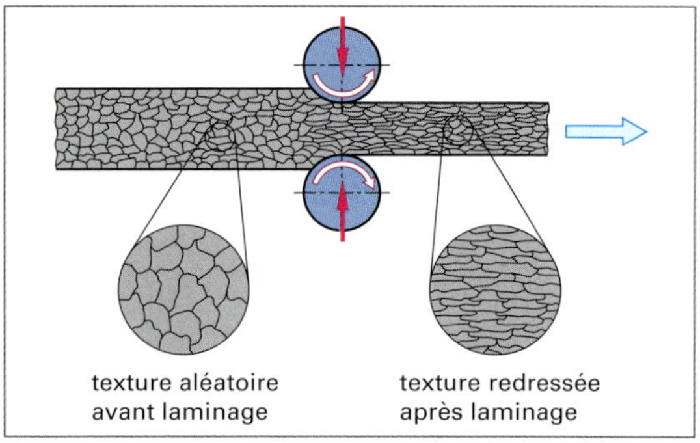

2 Formation d'une structure fibreuse dans la texture de l'acier en barres pré laminées et de billettes

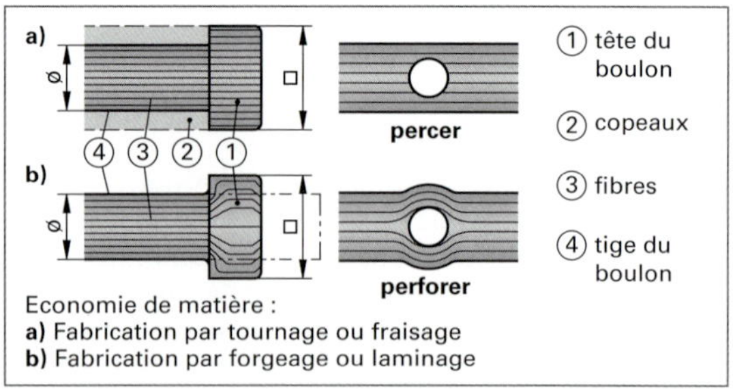

3 Comparaison du fibrage de pièces laminées ou forgées et fabriquées par enlèvement de copeaux

Échauffement des pièces forgées

Lorsqu'il est chauffé, le matériau se dilate et quand la température augmente, la force de cohésion des particules diminue, le matériau devient plastique. Une « chaude ou une chauffe » est la quantité d'énergie apportée qui garantit l'aptitude au forgeage jusqu'au prochain échauffement.

Les zones fines de pièces forgées chauffent plus vite que les zones épaisses. Pour les pièces massives, il y a un risque que les zones périphériques soient déjà échauffées tandis que le cœur est encore froid. Il convient d'éviter de trop fortes différences de température entre les parties d'une pièce à forger enfin d'empêcher les fissures de tension.

> Les pièces forgées doivent être chauffées et refroidies lentement et uniformément.

La forge avec foyer ouvert est la possibilité la plus simple d'amener les pièces à température de forage **(fig. 1)**. Le charbon de forge, le coke et dans des cas particuliers le charbon de bois, y sont brûlés. Des fours à gaz à température régulée sont aussi fréquemment utilisés.

> L'échauffement de l'acier à teneur en carbone conduit au **calaminage** de la surface.

La perte obtenue par échauffement de la pièce dans le feu **(calamine)** réduit le volume de la pièce.

- A partir de 300 °C une couche bleuit.
- A partir de 500 °C il se forme une couche épaisse de calamine. Elle reste solide jusqu'à 900 °C.
- Entre 900 °C et 1000 °C, la couche de calamine se désagrège et se reforme immédiatement.
- A partir d'environ 1'200 °C l'acier se consume.
- En cas de surchauffe ou d'échauffement prolongé de l'acier, la structure devient granuleuse.

Machines pour forger

Les presses à forger ou les **marteaux pilons (fig. 2)** remplacent la force musculaire. Ici, l'extrémité du coulisseau est appelée **marteau**. Sa masse commence à partir de 30 kg environ. La force est produite par l'accélération de la pesanteur. Les forces supplémentaires sur le marteau sont appliquées par des systèmes pneumatiques et, pour les machines particulièrement puissantes, par des systèmes hydrauliques. Ceci permet de régler précisément la force de percussion nécessaire ainsi que le cadence. Pour **un marteau pneumatique**, le piston du compresseur est mû du haut et vers le bas par un moteur, à l'aide d'un excentrique **(fig. 3)**. Le marteau est alors relevé et l'air compressé. Le mouvement du marteau est commandé par des vannes de distribution.

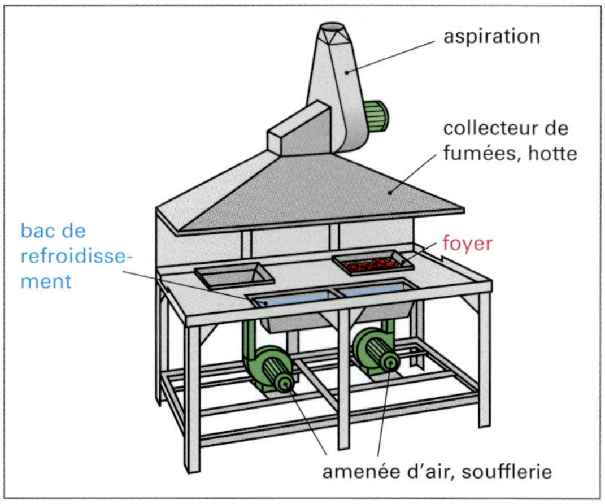

1 Forge double

2 Marteau – pilon pneumatique

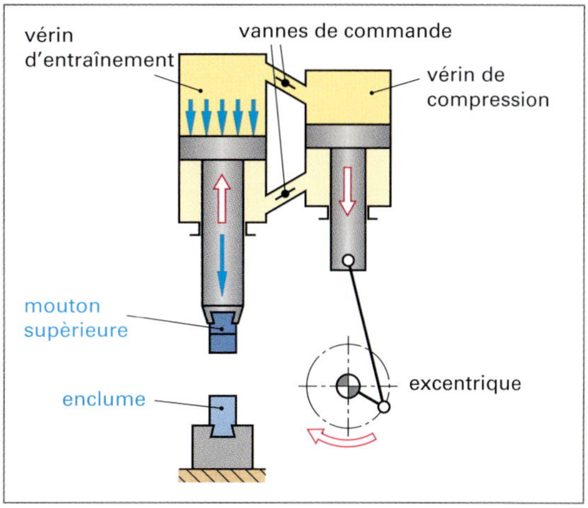

3 Princpe du marteau – pilon pneumatique

Les machines de forgeage artisanales et les **laminoirs (fig. 1 et 2)** servent à fabriquer certaines formes telles que formes surfacées ou extrémités de barres.

1 Appareil de forgeage pour extrémités de barres

2 Galets de laminage pour extrémités de barres forgées

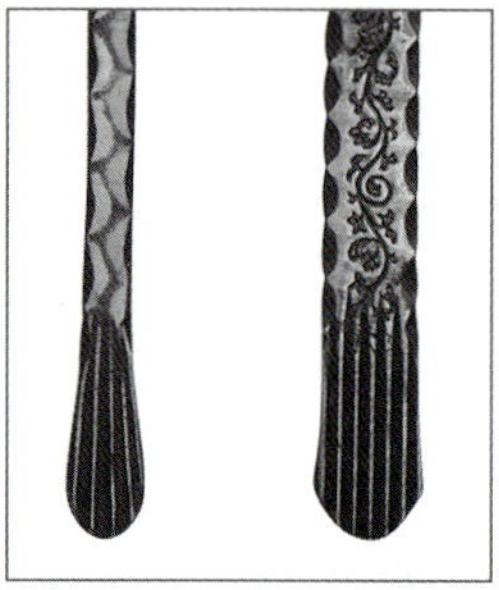

3 Extrémités de barres forgées et surfaces marquées

1.2.2 Procédés de forgeage

Outre les procédés de façonnage, le forgeron utilise aussi ceux appartenant à d'autres groupes principaux de fabrication (p. ex. tranchage pour « découper » ou soudage au feu pour « lier »).

La diversité des formes dans le **forgeage « en l'air » sans matrice** par rapport au matriçage à chaud a pour conséquence qu'une séparation nette de chaque procédé pendant la fabrication d'une pièce n'est pas judicieuse. D'une manière générale, c'est la trajectoire du marteau et le côté utilisé de la tête qui déterminent l'effet. La profondeur de pénétration du plat du marteau est faible. La force de frappe du marteau se répartit sur toute la surface touchée. Une pression surfacique est générée et le matériau flue uniformément dans toutes les direction **(fig. 4)**.

Lors d'un coup avec la **panne du marteau**, la pression surfacique et la profondeur de pénétration sont plus importantes. Le matériau part principalement dans deux directions **(fig. 4)**. Si les coups sont rapprochés, la longueur de la pièce augmente **(fig. 5)**.

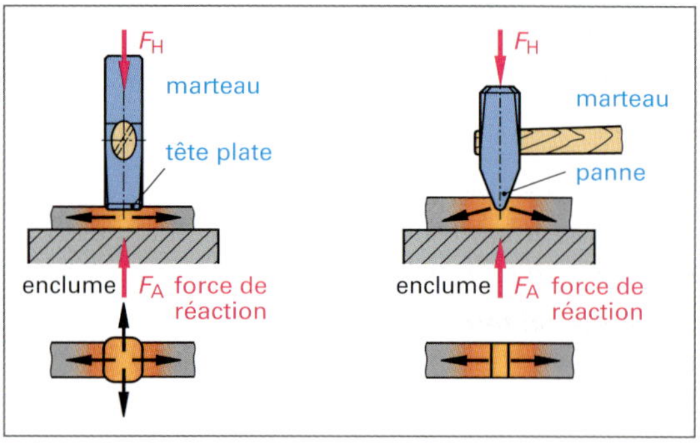

4 Effet du plat de marteau et de la panne de marteau

Lorsqu'une pièce est **étirée**, sa longueur augmente et son épaisseur diminue. Outre la **panne du marteau**, l'arête de l'enclume peut être utilisée pour l'étirage **(fig. 5)**.

Ecrasement, étirage

Le matériau est allongé perpendiculairement au sens des fibres de laminage, l'épaisseur de la pièce diminue **(fig. 6)**.

Appointage

La section est réduite uniformément de chaque côté jusqu'à obtenir une pointe **(fig. 1 en p. 15)**.

Epauler

Lors de l'épaulement, une partie de la surface est abaissée de sorte à créer un talon sur la pièce. Avant l'épaulement, le point de transition est dégorger **(fig. 2 en p. 15)**.

Refoulement

Lors du refoulement d'une pièce, la section est agrandie et la longueur réduite. Des bourrelets sont fréquemment refoulés **(fig. 3, p. 15)**. De plus grandes pièces sont refoulées sur le refouloir, située plus bas que la surface de l'enclume. Pour des raisons de sécurité, le forgeron se tient de sorte à ce que l'enclume se trouve entre lui et cette surface de refoulement.

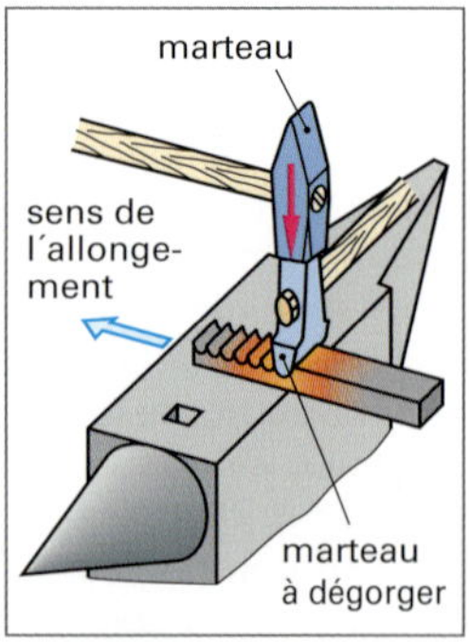

5 Etirage

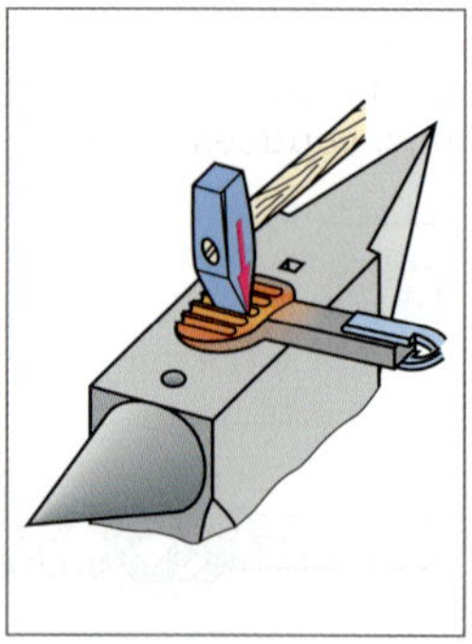

6 Etirage en largeur

Dégorger
Permet de fabriquer des encoches ou des creux en forme de rigole dans la pièce. Il peut être travaillé d'un côté avec le **marteau à dégorger** seul ou des deux côtés avec un dégorgeoir. Dans le forgeage d'art, le rainurage sert aussi à l'ornement **(fig. 4)**.

Cisailler, trancher
Ce procédé de forgeage est appliqué pour découper des parties de la pièce. Outre le **marteau à trancher**, la tranche enfichée dans l'enclume peut aussi être utilisée **(fig. 5)**. Pour le tranchage à une seule entaille de petites pièces, un seul des deux outils est utilisé.

Fendre
Permet de découper des pièces forgées dans le sens de la longueur, en partant de l'extrémité. Le fendage est fréquemment utilisé dans les travaux de forgeage d'art. Des ancrages muraux sont également formés par fendage. L'outil utilisé est le **marteau à trancher**, également utilisé dans l'entaillage **(fig. 7 b)**.

Perforer
Permet de réaliser des perforations de n'importe quelle forme, la plupart du temps des trous ronds. Les outils utilisés sont les **poinçons à emmancher** avec des sections de formes différentes **(fig. 7)**. Le travail est préparé à l'aide d'un marteau à trancher. Le perçage final avec le poinçon est souvent effectué au-dessus d'un trou sur la surface de l'enclume.

Torsader
Il s'agit de la méthode la plus répandue pour orner des barres **(fig. 8)**. Pour vriller des barres autour de leur axe longitudinal, elles doivent être serrées à ou à froid à une extrémité. l'outil utilisé pour torsader est le tourne - à – gauche.

Soudage au feu
Il faut tout d'abord créer les plus grandes surfaces possibles à l'emplacement de la liaison. Les pièces sont ensuite chauffées à une température légèrement inférieure au point de fusion (blanc soudan), libérées des oxydes avec de la poudre à souder (Borax) et du sable fin puis pressées ensemble par des coups de marteau. Les pièces sont ainsi soudées l'une à l'autre.

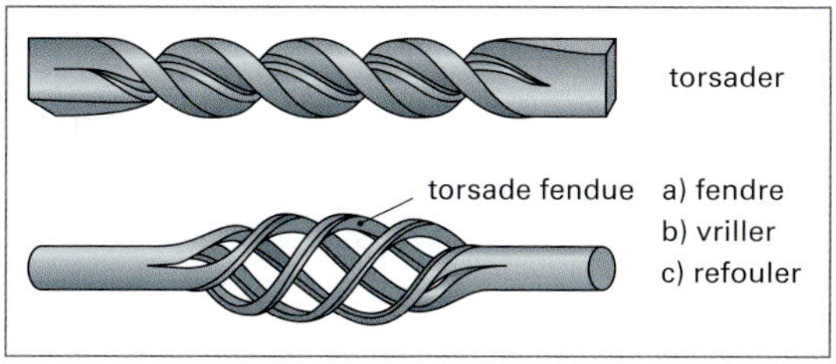

8 Torsader

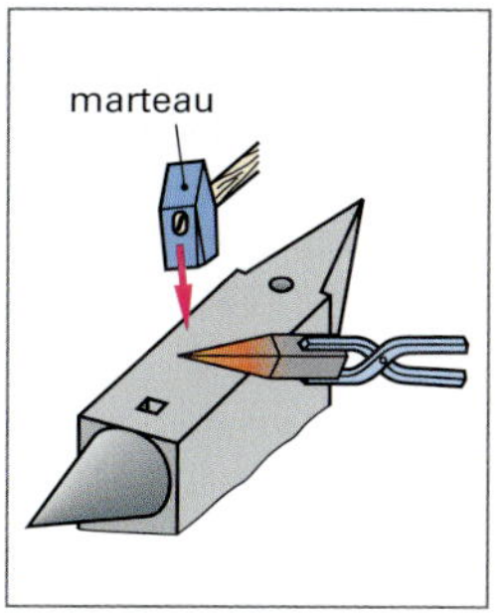

1 Appointage

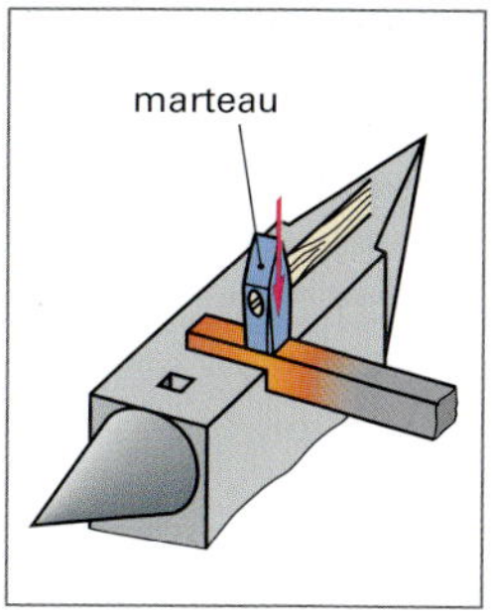

2 Epauler

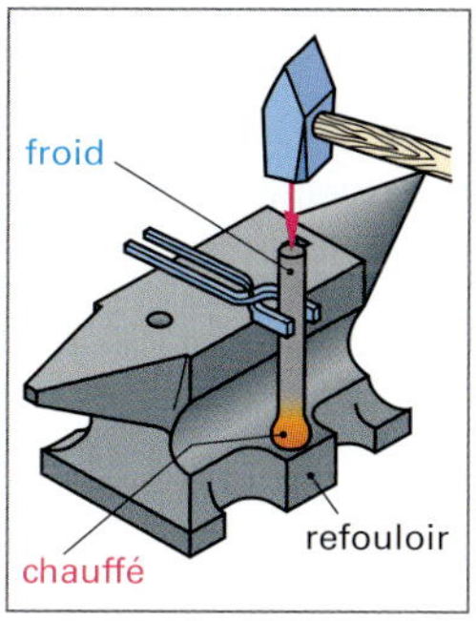

3 Refoulement

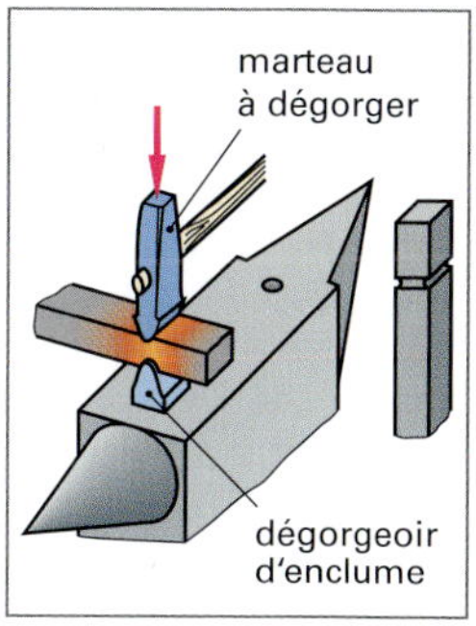

4 Dégorger

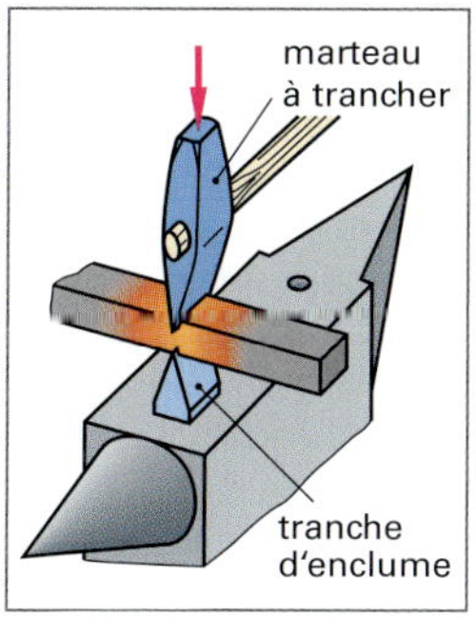

5 Trancher

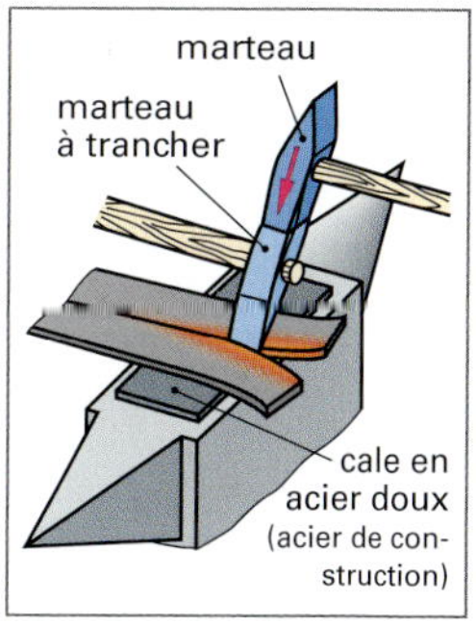

6 Fendre

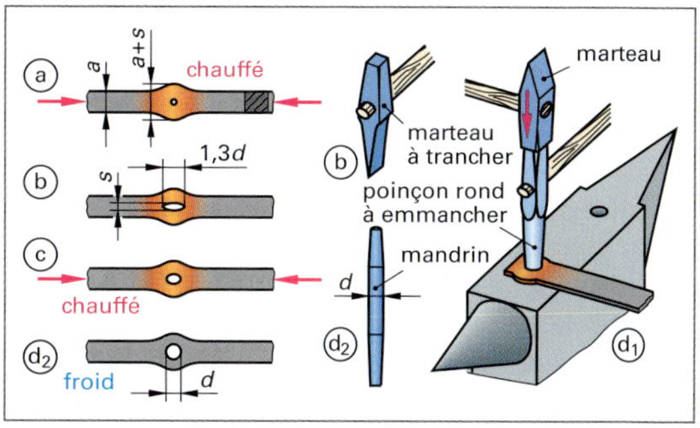

7 Perçage avec poinçon et marteau à trancher a) pointer et refouler, b) fendre, c) pré perçage et refoulement, d) Perçage de finition

Matriçage à chaud

Dans le matriçage à chaud, les outils comportent la forme des pièces finies en négatif. Le matériau ne peut se déplacer qu'à l'intérieur des formes prédéfinies.

Le matriçage à chaud est un procédé de fabrication industriel pour grandes séries. Pour le forgeage manuel en atelier, il y a peu de **matrices d'appoint** avec marteaux correspondants, avec lesquelles des formes simples peuvent être forgées plus rapidement et plus précisément que par le forgeage sans matrice décrit en page précédente **(fig. 1 et 2)**.

1.2.3 Outils de forgeage

L'enclume dispose, grâce à sa masse importante, d'une inertie élevée, ce qui signifie qu'elle absorbe les coups de marteaux sans bouger. Elle exerce ainsi la **contre – force**. La table de l'enclume est trempé et solidaire au corps. **(fig. 3)**. Les trous dans la surface servent à accueillir des **outils auxiliaires (fig. 4)**.

Les **marteaux de forgeron** ont un plat légèrement bombé et une panne arrondie. Les **marteaux à main** sont maniés avec une seule main. Leur poids est compris entre 1 kg et 2 kg **(fig. 5)**.

Les **gros marteaux**, appelés aussi masses de forge (batterans), sont maniés avec deux mains. Ils ont un poids compris entre 3 kg et 15 kg. Leur forme correspond à celle du marteau à main ou, est configurée comme celle d'un marteau à main à panne en long dans le sens du manche). Les **marteaux auxiliaires (fig. 6, page 15)** sont tenus par **l'aide - forgeron** et le **forgeron** exerce la force. Leurs manches sont libres afin d'éviter les coups de boutoirs.

Les petites pièces à forger ne peuvent être tenues en sécurité qu'avec des **pinces**. C'est pourquoi Il faut adapter la pince en fonction des différentes formes des pièces **(fig. 6)**. Un maillon de chaîne peut être glissé sur les branches de la pince afin de ne pas fatiguer la main. Un étau de forge, plus stable **que l'étau** moulé du mécanicien, fait également partie de l'outillage du forgeron.

Le **gabarit de forgeron** est un moyen de contrôle spécial **(fig. 7)**. La précision nécessaire dans le forgeage sans matrice, à la main, étant faible, le report à l'aide du compas ou d'un mètre ruban en acier suffit pour d'autres cotes de longueur.

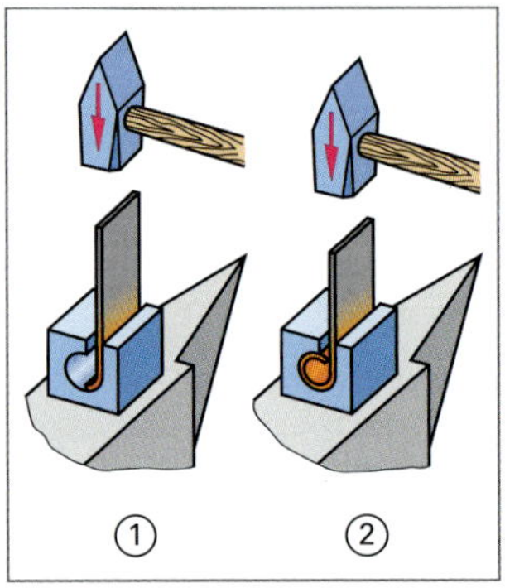

1 Enroulement d'un pivot dans la matrice

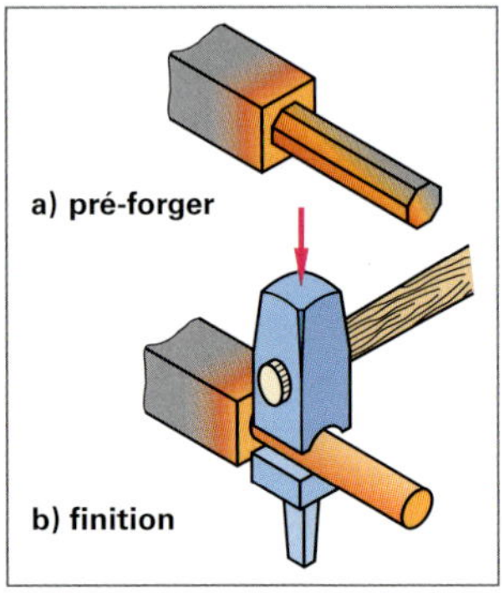

2 Forgeage d'un tenon rond

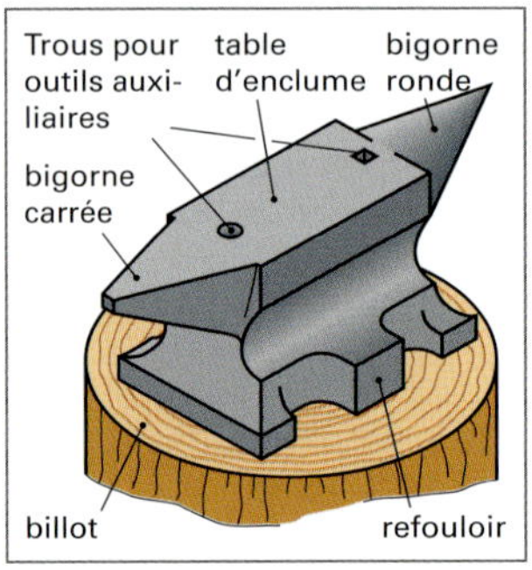

3 Enclume

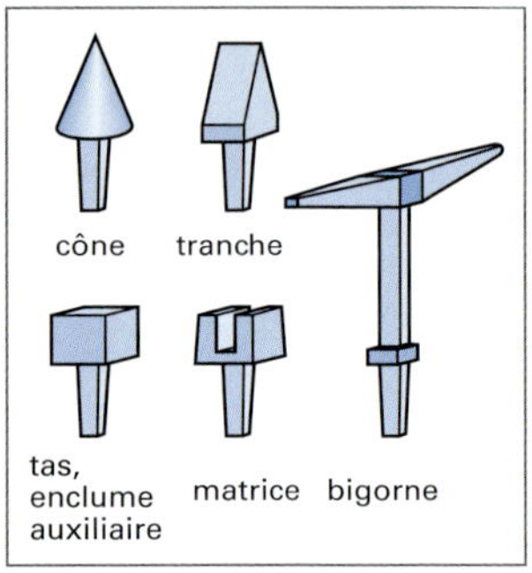

4 Outils auxiliaires de l'enclume

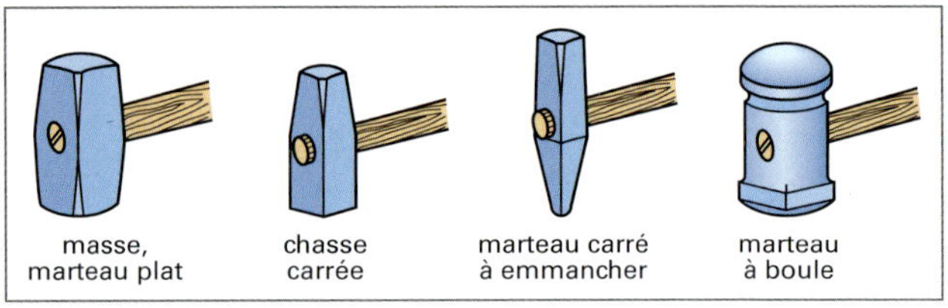

5 Marteaux de forgeron (petite sélection)

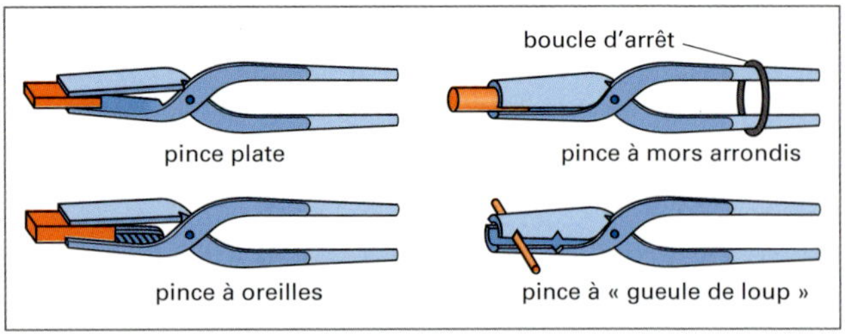

6 Pinces à feu (petite sélection)

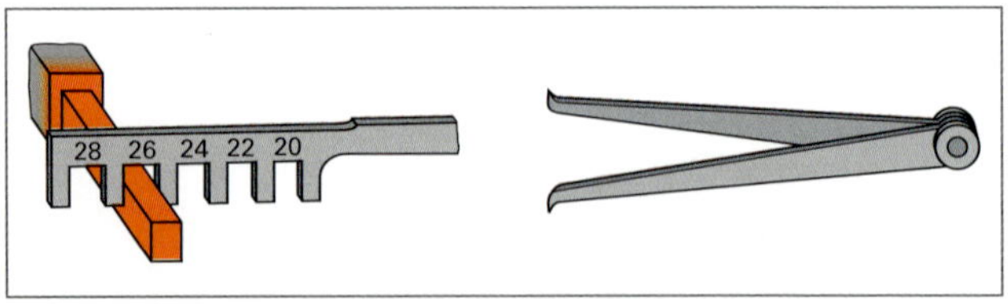

7 Gabarit de forgeron et compas d'intérieur

1.2.4 Ferronnerie et façonnage

On voit sur de nombreux objets historiques, issus de la forge traditionnelle, que le point de vue utilitaire n'était pas seul décisif lors de leur fabrication. La volonté d'une réalisation esthétique prenait aussi beaucoup d'importance marquée par le style d'époque. Outre des pièces purement fonctionnelles, telles que des ancrages muraux ou des ferrures de portes, le constructeur métallique doit souvent réaliser des travaux qui, en plus de la maîtrise de la technique de forge traditionnelle, exigent une certaine capacité de réaliser une forme artistique.

La mise en forme du métal est le travail de l'acier et d'autres métaux forgeables par les constructeurs métalliques et forgerons, à partir de points de vue essentiellement artistiques.

En font p. ex. partie la fabrication de grilles, rambardes et grandes portes mais aussi celle de symboles de tombes, ferrures et différents appareils. Si ces travaux doivent être réalisés de façon individuelle et uniquement à la main, du projet jusqu'à la mise en place, comme le veut la perception traditionnelle de la ferronnerie d'art, cela prend beaucoup de temps et les pièces sont souvent très onéreuses. Ils occupent alors des fonctions représentatives ou voient le jour lors de la reconstitution de bâtiments ou installations historiques **(fig. 1)**.

Pour réaliser des souhaits d'agencement artistique à des prix abordables, p. ex. de rambardes dans des maisons d'habitation, les entreprises industrielles proposent actuellement un grand choix de pièces individuelles et de modules complets. Ils ressemblent à des travaux de forgeage artistiques traditionnels mais sont fabriqués à l'aide de machines et peuvent être montés par un constructeur métallique à l'aide de techniques simples **(fig. 2)**. Le choix des éléments doit ici aussi s'orienter sur le style de l'installation globale. Même le travail individuel d'un forgeron correspond au souhait du client **(fig. 3)**. Une commande sans prescriptions d'ordre créatif, que l'on appelle un « travail libre » comme p. ex. la fabrication d'ornements d'une tombe, doit au final s'intégrer à l'ensemble.

Les formes choisies pour le travail du métal appartiennent au style artistique de certaines époques et doivent s'intégrer à l'édifice.

Ont également une **influence sur l'élaboration** :

- l'environnement, qui fait partie la pièce forgée ;
- la dépense possible en termes de finance et de temps ;
- les capacités du forgeron, ses procédés de travail et installations ;
- les prescription de construction et de sécurité

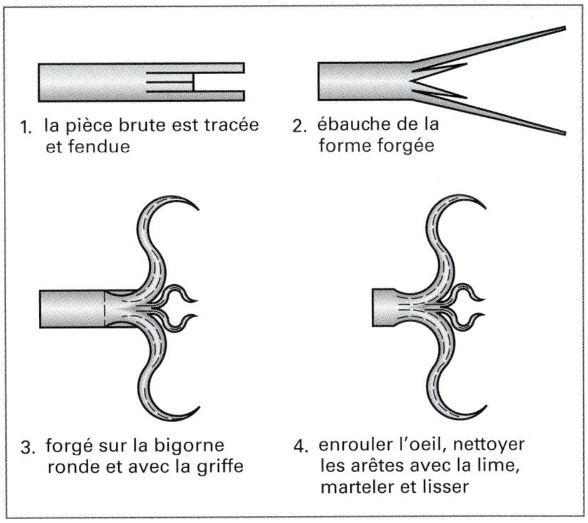

1 Forgeage d'un élément décoratif

2 Pièces forgées industrielles

3 Arc en fer forgé – enseigne

Éléments de conception

Les éléments individuels sur des grilles et produits de forgeage semblables sont répétés et marquent ainsi l'ensemble de l'installation.

Les bagues (colliers/liens) étaient initialement de purs éléments de fixation mais servent aujourd'hui essentiellement d'ornement. Les profilés des attaches sont forgés dans des matrices à partir d'acier plat ou rond. Elles sont définitivement fermées à l'aide d'un fermoir à attaches après montage des barres de la grille **(fig. 1)**.

Les rosettes ou rosaces servent à créer des surfaces ornementales. On les reconnaît au rivet décoratif au centre. La surface est élaborée par rainurage, refoulement et martelage **(fig. 2)**.

Les **croisements de barres** stabilisent la grille mais peuvent aussi lui conférer un accent stylistique (p. ex. en étant symétriques ou asymétriques). Les barres peuvent passer l'une sur l'autre ou sont enfichées l'une dans l'autre comme dans la **fig. 3**.

Les **extrémités des barres** sont particulièrement utilisées dans les clôtures afin d'accentuer l'arête supérieure mais aussi pour rendre difficile tout franchissement interdit **(fig. 3)**.

Époques de styles

Il convient de respecter les éléments d'élaboration caractéristiques de chaque époque lors de travaux de rénovation. Les styles moyenâgeux **Roman** (1000-1250) et **Gothique** (1200-1500) ont recours souvent aux formes naturelles **(fig. 4)**. Le style **Renaissance** (1500-1650) reprend des formes antiques tandis que le **baroque** (1650-1750) et le **Rococo** (1725-1780) préfèrent un ornement exubérant ou chargé en fioritures **(fig. 5)**. **Le Classicisme** (1779-1850) s'appuie sur l'édification de temples grecs **(fig. 6)**. L'Historisme (1850-1900) est un « Best of » des styles anciens qui ont été remplacés par l'Art nouveau (vers 1900), avec ses lignes courbées **(fig. 7)**. Dans le **Moderne** (depuis 1900), il n'y a plus de style homogène. L'étendue des possibilités va de l'élaboration libre aux formes très géométriques **(fig. 8)**.

Contrôlez vos connaissances

1 Décrivez la propriété de l'aptitude au forgeage.
2 Quels métaux sont facilement forgeables et pourquoi ?
3 Pourquoi un grand intervalle entre la température de début et la température de fin est-il un atout dans le forgeage ?
4 Pourquoi la fonte n'est-elle pas forgeable ?
5 Décrivez quatre procédés de forgeage et les outils correspondants.
6 Faites la distinction entre le travail d'un forgeron et d'un constructeur métallique dans la fabrication d'une grille.
7 Expliquez à l'aide des extrémités des barres de la **fig. 3** les techniques de travail utilisées.

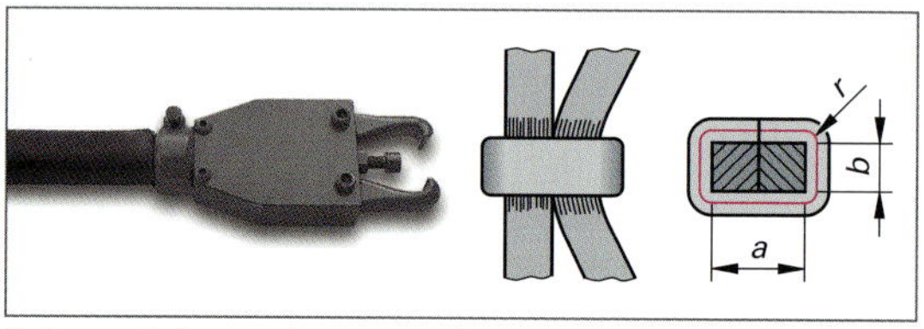

1 Fermoir à attache et attaches

2 Exemples de rosettes

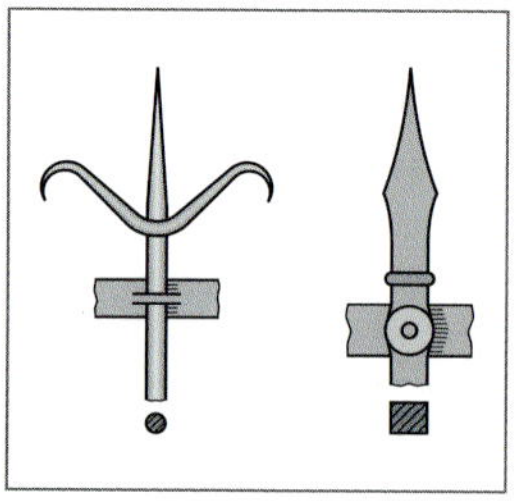
3 Croisements et extrémités de barres

4 Grille gothique

5 Grille décorative baroque

6 Grille Classicisme

7 Grille Art nouveau

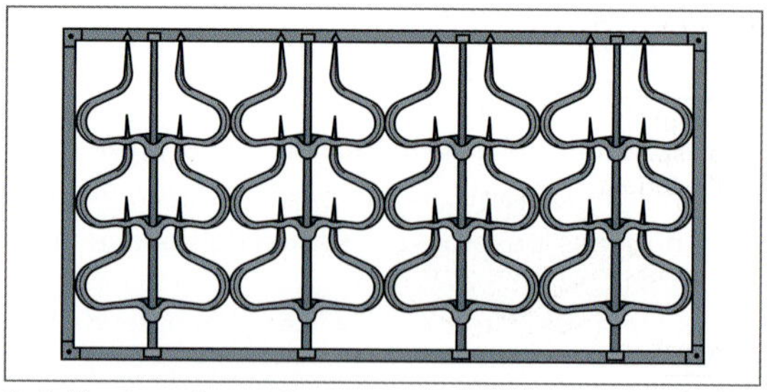
8 Grille de style moderne

1.3 Dressage

La condition pour l'assemblage de pièces individuelles en modules est qu'elles soient droites et planes. Il n'y a qu'ainsi qu'elles peuvent être assemblées précisément et fermement les unes aux autres aux emplacements de liaison.

Les produits semi-finis tels que les tubes, tôles ou profilés en acier sont souvent voilés, ondulés ou bosselés. Les causes de la déformation sont le refroidissement irrégulier après le laminage à chaud ou un transport inapproprié. Même les tensions de soudage sur les pièces finies ont pour effet des déformations persistantes. Les surfaces et arêtes doivent être redressées pour être droites et planes avant la suite du travail de l'assemblage.

Le **dressage** consiste à éliminer les déformations indésirables provoquées par des sollicitations mécaniques ou l'effet de la chaleur sur des produits semi-finis ou des éléments.

1.3.1 Redressage à froid

L'effet de redressage est obtenu par l'étirage de parties courtes et le refoulement de parties longues. La condition pour utiliser ce procédé est l'accessibilité à l'emplacement à redresser ainsi que la qualité du matériau.

Le redressage à froid est réalisé sans chauffer et à l'aide de forces extérieures.

L'exemple du redressage droit par étirage d'un fer - T tordu montre que suite à la déformation, les fibres du matériau ont été étirées côté convexe et refoulées côté concave **(fig. 2)**. C'est pourquoi le matériau doit être étendu côté concave à l'aide de coups de marteau appliqués avec soin, avec la panne, jusqu'à ce que la cambrure soit éliminée et que le profilé en acier ait retrouvé sa forme droite correcte.

Pour l'acier plat en revanche, le redressage est réalisé par des coups avec le plat du marteau sur le côté convexe, ce qui entraîne l'étirage du côté concave opposé **(fig. 3)**.

Le redressage de barres ou profilés plus épais peut aussi être réalisé par la pression des mordaches de l'étau avec cales. Des tubes gauchis plus fins peuvent aussi être redressés sur l'étau **(fig. 4 a)**. Les barres d'acier voilées doivent tout d'abord être tournées à l'aide d'une griffe **(fig. 4 b)**.

Le **redressage de tôle**, aussi appelé **planage**, peut être réalisé en atelier sur la plaque à redresser (marbre), par un étirage et refoulement ciblé **(fig. 1)**.

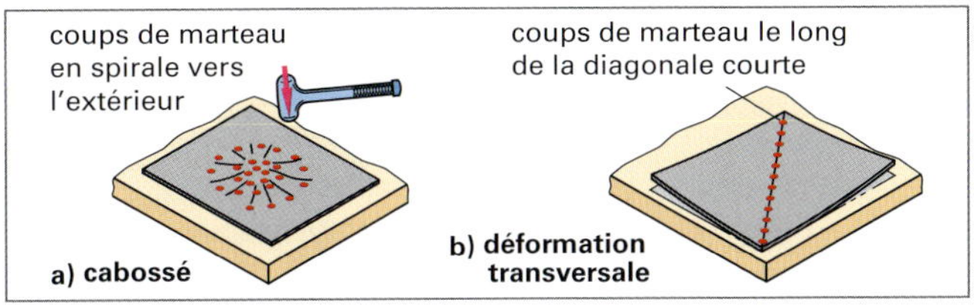

1 Redresser une tôle

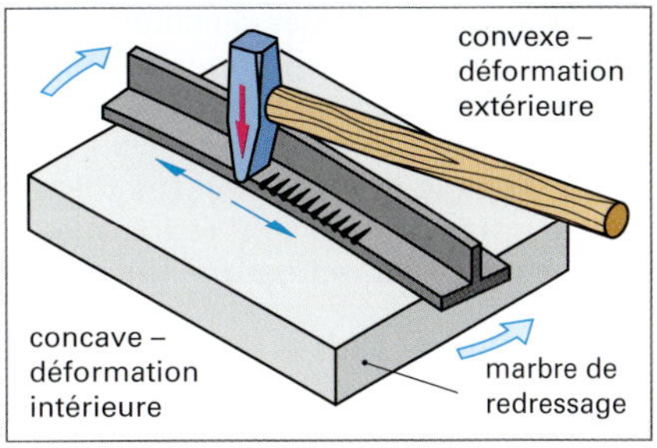

2 Redressage d'un fer – T gauchi par étirage

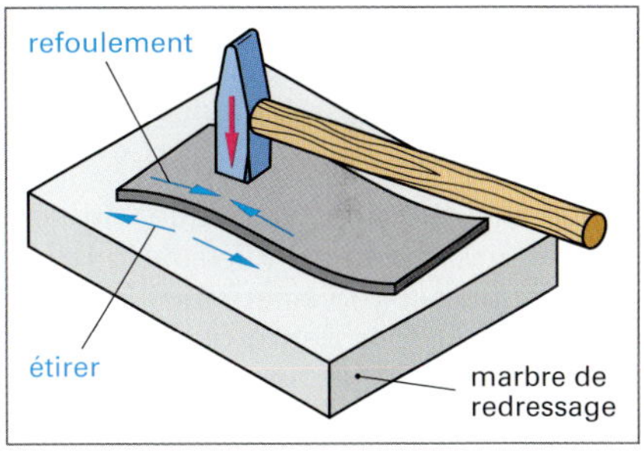

3 Redressage de l'acier plat déformé

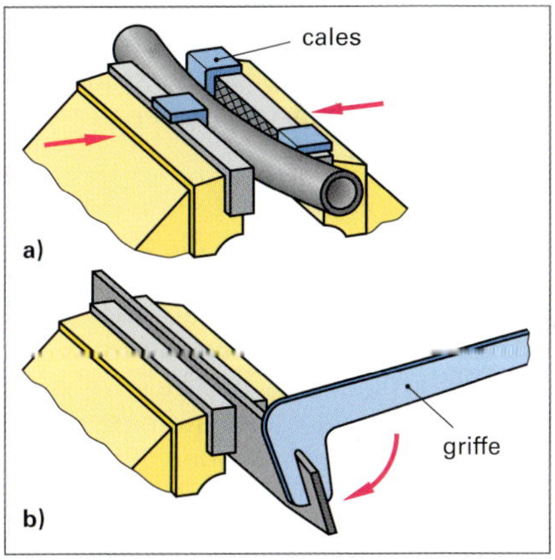

4 Redressage à l'étau

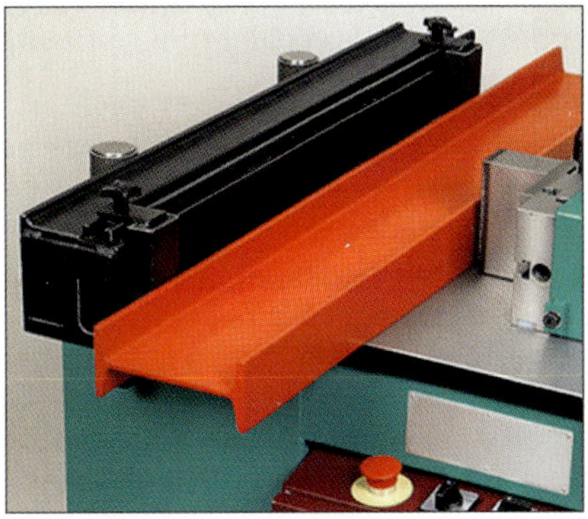

5 Machine de redressage avec contre – poutrelle

Le **redressage avec des machines** est nécessaire pour des pièces ayant de plus grandes dimensions. Les barres, profilés, poutres et tubes sont redressés dans le sens de la déformation sur des presses spéciales, souvent hydrauliques **(fig. 5 en page précédente)**. Les tôles ou barres plus grandes ou plus épaisses sont redressées par des rouleaux sur des machines de redressage **(fig. 1)**.

1.3.2 Redressage à chaud

Les métaux se dilatent quand ils s'échauffent. Si la dilatation thermique et la rétraction qui s'en suit lors du refroidissement sont évitées de façon ciblée, il en résulte des tensions de rétraction qui peuvent voiler la pièce.

> Lors du redressage à chaud, des tensions de rétraction sont générées par échauffement local afin de redresser un élément.

Grâce à la thermodynamique, on sait que chaque métal présente un certain indice de dilatation thermique. 1 m d'acier non allié ou aciers ferritiques inoxydables se dilate de 0,012 mm par degré d'augmentation de température. L'acier austénitique inoxydable se dilate même 1,5 fois plus. Si cette dilatation est empêchée, il en résulte des forces considérables, qui peuvent voiler voire refouler l'élément, comme **l'essai** suivant le montre **(fig. 2)**. Une barre d'acier est fermement serrée entre les deux mordaches d'un étau puis chauffée à 700 °C en son centre. La dilatation étant empêchée par les mâchoires de l'étau, la barre refoule. Si on la laisse ensuite refroidir, elle se rétracte et tombe de l'étau.

L'effet observé dans cet essai est aussi la base du **redressage à la flamme (fig. 3)**. Les profilés gauchis sont redressés en mettant en place une ou plusieurs **cales thermiques**. La base de la cale triangulaire doit reposer sur le côté long extérieur de la cambrure la plus forte, soit à l'extérieur des fibres neutres. On commence par chauffer la pointe. Pendant l'échauffement, la dilatation du métal entraîne tout d'abord une cambrure encore plus prononcée. Si le matériau est devenu pâteux, le tension produite dans la pièce comprime la zone fortement chauffée. Après le refroidissement et la solidification du matériau dans la cale, cette dernière se comprime et raccourcit le côté long de la pièce. La taille et le nombre de cales thermiques sont choisis pour que la cambrure soit redressée.

Règles à respecter :

- Préalablement dégraisser l'acier inoxydable, régler la flamme avec un léger excès d' O_2 contre la carburation
- Tracer à la craie le tracé de redressage à la flamme ;
- **Empêcher la dilatation thermique** en serrant avec des serre-joints ou des poids ;
- Taille de la buse : 2,5 à 3 fois l'épaisseur de la tôle, acier Cr-Ni environ une taille en moins ; aluminium une taille en plus que pour l'acier non allié ;
- Protéger les tubes inoxydables à l'intérieur avec du H_2 ;
- Couvrir l'acier zingué à chaud avec du fondant (flux) FH 10 et chauffer à maximum 700 °C ;

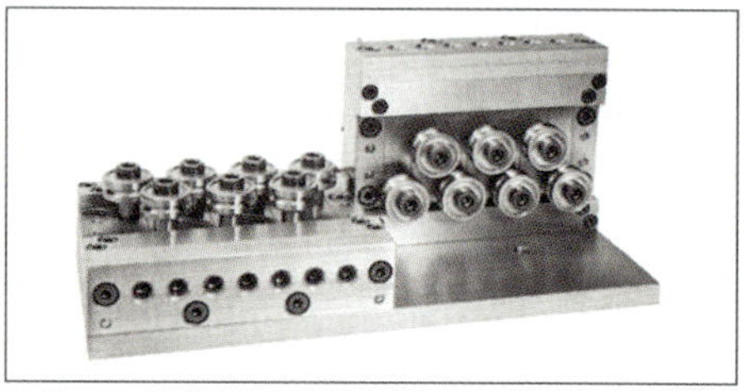

1 Appareil de redressage double avec rouleaux de redressage ajustables individuellement

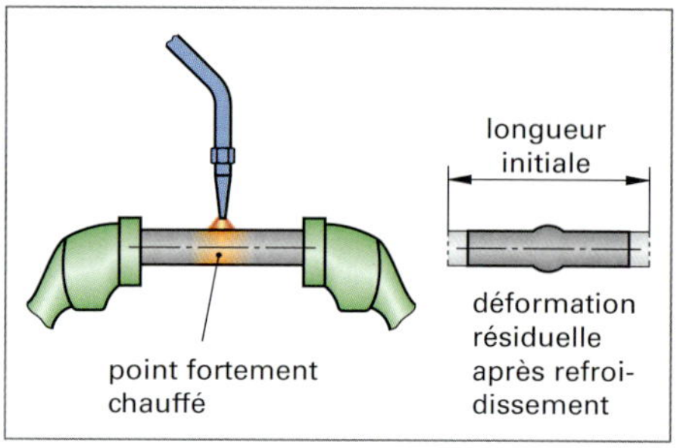

2 Essai de dilatation thermique

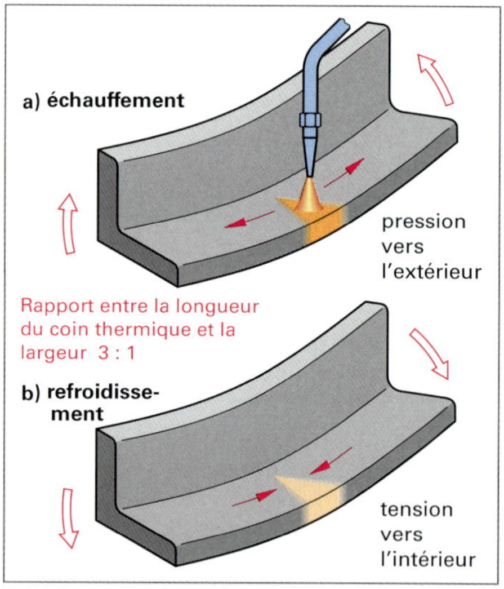

3 Redressage d'une cornière gauchie avec un coin thermique

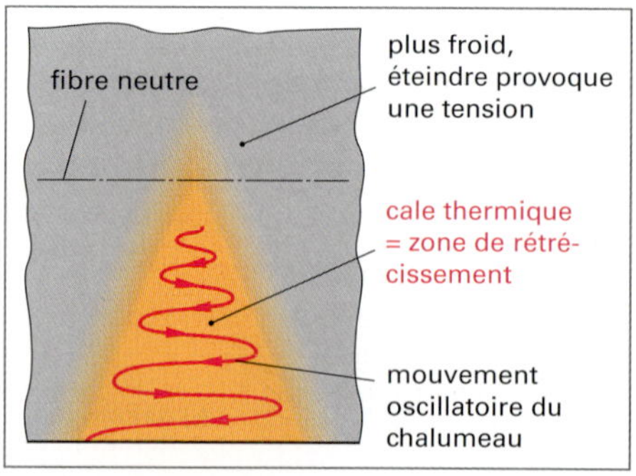

4 Mise en place d'une cale thermique

- Délimiter localement de façon nette et chauffer au **rouge foncé** rapidement de l'intérieur **(fig. 4 page précédente)**, éventuellement avec torche TIG, puis refroidir rapidement ;
- Ensuite, décaper la coloration thermique de l'acier Cr-Ni ;
- La fonte grise ne peut pas être redressée à la flamme.

Les points de chaleur suffisent, pour éliminer les déformations indésirables. Plus les points sont grands, plus leur effet est fort **(fig. 1)**. Les tôles ondulées peuvent aussi être redressées à l'aide de points de chauffe. Une plaque en aluminium avec des perçages sert à placer les points et à serrer la tôle **(fig. 2)**. Pour les tôles de travers, les points de chauffe sont disposés le long de la plus grande diagonale **(fig. 3)**.

Les ovales thermiques sont utilisés si la rétraction doit être plus forte dans un sens que dans l'autre, p. ex. pour redresser des assemblages de tubes qui se déforment après refroidissement du cordon de soudure **(fig. 2)**.

La voie thermique est appelée bande de chauffe. Lors du redressage d'une poutre I gauchie, des cales thermiques sont nécessaires dans l'âme, en plus des voies thermiques dans les ailes **(fig. 5)**.

La température de la zone chauffée doit être suffisamment inférieure au point de fusion pour que le profilé conserve sa forme et sa résistance.

Plages de températures lors du redressage

Matériaux	Baisse de la résistance à env.	Zone du dressage à la flamme
Acier	400° ... 500°	600° ... 800°
Cuivre	450°	600° ... 800°
Aluminium	200°	200° ... 400°

Si l'effet obtenu est insuffisant après le premier redressage, le procédé peut être répété. Un redressage précis et rapide requiert beaucoup d'expérience et une bonne connaissance des matériaux.

Contrôlez vos connaissances

1 Indiquez les raisons pour lesquelles des pièces se voilent et doivent être redressées.

2 Pourquoi les pièces plus épaisses doivent-elles être redressées convenablement par échauffement et non par martelage ?

3 Quelles modifications le martelage et le cintrage ont-ils pour effet avec d'une part une presse et d'autre part par échauffement et refroidissement ?

4 Que se passe-t-il dans la pièce lors du redressage par échauffement ?

5 Quelles différences y a-t-il entre le redressage d'une tôle bosselée par martelage et par des points thermiques ?

6 Quelles règles doivent être respectées lors du redressage à la flamme ?

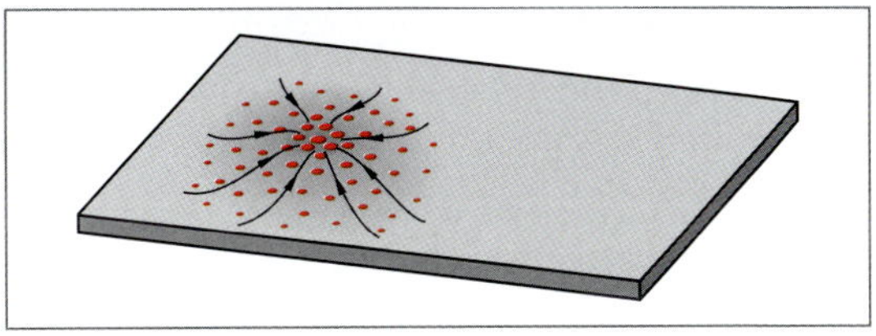

1 Effet des points thermiques et ovales thermiques

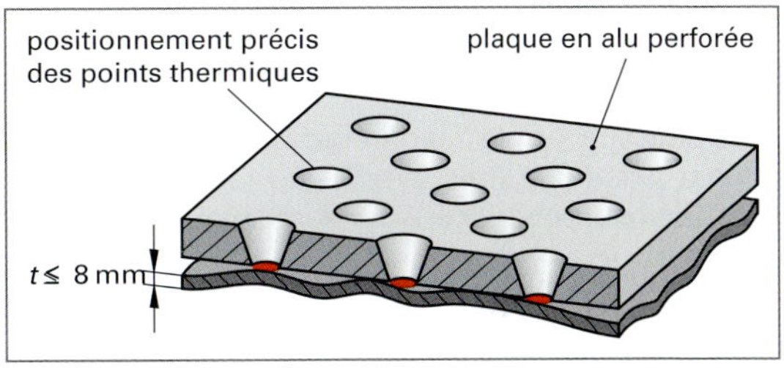

2 Redressage d'une tôle bosselée par application de points thermiques

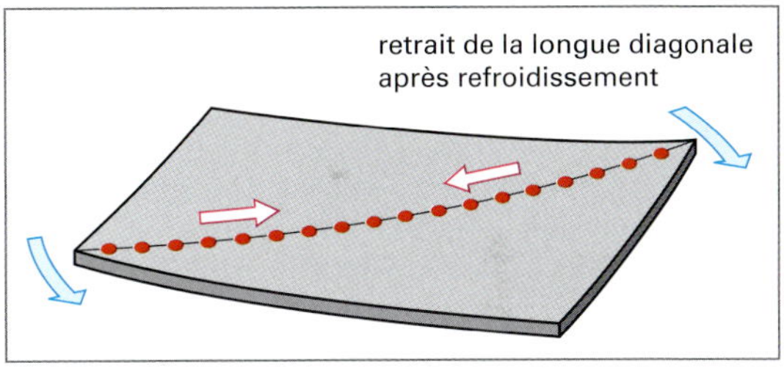

3 Redressage d'une tôle par une rangée de points thermiques

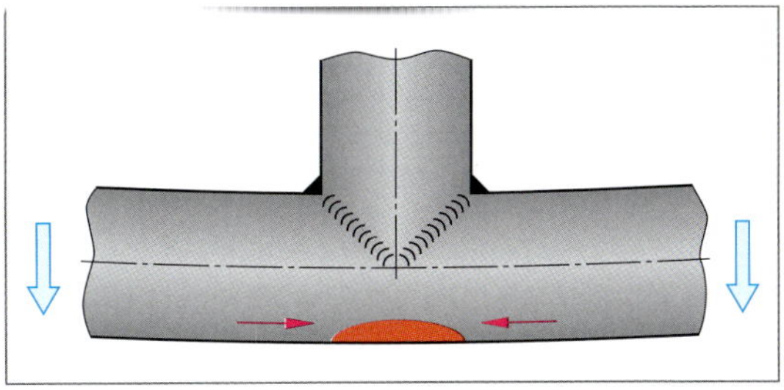

4 Redressage d'un assemblage de tubes avec un ovale thermique

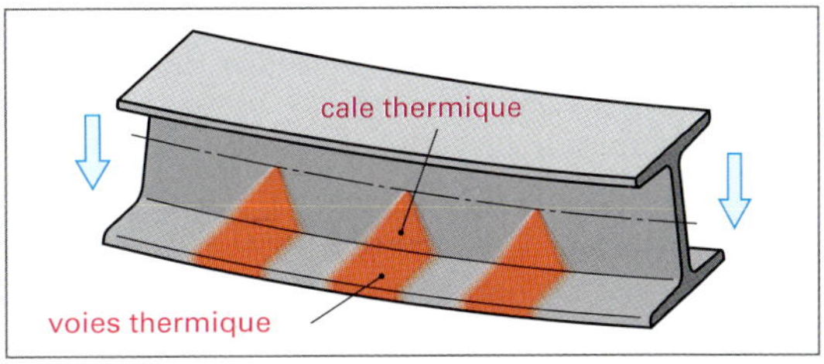

5 Redressage d'un profilé en I/H avec des cales thermiques et voies thermiques

1.4 Cintrage

Dans l'atelier ou sur le chantier, il est fréquemment nécessaire de cintrer des tubes, de l'acier profilé, de l'acier plat et des pièces en tôle selon différents angles. Des pièces cintrées ont en général une résistance plus élevée qu'un assemblage, p. ex. par vissage. Le cintrage ne produit pas déchets.

1.4.1 Technologies fondamentales

Lors du cintrage, la plus grande partie de la pièce reste inchangée. La déformation a lieu uniquement dans la **zone de cintrage (fig. 1 et 2)**.

Le cintrage est le façonnage d'un corps solide, l'état plastique dans la zone de façonnage étant essentiellement généré par des forces de cintrage.

L'exemple montre que contrairement au forgeage (p. 11 ss), où toute la section de la pièce est soumise à la pression, des sollicitations différentes surviennent ici **(fig. 2)**. La partie extérieure de la zone de cintrage est étirée où des forces de traction surviennent. Sur la partie intérieure, le matériau est comprimé et des forces de pression surviennent **(fig. 2)**.

Il y a entre les deux une zone neutre car sa longueur ne change pas. Comme on se représente la pièce comme étant composée de fibres de matériau individuelles, elle est appelée **« fibre neutre »**. Si la pièce repose dans la zone de pression, où le matériau ne peut de s'allonger librement, la zone neutre se déplace. Comme elle ne modifie pas sa longueur lors du cintrage, elle correspond à la « longueur développée » de la partie non cintrée **(fig. 1)**.

L'angle et le rayon de cintrage dépendent des propriétés du matériau et des dimensions de la pièce. Si le rayon est trop petit et l'angle trop important, la limite de rupture est dépassée dans la zone extérieure et il en résulte des fissures. À l'intérieur, un refoulement trop fort a pour effet des plis d'écrasement ou bourrelets **(fig. 3)**. La limite de rupture dépend de l'aptitude à l'allongement, le cuivre étant p. ex. plus malléable que l'acier. Le rayon de cintrage doit être plus grand pour une section de pièce plus importante **(fig. 4)**.

C'est pourquoi un rayon de **cintrage minimum** a été défini pour les produits semi-finis les plus importants (tabelles des manuels).

Le rayon de cintrage minimum dépend de l'aptitude à l'allongement du matériau et de l'épaisseur de la pièce.

Un retrait élastique se produit à chaque opération de cintrage car seule une déformation élastique survient le long de la fibre neutre pendant l'application des forces. Ce retour élastique est évité grâce à un « surcintrage » autour **de l'angle de retrait élastique (fig. 1)**.

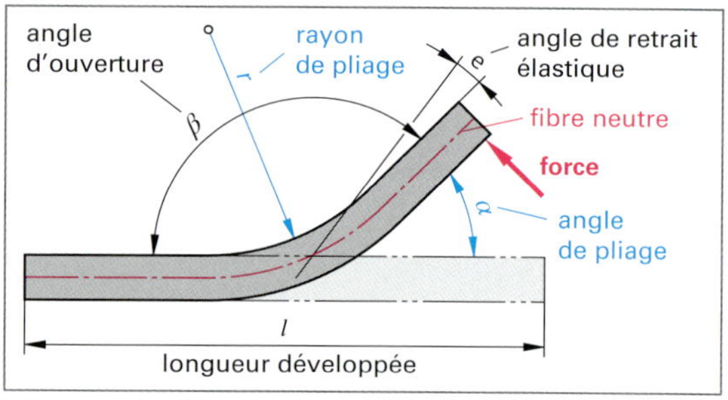

1 Termes du cintrage

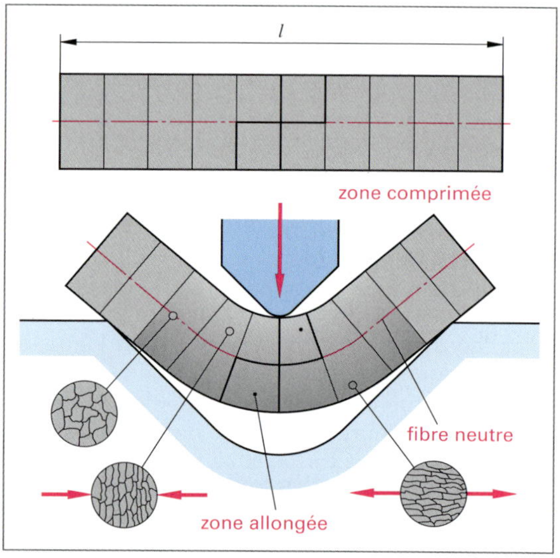

2 Exemple d'un procédé de pliage

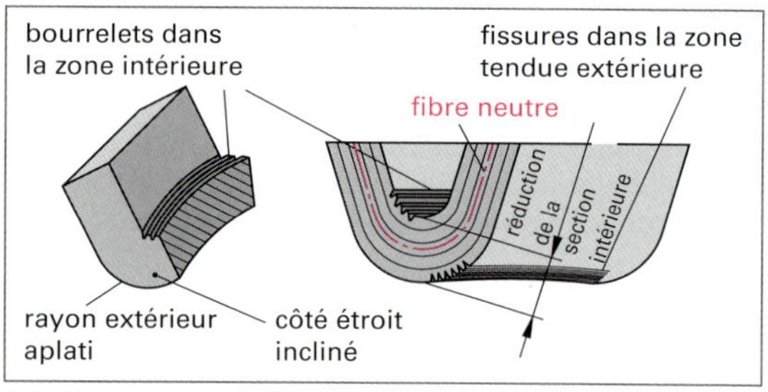

3 Défauts lors du pliage

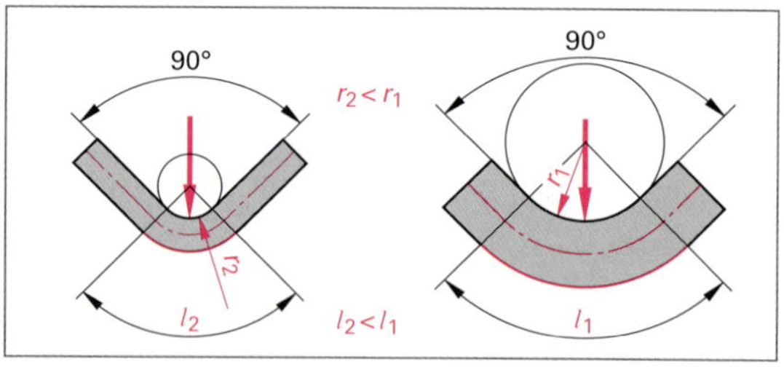

4 Influences de l'épaisseur de la pièce sur les rayons de cintrage

1.4.2 Cintrage de tubes et profilés

Les tubes sont difficiles à cintrer car des bourrelets peuvent se former au rayon intérieur, ou les parois minces se déformer, gauchir sous la sollicitation du cintrage. Le tube devient ovale, voire se plie. Ces phénomènes indésirables sont évités en chauffant l'emplacement de cintrage, en remplissant le tube avec un ressort, du sable ou en utilisant une matrice de cintrage **(fig. 2)**.

Le rayon de cintrage est la donnée principale lors du cintrage d'un tube **(fig. 1)**. Il dépend de l'épaisseur de la paroi et du diamètre du tube, de l'angle de cintrage, du matériau et du procédé de cintrage. D'une manière générale, il convient de toujours choisir le plus grand rayon de cintrage possible.

Lors du cintrage de **profilés** ayant une section carrée, p. ex. de l'acier plat, la zone de pression et la zone de traction sont sollicitées uniformément. Les profilés asymétriques subissent en revanche une sollicitation hétérogène **(fig. 3)**. Pour éviter que les zones extérieures ne se fissurent ou ne s'écrasent, il faut soit courber soit rétracter. Ou alors utiliser un plus grand rayon de cintrage.

Comme l'angle droit entre les deux côtés du profilé augmente, il doit préalablement être légèrement comprimé **(fig. 4)**. On contrecarre la réduction de l'angle en procédant à un écartement avant le cintrage. Pour de nombreux travaux de cintrages identiques, des **gabarits de cintrage** garantissent la forme précise du profilé.

Le **grugeage ou encochage** est nécessaire si le matériau restant ne doit plus être usiné. **(fig. 5)**. Après le cintrage, les arêtes de découpe sont soudées.

Les **dispositifs de cintrage** existent avec des rouleaux interchangeables pour différents rayons et profilés **(fig. 6)**. Les **cintreuses excentriques** permettent un pliage précis grâce à des angles réglables **(fig. 7)**.

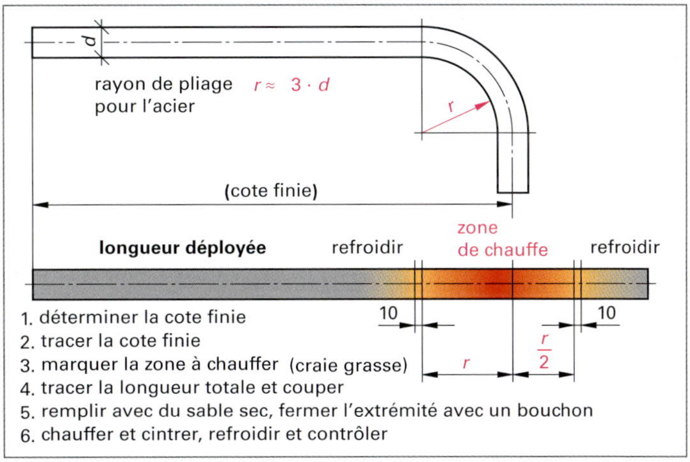

1 Cintrage de tubes à chaud

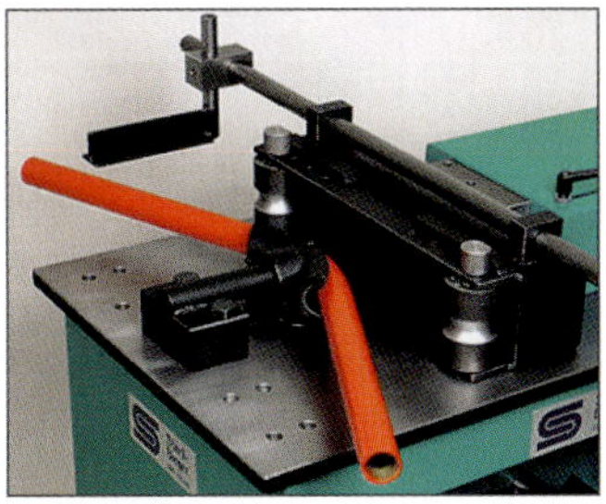

2 Outil de cintrage

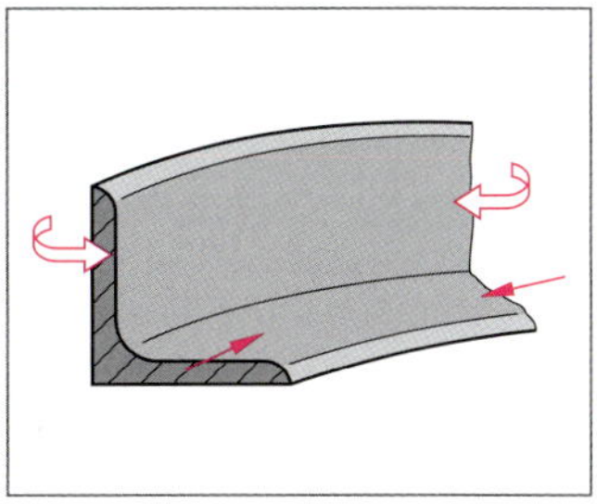

3 Zone de pression prononcée lors du cintrage d'un acier – équerre

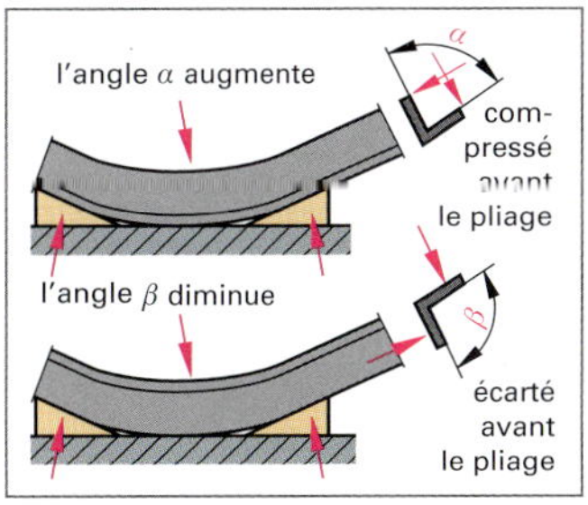

4 Assurer la l'équerrage lors du cintrage

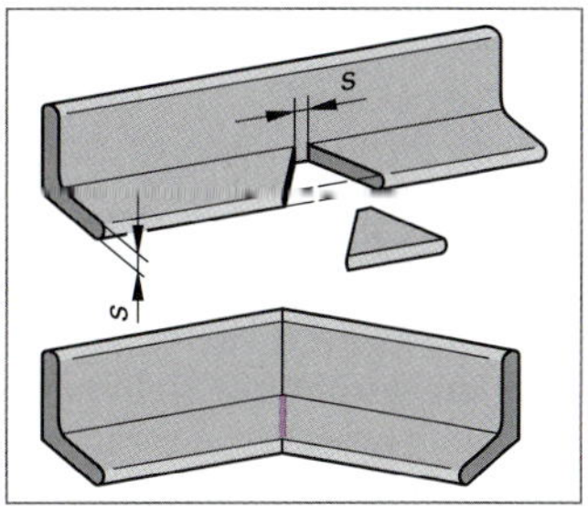

5 Grugeage ou encochage d'acier – équerre avant pliage

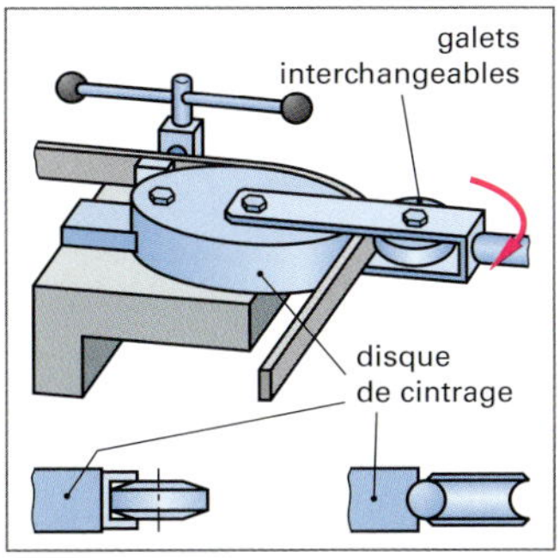

6 Schéma de principe d'un dispositif de cintrage avec rouleaux interchangeables

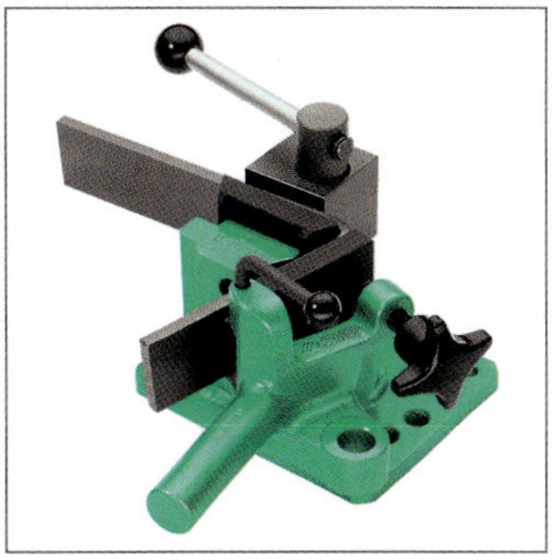

7 Plieuse excentrique avec dispositif de serrage

1.4.3 Pliage de tôles

Une tôle est un produit plat de grande surface par rapport à sa faible épaisseur. Les arêtes de pliage sont très sollicitées, notamment lorsqu'il faut plier à 180° pour préparer le pli.

C'est la raison pour laquelle on utilise le plus possible des tôles maléables permettant de faibles rayons de pliage. Il convient à cet effet de respecter les indications des fabricants.

La prise en compte du **sens du laminage** est importante **(fig. 1)**. Lors de la fabrication de la tôle dans le laminoir, les cristaux dans la matière première sont étendus dans le sens du laminage **(fig. 2 p. 12)**. Les tôles ont une plus grande résistance dans ce sens. Ceci est particulièrement marqué pour une tôle de zinc, mais la résistance et l'aptitude à la déformation dépendent aussi du sens de pliage pour une tôle en acier.

Lors du pliage de tôles, le pli doit être si possible perpendiculaire du sens de laminage.

Si cela n'est pas possible il y a lieu d'augmenter le rayon de pliage **(fig. 1)**. Pour des pliages précis dans des tôles légèrement plus épaisses, il faut aussi tenir compte du fait que le matériau pousse au niveau des arêtes en entaillant un coin. La technologie de matériau et les procédés de fabrication modernes ont restreint la problématique du sens de laminage sans toutefois l'éliminer complètement.

Pliage

Des tôles doivent être pliées à l'équerre pour réaliser p. ex. des canaux en tôle rectangulaires ou des plis **(fig. 2)**.

Le pliage est un cintrage de tôles le long d'une droite avec un petit rayon.

De simples pliages peuvent être effectués manuellement dans un étau avec mordaches ou dans de simples dispositifs de pliage.

Le pliage à l'équerre rapide et précis de tôles, même de grandes dimensions, est possible à l'aide d'une **presse plieuse à coulisses**. La pièce est guidée dans l'outillage composée de l'outil supérieur **(poinçon)** et l'outil inférieur **(matrice)**. Si le poinçon est abaissée, la pièce prend la forme de la matrice (**fig. 3** pliage en frappe).

Les outils supérieur et inférieur sont interchangeables. Ils existent dans différentes formes et dimensions. Pour fabriquer la plupart des pièces finies, il faut plusieurs étapes de travail qui peuvent souvent être exécutées avec le même outil **(fig. 3)**. Si un autre outil est nécessaire pour chaque phase de travail, cela n'en vaut la peine que pour la fabrication en série. Le cintrage circulaire de tubes est aussi possible avec des outils correspondants.

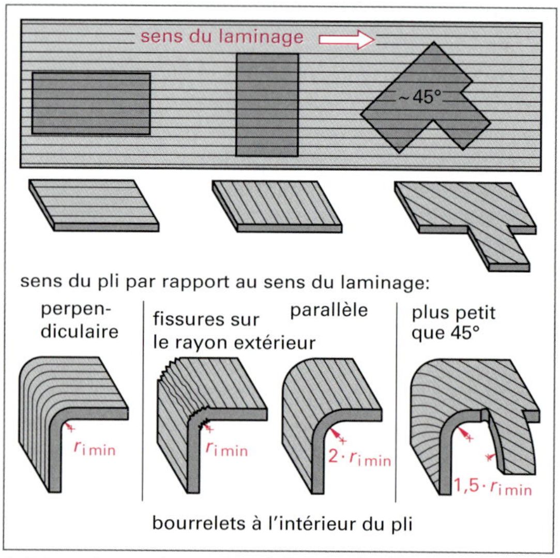

1 Dépendance du rayon minimum de pliage par rapport au sens du laminage

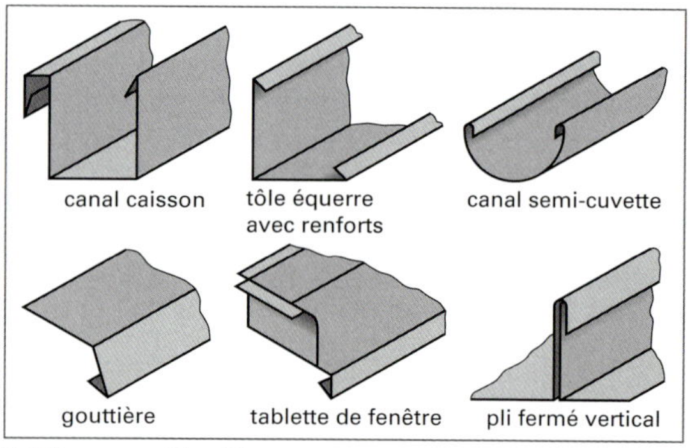

2 Pièces en tôle pliées

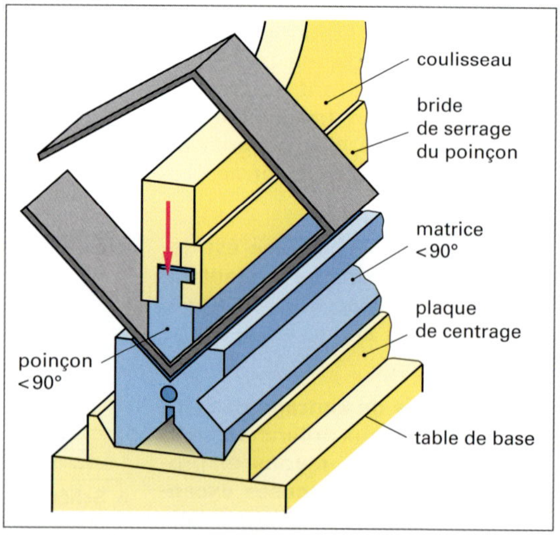

3 Presse plieuse mécanique à coulisse

Pliage par pivotement

La plieuse à tablier (fig. 1) permet de fabriquer les mêmes profilés qu'avec la presse plieuse, ce type de pliage étant avant tout appliqué aux feuilles de tôle.

La tôle est serrée entre le tablier supérieur et la table. Cette opération est réalisée à l'aide de vis, d'un excentrique ou hydrauliquement. Une butée de profondeur permet de plier la tôle à la longueur désirée. Typiquement, la feuille de tôle est fixée et le pliage se fait dans le bord.

L'angle à plier est réglé avec une butée de profondeur. Le procédé de pliage est réalisé par le pivotement de la table de pliage inférieure autour d'un axe de rotation. La table de pliage peut être mue à la main ou par la force d'un moteur. Une plieuse actionnée manuellement permet aussi d'obtenir des couples de pliage élevés grâce à l'effet de levier. Un grand nombre d'outils de pliage permettent aussi de fabriquer des formes complexes ; la **fig. 2** montre quelques exemples.

Roulage

Des **rouleuses à tôles** sont utilisées pour la mise en forme incurvée de tôles. Le rayon est généralement réalisé par trois rouleaux **(fig. 3)**. La tôle est transportée par les deux rouleaux d'entraînements vers le rouleau pivotant, puis roulée par ce dernier en fonction de sa position angulaire. Le rouleau supérieur peut être pivoté vers l'extérieur pour retirer la tôle.

Pour fabriquer des arrondis en forme d'entonnoir, le rouleau pivotant peut être incliné en direction de son axe. Les rouleuses à quatre rouleaux assurent aussi le roulage des extrémités de la tôle. La plieuse avec lames arrondies et la presse plieuse sont aussi utilisées pour réaliser des cylindres par croquage.

Rigidifier une tôle

La tôle se roule très facilement en raison de sa faible épaisseur. Pour protéger des pièces en tôle contre toute déformation involontaire, la résistance au roulage est accrue par des renforts.

Les **rabattements** sont la méthode la plus simple pour protéger les arêtes d'une structure en tôle contre la déformation et simultanément éviter des bords vifs **(fig. 4)**.

Les **moulures** sont des rainures en forme de rigoles **(fig. 5)** servant à augmenter la stabilité de grandes surfaces de tôle, p. ex. d'éléments de façade ou conteneurs. Plus le tracé des moulures est irrégulier, plus la raideur obtenue est élevée. Les moulures sont réalisées à l'aide de rouleaux de formage (fig. 6). Selon la profondeur de la moulure, la tôle doit passer plusieurs fois dans les rouleaux entraînés.

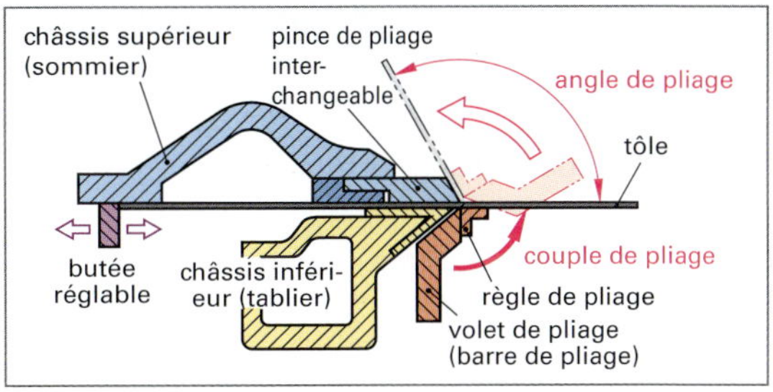

1 Fonctionnement d'une plieuse à tablier

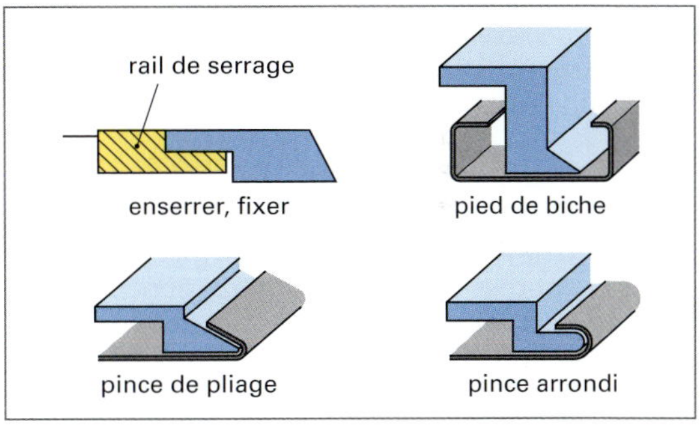

2 Forme et serrage des lames de cintrage

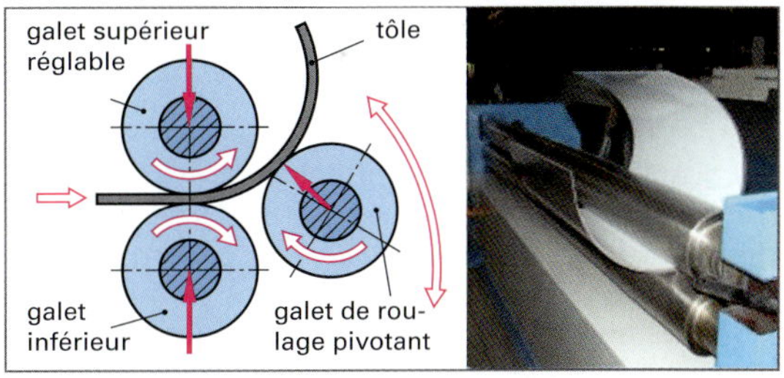

3 Fonctionnement d'une machine à trois rouleaux

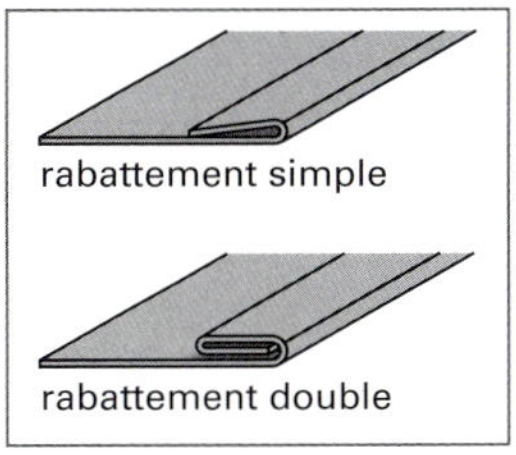

4 Rabattements (plis écrasés)

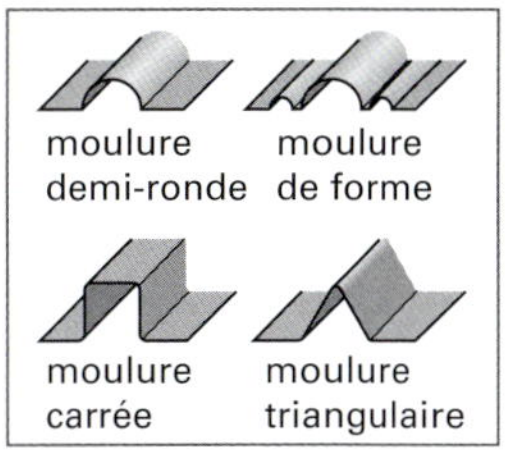

5 Formes de nervures (moulures)

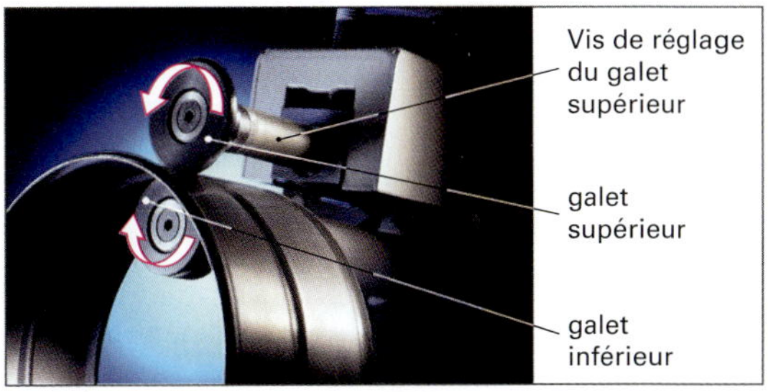

6 Machine à moulurer (border)

Border (ourler) **(fig. 1 à 3)** sert, à renforcer des plaques en tôle, mais aussi à fabriquer des fonds de récipients ou des brides.

On entend par bordage le pliage de bords étroits.

Le matériau est pour cela refoulé à l'intérieur du rayon et étiré vers l'extérieur de celui-ci. Les collets sont en règle générale mis en forme par des presses **(fig. 1)** ou des machines à moulurer avec des rouleaux spéciaux **(fig. 3)**. Ils peuvent aussi être réalisés à la main, à l'aide d'un marteau à border. La réalisation de bordages extérieurs a lieu par **roulage**. Les bordages intérieurs peuvent être réalisés par roulage ou par repoussage **(fig. 4a)**.

1.5 Déformation par traction et pression

Le **repoussage** est un procédé de façonnage par traction et pression. Le repoussage permet de fabriquer des corps symétriques en rotation **(fig. 4)**. En production industrielle, il est réalisé sur des machines particulières ; sinon, sur un tour. La pièce, ou platine, est fixée sur la matrice de formage et tourne. La tige de formage est amenée vers la pièce où elle produit la forme géométrique.

1.6 Assemblage par déformation

Ce titre regroupe tous les procédés pour lesquels les pièces assemblées sont liées les unes aux autres par déformation, c'est-à-dire d'une manière générale uniquement par liaison déformée. Cet assemblage requiert des propriétés de matériaux propices au façonnage. Des tôles minces, généralement appelées tôles fines sont de bons produits semi-finis à cet effet. Elles sont laminées à chaud pour de l'acier de 1,5 mm à 3 mm d'épaisseur et à froid de 0,3 mm à 3 mm. Les avantages de l'assemblage par déformation par rapport à la liaison par collage, soudage ou soudage par points sont les suivantes :

- pas d'échauffement (pour le collage, éventuellement avec température minimale pour le durcissement),
- assemblage de différents matériaux,
- assemblage de matériaux avec revêtement,
- aucune préparation de la surface n'est nécessaire,
- temps de fabrication courts,
- faibles coûts d'exploitation,
- faible dépense en sécurité au travail,
- pas d'impact sur la place de travail et l'environnement.

Si des produits en tôles fines ainsi assemblés sont p. ex. aussi protégés et étanchéifiés par collage, on parle de techniques d'assemblage hybrides.

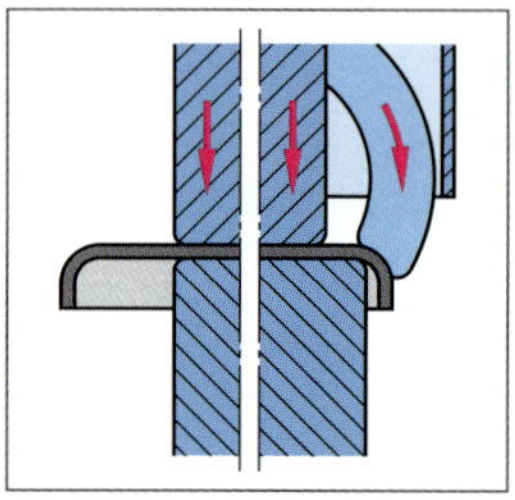

1 Presse à border (à ourler)

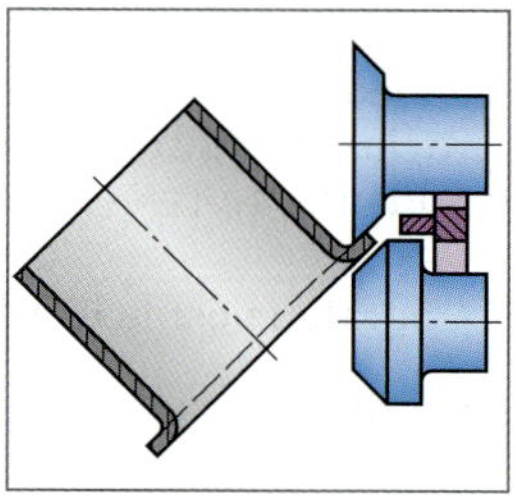

2 Fabrication d'un bordage extérieur par ourlage

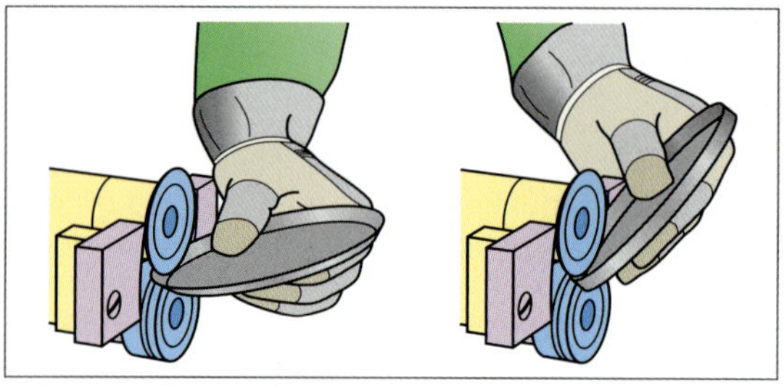

3 Bordage (ourlage) d'un fond de récipient à l'aide de rouleaux spéciaux sur une machine à moulurer

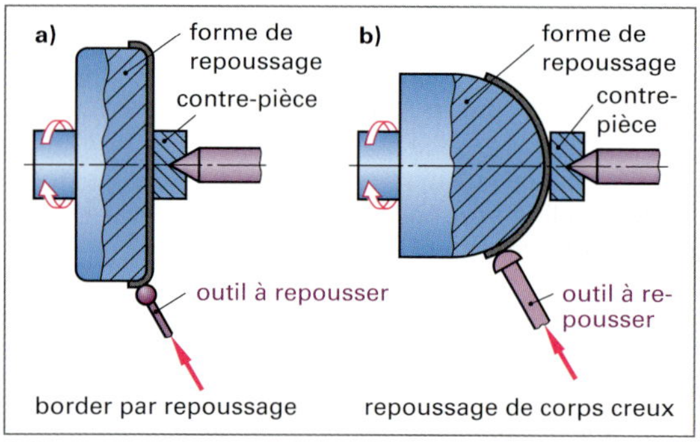

4 Repoussage de corps creux
a) avec bordage intérieur b) avec grand rayon

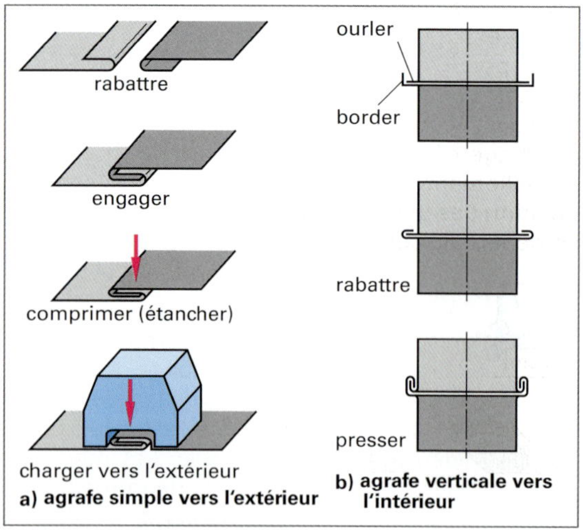

5 Exécution d'un agrafage

1.6.1 Agrafage

On entend par agrafage la liaison de tôles minces par accrochage et écrasement de bords repliés. Pour cela, les bords sont pliés une ou plusieurs fois à froid, engagés et comprimés. Différents **types de plis** ont été développés selon les applications **(fig. 1)**.

L'agrafage est la liaison de tôles préalablement façonnées.

Les principaux domaines d'application sont la fabrication de tubes, récipients et canaux de ventilation ainsi que le montage de toits et façades en tôle.

La sollicitation de la tôle lorsqu'elle est repliée et martelée est importante, les rayons de pliage minimum pour chaque matériau et selon leur épaisseur doivent être respectés. Il faut en outre tenir compte du sens de laminage de la tôle. Lors de l'écrasement, veiller à ce que la matrice d'agrafage ait la bonne taille **(fig 2)**. Un pli correctement écrasé ne peut plus se défaire.

Aujourd'hui, des plis ne sont mis en forme au marteau et à la matrice d'agrafage que dans des cas isolés. Les grands récipients et canaux de ventilation sont fabriqués en usine sur des machines spéciales. De nombreux types d'outils de repliage manuels et motorisés ou sous forme de ferme-plis manuels (pinces manuelles) sont utilisés dans les ateliers et sur les chantiers **(fig. 4)**.

1.6.2 Clinchage

Lors du clinchage, la liaison est réalisée uniquement par emboutissage des pièces assemblées. Aucun préperçage n'est nécessaire et aucun élément supplémentaire n'est monté. La seule condition est l'accessibilité des deux faces de la tôle. Le matériau est refoulé à l'aide d'un **poinçon**, c'est-à-dire qu'il est repoussé dans la zone de pression. La contre - forme ou **matrice** est configurée de sorte à ce que les pièces en tôle restent accrochées l'une à l'autre **(fig. 3 et 5)**. Si le jeu de coupe entre le poinçon et la matrice est suffisamment petit qu'il en résulte une découpe partielle du matériau. il s'agit alors du clinchage coupant. Grâce à la configuration spéciale de la matrice, le clinchage génère une **liaison rigide** qui remplace partiellement le soudage par points ou assure la position des pièces assemblées pendant le durcissement de la colle.

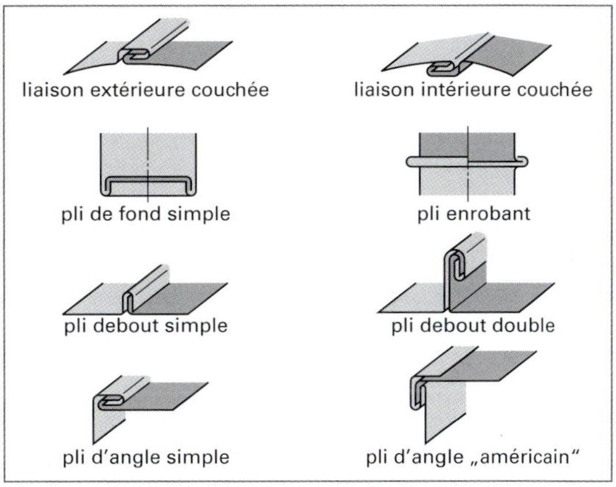

1 Types de plis

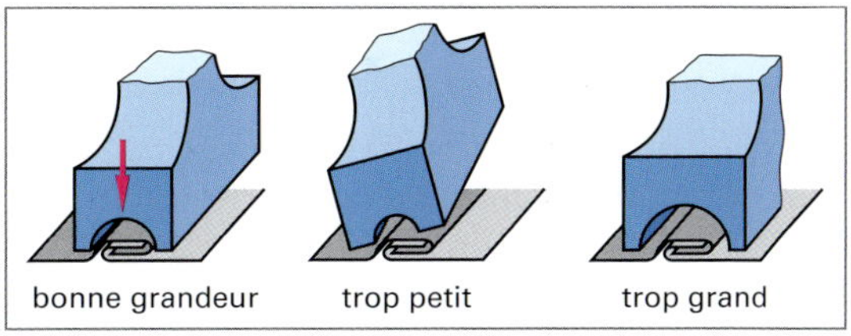

2 Choix du bon outil d'agrafage (chasse-agrafe)

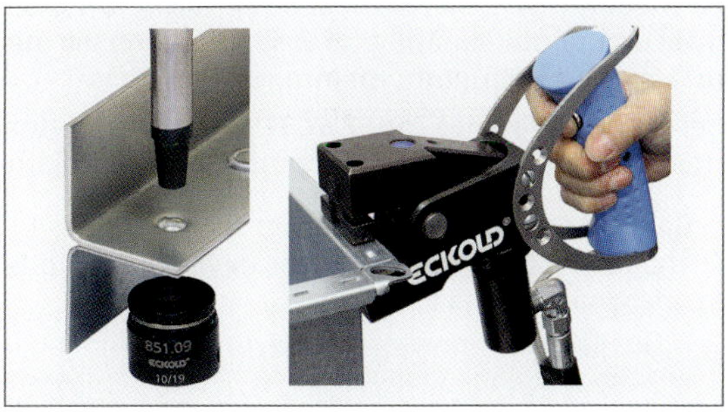

3 Outils de clinchage

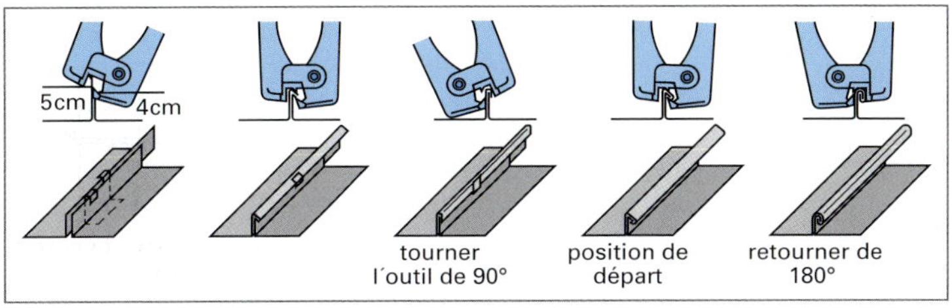

4 Pince à agrafer et déroulement du processus de fermeture

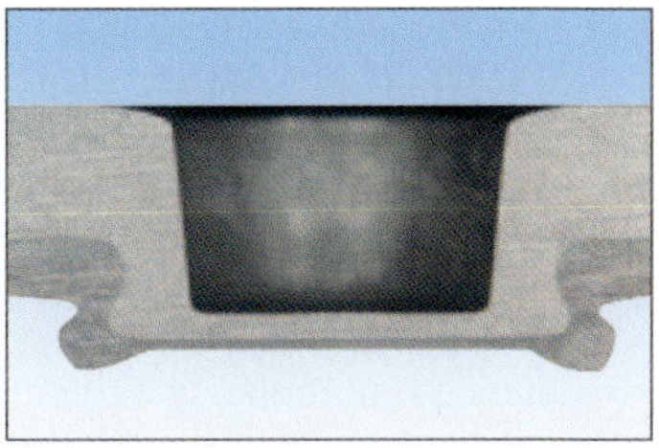

5 Coupe d'une liaison par clinchage

1.6.3 Rivetage aveugle

La liaison est réalisée à l'aide d'un rivet aveugle, une forme particulière de rivet. Les mors de la riveteuse saisissent la tige de tension du rivet et effectuent une traction sur cette dernière. La tête de fermeture se forme par refoulement de la matière qui dépasse de l'assemblage. Le rivetage aveugle est un procédé d'assemblage qui requiert certes un pré - perçage mais nécessite l'accès que par un seul côté **(fig. 1)**.

1.6.4 Procédés d'assemblage avec éléments fonctionnels

La particularité de ces procédés d'assemblage réside dans le fait qu'avec les éléments fonctionnels, des possibilités de liaisons supplémentaires avec d'autres composants peuvent être réalisées grâce au filetage existant sur l'élément. En ce qui concerne l'accessibilité à l'emplacement de la liaison, on fait la distinction entre un côté et deux côtés. Les éléments fonctionnels sont en outre différenciés comme suit :

- vis autotaraudeuses,
- écrous aveugles et goujons filetés à riveter **(fig. 2 et 3)**,
- écrous et goujons à clouer **(fig. 4)**,
- écrous et boulons auto - poinçonneurs,
- écrous et boulons à sertir.

Les vis autotaraudeuses sont utilisées en lien avec le **fluoperçage**. Ce procédé permet de réaliser des filetages aussi dans des tôles fines. Sous l'effet de rotation et de la pression, un outil dur en carbure de tungstène ou céramique pénètre dans le matériau, le chauffe au rouge et forme un trou. La matière est juste repoussée et forme un trou avec un boudin supérieur, dans lequel une vis autotaraudeuse peut être maintenue **(fig. 2)**.

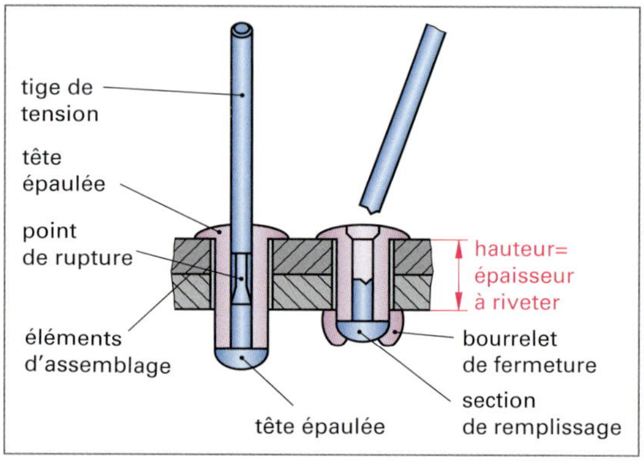

1 Principe du rivet aveugle

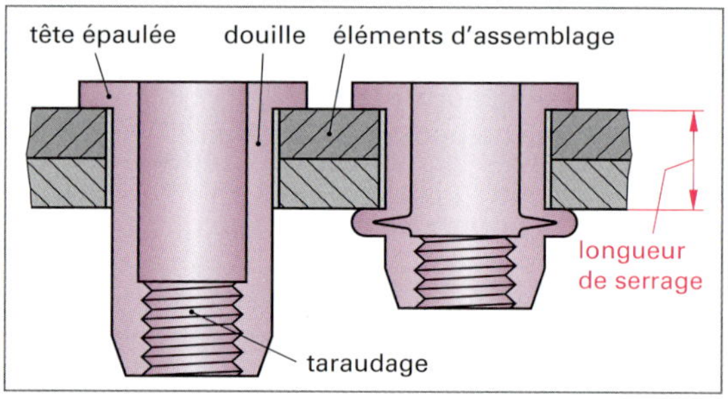

2 Principe de l'écrou aveugle à riveter

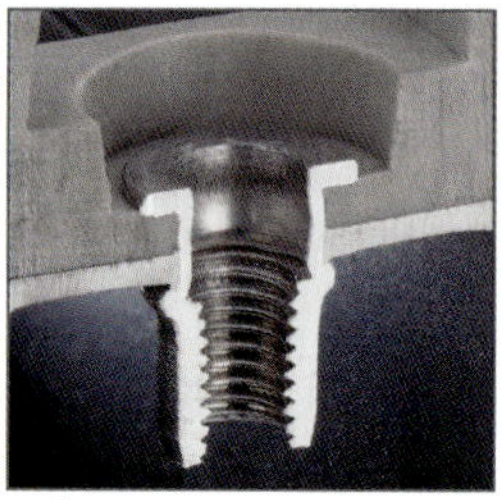

3 Écrou aveugle à riveter

4 Clou pour fixations inamovibles

Les **écrous aveugles (fig. 2 et 3)** et **goujons filetés** à riveter lient comme les rivets aveugles deux composants par rivetage et des composants supplémentaires peuvent être vissés grâce au filetage.

Contrôlez vos connaissances

1 Quelle est l'influence du sens de laminage sur le façonnage de la tôle ?

2 Quelle est l'importance du rayon de pliage minimum et de quoi dépend-il ?

3 Lors du pliage de la tôle, à quoi faut-il prêter attention en ce qui concerne le retour élastique ?

4 Caractérisez les différences entre le pliage sur une presse plieuse ou sur une plieuse à tablier ?

5 Quelles sont les fonctions des moulures dans les structures en tôle ?

6 Expliquez le mode de fonctionnement de la machine à border ou moulurer.

7 Décrivez le mode de fonctionnement des rouleaux d'une rouleuse à tôle.

8 Lors de la fabrication de profilés en tôle pliée, pourquoi est-il nécessaire de réfléchir préalablement à la suite des opérations ?

9 Décrivez la différence de fabrication et de fonctionnement entre les agrafages extérieurs et intérieurs.

10 Expliquez les différences entre le façonnage par traction, le façonnage par compression et le façonnage par traction et compression, puis citez les procédés individuels à cet effet.

11 Montrez les avantages de l'agrafage par rapport au brasage, avec l'exemple d'une tôle en acier galvanisé (zinguée).

12 Quels sont les avantages de l'assemblage par clinchage par rapport au soudage par points pour une tôle fine recouverte d'un traitement de surface.

2 Usinage par enlèvement de copeaux

Lors de l'usinage de la pièce brute, la forme de la pièce finie est obtenue en enlevant des particules de matières, appelées copeaux. Ce procédé est appelé **« usinage par enlèvement de copeaux »**. Les outils ont soit des tranchants géométriquement définis (pour le tournage, le fraisage ou le perçage) soit des tranchants géométriquement irréguliers (pour le ponçage, le polissage ou jet de particules).

2.1 Taillant de l'outil

> La forme de base de chaque tranchant de l'outil est un coin qui pénètre dans la pièce et découpe des particules de matière

Le **taillant pénétrant** dans la pièce est compris entre la face de coupe et la face de dépouille **(fig. 1 et 2)**. L'angle entre ces deux surfaces est appelé angle de taillant (béta). Le copeau glisse sur la face de coupe **(fig. 1)**. L'angle de coupe (gamma) est formé entre la face de coupe et la perpendiculaire au sens d'usinage **(fig. 2)**. L'angle de dépouille (alpha) se situe entre la face de dépouille et la surface usinée. Il doit être suffisamment importante pour éviter un maximum de frottement sur la surface usinée.

2.2 Facteurs d'influence du travail par enlèvement de copeaux

Le taillant de l'outil est enfoncé dans le matériau avec une force manuelle ou mécanique, aussi appelée force de coupe. La combinaison avec le mouvement de coupe a pour effet la formation de copeaux. Le taillant qui pénètre commence par refouler et consolider le matériau puis le sépare sous forme de copeaux alors que la pénétration continue.

Si l'angle de coupe est positif, il en résulte un **effet tranchant (fig. 2 à gauche)**. Si l'angle de coupe est négatif, cela génère un **effet de raclage (fig. 2 à droite)**. C'est ainsi que les petits grains très durs travaillent (meulage, polissage, etc.).

Le **mouvement de coupe** a pour effet qu'un copeau est enlevé à chaque rotation ou à chaque course.

L'outil est déplacé de **l'avance** f à chaque rotation ou à chaque course.

L'approche permet de régler la **profondeur de coupe** a **(fig. 1 et 3)**.

Ces valeurs et la **vitesse de coupe v_c** permettent de déterminer le **taux d'enlèvement de copeaux** Q qui détermine la puissance nécessaire pour la machine.

Le choix **des valeurs d'enlèvement de copeaux** détermine la qualité de la surface et le respect des cotes de la pièce finie.

- Plus le matériau est tendre, plus l'angle de taillant peut être petit et plus l'angle de coupe peut être grand.

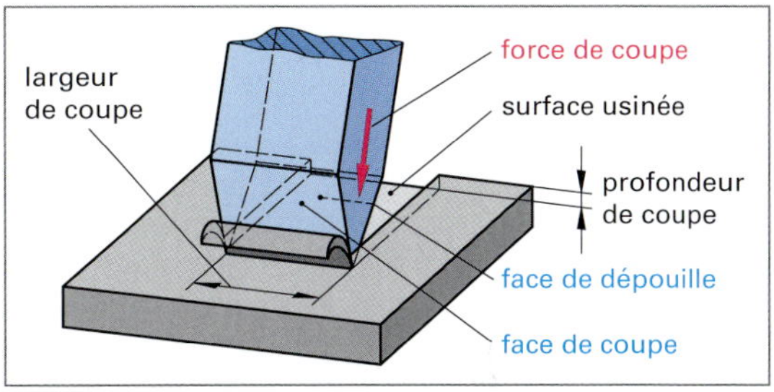

1 Surfaces et grandeurs d'enlèvement de copeaux sur le tranchant de l'outil

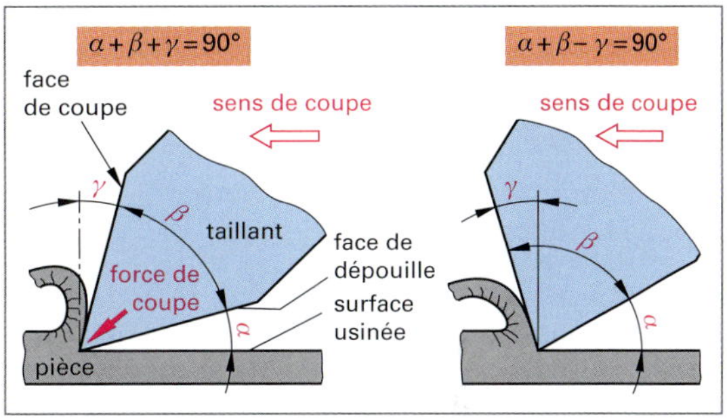

2 Angles de l'outil

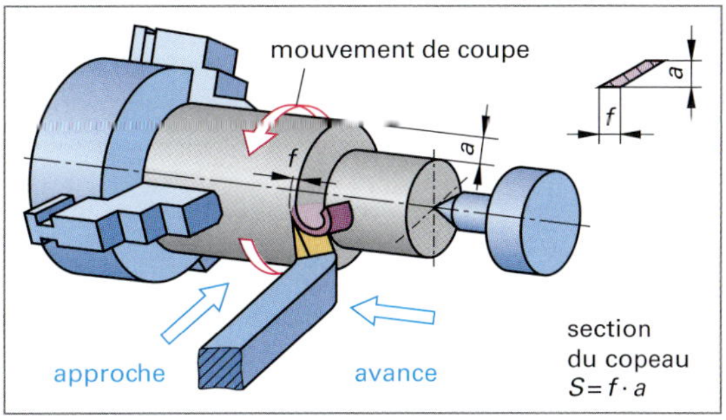

3 Mouvements dans le tournage

Facteurs d'influence dans l'usinage par enlèvement de copeaux	
sont donnés :	peuvent être choisis :
■ **la pièce** ■ la matière ■ les machines, les outils, la dextérité des collaborateurs	■ **le procédé de fabrication** ■ la matière des outils ■ la vitesse et profondeur de coupe (approche), l'avance

- Une vitesse de coupe élevée et une petite avance génèrent de petits copeaux et un état de surface fin.
- Une vitesse de coupe basse et une avance élevée donnent de gros copeaux et une surface rugueuse.

2.3 Perçage

Le perçage sert à réaliser des trous cylindriques traversants ou borgnes dans des matériaux.

> Le perçage est un procédé par enlèvement de copeaux avec un mouvement de coupe circulaire et une avance rectiligne dans le sens de l'axe de rotation.

Le type de foret le plus utilisé est le **foret hélicoïdal** à deux tranchants **(fig. 1)**. Les **arêtes principales** se trouvent à la pointe du foret. L'avance les fait pénétrer dans le matériau qui est alors usiné par la force de coupe du **mouvement circulaire**.

L'âme se trouve entre les deux arêtes **(fig. 1)**. Elle ne coupe pas le matériau, mais complique le perçage. On essaie de l'amincir en y ajutant une dépouille. La matière utilisée pour les forets est l'acier à outils, acier rapide ou le métal dur. De nombreux forets sont équipés de plaquettes en métal dur. Plus le matériau est dur, plus l'angle hélicoïdal ou hélice (gamma) est petit. On fait la distinction entre trois types de forets **S** (souple, mou), **N** (normal) et **D** (dur).

Un affûtage correct est décisif pour un bon travail avec des outils de perçage car il réduit l'usure de l'arête de coupe principale et transversale ainsi que du chanfrein de guidage.

Perceuse

La taille des perçages et des pièces, ainsi que l'étendue des travaux de perçage déterminent le choix de la machine.

Les perceuses portatives sont avant tout utilisées pour les travaux de montage. Elles sont principalement électriques mais fonctionnent aussi avec accumulateurs s'il n'y a pas de courant de secteur. Les vitesses de rotation sont réglables en continu par variateur électronique. Un entraînement par air comprimé est aussi régulièrement utilisé.

Les perceuses à main ont évolué pour devenir des perforatrices à percussion pour percer la maçonnerie **(fig. 2)**.

La profondeur de perçage peut être limitée par une butée.

Dans l'atelier de construction métallique, on utilise des **perceuses d'établi** ou à colonne **(fig. 3)**. Un support de perceuse permet de convertir les perceuses à main en une sorte de perceuse d'établi. Cela permet de percer avec plus de précision sur le chantier que ce qu'un guidage manuel permet de faire.

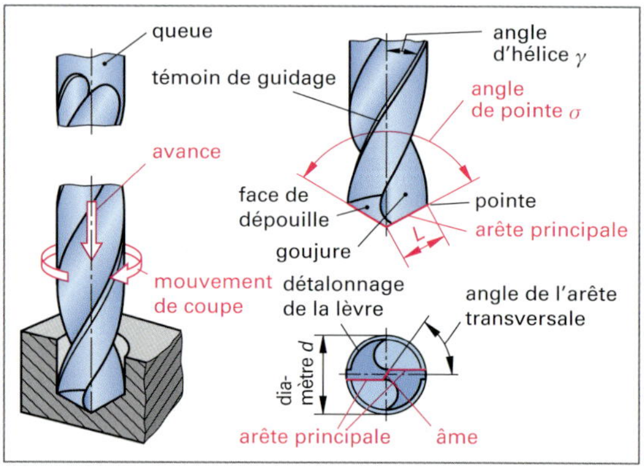

1 Coupes, angles et surfaces du foret

2 Perceuse à percussion

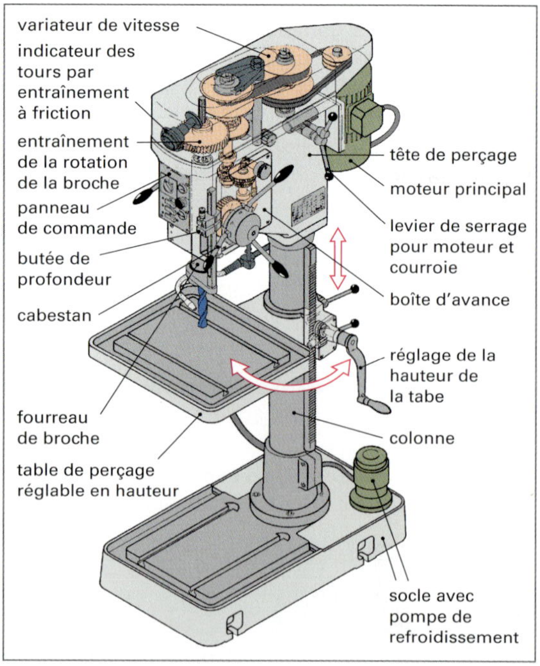

3 Perceuse à colonne

2.4 Sciage

Sur un chantier, on utilise une **scie à archet ou à métaux (fig. 1)** pour découper des tubes et profilés à la main. Pour des travaux en atelier l'on utilise des **machines à scier**.

La **scie alternative (fig. 2)**, **la scie à ruban (fig. 3)** ou la **scie circulaire (fig. 4)** permettent l'usinage des profilés, tubes, supports et barres. Elles conviennent à la fabrication de pièces unitaires ou en série. La scie alternative ne travaille que dans un sens. La lame retourne en position de départ sans usiner par un système excentrique.

La **scie circulaire** a une vitesse périphérique élevée et aucune course à vide, ce qui lui permet d'atteindre des capacités d'usinage importantes. Néanmoins, les grandes pièces ne peuvent être usinées qu'avec de très grands diamètres de lames avec des machines correspondantes.

Les découpes de formes et travaux individuels sont réalisées avec la **scie à ruban verticale (fig. 5)**. Un ruban soudé permet une découpe en continu , sans temps morts, comme avec la scie circulaire.

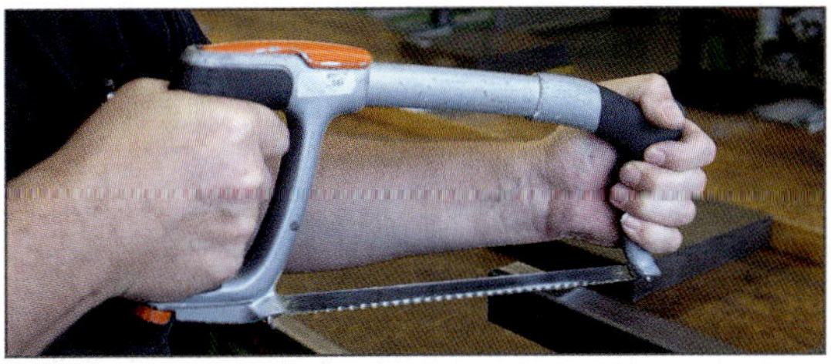

1 Scie à archet

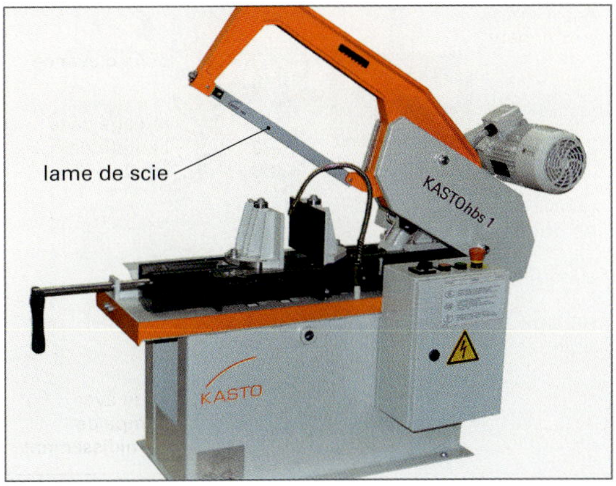

2 Scie alternative

3 Scie à ruban

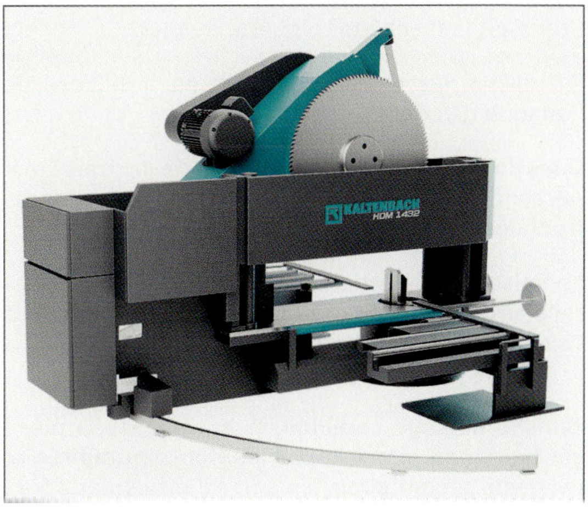

4 Scie circulaire

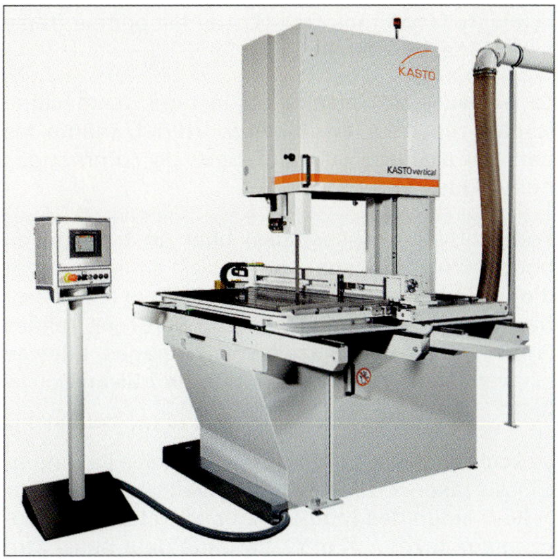

5 Scie à ruban vertical

2.5 Fraisage

Le fraisage est un procédé de fabrication de surfaces et évidements plans et courbés mais aussi de rainures.

> Le fraisage est un usinage par enlèvement de copeaux avec un outil à plusieurs tranchants, avec un mouvement circulaire et avance longitudinale.

Les dents agissant les unes après les autres, on obtient un enlèvement de copeaux uniforme. Le réglage de la profondeur de coupe est réalisé par pénétration, la **largeur de coupe** est déterminée par la pièce ou par l'outil **(fig. 1)**.

L'avance a lieu soit en **opposition** dans le sens de l'avance, ou en **avalant** dans le sens contraire. Soit c'est la pièce ou l'outil qui avance.

On distingue trois procédés en fonction de l'attaque des dents.

Dans le **fraisage en bout**, l'axe de la fraise est perpendiculaire à la surface d'usinage. Les dents frontales usinent la surface de la pièce **(fig. 2)**.

Le **fraisage tangentiel** travaille avec des dents parallèles ou disposées selon un angle par rapport à l'axe de la fraise. L'axe de la fraise est parallèle à la surface usinée **(fig. 1)**.

Dans le **fraisage combiné**, la surface de la pièce est fabriquée à la fois par les dents primaires et les dents secondaires. Il s'agit du procédé de fraisage le plus économique. Les dents principales enlèvent la matière tandis que les dents secondaires lissent la surface. La machine est ainsi sollicitée de façon uniforme. L'outil est appelé fraise à 2 ou 3 tailles. **(fig. 2)**.

La **fraiseuse universelle** est le type de machine le plus répandu **(fig. 3)**. Aujourd'hui, même les petites fraiseuses sont équipées de commandes numériques.

Pour pouvoir réaliser aussi bien un fraisage en bout qu'un fraisage tangentiel sans changer d'outil, la fraiseuse universelle dispose d'une broche horizontale et d'une broche verticale, reliées l'une à l'autre par un train d'engrenages. Elles se trouvent toutes deux sur la **tête de fraisage** pivotante.

Le socle coulisse sur un guide vertical à l'avant du châssis (axe – Z). La table de travail se déplace sur celle-ci selon des mouvements longitudinaux horizontaux (axes – X et Y). La table peut aussi être pivotée et basculée jusqu'à 45°.

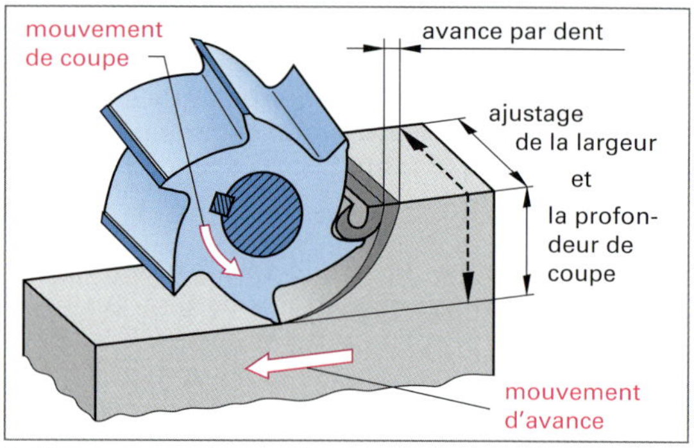

1 Mouvements de travail et angle de l'outil lors du fraisage tangentiel en opposition.

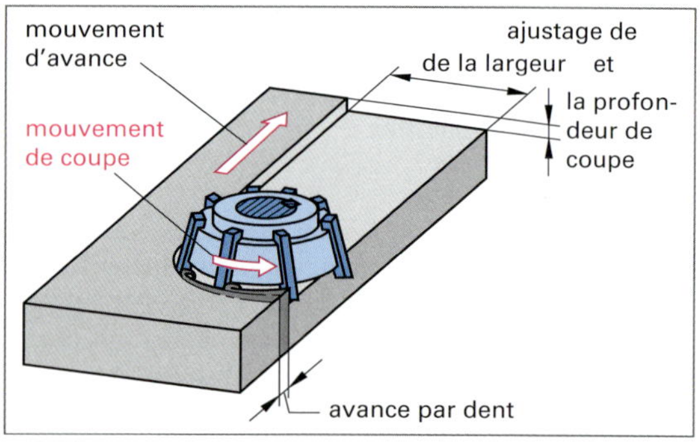

2 Fraisage combiné

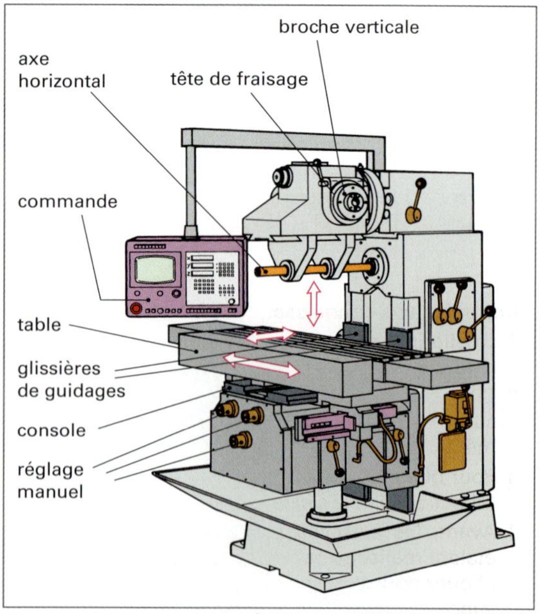

3 Fraiseuse universelle

2.6 Fabrication de filetages

L'industrie fournit des vis et des écrous dans des dimensions normalisées. En atelier ou sur le chantier, il est toutefois souvent nécessaire de réaliser des filetages sur des goujons ou extrémités de tubes **(fig. 1 et 2)**.

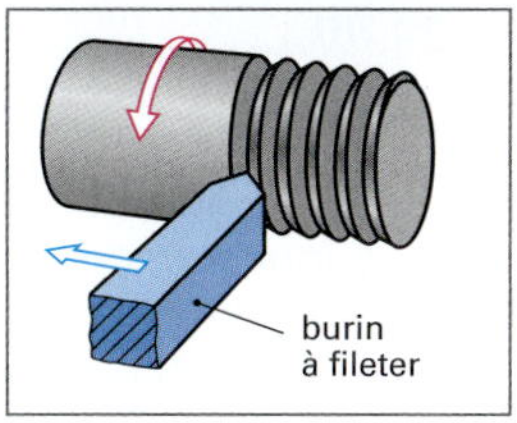

1 Tournage avec burin à fileter

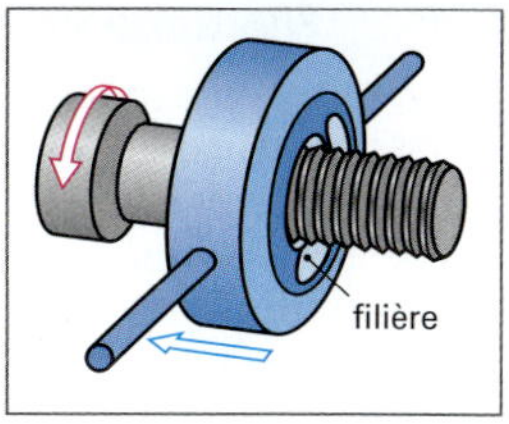

2 Filetage avec filière

2.6.1 Tourner des filetages extérieurs

Les filetages sur des goujons sont réalisés à l'aide d'une filière. Sa section correspond à l'écrou. Chaque diamètre de filetage nécessite une **filière** différente.

Des portes-filières sont utilisées pour les filetages sur tubes. Ils coupent à la cote finie en une passe. Les filières ajustables permettent de réaliser différents diamètres de filetage. Les tourne-à-gauche électriques disposent d'inserts interchangeables, pour fileter des tubes normalisés **(fig. 3)**.

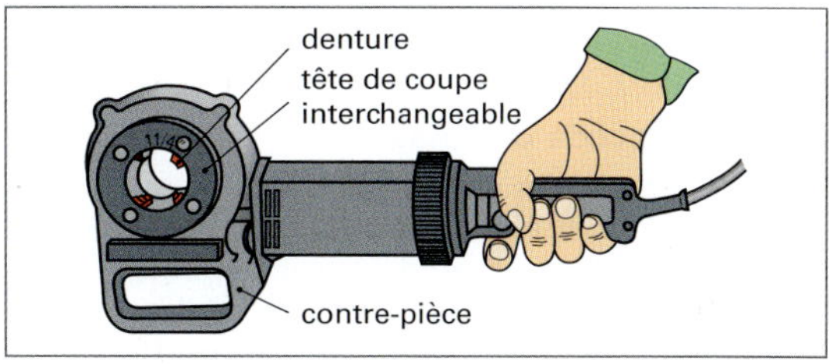

3 Appareil à fileter électrique

2.6.2 Tarauder

Les taraudages servent à loger des vis qui relient des pièces les unes aux autres.

> Dans le filetage intérieur, le pas de vis dans les perçages est réalisé à l'aide de plusieurs tarauds.

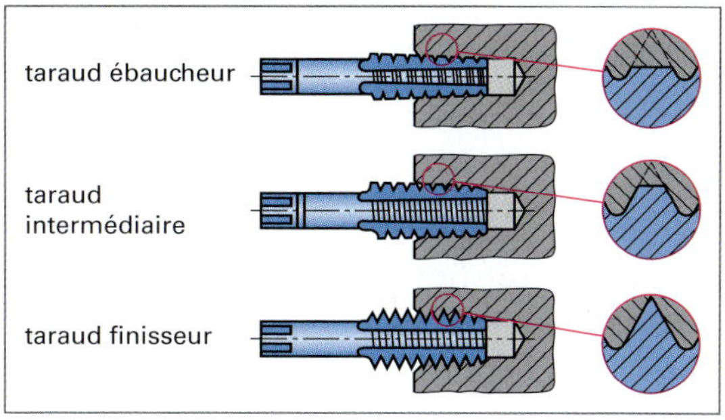

4 Jeu de tarauds

Ces **tarauds** correspondent à la section des vis. Pour le taraudage manuel, on utilise **un jeu de tarauds** pour usiner le filetage en deux ou trois phases de travail **(fig. 4)**. Pour les trous traversants courts (jusqu'à env. 1,5 fois le diamètre du filetage), on prend des **tarauds machine** pour effectuer le filetage en une phase de travail.

Un appareil à fileter permet de réaliser des filetages sur des perceuses. Il est fixé dans la broche de la perceuse et inverse la rotation dès que la profondeur de filetage nécessaire est atteinte **(fig. 5)**.

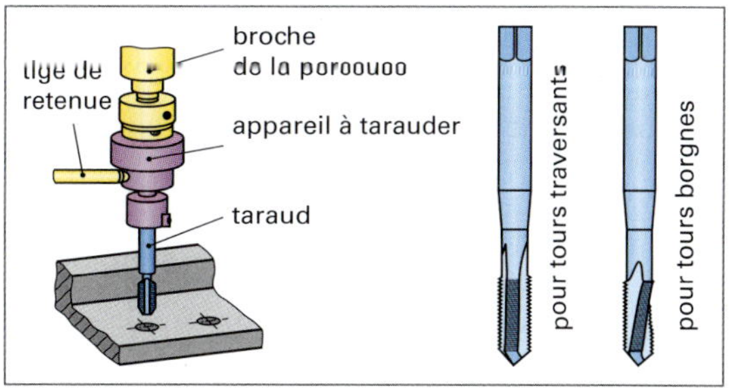

5 Taraud machine

Contrôlez vos connaissances

1 Quelle influence a la dureté du matériau sur la configuration de l'outil d'usinage ?
2 Citez les facteurs d'influence les plus importants sur la qualité d'une surface réalisée par enlèvement de copeaux.
3 Pour quels travaux le constructeur métallique a-t-il besoin d'une fraiseuse ?
4 Avant, les surfaces planes et rainures droites étaient réalisées par rabotage et mortaisage. Expliquez pourquoi ces procédés ont largement été supplantés par le fraisage.
5 Pourquoi aucun mouvement de réglage n'est nécessaire dans le perçage ?
6 Comment le foret est-il guidé dans le perçage ?
7 Pourquoi une perceuse manuelle ne permet-elle pas de réaliser des perçages aussi précis qu'une perceuse à colonne ?
8 Pourquoi faut-il utiliser plusieurs tarauds différents lors du taraudage manuel ?

2.7 Meulage et usinage fin

Le meulage permet d'égaliser ou lisser à la cote des surfaces planes ou courbes. Les cordons de soudure sont aplanis, les racines sont fignolées et les éclaboussures ou giclures sont retirées. Les outils de meulage permettent d'ébavurer les arêtes et d'affûter les outils. Dans le tronçonnage à la meule en revanche, de très minces meules fonctionnent comme des scies circulaires. Chaque meule comporte une multitude de très petits grains abrasifs très durs. Ils présentent une configuration irrégulière et sont maintenus ensemble par un matériau porteur appelé le liant. On obtient des surfaces encore plus fines par rodage, polissage ou autre procédé avec des grains abrasifs non liés.

Le meulage est un procédé de fabrication par enlèvement de copeaux avec des outils à plusieurs tranchants et géométriquement irréguliers, utilisé pour produire des surfaces plus précises.

2.7.1 Procédé d'usinage

Le **mouvement de coupe** est exécuté par l'outil, généralement appelé **meule**. Dans le meulage, le mouvement d'avance et d'approche peut être réalisé par la pièce ou par l'outil **(fig. 1)**. **L'approche** correspond à la **profondeur de pénétration** de la meule dans la pièce. Pour améliorer la surface, la meule ne doit toucher la surface de la pièce que très légèrement. **La ligne d'attaque** dépend du rayon de la meule. Plus elle est longue, plus l'effort de coupe total doit être important.

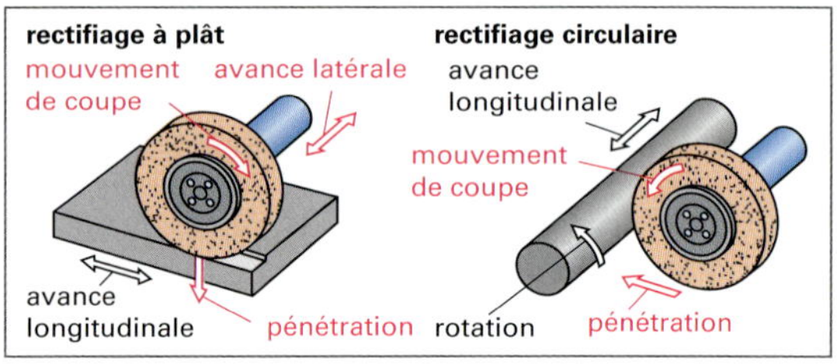

1 Procédé de meulage

2.7.2 Outils de meulage

Les propriétés d'un corps abrasif, souvent un disque avec des grains liés, sont déterminées par **l'abrasif**, sa **granulométrie** ainsi que par le **liant**, sa **résistance (dureté)** et sa **structure (fig. 2)**.

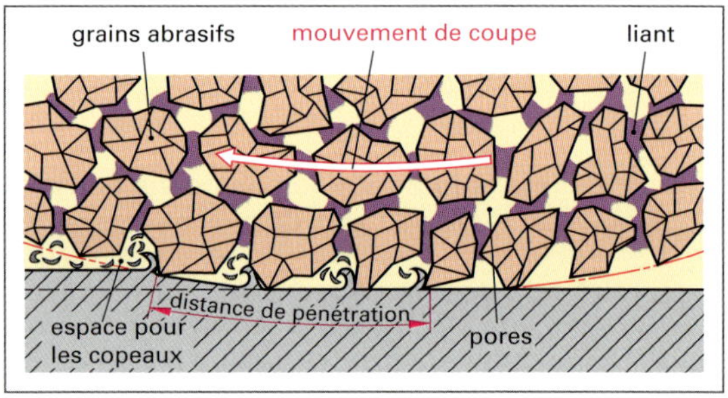

2 Composants de la structure de corps abrasifs

Abrasifs

Le **matériau de coupe** en lui-même est composé des grains d'abrasif qui usinent la matière.

L'abrasif doit être beaucoup plus dur que le matériau à usiner.

L'enlèvement de copeaux est réalisé par les nombreux petits tranchants irréguliers de ces grains. Sur un agrandissement, on peut distinguer les tranchants en forme de coins **(fig. 3)**. En règle générale, **l'angle de taillant β** et l'angle de **dépouille α** sont supérieurs à l'angle droit ($\alpha + \beta > 90°$) **et l'angle de coupe γ** est négatif, ce qui produit un **effet de raclage**. Avec les minuscules copeaux, on obtient ainsi une faible rugosité des surfaces produites.

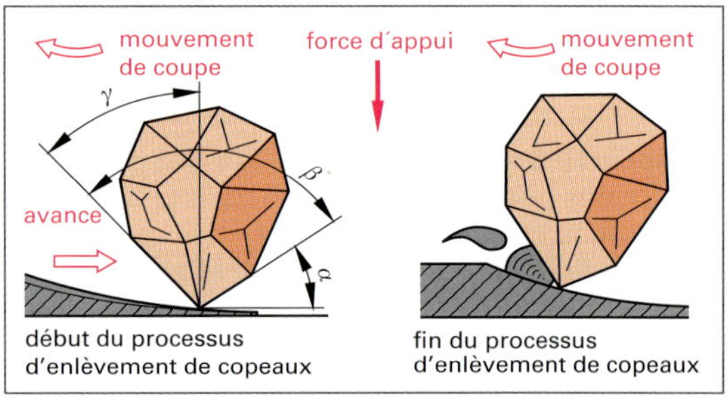

3 Angles du grain abrasif lors de l'enlèvement de copeaux

Pour les abrasifs modernes, on utilise seulement des matériaux synthétiques. Le corindon (A), le carbure de silicium (C), le nitrure de bore (B) et le diamant (D). La répartition de la granulométrie est définie par une norme FEPA (Association européenne des fabricants de produits abrasifs), qui est prise en compte dans DIN et ISO (tableau à droite).

Répartition des grandeurs du grain	
grossier	F4, F5, ... F8, F10, ..., F22, F24
moyen	F30, F36, F46, ... F60
fin	F70, F80, ... F180, F220
très fin	F230, F240, ... F1200, F1500, F2000

Structure

La répartition des grains abrasifs, liants et pores constitue la structure du corps abrasif **(tableau 1 et fig. 1)**. Les indices montrent la **porosité**, c'est-à-dire si l'abrasif présente une structure dense ou ouverte. Les chiffres ci-contre montrent la porosité.

Le choix de la structure doit tenir compte de la quantité de copeaux. Plus il y a de copeaux, plus les pores doivent être grands.

Les disques denses ont une dureté plus importante et ne s'usent donc pas aussi vite. Ils peuvent toutefois se détériorer plus facilement (bourrage) et doivent être affûtés plus souvent **(fig. 1)**.

Dans le meulage sous arrosage, les pores plus grands permettent de transporter plus de liquide de refroidissement au point d'attaque. Ceci augmente la capacité d'enlèvement de copeaux.

Le liant

Le liant maintient les grains abrasifs ensemble. Les liants organiques sont élastiques mais résistent peu à la chaleur. Les liants anorganiques sont certes fragiles mais résistent à des températures plus élevées. Si les grains abrasifs se brisent trop vite, la meule s'use rapidement. Si le liant est trop solide, les grains sont émoussés et les températures trop élevées.

> La **dureté** d'un abrasif est une mesure de la force avec laquelle les grains abrasifs sont maintenus par le liant.

Le degré de dureté doit être adapté au matériau lors du choix de la meule **(tableau 2)**. Les matériaux durs et fragiles émoussent les grains abrasifs plus rapidement. C'est la raison pour laquelle ils doivent pouvoir se détacher plus facilement du liant. Avec des matériaux souples et durs, les grains restent coupants plus longtemps. Un liant dur les maintient en conséquence plus longtemps. La règle fondamentale suivante s'applique dans le choix des meules :

> Matériaux durs – meules souples
> Matériaux souples – meules dures

En raison de leur structure, les meules ont une résistance à la traction relativement faible. Pour ne pas qu'elles éclatent par **forces centrifuges**, la vitesse de rotation périphérique doit être limitée **(tableau 3)**. Si l'on considère que la force centrifuge est multipliée par quatre quand la vitesse de rotation est doublée, l'on peut alors comprendre et empêcher de nombreux **accidents** dus à **des vitesses de coupes trop élevées**.

L'identification des meules est effectuée par le fabricant avec des autocollants ronds ou carrés en vertu des indications prescrites **(fig. 2)**.

1 Types de structure des corps abrasifs

Tableau 1 : Données pour la structure des grains

0	1	2	3	4	5	6	7	8	9	10	11	12	13	14

structure dense . . . . structure ouverte
petits pores. . . . . grands pores

Tableau 2 : Données pour la dureté des meule

A B C D. . . . . M N . . . . W X Y Z
extrêmement souple . moyen . . . . . . extrêmement dur

Tableau 3 : Vitesses maximales pour les meules

Bandes de couleur	bleu	jaune	rouge	vert
v en m/s	50	63	80	100
Bandes de couleur	bleu/ jaune	bleu/ rouge	bleu/ vert	jaune/ rouge
v en m/s	125	140	160	180
Bandes de couleur	jaune/ vert	rouge/ vert	2 × bleu	2 × jaune
v en m/s	200	225	250	280
Bandes de couleur	2 × rouge	2 × vert		
v en m/s	320	360		

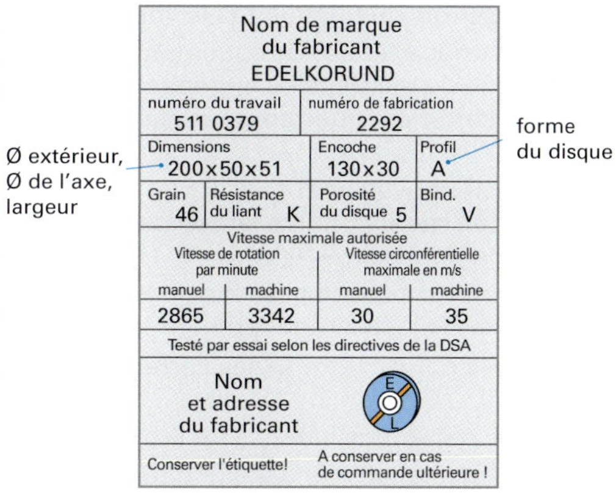

2 Identification d'un abrasif pour des vitesses de rotation périphérique accrues – échantillon d'un autocollant

2.7.3 Travail avec les outils de meulage

Dans la zone d'attaque les températures peuvent atteindre 1000 °C. Elles peuvent alors embraser les copeaux en cas de vitesses de coupe élevées. L'échauffement peut modifier les propriétés de la pièce mais aussi réduire la durée de vie des meules. C'est pourquoi la friction et l'échauffement doivent être limités.

Lors de l'affûtage, il est impératif de veiller à ce qu'il y ait un refroidissement suffisant à l'eau ou à l'huile de coupe.

Si c'est impossible, p. ex. avec des meuleuses à main, on choisit une vitesse plus faible ou on interrompt le meulage par intermittence.

Serrage et vérification des meules

En raison de la dangerosité des travaux de meulage, il existe **des règles** établies par les caisses accidents et la commission allemande des outils de meulage (Deutscher Schleifscheibenausschuss (DSA), dans lesquelles le serrage, la taille des brides de serrage et la vérification sont définis **(fig. 1)**. Il existe en outre un rapport entre la force de bridage et la **vitesse de rotation périphérique admise**, qui est également prise en compte lors de la vérification. La meule doit absolument être équilibrée. Un **mauvais équilibrage** provoque des vibrations. Ceci augmente l'usure de l'abrasif, diminue la qualité du travail et sollicite également plus intensément la machine. L'équilibrage de la meule ne doit pas seulement avoir lieu avant le premier montage mais aussi après une longue période d'utilisation si une usure irrégulière survient **(fig. 3)**.

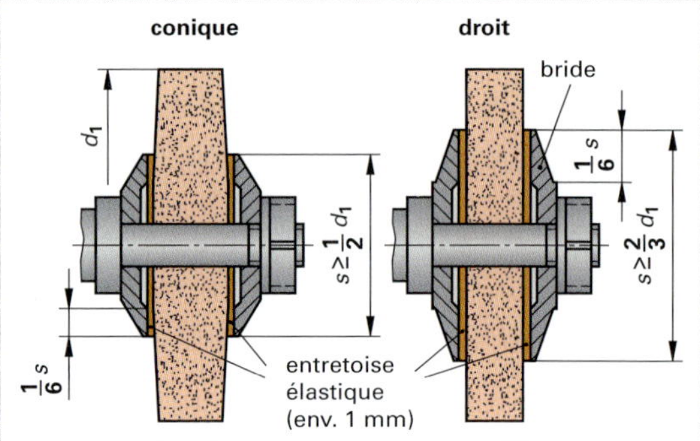

1 Serrage des meules

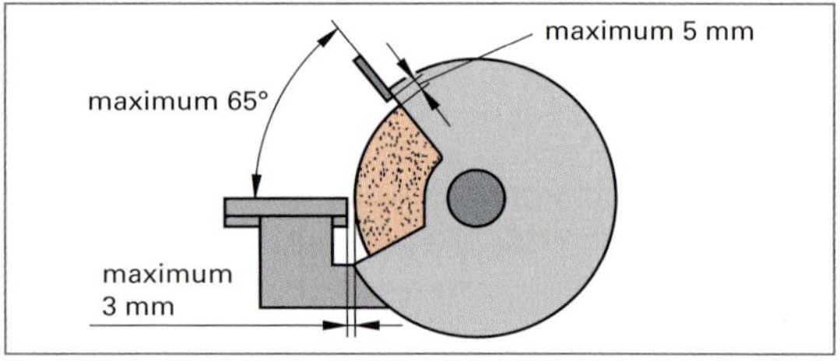

2 Meule montée correctement

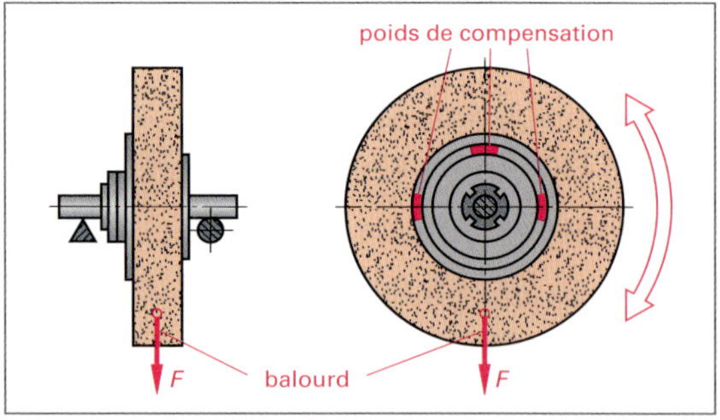

3 Équilibrage statique

Prévention des accidents

La dangerosité du meulage est démontrée. Un éclat peut se détacher de la meule à une vitesse d'env. 160 km/h lors d'une vitesse admissible périphérique de 45 m/s Il convient donc de respecter ce qui suit :

- Avant le serrage, les abrasifs doivent être contrôlés à l'aide d'un essai de son. Ils sont exempts de fissures uniquement si le son est clair.
- Pour le serrage, utiliser uniquement des brides de serrage de même taille appartenant à la machine et serrer avec une clé spéciale. Les écrous doivent être resserrés après un certain temps.
- Un abrasif nouvellement serré doit être essayé pendant au moins 5 min à la vitesse de rotation maximale admise.
- Le support de la pièce et le capot de protection doivent être ajustés régulièrement **(fig. 2)**.
- Les pièces doivent être fixées correctement pour éviter l'arrachement de la pièce. Sécuriser le poste de travail.
- Toujours porter des lunettes de protection pendant le meulage.
- Une tronçonneuse manuelle doit toujours être tenue avec les deux mains, faute de quoi il y a danger de mort.
- Ne pas utiliser de meule de tronçonnage pour le meulage latéral.
- Porter des protections auditives pendant le tronçonnage.
- Si des poussières dangereuses pour la santé sont dégagées, utiliser une protection respiratoire.

Dressage de meules

Après une certaine durée d'utilisation, les meules sont émoussées. Les espaces poreux sont remplis et le disque ne tourne plus rond. Un outil de dressage permet de retirer la couche émoussée et les nouveaux grains affûtés apparaissent **(fig. 1)**. Les rainures sont également éliminées et la cylindricité de la meule est rétablie.

Des **outils de dressage** manuels, des plaques de dressage à pointes multiples ou des disques rotatifs de dressage au diamant sont utilisés en guise d'outils de dressage **(fig. 1)**.

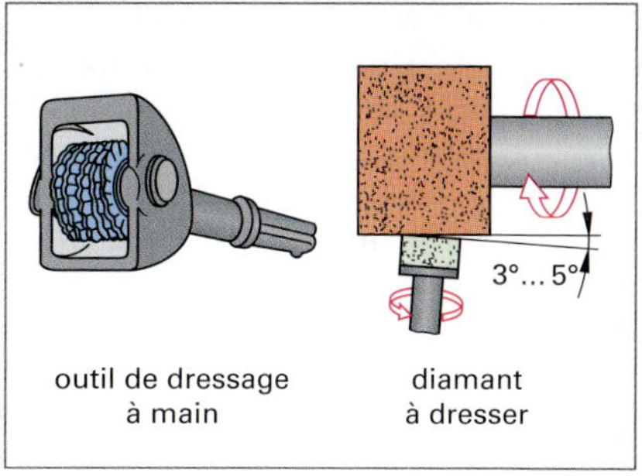

1 Outils de dressage

2.7.4 Procédés de meulage et machines

Dans la fabrication industrielle, on utilise aussi bien des machines à meuler universelles que des meuleuses spéciales. Selon la configuration de la surface de la pièce, on fait la distinction entre le **meulage circulaire, le planage et le meulage de profils**.

Dans la construction métallique, l'atelier n'est généralement équipé que d'un touret à meuler **(fig. 2)** et de meuleuses d'angle. Peut éventuellement s'y ajouter une ponceuse à bande, notamment si de l'acier inoxydable doit être meulé sans points de rouille. Ses surfaces sont décapées après soudure puis meulées. Il convient pour cela d'utiliser des meules spéciales parce que les particules de ferrite peuvent provoquer des points de rouille. Il faut utiliser des meules avec une liaison caoutchouc souple et une faible pression d'appui, afin d'éviter un échauffement important et la coloration de la pièce. Les couleurs de revenu doivent toujours être décapées.

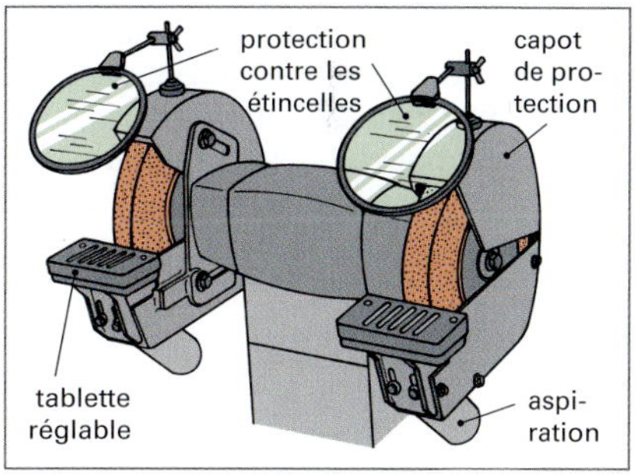

2 Touret à meuler

Affûtage d'outils

Les outils ayant une configuration géométrique simple tels que les forêts ou burins de tournage peuvent être affûtés à la main sur le touret à meuler si l'on est assez habile **(fig. 2)**. Il faut absolument refroidir à l'eau pour que les tranchants ne deviennent pas trop chauds ou bleus (brûler l'outil). Ils seraient sinon « recuits doux », dès env. 240 °C.

3 Affûteuse de forets

Des angles précis sur les outils sont obtenus par des **machines-outils spéciales**, p. ex. une **affûteuse de forets (fig. 3)**. Un meulage sous arrosage est possible ici aussi. Les angles peuvent être ajustés avec précision. Des **jauges d'affûtage (fig. 4)** sont également utilisées pour l'affûtage à la main.

Pour les fraises à dentures pointues, la dépouille est affûtée avec des meules-boisseaux ou meules-assiettes. La forme géométrique et le diamètre de la fraise sont quelque peu modifiés.

Les fraises dépouillées sont des fraises de forme (fraises de profil). Leur angle de coupe $\gamma = 0$. Elles ne peuvent être affûtées sur leur face de coupe qu'avec des meules spéciales.

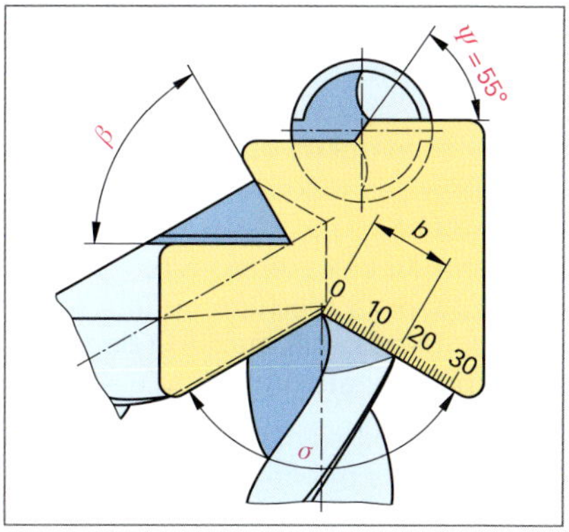

4 Jauge d'affûtage de forets

Meuleuse d'angle universelle

Cet outil électro-mécanique à main, appelé **meuleuse d'angle**, compte parmi les moyens de travail les plus importants du constructeur métallique, aussi bien en atelier qu'en montage. La finition de cordons de soudure et l'usinage de surfaces sont réalisés avec des appareils plus petits (à partir d'une puissance de 500 watts). Des machines plus grandes (puissance de 2000 watts et plus) sont nécessaires pour les travaux d'ébauches et le tronçonnage de pièces plus épaisses **(fig. 1 et 2)**.

Le travail avec une meuleuse d'angle est associé à un risque élevé de blessure et peut porter préjudice à la santé. En usage intensif, les vibrations plus fortes avec les moteurs électriques qu'avec le moteur à air comprimé peuvent nuire à la santé. Cet effet peut être atténué grâce à des **gants de travail** rembourrés. Une **poignée latérale**, qui se fixe à plusieurs endroits de la machine, permet à l'opérateur une prise en main optimale de la machine et, sans trop plier le poignet **(fig. 3 et 4)**.

➔ Les **règles de sécurité** lors du travail avec les meuleuses d'angle doivent impérativement être respectées à cause des vitesses de rotation élevées (vitesses circonférentielles jusqu'à 80 m/s). Le blocage du moteur peut provoquer un couple de réaction très fort.

- Toujours porter des gants de travail.
- Porter des protections auditives et des lunettes de protection.
- Toujours tenir la machine à deux mains pour que l'appareil ne soit pas éjecté en cas de blocage.
- Pas de chocs sur le disque.
- L'utilisation d'une meuleuse d'angle est interdite sans capot de protection car elle présente un danger de mort.
- Faire attention aux projections d'étincelles – Risque d'incendie.
- L'appareil ne doit pas être appuyé trop fortement.
- La poignée latérale doit être utilisée même pour les meuleuses d'angle à une main, afin de réduire les risques de blessures.
- Remplacer immédiatement les disques endommagés et qui ne sont plus équilibrés.
- Meuler les disques à ébarber effilés sur leur pourtour.
- Attention aux arêtes vives.
- Ne poser la machine qu'une fois le disque arrêté. Déposer la machine de sorte à ce qu'elle ne puisse pas tomber.

Sur les machines puissantes, l'utilisation de poignées souples qui amortissent les vibrations ainsi que le démarrage progressif, protège les articulations des poignets.

1 Usinage de surface avec une meuleuse d'angle

2 Coupe avec une meuleuse à tronçonner

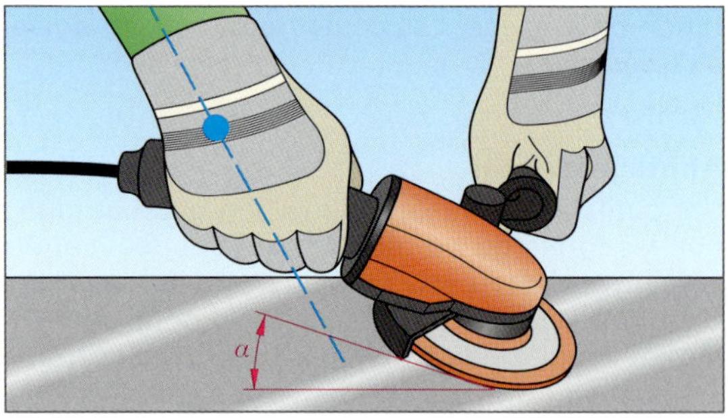

3 Bonne position de la main pour un angle d'attaque optimal

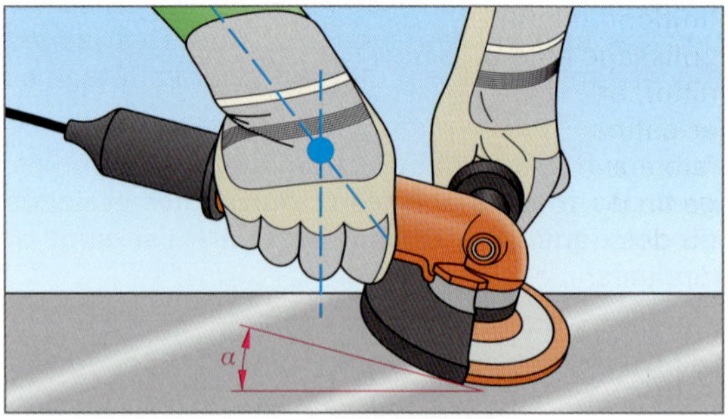

4 Mauvaise position angulaire de la main

2.8 Tronçonnage à la meule

Bien au-delà du secteur professionnel, les meuleuses d'angle universelles sont aussi connues sous le nom de tronçonneuses à disque. En raison de leur utilisation polyvalente, elles ont partiellement supplanté le sciage **(fig. 1)**. Lors de travaux de montage, elles remplacent souvent le chalumeau si des évidements sont à usiner.

L'évolution tend vers des **disques à tronçonner** toujours plus minces car, avec ces derniers, les temps de coupe **(cf. diagramme fig. 2)** réduisent la formation de chaleur et la force nécessaire à la découpe. Ils sont toutefois fragiles ; c'est pourquoi lors du tronçonnage, les prescriptions et mesures de précaution suivantes, destinées au **maniement professionnel** des tronçonneuses, doivent être respectées :

- Utiliser uniquement des disques intactes ;
- Montage uniquement avec les outils d'origine ;
- Vérifier la stabilité du capot de protection et de la poignée annexe ;
- La pièce doit être correctement positionnée et fixée ;
- Veiller à ce que l'emplacement soit sûr : Ne pas utiliser d'échelle pour les travaux au-dessus de la tête ;
- Ne pas ébarber avec une meule de tronçonnage sans quoi elle se brise lors de la découpe ;
- Toujours bouger la meule de tronçonnage en imprimant un mouvement de va-et-vient ;
- Ne pas essayer de coupe curviligne ;
- Ne pas biaiser le disque à tronçonner, utiliser si possible un socle rigide ;
- Les disques qui serrent sont extrêmement dangereux en raison du couple gyroscopique !

2.9 Polissage et brossage

Malgré une fine granulométrie de l'abrasif et des vitesses de coupe élevées, la qualité de surface pouvant être obtenue par **meulage fin** ne suffit pas pour certaines applications **(diagramme, fig. 3)**.

Des rugosités de surfaces encore plus faibles peuvent être obtenues grâce à différentes opérations finitions, comme le **ponçage à bande (fig. 4)**. Le polissage et le brossage correspondent dans la finition artisanale de pièces métalliques au rodage et satinage. L'enlèvement de matière étant très faible avec ces procédés, deux phases de **meulage fin** doivent encore avoir lieu au préalable. Lors du deuxième meulage fin, des outils ou des bandes abrasives très fines sont nécessaires.

Les disques de polissage s'utilisent sur des meuleuses d'angle, les brosses et corps de polissage sont fixés sur des têtes entraînées par des supports élastiques **(fig. 1 en page suivante)**.

1 Application du tronçonnage à disque

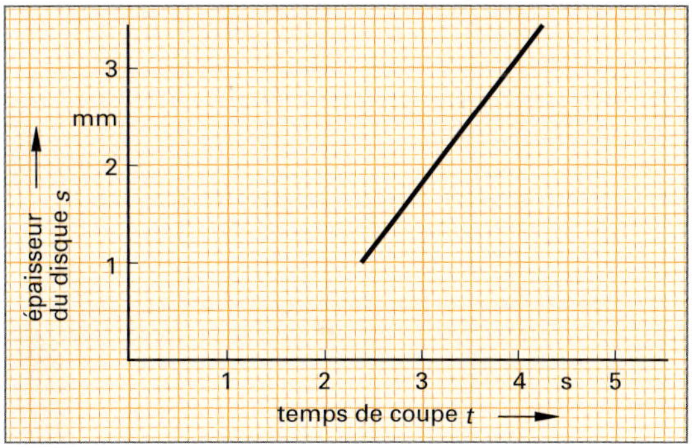

2 Rapport entre le temps de coupe t et l'épaisseur du disque à tronçonner s (indications du fabricant)

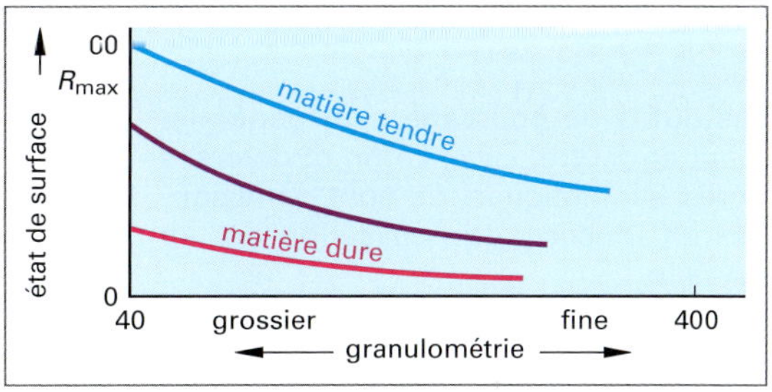

3 Dépendance entre l'état de surface et la granulométrie de l'abrasif lors du tronçonnage à la meule

4 Ponceuse à bande

Si des surfaces d'éléments doivent être protégées contre la corrosion et que les revêtements de surface s'avèrent insuffisants et que la pièce doit par ailleurs satisfaire à des exigences élevées en matière de résistance, on opte pour de **l'acier inoxydable**. Dans le secteur de la construction métallique, l'aspect décoratif plaide en outre en faveur de ce matériau.

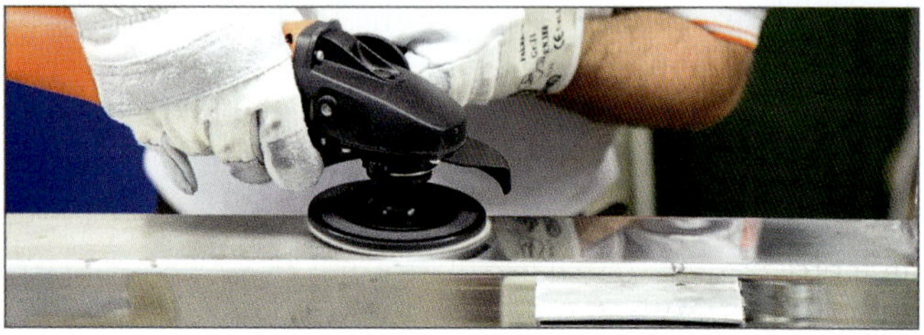

1 **Polissage à l'éponge avec une meuleuse d'angle**

Les aciers inoxydables sont hautement alliés et comportent des éléments d'alliage correspondant aux différentes applications **(voir page 453 et 454)**. Des attaques, même minuscules, peuvent entraîner la destruction de la surface par corrosion provoquée par l'humidité liée à des impuretés. Le **polissage** diminue la rugosité jusqu'à 1 µm. Plus la surface est lisse, moins elle est menacée par les attaques corrosives.

Lors du polissage, une pression et une friction trop élevée entre le corps, les grains de polissage et la surface génèrent de la chaleur qui peut occasionner une coloration de la pièce. La surface doit alors être décapée.

> Le polissage permet d'égaliser les petites irrégularités de surface par un mouvement de friction et une pression jusqu'à obtenir une surface uniforme et brillante.

Les **outils de polissage** sont généralement en feutre, sisal, coton et diverses fibres synthétiques. Ils sont sélectionnés en fonction de l'utilisation qui en est faite.

2 **Divers outils de polissage, brossage et marbrage**

Pour **les pâtes à polir**, on utilise principalement de l'alumine fondue et de l'oxyde de chrome avec des additifs sous forme de pâtes solides ou liquides.

Contrôlez vos connaissances

1 Citez les différentes possibilités d'application du meulage.

2 Décrivez la structure d'une meule et l'utilité de ses composants.

3 Justifiez les exigences de sécurité lors du meulage et du tronçonnage.

4 Quand le tronçonnage est-il plus avantageux que le sciage ou l'oxycoupage.

5 Frottez une surface métallique avec un chiffon en coton et mesurez la température avant et après. Que signifie le résultat en termes de polissage ?

6 Pourquoi n'est-il pas judicieux de commencer le brossage et le polissage immédiatement après le meulage de finition ?

7 Justifiez la raison pour laquelle le polissage améliore la couche de protection de surfaces en acier inoxydable.

3 Débitage mécanique et séparation thermique

La séparation sans copeaux de pièces brutes a lieu par les procédés de tranchage au couteau ou cisaillage, ainsi que par des procédés de séparation thermique (aperçu).

Séparation		
Tranchage au couteau	**Cisaillage**	**Séparation thermique**
Coupe à la lame à un tranchant p. ex. ciseau	Cisaillage ouvert p. ex. cisailles à tôle	Oxycoupage
Coupe à deux tranchants p. ex. tenailles	Cisaillage fermé p. ex. étampage	Découpage par fusion
		Découpage au laser

3.1 Coupe (tranchage) au ciseau

Lors du tranchage au couteau, un ou plusieurs tranchants en forme de coin pénètrent dans la matière, se déplacent l'un sur l'autre et séparent la matière.

Les outils de tranchage au couteau à un seul tranchant sont le burin plat, le burin à sculpter et l'emporte-pièce **(fig. 1)**. Lors du tranchage au couteau à un seul tranchant, également appelé coupe au bédane, la matière est découpée depuis un côté. La pièce doit reposer sur un support solide mais pas trop dur, p.ex. en bois dur, aggloméré ou plastique, afin que les outils de coupe aient une durée de vie la plus élevée possible.

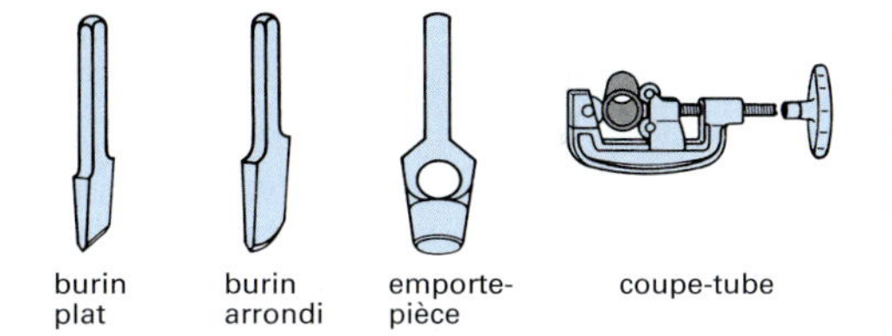

1 Outils de tranchage au couteau à un seul tranchant

Pour le caoutchouc et les matériaux semblables, l'angle de tranchant est compris entre 8° et 18°. Pour obtenir des surfaces de coupe à angle droit, l'arête de coupe du couteau est mise perpendiculairement sur le côté utile. Ainsi on a des outils de formes différentes pour les coupes intérieures et extérieures **(fig. 2)**.

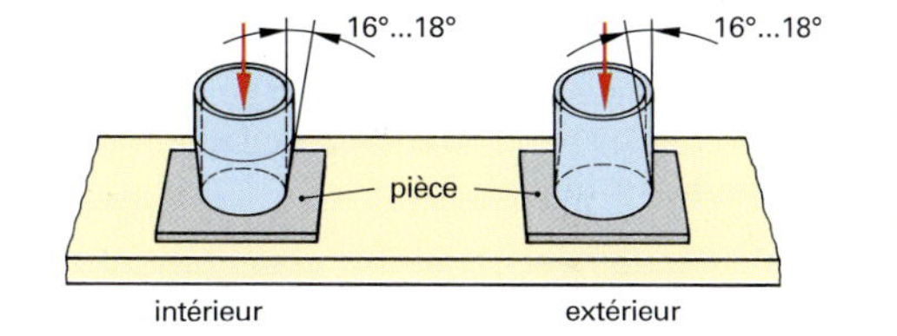

2 Outils de coupe au couteau pour des formes intérieures et extérieures

Lors du tranchage au couteau à deux tranchants, également appelé coupe par morsure, le matériau est découpé par deux lames travaillant l'une contre l'autre. Les outils usuels de coupe par morsure sont les tenailles, la pince coupante et la tenaille à levier **(fig. 3)**.

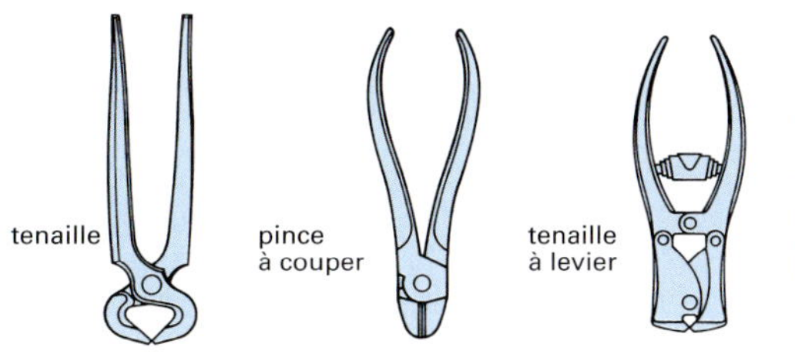

3 Outils de coupe par morsure

3.2 Cisaillage

Si, lors d'une coupe, le tracé de la ligne de coupe est ouvert, on parle de coupe ouverte, les outils sont des ciseaux manuels ou des ciseaux mécaniques. Les pièces avec une ligne de coupe fermée, p. ex. des cercles, sont réalisées par poinçonnage **(fig. 4)**.

3.2.1 Procédé de coupe

Lors du cisaillage, les lames se meuvent serrées l'une par rapport à l'autre et tranchent la matière.

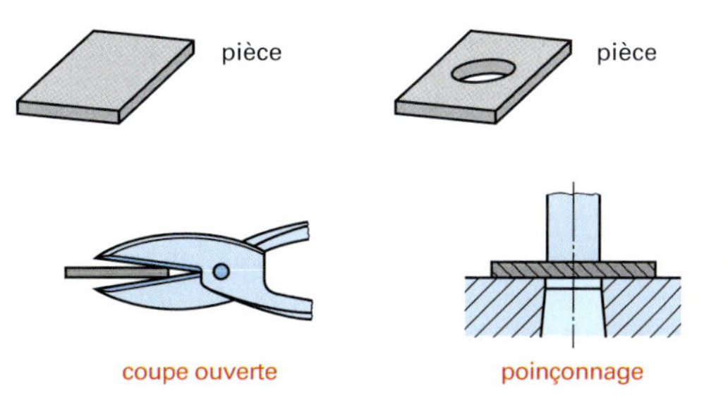

4 Cisaillage

Procédé de coupe

Lors du cisaillage, comme les lames se déplacent serrées l'une par rapport à l'autre, les forces de coupe ne suivent pas une ligne **(Fig. 2)**. Il en résulte un couple de rotation entre les lames. Pour éviter que la pièce ne bascule, un serre-tôle maintient la pièce sur la lame fixe **(Fig. 1)**. Avec des ciseaux manuels, on utilise la main.

La lame à angle droit nécessite une grande force de coupe. L'outil de coupe doit avoir un angle de dépouille d'environ 2° à 3° et un angle de coupe d'environ 2° à 15° **(Fig. 1)**. La lame agit comme un coin et la section diminue au fur et à mesure que l'outil pénètre dans la matière. La résistance s'affaiblit et le cisaillage se termine pendant la 3ème par une cassure **(Fig. 2)**.

Les trois phases du processus de coupe apparaissent clairement sur la l'arête de coupe de la pièce **(fig. 3)**.

Force de coupe

Pour couper une pièce, la résistance au cisaillement de la matière doit être dépassée. La force de coupe ou la force de cisaillement nécessaire peut alors être calculée. La résistance au cisaillement t_B est généralement inférieure à la résistance à la traction R_m. Pour la résistance au cisaillement, on calcule la valeur de 0,8 R_m.

Pour calculer la résistance au cisaillement, conformément à sa définition, on utilise l'équation suivante:

$$\text{Résistance au cisaillement} = \frac{\text{Force de coupe}}{\text{F cisaillement}}$$

Surface de cisaillement

On obtient : $F = \tau_B \cdot A$

Force de coupe = Résistance au cisaillement · Surface de cisaillement

La surface de cisaillement est la surface nouvellement produite lors de la coupe. Elle est le produit de la longueur de coupe par l'épaisseur de la pièce : $A = l \cdot s$ **(fig. 4)**.

Jeu de coupe

Les deux tranchants doivent passer près l'un de l'autre. C'est la raison pour laquelle un jeu de coupe est nécessaire entre les tranchants **(fig. 5)**. Il est d'environ 1/20 (≈5 %) de l'épaisseur de la tôle. Il n'est possible d'obtenir une surface de coupe propre que si l'interstice de coupe est correctement réglé. La dimension du jeu de coupe dépend de la matière, de l'épaisseur de la tôle et de la durée de vie souhaitée de l'outil. Si le jeu de coupe est trop important, la pièce est tirée entre les deux tranchants ; il en résulte une grosse bavure et une surface de coupe rugueuse et un mauvais état de surface.

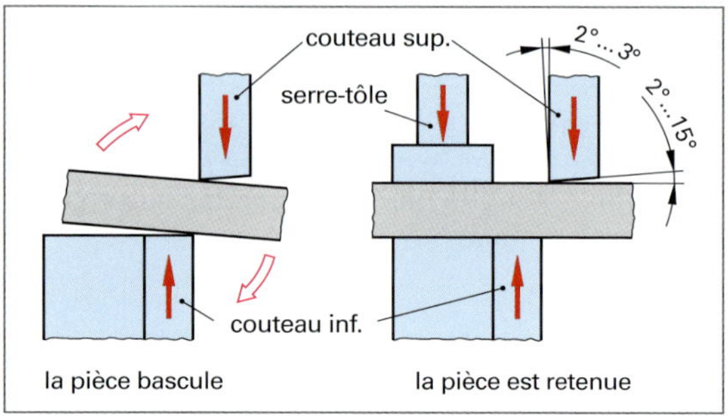

1 Dispositif de retenue

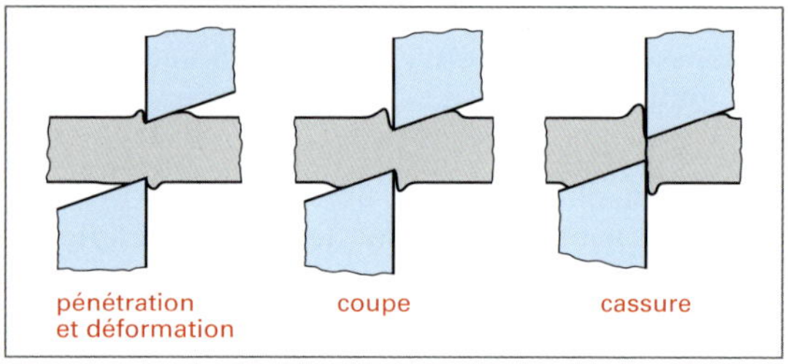

2 Processus de coupe

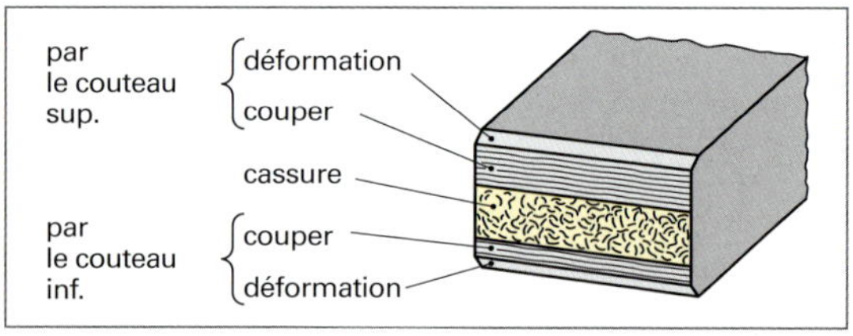

3 Schéma de coupe

Exemple :
Calcul de la force de cisaillement

$F = \tau_B \cdot A = \tau_B \cdot l \cdot s$

$R_m = 370 \frac{N}{mm^2}$

$\tau_B = 0{,}8 \cdot R_m$
$= 0{,}8 \cdot 370 \frac{N}{mm^2}$
$= 296 \frac{N}{mm^2}$

$F = 296 \frac{N}{mm^2} \cdot 50\,mm \cdot 5\,mm$
$= 74\,000\ N = 74\ kN$

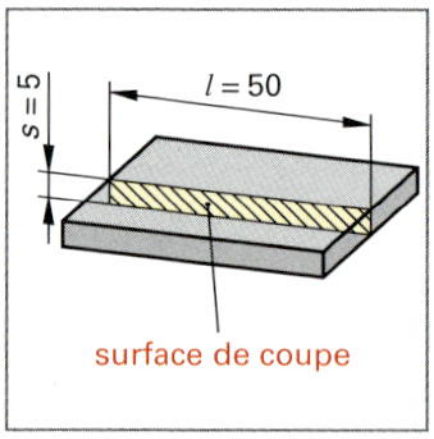

4 Surface de coupe et force de coupe

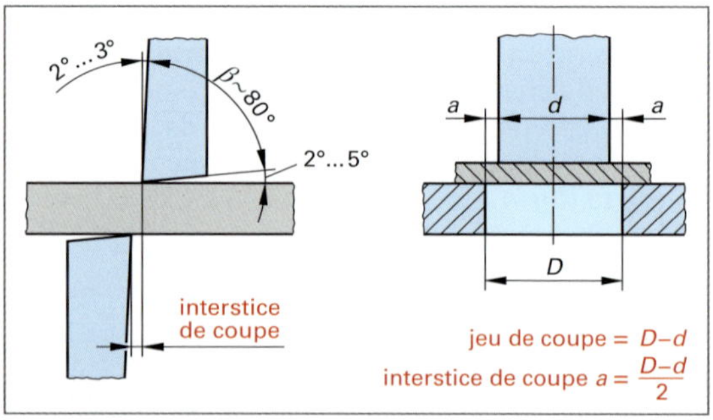

5 Interstice de coupe – Jeu de coupe

Jeu de coupe en poinçonnage

Il doit y avoir un espace entre la matrice et le poinçon **(Fig. 5 en page précédente)**. Pour les outils de poinçonnage, la circonférence de coupe est déterminante pour la fabrication, la différence entre le poinçon et la matrice est appelée jeu de coupe. Il correspond au double de l'espace de coupe et est compris entre 4 % et 8 % de l'épaisseur de la tôle.

3.2.2 Coupe (tranchage) ouverte

Pour la coupe ouverte, on utilise des ciseaux manuels, des ciseaux à levier et des ciseaux mécaniques.

Ciseaux manuels

Ils sont guidés à la main le long de la ligne de coupe. La force de coupe est également appliquée à la main, sauf avec les ciseaux manuels électriques, et amplifiée par l'effet de levier. Plus les leviers sur lesquels la force est appliquée sont longs et le point de coupe près du centre de rotation, plus la force de coupe F_s est élevée **(fig. 1)**. C'est la raison pour laquelle on utilise principalement le tiers intérieur des lames pour la coupe. Cette loi est obtenue pour les ciseaux manuels à partir de l'équation sur les bras de leviers :

Bras de levier = Force · Longueur de levier :
$M = F \cdot l$

$\Sigma \overset{\frown}{M}$ gauche = $\Sigma \overset{\frown}{M}$ dorite $\rightarrow$ $F_s \cdot l_s = F_H \cdot l_H$

et pour **la force de coupe** : $$F_S = \frac{F_H \cdot l_H}{l_S}$$

Si les ciseaux sont trop ouverts, la proportion de force le long de la ligne de coupe devient trop importante et la pièce est éjectée **(fig. 1)**. Des angles de coupe compris entre 10° et 20° sont les plus adaptés.

Avec des ciseaux manuels, on coupe généralement des tôles d'acier jusqu'à 1 mm d'épaisseur. Ces ciseaux n'ont pas de jeu de coupe. S'il y avait du jeu, la tole serait alors tirée entre les tranchants et il en résulterait une bavure importante. Pour éviter qu'un jeu ne se forme au cours du temps, les lames sont cintrées l'une contre l'autre et reliées avec une précontrainte au niveau du point de rotation. Les lames glissent ainsi toujours sans jeu l'une contre l'autre. Il n'y a à chaque instant qu'un seul point de contact. Lorsqu'ils sont ouverts, les pointes des lames se superposent **(fig. 2)**. Les ciseaux pour droitiers ont le tranchant inférieur à droite ; ils permettent de couper des lignes droites et des courbes à gauche **(fig. 3)**.

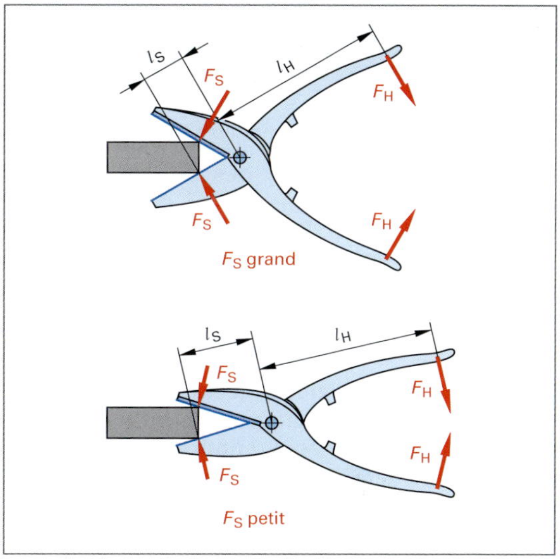

1 Position des tranchants de ciseaux manuels

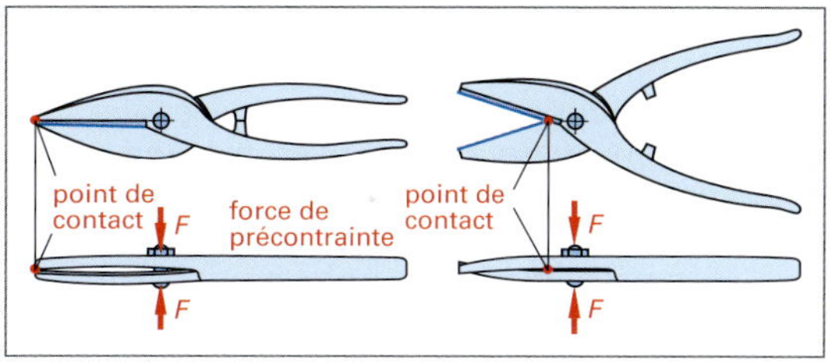

2 Forme des tranchants et précontrainte de ciseaux manuels

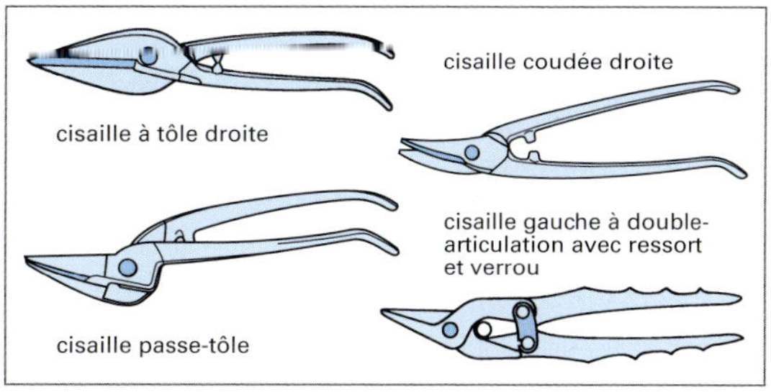

3 Ciseaux manuels

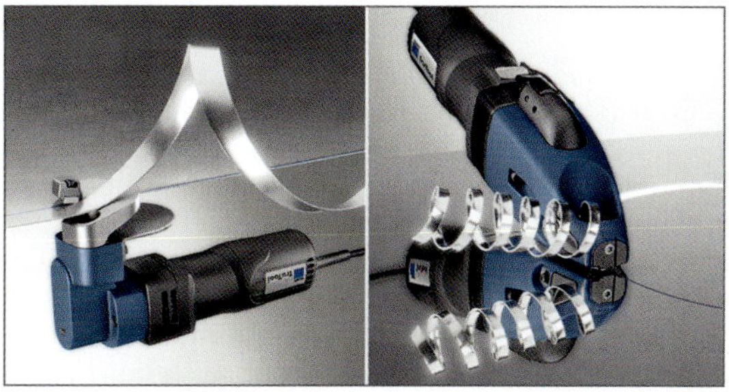

4 Ciseaux manuels électriques

Les ciseaux manuels électriques permettent de découper de minces tôles presque sans appliquer de force **(fig. 4a en page précédente)**.

La **figure 4b** montre des ciseaux manuels électriques particuliers. Avec des ciseaux manuels électriques normaux, les arêtes de coupe sont toujours déformées. Tandis que la cisaille électrique spéciale ne déforme pas la tôle. Il en résulte 2 coupes entre lesquelles se forme une chute en forme de bande d'environ 5 mm de large.

La grignoteuse manuelle électrique ne déforme pas la tôle mais produit une arête de coupe légèrement dentelée. Tout comme les outils de poinçonnage, elle dispose d'un poinçon et d'une matrice. À chaque course de travail du poinçon, une chute en forme de lune est produite par poinçonnage successif (**fig. 1 et 2**).

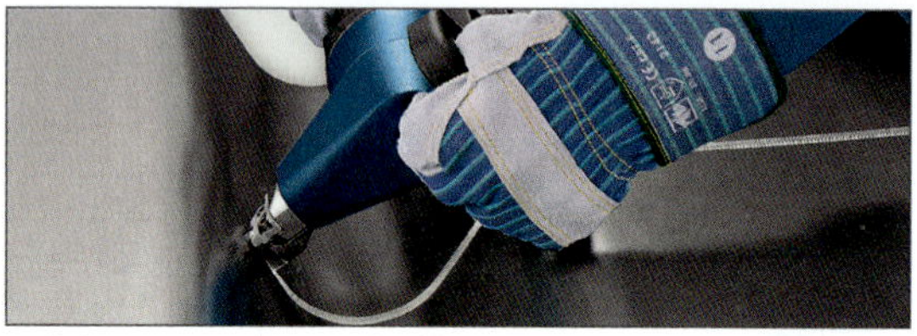

1 **Grignoteuse manuelle électrique**

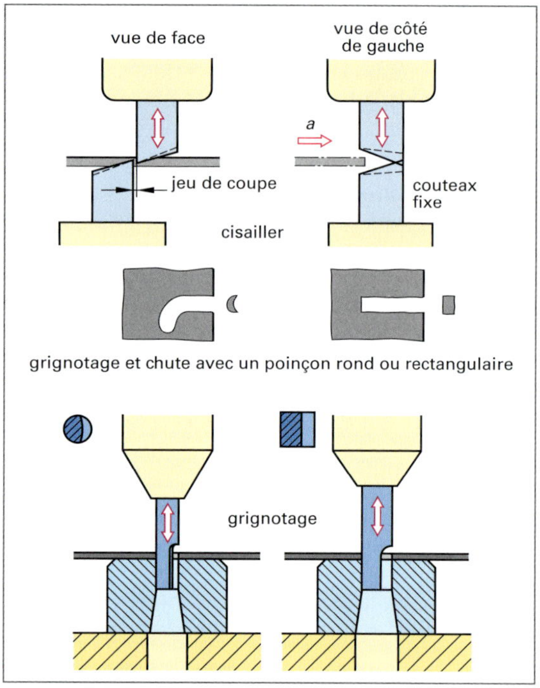

2 **Principe de fonctionnement de ciseaux et grignoteuses**

Cisailles mécaniques ou machines

Pour réaliser des coupes droites sur des tôles plus épaisses, on utilise des cisailles mécaniques. Il faut ajuster entre les lames un interstice qui dépend de l'épaisseur de la pièce, appelé jeu de coupe. Ceci pour minimiser le frottement, l'usure des outils et éviter le contact entre la lame supérieure et inférieure. Les couteaux ont un petit angle de dépouille compris entre 2° et 3° afin de réduire la friction, et un angle de coupe compris entre 75° et 85°.

Les cisailles mécaniques ont un tranchant fixe, en général la lame inférieure, et un tranchant mobile, la lame supérieure.

Avec les cisailles à levier, la lame supérieure tourne autour d'un point de rotation fixe. La force de coupe varie selon la position par rapport au point de rotation. Une force de coupe presque constante tout au long de la coupe est obtenue par une lame en forme d'arc de cercle **(fig. 3)**.

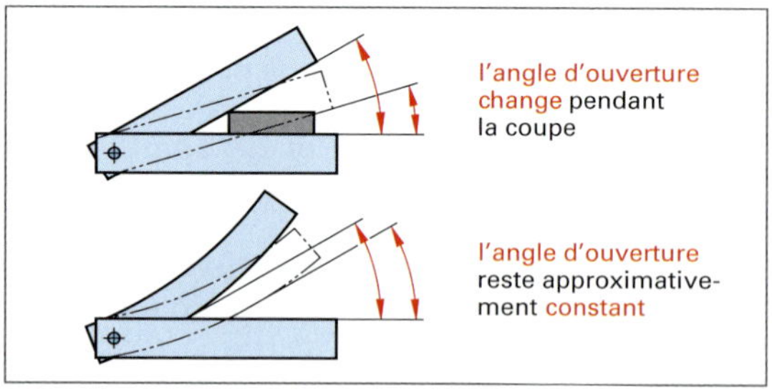

3 **Formes de lames de ciseaux à levier**

Les cisailles à levier où la lame supérieure tourne autour d'un point de rotation fixe effectuent une coupe progressive le long de la ligne de coupe. Selon leur version, les cisailles mécaniques avec guidage parallèle peuvent donner une coupe par cassure ou progressive (par déchirure, **fig. 4**). On appelle coupe par cassure quand l'arête de coupe de la lame supérieure reste parallèle à la lame inférieure et, qu'elle touche toute la largeur de la pièce en même temps.

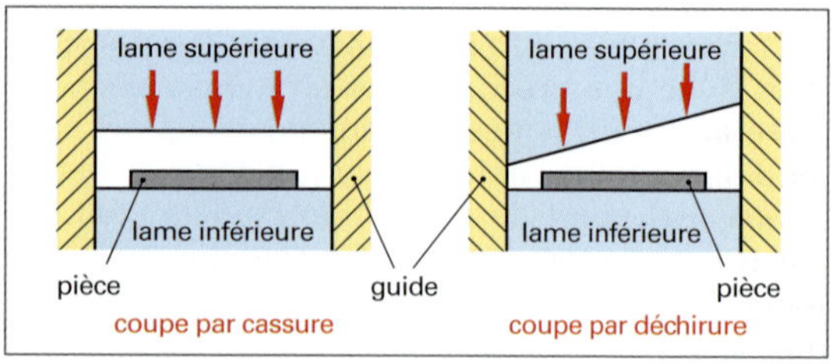

4 **Guides parallèles**

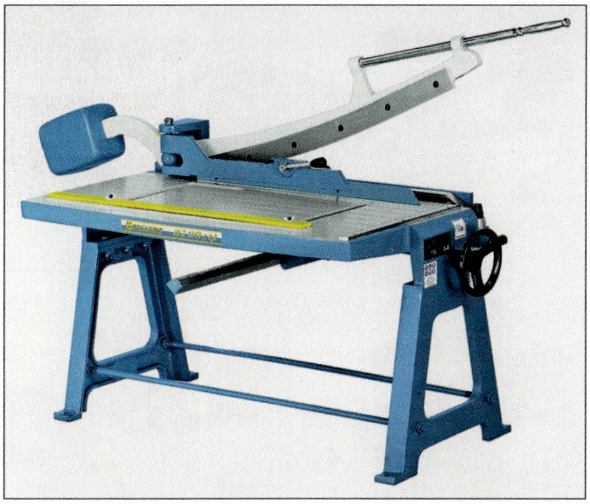

1 **Ciseaux guillotines à levier (cisaille guillotine)**

2 **Ciseaux à double levier**

Si la ligne de coupe de la lame supérieure se déplace en biais par rapport à la lame inférieure, on obtient une coupe progressive ou guillotine, même avec des guides parallèles **(fig. 4 de la page précédente)**. A dimensions identiques de la pièce, la force de coupe nécessaire est réduite avec la coupe en biais. Avec la coupe par cassure, les pièces ne sont pas déformées. Les cisailles mécaniques avec guide parallèle disposent parfois de lames supplémentaires permettant de couper des bords, coins et autres matériaux profilés. La lame supérieure dispose pour cela d'évidements correspondants **(fig 4)**.

Modèles

Les cisailles à levier ne possèdent qu'une simple transmission à levier **(fig. 1)** et ne conviennent que pour les tôles minces. Un contrepoids ou un ressort de rappel sont nécessaires pour que la lame supérieure ne tombe pas et puisse être relevée sans difficultés à la main.

Avec d'autres cisailles, l'effet de levier de la lame est renforcé par une transmission. Ceci permet d'augmenter considérablement la force et de couper des pièces jusqu'à env. 10 mm d'épaisseur.

Avec les cisailles à double levier **(fig. 2)**, la transmission de la force passe par un second levier. Les cisailles à engrenage ont un segment dentelé fixé au levier. Celui-ci s'engrène dans une denture opposée fixée au châssis. Ceci permet d'obtenir de grandes forces de coupe **(fig. 3)**.

Avec les cisailles à levier à guidage parallèle, la lame supérieure est reliée au levier de sorte à se déplacer parallèlement vers le bas dans des guides **(fig. 4)**. La lame servant à découper des profils fonctionne ainsi par une coupe par cassure tandis que la lame supérieure en biais coupe les tôles progressivement.

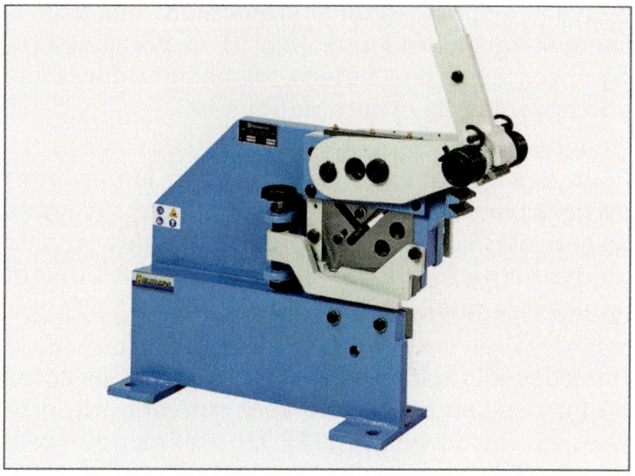

3 **Ciseaux à levier à engrenage**

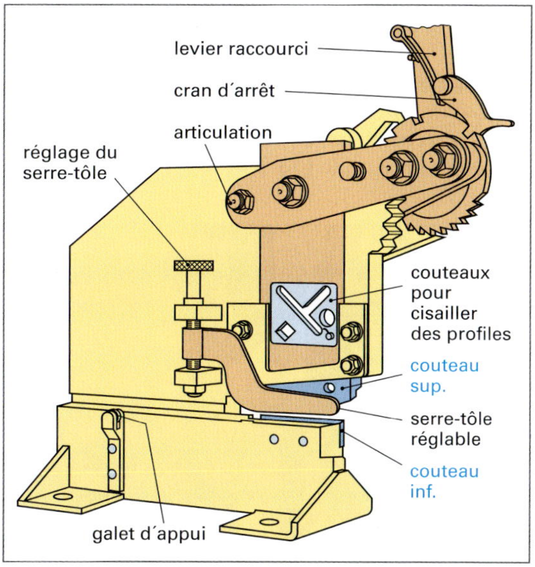

4 **Ciseaux à levier avec guide parallèle et dispositifs de découpe de profils**

1 Cisaille guillotine à moteur avec commande CNC

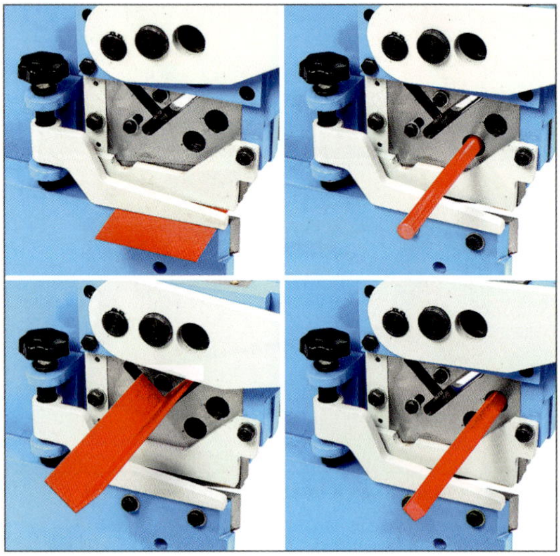

2 Cisaille à profil motorisée

Les cisailles mécaniques entraînées par un moteur conviennent pour découper de grandes tôles. Selon le modèle de machine, des tôles peuvent être découpées jusqu'à une longueur de 6'000 mm et une épaisseur 30 mm. Ces cisailles - guillotine peuvent disposer d'un entraînement électromécanique ou hydraulique **(fig. 1)** et peuvent être équipées avec des butées, dispositifs d'avance, guidages de tôle et commande CNC.

Pour des raisons de sécurité, les lames sont cachées par une grille de protection. Les systèmes de sécurités sont un déclenchement à deux mains ou des barrières photo – électriques et ne doivent jamais être retirés ou mis hors service.

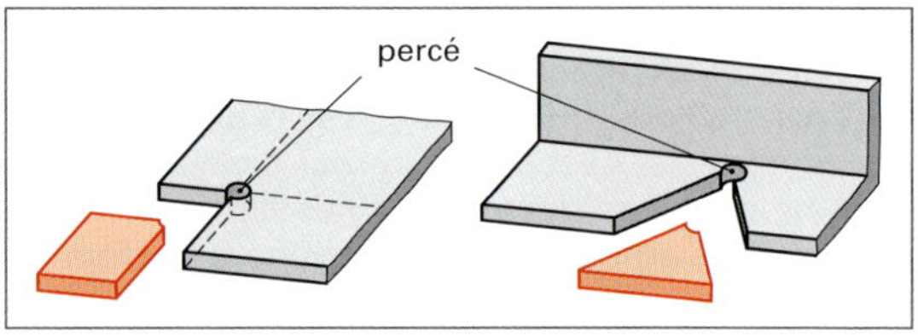

3 Grugeages sur des tôles et profilés

Dans des tôleries ou serrurerie l'usinage de coins ou formes semblables doivent souvent être grugées ou encochées **(fig. 3)**. On utilise pour cela des cisailles à gruger ou encocher. Elles disposent de couteaux interchangeables selon les formes à usiner. La **figure 4** montre une encocheuse ou grugeuse à entraînement hydraulique.

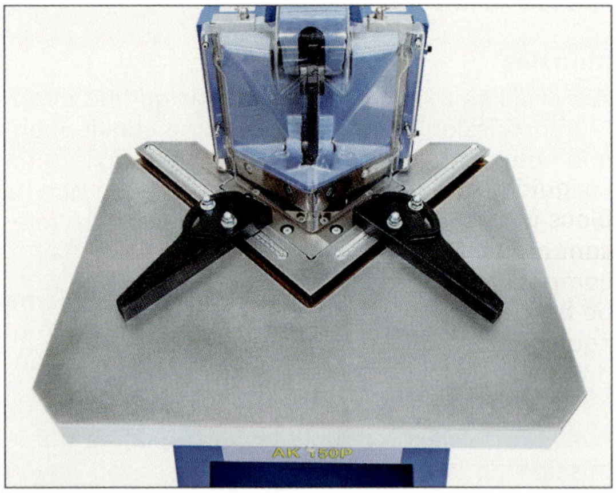

4 Encocheuse pneumatique

Les cisailles circulaires permettre des coupes sans fin de n'importe quelle forme. Des dispositifs spécifiques permettent de fabriquer des pièces rondes de façon simple **(fig. 5 et 6)**.

6 Cisailles à lames circulaires

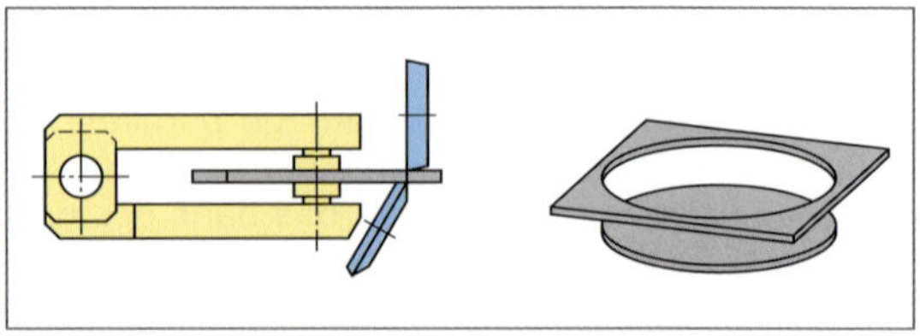

5 Schéma de fonctionnement de cisailles à lames circulaires pour couper des ronds et des bagues

La **grignoteuse** enchaîne des coupes courtes et rapides les unes après les autres **(fig. 2)**. De petits morceaux de tôle sont découpés, souvent en forme de demi-lune. N'importe quelle forme souhaitée peut être réalisée en déplaçant la pièce. Tout comme avec des cisailles circulaires, des panneaux en tôle ronds ou d'autres formes peuvent être fabriqués avec les dispositifs correspondants.

3.2.3 Coupe (tranchage) fermée

Les pièces en série sont fabriquées sur des presses avec des outils de coupe spéciaux (étampes). Ces outils sont composés d'une partie supérieure avec tige de serrage porte - poinçon, poinçon et extracteur, ainsi que d'une partie inférieure avec matrice et plaque de base **(fig. 3 et 4)**.

Si une partie doit être retirée de la tôle, on parle de poinçonnage. À l'inverse, si la pièce doit être découpée, on parle de découpage. La matrice présente alors les dimensions de la pièce à fabriquer. Dans le cas contraire c'est le poinçon qui a les dimensions de la pièce. Le jeu de coupe doit être pris en compte dans tous les deux cas de figure. Les outils de coupe sont répartis en fonction de leur genre de guidage :

Les outils de coupe sans guidage sont utilisés pour la découpe de pièces simples en tôle, de faible épaisseur ou en petites quantités. Le poinçon est fixé au coulisseau de la presse, la matrice sur la table. Le coulisseau doit présenter un guidage suffisamment précis pour assurer une découpe propre **(fig. 5)**.

Si la précision du guidage de la presse est insuffisante il faut utiliser des outils de coupe avec plaque de guidage **(fig. 1)**.

Le guidage le plus précis est obtenu avec des blocs à colonnes **(fig. 6)**. Le poinçon et la matrice sont montés dans un élément de guidage spécial composé d'une plaque supérieure, d'une plaque de base et des colonnes de guidage. Ce sont des équipements coûteux et s'utilisent que pour la production de grandes quantités de pièces.

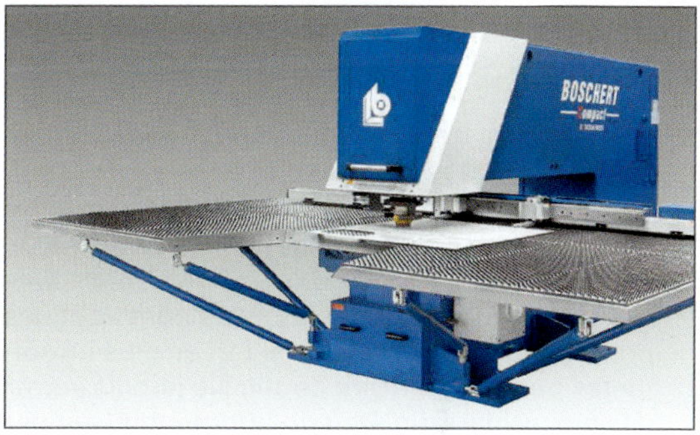

2 Grignoteuse et poinçonneuse CNC

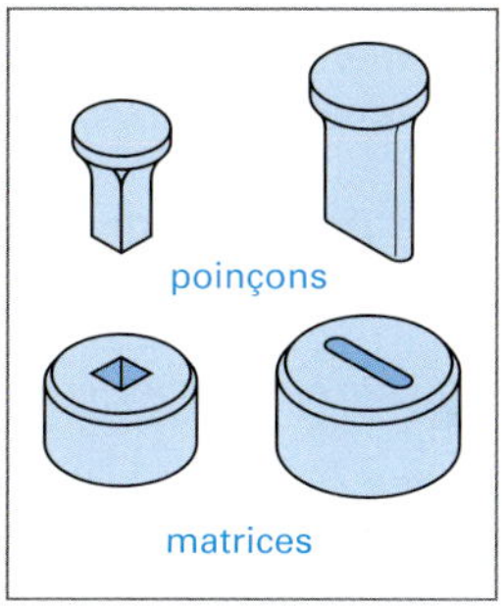

3 Outils de coupe

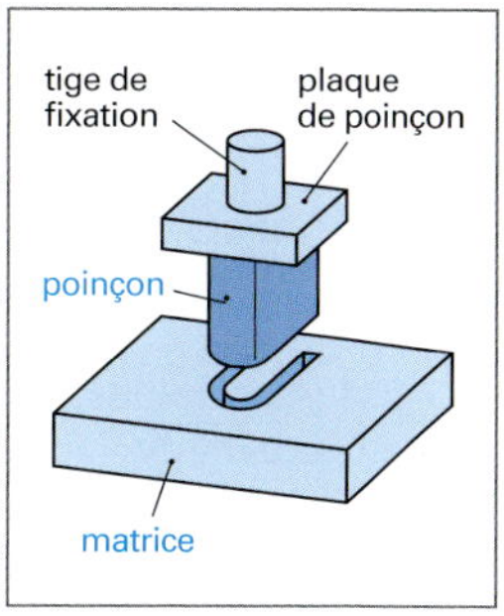

4 Outils de perforage : Poinçon et matrice

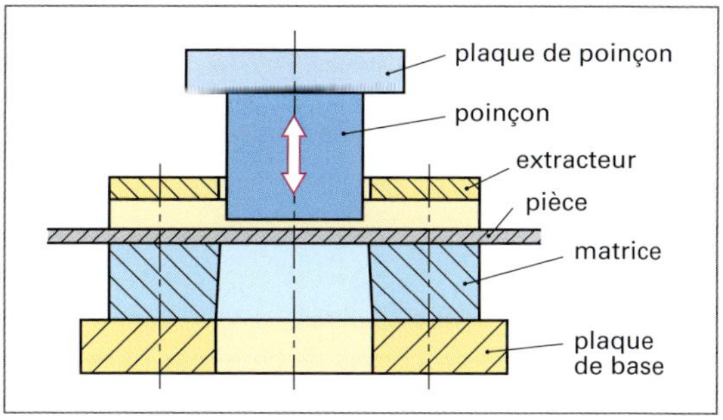

5 Outils de coupe sans guidage

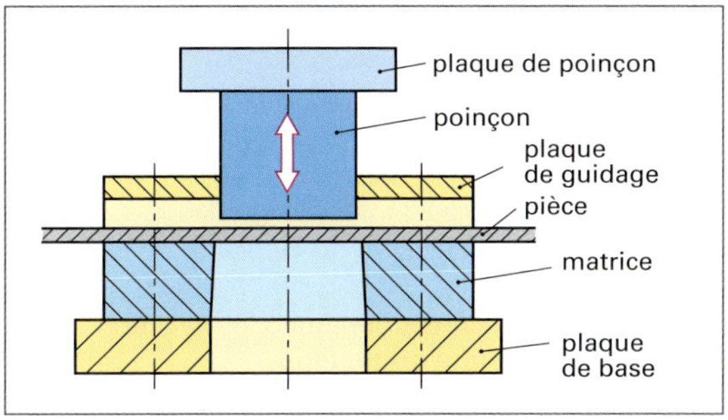

1 Outil de coupe avec plaque de guidage

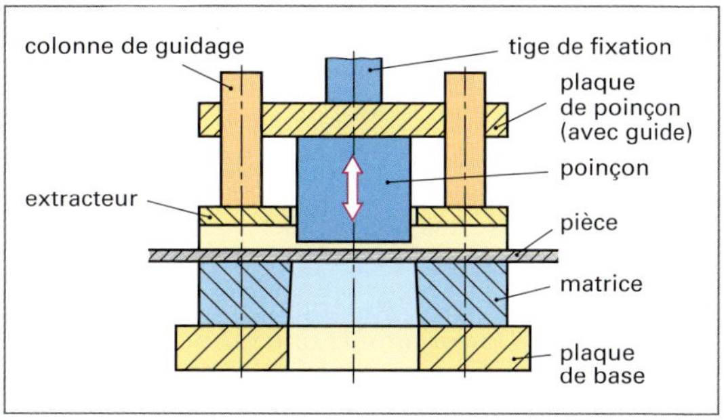

6 Outil de coupe avec colonnes de guidage

Prévention des accidents

- Le débitage de tôles produit des arêtes vives et des bavures. C'est pourquoi il ne faut jamais travailler sans gants et ébavurer les pièces.
- Utilisez uniquement des burins impeccables, sans bavures.
- Les supports trempés ont un effet de rebondissement de retour (par exemple une enclume). C'est pour cette raison qu'il ne faut travailler que sur des supports relativement souples.
- Les pinces et cisailles manuelles sont conçues pour le travail à la main. Des forces plus importantes peuvent détruire l'outil. Ne jamais serrer des pinces dans un étau ou augmenter le levier avec un tube.
- Ne pas surcharger les machines avec des pièces trop épaisses (voir plaque signalétique).
- Ne jamais mettre la main à proximité des lames.
- Avec les cisailles à levier, assurer le levier contre toute chute.
- Pour que la pièce ne soit pas tirée entre les couteaux, le jeu de coupe doit être réglé correctement et utiliser un dispositif de retenue (dévêtisseur).
- Pour les pièces longues, mettre en place des supports adaptés pour éviter une remontée de la pièces ou une chute après la coupe.

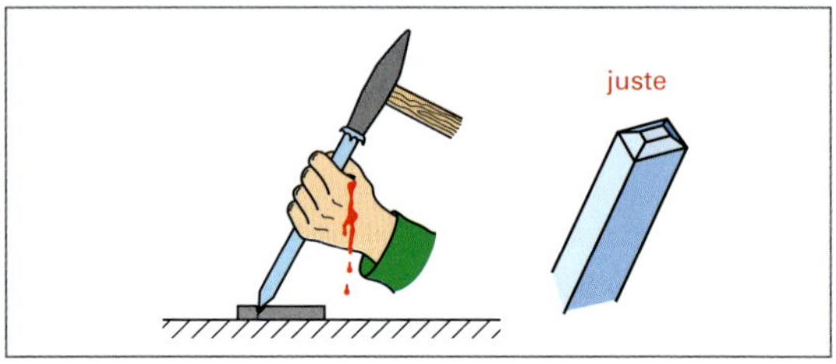

1 Risque d'accident à cause de la formation de bavure

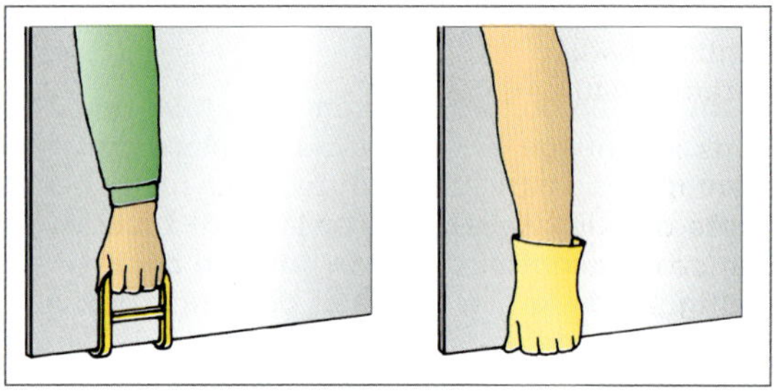
2 Risque d'accident à cause des arêtes vives

3 Risque d'accident lors de l'utilisation de ciseaux mécaniques

Contrôlez vos connaissances

1 Expliquez le processus de coupe au burin.
2 Quelles forces agissent sur le burin ?
3 De quels facteurs dépend la force de cisaillage ?
4 Quelles matières sont travaillées avec un grand angle du burin ?
5 Citez quatre outils de cisaillage.
6 Expliquez la procédure de cisaillage.
7 Comment calcule-t-on la force nécessaire au cisaillage ?
8 Citez trois sortes de cisailles manuelles.
9 Quelles cisailles mécaniques connaissez-vous ?
10 Pourquoi la lame supérieure de la plupart des cisailles à levier a-t-elle une forme cintrée ?
11 Quel risque y a-t-il si l'on prolonge le levier d'une cisaille à levier avec un tube ?
12 À quoi sert le crochet de sécurité des cisailles à levier ?
13 Pourquoi les tubes ne doivent-il pas être coupés à l'aide d'une cisaille ?
14 Faites la différence entre la coupe par cassure et la coupe progressive.
15 Quels sont les avantages des outils de coupe dans la fabrication en série ?
16 Pourquoi les poinçons et matrices sont-ils souvent reliés entre eux par des guides ?
17 Quel effet a l'omission du dispositif de retenue ou extracteur ?
18 Différenciez le fonctionnement entre une cisaille électrique et une grignoteuse.

3.3 Séparation thermique

Dans la séparation thermique, la pièce est coupée par apport de chaleur.

Dans la séparation thermique, on fait la distinction entre l'oxycoupage, le découpage par fusion et le découpage par sublimation.

Dans l'oxycoupage, la matière est chauffée à température d'inflammation. Elle se consume par l'ajout d'oxygène au point de coupe. Pour obtenir une surface de coupe propre, la température d'inflammation de la matière doit être inférieure à sa température de fusion **(fig. 1)**.

Dans le découpage par fusion, on apporte tellement d'énergie au point de coupe que la matière passe de l'état solide à l'état liquide. La matière liquide est alors soufflée hors de la gorge de coupe **(fig. 2)**.

Dans le découpage par sublimation, la matière est tellement chauffée par un rayon laser au niveau de la saignée de coupe qu'elle passe directement de l'état solide à l'état gazeux et s'évapore. Une concentration élevée en énergie, ne pouvant être appliquée sur les métaux qu'avec un rayon laser, est nécessaire pour cela.

3.3.1 Oxycoupage

Dans ce procédé de séparation thermique, on utilise en guise de gaz de combustion une flamme oxyacétylénique qui chauffe la matière à la température d'inflammation locale. On apporte ensuite de l'oxygène pur qui consume la matière au niveau de la saignée de coupe. La scorie liquide produite et la coulée résiduelle sont soufflées de la gorge de coupe.

Un acier de construction non allié avec une teneur en carbone inférieure à 1 % a une température d'inflammation de 1200 °C, inférieure à la température de fusion. Quand la teneur en carbone augmente, la température de fusion de l'acier baisse, comme on peut le voir sur le diagramme Fer-Carbone. Il est en outre important que la température de fusion des oxydes produits soit inférieure à celle de la matière.

Pendant le processus de combustion, il y a une forte perte d'énergie en raison de la dissipation de chaleur dans la matière, par la scorie liquide, et du rayonnement de chaleur dans l'environnement. C'est la raison pour laquelle la flamme de chauffe doit conserver durablement la température d'inflammation pendant le processus de combustion.

Selon leurs modèles, les buses du chalumeau sont réparties en buses concentriques, buses monoblocs et buses excentriques disposées les unes derrière les autres.

1 Oxycoupage

2 Découpage par fusion avec rayon laser

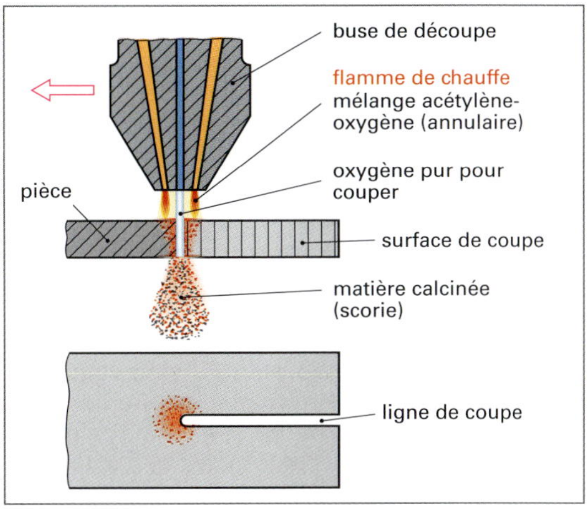

3 Oxycoupage avec de l'acétylène gazeux

Les buses concentrique et les buses monoblocs donnent une coupe réalisée par oxycoupage légèrement plus large que les buses excentriques **(fig. 1)**. Les buses toriques et les buses blocs permettent de couper dans toutes les directions. Les buses séparées permettent d'obtenir des surfaces de coupes propres, droites et à arêtes vives.

Tous les gaz combustibles peuvent être utilisés en tant que gaz de chauffe ; on utilise toutefois essentiellement de l'acétylène gazeux ayant la puissance de flamme plus élevée.

Pendant l'oxycoupage, la teneur en carbone sur la face de coupe augmente, ce qui provoque un durcissement lorsque la vitesse de refroidissement est élevée.

Pour les tôles minces, l'influence thermique élevée de la matière entraîne une forte déformation si bien que l'utilisation n'est possible que pour des épaisseurs de tôle à partir d'environ 5 mm jusqu'à plus de 2'000 mm.

Pendant la coupe, l'apport de poudre de fer au point de coupe permet d'augmenter l'énergie. Il est ainsi possible de découper des aciers plus fortement alliés ainsi que de la fonte grise. Il faut tenir compte de la qualité de coupe réduite qui en découle.

Technique de travail pour l'oxycoupage à la main

L'épaisseur du matériau détermine la taille des buses de coupe et la pression des gaz chauds et des gaz de découpe. En fonction de l'épaisseur du matériau, le cône de flamme doit se trouver environ de 2 mm à 6 mm au-dessus de la pièce. Mieux vaut que cet intervalle soit trop grand que trop petit. Pour obtenir une précision plus élevée, la torche peut être montée sur un chariot pour les coupes droites et sur un compas pour les coupes circulaires **(fig. 2)**.

Pour éviter les mauvaises coupes par oxycoupage, il faut veiller à la bonne vitesse de coupe, au guidage correct de la coupe et au bon réglage du gaz **(fig 3)**.

Oxycoupage mécanique

L'oxycoupage mécanique est nettement supérieur à l'oxycoupage manuel. Il donne des coupes précises, lisses et à arêtes vives. Pour réaliser des oxycoupages mécaniques, on utilise de simples machines à avance mécanique, jusqu'aux machines entièrement automatiques. Aujourd'hui, les machines d'oxycoupage sont principalement construites comme des automates de copiage ou des installations d'oxycoupage à commande numérique **(fig. 4)**.

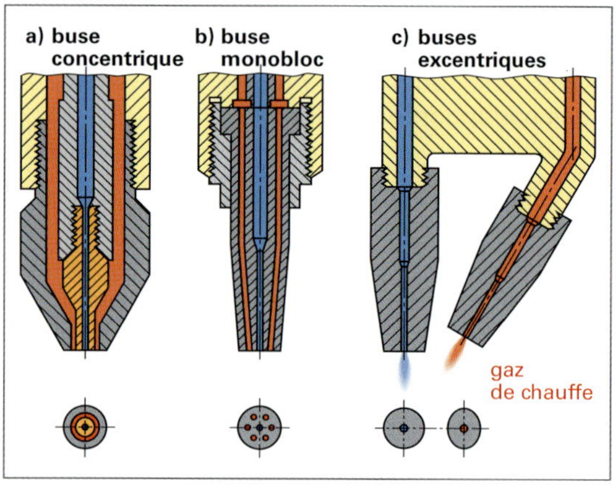

1 Types de buses de découpe par oxycoupage

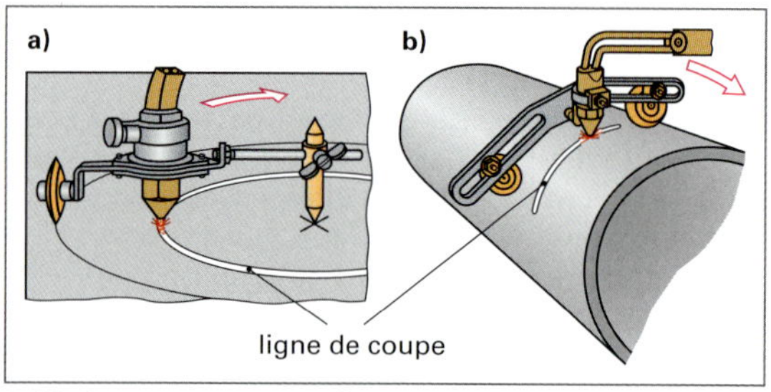

2 Chalumeau manuel : a) avec compas, b) avec chariot

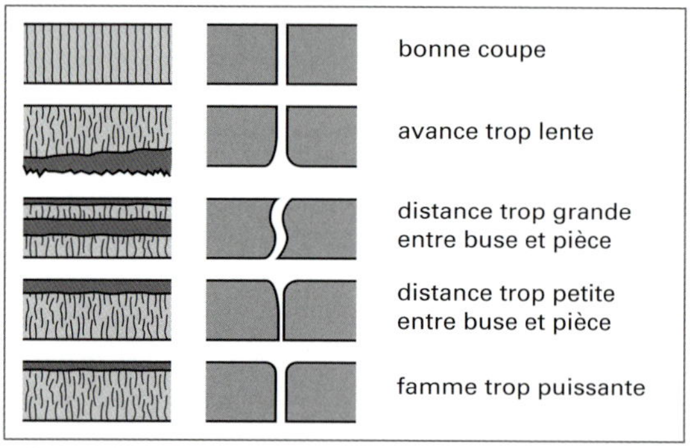

3 Mauvais oxycoupages

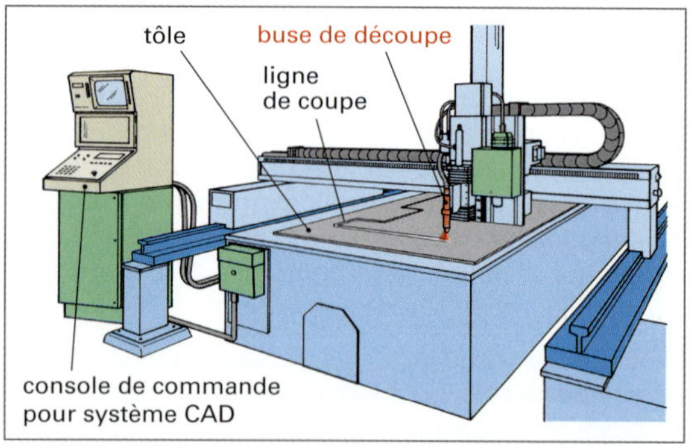

4 Machines d'oxycoupage à commande NC

Gougeage

Un chalumeau et des buses spéciales permettent de réaliser des rainures dans la pièce. Ce procédé est appliqué pour retirer les cordons de soudure, éliminer les défauts de soudure et fissures, mais aussi pour raboter les racines des cordons de soudure **(fig. 1)**.

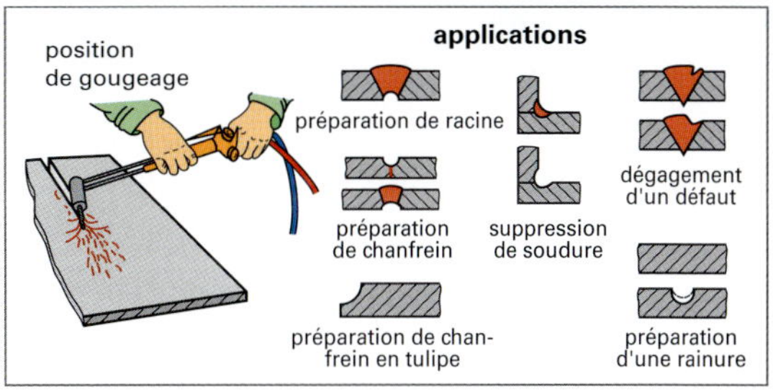

1 Gougeage

Forage thermique (lance à oxygène)

L'acier est brûlé par apport d'oxygène. Des températures avoisinant les 2000 °C y sont produites. Avec cette température élevée, des matériaux peuvent être découpés par fusion. Ce procédé est appliqué lors de la mise à la ferraille de machines et de grands bateaux mais aussi pour percer et découper du béton.

On insère des fils d'acier dans un tube en acier, habituellement appelé lance, puis de l'oxygène pur est soufflé à travers la cavité. L'extrémité active de la lance est ensuite allumée à l'aide d'un chalumeau et la lance brûlante est placée à l'endroit à découper. La matière est fondue et découpée grâce à la température de combustion élevée des fils d'acier brûlants **(fig. 2)**.

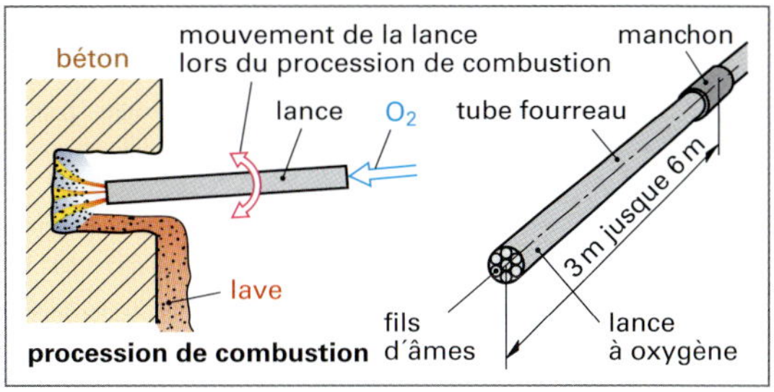

2 Forage thermique (lance à oxygène)

3.3.2 Découpage par fusion

> La matière est découpée par une saignée de coupe en fondant ou en étant échauffée si fortement qu'elle s'évapore immédiatement. On utilise un arc plasma ou un rayon laser en guise de source de chaleur.

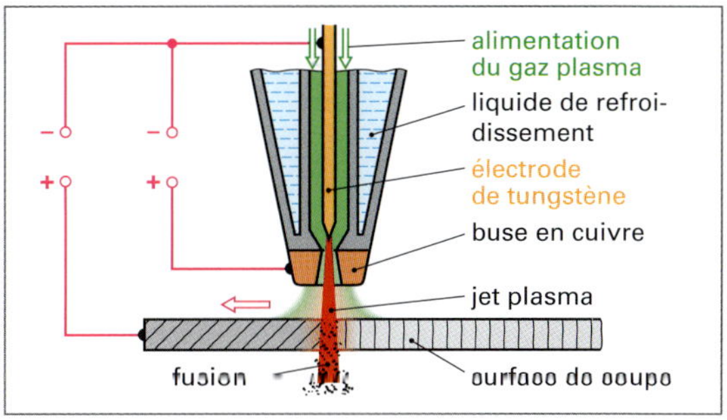

3 Découpe plasma

Coupe au plasma

Un plasma est produit par un arc TIG concentré qui s'échauffe jusqu'à 20'000 K en son noyau. Grâce à cette température élevée, la matière est fondue dans une saignée de coupe puis soufflée hors de celle-ci par le rayon plasma **(fig. 3)**.

Un arc pilote est allumé dans tous les procédés de coupe au plasma. Cet arc pilote brûle entre la buse en cuivre et l'électrode en tungstène et génère l'arc principal lors de la coupe. Pour les matériaux non-conducteurs, seul l'arc pilote est utilisé pour la coupe.

La qualité de coupe est essentiellement influencée par la composition du gaz plasma. On utilise principalement des mélanges gazeux en tant que gaz de découpe. L'argon facilite l'allumage et stabilise l'arc, c'est pourquoi il est aussi principalement utilisé comme composante dans le mélange gazeux. L'adjonction d'hydrogène et d'azote aide à transférer de plus grandes quantités de chaleur au point de coupe que ce que permet l'argon.

Un mélange composé d'argon et d'hydrogène permet une qualité de coupe propre pour les matériaux ne pouvant être découpé par oxycoupage, une proportion d'oxygène réduisant à cet effet la formation de Bavures. L'argon et l'hydrogène ne conviennent pas à la coupe au plasma d'aciers de construction.

Coupe plasma air

Si du tungstène est allié avec du hafnium et du zirconium, la charge calorifique de l'électrode augmente. Il est ainsi possible d'utiliser de l'air et de l'oxygène pur en guise de gaz plasma pour la coupe.

Dans la coupe plasma air, l'arc électrique est fortement concentré par de l'air comprimé à env. 4 bar. L'air comprimé a pour effet le refroidissement des buses de coupe et souffle le matériau fondu hors de la saignée de coupe **(fig. 1)**. L'application de ce procédé est simple et permet de ne pas utiliser de gaz de protection coûteux.

La coupe plasma à air peut être utilisée pour couper des aciers de construction de 3 mm à 15 mm d'épaisseur, l'aluminium, le cuivre et les aciers fortement alliés jusqu'à environ 6 mm d'épaisseur. La qualité de coupe dépend de la vitesse de coupe, de la forme de la pointe de l'électrode et de l'usure de la buse de coupe **(fig. 2)**. L'inconvénient de la coupe plasma air est la forte formation de poussière due aux vapeurs de métaux produites et à la courte durée d'utilisation de la buse de coupe.

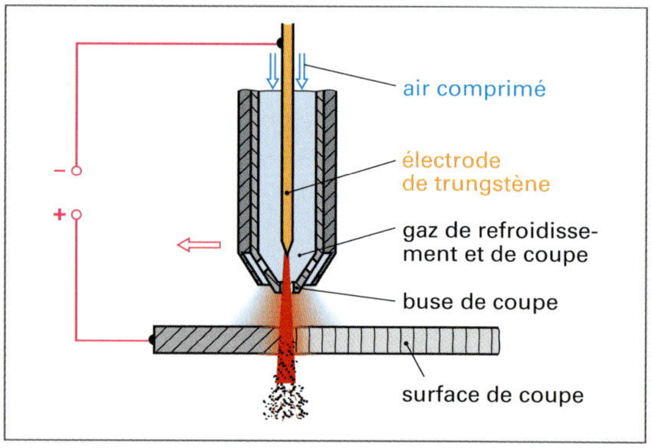

1 Chalumeau air plasma

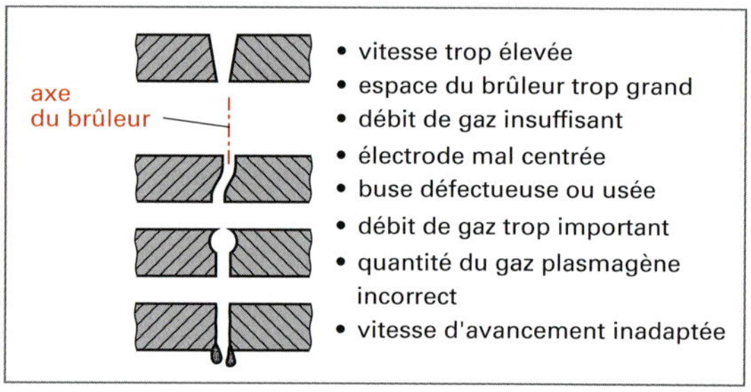

2 Influences sur la qualité de coupe

3.3.3 Découpage au laser

Le rayon laser est capable de concentrer localement une très grande puissance qui donne des températures élevées sur une petite surface. Ceci permet une découpe de matière par fusion avec des saignées de coupe très étroites.

Le découpage laser est un procédé de coupe permettant d'obtenir des tolérances de cote identiques à celles des procédés d'usinage mécaniques.

L'installation laser pour souder et découper se distingue par la commande du rayon laser et la commande du déplacement de la pièce ou du faisceau. La densité de puissance élevée de $10^6 \cdot W/cm^2$ est appliquée pour faire fondre la matière sur une saignée de coupe étroite **(fig. 3)**. La position précise du rayon laser est déterminée par focalisation. La lentille de focalisation concentre le rayon laser qui sort du résonateur et qui est guidé par un système de miroirs vers la tête de coupe. La distance focale de la lentille permet de focaliser un foyer d'env. 0,1 mm à 0,3 mm de diamètre. La géométrie du foyer est décisive pour l'intensité du rayon au point de traitement. Plus la distance focale de la lentille est petite, plus le foyer est petit **(fig. 4)**. La profondeur de champ (ZR) diminue toutefois quand la distance focale diminue et le rayon s'élargit à nouveau rapidement.

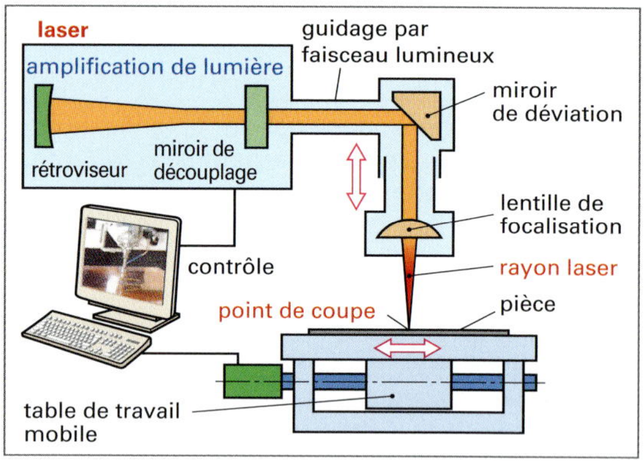

3 Structure schématique d'une installation de découpage laser

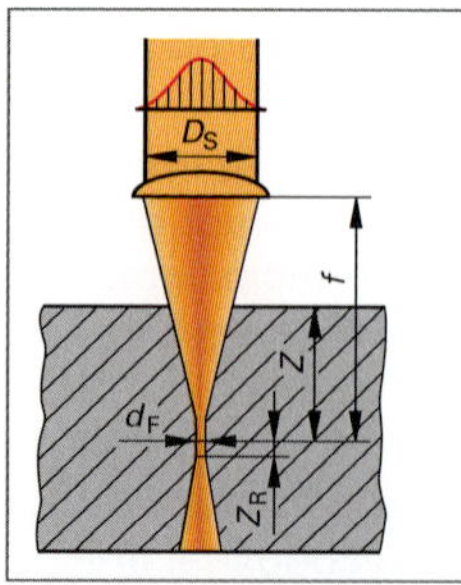

4 Grandeurs caractéristiques d'un rayon laser focalisé

La puissance du laser suffit pour faire fondre et évaporer tous les matériaux connus. La concentration de l'énergie permet d'obtenir un échauffement concentré et très précis, avec des saignées de coupe de 0,1 mm à 0,5 mm. Des coupes et marquages précis peuvent être réalisés grâce à la commande adéquate du rayon laser **(fig.1)**.

Avec le découpage par fusion au rayon laser, la saignée de coupe doit être échauffée à la température de fusion. Le foyer doit être positionné au milieu de l'épaisseur de la pièce. Ce procédé permet de découper des contours précis dans de petites épaisseurs **(fig. 2)**.

Avec le découpage par sublimation au rayon laser, la matière s'évapore autour de la saignée de coupe par l'effet du rayon laser. Des gaz inertes tels que l'azote, l'hélium ou l'argon sont utilisés en guise de gaz de coupe. Ce procédé de coupe est utilisé aussi bien pour les métaux que pour les matières qui ont un état liquide faible ou pas d'état liquide prononcé. Ces matières sont par exemple le bois, le papier, la céramique et les plastiques.

Pour les métaux non - ferreux, la pièce doit être protégée d'une réaction exothermique (combustion) par un flux de gaz de protection.

Seule une vitesse de coupe relativement faible est possible en raison de l'énergie d'évaporation élevée des métaux. Pour ces derniers, l'épaisseur est inférieure à 1 mm. Il n'y a pas d'oxydation sur les arêtes de coupe grâce au gaz de protection utilisé.

1 Pièces de tôle épaisses découpées au laser

2 Pièces de série découpées avec une machine de découpe laser

3 Découpage au laser

Pour l'oxycoupage au rayon laser le foyer est en règle générale positionné à la surface de la pièce. Le rayon laser agit comme source de chaleur uniquement dans un espace réduit de ± 0,5 mm dans lequel une qualité de coupe optimale est possible. En dehors de cette plage,les saignées de coupe sont nettement plus larges. C'est la raison pour laquelle la position de focalisation doit être corrigée à l'aide de capteurs pour les pièces irrégulières.

Les surfaces métalliques brillantes réfléchissent le rayon lumineux concentré du laser. Les surfaces mates sont donc beaucoup plus faciles à couper avec un rayon laser. Il est ainsi possible de couper des aciers conventionnels adaptés au découpage **par oxycoupage** tel que le S235JR (St37-2) jusqu'à une épaisseur de 25 mm, tout en obtenant une qualité de coupe très élevée **(fig. 3)**.

Grandeurs d'influence lors de la coupe au laser

Lors de l'oxycoupage, une couche d'oxyde adhérente se forme toujours à la surface. Dans le découpage par fusion au rayon laser d'aciers hautement alliés, il se forme des oxydes réfractaires qui empêchent l'évacuation de la scorie. La formation d'oxyde peut aussi modifier la surface de l'alliage, ce qui réduit l'inoxydabilité.

Les métaux brillants à leur surface tels que l'aluminium, le cuivre ou le laiton réfléchissent une grande partie du rayonnement laser (le rayonnement de chaleur) et possèdent une grande résistance à la chaleur, ce qui restreint l'usinage.

Puissance du laser

La puissance du laser nécessaire à la découpe augmente avec l'épaisseur du matériau. Ainsi, l'épaisseur maximale pouvant être usinée dépend de la puissance du laser **(fig. 1)**. La vitesse de coupe diminue généralement avec l'épaisseur du matériau.

Une grande densité de puissance du laser a pour effet une vitesse d'échauffement élevée de la surface de la pièce. Cette vitesse d'échauffement est si grande qu'en pilotant le rayon laser en conséquence, de minces couches peuvent être enlevées de la surface de la matière par fusion, sans impact thermique sur la matière de base. Il n'y a ainsi aucune déformation de la pièce **(fig. 1, page 53)**. Le rayon laser peut donc être utilisé pour durcir la surface ou graver des pièces. Un clavier d'ordinateur est par exemple marqué avec un rayon laser.

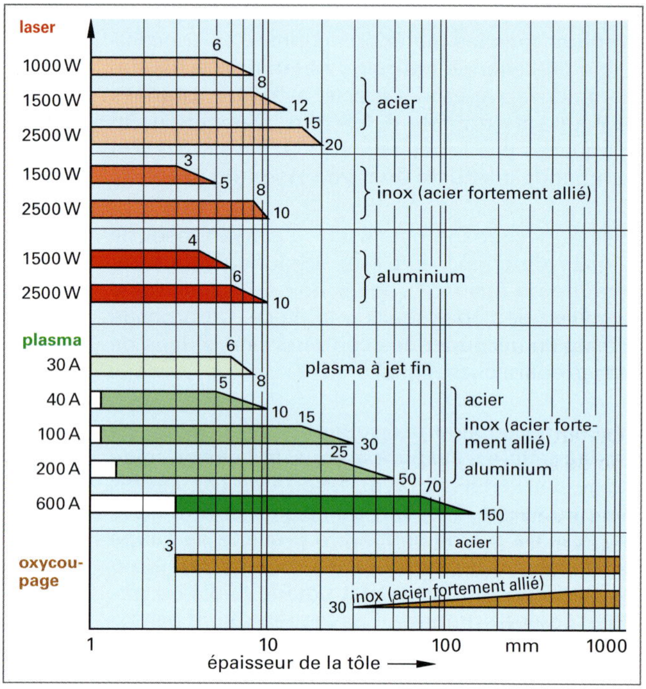

1 Domaine d'application du procédé de coupe

Prévention des accidents

- Attention aux rayonnements dus aux arcs ou aux rayons lasers, ils entraînent des brûlures de la peau et un éblouissement !
- Attention aux vapeurs de métaux et aux gaz dégagés lors de la coupe de plastiques, ils doivent être aspirés !
- Lors du travail au laser, les prescriptions électrotechniques en matière de prévention des accidents doivent être respectées !

Contrôlez vos connaissances

1 Expliquez le procédé d'oxycoupage de l'acier.
2 Pour quelle raison tous les aciers ne peuvent-ils pas être oxycoupés ?
3 Quelle est la différence entre le découpage par oxycoupage et la découpe plasma ?
4 Quelles règles de travail faut-il respecter lors de l'oxycoupage ?
5 Qu'entend-on par le terme gougeage lors de l'oxycoupage ?
6 Comment la température élevée est-elle produite dans l'arc plasma ?
7 Expliquez le mode de fonctionnement et l'application du forage thermique ?
8 Quels sont les différents gaz utilisés dans la découpe plasma ?
9 Qu'entend-on par rayon laser ?
10 Quels sont les avantages du découpage laser par rapport aux autres procédés de séparation thermique ?
11 Pour quels travaux faut-il préférer le découpage par oxycoupage au découpage laser ?
12 Pourquoi des vapeurs métalliques sont-elles dégagées dans l'air ambiant lors de la séparation thermique ?

4 Liaisons par vissage, rivetage et bridage

L'assemblage permet de regrouper des éléments en pièces finies ou sous-ensembles.

L'assemblage des pièces ou éléments peut être amovible (démontable) ou fixe (non démontable).

4.1 Procédés d'assemblage dans la construction métallique (aperçu)

Les liaisons par vis, goupilles, boulons et serrage font partie des **liaisons amovibles**.

Les liaisons par rivetage, collage, brasage ou soudage sont considérées comme fixes (non démontables) parce que les composants ne peuvent pas être séparés les uns des autres sans détruire la pièce ou la liaison.

On fait la distinction entre le serrage, le vissage et le soudage de matière selon le fonctionnement des liaisons.

Avec le **serrage**, l'assemblage a lieu en pressant ensemble les pièces et les éléments **(fig. 1a)**. Les liaisons de ce type le sont par serrage, sertissage, frettage et friction, des liaisons par vis précontraintes, rivetage à chaud ainsi que le cône Morse dans la broche d'une perceuse.

Dans l'assemblage par verrouillage de formes, les pièces ou éléments ont des **formes allant l'une dans l'autre**. Les liaisons par goupilles, boulons et rivetage à froid ainsi que les liaisons par vissage non précontraintes **(fig. 1b)** et les liaisons de tôle grâce à des plis en sont des exemples.

Dans la soudure, l'assemblage des éléments est obtenu grâce à des **liaisons moléculaires de matière**. Les liaisons par soudage, brasage et collage font partie de ce type de liaison **(fig. 1c)**.

Le choix d'une liaison adéquate est fait selon plusieurs critères :

- Résistance
- Sécurité
- Résistance à la corrosion
- Démontable
- Etanchéité
- Faisabilité
- Rentabilité et
- aspect décoratif

Exemple :

Avec cette rambarde en acier inox, c'est avant tout l'aspect décoratif qui est prépondérant. C'est la raison pour laquelle elle n'a aucun cordon de soudure visible. Les pinces à verre ont été vissées contre le tube. Le verre peut être monté et démonté grâce aux pinces à verre vissées. Les verres ne nécessitent aucun perçage. Le raccord de la main courante aux montants a été manchonné et collée, ce qui a permis d'éviter ici aussi un cordon de soudure difficile à poncer.

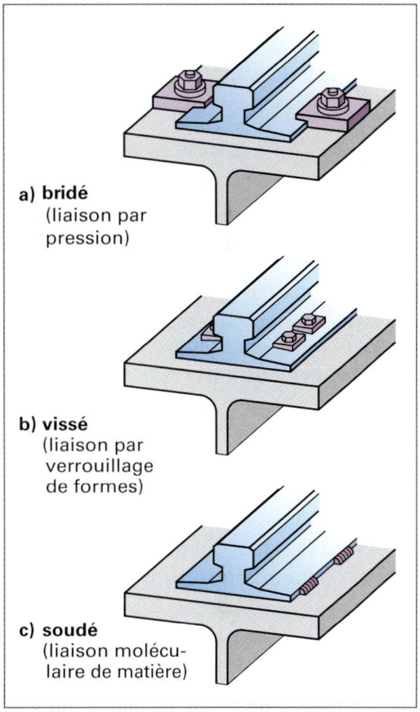

1 Types de liaisons selon leur fonctionnement

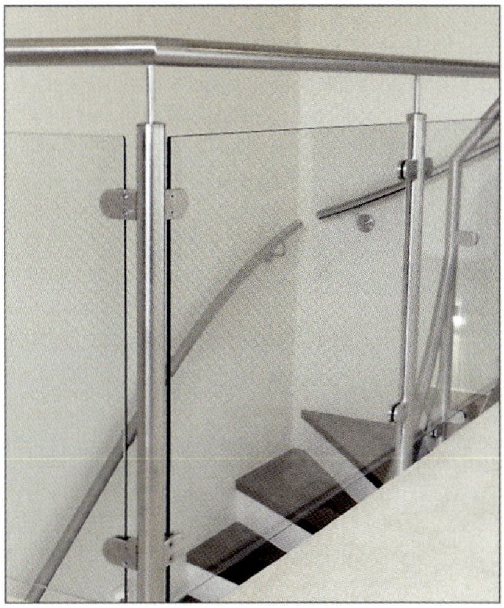

2 Liaisons sur une rambarde

4.2 Liaisons vissées

Les liaisons vissées sont sûres parce qu'elles se composent d'éléments industriels préfabriqués, notamment les vis, écrous et rondelles. Elles peuvent être protégées contre le déblocage mais restent toutefois démontables à tout instant. La capacité de démontage est conservée pendant de nombreuses années en particulier si des vis zinguées à chaud ont été utilisées. Le perçage automatisé des trous de vis, le montage rapide et leur capacité d'être réutilisées les rendent très rentables.

Il existe des vis extrêmement résistantes avec lesquelles les pièces d'une structure métallique peuvent être assemblées en éléments préfabriqués sur le chantier **(fig. 1)**.

En plus des éléments à assembler, une liaison par vissage est composée de la vis, de l'écrou, d'une ou plusieurs rondelles plates et éventuellement d'un contre-écrou **(fig. 2)**.

1 Poutres en fer vissées

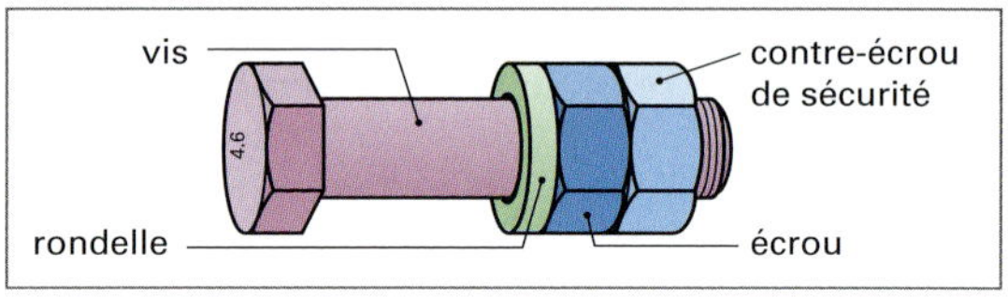

2 Eléments d'une liaison vissée

4.2.1 Désignation des vis

La **figure 3** montre les désignations d'une vis. Les vis et écrous existent sous de nombreuses formes et matériaux. Ils sont le plus souvent en acier allié ou non allié amélioré offrant différentes résistances.

Il est nécessaire de désigner les vis de façon claire. Elle comporte le nom de la vis, le numéro normalisé, le type de filetage, les dimensions, éventuellement les propriétés de la surface et la classe de résistance, respectivement du matériau en cas de métaux non ferreux (voir exemple de désignation ci-contre).

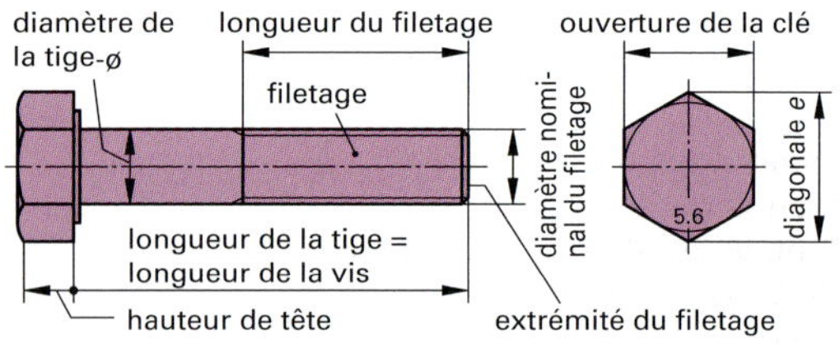

exemple de désignation:

vis à tête six - pans ISO 4014 – M 10 × 40 – 5.6

dénomination
numéro normalisé
filet métrique
diamètre extérieur du filet 10 mm
longueur de la tige 40 mm
classe de résistance (cinq point six)

3 Désignation d'une vis

Longueur de la vis

On entend par longueur d'une vis à six-pans la longueur de la tige **(fig. 4)**. La tête fait partie de la longueur uniquement lorsqu'il s'agit de vis à tête conique. Elle est obtenue à partir de :

Longueur de serrage (épaisseur de l_k pièce)

\+ Epaisseur de la rondelle s

\+ Epaisseur de l'écrou m (0,8 · diamètre du filetage)

\+ Dépassement u (2 tours de filets)

= Longueur de la vis l

Arrondir la somme à la longueur normalisée !

La longueur de la vis peut également être déterminée à l'aide d'un tableau des longueurs de serrage (tabelles).

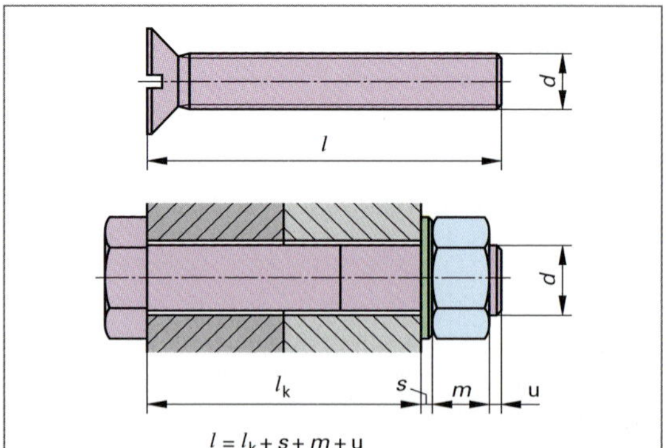

$l = l_k + s + m + u$

4 Détermination de la longueur de vis

Classes de résistance des vis et caractéristiques mécaniques des matériaux

Les aciers utilisés pour les vis sont repartis en **classes de résistance** indiquées sur la tête de la vis.

La classe de résistance (p. ex. 5.6 fig. 3 page 56) permet de déterminer les caractéristiques de l'acier des vis.

- Le premier chiffre (p. ex. 5) multiplié par 100 donne la résistance à la traction R_m, p. ex. $100 \cdot 5 = 500$ N/mm^2
- Le deuxième chiffre (p. ex. 6) divisé par 10 donne le rapport de **limite d'élasticité** = $\frac{\text{Limite d'élasticité}}{\text{Résistance à la traction}}$

  p. ex. $\frac{6}{10} = 0{,}6$. La limite d'élasticité Re est obtenue en multipliant le rapport de limite d'élasticité par la résistance à la traction, p. ex. $R_e = 0{,}6 \cdot 500$ N/mm^2 = 300 N/mm^2. On peut aussi calculer $5 \cdot 6 \cdot 10 = 300$ N/mm^2. Des classes de résistance courantes en construction métallique sont 4.6, 5.6, 8.8, 10.9.

4.2.2 Formes du commerce et utilisation des vis

Le constructeur métallique a besoin de différentes vis en fonction de l'utilisation qu'il en fait. Les caractéristiques de différenciation les plus importantes d'une vis sont la forme de la tête, le type de filetage et la matière.

Les vis les plus fréquemment utilisées ont une tête à six pans et un filetage métrique. Soit il est court comme sur l'illustration 1, soit il va presque jusqu'a la tête.

Les boulons de charpente pour les constructions métalliques selon DIN 7990 **(fig. 1)** ont des diamètres nominaux entre M 12 et M 30. Ils existent dans les classes de résistance 4.6 et 5.6. Le jeu nominal entre la tige et le perçage ne doit pas dépasser $\Delta d_L = 2$ mm. Dans les raccordements aux bords des cadres $\Delta d_L \leq 1$ mm doit être respecté.

Pour les boulons d'ajustage à tête six pans selon DIN 7968, la tige est 1 mm plus grande que le diamètre nominal du filetage **(fig. 2)**. Elles sont utilisées si la structure métallique doit être vissée avec précision, p. ex. dans les assemblages rigides. Lors des perçages, il faut percer un avant-trou plus petit et l'aléser, de sorte à ce que Δd_L reste $\leq 0{,}3$ mm.

Les boulon de charpente HR (HV) de la classe de résistance 10.9 sont utilisées à la place des vis à tête six pans (4.6/5.6/8.8) si de grandes forces doivent être transmises. (plus de précisions à ce sujet en page 62).

Les vis à tête conique selon DIN 7969 existent avec tête fendue **(fig. 4 a)**, cruciforme, six pans intérieurs ou à six lobes intérieurs. On les utilise pour visser des tôles telles que les tôles larmées, les tôles striées et les marches d'escalier. Le jeu entre la tige et le trou de passage doit être $\Delta d_L \leq 1$ mm. Les vis cylindriques à six pans intérieurs existent avec tête de hauteur normale ou basse. Elles sont utilisées dans des endroits difficiles d'accès car elles nécessitent peu de place pour être serrées ou desserrées. **Les vis à tête bombée (fig. 4 c)** et collet carré servent à assembler des pièces en acier avec des éléments en bois.

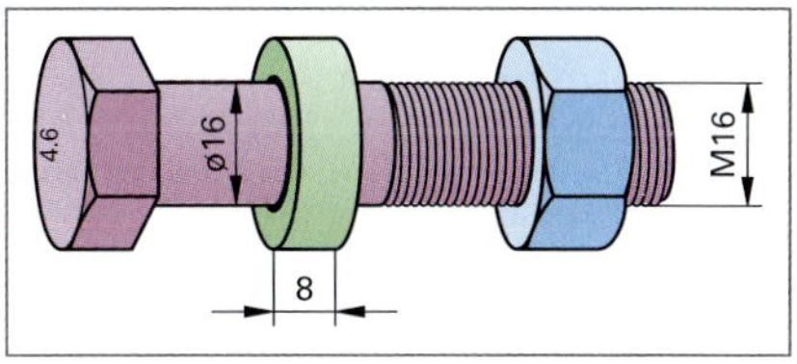

1 Boulon de charpente six pans selon DIN 7990 – M 16 x 60 – Mu – 4.6 avec rondelle DIN 7989 – A 18 – St

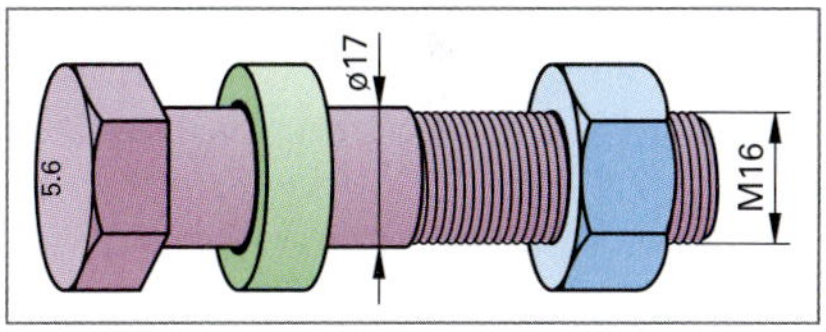

2 Boulon d'ajustage six pans selon DIN 7968 – M 16 x 60 – Mu – 5.6 avec rondelle DIN 7989 – B 18 – St

3 Boulon à haute résistance HR (HV) selon DIN EN 14399-4

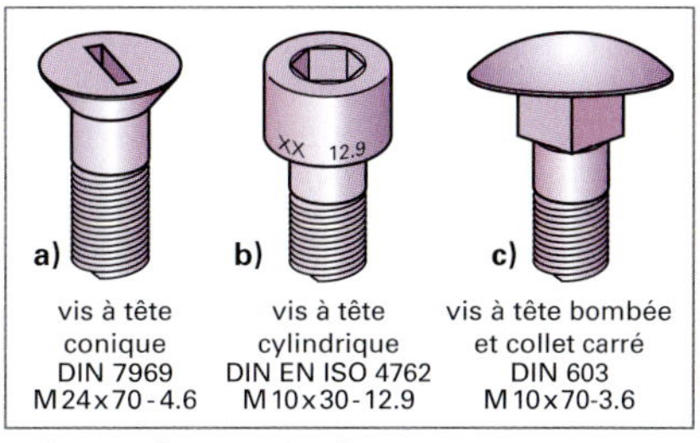

4 Autres formes de têtes

Les goujons d'ancrage à tête rectangulaire sont utilisées pour l'ancrage rigide d'appuis **(fig. 1a)**. Les **goujons d'ancrage** avec filetage aux deux bouts et écrou d'ancrage peuvent être utilisées de la même façon **(fig. 1b)**. Les deux types de goujon sont normalisés jusqu'au diamètre M100.

Les pattes de scellement sont scellées avec du mortier pour fixer p. ex. des paumelles **(fig. 1c)**. Actuellement, des goujons à expansion sont adaptés pour cela.

Des goujons à souder sont fixés à la structure métallique de façades vitrées et jardins d'hiver afin de pouvoir fixer les profils servant à installer les vitrages **(fig. 2)**.

Les leviers à fourche en fonte à graphite sphéroïdal servent à ancrer les tiges filetées sur des goussets avec des boulons **(fig. 3)**.

Les vis à bois à tête hexagonale conviennent à la fixation de pièces plus légères avec des tampons universels **(fig. 4)**. La vis à double filetage est utilisée si une extrémité à filet métrique est nécessaire à la place de la tête hexagonale.

Vis pour usages spéciaux ou particuliers

Les vis à tôle sont trempées et forment leur filetage dans la tôle elle-même **(fig. 5)**. Elles ont différentes formes de tête et un diamètre nominal jusqu'à 6,3 mm pour des épaisseurs de tôle jusqu'à 2,5 mm. Le perçage dans la tôle doit juste être à peine plus gros que le diamètre intérieur du filet de la vis. Les tôles plus épaisses peuvent être assemblées en faisant une économie de travail avec des vis auto **taraudeuses (fig. 6)** ou avec des vis **auto formantes**.

> Les vis auto taraudeuses créent le filet par enlèvement de copeaux, les vis à tôle auto formantes repoussent la matière par déformation.

D'autre vis adaptées doivent pouvoir être vissées dans les filetages ainsi réalisés. **Les vis à tête combinée** selon DIN 6900 sont des combinaisons de vis et rondelles liées les unes aux autres de façon rigide mais pouvant toutefois tourner. Pour fixer des profils trapézoïdaux en acier, il est par exemple possible d'utiliser une **vis auto formantes** DIN 7500 avec une rondelle plate sur la face inférieure de laquelle se trouve un joint en élastomère vulcanisé **(fig. 7a)**. Si les pièces à assembler font moins de 10 mm d'épaisseur, il est aussi possible d'utiliser une **vis auto foreuse** DIN 7504 **(fig 7b)** qui perce et taraude simultanément. Outre les vis normalisées, il existe de nombreuses vis **normalisées pour l'acier**.

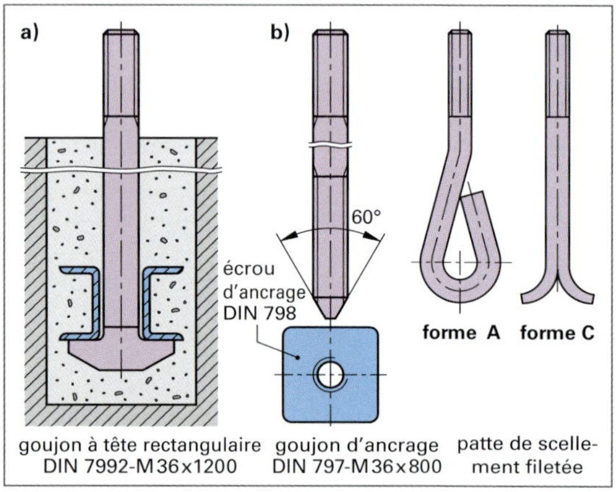

1 Goujons pour ancrage

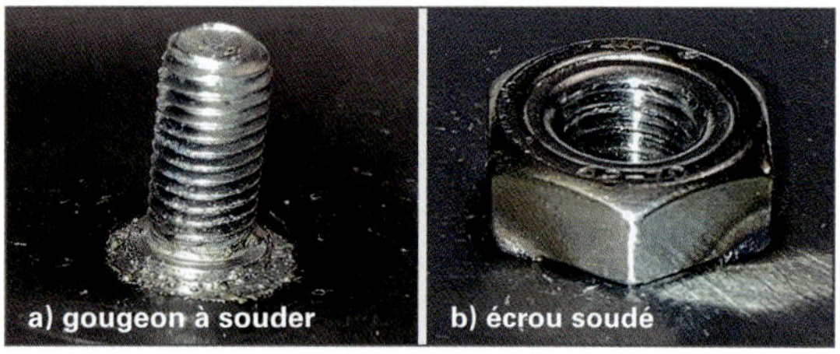

2 Goujons et écrous soudés

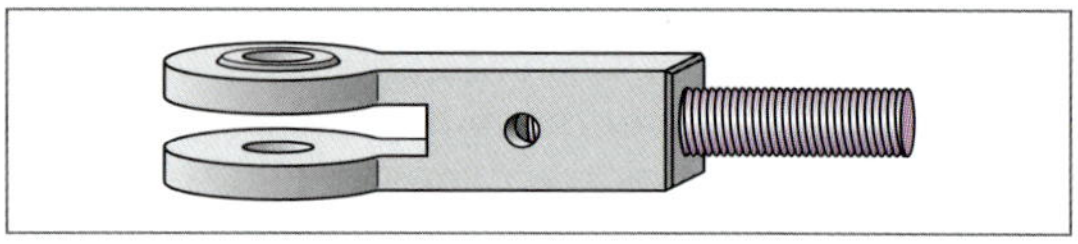

3 Levier à fourche

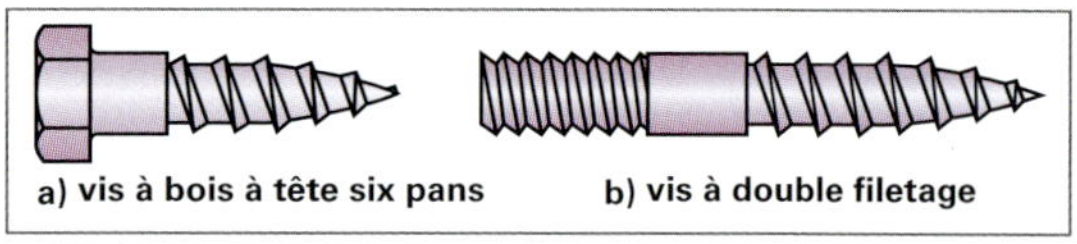

4 Vis à bois

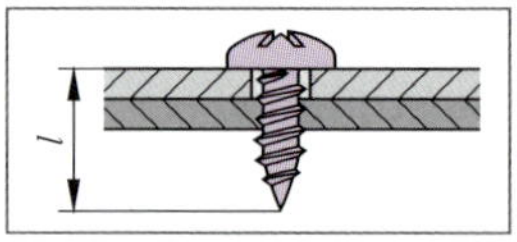

5 Vis à tôle à tête bombée selon DIN EN ISO 7049 – St 2,9 x 13 – C – H

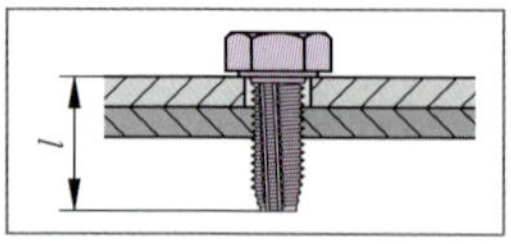

6 Vis auto taraudeuse DIN 7513 – AM 5 x 15

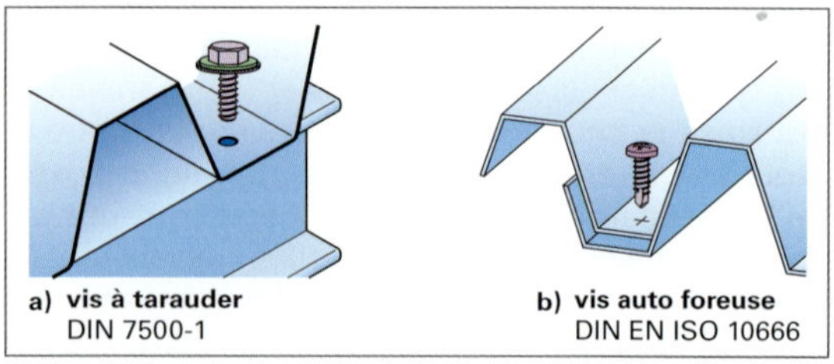

7 Vis combinées

Comme le filet ne peut être taillé qu'une fois le trou percé, il faut tenir compte pour chaque vis auto foreuse de la pénétration maximale ***t*** définie à partir de la longueur de la pointe de perçage. Les **vis combinées** en acier inoxydable ne sont pas aussi dures ; c'est pourquoi leur pointe à percer est en acier trempé **(fig. 1)**.

Les vis pour profil d'ancrage ont une tête carrée **(fig. 2)**. Elle permet d'insérer la tête de la vis avec le petit côté dans le rail et de tourner a 90° puis de serrer. Les profils d'ancrage sont soudés ou coulés dans le béton lors de la construction d'un mur, d'une dalle ou d'un plafond. Ils offrent un maintien fiable et réglable.

4.2.3 Ecrous

La liaison par vissage est serrée avec l'écrou. Il existe de nombreuses sortes d'écrous. Les constructeurs métalliques utilisent principalement des **écrous hexagonaux (six pans) (fig. 3a)**.

Les écrous carrés disposent d'un plus grand point d'attaque pour la clé à fourche mais ne conviennent pas aux espaces exigus **(fig. 3b)**. Ils sont utilisés pour les vis à têtes bombées ou en guise d'écrous d'ancrage (DIN 798) pour vis d'ancrage. Les **écrous borgnes** servent à couvrir les extrémités de filetage **(fig. 3c)**.

4.2.4 Rondelles

Elles servent à protéger la surface des éléments, à repartir la force d'appui des écrous ou de la tête de la vis et ponter les flancs des trous oblongs. **Les rondelles DIN 7989** de 8 mm d'épaisseur conviennent tout particulièrement à cela **(fig. 4a)**. Ces rondelles empêchent en outre que le filet de la vis ne pénètre dans l'élément. Le type A (brut) est utilisé pour les boulons de charpente, le type B (brillant) pour les boulon HR. **Les rondelles DIN EN 14399-6 (fig. 4b)** sont plus minces et trempées et se situent sous la tête et l'écrou de vis HR (HV). Les rondelles cales obliques compensent les biais des profils. Pour les profils, il existe des rondelles avec une pente de 14 %, reconnaissables à la rainure **(fig. 4c)**. Pour les profils U, il existe des rondelles avec une pente de 8 %, reconnaissables à ses deux rainures **(fig. 4d)**.

Les rondelles plates ne sont pas des éléments pour sécuriser les vis. Elles ne protègent pas contre un desserrage involontaire de l'écrou !

4.2.5 Autoblocage des filetages

Il y a auto blocage d'un filetage si un écrou ne peut pas se desserrer par lui-même **(fig. 5a)**. Les filetages de fixation présentent des filets triangulaires simples avec petite pente (petit pas). Pour les entraînements de table de machines-outils, on utilise des filets trapézoïdaux ou des vis à billes avec une pente importante et une faible friction sans auto blocage.

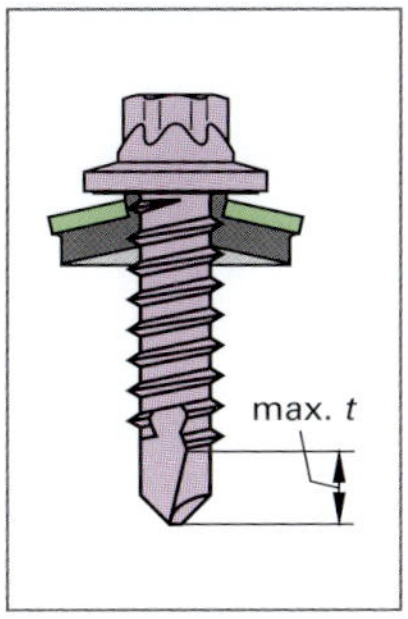

1 Vis combinée avec rondelle étanche. Elle perce, taraude et étanchéifie

2 Vis pour profils d'ancrage

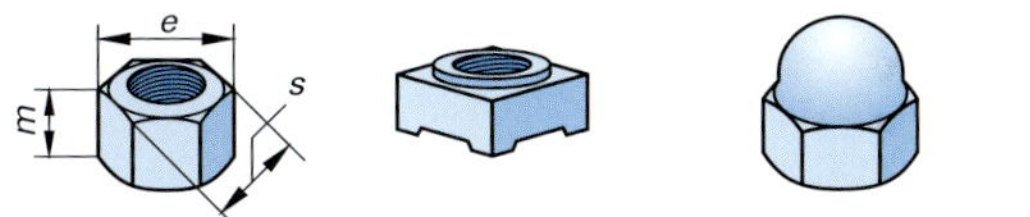

a) écrou six pans DIN EN ISO 4034-M16-4.6

b) écrou carré DIN 928-M16-St

c) écrou borgne DIN 1587-M16-6

3 Ecrous

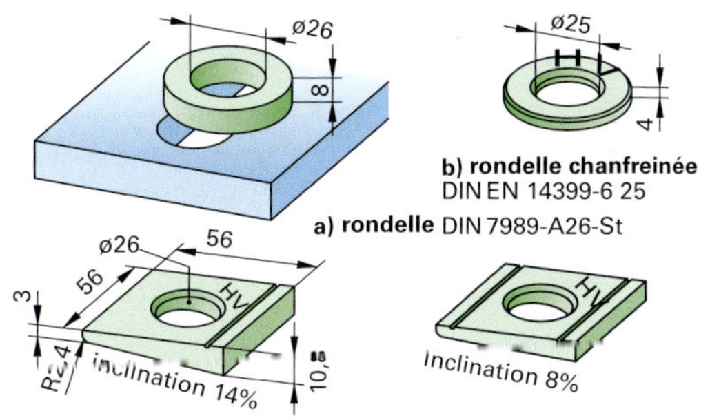

b) rondelle chanfreinée DIN EN 14399-6 25

a) rondelle DIN 7989-A26-St

c) rondelle cale oblique pour profils I UNI 6597 DIN 435

d) rondelle cale oblique pour profils U UNI 6598 DIN 434

4 Rondelles plates pour la construction métallique

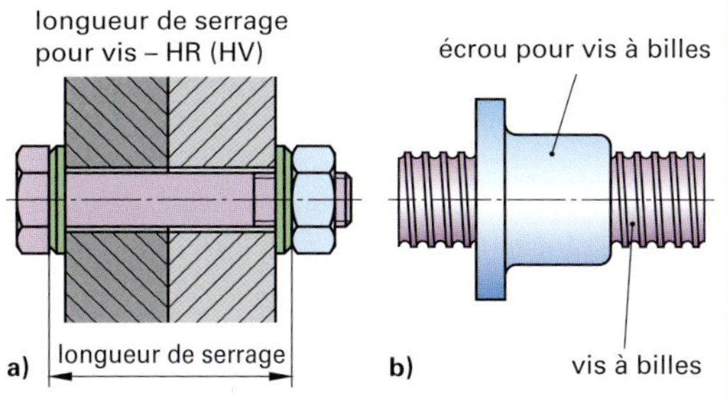

5 Filet de fixation et d'entraînement

Le coefficient de friction μ_H entre deux matériaux peut être déterminé par un essai **(fig.1)**. Un corps en acier repose sur un plan incliné mobile en acier. Le plan incliné est soulevé jusqu'à ce que le corps commence à glisser. Peu avant le glissement, la force de portance F_H et la force de friction F_{RH} sont égales. D'après les lois géométriques on a : $\alpha_H = \gamma_H$. Le coefficient de friction μ_H est défini comme

$$\mu_H = \frac{F_{RH}}{F_N} = \frac{F_H}{F_N} = \tan \gamma_H = \tan \alpha_H.$$

F_N = force normale, α_H = angle de friction. Pour les surfaces lisses et sèches en acier on obtient environ $\alpha_H \leq 11°$ et ainsi $\mu_H = \tan 11° \leq 0{,}19$.

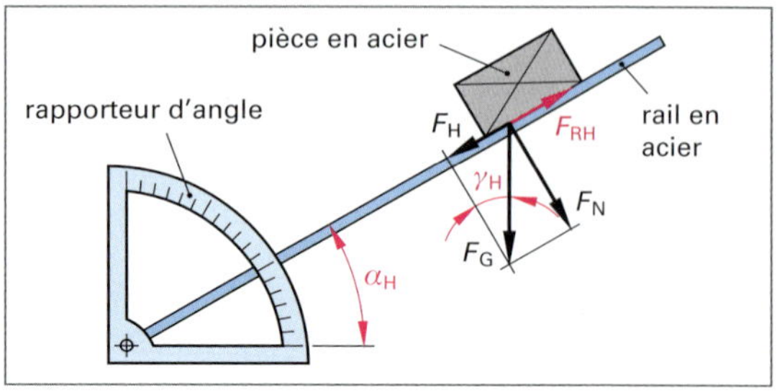

1 Essai pour déterminer l'angle de friction

Les filets de fixation ont un angle d'hélice inférieur à 11° et sont de ce fait autobloquants.

4.2.6 Tendeurs à vis

En structure métallique, les tendeurs à vis permettent de retendre les contreventements en acier rond ou les câbles ; un tendeur à vis est composé d'un écrou – tendeur avec filet à droite et à gauche, ainsi que d'une extrémité à souder avec filet à droite et une avec filet à gauche **(fig. 2)**. L'extrémité du filet à gauche est identifiée par « LH » ou une rainure sur le six pan.

Des contre-écrous avec filetage à droite et à gauche selon DIN 555 bloquent le tendeur à vis. Il existe différentes versions de tendeurs à vis : forgé, en acier six pans, en tube d'acier ou en acier rond.

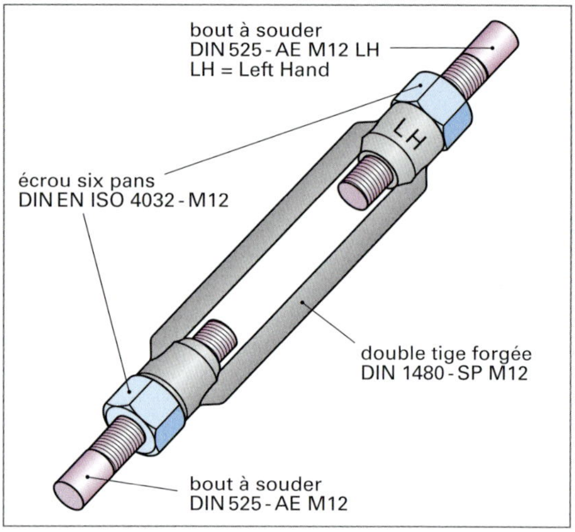

2 Tendeur à vis

4.2.7 Sécuriser les vis

Grâce à des écrous serrés, une précontrainte est générée dans la tige filetée, ce qui augmente la force normale dans le filetage. Malgré le blocage du filet de fixation, les vis peuvent se desserrer si elles sont soumises à des vibrations. L'écrou peut se soulever momentanément. La liaison peut en outre légèrement se tasser en raison de l'égalisation des rugosités de la surface. Si la force normale et la friction deviennent moins importantes ou disparaissent complètement, l'écrou se desserre.

Les vis doivent être sécurisées si des charges ou oscillations changeantes surviennent dans des éléments vissés.

Le couple de serrage d'une vis HR (HV) est réalisé avec une clé dynamométrique. Sa tige très résistante est élastique et compense les tassements.

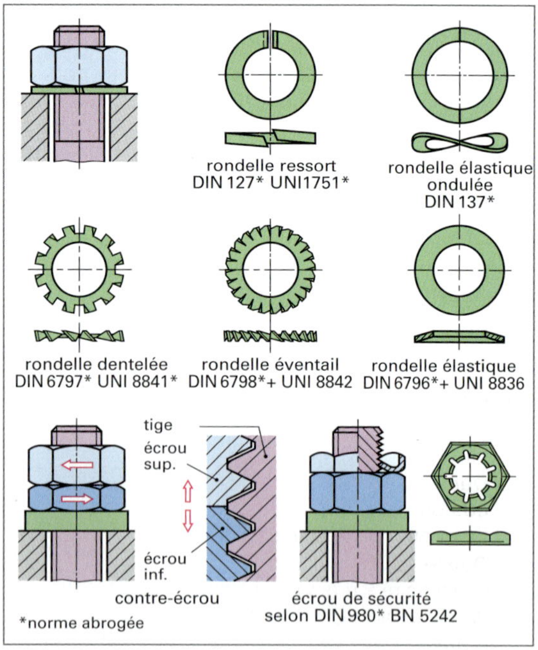

3 Sécurisations contre le desserrage (freins d'écrous)

Les **sécurisations contre le desserrage** (freins d'écrous par adhérence) comportent un élément élastique qui permet de conserver la précontrainte des vis. La force normale et la friction dans le filet sont ainsi conservées. Les rondelles ressort, les rondelles dentelées, les rondelles dentées, les rondelles à éventail et les disques de serrage **(fig. 3 en page précédente)** servent d'éléments élastiques. Les contre-écrous sont serrés l'un contre l'autre et génèrent dans leur zone une précontrainte plus élevée et ainsi une friction plus importante. Les écrous de blocage sont en acier à ressort et sont utilisés comme des contre-écrous. Les sécurisations contre le desserrage sont aussi appelées freins filet. Aujourd'hui considérées comme inefficaces, leurs fiches de normes ont été retirées.

Les sécurisations contre le desserrage sont réutilisables et offrent une bonne sécurité contre le desserrage en cas de charge principalement statique, si la qualité de la vis est inférieure à 8.8.

Elles sont insuffisantes pour une sollicitation dynamique !

Les **protection contre la perte** comportent un élément devant être détruit ou déformé avant que la liaison casse. La rondelle d'arrêt, le fil de sécurité, l'écrou crénelé avec goupille fendue et écrou avec bagues autobloquant sont montés en guise de protection contre la perte.

En règle générale, les protections contre la perte empêchent de perdre les vis, même en cas de sollicitation dynamique. Elles ne peuvent pas éviter un desserrage partiel et la perte partielle de la précontrainte.

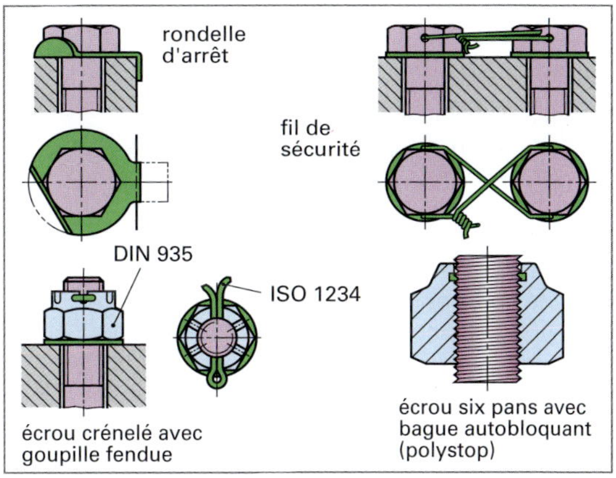

1 Sécurisations contre la perte

Des **protections contre le desserrage** (frein d'écrou par liaison moléculaire) peuvent aussi être réalisées en collant les vis et écrous à l'aide de colles. Cette sécurisation est aussi **appelée frein - filet**. Il existe des produits de sécurisation pâteux à revêtir avant vissage **(fig. 2a)**, fluides pour la sécurisation ultérieure et des produits avec différentes résistances au décollement. Des vis avec revêtement collant **(fig. 2b)** sont également proposées. Des écrous et vis à denture de blocage **(fig. 2c)** sont utilisés en tant que sécurisation contre le desserrage. Ils disposent de dents de verrouillage trempées qui s'incrustent dans la pièce. Elles n'assurent toutefois aucun blocage avec des pièces trempées.

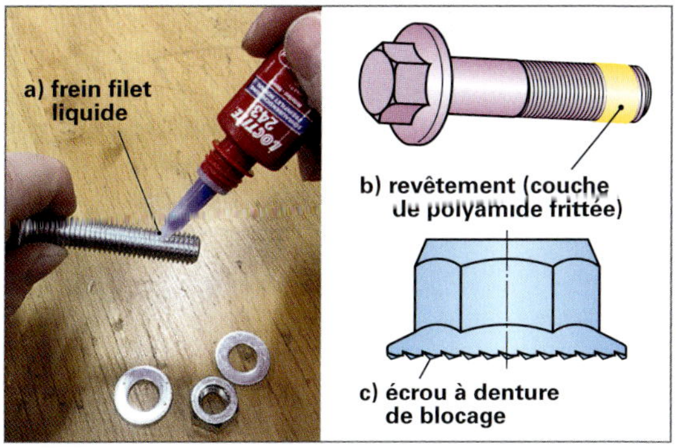

2 Sécurisations contre le desserrage

Les sécurisations contre le desserrage empêchent de façon fiable que les vis ne se desserrent, même en cas de charge dynamique. Ils peuvent être desserrés sans outillage particulier.

Contrôlez vos connaissances

1 Quelles sont les 5 propriétés prépondérantes des liaisons par vissage ?

2 Quelle longueur de tige est nécessaire pour un boulon de charpente selon DIN 7990-M16 si la longueur de serrage est de 30 mm ?

3 Quelle résistance à la traction et quelle limite d'élasticité a une vis de la classe 8.8 ?

4 Pourquoi les vis sont-elles fabriquées avec différentes formes de tête ?

5 Quelles sont les avantages de vis combinées ?

6 Pourquoi a-t-on besoin de rondelles cale oblique ?

7 Que se passe-t-il si la pénétration maximale d'une vis auto foreuse ne suffit pas pour l'épaisseur de serrage disponible ?

8 Citez des exemples pour chacun des 3 types de de freins d'écrous !

9 Quels freins d'écrous ne se desserrent pas même pour une sollicitation dynamique ?

4.2.8 Vis HR (HV)

Sous DIN EN 14399-4, elles sont appelées « boulon précontraint de haute résistance » mais dans la pratique, la désignation abrégée HR (HV) s'est imposée. Outre le nom du fabricant, elles portent sur leur tête les initiales HR (HV) ainsi que la classe de résistance 10.9 **(fig. 1)**. Un boulon HR (haute résistance) est constitué d'acier à haute limite élastique, il est complété par un écrou et deux rondelles . Lors de l'assemblage ou boulonnage, il faut faire un serrage fort, ce qui cause un effort de précontrainte. C'est pourquoi les boulons HR sont aussi appelés boulons précontraints

La vis, l'écrou et les rondelles ont un niveau de résistance plus élevé que les vis normales. A chaque vis HR correspondent deux rondelles plates **(fig. 2)** ou rondelles U ou I mises en place sous la tête de la vis et l'écrou. Le chanfrein de la rondelle plate doit toujours être positionné vers l'extérieur lors du montage pour que l'arrondi puisse être accueilli par la tête de la vis. La classe de résistance 10 et le sigle HR (HV) sont marqués sur l'écrou correspondant, tout comme sur les rondelles.

Seules des garnitures de vis complètes du même fabricant doivent être utilisées.

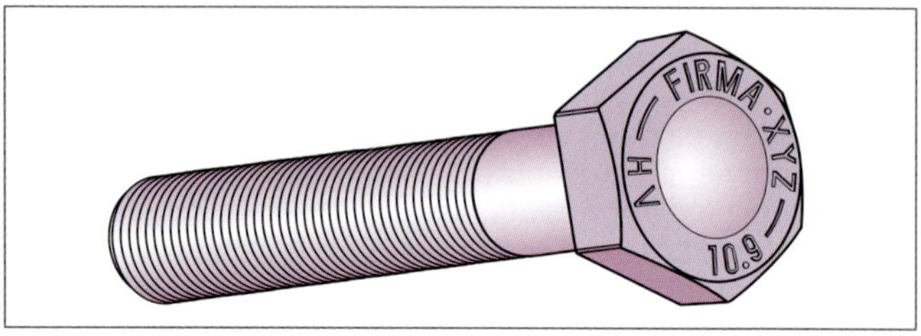

1 Tête de vis HR (HV)

2 Garnitures de vis HR (HV)

4.2.9 Avantages du vissage dans la construction métallique

Les structures en acier sont amenées sur le chantier en éléments soudés de grandes dimensions afin d'optimiser le temps d'assemblage.

Contraintes liées à la réalisation de grands éléments.

Contraintes liées à la fabrication fabrication, p. ex. longueur de poutres livrables, taille de la porte de l'atelier, capacité de charge des engins de levage à l'atelier.

3 Liaisons vissées

Contraintes liées au transport : Pour les longueurs et largeurs excessives, des conditions spéciales et une escorte de la police sont nécessaires, les hauteurs de passage et les charges de ponts admises ne doivent pas être dépassées.

Contraintes liées au montage : Il faut tenir compte des espaces et grues disponibles sur le chantier. Le soudage sur le chantier est compliqué et coûteux, et endommagerait le traitement de surface. Les liaisons vissées peuvent être montées plus rapidement et restent démontables **(fig. 3)**. Le contrôle qualité est plus facile à réaliser.

Des considérations statiques sont primordiales pour le **choix des points d'assemblage**. La liaison par vissage se situe dans les zones où les sollicitations sont les plus faibles.

4.2.10 Distance entre les vis

Les vis doivent avoir une distance suffisante entre elles pour que la clé à fourche puisse être mise en place. Une section de matière suffisamment grande doit en outre être disponible pour transférer les forces. Une distance trop faible par rapport au bord peut avoir pour conséquence que les tôles se fissurent. Des intervalles trop grands sont synonymes de gaspillage de matière et sont la cause d'interstices dans lesquels l'eau peut pénétrer. Il existe des distances minimales, maximales et optimales admises entre les trous et par rapport aux bords **(tableau 1)**.

Tableau 1: Ecarts entre le bord et les trous pour des vis et rivets conformément à Eurocode 3

Entre-axe	Signe	mini-mal	maxi-mum	opti-mal	ancienne-ment usuel
Dans le sens de la force pour Trous poinçonnés	p_1	2,2 d_0 *3,0 d_0*	3,75 d_0 ou 12 t	**3,5 d_0**	**3,0 d_0**
Depuis le bord dans le sens e la force	e_1	1,2 d_0 *1,5 d_0*	3,0 d_0 ou 6 t	**3,0 d_0**	**2,0 d_0**
Depuis le bord perpendiculaire au sens de la force	e_2	1,2 d_0 *1,5 d_0*	3,0 d_0 ou 6 t	**3,0 d_0**	**2,0 d_0**
Perpendiculaire au sens de la force	d_0	2,4 d_0 *3,0 d_0*	6,0 d_0 ou 12 t	**1,5 d_0**	**1,5 d_0**

On a : d_0 = diamètre de trou, *italique* : poinçonné t = épaisseur de la tôle la plus fine

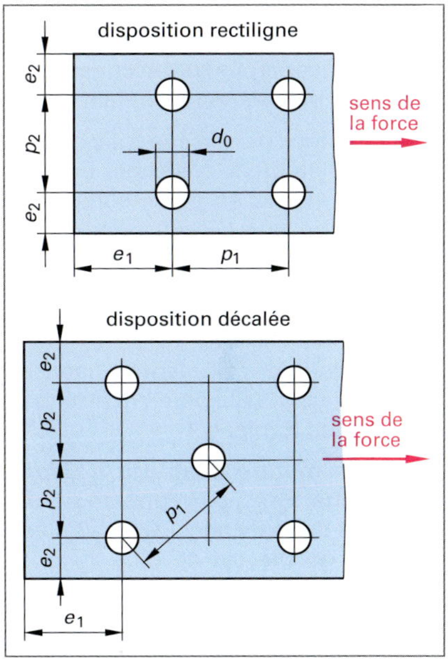

1 Entre - axes des trous dans des tôles et profilés

C'est seulement en respectant les distances optimales depuis le bord et des entre-axes que l'on obtient la meilleure répartition des forces.

Les distances minimales admises correspondent à environ la moitié de la charge admissible. Les trous poinçonnés nécessitent des distances minimales plus grandes que celles des trous percés ; en *italique* dans le tableau.

Les distances minimales et optimales peuvent être arrondies à la cote supérieure. Les distances maximales peuvent également être arrondies. Pour les barres et profilés, les cotes de trusquinage normalisées *w* doivent être respectées. Toutes les distances doivent être mesurées d'un axe de trou à un autre, même si les rangées de vis sont décalées.

4.2.11 Liaison vissée avec contrainte de cisaillement (liaison SL)

Les liaisons vissées avec contrainte de cisaillement, liaisons SL, sont serrées à la main. Les forces Va sont transmises par la paroi du trou à la tige de vis et de là à la paroi du trou de l'autre pièce **(fig. 2)**. Des contraintes de cisaillement sont alors générées dans la tige. Les forces de friction sont négligeables dans les calculs.

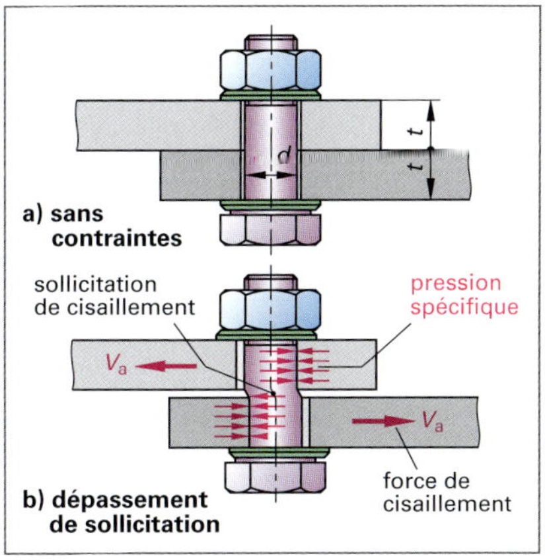

2 Liaison vissée avec contrainte de cisaillement

Les boulons sont mis en place dans des perçages qui peuvent avoir un diamètre plus grands de 0,3 mm à 2 mm que le diamètre de la tige de la vis. Il se produit alors un glissement des plaques jusqu'à ce que les bords des trous de celles-ci s'appuient contre les tiges des vis.

Pour les ouvrages qui sont également soumis à une **charge dynamique**, tels que les grues et ponts, les écrous doivent-être sécurisés afin d'en empêcher le déserrage. On obtient alors une **liaison SL**.

Boulon d'ajustage avec contrainte de cisaillement (SLP)

La liaison SLP est une liaison avec vis de fixation à six pans DIN 7968 ou vis de fixation HR (HV) DIN 7999 (inscription HVP) **fig. 1**. L'axe des vis de fixation est plus épais de 1 mm que le diamètre du filetage. Elles sont emmanchées avec un jeu de maximum 0,3 mm dans des perçages alésés et, conviennent à des liaisons rigides et précises.

La paroi du trou et les forces de cisaillement exercent des forces élevées sur la tige de la vis.

La liaison SLP peut aussi être utilisée en cas de charge dynamique, p. ex. dans la construction de ponts, si les écrous sont sécurisés contre le desserrage par précontrainte (en tant que liaison SLVP).

Si la longueur de serrage maximale admise n'est pas complètement sollicitée, deux rondelles doivent être mises en place sous l'écrou, pour les vis HVP, afin que l'écrou ne touche pas et ne se bloque pas à la fin du filetage de la tige.

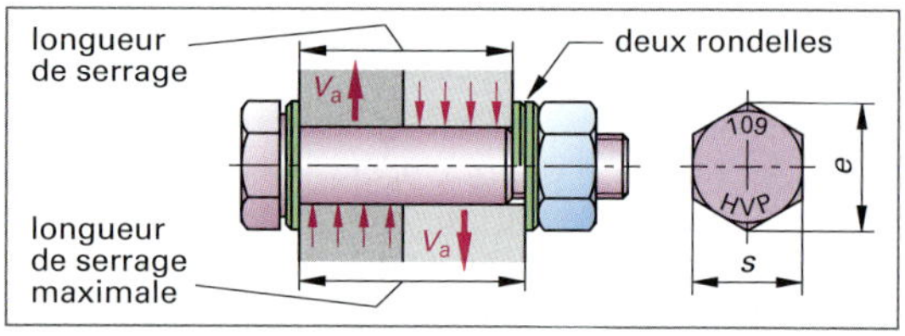

1 Liaison SLP

Transmission des forces de cisaillement de liaisons SL et SLP

Les forces de cisaillement transmissibles par vis, pour les liaisons SL, peuvent être consultées dans des tabelles **(tableau 1)**.

Comme le montre le **tableau 1, la force de cisaillement limite** $V_{a,R,d}$ d'un boulon de charpente M12 de classe de résistance (CR) 4.6 n'est que de 21.7 kN alors qu'elle est de 54.3 kN pour un boulon HR (HV) de même taille. C'est plus du double ! C'est pourquoi il est possible de mettre en place deux fois moins de boulons HR (HV) 10.9 que de boulons de charpente 4.6. C'est en outre plus économique parce qu'il faut percer moins de trous et que de plus petites plaques de raccordement doivent être fabriquées.

Attention : Pour conserver la force de cisaillement limite de 4 vis, la valeur du tableau est à multiplier par quatre. Une liaison par boulonnage à cisaillement double **(voir rivets p. 68 fig .4)** porte deux fois plus qu'une liaison à cisaillement simple. Dans sur le cas normal, les forces de cisaillement ne s'appliquent pas sur le le filet mais sur la la tige de la vis.

Tableau 1 : Forces de cisaillement limites selon EC3

$V_{a,R,d}$ en kN par élément de cisaillement pour des liaisons par vissage SL, à cisaillement simple ou multiple, DIN 7969, DIN 7990 et DIN EN 14399-4.

tige sans filetage dans le trou					
FK	M12	M16	M20	M22	M24
4.6	21,7	38,6	60,3	73	86,9
5.6	27,1	48,3	75,4	91,2	109
8.8	43,4	77,2	121	146	174
10.9	54,3	96,5	151	182	217
filetage dans le trou					
FK	M12	M16	M20	M22	M24
4.6	16,2	30,1	47	58,1	67,8
5.6	20,2	37,7	58,8	72,7	84,7
8.8	32,4	60,3	94,1	116	136
10.9	33,7	62,8	98	121	141

Exemple de lecture : Quelle limite de cisaillement ont quatre vis HR (HV) M16 pour un cisaillement double avec liaison SL si les forces cisaillement s'appuient sur les tiges des vis ?

Solution : $V_{a,R,d} = 96.5 \text{ kN} \times 4 \times 2 = 772 \text{ kN}$

Utilisation des liaisons SL et SLP

Tous les ouvrages avec une charge principalement statique tels que les pylônes - antennes, charpentes halles de production et de sport, bâtiments administratifs et immeubles sont des exemples typiques d'applications **(fig. 2)**. Cette construction avec une structure en forme de tour est soudée, tous les raccords vissés ont été réalisés en liaisons SLV avec des boulons HR (HV).

2 Réalisation pratique de liaisons SLV

4.2.12 Liaison précontrainte sans glissement (liaison - GV)

Dans une liaison précontrainte sans glissement, les vis HR (HV) sont serrées et serrent les pièces suffisamment pour qu'elles ne puissent pas glisser malgré une sollicitation **(fig. 1)**. Les vis HR (HV) ne sont pas sollicitées par cisaillement mais principalement par traction et légèrement par tension en raison du serrage. Il n'y a pas de pression sur la paroi des trous. La force est transmise par friction. La liaison devient **antidérapante** parce que les surfaces en contact au niveau des liaisons sont rugueuses. On réalise cela par **sablage** ou **décapage à la flamme** et l'application d'une **peinture antidérapante**. Il en résulte un coefficient de friction nécessaire de μ = 0,5 pour S235 JR. Les surfaces recouvertes de graisses, d'huiles ou d'une minces couches de rouille ne sont pas admises. Les espaces dus aux tolérances de laminage ou déformations suite à la soudure doivent être compensés avec des cales rugueuses des deux côtés, à partir d'une largeur de fente de 2 mm.

Les forces de précontrainte ou les couples de serrage nécessaires figurent dans le tableau suivant.

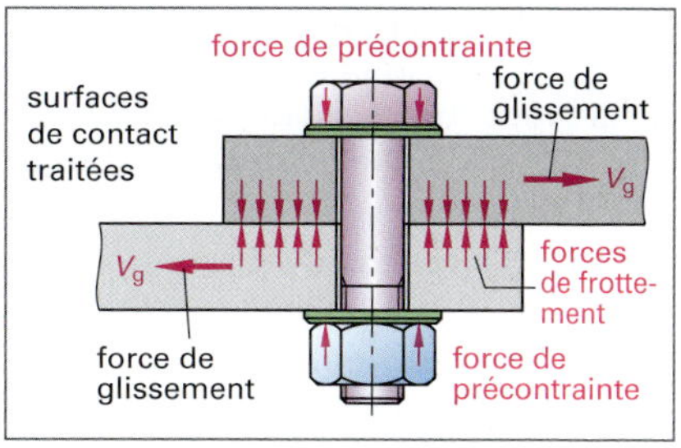

1 Liaison précontrainte antidérapante (sans glissement (liaison GV))

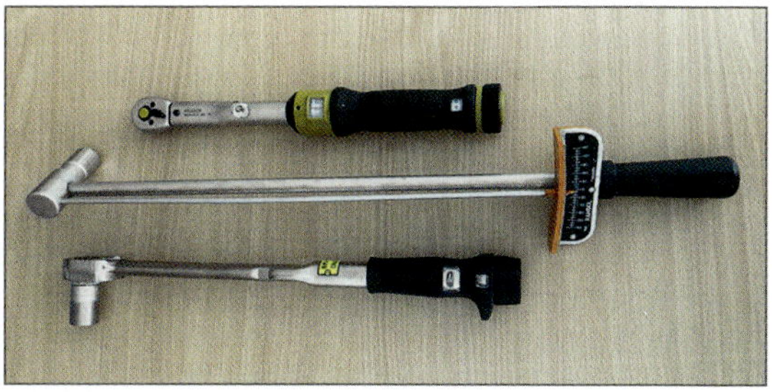

2 Clés dynamométriques

Exemple : Une vis HR (HV) M 12 galvanisée à chaud et lubrifiée MoS_2 nécessite, selon le tableau, un couple de serrage de 100 Nm pour atteindre une précontrainte de 50 kN. La force de glissement limite est de 21,74 kN si aucune force de traction *N* n'agit.

Tableau 1 : Couples de serrage, angles de rotation et forces de glissement limites dans les liaisons GV/GVP

1	2	3	4	5	6	7	8	9	10
Diamètre du filetage	force de précontrainte nécessaire F_V dans la vis	procédé planifié de précontrainte de la vis selon: a) réglage du couple de serrage sur la clé dynamométrique		b) par choc rotatif	c) par angle de de rotation				limite de la force de glissement pour *N* = 0 et *u* = 0,5 avec vis DIN 6914 (HR) DIN 7999 (HRP)
		réglage du couple de serrage M_A MoS_2 lubrifié	légèrement huilé	réglage de force de serrage F_V	couple de précontrainte M_V	longueur de serrage I_K	Angle resp. mesure de rotation selon la longueur de serrage φ	U	
mm	kN	Nm	Nm	kN	Nm	mm			kN
M12	50	100	120	60	10	0 à 50	180°	$\frac{1}{2}$	21,74
M16	100	250	350	110	50				43,48
M20	160	450	600	175					69,57
M22	190	650	900	210	100	51 à 100	240°	$\frac{2}{3}$	82,61
M24	220	800	1100	240					95,65

Pour obtenir **une précontrainte** il existe trois procédés de serrage :

- Procédé par **couple de serrage** : Lors du serrage avec la clé dynamométrique, la force de précontrainte nécessaire **(colonne 2 du tableau)** est générée par le couple mesuré **(colonnes 3 et 4 du tableau)**.
- Procédé par **choc rotatif** : On utilise pour cela un tournevis ou clé frappeuse homologuée, réglée sur le couple prescrit **(colonne 5 du tableau)**.
- Procédé **par angle de rotation** : Avec lui, l'écrou ou la vis est serré(e) selon un angle de rotation d'après la colonne 8, après avoir appliqué un couple de précontrainte. Pour ce procédé, il existe une clé dynamométrique avec contrôle électronique de l'angle de rotation et du couple **(fig. 2 b)**.

Si le nombre de vis est important, les vis doivent tout d'abord être serrées en alternance à 60 % de la valeur prescrite. La précontrainte finale a lieu lors d'une deuxième phase de travail. Les vis situées dans les bords de la liaison sont serrées en dernier parce qu'elles sont les plus sollicitées.

- Les trous doivent correspondre les uns aux autres – ils doivent, si nécessaire, être percés ou alésés ensemble !
- Toujours mettre les vis en place perpendiculairement – une position oblique diminue considérablement la précontrainte !

Contrôle de la précontrainte

Pour s'assurer que les vis sont correctement serrées en liaisons précontrainte sans glissement, une vis sur 20 (5 %) doit être contrôlée par resserrage. Marquer la position de départ **(fig. 1)** !

- Procédé par couple de serrage : Pour le contrôle, régler le couple 10 % plus haut que lors du montage.
- Procédé par choc rotatif : Appliquer à nouveau le tournevis frappeur réglé avec le même force.
- Pour le procédé de l'angle de rotation, il faut appliquer l'une des méthodes de contrôle ci-dessus en fonction de l'appareil de serrage utilisé.

Pour un angle de rotation supplémentaire jusqu'a 60°, la précontrainte est suffisante ; il faut toutefois vérifier deux autres vis dans la même liaison si 30° ont été dépassés. Si un angle de rotation supplémentaire excède 60°, les vis doivent être remplacées.

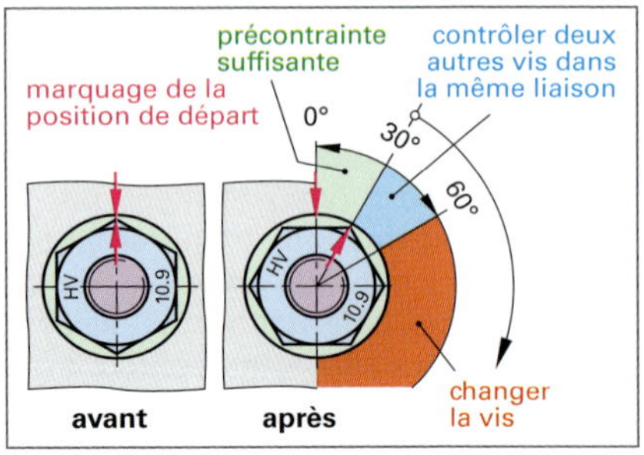

1 Contrôle de la précontrainte

Liaisons par précontrainte sans glissement (liaisons GVP)

Des boulons haute résistance doivent être utilisées dans les liaisons précontraintes sans glissement. Les pièces à lier peuvent ainsi être assemblées précisément et fermement **(fig. 2)**. En plus des forces de friction, la liaison maintiendra les forces de cisaillement sur la paroi du trou.

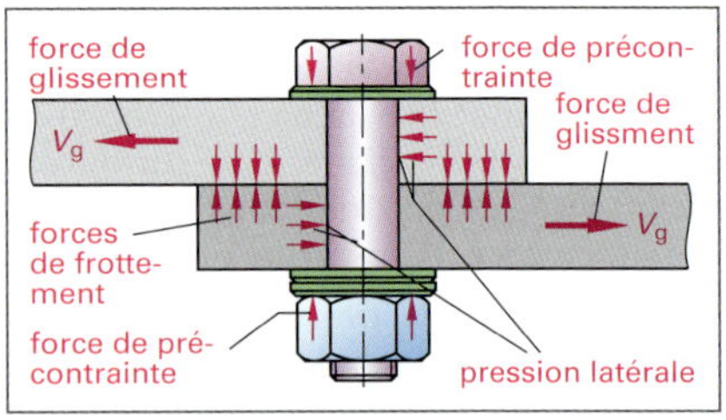

2 Liaison GVP

Avantages, inconvénients, utilisation

Les liaisons GV ou GVP conviennent aussi bien à une charge statique que dynamique et peuvent de ce fait être utilisées pour des ponts, grues ou excavatrices. Le frein de vis est inutile en raison de la précontrainte élevée. La force d'adhérence résistante qu'elle forme est moins souple que la liaison SL. Les forces de glissement limites $V_{g, R, d}$ sont toutefois plus petites que les forces de cisaillement limites des liaisons SL et SLP. Les liaisons GV et GVP sont en outre plus coûteuses. De telles liaisons de précision étaient nécessaires pour le plus grand radiotélescope 100 % mobile de 100 m à Effelsberg **(fig. 3)**.

3 Radiotélescope avec liaisons GVP

4.2.13 Protection contre la corrosion des liaisons vissées

La peinture de protection doit être réalisée immédiatement après le montage de la liaison vissée, avant que de l'eau ne puisse pénétrer dans les joints. La couche de base doit être suffisamment pâteuse pour obstruer les joints sans y pénétrer par capillarité.

Des vis HR (HV) zinguées à chaud sont utilisées pour les constructions en acier zinguées à chaud, Les surfaces de friction zinguées à chaud n'ayant qu'un indice de friction compris entre 0,1 et 0,2 doivent être pourvues d'une peinture résistante aux glissements, p. ex. poudre de silicate zinguée. La surface doit avoir été préalablement nettoyée et dégraissée.

Contrôlez vos connaissances

1 A quoi reconnaît-on des vis HR (HV) ?
2 Pourquoi toutes les liaisons ne sont-elles pas soudées ?
3 Calculez l'entre - axe optimal entre le bord de la plaque et l'axe des trous pour des vis M 16 (d_L = 18 mm).
4 Expliquez ce que l'on entend par liaison SL !
5 Quel est l'avantage d'une liaison SLV par rapport a une liaison SL ?
6 Pourquoi utilise-t-on de plus en plus de vis HR (HV) dans la Construction métallique, malgré qu'elles sont plus coûteuses ?
7 Quelles phases de travail supplémentaires sont nécessaires pour une liaison GV par rapport a une liaison SL ?

4.3 Liaisons pincées des poutrelles

Les liaisons de poutres permettent de lier l'une à l'autre des poutres qui se croisent sans les percer ou les souder **(fig. 1)**. La liaison est composée d'une plaque intermédiaire avec quatre boulons dans les coins **(fig. 2)**. La plaque intermédiaire dépasse les ailes de la poutre et est pourvue d'un perçage aux quatre coins. Chaque perçage accueille un boulon de la classe de résistance 8.8 avec une pince de serrage inférieure (type A) et une pince de serrage supérieure (type B).

Les pinces de serrage sont en fonte malléable et dentelées afin d'en augmenter l'adhérence. Le type A a une échancrure qui empêche que la tête de vis ne tourne. Un épaulement est prévu afin que la pièce de serrage s'appuie sur la plaque intermédiaire. Il existe des pièces de serrage avec des épaulements d'épaisseurs différentes en fonction de l'épaisseur des ailes de la poutre. Des rondelles de compensation de type CW ou P sont utilisées pour les ailes plus épaisses.

La pièce de serrage type B est lisse sur la partie supérieure pour que les écrous puissent être serrés. Une rondelle plate IDO 7090 est utilisée. Une clé dynamométrique doit être utilisée afin que le couple de serrage prescrit puisse être appliqué.

Le **tableau 1** montre les couples de serrage nécessaires et la force de traction admise d'une liaison par serrage de poutres avec quatre vis. La liaison par serrage bénéficie d'une homologation de construction pour une charge statique et principalement non statique, p. ex. pour un palan suspendu. En cas de charge non statique, elle doit être contrôlée tous les deux ans.

Avantage des liaisons par serrage :

- pas de perçages sur le chantier
- pas d'affaiblissement de la section
- pas de soudage – aucun dommage à la surface
- peut être ajusté
- réutilisable – si elle a préalablement été utilisée de façon statique.

1 Liaison par serrage de poutres

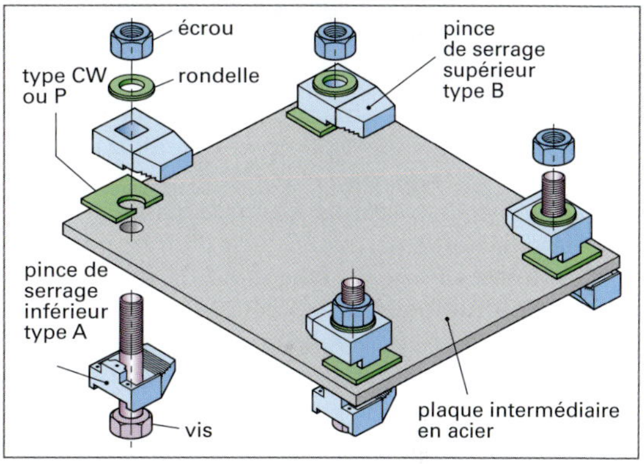

2 Eléments de la liaison par serrage de poutres

Tableau 1 : Capacité de charge de la liaison par serrage

vis	épaisseur de la plaque	couple de serrage (Nm)	force de traction (kN)
M 12	8 mm	69	18,2
M 16	10 mm	147	33,9
M 20	12 mm	285	52,9
M 24	15 mm	491	76,2

Contrôlez vos connaissances

1 Que signifie liaison SLP et que signifie liaison GVP ?

2 Quel doit être le diamètre du perçage pour une vis M 16 ?

3 Citez deux avantages et deux inconvénients de la liaison GV !

4 Décrivez un procédé de pré - serrage pour les liaisons GV !

5 Comment la précontrainte des liaisons GV doit-elle être vérifiée ?

6 Déterminez le diamètre des vis et dessinez la plaque intermédiaire si un HEB 140 exerce une force de 30 kN sur le point de suspension et doit être accroché à un HEB 200. Les trous des vis sont tangents aux ailes des poutres. Choisissez la distance optimale par rapport au bord !

4.4 Liaisons par rivetage

La prépondérance du rivetage dans la construction de navires et la construction métallique a fortement baissée au cours des dernières décennies.

Le rivetage produit des liaisons inamovibles.

On fait la distinction entre le rivetage à froid pour des rivets en acier et en métaux non ferreux jusqu'à 9 mm de diamètre et le rivetage à chaud pour des rivets plus épais en acier. Aujourd'hui, seuls des châssis de camions et des réparations sont ainsi réalisés.

4.4.1 Rivetage à chaud

Le rivetage à chaud est réalisé avec des rivets chauffés au rouge clair (environ 1000 °C). Le rivet standard dispose d'une tige et d'une tête. **La tête de fermeture** est formée lors du rivetage **(fig. 1)**. Le diamètre de trou d_L est toujours percé 1 mm plus gros que le diamètre de rivet brut d. La longueur de rivet est calculée avec la longueur de serrage l_k et le diamètre d **(fig. 1)** :

Longueur de rivet pour tête demi - ronde : $l = 1{,}1 \times l_k + 1{,}5 \times d$

Longueur de rivet pour tête noyée (conique) : $l = 1{,}1 \times l_k + 0{,}7 \times d$

Les trous pour rivets peuvent être percés ou poinçonnés. Les trous percés doivent être ébavurés, les trous poinçonnés doivent être plus petits puis alésés de 2 mm s'il s'agit d'un ouvrage en acier avec charge non statique ou si l'élément poinçonné fait plus de 16 mm d'épaisseur et est soumis à une force de traction. Les surfaces de contact des éléments bénéficient d'un traitement de surface en apprêt en feroxyde rouge, chromate de zinc ou poudre de zinc pour empêcher les joints de rouiller. Les décalages des perçages lors de l'assemblage sont compensés par un alésage. La fermeture de la liaison par rivetage a lieu en quatre phases de travail selon la **figure 2**.

Contrôle : Les têtes de rivet doivent être bien appuyés, centrés et pleinement frappés. Les rivets présentant des fissures doivent être remplacés. Quand ils sont frappés au marteau, les rivets doivent sonner clair.

Dans les liaisons par rivetage à chaud, en refroidissant, le rivet est soumis à une forte rétraction et ne doit donc pas être sollicité par traction, mais par cisaillement. Contrairement à la liaison soudée, l'élément reste toutefois exempt de tension.

Il y a liaison par rivetage en **cisaillement simple** si la tige du rivet n'est sollicitée par cisaillement que d'un côté **(fig 3)**.

Les liaisons par rivetage en **cisaillement double** sont obtenues par rivetage à double plaque **(fig. 4)**. Il supporte deux fois plus de charge parce que la force est répartie sur deux sections de rivet.

Chaque liaison par rivet peut en outre être sur une ou plusieurs rangées **(fig. 5)**. Il faut calculer les intervalles entre les rivets comme pour les vis.

4.4.2 Rivetage à froid

Tandis que seuls des rivets en acier sont utilisés pour le rivetage à chaud, il existe pour le rivetage à froid des rivets en acier inoxydable, en cuivre et en alliages d'aluminium. Les trous de rivets doivent être percés env. 5 % plus grands que le diamètre de la tige. Le rivetage à froid est principalement réalisé avec des machines à riveter qui fonctionnent par frappe, écrasement, roulage, fluage ou une combinaison de ces mouvements. Dans le rivetage par fluage, la tête du rivet peut avoir différentes formes, selon la bouterolle choisie **(fig. 1 en page suivante)**.

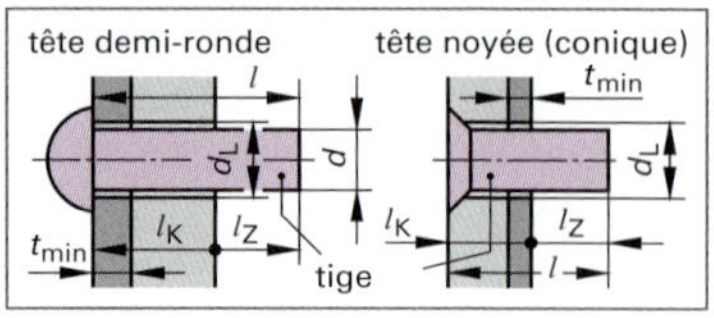

1 Formes de têtes de rivets

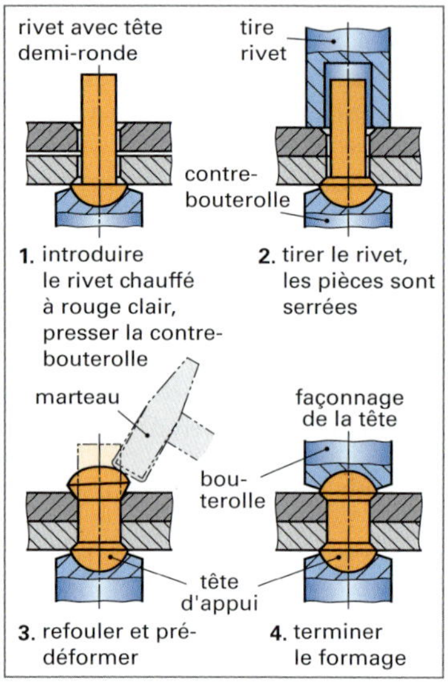

2 Réalisation de la liaison par rivetage

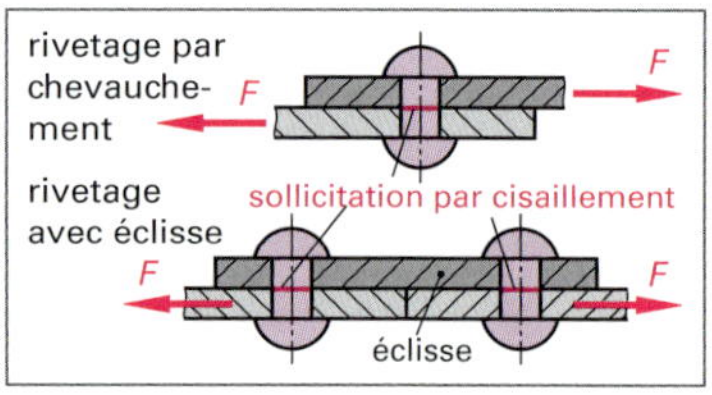

3 Liaisons par rivetage en cisaillement

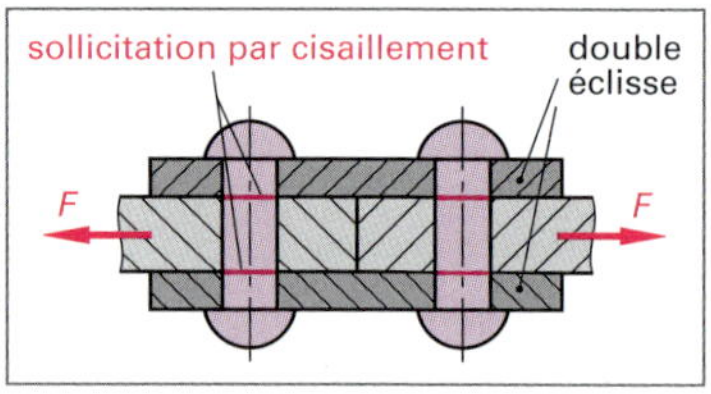

4 Liaison par rivetage à double cisaillement

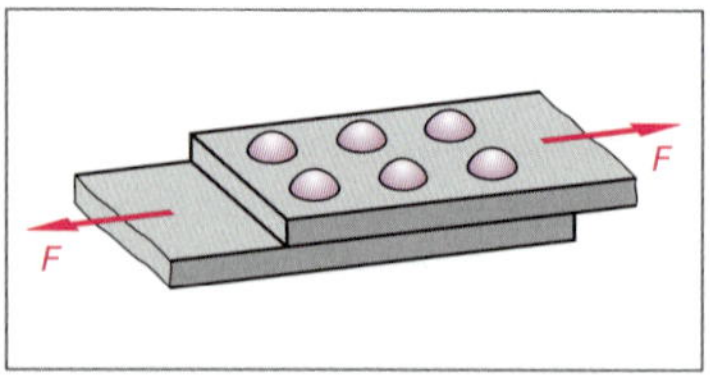

5 Liaison par rivetage en cisaillement simple sur deux rangées

Pour éviter la corrosion de contact, il faut utiliser des rivets dans le même matériau que les éléments à assembler.

4.4.3 Rivets aveugles

Ils présentent l'avantage notable d'être mis en place et fermés depuis un seul côté : la tête du rivet. Les rivets aveugles sont composés du **corps du rivet** avec la tête épaulée et de la **tige de traction**, dont la forme est semblable à celle d'un clou **(fig. 2)**. Les rivets aveugles sont fabriqués en acier, acier inoxydable ou plastique, ainsi qu'en aluminium avec une tige en acier galvanisée ou inoxydable. Ils sont mis en place avec des outils manuels ou à air comprimé **(fig. 3)** :

1. Le trou de passage est percé 0,1 mm plus grand que le rivet aveugle. La tige de traction du rivet aveugle avec une longueur adéquate est serrée dans la pince à rivet.
2. Le rivet aveugle est enfiché dans le trou du rivet jusqu'en butée **(fig. 4a)**.
3. La tige de traction est tirée par l'outil, elle refoule le corps du rivet et forme le tête **(fig. 4b)**.
4. La tige de traction se brise au point de rupture **(fig. 4c)**, les pièces sont rivetées. Le reste de la tige de traction est éjectée.

La tête se déchire facilement pour tous les rivets aveugles. C'est pourquoi il faut le plus possible éviter une sollicitation par traction.

Application :

Des longueurs de tiges jusqu'à 80 mm existent pour la construction de fenêtres, les isolations de toits plats et les rivetages de trous borgnes. Les diamètres de rivets courants sont compris entre 2,4 mm et 6 mm.

Il existe des rivets aveugles étanches à l'eau, normalisés pour la liaison longitudinale de profils trapézoïdaux en acier. Des **rivet aveugle avec tige filetée** permettent de mettre en place une tige filetée dans des corps creux ou à l'arrière de pièces inaccessibles **(fig. 5a)**. Le filet de vis galvanisé qui dépasse, d'un diamètre nominal de M4 a M8, permet de fixer d'autres pièces. Les écrous aveugle relient deux pièces et permettent un taraudage même dans des profils et tôles à parois minces **(fig. 5b)**. Ils sont travaillés avec un simple outil manuel. Les **écrous aveugle** existent en acier, aluminium et alliage de cuivre-zinc. Le taraudage M4, M5 ou M8 permet la fixation amovible d'autres éléments avec des vis normales.

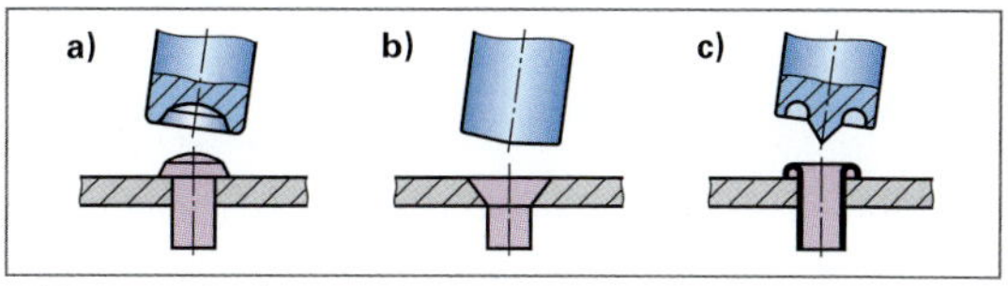

1 Formes de têtes et bouterolles pour le rivetage

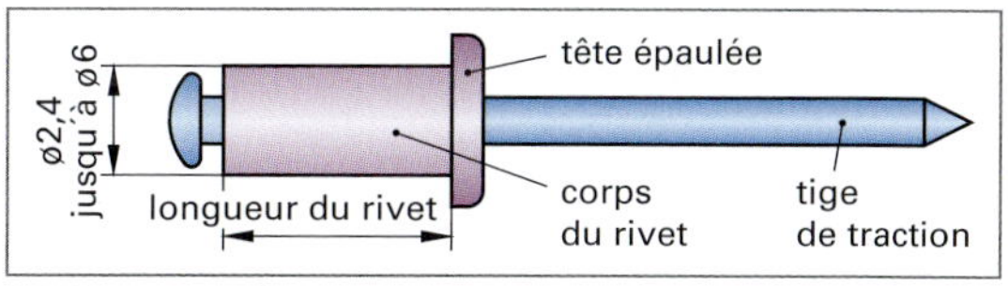

2 Rivet aveugle

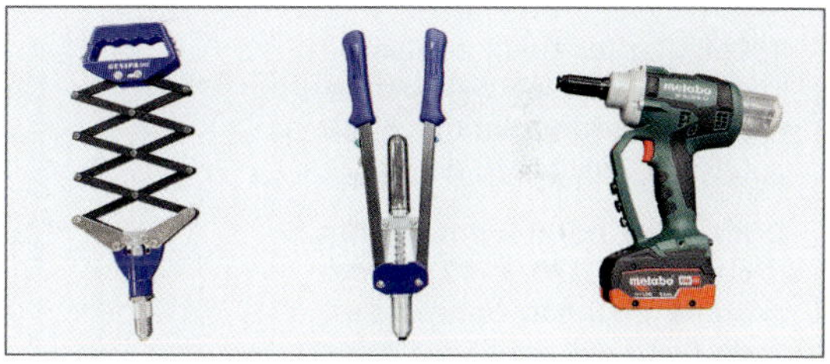
3 Outils de rivetage à froid

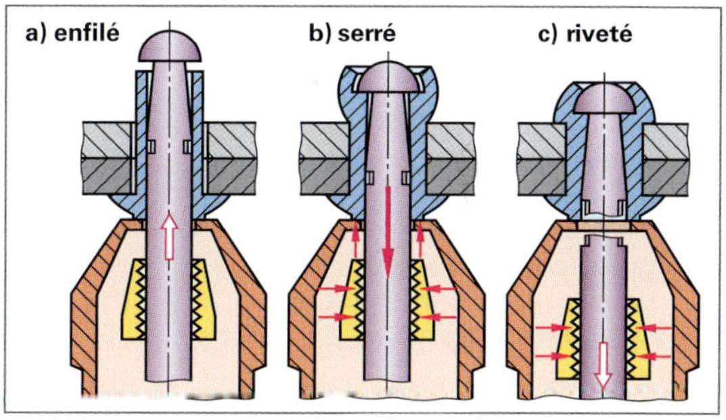

4 Réalisation d'une liaison par rivetage aveugle

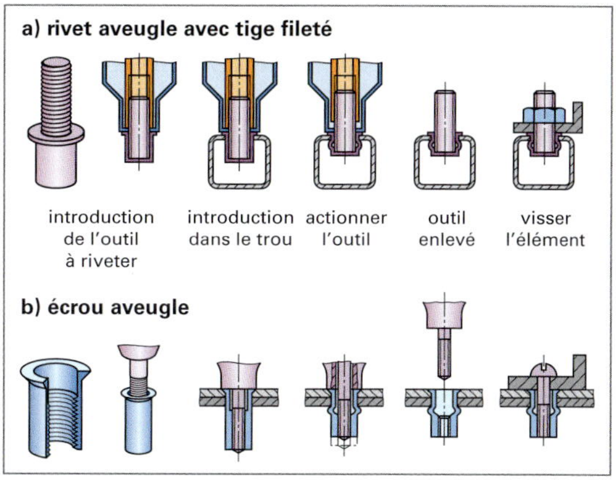

5 Mise en place de rivet aveugle avec tige filetée et d'un écrou aveugle

Contrôlez vos connaissances

1 Décrivez la réalisation d'une liaison par rivetage à chaud !
2 Pourquoi une liaison par rivetage en cisaillement double supporte-t-elle deux fois plus d'effort qu'une liaison en cisaillement simple ?
3 Pourquoi les camions de chantier sont-ils rivetés et non soudés ?
4 Quel est l'avantage le plus important des rivets aveugles ?
5 Pour quelles applications des rivets aveugles peuvent-ils être utilisés ?
6 Selon quels critères un rivet aveugle doit-il être choisi ?
7 Comment se nomme l'axe central d'un rivet aveugle ?
8 Quels sont les deux rivets aveugles spéciaux que vous connaissez ?

Projet : Contreventement en S235 JR

Exercices

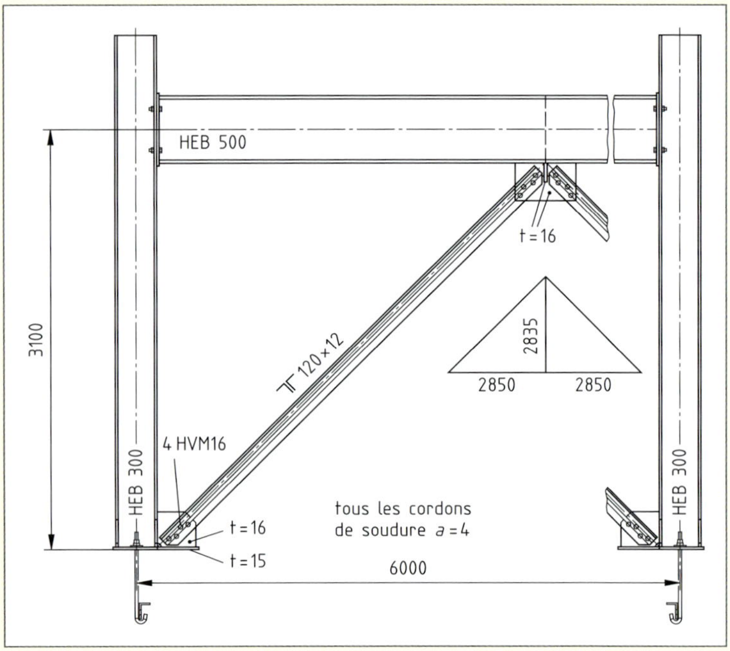

1 Calculez les deux angles de contrôle (w_1 et w_2) formés par le triangulation 5700 (2850 + 2850) x 2835.

2 Pour les contreventements en acier L120 x 12, calculez la distance optimale e_1 depuis l'extrémité du L les et la distance e entre les trous pour des vis M16 et un diamètre de perçage de 18 mm.

3 Les trous aux extrémités des contreventements sont usinés en disposition décalée. En respectant e_1 et e_2, calculez la distance de traçage perpendiculaire aux trous dans le sens longitudinal de la barre.

4 Déterminez la force de cisaillement limite $V_{a,R,d}$ et la force limite sur la paroi du trou $V_{L\,R\,d}$ pour une vis HR 10.9 M16.

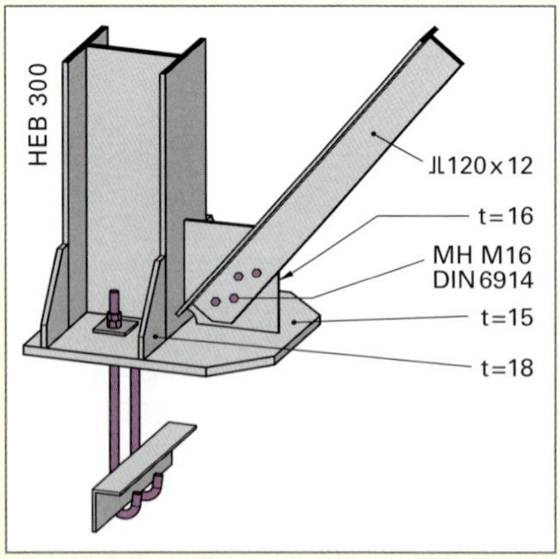

5 Calculez la résistance à la traction $N_{R,d}$ dans la tôle si la distance depuis le bord jusqu'au bord du dernier trou est de 160mm et que la tension de traction de la matière est de $\sigma_{R,d} = 218$ N/mm².

6 Calculez la force admissible dans la limite d'élasticité de l'acier L (R_e : 218 N/mm²). Les contreventements étant utilisés en triangulation, leur résistance doit être utilisée à 80 % de leur capacité. Quelle est la tension admissible d'élasticité de cet acier avec une capacité à 80 % ? Le contreventement résiste-t-il à une contrainte de traction de 400 kN ?

7 Quelle mesure peut – on prendre pour augmenter la sollicitation à 500 kN ?

8 Dessinez les deux goussets à l'échelle 1 : 2 et calculez les dimensions des tôles et les angles.

5 Liaisons par interpénétration de matières

Trois procédés de fabrication sont appliqués pour réaliser des liaisons de pièces par interpénétration de matières : le **soudage, le brasage et le collage**.

Les liaisons par interpénétration de matières sont définies comme des liaisons inamovibles.

L'application de ces trois procédés est déterminée par l'importance de la contrainte de la liaison ou de l'élément, par les matériaux à assembler, par la conductibilité électrique et par des considérations économiques.

Dans le **soudage** l'assemblage est réalisé par une action thermique jusqu'au point de fusion des matériaux. L'emplacement de la liaison et le joint de soudage sont composés d'une zone commune en fusion. Lors de l'échauffement dans le joint de soudage, les matériaux doivent avoir un état visqueux avec un comportement plastique **(fig. 1)**.

Le **brasage** produit une liaison entre des métaux semblables ou différents pour lesquels la matière n'est pas fondue. Pour la liaison, on utilise un additif appelé métal d'apport ayant un point de fusion inférieur à celui des métaux à assembler **(fig. 2)**.

Le **collage** est réalisé à l'aide d'un additif non métallique à l'emplacement de la liaison. Ceci permet de lier entre eux des matériaux différents de façon inamovible. La liaison par collage a une résistance moins importante, est plus sensible à la chaleur que les liaisons par brasage et soudage et, n'est pas conductrice **(fig. 3)**.

1 Soudage de l'acier

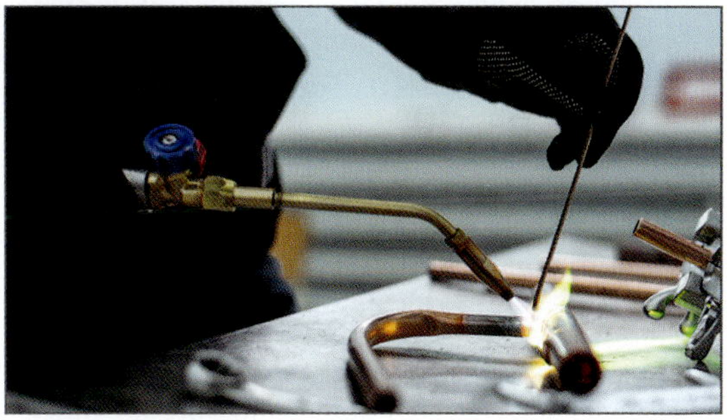

2 Brasage de tuyaux en cuivre

3 Collage de métaux non ferreux

5.1 Procédés de soudage

L'apport de chaleur modifie l'état de la matière d'un état solide jusqu'à une zone liquide en passant par une zone plastique. A l'état liquide, une masse fondue homogène peut se former, qui donne à l'état solide refroidi une liaison dense et inamovible.

Comme les métaux conduisent très bien la chaleur, c'est principalement le besoin en énergie nécessaire à l'échauffement qui détermine le procédé de soudage.

Si on ne chauffe que jusqu'à la zone plastique de la matière, une force de pression est nécessaire pour lier les pièces. C'est la raison pour laquelle on fait la distinction entre le **soudage par fusion** et le **soudage par pression** dans la classification des procédés de soudage.

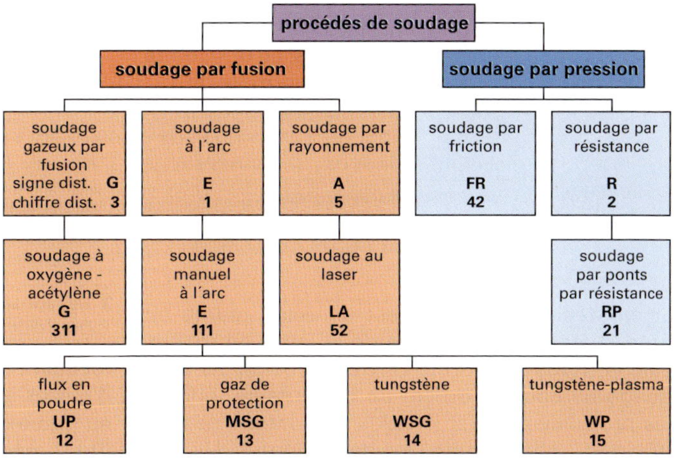

5.1.1 Soudage gazeux par fusion

Le soudage gazeux par fusion est aussi appelé **soudage autogène**. Un mélange de **gaz de combustion** et d'**oxygène** permet de chauffer le point de soudage avec une flamme. Tous les gaz combustibles tels que l'acétylène, le propane, le méthane et l'hydrogène peuvent être utilisés **(fig. 1)**. On n'utilise pratiquement que l'acétylène en tant que gaz de soudage car il atteint la température de flamme la plus élevée de 3180 °C.

Acétylène

L'acétylène est fabriqué à partir de la décomposition du carbure de calcium et de l'eau. 1 kg de carbure de calcium permet de générer environ 280 l d'acétylène (C_2H_2). Il n'est pas toxique, plus léger que l'air, inflammable et a une odeur piquante. S'il est mélangé à de l'oxygène ou à de l'air, il en résulte un mélange hautement explosif qui a la propriété de se désagréger avec un effet explosif sous l'effet de la température et de la pression. Pour des raisons de sécurité, il est nécessaire de limiter la pression du gaz à 2 bars. Plus l'espace libre dans lequel l'acétylène est stocké est grand, plus le risque d'inflammation spontanée est grand. Le risque d'inflammation spontanée diminue quand le volume de stockage diminue. C'est la raison pour laquelle l'acétylène est rempli dans des bouteilles avec une masse (hautement) poreuse **(fig. 2)**.

Il y a également un risque d'inflammation spontanée si des tuyaux ou robinets en cuivre pur sont utilisés. C'est la raison pour laquelle seuls des alliages ayant une teneur maximale en cuivre de 60 % peuvent être utilisés. L'inflammation spontanée de l'acétylène est réduite s'il est dissous dans de l'acétone. 1 litre d'acétone peut dissoudre 25 l d'acétylène pour une pression de 1 bar. Dans cet état, la pression dans la bouteille peut être augmentée jusqu'à environ 19 bars. Quand la pression de la bouteille diminue, l'acétylène se dissout à nouveau dans l'acétone, tout comme l'acide carbonique dans l'eau minérale. Une bouteille d'acétylène d'un volume de 40 l contient 16 l d'acétone à une pression de 19 bars, ce qui donne un **volume d'acétylène à pression normale** de :

$$\text{Gaz acétylène} = \frac{\text{Volume d'acétone} \cdot \text{volume dissous} \cdot \text{pression dans la bouteille}}{\text{Pression normale}}$$

$$\frac{16\ \text{l} \cdot 25\ \text{l} \cdot 19\ \text{bars}}{1\ \text{bar} \cdot 1\ \text{l}} = 7'600\ \text{l d'acétylène}$$

La **bouteille d'acétylène** est en acier, peinte en brun châtaigne et pourvue de la lettre en majuscule N (nouvelle norme DIN EN 1089-3). Ce marquage de couleur du col de la bouteille indique les propriétés fondamentales du contenu gazeux (toxique, inflammable, oxydant, inerte). Un autocollant pour matière dangereuse comportant d'autres informations contractuelles sur le contenu gazeux est également apposé sur les bouteilles **(fig. 1, page 74)**.

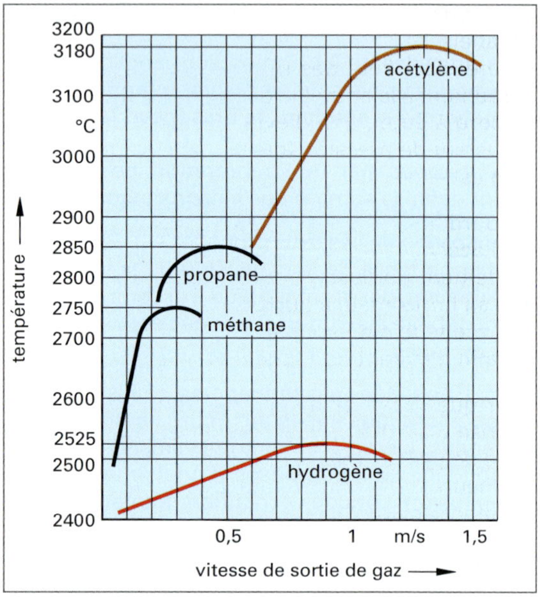

1 Courbes des températures de flamme de gaz combustibles

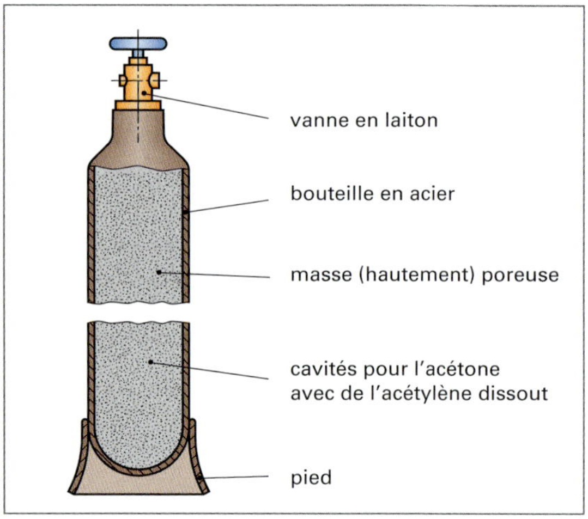

2 Bouteille d'acétylène

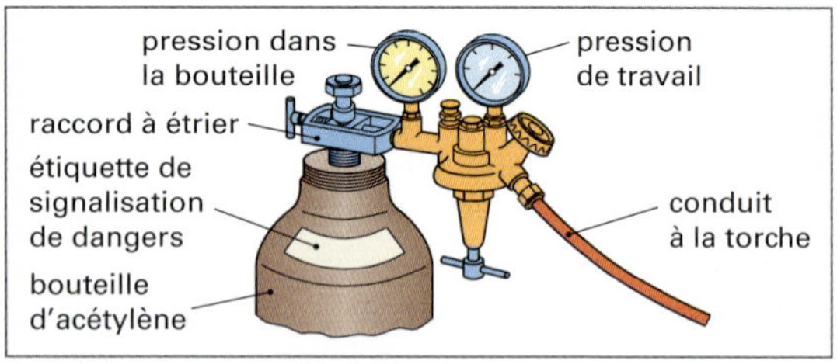

3 Raccordement d'un réducteur de pression à une bouteille d'acétylène avec un raccord à étrier

La surpression élevée dans la bouteille d'acétylène est abaissée à max. 1,5 bar à l'aide d'un réducteur de pression. Pour des raisons de sécurité, le raccordement à la bouteille de gaz est réalisé avec un raccord à étrier, afin d'éviter la confusion avec le réducteur de pression lorsque le réglage de pression est élevé.

Aujourd'hui, la prise de gaz dans une bouteille d'acétylène avec une masse de remplissage hautement poreuse peut en règle générale avoir lieu à l'horizontale (couché). La pratique veut que l'on mette le côté soupape à au moins 40 cm du sol afin d'éviter toute fuite d'acétone **(fig. 1)**.

1 Bouteille d'acétylène en position inclinée

Pour que l'acétone ne soit pas emporté pendant la prise d'acétylène, la consommation d'une bouteille de gaz ne doit pas excéder 500 l d'acétylène par heure en fonctionnement continu et, ponctuellement environ 1000 l par heure. C'est la raison pour laquelle plusieurs bouteilles sont branchées en parallèle et accouplées à un deuxième réducteur de pression si le besoin en acétylène est plus important **(fig. 2)**.

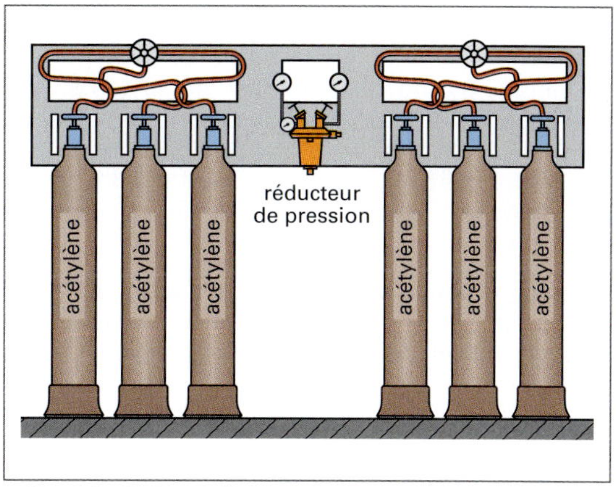

2 Batterie de bouteilles avec réducteur de pression

Règles de sécurité lors du maniement de bouteilles d'acétylène

- La pression maximale ne doit jamais excéder 1,5 bar.
- Si la bouteille d'acétylène s'échauffe (chaleur corporelle), il faut immédiatement la refroidir à l'eau jusqu'à revenir à la température extérieure normale !
- Seules les bouteilles avec bague rouge peuvent être vidées couchées, pour les autres, la soupape de la bouteille doit être au moins 40 cm plus haut que le fond de la bouteille.
- La prise d'acétylène ne doit pas excéder 500 l par heure en fonctionnement permanent pour une bouteille seule.
- En raison du risque d'explosion, il ne faut pas utiliser de cuivre pur pour les joints, conduites et robinets en contact avec l'acétylène.

Oxygène

L'air est composé d'environ 78 % d'azote et 21 % d'oxygène, le reste étant des gaz rares et du dioxyde de carbone. Pour fabriquer de l'oxygène pur, l'air est refroidi à -200 °C et liquéfié. Lors du réchauffement, l'azote s'évapore tout d'abord à -196 °C. Reste l'oxygène qui est rempli dans des bouteilles en acier sous forme liquide ou fortement compressé sous forme gazeuse **(fig. 3)**.

Le **volume d'oxygène** dans une bouteille de 40 litres avec une surpression de 200 bars s'élève à pression normale à :

$$\text{Volume de gaz } V_2 = \frac{\text{Bouteille } V_1 \cdot \text{pression de remplissage } p_1}{\text{Pression ambiante } p_2}$$

$$= \frac{40\ \text{l} \cdot 200\ \text{bars}}{1\ \text{bar}} = 8000\ \text{l d'oxygène}$$

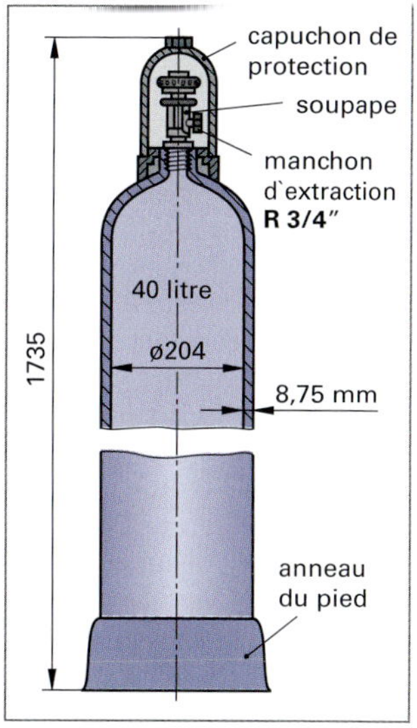

3 Bouteille d'oxygène

L'**oxygène** est un gaz incolore, non toxique, sans goût et inodore qui ne s'enflamme pas mais est toutefois nécessaire pour toute combustion. L'oxygène favorise la combustion, particulièrement sous sa forme pure ; c'est ainsi que l'acier peut brûler s'il est chauffé à sa température d'inflammation avec l'apport d'oxygène pur.

Cela permet p. ex. de séparer de l'acier de construction par oxycoupage. La soupape d'oxygène ne doit pas être huilée sans quoi une inflammation spontanée et une combustion avec effet explosif peuvent survenir.

Pour exclure toute confusion dans le maniement de bouteilles qui contiennent des gaz inflammables et ininflammables, la bouteille d'oxygène a un filetage gaz de ¾" (pouce) en guise de raccord **(fig. 3, page 73)**. Le marquage de couleur est bleu **(tableau 1)** et dispose d'une lettre majuscule N supplémentaire avec un autocollant sur la bouteille indiquant la dangerosité pour de plus amples informations **(fig. 1)**.

Le raccord peut givrer si la prise d'oxygène dans la bouteille est trop rapide. Ceci est évité en raccordant plusieurs bouteilles en parallèle.

Les grands consommateurs se procurent l'oxygène congelé, sous forme liquide. 1 l d'oxygène liquide donne environ 700 l d'oxygène gazeux. L'oxygène liquide stocké dans des conteneurs isolés ayant des capacités jusqu'a 25 000 l est plus avantageux **(fig. 2)**.

La densité de l'oxygène est de 1,43 kg/m³ et celle de l'air de 1,293 kg/m³, c'est pourquoi l'oxygène qui se dégage tombe vers le bas et coule comme de l'eau sur le sol. Il faut faire preuve de prudence si le soudeur travaille dans une fosse. Avec l'effet de l'oxygène qui se dégage, la moindre étincelle peut entraîner une combustion avec effet explosif de ses vêtements de protection et de son corps.

Réducteur de pression

Une pression d'oxygène de 2,5 bars est nécessaire pour le soudage. C'est la raison pour laquelle il faut utiliser un réducteur de pression. Il sert à réduire la pression élevée du gaz dans la bouteille à la basse pression de travail et à la garder constante. A l'ouverture de la soupape de la bouteille, le gaz s'écoule jusqu'au manomètre du contenu. L'affichage du manomètre augmente jusqu'à la pression qui règne dans la bouteille de gaz. En tournant la vis de réglage, un ressort de réglage pousse la membrane vers le haut et ouvre ainsi la soupape. Une pression correspondante dans la chambre intermédiaire est atteinte en fonction du réglage du ressort de pression. Une fois la soupape d'arrêt ouverte, le gaz peut s'écouler à pression réduite vers le chalumeau.

Tableau 1 : Gaz pur/mélange gazeux pour un usage industriel

exemples de représentation des prescriptions actuelles et nouvelles

	situation actuelle (prédominante)	nouveau		situation actuelle (prédominante)	nouveau
oxygène technique	bleu / bleu	N : blanc / bleu	**Xénon, krypton, néon**	gris / gris (noir)	N : vert lumineux / gris
acétylène	jaune / jaune (noir)	N : brun châtaigne / brun châtaigne	**hydrogène**	rouge / rouge	rouge / rouge
argon	gris / gris	N : vert foncé / gris	**gaz de formage** (mélange azote / hydrogène)	rouge / rouge (vert foncé)	N : rouge / gris
azote	vert foncé / vert foncé	N : noir / gris	**mélange argon/dioxyde de carbone**	gris / gris	N : vert lumineux / gris
dioxyde carbone	gris / gris	gris / gris	**air comprimé**	gris / gris	N : vert lumineux / gris
hélium	gris / gris	N : brun / gris	**Annotations:** La forme cylindrique du manteau de la bouteille peut présenter diverses couleurs dont une est représentée par une des couleurs et les autres nommées entre parenthèses.		

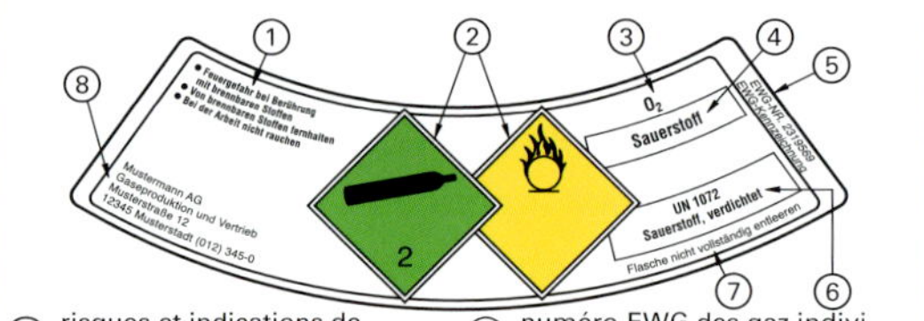

① risques et indications de sécurité
② étiquette des dangers
③ composition du gaz, resp. mélange de gaz
④ indications du fabricant
⑤ numéro-EWG des gaz individuels ou le mot „mélange"
⑥ indication complète du gaz
⑦ indication du fabricant
⑧ nom, adresse et numéro de tél. du fabricant

1 Autocollant de matière dangereuse pour bouteilles de gaz

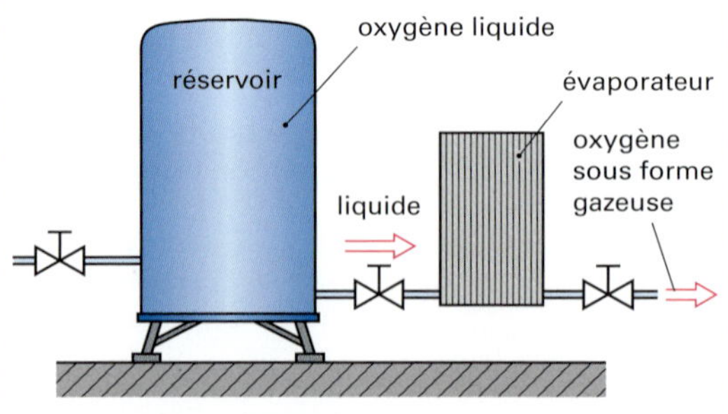

2 Grand réservoir pour l'oxygène liquide

Une fois les travaux de soudage terminés, le réducteur de pression doit être purgé **(fig. 1)**.

Technique de travail lors du soudage au gaz

Pour obtenir une liaison par soudage, le matériau est chauffé à l'aide d'un chalumeau jusqu'à la fusion. Pour remplir le joint de cordon de soudure, une baguette de métal d'apport peut être utilisée **(fig. 2)**.

Le **chalumeau** génère avec sa flamme la température nécessaire au soudage, respectivement l'apport en chaleur requis. Il fonctionne selon le principe de l'injection **(fig. 3)**. L'oxygène sort de la buse de soudage à la pression de travail réglée sur le manodétendeur. L'alimentation en acétylène a lieu de façon circulaire autour de la sortie de l'oxygène. Le rétrécissement à l'extrémité de cette buse accélère la vitesse de l'oxygène qui sort. Cette augmentation de la vitesse provoque, lorsque l'oxygène sort de la buse de pression, une dépression dans l'alimentation en acétylène, l'acétylène gazeux est aspiré avec cette pression réduite et se mélange à l'oxygène pour donner un mélange gazeux combustible. Des soupapes permettent de réguler le débit des deux gaz **(fig. 2)**.

Le mélange gazeux combustible doit sortir de la buse de soudage à une vitesse telle qu'aucun retour de flamme ne peut se produire. La buse de soudage est interchangeable pour pouvoir adapter la flamme à l'épaisseur de la tôle à souder **(tableau)**.

L'allumage de la flamme de soudage doit être réalisé dans l'ordre suivant **(fig. 2)** :

1. Ouvrir la vanne d'oxygène,
2. Ouvrir la vanne d'acétylène,
3. Allumer le mélange gazeux,
4. Régler la taille de la flamme de soudage avec les deux vannes.

Procéder dans l'ordre inverse pour **éteindre la flamme** :

1. Fermer la vanne acétylène,
2. Fermer la vanne d'oxygène.

La **combustion** du mélange acétylène - oxygène a lieu en deux étapes **(fig. 1, page 76)**.

Première étape : A l'intérieur de la flamme, l'acétylène se lie à l'oxygène qui sort de la bouteille pour former du monoxyde de carbone (CO).

Deuxième étape : L'oxygène ambiant est aussi nécessaire pour une combustion complète afin de former du dioxyde de carbone (CO_2). Le manque d'oxygène a un effet réducteur, ce qui permet de souder aussi de l'acier rouillé avec de l'acétylène.

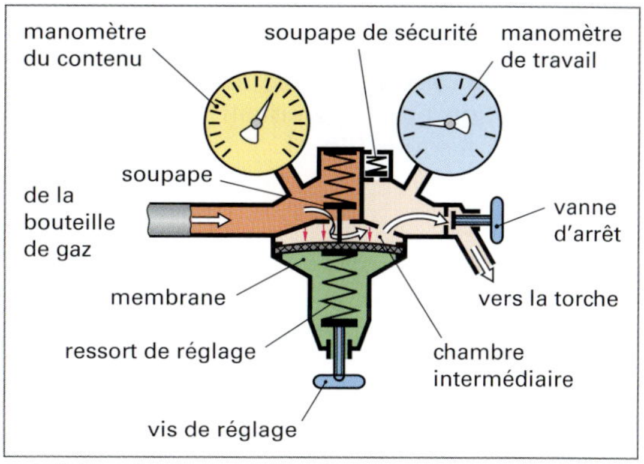

1 Schéma d'un manodétendeur

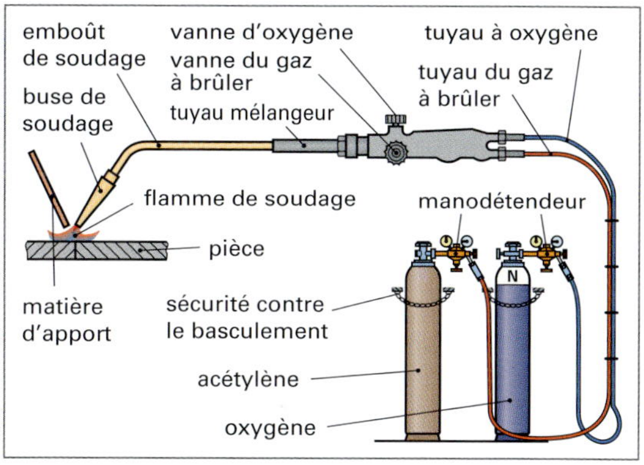

2 Installation de soudage à l'acétylène

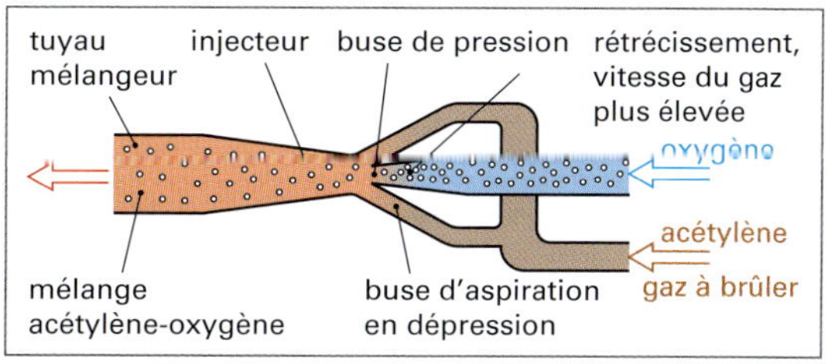

3 Effet injecteur

Tableau : Classification des buses de soudage

Epaisseur de tôle en mm	Diamètre de la tige du métal d'apport	embout de soudage nr.
jusqu'à 0,5	1	0
1	1	1
2	2	2
4	3	3
6	4	4
8	5	5

Le besoin en oxygène issu de l'air ambiant pour la combustion complète de l'acétylène est de 60 %. C'est la raison pour laquelle il faut veiller à une ventilation particulièrement bonne dans les locaux où l'on soude **(fig. 1)**.

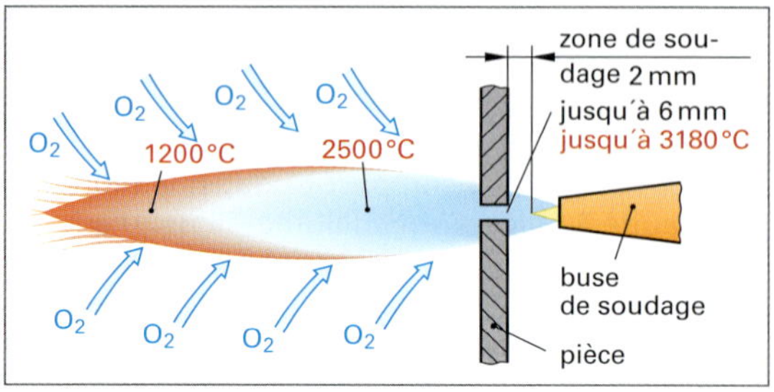

1 Flamme acétylène - oxygène

Réglage de la flamme de soudage

Le réglage de la flamme est réalisé selon le matériau à souder et l'application.

Un **réglage de flamme neutre** pour un rapport de mélange de 1 : 1 entre l'acétylène et l'oxygène **(fig. 2b)** donne la température et la puissance de flamme maximales. L'oxygène manquant étant prélevé dans l'air ambiant, il ne peut pas réagir avec le matériau. Ce réglage de flamme convient pour souder l'acier et le cuivre.

Un **réglage réduit de la flamme** par excès d'acétylène **(fig. 2a)** n'entraîne pas une combustion complète du carbone. Le carbone peut ainsi s'enrichir dans la zone de fusion. Ceci est souhaité pour le soudage de la fonte, pour compenser une combustion due au procédé de soudage.

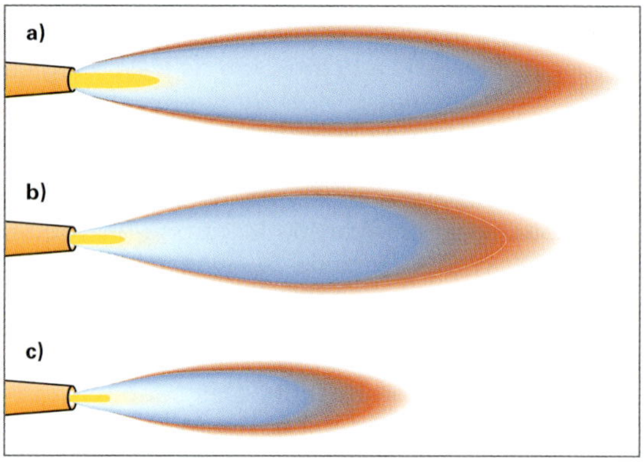

2 Réglage de la flamme : a) réducteur (carburante) b) neutre c) oxydante

Un **réglage de flamme oxydante** par excès d'oxygène **(fig. 2c)** entraîne l'oxydation de la matière de base. Ceci est appliqué lors du soudage du laiton pour éviter une évaporation du zinc. Le zinc s'évapore à 900 °C et est très toxique !

Réalisation des travaux de soudage

Deux techniques de travail différentes sont appliquées lors du soudage au gaz, en fonction de l'épaisseur du matériau.

Soudage à gauche : La flamme de soudage est maintenue dans la direction de soudage et n'agit pas directement sur le bain de fusion. Le chalumeau est guidé de façon pendulaire et la baguette de métal d'apport plonge uniformément dans le bain de fusion. Un apport réduit en chaleur diminue le risque de brûler la tôle si elle est mince **(fig. 3)**. Le soudage vers la gauche convient donc pour des cordons jusqu'à 3 mm d'épaisseur.

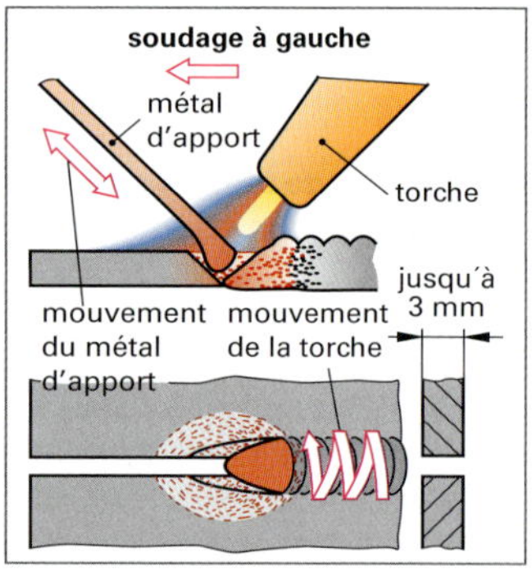

3 Soudage à gauche

Soudage à droite : La flamme de soudage est maintenue dans le sens contraire de la direction de soudage et agit directement sur le bain de fusion. Les bords du joint sont préchauffés et le bain de fusion chauffe plus fortement. Un mouvement circulaire est réalisé avec la baguette de métal d'apport et le chalumeau est maintenu immobile **(fig. 4)**. Le soudage vers la droite est appliqué pour des épaisseurs de tôles supérieures à 3 mm.

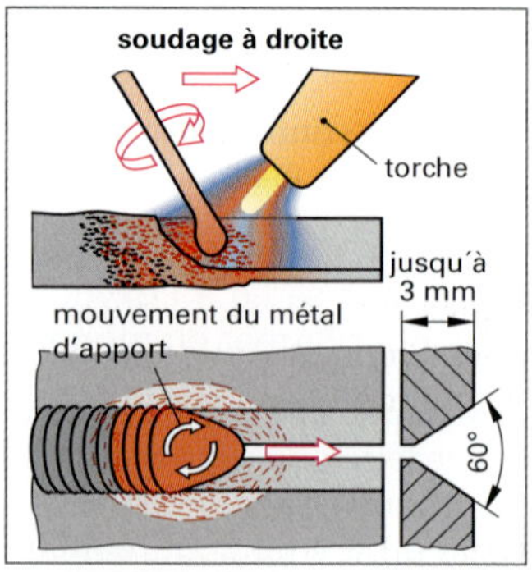

4 Soudage à droite

Le métal d'apport est utilisé pour remplir le joint de soudage. Il doit avoir des propriétés semblables à celles du matériau à souder. Les baguettes de métal d'apport pour le soudage au gaz sont normalisées selon DIN EN 12536, cuivrées contre la corrosion et fournies en longueur d'un mètre.

Effet de la chaleur lors du soudage au gaz

Lors du soudage au gaz, un fort échauffement de la pièce se produit localement, ce qui peut occasionner différentes dilatations thermiques et des rétractions hétérogènes lors du refroidissement. Ceci provoque des tensions dans la matière, qui peuvent entraîner des fissures, p. ex. dans les tôles. C'est la raison pour laquelle il faut veiller à un échauffement particulièrement uniforme lors du soudage !

Règles de sécurité lors du soudage au gaz

- Transporter les bouteilles de gaz uniquement avec le capuchon de protection !
- Protéger les bouteilles de gaz contre toute chute !
- Ne pas exposer les bouteilles de gaz à une source de chaleur !
- Souder uniquement dans des espaces bien ventilés !
- Porter des lunettes de protection et des vêtements de protection adéquats !
- Maintenir les robinets et joints pour l'oxygène exempts de graisse et d'huile !

Contrôlez vos connaissances

1 Expliquez ce que l'on entend par soudage ?
2 A quoi servent l'acétylène et l'oxygène ?
3 Comment est-il possible de remplir une bouteille d'acétylène à 18 bars sans que cela n'entraîne une inflammation spontanée ?
4 Qu'est-ce qui différencie une bouteille d'acétylène d'une bouteille d'oxygène ?
5 A combien s'élève la température lors du soudage à l'acétylène ?
6 Dans quels cas le soudage à gauche ou le soudage à droite sont-ils appliqués ?

1 Soudage à l'arc par fusion

5.1.2 Soudage à l'arc par fusion

Un **arc** généré par un courant électrique est utilisé en guise de source de chaleur. L'énergie électrique est convertie en chaleur dans l'arc, les températures peuvent atteindre jusqu'a 4200 °C. Par rapport au soudage gazeux par fusion, la quantité de chaleur apportée est localement beaucoup plus concentrée. Les matériaux à lier sont chauffés plus rapidement. La zone d'influence thermique est étroite, la déformation moindre, la capacité de fusion plus importante et la vitesse de soudage plus élevée **(fig. 1)**.

Création de l'arc

Pour créer un arc électrique, l'air doit conduire le courant électrique. Ceci est produit par un court-circuit électrique qui ionise l'air ambiant par échauffement et le rend conducteur. Les molécules sont ainsi divisées en ions et électrons. Les ions chargés positivement sont attirés par les forces magnétiques du pôle négatif, la cathode, et les électrons chargés négativement par l'anode positive **(fig. 2)**. La colonne d'arc ainsi produite conduit le courant électrique.

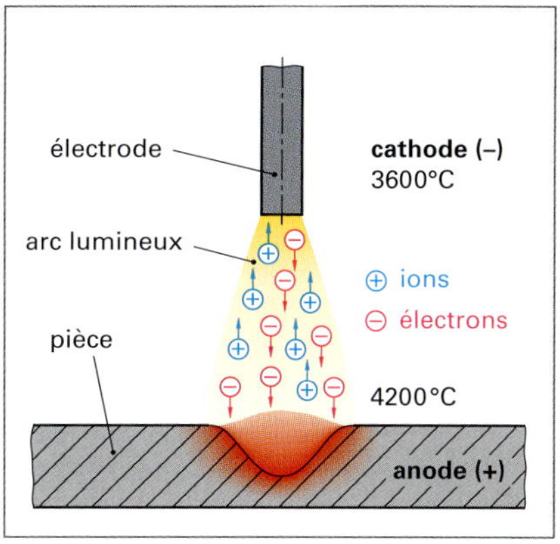

2 Flux du courant dans l'arc

Lors du soudage à l'arc, la cathode a une température d'environ 3600 °C et l'anode d'environ 4200 °C. Cette différence résulte du choc des électrons sur la pièce. Les températures sont beaucoup plus élevées dans le noyau et la colonne de l'arc. La température élevée est visible grâce à la luminosité de l'air.

Transfert de matière dans l'arc

L'arc fond l'électrode et forme des gouttes de matière. Le mouvement de la matière fondue est influencé par le champ magnétique qui agit de façon concentrique. La taille des gouttes est déterminée par la tension superficielle et la force de resserrement du champ magnétique.

Allumage de l'arc

Il est possible d'utiliser du courant continu ou alternatif pour le soudage à l'arc manuel. Une tension relativement élevée par rapport à la tension de travail est nécessaire pour l'allumage de l'arc.

Si des gens passent entre les pôles d'un circuit électrique, les conséquences peuvent être mortelles ! De faibles courants de 0,05 A à 0,1 A sont déjà mortels pour l'homme. Dans le cas le plus désavantageux, la résistance totale du corps est inférieure à 1000 Ω.

D'après la loi d'Ohm, une intensité de courant avec une tension de 48 V est :

$$I = \frac{U}{R} = \frac{48\ \text{V}}{1000\ \Omega} = 0{,}048\ \text{A s'écouler}$$

Pour que l'intensité du courant de 0,048 A, dangereuse pour l'homme, ne puisse être atteinte, des **tensions à vide** maximales admises sont définies en vertu des prescriptions en matière de prévention des accidents **(tableau)**. On fait ici la différence entre un **fonctionnement normal** et celui dans un environnement avec le **risque** électrique **accru** qui existe dans des espaces confinés, avec une distance inférieure à 2 m par rapport aux murs conducteurs.

L'allumage de l'arc est initié en tapotant l'électrode sous tension sur la pièce. Il se produit sur la surface de contact un court-circuit qui échauffe et ionise l'air ambiant ou les gaz. L'arc se produit en soulevant électrode. Cet arc est une zone mobile en forme de tuyau, parcourue par du courant et entourée d'un champ magnétique.

Courbe caractéristique d'une source de courant de soudage

La tension de travail d'un arc brûlant est comprise entre 20 V et 30 V **(fig. 2)**. Lors du soudage à l'arc avec la baguette, le soudeur ne règle que **l'intensité** à la source de courant. Ce réglage est effectué selon une formule de base :

Intensité du courant I = 40 A/mm · Diamètre des électrodes

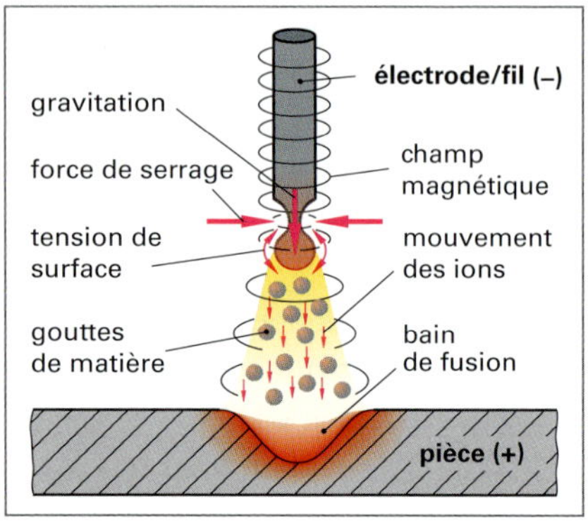

1 Processus lors du transfert de gouttelettes

Tableau : Représentation des identifiants de l'appareil

source de courant	travail normal	dans un environnement avec danger électrique accru.[1]	identifiant de l'appareil vieux	identifiant de l'appareil nouveau
transformateur du courant de soudage	80 V effectif	48 V effectif	42 V (cercle)	S
utilisation limitée (petits appareils)	55 V effectif	48 V effectif		
redresseur de soudage	100 V	100 V[2]	K	
convertisseur de soudage	100 V	100 V		

[1] Un environnement avec danger électrique accru existe dans des locaux exigus où les parois sont conductrices, p ex. des chaudières, où il y a de l'humidité et de la chaleur.
[2] Dans le cas d'un défaut de l'appareil ne pas dépasser la tension effective de 48 V.

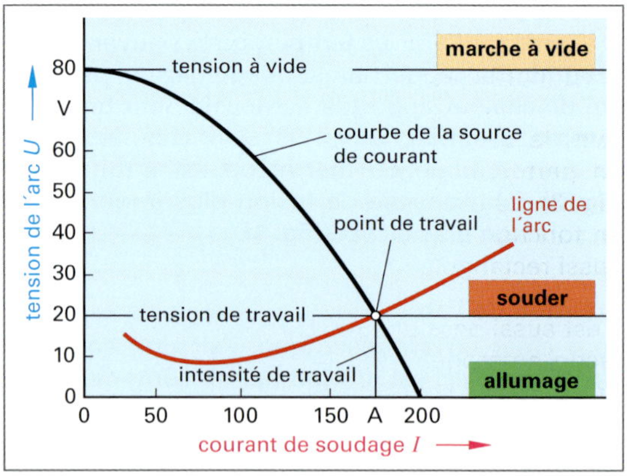

2 Courbes caractéristiques d'une source de courant de soudage

Exemple : Pour un diamètre d'électrodes de 4 mm, l'intensité du courant à régler est de
I = 40 A/mm · 4 mm = 160 A

La courbe d'arc donne le rapport entre la tension et l'intensité. L'intersection avec la courbe caractéristique de la source de courant donne le point de travail **(fig. 2)**.

Risque lié au rayonnement de l'arc

Outre la lumière visible, l'arc rayonne aussi dans l'ultraviolet et l'infrarouge. Le rayonnement infrarouge se remarque à la diffusion de chaleur.

Le rayonnement ultraviolet entraîne une blessure oculaire appelée coup de l'arc et la peau peut subir des brûlures semblables à des coups de soleil. Le rayonnement ultraviolet est particulièrement intense lors du soudage avec gaz de protection et peut aussi se réfléchir sur des murs clairs.

C'est la raison pour laquelle on doit couvrir toutes les surfaces cutanées lors du soudage ; il faut spécialement utiliser une protection pour la tête qui couvre aussi les tempes et la nuque contre le rayonnement. Des verres de protection spéciaux doivent être utilisés pour protéger les yeux **(fig. 1)**.

1 Soudage à l'arc manuel

Alimentation en courant lors du soudage

L'alimentation en courant depuis le secteur public est réalisée avec du courant alternatif à une tension de 230 V et, en cas de courant triphasé, avec une tension de 400 V. Ces tensions électriques élevées lors du soudage sont mortelles et sont de ce fait converties en une tension inférieure pour une intensité de courant supérieure. Ceci peut être réalisé à l'aide de transformateurs, redresseurs, redresseurs - onduleurs générateurs de soudage.

Il est possible d'utiliser du **courant continu** ou du **courant alternatif** pour le soudage.

Avec le courant continu, les charges s'écoulent toujours avec une intensité du courant identique et dans la même direction **(fig. 2)**. La puissance est uniforme et ne change pas au cours du temps.

Avec le courant alternatif, les charges modifient en permanence leur intensité et leur direction **(fig. 3)**. La modification de l'intensité du courant en fonction du temps peut être sinusoïdale mais aussi rectangulaire.

Il est aussi possible que les charges s'écoulent de façon hétérogène **(fig. 4)**. Cette forme comporte une partie de courant continu et une autre de courant alternatif. Cette forme spéciale est également appelée courant pulsé et convient à des situations de soudage particulières.

Le **transformateur de soudage** est utilisé pour convertir le courant alternatif du secteur public en un courant de soudage avec une tension inférieure et une intensité élevée. Déplacer le noyau permet de régler l'intensité du courant en continu **(fig. 5)**.

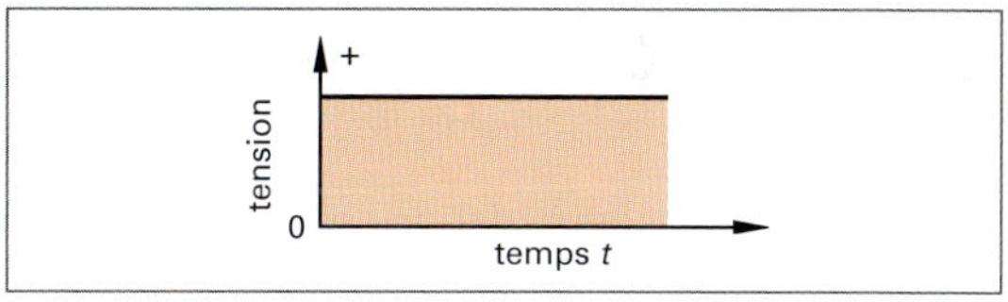

2 Courbe dans le temps du courant continu

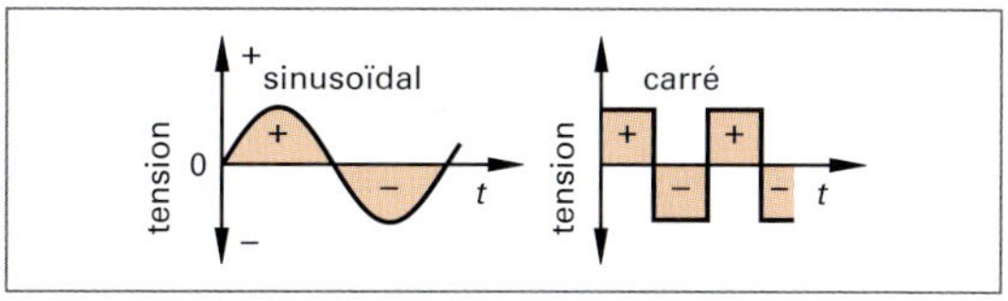

3 Courbe dans le temps du courant alternatif

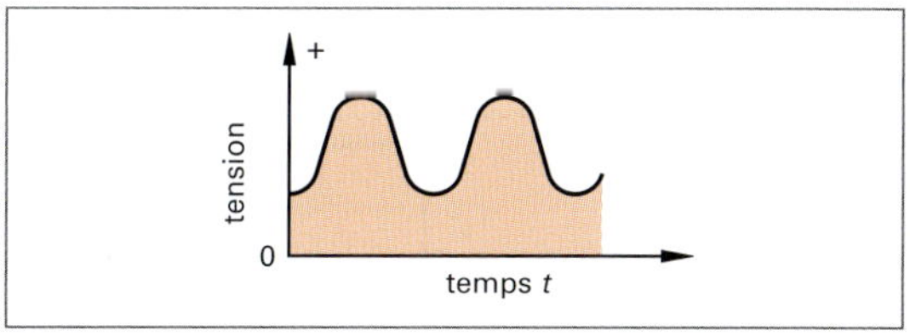

4 Courbe dans le temps du courant mixte (pulsé)

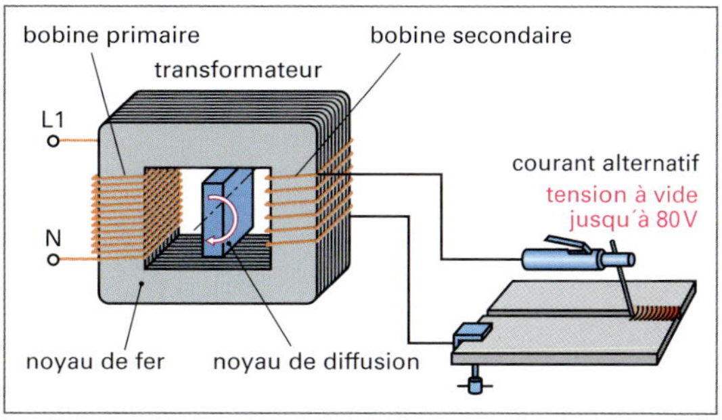

5 Transformateur de soudage

Le **redresseur de soudage** est composé d'un transformateur de soudage qui abaisse la tension du courant du secteur, et d'un redresseur branché en aval qui convertit le courant alternatif en courant en continu **(fig. 1)**.

Le **générateur de soudage**, également appelé convertisseur, est composé d'un moteur d'entraînement et d'un générateur de courant continu **(fig. 3)**. Le moteur d'entraînement peut être un moteur à courant triphasé, ou un atmosphérique. Les moteurs à combustion sont utilisés s'il n'y a pas de courant Electrique à disposition-.

L'onduleur ou inverter de soudage est un nouveau type d'appareil servant à convertir les paramètres du courant électrique pour le soudage. Il se différencie des autres sources de courant de soudage en ce sens qu'un redresseur primaire convertit tout d'abord la tension de secteur de 50 Hz en tension continue, avec lissage consécutif par un condensateur intermédiaire **(fig. 3)**.

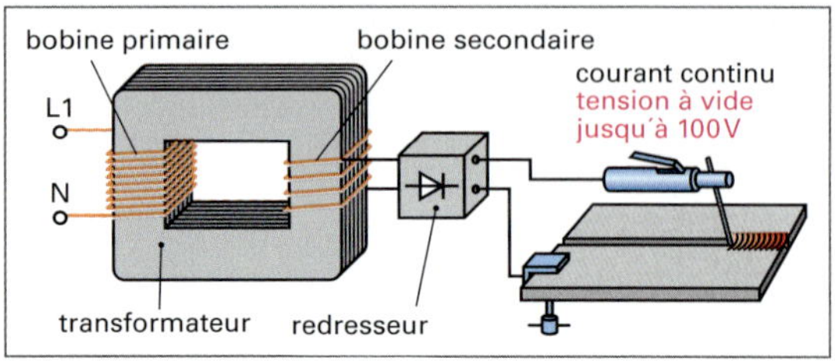

1 Redresseur de soudage

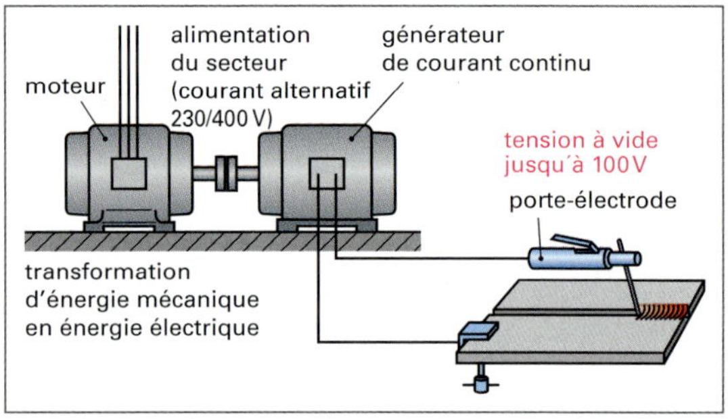

2 Générateur de soudage

Le transistor de commutation, qui peut uniquement fonctionner avec du courant continu, permet de générer à nouveau du courant alternatif avec une fréquence jusqu'à 100 000 Hz par rapport au courant du secteur de 50 Hz. Ceci permet d'utiliser un transformateur très petit et léger pour passer au courant de soudage. Le transistor de commutation agit comme commutateur on - off. Cette façon de travailler améliore considérablement le rendement et la capacité de fusion de 0,10 kg/kWh passe à 0,21 kg/kWh pour les appareils à onduleur (inverter).

La fréquence élevée générée par le transistor de commutation est commandée par microprocesseur. Les appareils fonctionnent si précisément qu'à chaque impulsion de courant, une seule goutte fondue de l'additif est libérée.

L'allumage de l'arc est piloté de sorte à obtenir un transfert de matière sans court -circuit. Il n'y a ainsi aucune éclaboussure et on obtient une surface lisse du cordon de soudure.

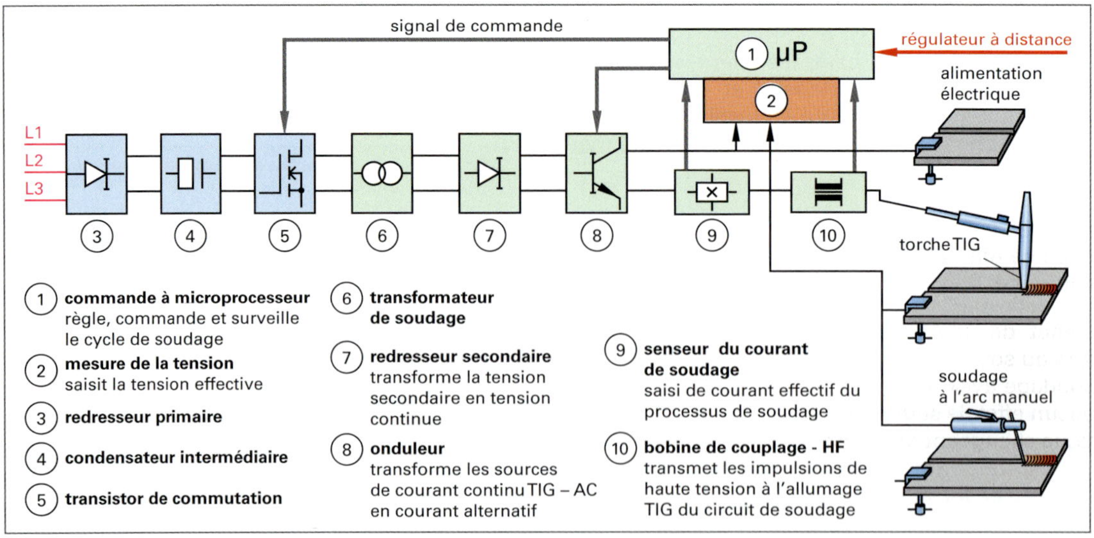

3 Commande d'un onduleur

L'onduleur permet de passer du courant continu à l'alternatif. Ceci permet de réaliser différents travaux de soudage comme MAG, MIG et TIG à l'aide d'un seul appareil de soudage, si les torches correspondantes sont utilisées. Le rendement en est ainsi considérablement amélioré.

Des désignations symboliques sont appliquées pour **l'utilisation d'appareils de soudage à onduleur (fig. 1)** :

Le n° 2 correspond à l'affichage digital pour l'intensité du courant électrique en A (ampères) et le n° 3 à la tension électrique en V (volts). Le n° 4 correspond au choix du type de courant.

Le n° 5 a pour effet la mémorisation de la valeur effective des deux affichages. Le n° 6 correspond au réglage du courant de soudage et le n° 7 à celui du courant de fin.

Le n° 8 règle la balance du courant alternatif et le n° 18 règle automatiquement la formation de la bille (goutte) à l'électrode de tungstène.

Le n° 19 est le commutateur de fonction pour les différents procédés de soudage (n° 14 au n° 17).

Les n° 9 à 12 commandent le déroulement du programme et le n° 13 règle la durée de la descente du courant de fin.

Les paramètres de soudage peuvent être réglés depuis la torche de soudage si celle-ci est équipée d'un système de commande à distance **(fig. 2)**.

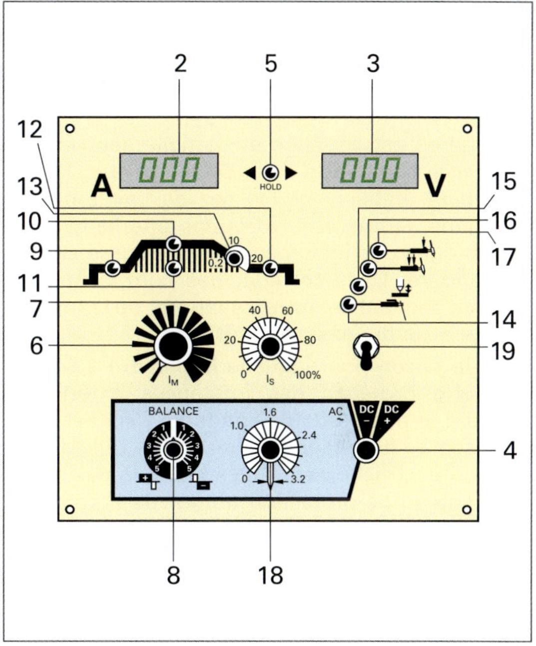

1 Exemple d'affichage d'utilisation

2 Torche de soudage MAG/MIG avec commande à distance

Déviation de l'arc

L'arc est un champ gazeux ionisé produit par un flux de courant électrique et entouré d'un champ magnétique. Ce champ magnétique est symboliquement représenté par des cercles **(fig. 3)**.

Les parties intérieures du champ magnétique sont compressées et les parties extérieures étendues en raison de l'écoulement en forme de coude du courant de l'arc lors du passage dans la pièce. La compression des lignes de forces a pour conséquence un renforcement du champ magnétique de ce coté, si bien que l'arc est dévié par les différentes forces magnétiques. Cette déviation est appelée **effet de souffle** car cela ressemble à un courant d'air qui balaierait l'arc.

L'effet de souffle magnétique ne survient que lors du soudage avec du courant continu. Lors du soudage avec du courant alternatif, on n'observe aucun effet de souffle en raison du champ magnétique changeant de 50 Hz.

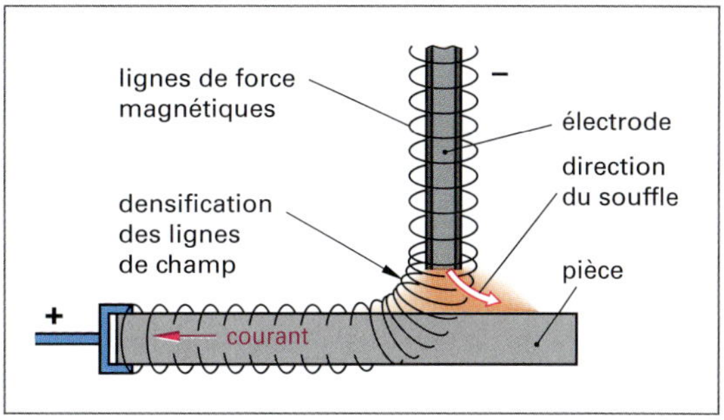

3 Déviation de l'arc en raison d'un champ magnétique – « Effet de souffle »

Influence de l'effet de souffle

L'effet de souffle peut soit être équilibré en positionnant l'électrode en biais ou en disposant le raccord de courant sur la pièce de sorte à ce qu'il s'oppose à l'effet magnétique de la masse. Une masse supplémentaire peut aussi agir contre le « souffle » **(fig. 1)**.

Protection de l'arc de soudage

La matière est liquéfiée et partiellement évaporée par la chaleur de l'arc. Dans cet état, la matière peut établir avec les gaz de l'air ambiant, l'oxygène, l'azote et l'hydrogène une liaison chimique qui a une influence négative sur le cordon de soudure. Dans cet état, des composants de l'alliage peuvent en outre s'évaporer de la matière liquide à souder et s'oxyder **(fig. 2)**.

C'est la raison pour laquelle la matière à souder doit être protégée des influences extérieures pendant le processus de soudage. Ceci est réalisé grâce à l'enrobage de l'électrode qui fond et s'évapore partiellement. La vapeur gazeuse forme un manteau de protection autour de l'arc et autour du bain de fusion. Le laitier qui se solidifie sur le cordon de soudure protège sa surface contre l'oxydation et un refroidissement rapide.

Electrodes

Les électrodes contiennent les additifs de soudage. Pendant le soudage, ils conduisent le courant électrique, forment l'arc et fondent pour se mélanger à la matière de base et produisent ainsi le cordon de soudure. Selon le procédé de soudage **(tableau 1)**, on fait la distinction entre les électrodes pour le soudage d'assemblage et pour le soudage d'apport. Différentes électrodes sont nécessaires en fonction de l'application ou du procédé de soudage. Pour les procédés mécaniques (p. ex. soudage MAG) elles sont enroulées, pour le soudage à l'arc manuel, elles existent avec différents enrobages en guise de **baguettes** (voir manuel de tableau).

Les baguettes d'électrodes sont des tiges métalliques étirées et débitées, avec un enrobage constitué de composants minéraux ou organiques. Les exigences imposées aux électrodes et à leur application sont nombreuses. C'est la raison pour laquelle une désignation exhaustive et précise de chaque électrode est nécessaire **(fig. 3)**.

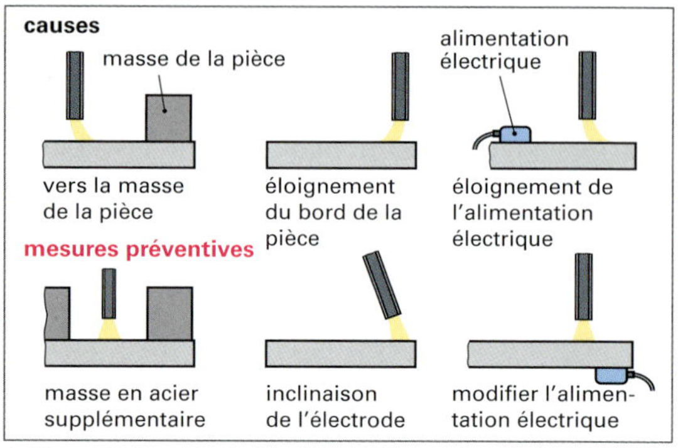

1 Mesures contre l'effet de souffle

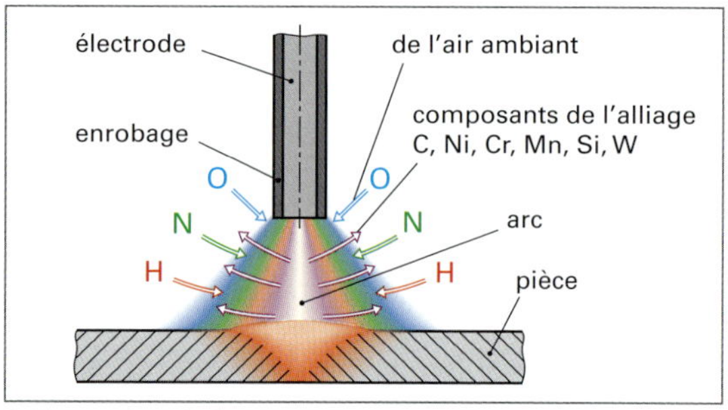

2 Protection de l'arc

Tableau 1 : Norme pour les additifs de soudage pour les différents procédés de soudage

DIN EN ISO	Abrev.	Dénomination
14175	I, R, M	Gaz et mélange de gaz
14341	G	Fil-électrode et matière à souder
2560	E	Soudage à l'arc manuel
17632	T	Soudages avec fils fourrés
636	W	Soudage tungstène gaz inerte
14171	S	Soudage sous flux en poudre
14174	A	Poudre à souder

3 Désignation d'emballage de la baguette d'électrode (exemple)

Exemple d'indication d'un cordon de soudure pour un cordon d'angle avec une cote a de 4 mm et de la désignation de la baguette d'électrode avec enveloppe utilisée pour le soudage à l'arc manuel, d'après la norme internationale sur les additifs de soudage.

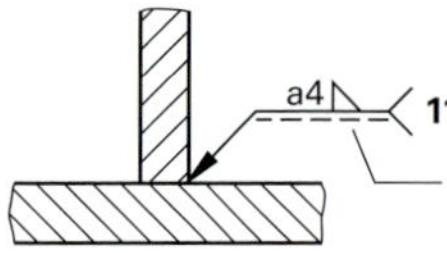

111 – ISO 2560-A-E 46 3 1Ni B 5 4 H5

La référence pour la position du cordon avec cote «a» de la dimension et forme du cordon.

Codes d'indication du cordon de soudure (voir. p. 82 en bas)

111 : Indice pour le soudage à l'arc manuel des métaux.

ISO 2560 : cette norme internationale remplace l'ancienne DIN EN 499 et est en vigueur depuis mars 2006. Elle définit la désignation des baguettes avec enveloppe.

A : Classification en fonction de la limite d'élasticité et de l'énergie de rupture de 47 J.

E : abréviation d'une électrode avec enveloppe pour le soudage à l'arc manuel, avec enveloppe minérale compressée. La composition chimique du noyau doit correspondre à la matière de base.

46 est l'indice pour identifier les propriétés mécaniques. Dans ce cas, la limite d'élasticité est de 460 N/mm^2 de la matière à souder et, a été définie comme base pour les propriétés de résistance.

3 : Désigne les propriétés de l'énergie de rupture de la matière à souder. Les chiffres désignent une énergie de rupture d'au moins 47 J (1 J = 1 Nm = 1 Ws) à -30 °C.

1Ni est le symbole de l'alliage pour la composition chimique avec env. 0,6 % à 1,2 % de nickel.

B : Désigne l'enveloppe des baguettes. B est une enveloppe basique.

autres :

Electrode de base, satisfait des exigences particulièrement élevées concernant l'énergie de rupture à basse température, défavorable pour souder avec du courant alternatif. Il est impératif de sécher les électrodes avant le soudage car il y a un risque de fissure du cordon de soudure en raison de l'absorption d'hydrogène.

autres :

A : Electrode enveloppée dans de l'acide pour un fin transfert de gouttes, elle produit un cordon de soudure plat et lisse.

R : Electrode enrobée rutile est une électrode universelle, elle convient à toutes les positions sauf pour une soudure descendante.

RA, RB et RC (C pour cellulose) sont des types mixtes, utilisés pour des applications spécifiques.

5 : Le rendement effectif et le type de courant sont répartis entre les chiffres 1 à 8. On les appelle électrodes de haute performance si le rendement effectif est supérieur à 100 %.

4 : Pour toutes les positions de soudage.

H5 : Identification pour la teneur en hydrogène diffusible de 5 ml/100 g de matière à souder.

Les points de vue suivants doivent être respectés dans le choix d'une électrode :

- La matière à souder détermine la matière de l'électrode.
- L'épaisseur de la tôle, la position du cordon de soudure et la position de soudage ainsi que l'appareil de soudage avec la plage d'intensité du courant de soudage déterminent le diamètre de l'électrode.
- Les propriétés d'utilisation et la ténacité requise donnent le type de l'enrobage.

5.1.3 Soudage sous flux de poudre

Le soudage sous flux de poudre est un procédé mécanique de soudage par fusion à l'arc dans lequel l'arc est protégé par une couche de poudre.

Dans ce procédé de soudage, la partie conductrice de l'électrode a une grande section et est maintenue courte. Ceci permet d'obtenir une capacité de fusion élevée grâce à un grand apport en énergie. Le flux couvre l'arc **(fig. 1)**.

Dans le soudage sous flux poudré, on soude en règle générale en position horizontale, cuvette ou transversale.

Le procédé sous flux de poudre a des avantages particuliers :

- Il n'y a aucun impact de rayonnement pour le soudeur et l'environnement.
- Le soudeur peut travailler sans lunettes de protection.
- Il est possible de travailler avec des intensités de courant de soudage élevées, ce qui permet d'obtenir une grande capacité de fusion.
- Grâce à la protection complète de la masse fondue et de l'arc contre l'atmosphère, on obtient un meilleur rendement thermique par rapport au soudage à l'arc manuel.
- Il y a peu d'inclusion de scories et de défauts de liaison, mais une qualité de surface élevée.

Les différents procédés de soudage sous flux poudré se distinguent par la forme des électrodes :

Dans le soudage **à fil unique**, on utilise des intensités de courant de 150 A à 2000 A **(fig. 2a)**. Les intensités de courant élevées permettent de souder sans fissures avec des joints de soudure économes en matière comme pour un cordon - I ou un cordon Y **(fig. 3)**.

Le soudage **à deux fils (fig. 2b)** permet d'obtenir une capacité de fusion encore plus importante. Il est également appliqué pour le soudage d'apport.

Dans le soudage avec **électrodes en bandes**, on utilise des électrodes en forme de bandes à la place du fil. Il est principalement appliqué pour le soudage d'apport en couches résistantes à la corrosion et à l'usure, sur de grandes surfaces en acier **(fig. 2c)**.

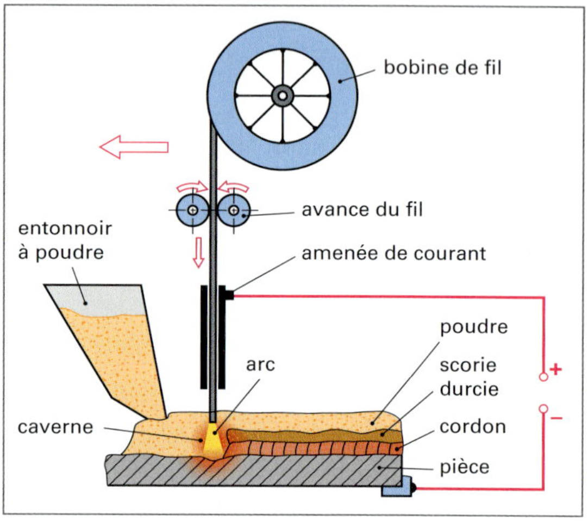

1 Principe du soudage sous flux poudré

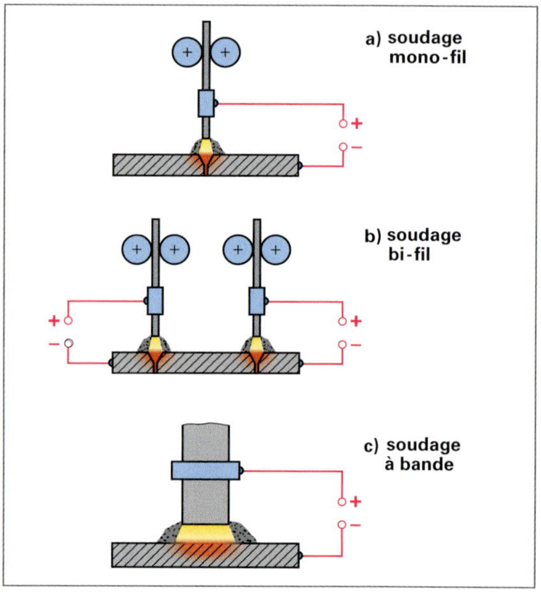

2 Procédé de soudage sous flux poudré

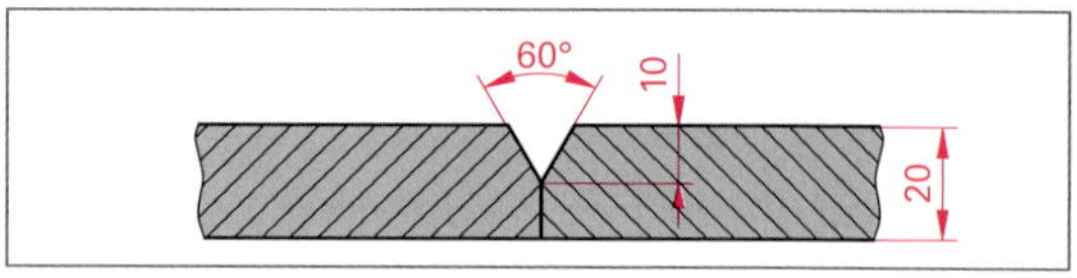

3 Forme de joint sans fissure

Poudre à souder

La poudre à souder a une très grande influence sur la matière à souder. Elle égalise les brûlures des composants de l'alliage. La poudre empêche en outre la formation d'inclusions dans la structure de soudage. Tout comme avec l'enrobage des électrodes, on fait la distinction entre la composition acide, (hautement) basique ou neutre de la poudre de soudage. Les principaux composants du flux sont le silicate de manganèse, le quartz, le magnésium et le calcium. La poudre est sensible à l'humidité et doit donc être stockée au sec.

Application du soudage sous flux poudré ou submergé.

Le soudage sous flux poudré doit avant tout être appliqué pour une capacité de fusion élevée, pour des cordons de soudure longs et volumineux. Il permet de souder des épaisseurs de parois de 4 mm à 600 mm. Il peut être appliqué dans pratiquement tous les secteurs de la construction métallique. La rentabilité dépend de la quantité de pièces, de la longueur du cordon et du temps de mise en place des équipements. Tous les procédés de soudage sous flux poudré sont exécutés à la machine.

Prévention des accidents dans le soudage à l'arc

Le soudeur est exposé à des dangers découlant du maniement du courant de soudage, de l'arc, des gaz de soudage, du bain de fusion et de la matière à souder solidifiée. Doivent être respectés :

- Limitation de la tension à vide à 48 V si le soudage a lieu dans des espaces confinés ou humides.
- Brancher et modifier le branchement des électrodes de soudage uniquement si la source de courant est éteinte.
- Remédier immédiatement aux défauts d'isolation des lignes de courant.
- Empêcher les éblouissements dus à l'arc, les rayons ultraviolets provoquent des conjonctivites (coup d'arc).
- Les rayons infrarouges sont des rayons thermiques qui peuvent entraîner des brûlures cutanées.
- Il faut utiliser des filtres de protection des yeux et des vêtements de protection correspondant au procédé de soudage.
- Le soudeur reste à l'écart des gaz de soudage grâce à une aération suffisante et une aspiration des fumées de soudage.
- Porter des vêtements de travail, un tablier en cuir, des gants à revers et des chaussures de sécurité en guise de protection contre les projections.

Contrôlez vos connaissances

1 Comment l'arc est-il allumé ?
2 Comment l'arc est-il créé ?
3 De quoi dépend l'intensité du courant de soudage à régler ?
4 A combien s'élève la température lors du soudage à l'arc manuel ?
5 Quelle différence y a-t-il entre un arc généré par du courant alternatif et un arc généré par du courant continu ?
6 Comment l'effet de souffle est-il produit dans le soudage à l'arc ?
7 Quelles sont les différentes missions d'enrobage d'une électrode ?
8 A quels risques d'accidents faut-il prêter attention dans le soudage à l'arc ?
9 Quels vêtements de protection faut-il porter pendant le soudage à l'arc ?
10 Déterminez une électrode de soudage pour un matériau S225 J2 G3 pour le soudage à l'arc d'un cordon vertical en montant.
11 Quels sont les avantages particuliers d'un appareil de soudage avec commande inverter ?
12 Comment la tension de soudage se comporte-t-elle par rapport à l'intensité du courant pendant le soudage ?
13 Quels sont les avantages du soudage sous flux poudré ou submergé ?
14 Où est appliqué le soudage sous flux poudré ou submergé ?

5.1.4 Soudage sous gaz de protection

Dans le soudage sous gaz de protection, le bain de fusion, l'arc et le métal d'apport sont protégés de l'effet oxydant de l'air ambiant par un manteau de gaz de protection. La composition du gaz de protection a une influence considérable sur le résultat de la soudure.

Procédé de soudage sous gaz de protection

Les différents procédés de soudage sous gaz de protection sont classés en fonction des types d'électrodes et des gaz de protection utilisés.

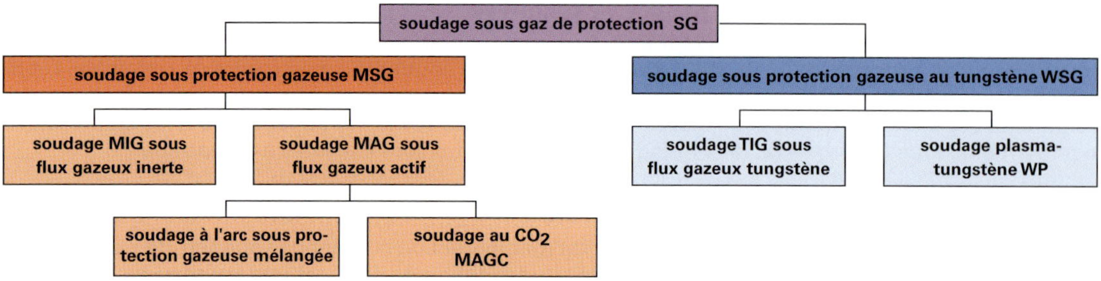

Gaz de protection

D'une manière générale, les gaz de protection sont normalisés selon DIN EN ISO 14175 (anciennement EN 439). Un mélange adéquat des gaz de protection permet d'influencer la réaction chimique, le transfert de matière vers le bain de fusion, la profondeur de pénétration, l'aspect de la surface du cordon, le comportement de l'arc et les propriétés de la matière à souder. C'est pourquoi leur classification a lieu en fonction de l'effet oxydant. On distingue à cet effet :

- Les gaz **inertes** qui sont des gaz rares tels que l'hélium (He) et l'argon (Ar), de **réaction lente**,
- Les gaz **actifs** sont des gaz **oxydants** tels que le dioxyde de carbone (CO_2) et l'oxygène (O_2),
- Les **gaz réducteurs** tels que l'hydrogène (H_2)

Tablea: Propriétés des gaz

Type de gaz	Symbole chimique	Propriétés spécifiques à 0° C et 1,013 bar (0,101 MPa)		Température d'ébullition à 1,013 bar	Comportement de réaction pendant le soudage
		Densité (air = 1,293) kg/m³	Densité relative par rapp. a l'air		
Argon	Ar	1,784	1,380	– 185,9	inerte
Hélium	He	0,178	0,138	– 268,9	inerte
Dioxyde de carbone	CO_2	1,977	1,529	– 78,5[1]	oxydant
Oxygène	O_2	1,429	1,105	– 183,0	oxydant
Azote	N_2	1,251	0,968	– 195,8	lentement[2]
Hydrogène	H_2	0,090	0,070	– 252,8	Réducteur

[1] Température de sublimation (température de transition entre l'état solide et l'état gazeux).
[2] Le comportement de l'azote varie en fonction du matériau. Il convient de tenir compte des éventuelles influences négatives.

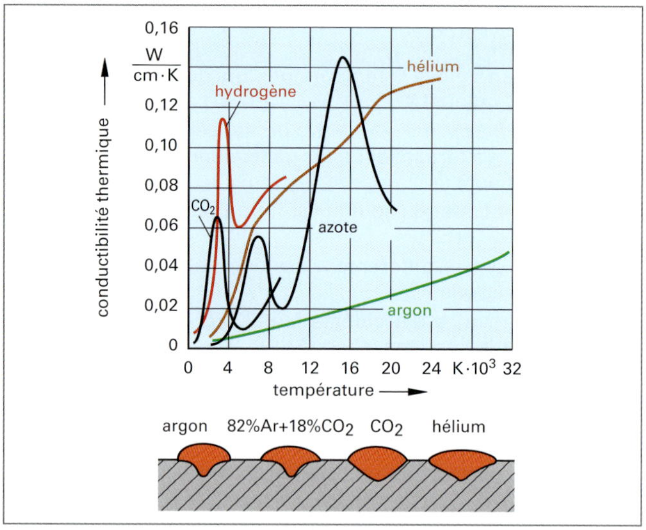

1 Influence du gaz de protection sur la géométrie du cordon

Effet des composants du gaz de protection

Les effets de chaque gaz sont différents. Dans les mélanges de gaz, plusieurs propriétés et effets peuvent interférer **(fig. 1)**. Les **gaz inertes** conviennent pour tous les procédés de soudage et matériaux mais sont plus chers que les **gaz actifs** et sont de ce fait principalement utilisés comme composants principaux dans les **mélanges de gaz**.

L'argon est bien ionisant et permet un arc qui chauffe lentement avec un noyau d'arc plus chaud. Le cordon est large, avec une pénétration profonde en forme de doigt et un bord plat **(fig. 1)**.

L'hélium a une conductibilité thermique **(fig. 1)** et une ionisation plus élevées et permet une tension d'arc plus importante par rapport à l'argon, ce qui a pour effet un plus grand apport de chaleur dans le bain de fusion. L'hélium convient ainsi pour souder des métaux ayant une conductibilité thermique élevée, comme le cuivre et l'aluminium. Il faut tenir compte d'une consommation de gaz plus importante en raison de la faible densité de l'hélium **(fig. 1)**.

L'hydrogène a une conductibilité thermique élevée. En raison du risque de formation de pores, l'hydrogène n'est utilisé comme gaz de mélange que jusqu'à environ 5 % pour l'aluminium et jusqu'à 50 % pour le gaz de protection racine.

L'oxygène n'est utilisé que comme composant de gaz de mélange que jusqu'à environ 10 %. Il réduit la tension superficielle pour l'acier liquide, a pour effet un transfert de matière en fines gouttelettes et donne ainsi un cordon de soudure avec de petits espacement des couches.

Tableau 1: Gaz de protection pour le soudage à l'arc conformément à DIN EN ISO 14175 (sélection)

symbole		Composants en pourcentage de volume						application usuelle	Remarques
Groupe principal	Sous-groupe	oxydant		inert		réducteur	réaction lente		
		CO_2	O_2	Ar	He	H_2	N_2		
R	1 2			Solde[2] Solde[2]		> 0,5 à 15 > 15 à 50		TIG, soudage plasma, découpe plasma, réducteur de racine.	Réducteur
I	1 2 3			100 Solde	 100 > 0,5 à 95			MIG, TIG, soudage plasma, réducteur de racine.	Inerte
M1	1 2 3 4	> 0,5 à 5 > 0,5 à 5 > 0,5 à 5	 > 0,5 à 3 > 0,5 à 3	Solde[1] Solde[1] Solde[1] Solde[1]		> 0,5 à 5		MAG	Légèrement oxydant
M2	1 2 3 4	> 15 à 25 > 0,5 à 5 > 5 à 15	 > 3 à 10 > 3 à 10 > 0,5 à 3	Solde[1] Solde[1] Solde[1] Solde[1]					Mélange de gaz
M3	1 2 3	> 25 à 50 > 25 à 50	 > 10 à 15 > 2 à 10	Solde[1] Solde[1] Solde[1]					
C	1 2	100 Solde	 > 0,5 à 30						Fortement oxydant
Z		Gaz mélangés avec des composants qui ne sont pas mentionnés dans le tableau ou gaz mélangés avec une autre composition en dehors des plages indiquées[2]							

[1] Pour cette classification, l'argon peut être remplacé partiellement ou totalement par de l'hélium.
[2] Deux gaz mélangés ayant la même classification Z ne doivent pas être remplacés l'un par l'autre.

Le dioxyde de carbone a un pouvoir oxydant aussi élevé que celui de l'oxygène et a pour effet une pénétration ronde et profonde, avec une faible formation de pores **(fig. 1, page 86)**. La formation d'éclaboussures est très importante. Le CO_2 pur est utilisé uniquement pour les aciers non alliés ou faiblement alliés. Dans d'autres applications, il convient en tant que gaz de mélange avec l'argon et l'oxygène **(tableau 1)**.

L'azote est uniquement utilisé comme gaz de protection racine dans le soudage de tubes.

Classification des gaz de protection

Le **tableau 1** comporte la classification des différents gaz de protection et des mélanges de gaz de protection en groupes, selon leur comportement de réaction. Les abréviations pour les groupes sont :

R = Mélange de gaz réducteurs
M = Mélange de gaz oxydants avec oxygène et/ou carbone
Z = Mélange de gaz d'autres compositions
I = Gaz inertes et mélange de gaz inertes
C = Gaz plus fortement oxydants
C = Gaz avec fort pouvoir oxydant

Désignation des gaz de protection

Les gaz de protection sont classés avec la dénomination du numéro de norme et l'indication du groupe principal et du sous-groupe, en fonction du **tableau 1**. Les symboles pour les composants dans l'ordre décroissant de leur teneur en pourcentage puis, séparées par un trait oblique, les valeurs pour la composition en pourcentage de volume, doivent suivre le symbole pour le gaz de base. La lettre Z doit être utilisée si le mélange de gaz présente une autre composition que celle mentionnée dans le **tableau 1**. Si le mélange de gaz dispose de composants qui ne sont pas mentionnés dans le **tableau 1**, la lettre Z doit être apposée avant la désignation et le gaz non mentionné doit être indiqué séparément avec un signe plus.

Exemples :
Mélange avec 30 % d'hélium et reste argon : **ISO 14175 – I3 – ArHe – 30**
Mélange avec 5 % d'hydrogène et reste argon : **ISO 14175 – R1 – ArH – 5**
Mélange avec 0,05 % d'oxygène et reste argon : **ISO 14175 – Z – ArO – 0,05**
Mélange avec 0,05 % de xénon et reste argon : **ISO 14175 – Z – Ar + Xe – 0,05**

Types d'arc

Les arcs changent en forme et en taille tout comme le type de fusion et le transfert de matière vers le bain de fusion, en fonction du gaz de protection, de l'intensité du courant, de la fréquence du courant et du diamètre des électrodes utilisées. Ceci est appliqué de façon ciblée pour les différents procédés de soudage sous gaz de protection, afin d'obtenir une capacité de fusion plus ou moins élevée, une pénétration plus profonde ou un meilleur remlissage du joint.

L'arc court (< 19 V) est utilisé pour le soudage en position et le soudage à la racine ainsi que pour les tôles minces. Le transfert du métal se fait en court-circuit, uniformément, en fines gouttes avec peu de projections **(fig. 1)**.

L'arc globulaire ou intermédiaire (19 V – 24 V) Le transfert du métal a lieu de manière irrégulière, en court-circuit, à grosses gouttes et avec de fortes projections.

Le spray arc (> 24 V) a pour effet un transfert de matière en petites gouttes sans formation de court-circuit. Il est produit par une tension élevée et sous des gaz de protection riches en argon. On obtient une capacité de fusion élevée et un transfert de gouttes pauvre en projections. Il convient pour les couches de remplissage et de couverture. Il permet d'obtenir un cordon de soudure avec une surface lisse.

L'arc pulsé est produit par un courant de base et un courant qui pulse au-dessus du courant de base **(fig. 3)**. Le courant de base a pour tâche de maintenir l'ionisation du trajet de l'arc afin de préchauffer l'extrémité du fil électrode et de la surface de la pièce avec l'arc. Le courant pulsé déclenche les gouttes de soudage.

Le soudage pulsé est particulièrement avantageux pour le soudage de tôles minces et le soudage en position. Le transfert de matière uniforme donne une surface de cordon lisse et propre.

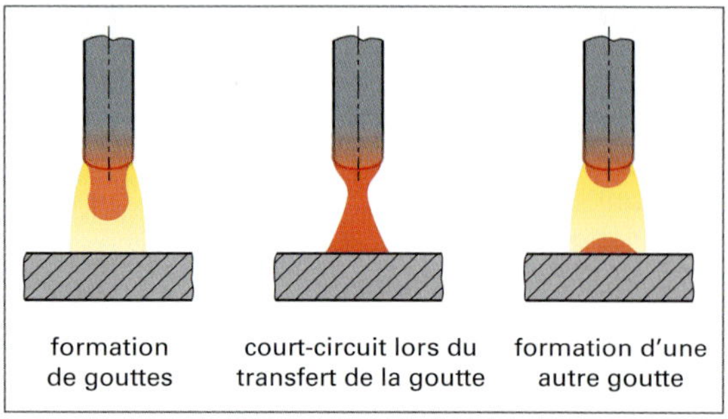

1 Court-circuit lors du transfert de gouttes

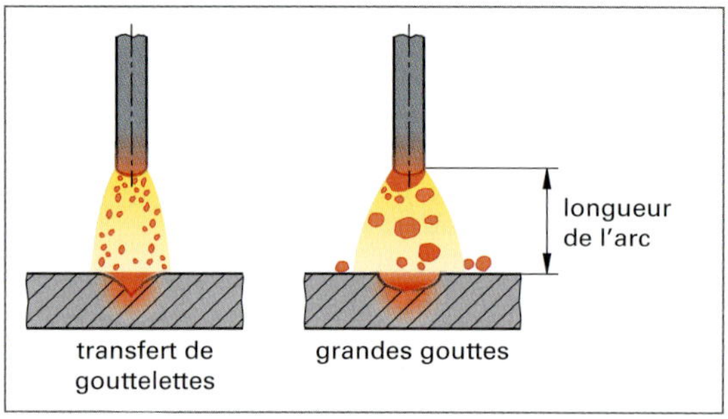

2 Différentes formes du transfert de gouttes

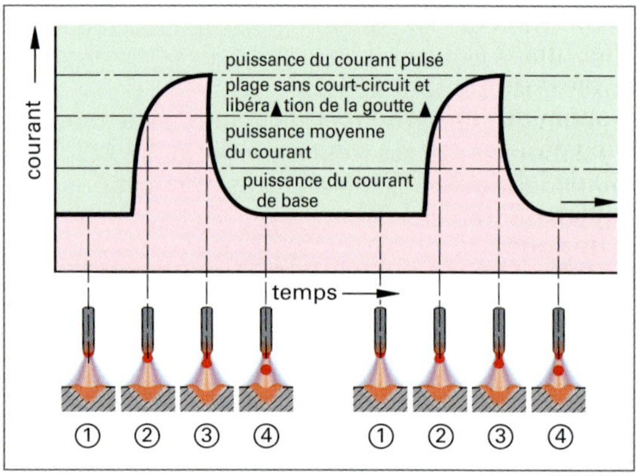

3 Evolution du courant dans l'arc pulsé avec transfert de matière

Pour les **sources de courant à onduleur** ou inverter **(fig. 3, page 80)**, les impulsions de courant peuvent être commandées très précisément grâce à la fréquence élevée, de sorte à pouvoir être adaptées au transfert de matière pour chaque matériau. Selon la fréquence d'impulsion réglée, une ou plusieurs gouttes se détachent pour chaque impulsion, le déclenchement d'une goutte permettant le processus de soudage le plus stable et le plus pauvre en éclaboussures pour chaque impulsion.

Au début d'un cordon de soudure, dans la zone d'allumage, ce dernier a lieu avec une énergie beaucoup plus élevée et le métal de base est fondu beaucoup plus rapidement, ce qui évite les défauts de liaison à cet endroit. A la fin du soudage, l'apport en énergie peut être réduit pour éviter la formation du cratère final.

Soudage sous gaz de protection MSG

Pour ce procédé, on utilise un fil électrode qui fond. Le fil de soudage est automatiquement amené depuis une bobine par le biais d'un dispositif de transport du fil. L'alimentation en courant est réalisé par un contact forcé.

La torche est refroidie au gaz ou à l'eau. Le refroidissement au gaz ne peut être appliqué que pour des intensités de courant faibles. Le courant de soudage, le fil électrode, le gaz de protection et si nécessaire l'eau de refroidissement sont amenés à la torche par un faisceau de tuyaux **(fig. 1)**.

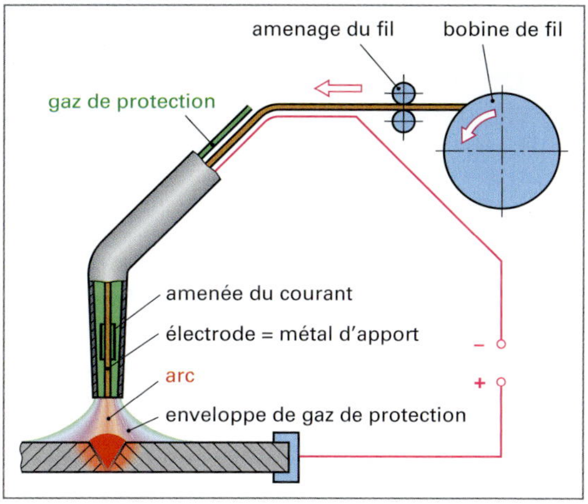

1 Schéma du soudage MIG/MAG

Le soudage sous gaz de protection convient pour le soudage manuel et pour le soudage automatisé en atelier. Il est en règle générale inapproprié pour les soudages sur le chantier en raison des influences ambiantes subies par la protection gazeuse (ex. le vent). Selon le gaz de protection utilisé, on fait la distinction entre le soudage sous flux gazeux inerte MIG et le soudage sous flux gazeux actif MAG.

Lors du soudage sous flux gazeux actif MAG, on utilise des **gaz actifs**. Il convient au soudage d'aciers faiblement alliés et non alliés. Ce procédé a trouvé une vaste plage d'applications en raison de sa rentabilité.

Sont utilisés en guise de **gaz actifs** : Le dioxyde de carbone (CO_2), un gaz à deux composants comportant de l'argon (Ar) et de l'oxygène (O_2) ou de l'Argon et du CO_2 et un gaz à trois composants comportant de l'Ar, CO_2 et O_2 **(tableau 1, page 87)**.

Avec ce procédé, le gaz de protection actif a pour effet une réaction chimique. Pendant le soudage, le dioxyde de carbone (CO_2) se décompose en monoxyde de carbone (CO) et en oxygène (O). L'oxygène oxyde le manganèse (Mn) et le silicium (Si) de l'acier dans le bain de fusion et protège la matière de base. Ceci doit être compensé dans le fil de soudage par une adjonction accrue de manganèse et de silicium.

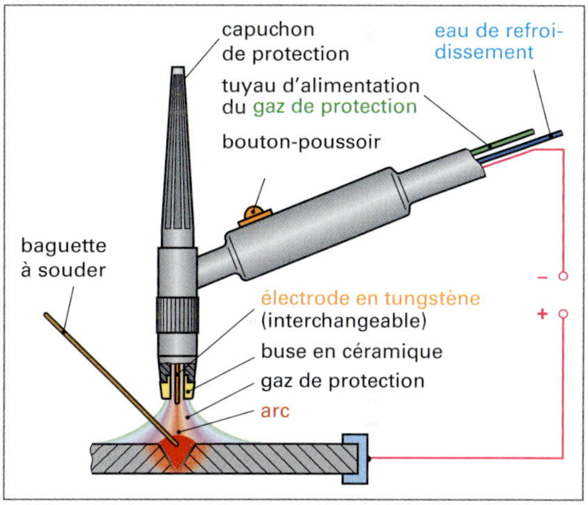

2 Schéma du procédé de soudage TIG

Pendant le soudage, de grosses gouttes, que l'on remarque comme des dépôts à la surface du cordon de soudure se forment en raison de l'oxydation. Les oxydes de manganèse et de silicium produisent une fine couche de silicate jaunâtre pouvant influencer la suite du travail. La couche de silicate sera idéalement retirée avant de poursuivre le traitement.

Des capacités de fusion élevées et une pénétration plus profonde du cordon sont obtenues lors du **soudage MAG**. Le maniement simple et l'utilisation de gaz CO_2 rendent ce procédé particulièrement rentable **(fig. 1, page 86)**.

Lors du soudage sous flux gazeux inerte MIG, il n'y a aucune réaction du gaz de soudage avec la masse fondue. Il est appliqué pour l'aluminium, le cuivre, le nickel et autres alliages. Ces matériaux ne peuvent pas être soudés avec du gaz de protection actif car sa proportion en oxygène peut se lier à l'aluminium, au cuivre et autres composants de l'alliage et former des oxydes.

Soudage sous gaz de protection au tungstène WSG

Un arc se forme entre l'électrode au tungstène, qui ne fond pas, et la pièce **(fig. 2)**. Le métal d'apport est pour cela amené à la main avec une baguette de soudage ou automatiquement sous forme d'une baguette ou d'un fil. L'arc et le bain de fusion sont protégés de l'air ambiant par un gaz de protection.

Soudage sous flux gazeux tungstène TIG

Si on utilise une électrode au tungstène, seul un gaz inerte peut être utilisé en guise de gaz de protection, sans quoi l'électrode au tungstène serait détruite trop rapidement par oxydation à haute température, ce qui pourrait produire de l'oxyde de tungstène toxique.

Pour le soudage TIG, on utilise en règle générale du courant continu, la borne moins étant branchée à l'électrode de tungstène. La tenue de l'électrode en tungstène est améliorée par la température plus basse de 3600 °C à la borne moins par rapport à la température de 4200 °C à la borne plus.

Exception lors du soudage de l'aluminium, d'alliages d'aluminium et d'alliages de cuivre. Il s'agit de matières avec des oxydes à point de fusion élevé. L'aluminium fond dès 658 °C tandis que le point de fusion de l'oxyde d'aluminium est situé à 2050 °C. Une solide couche d'oxyde empêche que le bain de fusion ne conflue et que la matière ne se lie. Grâce à l'utilisation de courant alternatif, la demi - onde négative **(fig. 3, page 79)** déchire la couche d'oxyde et la matière peut se lier. L'électrode en tungstène est toutefois sollicitée plus fortement. Pour éviter une usure rapide, on utilise des électrodes d'un plus grand diamètre lorsque l'on soude avec du courant alternatif. Si du courant continu est appliqué, la borne moins doit être raccordée à la pièce.

Le procédé de soudage TIG est appliqué si une importance particulière est accordée à la qualité de la liaison soudée en raison du comportement de pénétration, de la qualité de surface, de l'aspect attrayant et de l'absence de défaut au cordon de soudure, comme par exemple dans le traitement de l'acier inoxydable ou de l'aluminium.

Pour des raisons économiques, le soudage TIG est appliqué sur une plage d'épaisseurs de tôles inférieures à 4 mm et d'une manière générale, le cordon de soudure réalisé comme liaison I. Des procédés de soudage avec des puissances plus élevées s'avèrent plus économiques pour des épaisseurs plus importantes.

5.1.5 Soudage plasma sous tungstène WP

On appelle plasma un gaz qui est devenu électriquement conducteur grâce à un apport élevé en énergie. Plus la température du gaz plasma est élevée, plus la conductibilité électrique et la conductibilité thermique le sont aussi.

Un arc de soudage est un tel gaz plasma. Contrairement aux procédés de soudage à l'arc dans lesquels l'arc circule librement, on parle alors de procédé de soudage au plasma si l'arc est concentré **(fig. 1)**. La concentration est réalisée mécaniquement et nécessite un refroidissement de la buse de concentration.

La buse de concentration a pour effet une densité de puissance élevée, la température du rayon plasma est donc plus élevée que celle de l'arc qui circule librement. La température peut atteindre de 5000 °C jusqu'à 25000 °C en fonction du gaz plasma utilisé. On utilise de l'argon ou des mélanges d'argon, d'hélium et d'hydrogène en tant que gaz plasma.

Les **torches plasma** existent en trois versions :
Pour l'une d'elles, un arc, appelé arc pilote, est allumé entre l'électrode en tungstène et la buse de concentration **(fig. 2)**. Le transfert de chaleur à la pièce est réalisé par rayonnement thermique et par le gaz plasma. L'arc n'atteint pas la pièce. Avec cette disposition, la chaleur peut aussi être transmise à des pièces qui ne conduisent pas l'électricité.

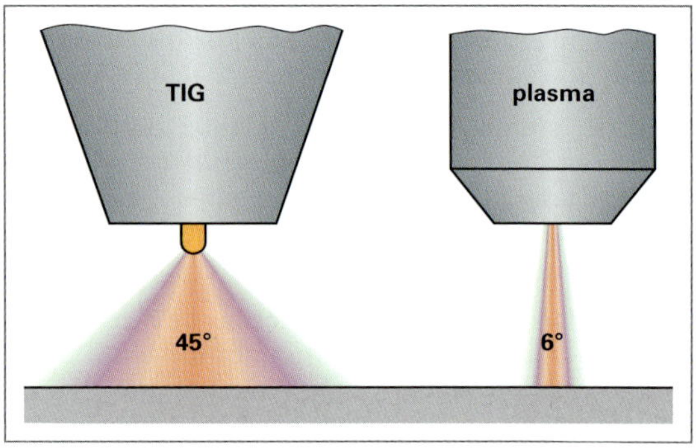

1 Concentration de l'arc dans le soudage au plasma par rapport au soudage TIG

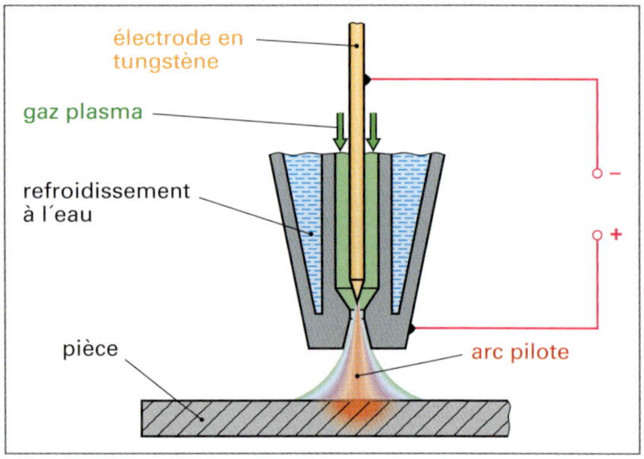

2 Arc électrique entre l'électrode et la buse lors du soudage plasma

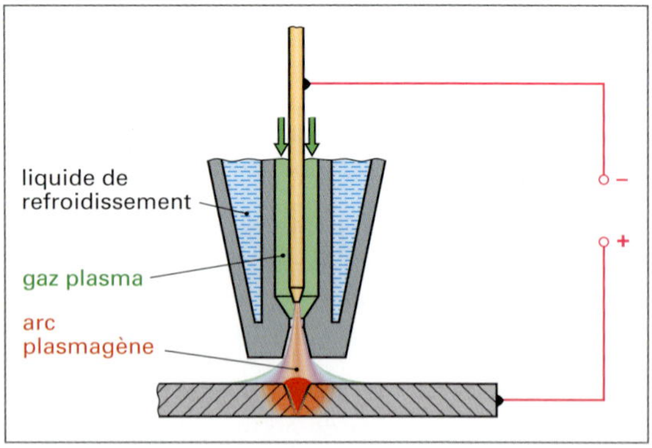

3 Arc plasmagène entre la buse de concentration et la pièce

A la deuxième exécution **(fig. 3, page 90)**, l'allumage a lieu en approchant l'arc initial entre l'électrode et la buse de concentration à proximité d'une pièce conductrice de courant. Un arc est alors produit entre l'électrode et la pièce. A la troisième exécution, l'allumage a lieu entre l'électrode et la buse de concentration et le chalumeau est mis sur une pièce conductrice de courant. Un arc est alors produit entre l'électrode et la pièce. Un gaz de protection supplémentaire est utilisé pour protéger le point de soudage de l'atmosphère, en raison de la température élevée due à la concentration du rayon plasma **(fig. 2)**.

Possibilités de mise en oeuvre du procédé au plasma

L'arc concentré se distingue par une stabilité élevée. La plage d'intensités du courant est située entre 0,2 A et 400 A. La densité énergétique élevée donne une pénétration plus profonde par rapport au soudage TIG et la vitesse de soudage est plus élevée ; l'influence thermique dans la matière de base est donc moins importante et la déformation réduite. Le procède au plasma est utilisé pour souder des pièces minces, pour le soudage d'apport et pour la coupe. D'une manière générale, ce procédé n'est appliqué que pour des aciers hautement alliés et des métaux non ferreux.

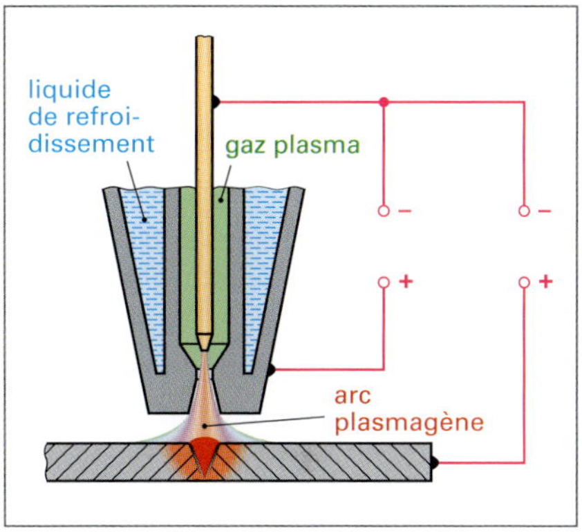

1 **Arc électrique entre l'électrode et la pièce**

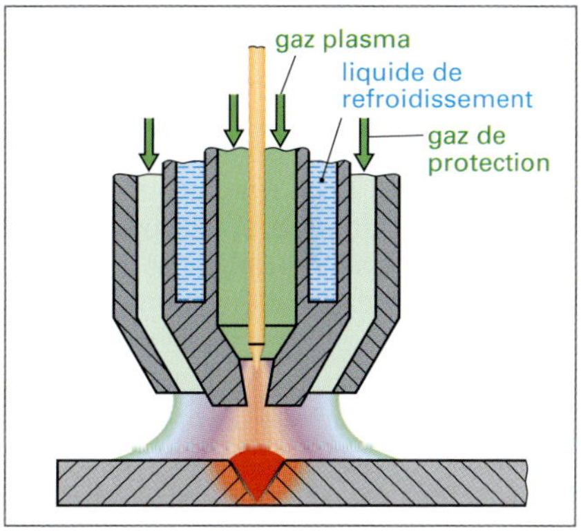

2 **Gaz plasma et gaz de protection**

Contrôlez vos connaissances

1 Expliquer la différence entre le soudage à l'arc manuel et le soudage sous gaz de protection ?
2 Qu'entend-on par gaz rare ou noble ?
3 Qu'entend-on par un gaz actif dans le soudage sous gaz de protection ?
4 Il faut souder de l'aluminium et de l'acier de construction non allié. Quels gaz de protection conviennent pour chacun ?
5 Quand utilise-t-on du courant continu ou du courant alternatif dans le soudage TIG ?
6 En quoi le soudage plasma se distingue-t-il du soudage TIG ?
7 Quels sont les avantages d'un arc pulsé ?
8 Quelles sont les propriétés du dioxyde de carbone en tant que gaz de protection ?
9 Pour quels aciers le CO_2 convient-il comme gaz de protection dans le soudage ?
10 Comment l'arc est-il influencé en cas d'utilisation d'argon comme gaz de protection ?
11 Comment se produit un arc plasma ?

5.1.6 Soudage au laser

La focalisation d'un rayon lumineux permet une concentration d'énergie très élevée

La concentration d'énergie vers la pièce est réalisée par une optique **(fig. 3)**. Le matériau réfléchissant utilisé est le cuivre, car il s'agit d'un métal hautement réfléchissant et disposant d'une conductibilité thermique élevée. La concentration du rayon laser jusqu'à un diamètre de 0,2 mm permet d'obtenir une puissance d'environ 10'000 W par mm^2.

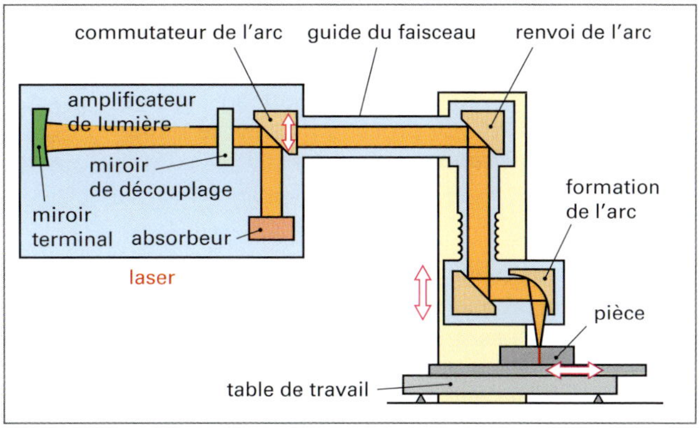

3 **Structure schématique d'une installation de soudage laser**

Cette puissance élevée dans le foyer du rayon entraîne l'évaporation de la matière au point de soudage, une fois le point de fusion atteint. Il en résulte un fin capillaire de 0,2 mm, enveloppé de matière liquide. Une zone de fusion, qui circule de façon virulente en raison de la chute de température, se forme autour du canal de vapeur. Ce canal est maintenu pendant le mouvement d'avance et produit derrière le rayon un mince cordon de soudure **(fig. 1)**. Un gaz inerte tel que l'argon ou l'hélium est utilisé pour protéger la surface du cordon de soudure contre l'oxydation.

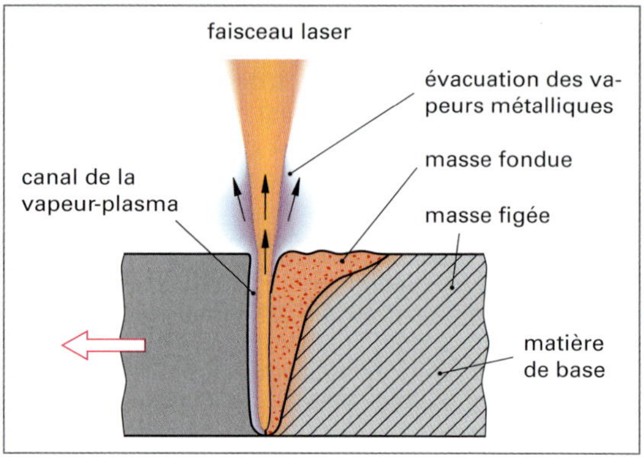

1 Principe du soudage au laser

Le laser est utilisé, dans le travail du métal, pour souder, découper, revêtir, durcir et marquer les surfaces.

Les avantages essentiels du laser lors du soudage sont que, en fonction du type de matière, une épaisseur de tôle jusqu'à 20 mm peut être soudée avec un cordon *f* **(fig. 2)**. La vitesse de soudage est beaucoup plus élevée qu'avec un procédé de soudage conventionnel. Il n'en résulte qu'une mince zone d'influence thermique et diminue fortement les travaux de finition et nettoyage.

Par rapport à d'autres procédés de soudage, cette densité énergétique élevée avec une vitesse d'avance très importante permet de souder jusqu'à 8/min. pour une faible épaisseur de matière **(fig. 2)**. L'énergie ainsi apportée est faible. La pièce s'échauffe peu et la zone d'influence thermique est petite, si bien que la déformation reste minimale.

Les joints de soudage étant étroits, un ajustement précis aux pièces à assembler est la condition pour un cordon de soudure impeccable. Dans la plupart des cas, le processus de soudage est réalisé sans matière d'apport. La fente pour le soudage ne doit pas excéder 0,1 mm.

En raison de la précision géométrique requise et de la vitesse de soudage élevée, il est nécessaire d'automatiser le processus de soudage à l'aide d'installations CNC. Ce procédé ne s'avère rentable que pour de grandes quantités.

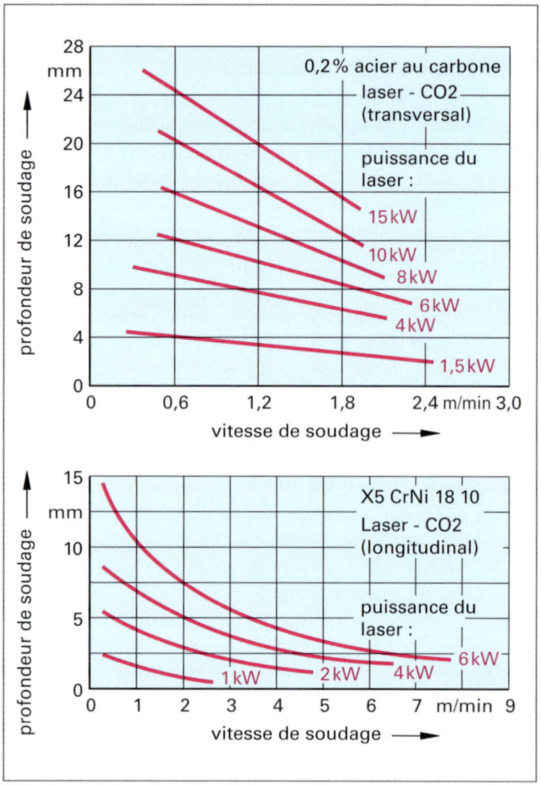

2 Comparaison des profondeurs de soudage pour le soudage au laser en fonction de la puissance du laser et de la vitesse de soudage

Contrôlez vos connaissances

1 Comment produit-on un rayon laser ?

2 Pour quelle raison un rayon laser convient-il particulièrement au travail du métal ?

3 Quels sont les avantages particuliers d'une soudure réalisée avec un rayon laser ?

4 Pourquoi un écart de cordon de max. 0,1 mm est-il suffisant pour souder au rayon laser ?

5 Pourquoi est-il possible de souder beaucoup plus rapidement avec un rayon laser que dans un procédé courant ?

5.2 Procédés de soudage par pression

Lors du soudage par pression, les pièces à assembler sont brièvement chauffées au point de fusion puis pressées l'une contre l'autre pour créer une liaison sans métal d'apport.

Les procédés sont classés en fonction du type d'apport thermique ; le feu, friction ou résistance électrique.

Soudage à la forge

Il s'agit du procédé de soudage le plus ancien. Il est apparu dans le travail artisanal des aciers par forgeage et est encore aujourd'hui appliqué en ferronnerie d'art.

L'assemblage du métal a lieu en chauffant le point de soudage. La surface d'assemblage doit être sablée pour être protégée contre les oxydes. Les pièces à assembler sont disposées les unes sur les autres puis assemblées par des coups puissants **(fig. 1)**.

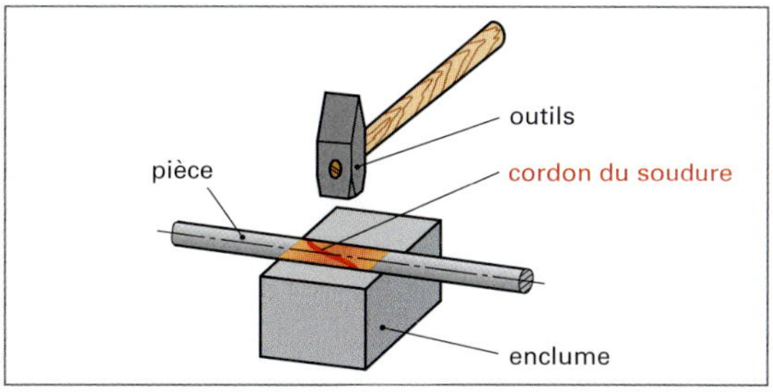

1 Soudage à la forge

Soudage par friction

La chaleur est produite par friction. Une pièce circulaire tourne à grande vitesse et est appuyée sur une autre pièce fixe **(fig. 2)**.

Grâce à la friction, le mouvement de rotation produit l'échauffement jusqu'à la température de soudage. Le moteur d'entraînement est stoppé et les pièces se soudent les unes aux autres par une pression supplémentaire.

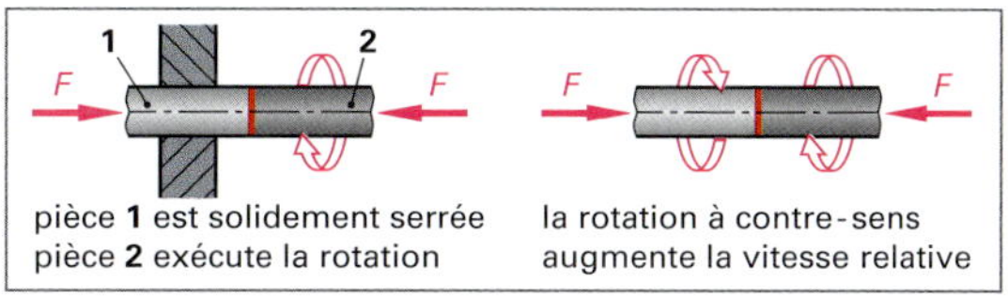

2 Soudage par friction

Soudage par ultrasons

Des vibrations jusqu'à plus de 20 kHz sont produites sur une petite pièce. Il en résulte un échauffement ponctuel entre les pièces, qui entraîne le soudage sous pression. De cette manière, des pièces minces peuvent être assemblées à des pièces plus grandes **(fig. 3)**.

Ce procédé est appliqué dans la mécanique de précision, où différentes combinaisons de matériaux comme aluminium et cuivre, plastique et métal ou métal et céramique, peuvent être soudées.

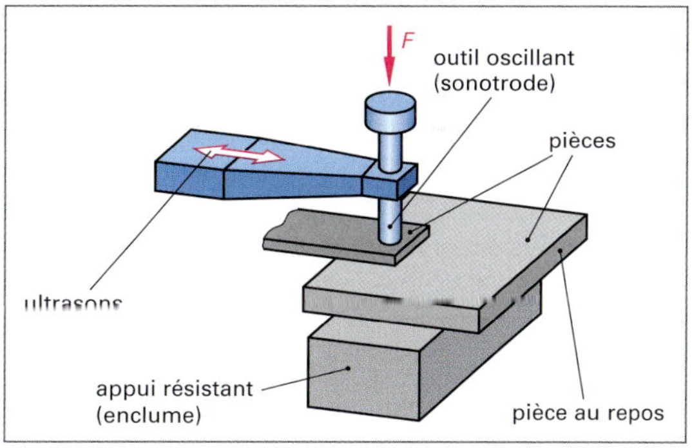

3 Schéma d'une soudure par ultrasons

Soudage par résistance électrique

Lors du soudage de métaux par résistance électrique, l'emplacement de liaison est échauffé par un bref flux de courant électrique et soudé par pression **(fig. 4)**.

Au niveau de l'emplacement de liaison, le flux de courant électrique a pour effet, par la résistance de contact, un échauffement local en forme de lentille qui chauffe le métal jusque dans la zone plastique et qui est soudé par pression de l'électrode. Ce procédé ne produit pas d'arc et ne nécessite pas de métal d'apport.

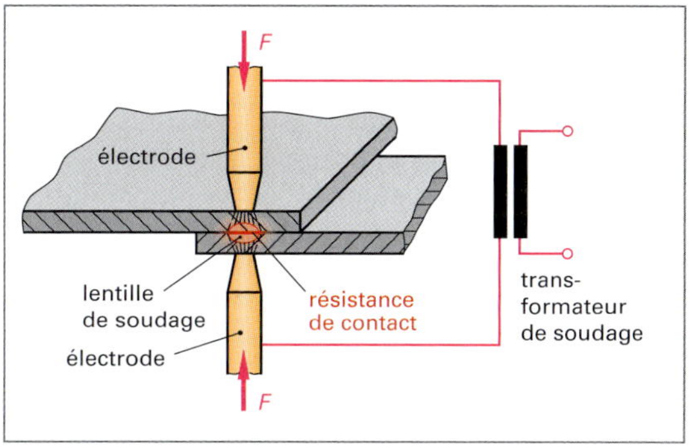

4 Soudage par résistance

La puissance électrique pour l'échauffement à la résistance à l'emplacement de la liaison est produite par une basse tension électrique pour une intensité du courant élevée. Une tension comprise entre 1 V et 15 V et une intensité du courant jusqu'à 100 000 A sont appliquées en fonction de la section de soudage. La basse tension électrique est relativement sans danger.

Soudage par points

Un soudage par points convient pour assembler des tôles minces. Le courant de soudage est transféré à la tôle à souder par deux électrodes en forme de tige, en alliage de cuivre et partiellement refroidies.

Dans le flux de courant, il faut surmonter une résistance de contact entre les tôles à assembler, qui a pour effet un échauffement en forme de lentille de soudage. La résistance de contact entre l'électrode en cuivre et la tôle provoque des zones carbonisées sur la surface de la tôle et sur l'électrode **(fig. 1)**.

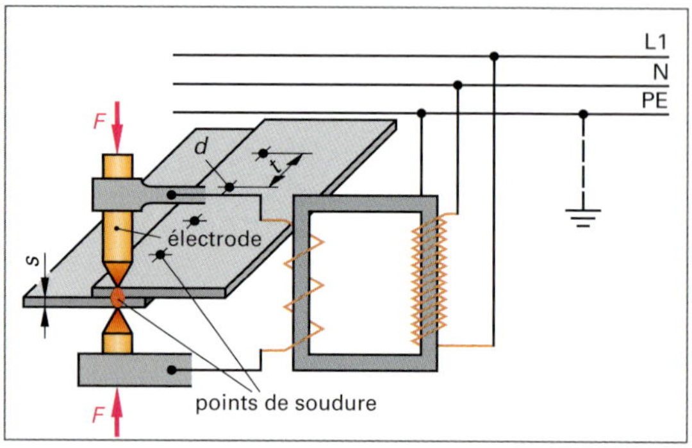

1 Schéma d'une soudure par points

La durée de soudage est comprise entre 2 et 30 périodes en fonction du matériau, de l'épaisseur et du diamètre de la lentille de soudage. Pour une fréquence de courant alternatif de 50 Hz, on obtient une durée de soudage de 20 à 600 ms par point de soudage.

En règle générale, on soude des tôles de même épaisseur. La valeur indicative pour le diamètre de lentille de soudage d pour une épaisseur de tôle s est de : $\boldsymbol{d = 5 \cdot s}$.

Les intervalles entre les points **(division *t*, fig. 1)** dépendent de la sollicitation. En règle générale, on choisit pour une épaisseur de tôle jusqu'à 3 mm un rapport de : $\boldsymbol{t = d \cdot < 3}$.

> Le soudage par points convient pour tous les aciers et métaux non ferreux et peut être appliqué de façon polyvalente pour des liaisons par soudage.

Soudage en bout

Pour ce procédé, les pièces à souder sont serrées dans des mâchoires de cuivre refroidies par eau, pressées l'une contre l'autre et mises sous courant. Une résistance élevée chauffe les pièces à température de soudage à l'endroit de la liaison.

Le courant est ensuite coupé et les pièces compressées. Il en résulte un boudin repoussé **(fig. 2)**.

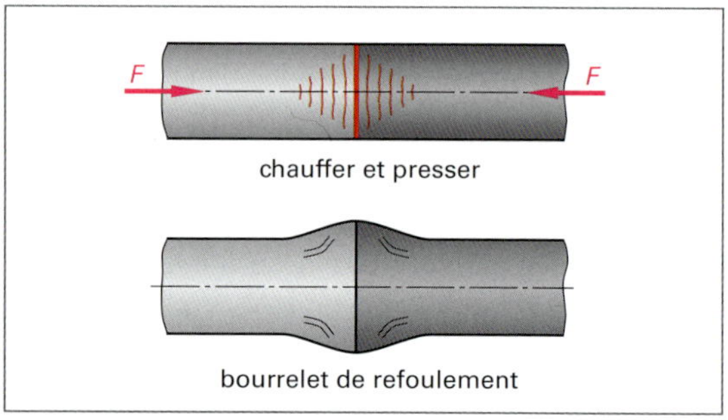

2 Soudage en bout

Soudage par étincelage

Lors du soudage par étincelage, les pièces ne sont pas compressées pendant l'échauffement mais sont légèrement en contact l'une avec l'autre **(fig. 3)**.

La matière est chauffée au niveau de l'emplacement de liaison, jusqu'en zone de fusion, par la résistance due au passage du courant. Il en résulte une pression de vapeur métallique grâce a laquelle le métal fondu est éjecté du joint de sou-

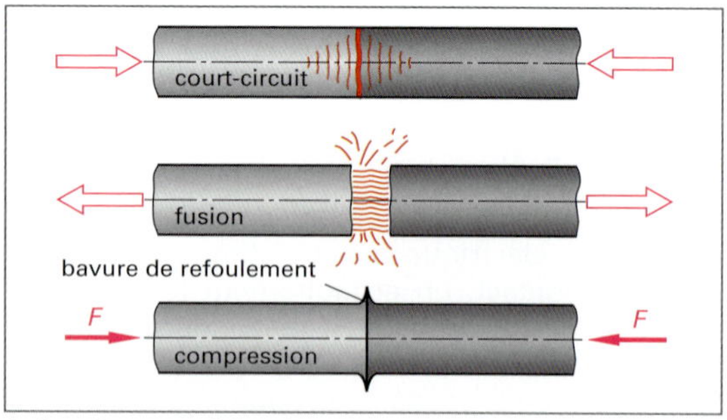

3 Soudage par étincelage

dage avec une forte production d'étincelles. Ce n'est qu'après que la pièce est compressée. On obtient ainsi une liaison soudée régulière et pure, sans inclusion.

Ce procédé convient aux minces raccords de pièces, p. ex. aux liaisons de tubes, à l'assemblage d'aciers de grande qualité avec de l'acier non allié peu coûteux, p. ex. avec des outils tels forets et pour souder des métaux non ferreux.

Soudage de goujon

Des goupilles, fils, tiges filetées et aciers plats sont soudés frontalement sur des surfaces métalliques à l'aide de l'arc électrique **(fig. 1)**. Selon le procède d'allumage, on fait la distinction entre le soudage de goujon à arc tiré ou par allumage de la pointe.

Lors du **soudage de goujon à arc tiré**, une bague en céramique enserre le goujon à l'extrémité à assembler et protége le point de soudage **(fig. 2)**. Il est aussi possible de travailler sans bague en céramique si on utilise un gaz de protection. Le goujon est mis en place (a) et produit un court-circuit. Soulevé avec un électroaimant (b) qui produit l'arc qui fond l'extrémité du goujon avec la matière de base (c), le goujon est ensuite plongé dans le bain de fusion liquide et se soude à la matière de base lors du refroidissement (d). Pour les goujons en acier, le front conique est revêtu d'une fine couche d'aluminium. Si le front du goujon est plat, on utilise une bille d'aluminium. L'aluminium facilite l'ionisation de l'arc et a pour effet un durcissement doux du bain de fusion et diminue la formation de pores.

Pour le soudage de goujon par allumage à arc tiré l'on peut souder des tiges jusqu'au diamètre 30 mm.

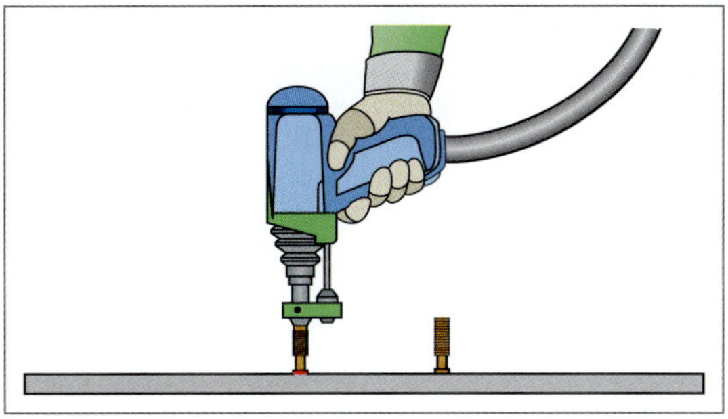

1 Soudage de goujon

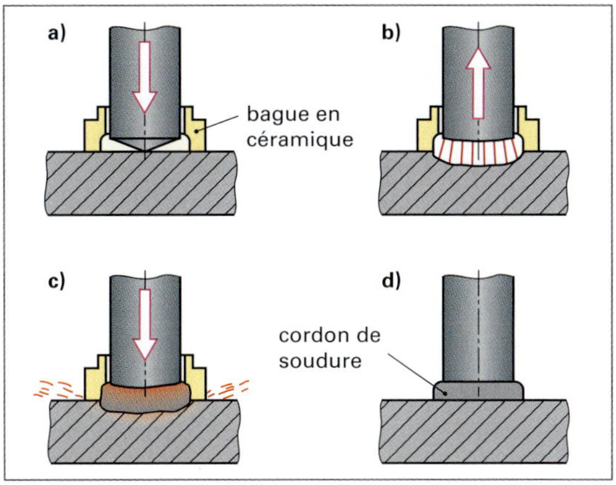

2 Soudage de goujon à arc tiré

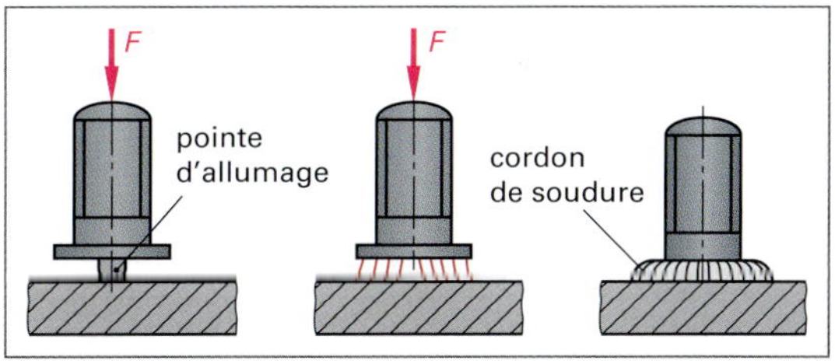

3 Soudage de goujon par allumage de la pointe

Pour le **soudage de goujon par allumage de la pointe**, la pointe est appuyée sur la pièce. Grâce à la chaleur de résistance, la pointe fond et un bref arc électrique se produit **(fig. 3)**, qui met toute la surface du goujon et la matière de base en fusion. Le goujon se soude à la pièce lors de la solidification. Le courant pour le soudage est prélevé d'une batterie à décharge de condensateurs. L'effet de l'énergie est si bref que le soudage d'un goujon ne se voit pas à l'arrière, même pour des tôles fines.

Le soudage de goujon par allumage de la pointe convient pour les pièces jusqu'à 10 mm de diamètre.

Contrôlez vos connaissances

1 Quelle différence y a-t-il entre le soudage à l'arc et le soudage par résistance ?
2 Où le soudage par ultrasons est-il appliqué ?
3 Comment la liaison soudée en forme de lentille est-elle produite dans le soudage par points ?
4 Quelle est l'application du soudage en bout et quelle est celle du soudage par étincelage ?
5 Décrivez l'application du soudage de goujon à arc tiré ou par allumage de la pointe.

5.3 Liaison soudée

Dans le soudage, la liaison des pièces est réalisée par un cordon de soudure. L'emplacement d'assemblage est appelé jointure. Le type de jointure est donné par la position des pièces les unes par rapport aux autres **(tableau 1)**.

5.3.1 Cordon de soudure

La liaison soudée est réalisée par le cordon de soudure, formée par une matière d'apport (fil de soudage, électrode de soudage). La taille du cordon de soudure dépend de l'épaisseur de la pièce et du procédé de soudage **(fig. 1)**.

La **profondeur de pénétration** du cordon de soudure détermine la qualité de l'emplacement de liaison. La formation **d'entailles** dues à un soudage inapproprié réduit la résistance d'une liaison soudée **(fig. 1)**.

Si le volume de cordon est important, on soude en plusieurs couches, **la position du cordon de racine** devant être réalisée avec grand soin car elle est fortement sollicitée par des tensions thermiques lors du soudage des couches suivantes **(fig. 1)**.

La forme du joint et du cordon est déterminée par la liaison de la jointure. La préparation du joint de soudure en découle. Les différentes formes de jointures possibles sont indiquées dans le **tableau 2**.

La **position de soudage** est déterminée par la taille de la pièce et la position du cordon de soudure. Les positions de soudage préférentielles sont la position à plat ou le soudage à l'horizontale. Dans ces positions, le soudage est comparativement facile. En revanche, pour le soudage en position forcée, comme pour un cordon montant, un cordon descendant, un cordon en corniche ou un cordon en plafond, de grandes exigences et savoir-faire sont imposés au soudeur. Les positions de soudage sont désignées par des lettres **(fig. 2)**.

La **représentation graphique** du cordon de soudure dans un plan technique n'a en règle générale lieu que de façon symbolique, à l'aide de symboles, lignes de référence et symboles complémentaires **(fig. 1, page 97)**.

Les symboles représentent différentes formes de joints. Pour les cordons d'angle, la grandeur de mesure „a" est encore indiquée. Les indications et remarques par des symboles peuvent être étendues en ce qui concerne un cordon circulaire ou la réalisation du cordon de soudure sur le chantier ou lors du montage. La forme de la surface du cordon peut aussi être indiquée.

Tableau 1 : Types de joints selon DIN EN ISO 17659

liaison bord à bord	liaison parallèle	liaison superposée
liaison en T	**liaison en double T**	**jointure en biais**
jointure d'angle	**jointure multiple**	

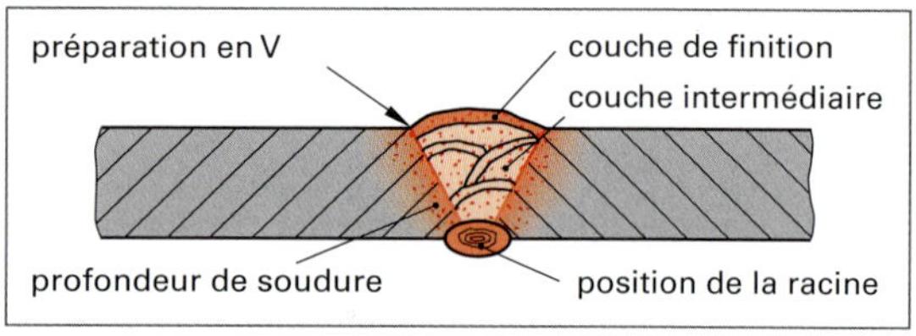

1 Cordon de soudure avec racine

Tableau 2 : Formes de joints selon DIN EN ISO 22553

Formes de joints	Désignation	Épaisseur de la pièce *s* en mm	Largeur de la fente *b* en mm	Symbole
	Soudure bordée	Jusqu'à 2		⌒⌒
	Soudure en I	2 à 8	0 à $\frac{s}{2}$	II
40°-60°	Soudure en V	3 à 10	0 à 3	V
40°-60°	Soudure en X	Plus de 10	0 à 4	X
≈8°	Soudure en U	Plus de 30	0 à 3	Y
	Soudure d'angle			◺

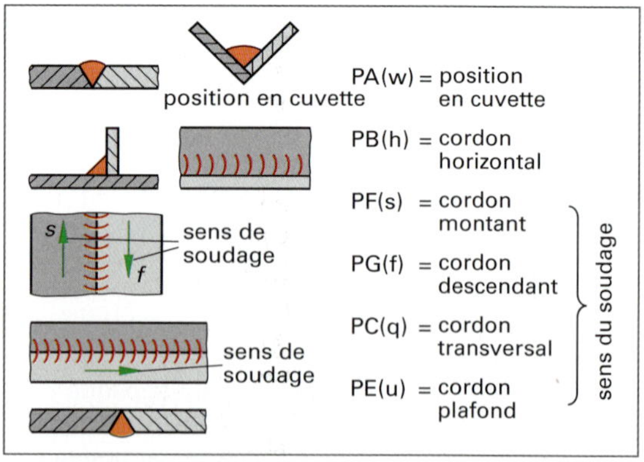

2 Positions de soudage

Dans la **référence**, une flèche en biais pointe vers la liaison. La ligne de référence est complétée à son extrémité par une fourche comportant d'autres indications. Le symbole du cordon doit être perpendiculaire à la ligne de référence **(fig. 1)**.

5.3.2 Tensions de soudage

La chaleur apportée localement lors du soudage provoque tout d'abord une dilatation de la matière, toutefois entravée par le matériau froid autour de la zone de soudage. Ceci entraîne fatalement un refoulement en cas d'échauffement jusqu'à la zone plastique de la matière. Lors du refroidissement du cordon, le refoulement perdure en raison du durcissement de la matière. Des tensions de rétraction (tensions propres au soudage) et une déformation **(fig. 2)** surviennent à température ambiante.

Les cordons d'angle et les cordons en V unilatéraux entraînent une grande déformation en raison de la rétraction du cordon de soudure. Il convient d'en tenir particulièrement compte pour les grands cordons en V car la position de la racine est fortement impactée par la déformation. Les cordons longitudinaux, notamment pour les pièces minces, sont déformés par la rétraction longitudinale du cordon de soudure **(fig. 3)**.

5.3.3 Plan de soudage

Il faut éviter la déformation pour fabriquer des pièces soudées avec précision dans la forme géométrique prévue. La déformation est due à la rétraction pendant le soudage. Pour limiter la rétraction au maximum, il est plus judicieux de souder en plusieurs étapes, ce qui permet de compenser les tensions survenant en raison des différences de dilatation thermique. Ainsi, lors de la réalisation de longs cordons de soudure en vertu du pointage **(fig. 4)**, il faut toujours commencer les étapes de soudage depuis le milieu puis achever le soudage en changeant de cote selon l'ordre des numéros et le sens de la flèche.

Lors du soudage d'un cadre profilé, p. ex. pour une grande porte **(fig. 5)**, il faut commencer au milieu (1) de l'onglet, en alternant des deux côtés dans le sens de la flèche. Il faut ensuite achever le soudage en commençant par l'extérieur (2) et en finissant par l'intérieur (3). Ce n'est qu'une fois que le cadre a été assemblé que les barreaux intérieurs peuvent être soudés.

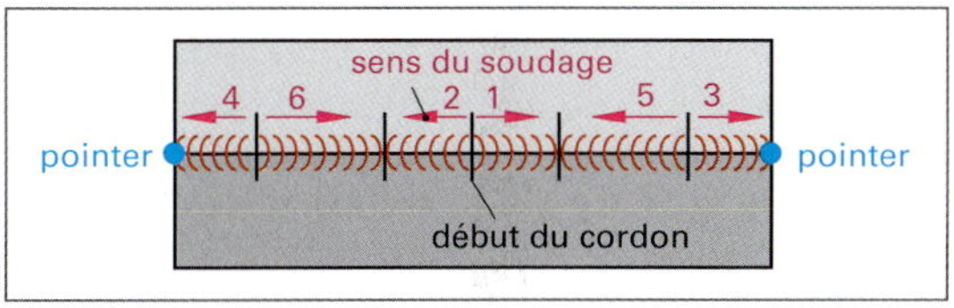

4 Ordre de soudage pour des cordons longs

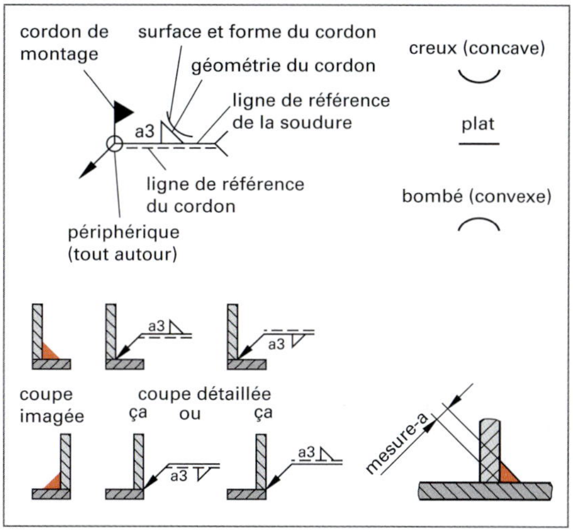

1 Symboles et signes selon DIN EN 22553

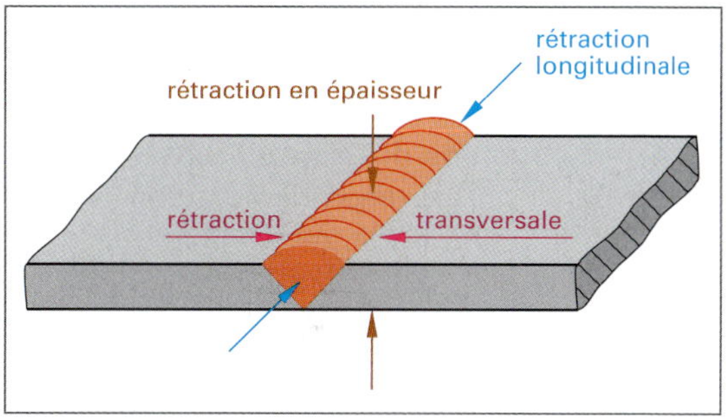

2 Sens de rétraction

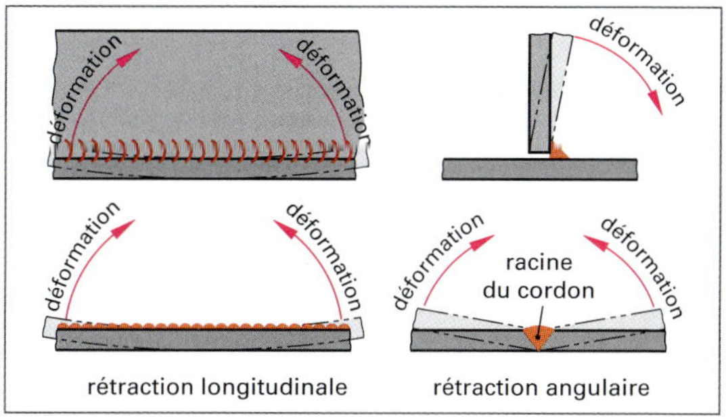

3 Déformation due à des cordons d'un seul côté (unilatéraux)

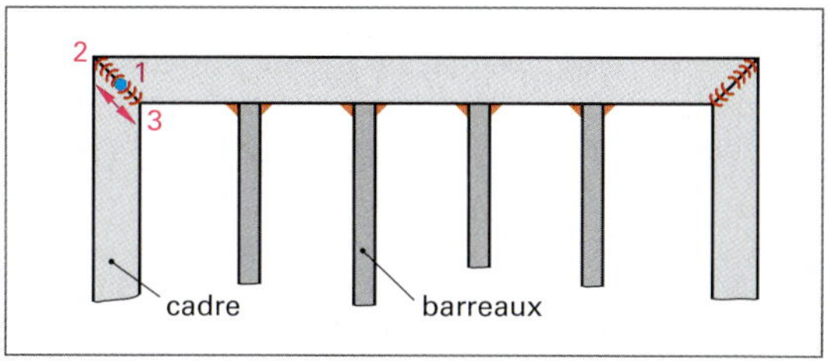

5 Ordre de soudage pour la fabrication d'un cadre de porte

Pour une liaison de jointure pour un profil I, il faut également souder selon un **plan de soudage** pour éviter la déformation. Il faut pour cela procéder conformément à l'ordre des numéros et au sens des flèches représentées en **figure 1**.

Si le soudage n'a lieu que d'un côté, p. ex. pour souder des tôles de support **(fig. 2)**, il en résulte une déformation sur le côté opposé qui ne peut en règle générale être compensé que par un dressage à la flamme.

A respecter lors du soudage :

- Souder par étape en alternance.
- Contrôler la déformation après soudage.
- Remédier à la déformation par dressage à la flamme.
- Les tensions de rétraction dans la pièce sont éliminées par un recuit.

5.3.4 Elaboration des liaisons soudées

La qualité de la réalisation d'un cordon de soudure peut être influencée par l'élaboration correspondante. Il faut notamment veiller à l'effet de la chaleur, pouvant entraîner des tensions thermiques allant jusqu'à la formation de fissures. Une évolution défavorable des forces due à la sollicitation mécanique peut former des tensions d'entailles qui ont pour effet un risque accru de provoquer des fissures.

La **ligne des forces**, en raison des sollicitations, doit être la plus rectiligne possible. Une modification abrupte de la ligne des forces entraîne une densification des tensions **(fig. 3)**. Des cordons I avec jointure obtuse conviennent particulièrement pour éviter cela. En cas de sollicitations, les cordons d'angle provoquent une densification des lignes des forces et ont pour effet une tension d'encoche.

Les **goussets de renfort** d'une poutre en T ne doivent pas être soudés jusqu'au rayon interne de la poutre. C'est pourquoi les coins des renforts sont coupés. Si la contrainte est élevée, une découpe circulaire est plus adéquate car elle diminue l'effet d'encoche **(fig. 4)**.

Sur une **jointure en T (fig. 5)**, il est judicieux de réaliser les cordons d'angle nécessaires de chaque côté. Pour éviter les encoches de pénétration, il faut préférer le cordon d'angle creux au cordon d'angle bombé.

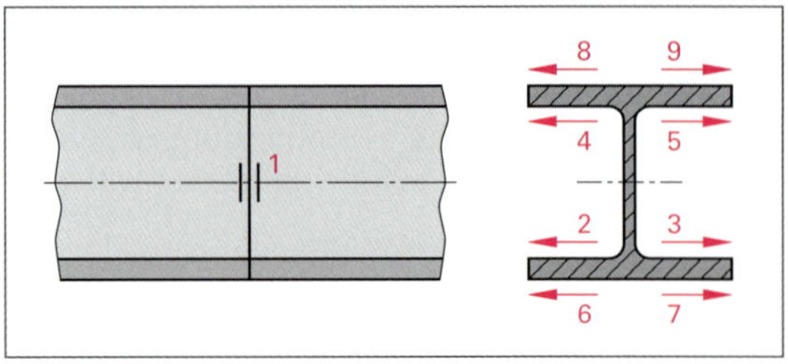

1 Ordre de soudage pour la liaison d'un profil I

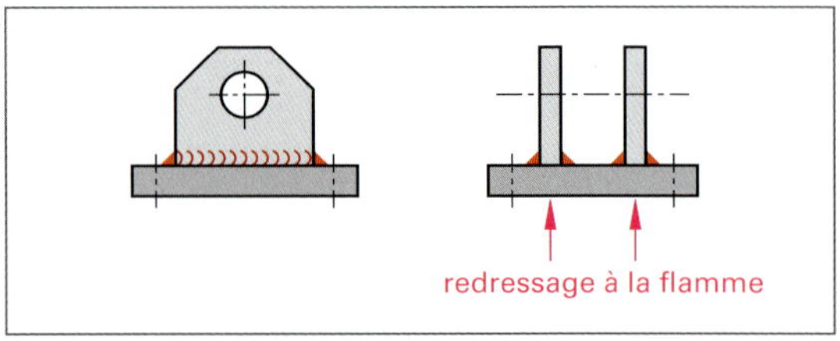

2 Sabot d'appui soudé

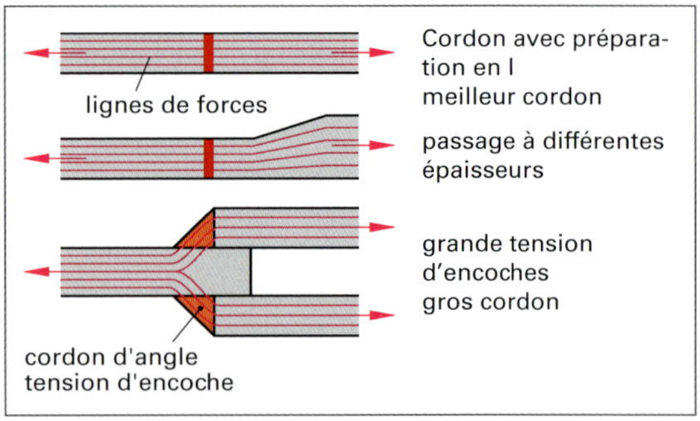

3 Lignes des forces

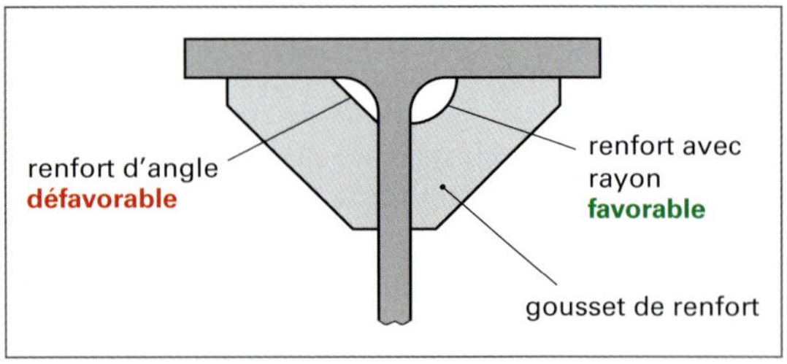

4 Renforts

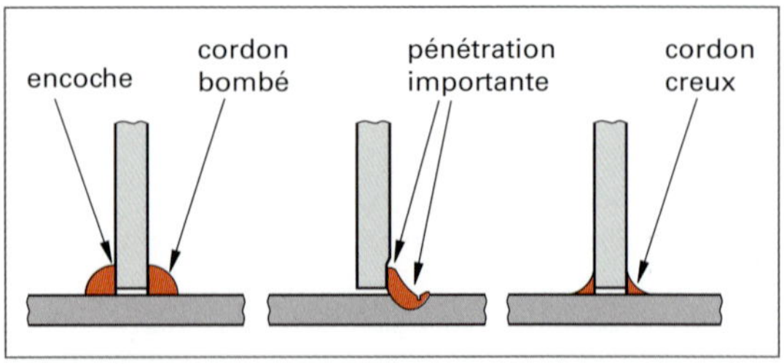

5 Jointure en T

Les cordons de soudure doivent toujours se trouver dans les zones moins sollicitées. Ils sont ainsi plus sûrs, en partie plus faciles à réaliser et moins coûteux **(fig. 1)**.

Les grands cordons et empilements de cordons ont pour effet un fort échauffement qui entraîne des tensions élevées dans la pièce. Ceci peut être amélioré grâce à un meilleur positionnement des jointures **(fig. 2)**.

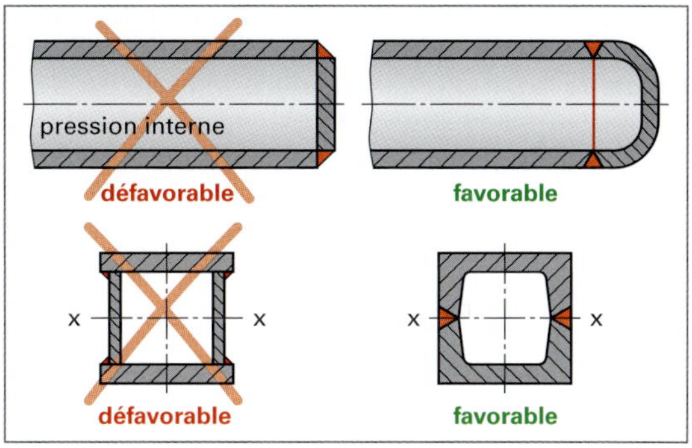

2 Pose des cordons de soudure dans des zones faiblement sollicitées

Contrôlez vos connaissances

1 Quelle position du cordon de soudure doit être préférée ?
2 Comment sont représentés les cordons de soudure sur un dessin technique ?
3 Pourquoi des tensions surviennent-elles dans la matière pendant le soudage ?
4 Attribuez les taches de soudage sélectionnées aux formes de cordons de soudure appropriés.
5 Pourquoi un seul cordon est-il défavorable dans une liaison soudée ?
6 Quelles possibilités différentes existe-t-il pour éviter une déformation de la pièce pendant le soudage ?
7 Quelle possibilité y a-t-il pour éviter les tensions dans la pièce ?
8 Comment la déformation d'une pièce peut-elle être corrigée par le soudage ?

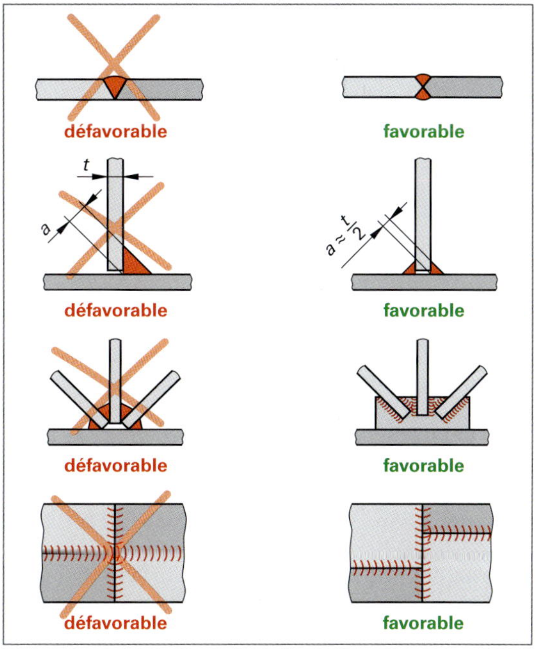

2 Positionnement des cordons

5.4 Soudabilité des métaux

Le comportement d'un matériau pendant le soudage est influencé par de nombreux facteurs. Outre le procédé de soudage, la soudabilité est largement determinee par les propriétés chimiques et physiques du matériau.

Choix du matériau

Le matériau est fondu et liquéfié dans la zone de soudage. A l'état liquide, des gaz se forment qui provoquent à leur tour des bulles. Ceci a pour conséquence que des pores et ségrégations se forment lors de la transition entre l'état liquide et solide. Pour éviter cela on ajoute aux aciers convenant au soudage du silicium, du manganèse et de l'aluminium qui lient les gaz, ce qui permet à l'acier de durcir en douceur. S235J2 est par exemple un tel acier.

Les aciers stabilisés conviennent mieux au soudage que les aciers coulés non stabilisés.

Influence du carbone

La teneur en carbone de l'acier détermine en grande partie les propriétés telles que la dureté, la résistance et l'aptitude à la dilatation. Lors du soudage d'aciers, de la martensite se produit en raison d'un refroidissement rapide.

A froid, la martensite accroît la dureté de l'acier. Les tensions dues à la dilatation thermique ne peuvent plus être compensées et des fissures peuvent ainsi se former dans la matière. C'est la raison pour laquelle il faut éviter une évacuation de chaleur rapide après le soudage si la teneur en carbone est élevée. Pour les grandes pièces comportant des cordons de soudure importants il se produit aussi une modification de la structure interne à proximité de la soudure lors de l'évacuation de la chaleur.

La zone d'influence thermique peut refroidir différemment en fonction de l'épaisseur de la pièce, de la quantité de chaleur apportée et de la chute de température. Pour éviter la vitesse de refroidissement critique, celle-ci peut être réduite par préchauffage en fonction de la teneur en carbone. Pour l'acier ayant une teneur en carbone jusqu'à 0,2 %, seule une faible formation de martensite est possible, laquelle n'influence pas la soudabilité.

L'aptitude au soudage diminue quand la teneur en carbone augmente. Les aciers ayant une teneur en carbone supérieure à 0,2 % doivent être préchauffés avant le soudage.

Soudage d'acier de construction à granulation fine

Pour utiliser les propriétés avantageuses d'aciers de construction à granulation fine modernes et hautement résistants **(p. 452)**, il est impératif que leur liaison soudée présente les mêmes propriétés mécaniques que celle de la matière de base. Un concept adéquat de durée de refroidissement permet aujourd'hui d'obtenir de façon ciblée des propriétés mécaniques définies. Même l'apparition de fissures à froid (risque de fissuration à froid) peut être exclu lors du soudage d'aciers hautement résistants, grâce à un préchauffage adéquat et au respect de la température de stockage intermédiaire. Le risque de formation de fissures transversales dues aux additifs de soudage contenant de l'hydrogène peut être évité grâce à une chauffe de retrait immédiatement après le soudage. Pour cela, l'élément est maintenu chaud pendant au moins 4 heures à environ 250 °C - 300 °C.

Soudage de la fonte et de l'acier coulé

L'état des connaissances et les expériences pratiques dans le soudage de matériaux en fonte **(p. 458)** ont considérablement augmenté au cours de la dernière décennie. Le soudage de matériaux en fonte correspond à l'état de la technique. Avec les technologies du **soudage à froid**[1] et du **soudage à chaud**[2], des techniques qui donnent une bonne qualité de soudage sont disponibles pour de nombreuses applications dans lesquelles des soudages par fusion sont réalisés.

Le soudage de l'acier coulé non allié est réalisé comme pour les aciers de construction, en raison de la composition chimique comparable. Il n'y a toutefois pas d'adéquation sans restriction des sortes d'acier aux différents processus de soudage, car le comportement d'un acier pendant et après le soudage ne dépend pas uniquement de la matière, mais aussi des dimensions et de la forme, ainsi que des conditions de fabrication et d'exploitation de l'élément.

Soudage de l'aluminium

Le comportement de l'aluminium pur **(p. 470 ss)** lors du soudage est déterminé par son point de fusion bas (658 °C), son affinité élevée avec l'oxygène (formation d'oxyde) et sa bonne conductibilité thermique. Des tensions de rétraction élevées surviennent en raison de la forte dilatation thermique.

Les alliages d'aluminium **(p. 470)** sont repartis entre les **alliages non trempant et trempant**. Une décohésion dans la zone d'influence thermique survient pour les deux groupes d'alliages en raison de l'apport en chaleur lors du soudage. Les éléments en alliages d'aluminium trempant peuvent, si la taille de l'élément le permet, être soumis à un nouveau processus de durcissement après le soudage afin de rétablir les valeurs de résistance initiales.

Le soudage sous gaz de protection avec gaz inerte est appliqué pour l'aluminium.

[1] Soudage à froid : Soudage avec une matière à souder d'un autre type, les éléments sont préchauffés à 100–150 °C.

[2] Soudage à chaud : Soudage avec une matière à souder du même type, les éléments sont préchauffés à 500-700 °C.

Malgré une température de fusion basse de 658 °C, il faut beaucoup de chaleur pour souder l'aluminium en raison de sa conductibilité thermique élevée.

La couche d'oxyde pouvant entraîner des défauts de liaison réserve des difficultés particulières avec son point de fusion élevé de 2050 °C. Il est possible de détruire la couche d'oxyde en utilisant du courant alternatif.

Pour les sections de matière plus importantes, on utilise de l'hélium pur à la place de l'argon ou du mélange argon - hélium en tant que gaz de protection, afin d'augmenter l'apport en énergie.

1 Construction en aluminium

La masse fondue d'aluminium absorbe volontiers les gaz présents et spécialement l'hydrogène de l'environnement. Ceci entraîne la formation de pores lors du cordon de soudure. L'absorption d'hydrogène est avant tout remarquée lors du soudage MIG. C'est lors du soudage TIG qu'il y a le moins de formation de pores. Les raisons à cela résident dans le processus de fabrication du métal d'apport.

Lors du soudage de l'aluminium, il faut noter qu'une formation d'ozone (O_3) accrue peut survenir, à laquelle il faut remédier à l'aide d'un dispositif d'aspiration correspondant.

Soudage du cuivre

Cuivre pur

Pour le soudage du cuivre pur, seuls les types exempts d'oxygène conviennent car ceux contenant de l'oxygène ont une tendance à casser (fragilisation) et à la formation de fissures (maladie de l'hydrogène). Le cuivre pur a un point de fusion et aucune zone de fusion. La liquéfaction ou le durcissement soudains qui en résultent réservent des problèmes artisanaux avec un fléchissement de la racine et des défauts de liaison. Les additifs de soudage utilisés sont de ce fait légèrement alliés afin de conserver une plage de durcissement.

Outre une bonne conductibilité électrique, le cuivre a aussi une conductibilité thermique très élevée. L'apport en énergie plus élevé nécessaire à cet effet peut être obtenu grâce à une augmentation du courant de soudage, à une pointe de chalumeau plus grande ou par préchauffage si les parois sont plus épaisses. Il peut aussi y avoir un apport en énergie plus élevé lors du soudage sous gaz de protection (MIG/TIG) grâce à une proportion en hélium comprise entre 30 % et 70 % (arc intensif).

Le soudage TIG, MIG, le soudage au plasma, le soudage gazeux par fusion (uniquement sur les chantiers), le soudage par résistance, le soudage au laser et le soudage par faisceau d'électrons conviennent fondamentalement au soudage du cuivre pur.

Alliages de cuivre

Les alliages de cuivre - aluminium (bronzes d'aluminium) et les alliages de cuivre -nickel (bronzes de cuivre - nickel) sont des alliages aux applications très diverses. Les deux groupes d'alliage conviennent très bien au soudage et peuvent être soudés sans préchauffage par MIG/TIG ou soudage à l'arc manuel.

Les alliages de cuivre - étain **(p. 475)** (bronzes d'étain) en guise d'alliages de moulage peuvent être soudés sans problèmes par soudage MIG/TIG mais aussi par soudage à l'arc manuel.

Les alliages de cuivre - zinc (laiton) ne peuvent la plupart du temps pas être soudés ou uniquement sous conditions. Une évaporation du zinc survient à 900 °C. Ceci a pour conséquence que le bain de fusion est difficilement observable. Pour éviter une intoxication au zinc, les vapeurs de zinc doivent absolument être aspirées à l'aide des dispositifs adéquats. Les alliages de cuivre - zinc peuvent être soudés par soudage MIG ou par soudage gazeux par fusion.

Soudage de matériaux en acier

Acier de construction

Les aciers de construction alliés **(p. 448)** conviennent sans restriction au soudage jusqu'à une teneur en carbone de 0,2 %, p. ex. les aciers de construction S235JO.

La résistance de leurs cordons de soudure correspond approximativement à la résistance de la matière de base. Des aciers moins appropriés tels que le S185 donnent des cordons de soudure ayant une résistance moindre. Les aciers ayant une teneur en carbone supérieure à 0,2 % ne peuvent être soudés qu'en appliquant des mesures particulières.

Les procédés de soudage appropriés sont le soudage à l'arc manuel, les procédés de soudage sous gaz de protection tels que le soudage gazeux par fusion MIG/MAG (importance moindre).

1 Structure soudée en acier de construction

Aciers chrome – nickel

La désignation « acier inoxydable » est un terme général pour les aciers ayant une forte teneur en chrome et en nickel. Les aciers chrome - nickel sont répartis en trois groupes selon le type de structure.

Les **aciers ferritiques** conviennent au soudage. Pour cela, il faut préchauffer à partir d'une épaisseur de 3 mm. Pendant le soudage, l'apport en chaleur doit être maintenu le plus bas possible. Un recuit doit fondamentalement être réalisé après le soudage.

Les **aciers austénitiques** peuvent être soudés sans problèmes par TIG/MIG avec des bords de soudage propres. Ces aciers ne sont pas magnétiques et se distinguent donc facilement des autres aciers. Le risque de durcissement et d'apparition de tensions est faible.

2 Structure soudée en acier inoxydable

Les **aciers martensitiques** ne peuvent être soudés que de façon très restreinte en raison du matériau fortement durci et cassant.

Traitement thermique après le soudage.

Pendant le soudage, des tensions surviennent dans la matière en raison de diverses dilatations thermiques. Un refroidissement rapide après le soudage peut entraîner un durcissement et des tensions internes. Un recuit peut s'avérer nécessaire pour éviter ou restreindre cela. La température dépend alors de la taille de la pièce. Un traitement thermique peut durer plusieurs heures.

Contrôlez vos connaissances

1 Quelle influence le carbone de l'acier a-t-il pendant le soudage ?

2 Lors du soudage de l'acier de construction à grains fins, comment peut-on obtenir dans le cordon de soudure les mêmes propriétés mécaniques souhaitées que pour la matière de base ?

3 Quel procédé est utilisé pour souder le fer de fonte ?

4 Quelle propriété mécanique diminue dans la zone d'influence thermique lors du soudage d'alliages d'aluminium ?

5 Quelles sortes de cuivre ne conviennent pas au soudage ?

6 Expliquez quels aciers au chrome - nickel peuvent être soudés sans problème !

5.5 Soudage du plastique

En construction métallique, il arrive que des matériaux synthétiques doivent être soudés. Seuls les thermoplastiques sont soudables. Le soudage a lieu à une température située entre 120 °C et 250 °C, cette température varie selon le type de thermoplastique. Les surfaces à lier doivent être chauffées jusqu'à un état pâteux pour permettre une liaison soudée.

Les thermoplastiques sont soudés par pression à l'état pâteux.

Les différents procédés de soudage de plastiques se différencient par le type d'apport en chaleur.

Soudage a l'air chaud

Ce procédé consiste à chauffer les surfaces à assembler et le matériau d'apport avec de l'air chaud. L'air provenant du pistolet à air chaud (föhn) peut être chauffé par un bruleur à gaz ou par une résistance électrique **(fig. 2)**.

Le soudage des thermoplastiques à lieu à l'état pâteux. Durant le soudage, la baguette d'apport est positionnée à la verticale et pressée sur le joint à souder **(fig. 3)**.

La soudure est réussie lorsque le fait de presser la baguette d'apport dans le joint fait apparaître un bourrelet **(fig. 1)**.

Les liaisons soudées les plus courantes sont les joints en I, en V, en X, en U et les soudures d'angle. Pour les matières plastique, la déformation résultant de l'apport thermique est négligeable en comparaison à la déformation que subit l'acier. En règle générale, elle n'est pas prise en considération. Les différents procédés de soudage de plastiques se différencient par le type d'apport en chaleur.

Soudage par élément chauffant (soudage par miroir chauffant)

Le corps de chauffe transmet la chaleur aux éléments à souder et est adapté aux différentes formes des pièces afin de garantir leur liaison. L'élément chauffant est placé entre les deux parties à souder. Les bords des pièces à assembler sont amenés jusqu'à l'état pâteux, le corps de chauffe est alors retiré et les surfaces chauffées sont pressées l'une contre l'autre et se soudent **(fig. 4)**. Ce procédé permet essentiellement les liaisons bout à bout et les liaisons par recouvrement.

Soudage par friction

Les surfaces en contact sont frottées l'une contre l'autre jusqu'à ce qu'elles atteignent l'état pâteux. Ce procédé de soudage empêche toute oxydation, car l'air ne peut pas s'infiltrer dans la zone de soudage. Les impuretés et les bulles d'air sont pressés hors de la zone de soudage sous l'effet du refoulement de la matière plastique. Elles se retrouvent concentrées dans le bourrelet externe formé par la soudure **(fig. 5)**. Ce procédé permet de souder ensemble des plastiques de nature différente.

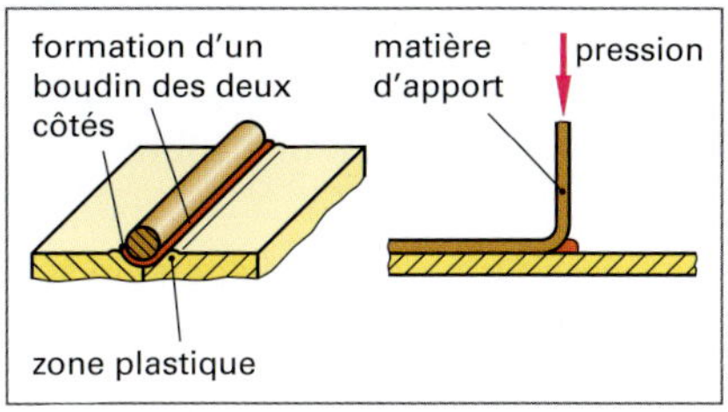

1 Formation du boudin pendant le soudage

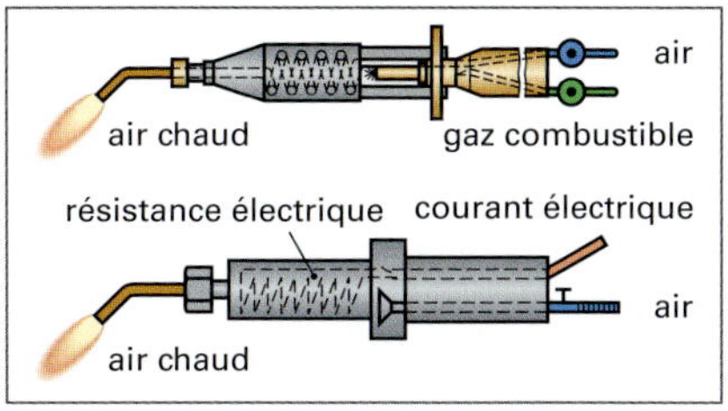

2 Appareil de soudage à l'air chaud

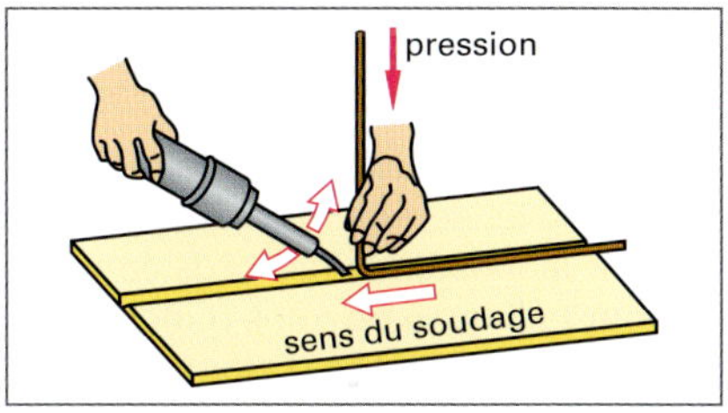

3 Soudage à l'air chaud

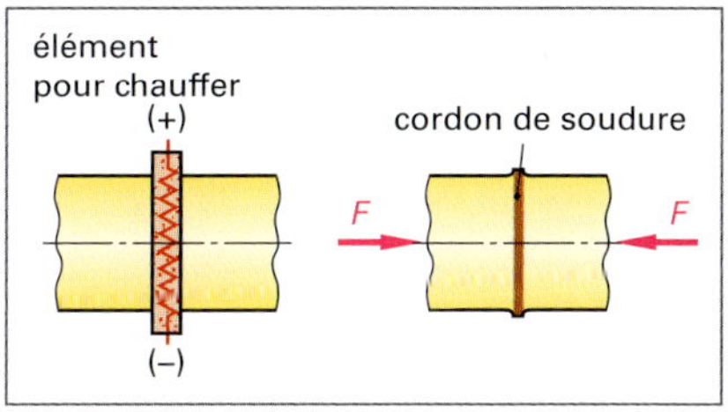

4 Soudage par éléments chauffants

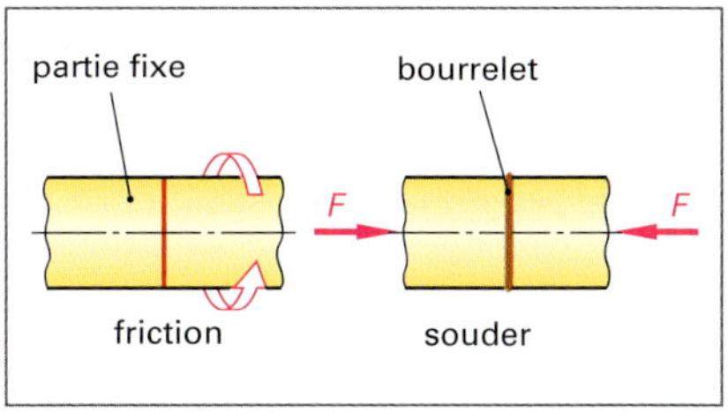

5 Soudage par friction

Contrôlez vos connaissances

1 Quels types de matières plastiques sont soudables ?
2 Lors du soudage à l'air chaud, comment la zone de chauffage est-elle chauffée ?
3 À combien s'élèvent les températures lors du soudage de matière plastique ?
4 Dans le cas du soudage par élément chauffant, où ce dernier est-il placé ?

5.6 Brasage

Le brasage est un procédé d'assemblage par liaison moléculaire qui permet d'assembler des métaux différents à l'aide d'une source de chaleur et d'un métal d'apport amené en fusion sans fusion des pièces à assembler.

Au même titre que le collage et le soudage, ce procédé fait partie des assemblages non démontables. Les liaisons brasées sont nettement plus résistantes que les liaisons collées. La montée en température lors de l'échauffement de la matière est moins importante que pour le soudage, les métaux à assembler ne fusionnent pas, seul le métal d'apport est amené à fusion, il pénètre dans les pores des pièces à assembler et crée un alliage de surface.

Avantages du procédé d'assemblage par brasage

- les assemblages brasés sont solides et étanches;
- il conserve les propriétés de conduction thermique et électrique;
- assemblage fiable de pièces minces avec des pièces épaisses sans déformation de la pièce mince;
- pas de déformations indésirables des pièces à assembler;
- possibilité d'assembler de nombreux métaux différents;
- aucune tension thermique due à l'assemblage;

Inconvénients du procédé d'assemblage par brasage

- faible résistance des liaisons par brasage tendre, de 50 N/mm^2 (MPa) à 100 N/mm^2 (MPa) ;
- la préparation du joint d'assemblage nécessite un travail précis ;
- l'investissement en temps pour le nettoyage des pièces est assez important, les surfaces à braser doivent être absolument propres, blanchies à la lime ou à la meule;
- les inclusions et les restes de décapant peuvent entraîner une corrosion chimique ;
- un risque de corrosion électrochimique due à un assemblage de métaux différents n'est pas exclu.

Domaines d'application de la technique de brasage

- pour la liaison de métaux différents ;
- pour la liaison de raccords conducteurs ;
- pour la liaison de tôles minces avec des pièces épaisses ;
- pour l'assemblage d'éléments étanches ;
- pour des éléments ne devant subir aucune tension.

5.6.1 Processus de brasage

Les pièces à assembler sont amenées à la température de brasage. Le métal d'apport est déposé à la surface des éléments à assembler, se liquéfie et pénètre dans les pores de la matière en formant un alliage de surface avec le matériau de base **(fig. 1)**.

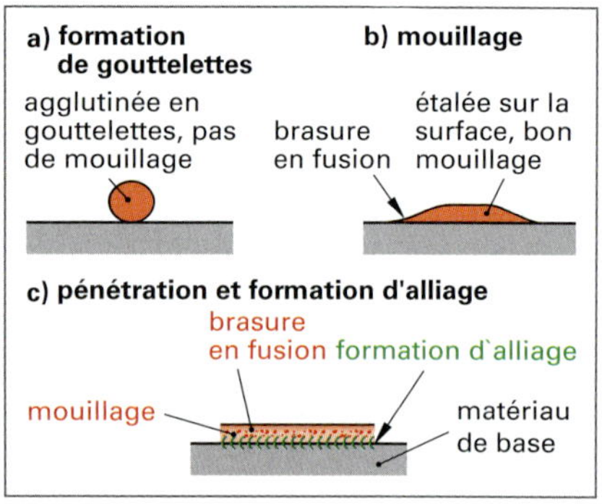

1 Processus de brasage

Le processus de brasage se décompose en plusieurs étapes. La préparation des pièces à assembler est primordiale, il est nécessaire d'effectuer un nettoyage mécanique des faces à lier (blanchir). Un décapant appelé également flux est déposé aux endroits à braser, il empêche la formation d'oxyde sur les pièces blanchis.

Les pièces sont amenées à température de brasage et le métal d'apport est déposé. Ce dernier se liquéfie et se répand à la surface de la pièce, c'est la phase de mouillage. L'étape suivante est l'écoulement, la brasure liquide repousse le flux hors de l'interstice de brasure et le remplit par capillarité.

Finalement la brasure lie les surfaces en contact en pénétrant dans les pores de la matière, formant ainsi un alliage avec le métal de base. La distance entre les deux surfaces à assembler influence la résistance de la brasure. Pour obtenir une liaison de qualité, la fente de brasage devrait se situer entre 0,1 mm et 0,2 mm de largeur et ne devrait pas excéder 15 mm de profondeur.

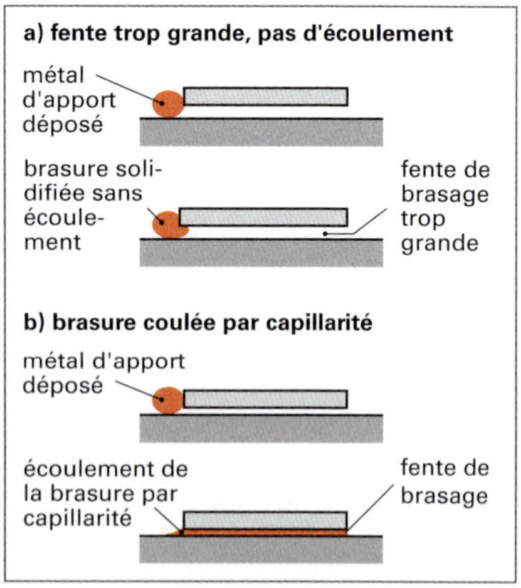

2 Influence de la largeur de la fente sur l'écoulement de métal d'apport

Les bonnes dimensions de la fente de brasage sont décisives pour la qualité de la liaison.

Technique de brasage

Pour les liaisons par brasage, les joints d'assemblage peuvent être similaires à ceux utilisés pour les liaisons par soudage (page 96). La résistance d'un cordon de brasage est plus faible que celle d'un cordon de soudure, c'est pourquoi on favorisera par un recouvrement ou une pénétration l'assemblage par brasage des pièces en tôle ou en tubes **(fig. 1)**.
La dilatation thermique pendant le processus de brasage est un facteur à ne pas négliger. Le métal d'apport est en principe ajouté une fois la température de brasage atteinte, il peut également être positionné avant sous forme de pièce façonnée, par exemple un anneau de fil de brasage pour les raccords de tubes.

> La solidification du métal d'apport doit avoir lieu sans ébullition.

En respectant scrupuleusement le processus, on obtiendra une liaison sans fissures ni tensions. Après le brasage, on supprimera les restes de décapant afin d'éviter une corrosion chimique ultérieure. Si le brasage est soigné, aucune autre finition n'est généralement nécessaire.

5.6.2 Procédés de brasage

Les procédés de brasage sont classés en fonction de :

- **la température de fusion des métaux d'apport**
  brasage tendre avec une température de travail inférieure à 450 °C,
  brasage fort avec une température de travail supérieure à 450 °C,
  brasage à haute température et soudobrasage avec une température de travail supérieure à 900 °C ;
- la **méthode de travail**, selon le procédé de brasage choisi, varie en fonction de la technique d'apport en chaleur.

Brasage au fer à braser

Les pièces sont chauffées sur le point de brasage par un fer à braser. Le brasage au fer convient uniquement au brasage tendre. Le fer à braser est chauffé électriquement ou au gaz. Les fers à braser à réglage de température s'avèrent utiles en cas de longues interruptions de travail ou pour le brasage d'éléments sensibles à la chaleur. La pointe du fer à braser est en cuivre ou en alliage de cuivre. **(fig. 2, 3 et 4)**.

La pointe chauffée du fer à braser doit être nettoyée avant le début du travail (frotter sur un bloc de sel d'ammoniaque) et étamée par le métal d'apport. Les pièces à assembler et le métal d'apport sont chauffés avec le fer à braser jusqu'à ce que le métal d'apport commence à fondre.

Brasage à la flamme

Dans le brasage à la flamme, la chaleur est apportée avec un brûleur à gaz. On peut utiliser un chalumeau ou une lampe à souder spéciale. Le brasage à la flamme est utilisé pour le brasage tendre et le brasage fort **(fig. 5)**.

Brasage par résistance

Ce procédé est avant tout appliqué dans la fabrication d'éléments industriels. On utilise l'énergie électrique pour produire la chaleur. Il faut pour cela une basse tension et une forte intensité de courant, tout comme pour le soudage par résistance électrique. Les pièces à assembler et le métal d'apport situé entre elles sont chauffés par le courant électrique qui circule entre les deux électrodes **(fig. 6)**.

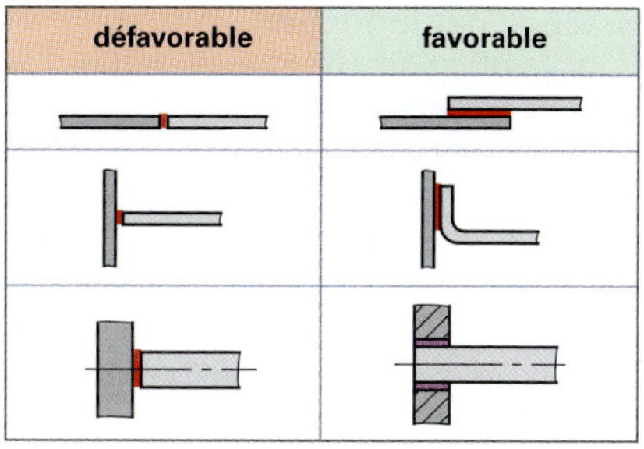

1 Conceptions adaptées au brasage

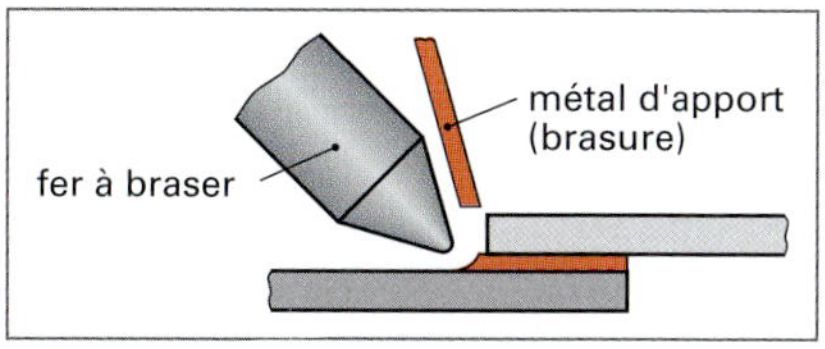

2 Brasage au fer

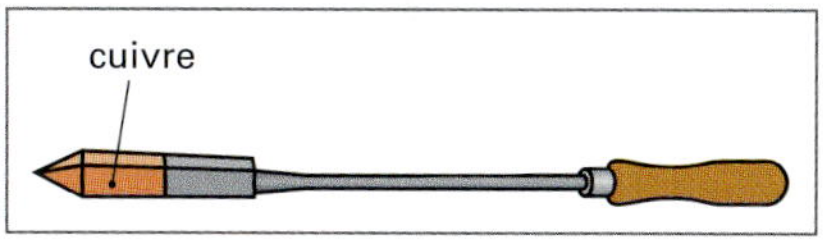

3 Fer à braser manuel pour brasage tendre

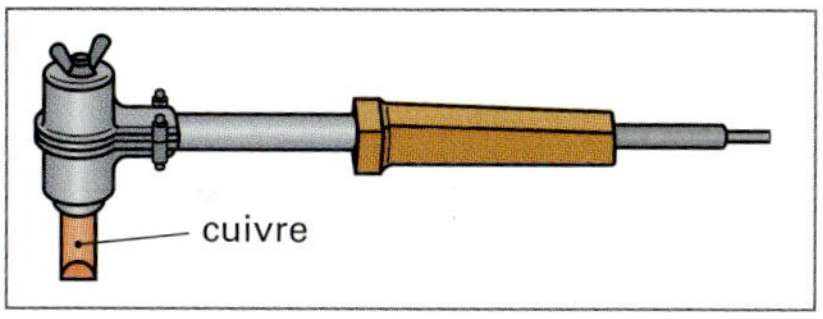

4 Fer à braser manuel chauffé électriquement pour brasage tendre

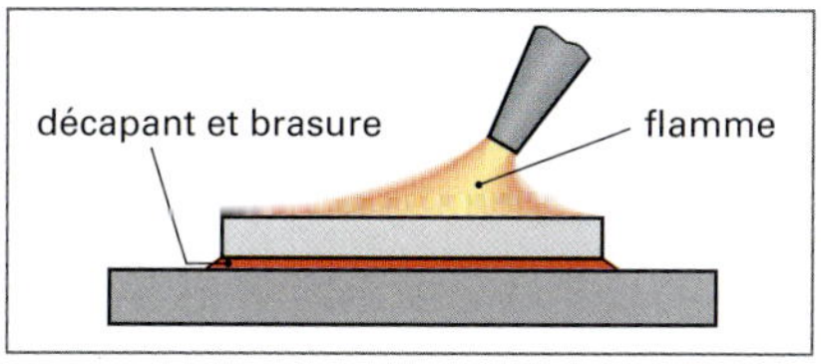

5 Brasage à la flamme pour brasage fort

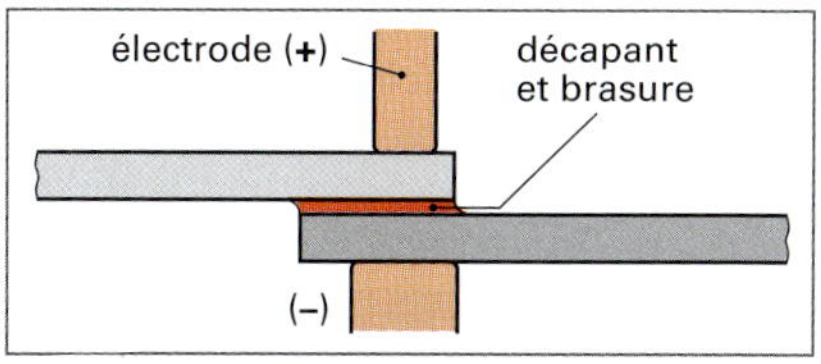

6 Brasage par résistance

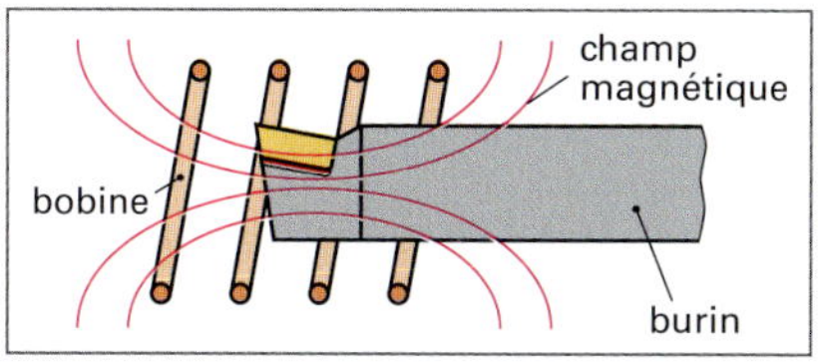

7 Brasage par induction

Brasage par induction

Pour le brasage par induction **(fig. 7 page 105)**, le joint de brasage est chauffé par du courant alternatif. Les éléments à braser sont pour cela insérés dans un bobinage électrique, à travers lequel circule un courant alternatif. Le joint de brasage est ainsi chauffé rapidement à la température travail nécessaire.

Brasage au four

Les pièces sont chauffées dans un four jusqu'à la température de brasage **(fig. 1)**. Il est aussi possible de braser sans décapant si on utilise un gaz de protection adapté. Pour les grandes séries avec de petites pièces, un tapis de transport les achemine régulièrement dans le four afin d'atteindre la température de brasage.

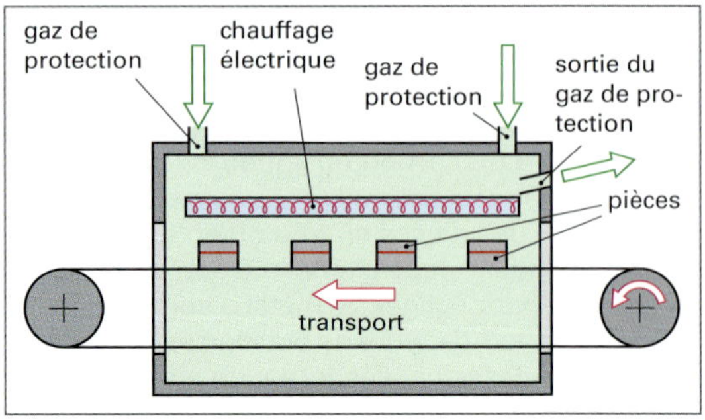

1 Brasage au four

Brasage submergé

Pour le brasage submergé, les pièces sont chauffées dans un bain de métal d'apport liquide, si bien que ce métal rempli la fente de brasage. Ce procédé est surtout utilisé pour de grandes séries de petites pièces.

5.6.3 Métaux d'apport (brasure)

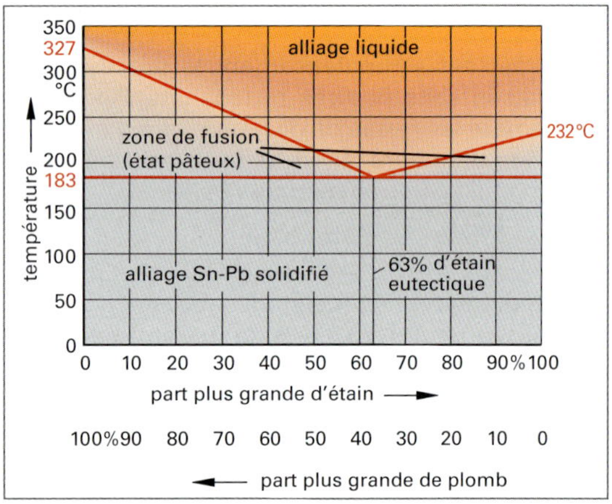

2 Brasure tendre, diagramme d'équilibre étain-plomb

On utilise comme métaux d'apport des alliages, rarement des métaux purs, leur point de fusion est inférieur à celui des métaux à assembler. Ces métaux d'apports sont commercialisés sous forme de blocs, bandes, feuilles, tiges, fils, fils enrobés, fils fourrés, pièces moulés ou sous forme de poudre ou de pâtes. Les métaux d'apport sont classés en métaux d'apport tendres pour une température de travail inférieure à 450 °C, en métaux d'apport durs pour une température de travail supérieure à 450 °C et en métaux d'apport à haute température pour une température de travail supérieure à 900 °C. Les métaux de base pour les métaux d'apport sont l'étain, le cuivre, au laiton, l'aluminium et à l'argent.

Métaux d'apport pour brasure tendre

Les métaux d'apport pour le brasage tendre sont soit en étain (température de fusion 232 °C) soit en alliage étain-plomb (le point de fusion du plomb est de 327 °C). L'alliage étain-plomb avec une proportion de 63 % d'étain et 37 % de plomb fond à 183 °C. En revanche, les autres alliages n'ont pas de point de fusion mais un domaine de fusion **(fig. 2)**.

Les métaux d'apport tendres ayant une teneur en étain supérieure à 63 % sont la plupart du temps utilisés comme métal de revêtement sur le cuivre ou le laiton. Si la teneur en plomb est supérieure à celle de l'étain, ces métaux d'apport sont principalement utilisés pour des travaux de brasage sur des éléments en tôle acier. Pour des raisons sanitaires, aucun métal d'apport contenant du plomb ne doit être utilisé pour des conduites d'eau potable. Pour le brasage à des températures inférieures à 183 °C, on ajoute, à l'étain et au plomb, en tant qu'éléments d'alliage supplémentaires du bismuth, du cadmium et de l'indium, ce qui a pour effet d'abaisser la température de fusion en dessous de 183 °C.

Tableau 1 : Métaux d'apport pour le brasage tendre – Choix selon DIN EN ISO 9453

Groupe	Abréviation nouvelle Selon DIN 9453	Abréviation ancienne selon DIN 1707	Plage de fusion	Application
Alliage étain – plomb	S-Sn60Pb40	L-PbSn40	183 ... 235 °C	Construction de radiateurs, tôles fines et carrosserie
Alliage étain - plomb avec antimoine	S-Pb69Sn30Sb1	L-PbSn30Sb	185 ... 250 °C	Ferblanterie
Alliage étain – cuivre	S-Sn97Cu3	L-SnPbCu3	230 ... 250 °C	Installation en cuivre

Métaux d'apport pour le brasage fort

La base de la plupart des métaux d'apport pour le brasage fort est le cuivre, des métaux d'apport contenant du nickel, de l'argent et d'aluminium sont également disponibles pour des applications spéciales (exemples dans le **tableau 1** ci-dessous).

Les métaux d'apport pour le brasage fort sont composés de cuivre ou d'alliages de cuivre. La teneur en zinc, en étain ou en phosphore est déterminante pour la température de brasage comprise entre 845 °C et 1040 °C. Les métaux d'apport pour le brasage fort contenant du phosphore ne conviennent pas pour le brasage des métaux ferreux ainsi que pour le nickel.

Les métaux d'apport à base d'argent et de cuivre peuvent être alliés avec du zinc, de l'étain, du nickel, du manganèse, du cadmium et du phosphore. Les températures de travail se situent entre 800 °C et 860 °C. Les métaux d'apport pour le brasage fort contenant du phosphore ne sont en règle générale utilisés que pour le cuivre. Pour les métaux d'apport pour le brasage fort contenant du cadmium, les températures de travail élevées peuvent générées **des vapeurs toxiques dangereuses pour la santé**. Il faut alors veiller à une bonne aération de l'atelier et de la place de travail. Les métaux d'apport contenant de l'argent sont utilisés pour les liaisons brasées résistantes à la corrosion. Pour une teneur en argent supérieure à 60 %, ils servent à braser des produits en argent.

Les métaux d'apport à base de nickel sont adaptés pour le brasage à haute température de l'acier et de certains alliages. Leur plage d'application est située à une température de brasage entre 880 °C et 1135 °C.

Tableau 1 : Métaux d'apport pour le brasage fort – Choix selon DIN EN ISO 17672

Groupe	Abréviation ancienne selon DIN 1044	Abréviation nouvelle selon DIN 17672	Plage de fusion	Application
Brasure dur en cuivre	CU 104	Cu 141	1085 °C	Aciers
Brasure dur en argent	AG 205	AG 225	700...790 °C	Aciers, cuivre, nickel
Brasure dur en aluminium	AL 104	AL 112	575...585 °C	Aluminium

5.6.4 Décapants (Flux)

Le mouillage de la matière de base par le métal d'apport liquide nécessite une surface désoxydée. Pendant le processus de brasage, la zone de brasage doit être protégée de l'air ambiant pour éviter une nouvelle formation d'oxydes. Les décapants dissolvent les oxydes et empêchent une oxydation supplémentaire. Ils doivent en outre favoriser l'écoulement du métal d'apport liquide afin d'améliorer l'effet capillaire.

Le choix du décapant se fait en fonction du matériau de base à braser et du procédé de brasage, mais surtout selon la température de travail du métal d'apport utilisé. Après le brasage, les résidus de décapant doivent être enlevés de la zone de brasage, car autrement une corrosion peut se manifester

Consignes de sécurité lors de l'utilisation de décapants

L'utilisation de décapants nécessite des précautions car ce sont des produits chimiques agressifs. C'est pourquoi :

- Le décapant ne doit pas entrer en contact avec la peau.
- La place de travail doit-être suffisamment ventilée.

Contrôlez vos connaissances

1 Expliquez le terme brasage.
2 Quelle différence y a-t-il entre le brasage et le soudage ?
3 Quels sont les avantages du brasage ?
4 Comment le processus de brasages se déroule-t-il ?
5 Que signifient écoulement, diffusion et formation d'alliage ?
6 Comment les procédés de brasage sont-ils repartis en termes de températures de travail ?
7 Comment le brasage au fer à souder est-il appliqué ?
8 Quelles sont les fonctions du décapant dans le brasage ?
9 Quels décapants sont appliqués pour le brasage tendre et pour le brasage fort ?
10 Pourquoi les décapants doivent-ils être enlevés après le brasage ?
11 Quelle est l'influence de la fente de brasage sur la qualité de la liaison brasée ?
12 Quels sont les avantages des métaux d'apport à l'argent ?
13 Quels métaux sont utilisés pour les métaux d'apport ?

5.7 Collage (définition)

Le collage consiste à assembler des pièces de même nature ou de nature différente par adhésion de la colle sur les surfaces des pièces. La solidité de l'assemblage dépend des forces de cohésion de la couche de colle ainsi que des forces d'adhésion de la colle sur les surfaces des pièces. Les forces de cohésion de la couche de colle dépendent essentiellement de la colle utilisée. Les forces d'adhésion dépendent surtout du soin apporté au nettoyage et à la préparation des surfaces à coller. Il en résulte une liaison inamovible par pénétration de matière.

5.7.1 Le collage dans la construction métallique

Dans la construction métallique, le collage est utilisé pour pour de multiples applications:

- **Fixation** : Des pièces non métalliques sont souvent fixées sur des éléments en métal avec de la colle. Marches d'escalier en pierre sur des limons en acier, assemblage de panneaux isolants de porte, goujons à scellement chimique dans le béton, noyaux en mousse isolante dans des panneaux sandwich, paliers PTFE sur des plaques de support de poutres et garnitures métalliques sur des portes en verre **(fig. 1)**.

  Le collage de pièces métalliques entre elles a aussi son importance : roulements à billes, goujons et vis ainsi que d'autres petites pièces sont fixées par collage. Même un élément de grande surface, tel qu'une tôle profilée trapézoïdale de porte de garage, est collée par une couche en polyuréthane élastique avec une épaisseur donnée.
- **Sécurisation** : Les vis et les écrous peuvent être sécurisés rapidement et à moindre coût contre tout desserrage involontaire avec les colles appropriées. En cas de besoin, ils peuvent toutefois être desserrés avec un outillage conventionnel. Ceci permet un ajustement après le montage, sans incidence sur la résistance aux vibrations. Il existe aussi des colles spéciales très liquides permettant de sécuriser des liaisons vissées a posteriori car la colle est aspirée dans le filetage par effet capillaire.
- **Etanchéifier** : Les assemblages d'angle de fenêtres en aluminium, les couvercles de boîtiers étanches et les raccords hydrauliques et pneumatiques peuvent être sécurisés et étanchéifiés avec de la colle. Dans la construction de façades, les joints de dilatation et raccords d'éléments sont comblés avec des masses d'étanchéité à élasticité permanente, les bandes d'étanchéité sont collées avec des pâtes d'étanchéité **(fig. 3)**.

5.7.2 Mode d'action des colles

Les colles lient les pièces à assembler les unes ou autres par le joint de collage **(fig. 4)**.

Elles sont composées de matières synthétiques et dans leur structure intérieure de macromolécules entrelacées (pages 490 et 491). La résistance de la liaison collée dépend de la **force d'adhésion** de la colle sur les surfaces d'assemblage et de la **force de cohésion** à l'intérieur de la colle **(fig. 4)**.

La colle est appliquée à l'état liquide, pâteux ou solide. Les forces d'adhésion dépendent surtout du soin apporté au nettoyage et à la préparation des surfaces à coller. La colle devient solide et atteint une cohésion élevée par aération et solidification ou durcissement. La réaction chimique en fonction de laquelle le durcissement se déroule peut être une polyaddition, une polymérisation ou une polycondensation.

1 Collage de garnitures

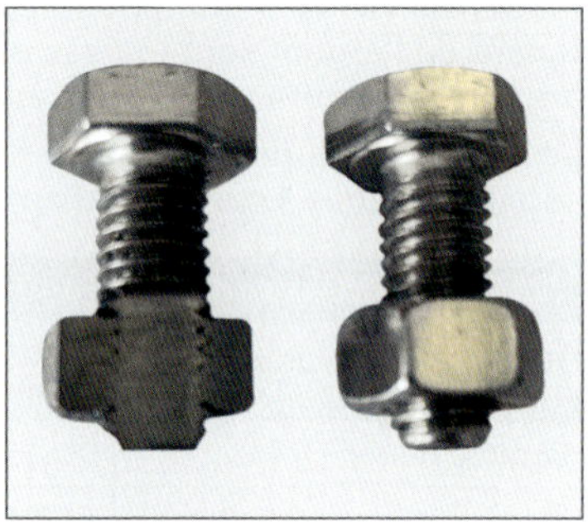

2 Ecrou sécurisé

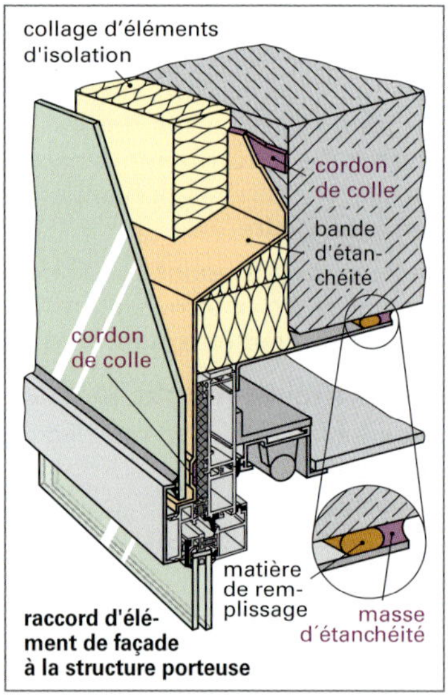

3 Etanchéifier des façades

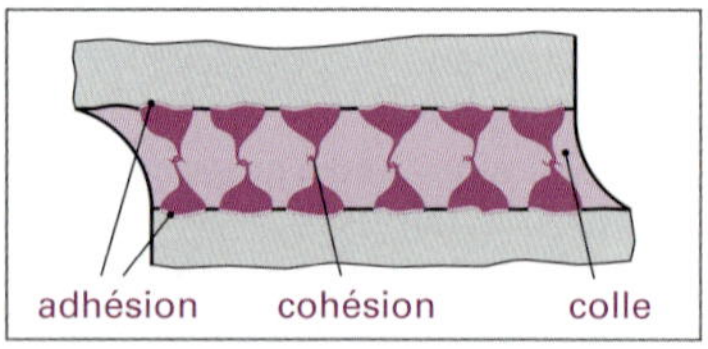

4 Forces agissant dans une liaison collée

5.7.3 Types de colles

Les matières utilisées dans l'élaboration des colles sont les thermoplastiques, les thermodurcissables (duroplastes) et les élastomères. Les réaction de solidification diffèrent selon que les colles soient sous formes de polymères ou de monomères.

Les **polymères** sont amenés à l'état liquide avant d'être appliqués (la plupart du temps avec un solvant) et doivent s'évaporer ou se solidifier dans le joint de colle. Comme il s'agit d'un processus physique, on les appelle **colles à prise physique**.

Les **monomères** doivent durcir dans le joint de colle par réaction chimique, on les appelle donc **colles de réaction**.

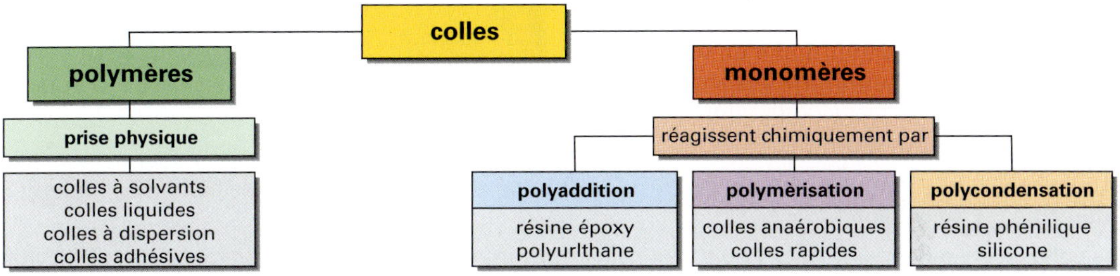

Colles à prise physique

Elles sont particulièrement aisées à travailler car elles comportent toutes un seul composant, ce qui signifie que l'on ne doit pas mélanger la colle. La colle non utilisée peut toujours être travaillée.

Les colles à solvants sont des polymères. Ces colles se présentent sous trois formes distinctes : **liquide, pâteuse, solide** (p. ex. caoutchouc butadiène, nitrocellulose, polyuréthane). Elles sont utilisées comme « colles universelles ». En tant que colles de contact, elles apparaissent sous forme de films de colle d'apparence sèche sur les pièces à assembler après évaporation. Une jonction et une forte pression permettent toutefois de produire une couche de colle relativement solide en peu de temps. Elles ont une faible résistance à la chaleur mais sont très élastiques et sont utilisées pour des collages surfaciques de matériaux d'isolation tels que les mousses dures en polyuréthane et pour les laines de verre et de roche dans les panneaux de portes.

Les colles liquides sont des polymères thermoplastiques ayant une faible résistance, destinées au collage de cartons. La colle est appliquée à l'état liquide avec un pistolet chauffé électriquement. Elle durcit immédiatement après solidification et est composée p. ex. de résines de polyamide ou de polyesters saturés. Les colles à dispersion, c'est-à-dire des gouttelettes de polymères mélangées dans de l'eau, font partie des colles à prise physique. Les colles auto-adhésives se trouvent sur les bandes adhésives et étiquettes.

Colles à réaction chimique

Elles se travaillent particulièrement aisément si elles sont mono composant, comme la **mousse de polyuréthane (PUR)** qui peut être vaporisée. Cette mousse dure permet de fermer de larges joints dans l'installation de portes et de fenêtres. Il existe aussi des **colles polyuréthane (PUR)** qui sont pâteuses et hautement visqueuses et qui sont appliquées depuis une cartouche. Elles réagissent chimiquement avec l'humidité de l'air et durcissent par polyaddition. Leur application nécessite une épaisseur de couches pouvant aller jusqu'à 4 mm **(fig. 1)**, elles peuvent compenser, coller et simultanément étanchéifier des tolérances de fabrication. Comme elles restent hautement élastiques, elles peuvent absorber des vibrations et dilatations thermiques ; certaines peuvent être peintes et sont inodores. Une fois le mélange des composants effectué la colle a une durée d'application déterminée **(durée de vie en pot)**.

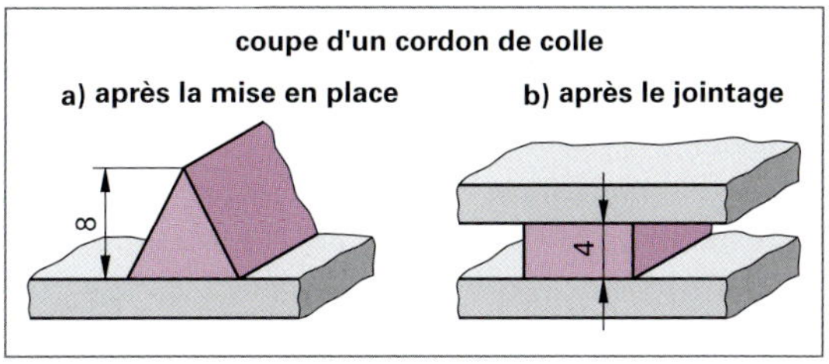

1 Cordon de colle pour PUR élastique

- **les colles à froid** ont une vitesse de prise de 4 mm/24 heures, leur résistance à la traction est d'environ 4 N/mm² pour un allongement à la rupture supérieur à 300 %.
- **Les colles à chaud** sont travaillées a 120 °C, durcissent en 7 minutes et ont une résistance à la traction de 10 N/mm² pour un allongement à la rupture de 250 %.

Les deux types de colles PUR sont utilisées pour l'assemblage de divers matériaux entre eux, comme les métaux, les matières synthétiques, le bois, les panneaux sandwich en tôle profilée acier et aluminium **(fig. 1)**. Si des colles sont **bi - composant**, leur conditionnement se présente dans deux tubes ou récipients différents. Les composants sont appelées **résine et durcisseur**. Les composants doivent être mélangés directement avant le traitement en vertu des prescriptions du fabricant, pour que la colle durcisse complètement. Les colles à réaction à deux composants doivent être utilisées selon l'indication "durée de vie en pot", qui va de quelques minutes à quelques heures en fonction de la colle et de la température. Si le mélange se solidifie, il n'est plus utilisable.

1 Plaquage avec tôle gaufrée en aluminium et PUR

Une temperature ambiante élevée, des résidus de colle et une quantité de colle inadaptée limitent la durée de vie du collage !

Les colles à base de résine époxy sont des colles couramment utilisées dans l'industrie et l'artisanat. Elles sont bi - composant, ne nécessitent aucune pression de collage et durcissent par polyaddition. Elles peuvent durcir à froid (à partir d'environ 0 °C) ou à chaud. Leur plage d'utilisation est située entre –40 °C et +90 °C. Elles ont d'excellentes propriétés d'adhérence et de résistance par rapport à presque tous les matériaux. Selon leur composition, ces colles se solidifient de manière rigide ou élastique. Pour chaque collage, il faut veiller à ce qu'il y ait une surface suffisamment grande, car la résistance au cisaillement n'est que de 30 N/mm² env. même pour un durcissement à chaud. Il est néanmoins possible de coller des chevilles dans le béton (mortier chimique) et de réaliser des collages de métaux.

Colle anaérobique

- polymérise à l'abri de l'air et au contact du métal,
- se solidifie après 10 à 30 minutes,
- résistance finale jusqu'à 12 N/mm², atteinte après 3 heures,
- elles sont composées de **méthacrylates** et sont utilisées en tant que « frein - filets » **(fig. 2)** pour étanchéifier les filetages et les fentes jusqu'à 0,05 mm, ainsi que pour fixer des roulements à billes et roues dentées.
- température d'utilisation entre –55 °C et +150 °C.

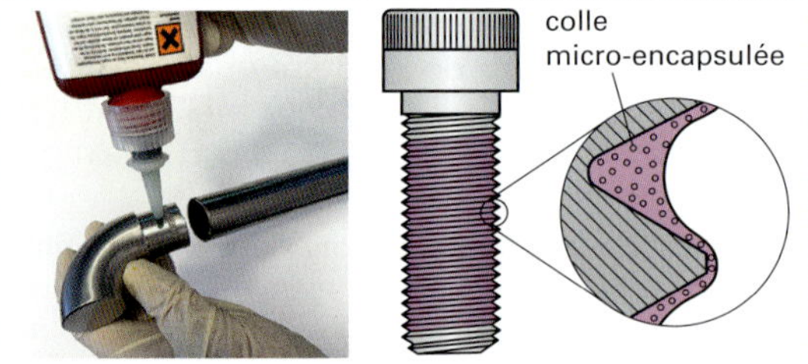

a) poteau de barrière b) colle « frein-filet »

2 Exemples d'utilisation de la colle

Colle de contacte

- polymérisent par l'humidité de l'air ou de la pièce,
- sont solides après 3 à 100 secondes,
- résistance finale jusqu'à 35 N/mm² après 12 heures,
- température d'utilisation entre –60 °C et +80 °C,
- elles sont composées de **cyanoacrylates**.
- conviennent pour les métaux, les plastiques, le caoutchouc, pour le collage des joint à sec (EPDM) sec et pour les colles micro - encapsulées servant de frein filets **(fig. 2)**,
- selon la viscosité, la fente de colle peut être de 0,05 mm à 0,25 mm.

Résine phénoliques

- ce sont des colles de polycondensation,
- assemblent les éléments dans des presses chauffées,
- utilisation dans le lamellé - collé.
- le collage est rigide, résiste à la chaleur jusqu'à 200 °C, et au vieillissement,
- Résistance jusqu'a 20 N/mm².

Le caoutchouc silicone

- polycondensat en chaînes Si-O,
- se solidifie avec l'humidité de l'air,
- sent l'acide astique
- flexibilité très élevée même à basses températures (jusqu'a –70 °C).
- très résistant aux intempéries,
- résistance à la température jusqu'à 200 °C,
- fournies en cartouches,
- pour l'étanchéification élastique en permanence de joints de dilatation et pour les joints de vitrage par voie humide.

5.7.4 Prétraitements des surfaces à coller

Les surfaces à coller doivent être propres, sèches, exemptes de graisse, légèrement granulées et ajustées.

- Rendre rugueux par sablage, ponçage, meulage (acier : grains 100 ... 150, matériaux sensibles aux rayures comme l'aluminium : grains 450 ... 600) ou avec une toile à poncer. Pour les tôles peintes, l'adhérence est à vérifier par un essai préalable !
- **Dégraissage** : En cas de fort encrassement, nettoyage grossier avec un chiffon et acétone. Pour les encrassements légers, il existe des nettoyants spéciaux qui activent aussi la surface. L'alcool et les diluants pour peinture ne sont pas des dégraissants appropriés !
- **Prétraitement chimique** : La plupart des supports tels que les plastiques PE et PP ont besoin, pour améliorer l'adhérence, qu'un primaire d'apprêt soit appliqué au pinceau et, qui doit être entièrement sec et avoir durci avant le collage. La rouille de l'acier peut aussi être retirée dans des bains d'acide.

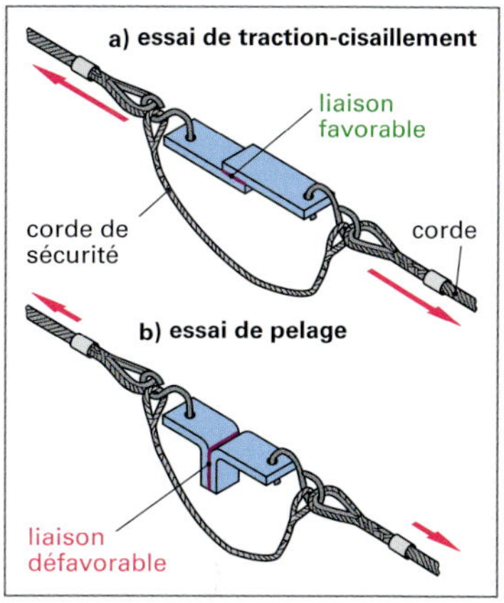

1 Déchirure d'une liaison collée

5.7.5 Règles d'élaboration des liaisons par collage

- Les collages par chevauchement résistent mieux aux contraintes de cisaillement. Ceci peut être vérifié par un essai de traction avec un collage à la résine époxy 20 mm x 10 mm **(fig. 1a)**.
- La résistance à la traction des colles étant nettement inférieure à celle des métaux, il ne doit pas y avoir de sollicitation par traction.
- Il faut le plus possible éviter de solliciter une liaison collée par pelage car elle peut se déchirer malgré une importante surface de collage **(essai fig. 1b)**.
- Lors d'assemblage par collage de tôles fines, les recouvrements trop importants ne sont pas adaptés. Les tôles fines ayant une faible résistance à la déformation, les efforts de cisaillement et de traction engendre une déchirure de l'assemblage.
- Une fente de collage allant de 0,01 mm à 0,03 mm et un recouvrement minimal engendre une résistance optimale.
- Si une liaison collée est prévue à la place d'une soudure ou d'un brasure, les surfaces de contact doivent être augmentées **(fig. 2)**.

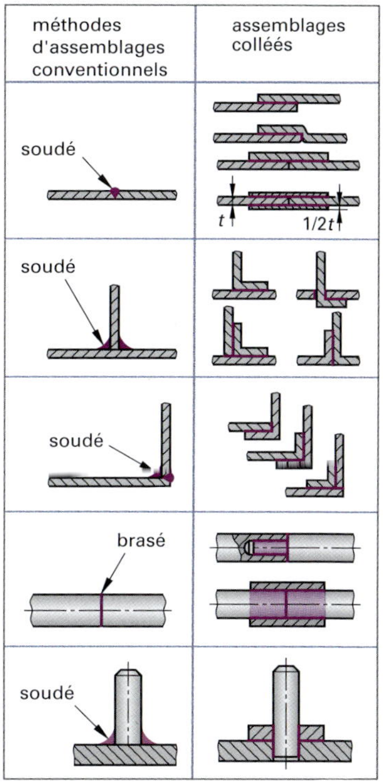

2 Elaboration de points de collage

5.7.6 Mise en oeuvre des colles

1. **Mélange** : Ne pas mélanger plus de colle à deux composants que nécessaires avant utilisation et, suivre les prescriptions du fabricant.
2. **L'application** est réalisée à l'aide d'un pinceau, d'une spatule crantée, d'un rouleau en mousse ; par projection, immersion, pulvérisation ; à l'aide d'appareils de dosage spéciaux avec mélangeur statique pour colles bi - composant ou depuis une cartouche pour les colles mono - composant. Les colles à réaction polyuréthane mono - composant sont appliquées sous forme de cordon triangulaire de 8 mm.
3. **Assembler, jointer** : Veiller à ce qu'aucune bulle d'air ne soit présente, à ce que la colle ne glisse pas et à ce qu'un léger excédent de colle sorte tout autour. Les pièces fraîchement assemblées doivent être sécurisées contre le glissement. Retirer les surplus de colle à la spatule. Les résidus de colle fraiche peuvent être enlevés avec des nettoyants spéciaux.
4. **Durcissement** : Une pression de 20 N/mm^2 à 50 N/mm^2 est primordiale pendant la prise. Elle fixe les pièces et produit un fin film de colle qui durcit plus rapidement et est plus solide. Elle empêche la formation de bulles et de pores. Temps de prise: la résistance minimale des colles à froid est obtenue à partir de 50 % du durcissement. Pour les colles à chaud, il faut attendre la température de refroidissement préconisée par le fournisseur.

5. **Contrôle :** Le contrôle du collage a lieu par frappe, qui doit donner un ton clair, ou par contrôle par ultrasons. Pour un contrôle par destruction, des échantillons sont prélevés ou des échantillons comparatifs sont réalisés.
6. **Mise au rebut des restes de colle :** Les restes de colle non durcis sont des déchets spéciaux. Les restes durcis peuvent être jetés avec les ordures ménagères.

Les liaisons collées peuvent être défaites au besoin. Il suffit de chauffer à 250 °C ou utiliser un solvant approprié. Pour les résines époxy, il existe ce que l'on appelle des « strippers ». Ils ramollissent le joint de colle durci. La séparation a ensuite lieu par un écartement forcé. Les colles PUR mono - composant élastiques sont découpées avec une lame de couteau car les fentes collées sont suffisamment larges.

Règles de travail pour la prévention des accidents : Les colles non durcies, leurs solvants et leurs vapeurs, mais aussi de nombreux produits chimiques utilisés pour traiter les surfaces d'assemblage sont dangereux pour la santé et polluants. Les colles bi - composant sont auto - inflammable si la part du durcisseur est trop élevé. Presque toutes les colles sont combustibles et leurs vapeurs explosives. Par conséquent :

- Conserver et transporter les colles uniquement dans des récipients fermés.
- Bien aérer les postes de travail, aspirer les vapeurs de solvants par le bas car elles sont plus lourdes que l'air.
- Ne pas fumer, aucune flamme ouverte.
- Porter des vêtements de travail, protéger les mains avec des gants ou à l'aide d'un produit protecteur.
- Tamponner les éclaboussures de colle sur la peau, les nettoyer à l'eau et au savon – ne pas utiliser de solvants !
- Porter des lunettes de protection lorsque l'on travaille avec des colles très liquides. Rincer les éclaboussures dans l'œil avec de l'eau et consulter immédiatement un ophtalmologue.
- Nettoyer les outils de collage avec un solvant adéquat avant durcissement. Utiliser des récipients de mélange en caoutchouc, desquels la colle durcie est retirée aisément.

1 Prévention des accidents dans le collage

5.7.7 Avantages et inconvénients des liaisons par collage

Avantages :

- presque tous les matériaux se collent bien (à l'exception des plastiques PE, PP, PTFE),
- les pièces épaisses et minces s'assemblent bien,
- les joints de colle sont étanches et presque invisibles,
- aucune modification de la structure, aucune tension interne, aucune déformation,
- aucune corrosion par contact entre les pièces à assembler, lors d'assemblage de métaux différents,
- des assemblages précis peuvent-être réalisés,
- procédé d'assemblage économique pour petites pièces.

Inconvénients :

- faible résistance à la chaleur,
- ajustage des pièces à assembler nécessaire,
- traitement de surface coûteux,
- durées de collage partiellement longues,
- risque de rupture par pelage,
- mauvais conducteur de chaleur,
- les collages rigides sont sensibles aux chocs,
- les collages ont tendance à fluer,
- les collages non protégés ont tendance à vieillir et perdent leur résistance jusqu'à 50 %.

Contrôlez vos connaissances

1 Quels sont les trois domaines d'application du collage ?
2 Quels sont les deux groupes dans lesquels les colles sont reparties ?
3 Comment les colles à réaction mono – composant prennent-elles ?
4 Quels types de sollicitations doivent être évites dans les liaisons collées, quelles sont celles qui doivent être favorisées ?
5 Pourquoi des liaisons supérieures 20 mm d'épaisseur ne sont-elles pas adaptées pour les colles qui durcissent avec l'humidité de l'air ?
6 Comment les surfaces d'assemblage sont-elles préparées ?
7 Qu'entend-on par temps de séchage ?
8 Pour quelles applications les colles anaérobiques sont-elles utilisées ?
9 Justifiez les précautions particulières à apporter lors maniement des colles et des solvants.

6 Machines et installations électriques

L'énergie électrique est transformée et utilisée pour réaliser des opérations dans de nombreux domaines de la construction métallique. Pour l'entraînement de machines, l'énergie électrique est transformée en énergie de mouvement, pour le soudage, en énergie thermique et pour le levage de charges avec des aimants, en énergie électromagnétique. Le courant et la tension étant invisibles, les mesures de sécurité nécessaires doivent être connues et respectées.

6.1 Circuit électrique

Qu'une substance réagisse au courant électrique comme conducteur, non conducteur ou semi-conducteur dépend de la mobilité des électrons dans la matière.

> Le courant électrique est le mouvement dirigé d'électrons libres.

Les électrons libres sont entraînés par la tension électrique produite par un générateur. Celui-ci peut-être un alternateur dans les grandes centrales ou une batterie par exemple.

Dans un essai de circuit électrique, la lampe s'allume si l'interrupteur est fermé **(fig. 1)**. L'interrupteur établit à cet effet une connexion électrique entre la borne + (plus) et la borne – (moins) de la batterie, dont la tension est la condition pour que le courant puisse circuler.

> Un courant électrique ne circule que dans un circuit fermé.

Contrairement au flux (sens réel), le sens conventionnel du courant va de la borne + (plus) à la borne – (moins) **(fig. 1a)**.

Un circuit électrique simple est composé d'une source d'énergie (source de tension), du consommateur, d'un interrupteur et de câbles **(fig. 1a)**. Il est dessiné à l'aide de symboles normalisés **(fig. 1b)**.

Le circuit de courant continu simple est déterminé par trois grandeurs :

Intensité :
Symbole I – en A (ampère)

Tension :
Symbole U – en V (volt)

Résistance :
Symbole R – en Ω (ohm)

La relation entre ces trois grandeurs est exprimée par la loi d'Ohm. D'après elle, l'intensité et la tension sont proportionnelles pour une résistance donnée.

$U \sim I$ $U = I \cdot R$

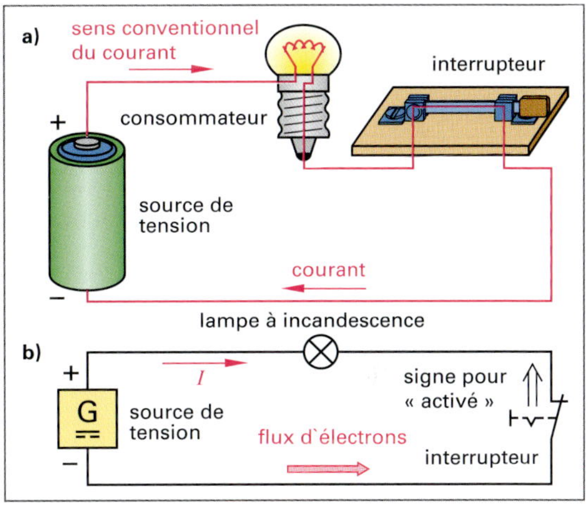

1 Circuit électrique

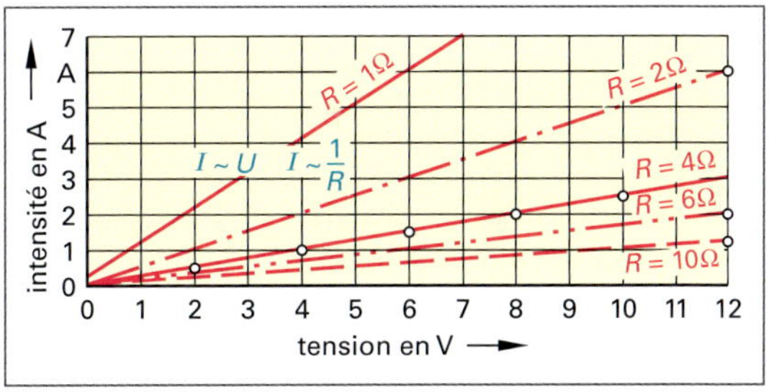

2 Variation du courant et de la tension en fonction de la résistance

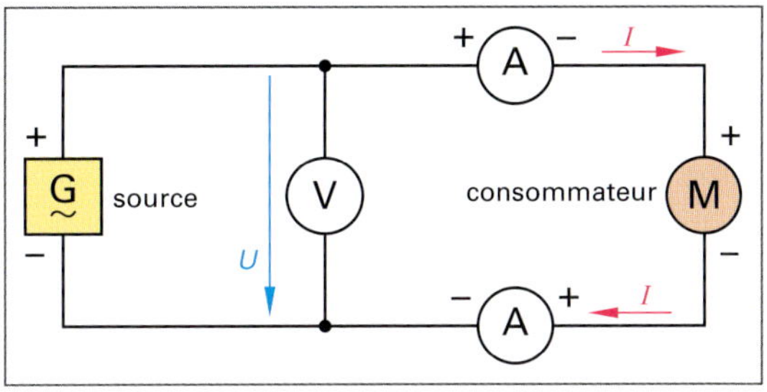

3 Circuit électrique fermé avec appareils de mesure

Si la tension (U) augmente et que la résistance (R) reste constante, l'intensité (I) augmente **(fig. 2)**.

En pratique, les appareils, appelés consommateurs, constituent la résistance **(fig. 3)**. Ils convertissent l'énergie électrique p. ex. en chaleur ou en énergie mécanique.

Travail électrique et puissance

La plaque signalétique du compteur d'énergie électrique indique la puissance moyenne absorbée pendant une durée **(fig. 1)**. En courant continu, la puissance est le produit de la tension par l'intensité. La tension étant constante dans le réseau d'alimentation, la puissance augmente avec le courant.

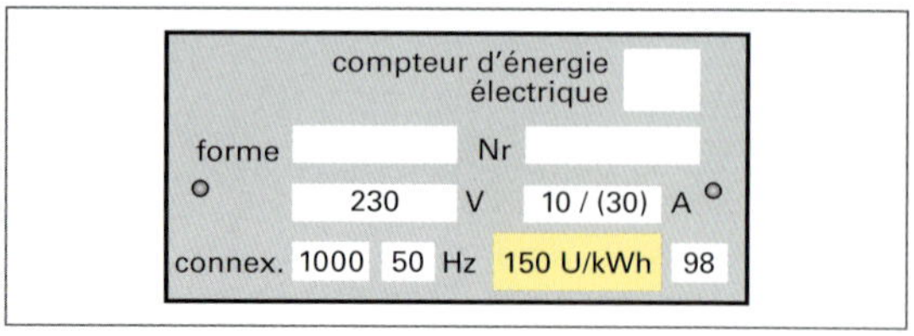

1 Plaque signalétique d'un compteur d'énergie

> **Puissance = Tension · Intensité (en watts)**
> $P = U \cdot I$ 1 W = 1 V · 1 A 1 kW = 1000 W

Si l'on multiplie la puissance par le temps (t), pendant lequel un appareil fonctionne, on obtient l'énergie (travail) électrique W.

> **Energie (travail) =**
> **Puissance · Temps $E(W) = P \cdot t$** **en Ws**

1000 Ws = 1 kWs ; 3600 kWs = 1 kWh

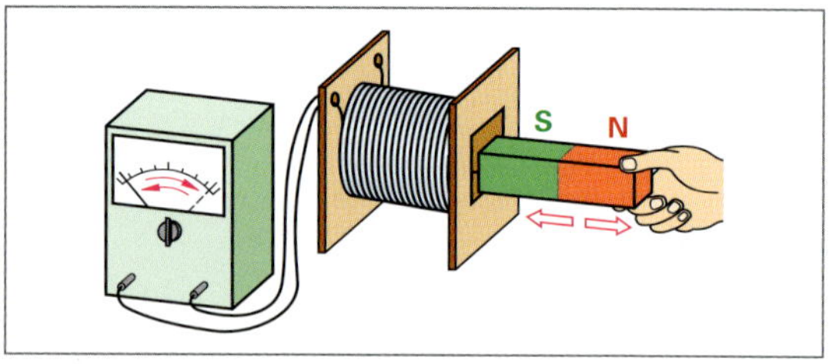

2 Induction électromagnétique

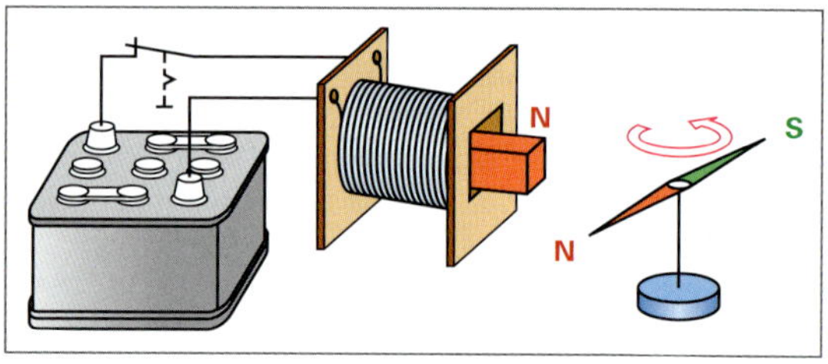

3 Effet de force électromagnétique

6.2 Electromagnétisme

Le fonctionnement de la plupart des machines électriques repose sur l'effet de force des champs électromagnétiques. Le magnétisme est aussi une propriété de la matière. Le fer, le cobalt, le nickel et certains alliages sont des matières ferromagnétiques. Elles peuvent être magnétisées par un champ matériaux ferromagnétiques. Les aimants permanents sont appelés magnétiques durs. Une fois le champ magnétique retiré, les autres matières perdent à nouveau leurs propriétés magnétiques. On les appelle matériaux ferromagnétiques doux, comme le fer doux.

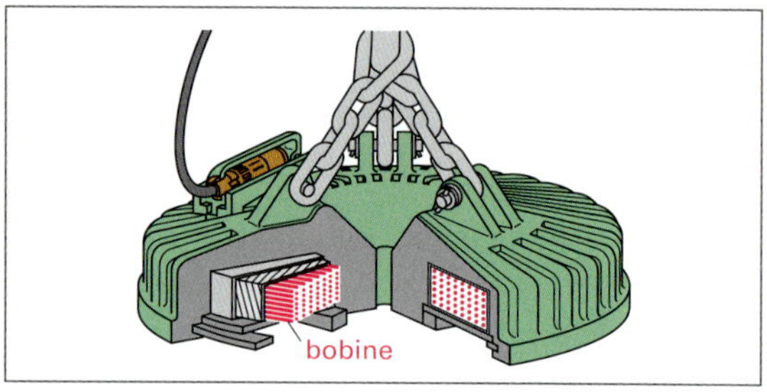

4 Aimant de levage

6.2.1 Induction électromagnétique

Si on déplace un aimant permanent à travers une bobine conductrice, l'aiguille de l'ampèremètre dévie **(fig. 2)**.

Si un noyau en fer doux est magnétisé par un bobinage électrique alimenté en courant, il exerce une force sur d'autres aimants et sur le fer **(fig. 3)**. Ces deux effets électromagnétiques sont les principes physiques de la construction de moteurs, générateurs et aimants de levage **(fig. 4)**.

L'aiguille d'un voltmètre sensible dévie si un fil de cuivre est déplacé dans un champ magnétique **(fig. 5a)** parce qu'une tension a été induite. Lorsqu'on déplace un conducteur électrique dans un champ magnétique, les électrons du métal sont orientés dans une direction **(fig. 5b)**.

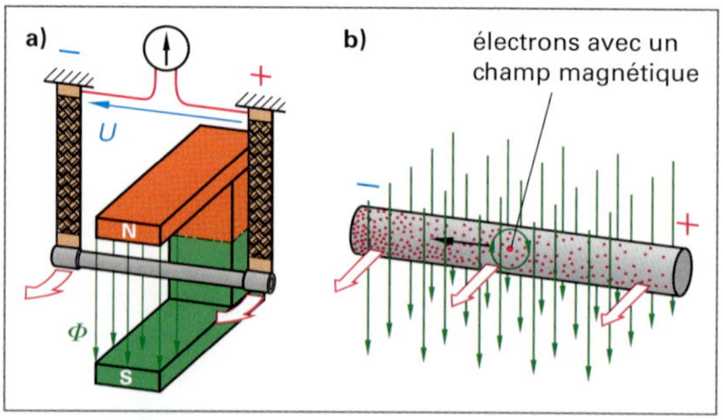

5 Déplacement de charge dû au mouvement d'un conducteur dans le champ magnétique

Loi d'induction de Faraday

Si l'aimant reste immobile lors du premier essai en page précédente **(fig. 2, p. 114)**, il n'y a pas de déviation de l'aiguille. L'aiguille dévie toutefois si la boucle conductrice en **fig. 5 page précédente** est déplacée. Pour qu'une tension électrique soit générée, il est donc primordial que le conducteur électrique coupe les lignes du champ magnétique ou que le champ magnétique change.

> Si une boucle conductrice est déplacée dans un champ magnétique de sorte que le flux magnétique change dans la boucle, une tension est induite en elle pendant le mouvement.

Dans un circuit fermé, une tension d'induction fait circuler un courant. Inversement, une modification de la tension produit, comme dans le deuxième essai en page précédente, un champ magnétique qui exerce une force sur les matières magnétiques **(fig. 3, p. 114)**.

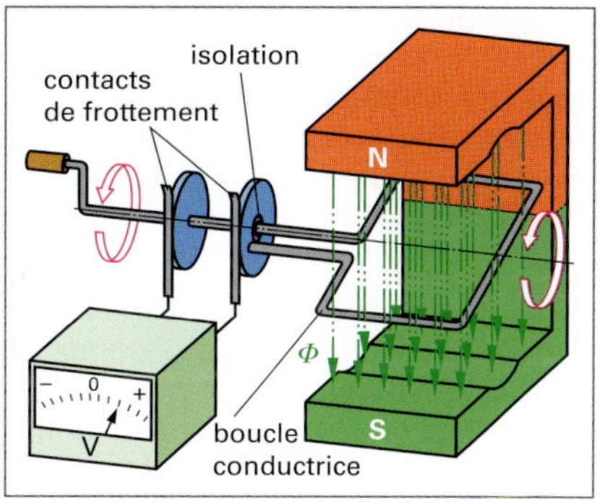

1 Générateur de courant alternatif simple

6.2.2 Générateur de courant alternatif

On obtient une modification permanente de la tension d'induction si une boucle conductrice tourne dans un champ magnétique dans lequel la densité du flux magnétique est uniforme **(fig. 1)**.

Si l'on trace la variation dans le temps de la tension ainsi produite, on obtient une courbe sinusoïdale. Comme la tension change de sens une fois à chaque rotation, on parle de tension alternative **(fig. 2)**. C'est la raison pour laquelle le courant qui circule ici s'appelle courant alternatif.

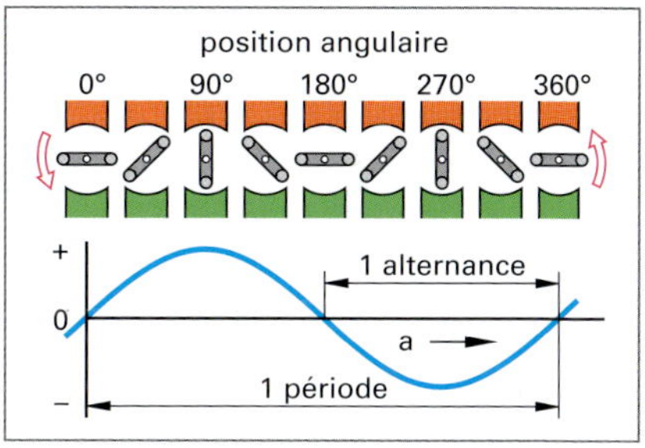

2 Principe de création de la tension alternative

Courant triphasé

Dans le modèle de générateur de la **fig 1**, la tension alternative générée dans la boucle conductrice a été prélevée par des contacts de frottement. Toutefois, seul le mouvement de la bobine conductrice par rapport au champ magnétique étant important pour l'induction, on fait tourner le champ magnétique dans les générateurs des centrales de production. L'élément rotatif en mouvement s'appelle le rotor. Les boucles conductrices dans lesquelles la tension est induite restent fixes. Elles sont appelées **stator (fig. 3)**.

Dans le stator, les enroulements (= boucles conductrices) sont décalés de 120°. Quand le champ magnétique tourne, trois tensions alternatives sont produites. Un tel courant alternatif est de ce fait appelé courant triphasé. On voit dans la représentation graphique **(fig. 1, page 116)** que la somme des trois tensions est toujours nulle quand le réseau n'est pas chargé. C'est pourquoi elles n'ont besoin que d'un conducteur retour commun, le conducteur central (N dans la **fig. 3**).

Si le conducteur central est mis à la terre, ce qui est généralement le cas, on le nomme conducteur neutre. Les trois autres conducteurs, appelés conducteurs de phases, sont désignés par L1, L2 et L3 **(fig. 3)**. La tension entre un conducteur de phase et le conducteur neutre est de 230 V. Cette tension est habituellement celle des petits appareils électriques. Entre deux conducteurs de phase, il y a la tension de 400 V utilisée pour les machines électriques, les fours électriques et les postes à souder (sur l'image, les circuits séparés dans la pratique ont été combinés).

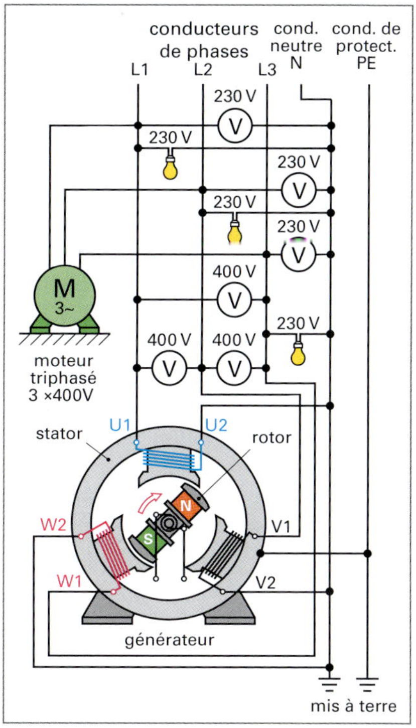

3 Générateur pour courant alternatif à trois phases (courant triphasé) avec 4 conducteurs

Le **type de courant** avec lequel une installation est alimentée est indiqué sur les prises. Les indications des conducteurs de phase L1, L2 et L3 ainsi que le conducteur neutre et le conducteur de protection PE sont mentionnés sur une prise de 400 V **(fig. 2)**. La rainure de guidage et la broche de terre se trouvent toujours en bas.

La **fréquence du courant alternatif**, c'est-à-dire le nombre d'oscillations par seconde, est de 50 Hz dans le réseau européen interconnecté (50 changements par seconde, **fig. 3**). Les horloges, téléviseurs, moteurs et autres appareils sont tributaires du fait que ce nombre d'oscillations reste toujours constant.

Le courant alternatif ne peut pas être utilisé pour toute une série d'applications techniques (commandes, certains appareils de soudage, électrolyse). Le courant continu idéal est obtenu à partir de batteries chimiques **(fig. 4)**. Avec lui, l'intensité reste constante sur le temps. Souvent, il suffit de convertir le courant alternatif en courant continu pulsé à l'aide d'un **redresseur**. Certains générateurs de courant continu produisent un courant continu pulsé **(fig. 5)**.

6.2.3 Transformateur

Selon le **principe d'induction**, une tension est produite si le flux magnétique change. Dans les essais en page précédente, ceci se produisait grâce aux mouvements des aimants dans des bobines ou des conducteurs dans le champ magnétique.

Une tension peut aussi être induite par une simple modification du champ magnétique. Deux bobines se trouvent l'une à côté de l'autre sans liaison conductrice **(fig. 6)**. Si le courant sur la bobine de gauche commence à circuler, l'aiguille de l'instrument de mesure de la bobine de droite dévie. Comme la source d'énergie fournit du courant continu, le champ magnétique autour de la bobine de droite reste stable. L'aiguille du voltmètre de la bobine de gauche revient en position de départ. Quand le courant est coupé à la bobine de droite, elle dévie à nouveau.

> Une tension est induite dans une bobine si le flux magnétique change en elle.

Il en découle le **principe du transformateur** :

Si deux bobines sont disposées sur un noyau en fer commun, il en résulte un transformateur **(fig. 7)**. Dans le courant alternatif, l'intensité et la tension changent en permanence. Sur les appareils de mesure habituels, cela ne se voit pas en raison de l'inertie ; ils affichent des valeurs efficaces. Si le bobinage d'entrée d'un transformateur est branché à une source de courant alternatif, l'appareil de mesure de la bobine de sortie indique en permanence une tension alternative induite.

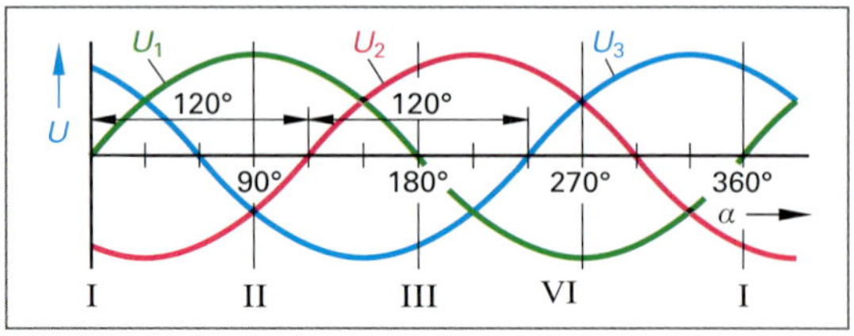

1 Trace des tensions pour un courant alternatif à trois phases

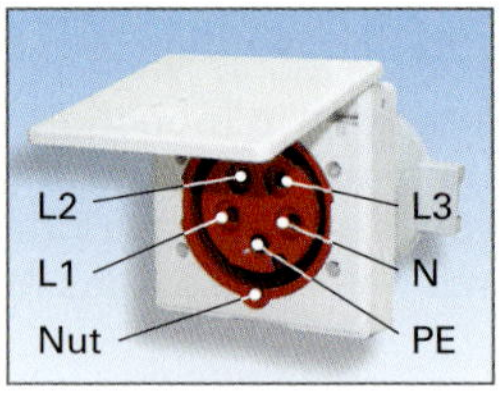

2 Prise électrique pour du courant alternatif à trois phases

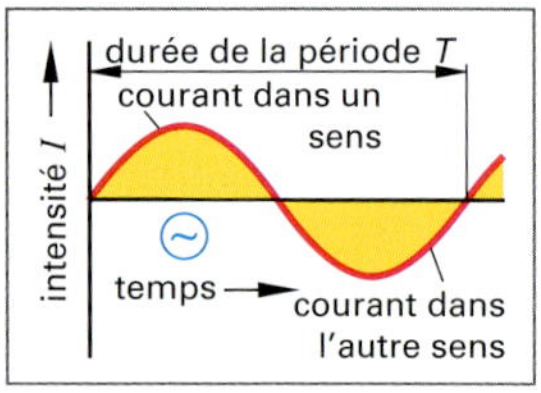

3 Courant alternatif (courant sinusoïdal)

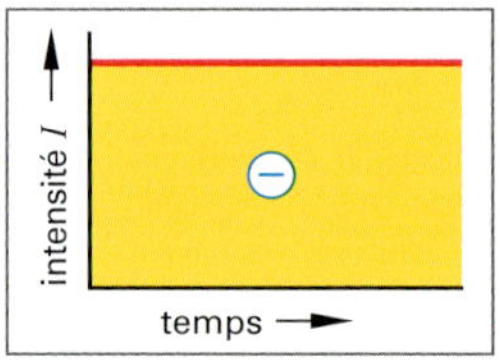

4 Courant continu

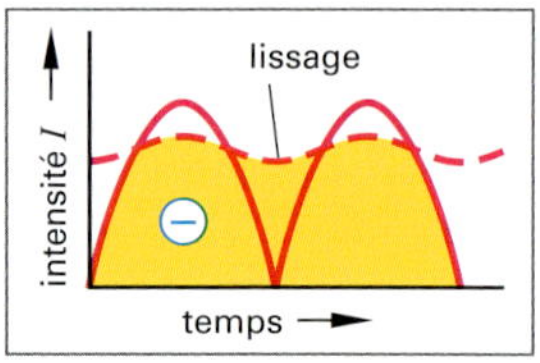

5 Courant continu pulsé

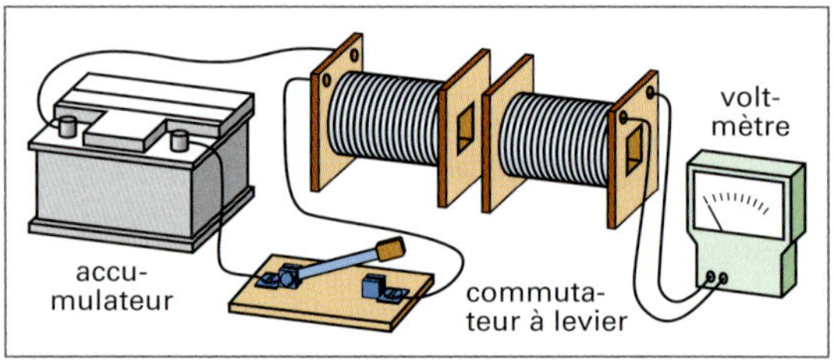

6 Disposition d'essai pour l'induction au repos (principe du transformateur)

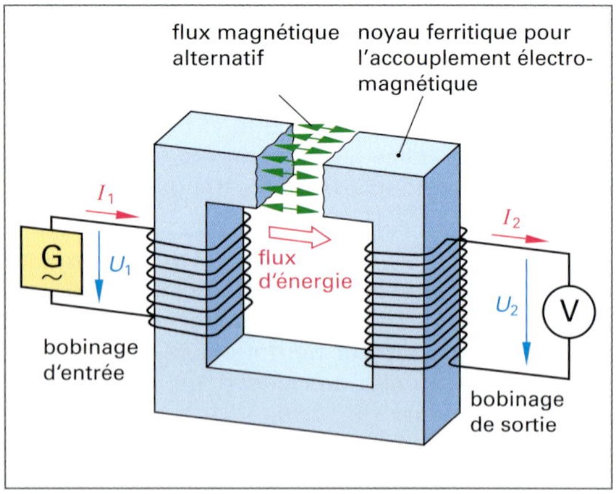

7 Flux d'énergie dans le transformateur

Si le nombre de spires du bobinage (N_2) côté sortie est modifié, la tension et l'intensité induites changent aussi **(fig. 1)**. Si le flux magnétique et la fréquence du champ magnétique restent constants, la tension induite augmente ou diminue avec le nombre de spires (N_2). Il en résulte les équations du transformateur.

$$\frac{U_1}{U_2} = \frac{N_1}{N_2} \qquad \frac{I_1}{I_2} = \frac{N_2}{N_1}$$

Dans un transformateur, les tensions changent proportionnellement au nombre de spires du bobinage et les intensités de façon inversement proportionnelle.

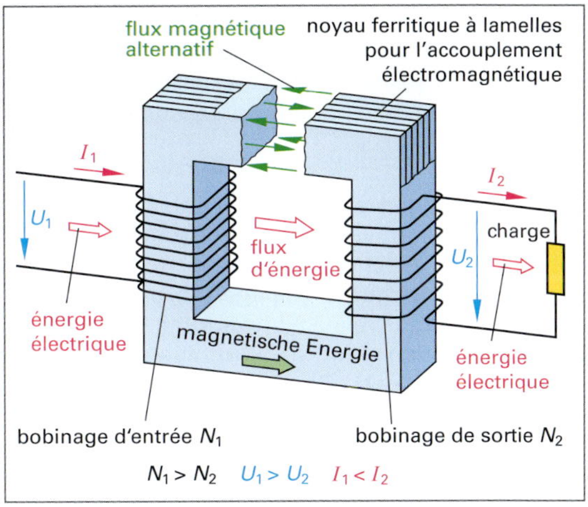

1 Construction et mode d'action des transformateurs

Application des transformateurs

Dans le réseau électrique interconnecté, le courant doit être transporté par des lignes sur de grandes distances. Plus la tension est élevée plus les pertes de puissance sont basses. La haute tension des lignes longues distances (p. ex. 380 000 V) est transformée pour les réseaux de distribution locaux dans de grandes stations de transformateurs. Du courant de 400 V (courant fort) ou de 230 V (courant domestique) est disponible pour les consommateurs. Des transformateurs spéciaux sont alors nécessaires si ces tensions sont encore trop élevées.

2 Transformateur de sécurité pour lampe – torche

Comme seul le courant alternatif peut être transformé, des redresseurs sont utilisés pour certaines installations.

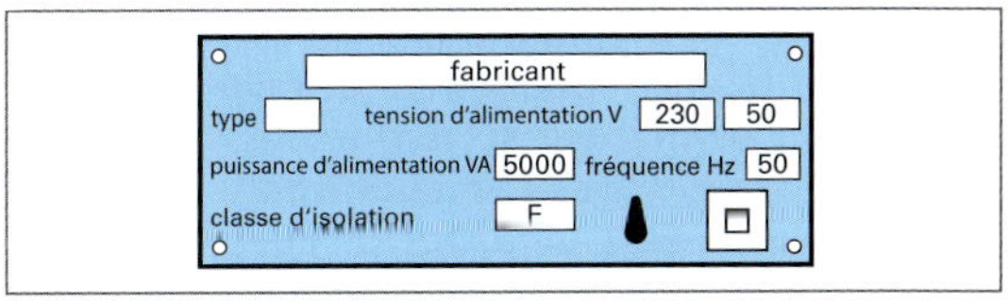

3 Plaque signalétique d'un transformateur

Les **petits transformateurs** sont des transformateurs ayant une puissance nominale inférieure ou égale à 16 kVA (1 kVA = 1 kW). Ils doivent être particulièrement sûrs car il arrive fréquemment que des personnes inexpérimentées soient en contact avec eux. Ils sont p. ex. utilisés comme générateurs de tension pour des ouvertures de portes, des sonnettes ou des transformateurs de sécurité, p. ex. pour des lampes baladeuses de 12 V et pour des appareils électroniques.

Les **transformateurs pour soudage à l'arc** comportent aussi, outre le transformateur lui-même, des dispositifs de commande pour régler le courant de soudage. La tension à vide ne doit pas dépasser 70 V pour les travaux de soudage et 50 V dans les réservoirs étroits. Des tensions plus élevées peuvent survenir brièvement (jusqu'à 0,2 s) **(fig. 4)**.

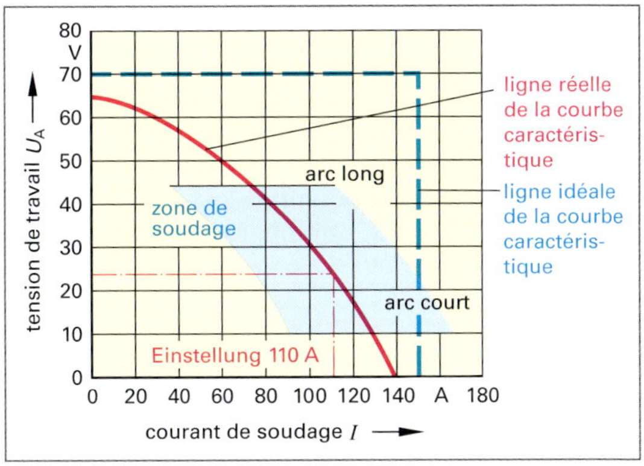

4 Courbe caractéristique tension – courant pour transformateur de soudage

6.3 Moteurs électriques

Des moteurs électriques sont utilisés là où des prises électriques sont disponibles. De nombreux outils manuels tels que les perceuses, visseuses ou ponceuses fonctionnent à l'électricité grâce à de puissantes batteries ou accumulateurs (accus).

6.3.1 Conducteur traversé par le courant dans un champ magnétique

Dans les moteurs électriques, l'énergie électrique est convertie en énergie mécanique par électromagnétisme. Tout comme dans la **figure 5 en page 114**, une pièce conductrice reliée à une source de courant est suspendue dans un champ magnétique **(fig. 1)**. Quand le courant circule, un champ magnétique se forme autour du conducteur. Il se superpose au champ magnétique entre les pôles de l'aimant permanent. Le conducteur est alors poussé hors du champ magnétique. Si la polarité des raccords du conducteur est inversée, le sens de déplacement s'inverse aussi **(fig. 3)**.

> Un conducteur parcouru par du courant est dévié dans un champ magnétique. Le sens de la force de déviation dépend du sens du courant dans le conducteur et du sens du champ magnétique.

Le principe du moteur

Si l'on met une bobine parcourue par du courant et libre en rotation dans un champ magnétique au repos, elle bouge aussi **(fig. 2)**. Le champ magnétique autour de la boucle conductrice et celui de l'aimant permanent se renforcent à droite du conducteur et se soulèvent à gauche de celui-ci. Il en résulte un **couple de rotation**. Le sens dépend une fois de plus du sens du courant et de la polarité **(fig. 4)**. Un **inverseur** permet au courant de circuler toujours dans le même sens dans le conducteur mobile malgré la rotation de la bobine. Un moteur à courant continu simple est ainsi réalisé **(fig. 5)**. Si l'on prend des aimants plus forts ou moins forts, si l'on donne plus de spires à la bobine ou si l'on modifie le courant à travers la bobine, le couple de rotation change aussi.

> Le couple de rotation de la bobine parcourue par du courant dans un champ magnétique augmente avec le renforcement du courant de ligne, l'allongement du conducteur et le renforcement du champ magnétique.

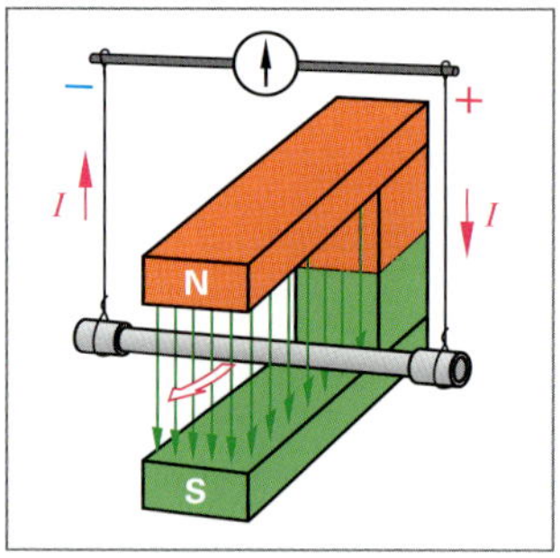

1 Déviation d'un conducteur dans un champ magnétique

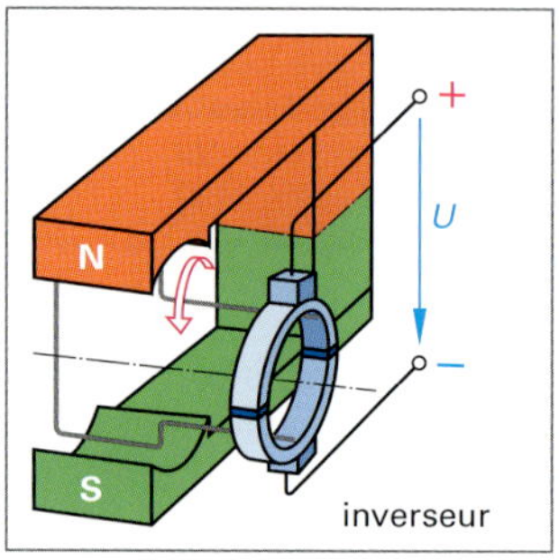

2 Bobine de collecteur déplacée dans le champ magnétique

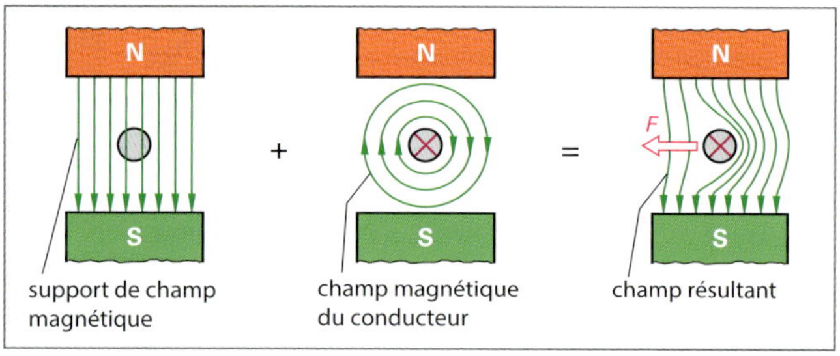

3 Superposition de deux champs magnétiques

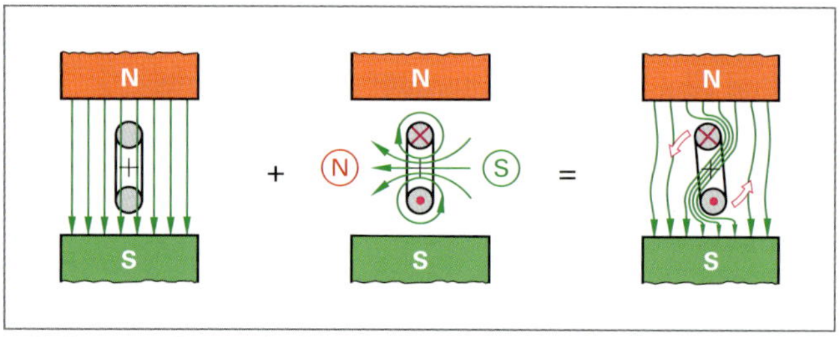

4 Naissance du couple de rotation dans le moteur à courant continu

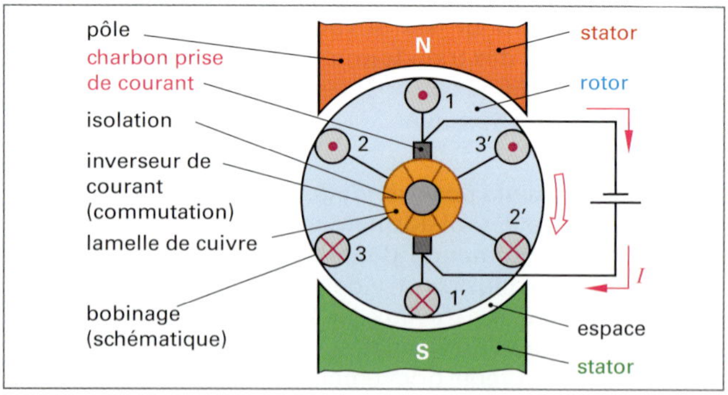

5 Collecteur dans un moteur à courant continu

6.3.2 Moteurs à courant continu

Le **principe du moteur** est l'inverse du principe **du générateur**. On appelle **stator** la partie fixe de la machine et **rotor** la pièce tournante **(fig. 5)**. Les moteurs à courant continu ont besoin d'un champ statique et d'un champ tournant. Dans le stator, le champ statique est généré par des aimants permanents ou par une bobine alimentée en courant continu. Dans le rotor, le courant continu génère aussi un champ magnétique. L'alimentation en courant vers le rotor est réalisé par des charbons sur des lamelles de cuivre, appelées collecteurs **(fig. 5 en page précédente)**.

Si un courant circule à travers la bobine, un champ conducteur, qui se superpose au champ de stator, se forme. Les champs magnétiques ainsi générés entraînent un mouvement de rotation. Dans cette configuration, le moteur tournerait au maximum de 180°. Pour obtenir la demi-rotation suivante, la polarité du flux de courant dans le collecteur doit être inversée. A l'allumage, les moteurs à courant continu absorbent beaucoup plus de courant qu'en cours de fonctionnement **(fig. 1)** C'est pourquoi la tension est abaissée par une résistance lors du démarrage.

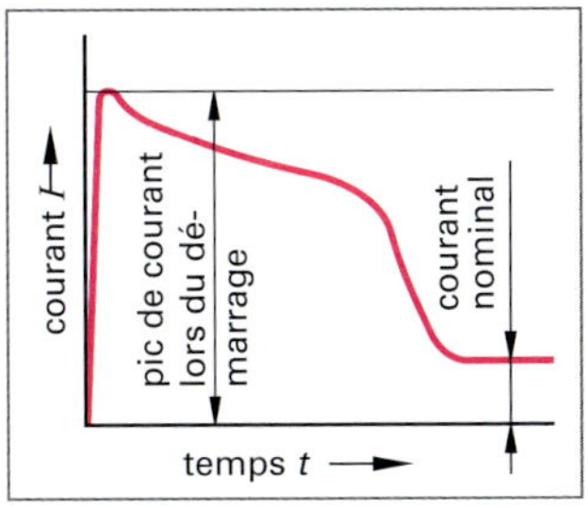

1 Courant de démarrage d'un moteur à courant continu

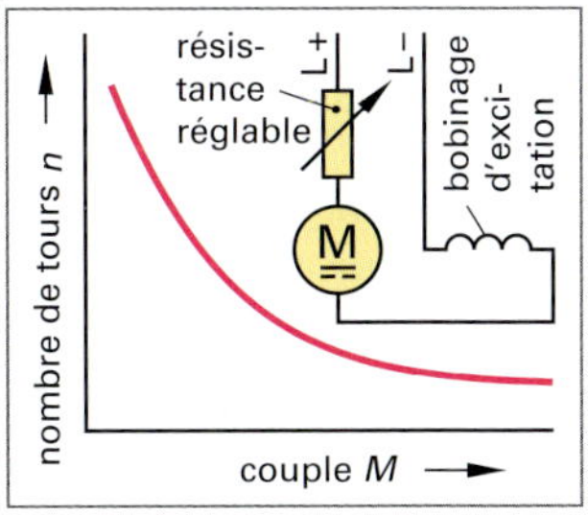

2 Comportement du moteur à collecteur série à courant continu

Moteur à collecteur série à courant continu

Le bobinage du stator et le bobinage du rotor (bobinage de champ) sont branchés en série **(fig. 2)** Ils ont un couple élevé. Quand la charge diminue, la vitesse de rotation augmente fortement et le moteur pourrait « s'emballer » C'est pourquoi il ne doit pas être allumé si la charge est découplée.

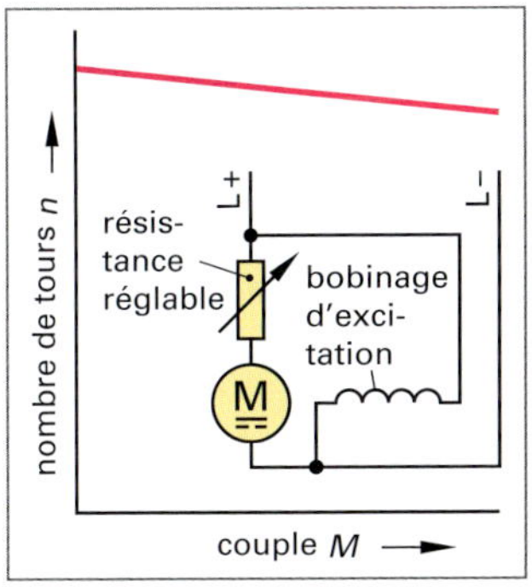

3 Comportement du moteur à dérivation (shunt) à courant continu

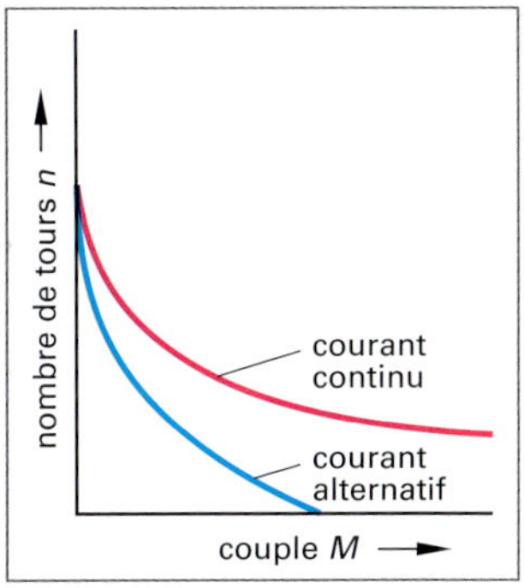

4 Comportement du moteur universel pour des types de courants différents

Moteur à dérivation (shunt) à courant continu

Le bobinage du rotor et le bobinage du champ d'excitateur sont branchés en parallèle. Ils absorbent des proportions de courant différentes. C'est pourquoi la vitesse de rotation ne diminue que faiblement quand la charge augmente **(fig. 3)**.

Moteur à excitation séparée

Le bobinage excitateur n'est plus relié au rotor. Le courant excitateur est fourni par un générateur de tension indépendant. Ces moteurs ne s'emballent pas en marche à vide. Ils se commandent très bien. C'est la raison pour laquelle ils sont utilisés dans des machines outils.

Moteur universel

Il s'agit d'un type spécial de moteur à collecteur série à courant continu qui peut aussi fonctionner avec du courant alternatif. Il est utilisé dans les outils électriques tels que les perceuses à main, meuleuses d'angle, etc. **(fig. 4 et 5)**.

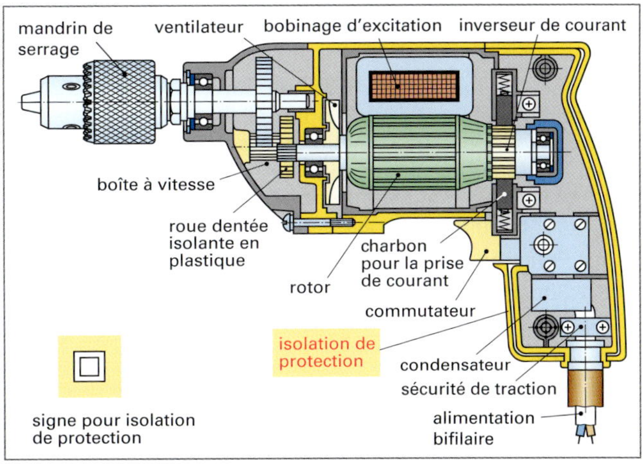

5 Vue en coupe d'une perceuse à main avec moteur universel

6.3.3 Moteurs à courant alternatif

Les générateurs dans les centrales produisent un **courant alternatif à trois phases** aussi appelé **courant triphasé**. Si le bobinage du stator d'un moteur branché en conséquence est raccordé à ce courant triphasé, il en résulte un champ magnétique tournant **(p. 115, fig. 3)**. Un champ magnétique circulerait dans cet espace à la fréquence du courant triphasé.

Un champ tournant est produit si un aimant est mis en rotation ou si un courant triphasé circule dans un bobinage triphasé.

Si un champ tournant est également produit dans le rotor, il en résulte entre les deux un **couple** en raison de la force magnétique. Si le rotor tourne à la fréquence du champ du stator, il s'agit d'un **moteur synchrone**. Si la vitesse de rotation du rotor est inférieure à celle du champ tournant (un « glissement » de 3 % à 5 %), il s'agit d'un **moteur asynchrone**. Le facteur de puissance d'un moteur est appelé cosinus phi. Il représente le décalage entre la tension et l'intensité absorbée par le moteur. φ est l'angle de glissement qui existe entre les champs.

Moteur à cage d'écureuil

Il s'agit d'un type ou variante fréquemment utilisé du moteur asynchrone. Le rotor est une cage en court-circuit faite de tiges de cuivre et d'aluminium reliées les unes aux autres. Le champ tournant du stator génère en eux de forts courants qui induisent des champs magnétiques et provoquent la rotation **(fig. 1)**. L'évolution de la vitesse de rotation et du couple de rotation peuvent fortement varier en fonction de la construction **(fig. 2)**. Comme les rotors à cage d'écureuil n'ont pas besoin de courant excitateur amené depuis l'extérieur et que de ce fait, un collecteur et des balais d'absorption de courant sont inutiles, ils sont presque sans entretien.

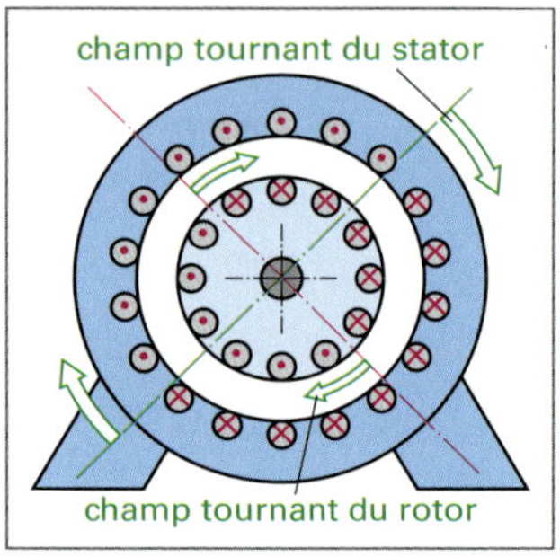

1 **Moteur à cage d'écureuil**

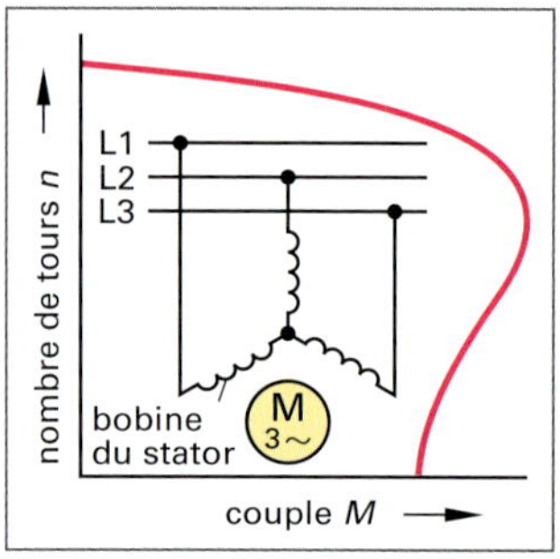

2 **Courbe et schéma de circuit du rotor en cage d'écureuil**

6.3.4 Travail avec les moteurs électriques

Dans toutes les machines électriques, les pertes produites sont transformées en chaleur. C'est pourquoi la capacité de charge dépend des matériaux isolants des bobinages. La température permanente qu'ils supportent sans dommage limite la **température de fonctionnement** admissible.

Un échauffement trop important, notamment en cas de surcharge, détruit l'isolation et rend le moteur électrique inutilisable.

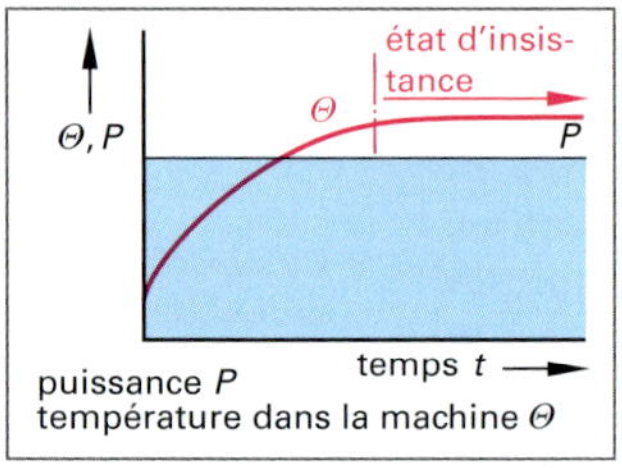

3 **Tracé dans le temps de la température et de la puissance pour l'état de fonctionnement S1**

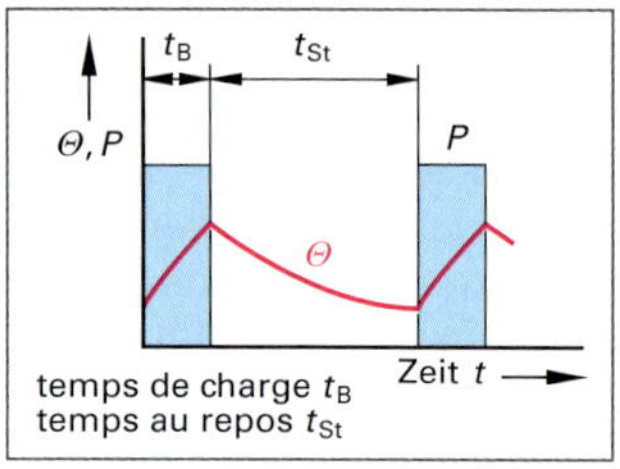

4 **Evolution de la température et de la puissance pour le fonctionnement court (S 2)**

Le **mode de fonctionnement** est important dans le choix d'un moteur électrique. Le mode de fonctionnement prévu figure sur la plaque signalétique **(fig. 5)**. On fait la distinction entre 9 modes de fonctionnement classés :

- S 1 **Fonctionnement continu (fig. 3)**,
- S 2 **Fonctionnement de courte durée (fig. 4)**,
- S 3, S 4, S 5 **Fonctionnement par intermittence** dans différentes conditions,
- S 6 **Fonctionnement en continu avec des charges intermittentes**,
- S 7 **Fonctionnement alterné.**

Indications importantes sur la plaque signalétique d'un moteur électrique

1 Fabricant
2 Désignation de la machine
3 Mode de fonctionnement
4 N° de matricule, année de fabrication
5 Tension nominale
6 Courant nominal
7 Puissance nominale, mode de fonctionnement
8 Fréquence de rotation
9 Fréquence nominale

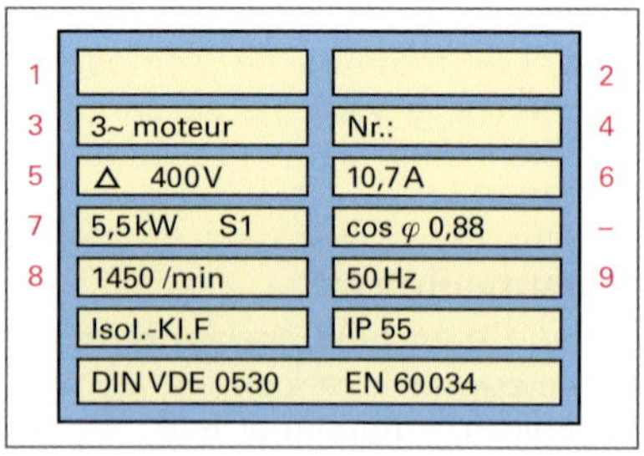

5 **Plaque signalétique d'un moteur à courant triphasé**

6.4 Protection contre les dangers du courant électrique

Comme le courant électrique est invisible et que dans de nombreux cas, on n'est pas en mesure de détecter si un appareil est défectueux, toutes les prescriptions doivent être respectées minutieusement lors du maniement de machines et installations électriques. Une extrême précaution est toujours requise.

Effets du courant électrique sur le corps humain

La plupart des organes humains fonctionnent grâce à de faibles impulsions électriques émises par le cerveau. Le coeur produit lui-même son faible courant de fonctionnement. Les ordres du cerveau sont transmis aux muscles par les nerfs. Si une partie du corps humain entre en contact avec des éléments conducteurs, le courant du réseau d'alimentation peut passer par le corps et entraîner une tétanisation des muscles, une défaillance du rythme cardiaque, de la respiration ou des effets de choc.

➔ Le courant électrique est d'autant plus dangereux lorsqu'il circule longtemps dans le corps, que la tension et l'intensité sont élevés et que la résistance de contact est faible.

- Les intensités de courant supérieures à 0,05 A et des tensions alternatives supérieures à 50 V sont mortelles.
- Les travaux sur des installations et parties électriques sous tension ne doivent être effectués que par des électriciens professionnels.

6.4.1 Défauts sur les installations électriques

En cas d'utilisation en bonne et due forme, on n'entre jamais en contact avec des parties sous tension d'appareils électriques. Il n'y a que si le courant emprunte une mauvaise voie, en cas de défaut, que les dangers surviennent.

Le réseau d'électricité est raccordé à la terre pour que les faibles courants qui ne peuvent pas être entièrement blindés par l'isolation ne forment pas des tensions dangereuses. Un **courant de défaut** circule si, en raison d'une défectuosité, une liaison conductrice entre une pièce sous tension pour le fonctionnement et la terre est établie **(fig. 1)**. Si le courant de défaut dépasse une valeur définie, les fusibles lâchent.

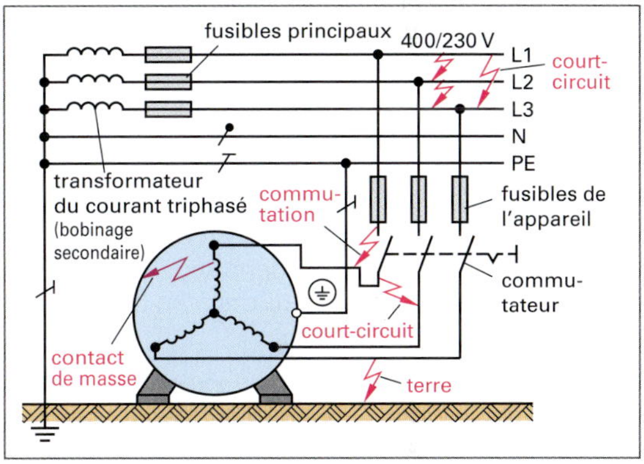

1 **Défauts sur les installations électriques**

- Le **court-circuit** est la liaison conductrice entre les pièces actives et leur environnement (p. ex. boîtiers d'appareil). Il en résulte des **tensions de contact dangereuses** pour l'etre humain.
- Le **court-circuit de conducteur** survient si deux conducteurs sous tension sans isolation se touchent.
- Un court-circuit est un court-circuit de conducteur.

6.4.2 Mesures de protection

Les appareils sont fondamentalement classés en **indices de protection (tableau page 122)**. **Les conducteurs de protection** servant à dévier le courant de défaut sont les mesures de protection les plus fréquentes dans les appareils **(fig. 2)**. Le **conducteur de protection** isolé en vert - jaune est raccordé au boîtier. Au niveau de la prise électrique, il est relié au conducteur de protection du réseau par des contacts de protection.

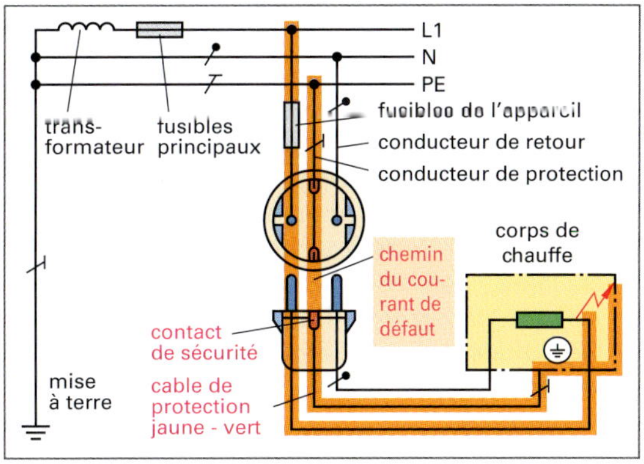

2 **Exemple de fonctionnement du conducteur de protection**

La protection de la basse tension est utilisée si le contact de pièces conductrices est difficilement évitable. Un **revêtement de protection** (couverture intégrale) empêche le contact de l'ensemble de l'installation. Le **contact direct** de pièces conductrices est aussi empêché par une **isolation de protection.** Pour cela, on isole complètement la partie électrique du boîtier, comme p. ex. pour les meuleuses d'angle, les perceuses à main **(p. 119, fig. 5)** ou les appareils d'hygiène corporelle.

Indices de protection des appareils selon VDE 0720			
classe de protection	I	II	III
marque distinctive			
utilisation en cas de mesures de protection	conducteur de protection	isolation de protection	petite tension de protection
exemples	moteur électrique	appareils domestiques, lampes	Lampes, petits appareils jusqu'à AC 50 V ou DC

Les **fusibles habituels** dans le foyer coupent un fort flux de courant défectueux en le faisant fondre immédiatement. Les **disjoncteurs** de protection de ligne (disjoncteurs automatiques) coupent le flux de courant. Une fois le dommage éliminé, ils peuvent être immédiatement réenclenchés.

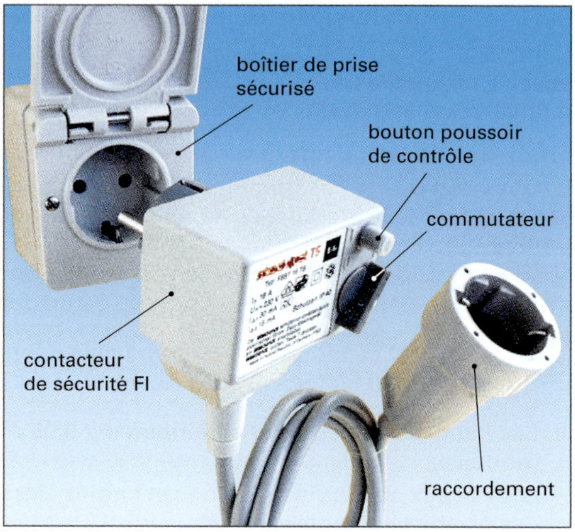

1 Prises électriques de sécurité pour chantiers

➔ Les fusibles ne doivent être ni pontés ni rafistolés.

Les **disjoncteurs à courant de défaut** mesurent la différence entre le courant d'entrée et le courant de sortie. Si elle devient trop importante, ils éteignent l'appareil. Ils procurent la meilleure sécurité pour les êtres humains **(fig. 1)**. La **coupure de protection** est l'interruption du flux de courant direct entre le secteur et l'appareil électrique à l'aide d'un transformateur d'isolement. Ainsi, aucun courant ne peut circuler vers la terre par le corps humain en cas de court-circuit de masse.

Prévention des accidents

- Les installations et moyens d'exploitation électriques ne peuvent être installés et réparés que par des électriciens formés.
- Les notices d'utilisation doit avoir été étudiées avec soin avant la mise en service d'appareils électriques.
- Il faut respecter les indications figurant sur les panneaux (voir sélection ci-contre).
- Les câbles électriques doivent être protégés contre toute sollicitation mécanique et contre les dégâts.
- Ne jamais ouvrir les appareils sous tension !
- Mettre les conducteurs, dispositifs de branchement et appareils endommagés immédiatement hors service.
- Ne jamais saisir ou toucher des conducteurs nus avec des outils.
- Ne jamais saisir en même temps des appareils électriques et des liaisons avec la terre (radiateurs, conduites d'eau, etc.) !
- Les câbles de branchement et les outils électriques doivent être vérifiés par un électricien professionnel tous les six mois.

Contrôlez vos connaissances

1 Expliquez les deux schémas de circuit de moteurs en p. 119 et comparez les trajets du courant.

2 Réfléchissez à ce qui pourrait se passer si quelqu'un remplaçait un fusible par morceau de fil.

3 Pourquoi le courant électrique est-il dangereux pour les êtres vivants ?

4 Citez les tensions et intensités de courant encore supportables par l'homme.

5 Quels sont les effets des fusibles et des disjoncteurs ?

6 A quoi sert le conducteur de protection ?

Symboles sur les plaques signalétiques d'appareils électriques	
DVE	signe de contrôle VDE
	signe CEE qui doit remplacer les signes de contrôle nationaux
N	marque antiparasitage de VDE conformément aux dispositions VDE d'antiparasitag
Ex	protection anti-explosion
	protection contre la poussière
	étanche à la poussière
	partie haute tension d'un appareil
	protégé contre les projections d'eau
	protégé contre les jets d'eau
	protégé contre le goutte à goutte
S	appareils à souder pour espaces confinés
GS	signe de sécurité (sécurité contrôlée)

7 Technique NC dans la construction métallique

Comme dans la plupart des professions de la technique des métaux, la technique NC prend de plus en plus de place chez les constructeurs métalliques. Un vaste champ d'applications de la technique NC s'étend de la scie circulaire à commande NC jusqu'à l'installation CNC confortable de découpe au laser.

NC est l'abréviation du terme anglais « numerical control », qui signifie à commande numérique (numérique = valeur numérique). Si ces installations sont assistées par un ordinateur intégré, on parle d'installations CNC. **CNC** est l'abréviation anglaise de « computerized numerical control », c'est-à-dire commande numérique assistée par ordinateur.

Bien que les principes d'application soient très différents, toutes les machines fonctionnent selon le même principe de base. La différence essentielle pour l'utilisateur par rapport au mode traditionnel réside dans le fait que les étapes de travail ne sont plus planifiées individuellement et réalisées les unes après les autres. Au lieu de cela, on planifie une suite complexe d'étapes de travail et, ce n'est qu'une fois la phase de planification achevée qu'elles sont exécutées les unes en rapport avec les autres, c'est-à-dire sans grande possibilité d'intervention de l'opérateur.

7.1 Flux d'information dans la technique NC

Le flux d'informations d'installations NC s'explique mieux à l'aide d'un diagramme bloc **(fig. 1)**. Il faut tout d'abord élaborer un plan de travail, en partant de données géométriques, qui existent en règle générale aujourd'hui encore sous la forme d'un dessin technique, et des informations technologiques telles que les données de l'outil, les données du matériau, etc. Dans ce plan de travail, chaque étape est définie dans un ordre judicieux, tout comme dans la technique de travail conventionnelle. Ces informations doivent ensuite être traduites en un langage de programmation. Ce langage est normalisé selon DIN 66025 et présente une structure de base identique à toutes les application NC. Le programme élaboré selon DIN 66025 est saisi à l'aide d'appareils adéquats et transformé en un code compréhensible pour les machines, qui ne connaissent que les états binaires 0 et 1. Un ordinateur de processus traite ensuite les informations codées puis les transmet sous forme de consignes de déplacement et de commutation aux moteurs d'avance et dispositifs de commutation correspondants. Ceux-ci veillent à ce que les courses souhaitées soient exécutées sous la forme et à la vitesse prévues.

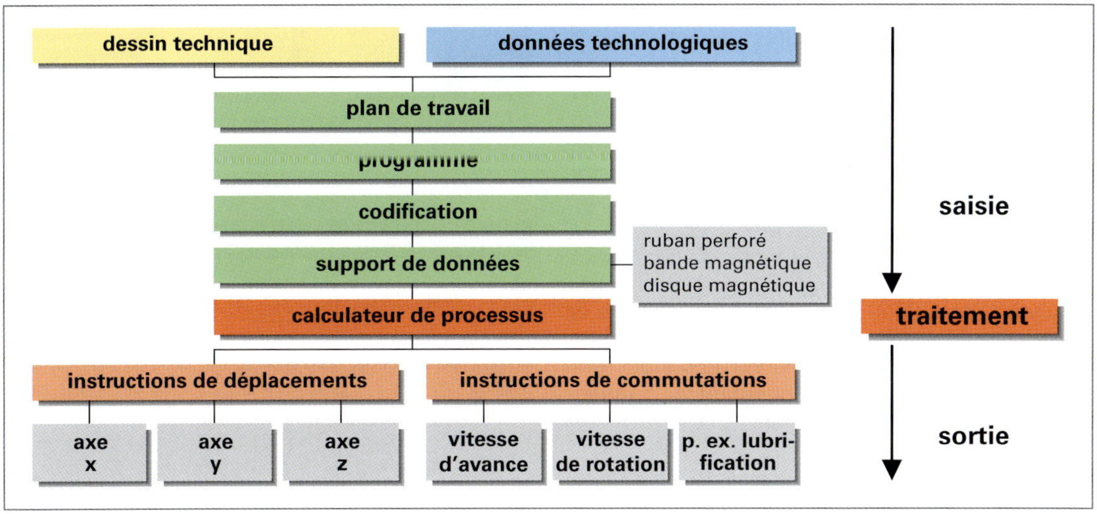

1 Traitement de l'information dans les installations CNC

Comme dans tous les processus assistés par ordinateur, on reconnaît aussi dans la technique NC la structure de base du traitement électronique des données, le principe **STS**. La saisie est réalisée par l'opérateur de la machine, le traitement des données a lieu dans l'ordinateur de processus, qui transmet aussi les données, ainsi déterminées, pour la sortie sous forme de courses de déplacement et d'instructions de commutation aux circuits correspondants.

7.2 Structure des machines NC

Selon leur fonctionnement, les machines NC doivent avoir une structure qui diverge de celle des machines habituelles. Des sous-ensembles de saisie, de traitement et de sortie des informations de fabrication sont nécessaires pour permettre le principe STS. Ces sous-ensembles sont parfaitement identifiables en prenant l'exemple d'une installation d'oxycoupage CNC **(fig. 1)**.

1 Éléments d'une machine CNC

7.2.1 Unités de saisie

Les données cryptées dans un programme NC peuvent être communiquées de façons bien différentes en vue du traitement. Dans la plupart des cas, cela se produit encore par le biais d'un panneau de commande se trouvant directement sur la machine NC. Dans de tels cas, on parle de programmation orientée atelier. Le champ de commande dispose en règle générale d'un clavier avec caractères alphabétiques (lettres) et numériques (chiffres), ainsi que de certaines touches de fonction, à l'aide desquelles une intervention directe dans les programmes ou dans leur maniement, comme p. ex. la sauvegarde, le déroulement du programme, le réglage de points zéro, etc., sont entre autres possibles. Les symboles de ces touches de fonction sont normalisés selon DIN 55003 **(tableau 1)**.

Lors de la programmation à l'aide d'un clavier, il est de plus en plus fréquent de se référer à une assistance graphique à l'écran. Dans ce mode de travail graphique interactif ou par le dialogue, le système propose à l'utilisateur des aides graphiques supplémentaires concernant les données à saisir.

Outre la saisie de programme orientée atelier, on trouve fréquemment dans les entreprises la saisie de programme par ordinateur. Les données saisies doivent alors être transportées à la station de traitement NC par une ligne directe ou par les moyens appropriés (disquettes, bandes magnétiques, etc.). Cette procédure a pour avantage que la machine n'est pas bloquée pendant la durée de saisie souvent très longue.

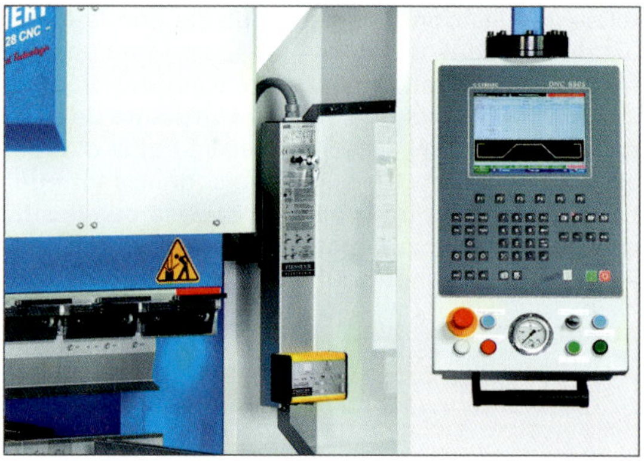

2 Champ de commande d'une machine à découper au laser

Tableau 1 : Symboles de base selon DIN 55003

	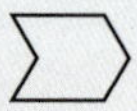	
Flèche de fonction de la machine	Support de données	Programme sans fonction machine
		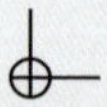
Programme avec fonction machine	séquence	point de référence

Correction de déplacement	Mémoire	modifier

Les programmes créés et saisis une fois peuvent être déposés sur des supports de stockage pour une utilisation ultérieure et pour archivage. Tandis que pour les disquettes et cassettes à bandes magnétiques, la sauvegarde de données a lieu par magnétisation ciblée, le codage de données dans les bandes perforées a lieu en perçant des trous de forme définie (code ISO, code EIA).

Pour écrire et lire des informations, des appareils d'écriture et de lecture appropriés doivent être disponibles et être reliés aux appareils de programmation et machines NC par des interfaces. Contrairement aux supports de stockage magnétiques qui sont sensibles au rayonnement thermique, aux champs magnétiques, etc., les bandes perforées doivent uniquement être protégées contre les dommages mécaniques. Les mémoires magnétiques sont toutefois moins coûteuses, permettent une durée d'accès plus courte aux données et conviennent de ce fait mieux à une utilisation économique. Ils ont largement supplanté les supports de stockage mécaniques.

7.2.2 Unité de traitement

Le coeur de la commande numérique est l'unité de traitement.

Comme elle doit accomplir plusieurs travaux différents les uns des autres, elle est toujours composée de plusieurs microprocesseurs fonctionnant en parallèle et d'un système de bus reliés les uns aux autres. Les processeurs s'acquittent pour l'essentiel des tâches suivantes :

- Transformation des données géométriques en courses (déplacements)
- Comparaison des valeurs effectives / de consigne pour régler la position
- Réglage de la vitesse des moteurs d'avance
- Régulation de la vitesse de rotation
- Communication entre toutes les unités raccordées

Toutes ces tâches doivent être réalisées avec une précision maximale à une vitesse élevée.

Processeur NC

Le processeur assume la tâche de convertir les instructions de déplacement, saisies sous forme codée par l'opérateur de la machine, en données de déplacement et de commander les moteurs d'avance correspondants avec celles-ci.

Pour les mouvements parallèles à l'axe, il s'agit d'instructions simples pour chaque moteur. Pour les droites non parallèles ou les lignes courbées, le mouvement souhaité doit toujours être produit en couplant deux mouvements linéaires ou plus. Il est ainsi p. ex. possible de réaliser un biais à 45°, deux moteurs d'avance perpendiculaires l'un à l'autre accomplissant simultanément les mêmes portions de course, appelées incréments. Pour tous les autres biais **(fig. 1)** ainsi que pour les lignes courbées **(fig. 2)**, les portions de course doivent être attribuées dans un ordre différent. Le procédé à l'aide duquel l'affectation a lieu est appelé interpolation. On fait la distinction entre l'interpolation linéaire et l'interpolation circulaire. Les plus petits incréments commutables sont de 0,001 mm, si bien que les « courbes en escalier » qui en résultent, p. ex. dans un contour oxycoupé, ne sont pas visibles. Cette affectation des tronçons de course nécessite des calculs très importants. La partie du processeur qui en est responsable est appelée interpolateur.

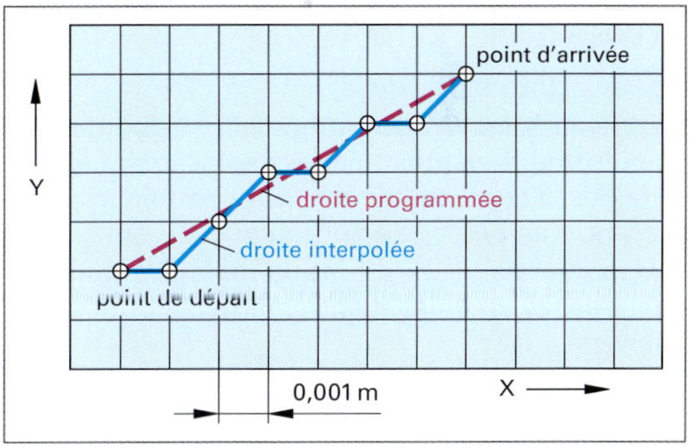

1 Interpolation linéaire

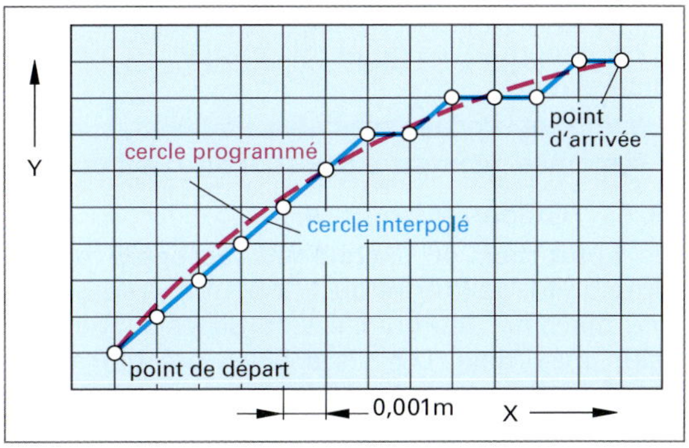

2 Interpolation circulaire

Circuit de réglage de la position

Le processeur NC définit les données de déplacement des outils, p. ex. la buse de chalumeau, la transmet en tant que valeur de consigne à l'électronique de commande des moteurs d'avance où elle est traitée sous forme d'impulsions de commande. Une certaine distance à parcourir peut ainsi être divisée en un nombre correspondant d'étapes qui peuvent alors être traitées. Les moteurs pas à pas garantissent le déplacement souhaité. S'il n'y a pas de message de retour indiquant que cette course a effectivement été accomplie et ainsi que le point de mire prévu a été atteint, on parle d'une boucle d'asservissement ouverte ou d'une chaîne de commande. L'inconvénient en est que des facteurs perturbateurs ne sont pas détectés et que l'arrivée à la position cible n'est pas contrôlée.

Pour pallier cet inconvénient, les positions sont approchées de façon régulée sur presque toutes les machines NC. Cela signifie que la position effective est interrogée tout le long du déplacement par des procédés de mesure définis et qu'un comparateur est avisé dans l'unité de traitement. Une comparaison permanente entre la valeur de consigne et la valeur effective a lieu **(fig. 1)**. Une fois la position de consigne atteinte, ce circuit de réglage de la position veille à ce que le mouvement d'avance soit interrompu.

Pour éviter tout « dépassement » de la position cible avec les commandes particulièrement puissantes, la vitesse d'avance est réduite peu avant d'atteindre les coordonnées de la cible.

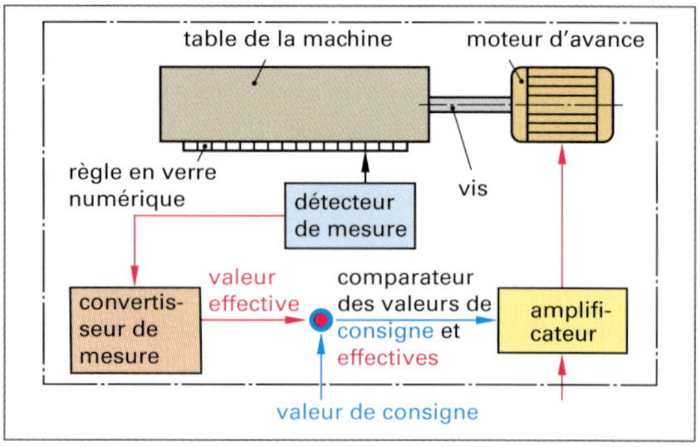

1 Réglage de la position

Régulation de la vitesse et de la vitesse de rotation

La régulation des vitesses d'avance et des vitesses de rotation a lieu d'une façon semblable à celle du réglage de la position. Les moteurs comportent des codeurs qui communiquent en permanence la vitesse de rotation ou la vitesse actuelle, qui sont comparées aux valeurs de consigne par un comparateur et si nécessaire régulées. Il y a une liaison entre la boucle d'asservissement de position et celle de la vitesse.

7.2.3 Unités de sortie

Les déplacements déterminés par l'unité de traitement doivent être transmis aux moteurs d'avance sous forme d'instructions de déplacement. Ces moteurs d'avance sont responsables de la sortie des données. Il en va de même pour l'entraînement des broches de travail telles qu'on les trouve p. ex. sur un centre de perçage à commande NC pour poutres en acier.

Des moteurs à courant continu réglables sans paliers, mais aussi des servomoteurs à courant triphasé, sont utilisés en guise d'entraînements principaux de broches, tout comme pour les entraînements des avances.

7.3 Caractéristiques constructives de machines NC

Les différences fonctionnelles décrites en 7.2 entre les machines NC et les machines conventionnelles requièrent naturellement des modifications constructives considérables, qui garantissent que les actions souhaitées peuvent se dérouler également de la manière prévue.

Outre le pupitre de commande de la machine en guise d'unité de saisie, l'ordinateur en tant qu'unité de traitement et les différents moteurs d'avance, ce sont avant tout les caractéristiques suivantes qui sont évidentes :

- guides et broches spéciales
- systèmes de mesure des courses d'avance

7.3.1 Guides et broches

Les approches ou incréments acceptés par la commande, de l'ordre du 1/1000 mm, requièrent côté machine des guides et broches d'une précision maximale. Les vis à billes précontraintes **(fig. 2)** ou les galets de guidage de précision pour les chariots d'installation d'oxycoupage permettent d'obtenir un maximum de précision.

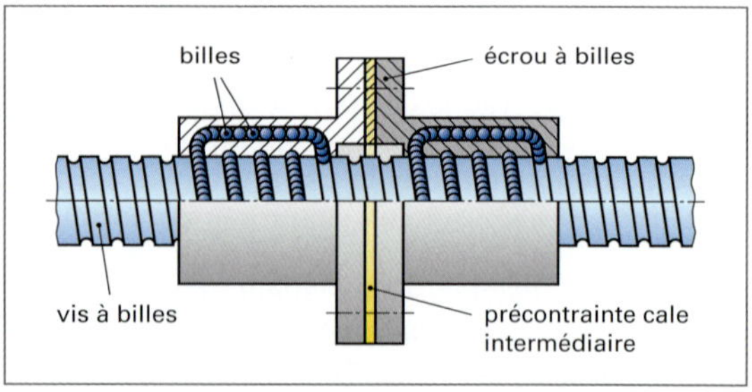

2 La précision par les vis à billes

7.3.2 Systèmes de mesure

La qualité d'une machine NC dépend pour l'essentiel de ses systèmes de mesure, qui sont en charge de la notification permanente des valeurs effectives à l'ordinateur et ainsi responsables du positionnement précis. Il existe fondamentalement deux procédés de mesure :

- Mesure absolue
- Mesure incrémentale

Dans la mesure de la **valeur absolue**, la valeur mesurée actuelle fait toujours référence à un point zéro du système de mesure.

Dans le procédé de **mesure incrémental**, la mesure a lieu par pas, d'un point au suivant. Cette procédure se laisse expliquer en s'imaginant que l'emplacement actuel pour la mesure du point suivant sert de point zéro. Le point zéro est ainsi « entraîné ». Les dispositifs de mesure de ce procédé nécessitent de ce fait une échelle graduée simple pour effectuer le comptage **(fig. 1)**. Les règles pour la mesure absolue doivent disposer d'un codage binaire car elles indiquent toujours la position absolue **(fig. 2)**. Ceci nécessite naturellement un coût de production plus élevé. L'avantage est en revanche qu'après une éventuelle coupure de courant, la position des chariots est directement identifiable lors de la remise en marche, tandis que dans la mesure incrémentale, les points de référence (les points zéro du système de mesure) doivent tout d'abord être approchés après une coupure de courant.

Des verres gradués de haute précision, avec codes - barres gravés, servent à cet effet de règles de mesure. Dans le procédé de mesure, on fait encore la distinction entre les :

- systèmes de mesure directs
- systèmes de mesure indirects

Dans les **systèmes de mesure directs**, les règles de mesure sont disposées immédiatement sur le châssis de la machine. Des palpeurs optiques, fixés sur chaque chariot, glissent le long des règles graduées lors du déplacement des chariots et déterminent ainsi directement les courses d'avance **(fig. 3)**.

Dans la **mesure de course indirecte**, le mouvement d'un capteur rotatif se trouvant sur la broche de travail est mesuré. La course accomplie par le chariot est ainsi déterminée indirectement à partir du nombre de rotations ou de l'angle de rotation **(fig. 4)**.

Les procédés de mesure (absolu ou incrémental) et les systèmes de mesure (directs et indirects) peuvent être combinés à volonté.

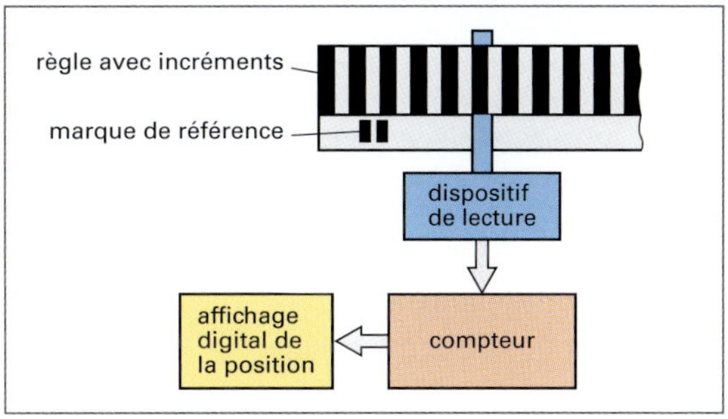

1 Echelle graduée pour compter les incréments

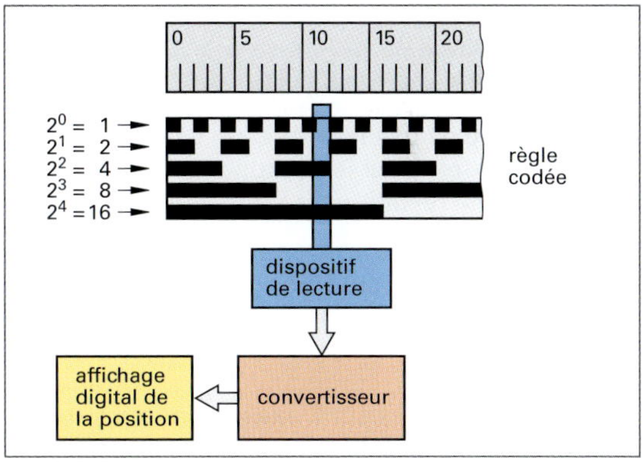

2 Règle de mesure avec codage binaire

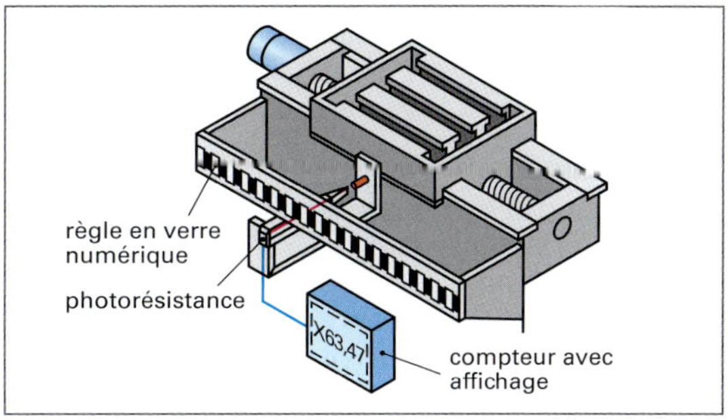

3 Mesure de course directe

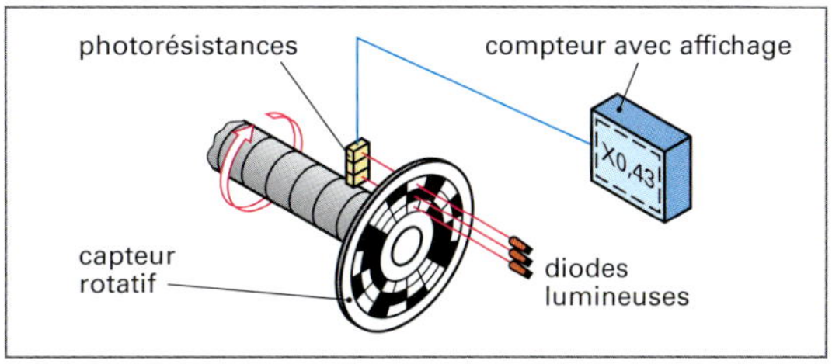

4 Mesure de course indirecte

7.4 Types de commandes

Lors de la programmation de machines NC, on part du principe que l'outil exécute les mouvements et que la pièce ne quitte pas sa position. Selon le type de mouvements réalisés, on fait la distinction entre les :

- commandes point par point
- commandes paraxiales
- commandes de contournage

Le type le plus simple est la **commande point par point**. Avec elle, les points cibles sont approchés par le trajet le plus court, en marche rapide. Aucun usinage n'a lieu pendant le déplacement. Aujourd'hui, les commandes ponctuelles sont extrêmement rares et ne sont plus utilisées que dans les automates de perçage et les automates de soudage par points **(fig. 1)**.

La **commande paraxiale** permet un usinage parallèle aux axes, p. ex. pour le découpage au chalumeau d'une encoche rectangulaire **(fig. 1 au milieu)**.

La plupart des machines disposent aujourd'hui de **commandes de contournage** ou de trajectoire. N'importe quelle courbe ou trajectoire est ainsi possible. Pour une commande de trajectoire 2D, des déplacements commandés par ordinateur peuvent être réalisés sur 2 axes, et même sur 3 niveaux pour une commande de trajectoire 3D. Ceci permet de réaliser n'importe quelle forme dans l'espace **(fig. 1 en bas)**.

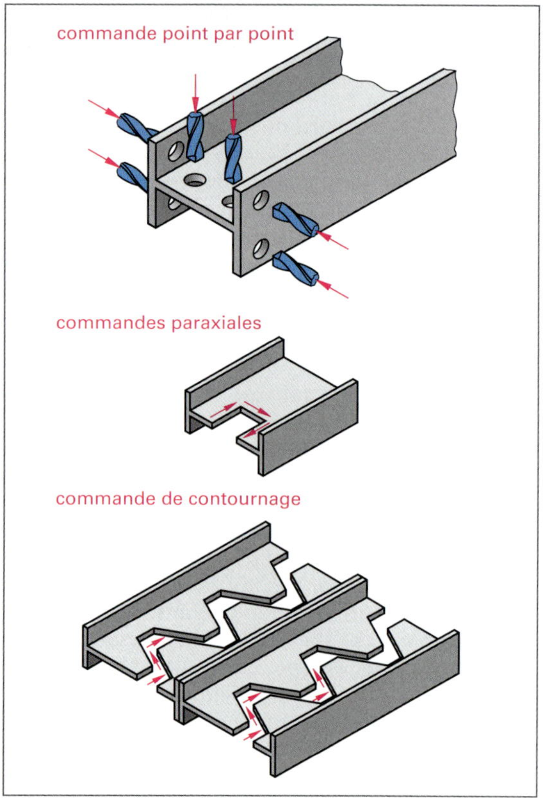

1 Types de commandes

7.5 Systèmes de coordonnées

Pour que les déplacements des machines puissent aussi être définis, des axes de coordonnées doivent être attribués aux courses de déplacement.

Coordonnées cartésiennes

La position des axes dans le système de coordonnées cartésien (perpendiculaire) peut être exprimée par la règle de la main droite **(fig. 2)**. L'axe Z est toujours dans la direction de l'axe de l'outil, l'axe X et l'axe Y étant perpendiculaires à celui-là. Les mouvements de rotation autour de ces axes sont désignés avec A, B et C **(fig. 2 à droite)**.

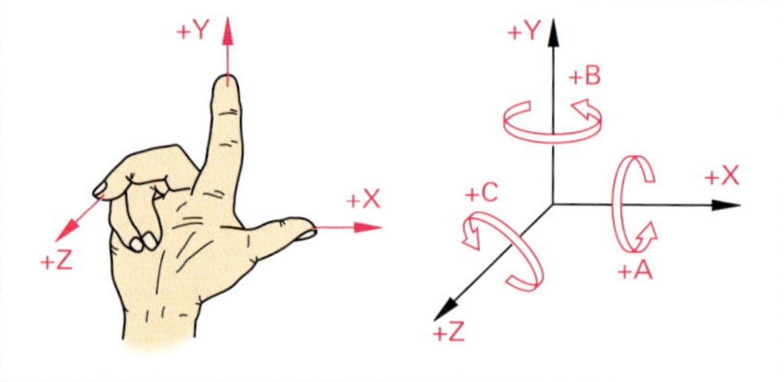

2 Axes dans le système de coordonnées cartésien

Coordonnées polaires

Les coordonnées polaires sont fréquemment utilisées pour définir des images de perçage. À cet effet, chaque point est défini en indiquant son angle par rapport à l'horizontale et le rayon par rapport à l'origine des coordonnées. Les angles sont pour cela comptés dans le sens contraire des aiguilles d'une montre, en partant de l'axe X positif. En cas de besoin, une conversion des coordonnées polaires en coordonnées cartésiennes est possible à l'aide des fonctions trigonométriques **(fig. 3 à droite)**.

cartésien			polaire		

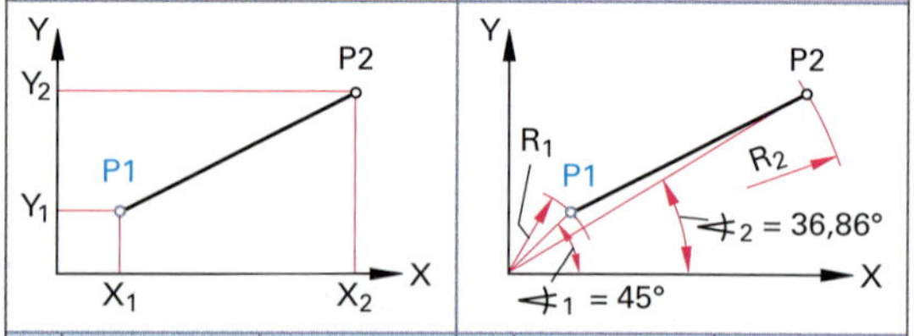

P1	$X_1 = 10$	$Y_1 = 10$	P1	$R_1 = 14{,}14$	$∢_1 = 45°$
P2	$X_2 = 40$	$Y_2 = 30$	P2	$R_2 = 50$	$∢_2 = 36{,}86°$

3 Comparaison coordonnées cartésiennes/polaires

7.6 Structure d'un programme

La création de programmes est la mission du spécialiste qui connaît les rapports entre les données géométriques et technologiques et les met en oeuvre en conséquence. Les règles en vertu desquelles un tel programme est développé sont définies sous forme d'un langage de programmation. DIN 66025 est la base de la programmation de commandes NC. Quasiment tous les fabricants de commandes s'en tiennent à cette base.

Les programmes NC selon DIN 66025 disposent tous de la même structure. Ils sont composés de **séquences** individuelles. Celles-ci comportent à leur tour un nombre différent de **mots**. En tant que plus petites unités, les mots ont une **adresse** avec le **contenu** correspondant.

Des informations **géométriques, technologiques, d'identification de bloc** et autres peuvent être contenues dans chaque ligne sous forme codée **(fig. 1)**.

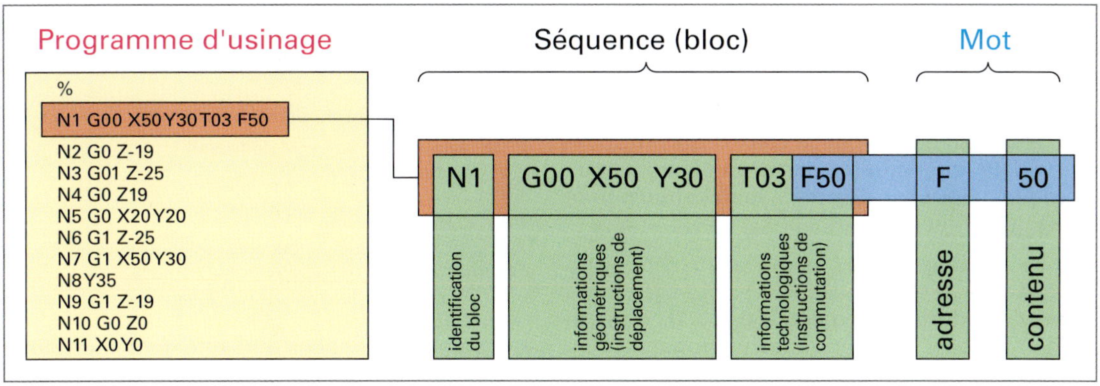

1 Structure des programmes NC

Combiner des mots différents avec des adresses différentes mais aussi identiques, donne des informations que la commande peut lire et traiter. L'ordre des lettres d'adresse, appelé **format de la ligne**, est également normalisé dans DIN 66025 :

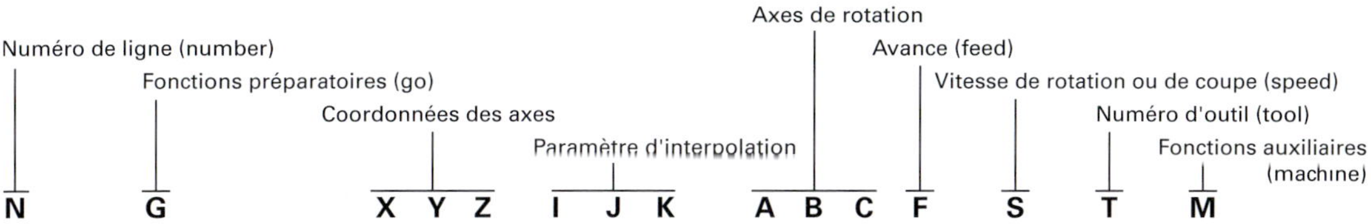

Les premières commandes NC, ayant été développées aux États-Unis, la plupart des lettres d'adresse sont des abréviations des expressions spécialisées anglaises comme p. ex. avance F (feed) ou outil T (tool) :

7.6.1 Informations techniques de programmation

Les informations en technique de programmation permettent de garantir un déroulement sans heurts du programme. Les informations les plus importantes en technique de programmation sont le symbole « % » pour le début du programme ainsi que l'adresse N pour le numéro de ligne. Normalement, un programme est traité dans l'ordre des numéros de ligne. Des mesures adéquates peuvent toutefois avoir pour effet que certaines lignes ou suites les lignes soient sautées (lignes masquées) ou traitées plusieurs fois (technique de sous-programmes).

Signes imprimables		Signes non imprimables	
Signes	**Signification**	**Signes**	**Signification**
%	Début du programme, également arrêt inconditionnel de la réinitialisation du programme	HT LF/NL	Tabulateur Fin de ligne, aussi avance programme de ligne *(Line Feed)* ou avance de ligne avec retour chariot *(New Line)*
(	Début d'un commentaire		
)	Fin d'un commentaire		
+	plus	CR	Retour de chariot *(Carriage return)*
,	virgule		
–	moins	SP	Espace *(Space)*
		DEL	Supprimer *(Delete)*
.	point décimal	NUL	Caractère vide *(Null)*
/	masquer une ligne	BS	Pas en arrière *(Backspace)*

2 Exemples de signes technique de programmation

7.6.2 Informations géométriques

Les informations géométriques sont composées des conditions de trajectoire et des coordonnées cibles. Elles décrivent aussi bien la course qu'un outil doit parcourir, en indiquant les coordonnées du point cible mais aussi les conditions dans lesquelles cette course doit être réalisée, p. ex. si un outil est déplacé en avance rapide (G00) ou en vitesse d'avance programmée, de façon linéaire (G01) ou circulaire dans le sens des aiguilles d'une montre (G02) ou le sens contraire des aiguilles d'une montre (G03).

Les conditions de trajectoire sont composées de la lettre d'adresse G et d'un nombre à deux chiffres. Elles peuvent être effectives par ligne ou de façon modale. Les conditions de trajectoire les plus importantes sont normalisées **(tableau 1)**. La norme laisse aux fabricants de commandes une marge limitée dans laquelle ceux-ci doivent pouvoir définir leurs propres numéros dépendant de la commande, pour des prestations supplémentaires déterminées.

Tableau 1 : Conditions de course

G00	Positionnement en avance rapide
G01	Interpolation linéaire
G02	Interpolation circulaire sens horaire
G03	Interpolation circulaire sens anti-horaire
G04	Temporisation
G05	libre
G17	Choix du plan XY
G18	Choix du plan XZ
G19	Choix du plan YZ
G40	Annulation de la correction de trajectoire d'outil
G41	Correction de trajectoire d'outil, gauche
G42	Correction de trajectoire d'outil, droite
G43	Correction de trajectoire d'outil, positive
G44	Correction de trajectoire d'outil, négative
G53	Annulation du décalage de point zéro
G54	Déplacement du point zéro
|	
G59	Déplacement du point zéro
G80	Annulation du cycle de travail
G81	Cycle de travail
|	
G89	Cycle de travail
G90	Indications des cotes en absolu
G91	Indications des cotes incrémentales

Les coordonnées cibles peuvent au choix être indiquées en tant que valeurs absolues (G90) ou valeurs relatives (incrémentales) (G91). Dans la programmation en valeur absolue, toutes les indications de coordonnées font référence à un point zéro du programme devant être défini avant le programme. Les signes décident dans quel cadrant (quart de cercle) le point cible défini se trouve **(tableau 2)**. Dans la programmation par valeur relative ou incrémentale, c'est toujours le point actuel qui sert de point zéro pour définir le point suivant (voir procédé de mesure incrémental). C'est donc le trajet devant être parcouru qui est programmé directement. L'indication des signes permet de déterminer le sens de la trajectoire.

Tableau 2 : Comparaison entre la programmation en absolu et incrémental

Absolu G90

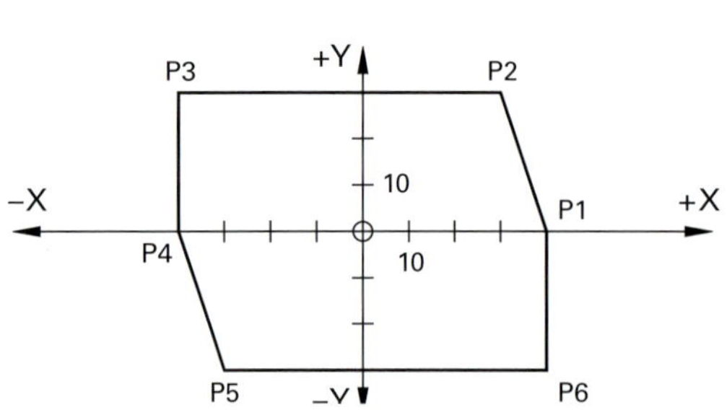

Incrémental G91

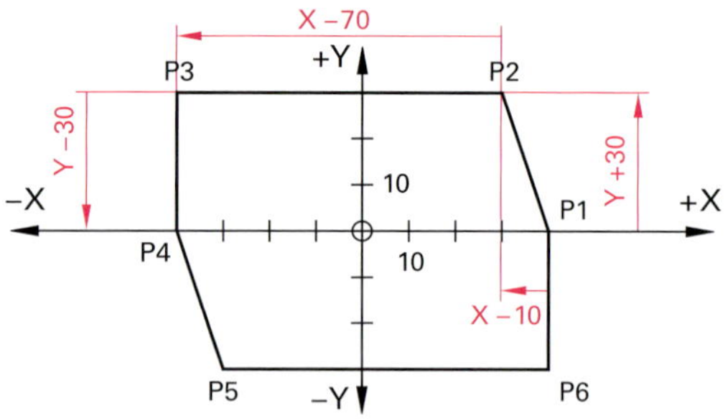

	X	Y		X	Y
P1	40	0	**P1**	Start	Start
P2	30	30	**P2**	– 10	30
P3	– 40	30	**P3**	– 70	0
P4	– 40	0	**P4**	0	– 30
P5	– 30	– 30	**P5**	10	– 30
P6	40	– 30	**P6**	70	0
P1	40	0	**P1**	0	30

7.6.3 Informations technologiques

Les informations technologiques sont au sens le plus large les valeurs de paramétrage de la machine. En fonction du procédé d'usinage, il peut p. ex. s'agir de la vitesse de rotation de la broche S, de la vitesse d'avance F, de l'outil T, etc. Elles sont composées d'une lettre d'adresse et d'une indication de valeur. Les informations technologiques sont effectives de façon modale, c'est-à-dire qu'elles agissent jusqu'à ce qu'elles soient modifiées dans le programme **(tableau 1)**.

Tableau 1 : Informations technologiques

Adresse	Fonction	Exemple
S (speed) vitesse	Définition de la vitesse de la broche ou la vitesse de coupe	S1000 = Vitesse de 1'000 tr/min
T (tool) outil	Numéro d'outil et évent. numéro de correction ou poste de l'outil dans chargeur d'outils	T0301=outil 3 à la place 1 du chargeur d'outils
F (feed) avance	Vitesse d'avance en mm/min. pour des déplacements linéaires ou en mm/trs. Pour des mouvements rotatifs	F500 = avance 500 mm/min ; F0,1 = avance 0,1 mm/tr

7.6.4 Informations supplémentaires

Les informations supplémentaires sont pour l'essentiel des consignes de commutation qui se réfèrent à certaines fonctions de la machine. Un nombre à deux chiffres, qui donne des renseignements sur le type de fonction, est accolé à la lettre d'adresse M **(tableau 2)**. Il peut à cet effet s'agir de consignes les plus diverses pour différents procédés d'usinage, M04 étant p. ex pour le perçage, le tournage et le fraisage l'ordre pour « broche en marche à gauche » ou pour l'oxycoupage l'ordre pour « découpe allumée ».

Les lignes de programme sont lues par blocs. La commande décide ensuite quelle adresse est prioritaire. La broche de travail M03 doit p. ex. être allumée avant d'introduire le mouvement de course du foret G01 sur un automate de perçage. La commande doit donc « prélire » l'adresse M03.

Tableau 2 : Fonctions supplémentaires

Fonction supplémentaire	Signification	Effectif immédiatement	Effectif à la fin d'un bloc	Effectif mémorisé	Effectif bloc par bloc
M00	Arrêt programmé		x		x
M02	Fin de programme		x		x
M03	Broche en sens horaire (rotation à droite)	x		x	
M04	Broche en sens anti-horaire (rotation à gauche)	x		x	
M05	Arrêt de la broche		x	x	
M06	Changement d'outil				x
M07	Refroidissement enclenché, ON	x		x	
M09	Refroidissement déclenché, OFF		x	x	
M30	Fin de programme avec réinitialisation		x		x

Contrôlez vos connaissances

1 Décrivez la différence entre NC et CNC.

2 Attribuez aux termes Saisie, Traitement et Sortie les unités de fonction correspondantes de machines CNC.

3 Quand parle-t-on de programmation orientée atelier ?

4 Quelle tâche satisfait le processeur NC ou une commande CNC ?

5 Expliquez la différence entre un positionnement commandé et régulé.

6 En quoi les machines NC se distinguent elles des machines conventionnelles ?

7 Décrivez la différence entre la mesure en absolu et la mesure en incrémental.

8 Dans les machines NC, comment la mesure de course directe et indirecte est-elle réalisée ?

9 Explicitez les trois types de commande avec un exemple.

10 Grâce à quelles indications les points sont-ils définis dans un système de coordonnées cartésien ou polaire ?

11 Recherchez pour les points des coins (numérotés de 1 – 20) dans le schéma ci-dessous les coordonnées absolues et incrémentales. (Créez un tableau de coordonnées).

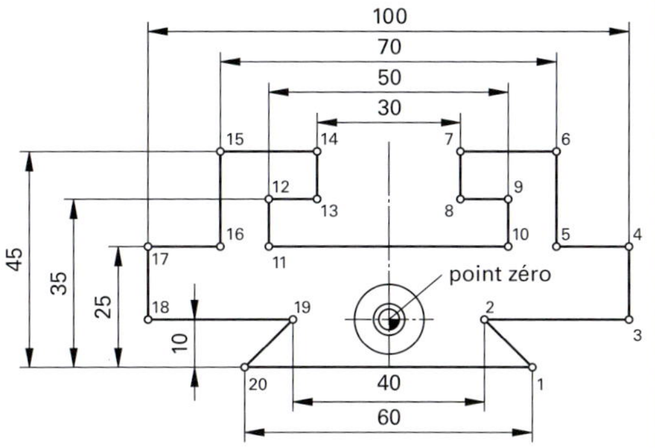

7.7 Programmation manuelle

On entend par programmation manuelle la conversion d'un plan de travail dans un langage compréhensible par les commandes NC.

7.7.1 Procédure de création d'un programme

La procédure de création d'un programme va être examinée avec l'exemple du perçage des trous d'une plaque **(fig. 1)**. Les étapes de travail sont pour cela toujours les mêmes.

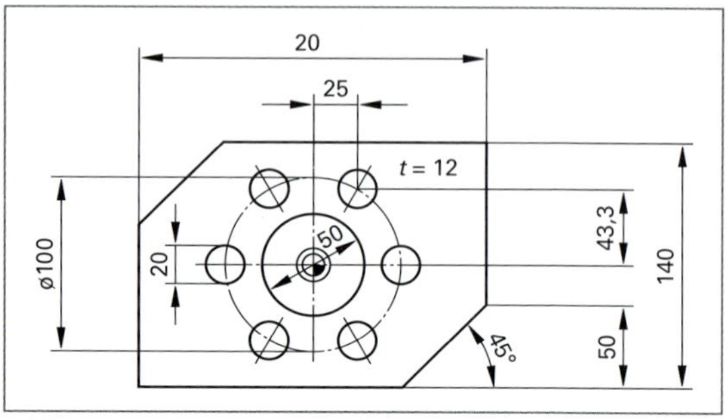

1 Plaque

Etape de travail	Action	Exemple
Etape 1	Choix du point zéro	Le centre de la plaque convient dans ce cas en tant que point zéro en raison de la symétrie des cotes. Le décalage nécessaire du point zéro est réalisé directement sur la machine.
Etape 2	Déterminer les coordonnées • Programmation en valeur absolue • Programmation en valeur incrémentale	Les coordonnées de tous les centres des trous doivent être connues. Si l'on travaille dans un système de coordonnées polaires, les coordonnées peuvent être déterminées facilement en indiquant le rayon du trou et l'angle. Dans un système de coordonnées cartésien, les coordonnées doivent être déterminées avec les fonctions trigonométriques sin et cos. Le rayon est à cet effet l'hypoténuse. Dans les deux cas, la programmation en absolu (G90) est adaptée.
Etape 3	Créer le plan de travail : • Définir les déplacements • Choix des outils • Déterminer la vitesse de rotation, avance, lubrification et autres	Le perçage se trouvant sur l'axe X positif doit être percé en premier. Les 5 trous suivants sont ensuite réalisés dans le sens contraire des aiguilles d'une montre. Les distances X etY déterminées par le calcul donnent les coordonnées recherchées avec le signe correspondant. La vitesse de rotation de la broche, adaptée au diamètre de l'outil, est de 700 tr/min et l'avance est de 0,1 mm/tr. L'avance pour le positionnement de l'outil de perçage ne doit pas être définie car les déplacements sont accomplis en marche rapide G00.
Etape 4	Elaboration du programme	Chaque étape de travail est traduite en langage de programmation selon DIN 66025 (voir 7.7.2).
Etape 5	Introduction du programme	Le programme développé est saisi, testé puis traité à l'aide des appareils de saisie correspondants.

7.7.2 Programme d'usinage

N	G	X	Y	Z	F	S	T	M	Remarque
1	00/90	50	0		0,1	700	01	03/08	Saisie de valeur absolue, approche sur le premier perçage en marche rapide
2	00			1					Abaissement du foret, broche en marche à droite, lubrification enclenchée ON
3	01			-20					Perçage du premier trou
4	00			1					Sortie du premier trou
5	00	25	43.3						Approche du deuxième trou
6	01			-20					Perçage deuxième trou
7	00			1					Sortie du deuxième trou
8	00	-25							Approche du troisième trou
9	01			-20					Perçage du troisième trou
10	00			1					Sortie du troisième trou
11	00	-50	0						Approche du quatrième trou
12	01			-20					Perçage du quatrième trou
13	00			1					Sortie du quatrième trou
14	00	-25	-43.3						Approche du cinquième trou
15	01			-20					Perçage du cinquième trou
16	00			1					Sortie du cinquième trou
17	00	25							Approche du sixième trou
18	01			-20					Perçage du sixième trou
19	00			1				05/09	Sortie du sixième trou, broche arrêtée, lubrifiant déclenché, OFF
20	00	X_W	Y_X					30	Approche du point de changement d'outil – Fin du programme

7.7.3 Correction de la trajectoire de l'outil

Lors de l'approche du centre du perçage de la plaque, les valeurs de coordonnées nécessaires peuvent être prises directement sur le dessin ou déterminées à l'aide d'un calcul simple, parce que le centre de l'outil doit correspondre avec celui du perçage. Si le contour extérieur ou intérieur de la plaque doit être réalisé soit avec une fraise, avec l'oxycoupage ou avec le rayon laser d'une installation de découpe au laser, les trajectoires des centres ne sont pas identiques aux contours cotés sur le dessin. La trajectoire de l'outil doit être décalée de la moitié du diamètre de l'outil ou de la moitié du diamètre de coupe vers l'extérieur ou l'intérieur.

La trajectoire des centres de l'outil d'usinage, qui passe à une distance constante du contour de la pièce, est appelée équidistance.

Si la trajectoire de l'outil est déplacée dans le sens d'usinage vers la gauche, l'appel de la correction a lieu par l'adresse G41, un décalage de la trajectoire de l'outil dans le sens de l'usinage vers la droite a lieu par G42.

L'appel des adresses de correction doit avoir lieu dans la séquence dans laquelle la trajectoire d'approche du futur contour de la pièce est défini. La commande calcule elle-même l'importance du décalage de l'outil, ainsi que les coordonnées ou équidistances. La condition est que les données de l'outil (valeurs de correction) lui soit notifiées et soient gérées comme faisant partie de l'outil (adresse T). Pour les outils d'usinage par enlèvement de copeaux , il s'agit des valeurs de diamètre pour les outils tournants (p. ex. diamètre de la fraise), de la taille du rayon de coupe pour les outils fixes (p. ex. rayon du burin) et des longueurs d'outils correspondantes. Dans l'oxycoupage, c'est la cote du diamètre de la torche qui fait référence pour le décalage. Ce type de correction de trajectoire offre la possibilité de programmer un contour de pièce extérieur ou intérieur sans devoir tout d'abord considérer les cotes de l'outil. Celles-ci ne sont utilisées qu'en cas de besoin et peuvent aussi être modifiées à tout instant.

La correction de trajectoire de l'outil doit à nouveau être effacée, par l'adresse G40, après avoir quitté le contour.

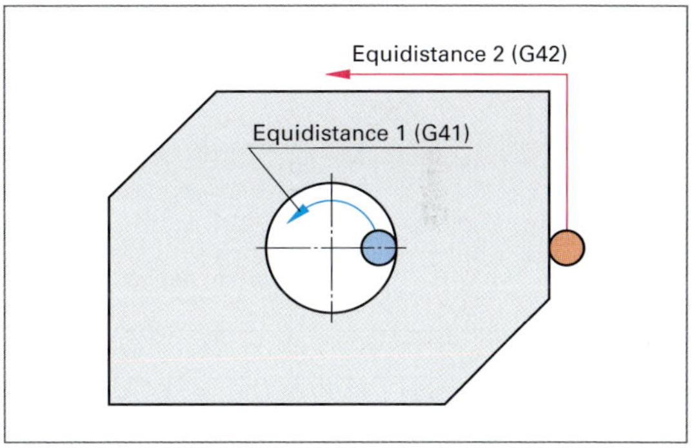

1 Trajectoires d'outils pour G41 et G42

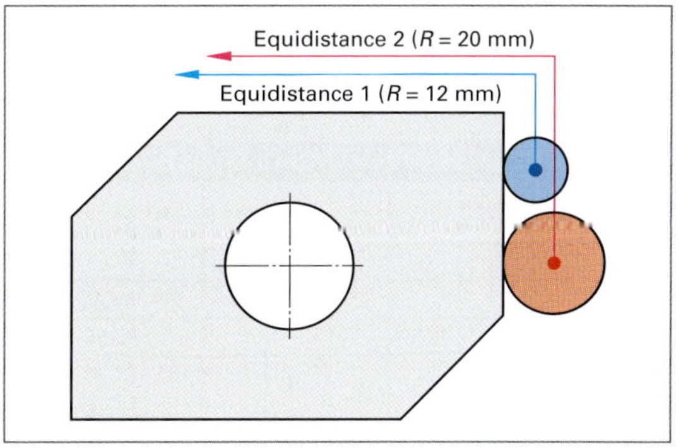

2 Équidistances pour différents diamètres d'outil

7.7.4 Programmation de cercles

Les lignes droites sont définies géométriquement de façon indubitable en indiquant leur point de départ et d'arrivée. Quand l'emplacement de l'outil choisi en dernier sert de point de départ, il ne reste plus qu'à programmer la position du point final de la droite en absolu ou incrémental.

Pour les cercles ou arcs de cercle en revanche, indiquer les points de départ et d'arrivée seuls ne suffit pas pour décrire exactement la ligne de contournage. Il faut indiquer au moins un autre point de référence. On y parvient en indiquant soit le rayon soit les coordonnées du centre du cercle. L'indication des coordonnées peut être réalisée aussi bien en mode absolu (G90) qu'en mode incrémental (G91).

Comme dans l'indication de coordonnées, les adresses X, Y et Z sont réservées aux déplacements, d'autres adresses doivent être choisies pour indiquer les coordonnées du centre sur les axes X, Y et Z. Les adresses « auxiliaires » sont I pour l'axe X, J pour l'axe Y et K pour l'axe Z.

L'indication du sens de déplacement dans lequel le cercle doit être généré a lieu par la lettre d'adresse G02 pour le mouvement dans le sens des aiguilles d'une montre et G03 pour le mouvement dans le sens contraire des aiguilles d'une montre.

Programmation de cercles absolue

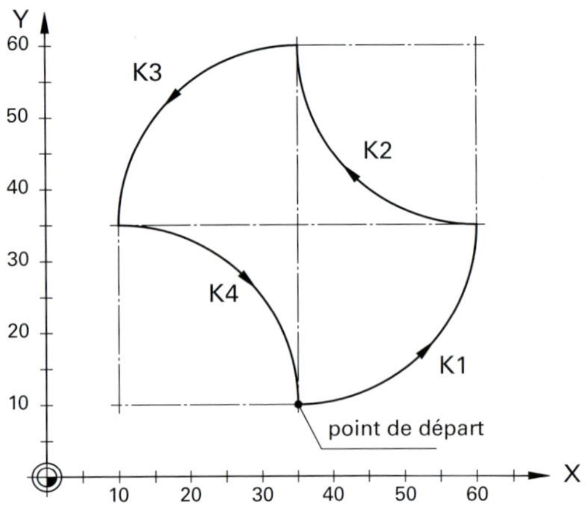

	G	X	Y	I	J
K1	03	60	35	0	25
K2	02	35	60	0	25
K3	03	10	35	0	– 25
K4	02	35	10	0	– 25

Programmation de cercles incrémentale

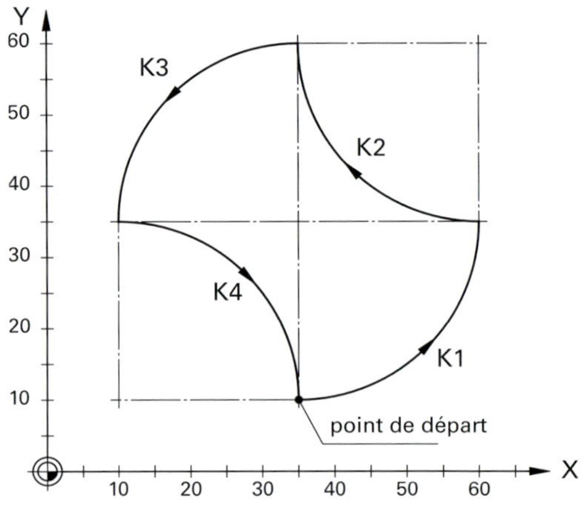

	G	X	Y	I	J
K1	03	25	25	0	25
K2	02	– 25	25	0	25
K3	03	– 25	– 25	0	– 25
K4	02	25	– 25	0	– 25

1 Programmation d'arcs de cercle

En tenant compte de la correction de la trajectoire de l'outil et des prescriptions pour la programmation du cercle, le programme pour l'usinage par oxycoupage de la plaque pourrait être comme suit (le point zéro du programme reste au centre) :

N	G	X	Y	I	J	T	F	M	Remarque	
1	00	Xw	Yw			04	200		Le point de changement d'outil est approché, changement d'outil	programme pour cercle intérieur
2	00	0	0						Approche du point de perçage intérieur	
3	04						20	08	Préchauffage et perçage, durée de 20 sec.	
4	01/41	0	25					04	Approche du contour intérieur de la pièce	
5	03	0	25	0	-25				Usinage du contour intérieur (décalage à gauche correspondant au rayon)	
6	00/40	0	0					05	Dégagement avec effacement de la correction d'outil, coupure du chalumeau, OFF	
7	42	-110	-70						Approche du point de perçage pour le contour extérieur	programme pour contournage extérieur
8	04						20	08	Préchauffage et perçage (comme ligne N3)	
9	01	50	-70					05	Découpe limite inférieure contour extérieur (décalage à droite)	
10	01	100	-20						Découpe biais inférieur droit	
11	01	100	70						Découpe limite droite contour extérieur	
12	01	-50	70						Découpe limite supérieure contour extérieur	
13	01	-100	20						Découpe biais supérieur gauche	
14	01	-100	-70						Découpe limite gauche contour extérieur	
15	01/40	-100	-80						Découpe contour inférieur extérieur	
16		Xw	Yw					04 30	Fin du programme, saut vers le début du programme, Annulation de la correction de l'outil	

7.7.5 Cycles d'usinage

Dans la plupart des commandes CNC, certaines étapes survenant fréquemment, comme p. ex. la fabrication d'un taraudage avec le changement répétitif de sens de rotation, le préchauffage suivi de la découpe à l'oxycoupage ou la réalisation d'un perçage profond avec les différentes étapes de perçage, sont pourvues d'adresses séparées en tant que cycles d'usinage. La norme DIN 66025 définit certains mais pas tous les cycles possibles. Les fabricants des commandes réservent certains secteurs d'adresse pour la définition des cycles d'usinage.

La mission de l'opérateur consiste donc à se familiariser avec les cycles spécifiques à la commande avant de manipuler une machine.

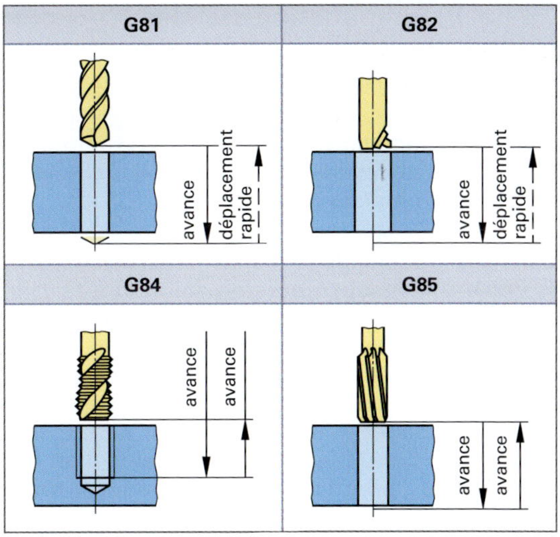

1 Exemples de cycles d'usinage

7.7.6 Technique de sous-programme

Lors de la création d'un programme d'usinage, il est tout à fait concevable que certaines parties ou sections des pièces à usiner se répètent à d'autres positions. Tout comme dans d'autres langages de programmation, DIN 66025 ouvre la possibilité de rassembler les parties de programmes répétitives sous forme d'un sous-programme. Ce sous-programme peut être ouvert à n'importe quel endroit sous l'adresse L.

La condition pour un traitement réussi du sous-programme est néanmoins que les indications de coordonnées soient valides dans la nouvelle position. Ceci peut être obtenu par deux techniques de programmation différentes. D'une part, le sous-programme peut être écrit dans G91 (programmation incrémentale) et être mis à disposition à l'emplacement souhaité.

La méthode appliquée souvent consistent à décaler le point zéro avant d'ouvrir le sous-programme, puis de l'exécuter par les coordonnées absolues. Les adresses G54 à G59 sont réservées aux décalages du point zéro, lesquels sont effacés par G53. La **fig. 2** montre un programme dans lequel neuf pièces identiques sont découpées dans une plaque par le décalage du point zéro et l'ouverture du sous - programme.

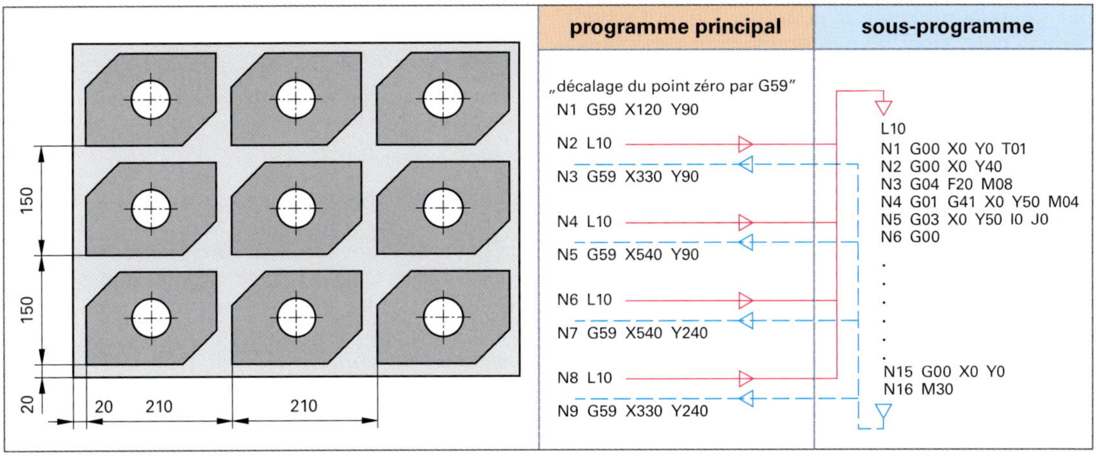

2 Technique de sous-programme avec décalage du point zéro

7.8 Programmation assistée

Outre la possibilité de programmation selon DIN 66025, les fabricants de commandes CNC mettent de plus en plus à disposition des procédés de programmation confortables.

En programmation machine, un programme source est généré en décrivant les contours de la pièce et les trajectoires des outils à l'aide des éléments géométriques point, ligne et cercle, dans un langage de programmation plus élaboré.

Cette description du contour est réalisée de manière différente, en fonction du système. La plupart des systèmes guident le programmateur dans le cadre d'un langage de dialogue graphique. Ceci simplifie considérablement la programmation, car ce ne sont plus des lettres d'adresses individuelles qui doivent être données, mais uniquement les éléments géométriques souhaités issus d'une offre limitée (menu) qui doivent être choisis. Les indications nécessaires à la détermination géométrique précise de ces éléments sont demandées par le système de programmation. Ceci s'applique essentiellement aussi au choix et à la détermination de la position des outils d'usinage. À partir de ce programme source ainsi créé, il faut générer, à l'aide d'un module logiciel appelé post-processeur dans le langage technique, un programme spécial pouvant fonctionner sur la machine. Ceci a toutefois lieu au sein de l'ordinateur, ce qui signifie que l'opérateur de la machine n'est pas directement concerné par cette traduction.

Lors de la création de programmes pour des **pièces semblables**, on a de plus en plus recours à la programmation paramétrée, c'est-à-dire que les cotes qui changent sont remplacées par des paramètres I1, I2 ... et que dans le cas concret on n'utilise plus qu'un chiffre. Ceci a pour avantage qu'un seul programme doit être créé et géré pour plusieurs pièces.

7.8.1 Création d'un programme dans la préparation du travail

Les heures de travail de machines d'usinage CNC hautement technologiques sont coûteuses. Comme elles ne sont pas disponibles pour l'usinage, ou dans une mesure limitée, pendant la durée de programmation, on essaie, dans la mesure du possible de délocaliser la programmation de la machine dans un bureau central. Dans les grandes entreprises de l'industrie de transformation du métal, on génère tout d'abord de cette façon un programme indépendant de la commande. Ce n'est qu'une fois que l'on sait sur quel type de machine la pièce sera usinée, qu'un programme d'usinage pour cette machine peut être traduit par un post-processeur adéquat. Un ordinateur central peut ainsi alimenter plusieurs machines NC en programmes. Ce procédé est appelé mode DNC (DNC = direct numerical control).

1 Création de programme mécanique dans la préparation du travail

7.8.2 Procédés CAO/FAO

Dans les bureaux d'études, les dessins techniques sont essentiellement produits avec une assistance informatique. Cela signifie que, tout comme pour la programmation mécanique de machines CNC, le plan est généré comme une suite enchaînée d'éléments géométriques (droites, cercles, arcs de cercle, etc.). Les installations qui permettent cela sont appelées systèmes **CAD** (CAD = **c**omputer **a**ided **d**esign = **C**onception **A**ssistée par **O**rdinateur). L'ordinateur connaît aussi les données géométriques (les coordonnées) de chaque élément. Si elles peuvent être mises à disposition pour la suite de l'utilisation dans le cadre d'un programme CNC, on obtient un gain de temps considérable. Le risque d'erreur de transmission se trouve fortement réduit. La liaison directe entre la conception assistée par ordinateur (CAD) et la fabrication assistée par ordinateur CAM = computer aided manufactoring = Fabrication Assistée par Ordinateur) est décrite par l'acronyme CAO/FAO et représente actuellement un niveau très élevé d'automatisation de la fabrication.

7.9 Application de la technique NC dans la pratique de la construction métallique

Les origines de la technique NC se trouvent dans le secteur de la fabrication par enlèvement de copeaux. Il s'agit encore aujourd'hui du plus important domaine d'application. Depuis, d'autres branches de fabrication ont de plus en plus recours à la simplification par la technique NC, notamment en construction métallique. Les applications en construction métallique vont des simples dispositifs de perçage à commande NC jusqu'aux automates de poinçonnage et grignotage, en passant par le sciage, les installations d'oxycoupage, l'usinage au laser et au jet d'eau et aux machines de pliage de tôle. Compte tenu du grand nombre d'applications, seules les plus importantes pour le constructeur métallique seront traitées ici.

7.9.1 Installations d'oxycoupage CNC

Dans l'oxycoupage, on peut tout d'abord faire la distinction entre deux procédés différents :

- la découpe de pièces plates et
- la découpe de pièces profilées.

Pour les pièces plates, la forme géométrique d'une pièce en tôle est la finalité pour l'usinage. La forme du contour doit être saisie dans un langage de programmation approprié, directement ou dans la boîte de dialogue, comme décrit dans le sous-chapitre 7.7. Le programmateur obtiendra de l'assistance en ce sens que le contour est mis à disposition depuis un système CAO et qu'il ne lui reste plus qu'à compléter les données technologiques, ou que le langage de dialogue de l'appareil de programmation comporte un guide très étendu, par des questions et des menus **(fig. 1)**.

Il existe aussi un grand champ d'application pour les commandes NC dans le domaine de la construction métallique où des flasques, encochages (grugeages), découpes, etc. sont fabriqués par découpe automatique au chalumeau **(fig. 2)**. Les machines d'oxycoupage CNC permettent de réaliser des formes très complexes, telles qu'elles sont utilisées dans la construction métallique, mais aussi dans le domaine de l'artisanat d'art **(fig. 3)**. Il est également possible d'automatiser la préparation des soudures.

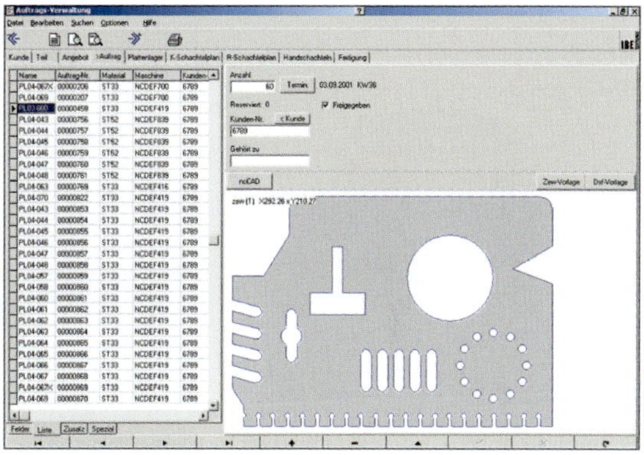

1 Contour d'oxycoupage provenant d'un système CAO

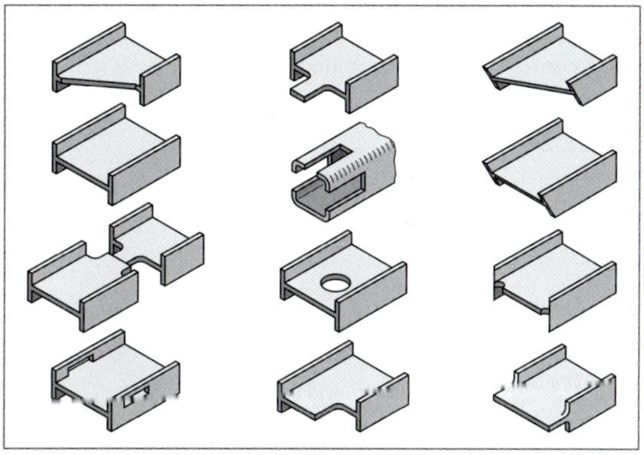

2 Exemples d'oxycoupages dans la construction métallique

3 Fabrication de formes compliquées en 3 dimensions, préparation automatisée des soudures

Des machines disposant de plusieurs chalumeaux qui fonctionnent simultanément conviennent pour une fabrication particulièrement rationnelle **(fig. 3)**. Le pivotement du chalumeau dans plusieurs directions et la rotation de la pièce nécessitent des commandes à plusieurs axes **(fig. 1 + 2)**.

1 Selon la norme, des préparations de cordons de soudure avec angle d'ouverture variable sont exigées. C'est pourquoi le chalumeau peut se déplacer longitudinalement et transversalement sur plusieurs niveaux.

2 Machine d'oxycoupage de tubes avec commande numérique à six axes, assistée par ordinateur, servant à la découpe thermique d'ajustements et de pénétrations pour des embranchement tubulaires centrés et décentrés.

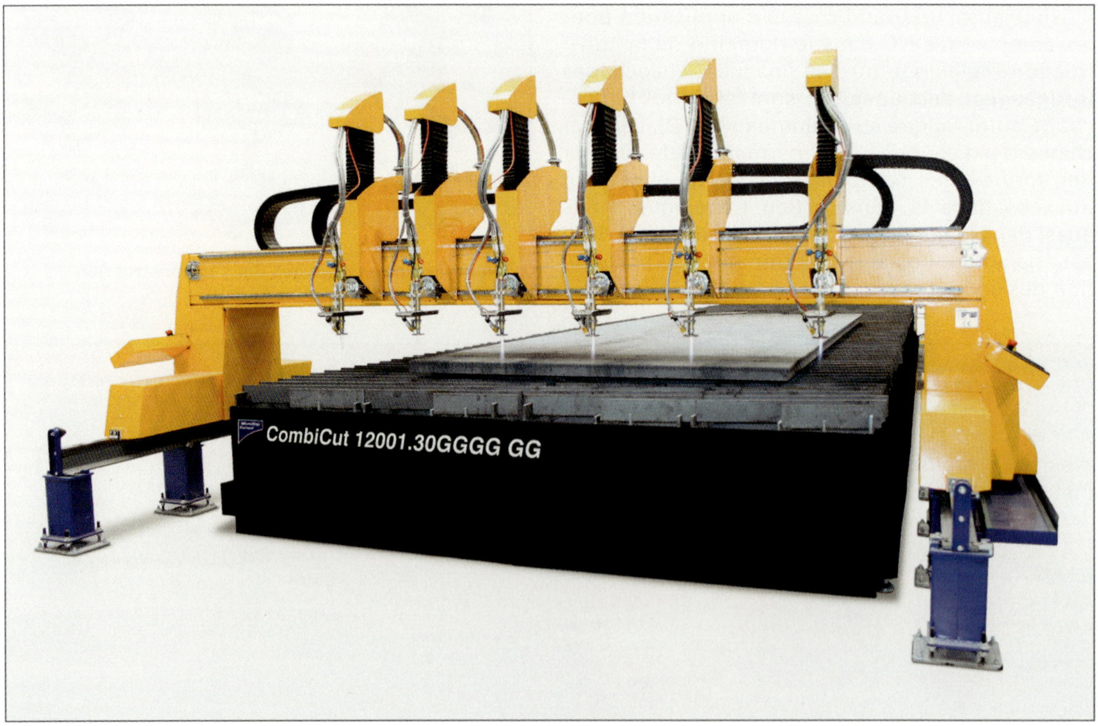

3 Machine d'oxycoupage à commande CNC avec six chalumeaux

7.9.2 Technique de découpage laser CNC

La technique de coupe au laser est un procédé de fabrication qui se distingue par une vitesse de travail élevée et des tolérances serrées. Il s'agit d'une sorte d'oxycoupage fin. Un rayon laser invisible très concentré met le matériau en fusion et le découpe en exploitant la réaction de combustion avec l'oxygène utilisé comme gaz de coupe. Le laser est principalement utilisé pour usiner des tôles en matériaux différents jusqu'à une épaisseur de 12 mm **(fig. 1)**.

Comme le laser fonctionne sans contact, il a quelques avantages notables par rapport à d'autres procédés d'usinage :

- rainure de coupe très étroite ;
- arêtes de coupe parallèle, sans bavures ;
- très petite zone influencée par la chaleur donc pas de déformation thermique ;
- faible rugosité de la coupe ;
- vitesse de coupe élevée ;
- application sans problèmes, même pour les tôles minces ;
- aucun outil et aucune force de coupe nécessaires ;
- par conséquent pas non plus de déformation de la pièce due à des forces extérieures.

Les coûts d'acquisition encore très élevés des installations de découpe au laser sont un inconvénient. La pièce maîtresse de l'installation de découpe au laser est le résonateur **(fig. 2)** dans lequel le rayon laser est produit. Le rayon laser est un rayonnement électromagnétique avec une longueur d'onde unique. Il présente un parallélisme extrêmement élevé et une énergie importante (jusqu'à 15 kW).

1 Machine de découpe au laser avec système d'aspiration

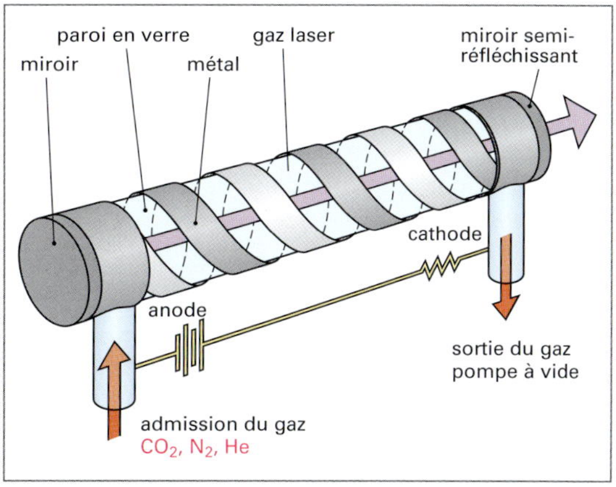

2 Résonateur laser

7.9.3 Découpage au jet d'eau

Dans ce procédé de fabrication, l'énergie d'impact d'un jet d'eau est utilisée pour découper des matériaux. Pour cela, l'eau passe à travers une buse d'un diamètre compris entre 0,08 mm et 0,5 mm, à une pression pouvant atteindre jusqu'à 9000 bars. La vitesse de sortie est alors comprise entre 800 m/s et 900 m/s env. Si l'énergie du jet d'eau n'est pas suffisante, un matériau abrasif peut être ajouté au jet. Des agents de grenaillage minéraux à arêtes saillantes sont utilisés en guise d'abrasifs, la plupart du temps du sable grenat, de granulométrie comprise entre 0,1 mm et 0,3 mm. Le jet d'eau à commande CNC produit une saignée de coupe de grande qualité et peut aussi usiner des géométries en trois dimensions avec une commande adaptée. Outre les matériaux souples, des aciers très résistants peuvent aussi être usinés **(fig. 3)**.

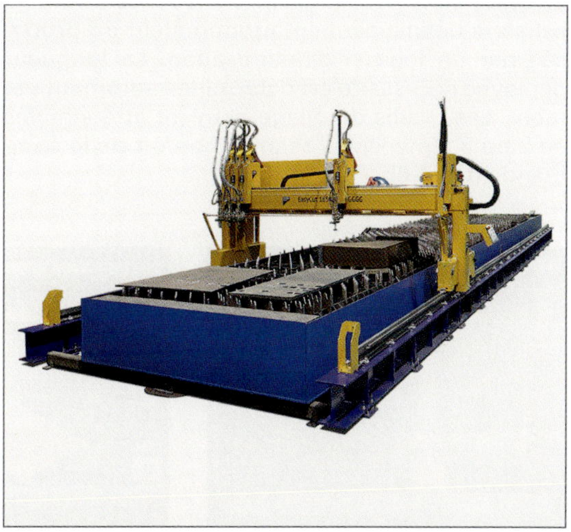

3 Installation de découpe jet d'eau – abrasif

7.9.4 Pliage de tôle commandé par CNC

En plus des machines de découpe ou d'enlèvement de copeaux, de plus en plus de machines travaillant par déformation sont à commande CNC.

Pour les **plieuses à coulisses à commande CNC**, les facteurs à commander sont avant tout le déplacement de la butée et la profondeur de pénétration du poinçon dans la matrice **(fig. 1)**. Différents angles de pliage sont produits par des pénétrations variables (axe - Y) **(fig. 2)**. La possibilité de réglage de la butée à l'horizontale (X et Z) et à la verticale (adresse auxiliaire R) permet de produire différents profilés pliés.

La qualité du pliage dépend essentiellement de la tolérance angulaire. La tolérance angulaire doit être respectée sur toute la longueur du pli. Ceci nécessite des socles de machines très stables, car la moindre modification de la profondeur de pliage, imputable à des déformations de la machine, a pour conséquence des modifications considérables de l'angle de pliage. Selon l'élasticité du matériau à plier, des retours élastiques pouvant éventuellement survenir doivent aussi être pris en compte par la profondeur de pénétration du poinçon.

La programmation de plieuses à commande CNC est réalisée de différentes façons. La possibilité la plus simple est la programmation des axes en fonction d'une norme. Ce procédé est toutefois de plus en plus remplacé par de la programmation beaucoup plus confortable. Dans la plupart des cas, le profilé à cintrer est aujourd'hui dessiné à l'écran à l'aide d'un logiciel adéquat ou pris dans un système de CAO **(fig. 3)**. La séquence de pliage est alors définie par le programmateur ou proposée par un logiciel d'optimisation. La longueur déployée nécessaire est déterminée automatiquement. Les profils du pliage peuvent être simulés en 2 ou 3 dimensions selon le confort de la commande **(fig. 4-6)**.

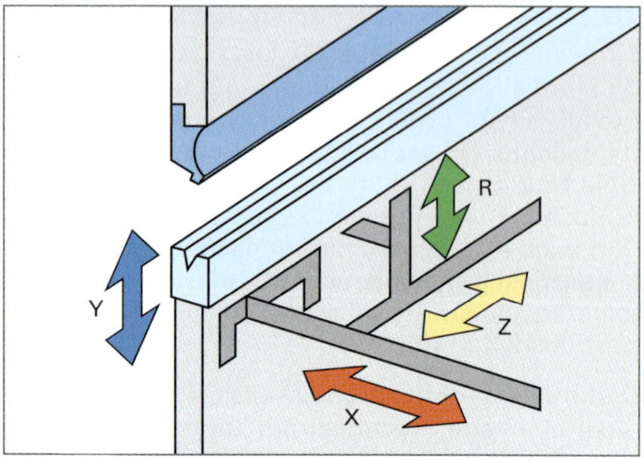

1 Dénomination des axes dans le pliage CNC

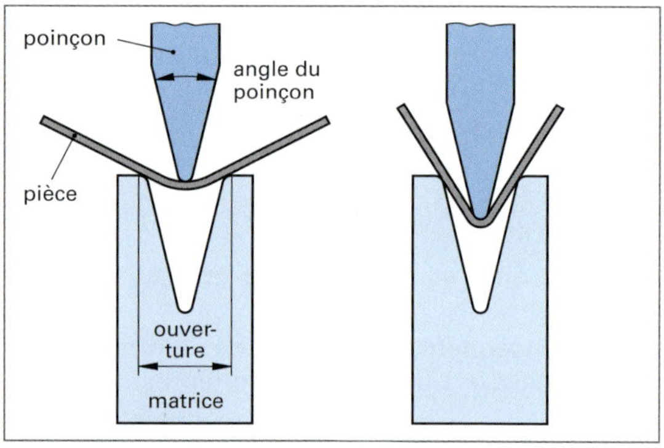

2 Angles de pliages

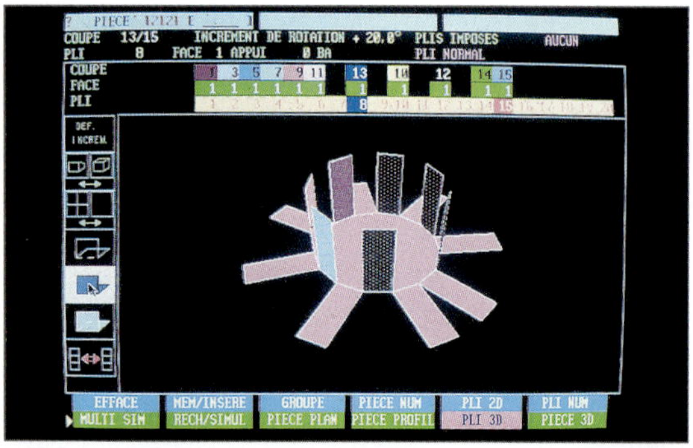

3 Prise en charge de données CAO

4 Simulation à deux dimensions

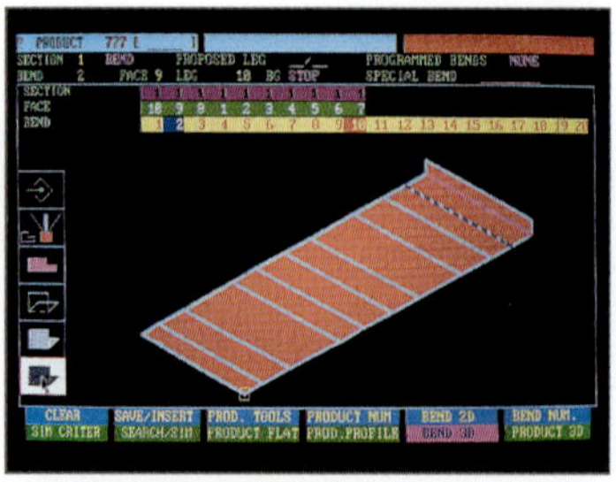

5 Longueur déployée

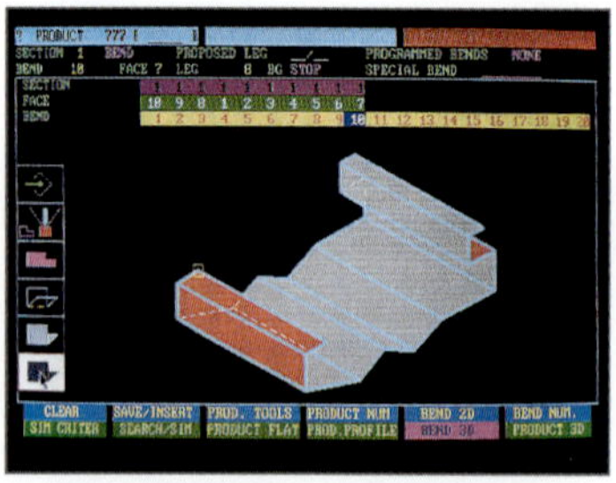

6 Simulation en perspective

7.9.5 Cintrage de tubes commandé par CNC

Dans l'architecture moderne, l'acier est de plus en plus utilisé aussi bien à l'extérieur qu'à l'intérieur. Les éléments décoratifs sur les portes, avant-toits, balcons et escaliers ne sont que quelques exemples d'utilisation. L'acier remplace de plus en plus fréquemment le matériau classique, tel que le bois, même dans le « mobilier urbain », qu'il s'agisse de la construction d'abribus, de bancs, de couverts à vélo, etc.

Des tubes cintrés sont souvent utilisés pour des raisons constructives et d'agencement **(fig. 1)**. Il n'est pas rare que ceux-ci doivent être déformés dans l'espace, c'est-à-dire en 3 dimensions. Passer de grands rayons de cintrage à des petits rend la fabrication très coûteuse car différents procédés de cintrage (cintrage aux rouleaux ou à mandrin) doivent être appliqués. La propriété élastique de l'acier et d'autres métaux pose également des problèmes. Outre une grande expérience dans le cintrage de tubes, une mesure, un contrôle et des cintrages ultérieurs, sont très coûteux, mais nécessaires.

Les automates de cintrage à commande CNC de dernière génération permettent aujourd'hui un cintrage précis et entièrement automatique de tubes, peu importe qu'il y ait des rayons de cintrage grands ou petits, dans l'espace tridimensionnel, en un seul serrage. La géométrie de tube souhaitée est saisie directement par le logiciel d'une commande PC. Ceci est réalisé soit par des ordres de cintrage simples tels que la longueur, la rotation et l'angle ou l'indication de points d'appui dans l'espace. Il est même possible de prendre en charge des données CAO en 2D de plusieurs vues de la forme à cintrer. Le programme en déduit automatiquement la forme 3D.

Sur la base des données saisies, le programme de cintrage détermine pour chaque section le procédé de serrage le plus avantageux (cintrage au mandrin ou aux rouleaux) et définit pour cela les valeurs de réglage nécessaires de la machine, les cycles de changement et la bonne taille du tube.

Les cycles de changement sont nécessaires s'il faut passer d'un procédé de cintrage à un autre **(fig. 2 et 3)**. Ceci a lieu sans déplacer la pièce. Le poste de cintrage qui n'est pas nécessaire pour cela dégage entièrement et automatiquement la zone de travail de l'autre, de sorte à exclure toute collision ou obstacle réciproque. Des dispositifs de mesure déterminent l'angle du retour élastique lors du cintrage initial et détermine ainsi le sur-cintrage à produire.

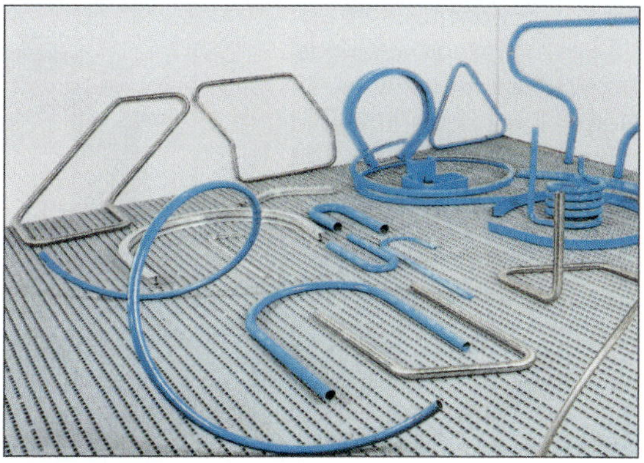

1 Tubes à cintrages multiples

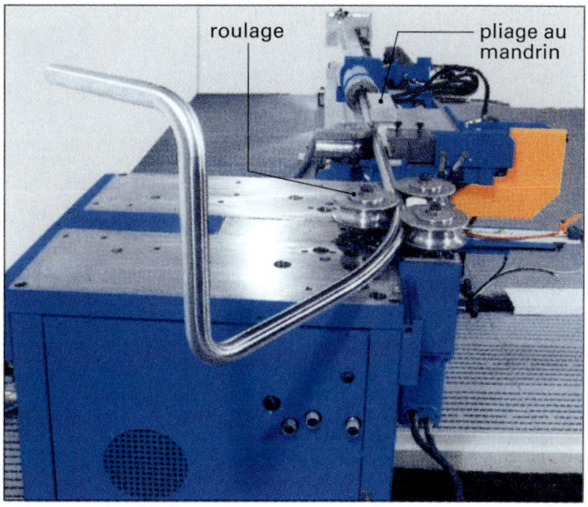

2 Cintrage aux rouleaux

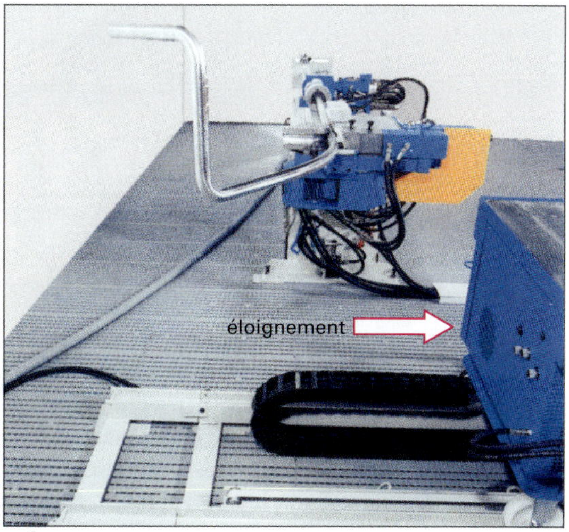

3 Éloignement pour cintrer au mandrin

7.9.6 Estampage et grignotage avec des machines NC

Outre l'usinage industriel de tôles, ce sont avant tout les entreprises de serrurerie et de construction métallique, ainsi que les fabricants de véhicules et machines agricoles, qui utilisent les centres de poinçonnage CNC. Les installations de poinçonnages permettent d'usiner des tôles ainsi que des aciers plats et profilés **(fig. 1)**.

Les outils utilisés sont la plupart du temps regroupés dans des cassettes à plusieurs compartiments qui permettent un changement d'outils rapide **(fig. 2)**. Ils sont guidés sur trois axes par des commandes ponctuelles. La mobilité sur l'axe Z garantit de pouvoir traiter différents profilés. Les installations de poinçonnages CNC pour aciers plats, équerres ou profilés sont actuellement utilisables pour des longueurs d'usinage jusqu'à 12'000 mm. La force de poinçonnage disponible va jusqu'à 1'000 kN. En liaison avec des scies à commande CNC ainsi que des centres de perçage et d'oxycoupage on obtient des centres d'usinage permettant un usinage complet d'aciers plats et profilés **(fig. 3)**.

1 Poinçonnage avec rangée de butées

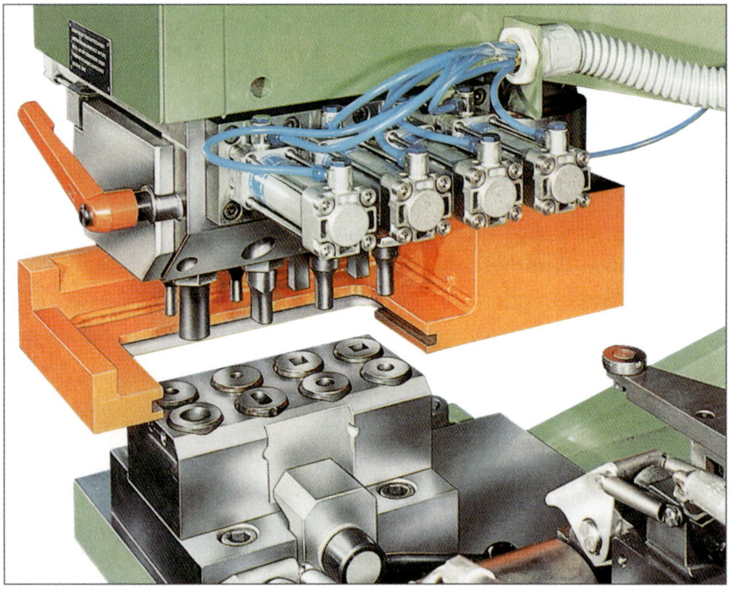

2 Outil à poinçons multiples, commutable automatiquement

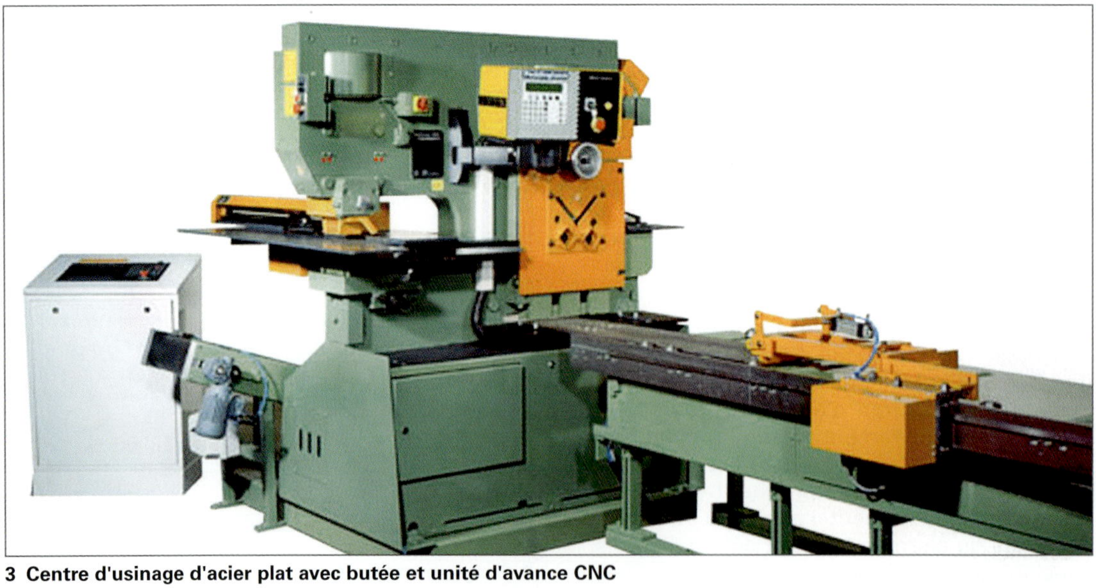

3 Centre d'usinage d'acier plat avec butée et unité d'avance CNC

Une flexibilité plus importante pour des durées d'usinage raccourcies nécessite une dépense importante en automatisation, aussi dans l'usinage de la tôle. Des automates de poinçonnage et de grignotage à commande CNC permettent de réaliser en grande partie ces exigences.

Des magasins d'outils automatiques permettant un changement d'outil rapide apportent des avantages décisifs en la matière. Si ces outils sont encore stockés de façon à pouvoir pivoter sur eux-mêmes, il est même possible de réaliser un poinçonnage et un grignotage en biais et en arcs de cercle sans changer d'outil et avec une qualité élevée.

La programmation sous forme de dialogue prévaut de plus en plus. À l'aide des indications du dessin, l'opérateur de la machine programme les contours de la pièce. La commande lui propose sur demande des outils provenant d'un magasin. Des fonctions zoom (fonctions d'agrandissement à l'écran) permettent de représenter de façon agrandie les zones critiques de la pièce telles que les bords ou les intervalles. Des programmes d'imbrication automatiques garantissent une utilisation optimale de la tôle disponible. La stratégie d'usinage ou de découpe est de même définie dans une boîte de dialogue, un usinage individuel, par rangée ou complet étant disponible selon l'application. Toutes les actions exécutées sont simulables à l'écran.

La procédure lors de la programmation avec assistance graphique et boîte de dialogue peut être idéalement suivie en prenant un exemple **(fig. 1-9)**.

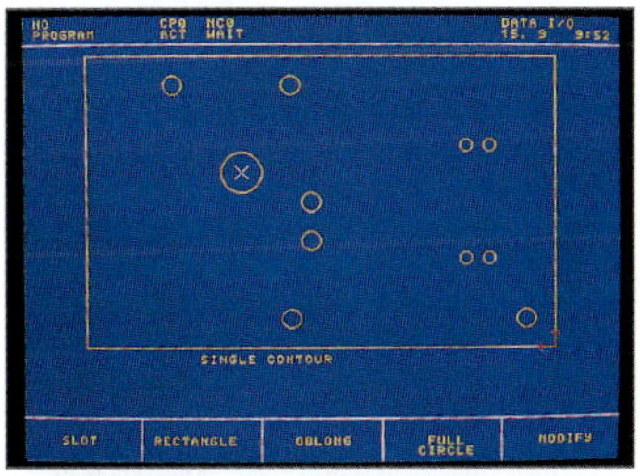

1 Un contour unique est défini

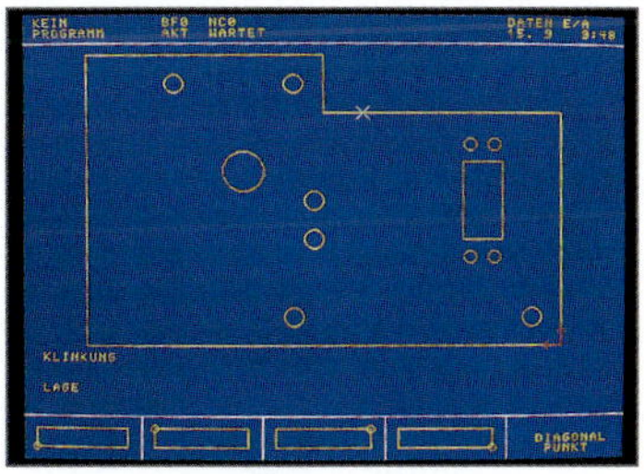

2 Encochage ou grugeage

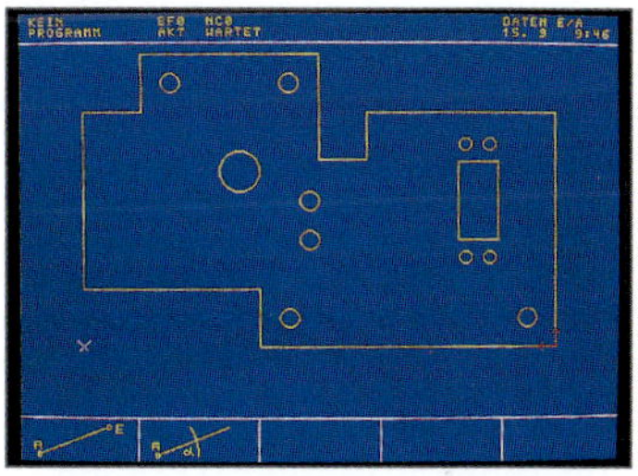

3 Autres encochages ou grugeages

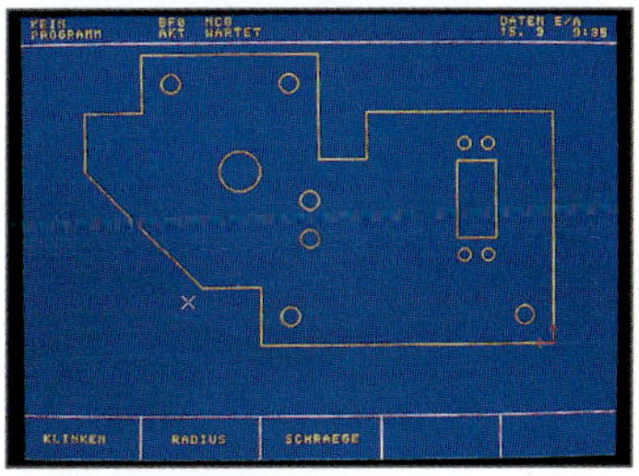

4 Définition du biais

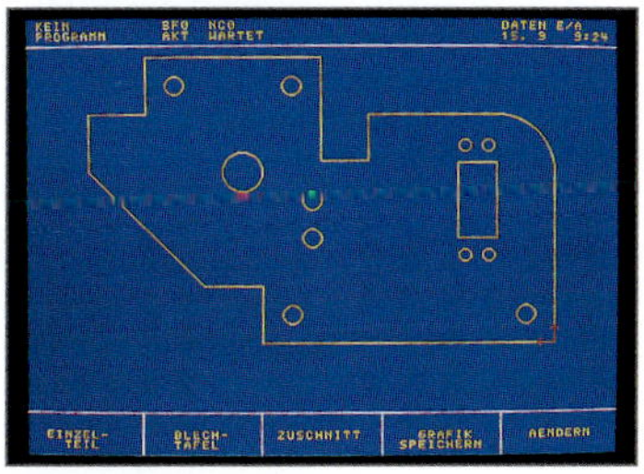

5 Coin à rayonner

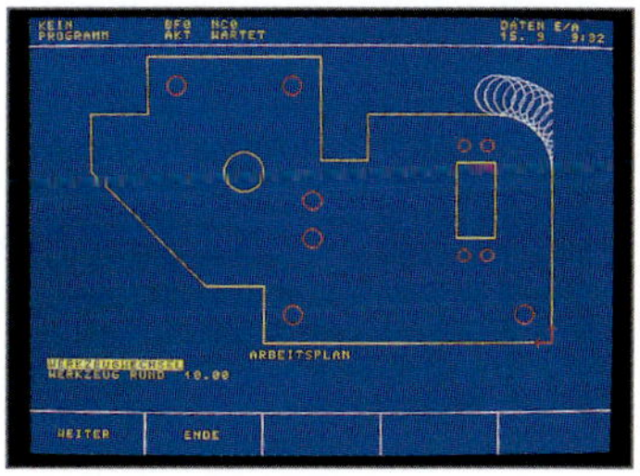

6 Stratégie d'usinage

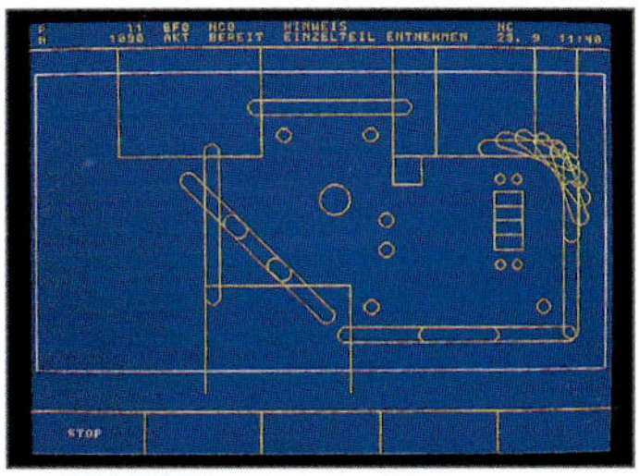

7 Les outils sont simulés

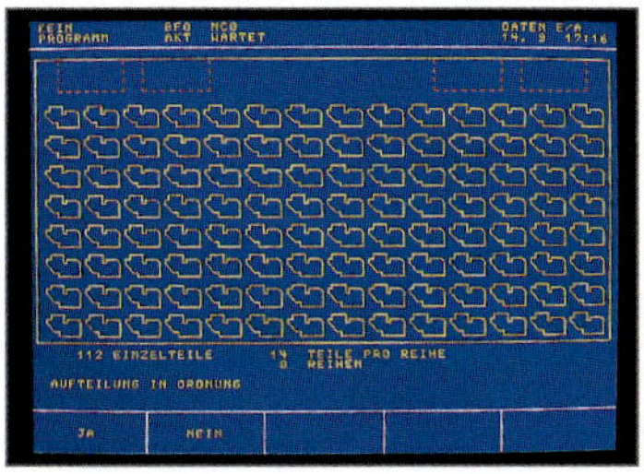

8 Fractionnement de la tôle ou imbrication

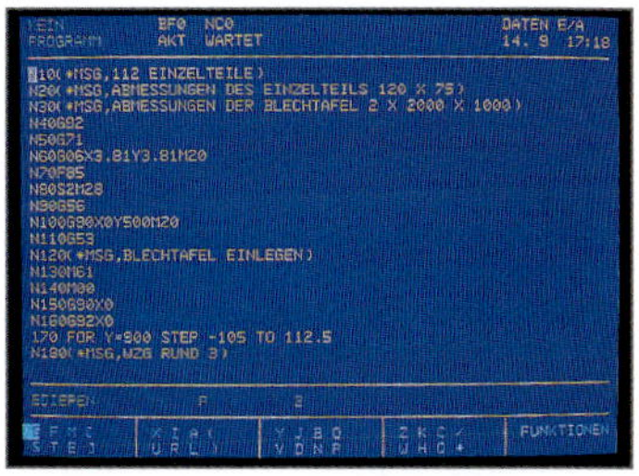

9 Programme d'usinage CNC

1 Centre d'usinage

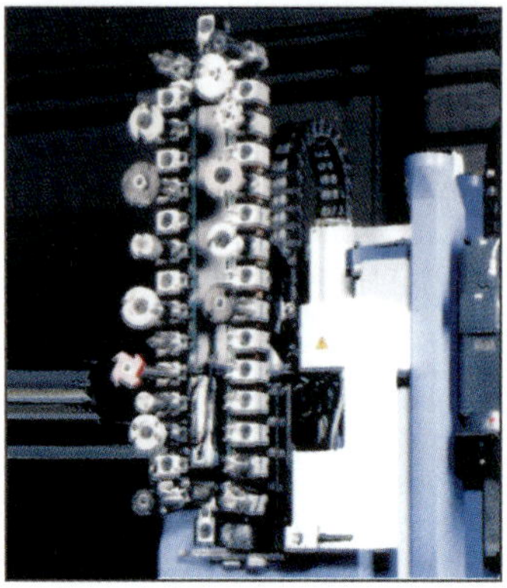

2 Dispositif de changement d'outil

7.9.7 Usinage complet de profilés

La diversité des fonctions et ferrures aujourd'hui possibles p. ex. pour les portes et escaliers, nécessite un usinage complexe des profilés. Le sciage, le rainurage, l'encochage ou grugeage, le fraisage et le perçage ne sont que quelques procédés d'usinage avec lesquels les produits semi-finis sont transformés pour obtenir la forme souhaitée.

Si ces étapes d'usinage doivent être réalisées le plus rapidement et le plus rationnellement possible, il convient d'éviter un serrage-desserrage fréquent qui prend du temps. L'objectif est de pouvoir réaliser le plus d'étapes d'usinage possible pour chaque section de profilés sur une machine. Les centres d'usinage servent cet objectif **(fig. 1)**. L'un des signes distinctifs des centres d'usinage est l'intégration d'un système de changement d'outils automatique pouvant accueillir 32 outils différents ou plus **(fig. 2)**. Les outils sont mesurés une fois (en dehors de la machine) et sont ensuite à disposition pour l'usinage, avec des cotes connues. 5 axes à commande CNC (axe X, Y et Z ainsi que différents mouvements de rotation) permettent ainsi de réaliser des formes et contours complexes.

Les **fig. 3 à 8** représentent différents procédés d'usinage pouvant être réalisés sur les centres.

3 Fraisage de profilés pleins en aluminium

4 Perçage de profilés en aluminium

5 Usinage de profilés en acier

6 Coupe à onglet

7 Taraudage

8 Coupe avec lame de scie

Contrôlez vos connaissances

1 Décrivez le flux d'information dans la technique NC.
2 Citez les caractéristiques constructives les plus importantes de machines NC.
3 Quels types de commandes existe-t-il ?
4 Expliquez la différence entre la mesure de course directe et indirecte ainsi qu'entre la programmation absolue et incrémentale.
5 Comment un programme d'usinage CNC est-il structuré ?
6 Quelles informations un programme NC comporte-t-il ?
7 Où la technique CNC est-elle appliquée en construction métallique ?
8 Quels sont les avantages de la technique CNC ?
9 Pourquoi utilise-t-on les centres d'usinage ?

Ordre de travail : Fabrication de pièces en tôle

Fabrication d'un conteneur
Pour une commande sur mesure, un conteneur en tôle, portable, pour petites pièces et produits en vrac **(fig. 1)** doit être fabriqué dans l'atelier de construction métallique où a lieu votre formation.

D'après l'expérience de votre Maître d'atelier, une tôle d'acier zincor déformable à froid, qui sera peinte après montage, suffit pour cela. La stabilité supplémentaire est assurée par les goussets repliés et les rabats au niveau du bord supérieur.

Les poignées sont fabriquées à partir de bandes d'acier. Elles doivent être conçues de sorte à pouvoir être empoignées sans gants de protection.

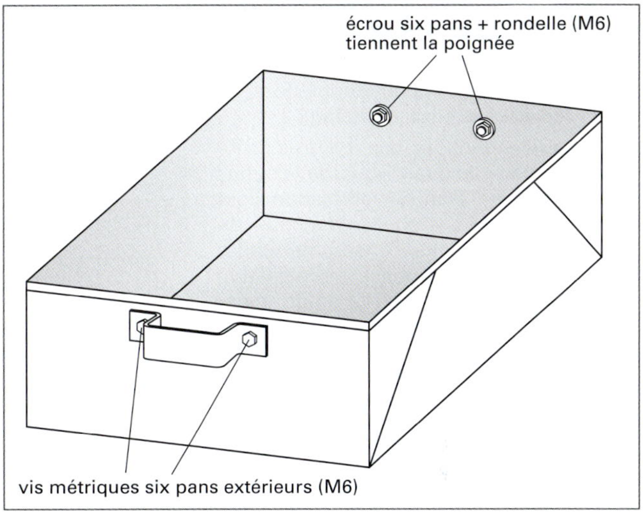

1 Conteneur de produits en vrac

1. Fabrication du caisson

1.1 Commencez par réaliser un plan complet de la découpe à l'échelle 5 : 1 sur du carton fin et faites-en une copie.

1.2 Découpez ensuite les contours de la découpe dans le carton. Vous pourrez ainsi essayer le meilleur ordre pour les pliages. Une fois la suite déterminée, numérotez l'ordre de pliage.

1.3 Avant de réaliser un plan de fabrication complet, répondez aux questions suivantes qui permettent de s'assurer que toutes les étapes de travail et les mesures nécessaires sont prises en compte.

1. Quelles mesures de sécurité sont nécessaires dans le maniement d'une tôle à arêtes vives ?
2. À quelle fréquence les dimensions et les angles doivent-ils être contrôlés et avec quelle précision doivent-ils être mesurés ?
3. Les perçages pour le montage des poignées peuvent être usinés avant ou après la fabrication des poignées. Décrivez les avantages et inconvénients de chaque procédure.
4. A quoi faut-il veiller lors du perçage d'une tôle mince ?
5. Que faut-il prendre en compte lors du traçage d'une tôle fine ?
6. Cherchez un matériau adapté dans votre manuel de commande.
7. À quoi servent les perçages dans les coins de diamètre 2 mm ?
8. Avec cette épaisseur de tôle, pouvez-vous utiliser une cisaille à tôle manuelle ou une cisaille à levier est-elle nécessaire ? Quelle décision prenez-vous et pour quel motif ?

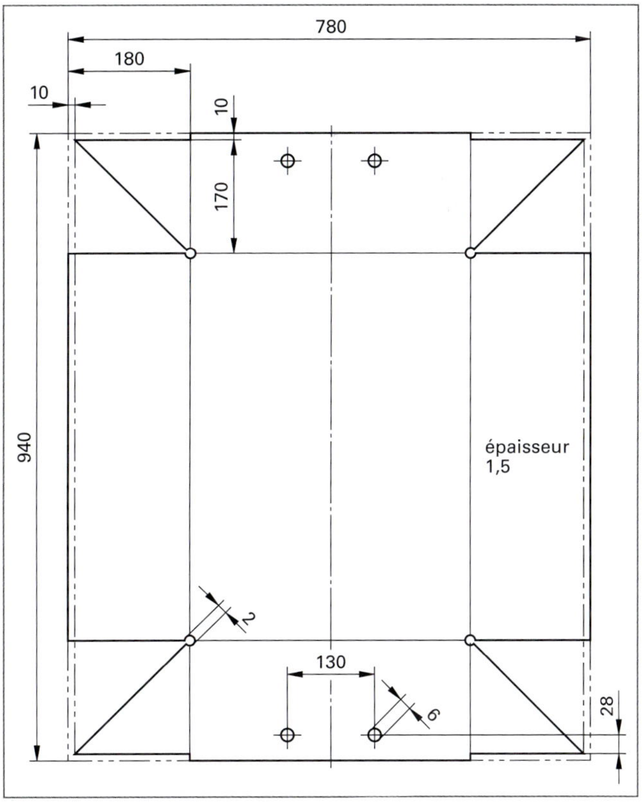

2 Dessin de fabrication – découpe

9. Vous avez la possibilité d'utiliser une presse plieuse ou de réaliser les pliages à l'étau. L'ordre des plis en est-il changé ? De quoi faut-il encore tenir compte dans tous les cas ?
10. De quoi faut-il tenir compte lors, du redressage et du martelage ?

1.4 Si vous n'identifiez pas d'autres problèmes pour lesquels vous devez vous informer, un plan de fabrication peut désormais être établi en fonction du modèle ci-dessous. Si vous ne voulez pas interrompre la phase d'information et de clarification, déterminez maintenant si vous êtes en possession de toutes les connaissances nécessaires pour la fabrication des poignées. De plus, vous devez encore choisir les moyens de liaison.

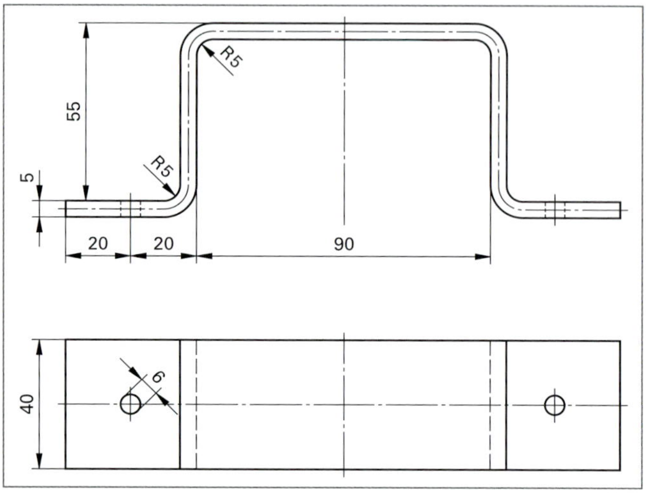

1 Poignée

2. Fabrication d'une poignée

1. L'image ci-contre montre une poignée terminée. Pour les cotes de la pièce brute, vous devez calculer sa longueur avant pliage (longueur développée). À quoi cette dimension se réfère-t-elle ?
2. Il existe deux possibilités de calculer la « longueur développée ». Dans le manuel de formules, vous trouverez la dimension « v ». Que signifie-t-elle ?
3. Après avoir calculé la « longueur développée », vous pouvez dessiner et coter la pièce brute. Quelle est la meilleure ligne de référence ?

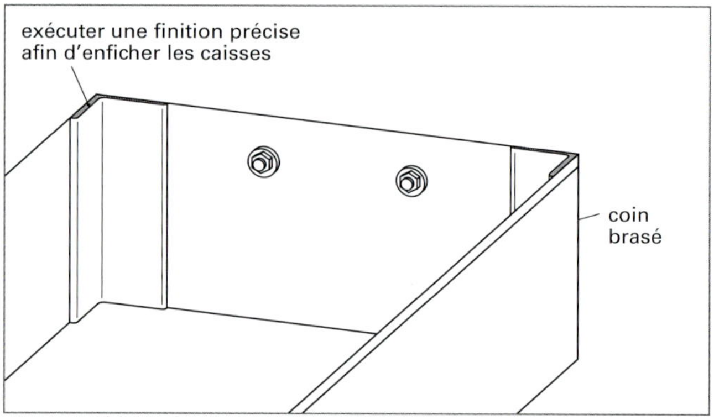

2 Variante de construction – caisson enfichable

4. Quelle doit être la principale propriété du matériau ? Trouvez-en un approprié.
5. Il y a plusieurs possibilités de découper la pièce brute dans un format de tôle. Choisissez-en une et tenez compte de la sécurité au travail.
6. Vous pouvez déformer à froid ou à chaud. De quoi faut-il encore tenir compte dans les deux cas ?
7. Réfléchissez et justifiez quand vous voulez percer les trous.

3. Montage

Pour que les poignées puissent être re-démontées rapidement, des vis avec un filet jusqu'à la tête, des contre-écrous et des rondelles vous sont proposés. Cherchez-les dans un manuel de commande et citez les désignations exactes ; y a-t-il des alternatives ?

Évolution en caisson enfichable

Modèle pour les plans de fabrication			
	Étape de fabrication	Outils/moyens de contrôle	Indications/Remarques
1.	Outils de traçage pour la réalisation du caisson en tôle	Équerre, règle en acier, Pointe à tracer	veiller au parallélisme et et à la perpendicularité
2.	Traçage de la pièce brute	...	...
3.	...	...	...

À l'aide des connaissances que vous avez acquises lors du traitement de cette commande, développez un plan de fabrication pour un caisson enfichable en fonction du croquis de la **fig. 2**. Les arêtes ne doivent pas se superposer mais doivent être brasées.

Ordre de travail : Fabrication d'une construction en tubes profilés

Construction d'un abri de protection contre les intempéries

Un abri devant protéger contre les précipitations mais aussi permettre l'apport d'air pour l'aération doit être mis en place sur le puits d'une mine. Le toit est couvert d'éléments en panneaux sandwich, les parois latérales inclinées sont revêtues de grilles caillebotis d'une hauteur de 30 mm. Le système repose sur le bord inférieur du toit et sur le bord extérieur des grilles caillebotis. Les grilles caillebotis sont vissées sur des L de 150 x 75 x 9 et sur le tube carré. Un espace de 9 mm entre les HEB 120 et les grilles caillebotis est prévu.

1. Les liaisons dans les angles et les plaques de base sont fabriquées en tôle de 15 mm d'épaisseur, une jointure amovible se trouve au centre. Quelle propriété particulière ont les angles d'une telle **construction de cadre** ? Quel contrôle doit être effectué pour les tôles ?
2. D'après DIN 18800, un justificatif de sécurité structurelle n'est pas nécessaire pour les angles du cadre en acier (S235JR), si le cordon d'angle au niveau des flasques est moitié moins épais que celle-ci. Il en va de même pour les cordons sur la traverse. Quelle règle s'applique à l'acier (S355J0) ? Quelles épaisseurs de cordons d'angle sont au minimum et au maximum admises ?
3. Calculez les longueurs manquantes des triangles du système à l'aide du théorème de Pythagore.
4. Déterminez les longueurs et les angles de coupes des deux HEB 120 en déterminant la distance entre les profils et les points du système avec trois croquis !
5. Avec quoi les éléments de toiture en panneaux sandwich sont-ils remplis ? Quels sont les 4 avantages de ces panneaux sandwich ?
6. Quelles vis sont les plus adaptées pour fixer les éléments sandwiches et les grilles en caillebotis ?
7. La paroi frontale est en biais comme la paroi latérale. Confectionnez un développement de ce corps en papier rigide, à partir du bord extérieur des grilles caillebotis et du bord intérieur de la toiture. Réalisez le corps en pliant le développement.

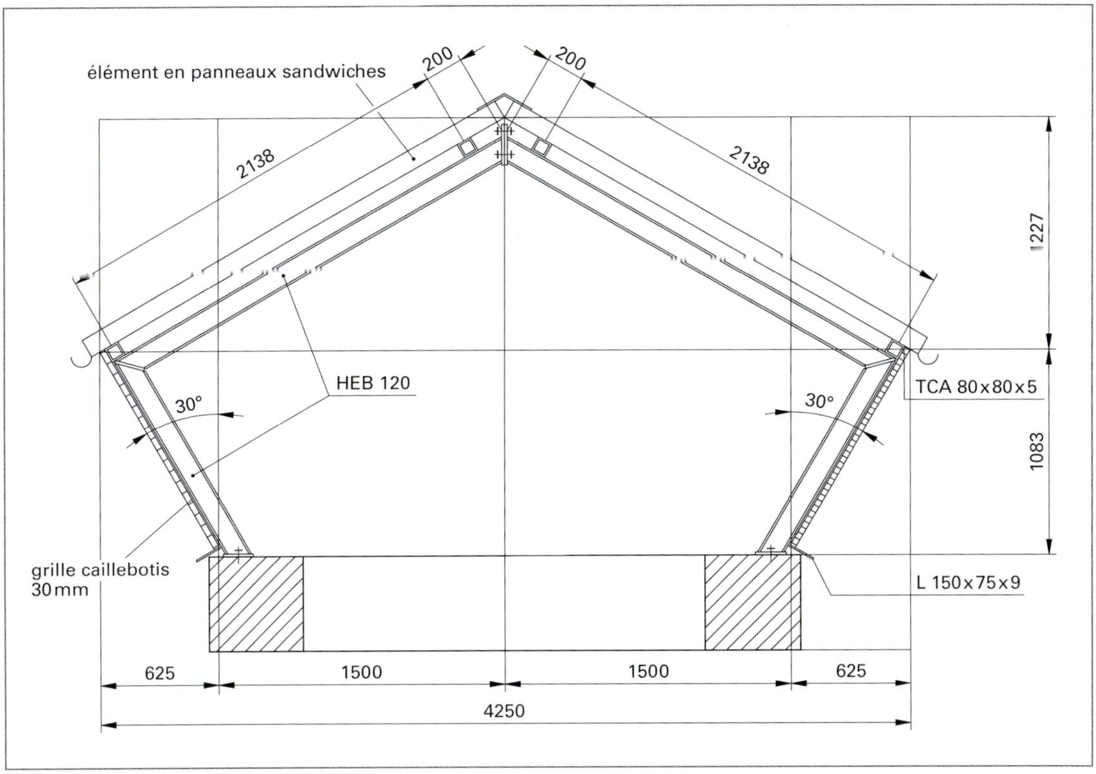

1 Dessin de fabrication – Coupe A-A

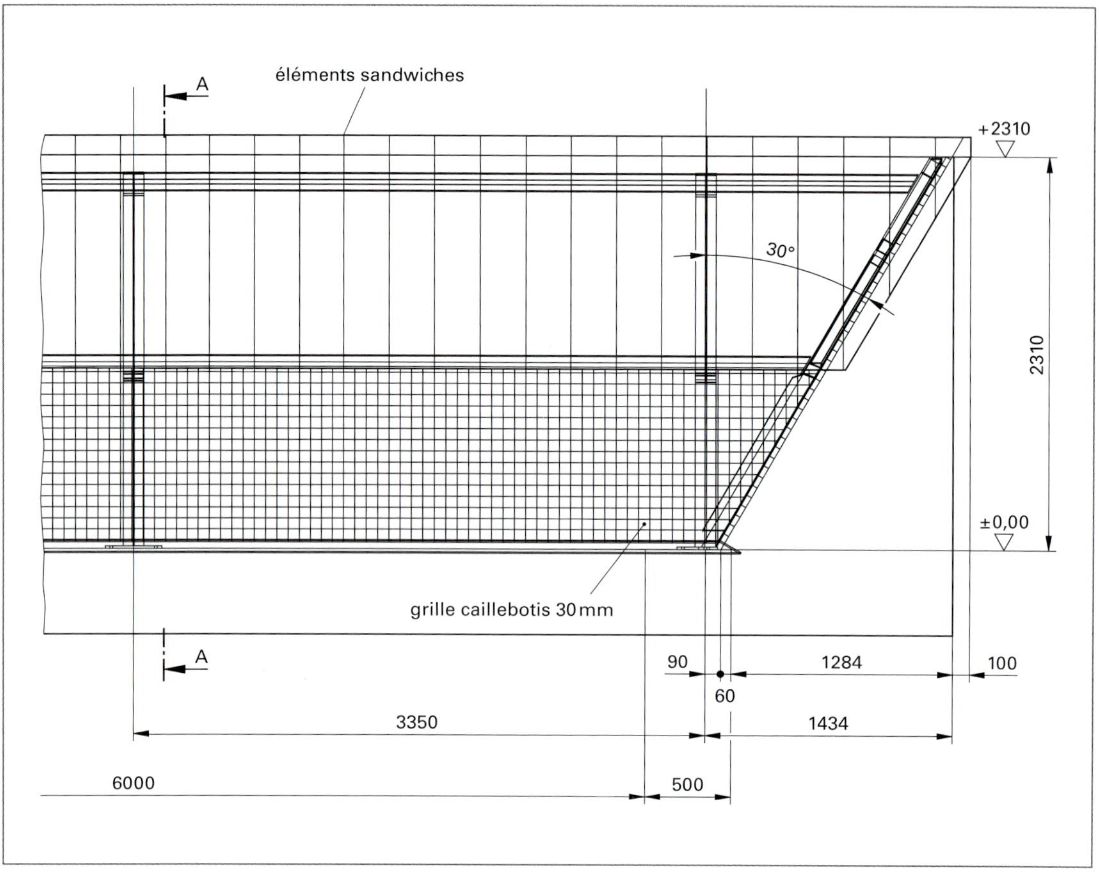

2 Dessin de fabrication – Demi-vue depuis le côté

8. Dessinez dans le croquis du fronton deux plaques frontales de 15 mm d'épaisseur, reliées par 4 vis HR M16. Veillez à cet effet à l'accessibilité des vis. Cotez le dessin.
9. Calculer la longueur des vis.
10. Quelles vis sont soumises à une traction si le toit est sollicité par le haut.
11. Les vis sollicitées par traction doivent être précontraintes. Quel couple est prescrit pour ces vis zinguées à chaud ?
12. Quelle force de traction Fm, les vis utilisées peuvent-elles transmettre ?
13. Dans le schéma de la liaison entre le montant et la traverse, dessinez la plaque de liaison t = 15 mm et cotez-la.
14. Dessinez la plaque de base prête à la fabrication et prévoyez deux goujons pour la fixation dans la fondation.
15. Quelles goujons sont adaptés pour la fixation dans la fondation ?
16. Quelles forces le goujon peut-il transmettre ? Respectez pour cela la distance avec le bord de la fondation.
17. Établissez la liste de débitage d'un cadre et calculez sa masse (Kg).

Ordre de travail : Fabrication de pièces façonnées

Construction et montage d'une grille en acier forgée

Une ancienne villa placée sous la protection des monuments historiques va être rénovée et doit à l'avenir accueillir une institution culturelle. Elle se situe dans un parc entouré d'un mur élevé. Pour laisser aux passants une vue sur le bâtiment, une ouverture a été percée dans le mur, dans lequel une grille, permettant de voir la maison, doit être installée. Un architecte a prévu un élément d'aspect sobre, à prix avantageux et à fabriquer d'une seule pièce, comme le montre le croquis ci-dessous.

Le propriétaire de l'entreprise de construction métallique confie à deux apprentis la tâche de fabriquer la grille, sous la direction du Maître d'apprentissage. Il a préalablement constaté qu'ils ont réalisé correctement quelques petits travaux de forgeage.

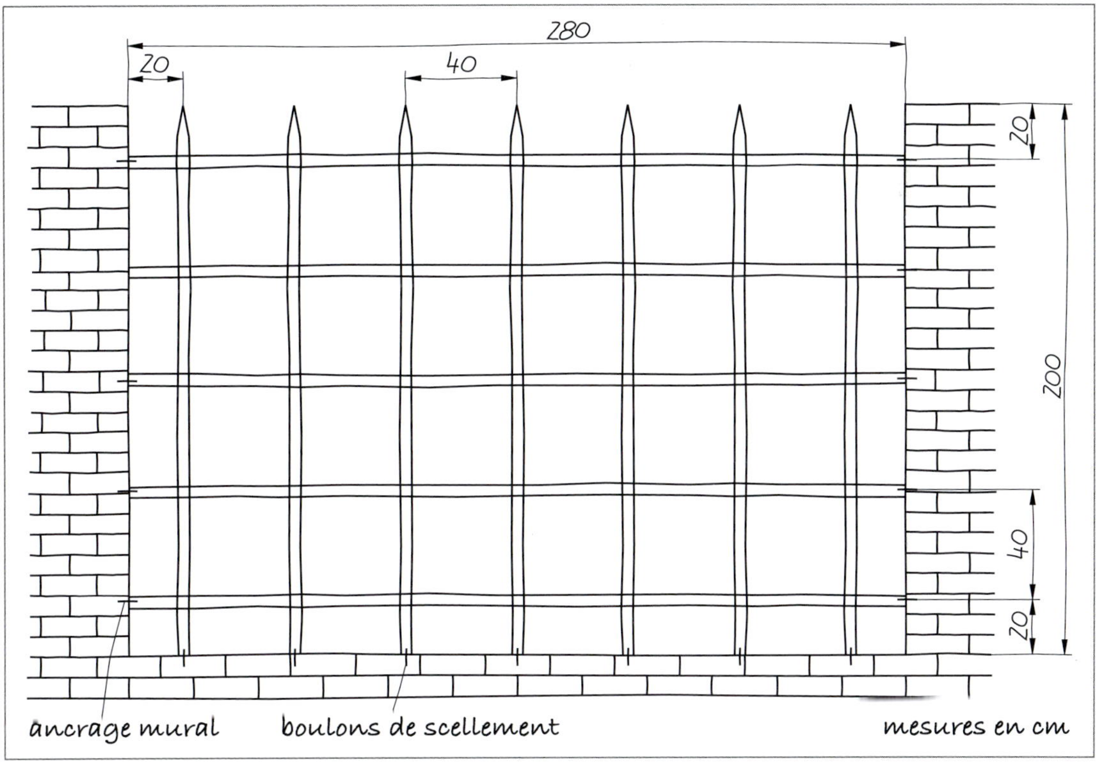

1 Croquis du projet de l'architecte pour la grille

Il est possible de zinguer à chaud la grille en une pièce. Après installation, elle sera revêtue d'une peinture gris foncé. La grille est donc complètement montée en atelier avant d'être transportée sur le chantier.

1. Dessin de fabrication

Réalisez un dessin d'ensemble correct à l'échelle 5 : 1. À côté, dessinez une traverse horizontal et un barreau vertical avec lignes de coupes, un croisement de barreaux avec un ancrage mural avec les plans horizontaux, et une patte de scellement avec lesquels les barreaux verticaux doivent être ancrés dans le mur.

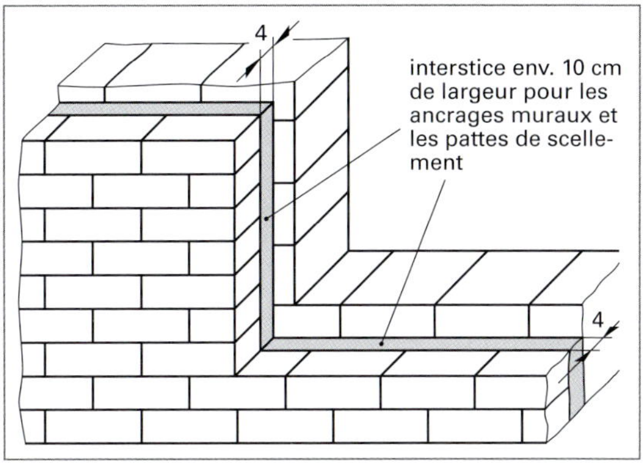

2 Croquis d'un coin de l'ouverture du mur avec la saignée pour installer la grille

On choisit une tige d'acier carrée selon DIN EN 10059 (anciennement DIN 1014) avec a = 18 mm. Les ancrages muraux doivent être ancrés à 50 mm de profondeur, les pattes de scellement à 80 mm dans la maçonnerie. Ici, les tolérances doivent être assez importantes pour que des irrégularités antérieures puissent être compensées. Les pointes de la grille doivent être parfaitement alignées avec le bord supérieur du mur.

Calculez le nombre et la longueur des barreaux de la grille à l'aide des indications précédentes et des images ci-contre.

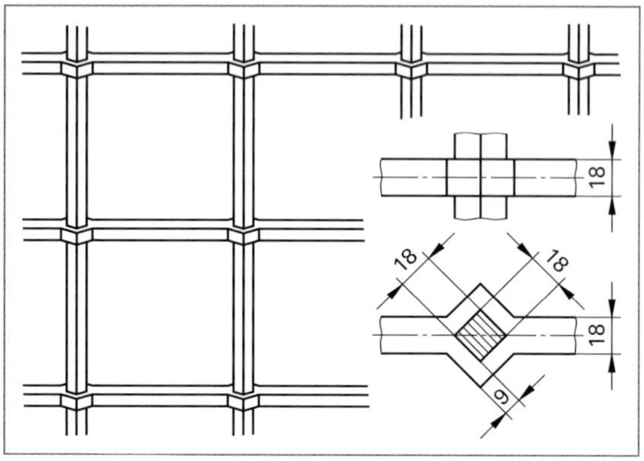

1 Croisements de barreaux de la grille

2. Burin à percer

Dans votre atelier, il n'y a pas de burin à percer, aussi appelé poinçon, ou de marteau de perçage adapté. Il doit être fabriqué pour ce travail. Vous apprenez que pour le perçage à chaud, la longueur du côté doit être de 1,5 · a.

2.1 Quel acier choisissez-vous pour réaliser ce poinçon ?

2.2 Citez la meilleure température de forgeage.

2.3 Comment faites-vous pour que le burin de perçage soit plus dur que le matériau des barreaux ?

2.4 Réalisez un plan de fabrication en fonction de l'échantillon ci-dessous.

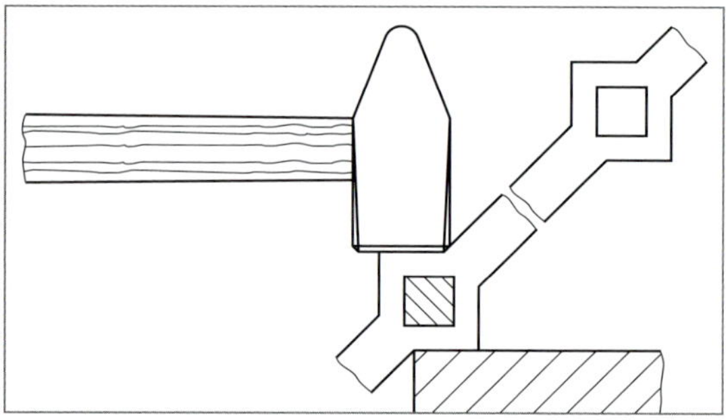
2 Forgeage final d'un œil

3. Filières horizontales de la grille

3.1 Comment faites-vous pour que, lors du forgeage des « yeux », les longs barreaux ne flottent pas ?

3.2 Lors du perçage à chaud, pourquoi le poinçon doit-il être 1,5 fois plus large que l'oeil ?

3.3 Faut-il commencer immédiatement la fabrication ou tout d'abord forger un échantillon ?

3.4 Comment pouvez-vous déterminer l'intervalle de température dans lequel il est possible de forger ?

3.5 Schématisez le procédé de perçage comme en p. 15.

3.6 Établissez un plan de fabrication tout en respectant les images ci-contre.

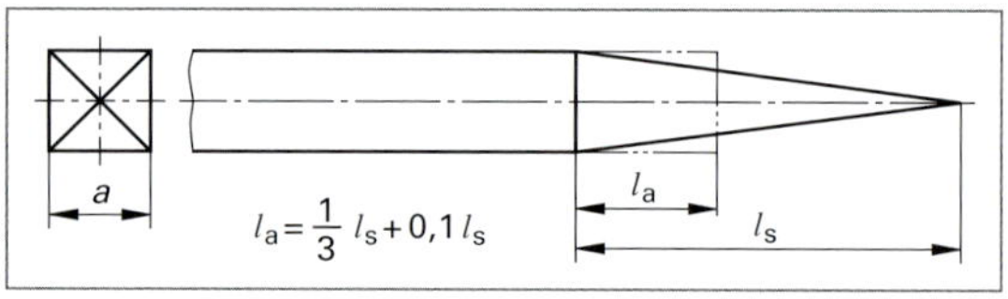

3 Croquis d'assemblage d'une pointe de grille

4. Barreaux verticaux

4.1 Est-il ici aussi recommandé de forger une pointe d'essai ?

4.2 En quoi réside le plus grand problème lors du forgeage des pointes ?

4.3 Comment les petits défauts survenant pendant le forgeage des pointes peuvent-ils être corrigés ?

4.4 Établissez un plan de fabrication.

5. Montage de la grille

5.1 Réfléchissiez comment la grille peut être assemblée avec précision à l'aide d'un gabarit disposé au mur de l'atelier.

5.2 Des points de brassage ou de soudage sont recommandés côté jardin pour fixer la grille précisément. Quelle décision prenez-vous et pourquoi ? La sécurité de transport joue-t-elle aussi un rôle ?

Exemple de plan de fabrication

Barreau horizontal de la grille			
	Étape de fabrication	Outils / Moyen de contrôle	Indications / Remarques
1.	Traçage de la pièce brute	Pointe à tracer, règle an acier	identifier les quatre côtés
2.	…	…	…

Domaine d'apprentissage : Démonter et monter des unités de montage en atelier

8 Soulever et déplacer des charges

Les constructeurs métalliques et mécaniciens de construction sont souvent amenés à déplacer des objets encombrants. Pour un déplacement horizontal sont utilisés des véhicules, p. ex. des élévateurs ou transpalettes. Des palans ou treuils sont utilisés pour des déplacements verticaux.

8.1 Données ou bases physiques

Le poids ou force F_G d'un corps dépend de sa masse et de la gravité :

$$F_G = m \cdot g \qquad 1\,\text{kg} \cdot 9{,}81\,\text{m/s}^2 = 9{,}81\,\text{N} = 10\,\text{N}$$

En technique de manutention le poids est défini comme une charge. Afin de maintenir l'effort nécessaire pour transporter des charges, on utilise des règles simples de la physique.

Force

Les forces ne se mesurent pas directement comme les longueurs, temps ou masses.

> Les forces sont invisibles. Elles peuvent être reconnues et mesurées seulement d'après leurs influences.

Dans les graphiques les forces sont représentées par des flèches:

- La longueur d'une flèche représente la grandeur de la force, d'après l'échelle indiquée sur le plan de situation.
- La pointe de la flèche montre la direction de la force. Le point d'application de la force peut être déplacé le long de la ligne d'action **(fig. 1)**.

Plusieurs forces le long d'une ligne d'action peuvent être directement additionnées **(fig. 2)**. Souvent deux ou plusieurs forces s'appliquent sur un corps dans différentes directions, ou agissent en biais. Il s'agit de déterminer les composantes de forces qui agissent dans les directions recherchées **Fig. 3 et 4)**. Pour le calcul on utilise les fonctions trigonométriques. Au moyen d'une représentation graphique d'un parallélogramme des forces il est possible d'additionner ou de décomposer des forces.

Travail mécanique

Travail mécanique = Force · chemin de la force

$$W = F \cdot s \qquad 1\,\text{N} \cdot 1\,\text{m} = 1\,\text{J (Joule)}$$

Lors d'un levage de charges, le chemin de la force prend le symbole «h» au lieu de «s» **(fig 3 et 5)**.

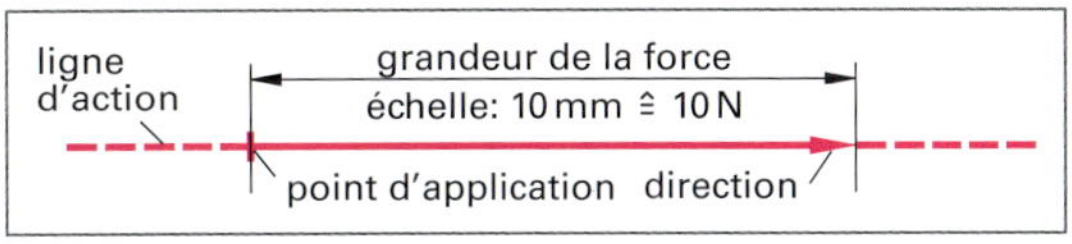

1 Grandeurs d'une force

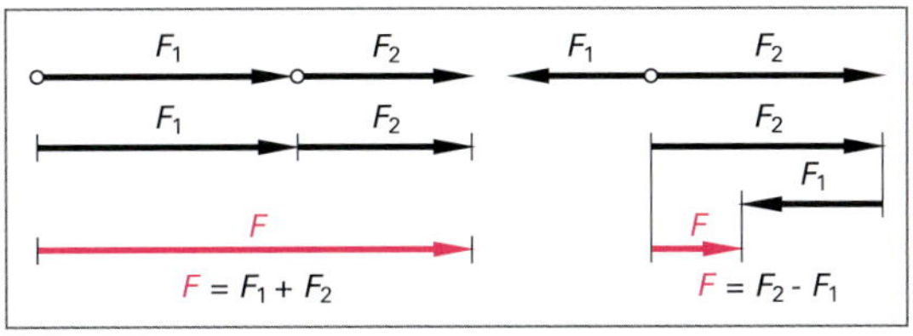

2 Addition et soustraction de forces sur une ligne d'action commune

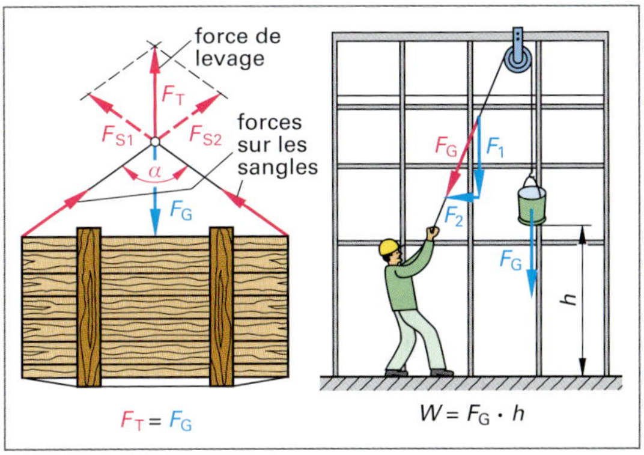

3 Addition de forces sans lignes d'actions communes; Travail mécanique pour lever des charges

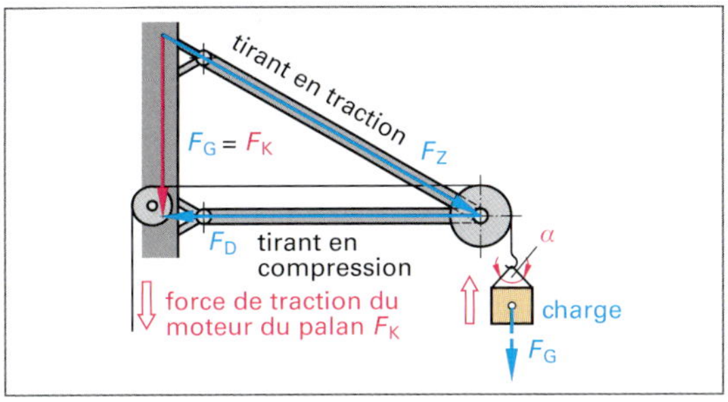

4 Décomposition d'une force sur deux lignes de force

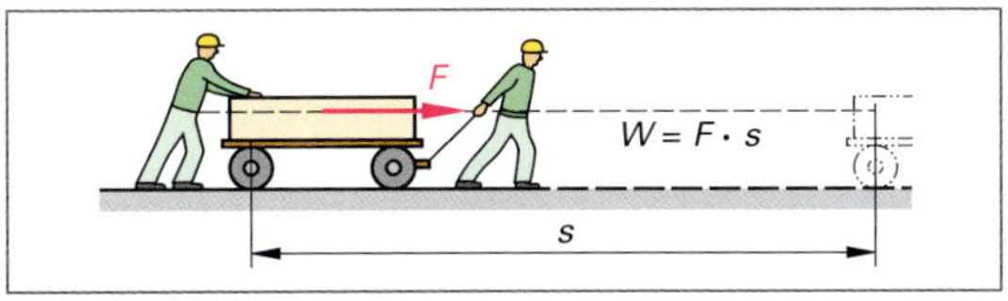

5 Travail mécanique sur un plan horizontal

Puissance

En pratique il est également important de savoir à quelle vitesse est effectué un travail. Si un travail est effectué en moins de temps, à chemin égal, la puissance est plus élevée.

$$P = \frac{W}{t} \qquad \text{Puissance} = \frac{\text{Travail}}{\text{Temps}} = 1\,\text{W (Watt)}$$

Les moyens de transport sont déterminés par rapport aux charges et de la puissance exigée du moteur.

Frottement

Lors du déplacement d'un objet on constate une force contraire **(fig. 1)**

> La force de frottement est la résistance qui freine un corps au niveau de sa surface en contact avec le sol.

Des essais ont permis de déterminer que la force de frottement est fonction de la force normale et du cœfficient de frottement **(fig. 1)**. La grandeur de la surface de contact n'a pas d'influence. Chaque mouvement entre les surfaces est lié au frottement. De la chaleur se dégage. Le coefficient de frottement est déterminé par la combinaison des matériaux, la rugosité et la lubrification.

Types de frottements

La **résistance au repos ou frottement d'adhérence** doit être vaincue au début d'un mouvement. Elle est plus grande que **la résistance au frottement pendant le mouvement**. La **résistance de roulement** est la plus faible **(fig. 1)**.

Plan incliné

Rouler un tonneau le long d'un plan incliné nécessite moins de force que lorsqu'on le soulève **(fig. 2)**. Le travail nécessaire est le même si on néglige le frottement. Ceci est l'application de la règle d'or dans la mécanique.

> Ce qu'on économise en force rend le chemin plus long.

Vis et vis d'Archimède

Un plan incliné est obtenu si on déploie un pas de vis **(fig. 3)**. Si on imagine le pas d'un écrou vu de face il en résulte deux mouvements **(fig. 3 et 4)**. Lorsque la pente est petite, la pièce reste en place et ne glisse pas **(fig. 4)**. En augmentant la pente la force normale et de frottement diminuent, donc le plot descend.

C'est la raison pour laquelle les vis de fixation ont une petite pente et sont autobloquantes. Les vis d'Archimède ont une pente nettement plus importante et permettent de déplacer les charges et de créer un mouvement.

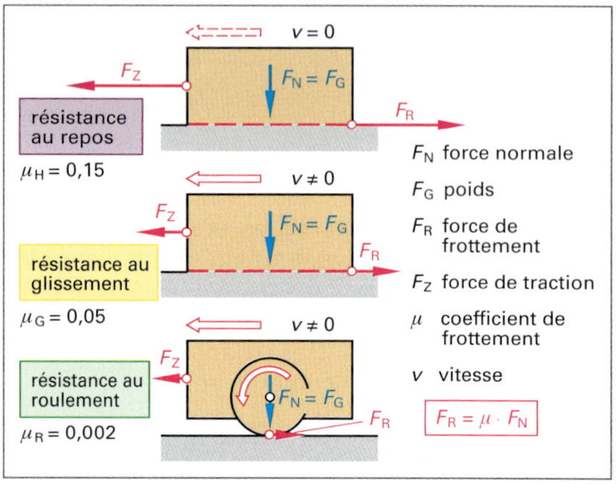

1 Types de frottements

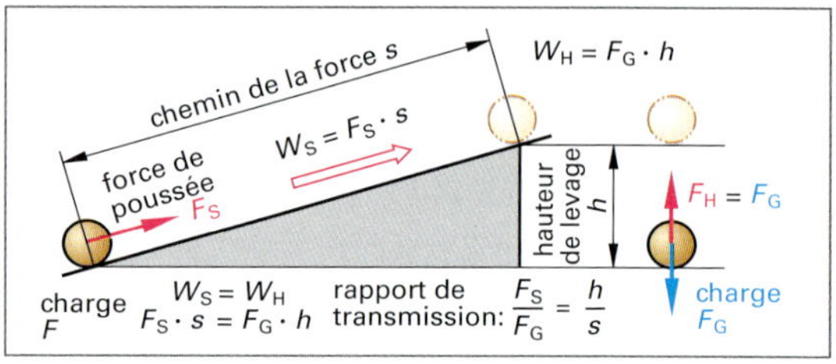

2 Economie de force lors d'un transport sur un plan incliné

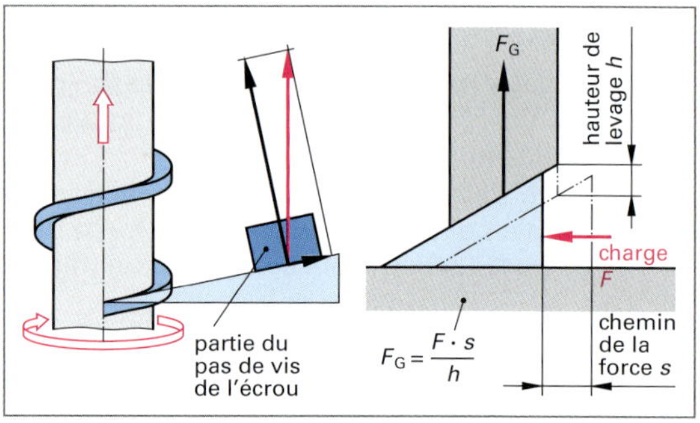

3 Action de la pente d'une vis de transport

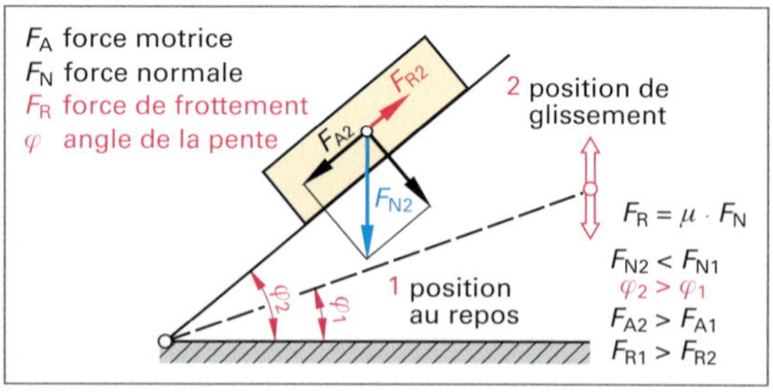

4 Disposition de la force d'action et de frottement en fonction de la pente

Levier et couple

Partout où une force provoque une rotation il existe un levier. Il est composé d'un point d'appui et d'un levier à l'extrémité duquel agit une force **(fig. 1)**. Les deux facteurs constituent un couple.

Couple = force · levier

$M = F \cdot l$ 1 Nm = 1 N · 1 m

Si le levier est solidement ancré, on parle alors d'un couple d'encastrement.

Deux leviers au même point d'appui sont en équilibre si les couples à droite sont les mêmes que ceux à gauche **(fig. 1)**. On distingue des leviers simples ou doubles. Une balance à colonne p. ex. est un levier double.

Selon la règle d'or de la mécanique: pour économiser de la force il faut rallonger le levier sur lequel agit une main. Cette règle est exploitée lorsqu'on travaille avec des pinces, clés à fourche et manivelles **(fig. 2)**.

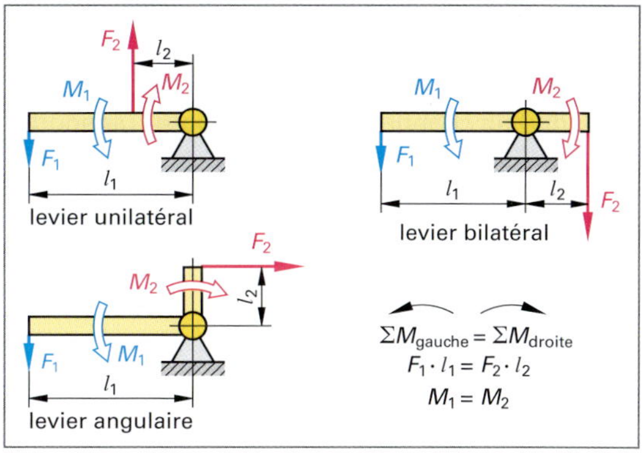

1 Equilibre du couple aux leviers

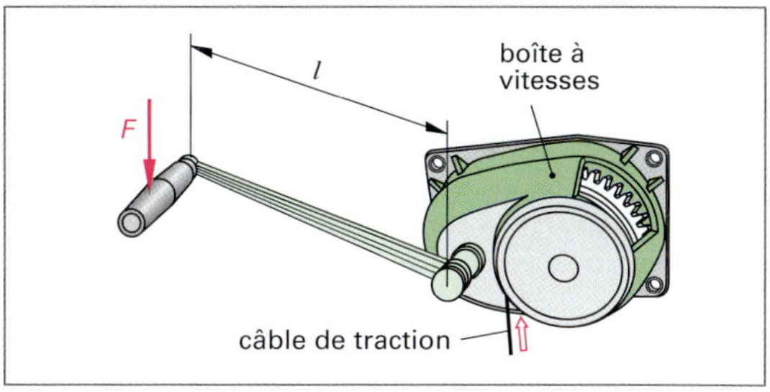

2 Effet de fonctionnement d'une manivelle d'un treuil

Transmissions

Le principe du levier s'applique aussi aux trains d'engrenages, transmission par courroies ou à chaînes. Dans une transmission par roues dentées deux dents en contact constituent un levier double **(fig. 3)**. La petite roue (pignon) donne un plus petit couple que celui que reçoit la grande roue. Par contre le pignon tourne plus vite.

La puissance transmise reste la même moins les pertes dues au frottement. Les trains d'engrenages sont des convertisseurs de couples et changeurs de vitesses de rotation.

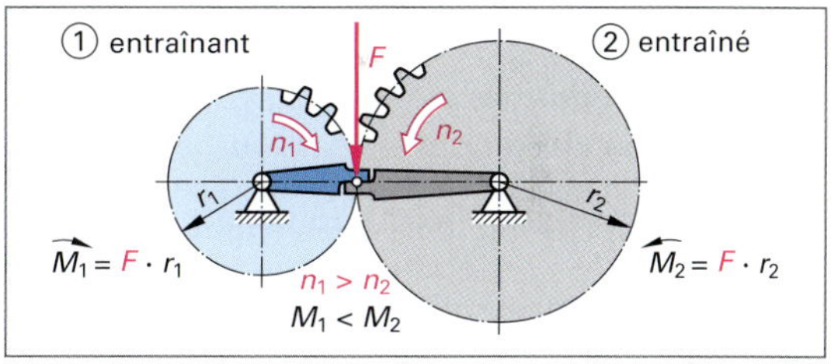

3 Transmission par roues dentées

Transmission de pression dans les liquides ou fluidoc

Une transmission de force peut aussi être réalisée dans des liquides.

La pression est partout identique quand un liquide est complètement enfermé.

Dans une installation hydraulique une petite force d'entrée devient une grande force de sortie **(fig. 4)**. Le schéma ci-contre **(fig. 4)** montre que quand la pression est partout identique une petite force avec un chemin long transmet une grande force avec un petit chemin.

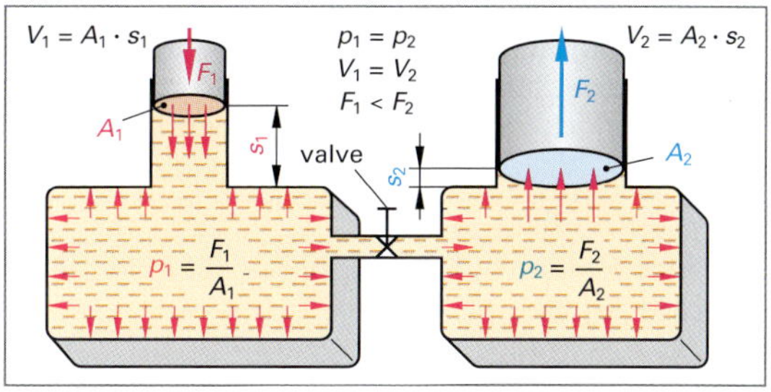

4 Principe d'une transmission hydraulique

Contrôlez vos connaissances

1 Décrivez les différents effets des forces.
2 Différenciez le poids des autres forces.
3 Où est la différence entre le travail mécanique et le couple ?
4 Décrivez les frottements souhaités et indésirables.
5 Expliquez la règle d'or de la mécanique et citez des applications.
6 Décrivez le principe du levier dans la technique et citez des exemples.

8.2 Engins de levage

Des engins de levage sont utilisés pour charger ou décharger des véhicules lors de l'approvisionnement d'un chantier, également pour transporter des charges sur de courtes distances. Le modèle sera déterminé en fonction de l'utilisation et des charges. Les caractéristiques sont entre autres le mode d'entraînement, la transmission de la force et les freins.

La charge est un bien soulevé ou transporté. La capacité est exprimée en kg ou t. Les forces seront mesurées en N ou kN. Ces engins de levage sont conçus de façon à utiliser un minimum de force pour soulever des grosses masses. Le rapport entre la charge déplacée et la force nécessaire est inverse à celui des chemins. Plus le rapport entre la charge et la force est important, plus les rapports entre les distances est important. Ici intervient **la règle d'or de la mécanique**.

> Grande charge · petite course = petite force · grande course

Les courses « longues » sont réalisées par des tambours ou treuils

8.2.1 Appareils de levage

Pour lever ou ajuster des pièces lourdes, ou si de grandes masses doivent être déplacées sur de courtes distances, on utilise des engins à piston.

Les crics à crémaillère sont normalisés de 1,5 t jusqu'à 20 t de charge **(fig. 1)**.

Le pied est soudé à la crémaillère. Le pignon d'un train d'engrenages est engagé dans la crémaillère et actionné par une manivelle **(fig. 1)**. Ainsi la charge est soulevée par la tête. Un cliquet anti-retour empêche la charge de redescendre.

Les crics à vis sont actionnés par un levier **(fig. 2)**.

Les crics à manivelle fonctionnent selon le même principe **(fig. 3)**.

Les vérins hydrauliques peuvent produire, en fonction de la pression, de grandes forces. La course est réglée avec précision avec des vannes. Des freins de charge ne sont pas nécessaires.

De petits vérins peuvent aussi être actionnés avec des pompes à main **(fig. 4)**. La pompe remplit le cylindre et soulève le vérin. La vanne de pression empêche le retour de l'huile sous charge. Une valve de retour permet de rentrer le vérin.

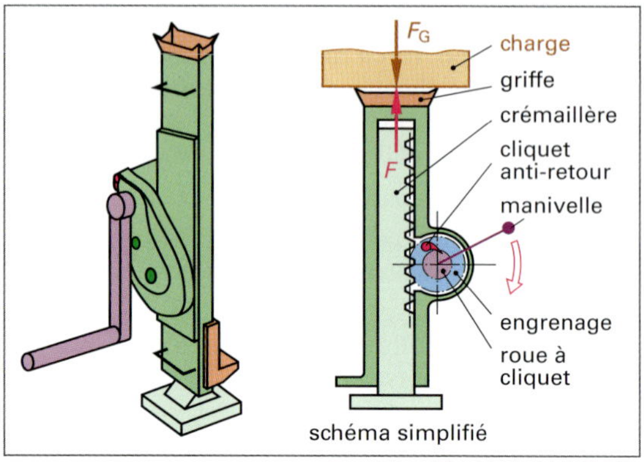

1 Cric à crémaillère

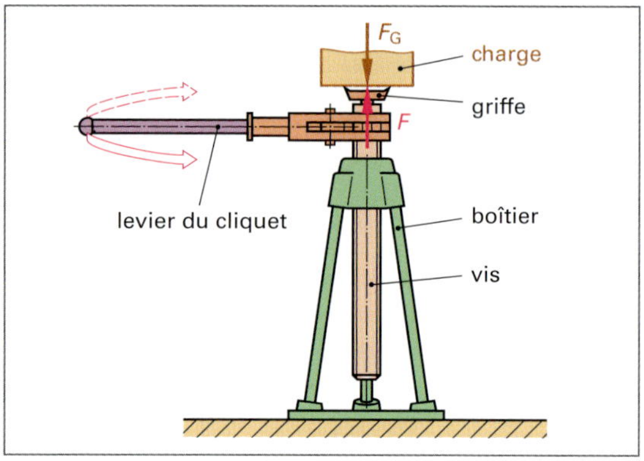

2 Cric à vis

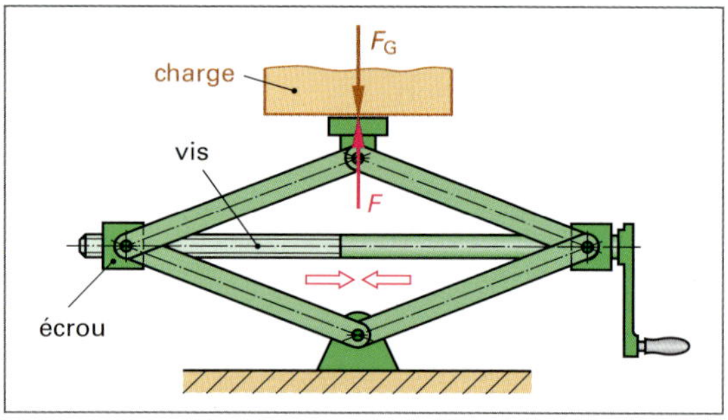

3 Cric à vis

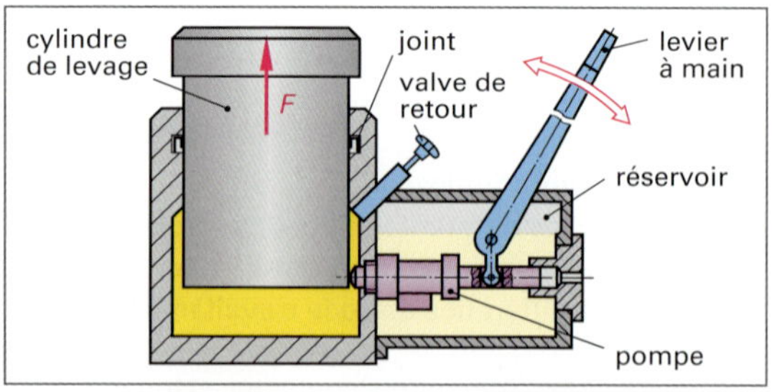

4 Vérin hydraulique

Des treuils à tambour de petite dimension peuvent être actionnés à la main, mais dans la plupart des cas ils sont munis d'un moteur. Le tambour est doté de rainures afin d'enrouler proprement la corde, même longue. Ceci permet de couvrir une grande hauteur **(fig. 1)**.

Ces treuils peuvent être fixés sur des véhicules, des murs ou au sol. Sur les grues ils sont vers le moteur. Pour éviter une rotation inverse, ce qui peut être très dangereux, ils sont munis d'une roue à cliquet, d'un frein à bande ou à disque **(page 158)**.

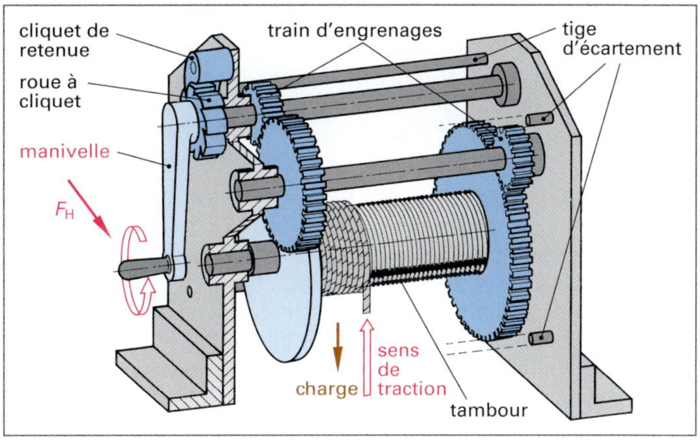

1 Treuil à tambour (sur sol)

8.2.2 Treuils

Le treuil le plus simple est constitué d'une poulie fixe et d'une poulie libre **(fig. 2)**.

La charge est portée par la **poulie libre** le câble, respectivement la corde enroulé-e sur la poulie libre supporte la moitié de la charge de chaque côté. Chaque point sur la corde tirée parcourt le double du chemin par rapport à la charge **(fig. 2a)**. Il suffit de la moitié de la force pour soulever la charge. La **poulie fixe** permet de changer la direction de la force **(fig. 2b)**. En combinant plusieurs poulies fixes et libres l'on obtient un treuil à **poulies multiples**. Plus il y a de poulies libres plus il est facile de soulever des charges **(fig. 3a)**.

$$\text{Force de traction} = \frac{\text{Charge}}{\text{Nombre de cables porteurs}}$$

La force théorique nécessaire pour soulever une charge est augmentée due au frottement entre les câbles, poulies et roulements.

Le treuil prend moins de place lorsque les poulies sont côte à côte **(fig. 3b)**.

Le **treuil différentiel** est constitué de poulies supérieures ayant des diamètres différents. Ceci détermine le rapport force/chemin. Si on utilise des chaînes à la place de cordes, les poulies sont alors dentées pour guider les maillons de chaîne **(fig. 4)**. Une roue avec cliquet est aussi prévue pour éviter la descente inappropriée.

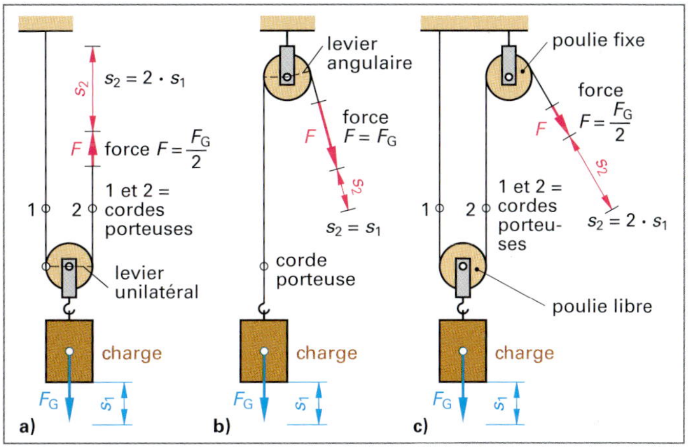

2 Avec une poulie fixe et libre on obtient un treuil à poulies

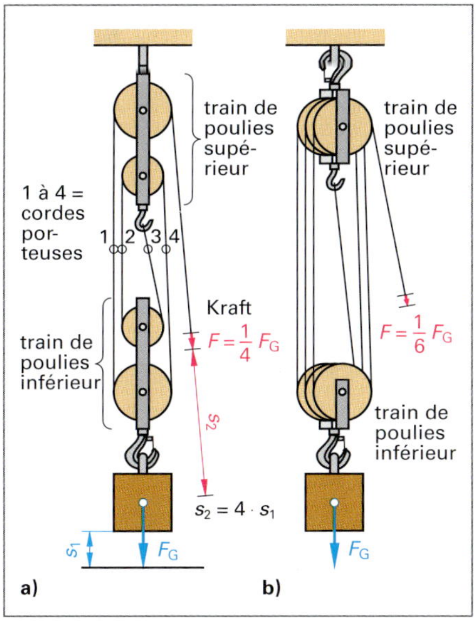

3 Treuils à poulies multiples

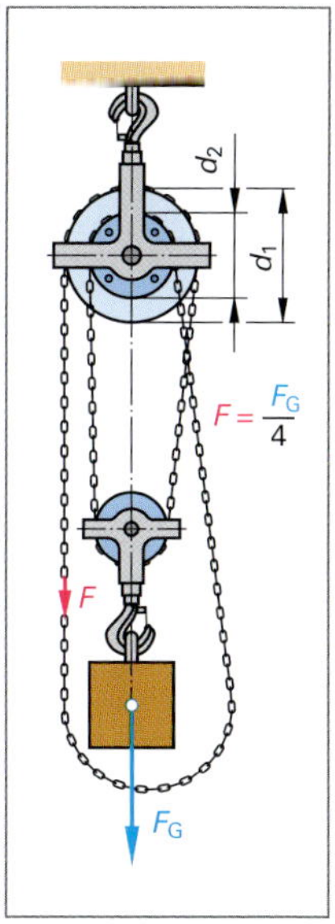

4 Treuil différentiel

Treuil à vis

Afin de soulever des charges relativement importantes avec de petits treuils, le rapport de transmission doit être particulièrement grand. Ceci est possible avec un système à vis sans fin **(fig. 2)**.

La roue d'entraînement est fixée en bout de vis. Une chaîne de traction circule sur la roue d'entraînement pour produire un couple. La vis entraîne une roue à denture hélicoidale solidaire avec le pignon à chaîne. Un angle d'hélice au-delà de 5° rend le système réversible **(page 152)**. Il est alors nécessaire d'avoir un frein de charge pour que la charge ne redescende pas.

Treuil à engrenages

Les engins de levage avec transmission à engrenages sont aussi appelés treuils **(page 153)**. Des **roues dentées planétaires** forment un treuil où le rapport de transmission important permet de soulever de grandes charges **(fig. 4)**. L'entraînement s'effectue par la chaîne qui entraîne l'axe principal où est fixé le pignon central, appelé aussi pignon solaire. Celui-ci entraîne les trois roues planétaires dans la cage dentée. Le disque planétaire entraîne à son tour à nouveau la roue à chaîne.

8.2.3 Engins de levage manuels

Ce sont de **petits engins** qui sont souvent utilisés avec d'autres treuils **(fig. 1)**. Les plus largement répandus sont les **treuils à cordes (fig. 5)**. Ils sont actionnés par un levier. Deux coups de levier permettent une avance d'env. 6 – 8 cm. La charge est retenue automatiquement.

Les treuils à chaîne ont une capacité de charge plus élevée que ceux à corde. Là aussi la chaîne est actionnée par un levier avec cliquet anti-retour **(fig. 5)**.

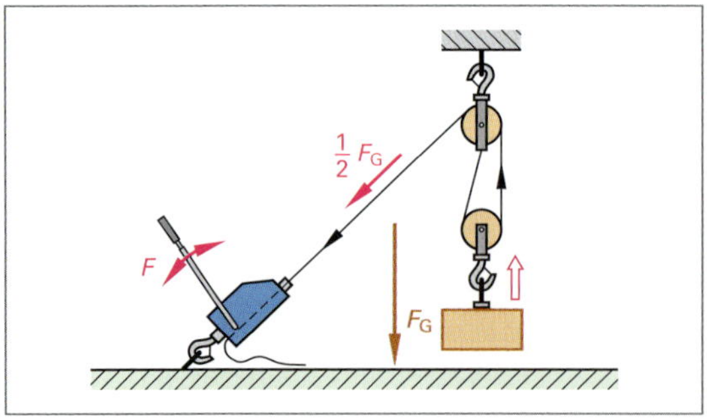

1 Utilisation d'un treuil à levier combiné avec un treuil à poulies

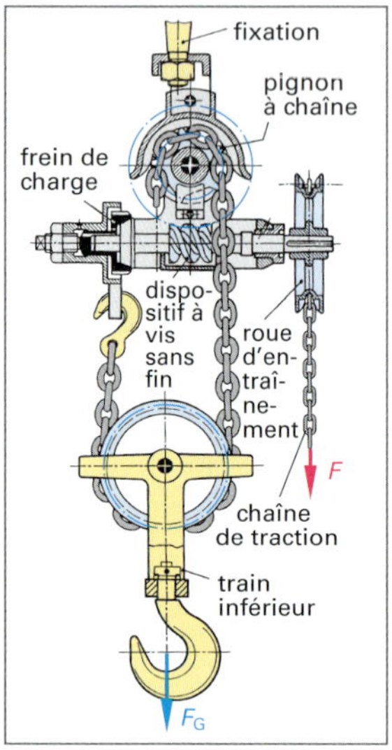

2 Treuil à vis

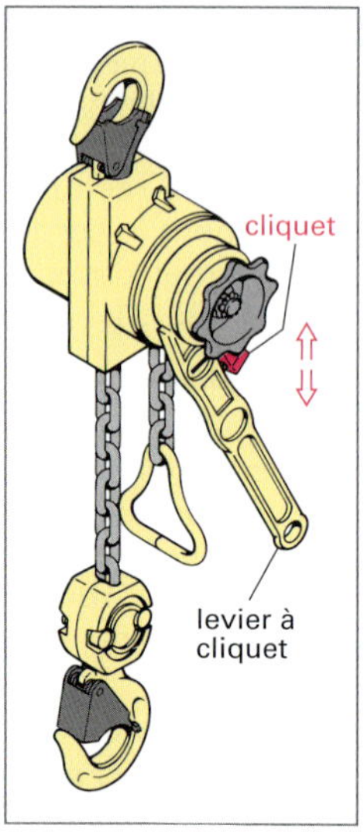

3 Treuil à chaîne manuel Kettennuss = pignon à chaîne

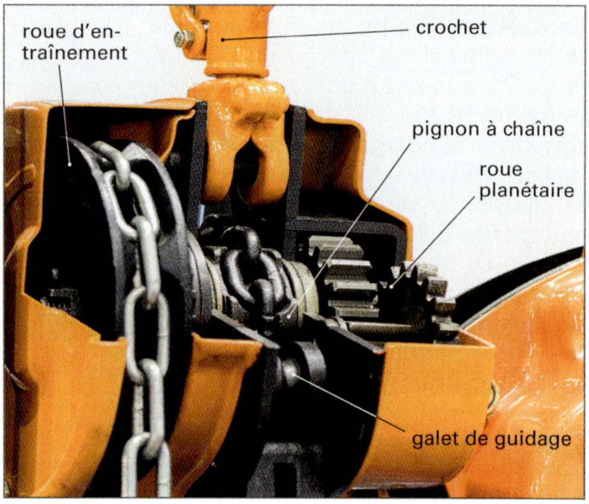

4 Treuil à engrenages planétaires

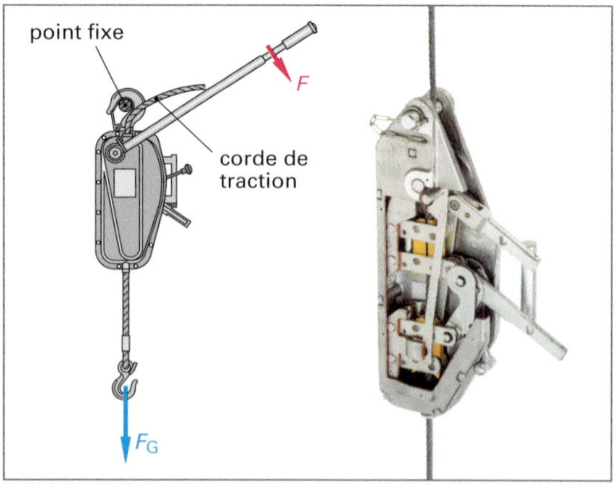

5 Treuil à corde

8.2.4 Treuil électrique

Si la transmission par engrenages ou poulies n'est pas suffisante, un moteur électrique prend le relais ou, dans certains cas un moteur pneumatique **(fig. 1)**. Les treuils électriques travaillent avec des systèmes simples ou multiples à poulies, chaînes ou cordes. Mis à part les freins mécaniques, des freins – moteurs sont également utilisés (page 158). Si un treuil électrique est relié à un dispositif roulant, on parle alors d'un **chariot roulant** suspendu à des rails **(fig. 3)**.

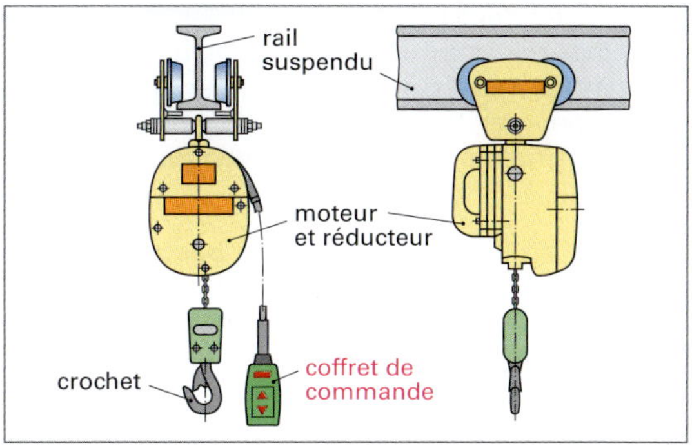

1 Treuil électrique

8.2.5 Plateformes élévatrices

Des plateformes élévatrices mobiles remplacent toujours plus les échafaudages fixes. **(fig. 2)**. Pour de faibles hauteurs et de grandes charges les plateformes à pantographe ont fait leurs preuves **(page 154)**.

Des plateformes télescopiques s'adaptent à des hauteurs plus importantes. La plateforme est levée par un système hydraulique en continu **(fig. 2)**. Les plateformes pivotantes servent à des travaux délicats. Tous les mouvements sont commandés par le travailleur sur la plateforme.

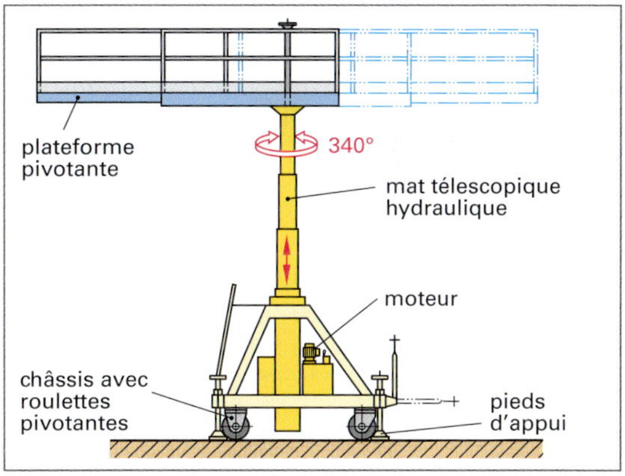

2 Plateforme élévatrice

8.2.6 Grues

Suivant les exigences plusieurs engins existent. Toutes les grues ont un point commun : les charges pendent d'un **dispositif d'accroche**. Ces charges peuvent être déplacées verticalement et horizontalement. Les grues peuvent être installées à un endroit fixe ou sont mobiles sur routes ou sur rails.

On distingue deux types de construction : **grues à portique (fig. 3)** et **grues à flèche (fig. 4)**. Sur chantier, ces dernières sont généralement fixes ou mobiles.

Les **grues mobiles** sont principalement engagées au montage, spécifiquement dans la construction de ponts et constructions métalliques ainsi que sur des aires de stockage. Un moteur Diesel, monté sur un véhicule, entraîne la grue à flèche **(fig. 4)**. La flèche est généralement conçue, comme une grue à tour, avec des profils mécano – soudé ou un système télescopique à entraînement hydraulique.

La **charge admissible** est dépendante de la position de la flèche. Plus la flèche est importante, plus petite est la charge admissible. Pour des charges plus importantes des appuis supplémentaires assurent contre le basculement.

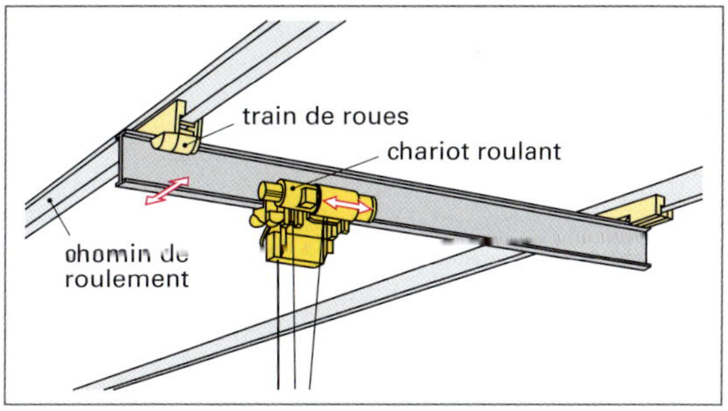

3 Grue suspendue (pont)

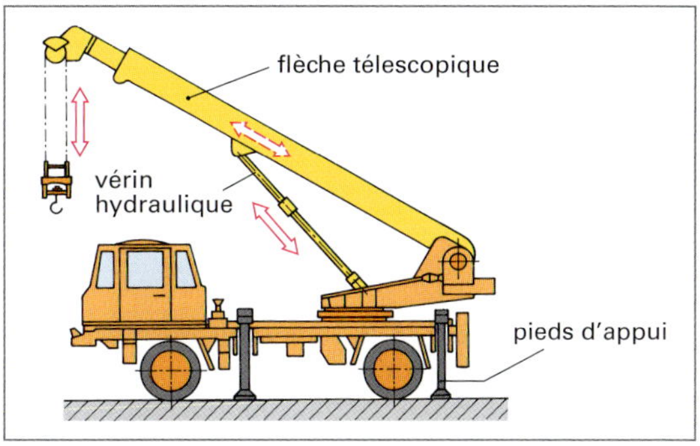

4 Grue mobile

Les grues à tour pivotantes sont les moyens les plus importants sur un chantier. De petites unités pouvant se replier sur elles-mêmes arrivent sur le chantier par leurs propres moyens. Les plus grandes grues sont montées avec des éléments unitaires.

Dans le cas d'une **grue à flèche basculante**, elle monte et descend pour modifier le rayon d'action **(fig. 1)**. La grue à **chariot** permet d'obtenir le même résultat **(fig. 2)**. Lors de constructions très hautes, il suffit d'ajouter des éléments intermédiaires pour augmenter la hauteur de la grue.

Des **grues grimpantes** grandissent avec la hauteur de la construction étage par étage **(fig. 2)**.

La **stabilité** est assurée par des contrepoids et la position basse du système d'entraînement. On peut considérer ceci comme un levier double qui est en équilibre **(page 153, fig. 1)**. Si la charge admissible est dépassée, un système anti-basculement évite la chute de la grue.

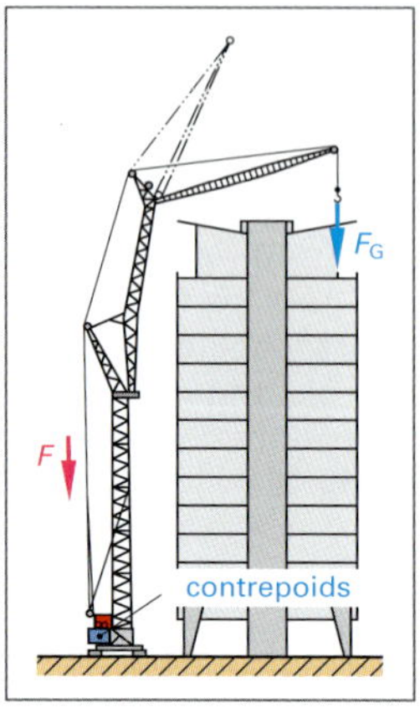

1 Grue à tour avec flèche basculante

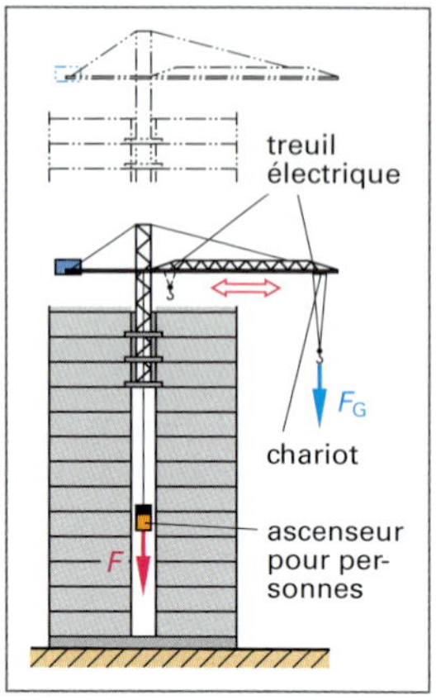

2 Grue grimpante avec flèche et chariot

8.2.7 Retenues et freins

Les treuils doivent être protégés contre un relâchement soudain de la force de traction. Pendant la descente il faut freiner progressivement. **La roue à cliquet** est le moyen le plus simple pour éviter un « retour de manivelle » **(fig. 3)**.

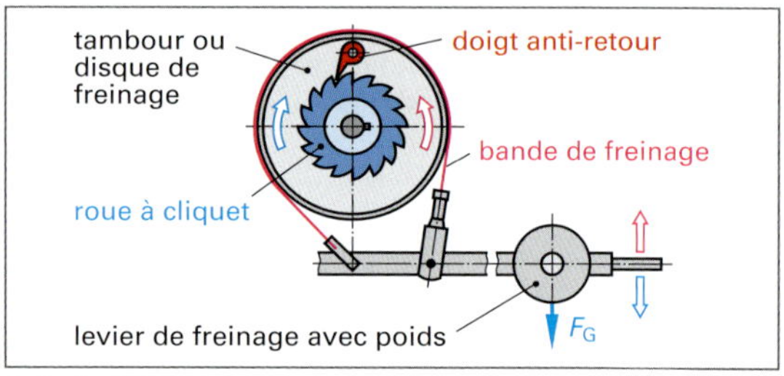

3 Frein à bande et clapet anti-retour

Les **freins à bande** en acier approprié freinent sur un tambour **(fig. 3)**. Les **freins à mordaches** fonctionnent selon le même principe, par pression sur le tambour.

Les **freins à disque** appuient sur les faces d'un disque.

Le **frein – tambour** fait partie d'un moteur – frein électrique. En enclenchant le moteur le rotor est tiré à l'intérieur du champ magnétique et le ressort se tend. Le frein est alors desserré **(fig. 4 - en bleu)**. Après avoir coupé le courant le ressort appuie le cône de freinage sur le carter.

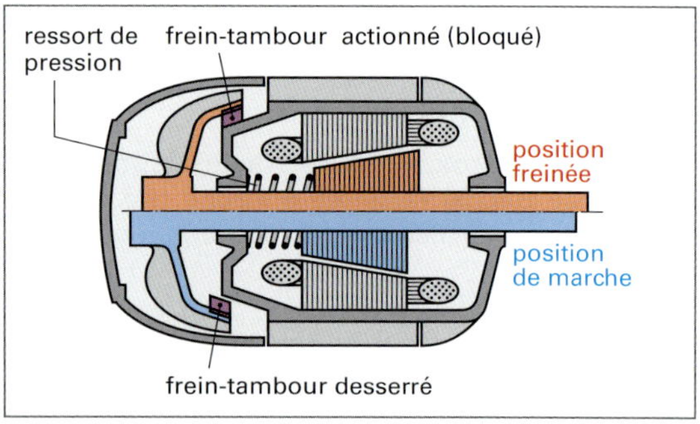

4 Frein - tambour

Le freinage produit de la chaleur par frottement. Les surfaces de freinage doivent être suffisamment grandes pour évacuer la chaleur sans devenir brûlantes.

Contrôlez vos connaissances

1 Quelle différence y a-t-il entre un filetage réversible et auto bloquant, et quelle est l'influence dans un treuil ?

2 Quelle influence a la règle d'or en mécanique lors du levage hydraulique ?

3 Pourquoi la force pratique de levage avec un treuil est plus grande que celle calculée ?

4 Expliquez, au moyen de l'équilibre des couples, comment est assuré le basculement d'une grue selon les fig. 1 et 2 ci-dessus ?

5 Pourquoi le cliquet anti-retour ne suffit pas lorsqu'on descend une charge ?

6 Expliquez l'action de freinage avec les figures de la page 152.

8.3 Véhicules

Pour déplacer des charges sur sol sur le chantier ou à l'atelier, de petits véhicules maniables sont utilisés.

Les chariots transpalettes avec fourche sont conçus pour s'enfiler sous une palette **fig. 1**. Ils sont entraînés manuellement ou par un moteur électrique avec accumulateur. En tirant et en poussant la barre de remorquage dans un mouvement de pompage, les fourches s'élèvent jusqu'à 80 mm par un système de leviers ou hydraulique.

Les élévateurs sont dotés d'un moteur à essence / diesel / électrique pour une utilisation à l'extérieur. A l'intérieur ils sont équipés d'un moteur électrique avec accumulateur. **fig. 2**). Depuis l'introduction du système à palettes ils sont devenus incontournables. Leur charge admissible peut aller jusqu'à 50 t (voir indication sur le véhicule). Avec un support de levage (palette par exemple), il est possible de soulever des charges. Plus elles sont placées vers l'extrémité de la fourche plus grand est le couple de décrochage. La capacité en est d'autant réduite **(fig. 2)**.

8.4 Fixation des charges

Les statistiques montrent que jusqu'à 30 % des accidents se produisent lors du transport de charges. Outre respect des prescriptions en matière de prévention des accidents, il faut également assurer les charges **(fig. 3)**.

Les moyens de transport sont des parties de l'engin de levage et sont constamment liés les uns aux autres. Elles se composent des dispositifs de levage, systèmes à butées et charges, p. ex. crochets, traverses et pinces de serrage.

Les systèmes d'attache ne font pas partie du dispositif de levage. Ils relient les moyens de transport et les charges, p. ex. chaînes, sangles et cordes.

Les moyens de support ne font pas partie de l'engin de levage. Ils supportent la charge et peuvent être reliés au moyen de transport, p. ex. mâchoires, pinces, corbeilles ou filets. Certains peuvent être aussi des moyens de transport.

8.4.1 Moyen de positionnement des charges

Le moyen de positionnement est la liaison de la charge avec l'engin de levage.

La charge du moyen de positionnement est représentée par la force verticale FG.

Dans tous les cas il faut respecter le principe de la répartition des forces **(page 151)**. L'angle d'inclinaison est déterminant **(fig. 4 et fig. 1 de la page suivante)**.

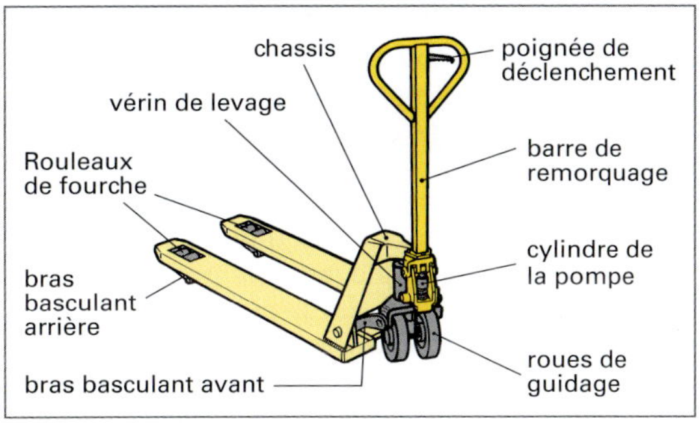

1 Chariot transpalettes manuel

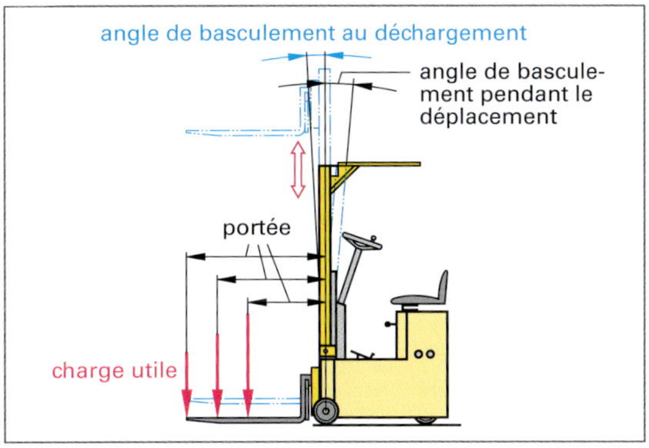

2 Elévateur

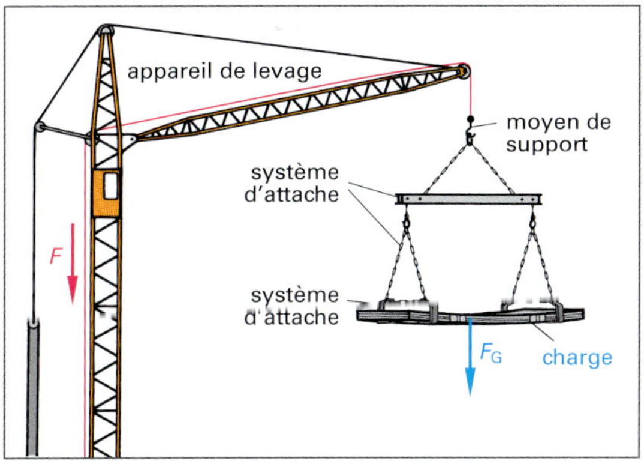

3 Système d'attache sur une grue à flèche

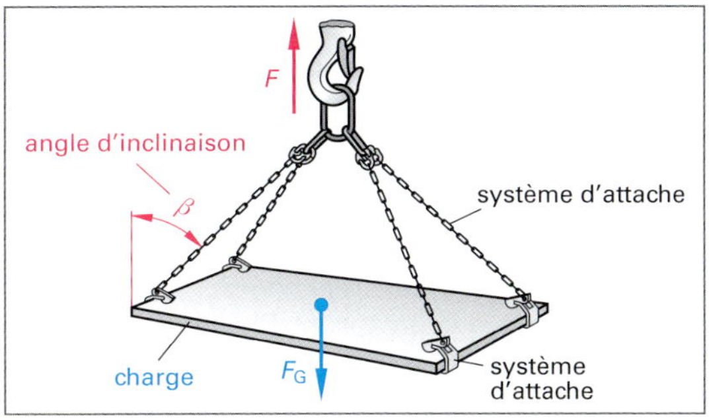

4 Représentation de l'angle d'inclinaison sur un système d'attache

Capacité de charge des systèmes de positionnements ou attaches

La charge d'une chaîne, d'une corde ou d'une sangle ne doit pas dépasser l'indication de charge admissible donnée par le constructeur. Ces indications doivent prendre en compte une sécurité pour compenser d'éventuels petits dommages ou usures. La capacité de charge est aussi influencée par l'angle d'inclinaison **(fig. 1)**. Ne pas dépasser un angle d'inclinaison de 60°, sinon les forces de traction deviennent trop grandes.

Types de systèmes de positionnement ou d'attache

Le nombre de cordes/câbles/chaînes peut être augmenté. Avec 4 cordes/câbles/chaînes il n'y en a que 3 qui portent, le/la quatrième maintient seulement l'équilibre.

Les systèmes d'attache pour les poutrelles, tonneaux ou autres charges rigides sont enroulés autour de la charge **(fig. 2)**. Une protection des angles vifs (pattes de cuir, morceaux de bois ou éléments particuliers) évite d'endommager le système de positionnement ou la charge **Fig. 3**).

8.4.2 Systèmes d'attache

On entend par système d'attache toutes les sortes de cordes (cordes sans fin, câbles à œillets, chaînes à crochet, chaînes en boucle, ...), sangles et autres moyens de fixation entre la charge et le moyen de support.

Cordes et câbles

Les cordes en fibres sont actuellement exclusivement fabriquées en fibres synthétiques, tels que polyamide, polyester, polypropylène ou aramide.

Les câbles métalliques sont composés de fils unitaires de haute résistance. Plusieurs fils forment un toron. Plusieurs torons forment un câble métallique **(fig. 4)**. Au centre du câble il y a un noyau en fibre qui donne une certaine élasticité et permet une lubrification.

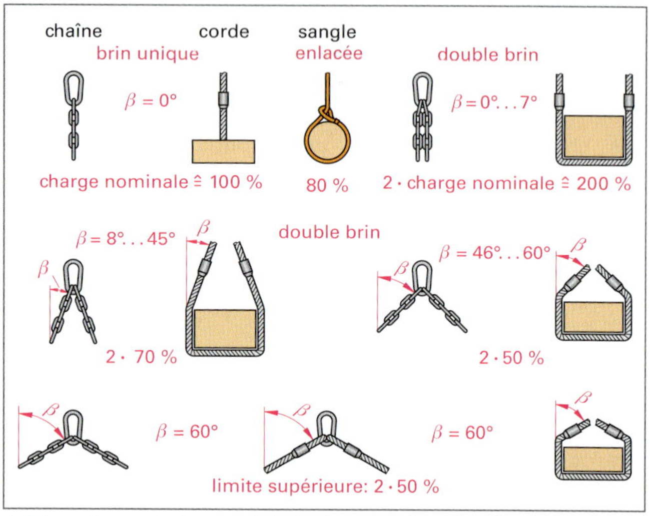

1 Dépendance de la capacité de charge et l'angle d'inclinaison

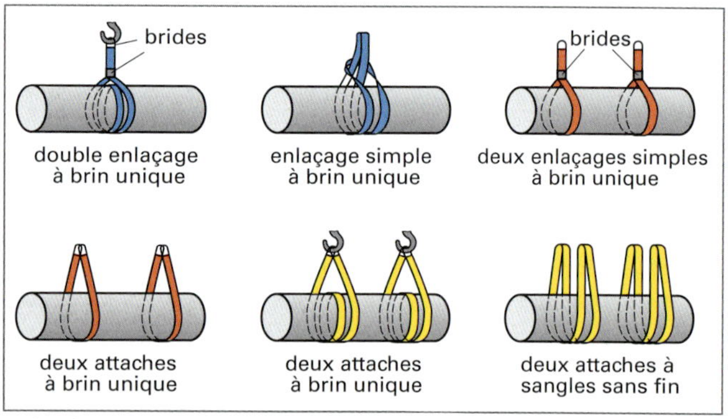

2 Quelques systèmes d'attaches

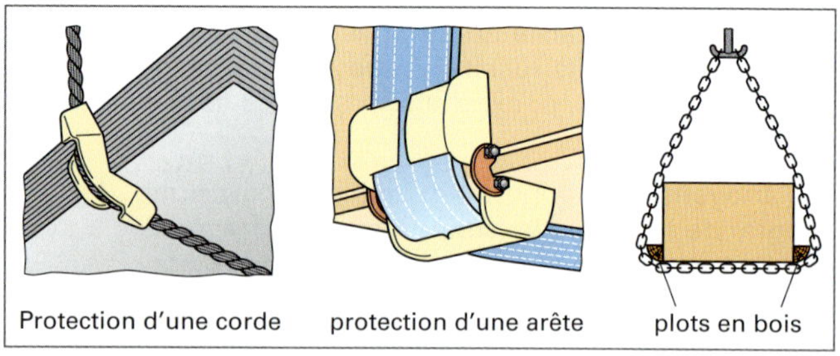

3 Protection des arêtes vives d'une charge

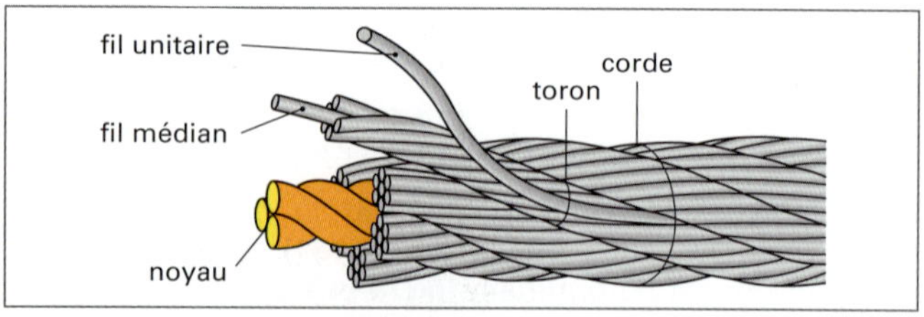

4 Conception d'un câble métallique

Les câbles en acier doivent supporter des charges et être souples.

Ces deux exigences principales se contredisent. C'est pour cette raison que l'on utilise des câbles différents.

Une torsion est créée lors de la fabrication d'un câble en acier. Cette tension provoque une ouverture des torons. Les extrémités doivent être maintenues d'une façon ou d'une autre. Ce n'est pas nécessaire avec des torons pré – formés.

Le sens de torsion a une grande influence sur les caractéristiques d'utilisation du câble. Il existe donc des câbles torsadés à droite (Z) et à gauche (S). Plusieurs torons peuvent se superposer dans une direction.

Le câblage parallèle présente les fils et torons dans un seul sens. Ils ont moins de croisements mais une plus grande rotation **(fig. 1)**. Ils sont lisses, résistants à l'usure et sont silencieux. Par contre ils sont sensibles à l'écrasement, peuvent se tordre et s'ouvrir.

Le câblage croisé agit contre la rotation. Le sens du toron et du câble s'annule. Les nombreux points de contacts donnent une meilleure résistance à l'écrasement et à la déformation. Par contre ils sont moins lisses et moins souples.

Le mode de fabrication et la structure interne sont également différents.

Les câbles spiroïdaux sont de fabrication parallèle **(fig. 3)**. Ils sont relativement rigides et sont utilisés principalement en tant que haubans pour des pylônes, téléphériques et construction de ponts haubanés.

Les câbles à torons sont doublement torsadés et ont une âme en fibres qui est imbibée avec de la graisse ou un vernis **(fig. 4)**. Ils sont flexibles et sont utilisés pour supporter des charges ou sur le tambour d'un treuil.

Les câbles à torons multiples sont composés de plusieurs câbles à torons. Ils sont torsadés trois fois **(fig. 5)**. Leur souplesse permet de les utiliser pour des exigences élevées.

Les câbles entièrement fermés ont un manteau avec des câbles profilés **(fig. 6)**. Ils ont une capacité de charge plus importante qu'un câble à torons de même diamètre et s'adaptent très bien dans un sillon. Ils sont plus rigides et sont principalement utilisés sur des téléphériques ou ponts haubanés.

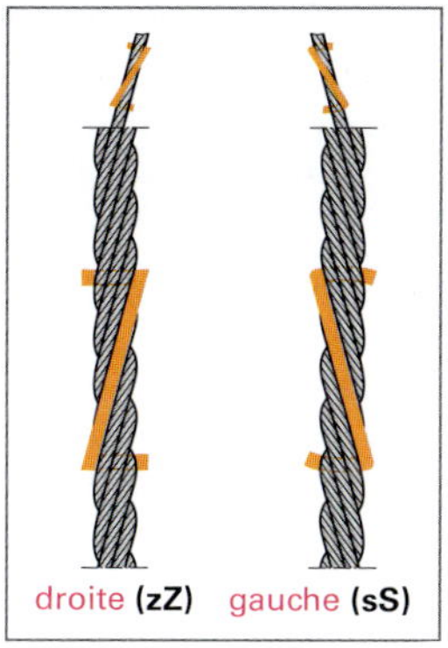

1 Câble parallèle

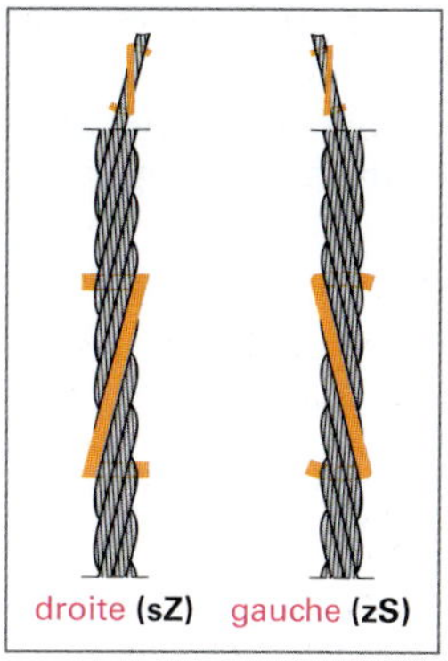

2 Câble croisé

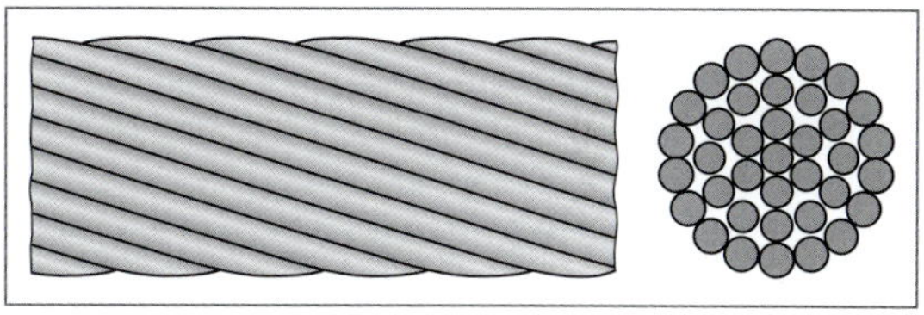

3 Câble spiroïdal ouvert

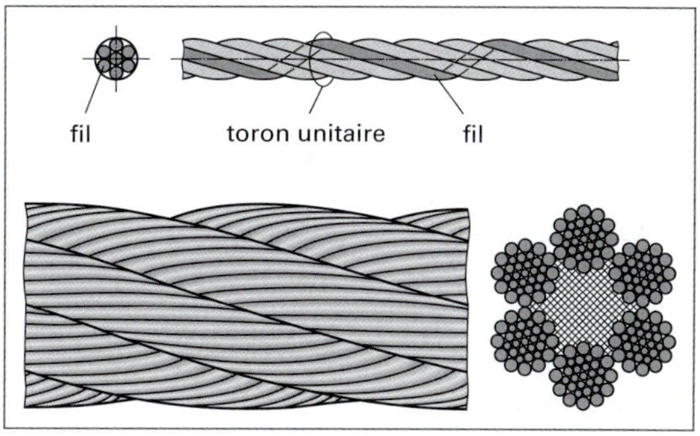

4 Câble à torons en une couche avec âme en fibre

5 Câbles à torons multiples

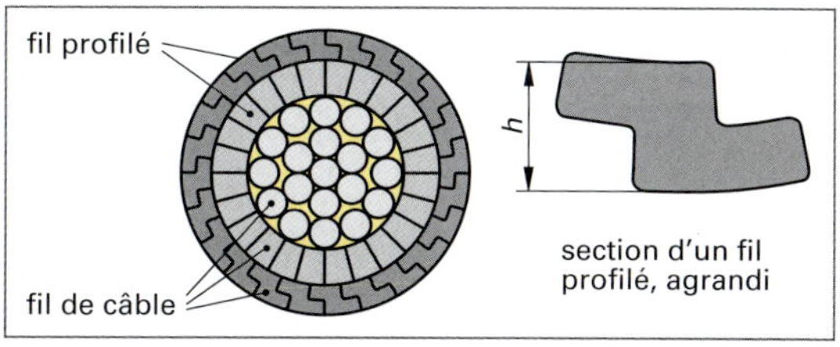

6 Câbles entièrement fermés

Embouts liaisons câblés

La constitution câblée permet surtout la transmission d'efforts **(fig. 2)**. Les cordes peuvent être raccourcies au moyen de tendeurs afin de bien fixer les charges **(fig. 2e)**.

Les serre – câbles en aluminium ne doivent pas être sollicités en pliage au contraire des épissures qui sont flexibles **(fig. 3)**. Pour fabriquer des boucles et suspentes, on utilise des œillets **(fig. 4 et 5)**. Une tallurite ou cosse protège le câble **(fig. 3)**. La fabrication d'une extrémité d'un câble en forme de poire, cosse – cœur le protégeant., est nécessaire, car les câbles sont trop rigides.

Echange de câbles/cordes

Malgré une entaille légère, un câble/une corde ne doit plus être utilisé-e, même si la charge admissible est huit fois supérieure à celle indiquée. Lorsqu'il y a plusieurs entailles visibles, le câble doit être retiré.

Types de câbles	Nombre sur une longueur		
	3 d	6 d	30 d
Câble à torons doubles	4	6	16
Câble à torons multiples	10	15	40

Les câbles d'élingue ne doivent plus être utilisés lorsque :

- Toron cassé
- Écrasements
- déformé
- corrosion
- Relâchement de la couche extérieure
- Coude ou déchirure **(fig. 6)**
- Extrémités endommagées et usure importante

Sangles de levage

La petite surface de contact d'un câble favorise les dommages, ce qui peut être évité en utilisant des sangles. Elles sont constituées de câbles et tissus porteurs qui sont protégés par des gaines imprégnées, gommes ou polyuréthane **(fig. 1)**. En présence d'arêtes ou de surfaces rugueuses des sangles spéciales en fil d'acier tissé peuvent être utilisées **(fig. 1)**.

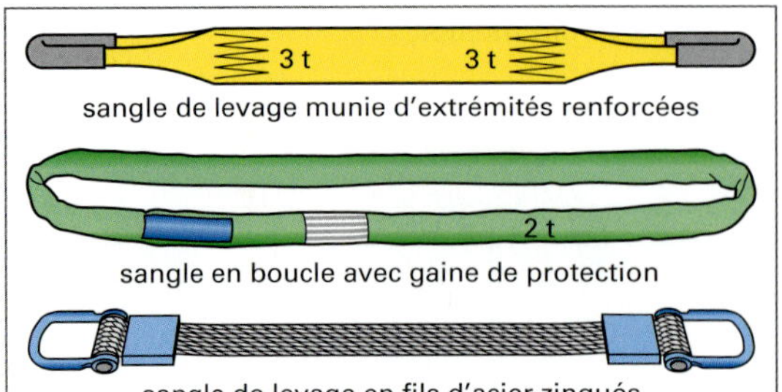

1 Sangles de levage

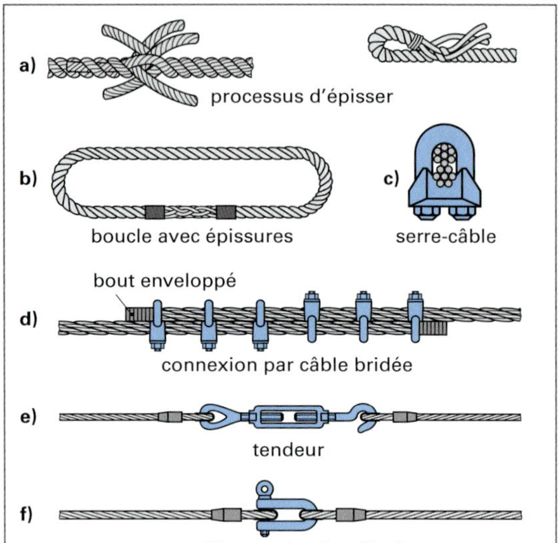

2 Liaisons de câbles ou cordes

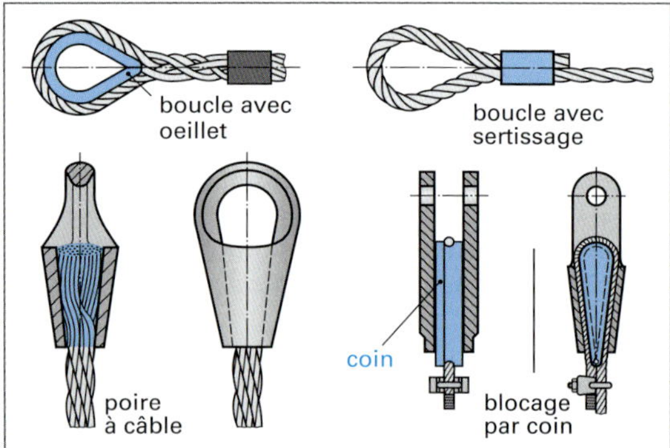

3 Extrémités de câbles

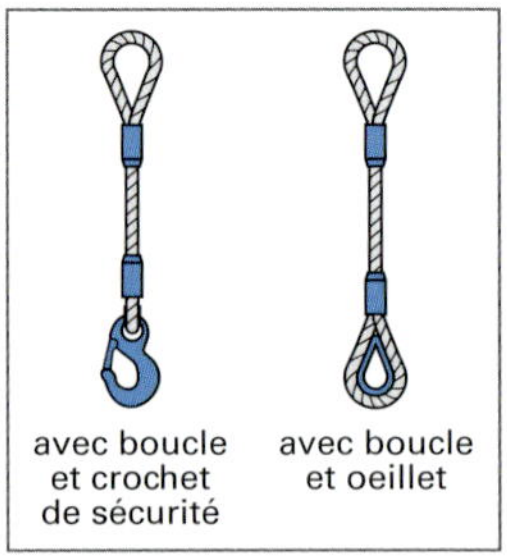

4 Elingues

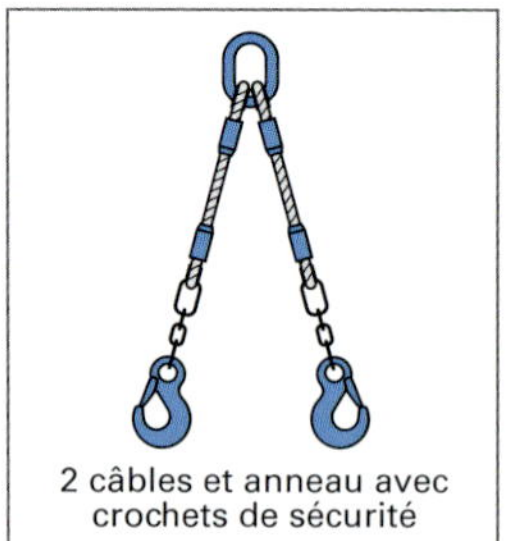

5 Elingues à 2 câbles

6 Dommages aux câbles

Chaînes

Elles sont utilisées comme partie de l'équipement porteur et pour l'élingage. Elles sont nettement moins sensibles à l'usure que les câbles et, peuvent passer sur des galets de plus petits diamètres. Les inconvénients sont le poids important, le bruit occasionné et le peu d'élasticité qui provoque de l'usure. Seules les chaînes à maillons sont utilisées dans les treuils. S'ils doivent passer dans des roues dentées ou des tambours, ceux-ci doivent respecter la forme de la chaîne **(fig. 2 et 3)**. Leur charge admissible est dépendante de l'angle d'inclinaison **(pages 159 et 160)**.

Les chaînes ne doivent pas être nouées. Elles ne doivent pas non plus être réparées avec du fil de fer ou des vis. N'utiliser que des manilles spéciales ou des maillons vissés ou maillons rapides **(fig. 4)**.

Une chaîne doit être changée lorsque:

- Distension d'une chaîne ou d'un maillon de plus de 5 %;
- Diminution de l'épaisseur nominale de plus de 10 %;
- Fissures et fortes traces de corrosion;
- Forte déformation d'un maillon de chaîne.

Contrôle visuel chaque année. Tous les trois ans vérifier attentivement l'apparition de fissures. Ne pas utiliser des chaînes sans indicateur signalétique **(fig. 5)**.

Engin de levage et accessoires de manutention de charge

Parfois, ce sont les mêmes pièces, comme les crochet à œillet et les manilles **(fig. 1)**, qui relient la charge au le système de positionnement (attache) et le treuil. Les accessoires de manutention de charge, quant à eux, sont composées des nombreuses pinces ou traverses, dont certaines sont brevetées. Elles permettent une meilleure répartition et un guidage sûr de la charge.

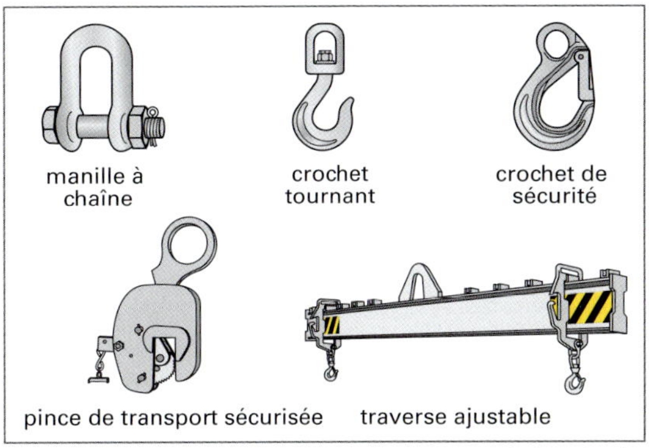

1 Moyens d'attaches et appareils de levage (sélection)

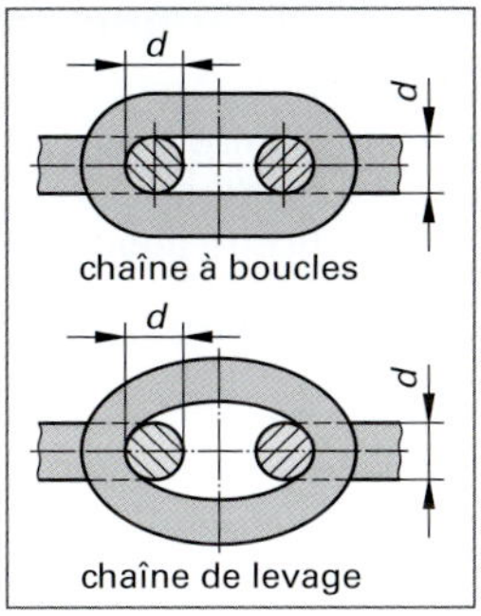

2 Chaînes à maillons

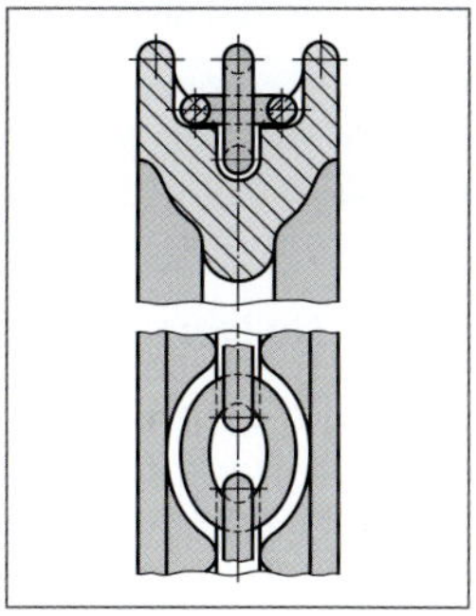

3 Roue dentée et calibrée à la chaîne

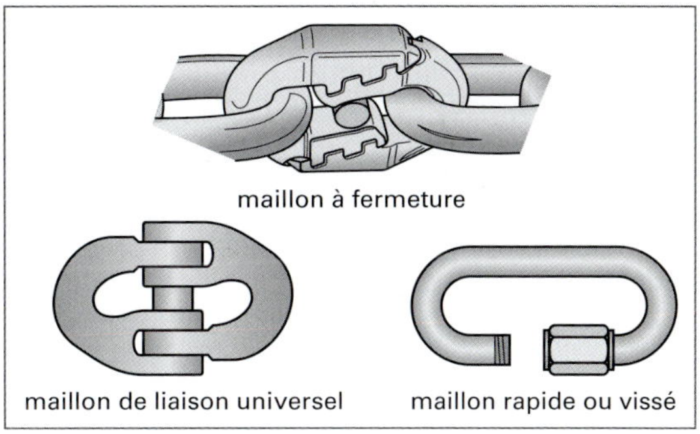

4 Liaisons de chaînes

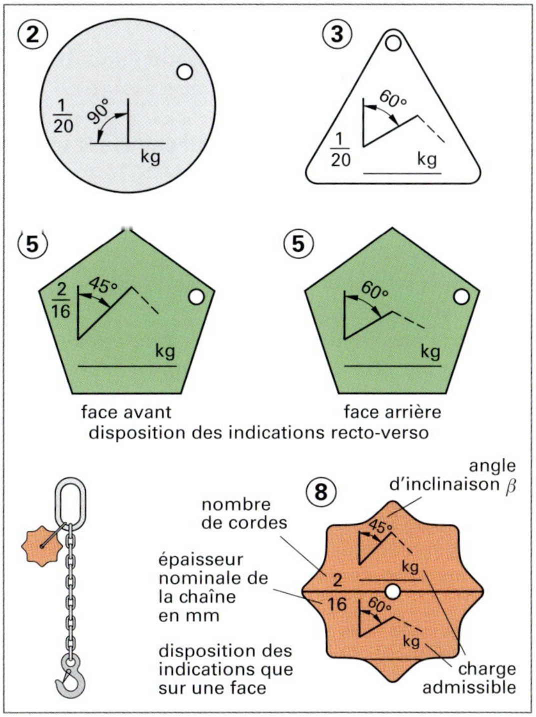

5 Exemples d'indicateurs signalétiques pour chaînes de différentes qualités.

8.5 Sécurité au travail et prévention des accidents

L'énergie cinétique d'une charge qui tombe peut-être suffisamment grande pour traverser un plancher, faire s'écrouler des échafaudages ou détruire des véhicules. La santé et la vie des hommes peut également être mise en péril. La priorité absolue est :

➔ **Ne jamais se tenir sous des charges, il y a danger de mort !**

Lors de manutention de charges, une communication claire est primordiale. Le grutier doit impérativement suivre les indications du conducteur des travaux. (Ci-contre un échantillon de signaux de communication). Les engins de levage modernes sont souvent équipés de télécommandes. Une liaison radio est aussi possible.

Il existe des publications d'associations professionnelles pour le **maniement avec des moyens d'accrochage**, appareils de levage et pour le **comportement lors d'un positionnement** d'une charge, mais aussi sur la **capacité de charge de chaînes**, câbles et autres équipements.

La sécurité des treuils, des palans, des appareils de levage et de portage et des élingues est également définie par de nombreuses normes DIN. Ces dernières réglementent les détails de la construction, les dimensionnements des différentes parties, les matériaux et également la réalisation des tests. Les fabricants fournissent également avec leurs produits une documentation précise afin que l'utilisateur puisse prendre en compte tant la capacité de charge que les conditions particulières d'utilisation et les mesures de protection.

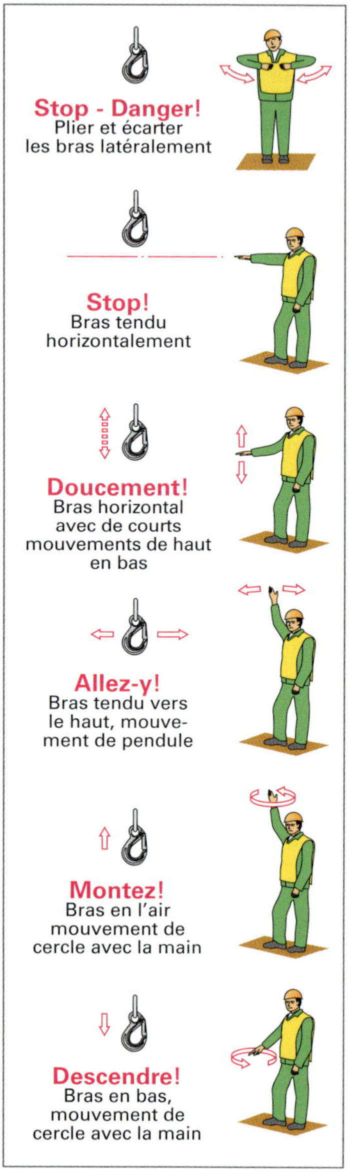

1 Signaux pour le conducteur des travaux

La **charge admissible** est la charge à ne pas dépasser avec un engin de levage.

La charge est la force générée par la masse transportée.

En plus de celles mentionnées précédemment, les règles de sécurité suivantes sont importantes :

- Vérifier les freins avant l'utilisation d'un treuil ou d'un palan
- Toujours porter un casque et s'assurer d'une bonne liberté de mouvement.
- Donner un signal d'avertissement avant tout déplacement d'une charge. La charge en mouvement doit être surveillée constamment.
- Ne pas utiliser les engins de levage sans en connaître leur charge admissible. Ne jamais transporter une charge sans en connaître sa masse.
- Un décrochage involontaire est à éviter, mieux vaut utiliser des crochets avec sécurité.
- Ne pas accrocher des charges longues avec un seul brin. Ne pas accrocher une charge à sa sangle d'emballage.
- Des pièces libres ne doivent pas rester sur la charge.

Contrôlez vos connaissances

1 Vérifier l'importance de l'angle d'inclinaison lors d'un positionnement d'une charge de 500 kN (échelle: 500 kN = 50 mm), avec la décomposition géométrique des forces sur les cordes à deux brins avec angles d'inclinaisons de 30°, 50° et 60°.

2 Esquissez des systèmes de positionnement. Nommez également d'autres que ceux mentionnés à la page160, figure 2.

3 Pourquoi les protections des arêtes sont-elles nécessaires ?

4 Décrivez en détail un câble à torons multiples.

5 Quelle est la signification de la torsion et du sens du pas pour l'utilisation des câbles ?

6 Décrivez l'épissurage d'un câble !

7 Nommez les défauts importants des chaînes et des cordes qui conduisent à la mise au rebut.

8 Décrivez les avantages et inconvénients des sangles, câbles et chaînes lors du transport de chardifférents types de charges.

9 Démontrez et commentez les signes de communications entre le grutier et le conducteur des travaux.

9 Fixation d'éléments de construction

Beaucoup d'éléments de construction, p. ex. grillages, barrières, portes, fenêtres, façades, etc. doivent être reliés à la structure maçonnée. Selon les éléments de fixation, l'on distingue trois procédés :

1. Fixation à ancrage et agents liants
2. Fixation avec des chevilles de scellement
3. Fixation avec tampons

9.1 Fixation à ancrage et agents liants

Les ancrages muraux sont solidement cimentés dans la maçonnerie.

On distingue plusieurs formes de construction selon le mode de fabrication et leur utilisation.

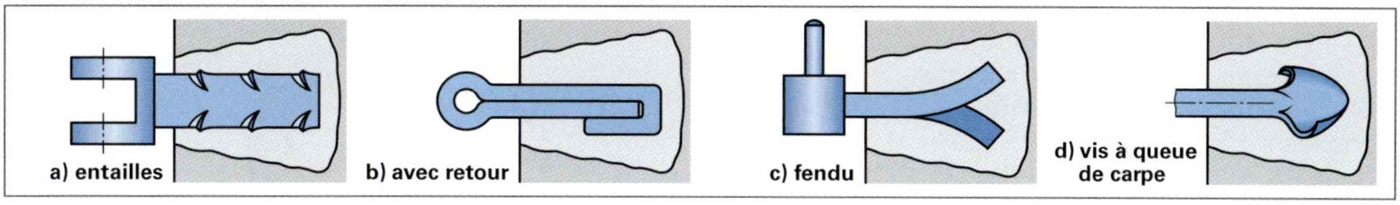

1 Formes d'ancres murales

Les ancres sont fixées au moyen de mortier ou de ciment rapide.

Le ciment est l'élément le plus important du mortier. Contrairement au plâtre, il protège l'acier contre la corrosion, mais pas l'aluminium.

Le mortier est un mélange de ciment et sable rugueux dans un rapport de 1 : 3. Ce mélange a un temps de prise assez long. Pour cette raison il ne faut pas charger avant 48 heures d'attente.

Le constructeur métallique utilise de plus en plus souvent du **ciment rapide** ou **ciment de montage**. Ce sont des produits a prise rapide. Le mélange avec l'eau durcit rapidement et permet d'atteindre la pleine résistance en quelques minutes. En ajoutant du sable il est possible d'en augmenter le volume sans augmenter le temps de durcissement et diminuer la résistance.

Lors d'ancrages au moyen de plâtre, ciment ou ciment rapide il faut veiller à ce que les trous dans la maçonnerie soient exempts de poussière et humides. Ne pas bouger les ancrages pendant le séchage.

De plus en plus il s'utilise, pour la fixation de tiges filetées, marquises, avant-toits, etc., des systèmes de mortiers à base de résine synthétique (mortier chimique en sachet, courtouche ou en capsules). Selon la température le temps de séchage se situe entre 15 minutes et plusieurs heures.

Les trous d'ancrage doivent présenter une dépouille ou dégagement vers le fond.

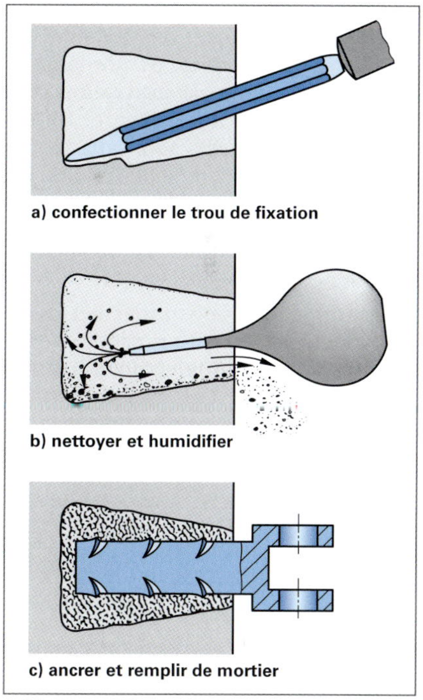

2 Montage d'un ancrage mural

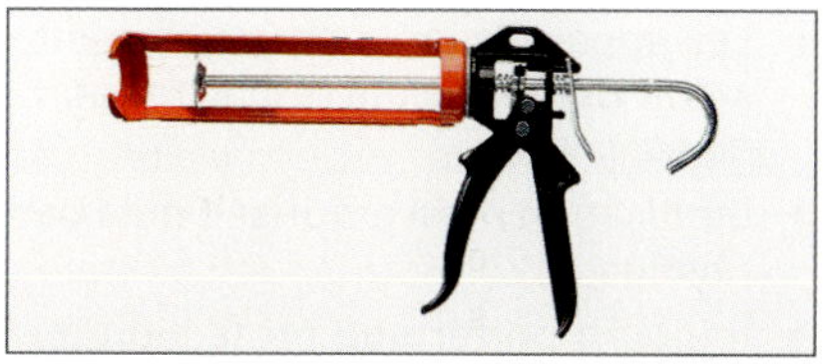

3 Pistolet à cartouche

9.2 Fixation par clouage

Au moyen d'une cloueuse, les clous ou les douilles filetés peuvent être enfoncés directement dans des matières solides tels que le béton ou l'acier **(fig. 1)**. L'énergie nécessaire est produite par l'allumage d'une cartouche dans l'outil. Certes moins répandu, il existe d'autre système de propulsion des clous tel pistolet à accu ou à gaz qui remplacent la cartouche de poudre.

9.2.1 Outils à riveter

Actuellement les cloueuses sont exclusivement utilisés en construction métallique. L'énergie, due à l'explosion de la cartouche, est d'abord transmise à un percuteur qui la transmet au clou **(fig. 2)**. Contrairement aux anciens appareils, la vitesse de sortie réduite permet quand même une grande force de percussion (force = masse × accélération). Ces appareils sont sûrs lorsqu'ils sont utilisés dans les règles.

9.2.2 Clous

Clous doivent avoir une grande dureté et ténacité car elles sont soumises à une sollicitation extrême. Plusieurs exécutions existent selon l'usage que l'on veut en faire, démontable ou indémontable **(fig. 3)**. Lors de la fixation dans de l'acier le clou se soude à la matière. Dans le béton de grandes résistances sont atteintes par frittage lors de l'introduction de la cheville. La profondeur d'implantation est déterminée par la résistance du béton.

9.2.3 Cartouches

Les cartouches contiennent les charges explosives. La puissance est principalement dépendante du support/fond et la profondeur d'implantation. Lors du choix, il faut absolument respecter les prescriptions du fabricant. Les capacités de charges sont reconnaissables à leurs couleurs.

Couleur	Force	support/fond
Vert	faible	béton vert (temps de séchage env. 28 jours
Jaune	moyen	béton C12/15 (B15)–C35/45 (B40)
Rouge	très fort	Béton C35/45 (B40)–C45/55 (B55)

Règles de travail

- Les appareils doivent toujours être mis en position perpendiculaire par rapport à la surface de travail.
- L'utilisation n'est autorisée qu'à partir de 18 ans révolus.
- toujours porter une protection auditive et des lunettes de protection

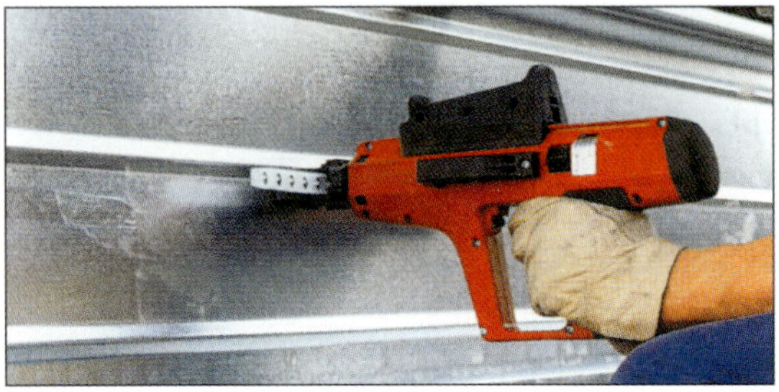

1 **Fixation de profilés par clouage**

2 **Pistolet de clouage à cartouche**

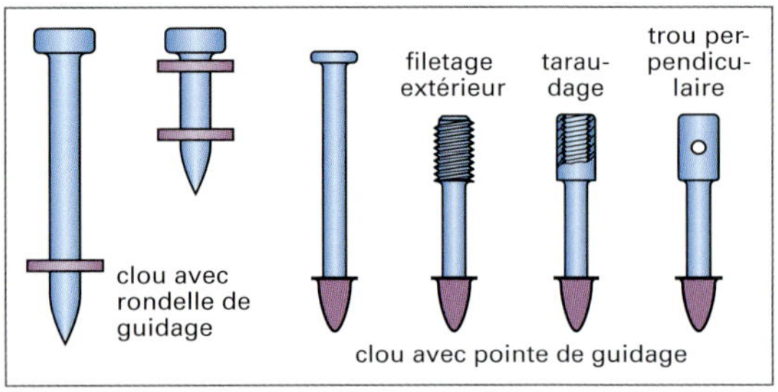

3 **Clou**

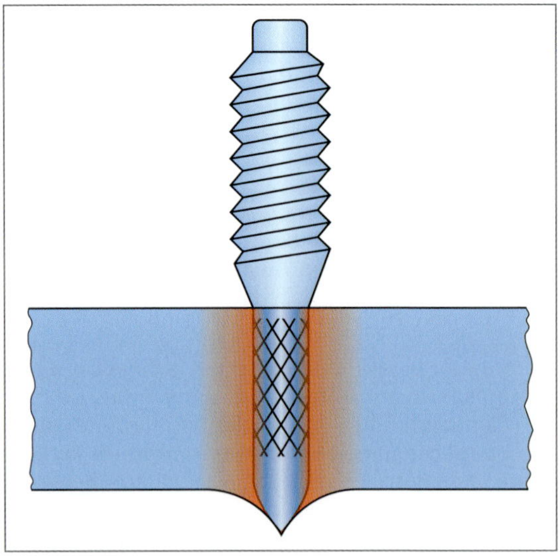

4 **Fusion lors du clouage**

9.3 Fixation à ancrage et tampons

La construction métallique utilise de plus en plus la technique des tampons pour la fixation d'éléments. Des éléments standard, taillés pour des applications spécifiques, permettent une fixation précise, sûre, rapide et rationnelle.

Le choix d'un tampon dépend du matériau de base (fond), du type et de l'importance de la charge, de la place disponible, de l'épaisseur de l'élément et de la méthode de montage.

9.3.1 Matériau de base pour sceller avec des tampons

Un des facteurs importants pour le choix du tampon est le matériau de base (fond) dans lequel il doit être fixé. Il faut tenir compte les caractéristiques des matériaux. La plupart des matériaux sont répertoriés en trois catégories principales (voir ci-dessous).

Groupes principaux de matériaux et les différents éléments utilisés

Béton		Matériaux de maçonnerie				Eléments en plaques
Classes de compression	**Classes de consistance**	**Brique de béton à structure dense poreuse**	**Brique perforée à structure dense**	**Brique de béton à structure poreuse**	**Brique à structure**	**Plaques**
C8/10	F1	Brique silico - calcaire (KSV)	Brique alvéolaire verticale (HLZ)	Brique cellulaire (G)	Brique alvéolaire (LHLZ)	plaque au plâtre
↓	↓	Brique pleine	Brique silico - calcaire alvéolaire (KSL)	Brique en béton léger (V)		panneau particule
C100/115	F6	Pierre naturelle				Plaque en fibre minérale

Le béton est un mélange de ciment, d'additifs (sable, gravier) et d'eau. Selon la densité brute on considère **le béton léger, le béton normal** et le **béton lourd ou plein**. Les additifs pour le béton normal et lourd sont entre autres le gravier, la barytine et les éclats. Pour du béton léger on additionne de la pierre ponce, de l'argile expansée ou du styropor.

La pression de compression minimale, mesurée après 28 jours de séchage, permet de classifier le béton en 16 catégories de résistance (C8/10 … C100/115). La dénomination C25/30 donne une résistance nominale de 25 N/mm^2 mesurée sur un cylindre (Ø 150 mm, hauteur 300 mm), resp. 30 N/mm^2 pour un cube de 150 mm de côté.

Les certifications s'appliquent aux tampons en plastique dans le béton pour une résistance C12/15 jusqu'à C50/60, certification de C20/25 jusqu'à C50/60 pour les tampons à écartement métallique et enclipsage. Le moyen de fixation profite de la résistance à la traction du béton qui se développe plus lentement que la résistance à la compression. C'est pour cette raison qu'il faut engager ces moyens de fixation dans un béton plus jeune que 28 jours, même si la résistance minimale est atteinte.

La résistance à la compression est influençable par la teneur en ciment (rapport eau/ciment). Le béton est pour sa grande résistance un excellent socle d'ancrage.

La brique de béton à structure dense, p. ex. brique silico – calcaire, clinker et tuile sont de bonne résistance et appropriés pour la fixation avec des tampons.

La brique à perforation verticale ou creuse à structure dense est fabriquée dans le même matériau que la pierre pleine. Du fait de sa structure creuse, seuls des tampons spéciaux sont à utiliser lorsqu'il s'agit de fixer des charges lourdes.

Brique de béton à structure poreuse, p. ex. béton cellulaire, aéré ou à gaz, ne possède qu'une faible résistance, n'utiliser que des tampons spéciaux.

La brique à structure poreuse (briques creuses) a encore moins de résistance. N'utiliser que des tampons prévus pour cette brique.

Les éléments sous forme de plaques sont en règle générale des plaques de plâtre ou en fibre minérale. Elles sont utilisées dans des constructions sèches et n'ont que peu de résistance. Utiliser des tampons adaptés à la matière.

9.3.2 Mécanisme de retenue des tampons

Les spécificités des matériaux, comme la dureté et résistance, déterminent le mécanisme de retenue, en liaison avec l'épaisseur de la paroi. Il y a trois possibilités différentes.

L'adhérence par écartement

L'adhérence se produit quand deux pièces sont pressées l'une contre l'autre. La transmission de la force a lieu par **les forces de frottement**.

Dans les liaisons par adhérence, les forces de frottement nécessaires entre le tampon et les parois du trou sont produites par un tirant conique, qui presse fortement contre la paroi du trou **(fig. 1)**. Ce procédé provoque de grandes forces et s'adapte dans des matériaux résistants, p. ex. béton, brique, etc. Là aussi il faut veiller à la distance du bord du matériau et l'entre – axe des trous. Il y a danger d'écaillage ou d'éclatement du matériau si ces distances ne sont pas respectées.

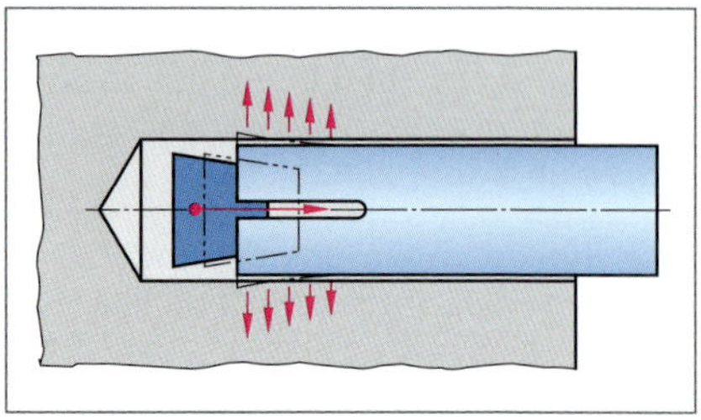
1 **Liaison par écartement (croquis de principe)**

Liaison par liant

Cette liaison utilise un liant entre le tampon et le matériau.

Le tampon et le matériau sont reliés par un troisième élément, p. ex. mortier ou résine synthétique **(fig. 2)**. Cette liaison peut être réalisée dans des matières caverneuses (brique à perforation verticale, brique silico – calcaire, brique légère à perforations verticales, etc.), mais aussi dans des matières poreuses (béton à gaz, béton léger, pierre ponce, etc.). Une liaison par de la résine synthétique n'est possible que dans du plein. Ce type de liaison a l'avantage de ne pas provoquer des forces transversales, ce qui permet de diminuer les entre – axes et les distances du bord de la pièce.

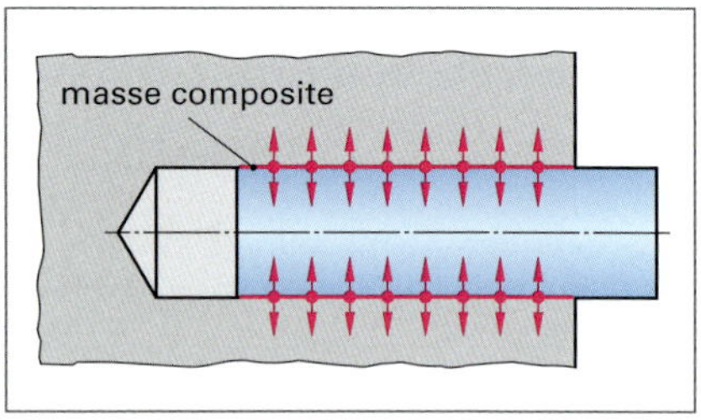

2 **Liaison chimique (croquis de principe)**

Transmission de la force par ancrage de forme

Cette liaison se caractérise par l'alignement réciproque de formes identiques.

Il y a liaison par alignement partout où le tampon s'adapte à la forme du trou **(fig. 3)**. Ceci peut être réalisé dans presque toutes les matières solides.

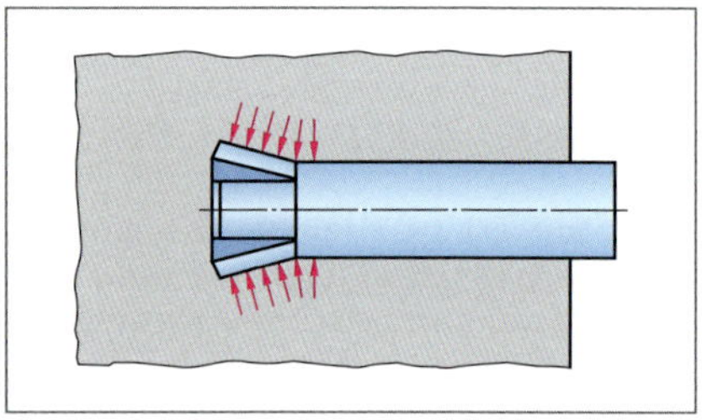
3 **Ancrage de forme (croquis de principe)**

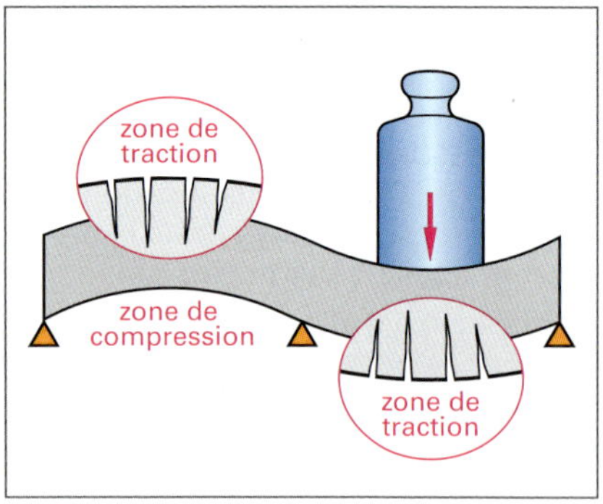

4 **Zones de traction et de pression**

Tampons en zone de traction et de compression

Les contraintes dans les éléments d'un bâtiment provoquent des zones de traction et de compression. P. ex. un plafond est soumis à une flexion, il y aura dans les zones limitrophes des contraintes de traction, ce qui provoque un allongement de l'élément et, dans une autre zone, une contrainte de pression (fig. 4). L'allongement provoquera une diminution de la liaison de force (liaison de frottement) ou de la liaison par liant. Pour ces zones il est impératif d'utiliser des tampons qui ont une autorisation d'être utilisés dans du béton fissuré. Mis à part les tampons de forme les ancrages résistant aux déchirements sont aussi utilisés.

9.3.3 Type de charge

Mis à part les aspects de choix mentionnés, la charge que doit transmettre l'élément au tampon est également décisive. Le type de charge, p. ex. traction, compression, traction oblique, flexion et l'importance de la charge déterminent non seulement la dimension, mais aussi le type de tampon.

Lors de l'action de la charge il y a principalement trois grandeurs qui sont importantes :

- la grandeur de la charge
- la direction dans laquelle agit la force
- le point d'application de la force

Selon EOTA on fait la différence entre **forces de traction concentriques** N_z ou **forces de compression** H_d, qui agissent dans le sens de l'axe du tampon. Les **forces transversales** V agissent perpendiculairement à l'axe et les **forces de traction obliques** F_r.

Les forces de traction et de compression représentent la charge la plus défavorable, car elles sollicitent le plus le mécanisme de support du tampon ou l'ancrage.

Les forces transversales provoquent un effet de cisaillement qui sollicite fortement le matériau.

Les forces de traction obliques sont une combinaison entre les forces de traction – compression et transversales. Si le point d'application de la charge oblique n'est pas au point de fixation, il y a d'autres forces de flexion qui surgissent **(fig. 1)**.

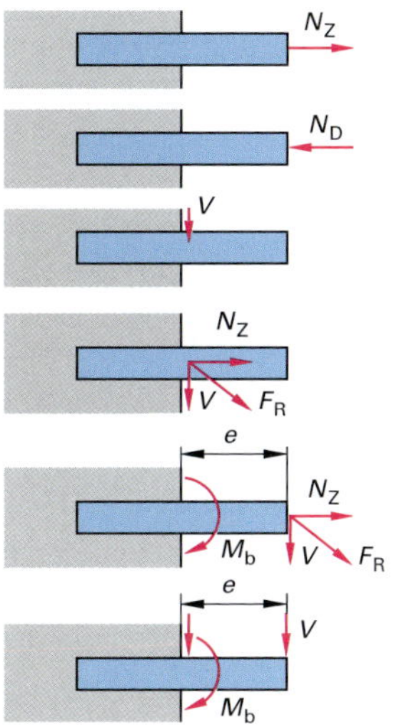

1 EOTA : Organisation européenne pour l'évaluations techniques

Un cas particulier est la charge par choc. Elle doit être respectée uniquement dans des locaux civils ou de protection militaire.

Défaillances des scellements				
Type de défaillance	cassure du fond d'ancrage	élément fendu	extraction du tampon	Rupture du tampon
	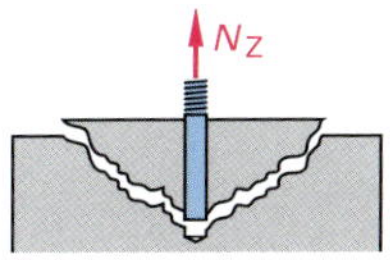	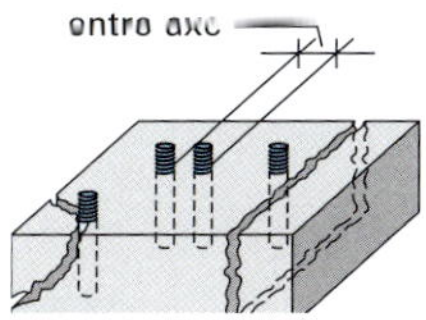	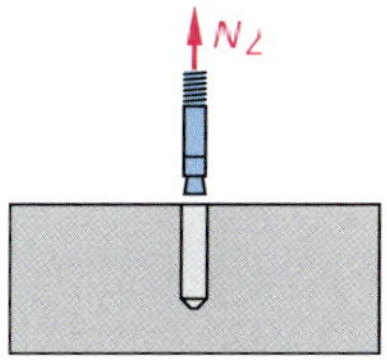	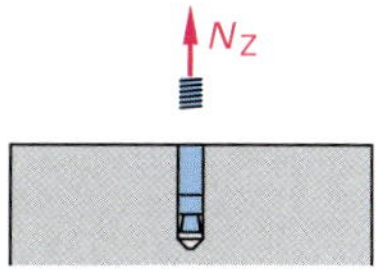
Causes	charge trop importante N_z, faiblesse du fond d'ancrage, profondeur trop faible	dimension de la pièce trop petite, distances du bord et entre-axe pas respectés, forces d'écartement trop élevées	défaillance de la liaison par une charge trop importante, ou mauvais montage	Résistance tampon, resp. vis trop faible

Mis à part les contraintes dues aux charges, d'autres **éléments influencent**, comme le gel, la chaleur due à l'ensoleillement ou l'incendie, l'humidité et les facteurs chimiques sont à prendre en considération lors du choix d'un tampon. La fonction de support peut être fortement dégradée par le ramollissement du matériau et la corrosion. Comme lors du choix des critères en fonction de la charge il faut aussi respecter les indications du fabricant.

[1] Types de contraintes des tampons

9.3.4 Types de montages

Mis à part le type de charge, il faut aussi tenir compte du type de montage pour choisir le tampon.

Le montage à fleur est un alignement entre le tampon et la surface de l'élément. Le diamètre du trou est plus grand que celui de la pièce à fixer **(fig. 1)**.

Le montage traversant nécessite le même trou dans l'élément que dans la pièce. Celle – ci peut servir comme gabarit de perçage dans le mur. Ceci évite un pré – perçage laborieux **(fig. 2)**.

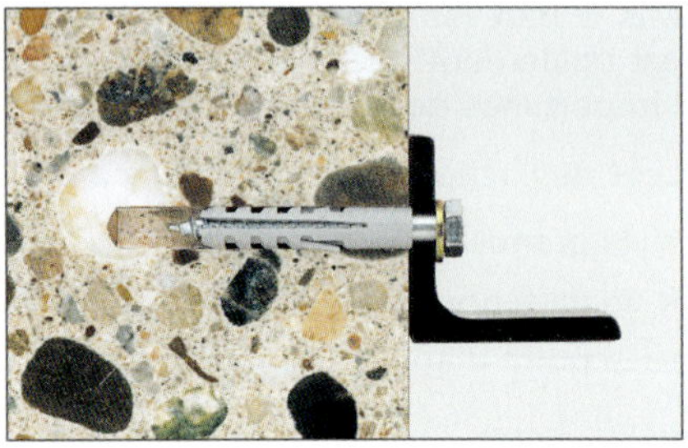

1 Montage à fleur

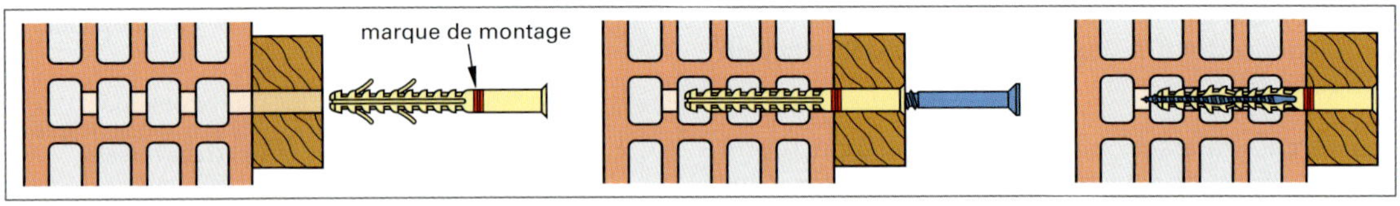

2 Montage traversant

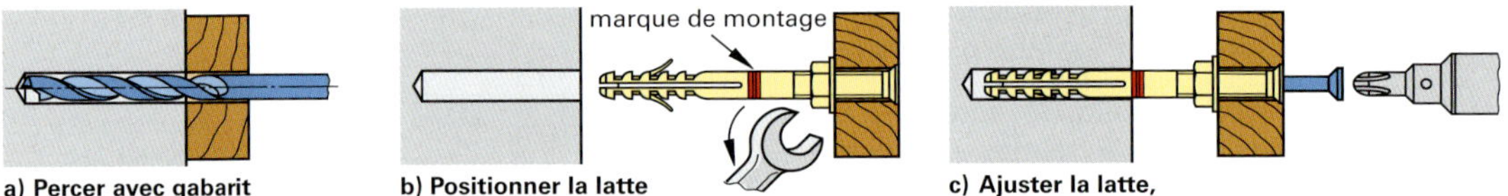

a) Percer avec gabarit ou latte pré-percée.
b) Positionner la latte avec le tampon et l'écrou.
c) Ajuster la latte, enfiler la vis et serrer.

3 Montage à distance ou position

Le montage à distance est utilisé, p. ex. pour une barrière de balcon pour fixer un revêtement de façade. La pièce à fixer doit être à une certaine distance de l'élément **(fig. 3)**.

Ordonnances et prescriptions

En ayant respecté tous les critères, il est maintenant possible de choisir le bon tampon. Il n'est pas aisé de trouver le bon tampon sur le marché tant le choix est important.

Actuellement aucune norme ne régit les tampons. Il existe des directives, normes et prescriptions qui sont surtout importantes pour les fabricants.

> Tous les tampons et ancrages pour structures porteuses, c'est-à-dire dans les cas où une défaillance peut mettre en danger la santé et la vie, doivent être soumis à autorisation.

autorisation technique européenne pour	**autorisation générale de la supervision des travaux** pour ....

4 Marques de certification et d'homologation

Le **tampon autorisé** ne doit être utilisé que lorsque sa fabrication a été contrôlée. La preuve est apportée quand il est fait mention sur l'emballage ou les bulletins de livraison d'un signe distinctif « autorisation générale de la supervision des travaux » (émis par l'institut allemand pour la technique de construction DIBT), resp. autorisation technique européenne (ETA) **(fig. 4)**.

Il est à différencier, si le tampon est autorisé uniquement pour la zone de compression ou aussi pour une zone de traction. Des tampons résistant aux déchirures sont à privilégier. A l'extérieur et dans des locaux humides il ne faut utiliser que des tampons en acier inoxydable.

9.3.5 Tampons en polyamide (tampons en nylon)

Les plus utilisés sont ceux en nylon **(fig. 1)**. Le polyamide est limité en résistance à la température, rayons – UV et au vieillissement. Ces tampons sont très bien adaptés aux vis à bois.

Les tampons en nylon résistent selon le type de matériaux par friction, verrouillage de forme, ou les deux.

L'adhérence se forme quand la partie fendue est écartée par l'introduction de la vis à bois et appuie fortement contre les parois du trou. Dans des matériaux mous ou du béton cellulaire, les dents du tampon s'enfilent dans les aspérités et forment un ajustage.

Tampon sans bord

C'est le plus universel. La paroi du tampon se renforce plus on va en profondeur. La vis provoque un écartement dans le fond du trou **(fig. 2)**. Les aspérités d'arrêt du tampon évitent sa rotation lors de l'introduction de la vis. En général les tampons en polyamide sont utilisés pour des fixations légères de constructions non porteuses. Un positionnement ciblé des pattes d'écartement permet une faible distance du bord **(fig. 3)**. En général prévaut :

La distance entre le trou et le bord correspond à une longueur de tampon et, le cas échéant reprendre les indications du fabricant.

Tampons pour cadres

Pour la fixation de cadres, matériaux à corps creux (p. ex. briques creuses) ou à des murs dotés d'une couche isolante ces tampons sont particulièrement adaptés **(fig. 4)**. Ils sont utilisés pour le montage de cadres de fenêtres ainsi que pour les façades suspendues. Les **fig. 4 et 5** montrent une répartition favorable des dentures qui répartissent la pression sur plusieurs traverses. Le mécanisme alterne entre frottement sur les traverses et blocage entre les traverses **(fig. 5)**. Quatre pattes ou plus agissent comme des crochets avec une sécurité de rotation. Une tige rallongée des tampons permet un montage traversant.

En combinaison avec des vis spéciales, les tampons en nylon de plusieurs fabricants possèdent une homologation pour de multiples travaux.

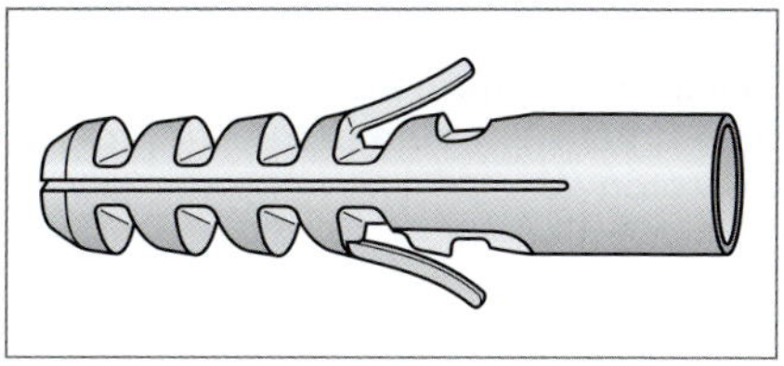

1 Tampon en nylon

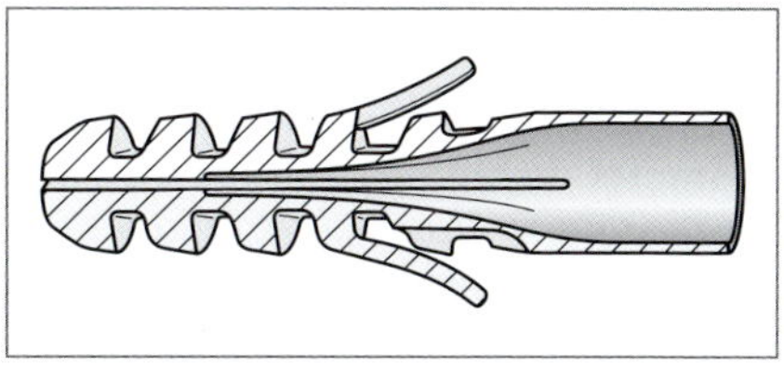

2 Tampon en nylon en coupe

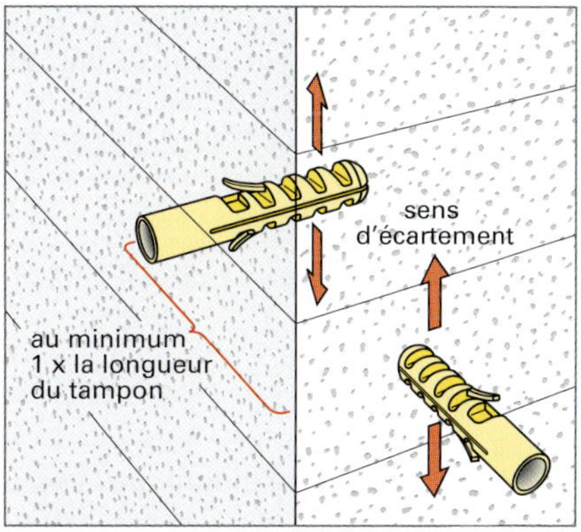

3 Positionnement du sens d'écartement

4 Tampons pour cadres

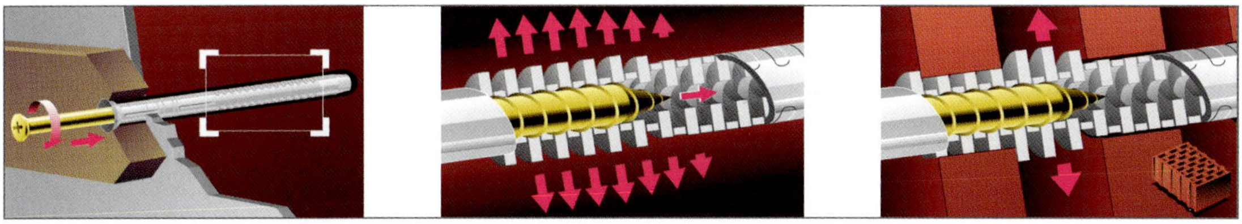

5 Tampon en nylon avec vis spéciales

Tampon pour béton cellulaire

De par la forme particulière de ce tampon en polyamide il lui est possible de supporter de petites charges aussi dans du béton poreux. Les nervures externes se dilatent lors de l'introduction de la vis par martèlement ; il y a liaison de forme **(fig. 1)**.

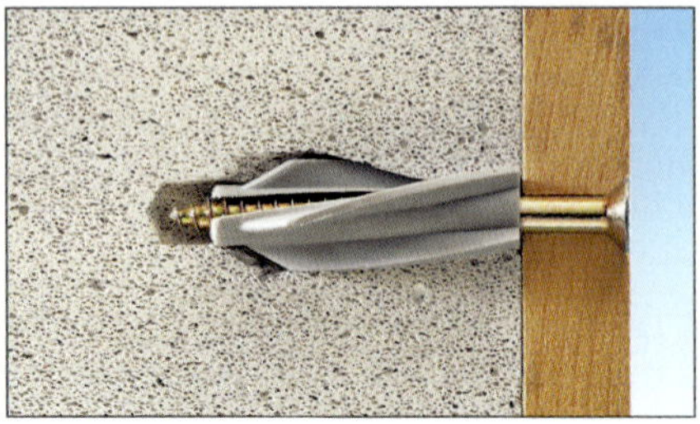

1 Tampon pour béton cellulaire

Montage des tampons en polyamide

La fiabilité d'un montage d'un tampon dépend fortement de la préparation du trou et du choix de la bonne vis.

Diamètre du trou et méthode de perçage

Le diamètre du trou doit toujours correspondre au diamètre nominal du tampon. Si celui-ci est trop petit il y a une trop grande résistance au vissage et la vis peut tourner dans le vide. La force d'écartement est insuffisante si le trou est trop grand.

Le choix de la mauvaise méthode de perçage provoque souvent l'agrandissement du trou **(fig. 2)**. Si p. ex. le perçage s'effectue avec de la percussion dans des matériaux poreux ou caverneux, il y a cassure des ponts et le tampon n'a pas assez de prise.

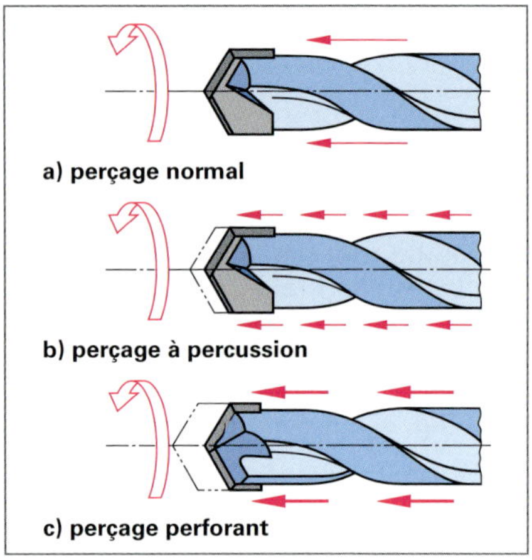

2 Méthodes de perçage

> Percer les matériaux poreux ou caverneux toujours sans percussion.

Nettoyage du trou

Après perçage toujours nettoyer le trou par soufflage ou brossage. Un trou sale diminue la force de retenue. Ceci est valable pour toutes les sortes de tampons ou ancrages.

La bonne longueur et résistance d'une vis

Le tampon est cisaillé si la vis est trop épaisse. Des vis trop petites n'écartent pas assez le tampon.

Une erreur souvent constatée est le choix d'une vis trop courte **(fig. 3)**. La conséquence est que le tampon n'est pas écarté sur toute sa longueur. Il devient donc moins résistant aux forces d'arrachage.

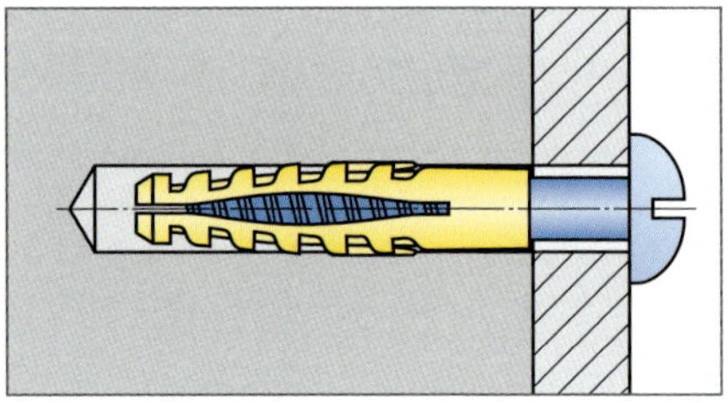

3 Vis trop courte

Calcul de la longueur minimale d'une vis

l = épaisseur de la pièce à fixer
+ épaisseur du revêtement ou de l'isolation
+ longueur du tampon
+ 1 x le diamètre nominal de la vis **(fig. 4)**

La bonne profondeur de perçage

Si le trou n'est pas assez profond la vis appuie sur le fond du trou et risque de tourner dans le vide.

Il y a danger que le tampon soit trop profond dans le trou et que la vis n'écarte pas le tampon sur toute sa longueur.

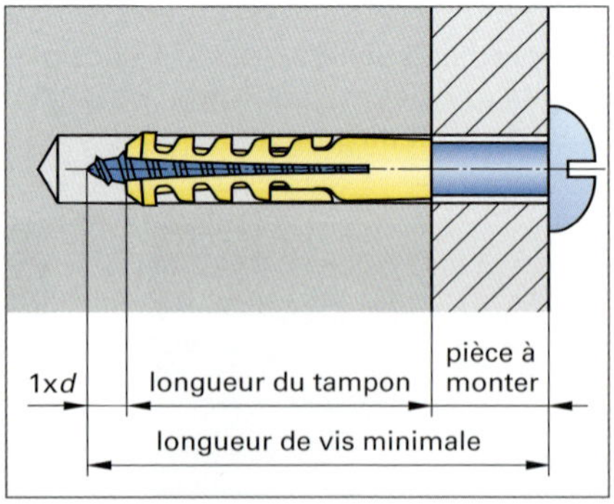

4 La bonne longueur de vis

9.3.6 Tampons d'écartement métalliques, chevilles à segments (cheville pour charges lourdes)

Pour fixer des charges lourdes il faut utiliser des tampons spéciaux en métal, souvent en acier (chevilles pour charges lourdes). Ceux-ci ne doivent être utilisés que dans du béton, car les forces d'écartement sont importantes. D'autres matériaux ne sont pas en mesure de supportes ces forces sans détérioration. Chez tous les fabricants le principe de fixation est toujours le même. Un cône d'écartement est tiré par une force extérieure (pressé ou frappé) à travers une gaine d'écartement. Selon le procédé de contrôle de montage cette catégorie de tampons est subdivisée en couple contrôlé et de position, obligatoirement des **tampons métalliques** à écartement. Le contrôle de la force d'écartement s'effectue au moyen d'une clé dynamométrique, que l'on appelle **chevilles à contrôle de couple**. La plupart des autorisations comptent pour des tampons à force contrôlés.

Chevilles à couple contrôlés

La force de tenue de ce tampon est obtenue par rétraction d'une tige filetée métrique d'un cône dans une douille d'écartement fendue. Cette douille est ainsi fortement pressée contre la paroi du trou **(fig. 1)**. On obtient un contrôle d'écartement de force en respectant le **couple de serrage admissible**. La pratique a démontré que même pour des ouvriers expérimentés l'utilisation d'une clé dynamométrique s'avère aussi nécessaire.

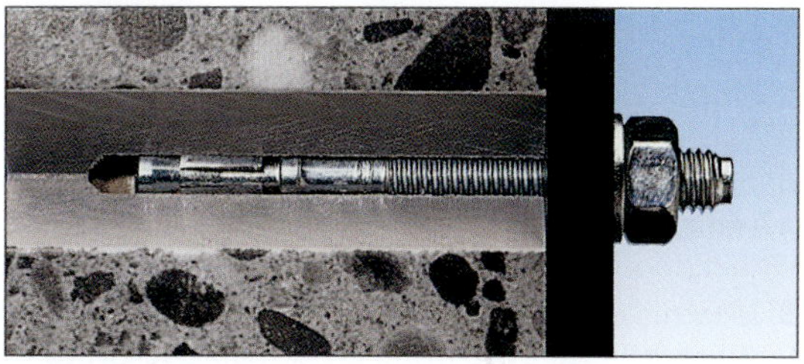

1 Cheville à segments à contrôle de force

Contrôle de position d'un tampon métallique à écartement

L'écartement de ce genre de tampons est produit par l'introduction, à une distance bien définie, d'un cône dans la gaine d'écartement rétrécie. L'extrémité de celle-ci est écartée radialement vers l'extérieur. Un outil de frappe spécial est utilisé pour tenir cette distance **(fig. 2)**. Par l'écartement frappé le béton est fortement sollicité, il faut absolument se tenir aux normes de distances et entre-axes du fabricant.

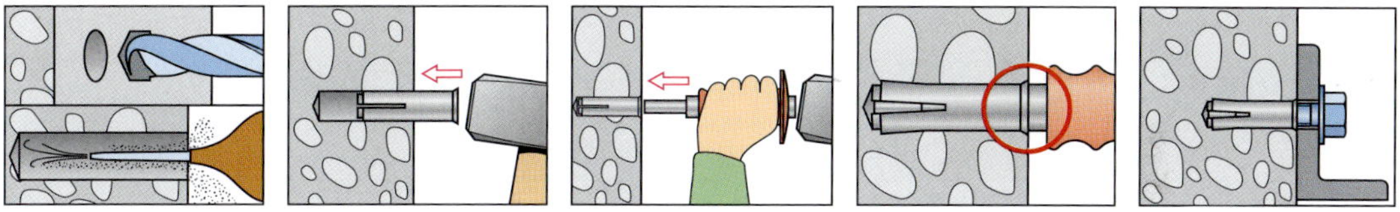

2 Montage à contrôle de position

Les tampons métalliques sont utilisés dans le béton par les constructeurs métalliques et mécaniciens de construction pour, p. ex. le montage de marquises, les avant-toits, les ancrages dans les plafonds, etc. Lors d'une utilisation inappropriée, p. ex. fixation d'une barrière en porte-à-faux ou trop près du bord, il peut se produire des fissures ou des ruptures causées par des forces trop importantes. Ceci peut avoir de graves conséquences. Pour le montage à proximité du bord, et dans des matériaux peu résistants, il n'est pas possible d'utiliser des tampons métalliques à écartement.

9.3.7 Chevilles de fixation sans expansion

Ce sont généralement des éléments d'ancrages à liaison de forme ou par liant.

> Chevilles de fixation sans expansion produisent la force de retenue par liaison de forme ou par liant.

Ils sont adaptés à pratiquement à tous les matériaux.

Les **ancrages par injection** sont des éléments de fixation dont le mode d'action repose sur la liaison entre la douille d'ancrage, mortier injecté et le fond d'ancrage.

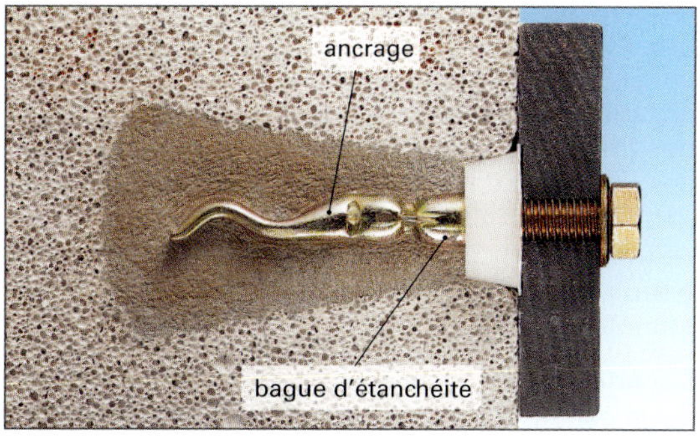

3 Ancrage injecté avec vis

L'ancrage métallique est introduit dans le trou de montage et rendue étanche par la bague d'étanchéité **(fig. 3b)**. Ensuite on injecte un mortier spécial à travers cette bague. Ce mortier rempli les cavités et provoque une liaison de forme et de liant.

1 Ancrage injecté avec un tamis dans une brique creuse

2 Ancrage injecté avec un tamis dans une brique creuse à cavités verticales

Si le tamis est enrobé d'un filet en nylon, le mortier ne peut pas s'écouler dans les cavités du matériau.. Cette technique avec un filet en nylon se prête aussi dans des briques à grandes cavités. La force de retenue est produite uniquement par la liaison de forme **(fig. 1 et 2)**.

Pour assurer un fonctionnement sans problèmes, il convient d'observer scrupuleusement les indications de montage du fabricant.

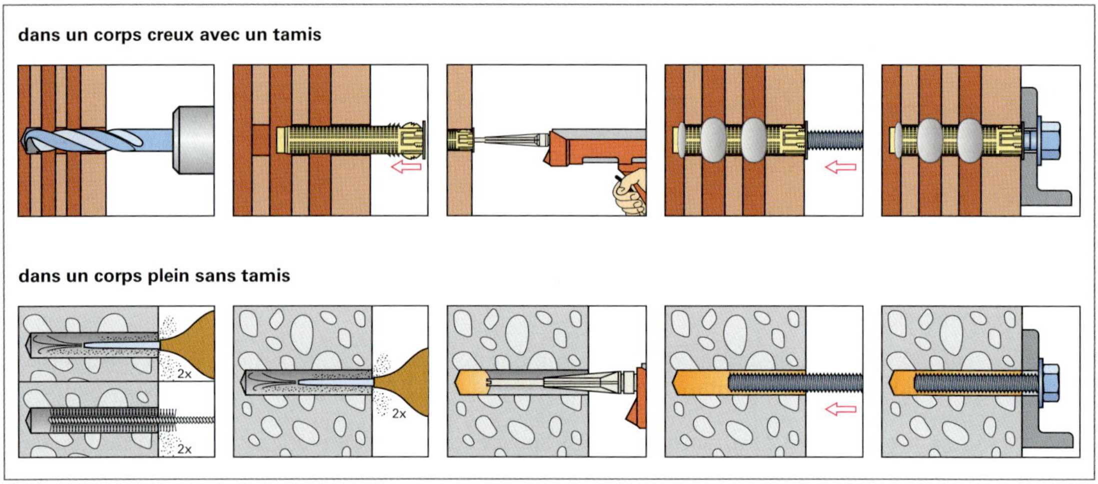

3 Suite des opérations avec un ancrage à injection (attention au nettoyage du trou)

Les ancrages adhésifs (douille chimique, ancrages composites) sans contraintes d'écartement ou de tensions pour de grandes charges et faibles distances du bord, sont utilisés dans le béton. La tige filetée possède un tranchant en forme de toit, des marques d'implantation et un six pans intérieur ou extérieur pour le montage. La cartouche de mortier est composée d'une ampoule en verre remplie de sable, de résine synthétique et de bâtonnets durcisseurs **(fig. 4)**.

La cartouche en verre est introduite dans le trou et la vis est introduite avec la perceuse à percussion jusqu'au marquage.

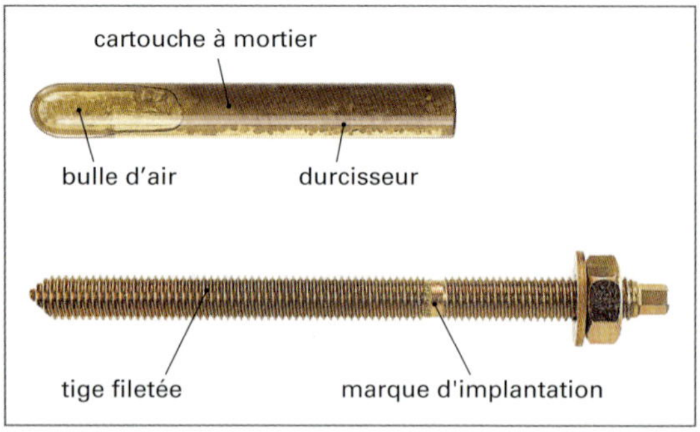

4 Ancre collée

La cartouche casse et les deux composants se mélangent par la rotation de la vis. Les grains de sable s'agrippent dans les filets de la vis et à la paroi du trou. La colle a pour mission de fixer les grains de sable. Après un court séchage l'ancrage peut être chargé.

Le rapport du sable (quartz), de la colle et du durcisseur doit être précis et adapté au filetage et au diamètre du trou. La préparation doit être précise et soigneuse.

Important : Respecter scrupuleusement les dimensions du diamètre et de la profondeur du trou, le nettoyer avec une brosse et une soufflette selon les indications du fabricant. Introduire la cartouche et n'utiliser que des ampoules où la résine est encore liquide.

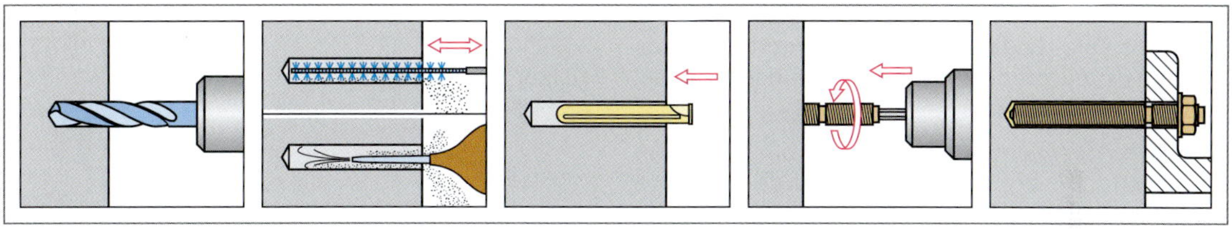

1 Montage avec un ancrage adhésif

Les chevilles à verrouillage de forme agissent comme un ancrage chimique à capsule sans contraintes d'écartement. Ils sont utilisables à grande échelle. Le trou est usiné avec un foret spécial qui permet d'étalonner le fond du trou par un mouvement circulaire du foret. Cela permet un ancrage à écartement précis sans contraintes et remplit la cavité en une liaison de forme.

Après nettoyage du trou, l'ancre est introduite à coups de marteau. La douille d'écartement glisse à l'avant de la tige conique et se loge dans la dépouille **(fig. 2)**.

Un montage concret est assuré quand la douille d'ancrage se trouve près de la surface du béton.

2 Implantation d'une cheville à verrouillage de forme dans le béton

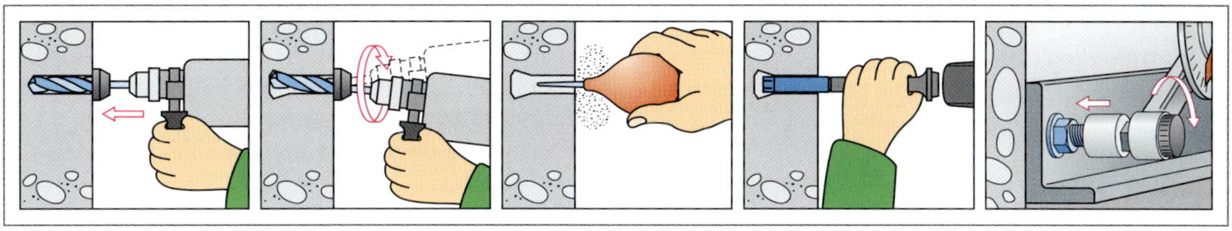

3 Montage d'une cheville à verrouillage de forme

Les ancrages à dépouille peuvent être utilisés sans égard pour les contraintes de traction ou de compression pour fixer de lourdes charges. Ils sont utilisables immédiatement après le montage et ne nécessitent que peu de distances entre eux ou depuis le bord.

9.3.8 Fixation sans ancrages ni tampons

Pour la fixation contre des poutres, des surfaces bétonnées comme des façades, des dalles de balcons et autres, le commerce offre une multitude de moyens de fixation sans ancrages ni tampons.

Le constructeur métallique utilise souvent des rails d'ancrage. Ceux-ci sont des profils en C laminés à chaud ou à froid avec pattes d'ancrages. Ces profils sont coulés dans le béton et remplis de mousse pour éviter l'écoulement de béton dans les cavités. Après le décoffrage il est possible d'utiliser des vis à tête rectangulaire pour y fixer des éléments.

Il est possible d'utiliser des rails d'ancrages dans des constructions porteuses, comme des façades, revêtements, et autres.

Pour fixer des éléments à des poutrelles et selon l'application, il existe une multitude de variantes tel que des pinces, des agrafes (voir page 67), des colliers, des suspentes et des liaisons vissées. Tous ces dispositifs sont à choisir dans les catalogues des fabricants en fonction du cas.

1 Rail d'ancrage bétonné

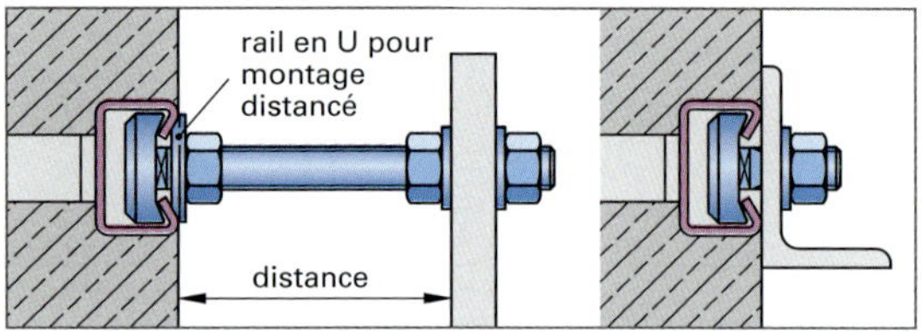

2 Rails d'ancrages à fleur ou distancés

Règles de travail pour fixer des éléments

- Vérifier la capacité de charge du support d'ancrage
- Déterminer le procédé de fixation
- Respecter les prescriptions de sécurité lors de l'utilisation de machines à riveter
- Faire le trou en fonction de la méthode de fixation ; veiller à la profondeur et au diamètre.
- Pour usiner des trous dans des matériaux poreux ou avec des cavités, ne pas utiliser de perceuses à percussion ou à perforation.
- Nettoyer soigneusement le trou
- Humidifier le fond du trou avant d'utiliser du mortier ou du plâtre
- Respecter les instructions d'utilisation pour le ciment rapide
- Bien caler les éléments avant de plâtrer
- Ne charger l'élément qu'après 48 heures de temps de séchage.
- Enduire les pièces en acier d'une couche de protection avant de plâtrer.
- Ne pas mettre l'aluminium en contact avec du mortier.
- Choisir soigneusement un tampon en fonction du matériau de base, de la distance du bord, des entre-axes, de la profondeur de scellement et de la capacité de charge.
- N'utiliser que des ancrages autorisés selon les prescriptions
- Respecter les indications du fabricant

Contrôlez vos connaissances

1 Quels genres de tampons en polyamide existe-t-il ?
2 Selon quel principe travaillent les tampons en polyamide ?
3 Quel tampon est particulièrement adapté au montage traversant ?
4 Comment déterminer la bonne longueur de vis lors du montage à fleur ?
5 Pourquoi les ancrages métalliques à écartement sont-ils adaptés pour la fixation de charges lourdes dans le béton ?
6 Expliquez les dénominations couple contrôlé et contrôle de positionnement.
7 Qu'entend-on par une fixation à écartement sans contraintes.
8 Expliquez le fonctionnement de l'ancrage par injection.
9 Quel tampon travaille exclusivement par liant ?

10 Montage, démontage et évacuation

Le montage est l'assemblage d'éléments et de sous-ensembles afin d'obtenir un produit fonctionnel. L'inverse du montage est le démontage.

Une porte vitrée en aluminium est composée p. ex. de différents profils d'aluminium, de joints et de verre. Pour que la porte devienne fonctionnelle il est nécessaire qu'elle soit dotée d'une serrure et de ferrements. Ce sont des **éléments** qui sont fabriqués et montés en usine. Ils doivent fonctionner, et, par prudence il est préférable de les contrôler avant et après montage pour de ne pas produire un mauvais élément. La préparation du travail, la fabrication partielle et la conduite du montage sont planifiées d'avance à l'atelier. Il y a deux modes de montage :

Le montage primaire est pour une porte

- assembler (enficher, coller, lier par déformation, visser), fabrication de la structure portante de la porte.

Le montage secondaire

- les travaux manuels (p. ex. saisir, soulever, déplacer, serrer)
- contrôler (p. ex. mesurer des angles et des longueurs)
- ajuster (p. ex. régler le mécanisme de rotation – basculement)
- les opérations spécifiques (p. ex. recouvrir, nettoyer, décoller) sont également importants pour le produit dans son ensemble.

1 Montage sur chantier d'un panneau de toiture

Les ouvriers qui travaillent loin de leurs domiciles sont « en montage ».

Le montage sur chantier signifie la mise en place d'éléments sur chantier.

Suivant les étapes de fabrication on distingue le **pré-montage**, le **montage partiel** ou le **montage final** d'éléments, de groupes d'éléments ou de produits finis.

Si un monteur a effectué un mauvais montage, il doit démonter l'élément mal assemblé et/ou doit écarter les auxiliaires de montage. On parle alors de **démontage**. Dans la **fig. 1** le ballast et la tour d'escalier doivent être démontés après le montage du toit. Des déchets ne sont pas seulement occasionnés lors du démontage, mais aussi au montage **(fig. 2)**. Ils doivent être évacués en déchetterie de manière professionnelle.

10.1 Montage en atelier

Lors de la construction de ponts ou de halles, lorsque le transport routier s'avère difficilement possible, l'atelier doit être installé à proximité du chantier. La **fig. 2** montre un tel atelier de chantier où la halle est montée sur des rails. Quand une grande pièce est terminée, la halle est déplacée sur ses rails et le palan peut alors déplacer l'élément.

Les cycles de montages en atelier sont soit l'assemblage **provisoire** (pour essais) ou l'assemblage **définitif** de pièces. L'assemblage définitif est seulement autorisé si l'aptitude au transport est garanti.

2 Atelier sur chantier ou externe

Afin que l'unité montée puisse être acheminée sur le chantier, le palan de l'atelier doit pouvoir soulever l'élément, passer la porte de l'atelier et être transportable par la route. Il est nécéssaire de limiter la grandeur de l'unité pour éviter des frais de transport excessifs. Les éléments encombrants sont divisés par sciage ou oxycoupage et assemblés à nouveau sur le chantier par soudage ou vissage.

Assembler provisoirement

Il y a lieu d'effectuer cette opération pour garantir un montage sans problèmes sur le chantier.

D'éventuelles erreurs ou imprécisions peuvent être détectées à temps et corrigées par des moyens adéquats en atelier. Quand toutes les liaisons sont en ordre il est alors possible de procéder au démontage et à l'acheminement sur le chantier. Sur place il y aura moins de problèmes et le montage sera terminé plus rapidement.

Par exemple si les pièces doivent être par la suite **zinguées au feu**, comme un escalier avec estrade et barrière (fig. 1). Ceci évitera d'autres usinages et le traitement de surface ne subira aucune intervention. Le client recevra un produit esthétique et protégé contre la corrosion, et n'aura pas à formuler de réclamation. Il est normal que les diamètres des trous soient réduits par le zingage. Avant traitement de surface, percer 2 mm plus grand que le diamètre nominal des vis.

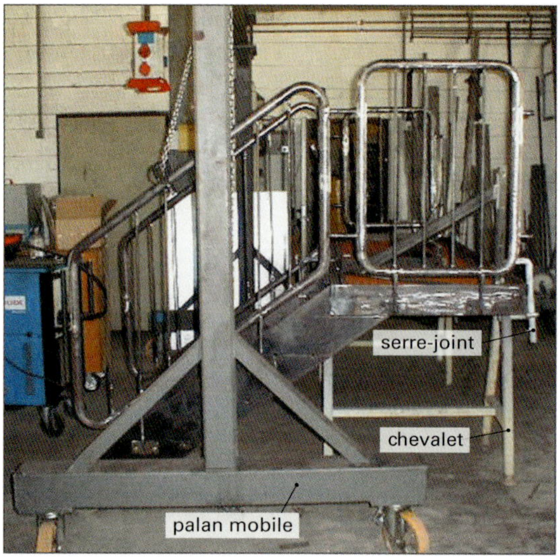

1 Assemblage provisoire

Le pré-montage en atelier de tout un projet pourrait prendre trop de place. Une barrière est souvent trop longue et encombrante pour être montée en atelier. Il convient alors d'effectuer des **essais de montage** : l'élément de barrière 1 est assemblé avec l'élément 2. Après ajustage, l'élément 1 est marqué (identifié), démonté et entreposé à l'extérieur. Ensuite assembler l'élément 2 avec l'élément 3, et ainsi de suite. Il n'y a que deux éléments à la fois qui sont assemblés en atelier.

Le montage à l'essai est nécessaire lorsqu'on a une fabrication unique et exigeante du point de vue esthétique et fonctionnel. Sont aussi considérés p. ex. des escaliers ou des façades courbes, qui ne sont pas seulement esthétiques mais doivent aussi être étanches. Ceci peut être testé et mesuré à l'avance.

Assemblage définitif

Les éléments qui ne seront plus démontés jusqu'au montage final sur le chantier peuvent être assemblés définitivement. Des éléments de façade ou des panneaux de façade sont pré-montés en atelier afin d'être montés rapidement sur le chantier. Il est rationnel d'assembler par soudage, rivetage ou collage. Ces assemblages sont alors irréversibles. Une séparation ultérieure occasionnerait une destruction de la liaison.

Des liaisons démontables (vis, boulons, goupilles, cliqueté ou pincé) sont utilisées lorsqu'il doit être possible de changer des éléments. Également en fin de vie, les liaisons démontables facilitent l'évacuation et le recyclage.

10.1.1 Planifier le montage

Afin d'être efficace lors du montage les points suivants sont à observer :

a) Que doit-on monter ?

Quels éléments unitaires ou groupes d'éléments doivent être montés pour obtenir quel produit fini ?

b) Quels moyens de planification sont à disposition ?

Y a-t-il des dessins de détail ou d'ensembles, des listes de pièces ou des vues éclatées (fig. 1) ? Serait-il alors possible de reconnaître les pièces unitaires et comment elles doivent être montées ? Existe-t-il une instruction de montage, une disposition, une illustration, une photo du produit fini, ou y a-t-il un collaborateur qui sait comment procéder au montage ?

c) Quels moyens auxiliaires sont nécessaires ?

Les moyens de liaisons, les outils, les machines et les outils de mesure sont-ils à disposition ?

Les moyens de levage sont-ils suffisamment solides ?

Y a-t-il assez d'appuis qui n'endommagent pas les surfaces des éléments ?

L'ordre chronologique est-il garanti, afin de ne rien oublier ? La Fig. 1 de la page 181 montre trois auxiliaires de montage.

d) Où monter ?

Le montage doit s'effectuer à un endroit où il est possible de lever et de déplacer le produit fini. Cet endroit doit être suffisamment lumineux, propre et sec, pas trop froid et présenter un sol plat. S'il est propre il est plus facile de retrouver de petites pièces égarées.

e) Comment monter ?

Pour des montages précis il existe des tables de montage à une hauteur au sol d'env. 70 cm. Des moyens de serrage permettent de fixer et de positionner correctement les pièces. Entreposer le nombre exact de pièces pour ne pas en oublier.

Suit la planification des travaux de montage. Normalement on commence par le bas pour ensuite stabiliser la construction avec des étais ou des appuis. L'accessibilité est aussi très importante. Tous les points de vissage et de soudage doivent être facilement accessibles.

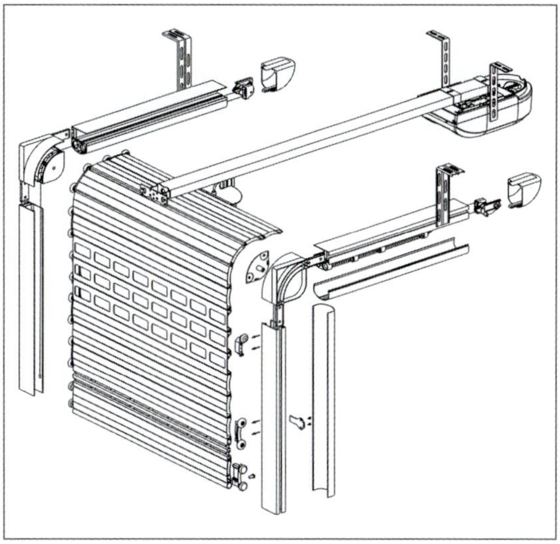

1 Vue éclatée d'une porte de garage

2 Montage d'un escalier en atelier

f) Quand le produit doit-il être terminé ?

Quel est le temps alloué, quand peut-on commencer ? Y a-t-il suffisamment de personnel et de moyens de montage pour terminer dans les délais ? Y a-t-il suffisamment de matière première ?

g) Comment contrôler la qualité ?

Quelles sont les dimensions, les angles et les fonctions à contrôler ? Quand contrôler ? Que doit-on ajuster ? Que doit-on noter (protocoles de contrôle) pendant le montage ?

10.1.2 Exemple : Montage d'un escalier en atelier

Le contremaître doit informer les ouvriers, avant montage, sur la nature du projet et du délai prévu pour sa fabrication. Il doit également les rendre attentifs aux dangers encourus et à la prévention des accidents, afin de ne pas mettre inutilement une personne en danger. Pour cet escalier le contremaître doit répondre, selon l'expérience des ouvriers, aux questions suivantes :

a) Quel escalier doit-on monter ?

Dans cet atelier il faut monter un escalier en spirale à droite à **longeron médian**.

Le longeron médian est double à deux tôles découpées en dents de scie. Ces deux tôles sont maintenues à distance l'une de l'autre avec des cales en tube rectangulaire. Celles-ci seront enlevées après avoir soudé la plaque de base. Une déformation sera évitée lors du montage ultérieur des marches de base, sur lesquelles seront vissées les plaques en bois.

Il est à signaler que le cintrage de tôle avec des sections différentes ne permet pas d'obtenir un rayon régulier. Il convient alors de tracer et de pointer les tôles, de les cintrer et d'effectuer la découpe en dernier **(fig. 1)**. Le pliage apparaît trop plat pour un angle de 90°. Mais c'est correct, car monté, l'arête inférieure est en biais dans l'espace. De ce fait le rayon est réduit vu d'en haut.

1 Longerons pliés et découpés

b) Auxiliaire de planification

Avec un programme – CAD **(voir page 398)** on a reproduit les contours pour les marches en bois et on les a imprimés à l'échelle 1:1. Ensuite, on les a collés ensemble afin que le crénage de u ≥ 3 mm soit maintenu pour les escaliers ouverts. La **figure 2** montre la projection horizontale de l'escalier. On remarque que les arêtes intérieures, dans la zone en spirale, présentent des rayons.

Si l'on ne dispose pas d'un CAD, il faut alors marquer au sol la projection horizontale avec de la craie à l'échelle 1:1.

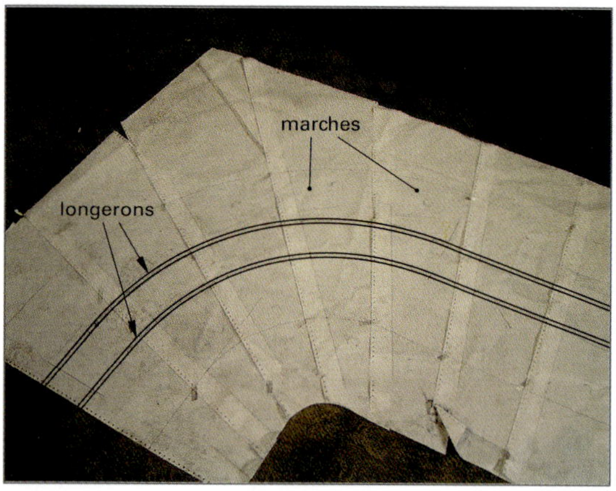

2 Projection horizontale de l'escalier

Commencer par le **trou ou passage de l'escalier**, qui est l'ouverture dans la cage d'escalier où devra se loger l'escalier. Ensuite tracer la **trajectoire (voir page 391)**. Ceci est la trace qu'emprunte normalement tout un chacun. Cette ligne peut dévier de 10 % vers l'intérieur ou l'extérieur dans une spirale. Lorsqu'il y a peu de place, ou si un escalier est pentu, on déplace la trajectoire plutôt vers l'extérieur. Elle devient plus longue, ainsi que les appuis. Avec une méthode de déformation de marches **(voir page 395)** on peut déterminer les contours des marches déformées.

c) Aides au montage :

On utilise avant tout suffisamment de serre-joints et d'appuis auxiliaires. Des fers ronds ou des profils creux servent comme renforts ou contrefiches pointées par MAG **(fig. 1)**. Un escabeau ou une échelle est nécessaire pour travailler dans la zone supérieure de l'escalier. Un chariot élévateur avec crochets de levage facilite le montage des tôles de longeron supérieures. Un mètre et un niveau à bulle sont nécessaires pour la mesure et le contrôle. Des cales en bois et un marteau facilitent la précision de l'alignement en hauteur. Un profil creux rectangulaire d'environ 3 mètres de long est nécessaire pour stabiliser les tôles relativement fines lors du montage. Des chutes de profils sont coupées à la bonne longueur en guise d'entretoises entre les deux longerons.

d) Où doit-on monter ?

Le lieu de montage est situé dans la halle et dispose d'un sol plat pourvu de tôles en acier, en guise de support. Ceci a pour avantage que tous les appuis auxiliaires provisoires peuvent y être soudés. Avant qu'un nouvel escalier soit mis en place, le support doit être meulé pour redevenir plat **(fig. 1)**.

e) Comment le montage doit-il être effectué ?

Pendant ce projet, la mise en place de l'escalier a été ponctuée de photographies. Celles-ci clarifient le déroulement des travaux de montage.

1. Partie inférieure : Cet escalier a une hauteur de 2700 mm. La partie inférieure du longeron étant cintrée à 90°, le longeron central n'a pas été fabriqué en une seule pièce Une jointure bout à bout est disposée sous la 5ème marche, où les tôles des longerons cintrées sont reliées aux grandes tôles droites. Sur la fig. 1, la tôle du longeron central de gauche a déjà été alignée sur le support. On voit les appuis et barres auxiliaires qui le maintiennent sur la surface de montage en tôle d'acier au sol.
Le longeron central de droite est alors fixé à l'aide de serre-joints, aligné et pointé **(fig. 1)**.

2. Partie supérieure : Le chariot élévateur est converti en grue à l'aide d'un dispositif fixé sur les fourches. Ce dispositif a un crochet dans lequel la corde en chanvre est accrochée et avec laquelle la tôle du longeron central droite est soulevée en son extrémité supérieure, à hauteur de la console d'appui, et bloquée avec des serre-joints. L'extrémité inférieure est soulevée à la main, bloquée au niveau de la jointure à l'aide d'un serre-joint et sécurisée avec un pointage **(fig. 2)** Le réglage de la hauteur de la partie supérieure a lieu avec des cales en bois placées entre la console et la tôle de longeron. Sur la **fig. 3**, la corde est déjà décrochée. Quand tout est en ordre, la jointure bout à bout de la tôle de longeron est pointée.

1 Double longeron inférieur avec appuis auxiliaires

2 Suspension du longeron rectiligne

3 Partie supérieure bloquée sur l'appui auxiliaire

1 Pointer la première marche d'escalier

2 Souder la jointure bout à bout

Ensuite, les marches d'escalier inférieures sont attachées et la jointure bout à bout des tôles de longeron est réalisée. Les étapes suivantes découlent des figures :

3 Poncer la jointure bout à bout

4 Amener le deuxième longeron droit

5 Fixer le deuxième longeron au premier, aligner avec le niveau à bulle et le pointer à la jointure supérieure

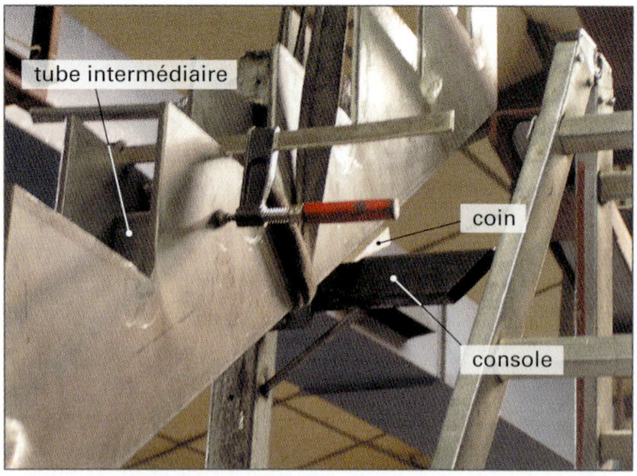

6 Mettre à la bonne hauteur avec une cale en bois au niveau de la console supérieure, pointer au tube intermédiaire

En principe, toutes les marches, cales et entretoises pourraient alors être pointées. Il faut pourtant tenir compte du fait que les tôles relativement « souples » peuvent se déformer en les pointant.

C'est la raison pour laquelle un tube rectangulaire robuste est fixé au longeron gauche. Il est ainsi tendu et offre plus de résistance contre la déformation. En outre, on ne commence que par des cordons de pointage courts.

1 **Jointure de droite pointée 3x**

2 **La plaque rectangulaire amène de la stabilité latérale**

3 **Vérifier la surface de la marche du longeron intermédiaire**

4 **Mesurer et positionner la marche**

5 **Mettre la marche de niveau puis la pointer**

6 **Egalement pointer les autres marches**

Toutes les marches en acier sont ainsi pointées. Elles ne seront définitivement soudées que lorsque la rambarde sera installée. Selon le souhait du maître d'oeuvre, les poteaux de la barrière ne doivent pas être soudés aux consoles en tôle, mais vissées aux marches en bois. Comme l'extrémité supérieure de la rambarde ne se termine pas librement mais est fixée au mur, elle stabilise le tout.

1 Toutes les marches de chantier sont vissées

2 Fixation du poteau sur la marche en bois

C'est pourquoi les marches de chantier nécessaires à la fixation doivent tout d'abord être sciées et vissées **(fig. 1)**. Grâce aux appuis auxiliaires toujours en place, l'escalier est suffisamment solide pour pouvoir être emprunté. Les poteaux destinés à la barrière sont vissés sur les marches en bois **(fig. 2)**.

3 Partie supérieure de la rambarde pourvue de barres transversales

4 Filière d'essai inférieure cintrée et enfichée

Un couvercle avec tige filetée a pour cela été soudé sous le poteau. Pour les filières, tous les poteaux ont été pourvus de perçages en biais. Elles sont pré-percées des deux côtés. Les filières supérieures peuvent alors être enfilées dans les poteaux par le bas **(fig. 3)**.

5 Cintrage des barres de remplissage inférieures

6 Ouvrir les autres barres de remplissage d'après le modèl

Fabriquer une partie de rambarde en hélice : Pour les filières inférieures, un modèle est tout d'abord cintré, adapté et enfiché **(fig. 4)**. Les barres de remplissage restantes sont légèrement sur-cintrées **(fig. 5)** puis dépliées conformément au modèle **(fig. 6)**. Contrairement au pliage, le dépliage n'occasionne pas de plis !

1 **Monter les filières inférieures**

2 **Aligner les filières**

Lors de la mise en place des filières, il faut veiller à ce qu'elles soient toutes alignées, et que vues de dessus elles soient dans un même plan vertical les unes par rapport aux autres. En outre, elles ne doivent pas pendre vers le bas, sans quoi on n'obtient pas d'intervalles réguliers. Quand tout est en ordre, on pointe.

3 **Toutes les barres transversales alignées, pointées**

4 **Appui soudé, tube rectangulaire**

L'escalier est posé sur le sol de l'atelier pour souder tous les cordons restants. Pour une faible déformation, un bon serrage des parties à souder est obtenu grâce aux cales transversales, au tube rectangulaire et aux tôles de liaison **(fig. 5)**. Des cordons de soudure courts et étroits produisent peu de chaleur et par conséquent peu de déformation.

5 **Tôles de liaison contre la déformation due au soudage**

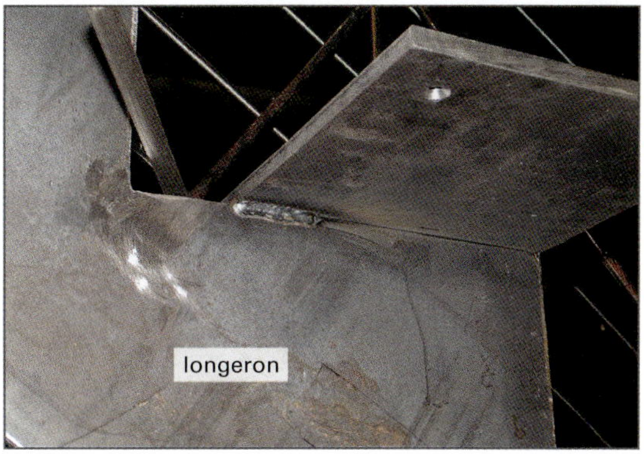

6 **Cordon de soudure court, celui de l'avant suivra ultérieurement**

L'échauffement et la déformation restent minimes, même avec une suite de cordons repartis sur tout l'escalier, c'est-à-dire une fois en dessous, une fois au-dessus puis en soudant au milieu. Pour souder à plat ou légèrement en pente, l'escalier peut être retourné en conséquence sur le sol de l'atelier.

1 Raccord supérieur de l'escalier au gros œuvre

2 Prendre le modèle pour la main courante

Comme l'escalier à longeron central passait bien par l'ouverture d'entrée de la nouvelle construction, une division en plusieurs éléments n'était pas nécessaire. L'escalier a été fixé en haut et en bas à l'aide de chevilles (fig. 1). La tôle de raccord supérieure sert en même temps de terminaison pour le sol. Les marches et la rambarde ont été remontées.

3 Vérifier avec un pied à coulisse de profondeur

4 Cintrage vers le haut

Pour pouvoir cintrer la main courante inoxydable en atelier, le cintrage des filières a été copié (fig. 2). La machine CNC a été programmée en conséquence. La fig. 3 montre la vérification du cintrage avec le calibre de profondeur, la fig. 4 montre la main courante de l'escalier en colimaçon.

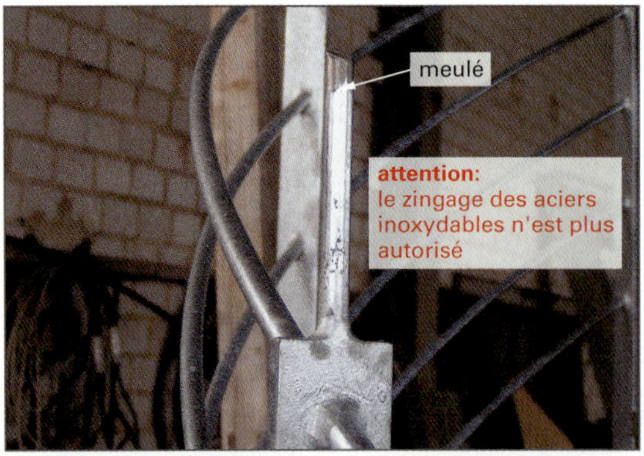

5 Les tiges de liaison à la main courante sont en acier inoxydable. Elles sont libérées du zinc par meulage pour permettre le soudage à la main courante.

6 Adapter la main courante en acier inoxydable

La main courante a pu être cintrée en une pièce et, pour cet escalier, elle a été assemblée aux tiges du garde-corps avec le procédé de soudage TIG **(fig. 5)**, et ajusté du haut vers le bas. Les mains courantes doivent être fixées d'une autre façon car en vertu de l'autorisation Z-30.3-6 du DIBt d'avril 2009, le zingage d'éléments en acier inoxydable n'est plus autorisée en raison de la fragilisation de la matière.

10.2 Démontage

L'ouvrage ne propose un usage optimal que s'il correspond aux exigences de l'économie en termes de taille, situation et équipement. Si ces exigences changent, il doit aussi être changé. Pour une autre utilisation, il doit éventuellement être réagencé ou agrandi. Si c'est impossible, il ne reste que le démontage.

Lors du démontage, les risques d'accidents sont beaucoup plus importants que lors du montage. L'enlèvement irréfléchi d'éléments porteurs entraîne souvent la chute de plus grands secteurs car la statique de construction n'a pas été respectée. Le plan de démontage est tout aussi important que le plan de montage lorsque l'ouvrage est érigé. Si l'ouvrage doit être remonté à un autre endroit, un marquage détaillé et une documentation précise concernant les pièces démontées sont en outre nécessaires.

1 Démontage d'une étagère (construction métallique)

Si l'ouvrage démonté ne sert qu'à obtenir de la ferraille (recyclage), les déchets doivent être triés afin de satisfaire aux prescriptions légales. Dans tous les cas, il est important de respecter strictement les prescriptions en matière de prévention des accidents.

10.3 Eviter, valoriser et mettre les déchets au rebut

Des déchets sont toujours plus ou moins produits lors de la fabrication, du montage et du démontage. Pour préserver l'environnement et économiser les ressources, l'UE a contraint les états membres à adopter des lois en conséquence. C'est pourquoi la loi sur la gestion du recyclage et les déchets (KrW/AbfG) a été promulguée en 1994 en République Fédérale d'Allemagne. La loi comporte la définition des déchets :

> Les déchets sont tous les biens mobiles dont le propriétaire se débarrasse, se débarrassera ou doit se débarrasser. Pour les produits manufacturés : **tout ce qui n'est pas un produit est un déchet**.

Tous les terrains d'une commune doivent être reliés au ramassage public des ordures par le biais de poubelles homologuées, et les « déchets produits pour l'élimination » doivent être confiés au ramassage public des déchets résiduels (obligations de raccordement et d'utilisation). Ceci s'applique aussi aux exploitations industrielles, aux commerces, aux professions libérales, etc. Pour les déchets dangereux, il convient de mandater des sociétés spécialisées et homologuées (éliminateurs).

Les déchets typiques d'une entreprise de construction métallique sont récapitulés ici.

Déchets d'exploitation dangereux	Emballages	Déchets généraux
Lubrifiants, émulsion, boues et huiles de perçage et ponçage, solvants, nettoyants à froid, huiles de lubrification, résidus de colle et de peinture non durcis, moyens d'exploitations salis par de l'huile et de la graisse, résidus d'agents de grenaillage, acides, solutions caustiques aérosol anti-éclaboussures de soudage, contenus de collecteurs d'huile et d'essence, tubes fluorescents, piles et batteries.	Palettes, cartons, papier, rubans de cerclage, tonneaux en plastique, tonneaux en métal, seaux en fer blanc, seaux en plastique, boîtes de conserve, boîtes en métal, tubes, verre, cartouches.	**Déchets de bureau:** Films, bandes de couleurs, cartouches de toners. **Déchets de casse-croûte** : déchets bio, emballages de boissons, boîtes en métal, bouteilles en verre. **Ordures professionnelles semblables aux ordures ménagères :** déchets de balayage, restes d'électrodes, joints de caoutchouc, matériaux isolants, colles solides, vieilles peintures durcies, disques de ponçage et de tronçonnage usés, restes de silicone.

L'Ordonnance des déchets AVV est en vigueur depuis le 1/1/2002 et cite la désignation et le classement des déchets. Les déchets dangereux sont identifiés avec un astérisque (*) dans l'ordonnance. Chaque déchet est affecté à une origine avec les deux chiffres précédents. Voici un extrait de l'AVV :

12 01 13	Déchets de soudage
12 01 14*	Boues de traitement contenant des substances dangereuses
12 01 15	Boues de traitement à l'exception de celles concernées par le point 12 01 14
12 01 16*	Déchets de produits de grenaillage contenant des substances dangereuses

1 Extrait de l'Ordonnance sur le catalogue des déchets (AVV)

La loi et l'ordonnance de **simplification** de la surveillance en matière de déchets sont entrées en vigueur le 1er février 2007. La classification des déchets habituelle en Allemagne en déchets ne nécessitant pas de surveillance / nécessitant une surveillance et déchets nécessitant particulièrement une surveillance n'existe plus. Il n'existe plus que les classifications **déchets non dangereux et déchets dangereux**.

Est dangereux un déchet qui, en fonction de sa nature, de ses propriétés ou de sa quantité, est particulièrement dangereux pour la santé, l'air ou l'eau, s'il explosif, inflammable ou peut contenir ou engendrer des porteurs de maladies transmissibles. Il ne doit pas être mélangé aux autres déchets, sans quoi tous les déchets seront classés comme dangereux !

Les producteurs, transporteurs, collecteurs et éliminateurs de déchets dangereux sont tenus de tenir des justificatifs dans des registres. C'est à cela que servent le **justificatif de mise au rebut (EN)**, justifiant l'admissibilité de la mise au rebut prévue, ainsi que la **déclaration responsable (VE)** et le bulletin d'accompagnement (fig. ci-dessous).

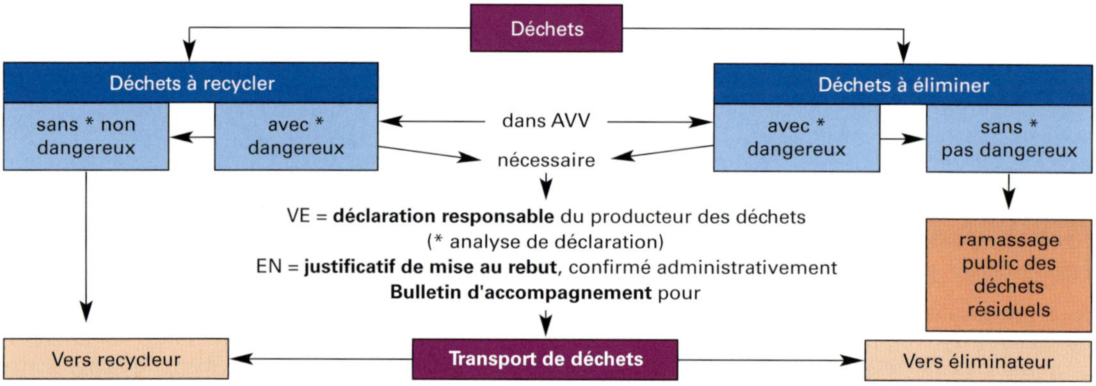

Les substances et déchets dangereux doivent être stockés au sec, mis sous clé et entreposés dans un bac de récupération. Le principe d'élimination des déchets est le suivant : « **Eviter avant de** recycler **avant d'éliminer** ». Eviter les déchets doit commencer dès la construction du produit. C'est pourquoi l'entreprise met en oeuvre une protection de l'environnement préventive par :

- le recours à des produits pauvres en substances nocives
- le développement de produits ayant une longue durée de vie, recyclables et pauvres en déchets
- la circulation en interne d'adjuvants et le recours à des procédés de production pauvres en déchets.

Fondamentalement, les **déchets à recycler** doivent être séparés des **déchets à éliminer**. Le tri doit être réalisé en accord avec les sociétés chargées de l'élimination et avec les règlements relatifs aux déchets des circonscriptions et communes, afin de garder un nombre gérable de conteneurs de collecte des déchets.

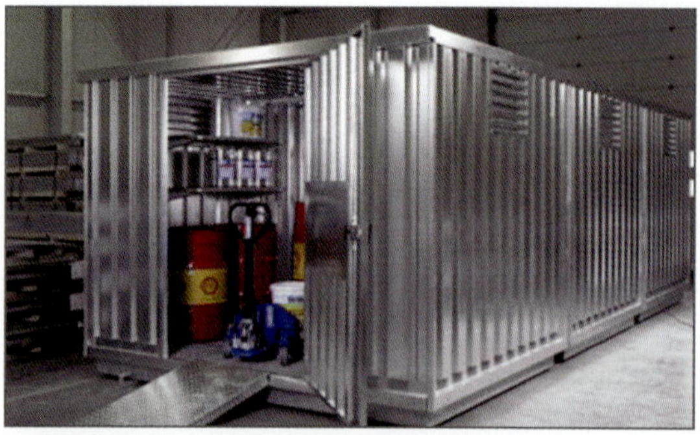

2 Stockage de substances dangereuses dans des conteneurs avec homologation DiBt

Bon de travail 1 : Montage et démontage de sous-ensembles en atelier

Un client attribue une commande pour la fabrication et le montage de « balcons français » d'après le modèle tel qu'il est représenté sur l'illustration.

Les prescriptions suivantes doivent être respectées :

Largeur de la barrière :	2000 mm
Hauteur du garde - fou :	1000 mm
Main courante en acier inoxydable :	Rd 40 mm
Matériau de la rambarde	Rd 30 mm/ Rd 10 mm

Bon de travail :

1. Expliquez le terme « Balcon français ». Si besoin, cherchez sur Internet.
2. Déterminez les intervalles précis entre les barres pour passage entre les barreaux intérieurs < 120 mm.
3. Réalisez un schéma d'atelier avec toutes les mesures nécessaires.
4. Décrivez les problèmes qui surviennent lors du raccordement à la maçonnerie. Le cas échéant, qui doit être contacté ?
5. Déterminez quels sont les produits semi-finis nécessaires. Utilisez pour cela la désignation normalisée.
6. Réalisez un plan de travail pour la fabrication de la rambarde.
7. Préparez le transport et le montage de la barrière.
8. Le mur de la maison est composé de briques creuses de 80 mm d'épaisseur et d'une couche d'isolation thermique crépie. Quels moyens de fixation conviennent ici et de quoi faut-il impérativement tenir compte lors du choix ?

Traitez les questions suivantes :

1. Quels procédés de soudage conviennent le mieux pour la liaison des barreaux et des tubes ?
2. Quels sont les avantages d'une barrière en acier inoxydable par rapport aux barrières dans d'autres matériaux ?
3. De quels facteurs dépend le choix des moyens de fixation ?
4. A quoi faut-il faire particulièrement attention lors de la mise en place des moyens de fixation ?

Bon de travail 2 : Montage et démontage de sous-ensembles en atelier

Le montage de la grande porte coulissante illustrée ci-dessous doit être préparé en atelier. Votre tâche comprend le pré-montage du sous-ensemble du rail et la préparation du montage final sur place.

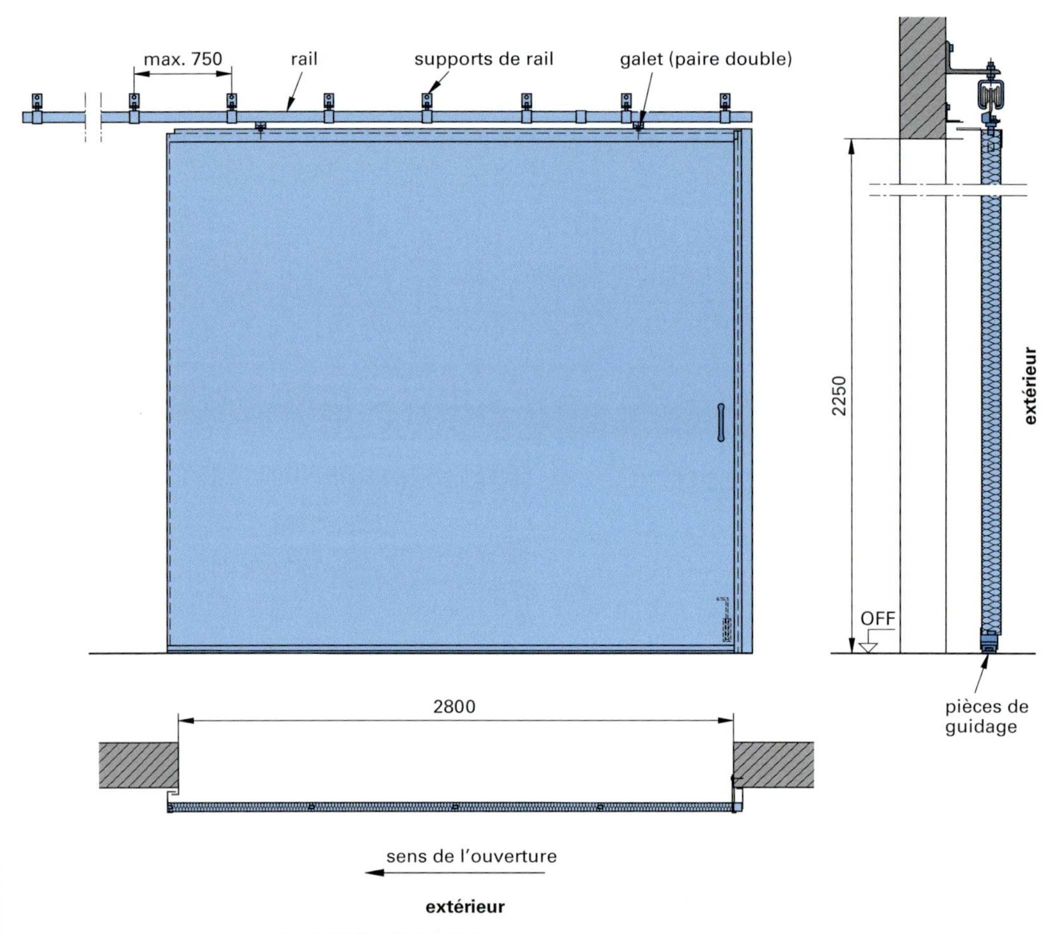

Bon de travail :

a) Pré-montage en atelier

1. Calculer la longueur nécessaire pour le rail.
2. Déterminez le nombre de supports de rail correspondant.
3. Pour la fabrication des supports du rail, réalisez un schéma puis un plan de travail sur la base de celui-ci.
4. Cherchez des alternatives au maintien du rail dessiné.
5. Etablissez un plan de travail pour le pré-montage du rail et son maintien.

b) Préparation du montage sur place

1. Quels outils sont disponibles pour lever et déplacer la porte, en vue de la préparation au transport ?
2. Quels outils sont disponibles pour lever et déplacer la porte, lors du montage final sur place ?
3. Quels moyens de fixation (chevilles) conviennent pour la fixation dans le mur extérieur en béton C25/30 ?
4. De quoi faut-il tenir compte lors de la fixation avec les chevilles sélectionnées ?

Domaine d'apprentissage : Fabrication de constructions en acier ou métal

11 Sécurité sur le chantier

Les employées du bâtiment sont fortement exposés à des risques d'accidents. Cela s'applique aussi bien aux travaux réalisés en atelier qu'au montage sur le chantier. De multiples risques de blessures menacent pendant presque tous les travaux. Que ce soit en raison d'une protection insuffisante de la tête ou du corps, de la chute d'échelles ou d'échafaudages mal positionnés, de l'utilisation d'outils détériorés, les causes d'accidents se cachent partout.

Pour chacun, les accidents signifient toujours souffrance, pertes financières, dommages corporels voire la mort. Pour la communauté et l'entreprise, les accidents ont pour conséquence la perte de main-d'oeuvre, des dysfonctionnements du processus d'exploitation, une augmentation des cotisations aux caisses accidents et ainsi une réduction du revenu national.

L'imprudence, le désordre, le bizutage mal placé, l'abus d"alcool et le travail mal réalisé sont les causes d'accidents les plus fréquentes.

> La considération, le respect, l'ordre au poste de travail et le travail en étant conscient de la sécurité, réduisent considérablement les risques d'accident.

Pour éviter les accidents, les caisses accidents ont promulgué des **prescriptions en matière de prévention des accidents (UVV)** importantes pour les travaux en atelier et sur chantier.

Dans cet ouvrage on aborde tout spécialement les différentes techniques de travail en fonction de ces prescriptions de prévention des accidents. Seules les mesures de prévention des accidents typiques dans le domaine de la construction métallique seront traitées ici.

1 Sigles pour les machines, dispositifs et moyens de protection au travail qui correspondent aux dispositions de sécurité

11.1 Équipement de protection individuel (EPI)

En plus de la tenue de travail et des gants, des casques de protection et des chaussures de sécurité conformes à DIN **(fig. 2)** font partie des équipements de protection individuelle qui doivent protéger contre les risques. Ils ne doivent être mis en circulation par le fabricant que s'ils satisfont aux dispositions des prescriptions en matière de protection au travail et de prévention des accidents. Ceci est documenté par le sigle CE **(fig. 1)**.

11.1.1 Casque de protection

Porter le casque de protection permet d'éviter de graves blessures à la tête ou du moins d'en atténuer leurs conséquences. D'après les prescriptions en matière de prévention des accidents, il convient ainsi de porter des casques de protection conformes à DIN EN 397 pour toutes les activités pendant lesquelles de graves blessures à la tête peuvent survenir en raison de chocs, d'objets qui se balancent, tombent ou qui sont éjectés. Le casque de protection est composé de la coque du casque et de l'équipement intérieur. La coque du casque est la partie extérieure qui absorbe les sollicitations qui surviennent directement et sans contact direct avec la tête.

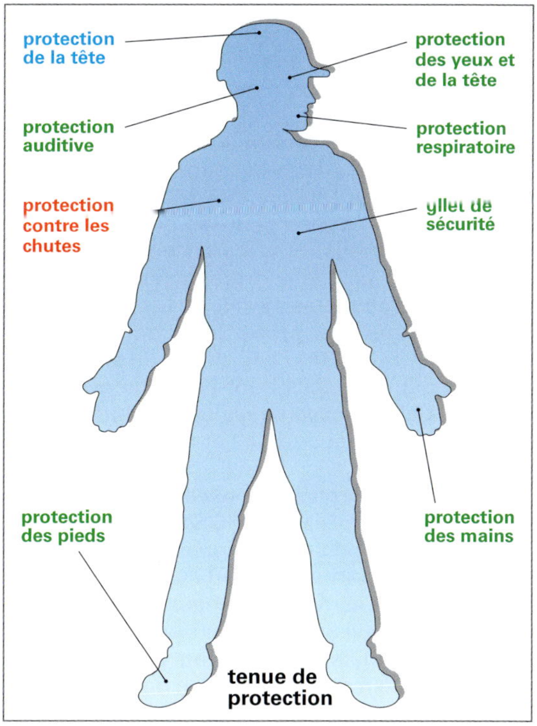

2 Equipement de protection individuelle

Les casques de protection sont fabriqués en duroplastiques ou thermoplastiques. La différence entre les duroplastiques et thermoplastiques réside principalement dans le fait que les propriétés des thermoplastiques changent fortement sous l'influence de la chaleur et du froid. Ils sont ainsi soumis à un certain vieillissement et par conséquent à une réduction des propriétés de protection. C'est la raison pour laquelle il ne faut pas les porter pendant plus de 5 ans.

Un casque de protection ne doit plus être utilisé après un choc important.

On appelle équipement intérieur les pièces du casque qui reposent sur le crâne. Il est composé des bandes de support, des bandes réglables en longueur pour la tête et la nuque et du rembourrage **(fig. 1)**.

11.1.2 Protection des pieds

D'après les statistiques des caisses accidents, ce sont principalement, outre la tête, les pieds des employés d'entreprises du bâtiment qui sont menacés, Les causes d'accidents les plus fréquentes sont ainsi

- Des objets qui basculent ou qui tombent
- Un déchargement imprudent de charges
- Marcher sur des objets pointus
- Se cogner à des obstacles
- Se faire rouler dessus par des véhicules
- Glisser

Pour réduire ces risques, des chaussures de sécurité doivent être portées partout où de tels risques surviennent, mais aussi dans l'atelier de construction métallique et sur le chantier, conformément aux prescriptions en matière de prévention des accidents. On distingue trois types :

- la chaussure de sécurité
- la chaussure de protection
- la chaussure professionnelle

Elles se distinguent des chaussures habituelles essentiellement par le fait qu'elle disposent de coques en acier et de rembourrage au niveau des endroits particulièrement menacés tels que les orteils et le talon.

Les **chaussures de sécurité** au sens des prescriptions en matière de prévention des accidents sont, en vertu de DIN EN ISO 20345, des chaussures avec des coques pour les orteils pour des contraintes élevées, dont l'effet de protection a été contrôlé avec une énergie de 200 J et contre une charge d'au moins 15 kN.

Les **chaussures de protection** sont, en vertu de DIN EN ISO 20346, des chaussures avec des coques pour les orteils dont l'effet de protection contre les effets mécaniques a été contrôlé avec une énergie d'essai de 100 J et contre une charge d'au moins 10 kN.

Les **chaussures professionnelles** sont des chaussures en vertu de DIN EN ISO 20347, qui doivent satisfaire aux conditions typiques à la profession, telles que des semelles antidérapantes ou antistatiques, etc. Les types de chaussures mentionnés ci-dessus existent en chaussures mi-hautes et bottes avec différentes hauteurs de tiges et en différents matériaux. L'entreprise doit veiller à ce que les chaussures aptes à l'emploi soient disponibles dans le modèle correspondant au danger.

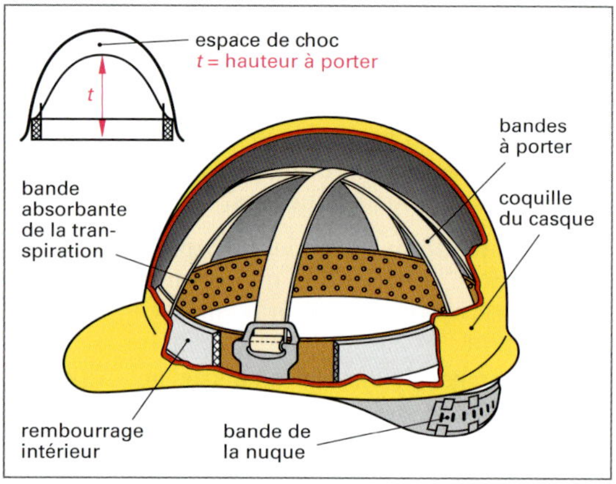

1 Casque de protection standard

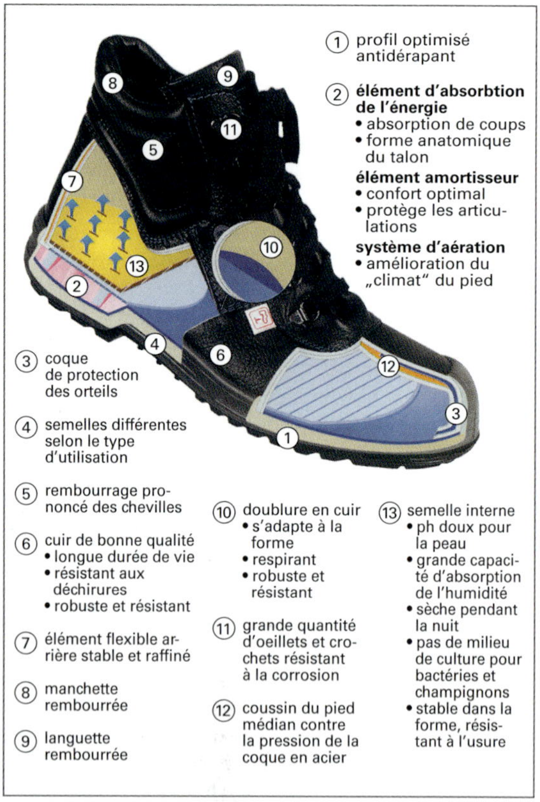

2 Chaussures de sécurité

11.2 Echafaudages et échelles

De nombreux emplacements de montage ne sont tout simplement pas accessibles sans l'aide d'échelles ou des échafaudages. Le fait qu'une échelle, un échafaudage mobile ou stationnaire soient nécessaires dépend essentiellement du type de travail à réaliser.

Echafaudages

D'après DIN 4420, les échafaudages sont des constructions auxiliaires qui peuvent être assemblées en différentes longueurs et largeurs à partir de pièces individuelles. On distingue à cet effet les échafaudages de travail et les échafaudages de protection.

Les échafaudages de travail sont des échafaudages depuis lesquels on peut réaliser des travaux et qui peuvent aussi accueillir les outils et matériels nécessaires à cet effet.

Les échafaudages de protection en revanche servent à protéger les personnes contre les chutes ou contre les objets qui tombent, tels que les outils et les matériaux de construction.

Normalement, les grands échafaudages de travail sont érigés par le monteur spécialisé. Les échafaudages de travail ou de protection plus petits peuvent toutefois être mis en place par le constructeur métallique en charge de la réalisation.

> La responsabilité du montage / démontage de l'échafaudage Incombe à l'entreprise qui effectue ces travaux. Par contre l'utilisateur est responsable du maintien correct de la sécurité d'exploitation et de l'utilisation en bonne et due forme.

Aujourd'hui, les échafaudages sont presque exclusivement composés de tubes en acier protégés contre la corrosion ou de tubes en alu avec des consoles **(fig. 1)**.

Des contrefiches longitudinales, ou renforts et, si nécessaire **transversales**, exemptes de défauts, sont particulièrement importantes lors de l'édification d'un échafaudage. Celles-ci doivent toujours être mises en place **diagonalement (fig. 2)**.

Les motifs de réclamations les plus fréquents concernant les échafaudages sont les plinthes manquantes.

Seules les chevilles homologuées peuvent être utilisées pour l'ancrage dans la maçonnerie.

Il faut en outre veiller à ce que le support, le sol ou la sous construction ne puissent s'affaisser.

Echafaudages mobiles

Au sens de l'ordonnance, les échafaudages mobiles sont des constructions auxiliaires pour des lieux de travail en hauteur et pouvant être déplacés horizontalement grâce à des roulettes. Ils peuvent être utilisés comme échafaudages de travail ou de protection.

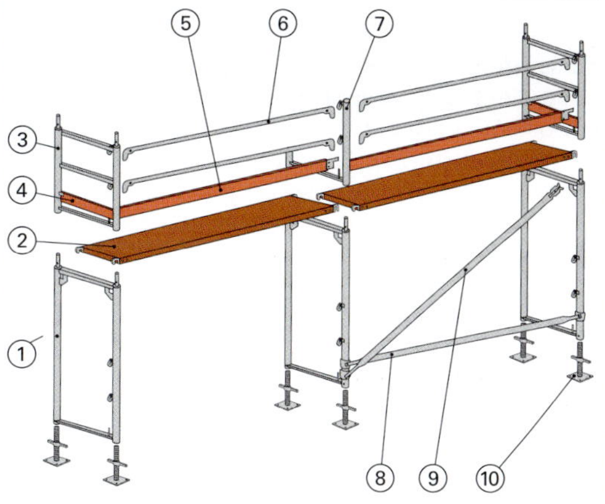

(1) cadre-support, échelle
(2) plancher-cadre en aluminium
(3) echelle en bout
(4) plinthe d'extrémité
(5) plinthe longitudinale
(6) garde-corps
(7) support de garde-corps
(8) traverse horizontale
(9) diagonale
(10) pied

1 Pièces d'un échafaudage

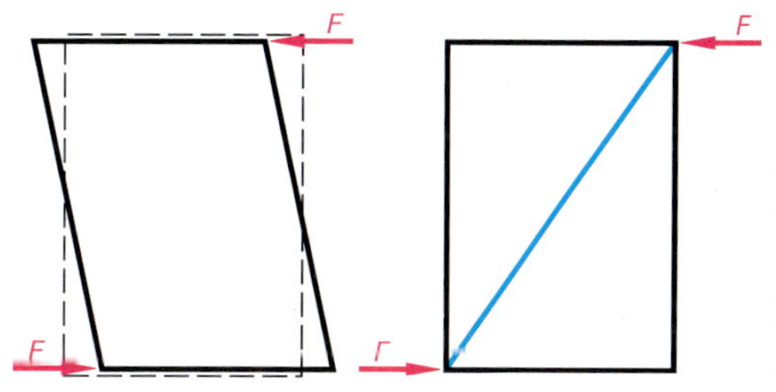

2 Déformation du rectangle. Rigidité du triangle.

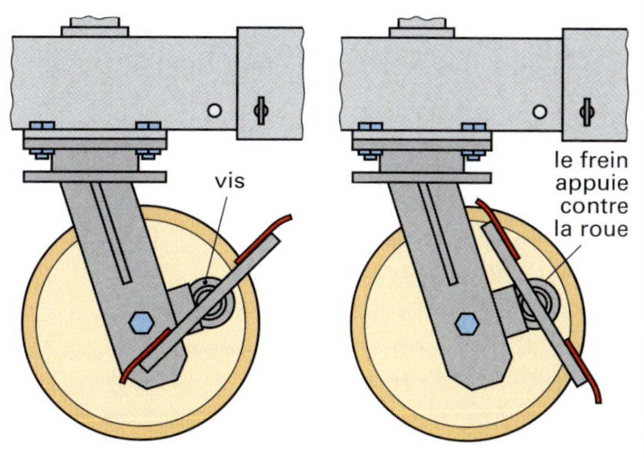

3 Frein desserré et actionné

Comme les échafaudages mobiles n'ont généralement pas la possibilité d'être ancré dans un mur attenant, il faut accorder une attention toute particulière à la **stabilité**. Elle est définie par un rapport suffisant entre le côté étroit *b* et la hauteur de travail *h* **(fig. 1)**. La stabilité peut être accrue efficacement avec la mise en place de balanciers ou des poids de lestage qui abaissent le centre de gravité. Le blocage des roulettes doit être soumis à un contrôle permanent **(fig 3, p. 193)**.

Les règles de comportement suivantes doivent être respectées pour l'utilisation d'échafaudages mobiles :

1. Personne ne doit se trouver sur l'échafaudage pendant son déplacement.
2. Se déplacer uniquement dans le sens de la longueur
3. Déplacer les échafaudages mobiles lentement.
4. Avant le déplacement, sécuriser les pièces contre toute chute.
5. Avant l'utilisation, bloquer les roulettes et vérifier la stabilité de l'échafaudage.

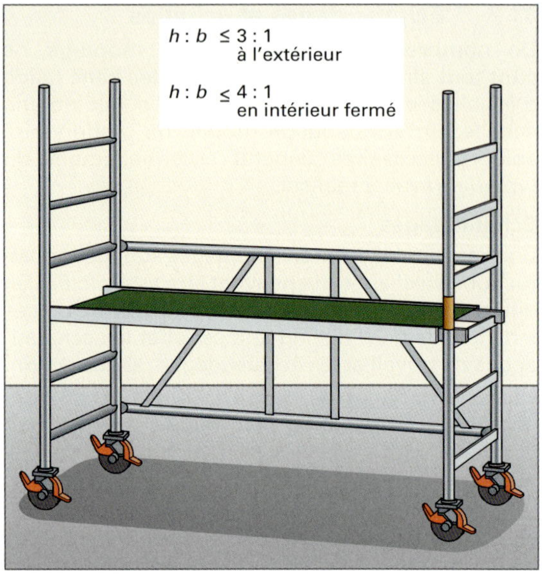

1 Echafaudage mobile

Mesures de protection contre les chutes

La cause de nombreux accidents dans la construction est l'absence de protection contre les chutes. Des rambardes, ou des garde-corps et, où celles-ci ne sont pas possibles, des échafaudages en applique ou en porte-à-faux sont indispensables.

Les fermetures de protection latérale (rambardes) selon DIN 4420 sont nécessaires pour :

- Les lieux de travail à côté de ou sur l'eau ou d'autres substances dans lesquelles on peut couler, indépendamment de la hauteur de chute.
- Des d'escaliers et des ouvertures murales pour une hauteur de chute supérieure à 1 m.
- Les postes de travail et voies de circulation sur des toits à une hauteur de chute supérieure à 3 m.
- Tous les autres lieux de travail et voies de circulation à une hauteur de chute supérieure à 2 m.

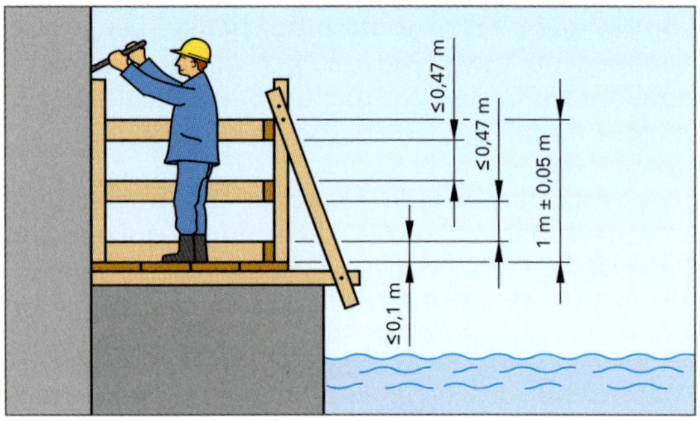

2 Fermetures de protection latérales

A cet effet, les rambardes doivent faire au moins 1 m de haut et disposer d'une filière intermédiaire **(fig. 2)**.

Si pour des raisons de technique de travail, p. ex. travailler près du bord, aucune protection latérale ne peut être utilisée, il faut mettre en place des **échafaudages en porte-à-faux, des filets de retenue** ou un **encordage** qui permettent de rattraper une personne qui chute.

Fondamentalement, les garde-corps en porte-à-faux doivent être mis en place pour une hauteur de travail supérieure à 5 m, y compris les protections latérales. La largeur des garde-corps dépend de la hauteur de chute possible **(fig. 3)**.

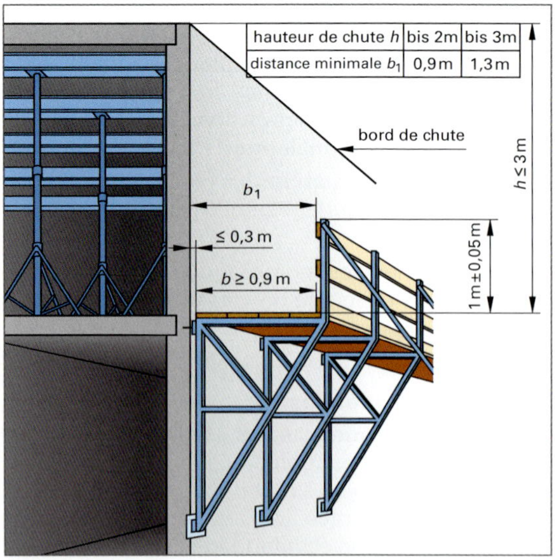

3 Console d'échafaudage en porte-à-faux

Dans les garde-corps sur toit, des parois de protection ne peuvent être utilisées que pour une inclinaison de toit supérieure à 45° et jusqu'à une hauteur de sécurité de 5 m et une inclinaison de toit maximale de 60° **(fig. 1)**.

Echelles

Outre celles précédemment mentionnées, une cause d'accident fréquente sur les chantiers est essentiellement le mauvais usage d'échelles et l'utilisation d'échelles endommagées.

Les échelles endommagées doivent être immédiatement retirées de la circulation jusqu'à leur remise en état en bonne et due forme. Ceci s'applique notamment si les échelons ou longerons sont abîmés ou pliés.

L'échelle la plus utilisée est **l'échelle double**. Elle doit impérativement être sécurisée contre l'écartement avec des chaînes de tension solidement attachées. Les échelles doubles peuvent aussi être utilisées comme échafaudages de fortune pour les travaux mineurs **(fig. 2)**. Il ne faut alors pas dépasser une hauteur totale de 2 m.

Des **échelles simples** sont utilisées pour atteindre brièvement des lieux de travail plus hauts **(fig. 3)**. En cas de besoin, l'échelle simple peut être prolongée jusqu'à une longueur maximale de 8 m. Pour cela, le chevauchement des échelles doit être d'au moins $^{1}/_{5}$ de la longueur totale **(fig. 4)**.

Règles de comportement pour travailler avec des échelles :

1. Mettre les échelles en place de façon stable
2. Les sécuriser pour qu'elles ne basculent pas, glissent ou s'affaissent
3. Sécuriser les échelles dans les zones de circulation
4. Ne pas utiliser d'échelles pour des travaux complets
5. Ne pas dépasser une longueur de 8 m

11.3 Encordage

Si d'autres mesures de protection techniques sont inadaptées ou insuffisantes, il convient de se protéger contre toute chute en s'encordant. Selon l'application, les harnais de sécurité sont composés de sangles et de moyens de liaison tels que corde, ceinture, raccourcisseur de corde, amortisseur de chute, etc.

Harnais et sangles

D'après DIN EN 361, il existe deux modèles de harnais : la forme A et la forme B.

Le harnais de forme A est composé de sangles d'épaules, de thorax et de jambes qui doivent faire au moins 40 mm de largeur **(fig. 5)**. Le harnais de forme B est composé d'une sangle de 85 mm de large et d'un montant dorsal qui accueille les anneaux d'arrimage.

1 Paroi de protection pour toit incliné

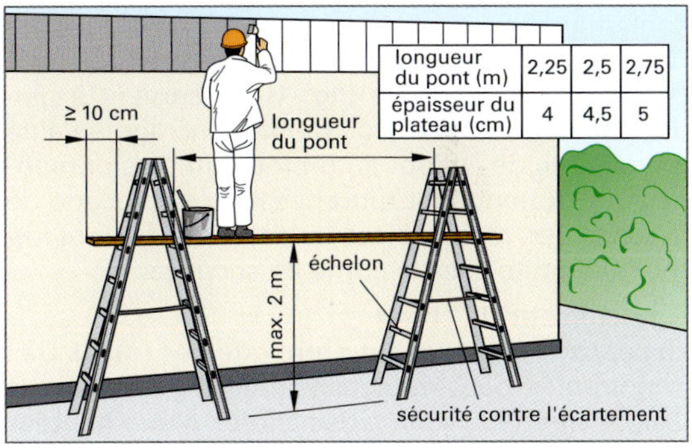

2 Echafaudage de fortune composé d'échelles doubles

3 Echelle simple

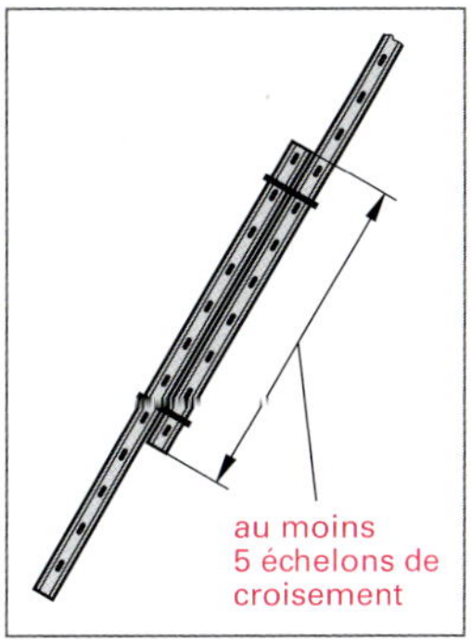

4 Rallonge d'échelle simple

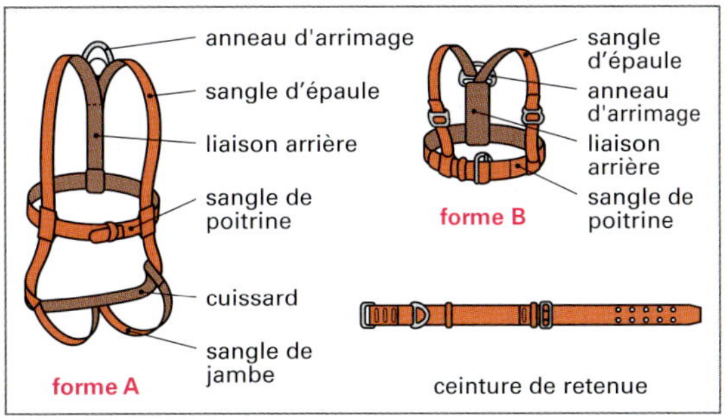

5 Harnais et sangles

Un **harnais de sécurité** est composé d'une sangle de 85 mm de large qui s'enroule autour du corps. Il protége les personnes de toute chute et les retient en cas de glissade.

Cordes de sécurité

Le harnais est relié au point d'arrimage par des cordes de sécurité. Il s'agit la plupart du temps de cordes en polyamide ou nylon de ø12 à 16 mm avec une force de traction maximale de 1600 daN resp. 2400 daN. On utilise principalement des cordes avec deux mousquetons. Les cordes de sécurité selon DIN 7471 sont soumises à des prescriptions de contrôle très strictes. Des **antichutes coulissants avec amortisseur** réglables, ou qui se déplacent librement le long d'un point d'ancrage sont utilisés pour empêcher que la corde de sécurité ne pende et pour garder la hauteur de chute la plus courte possible **(fig. 1)**. Ils servent à garder une liaison tendue au point d'ancrage à l'aide d'une sorte de chariot auto-bloquant. Les personnes qui chutent sont rattrapées par le blocage de la corde. Les raccourcisseurs de corde doivent former une unité avec la corde de sécurité.

Amortisseur de chute

La courbe I de la **fig. 3** montre que des forces très importantes peuvent occasionner de très graves lésions internes, suite à des chutes d'une hauteur relativement faibles de 1,5 m ... 2 m. Des amortisseurs de chute permettent de réduire considérablement ces forces importantes de choc (courbe II en **fig. 3**). La plupart des amortisseurs de chute ont un effet de freinage par frottement grâce au guidage de la corde en forme de labyrinthe ou qui se rétrécit. **Le stop-chute** est une combinaison entre un amortisseur de chute et un antichute coulissant. On les utilise là où de fréquents déplacements avec peu d'obstacles doivent être sécurisés.

Construction d'un dispositif de sécurité

La fiabilité des harnais de sécurité dépend fondamentalement de l'accroche. Celle-ci est en règle générale réalisée par un nœud ou un accrochage à l'aide de mousquetons dans une structure porteuse. Les éléments qui se déplacent en même temps permettent de se mouvoir sans encombre, même en passant au niveau d'un crochet de fixation **(fig. 4 et 5)**.

Contrôlez vos connaissances

1 Qui est responsable de la sécurité d'exploitation des échafaudages ?

2 Quelles règles de sécurité doivent être respectées lors du travail avec des échafaudages mobiles ?

3 Quelles règles de sécurité s'appliquent au travail avec des échelles ?

4 De quelles parties un harnais de sécurité est-il composé ?

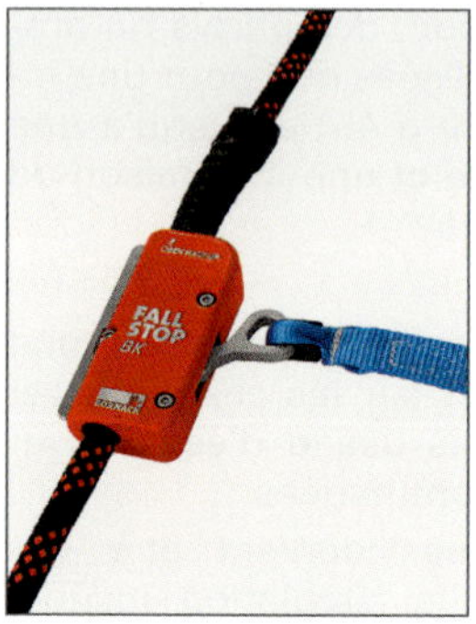

1 Antichute coulissant avec amortisseur

2 Appareil antichute

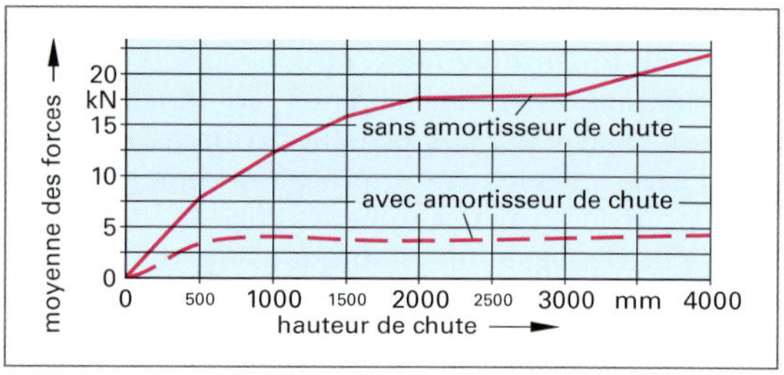

3 Forces absorbées lors d'essais de chutes

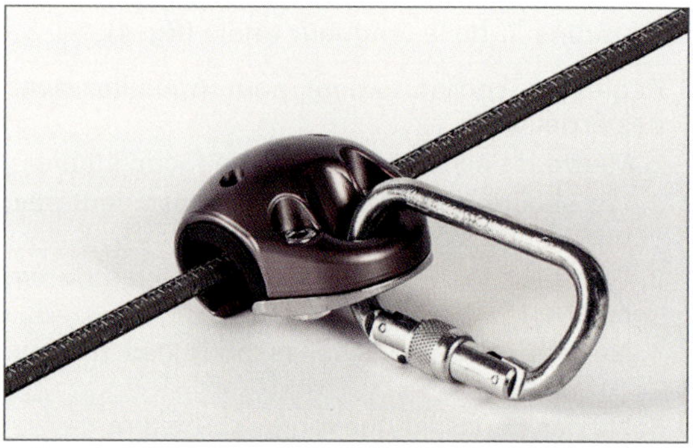

4 Passage d'un point de fixation avec un dispositif antichute

5 Utilisation d'un dispositif de sécurité

12 Travaux de mesure sur le chantier

La mesure est la base d'une construction précise et fonctionnelle. L'économie de la construction subit chaque année des dommages considérables dus à des erreurs de mesure.

Lors de ces travaux on mesure les hauteurs, les longueurs, les largeurs et les angles.

Lors de ses mesures, le constructeur métallique peut toujours se fier aux travaux de mesures déjà réalisés car normalement il n'est pas le premier sur un chantier.

12.1 Banquetage (chaise d'implantation)

Le **banquetage** est la base de la plupart des travaux de **mesures** sur le chantier. Celui-ci est monté par la direction des travaux et vérifié par un géomètre agréé. Pour cela, les limites du bâtiment sont déterminées à l'aide de procédés de mesure et de calculs précis à partir de points définis, fixés par le géomètre et qui peuvent être p. ex. les points limites du terrain.

Le banquetage permet de déterminer les angles du bâtiment, les angles des murs et les alignements du bâtiment, de marquer la profondeur de la fouille **(fig. 1)**. La distance entre les chevalets du banquetage et l'ouvrage dépend de la largeur du champ de travail, de l'inclinaison des talus et de la distance de sécurité depuis le bord supérieur du talus.

Le banquetage (chaise d'implantation) marque la hauteur du bord supérieur du sol fini (NF) avec la marque de hauteur +/- 0,00 m. Le **mètre fini** est situé 1 m au-dessus du rez-de-chaussée, en guise de base de mesure de la maison.

L'ouvrage est érigé en fonction des cotes définies par le banquetage. Pour cela, des câbles galvanisés sont tendus dans des encoches se faisant face (détails A et B en **fig. 1**). Le fil à plomb sur le câble permet alors de mettre n'importe quel point à l'aplomb vers le bas.

Le sous-sol du bâtiment est également marqué à partir de là. Une fois les murs du rez-de-chaussée en place, le chevalet peut être démonté. Par la suite, un nouveau trait de niveau est mis en place à chaque étage.

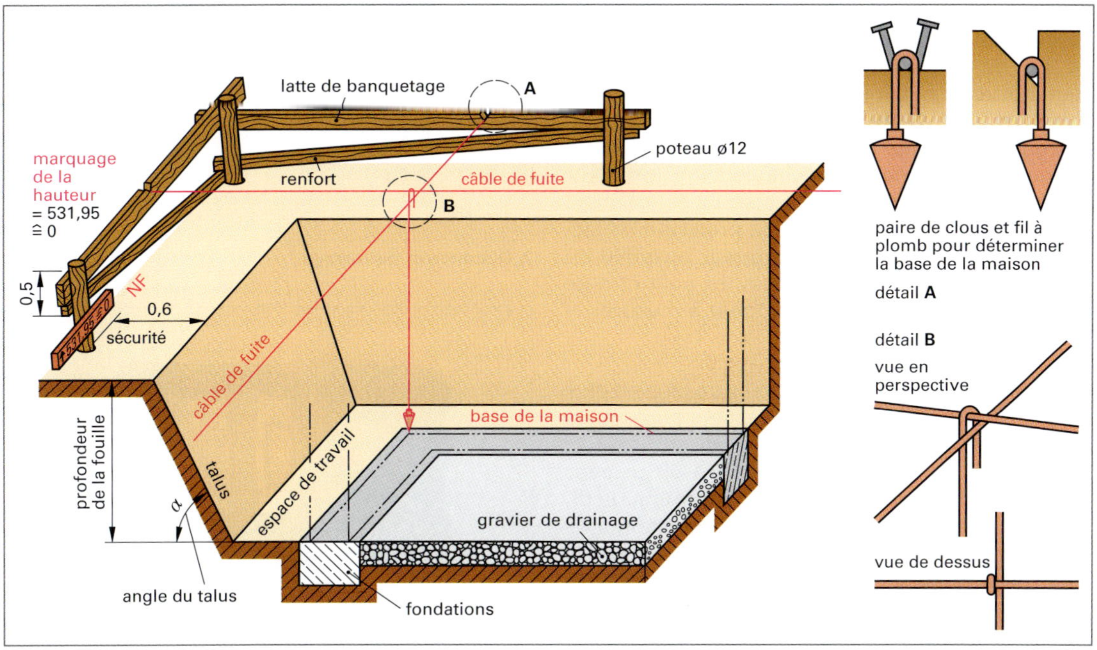

1 Banquetage

L'exemple du montage d'une halle à toit plat simple **(fig. 1)** permet de montrer les travaux de mesures les plus importants que le constructeur métallique doit réaliser.

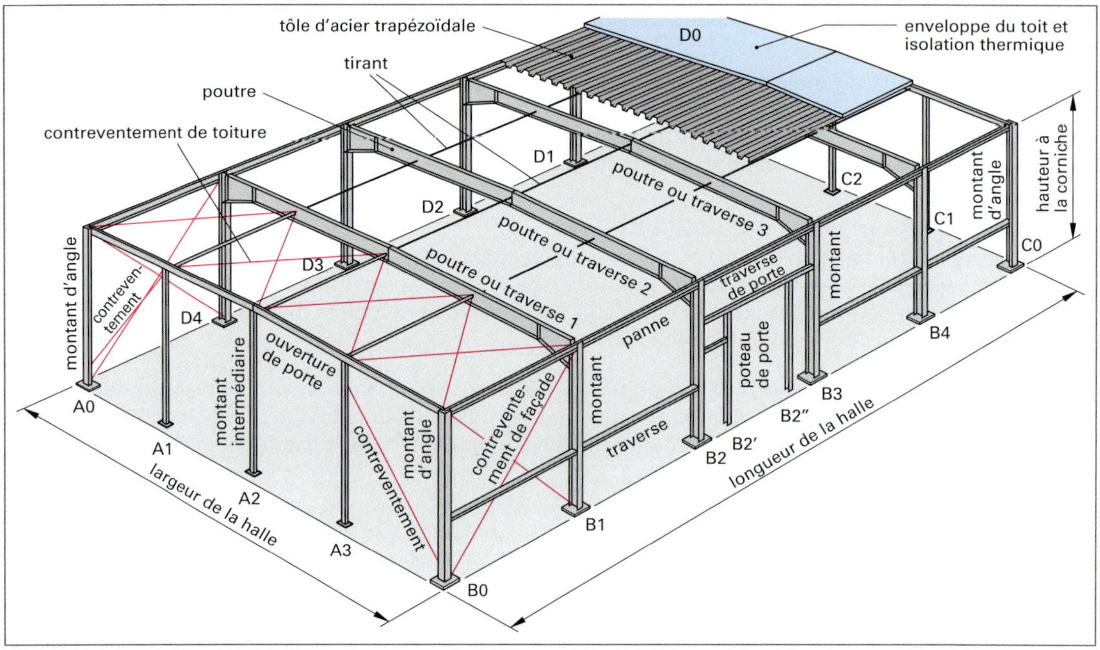

1 Charpente d'une halle à toit plat

12.2 Relevés

Les points de montage des poteaux (montants) ou cadres extérieurs doivent être vérifiés à l'aide du banquetage. L'entre axe entre les montants sont déterminés avec des appareils de mesures appropriés. Le **double mètre** est une règle pliable de 2 m de long avec une graduation en mètres, centimètres et millimètres. La tolérance est de +/– 1 mm. La **règle de mesure** (mire) télescopique fait 3 m ou 5 m de long. Elle est pourvue d'une graduation rouge et blanc. La **chevillière** a une longueur de 20 m (longueurs spéciales jusqu'à 50 m) et est en acier trempé. En raison de la précision de lecture et du changement de longueur possible dû aux effets de la chaleur, la tolérance peut être de +/– 5 mm en fonction de la longueur à mesurer.

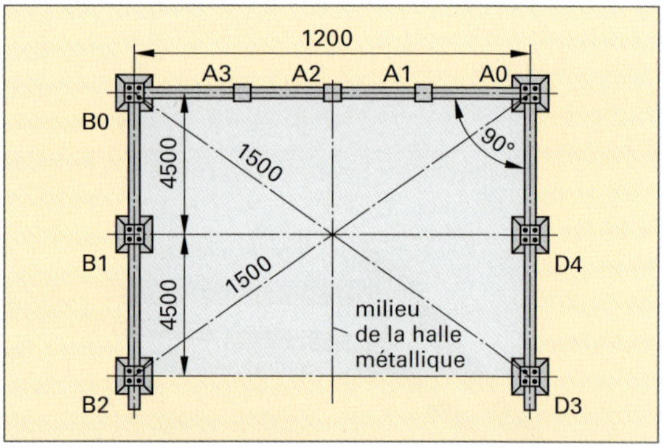

2 Distance et équerrage

Des **télémètres laser (fig. 3)** utilisés de plus en plus sont plus précis, même sur des distances plus grandes. Ils permettent de mesurer sans contact sur des distances pouvant atteindre 50 m avec une tolérance de +/– 3 mm. Pour déterminer la distance la plus courte, p. ex. entre deux montants ou la largeur intérieure d'ouvertures, l'appareil est posé sur une surface verticale. La distance est mesurée en fonction de la durée de parcours du rayon laser. Certains modèles peuvent aussi calculer des surfaces, volumes et des angles.

3 Télémètre laser

12.3 Mesures d'angles

La vérification des angles est avant tout nécessaire pour la détermination des distances précises entre les appuis et de l'alignement exact. Cette vérification est réalisée le plus simplement possible en comparant les diagonales correspondantes.

Les **règles de mesure ou mire** constituent le moyen le plus simple pour piqueter un angle droit **(fig. 1)**. On repère tout d'abord la droite AB avec des lattes de mesure de mises d'aplomb. On mesure et on trace sur celle-ci le point C sur lequel l'angle droit doit être placé. Les règles de mesure qui forment un triangle rectangle sont alors mises en place à cet endroit. Ses côtés sont selon les nombres de Pythagore 3, 4 et 5.

Avec la **lunette ou théodolite** n'importe quel angle peut être déterminé et piqueté **(fig. 2)**. L'instrument est centré et mis à niveau sur le segment AB. La lunette est ensuite tournée et la règle de mise d'aplomb placée sur le point C.

La **lunette** fonctionne comme l'instrument de mise à niveau, mais dispose aussi d'une rotation verticale, ce qui permet de mesurer également des angles en hauteur.

Le rapporteur d'angle à miroir permet de mieux piqueter l'angle droit sur une grande distance, qu'avec les instruments de mesure de longueur conventionnels. Il est centré par l'observateur sur le point C du segment AB **(fig. 3)** et aligné avec la pointe sur AE. La règle de mesure tenue par l'assistant est déplacée jusqu'à ce qu'elle soit visible dans la fenêtre, précisément au-dessus du ro flet des règles A et E qui se recouvrent et marque le point D.

On travaille selon le même principe avec le **prisme d'angle droit**. Le **disque à croix** dispose de deux paires de fentes de visée qui se croisent perpendiculairement. Tout comme sur la **fig. 1**, elle est mise à la verticale en C à l'aide d'un niveau, mise d'aplomb sur AB puis le point D est marqué.

12.4 Détermination des hauteurs des bâtiments

Déterminer la hauteur du bâtiment est important aussi bien pour ériger les murs extérieurs qu'ultérieurement pour l'agencement intérieur. La hauteur des fondations est déterminée ou contrôlée à l'aide d'une lunette. Les montants et traverses sont alignés à cette hauteur **(fig. 4)**.

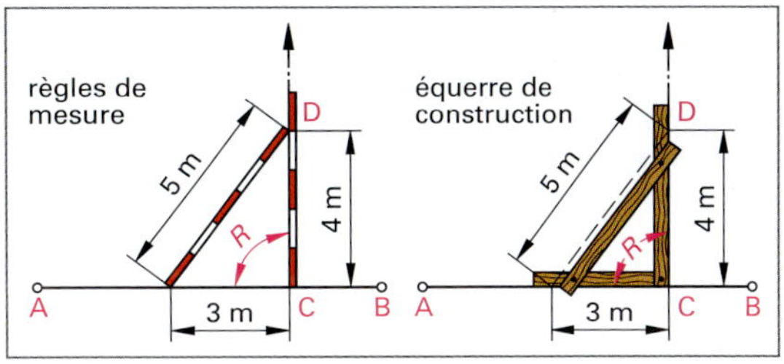

1 Piquetage d'angles droits avec des règles de mesure ou une équerre de construction

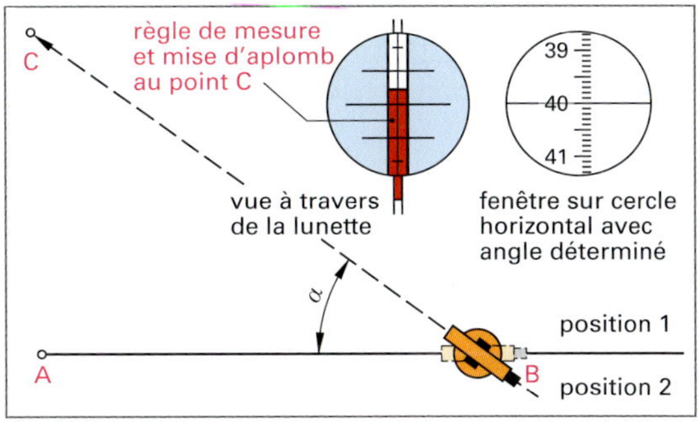

2 Piqueter un angle horizontal avec l'instrument de mise de niveau

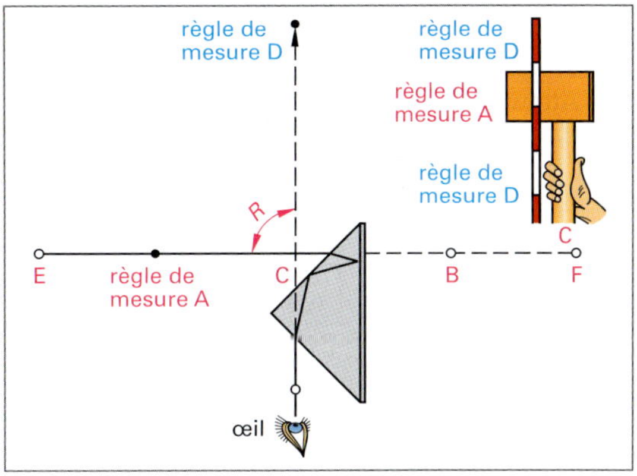

3 Piquetage d'un angle droit avec le rapporteur d'angle à miroir

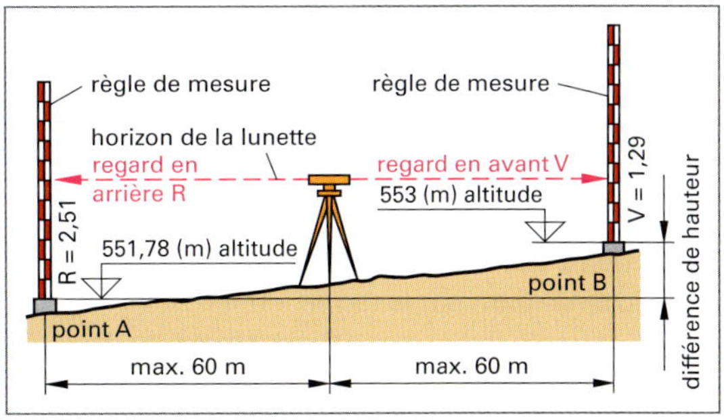

4 Détermination de la hauteur avec une lunette de mise à niveau

12.5 Détermination des hauteurs de montage

L'altitude du niveau fini, ou rez-de-chaussée, figure sur le plan de situation. Tous les autres niveaux de l'ouvrage se réfèrent à cette altitude. Avant de démonter le banquetage, le **mètre fini** doit être reportée sur l'ouvrage et doit être déterminé pour tous les autres travaux de mesure.

Les hauteurs des portes, des fenêtres et des plafonds d'étage sont fréquemment reportées depuis le mètre fini sur d'autres éléments **(fig. 1)**. Les hauteurs restantes peuvent ainsi être mesurées aisément **(fig. 2)**. Un nouveau trait du **mètre fini** est mis en place à chaque étage.

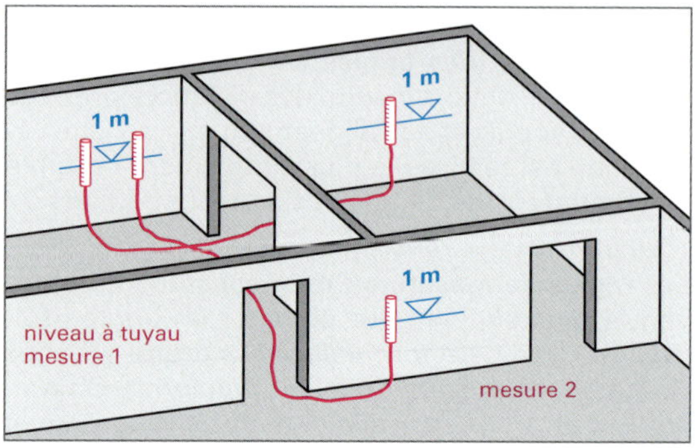

1 Report du mètre fini

Mesure de chantier avec instrument laser rotatif

Dans le bâtiment, on utilise des instruments laser disposant de deux sorties de rayons. Le rayon dirigé verticalement vers le bas sert à **ajuster l'instrument** sur un point fixe. Pendant la rotation, le rayon horizontal forme des **marques lumineuses** toujours à la même hauteur **(fig. 3)**. On garantit ainsi la mise en place horizontale de chapes et de plafonds suspendus **(fig. 4)** et le marquage exact du mètre fini **(fig. 5)**.

▸ Attention ! Les rayons Laser peuvent endommager les yeux.

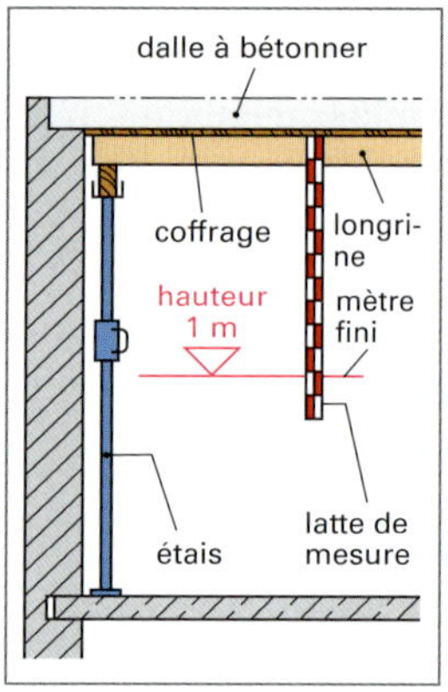

2 Mesure de hauteur

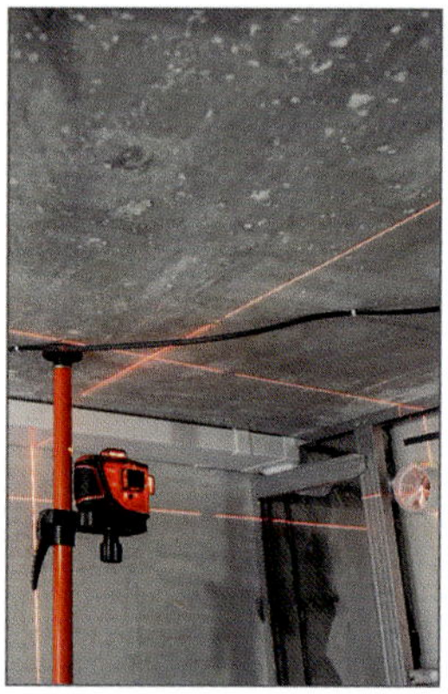

3 Instrument laser dans le bâtiment

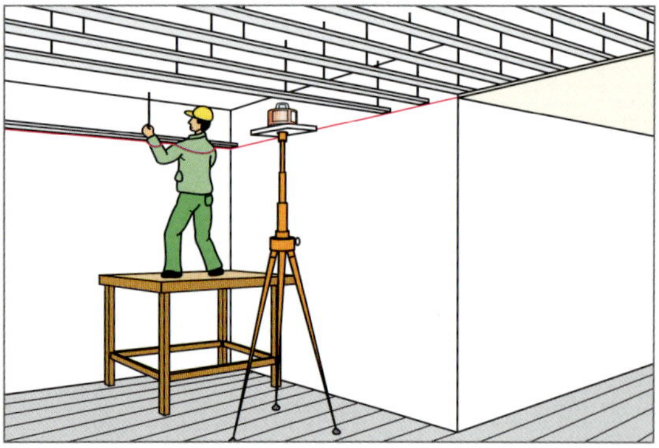

4 Alignement d'un faux – plafond

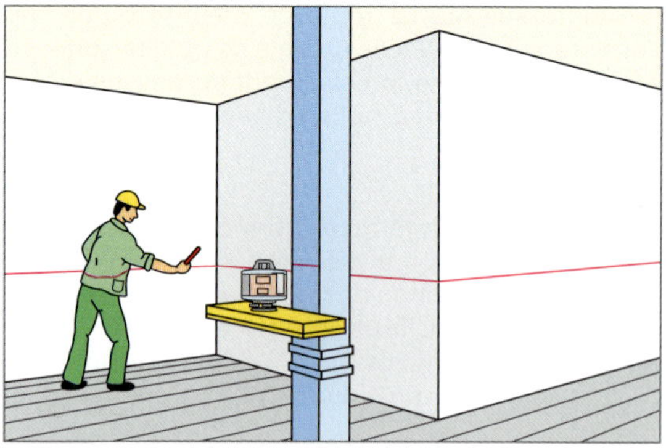

5 Mise en place du mètre fini

Contrôlez vos connaissances

1 Qu'entend-on par le terme « relevé » ?
2 Décrivez le but et le fonctionnement de deux appareils de mesure de longueurs, de hauteurs et d'angles.
3 Expliquez à quoi sert le banquetage.
4 Où se trouve le mètre fini pour l'ensemble du bâtiment ?
5 Expliquez le report du mètre fini à l'aide de la **fig. 1** sur cette page.
6 En quoi l'utilisation d'instruments laser simplifie-t-elle de nombreux travaux de mesures ?

13 Charpentes et toitures métalliques

La construction avec de l'acier a une longue histoire. Dès le cinquième siècle avant Jésus-Christ, on utilisait en Grèce des agrafes en fer pour ancrer les blocs de pierre dans la construction de temples. Pendant la construction de Sainte-Sophie en 532 – 537 de notre ère à Constantinople, des barres de traction en fer ont été utilisées pour stabiliser l'immense voûte. Le pont de Coalbrookdale aujourd'hui encore conservé, d'une portée de 30,5 m et composé de poutres cintrées, a été construit en 1777.

La construction métallique moderne existe depuis environ 150 ans. La fusion du minerai de fer avec du charbon (houille) au lieu de charbon de bois, et l'invention des hauts-fourneaux et convertisseurs ont permis dès le milieu du 13ème siècle de fabriquer pour la première fois de plus grandes quantités de fonte et bientôt d'acier laminé sous forme de tôles, fils et barres. Les profilés lourds (hauteur supérieure à 80 mm) ont suivi au milieu du XIXe siècle, tout d'abord utilisés pour la construction de ponts.

Ces grands profilés en acier ont bientôt été utilisés aussi pour la construction de halles et de bâtiments. L'industrialisation naissante et la construction de chemins de fer ont accéléré le développement. Nous admirons aujourd'hui encore les premiers chefs-d'œuvre d'une technique alors nouvelle, tels que la tour Eiffel de Paris pour l'exposition universelle de 1889 **(fig. 1)** le pont de Brooklyn à New York en 1883 **(fig. 1, p. 202)**, le viaduc de Müngsten vers Solingen, le palais de cristal à Londres et les voûtes en acier géantes de nombreuses gares dans les grandes villes européennes.

Au cours du siècle passé sont apparus des ouvrages de construction métallique encore plus grands et plus imposants, qui convainquent non seulement par leur construction mais aussi par leur design. On pense au pont suspendu Golden Gate de San Francisco, aux gratte-ciel de New York, à la Sears Tower de 442 m haut et de 109 étages à Chicago ou aux nouveaux buildings de Francfort.

1 Charpente de la tour Eiffel

2 L'Evolution Tower à Moscou

13.1 Classification de la construction métallique

Aujourd'hui, la construction métallique a conquis de nombreux domaines d'application. Elle est répartie dans les secteurs de la construction métallique de bâtiments, de ponts, en câbles, hydraulique et de machines.

Construction métallique de bâtiments

Les gratte-ciels à ossature en acier sont des ouvrages de plusieurs étages, destinés principalement à de l'habitation et à des bureaux **(fig. 2)**. L'ossature en acier absorbe toutes les forces qui agissent sur l'ouvrage et les dirige vers les fondations.

Les gratte-ciels de plus de 60 étages ne sont réalisés qu'en structures d'acier (env. 200 m) parce que le béton armé nécessiterait des appuis beaucoup trop épais.

Pour les halles, ce sont les grandes portées qui sont au premier plan. Ceci permet de créer un grand espace, p. ex. un hangar à avions sans piliers gênant **(fig. 3)**. Il existe des halles de sport, de stockage, d'usine et de rassemblement.

3 Hangar d'avions à Munich

Construction de ponts métalliques

Pour les ponts en acier, c'est avant tout la grande portée obtenue, c'est-à-dire l'intervalle d'un pilier à un autre, qui est recherchée. Le pont de Brooklyn à New York qui a été construit en 1870 **(fig. 1)** atteignait déjà une portée de 486 m. Aujourd'hui, c'est un **pont suspendu** entre les îles de Honshu et d'Awaji au Japon qui a la plus grande portée avec 1991 m. Les principes de construction suivants sont appliqués pour des portées plus petites :

Pour les **ponts à haubans inclinés (fig. 2)**, la chaussée est suspendue à des câbles fixés à des pylônes. Ces ponts atteignent jusqu'à 375,5 mètres de portée, tandis que les **ponts à arc en acier** ne peuvent enjamber que jusqu'à 305 mètres. Les constructions modernes pour des portées plus petites sont la plupart du temps des ponts à poutres d'acier dont la membrure supérieure est suffisamment rigidifiée pour pouvoir servir simultanément de chaussée et supporter les poutres longitudinales et transversales. On parle alors d'une dalle orthotrope. Il existe encore les **ponts mobiles**, tels que les ponts basculants ou les ponts-levis, les ponts tournants et les ponts levants qui sont construits avec des portées pouvant atteindre 170 m. Les ponts flottants et les pontons en sont une forme spéciale. Un ponton autoroutier en éléments de béton flottants passe sur le lac Washington vers Seattle, avec une longueur de 1,6 km.

Constructions en câbles d'acier

Ce sont les constructions en toile d'araignée comme le toit du stade olympique de Munich. Les haubanages sont construits à partir d'appuis (piliers) et de tirants ultra résistants. En font partie les câbles en spirale ouverts ou entièrement fermés, les faisceaux de fils de tension parallèles, de torons de tension ou de tiges de tensions, ainsi que les tirants en aciers précontraints.

Construction de machines en acier

En font partie toutes les machines de grandes dimensions telles que les entrepôts à hauts rayonnages pour le stockage et le déstockage automatiques de pièces de rechange, des installations à tapis roulants, p. ex. pour les produits en vrac tels que le sel ou le charbon, les déverseurs qui déchargent des produits en vrac sur des terrils, des installations de préparation pour les minerais ou pour concasser des pierres, ainsi que de grandes antennes paraboliques et radiotélescopes. Les excavatrices à godets pour l'exploitation minière du lignite **(fig. 3)** sont des véhicules utilitaires terrestres les plus grands et les plus lourds.

Construction hydraulique en acier

Les structures hydrauliques sont des constructions en acier en bordure, sur ou dans l'eau, p. ex. les fermetures d'écluses, les barrages, les barrières anti-tempête, les installations de levage de bateaux et les plates-formes off-shore **(fig. 4)**.

1 **Le pont de Brooklyn (1870)**

2 **Le Pont Vasco da Gama à Lisbonne**

3 **Excavatrices sur pneus**

4 **Plate-forme pétrolière offshore**

13.2 Eléments de construction d'une ossature en acier

Les structures en acier sont composées de peu d'éléments, mais toujours récurrents **(fig. 1)**. Elles sont assemblées à partir de profils laminés, de tiges, de câbles, de tôles, de vis, de boulons et de cordons de soudure. Les éléments de la construction en acier sont :

Elément de construction	Fonction de l'élément de construction
Poteaux ou piliers verticaux	Transfert des forces qui agissent sur l'ouvrage vers les fondations.
Poutres et sommiers horizontaux	Transfert des forces du plafond vers les poteaux. Les poutres sont sollicitées en flexion. Elles peuvent avoir des parois pleines comme les poutrelles en béton ou des poutres profilées.
Renforts, raidisseurs et haubans	Les renforts empêchent l'effondrement du bâtiment par des forces horizontales. Les haubans maintiennent les mâts et poteaux dans les constructions en câbles.
Ancrages dans les fondations	Transfert des forces dans le sol. Des chevilles ou des vis, les fondations d'ancrage avec du mortier de béton servent de liaison avec les fondations.
Liaisons de poutres	Il existe : • Liaisons pour rallonger une poutre, • Raccords de poutres sur des poteaux ou linteaux, • Les supports de poutres sur les murs. Les liaisons peuvent être démontables avec des vis, équerres et plaques ou, indémontables par soudage.
Eléments de séparation	Les toits, cloisons et plafonds ont les fonctions de : Protection contre la température, les intempéries, le bruit et les incendies. Les fonctions statiques sont le renforcement du bâtiment et la répartition des charges dans les poteaux.

13.2.1 Influence des forces sur une ossature en acier

De nombreuses forces *F* agissent sur une construction en acier. On fait la distinction entre

- **Les effets permanents *G*:**
  - Le poids propre des éléments (charges propres),
  - Les charges de la terre,
  - Les affaissements probables du terrain.
- **Les conditions changeantes *Q*:**
  - Les charges de circulation occasionnées lors de l'utilisation de l'ouvrage par des personnes, des équipements d'aménagement, des machines, des véhicules et du matériel.
  - Les charges dues aux ponts roulants,
  - Les charges dues au vent, qui agissent principalement horizontalement sur le bâtiment, mais aussi l'aspiration du vent sur le toit et dans les coins d'un bâtiment.
  - Les charges dues à la neige, qui agissent verticalement.
- **Les effets exceptionnels F_A:**
  - Les charges de collision dues à des véhicules, un tremblement de terre, une explosion ou un incendie.

L'ossature en acier sert à absorber toutes les forces extérieures qui surviennent et à les diriger vers les fondations.

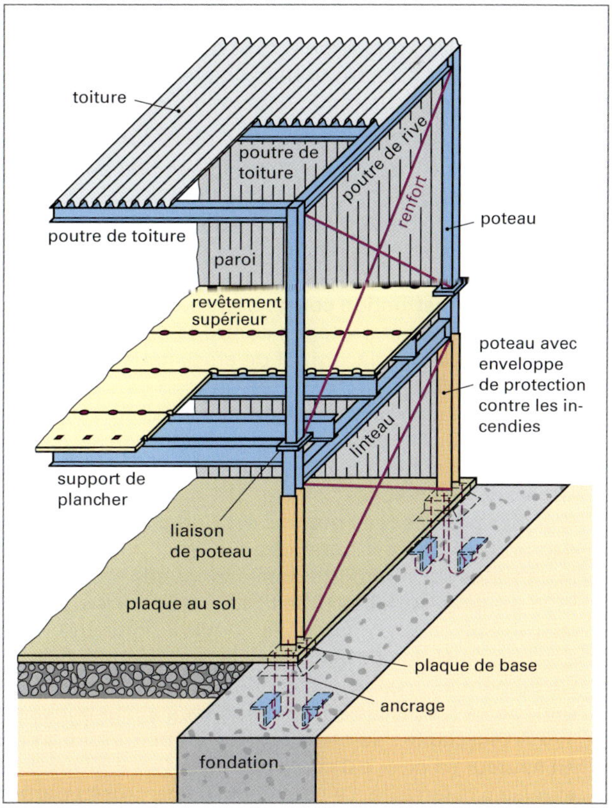

1 Eléments de construction d'une ossature en acier

13.2.2 Charges admissibles et valeurs de dimensionnement

Les normes sur les charges admissibles s'appliquent comme grandeurs caractéristiques **des forces (avec l'indice k) qui agissent sur un ouvrage**.

Dans EN 1090, une charge mobile de 5 kN/m² est admise pour les planchers dans les entreprises d'artisanat, les escaliers dans les bâtiments non habités et pour les balcons.

Par sécurité, **cette valeur caractéristique F_k** doit être multipliée par le **coefficient partiel de sécurité** γ_F (gamma F) pour obtenir la **valeur de mesure** F_d (Index d = design).

Les valeurs de mesures servent à calculer les dimensions des poutres.

On a : $F_d = F_k \cdot \gamma_F$

Pour le coefficient partiel de sécurité γ_F on a :

Pour les effets constants γ_F = 1,35,
pour les effets variables γ_F = 1,50

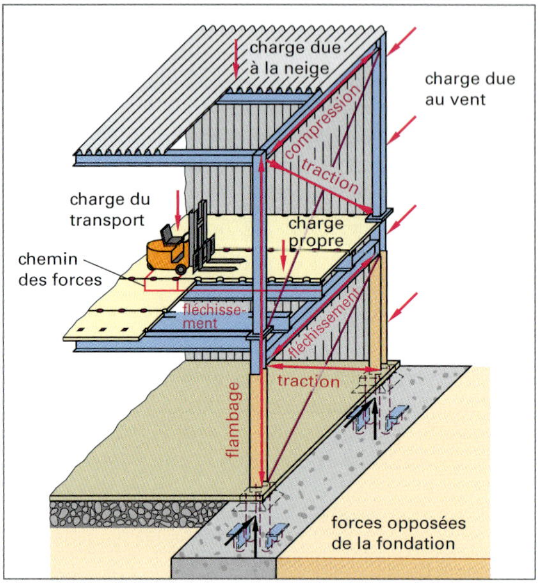

1 Flux des forces dans une construction à étages

La **fig. 1** montre le **flux des forces** dans la construction à étages : La plaque de plancher répartit les charges dues à la circulation sur les poutres du plancher. Elles s'appuient sur les linteaux perpendiculaires. Les deux sont sollicités **en flexion**. Les linteaux sont supportés par les poteaux. Ils sont sollicités en **compression** et **flambage** et dirigent les forces de pression dans les fondations par les plaques de base. Même les charges propres de l'ouvrage et celles dues à la neige sur le toit sont dirigées sur les poteaux et les fondations par les poutres de toiture et les poutres de rive. Les forces du vent produisent une **pression** dans les poutres de rive et dans le linteau. Il en résulte des **forces de traction** dans les contreventements. Leur proportion horizontale est dirigée vers les fondations par les taquets de poussée. Les vis d'ancrage empêchent que le bâtiment ne se soulève en raison du vent.

13.2.3 Particularités structurelles de la construction métallique

Par rapport à la construction massive avec du béton et de la maçonnerie, la construction métallique a plusieurs avantages :

- **Construction à partir d'éléments de base simple :** les poteaux, poutres, contreventements ou cadres sont composés de profils laminés, les éléments qui délimitent les espaces sont en tôles de grands formats et en verre. Il faut y ajouter les moyens de liaison.
- **Temps de construction court :** Comme les éléments requis sont préfabriqués sur mesure dans l'usine du constructeur et protégés contre la corrosion, le montage peut être effectué directement depuis le camion. Un emplacement de stockage sur le chantier est ainsi inutile et la durée de construction est raccourcie.
- **Capacité de charge immédiate :** les éléments en acier absorbent immédiatement la pleine charge. Inutile d'attendre des durées de prise ou de séchage qui retardent les travaux de raccordement. La période de l'année ne joue aucun rôle, le gel n'impacte ni le montage ni la charge admissible de la construction en acier.
- **Grandes portées :** Les poutres et haubans permettent de construire à moindres coûts des halles avec des portées pouvant atteindre 200 m. Il n'y a ainsi pas de poteau gênant. Les halles peuvent être construites sur n'importe quelle longueur.
- **Plus grandes surfaces utiles :** Les poteaux ou piliers en acier ont une bien meilleure capacité de charge que ceux en béton. Ils peuvent donc être plus minces et les étages inférieurs d'un building disposent de plus de surface utile que dans une construction en béton.
- **Facilement extensible :** Les annexes, transformations et extensions sont fabriquées facilement parce que toutes les pièces sont boulonnées et par conséquent facilement démontables.
- **100 % recyclable :** Selon le degré d'industrialisation d'un pays, l'espérance de vie d'une construction en hauteur en acier est comprise entre 20 et 50 ans. La construction est alors transformée ou démolie et mise à la ferraille. Le gain couvre une grosse partie des coûts de démolition. La ferraille constitue aujourd'hui environ 50 % de la production mondiale d'acier brut et préserve ainsi l'environnement.

13.3 Types de contraintes dans les composants

En raison des charges propres, des charges dues à la mobilité, à la neige et au vent, ces forces extérieures agissent et doivent être absorbées par les éléments en acier de l'ouvrage. Ces forces créent des contraintes internes dans les éléments de construction, qui génèrent des tensions. Par **contrainte**, on entend la force (en newtons) avec laquelle chaque unité de surface (en mm^2) de la section de l'élément de construction est sollicitée. Elle est indiquée avec l'unité N/mm^2. Dans la construction métallique, il faut tenir compte du fait que les symboles de formules et indices selon EN1090 depuis 2014 ne sont pas identiques à ceux de la construction de machines en général.

13.3.1 Contraintes normales

Si une force *F* agit **perpendiculairement** à la surface de la section A, on l'appelle **effort normal *N*** et la **contrainte normale** qui en découle (Sigma).

« Normal » signifie ici « perpendiculaire à » d'un point de vue géométrique. Si l'on s'imagine l'élément coupé perpendiculairement dans le sens de la longueur **(fig. 1)**, des contraintes normales agissent également verticalement à la section.
Les contraintes normales sont p. ex. la **contrainte de traction** (Sigma) dans un contreventement et **la contrainte de compression** – dans un poteau.

Les efforts de tractions ont un signe positif, les efforts de compression un signe négatif.

La contrainte de traction est calculée à partir de l'effort de traction ***N*** divisée par la section de l'élément ***A*** :

$$\sigma = \frac{N}{A}$$

De même, la contrainte de compression est calculée à partir de l'effort de compression.

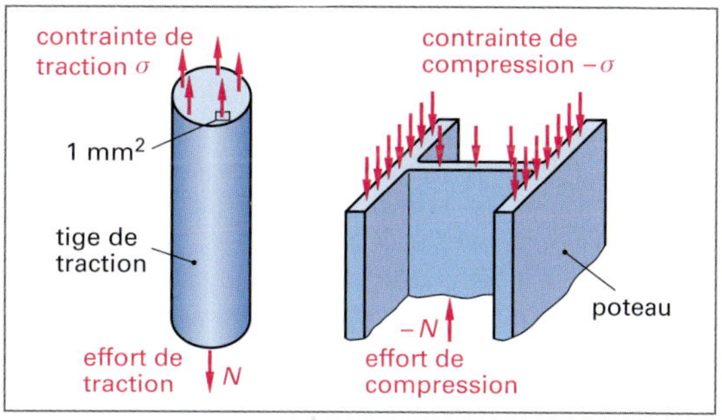

1 Contraintes normales

Contrainte de flexion

Dans une poutre logée des deux côtés et sollicitée en flexion règnent des contraintes dans le sens de l'axe longitudinal de la poutre **(fig. 2)**. Sous l'effet d'une **force *V*** qui agit perpendiculairement à l'axe, elle fléchit légèrement, si bien qu'il y a des efforts de compression sur la face supérieure tandis que des efforts de traction règnent sur la face inférieure. Les contraintes de compression sont les plus fortes dans les fibres du bord de la face supérieure et diminuent linéairement vers l'intérieur de la poutre. Les contraintes de traction sont les plus fortes dans les fibres du bord de la face inférieure et diminuent de même vers l'intérieur de la poutre.

Le milieu de la poutre est exempt de contrainte. On appelle cette zone la **fibre neutre**.

Un effort de flexion ne produit ainsi pas de contrainte uniforme mais une contrainte qui varie linéairement **(calcul voir p. 218)**.

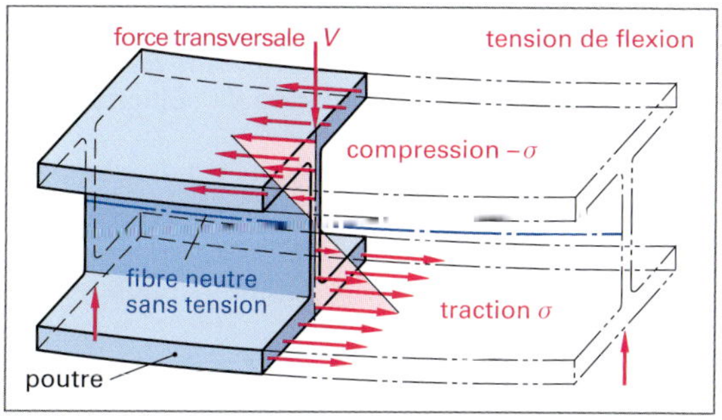

2 Contraintes de traction et de compression dans une poutre sollicitée en flexion

13.3.2 Contrainte de cisaillement

Si une force *F* agit sur la surface de la section *A*, on l'appelle **effort transversale *V*** et la contrainte qui en découle est une **contrainte de cisaillement (Tau)**.

Une contrainte de cisaillement agit p. ex. dans une vis qui relie deux tôles entre elles **(fig. 3)**. La contrainte de cisaillement est calculée à partir de l'effort transversale divisée par la section de la tige :

$$\tau = \frac{V}{A}$$

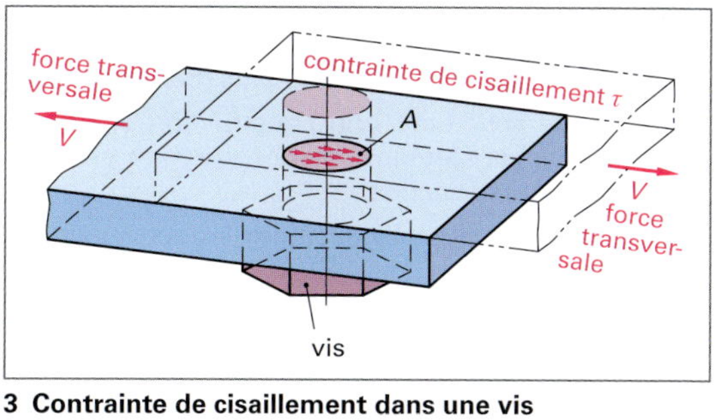

3 Contrainte de cisaillement dans une vis

Contrainte de torsion

La tige d'une clé à douille est sollicitée en flexion lorsque l'on serre une vis **(fig. 1)**. La contrainte de cisaillement qui agit sur la surface de la section A est la plus forte dans les fibres du bord et diminue vers le milieu de l'élément. On l'appelle **contrainte de torsion** τ (Tau).

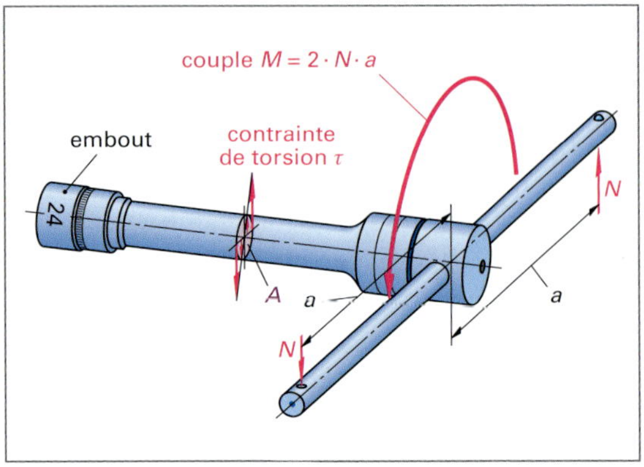

1 Contrainte de torsion dans la tige d'une clé à douille

13.3.3 Dimensionnement des composants

Au lieu de DIN 18800, c'est **Eurocode 3 (EC3)** qui a été introduit depuis le 01/07/2012 pour l'homologation de chantier. (EN 1993-1-1)

Pour les contraintes de traction, on a toujours

$$\sigma_d = \frac{F_d}{A}$$

L'indice d (design) identifie la **valeur de mesure** (valeur calculée) de la contrainte ou de l'effort.

$$F_d = F_k \cdot \gamma_F$$

Les effets sont des forces F_k qui peuvent être constantes ou variables. Tous ses effets caractéristiques F_k (G_k et Q_k) avec l'indice k doivent être multipliés par le coefficient partiel de sécurité γ_G = **1,35** pour les effets constants ou γ_Q = **1,5** pour les effets variables pour justifier la charge admissible, afin d'obtenir les **valeurs de mesure** F_d (G_d et Q_d). Dans d'autres combinaisons de base (GK 2.1, GK 2.2 etc.), on calcule avec l'effet constant et à chaque fois un effet variable. Il faut pour cela utiliser le coefficient partiel de sécurité γ_Q = 1,50 **(voir tableau 1)**. Le volume de calcul augmente en raison des nombreuses combinaisons d'effets, il peut toutefois être exécuté rapidement à l'aide de programmes de mesure modernes assistés par ordinateur. La contrainte la plus élevée obtenue à partir de la combinaison d'effets la plus défavorable représente la sollicitation $S_d = \sigma_d$. La sollicitation ne doit pas être supérieure à la **capacité de sollicitation R_d** du matériau en question.

Tableau 1 : Coefficients partiels de sécurité γ_F des combinaisons d'effets

Combinaison	Effet Constant G_k	Effets variables Q_k		
		Charge de circulation	Vent	Neige
1	1,35	1,35	1,35	1,35
2.1	1,35	1,50		
2.2	1,35		1,50	
2.3	1,35			1,50

Par précaution, la limite d'élasticité est divisée par un coefficient partiel de sécurité pour le matériau γ_{M1} (Gamma M1) = 1,1

$$\sigma_{R,d} = \frac{f_{y,k}}{\gamma_M} = \frac{235\ \text{N/mm}^2}{1,0} = 235\ \text{N/mm}^2$$

si bien que la valeur de mesure de la limite d'élasticité pour S235J est de 213,6 N/mm² ou $f_{y,k}$ est la limite d'élasticité. Justification est :

$$\frac{S_d}{R_d} = \frac{\sigma_d}{\sigma_{R,d}} \leq 1$$

Attention : **EC 3 fonctionne avec $f_{y,k}$ non - arrondi !**

Contrôlez vos connaissances

1. Quels sont les principaux types de ponts et avec lesquels peut-on atteindre la plus grande portée ?
2. Faites le schéma d'une construction à étages, désignez les éléments de construction en acier et citez leurs fonctions !
3. Quels effets sur une ossature en acier peut-on distinguer ?
4. Quels sont les avantages de la construction métallique et pour quels édifices en valent-ils particulièrement la peine ?
5. Quels types de contraintes surviennent dans une vis quand on la serre et quels sont celles qui surviennent sous charge, à l'état monté ? Citez le type de contrainte et l'endroit où il survient.
6. Une barre de traction en S235JR doit transférer une force caractéristique F_k = 16 kN. Justifiez avec quel coefficient partiel de sécurité il faut calculer pour obtenir une barre de traction suffisamment épaisse dans tous les cas. Quelle devrait être l'épaisseur de la barre traction ?

13.4 Poteaux

Les poteaux transfèrent les charges qui agissent sur le bâtiment vers les fondations. Ils servent à supporter les fermes, solives, poutres de plafond ou roulages de grue.

13.4.1 Mode d'action des poteaux

Il y a deux principes de construction pour l'utilisation de poteaux dans les ossatures en acier.

1. Tous les raccords de poutres sont **articulés** et toutes les forces sont le plus possible dirigées au **milieu** du poteau. La stabilisation est assurée par des renforts **(fig. 2a)**. Les poteaux sont ainsi uniquement sollicités en **compression et flambage**.
2. Tous les raccords de poutres sont réalisés de façon à être **rigides en flexion**. La stabilisation est assurée par l'effet de cadre du cadre de l'étage. Les poteaux sont ainsi également sollicités en **flexion** et doivent être dimensionnés de façon beaucoup plus robuste **(fig. 2b)**.

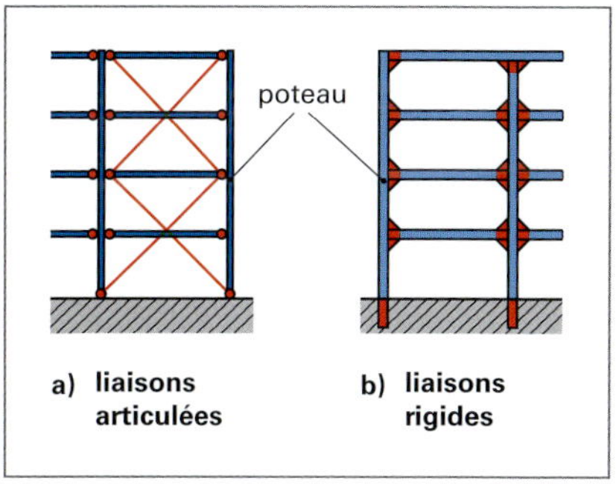

2 Principes de construction

Un poteau est composé d'une tête d'appui, d'une poutrelle verticale et d'une embase (pied de poteau). Il est sollicité en compression, en flambage et éventuellement en flexion.

La tête absorbe la charge le plus possible au milieu et la transfère à la poutrelle qui la transfère à son tour au pied **(fig. 3)**. Le pied de poteau doit diriger toutes les forces vers les fondations. Pour cela, un logement articulé suffit (**poteau pendulaire**). Si des couples sont aussi dirigés vers les fondations, un **poteau attaché** est nécessaire.

Le poteau de traction est un cas particulier. Dans les maisons suspendues avec noyau porteur en béton ou avec des poteaux de pression extérieurs **(fig. 1)**, les poutres de plancher se logent à l'extérieur sur les poteaux de traction. Ceux-ci sont maintenus par une structure en poutres triangulaires. Les poteaux intérieurs n'ont plus lieu d'être.

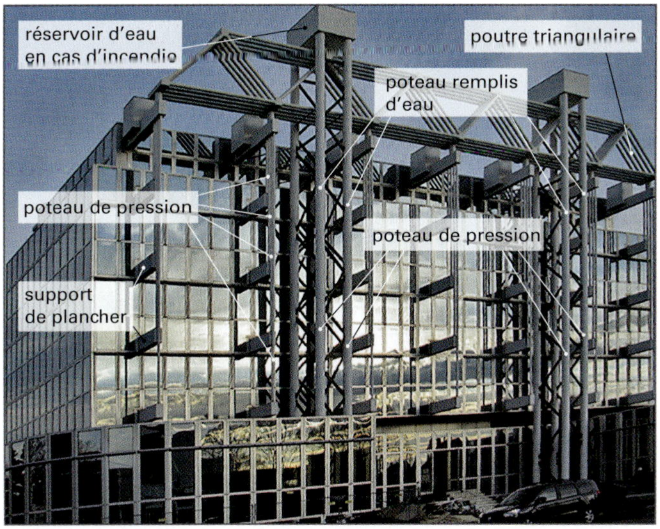

1 Maison suspendue avec poteaux de traction et de pression remplis d'eau

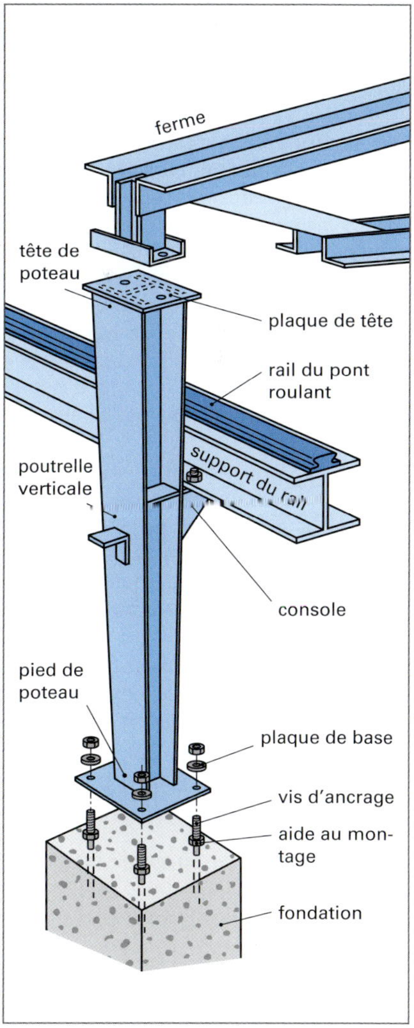

3 Eléments d'un poteau de halle

13.4.2 Formes de construction

Les sections de poteaux fermés monobloc forment une cavité **(fig. 1)**. Pour éviter la corrosion à l'intérieur, il faut souder de façon à être étanche à l'air. Les poteaux galvanisés à chaud nécessitent des perçages d'évacuation. Des liaisons de poutres sur des profilés creux doivent être réalisées avec des brides d'âme car les boulons ne peuvent pas être enfichés. Pour la protection contre les incendies, les poutres fermées peuvent être bétonnées, remplies d'eau ou revêtues de plaques de protection anti-feu.

Les profils creux circulaires, carrés et rectangulaires d'après les **fig. 1a et 1b** se fabriquent à des coûts réduits parce que seuls les raccords doivent être soudés. Pour les poteaux sans revêtements, la **fig. 1d** n'est pas pertinente d'un point de vue architectural car les quatre coins n'ont pas d'arêtes vives. La **fig. 1g** montre le pylône (mat) d'un pont. De tels poteaux en caissons offrent une grande rigidité, des surfaces extérieures lisses et un faible poids.

Les sections de poteaux ouverts monobloc, (fig. 2) sont bien accessibles de tous les côtés. Les conduites y passent plus facilement que dans des sections de poteaux fermées. Elles sont fabriquées en profilés laminés et en aciers plats et doivent avoir des rayons d'inertie *i* semblables (voir manuel des tableaux) des deux côtés. Les poutres I (HE-A, HE-B, HE-M) conviennent donc très bien. Le profilé IPE ne convient pas comme poteau autonome, car il est trop peu rigide autour de l'axe z. Il faut par exemple l'empêcher de flamber grâce à une paroi.

Les poutres en plusieurs parties avec section ouverte sont également appelées poteaux divisés. Ils sont le résultat d'un assemblage de profils de même nature avec des tôles de liaison ou un grillage pour former un seul poteau **(fig. 3a)**.

Les tôles de liaison sont des tôles soudées sur ou entre les poteaux, grâce auxquelles on obtient un effet de cadre qui empêche le flambage.

Les tôles de liaison sont disposées au moins au tiers d'un poteau.

A l'intérieur, elles laissent de la place pour les conduites d'alimentation. Des poutres peuvent être raccordées aux quatre côtés **(fig. 3b)**.

> Plus le poteau est élancé et plus la sollicitation par compression est élevée, plus il faut des tôles de liaisons.

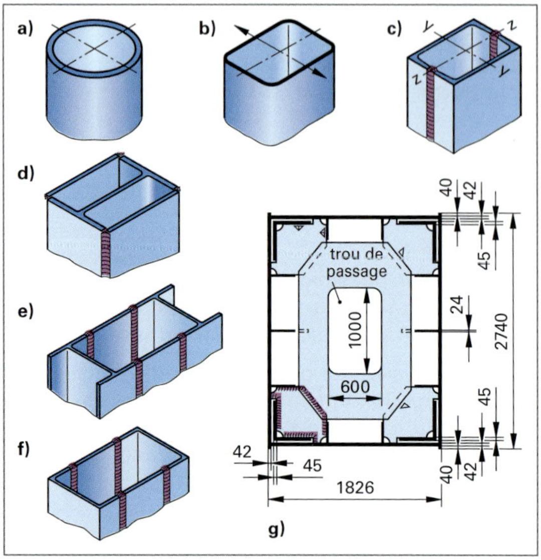

1 Sections de poteaux fermés monobloc

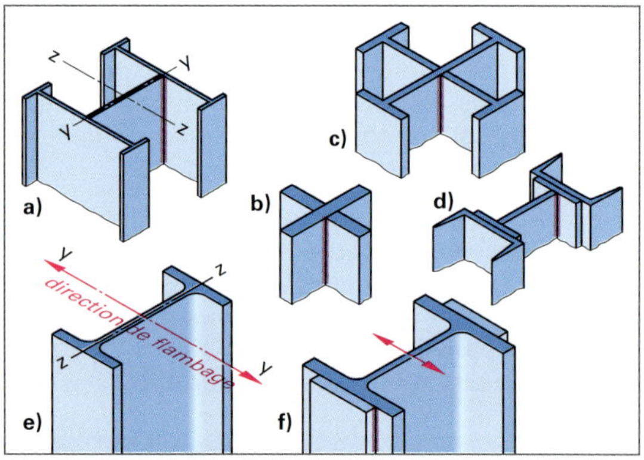

2 Sections de poteaux ouverts monobloc

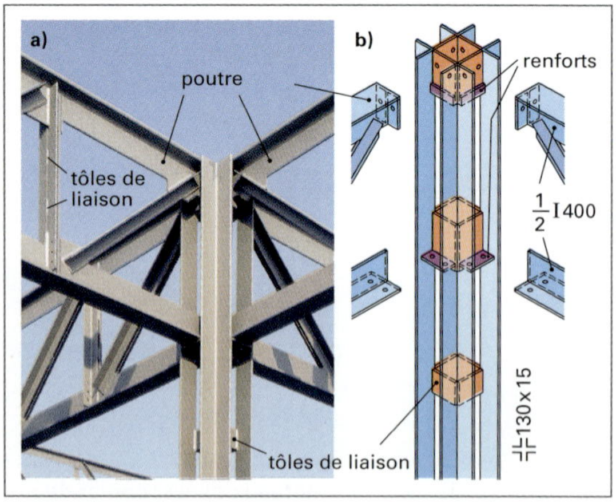

3 Poteau en plusieurs parties à sections ouvertes

Poteaux en poutres triangulées

Les grilles produisent des poteaux de poutres triangulées particulièrement légers et rigides, tels qu'on les a utilisés pour construire la tour Eiffel et aujourd'hui pour les pylônes de haute tension. Le mât en **fig. 1** est actuellement le pylône de ligne aérienne le plus haut du monde, avec une hauteur de 227 m. Il dispose d'une cage d'ascenseur et d'un escalier en colimaçon.

1 Construction triangulée constituée de poutres triangulées

13.4.3 Stabilité des poteaux

Quatre justificatifs sont tenus pour la stabilité.

- Aucun gauchissement grâce à des épaisseurs d'éléments suffisantes.
- **Sécurité de positionnement** : pas de glissement, soulèvement ou basculement.
- **Charge admissible de la section** $N_{pl,d}$ suffisante (voir exemple ci-dessous). Tandis qu'une barre de traction n'est détruite qu'une fois la résistance à la traction dépassée, les appuis cèdent bien avant d'atteindre la résistance à la compression en raison de la déviation latérale de l'élément. On appelle cette instabilité flambage. Les influences suivantes renforcent le risque de **flambage** :
  - Grandes forces de pression
  - Application de la charge décentrée
  - Décalage de l'axe de la barre par rapport à la forme droite de consigne
  - Couples de flexion venant des poutres raccordées
  - Appuis minces, c'est-à-dire hauts, avec petite rigidité, c'est pourquoi.
- le **justificatif de flambage** par flexion est nécessaire.

Une mesure pour la rigidité est constituée des couples de surface I_y et I_z ainsi que des rayons d'inertie i_y et i_z calculés à partir de ceux-ci et qui peuvent être lus dans un manuel de tableaux pour chaque profil.. Les sections de poteau doivent avoir des rigidités les plus semblables possibles autour de l'axe y et de l'axe x de la surface de la section. Pour le justificatif de flambage par flexion, la valeur inférieure i doit être utilisée parce qu'un appui flambe dans la direction de la rigidité la plus petite.

Il existe en tout quatre façons différentes de loger les poteaux (cas de Euler). La **longueur de flambage** sk dépend du type de fixation **(fig. 2)**. Dans la construction métallique, le type de fixation II est le plus fréquent. Si la longueur de flambage est divisée par le plus petit rayon d'inertie, on obtient le cœfficient **d'élancement** λ_k (Lambda k). Il permet de calculer l'élancement $\bar{\lambda}_k$ rapporté (Lambda k transversal), en divisant p. ex. pour S235 par **l'élancement de référence** $\lambda_a = 92{,}9$. (pour S355, $\lambda_a = 75{,}9$). Selon le profil du poteau et l'épaisseur de la paroi, **la ligne de contrainte par flambage** a, b, c ou d correspondante peut être trouvée à l'aide d'un manuel de tableaux. Le **facteur d'abaissement** $\varkappa$ (Kappa) est lu dans le tableau correspondant. Il faut justifier que la force normale N_d divisée par la charge admissible de la section $N_{pl,d}$ multipliée par le facteur de réduction $\varkappa$ est inférieure à 1.

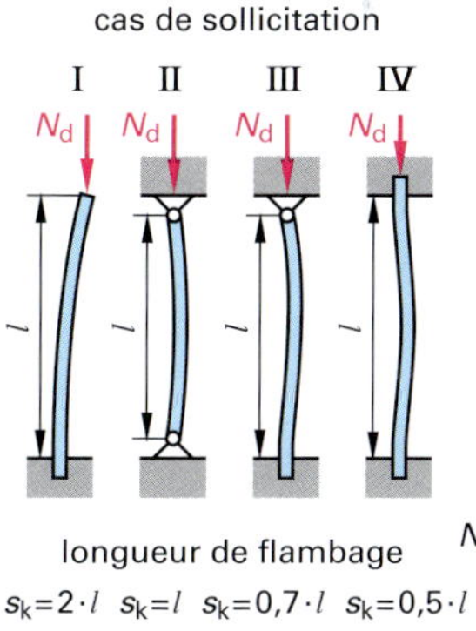

l = longueur
s_k = longueur de flambage
i = rayon d'inertie
I_y = moment statique
A = surface de la section
λ_k = dégré d'élancement
λ_a = degré d'élancement de référence
$\bar{\lambda}_k$ = degré d'élancement référé
N_d = force normale
$N_{pl,d}$ = capacité de charge sectionelle
κ = facteur de réduction

2 Cas de sollicitation et longueurs de flambage selon Euler

Exemple : Un poteau en HEA-100 – S235 peut-il supporter une charge normale de $N_d = 120$ kN ?

$$N_{pl,d} = A \cdot \frac{f_{yk}}{1{,}1} = 2120\ \text{mm}^2 \cdot \frac{240\ \text{N}}{1{,}1\ \text{mm}^2} = 462\ \text{kN} \geq N$$

$$\lambda_k = \frac{s_k}{i_z} = \frac{400\ \text{cm}}{2{,}51\ \text{cm}} = 159{,}3 \quad \bar{\lambda}_k = \frac{\lambda_k}{\lambda_a} = \frac{159{,}3}{92{,}9} = 1{,}71$$

Pour les profilés I laminés avec $h/b \leq 1{,}2$ et $t \leq 80$ mm, la ligne de contrainte par flambage c s'applique ; ou $\varkappa = 0{,}30$ Justificatif:

$$\frac{N_d}{N_{pl,d} \cdot \varkappa} = \frac{120\ \text{kN}}{462\ \text{kN} \cdot 0{,}30} = 0{,}87 > 1 \quad \text{oui il peut}$$

13.4.4 Têtes de poteaux

Dans le cas le plus simple, la tête de poteau n'est composée que d'une plaque soudée dessus qui doit répartir la force absorbée du linteau, ou de la poutre de plafond, de façon uniforme sur la section du poteau. On appelle cette forme de support **appui surfacique**. Les boulons sécurisent la poutre posée dessus contre le soulèvement et le glissement **(fig. 1a)**. Des renforts doivent être soudés sur les brides pour rigidifier le linteau. L'appui surfacique permet certes de transférer les couples de flexions indésirables, mais cette tête de poteau est fabriquée à prix avantageux.

Un **appui centré** avec **cales de centrage (fig. 1b)**, qui transfère la force au milieu sur la plaque de tête et sur le poteau est plus cher, mais exempt de couple.

La tête de poteau dirige les forces issues des poutres au milieu du poteau.

13.4.5 Liaisons de poteaux

Les **poteaux d'étage** pour le bâtiment sont reliés soit après un étage, la plupart du temps toutefois après deux étages, directement sur la dernière position de poutre. Les liaisons de poteau peuvent être vissées, soudées ou être fabriquées comme liaisons de contact ou liaisons pleines.

La **liaison de contact** avec plaque frontale **(fig. 2)** est préférée parce que les efforts de compression pour une sollicitation **médiane** du poteau peuvent être pleinement transférées par contact. Il faut en outre que :

- le basculement latéral soit évité,
- les surfaces frontales soient sciées d'équerre,
- les plaques frontales déformées soient fraisées.

La **fig. 2** montre une liaison de contact en guise de liaison de montage pour laquelle le basculement latéral est évité par des profils soudés en atelier sur le poteau de l'étage inférieur. Sur le chantier, les poteaux sont assemblés et, par précaution, soudés de sorte à ce que 10 % de la charge du poteau soient raccordés longitudinalement et transversalement.

La même jointure pourrait aussi être boulonnée sans cales si une plaque frontale était soudée aux extrémités des poteaux d'étage.

Si le poteau dans lequel des conduites doivent passer est en profilé HE-B, les plaques frontales dérangeraient. On réalise alors une jointure par contact avec **patte de liaison** et boulons **(fig. 3a)**, qui est toutefois plus onéreuse.

Pour une sollicitation du poteau décentrée et une contrainte avec couples de flexion, une **liaison pleine** (jointure rigide en flexion) est nécessaire. Elle est réalisée avec des plaques frontales épaisses et des boulons HV **(fig. 3b)** ou soudée.

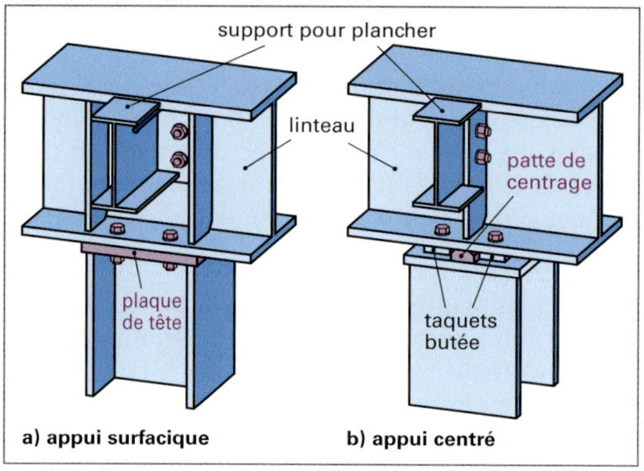

1 Têtes d'appui

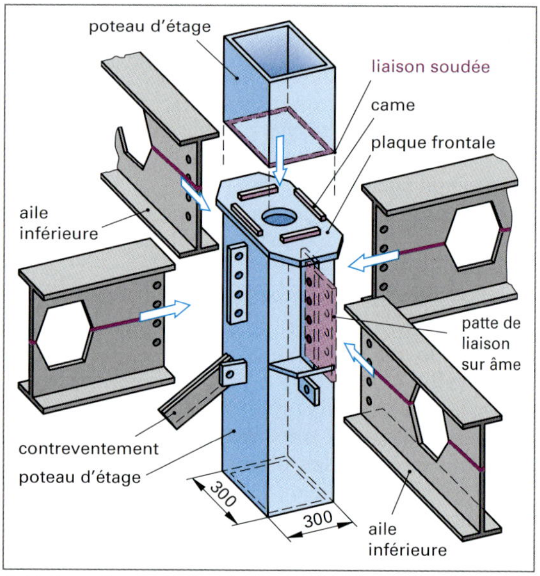

2 Liaison de contact - montage soudé

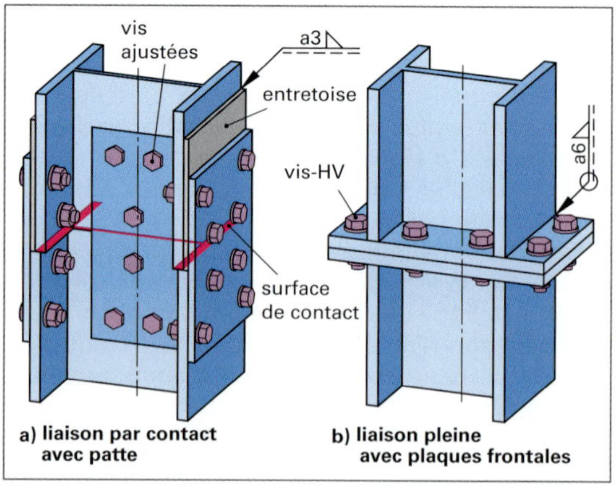

3 Liaisons boulonnées

13.4.6 Pieds de poteaux

Les forces provenant des poteaux en acier doivent être transmises dans le sol par les fondations en béton. Le béton C12/15 ne pouvant p. ex. être sollicité qu'avec à peine 8 N/mm^2, les forces d'appui doivent être réparties uniformément par la plaque de base sur une plus grande surface de béton.

Les poteaux en acier doivent avoir une plaque de base d'au moins 12 mm d'épaisseur. La **fig. 1** montre deux pieds de poteau différents pour la même force d'appui. Plus la plaque de base est épaisse, moins il faut de nervures de renfort (raidisseurs) pour empêcher que la plaque de base ne plie. Les plaques de base épaisses rendent les nervures de renfort superflues et permettent ainsi d'économiser sur les coûts de la main-d'oeuvre.

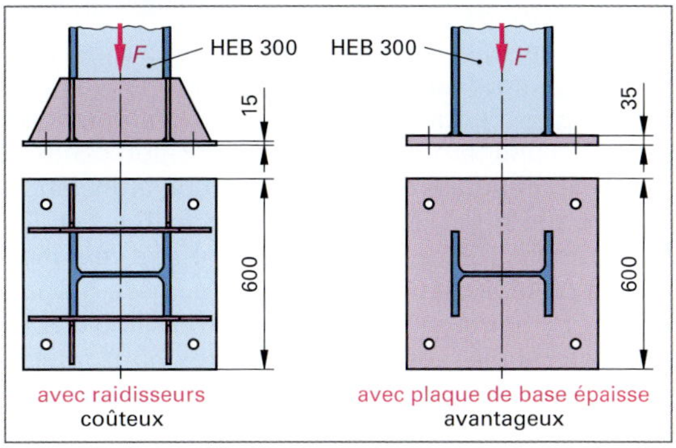

1 Pieds de poteau pour force d'appui identique

> Plus la force d'appui est élevée, plus la plaque de base doit être grande et épaisse.

Un joint de 25 à 50 mm d'épaisseur doit être prévu sous la plaque de base pour pouvoir aligner le poteau avec précision. L'épaisseur dépend de la largeur de la plaque de base :

$$\text{Epaisseur du joint} \geq \frac{\text{Largeur de la plaque}}{7}$$

Seules les extrémités coupées au chalumeau ne sont pas tout à fait planes et doivent être complètement soudées. Si l'appui n'est sollicité que par pression et scié de façon perpendiculaire, il n'a besoin que d'un raccord au 1/10, c'est-à-dire que le cordon de soudure ne doit transmettre que **1/10 de la force d'appui**. Dans les deux types de raccords, il faut toutefois veiller à ce que l'âme et les ailes soient soudées conformément à leur proportion de la section totale **(fig. 2)**.

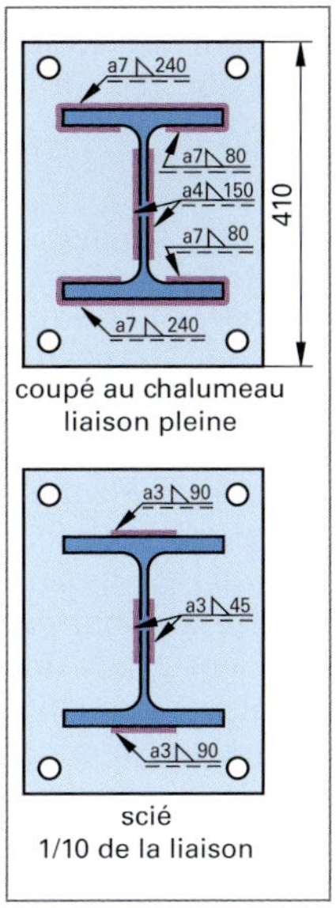

2 Soudage de la plaque de base

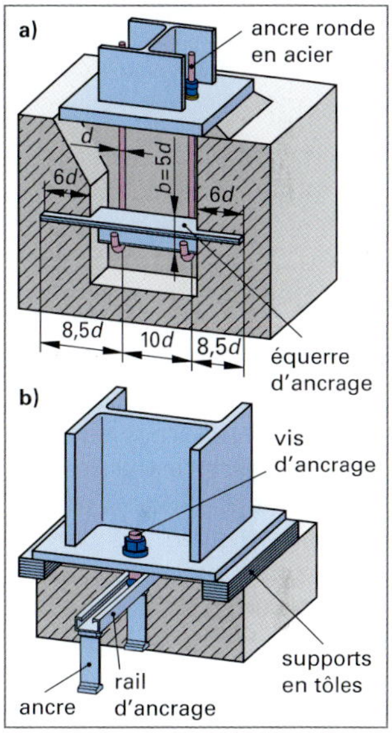

3 Ancrages de montage

Poteaux pendulaires

Ils sont sollicités uniquement en pression mais doivent toutefois être stables pour la durée du montage sans devoir être renforcés ou haubanés. Il existe pour cela différents **ancrages de montage (fig. 3)** :

- **Les ancres en acier rond** sont introduites dans des **canaux d'ancrage** puis accrochées à des équerres d'ancrage préalablement bétonnées et vissées à la plaque de base **(fig. 3a et p. 213)**. Comme c'est très coûteux, on peut aussi appliquer
- **des ancres bétonnées.** Elles sont livrées sur le chantier avec un gabarit en bois contreplaqué et doivent être bétonnées avec une précision de ± 15 mm. De grands perçages avec diam. 70 mm et les rondelles d'acier correspondant servent à compenser les tolérances **(fig. 4)**.
- **Des plaques d'ancrage bétonnées** avec des vis d'ancrage soudées par-dessous doivent être nivelées avec précision. Les appuis sont soudés à la plaque sur le chantier.
- **Les rails profilés Halfen en acier** conviennent aux ancrages légers **(fig. 3b)**.

4 Support pendulaire aux plaques d'ancrage bétonnées

Les **poteaux pendulaires** sont considérés comme articulés malgré un appui surfacique. Ils peuvent basculer autour du point d'appui dans un niveau au moins, p. ex. pour compenser les dilatations thermiques d'une ferme. En cas de disposition centrée, le poteau pendulaire reçoit parfois une articulation qui tire profit de l'élasticité de l'acier **(fig. 1a)**. De très grandes forces d'appui peuvent être réparties par un grillage de poutres **(fig. 1b)** sur une grande surface de béton, si bien que la compression du béton reste faible. Les forces portantes horizontales p. ex. issues d'un contreventement, ne doivent pas s'exercer sur les vis d'ancrage mais être dirigées dans les fondations par des **chevilles de poussée** en aciers profilés **(fig. 2)**.

Les poteaux pendulaires transfèrent toutes les forces, mais aucun couple de flexion, aux fondations.

Poteau scellé

Les poteaux scellés transfèrent des forces et couples de flexion aux fondations. La possibilité la plus simple consiste à enficher et bétonner l'extrémité de la poutre dans un puits de fondation au moins en C 20/25 **(fig. 3)**. Les aciers en U soudés servent de butée et d'alignement. Pour un **pied de poteau avec ancrage**, les forces horizontales sont transférées par des chevilles de poussée. Les forces verticales issues du couple de flexion doivent être dirigées dans les vis à tête carrée, accrochées entre les barres d'acier en U, par des **traverses d'ancrage** et des tôles transversales **(fig. 4)**. Les pattes soudées sous les barres d'ancrage empêchent une torsion excessive de la tête de la vis lors du serrage. Les fondations elles-mêmes doivent être armées et être suffisamment grosses parce que la pression de sol admise est p. ex. de 0,2 N/mm² pour un sol semi-solide et cohésif.

13.4.7 Ancrage de poteaux

Le plan d'ancrage montre la position des évidements pour les poteaux (voir page suivante), le plan de fondation comporte en outre les dimensions des fondations et leurs armatures ou ferraillage. En raison des grandes tolérances de construction, la surface des fondations est maintenue deux à cinq centimètres plus bas que l'arrête inférieure de la plaque de base. Lors du montage, chaque poteau est déposé et aligné grossièrement sur des plaques et coins en acier. Tant que le poteau est encore suspendu à la grue, seules les vis d'ancrage sont accrochées et serrées. Une fois tous les poteaux mis en place, ils sont alignés avec précision, les vis d'ancrage sont serrées avec des contre écrous et le trou d'ancrage, humecté avec de l'eau, est rempli avec du béton viscoélastique. Les plaques de base à surfaces inférieures lisses doivent être minutieusement calées avec du ciment anti-retrait.

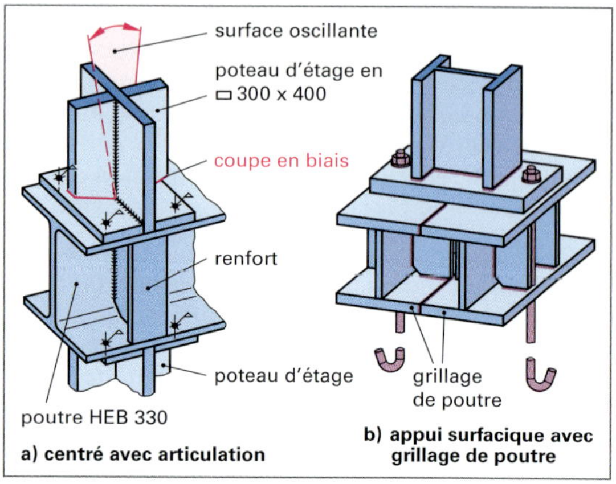

a) centré avec articulation

b) appui surfacique avec grillage de poutre

1 Disposition des pieds de poteaux pendulaires

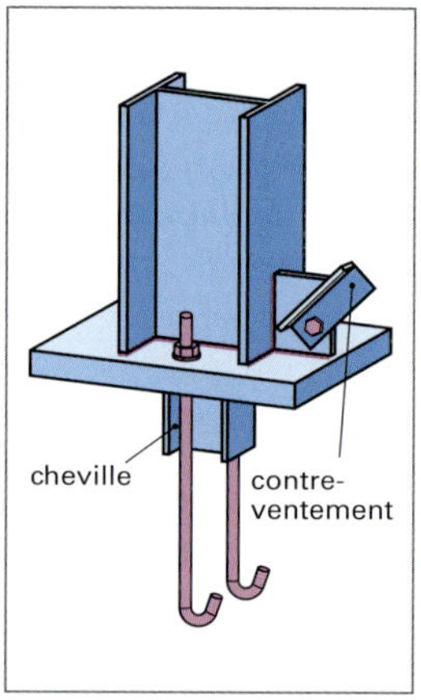

2 Cheville de poussée

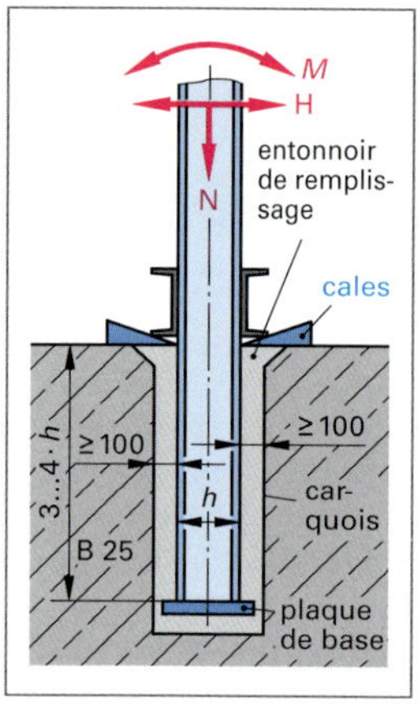

3 Poteau attaché avec fondation en cheminée

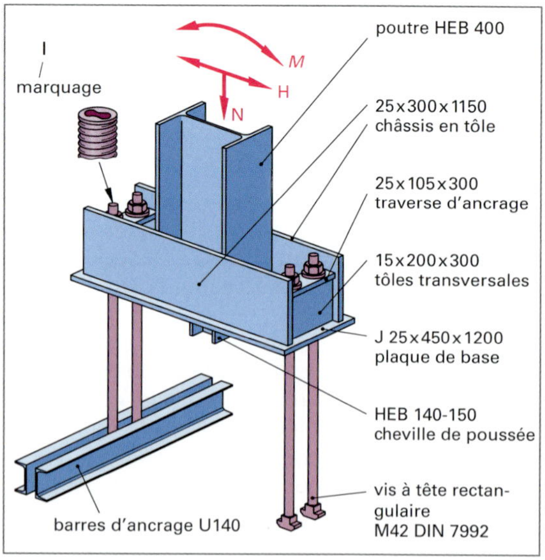

4 Poteau attaché avec ancrage

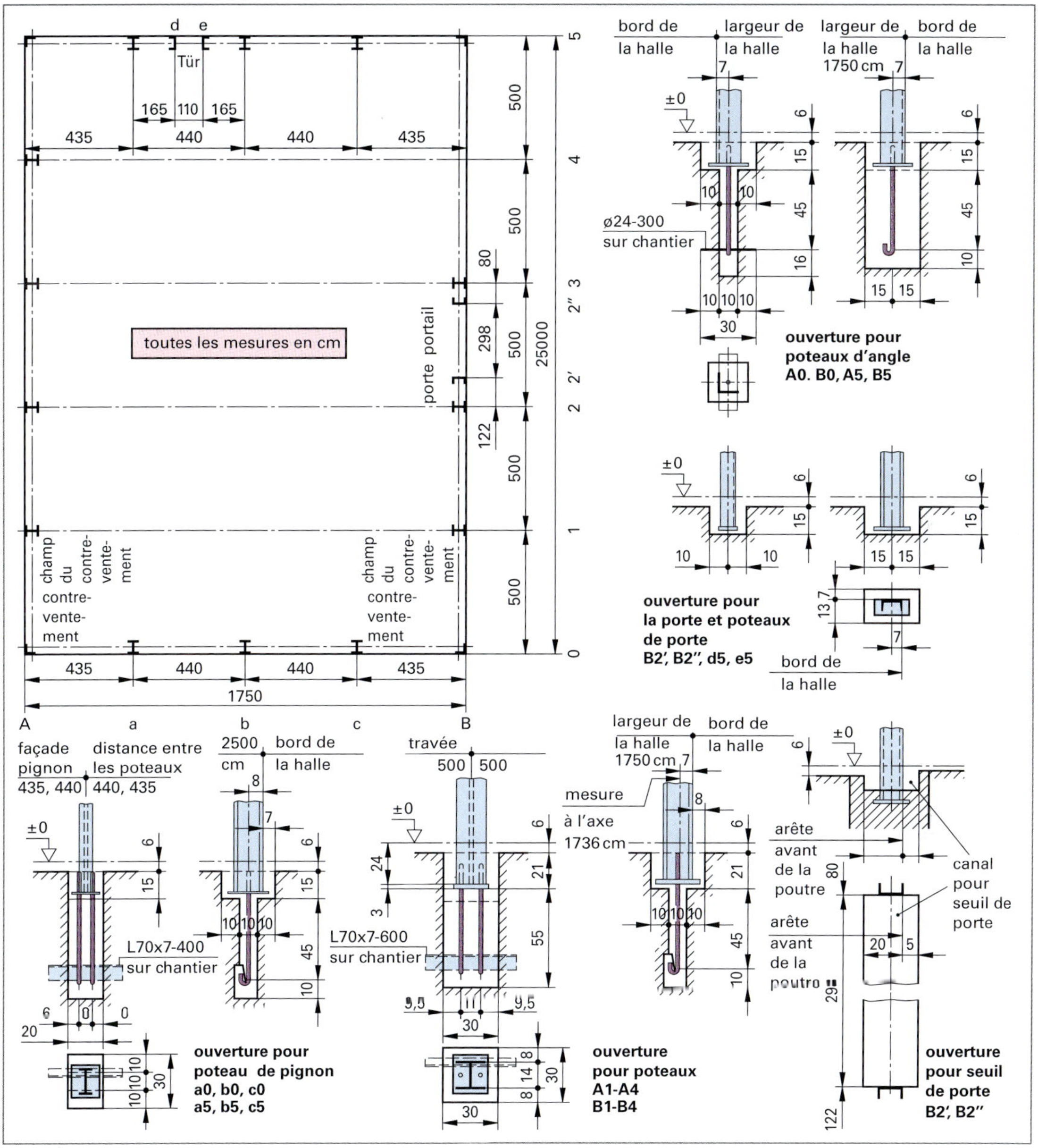

Plan d'ancrage des poteaux pour une halle en acier

Contrôlez vos connaissances

1 Comment appelle-t-on l'extrémité inférieure d'un poteau et à quoi sert-elle ?

2 Faites le schéma d'une section de poteau fermée et celui d'une ouverte en une partie !

3 A quoi servent les tôles de liaison et pour quelles sections de poteau sont-elles utilisées ?

4 Pourquoi les poteaux ont-ils éventuellement des défaillances bien avant d'atteindre la résistance à la pression ?

5 Qu'entend-on par degré d'élancement d'un poteau et comment est-il calculé ?

6 Qu'est-ce qui différencie une liaison de contact d'une liaison pleine pour poteaux ?

7 Quels ancrages de montage permettent de renoncer à renforcer et haubaner des poteaux pendant le montage ?

8 Pourquoi les fondations de poteaux pendulaires sont-elle plus petites que celles fixes ?

13.5 Poutres

Les poutres sont la plupart du temps des éléments de construction en acier, montés à l'horizontale, qui supportent des charges et les transmettent aux poteaux ou supports. Ils sont principalement sollicités en flexion **(p. 216)**.
La dénomination et la classification des types de poutres sont en fonction de leur fabrication (laminées ou soudées) ou en fonction de la forme (poutres nervurées, poutres en caisson, poutres triangulées).

13.5.1 Poutrelles laminées

Les profilés de construction métalliques sont laminés à chaud à partir de lingots **(p. 440-441)** et sont disponibles dans le commerce sous de nombreuses formes et grandeurs. Pour toutes les poutrelles laminées, la partie centrale est appelée **âme**, les deux parties extérieures s'appellent **aile supérieure et aile inférieure (fig.1)**.
Les poutres de plus de 80 mm de hauteur sont appelées **profils de forme (fig. 2)** et les plus petites sont appelées **barres d'acier**, fer équerre, fer –T, etc.
La plupart des poutrelles laminées sont normalisées, c'est-à-dire que toutes les dimensions sont définies en détail et peuvent être trouvées dans des tableaux. Il existe

- Des poutres - I minces avec des surfaces d'ailes intérieures inclinées
- Des poutres - I de largeur moyenne avec des surfaces d'ailes parallèles (des poutres - I européennes PE)
- Des poutres - I larges avec des surfaces d'ailes parallèles en version normale (HEB = IPB), en version légère (HEA = IPBl) et renforcée (HEM = IPBv).

La désignation abrégée des profilés selon EN 10365 (2017) est: IPE, IPN, UPE, UPN, HEA, HEB, HEM. HD, HL.
Les différentes poutres - I lourdes ont pour la même hauteur nominale *h* la cote *h-2c* en commun, parce qu'elles ont étés laminées avec les mêmes rouleaux **(fig. 3)**.
Pour les poutres HEB jusqu'à 300 mm, la hauteur et la largeur des ailes sont les mêmes.
Au-delà toutes les poutres ont une largeur d'ailes de 300 mm.

> Les poutrelles laminées existent dans des hauteurs nominales jusqu'à 1'000 mm.

La **désignation normalisée** d'une poutrelle laminée est formée à partir de la désignation abrégée de profil selon EN 10365 (2017), avec la hauteur nominale de la poutre et sa longueur, le numéro et le nom abrégé du matériau.
Exemple : HEB 260 - 4580 EN 10365 - S235JR.
Un « x » est parfois écrit à la place du tiret avant le chiffre de la longueur.
Sur le dessin, il suffit d'indiquer la désignation abrégée et la longueur car le matériau est la plupart du temps le même pour toutes les pièces de l'ensemble de la construction. Les matériaux et les numéros DIN sont alors indiqués dans la liste de pièces. Le numéro de la position est écrit deux fois plus grand et suit derrière la désignation abrégée. Sur le dessin, il y a alors p. ex. HEB 260 – 4580 ; **4.** Le numéro de la position permet de trouver plus facilement l'élément dans le plan de la construction métallique, qui est souvent d'une certaine importance.

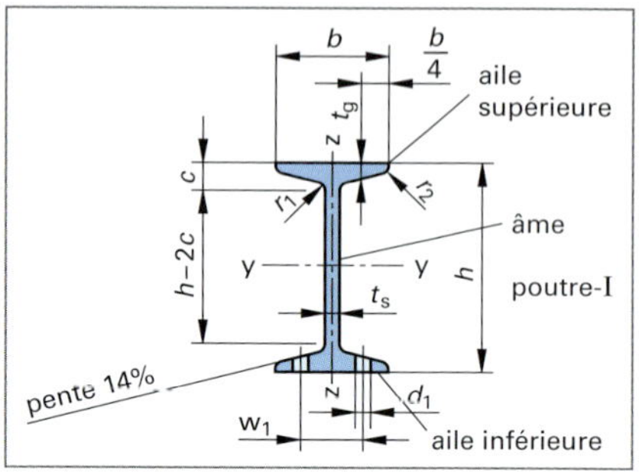

1 Dimensions normalisées d'une poutre - I étroite

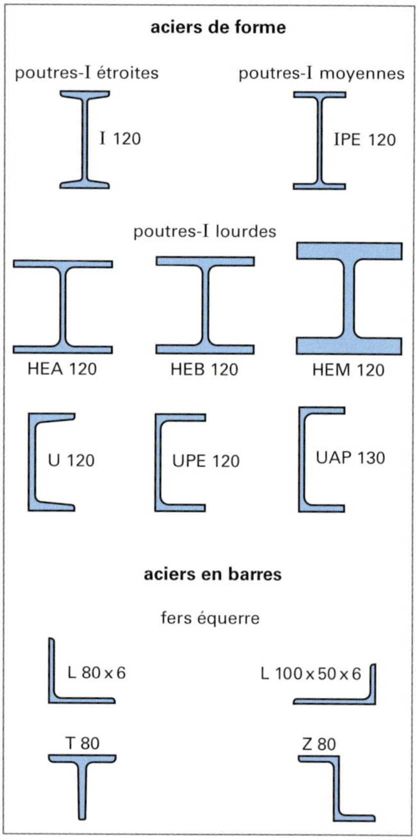

2 Profilés laminés pour la construction métallique

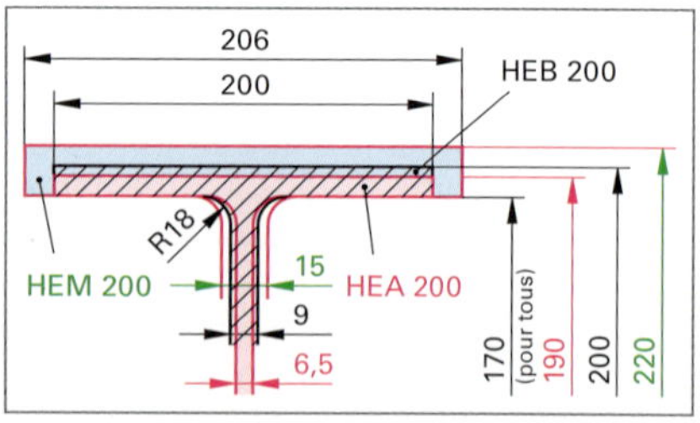

3 Types d'exécution de poutres - I larges

13.5.2 Poutres soudées

Les **poutres soudées** sont fabriquées en acier plat large ou en demi-profilés I **(fig. 1)**. Les cordons de soudure sont réalisés par des procédés de soudage automatique, comme p. ex. le soudage MAG ou le soudage sous flux poudré. Le rehaussement **(fig. 1, page 219)** d'un profil - I est réalisé en rapportant une tôle dans l'âme.

Les poutres soudées sont utilisées là où il s'agit de supporter de grandes charges ou de grandes portées, p. ex. dans les toits de halles.

Les **poutres - caissons** sont composées de deux filières et de deux âmes **(fig. 2)**. Pour les grandes poutres, des renforts peuvent être soudés à l'intérieur du caisson afin d'en augmenter la stabilité **(fig. 2b)**. Les poutres - caissons ont une charge admissible particulièrement élevée parce qu'elles ne flambent pas si facilement sur le côté en cas de flexion. C'est pourquoi elles sont utilisées comme structure de soutien sous de grands bâtiments ou en guise de sommiers horizontaux qui supportent une maison suspendue. Même les chemins de roulage des ponts roulants sont fréquemment construits de cette façon.

Les poutres en tôle soudées peuvent être construites en hauteur, largeur et longueur quelconques.

13.5.3 Poutres en nid d'abeilles

Les poutres en nid d'abeilles sont assemblées à partir d'une poutrelle où l'âme a été préalablement oxycoupée en forme de crémaillère. Les moitiés ainsi obtenues sont décalées l'une par rapport à l'autre d'une demi - unité de coupe et les parties de traverse se faisant face sont soudées directement l'une à l'autre avec ou sans intercalaires **(fig. 3)**. Pour finir, les extrémités sont affranchies. Une poutrelle pleine devient une poutre ajourée et soudée, plus courte d'une demi unité de coupe et ayant une hauteur et une charge admissible plus élevées. Les ouvertures peuvent être utilisées pour installer du câblage électrique, des conduites de chauffage, ventilation et d'eau. Elle est renforcée en fermant le nid d'abeilles dans la zone d'appui, si bien que les grandes forces transversales qui y règnent peuvent être absorbées.

Il existe deux tracés de coupe différents habituels pour la coupe en crémaillère. Un tracé de coupe est représenté en **fig. 4**. Il existe depuis peu un tracé pour les poutres plus hautes avec des ouvertures circulaires. En plus des poutres droites il est possible de fabriquer des poutres à deux pentes, en arc (rayon) et à pupitre. Le principe suivant s'applique d'une manière générale pour l'élaboration de poutres en nid d'abeilles :

De la matière peut être enlevée là où il y a de faibles tensions.

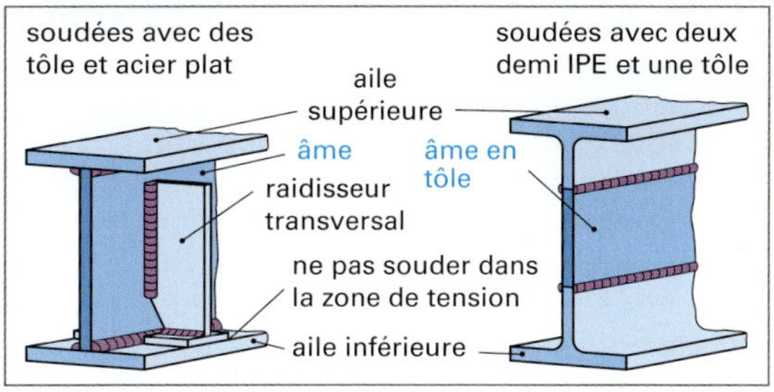

1 Poutres à nervures

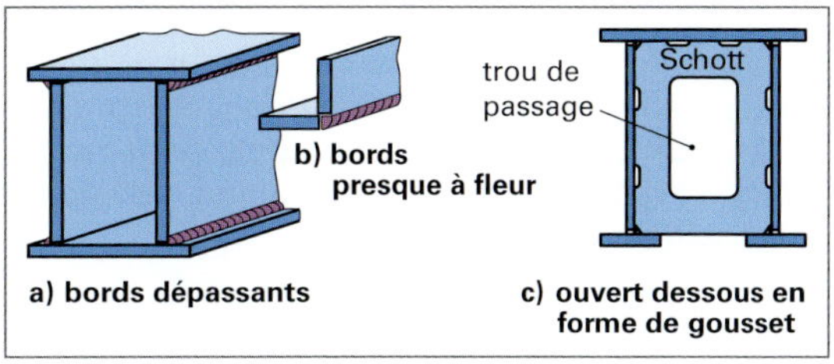

2 Structure des poutres - caissons

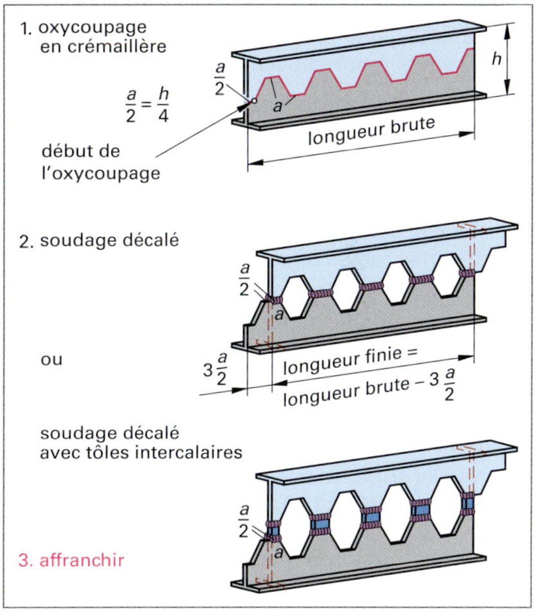

3 Fabrication d'une poutre en nid d'abeilles

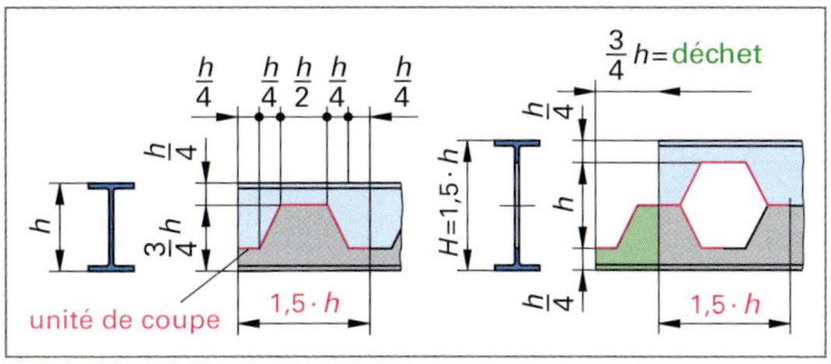

4 Tracé de coupe pour réaliser des poutres en nid d'abeilles

13.5.4 Sollicitations de flexions dans les poutres

Les poutres sont les éléments dans lesquels surviennent les sollicitations par flexion les plus importantes. L'importance de la sollicitation par flexion dépend du type de positionnement, du type de sollicitation et de l'importance du sens des effets (forces).

Type de poutre

Les poutres se distinguent par le nombre et le type d'appuis utilisés pour transmettre les forces agissant sur les poutres. Il existe des poutres avec un, deux ou plusieurs appuis, qui peuvent être **fixes ou libres**.

La poutre sur deux appuis ou poutre à **une seule travée** repose sur deux côtés **(fig. 1)**. En théorie, elle doit être positionnée de façon fixe sur un côté (appui fixe) et de façon mobile sur l'autre côté (appui libre) afin de pouvoir compenser les dilatations. Un triangle sert de symbole pour un appui fixe, un triangle avec deux galets, ou souligné, sert de symbole pour une position mobile (appui libre).

Les appuis libres ne peuvent transférer que des forces verticales.

Dans la construction métallique seules les très longues poutres, p. ex. poutres de pont, sont pourvues d'appuis libres. En général, dans la construction métallique de bâtiments, les deux appuis sont fixes car les portées et les changements de température sont relativement faibles.

Les appuis fixes sont construits soit articulés soit rigides en flexion

La poutre en porte-à-faux a un seul support et doit être raccordée de façon rigide en flexion **(fig. 2)**.

Les paliers et raccords rigides en flexion peuvent transmettre des forces dans toutes les directions, ainsi que des couples de flexion.

Les poutres en une seule portée avec appui d'extrémité articulé ou raccord articulé sont les poutres de plancher usuelles dans la construction métallique de bâtiments.

Les paliers et liaisons articulées peuvent transmettre des forces mais aucun couple de flexion.

L'intervalle entre les supports s'appelle **la portée**. Si des poutres reposent de façon ininterrompue ou rigide en flexion sur plusieurs appuis, on les appelle **poutres continues (fig. 3)**. Des pannes sont fréquemment aménagées en guise de poutres continues en raison de l'effet soulageant les couples d'appui.

Types de sollicitation des poutres

Les poutres sont soumises à des **efforts** permanents et changeants : Une poutre peut p. ex. être sollicitée par des **charges individuelles** provenant des pieds de machines ou des roues d'un élévateur (effort changeant) **(fig. 4a)**.

Des charges réparties uniformément surviennent p. ex. en raison du poids des panneaux de plafond (effort permanent), de produits en vrac ou de neige sur le toit (effort changeant) **(fig. 4b)**. De telles charges sont aussi appelées **charges linéaires**. Elles sont indiquées en Newton par mètre. Les deux types de contraintes surviennent souvent ensemble. On parle alors d'une **contrainte mixte** ou d'une poutre avec charge mixte **(fig. 4 c)**.

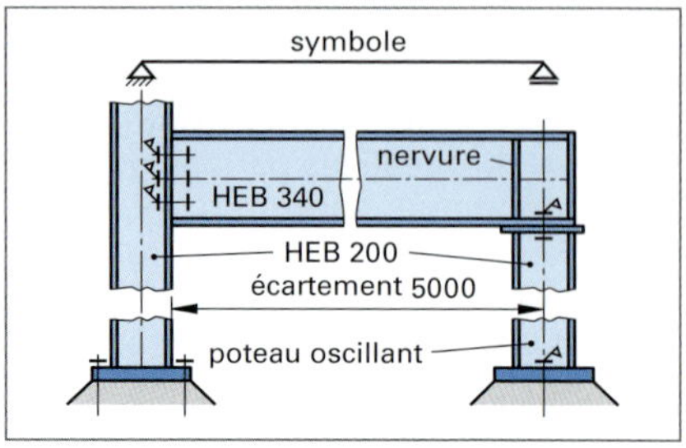

1 Poutre sur deux appuis, à une seule portée

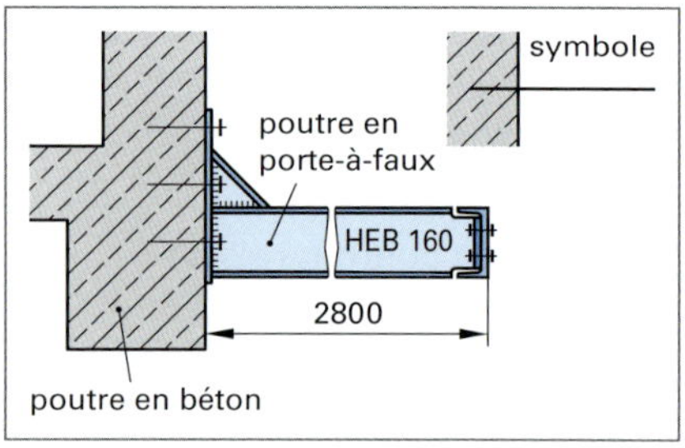

2 Poutre vissée en porte-à-faux pour avant-toit

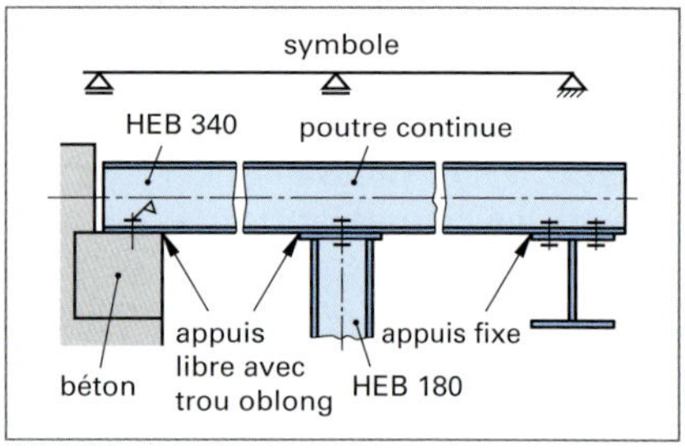

3 Poutres continues

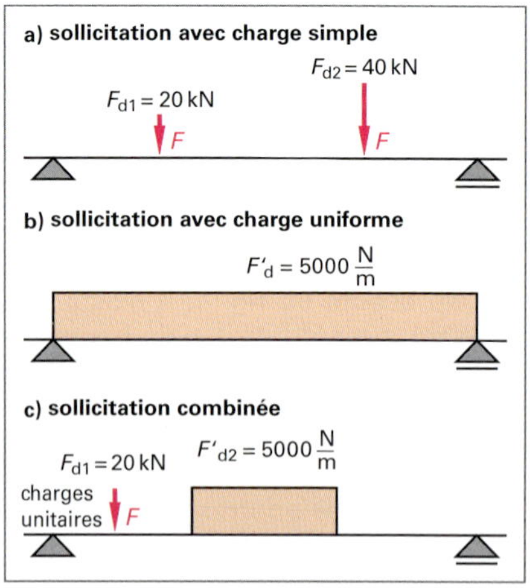

4 Types de sollicitation des poutres

Sens d'action des forces

Si la direction d'une force est perpendiculaire à la poutre, on l'appelle force **transversale** V **(fig. 1)**.

Une force qui agit dans l'axe de la poutre est une **force normale** N. Les forces obliques peuvent être décomposées en une composante de force transversale et une composante de force normale. Comme les forces font partie des efforts, elles peuvent aussi être désignées par F.

Réactions d'appui

Selon la **fig. 2**, une poutre est soumise à la force F_{d1}. Pour qu'elle reste au repos, elle doit être tenue en équilibre par les réactions d'appui F_A et F_B, dirigées vers le haut. Deux conditions doivent être réunies pour calculer les réactions d'appui F_A et F_B :

1. Equilibre des couples :

La somme de tous les couples tournants à gauche est égale à celles tournant à droite.
(couple = force fois levier)

$$\Sigma \overset{\curvearrowleft}{M} = \Sigma \overset{\curvearrowright}{M}$$

En cas de force inconnue, on admet pour cela un point de rotation, ici pour F_A,. Exemple :

Avec $\Sigma \overset{\curvearrowleft}{M} = \Sigma \overset{\curvearrowright}{M}$ suit : $F_B \cdot l = F_{d1} \cdot l_1$

(La réaction d'appui F_A ne produit pas de couple de rotation car le levier au point de rotation A est égal à zéro.)

2. Equilibre des forces :

La somme de toutes les forces dirigées vers le bas est égale à la somme de toutes les forces dirigées vers le haut :

$$\Sigma F\downarrow = \Sigma F\uparrow$$

Exemple : $F_{d1} = F_A + F_B$

Couple de flexion dans la poutre

Pour dimensionner une poutre correctement, il faut trouver l'endroit où le couple de flexion est le plus important. La plus grande contrainte de flexion survient dans les poutres ayant une section constante. Ceci est expliqué dans l'exemple ci-contre **(fig. 3)**.

Le moment de flexion maximal et l'endroit où il agit peuvent être déterminés à l'aide de la **surface d'effort tranchant**. Pour ce faire, les forces transversales doivent être tracées à l'échelle à partir d'une ligne horizontale zéro quelconque (figure 3a). On commence à gauche et on inscrit F_A = 4 kN sous la forme d'une flèche de 40 mm vers le haut. Ensuite, on trace un trait horizontal jusqu'à la ligne d'action de F_{d1}. On trace 7,5 kN sous la forme d'une flèche de 75 mm vers le bas. Ensuite, on trace à nouveau un trait horizontal jusqu'à la ligne d'action de F_B et on y inscrit 3,5 kN sous la forme d'une flèche de 35 mm vers le haut, de sorte que l'on arrive à nouveau sur la ligne zéro. A l'endroit où la ligne zéro a été coupée (passage par zéro en F_{d1}) se trouve la coupe transversale dangereuse. Au-dessus de la ligne zéro se trouve la surface d'effort tranchant positif, au-dessous la surface d'effort tranchant négatif. La valeur de calcul du moment de flexion M_d résulte de l'aire de la surface positive ou négative.

Les surfaces d'effort tranchant positif ou négatif sont identiques.

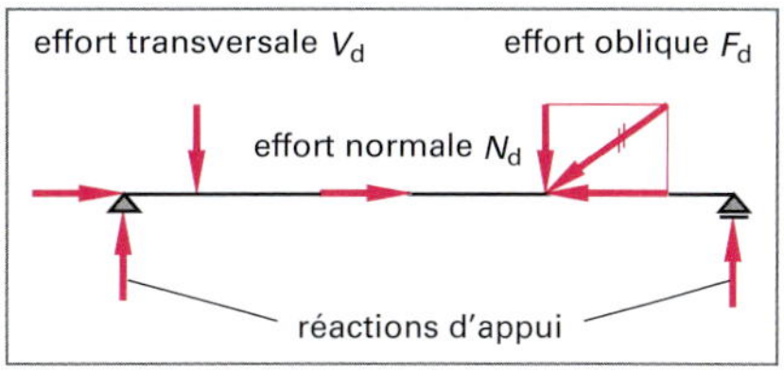

1 Sens d'action des forces

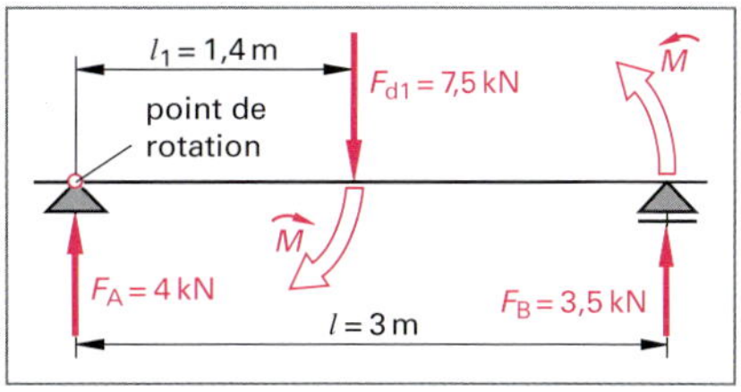

2 Poutre sur deux appuis avec sollicitation simple

Calcul avec l'exemple en fig. 2 :

1. Equilibre des couples :

$$\Sigma \overset{\curvearrowleft}{M} = \Sigma \overset{\curvearrowright}{M}$$

$$F_B \cdot l = F_{d1} \cdot l_1$$

$$F_B \cdot 3\text{ m} = 7{,}5\text{ kN} \cdot 1{,}4\text{ m}$$

$$F_B = \frac{7{,}5\text{ kN} \cdot 1{,}4\text{ m}}{3\text{ m}} = 3{,}5\text{ kN}$$

2. Equilibre des forces :

$$\Sigma F\downarrow = \Sigma F\uparrow$$

$$F_{d1} = F_A + F_B$$

$$7{,}5\text{ kN} = F_A + 3{,}5\text{ kN}$$

$$F_A = 7{,}5\text{ kN} - 3{,}5\text{ kN} = 4\text{ kN}$$

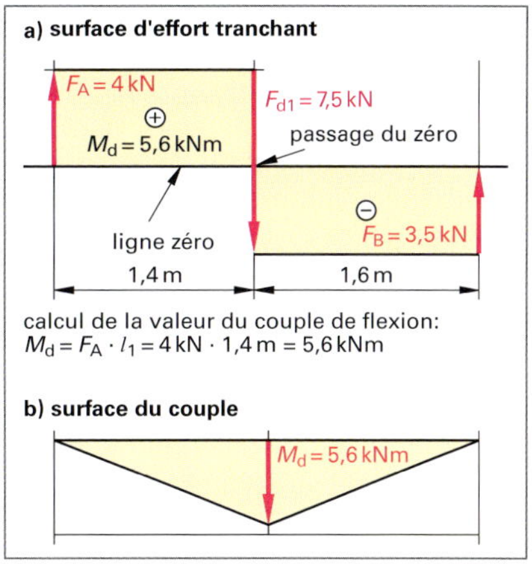

3 Détermination de la valeur de mesure du couple de flexion

Contrainte de flexion dans une poutre

Dans une poutre, les efforts produisent des couples de flexion qui la font fléchir. Les forces par le haut produisent des **tensions de compression** sur le dessus de la poutre et des **tensions de traction** sur le dessous. La formule de calcul de la **tension de flexion** maximale dans une poutre est :

$$\sigma_d = \frac{M_d}{W}$$

σ_d = valeur de mesure de la tension en N/mm²
M_d = valeur de mesure du moment de flexion max. avec comme unité Nm
W = module de résistance axiale en unité de cm³

Pour tous les profilés dans la construction métallique, les modules de flexion W_y et W_z figurent dans des tabelles. L'exemple ci-dessous montre l'extrait d'une telle tabelle pour une poutre - I de largeur moyenne.
Le moment de flexion maximal M_b peut être calculé pour des cas de sollicitation simples, en fonction d'équations provenant du manuel des tabelles **(fig. 3)**.

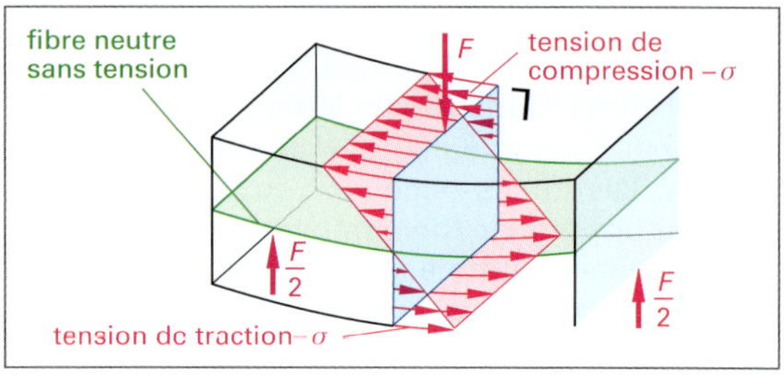

1 Tensions de traction et de compression sur une poutre sollicitée en flexion

Exemple :
Pour trouver une poutre IPE adaptée pour l'exemple en p. 217, la formule pour la contrainte de flexion selon W est résolue et la valeur de mesure de la limite d'élasticité est utilisée :

$$W_{erf} = \frac{M_d}{\sigma_{R,d}} = \frac{5600\ \text{Nm}}{213{,}6\ \text{N/mm}^2} = 26{,}2\ \text{cm}^3.$$

une IPE 100 avec $W_y = 34{,}2$ cm³ doit être choisie.

Tableau 1 : Poutre - I de largeur moyenne : Série IPE

Longueurs normales pour des hauteurs de profilés inférieures à 300 mm, 8 m à 16 m										pour 300 mm et plus, 8 m à 18 m							
Ab-réva-tion	mesures en mm						A_{Steg}	A	G	Pour les axes de flexion y-y			z-z			trous dans les ailes selon DIN 997, édition oct. 1970	
	h	b	t_s	t_g	r	$h-2c$	cm²		kg/m	I_y cm⁴	W_y cm³	i_y cm	I_z cm⁴	W_z cm³	i_z cm	d_1 mm	w_1 mm
			s	t				F		J_x	W_x	i_x	J_y	W_y	i_y		
IPE	**Poutre - I de largeur moyenne avec ailes parallèles, Serie IPE** (laminée à chaud), **selon EN 10365 (2017)** Cotes limites et tolérances de forme selon EN 10365 (2017)																
80	80	46	3,8	5,2	5	59	2,84	7,64	6,00	80,1	20,0	3,24	8,49	3,69	1,05	6,4	26
100	100	55	4,1	5,7	7	74	3,87	10,3	8,10	171	34,2	4,07	15,9	5,79	1,24	8,4	30
120	120	64	4,4	6,3	7	93	5,00	13,2	10,4	318	53,0	4,90	27,7	8,65	1,45	8,4	36

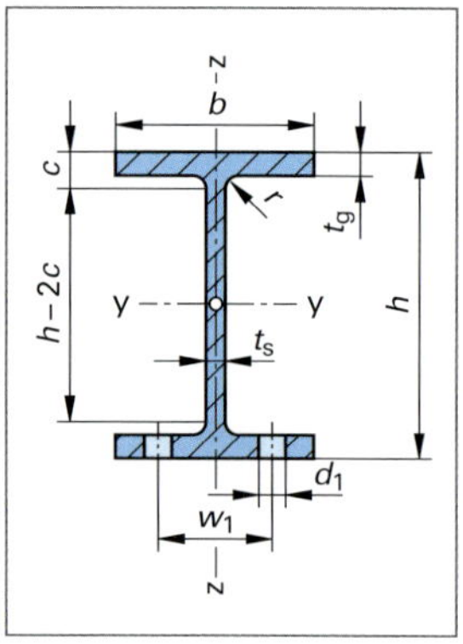

2 Poutre IPE de moyenne largeur

Flèche d'une poutre sous charge

Une poutre fléchit quand elle est soumise à une charge (dans la **fig 4**, représentée de façon exagérée). L'importance de la flèche f dépend du **type de positionnement** de la poutre et augmente fortement, notamment avec **la portée** de la poutre (à la puissance 3). En outre, **le point d'attaque** de la force, le **type de sollicitation** et la **position de montage** (W_y ou W_z) d'une poutre jouent un rôle. Il n'y a que dans des cas spéciaux, p. ex. pour les tôles trapézoïdales, toits, murs et plafonds, que les valeurs admises pour la flèche f sont prescrites. Sont toutefois recommandées en fonction de la portée ou de la longueur du porte-à-faux :

- pour poutres sur deux appuis : $f_{max} \leq \frac{l}{300}$
- pour longueur de porte-à-faux : $f_{max} \leq \frac{l}{200}$

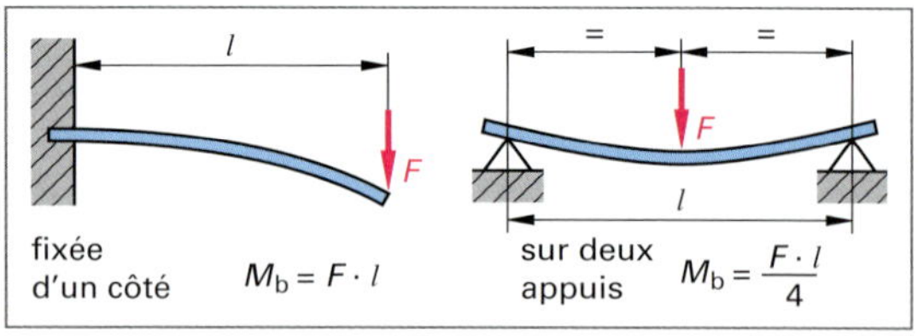

3 Cas de sollicitation simples pour les poutres

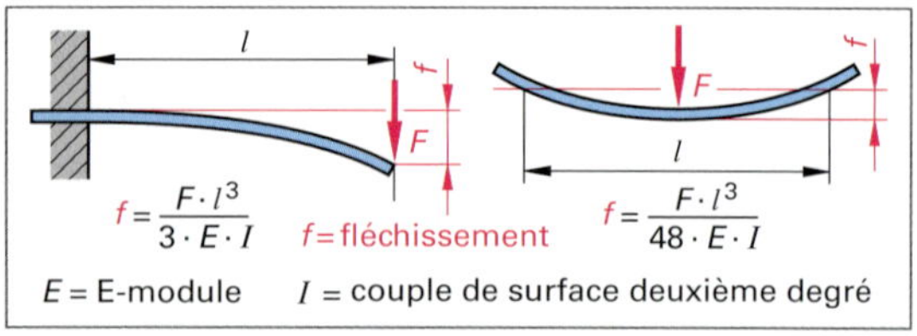

4 Fléchissement des poutres

Contre-flèche

Pour que les poutres initialement droites ne s'affaissent pas sous la charge utile, elles sont légèrement courbées vers le haut en atelier en cas de grandes portées ; on appelle cela la contre-flèche. Pour les poutres laminées, on réalise cela par dressage à la flamme avec des cales thermiques dans l'âme et des voies thermiques sur les ailes inférieures **(fig. 1)**.

Pour les poutres soudées, la tôle peut être découpée en conséquence pour la contre-flèche, avant de souder les ailes. Pour les poutres triangulaires, les diagonales sont coupées plus courtes ou plus longues, de sorte à obtenir un léger arc de cercle.

La poutre fléchit ainsi sous la charge utile et redevient presque droite. La contre-flèche permet en outre d'éviter les accumulations d'eau (poches d'eau) sur les toits plats.

Position de montage des profils

La charge admissible de la plupart des profils en acier dépend fortement de leur position de montage. Les poutres - I devraient être toujours à la verticale, jamais à l'horizontale **(fig. 2)**.

Exemple :
A l'horizontale, la poutre IPE 100 a p. ex. un module de flexion W_z = 5,79 cm^3, à la verticale un module de flexion W_y = 34,2 cm^3. La poutre installée à la verticale peut ainsi porter presque 6 fois plus que la poutre à l'horizontale.

Les profils de construction métallique doivent toujours être installés dans la position de montage dans laquelle ils présentent la plus grande résistance à la flexion.

Possibilité d'augmenter la résistance à la flexion

Des mesures constructives permettent d'augmenter la résistance à la flexion des poutres.

- Souder des plaques sur les deux ailes de la poutre permet d'augmenter nettement son module de flexion **(fig. 3)**.
- Les poutres peuvent être élaborées de sorte à ce que leur forme soit adaptée au moment de flexion qui y survient **(fig. 4)**. Dans les poutres en porte à faux p. ex., le moment de flexion augmente de façon linéaire par rapport au serrage, c'est pourquoi l'âme croît de l'extérieur vers l'intérieur.
- Les poutres sont découpées en forme de crémaillère par oxycoupage, puis ressoudées ensemble, mais décalées (poutres en nid d'abeilles, **fig. 3 p. 215**) ou une tôle est soudée entre les ouvertures.

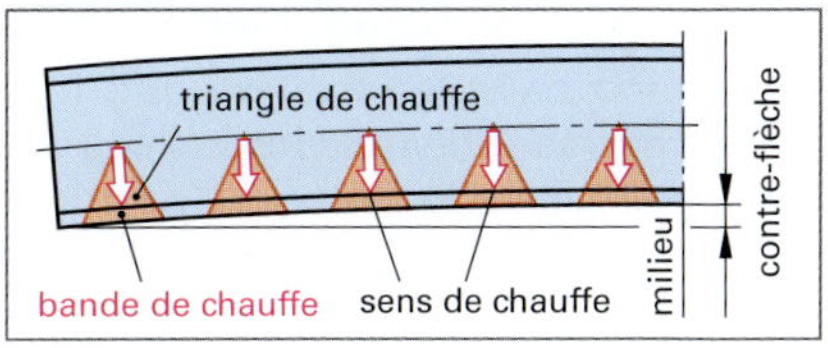

1 Réalisation d'une contre-flèche par dressage à la flamme

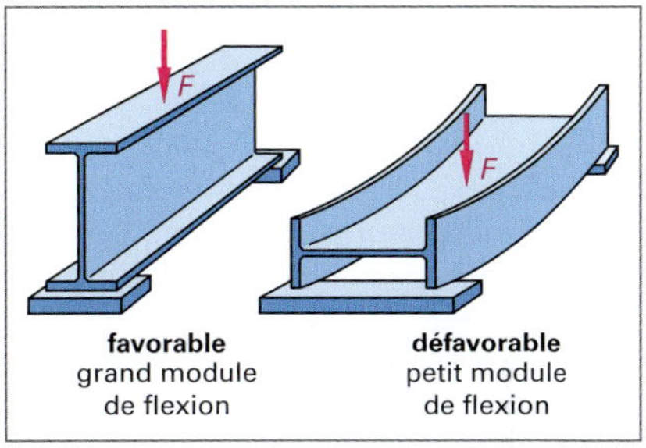

2 Positions de montage de poutres – I

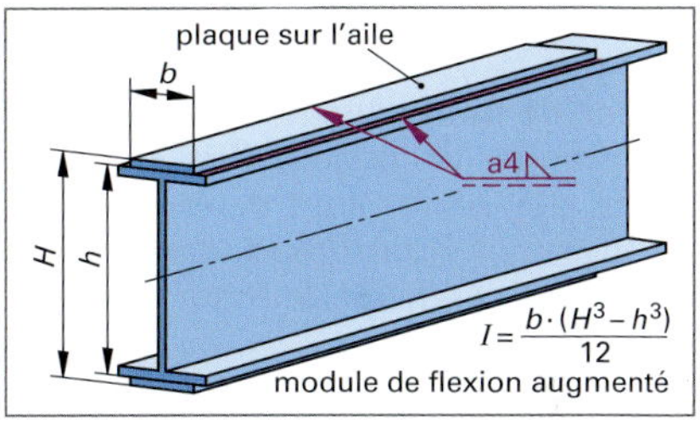

3 Renforcement par des plaques sur les ailes

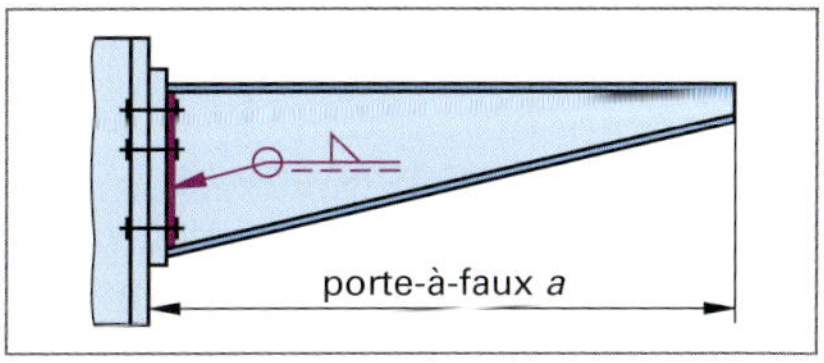

4 Formation d'une poutre en porte-à-faux conformément au couple de fléchissement

Contrôlez vos connaissances

1 Quelles sont la hauteur nominale et la hauteur réelle de la plus grande poutre normalisée ?
2 Quels sont les avantages et les inconvénients des poutres soudées par rapport aux poutres laminées ?
3 Décrivez la fabrication d'une poutre en nid d'abeilles et dessinez le tracé de coupe pour une poutre plus haute avec évidements circulaires.
4 Quels types de contraintes distingue-t-on dans les poutres ?
5 Quelles sont les deux conditions d'équilibre les plus importantes dans le calcul de poutres et à quoi servent-elles ?
6 Pourquoi les poutres ont-elles des ailes épaisses mais une âme fine ?
7 Décrivez comment procéder pour trouver le couple de flexion maximum d'une poutre.
8 Pourquoi les poutres d'un toit plat doivent-elles avoir une contre-flèche ?
9 Comment créé-t-on une contre-flèche ?

13.5.5 Poutres triangulées

On entend par triangulation une formation plane ou spatiale en barres individuelles reliées à des noeuds. L'élément fondamental de la forme est le triangle. La raison de cette structure peut être identifiée dans un essai :

Essai : Quatre barres sont reliées les unes aux autres par articulation. Le rectangle obtenu peut être transformé en parallélogramme **(fig. 1)**. On constate la même chose avec cinq ou six angles. Les rectangles à liaisons articulées sont instables.
Toutefois, si l'on assemble trois barres les unes aux autres pour former un triangle, on constate qu'elles ne peuvent plus bouger **(fig. 2)**.
Conclusion : Les éléments sont constitués de triangles car il s'agit des seules figures rigides en barres assemblées de façon articulées. L'élément le plus simple est composé d'un triangle avec les barres 1, 2, 3 et les noeuds I, II, III **(fig. 2)**.
L'assemblage de plusieurs triangles donne une poutre triangulée **(fig. 3)**.

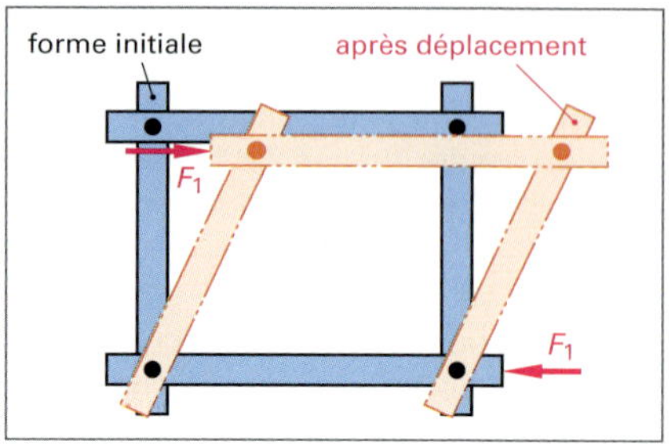

1 Mobilité d'un rectangle

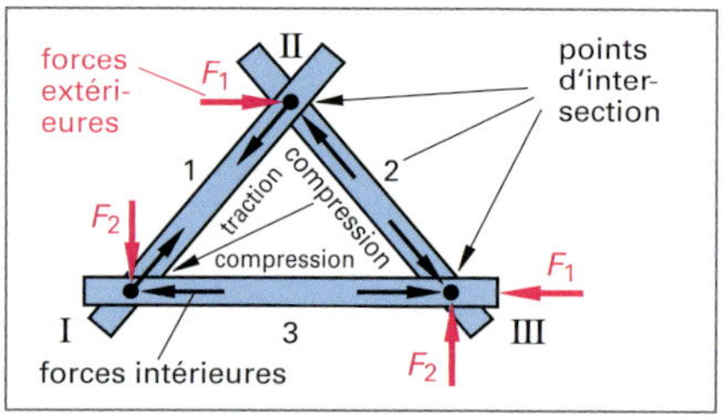

2 Stabilité d'un triangle

Force des barres

Comme on considère les liaisons de barres comme « articulées » au niveau des noeuds, les barres ne sont soumises qu'à des forces de traction et de compression. Pour qu'il n'y ait pas de moments de flexion, on laisse les forces extérieures attaquer les noeuds **(fig. 3)**. Dans un tel assemblage, les forces des barres sont déterminées relativement facilement par des méthodes graphiques (diagramme de Crémone) ou par calcul (méthode de Ritter).

En pratique, les barres ou tiges sont liées les unes aux autres de façon rigide par soudage ou boulonnage. Il en résulte aussi des moments de flexion. Ils sont toutefois faibles et n'ont pas d'effet dommageable.

Les éléments sont composés de triangles. Les barres transmettent principalement les forces de traction ou de compression.

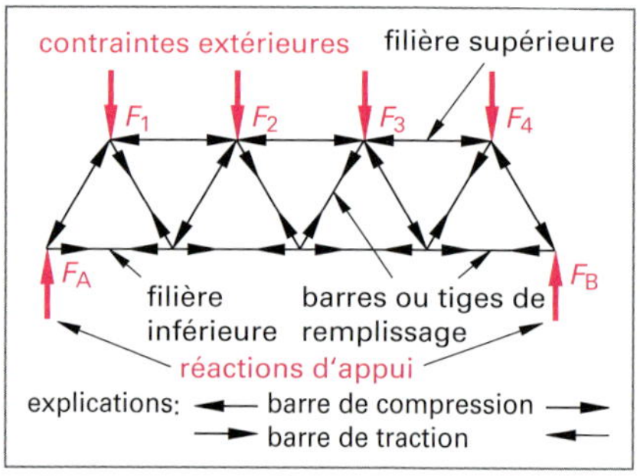

3 Poutres triangulées composées de plusieurs triangles

Types de poutres triangulées

Les poutres triangulées sont composées d'une **filière supérieure**, d'une **filière inférieure** et de **barres transversales pour le remplissage (fig. 3)**. Les barres transversales verticales sont appelées **poteaux, les barres diagonales renforts**.
Les poutres triangulées sont dénommées en fonction du type de filières et de la disposition des barres de remplissage **(fig. 4)**. Les constructions avec filières parallèles s'appellent p. ex. poutres parallèles.

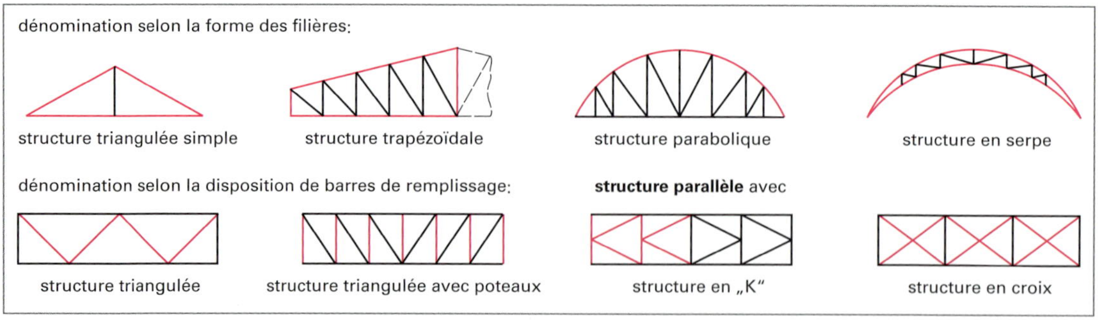

4 Aperçu : Formes de base des poutres triangulées

Fermes de toit

Si une poutre sert à supporter un toit, on parle de **ferme**.

Deux versions de fermes se sont particulièrement imposées :

- Ferme triangulée
- Ferme parallèle

Dans le cas de la ferme triangulée, la hauteur de la ferme varie entre 1/8 et 1/2 de la portée sachant que cette dernière peut atteindre jusqu'à 35 m. La filière inférieure horizontale est rehaussée pour un meilleur aspect, de sorte à éviter une impression de fléchissement par un observateur.

Selon la disposition des barres transversales ou du remplissage, on fait la distinction entre les fermes triangulées suivantes :

- **Ferme allemande** dans laquelle toutes les barres transversales se rencontrent au centre de la filière inférieure **(fig. 1a)**,
- **Ferme anglaise (fig. 1b)**, avec barres transversales perpendiculaires à la filière inférieure,
- **Ferme belge** avec barres transversales perpendiculaires à la filière supérieure **(fig. 1c)**,
- **Ferme française** (aussi appelée Polonceau ou Wiegermann) composée de deux poutres triangulaires avec une articulation commune au faîte, reliées entre elles par un tirant **(fig. 1d)**,
- **Ferme « Shed »** dont la surface de toiture abrupte est généralement vitrée **(fig. 1e)**,
- **Ferme en porte-à-faux simple** pour un avant-toit **(fig. 1f)**,
- **Ferme double** pour abri - bus, stations-service et mâts à haute tension **(fig. 1g)**. Aujourd'hui, les petites poutres triangulées sont la plupart du temps réalisées avec des parois pleines.

Les fermes parallèles étendues permettent de réaliser de nombreuses formes de toits, tels que des toits à une pente ou deux pentes **(fig. 1h)** ainsi que des toits plats. Les poutres parallèles peuvent être réalisées en poutres R particulièrement légères **(voir p. 224)**.

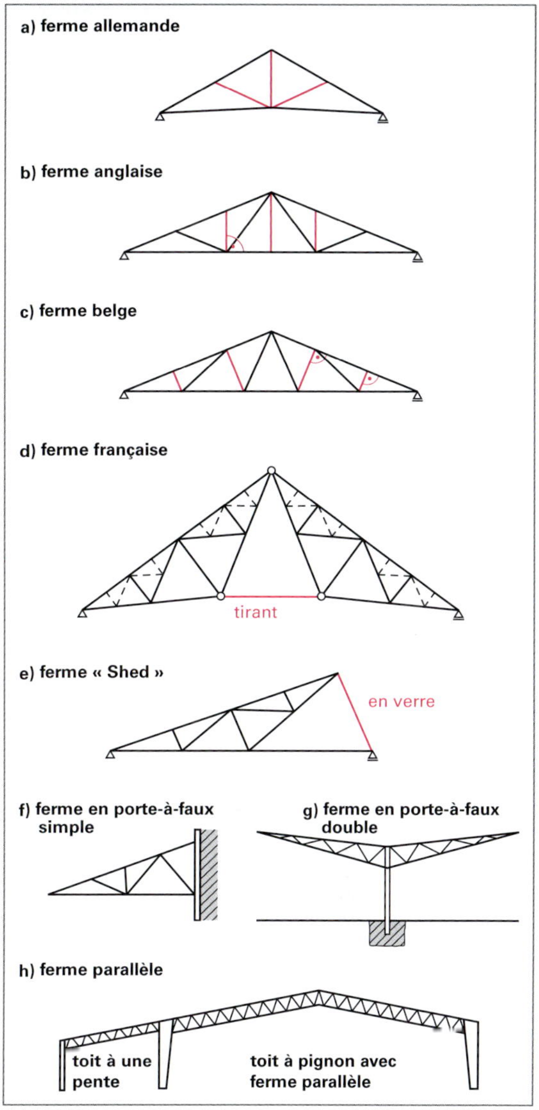

1 Types de fermes

Système de poutres triangulées

On ne dessine que les médianes des barres en tant que système de poutre. Il s'agit des lignes imaginaires qui passent par le centre de gravité de la section de la barre **(fig. 2)**.

Le système est aussi **appelé réseau** et comporte toutes les mesures principales et les distances d'un croisement à un autre. A partir de ces mesures principales on détermine les longueurs des diagonales. S'il s'agit de triangles rectangles, on les calcule en vertu du théorème de Pythagore. Les autres longueurs doivent être calculées par le théorème de Thalès ou par les fonctions trigonométriques (sin, cos).

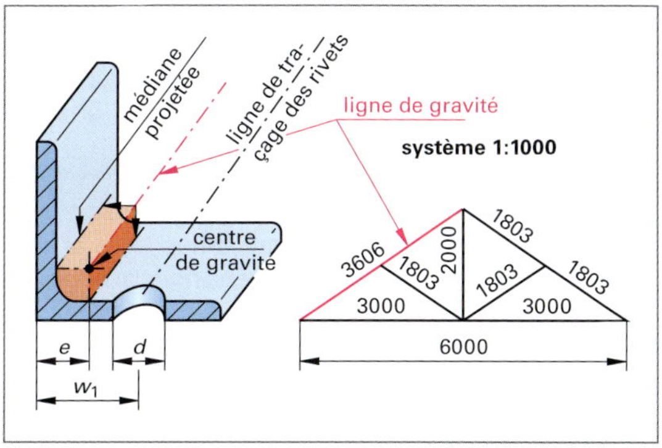

2 Médiane dans la barre et système

Dimensionnement des points d'intersection

Dans les points d'intersection, toutes les poutres ou barres sont assemblées les unes aux autres par soudage ou vissage. Les intersections ont préalablement été dessinées à l'échelle 1:1. Ce dessin s'appelle **grandeur nature** et est nécessaire pour pouvoir réaliser le gousset avec ses perçages. La grandeur nature a pu être utilisée comme gabarit. Il a pour cela été déposé sur une tôle. Les centres des perçages et les angles ont été pointés. Les coordonnées des perçages peuvent aussi être transférées à des machines de perçage à commande numérique. Aujourd'hui, les goussets sont construits avec une assistance informatique sur des postes de travail CAO 2D ou 3D. Il n'est donc plus nécessaire de mesurer les coordonnées.

La poutre triangulée est tout d'abord dessinée à l'échelle sur un poste de travail CAO. Les profilés utilisés sont introduits en partant des lignes du système. Les cornières en dessous de 70 mm d'aile sont dessinées le long de la ligne de traçage des rivets (perforation) au lieu de la médiane **(fig. 2, p. 221)**. La position de cette ligne, depuis l'arrière de la cornière, doit être respectée et se trouve dans les tabelles spécifiques.

Les profilés traversants sont tout d'abord dessinés. Les autres barres suivent ensuite. La mesure du point de système jusqu'au début d'une barre s'appelle **mesure négative**. Elle est choisie de sorte à ce que la barre s'approche le plus près des autres profilés et à avoir une mesure de longueur arrondie au demi centimètre **(fig. 1b)**. S'il s'agit d'une liaison par boulonnage, les trous sont dessinés en premier. Le **tableau en p. 63** s'applique pour les entre axes des boulons. Le trou est choisi un à deux millimètres plus grands que le diamètre nominal du boulon. Les entre axes calculés sont arrondis à la mesure supérieure divisible par cinq.

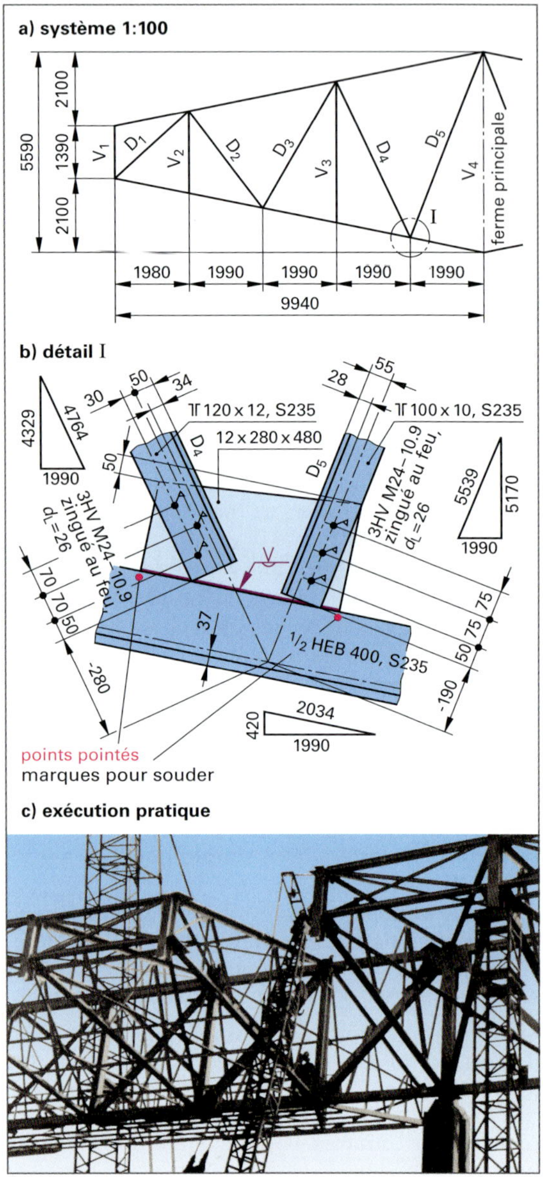

1 Fermes trapézoïdales d'une toiture de gare

Une fois tous les boulons nécessaires au raccordement dessinés, le contour du gousset peut être déterminé. A cet effet, il faut veiller à ce que les boulons extérieurs aussi respectent les distances prescrites avec le bord (p. 63). Le gousset doit avoir une forme la plus simple possible, ses coins ne doivent pas dépasser sous les barres et sa forme doit permettre d'éviter toute confusion lors du montage. Les goussets presque symétriques ne sont de ce fait pas judicieux... Pour les goussets soudés, ce sont les longueurs des cordons nécessaires qui sont prises en compte à la place des entre axes des boulons. Des coups de pointeaux, faisant office de marquages, simplifient le soudage correct entre les goussets et les barres. Il est possible de renoncer aux goussets si les cordons de soudure peuvent être appliqués directement sur la poutre.

Après la prise de mesures, la dénomination des profilés et la saisie des numéros de position, le modèle de données pour la construction est prêt. Les dessins d'atelier et les listes de pièces peuvent alors être générés au poste de travail CAO.

13.5.6 Poutres triangulées lourdes

Elles font souvent plusieurs mètres de haut et supportent p. ex. des ponts, la cabine d'une tour de télévision ou de grands toits **(fig. 1 et 2)**.

Elles sont en aciers profilés ou en grandes barres d'acier. Les liaisons de montage sont la plupart du temps réalisées avec des boulons HV si la poutre ne peut pas être transportée en entier. Les grandes poutres triangulées sont fabriquées en usine et assemblées sur le chantier.

1 Poutres triangulées d'une toiture de gare

2 Cabine d'une tour de télévision

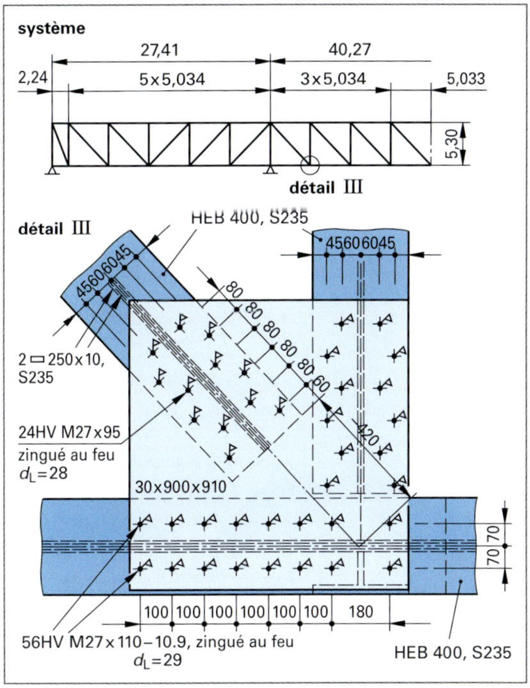

3 Système et gousset de la toiture de gare de la fig. 1

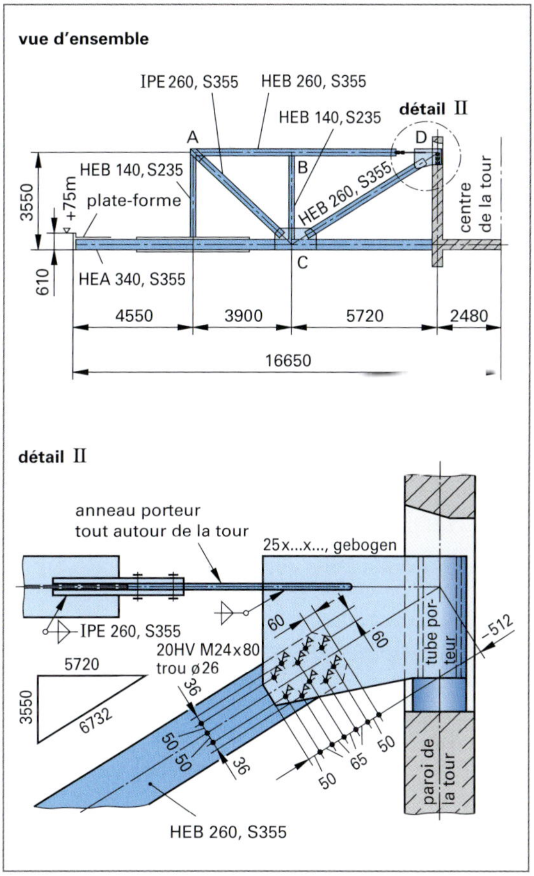

4 Aperçu et gousset de la cabine de tour de télévision de la fig. 2

13.5.7 Poutres triangulées légères

En abrégé, les poutres triangulées en acier rond sont appelées poutres R. Il s'agit de poutres plus légères, composées d'une traverse intégrale en acier rond et cintré, ainsi que d'une filière supérieure et d'une filière inférieure formées à partir d'un acier en T ou d'une poutre I coupée en deux **(fig. 1)**. Pour empêcher un fléchissement latéral, la filière supérieure doit être solidement ancrée, p. ex. coulée dans du béton. Les poutres R conviennent à de grandes portées avec petites charges.

Les **poutres triangulées soudées à profils creux** (tubes)sont réalisées à partir de tubes ronds, carrés ou rectangulaires **(fig. 2)**. Ces poutres sont légères, ont des surfaces planes et doivent être protégées contre la corrosion. Différentes formes de liaisons découlent du système triangulaire **(fig. 3 et 4)**. Si les axes médians des filières et des barres transversales se coupent en **un point**, il en découle fréquemment un espace entre ces barres **(fig. 4a)**, ce qui facilite la fabrication. On obtient une charge admissible plus élevée en réunissant les axes avant l'axe de la filière. Il en résulte un noeud avec chevauchement et un bras de **levier négatif** *e* **(fig. 4b)**. Les renforts se rejoignent déjà hors de la filière et soulagent ainsi les cordons de raccordement sur la filière. La traverse de traction est soudée tout autour sur la filière, la traverse de compression est mise en place sur la traverse de traction et la filière, puis soudée. Malgré un calcul plus important, il convient de préférer les liaisons avec un chevauchement **complet** (*e* fi – 0,55 · *h*, **fig. 2**). Ils offrent une réalisation plus facile qu'un chevauchement partiel et un meilleur comportement sous charge qu'un plus grand espace. Le principe suivant s'applique en cas de chevauchement **(fig. 2 et 4b)** :

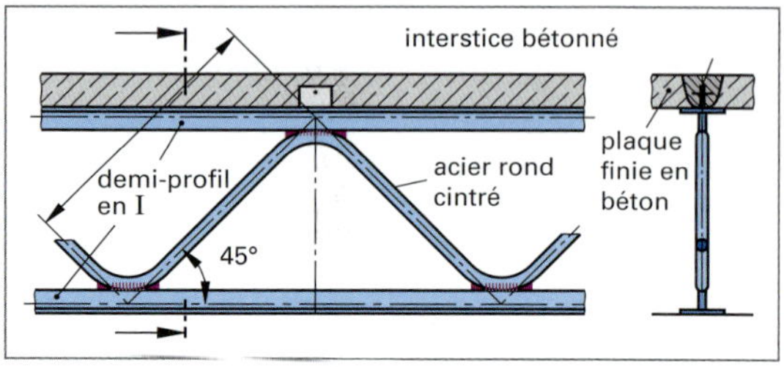

1 Barres en acier rond (poutres en R)

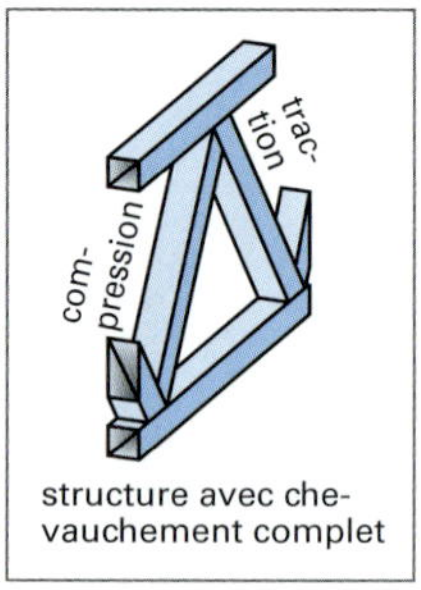

2 Poutre triangulaire

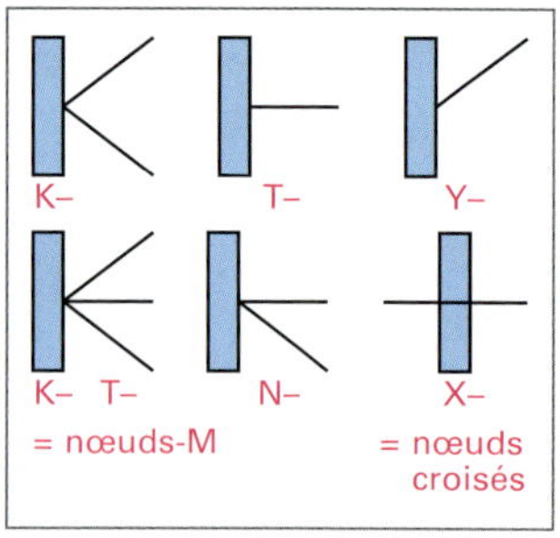

3 Formes de nœuds ou liaisons

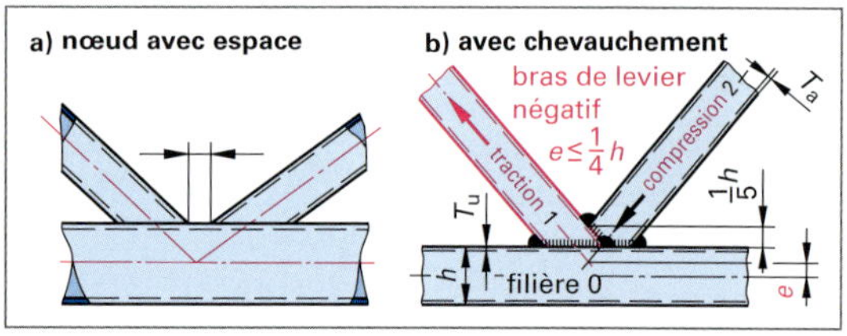

4 Conception des nœuds non renforcés

- La barre 0 est positionnée en dessous (filière).
- La barre 1 est positionnée sur la filière 0 et sous la barre 2.
- La barre 2 est positionnée sur la filière 0 et sur la barre 1.

> Les profilés creux, ou tubes, positionnés en dessous ont toujours besoin d'une épaisseur de paroi plus importante que ceux positionnés dessus.

Pour les nœuds avec chevauchement, les rapports entre les épaisseurs de paroi **(fig. 2 et 4b)**

$\frac{s_u}{s_a} =$ 1,33 pour les édifices en S 355 / 1,6 pour les édifices en S 235 doivent être respectés.

Pour les nœuds avec espaces, les rapports entre les épaisseurs de parois sont à considérer selon EN 1090.

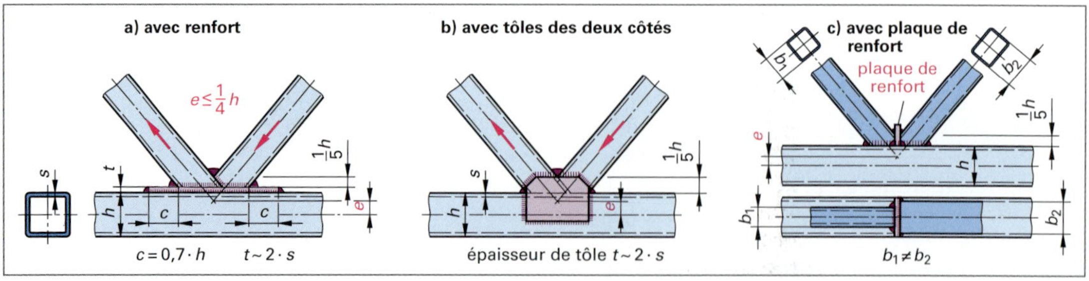

5 Renforcement des nœuds, liaisons

Renforts des filières

Si des profilés plus minces doivent être utilisés, un **renfort en tôle** peut être soudé **(p. 224, fig.5)**. Une tôle soudée d'environ deux fois l'épaisseur du tube repartit uniformément les forces induites **(fig. 5a)**. Même des tôles soudées des deux côtés renforcent la filière **(fig. 5b)**. Ceci ne fonctionne toutefois que pour une même largeur de filière et traverse.

Si les traverses ont une largeur différente, une plaque de renfort peut être soudée entre les traverses, perpendiculairement à la filière **(fig. 5c)**.

Liaison soudée des noeuds pour des tubes rectangulaires

Seules des coupes planes sont nécessaires pour réaliser des nœuds, liaison, avec des tubes rectangulaires et carrés. Ils peuvent être réalisés par sciage. La **fig. 1** montre les différentes formes de cordons de soudure.

Si la traverse est plus étroite que la filière et, que l'angle de raccordement alpha est ≥ à 45°, aucune préparation du cordon de soudure n'est nécessaire **(fig. 1a)**. La traverse est raccordée avec un cordon sur tout le tour. Si l'épaisseur de paroi t est au maximum de 3 mm, l'épaisseur du cordon d'angle doit être égale à l'épaisseur de paroi t.

> Pour une épaisseur de paroi $t \leq 3$ mm, on a : épaisseur de cordons d'angle a = épaisseur de paroi t.

Liaison par soudage des noeuds pour des tubes ronds

Pour la même charge admissible, des poutres triangulées en tubes ronds sont plus légères que celles en tubes rectangulaires, mais sont toutefois plus compliquées à fabriquer. Dans la zone du noeud, il y a des intersections qui ne peuvent être réalisées avec précision que par fraisage ou oxycoupage sur des machines CNC. Lors du soudage, il faut faire la différence entre les zones de soudage B, C et D **(fig. 2)**. La **fig. 2** montre des formes de cordons de soudure typiques dans les différentes zones de noeuds.

Poutre triangulée soudée en profilés acier

Une poutre triangulée très économique est obtenue si les diagonales L ou U sont soudées directement sur la filière en T ou en IPE coupées en deux **(fig. 3a)**. Pour des forces plus importantes, la surface de raccordement est augmentée à l'aide d'un gousset soudé **(fig. 3b)**.

Les poutres triangulées en profils acier ont des arêtes, fissures et coins inaccessibles. C'est pourquoi elles ne peuvent être protégées contre la corrosion que de façon très coûteuse et conviennent plus à une zone intérieure.

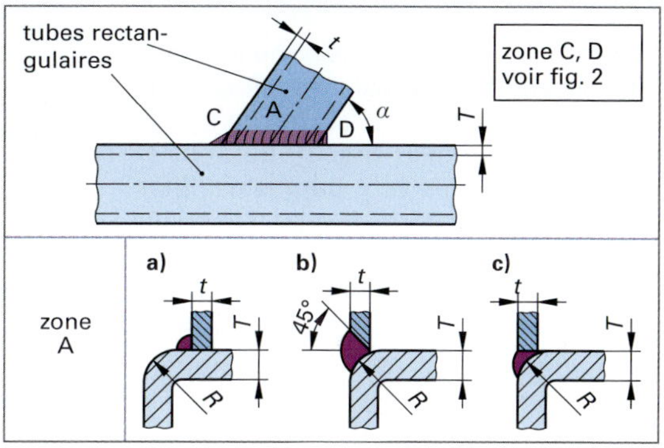

1 Cordons de soudure pour des liaisons en profils creux rectangulaires et carrés

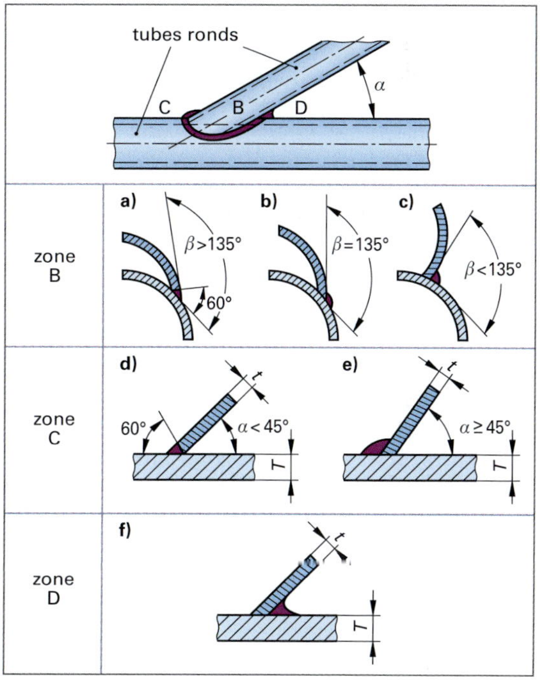

2 Formation du cordon de soudure autour de tubes ronds

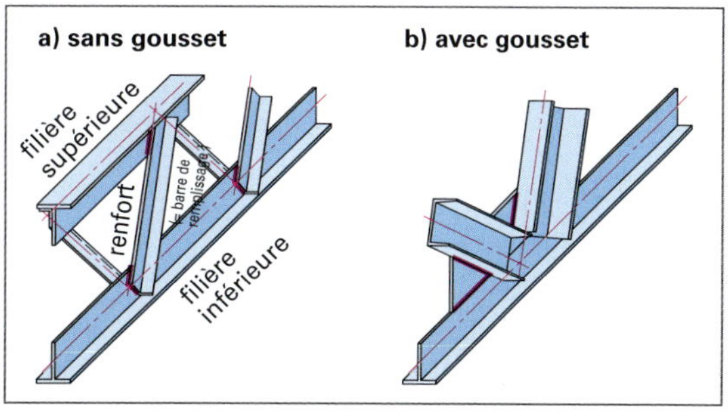

3 Poutre triangulée soudée en acier profilé

13.5.8 Poutres tridimensionnelles

Les structures tridimensionnelles sont composées de barres disposées dans les trois dimensions et formant des triangles entre elles **(fig. 1)**. En haut et en bas, les barres sont parallèles. Elles sont rigidifiées entre elles par les triangles disposés en biais. Il en résulte un volume en poutres triangulées.

Il existe différents systèmes de poutres tridimensionnelles qui se distinguent par le type de barres et l'exécution des nœuds ou intersection :

Les poutres tridimensionnelles en tubes ronds ou carrés sont composées de pièces préfabriquées, boulonnées ensemble par le biais d'une pièce nodale **(fig. 2-4)**. Ce sont des pièces de raccordement forgées ou moulées, pourvues de filetages de raccordements. La poutre tridimensionnelle est montée au sol à partir de pièces tubulaires nodales **(fig. 5)** puis placée sur les appuis à l'aide d'une grue **(fig. 6)**. Le montage des nombreuses pièces nécessite beaucoup de travail, les poutres tridimensionnelles sont fabriquées à partir de poutres parallèles soudées, rigidifiées par des renforts **(fig. 7)**. Ils sont inclinés les uns par rapport aux autres et boulonnés au niveau de la filière supérieure et de la filière inférieure. Perpendiculairement et dessus à cela, sont boulonnés des profilés HE-B. Sous les filières inférieures sont boulonnés des profilés en U.

Les poutres tridimensionnelles sont utilisées pour la toiture de **grandes surfaces sans supports**, p. ex. palais des sports ou des halles expositions **(fig. 6)**. Il est possible de couvrir des surfaces de plus de 70 m x 70 m. En raison de l'aspect décoratif de ces structures, on renonce la plupart du temps à des faux plafonds suspendus.

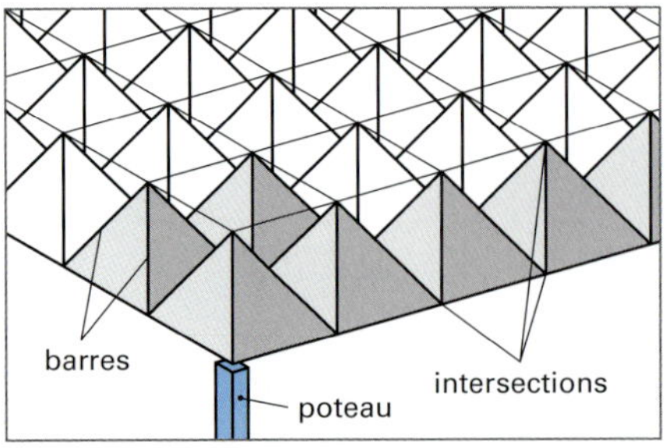

1 Principe structurel d'une poutre tridimensionnelle

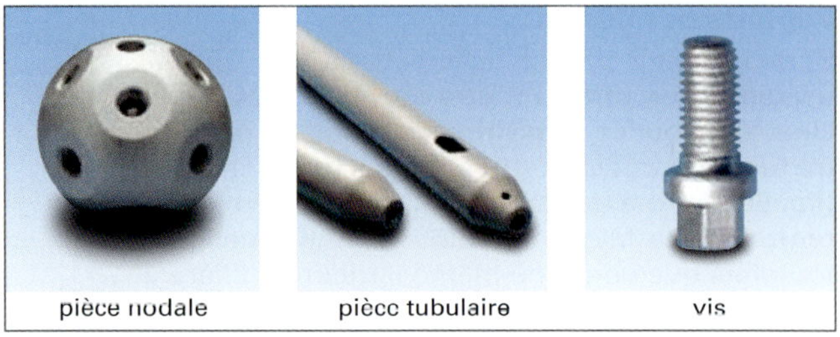

2 Pièces d'une poutre tridimensionnelle

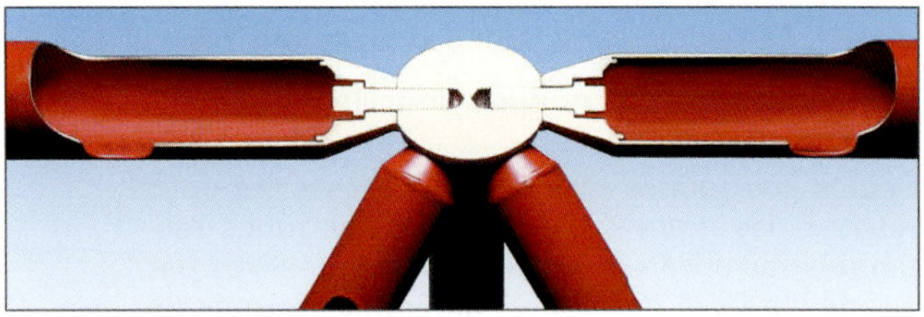

3 Coupe d'un noeud ou intersection

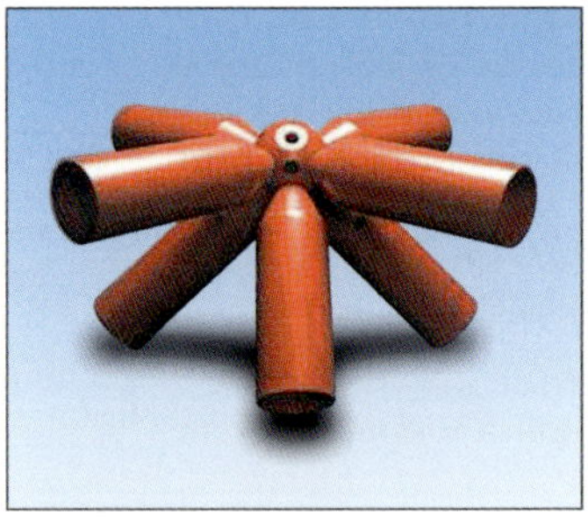

4 Nœud d'une poutre tridimensionnelle

5 Montage au sol

6 Structure spatiale avec nœuds vissés

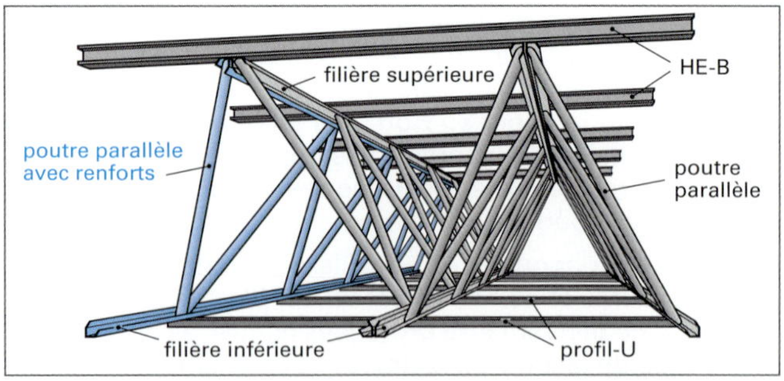

7 Structure tridimensionnelle réalisée en poutres parallèles

13.5.9 Poutres en échelle (poutres Vierendeel)

Contrairement aux poutres triangulées **(p. 220)**, les cadres conçus par le Professeur belge Vierendeel ne possèdent aucune structure de base en triangle avec des barres diagonales mais sont composés de traverses parallèles avec des montants ou poteaux perpendiculaires à celles-ci **(fig. 1)**. Les cadres sont pour cette raison appelés « structures en poteaux ».

Le quadrilatère n'étant pas une figure stable s'il est articulé, les **traverses** et les **montants** doivent être reliés les uns aux autres en restant rigides en flexion. C'est à cela que servent les raidisseurs ou les voûtes **(fig. 1)**. En raison de l'absence de diagonales, seules des tensions de traction et de pression agissent dans les traverses et les montants (tout comme dans les poutres triangulées) mais aussi de considérables contraintes de flexion. C'est pour cela qu'il faut prévoir de plus grandes sections de profilés, l'on a alors :

> Les poutres en échelle sont toujours plus lourdes que les poutres triangulées comparables. En outre, il y a toujours une flexion plus importante.

De nombreuses sections de profilés conviennent aux poutres en échelle **(fig. 2)**. Ils doivent disposer de grands couples de résistance à la flexion en raison des forces qui y surviennent. Le **choix des sections** a lieu, p. ex., en fonction

- du montant des coûts de fabrication (longueur des cordons de soudure),
- de la possibilité de renfort dans les intersections ou noeuds,
- de la possibilité d'implanter des conduites (profils ouverts),
- de l'agencement architectural.

Applications

Malgré des conditions statiques défavorables, les cadres sont utilisés quand :

- les ouvertures de cadres doivent être utilisées pour installer des fenêtres,
- les ouvertures doivent créer de la place pour les conduites d'alimentation dans un plafond,
- ou si l'agencement architectural ne permet aucune traverse en diagonale.

Les passerelles **de bureaux (fig. 3 et 4)** entre deux bâtiments sont p. ex. fabriquées à partir de cadres parce que les montants derrière les fenêtres dérangeraient et que des poutres pleines dépasseraient la hauteur d'un garde-fou.

Les **constructions de toits et de planchers** peuvent être réalisées à l'aide de cadres en échelle. Il en résulte un appui en treillis où à travers les grandes ouvertures rectangulaires toutes les conduites d'alimentation peuvent être posées. Les poutres de plafond ont alors p. ex. une section de barres comme montrée en **fig. 2c**.

Les portes sans diagonales gardent leur forme grâce à l'effet de cadre de la liaison angulaire.

Les fermes de cadre sont des cadres sans filière inférieure. Elle est remplacée par les fondations **(fig. 2, page 241)**.

Les gratte-ciel comme la Sears Tower de Chicago ont été construits à partir de poutres en échelle.

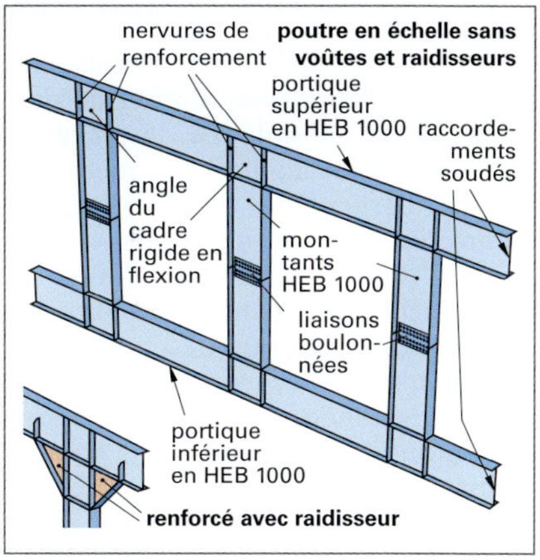

1 Grande poutre en échelle

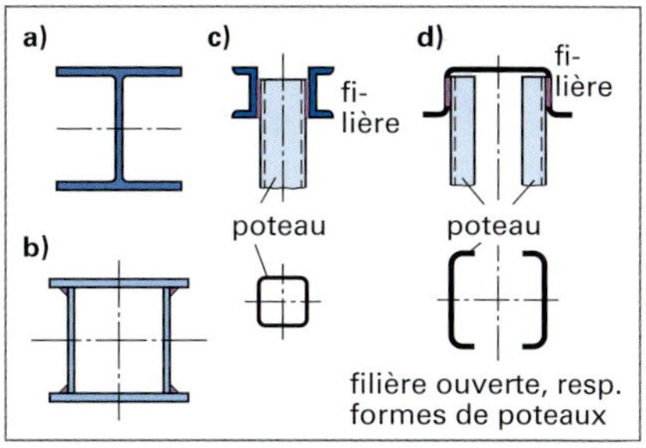

2 Sections de profilés pour cadres en échelle

3 Construction de cadre

4 Maisons-grues à Cologne

13.5.10 Construction légère avec poutres en échelle et profils tubulaires

Les poutres en échelle de construction légère sont fabriquées à partir de tubes carrés ou rectangulaires. Ils occasionnent de faibles coûts de construction et garantissent une bonne protection contre la corrosion en raison de leurs surfaces lisses et fermées. Un soudage étanche des extrémités empêche la rouille à l'intérieur des tubes. Avec les poutres en échelle, il faut accorder une attention toute particulière à l'élaboration constructive des coins de cadres rigides en flexion.

Les **coins de cadre indémontables et rigides en flexion** sont réalisés en coupant les tubes à l'onglet et en les soudant bout à bout. Pour les couples angulaires plus importants, il est recommandé d'y souder un raidisseur **(fig. 1a)**. Des tubes plus grands et de sections différentes reçoivent une plaque intermédiaire **(fig. 1b)**.

Un poteau peut être utilisé de façon semblable : soit il est uniquement soudé bout à bout, soit on renforce le raccord à l'aide de deux raidisseurs en profils creux. Si les largeurs de profilés sont différends, on soude une plaque frontale sur la largeur de la filière **(fig. 1d)**.

Des **raccords démontables** peuvent être nécessaires pour des raisons de montage **(fig. 2a)**. Il est toutefois possible d'éviter de percer les poteaux si l'on soude à droite et à gauche du poteau des goussets qui sont boulonnés aux tôles soudées sur la filière **(fig. 2b)**.

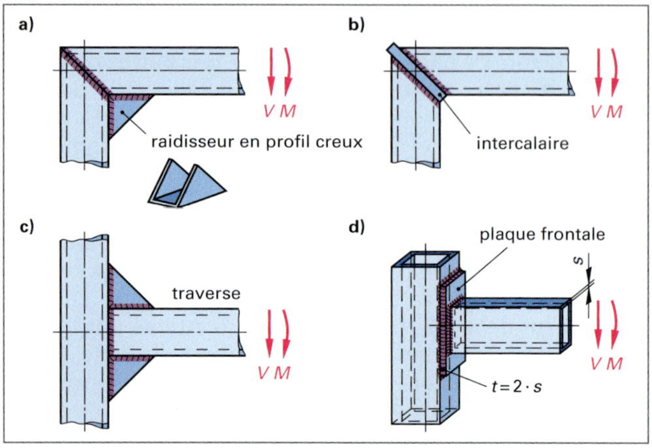

1 Connexions de coins et de traverses inamovibles et rigides en flexion

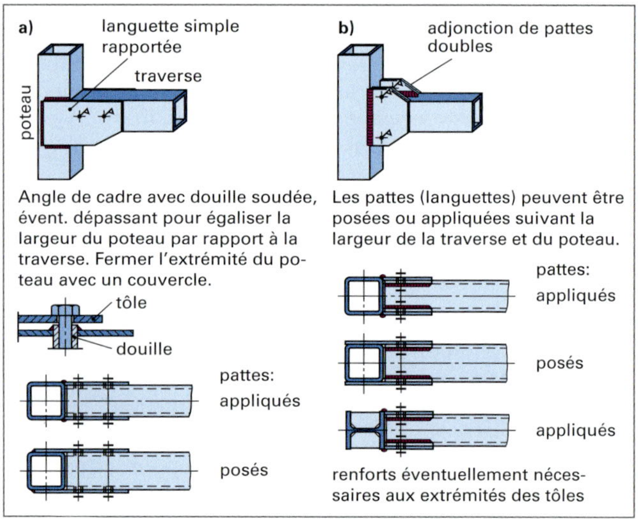

2 Raccords de traverse démontables, rigides en flexion

Contrôlez vos connaissances

1 Pourquoi les structures sont-elles composées de triangle ?
2 Comment différencier les différentes poutres triangulées en fonction du type de guide de la filière ?
3 Pourquoi les efforts dans les poutres en triangle peuvent-elles être déterminées relativement facilement ?
4 Décrivez comment un système de poutres triangulées est dessiné !
5 Quels sont les poutres triangulées les plus simples ?
6 Pourquoi construit-on des nœuds de profils creux avec un bras de levier négatif ?
7 Quelle règle faut-il respecter avec des tubes pour membrures inférieures ?
8 Dessinez deux nœuds K renforcés !
9 Pour quelles épaisseurs de parois de profiles creux a-t-on : épaisseur du cordon de soudure a = Epaisseur de paroi t ?
10 Quels sont les avantages des poutres tridimensionnelles ?
11 Citez deux avantages et deux inconvénients d'une poutre en échelle par rapport à la poutre triangulée !
12 Citez des exemples d'applications de poutres en échelle !
13 Pourquoi le coin d'un cadre de construction légère doit-il être la plupart du temps renforé ?
14 Pourquoi faut-il éviter de percer des profils creux non galvanisés à chaud ?

13.6 Liaisons de poutres

Des supports, connexions et jointures de poutres établissent des liaisons. La plupart du temps, elles doivent transmettre des forces transversales, mais aussi des forces longitudinales et des couples de flexion. On fait la distinction entre les liaisons de poutres démontables et inamovibles.

13.6.1 Supports ou appuis des poutres

Ils servent à transférer les forces de la poutre sur les poteaux, les linteaux ou la maçonnerie. Ils sont répartis en :

- Paliers fixes et paliers mobiles
- Appui surfacique et appui centré
- Ancrage de poutre ainsi que
- Points d'attelages des poutres en porte-à-faux.

Palier fixe

Les paliers fixes doivent transférer des forces horizontales et verticales (forces longitudinales et transversales) aux murs porteurs ou aux constructions. Comme les poutres doivent renforcer le bâtiment et que les portées et les changements de température sont relativement petits, presque tous les paliers sont réalisés en tant que paliers fixes dans la construction métallique **(fig. 1)**.

Palier mobile

Les paliers mobiles ne peuvent transférer que des forces verticales. Ils permettent de petits mouvements à l'horizontale, p. ex. dus à la dilatation thermique. Les paliers mobiles sont avant tout présents dans la construction de ponts. Jusqu'à 300 kN de force de support, ils sont réalisés comme paliers lisses en acier et au-delà en Téflon **(fig. 2)** ou paliers à galets.

Appui surfacique

Si une poutre doit être posée sur un mur, il ne faut pas dépasser la contrainte de compression admissible du matériau d'appui. Elle est p. ex. pour une épaisseur minimale de 24 mm en béton C12/15 : $\beta_{R,d} = 8 \frac{N}{mm^2}$ selon EN 206

La force à transférer doit être répartie sur une surface suffisamment grande. D'un autre côté, la longueur de support ne doit pas être trop longue, sans quoi l'extrémité arrière de la poutre se soulèverait en raison de la flèche et ne porterait plus **(fig. 3)**. On détermine la bonne longueur de support *L* d'une couche de mortier à l'aide de l'équation :

$$L = \frac{\text{hauteur de poutre } h}{3} + 100 \text{ mm}$$

La couche de mortier doit faire environ 20 à 35 mm d'épaisseur afin de pouvoir compenser les tolérances de hauteur. Au bord avant du mur, on laisse dépasser un retrait de mortier de 30 à 50 mm pour ne pas briser l'arête. Si le mur doit absorber de plus grandes forces, la largeur de support B est augmentée à l'aide d'une plaque d'appui **(fig. 4)** ou par l'aile d'un profilé laminé, pour la même longueur de palier *L*. Ceci sécurise le début de la traverse contre le glissement.

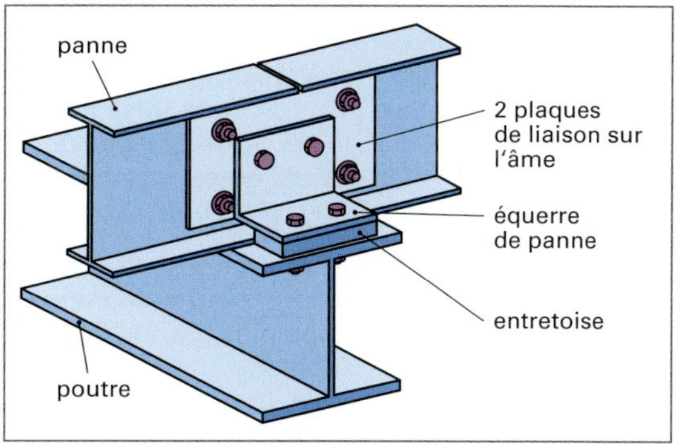

1 Palier fixe avec liaison de poutre

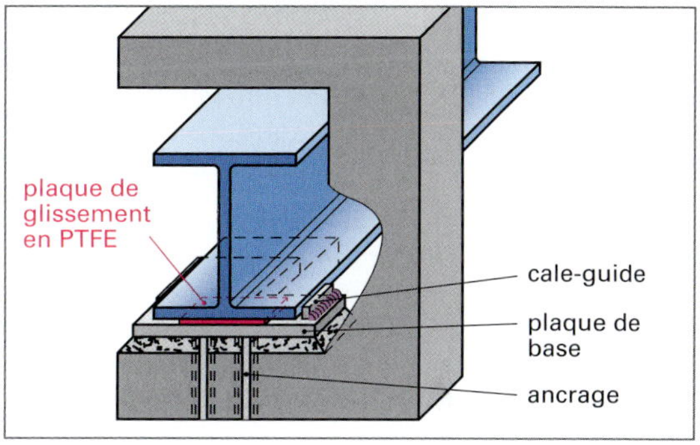

2 Palier mobile ou libre en Téflon

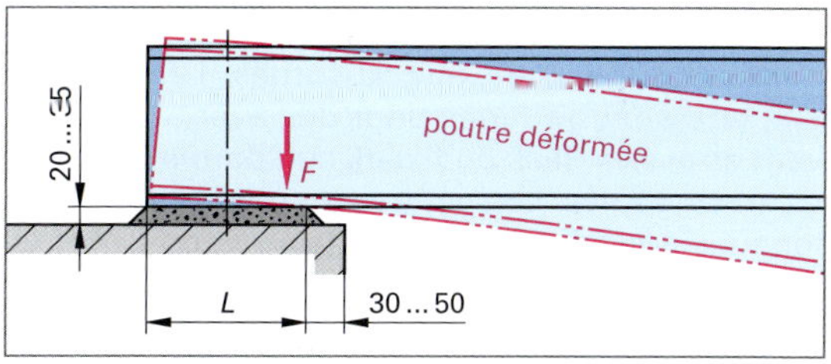

3 Appui surfacique : décollement par flexion

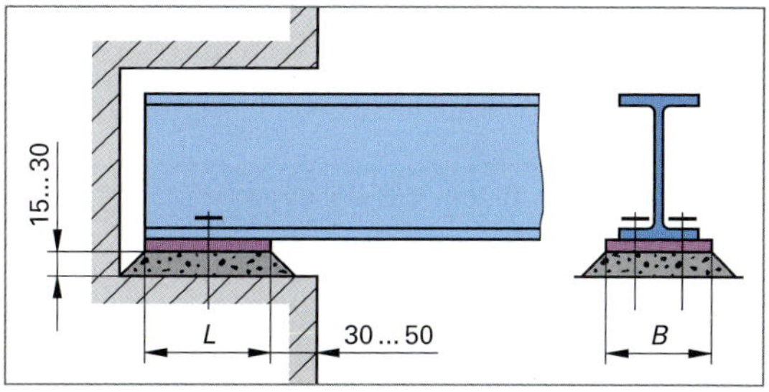

4 Appui surfacique avec plaque

Appui centré

Pour diriger les forces d'appui vers le milieu d'un mur, une latte de centrage est soudée au milieu de la plaque d'appui sur l'aile en acier profilé **(fig. 1)**.

La poutre posée dessus est pourvue, par la latte de centrage, de deux raidisseurs de **transmission des forces** (renforts de traverses) pour que l'aile inférieure ne se relève pas. Les deux **tôles de guidage** latérales ont des évidements dans lesquels se logent les cales. On obtient ainsi un palier fixe. Sans **cales**, il s'agirait d'un palier mobile.

Pour des forces très importantes, la plaque d'appui est remplacée par une **poutre de support** qui répartit les forces sur une plus grande surface. Elle est fixée avec des ancrages en acier rond et équipée, pour absorber les forces horizontales, d'un profilé IPE court **(fig. 2)**.

Ancrage de poutre

Si les parois considérées ne sont pas des parois intermédiaires mais des murs périphériques, elles doivent être ancrées contre l'aspiration du vent selon DIN 1053, avec les poutres du plafond. C'est à cela que sert une plaque frontale soudée **(fig. 3a)**. La chambre de support est maçonnée uniquement avec du ciment.

Lors de hautes sollicitations en construction métallique en appui dans un noyau en béton armé, des vis d'ancrages appropriées sont enfichées à travers des douilles bétonnées **(fig. 3b)**. Les forces sont transmises par le raccord cimenté derrière la plaque frontale.

Points de serrage

Les forces de support et les couples de serrage régnant aux points de serrage des poutres en porte-à-faux doivent être absorbés. Les poutres en porte-à-faux courtes pour des avant-toits peuvent être chevillées ou fixées aux parois avec des vis traversantes. Les poutres en porte-à-faux plus longues sont disposées sous un plafond **(fig. 4)**, chevillées à l'extérieur sur la poutre en béton et sont en appui à l'intérieur sur une poutre transversale sous le plafond.

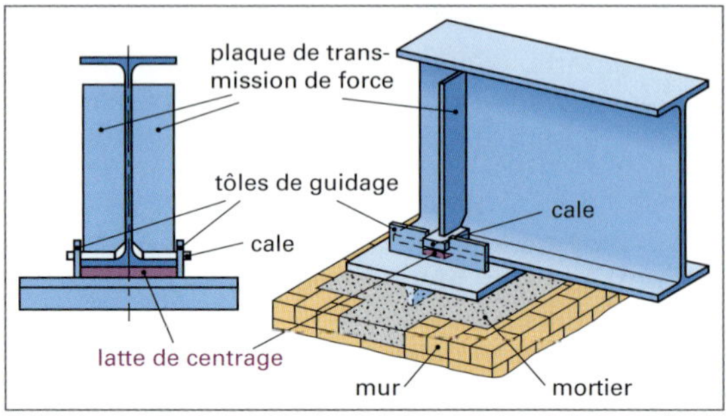

1 Appui centré sur un mur

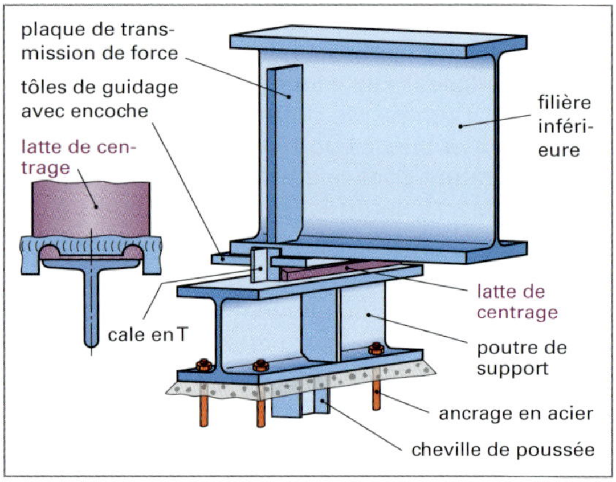

2 Appui centré sur une poutre de support

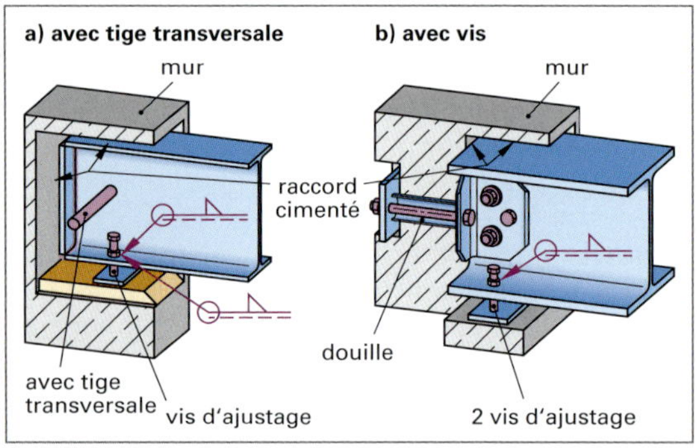

3 Ancrages de poutres

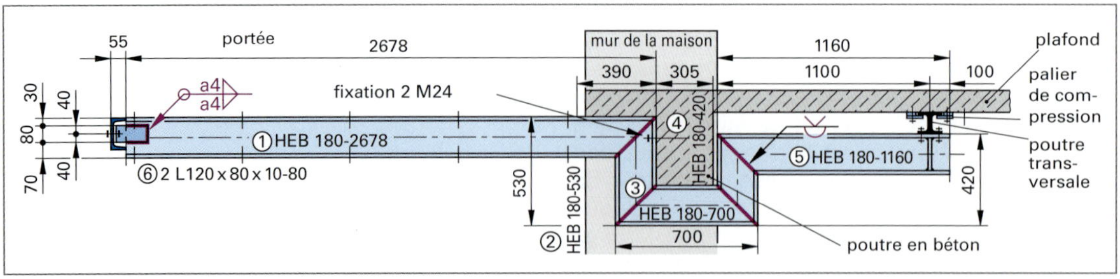

4 Poutres en porte-à-faux pour un avant-toit

13.6.2 Raccords de poutres

On appelle connexion de poutres la fixation des extrémités d'une poutre à d'autres éléments en acier.

L'élaboration du raccord dépend avant tout des profilés, de la situation de montage et des forces et couples à transmettre. Les raccords qui ne transmettent que des forces transversales sont appelés raccords de forces transversales. Les raccords qui peuvent en outre transmettre des couples de rotation s'appellent **raccords rigides en flexion ou raccords de couples**. Selon la hauteur et le rapport de taille de la poutre raccordée par rapport au linteau, on fait la distinction entre les connexions de poutres affleurantes **(fig. 1)** et non affleurantes **(fig. 2)**. Dans les connexions de poutres affleurantes, l'arête supérieure ou l'arête inférieure des poutres sont à la même hauteur.

Raccords transversaux

Il existe quatre moyens de raccords pour transmettre la force de support de la poutre raccordée aux poutres de soutènement :

- Equerre de raccordement
- Plaque de liaison d'âme
- Plaques frontales
- Support de guide

Dans une équerre de raccordement, des équerres acier sont fixés sur la traverse de la poutre et du linteau avec des boulons **(fig. 1)**. La disposition des boulons en hauteur à une rangée porte mieux. Les boulons en bas à deux rangées **(fig. 2)** ne sont pas uniquement sollicités par cisaillement mais aussi par traction par le couple de raccord $M = a \cdot V$.

L'avantage est que le jeu des boulons $\Delta d = 2$ mm permet de compenser des tolérances et, que les poutres de plafond peuvent être montées facilement entre les poutres déjà en place grâce à l'intervalle de 5 mm par rapport au linteau. L'inconvénient est que le monteur doit installer beaucoup de pièces.

Dans un **raccord à plaque frontale**, une plaque est soudée à l'extrémité de la poutre et boulonnée au linteau **(fig. 3)**. Le monteur doit juste monter des boulons et éventuellement des cales, ressemblant à la plaque frontale, mais qui ne font que 2, 3 ou 5 mm d'épaisseur, ils servent à compléter la longueur manquante ou à compenser les tolérances :

- Si les plaques frontales ne sont pas serrées l'une contre l'autre lors du soudage, il en résulte des longueurs excessives d'une surface à l'autre. Lors de la mise en place de plusieurs poutres l'une à l'autre, il faut tenir compte des tolérances négatives, ce qui signifie que les poutres doivent être sciées légèrement plus courtes.
- Si une poutre doit être installée entre deux linteaux existants, elle doit avoir la longueur maximale
  $l = \sqrt{(\text{largeur intérieure})^2 - (\text{largeur de plaque frontale})^2}$
  pour la mise en place.

Les plaques frontales conviennent aussi pour la liaison d'angle **(fig. 4a)** et les connexions de poutres en biais **(fig. 4b)**. Les **goussets** sont des plaques de liaison d'âme soudés sur la traverse. La poutre y est alors fixée avec des boulons. Avec les plaques de liaison d'âme, les poutres sont faciles à monter ; il s'agit toutefois de raccords en cisaillement simple, asymétriques vus de dessus.
C'est la raison pour laquelle les goussets ne peuvent absorber que de petites forces transversales.

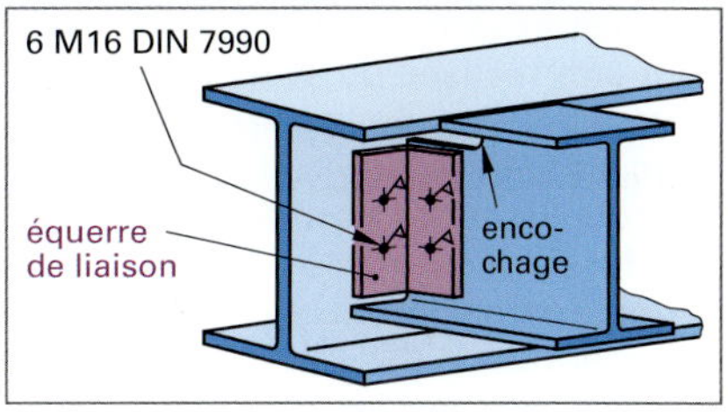

1 Connexion de poutre affleurante en haut

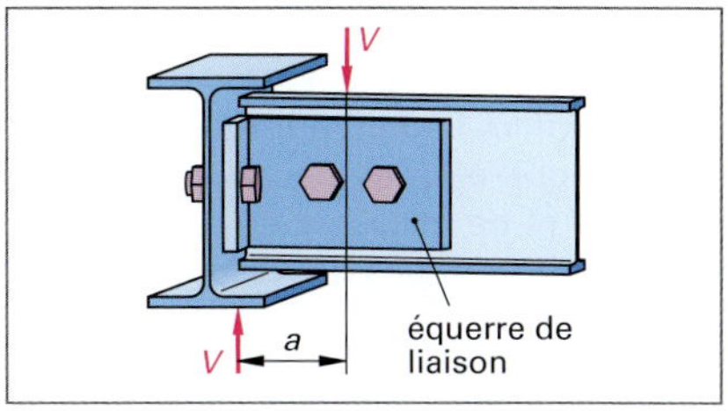

2 Connexion de poutre non affleurante

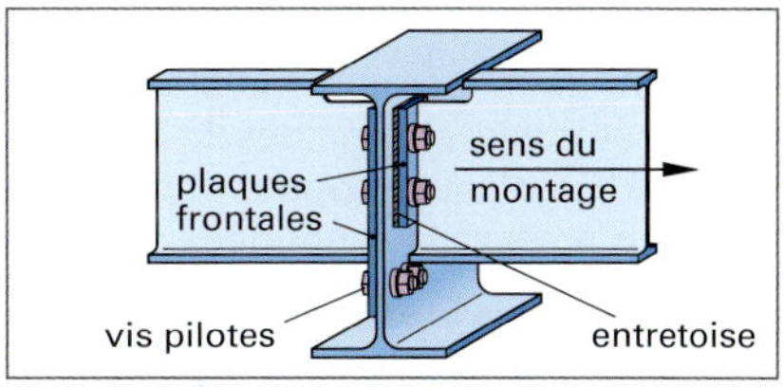

3 Connexion de plaque frontale des deux côtés

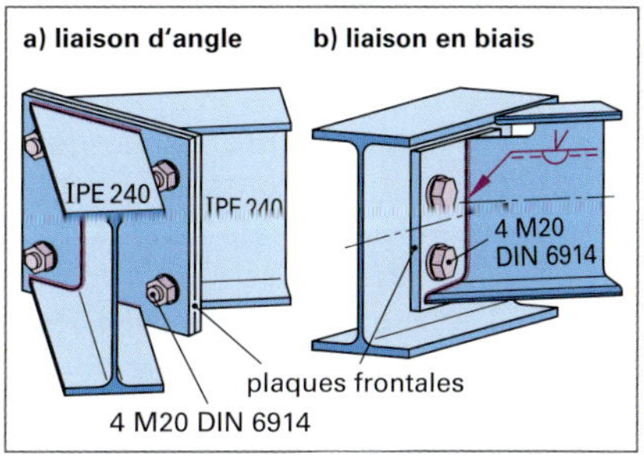

4 Liaison d'angle et connexion en biais avec plaques frontales

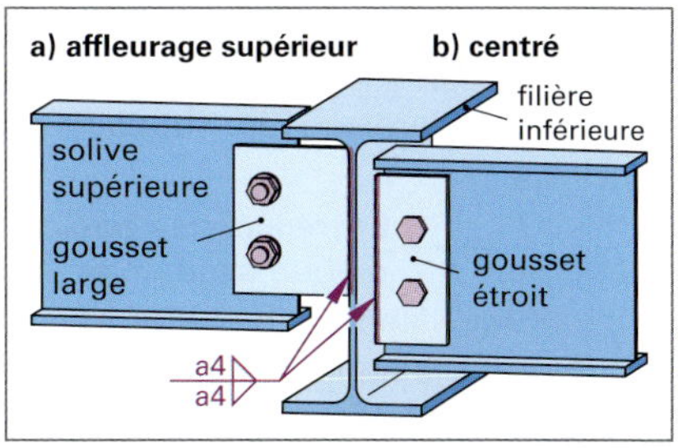

5 Connexion de poutre avec goussets

Une connexion affleurante sans encochage ne peut être réalisée qu'avec des tubes **(fig. 1a)**, des goussets et des poutrelles larges **(fig. 5a, p. 231)**. Avec les solives larges, il y a toutefois de plus petits couples de raccord si la poutre est encochée **(fig. 1b)**.

On entend par grugeage, ou encochage, un évidemment dans l'aile et dans l'âme de la poutre. Pour uniformiser les grugeages ils ont été standardisés **(fig. 2)**.

Une **plaque d'appui** permet de supporter des forces transversales particulièrement élevées **(fig. 3a)**. Cette plaque est une tôle épaisse soudée sur le profilé, La filière inférieure est soutenue par cette plaque et un gousset empêche la traverse de basculer et de glisser. Les vis d'arrêt dans l'aile inférieure ne sont pas nécessaires.

Les plaques d'appui permettent de déposer et fixer rapidement des poutres lourdes.

Pour les liaisons à une filière inférieure, la plaque d'appui convient moins parce qu'elle pourrait basculer. Une poutre peut être raccordée à un mur en béton de la même façon si une plaque en acier a été bétonnée à fleur dès la fabrication du mur **(fig. 3b)**. La plaque d'appui et la languette de liaison sont mesurées et soudées sur le chantier.

Raccords standardisés de forces transversales

Les liaisons avec des équerres, goussets et plaques frontales sont standardisées. La liaison correspondante peut être trouvée dans des tableaux en fonction de la charge admissible souhaitée. Pour une **liaison - équerre standardisée**, on a p. ex. la désignation de code :

I W 16 1 2

- 2 — Nombre de rangés de boulons horizontales
- 1 — Nombre de rangés de boulons verticales
- 16 — Diamètre des vis DIN 7990-4.6
- W — Liaison équerre pour
- I — Poutre I, IPE, HE-A, HE-B

La **fig. 4** montre cet exemple. Pour avoir moins d'images de perçages, il a été renoncé au respect des mesures habituelles.

Les **liaisons - équerre avec boulons HV** standardisées ont pour désignation IWH.

La désignation de code pour une **liaison à plaque frontale** standardisée **(fig. 4b)** est la suivante :

I S 16 4 8

- 8 — Entre axe des boulons dans la plaque frontale en cm
- 4 — Nombre de boulons DIN 7990-4.6
- 16 — Diamètre des boulons
- S — Liaison de plaques frontales
- I — Poutre I, IPE, HE-A, HE-B

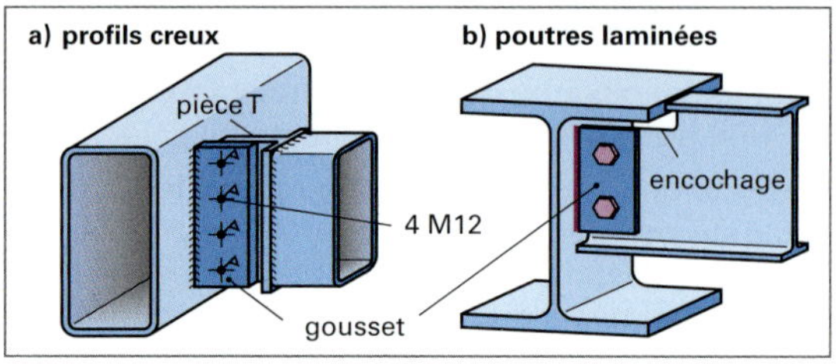

1 Liaisons à plaques d'âmes

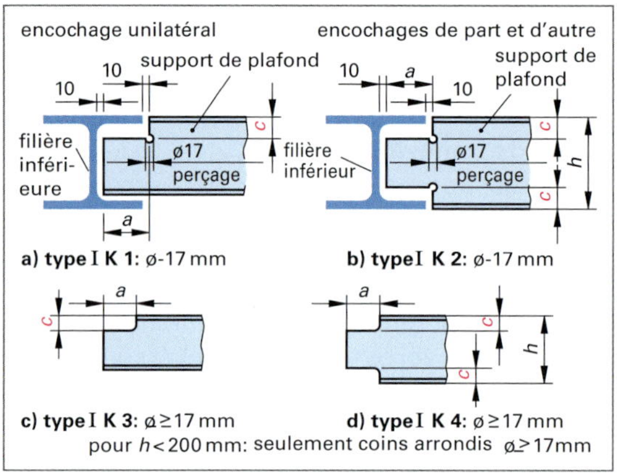

2 Grugeages ou encochages standardisés

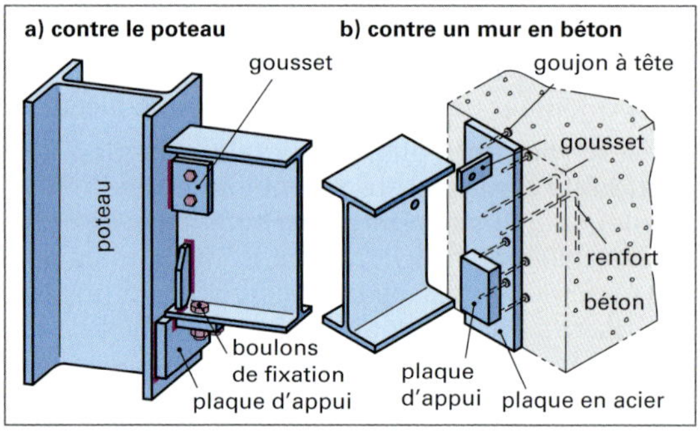

3 Plaques de support

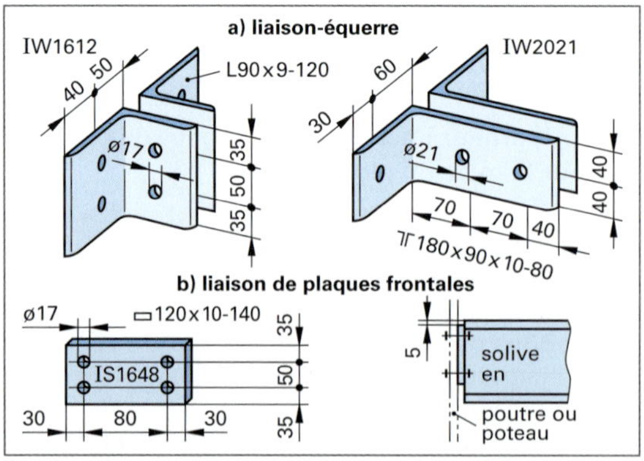

4 Exemples de liaisons standardisées

Liaisons rigides en flexion

Si des poutres en porte-à-faux ou des traverses de cadre doivent être fixées, le moment de flexion doit aussi être raccordé, en plus des forces transversales.

> Les moments de flexions peuvent être absorbés par des liaisons à plaques frontales ou des goussets rigides en flexion.

Liaison de plaque frontale rigide en flexion

La **fig. 1** montre quatre possibilités pour une telle liaison. Elle se distingue du raccord de forces transversales par

- l'utilisation de boulons HV,
- le raccord des deux flasques et de l'âme par des cordons doubles, contre l'arrachement lamellaire
- des plaques frontales plus épaisses ($t_p \geq 15$ mm), qui peuvent mieux répartir la force de traction sur les boulons,
- prescriptions pour contrôler la présence de bulles (défaut de laminage) dans les plaques frontales à l'aide d'ultrasons.

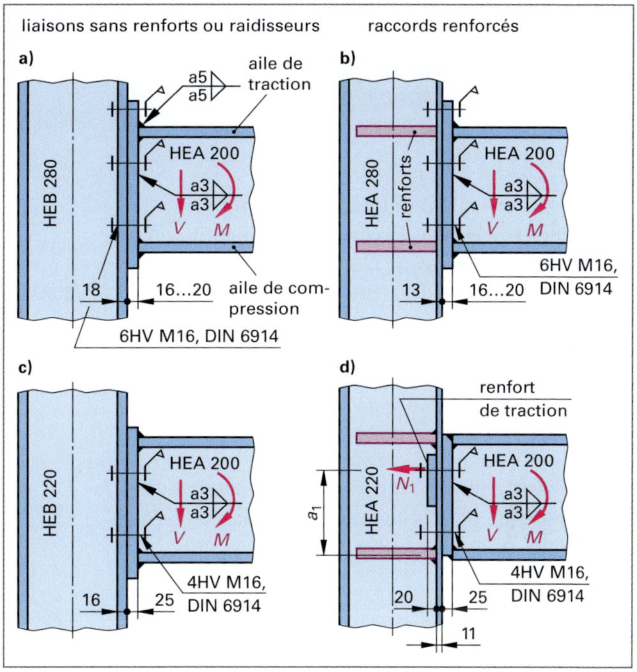

1 Liaisons rigides en flexion

Les bulles sont des cavités aplaties qui peuvent légèrement s'éventrer en cas de sollicitation par traction dans les plaques frontales, dans le sens de l'épaisseur de la tôle, et ainsi occasionner une défaillance de la liaison **(fig. 2)**. Les boulons HV doivent se situer le plus près possible de la bride de traction pour que la plaque frontale ne cintre pas facilement. Les plaques frontales qui dépassent **(fig. 1 a, b)** ont une capacité de charge plus élevée parce que les boulons du dessus sont plus éloignés du gousset de pression. Des liaisons économiques sans renforts peuvent être réalisées avec des plaques épaisses ($t = d$ ... $1{,}4d$).

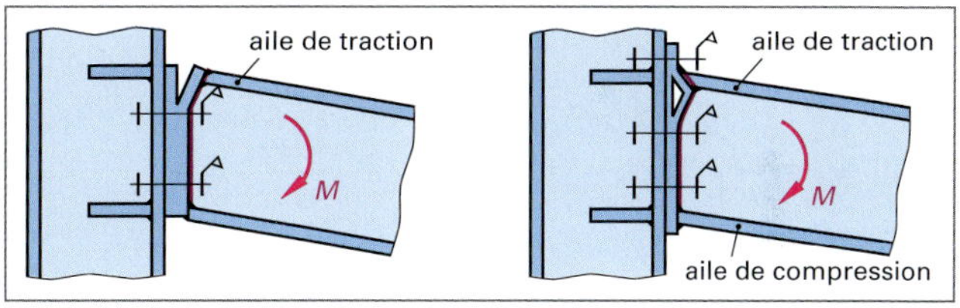

2 Plaques frontales avec défauts (bulles aplaties)

Si la connexion de poutres doit transmettre des couples importants, les forces de traction deviennent grandes dans la rangée supérieure des boulons car, pour trois rangées de boulons, on a **(fig. 3)** :

$$N\,\text{max} = \frac{M \cdot a\,\text{max}}{a_1^2 + a_2^2 + a_3^2}$$

Où N max est la force de traction de la rangée de boulons supérieure et à la distance au point de rotation imaginaire. Les boulons inférieurs ne transfèrent que les forces transversales V.

Un raidisseur (renfort de coin) d'après la **fig. 3** permettant d'obtenir une hauteur de liaison plus importante est un levier plus grand.

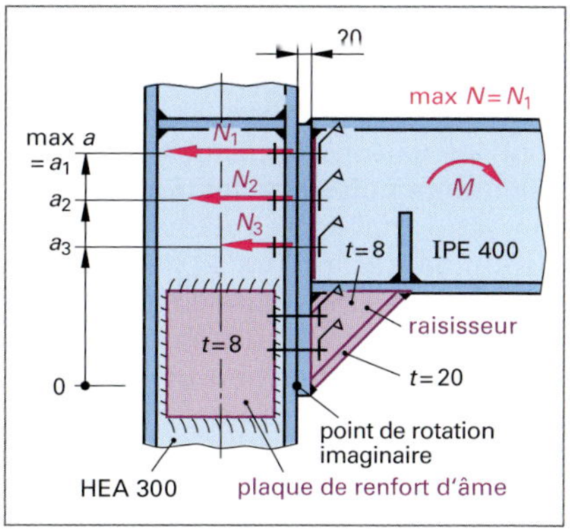

3 Liaison de poutres rigides en flexion avec raidisseur

> Les leviers plus grands ont pour conséquence des forces de traction des boulons plus faibles !

La voûte est composée de deux tôles soudées en T ou d'une demi-poutre I. Au lieu d'un renfort, l'appui peut être renforcé dans la zone de pression par une plaque de renfort d'âme **(fig. 3)**. Les liaisons de la **fig. 1** peuvent aussi être réalisées sans plaques frontales, en tant que liaisons soudées inamovibles.

Liaisons de plaques frontales rigides en flexion, standardisées

Elles ont des mesures et des capacités de charge définies **(fig. 1)**. Chaque type de liaison est désigné par un code du type suivant :

IH 1A 26 24

- 24 — Diamètre des boulons
- 26 — Hauteur nominale du profilé en cm
- A — Série de profil A = HE-A
  - B = HE-B
  - E = IPE
- 1 — Identifications de la forme de plaque frontale **(fig. 2)**
  - 1 = à fleur, 2 rangées verticales de boulons
  - 2 = à fleur, 4 rangées verticales de boulons
  - 3 = dépassant, 2 rangées verticales de boulons
  - 4 = dépassant, 4 rangées verticales de boulons
- IH — Liaison de poutre avec des boulons très résistants, rigide en flexion

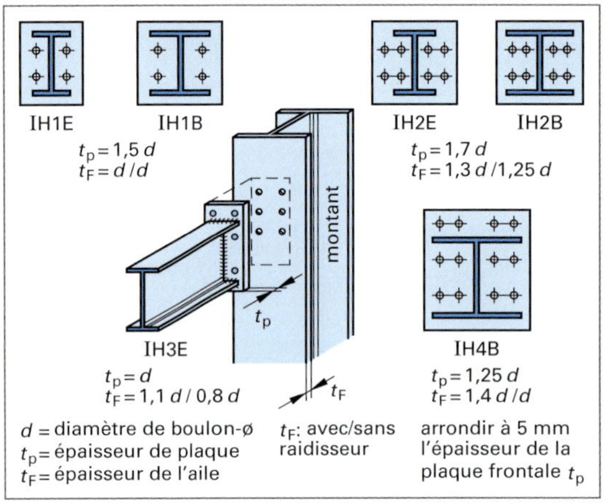

1 Liaisons à plaques frontales rigides en flexion, standardisées

Liaisons avec plaques

Pour les liaisons rigides en flexion avec poutres affleurantes en haut, les forces de traction peuvent être transférées dans l'aile supérieure par plaque de traction **(fig. 2)**. Les forces de pression dans la filière inférieure sont transférées par contact. Pour les poutres de hauteurs différentes, un raidisseur pour transfert de forces est nécessaire à cet effet. Les plaques frontales ne transfèrent que les forces transversales.

Si des goussets d'âme sont utilisés à cet effet, un appui doit être adapté sur l'aile inférieure **(fig. 3)** Ici, une poutre croise un poteau.

Même un croisement de poutres représente une liaison rigide en flexion. Dans la construction empilée, des poutres larges **(fig. 4)** peuvent être boulonnées directement. Les poutres étroites sont soudées, serrées, fixées à la ferme à l'aide d'équerres de liaison **(fig. 5)**.

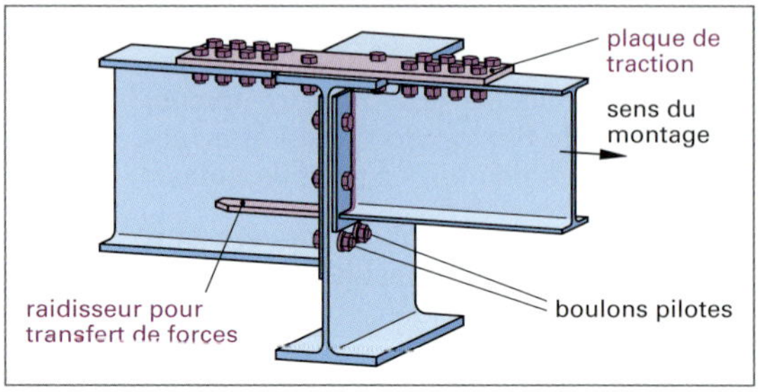

2 Attache rigide en flexion avec plaque de traction

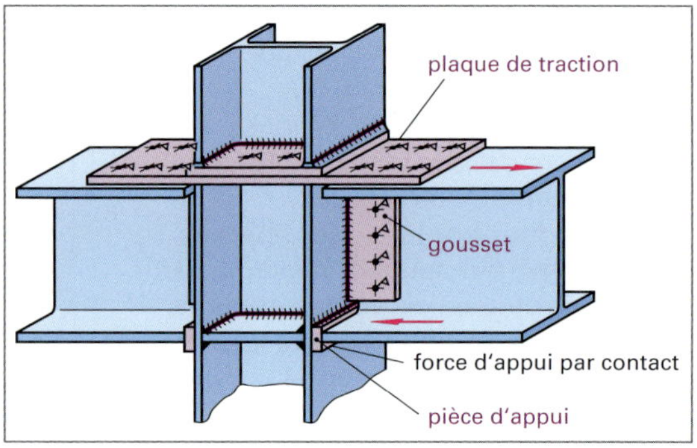

3 Croisement poutre/poteau

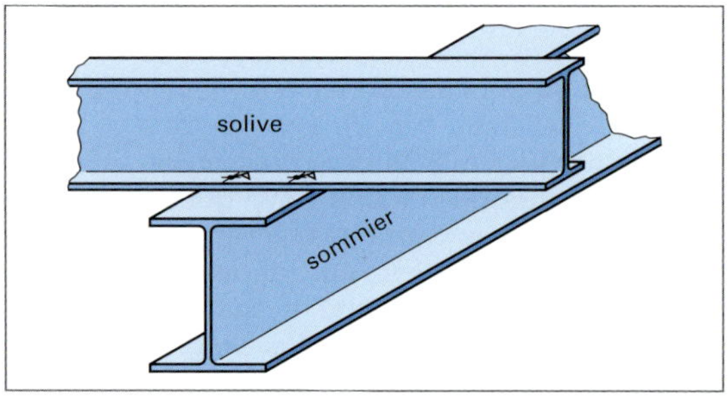

4 Croisement de poutres (construction empilée)

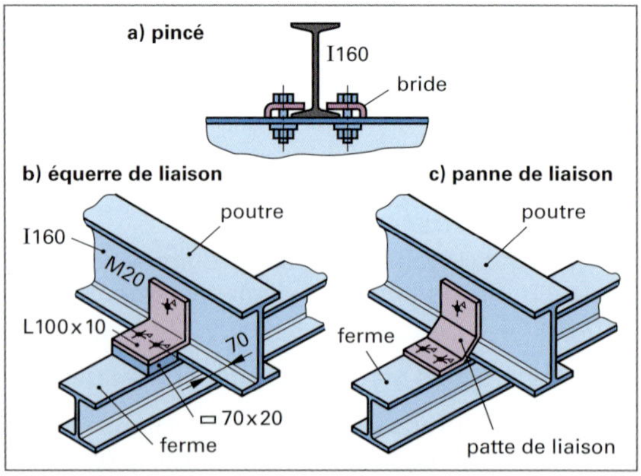

5 Fixations d'équerres de liaisons ou pannes

13.6.3 Raccordements de poutres

Les poutres doivent au besoin être prolongées par une jointure, car les profils laminés sont livrés dans des longueurs normalisées de 18 m maximum.

> Le raccordement est le point de liaison de deux poutres, ayant la même forme et taille, qui se joignent bout à bout. Elles ont un axe longitudinal commun.

Des raccordements sont nécessaires lorsqu'il n'y a pas beaucoup de place, de poids à transporter, de longueurs et de hauteurs des éléments, ainsi qu'en raison d'éventuels problèmes de montage.

Raccordements simples, démontables

Si le raccordement de poutre est situé directement sur un poteau, une **liaison à tôle simple** suffit **(fig. 1)**. Elle est réalisée avec une plaque d'un seul côté ou des deux côtés et, ne peut transférer que des forces longitudinales et transversales.

Les raccordements **articulés (fig. 2)** servent à coupler deux poutres par le biais d'une articulation. De telles liaisons sont appelées rotules Gerber et sont utilisées pour des pannes. Elles sont un peu plus légères que les poutres sur deux appuis, mais l'économie de matière ne joue plus un grand rôle aujourd'hui. En raison des coûts élevés de réalisation de l'articulation, les rotules Gerber ne sont plus mises en oeuvre que pour de mauvaises conditions de fondation et dans les zones d'affaissement de terrain. L'articulation peut être réalisée avec un goujon ou un boulon d'ajustage. Les cales de traverse soudées permettent de réduire la pression sur la paroi des trous et ainsi d'accroître la charge admissible de l'articulation de la poutre.

> Les raccordements simples et articulés ne peuvent transférer aucun couple de flexion.

Raccordements démontables et rigides en flexion

Si un raccordement doit être situé entre deux supports, une liaison rigide en flexion est nécessaire. Pour une **jointure rigide en flexion**, des plaques d'âme doivent être mises en place de chaque côté et, ainsi que sur l'aile supérieure et inférieure **(fig. 3)**.

La section utile de ces plaques de liaison doit être au moins aussi importante que celle de la poutre à jointer.

Une liaison **à plaque frontale rigide en flexion** est montée économiquement et, plus rapidement avec des boulons HV **(fig. 4)**. Les plaques frontales qui dépassent ou sont à fleur sont standardisées. La bonne plaque frontale est choisie dans les tableaux en fonction de la taille de la poutre et du couple à transmettre. La combinaison d'un gousset et d'une jointure rigide représente la jointure rigide en flexion d'une poutre traversante **(fig. 5)**. La plaque de traction remplace la section perdue en raison de l'échancrure (encochage) de l'extrémité de la poutre.

> Les liaisons rigides en flexion peuvent transférer des couples de flexion, des forces longitudinales et transversales.

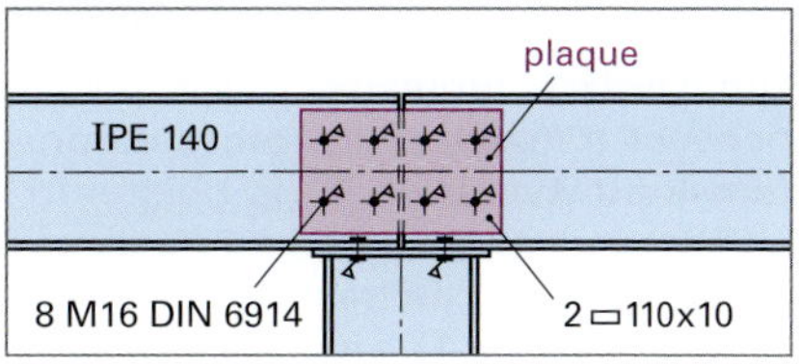

1 Raccordement en tôle

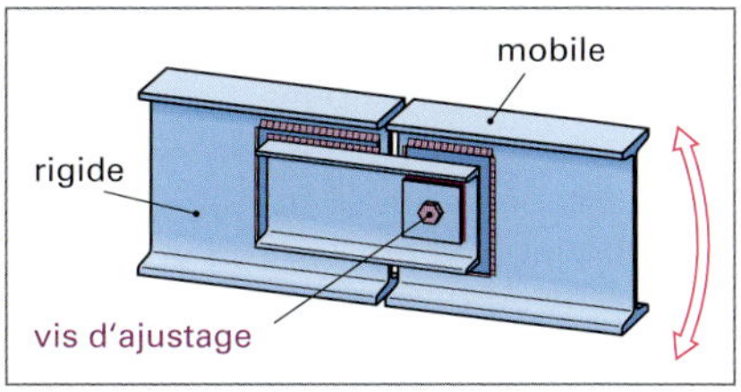

2 Liaison articulée

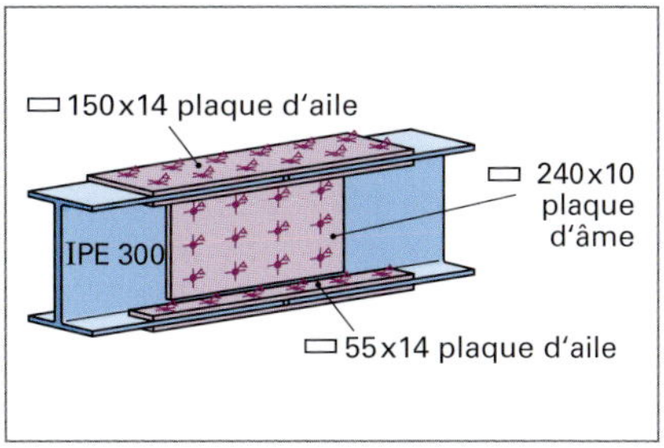

3 Jointure à plaque rigide en flexion

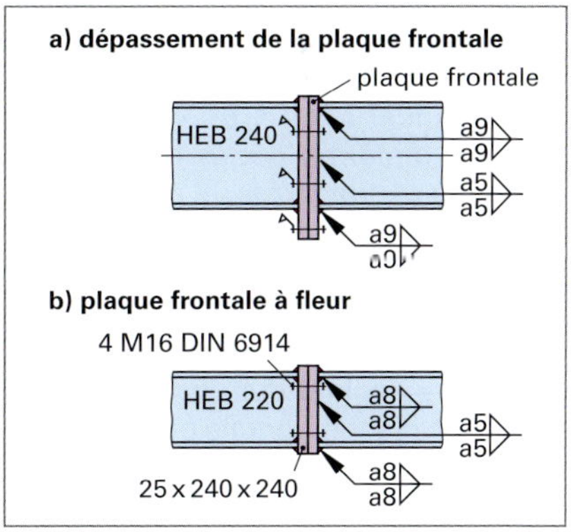

4 Liaisons de plaques frontales rigides en flexion

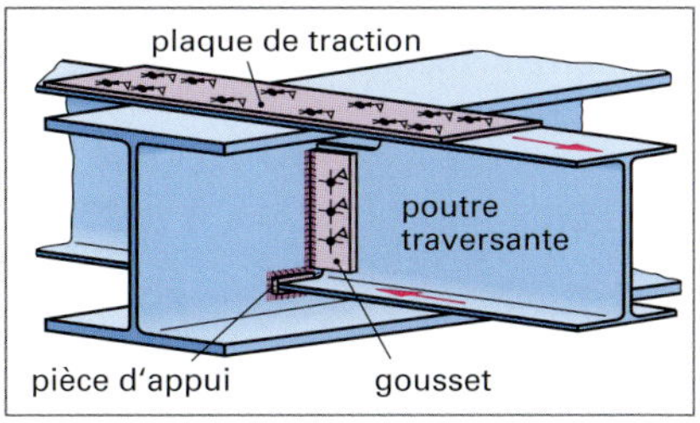

5 Liaison d'une poutre traversante

Liaisons démontables en profils creux (tubes)

Les liaisons tubulaires avec plaques frontales peuvent transférer des forces de pression et des forces transversales. Si la plaque frontale a une épaisseur d'au moins 1,5 fois le diamètre des boulons, des forces de traction peuvent en outre être transférées **(fig. 1)**. Les boulons HV sont répartis uniformément sur le périmètre.

Si une jointure de plaque frontale doit convenir à une contrainte de flexion, les conditions suivantes doivent être remplies :

1. Epaisseur du cordon de soudure « *a* » pour épaisseur de paroi du tube « *s* » dans la zone de traction et sur les traverses : $a = s$, dans la zone de compression : $a = 0{,}4 \cdot s$
2. Utiliser des vis HV DIN EN 14399-4 (2006–06).
3. La rigidité maximale est obtenue si les boulons sont disposés le plus près possible des tubes dans la zone de traction.
4. Dans la zone de pression, laisser la plaque frontale légèrement dépasser du tube d'environ $a \cdot \sqrt{2} + 5$ mm.
5. Les boulons plus petits peuvent être mis en place plus près du tube. Il en résulte des forces de traction plus petites dans les boulons et la flexion défavorable des plaques frontales se trouve réduite.

Liaisons indémontables

En atelier, des liaisons bout à bout inamovibles, pour une sollicitation par compression ou par traction, peuvent être réalisées avec une machine à souder bout à bout par étincelage ou par soudage manuel à l'arc. En cas d'intervention d'un soudeur diplômé, par la réalisation du soudage en bonne et due forme, p. ex. avec fenêtre de soudage et la vérification du cordon de soudure, on obtient une jointure rigide en flexion.

Pour les profils tubulaires, une liaison bout à bout devrait s'avérer plus judicieuse que si un manchon intérieur y est introduit **(fig. 4)**. Une liaison bout à bout avec plaque frontale et soudée **(fig. 5)**, pour laquelle il faut toutefois vérifier la présence de bulles d'air sur cette plaque à l'aide d'ultrasons, est plus simple et convient mieux pour le chantier. En règle générale, les jointures soudées sont le plus possible évitées ou uniquement réalisées en atelier. Elles doivent toujours être mises en place à des endroits comportant une faible contrainte de flexion.

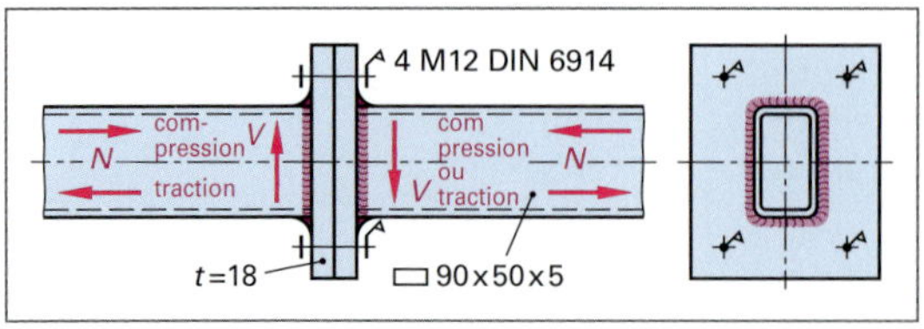

1 Liaison à plaques frontales

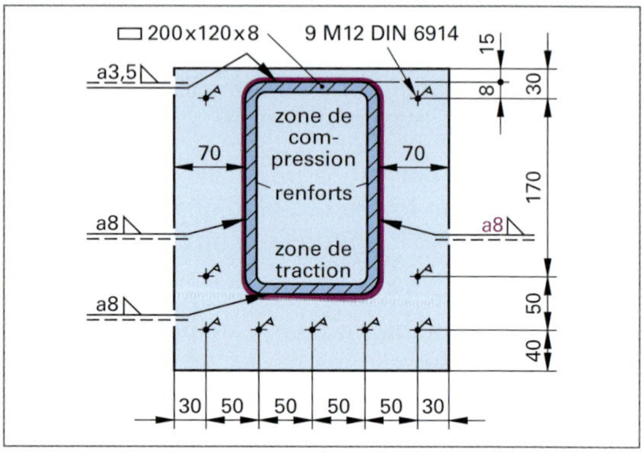

2 Liaison de plaque frontale pour contrainte de flexion

3 Liaison bout à bout soudée

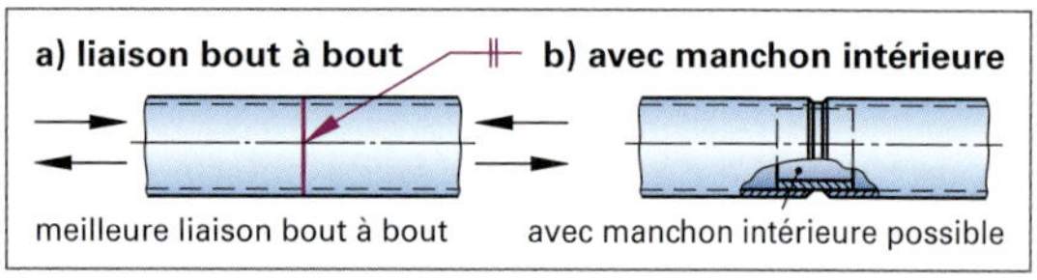

4 Liaisons soudée de profils creux (tubes)

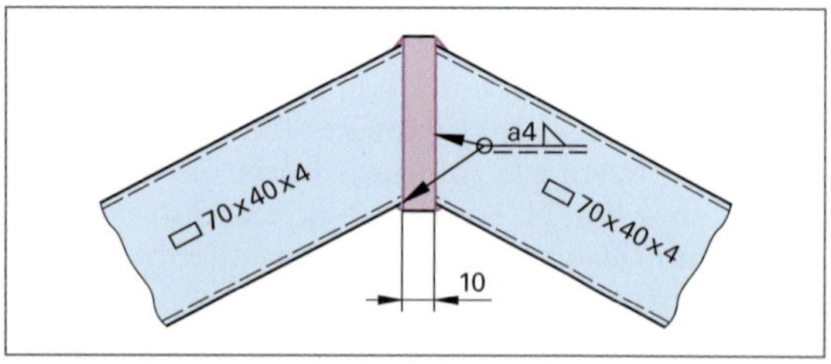

5 Liaisons bout à bout à plaque frontale, rigide en flexion

13.6.4 Usinages des poutrelles

Voici quelques exemples ci-dessous d'usinages de poutres typiques au chalumeau. Ils peuvent aussi être reportés en coupe à la scie :

a)

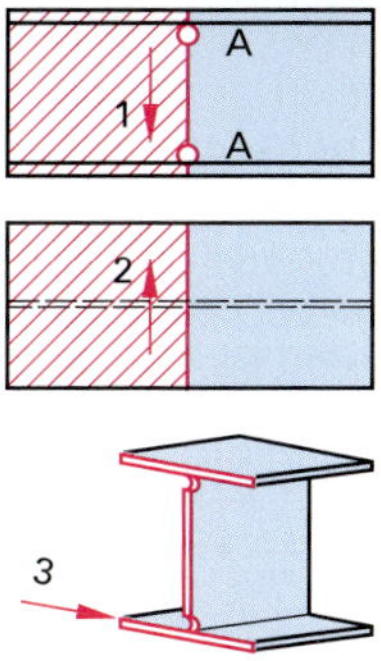

coupe transversale d'une poutre I

1. percer des trous Ø 17 en A
2. détacher l'âme dans le sens de la flèche 1
3. couper l'aile supérieure dans le sens de la flèche 2
4. couper l'aile inférieure dans le sens de la flèche 3

c)

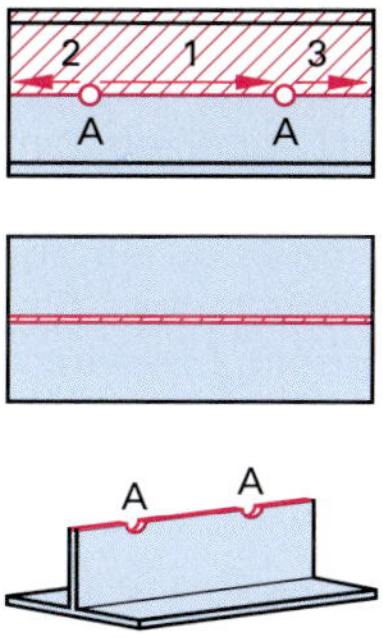

coupe longitudinale d'une poutre I

1. percer les trous en A
2. couper dans le sens de la flèche 1
3. détacher dans le sens de la flèche 2
4. détacher dans le sens de la flèche 3

Grâce à cette coupe en 3 sections, le profilé se déforme moins.

b)

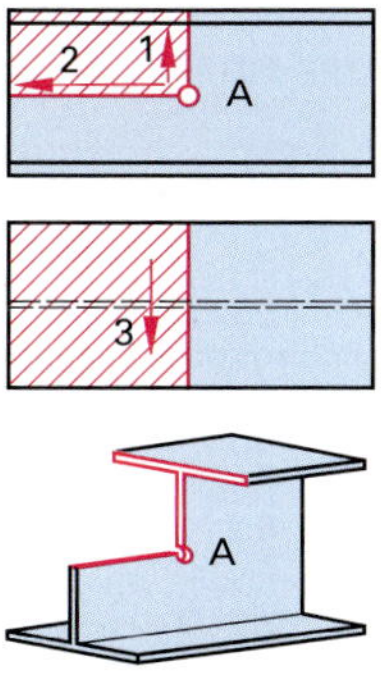

échancrer des poutres

1. percer des trous Ø 17 en A
2. couper l'âme dans le sens de la flèche 1
3. détacher l'âme dans le sens de la flèche 2
4. détacher l'aile dans le sens de la flèche 3

d)

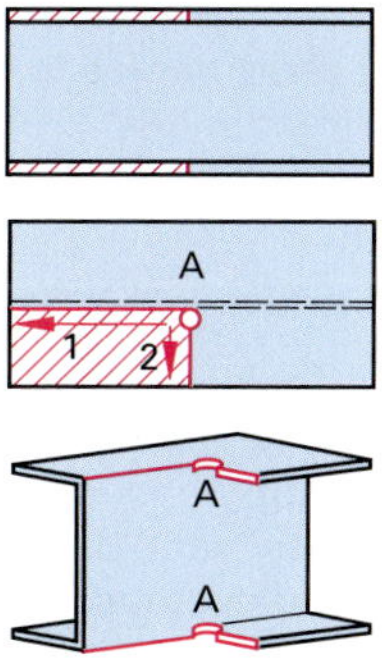

débrider un profil I

1. percer les trous en A
2. détacher l'aile dans le sens de la flèche 1
3. détacher l'aile dans le sens de la flèche 2

Contrôlez vos connaissances

1 Comment une liaison de poutre simple est-elle réalisée ?
2 Comment une liaison rigide en flexion se distingue-t-elle d'une liaison simple ?
3 Quelles sont les deux liaisons qui ne transfèrent pas des couples de flexion ?
4 Quels sont les avantages de la jointure à plaque frontale rigide en flexion ?
5 Quelles règles doivent être respectées pour des liaisons de profils creux ou tubes avec des plaques frontales ?
6 Comment une liaison bout à bout rigide en flexion et inamovible est-elle réalisée ?
7 Comment différencier les différents types d'appuis de poutres ?
8 Comment éviter une surcharge des arêtes de support intérieures, due à un fléchissement ?
9 A quoi servent les plaques d'appuis sur les poteaux ?
10 Quelles forces les appuis fixes peuvent-ils absorber ?
11 Comment les appuis libres sont-ils réalisés ?
12 Où les poutres en porte-à-faux sont-elles utilisées ?
13 Avec quels moyens de liaison des raccords de forces transversales peuvent-ils être réalisées ?
14 Que signifie la désignation I S 20 4 8 ?
15 Pourquoi les liaisons de plaques frontales qui dépassent, et sans renforts, doivent-elles être préférées pour des connexions rigides en flexion ?
16 Comment réduire les forces de traction dans la rangée de boulons supérieure d'une connexion rigide en flexion ?
17 Parmi les liaisons de poutres illustrées ci-dessous, lesquelles sont des raccords de forces transversales ?
18 Quelles sont les trois caractéristiques qui vous permettent de reconnaître des connexions rigides en flexion ?
19 Pour quelles connexions parmi celles illustrées existe-t-il des éléments de raccordement standardisés ?

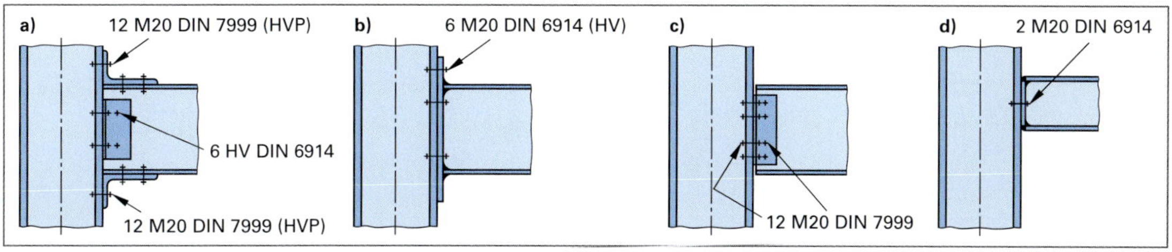

13.7 Renforts et haubans

Des **forces horizontales** considérables agissent sur un édifice en raison de la pression et la dépression du vent. Ces forces doivent être dirigées dans les fondations par des renforts et des haubans **(fig. 1 et 2)** pour que le bâtiment ne soit pas déformé de façon inadmissible ou ne s'effondre pas.

13.7.1 Renforts

Des diagonales qui se croisent, appelées contreventements, sont fréquemment utilisées en tant que renforts. La **fig. 1** montre l'effet d'une force horizontale sur un contreventement. Seule la barre de traction porte car des aciers ronds ou en équerre sont utilisés en tant que diagonales. La barre de compression se relâche ou plie parce qu'elle est très mince. Les barres de pression ont tendance à cliqueter quand les forces alternent. Les deux diagonales sont donc liées au milieu ou tendues avec un tendeur à vis. Grâce à la précontrainte, les deux diagonales participent au renfort et les déformations horizontales diminuent.

> Les renforts verticaux empêchent que le bâtiment ne s'effondre en raison des forces horizontales.

Les renforts verticaux peuvent absorber les forces du vent venant de toutes les directions si

- ils sont disposés dans au moins deux directions non parallèles entre elles et
- dans au moins trois plans verticaux **(fig. 3a, b)**.

Les renforts horizontaux sont formés au niveau du plafond par des plaques de plafond ou des contreventements horizontaux **(fig. 3)**. Ils doivent transférer les forces horizontales vers des renforts verticaux et empêcher une déformation non admise des plafonds rectangulaires en parallélogrammes.

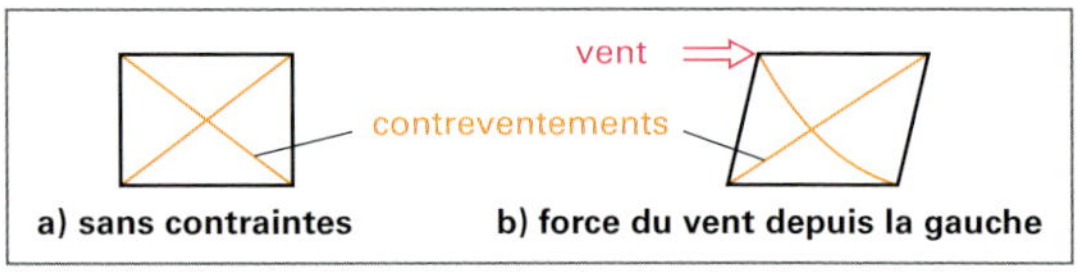

1 Effet d'une force sur un contreventement

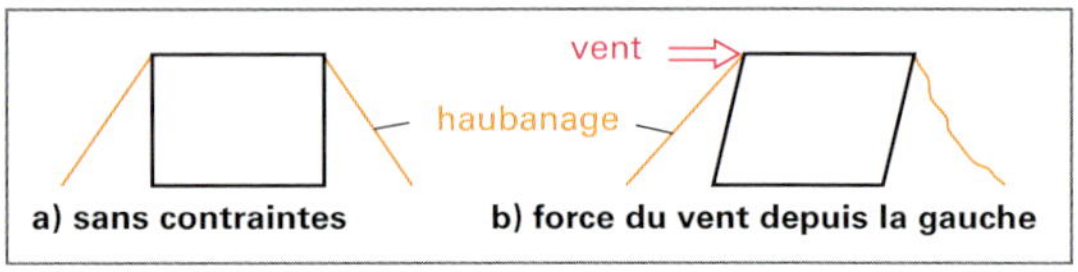

2 Effet d'une force sur un hauban

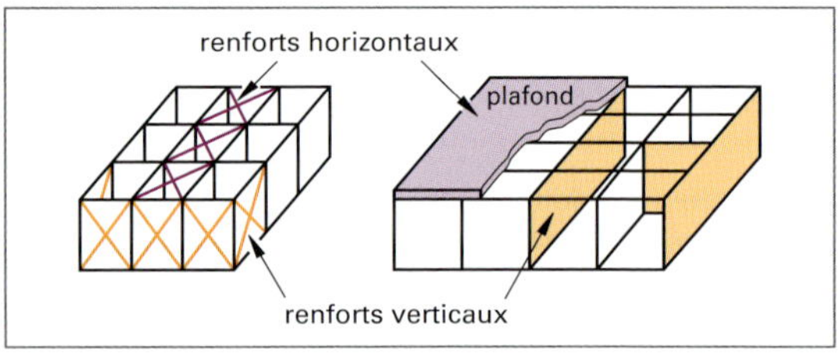

3 Disposition possible de renforts

Types et utilisation des renforts

Un bâtiment peut être renforcé par des contreventements **(fig. 4a)**, des poteaux rigides **(fig. 4b)**, des puits **(fig. 4c)**, des panneaux muraux **(fig. 4d)**, des haubans **(fig. 4e)** ou des cadres **(fig. 4f)**. Les poteaux rigides sont avant tout utilisés pour les pylônes, les toits de stations-service et les portiques sur les autoroutes. Les panneaux muraux peuvent aussi être composés de tôles trapézoïdales rigides ou de béton, tout comme les puits pour les ascenseurs et les cages d'escalier.

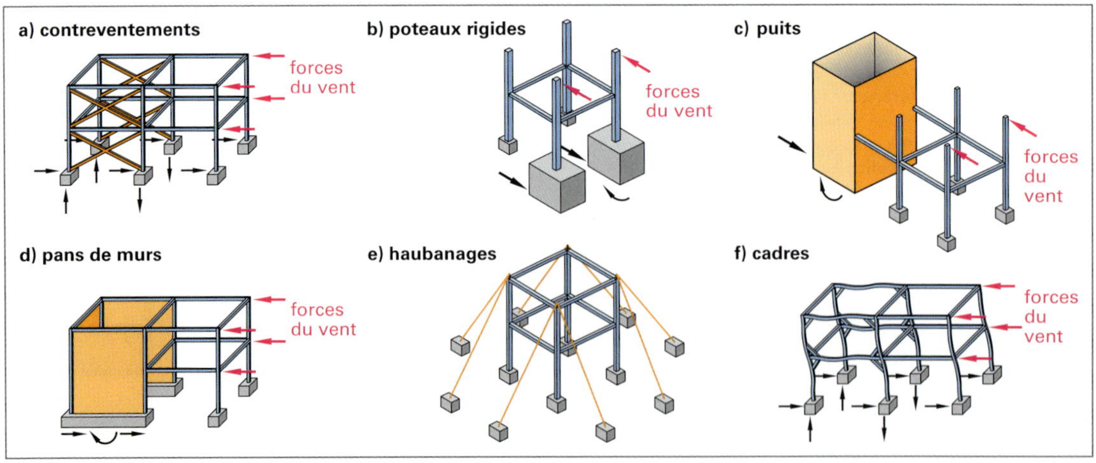

4 Types de renforts verticaux pour modules d'étages en acier

Cadres dans les constructions à étages

D'un point de vue statique, ils sont composés de plusieurs barres reliées les unes aux autres de façon rigide en flexion à au moins un point d'angle. **(fig. 1)** Ils constituent le système le plus simple de couverture d'un espace et sont utilisés dans la construction de halles en tant que cadres unitaires **(voir p. 241)**. Empiler des **cadres d'étages** les uns sur les autres permet aussi de réaliser des **buildings** de grande hauteur **(fig. 2)** dont les fenêtres peuvent être installées sans problèmes.

Si toutes les liaisons angulaires sont réalisées de façon rigide en flexion, on parle de cadres sans articulations. Toutefois, jusqu'à trois des quatre coins peuvent être réalisés de façon flexible ; on parle alors d'un cadre à une, deux ou trois articulations. Ils conviennent moins aux buildings de grande hauteur car :

> Plus il y a d'articulations, plus les déformations sous charge sont importantes.

D'un autre côté, les tassements de terrains et les différences de température peuvent être mieux absorbés.

Les raccordements de montage doivent être disposés sur les articulations où il y a le moins de couples de flexion.

Pour obtenir une rigidité la plus élevée possible, les cadres d'étages du bâtiment bancaire de 259 m de haut, à Francfort **(fig. 1)**, sont p. ex. des cadres sans articulations. Les raccordements de montage sont disposés à peu près au milieu des montants des cadres parce que les couples de flexion y sont faibles.

Un maillage étroit de cadres constitue un tube - cadre, qui forme l'enveloppe porteuse et permet de construire des bâtiments jusqu'à environ 200 m de hauteur. Des buildings **(fig. 2a)** étaient déjà érigés au milieu du siècle dernier avec ce principe de construction.

Pour les bâtiments de plus de 200 m, soit on réalise un tube intérieur et un tube extérieur (tube in tube) **(fig. 2b)** soit plusieurs tubes sont assemblés en faisceau (bundled tubes) comme dans la Sears Tower de 422 m de haut, composée de neuf tubes **(fig. 2c)**.

Pour les nouveaux buildings et les futurs bâtiments jusqu'à 1'000 m de haut, les cadres sont combinés à des poutres triangulées en renforçant les grands poteaux visibles de l'extérieur (méga poteaux) avec des diagonales visibles, de taille correspondante. On parle de méga poutres triangulées (Column-Diagonal- Truss-Tube), dans lesquelles les étages sont montés. La **fig. 3** montre la Banque de Chine à Hong Kong.

1 Cadres d'un building à squelette en acier

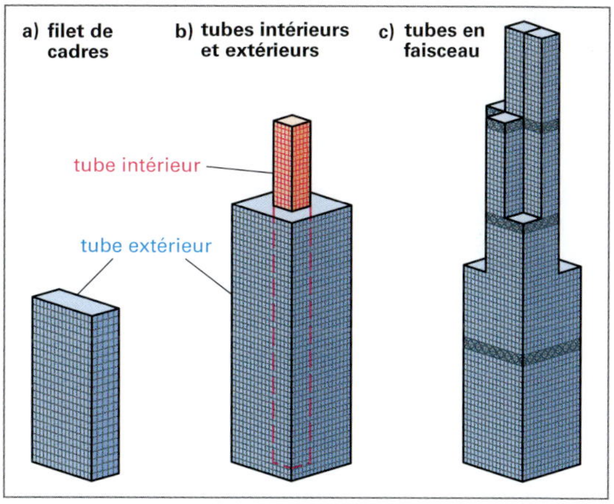

2 Principes de construction de grattes – ciel

3 Gratte-ciel avec méga poutres triangulées

13.7.2 Structures porteuses à câbles

Par alliage et écrouissage il est possible de fabriquer des câbles en acier avec une résistance à la traction $f_{u,k}$ pouvant atteindre 1770 N/ mm^2. Ils transfèrent ainsi des forces de traction particulièrement élevées pour un poids propre faible.

Le tirant avec tiges filetées avait antérieurement été appliqué pour des poutres en bois et des poutres en fonte, afin d'augmenter leur portée. La **fig. 1** montre un tirant dans un livre d'apprentissage datant de 1876. Ce principe a aussi été appliqué pour des fermes en bois. Les ingénieurs Wiegemann et Polonceau ont conçu à partir de cela la ferme à tirant pour de grandes portées. Des tirants avec des câbles en acier sont utilisés pour des toits en verre, notamment pour obtenir des fermes légères avec une grande portée et un bon effet architectural **(fig. 2)**.

Les **haubans** sont des éléments sollicités en traction dont la tâche est d'empêcher que des cheminées, antennes, tours de télécommunications ou pylônes de ponts ne basculent **(fig. 3)**. Des câbles spiralés ou à torons ronds, galvanisés pour la protection contre la corrosion et souvent entièrement enrobés, servent d'éléments porteurs. Il existe aussi des câbles inoxydables avec une résistance à la traction $f_{u,k}$ jusqu'à 1570 N/mm^2. Les câbles sont « confectionnés » par le fabricant, c'est-à-dire pré-tendus ou pourvus des garnitures d'extrémité nécessaires par pressage ou coulage.

Les suspensions sont utilisées pour les toits de stade, halles, hangars à avions et usines afin de garder de grands espaces sans poteau. Un célèbre exemple de construction avec un réseau de câbles est le toit du stade olympique de Munich, couvert de PMMA. Dans le stade de football de Stuttgart **(fig. 4)**, une membrane textile qui laisse passer la lumière a été tendue, comme pour une tente. La **fig. 5** montre le principe de la structure d'un toit de stade. Un anneau de pression ovale supérieure et inférieure, en acier, est monté entre les poteaux extérieurs. Des **fermes haubanées** sont montées entre tous les poteaux extérieurs et le câble annulaire intérieur **(fig. 6)**. Le câble porteur supérieur se tend en raison du poids de la structure prémontée au sol. La filière inférieure du connecteur de câble est reliée aux câbles de suspension verticaux et porte la membrane. La filière inférieure tendue n'empêche pas uniquement que la membrane ne se plie mais aussi qu'elle ne se soulève en cas de vent.

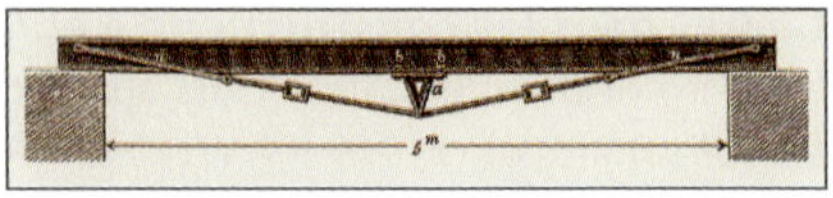

1 **Poutre et tirant**

2 **Fermes haubanés**

3 **Pont avec pylône haubané**

4 **Toit à membrane suspendu**

5 **Structure porteuse haubanée d'un toit à membrane**

6 **Liens de corde**

13.8 Halles métalliques

Des halles métalliques sont un domaine d'application prioritaire de la construction métallique. Les avantages par rapport à ceux des halles en maçonnerie ou en acier – béton sont :

- la **courte phase de planification**. Elle est possible grâce aux halles modulaires déjà planifiées, disponibles dans de nombreuses dimensions,
- la **courte durée de montage** grâce à la préfabrication et au prémontage des éléments,
- les **grandes portées** supérieures à 200 m
- le **poids relativement faible** qui permet une fondation plus petite,
- la **bonne capacité de transformation et d'extension** grâce à la possibilité de démonter toutes les pièces,
- la **performance environnementale** grâce à la capacité de réutiliser l'acier.

13.8.1 Formes de toits et systèmes statiques

Il existe différentes formes de toits de halles :

- **Toits à pignon** pour les halles longues,
- **Toits plats** pour les grandes halles carrées,
- **Toits à un pan ou pupitre** pour annexes en applique,
- **Toits "Shed"** pour les halles lumineuses,
- **Toits en berceau** pour les halles de compétition et de gare, avec grande portée
- **Toits en dôme, coupole** pour les églises, mais aussi pour le stockage en vrac **(fig. 1)**.

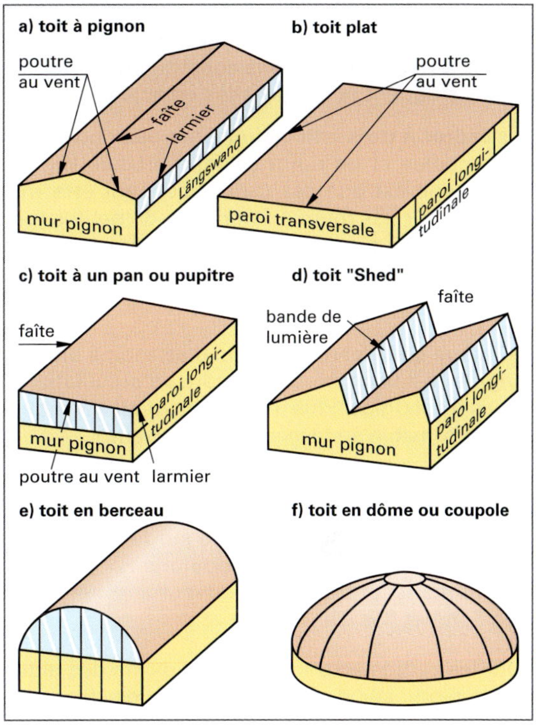

1 Formes de toits

Systèmes statiques

Le système statique influence les coûts pour les fondations, les matériaux de construction et de montage.

Les poutres qui supportent le toit s'appellent les fermes. Le plus souvent, **les fermes cadres (fig. 2)** et les constructions de **fermes** sont montées sur des **poteaux pendulaires**, **(page 212)** ou sur des **poteaux scellés (p. 243)**.

> Une ferme est composée de montants verticaux et de traverses.

Il existe les structures suivantes de ferme :

Les **cadres sans articulations** ont des liaisons angulaires rigides en flexion et sont scellés dans une grande fondation **(fig. 2a)**. Ils sont particulièrement solides et rigides et utilisés p. ex. pour les murs pignons vitrés.

La plupart du temps, les cadres ont **une articulation** au milieu, sous forme d'une jointure boulonnée « souple » **(fig. 2b)**. De vraies articulations sont rarement réalisées.

Les cadres à deux articulations ont leurs articulations sous forme d'une petite embase avec seulement deux vis d'ancrage, la plupart du temps en bas du cadre **(fig. 2c)** avec lesquels aucun couple

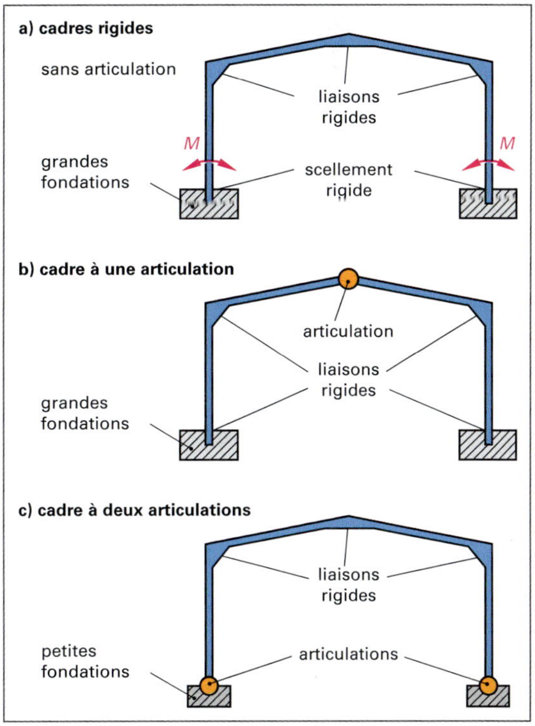

2 Cadres

de flexion n'est transféré sur les fondations. Ceci permet d'utiliser de très petites fondations. Les cadres à deux articulations constituent le modèle le plus fréquent pour les halles en acier.

Les **cadres à trois articulations** ont deux points au sol articulés et un point de faîte articulé **(fig. 1)**. L'avantage est que ces cadres peuvent être mis en place sur des murs existants ou de petites fondations et, que ces cadres sont insensibles aux tassements de terrain et aux fluctuations thermiques.

Chaque cadre carré a besoin d'au moins un coin rigide en flexion. Moins un cadre a d'articulations, plus il est rigide. Plus il y a d'articulations, moins il est sensible au tassement de terrain.

La **fig. 2a** montre un coin de cadre soudé, rigide en flexion. Pour un coin de cadre démontable, une plaque frontale est soudée sur le montant et reliée à la traverse par des boulons HV **(fig. 2b)**. Les montants et traverses peuvent aussi être sciés à l'onglet **(fig. 3)**.

Pour les cadres en poutres IPE, il existe des aides aux projets, sur des fiches techniques dans lesquelles figurent toutes les cotes nécessaires. Les montants et traverses ont souvent des brides parallèles mais peuvent aussi être élaborés de façon conique, conformément aux différentes contraintes de flexion **(fig. 4)**.

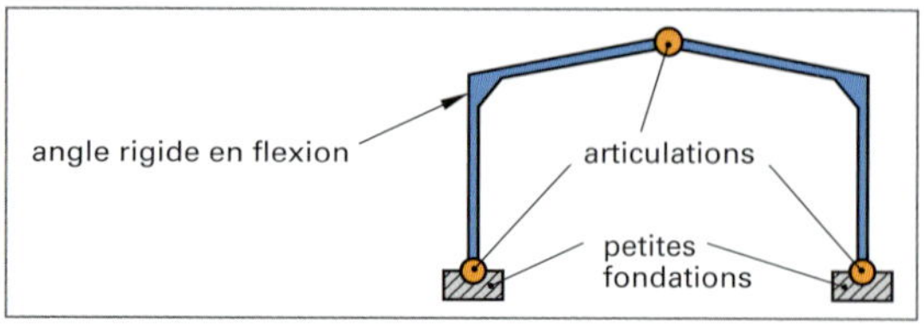

1 Cadre à trois articulations

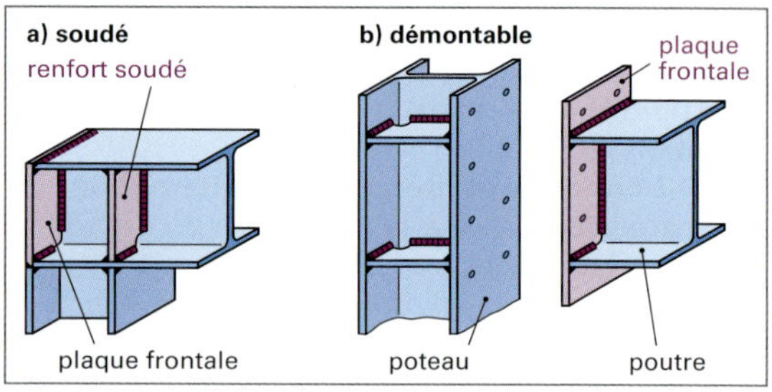

2 Coin, angle de cadre rigide en flexion

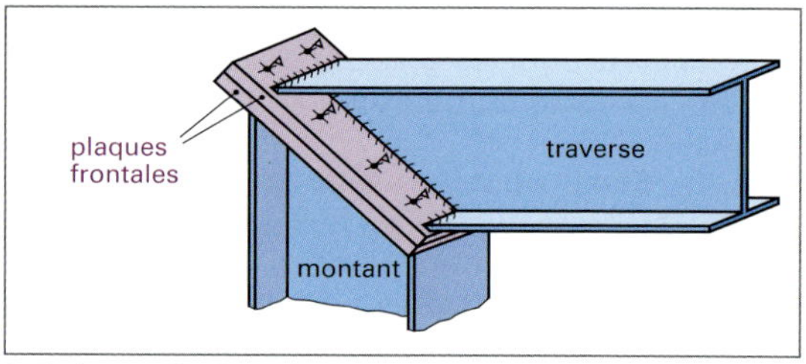

3 Coin, angle de cadre rigide en flexion, à l'onglet

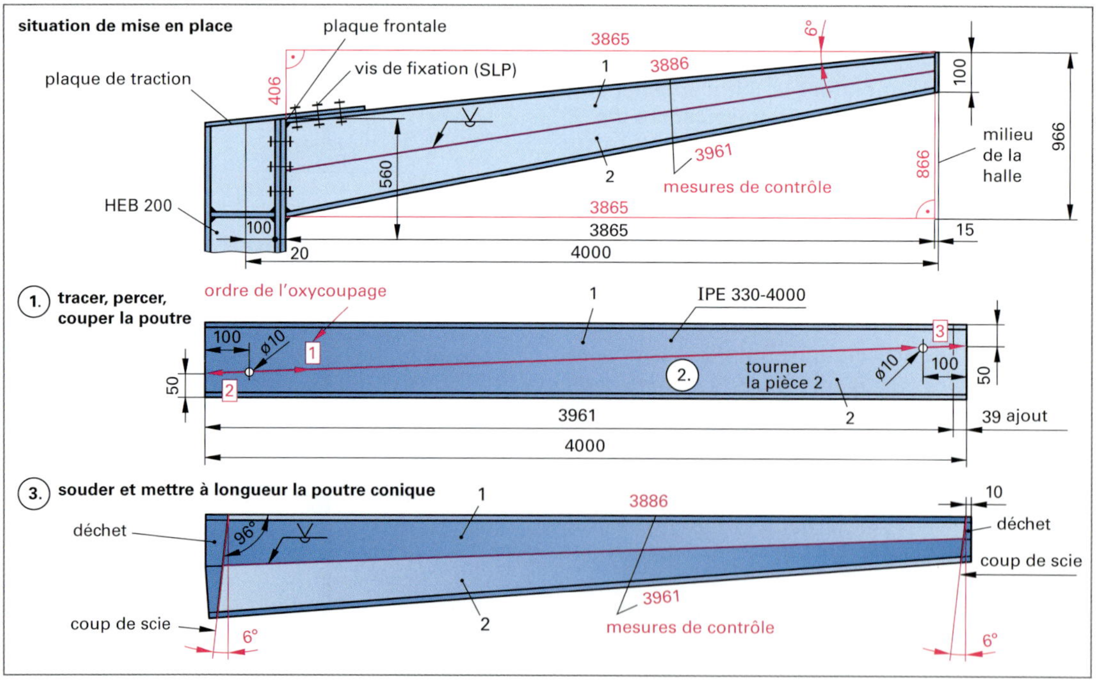

4 Réalisation d'une poutre conique

Les cadres peuvent aussi être réalisés à partir d'une poutre triangulaire à deux ou trois filières **(fig. 1a)**, sauf avec les profilés habituels en poutrelles ou poutres à nervures, ou en tant que poutres en équerre (Vierendeel). Un angle de cadre peut aussi être rigidifié par haubanage **(fig. 1b)**.

Les fermes sur poteaux rigides sont mises en place de façon articulée sur des poteaux encastrés pour lesquels de grandes fondations sont nécessaires. Pour les toits plats, les filières sont parallèles entre elles. Des fermes pleines suffisent pour des portées plus petites, tandis que les grandes portées nécessitent des poutres en nid d'abeilles **(fig. 2c)**, des poutres avec haubanage inférieur **(fig. 2b)** ou des poutres triangulaires **(fig. 2a)**. Pour les toits à pignon, des fermes en poutres triangulaires sont avantageuses car elles proposent le plus grand couple de résistance au milieu.

Les **structures porteuses en arc** soutiennent les toits en berceau avec des portées extrêmes. Une arche peut avoir jusqu'à trois articulations. Pour une contrainte homogène et une forme parabolique, seules des contraintes de compression surviennent dans la structure porteuse. La force qui agit dans le sens de l'arche donne sur les supports une composante verticale et horizontale. Elle peut être absorbée grâce aux fondations correspondantes ou par des tirants dans le radier.

Les structures porteuses en arche ne nécessitent aucune stabilisation transversale supplémentaire. Plus l'arche est plate, plus grande est la force horizontale sur le poteau.

Il n'y a que dans le sens longitudinal que des contreventements doivent stabiliser les arches. Si elles sont haubanées, il est possible de construire des halles à plusieurs travées. Les arcs en treillis offrent de grandes portées pour la hauteur de construction correspondante. La **fig. 3** montre une halle en arche en cours de construction avec une portée de 215 m pour 107 m de hauteur.

Les **structures porteuses spatiales** possèdent une structure porteuse non redressée, c'est pourquoi, contrairement aux systèmes statiques présents jusqu'à présent, elles peuvent être étendues dans les quatre directions. Elles conviennent particulièrement aux palais d'expositions carrés. Les structures porteuses spatiales peuvent être réalisées en grilles dans lesquelles les poutres s'entrecroisent **(fig. 4)** ou en poutres triangulaires **(fig. 1, p. 226)**. Elles sont la plupart du temps fixées de façon articulée sur les poteaux rigides afin qu'aucun contreventement ne doive être monté. Pour les grandes portées toutefois, un haubanage peut être mis en place.

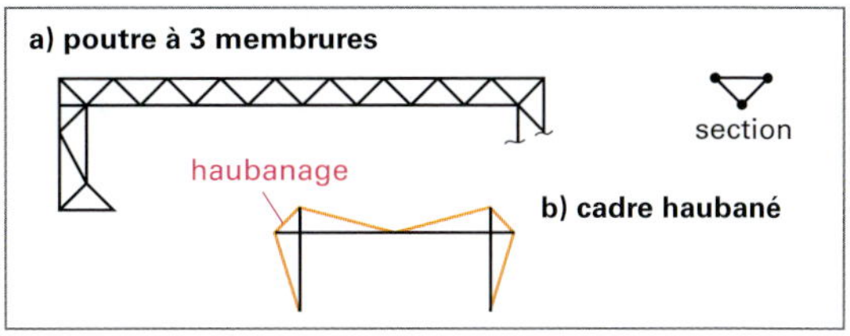

1 Formes spéciales de cadres

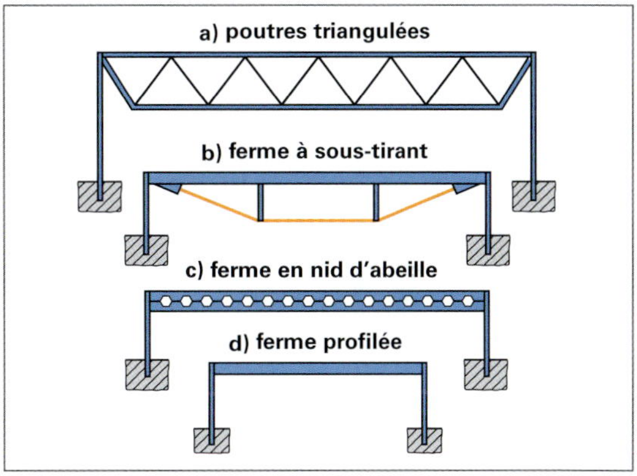

2 Fermes sur poteaux rigides

3 Poutres triangulaires en arc d'une halle voûtée à Kölliken en Suisse

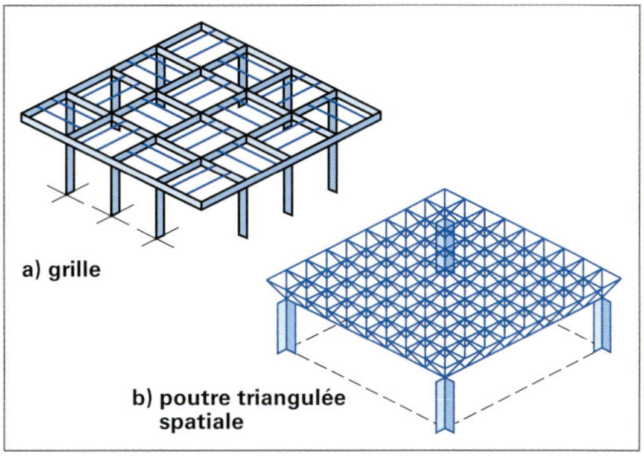

4 Structure porteuse spatiale

13.8.2 Eléments de construction d'une halle avec toit à pignon ou à deux pans

Les éléments typiques de la construction de halles métalliques et leurs fonctions sont montrés avec l'exemple d'une halle avec toit à deux pans **(fig. 1)**. Ici, le système statique est constitué de **cadres à deux articulations**, dont les montants de cadres sont liés aux traverses de façon rigide en flexion.

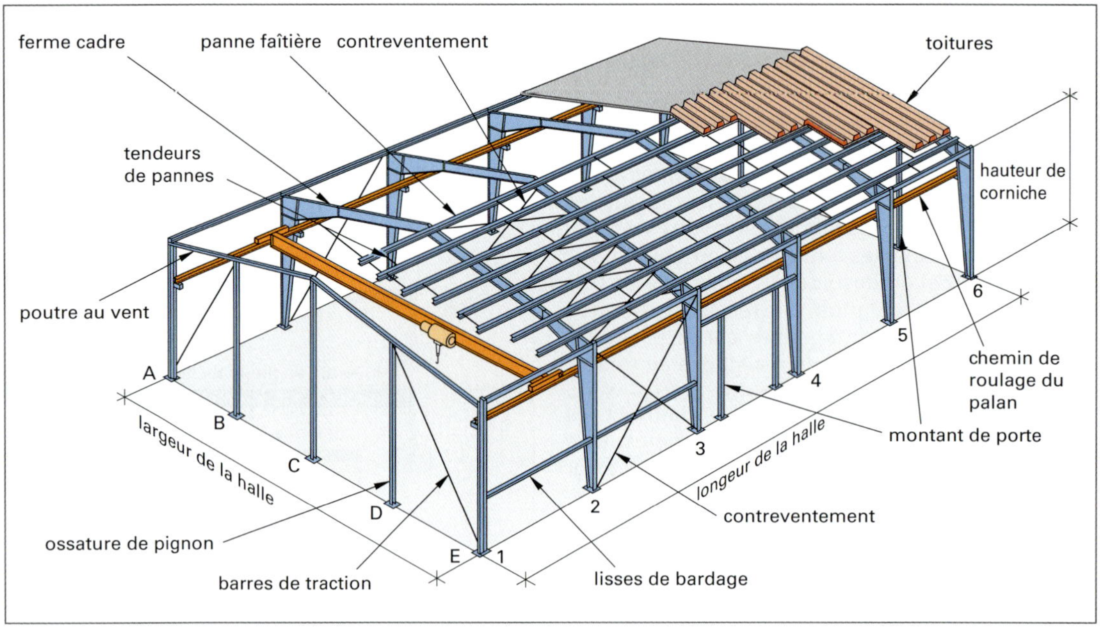

1 Halle avec toit à deux pans et cadres à deux articulations

La halle est divisée en 6 rangées. Dans la rangée 1, on a renoncé au cadre final et, pour cela installé une construction cloisonnée moins coûteuse en poteaux angulaires A1 et E1, montants et deux contreventements. Si une extension de la halle doit être envisagée dans cette direction, il serait judicieux d'y monter un cadre plein sur lequel les montants de pignon seraient directement fixés.

Les forces du vent sur la cloison longitudinale A ou E sont transmises par les cloisons et les traverses de cloison dans les cadres et dans les barres de traction des pignons puis dirigées dans les fondations.

Les forces du vent sur le mur pignon 1 sont absorbées par les poteaux d'angle A1 et E1 et les **montants de cloison** puis transmises à leur fondation et au toit. De là, les forces du vent sont dirigées dans les cadres 2 et 3 par les pannes jusqu'à arriver dans les fondations par le **contreventement** des parois A et E.

Les contreventements de toitures garantissent que le toit conserve toujours sa forme rectangulaire.

Les pannes servent à transmettre les charges du toit aux fermes, cadres ou arcs. Pour maintenir la flèche la plus petite possible, on utilise des pannes continues jusqu'à 18 m de long, qui passent sur plusieurs travées et sont jointes de façon rigide en flexion. La **fig. 2** montre la jointure de pannes en profilés froids minces, réalisée en tôle par laminage à froid.

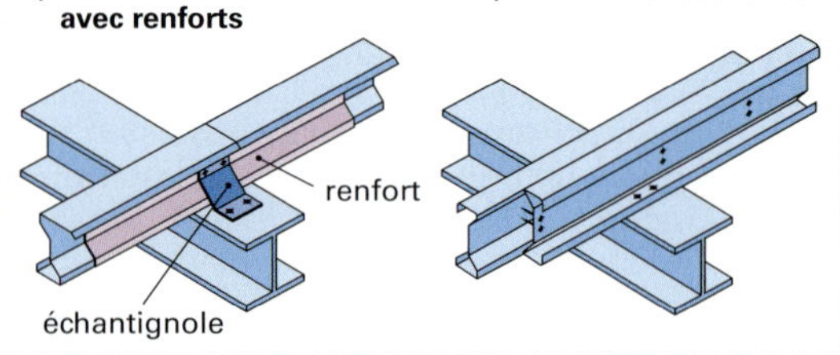

2 Liaison rigide en flexion de pannes continues

Pour les pentes de toit plus importantes, les **pannes** doivent être sécurisées contre le basculement. Ce sont des barres de traction ou tirants avec lesquelles les pannes sont fixées au faîte.

Si l'intervalle entre les éléments porteurs principaux n'est que de 10 m, des tôles trapézoïdales posées en longueur peuvent transmettre les charges du toit aux fermes, cadres et arches. Il s'agit d'une construction **sans pannes**.

13.8.3 Grues et palans dans les halles métalliques

Pour les chantiers, il existe des grues mobiles et à tour ; pour les halles et installations en extérieur, sont montés indépendamment de la charge à déplacer :

- des convoyeurs suspendus légers avec palans électriques,
- des grues à portiques mono rail ou
- des grues à portiques à deux rails **(fig. 1)**.

Les ponts roulants sont composés :

- du **chariot roulant**, dans lequel le mécanisme de levage avec le dispositif de levage sont installés,
- **des poutres de roulement** ou rails, sur lesquelles le chariot se déplace transversalement à la halle,
- des **deux sommiers**, qui relient les deux poutres de roulement (rails) où circule le chariot roulant, ainsi que
- des deux **poutres de roulement** avec les **rails**.

Des **rails carrés** suffisent pour les grues de réparation peu utilisées **(fig. 2a)**. Normalement, des **rails plats** de forme F100 ou F200 sans pied **(fig. 2b)** ou **les rails** de grue de forme A45 à A150 avec pied **(fig. 2c)** sont toutefois utilisés. Le nombre derrière la lettre de la forme indique la largeur de la tête du rail de grue. **Les rails de grues soudés** ne sont pas prévus pour être remplacés ; les **rails vissés** se remplacent difficilement, tandis que les **rails, fixés avec des boulons HV précontraints**, se remplacent et s'ajustent plus facilement.

Pour contrer l'usure de la **filière supérieure**, où reposent les rails, on dispose de tôles d'usure facilement remplaçables **(fig. 2b)**. Elles sont disposées sous le rail. Il est possible d'obtenir un fonctionnement silencieux de la grue grâce à une semelle de rail souple en gomme dure **(fig. 3)**.

Les **raccordements de rails** peuvent être réalisés de façon inamovible par soudage bout à bout, par soudure thermique ou par soudage à l'arc manuel après préchauffage entre 250°C et 300°C. Pour les raccordements démontables, une jointure en biais à 45° est réalisée avec un bon guidage latéral et des bouts biseautés **(fig. 4)**. Il convient de respecter un intervalle de 500 mm avec une éventuelle liaison de poutres de roulement de grue. Pour éviter le déplacement du rail pincé, il est vissé en son centre à la poutre de roulement de grue **(fig. 4a)**.

Une jointure fractionnée est nécessaire pour compenser les dilatations plus importantes. La **fig. 4** montre qu'elle est composée de deux morceaux de rails courts avec grugeages (encochages), disposés entre deux raccordements en biais.

1 Grue portique à deux poutres

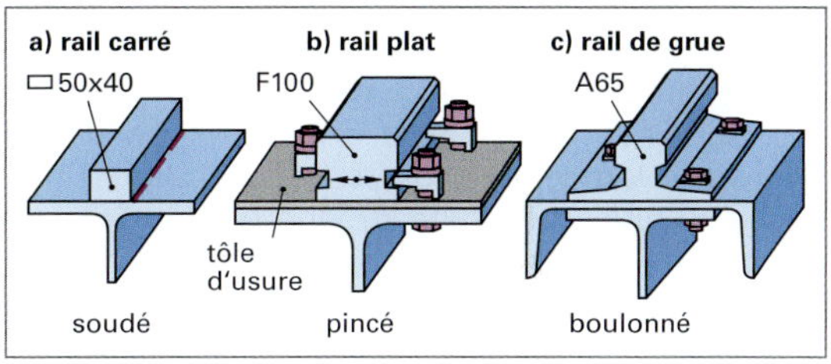

2 Rails de grue

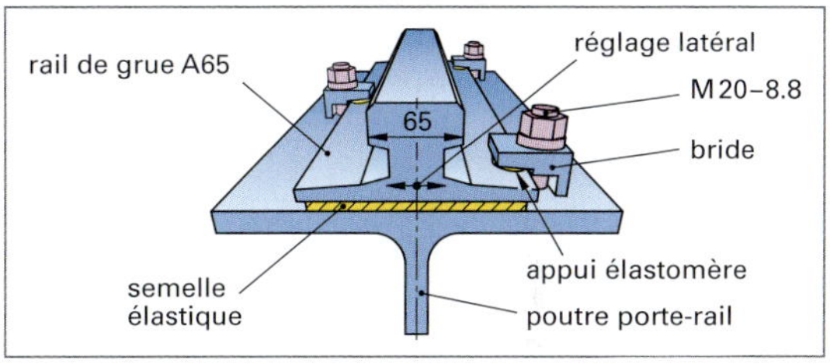

3 Rail logé de façon élastique

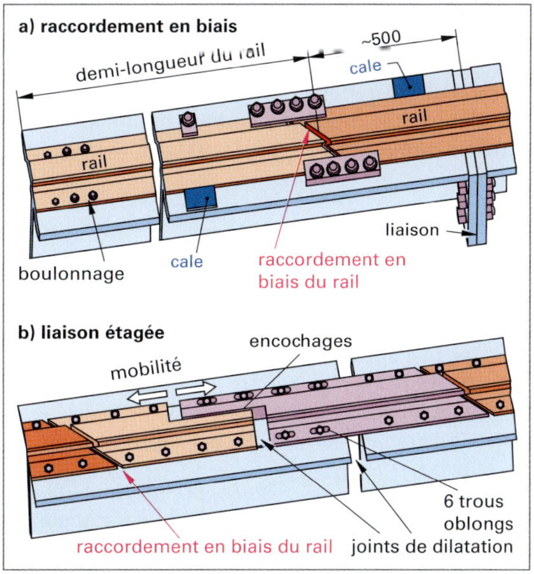

4 Liaison de rails de grue

Les **poutres de roulement de grue (fig. 1a)** se distinguent des autres poutres de flexion, lorsqu'elles sont parcourues

- en étant sollicitées de façon dynamique,
- en pouvant fléchir au maximum de 10 mm et
- par le fait que l'aile supérieure doit avoir une rigidité latérale plus grande,

parce que des forces horizontales perpendiculaires à l'axe de la poutre surviennent également en raison de la dynamique de déplacement de la grue et du chariot. C'est la raison pour laquelle les filières supérieures de poutrelles sont renforcées avec des aciers plats soudés ou équipés avec des filières supérieures en profilés en U ou HE-M coupés en deux, en tant que poutres à nervures (**fig. 1a**). Pour les grandes portées et un usage intensif et lourd, une poutre horizontale est disposée au niveau de l'aile supérieure **(fig. 1a)**. Les renforts transversaux et longitudinaux sont soudés en raison du risque de voilement de l'âme. Les cordons de soudure perpendiculaires aux pièces sollicitées par traction ayant un effet d'encoche désavantageux, **les renforts transversaux** ne sont pas soudés aux ailes supportant des grues ayant une sollicitation importante. Les **fig. 1b, c, d** montrent des possibilités d'appui de l'aile supérieure.

Pour obtenir une petite flèche, la poutre de roulement de grue est réalisée comme poutre intégrale sur deux champs. Elle peut aussi être rehaussée ou on utilise une poutre en caisson plus rigide.

Les appuis de roulement de grue portent les poutres de roulement logées sur les consoles de chemin de roulement et doivent être attelées transversalement à la halle. Les traverses renforcent le roulement de grue dans le sens longitudinal de la halle. Pour ajuster l'écartement des rails, les consoles sont pourvues de trous oblongs. Des équerres d'appui ou des tiges filetées maintiennent la traverse supérieure.

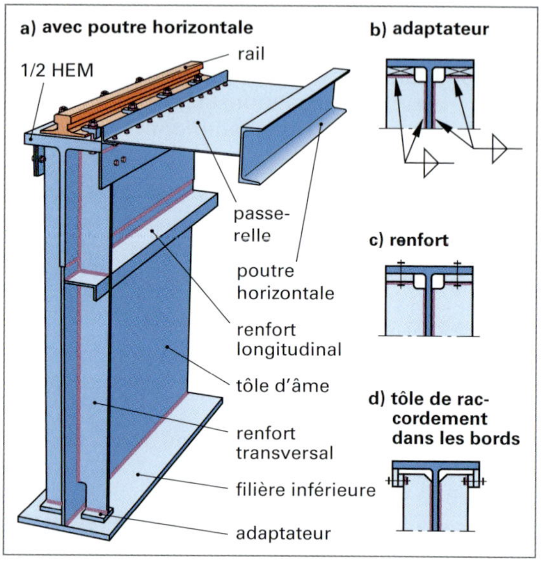

1 Poutre de roulement de grue soudée

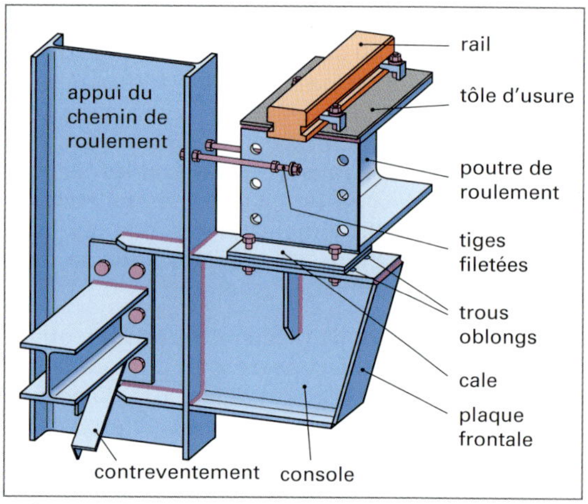

2 Console de roulement de grue avec raccordement

Contrôlez vos connaissances

1 Par quoi une construction en ossature métallique peut-elle être renforcée ?
2 Dans les cadres d'étage sans articulations, où les raccordements sont-ils situés ?
3 Différenciez à quoi sert une sous-tension, un haubanage ou une suspension.
4 Dessinez les formes de toit utilisées pour les halles.
5 Avec un caisson de construction métallique, construisez un modèle de cadre pour une halle avec toit à deux pans. Combien de coins rigides en flexion sont-ils nécessaires ?
6 Pourquoi une ferme triangulaire convient-elle mieux qu'une ferme parallèle pour de grandes portées ?
7 Quels sont les avantages d'une structure porteuse spatiale ?
8 Citez les éléments de construction les plus importants d'une halle en acier.
9 Quels éléments de construction peuvent prendre en charge le rôle des pannes ?
10 Quels types de grues sont utilisés en construction métallique ?
11 De quels éléments supplémentaires une halle a-t-elle besoin si une grue doit y être installée ?

13.9 Eléments de cloisonnement et de fermeture

Plafonds, toits et parois ferment les espaces dans toutes les directions. Ces éléments doivent supporter toutes les forces occasionnées par les intempéries et l'utilisation de la construction puis les transmettre aux différentes poutres. Ils servent souvent à renforcer le bâtiment. Ce sont leurs fonctions statiques.

Ils ont aussi des **fonctions de physique** du bâtiment à satisfaire : ils doivent offrir une insonorisation, une isolation thermique, une protection contre l'humidité et contre les incendies. Le béton convient particulièrement à l'insonorisation et à la protection contre les incendies. La mousse de polyuréthane ou de polystyrène et la laine de roche sont utilisées pour l'isolation thermique. Les tôles trapézoïdales et les films protégent contre l'humidité. Le béton léger (béton cellulaire) convient aussi bien pour l'isolation thermique que pour l'insonorisation. Des éléments de liaison performants sont développés pour utiliser les bonnes propriétés des différents matériaux.

Types de plafonds

La **fig. 1** montre les types de plafonds les plus importants. Dans la construction métallique, les plafonds doivent pouvoir être installés et utilisés aussi rapidement que les autres éléments. Dans la construction conventionnelle, un coffrage doit être réalisé pour un **plafond massif en béton et coulé sur place (fig. 1a)**, puis retiré après la durée de prise. Cela ne convient donc pas à la construction métallique.

Pour les plafonds avec **coffrage perdu (fig. 1b et c)**, c'est tout d'abord la partie inférieure du plafond qui est réalisée en tôle trapézoïdale ou en plaques de plafond partiellement préfabriquées, avant d'être étayée puis coulée avec du béton. Si des **plaques préfabriquées autoporteuses en béton armé**, ou des **profilés trapézoïdaux (fig. 1d et e)** sont utilisés, l'étayage n'a plus lieu d'être et les travaux de construction métallique peuvent être poursuivis rapidement.

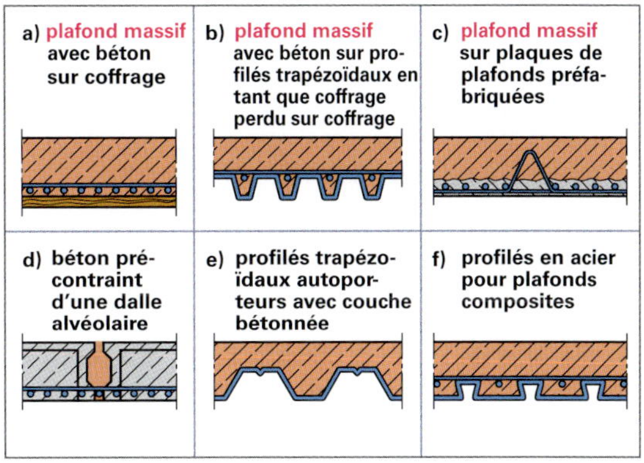

1 Types de plafonds

13.9.1 Plafonds composés acier - béton

Le béton armé est un partenaire composite adéquat pour les éléments de l'ossature en acier, tels que les poteaux, poutres et plafonds. Fermement lié à l'élément, il augmente non seulement la charge admissible et la rigidité mais aussi la capacité de résistance au feu et à la corrosion. Le plafond composite de la **fig. 1f** présente ces propriétés.

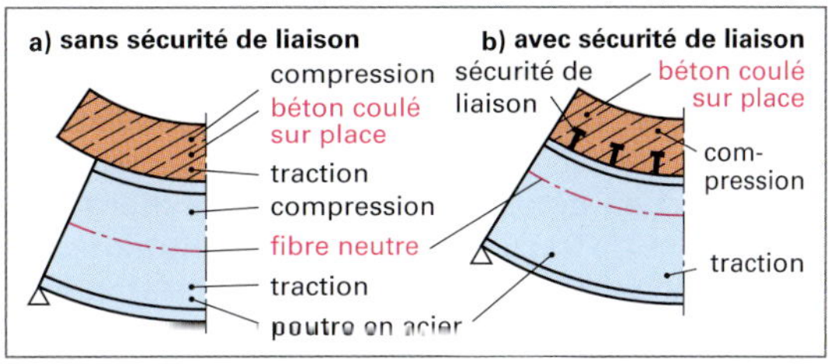

2 Effet de liaison

Sécurisations des liaisons

Pour obtenir un effet de liaison, les deux matériaux ne doivent pas se détacher en cas de sollicitation et glisser l'un sur l'autre **(fig. 2a)**. Dans la **fig. 2**, le béton absorbe les tensions de compression, l'acier les tensions de traction parce qu'une sécurisation de liaison empêche le glissement.

> Une augmentation de la charge admissible ne peut être obtenue qu'avec une liaison antidérapante des deux matériaux.

La **fig. 3** montre par exemple une sécurisation de liaison par perforation - emboutissage. Les profilés trapézoïdaux ou en acier peuvent toutefois être pourvus de protubérances gaufrées pour la liaison surfacique du plafond composite.

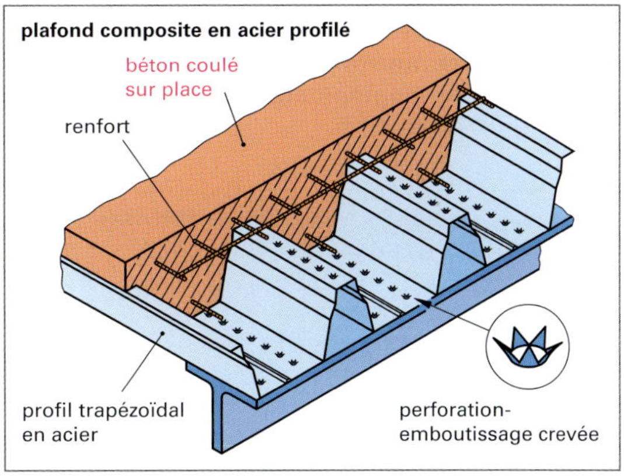

3 Perforation – emboutissage, crevée en tant que sécurisation de liaison

Les profilés trapézoïdaux avec nervures creuses ou dépouillées entraînent des effets de serrage et des forces de frottement supplémentaires, si bien que pour un ancrage final suffisant, les forces de cisaillement peuvent être transférées sans déformation **(fig. 1a)**. Les rainures en queue d'aigle ont en outre l'avantage de pouvoir fixer des conduites d'alimentation ou des plafonds suspendus à l'aide de **vis à tête conique** ou **écrous coniques**.

Les **goujons avec tête** sont la sécurisation de liaison la plus fréquente. Ils ont une tête refoulée à froid et sont soudés aux poutres en acier **(fig. 2)**. Les goujons ont un diamètre de tiges de 19 mm ou 22 mm.

Les **poutres composites profilées** sont produites si le **béton d'enrobage** est lié aux renforts intérieurs de façon à résister à la poussée **(fig. 1b et 5)**. La fabrication a lieu à l'horizontale **(fig. 3)**.

Les **boulons HV précontraints** sont des sécurisations de liaison avec lesquelles des plaques préfabriquées en béton armé peuvent être vissées sur des poutres en acier. Les poutres sont ainsi liées au plafond de façon à résister à la poussée (liaison de poutres **fig. 4 et 5d**).

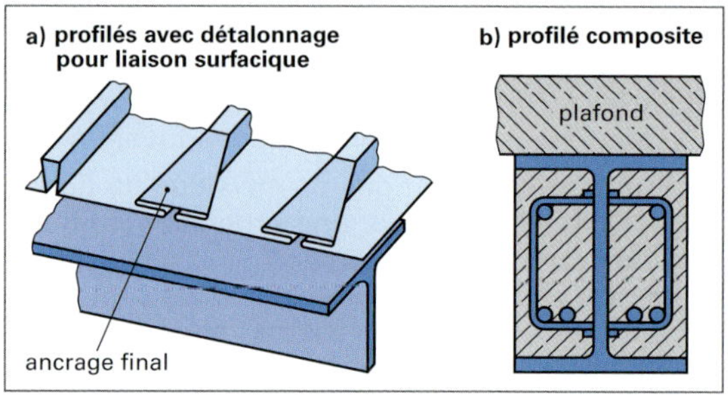

1 Sécurisations de liaison

2 Poutres en acier avec goujons à tête

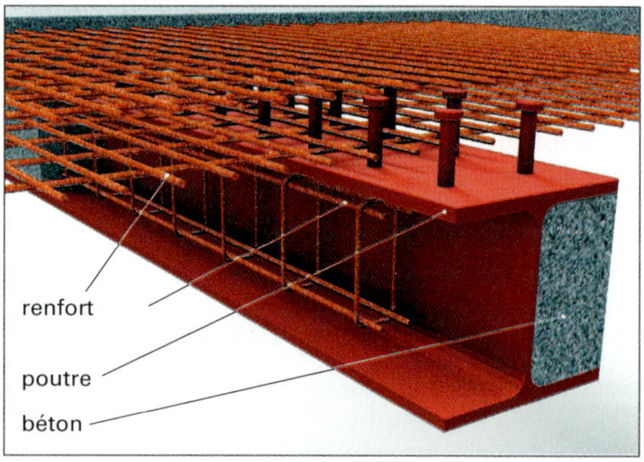

3 Fabrication d'une poutre composite profilée

Types de planchers mixtes

La **fig. 5** donne un aperçu de la charge admissible et de la rigidité des différents types de planchers.

Un plancher sur poutres métalliques **(fig. 5a)** sert de comparaison. Dans le cas d'un plancher mixte **(fig. 5b et 1a)**, on réalise une liaison résistante au glissement d'une tôle profilée en acier avec le support en béton. La tôle prend en charge les contraintes de traction, le béton les contraintes de compression. Il n'y a pas de fixation résistante au glissement entre les poutres de plancher et la dalle de plancher. La capacité portante et la rigidité augmentent légèrement par rapport à un plafond conventionnel.

En revanche, un plafond composé de profilés apporte, outre une meilleure protection contre l'incendie, une augmentation de la capacité de charge d'un facteur 1,5.

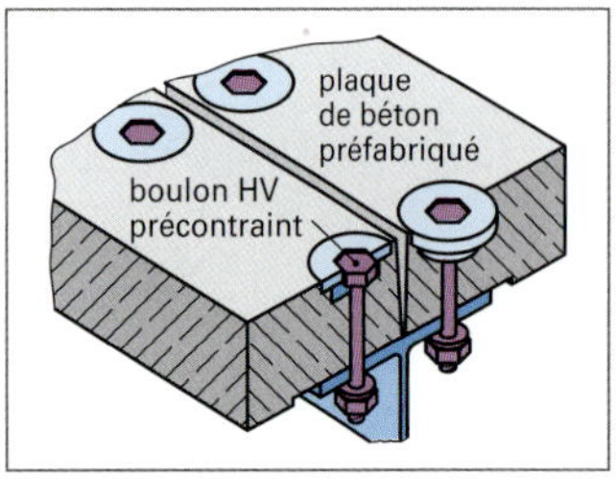

4 Sécurisation de liaison : Boulons HV

plafond en HEA 260 épaisseur d = 16 cm largeur = 4 m	a) 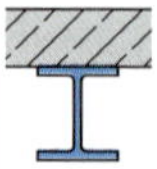	b) 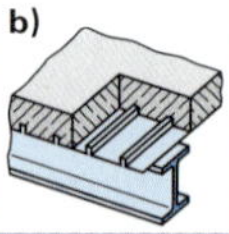	c) 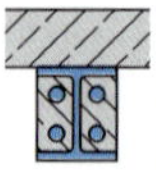	d) 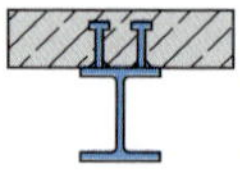	e) 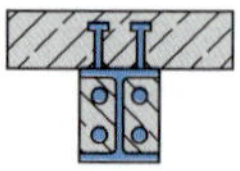
dénomination	poutre	plancher mixte	liaison profilée	liaison de poutres	liaison de poutres et de profils
charge admissible	1	1,2	1,5	2,6	4,2
rigidité	1	1,2	1,5	5,3	5,7

5 Comparaison entre un plafond conventionnel et des plafonds mixtes

Pour un **plancher mixte à poutres**, un chevillage résistant à la poussée de l'aile supérieure d'une poutre en acier est réalisé avec une plaque en béton. La poutre en acier absorbe les contraintes de traction, le béton les contraintes de compression. La charge admissible est ainsi 2,6 fois plus élevée que pour un plafond conventionnel.

Au lieu de béton coulé sur place, il est aussi possible d'utiliser des plaques de béton préfabriquées, coulées avec des goujons à tête **(fig. 1)** ou liées par adhérence avec des vis HV précontraintes **(fig. 4 page ci contre)**. La pression locale élevée due à la précontrainte est répartie sur le béton environnant par de grandes rondelles plates en acier.

La **fig. 3** montre un autre exemple de **plancher mixte avec liaison de poutres**. Il a trois éléments porteurs communs : la poutre en acier, les profilés trapézoïdaux en acier, de 205 mm de hauteur, et le plafond à renforts en béton armé coulé. Comme les profilés trapézoïdaux sont situés entre les poutres du plafond, on obtient une construction relativement plate.

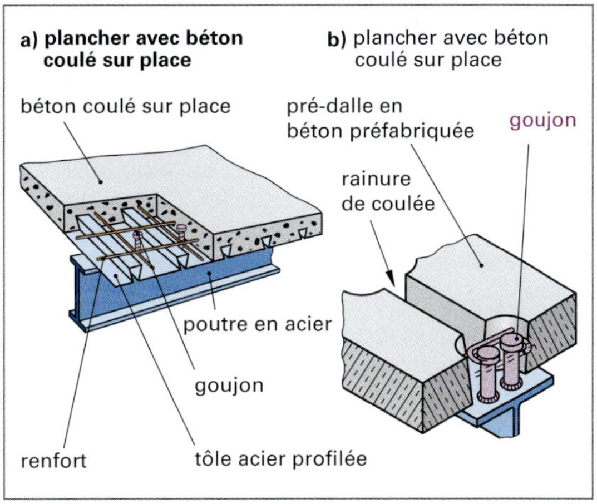

1 Plancher avec liaisons de poutres

Fabrication

Des tiges en acier carrées sont soudées à intervalles réguliers sur une poutre en acier. Le profilé trapézoïdal en acier est accroché dessus. Les capuchons et profilés empêchent que le béton ne s'écoule. Les goujons avec tête servent de sécurisation de la liaison entre le plafond et les poutres en acier.

Les profilés trapézoïdaux en acier n'ont plus besoin d'être peints, car ils sont protégés par un revêtement d'usine **(fig. 2)**. Ils sont autoporteurs et servent de coffrage perdu qui ne doit pas être calé ou soutenu pour le bétonnage. Ils peuvent être posés à la main, rapidement et sans grue.

2 Face inférieure du plancher

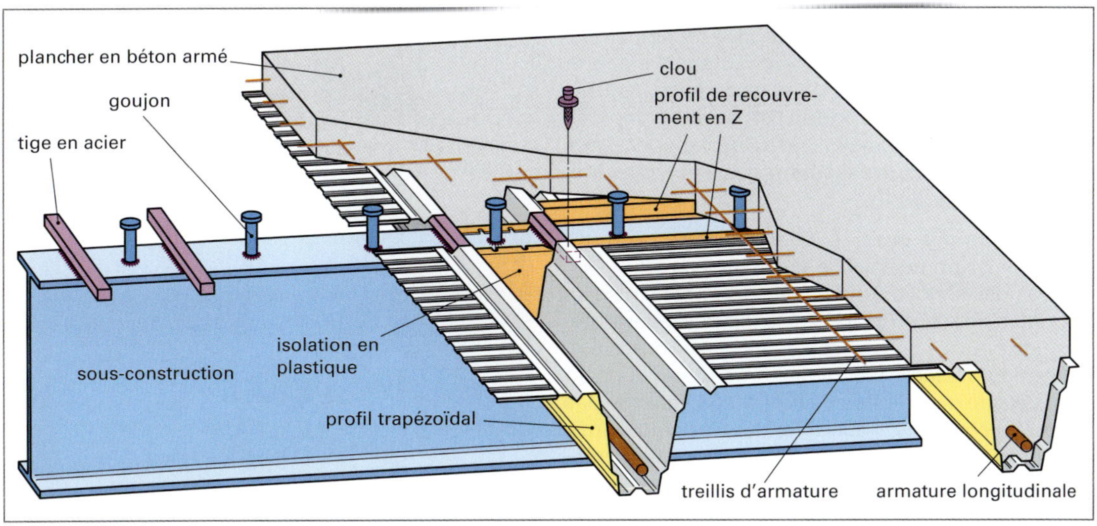

3 Plancher mixte

13.9.2 Plafonds composés

Des poutres composites profilées peuvent aussi être utilisées pour un « plancher mixte » dans les bâtiments devant être mieux protégés contre les incendies. L'aile supérieure est chevillée au béton du plafond et la traverse, ou aile, au béton d'enrobage de la poutre en acier. Ceci augmente la charge admissible de 4,2 fois et la rigidité de 5,2 fois par rapport à celle d'un plancher conventionnel.

Le plancher plat en acier est un autre exemple de cette construction.

> Le **plancher plat en acier** ne repose pas sur l'aile supérieure de la poutre de plancher mais sur l'aile inférieure.

La **fig. 1** montre différents profils qui conviennent comme poutres de plancher pour planchers plats en acier. Il s'agit de poutres soudées sur des tôles ou profilés qui s'adaptent bien à la charge admissible requise. Leur identification commune est la **flasque inférieure** large.

Le profil IFB (Integrated Floor Beam) est composé d'une poutre HEB coupée en deux avec une tôle large soudée en guise d'aile inférieure. Des tôles profilées en acier ou des plaques de coffrage de béton peuvent p. ex. être posées dessus. Les deux servent de coffrage perdu pour le béton coulé sur place et ne sont plus retirées. Les planchers en béton alvéolaires précontraints **(fig. 2)** sont en revanche utilisables plus rapidement. Ils sont déposés, les interstices restants des poutres de planchers sont armés et comblés avec du béton de remplissage **(fig. 4)** afin d'obtenir un plancher plat en acier avec liaison partielle. Dans la liaison partielle, il n'y a aucun chevillage complet mais un chevillage partiel à travers l'armature de traction.

Avantages des planchers plats : De faibles épaisseurs de plancher réduisent la hauteur d'étage et du bâtiment. Ça permet aussi de réduire les frais de chauffage, climatisation et ventilation. Les poutres étant bétonnées dans le plancher, elles sont protégées contre les flammes – la protection incendie est garantie.

Le montage des poutres de plafond est en outre accéléré par un **raccord de montage à crochet (fig. 3)**. Les tiges filetées sont installées avant la mise en place des poteaux. Après la mise en place des poteaux, les poutres de planchers sont accrochées aux extrémités filetées. Les plaques de tête disposent pour cela de deux fentes d'accrochage. Pour ne pas gêner l'accrochage, l'aile inférieure est raccourcie d'environ 40 mm. Tandis que le constructeur métallique serre les écrous et installe dans la version renforcée encore deux boulons normaux, la grue est libre pour acheminer la poutre suivante.

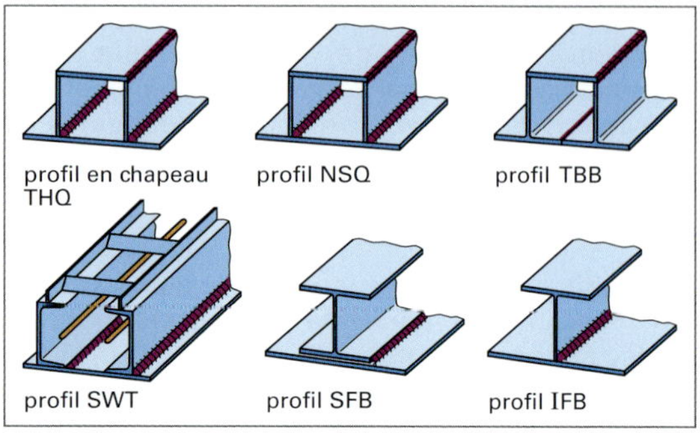

1 Poutre de plancher en acier

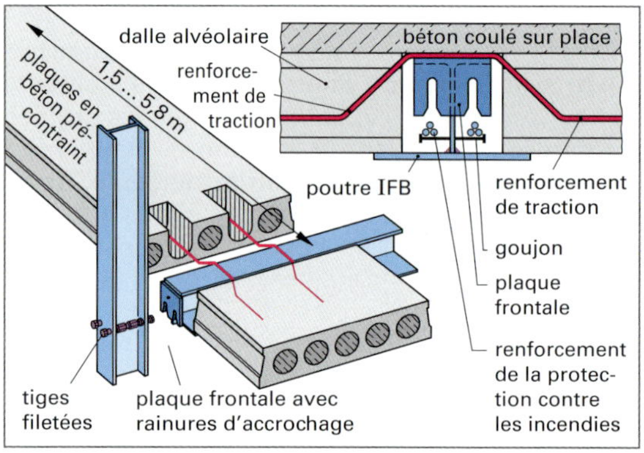

2 Poutres de plafond avec dalles alvéolaires en béton précontraint

3 Raccord de montage à rainures d'accrochage avec profilé IFB

4 Application du béton de remplissage

Comme pour toutes les connexions de plaques frontales, les tolérances de longueur sont compensées par des cales en tôle qui ont aussi des rainures d'accrochage.

La charge admissible de cette liaison correspond à la charge d'un raccord de forces transversales standardisé avec plaques frontales **(voir p. 234)**.

Pour les plafonds plats, les parties supérieures mais aussi les parties inférieures des plaques de plancher sont à fleur avec la poutre de plancher.

Les planchers mixtes ont les avantages suivants par rapport au plafond habituel :

- Comme ils sont plus rigides, les planchers mixtes fléchissent moins pour une charge utile identique ;
- Ils ont une hauteur de construction moins importante ;
- Ils économisent de l'acier, car on utilise du béton pour la zone de compression ;
- Ils économisent du poids et ont une durée de résistance au feu équivalente.

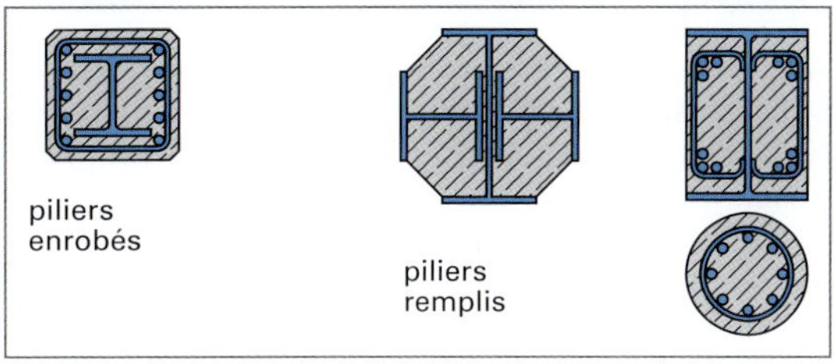

1 Piliers composites

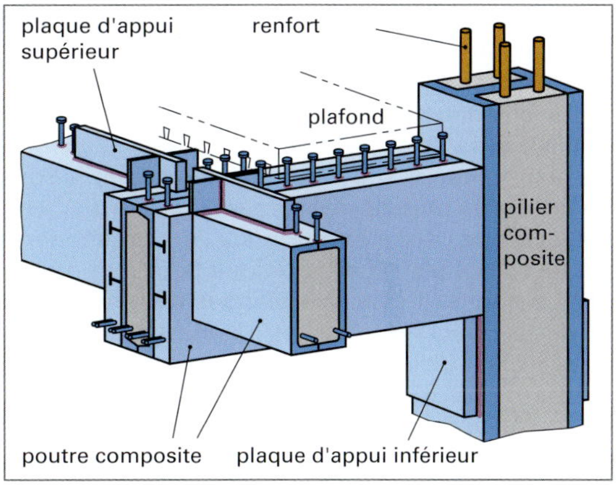

2 Raccords entre poutres composites et piliers composites

Les poutres composites profilées doivent en règle générale être reliées à des piliers composites ayant la même durée de résistance au feu. Les **piliers composites** sont des poutrelles en acier enveloppées ou remplies de béton. La **fig. 1** montre quelques exemples. Les poutrelles en acier enveloppées ont ainsi une durée de résistance au feu plus importante que les poutrelles remplies de béton. Les poteaux sont bétonnés avant le montage et montés en tant que poteaux composites, ou ils doivent être armés, coffrés et bétonnés après montage, dans le gros oeuvre.

Les poteaux composites doivent toutefois être différenciés des piliers en béton armé dont la section est en règle générale composée d'à peine 8 % d'acier de ferraillage. Les poteaux composites ont une capacité de résistance au feu semblable à celle des piliers en béton mais ont néanmoins les avantages suivants :

- Ils se montent rapidement tout en conservant la technique de liaison de la construction métallique,
- Ils absorbent immédiatement toutes les charges de montage,
- Les poteaux remplis de béton offrent un coffrage porteur grâce au profil en acier et
- Ils sont plus minces parce que l'acier a une résistance à la compression beaucoup plus élevée.

La **fig. 2** montre deux possibilités de raccordement à des poteaux mixtes avec des plaques d'appui.

Contrôlez vos connaissances

1 Qu'entend-on par éléments de cloisonnement et quelles fonctions ont-ils ?
2 Quels types de plancher connaissez-vous ?
3 Pourquoi le plancher massif en béton coulé sur place ne convient-il pas à la construction métallique ?
4 Pourquoi les planchers comptent-il parmi les renforts des bâtiments ?
5 Pourquoi travaille-t-on volontiers avec un coffrage perdu lors de la fabrication de plafonds en acier ?
6 Pourquoi est-ce aussi judicieux pour la protection contre les accidents si un coffrage perdu est autoporteur ?
7 Expliquez les avantages d'un plancher mixte !
8 Pourquoi le béton ne se détache-t-ils pas de l'acier dans une construction composite ?
9 Quelle est la sécurisation de liaison la plus fréquente ?
10 Quelles sont les sécurisations de liaison qui ne doivent pas être soudées ?
11 Comment fait-on la différence entre un plancher à liaison de poutres et un plancher avec des poutres composites (profilées) ?
12 A quoi ressemblent les poutres de planchers plats en acier ?
13 Schématisez en deux vues un raccord de montage à rainures d'accrochage.
14 Comment sont raccordées des poutres composites à des poteaux composites ?

13.9.3 Cloisons

Alors qu'avant, les constructions porteuses de structures en acier étaient maçonnées, on n'utilise aujourd'hui presque que des systèmes en panneaux légers de grand format, en tôles d'acier ou d'aluminium profilées ainsi que des plaques en fibrociment ou en béton léger. Les tôles profilées sont galvanisées en bande et ont éventuellement un revêtement de couleur ou sont en acier inoxydable. Les parois en tôle profilée sont simples ou doubles. Des profilés trapézoïdaux ou des **profilés en cassette** peuvent être utilisés pour la coque inférieure, c'est-à-dire le côté intérieur de la paroi double **(fig. 1)**.

Des **profils trapézoïdaux** ou ondulés, ainsi que des profilés pliés et de serrage **(fig. 1)** sont disponibles pour la coque supérieure (côté extérieur). Pour **l'isolation thermique**, des plaques de laine de roche peuvent être mises en place sur le côté intérieur. Un mur avec isolation thermique peut être monté plus rapidement avec des **plaques de béton léger** ou des **éléments composites (panneaux sandwich)** en acier car l'isolation thermique y est intégrée.

La zone du socle d'un mur peut éventuellement être maçonnée ou bétonnée si la résistance aux chocs des éléments de grands formats ne suffit pas. Tous les panneaux en tôle et toutes les plaques sont relativement légers et peuvent être montés rapidement et par tous les temps sur la sous construction en acier. Ils présentent une surface ayant déjà un revêtement. Seules les surfaces extérieures de **plaques en béton léger** doivent encore être revêtues pour être protégées contre l'humidité.

Types de murs

Au sens des règles de construction, les parois qui servent à fermer une pièce, à protéger contre les intempéries et qui ne doivent transférer que les forces du vent à la sous construction sont des « parois non porteuses ». En tant que renfort, elles peuvent être dimensionnées de sorte à constituer une cloison fixe.

On fait la distinction entre les types suivants :

1. **Paroi simple, sans isolation thermique.** Elle peut être composée de tôles trapézoïdales, tôles ondulées ou plaques ondulées en fibrociment. Elle peut être montée directement sur la sous construction en acier si le bâtiment n'est pas chauffé **(fig. 3a)**.
2. **Paroi simple, avec isolation thermique.** Avec elle, une couche d'isolation thermique est installée entre la face intérieure et les profilés trapézoïdaux. Le tout sur la sous construction en acier **(fig. 3b)**. L'insonorisation en est aussi améliorée. Sans pare-vapeur à l'intérieur, l'air humide et chaud peut pénétrer dans l'isolation et condenser, ce qui a un impact sur l'isolation thermique. L'humidité est toutefois évacuée par la ventilation arrière. Un mur avec enveloppe extérieure ventilée est appelé **paroi froide**.

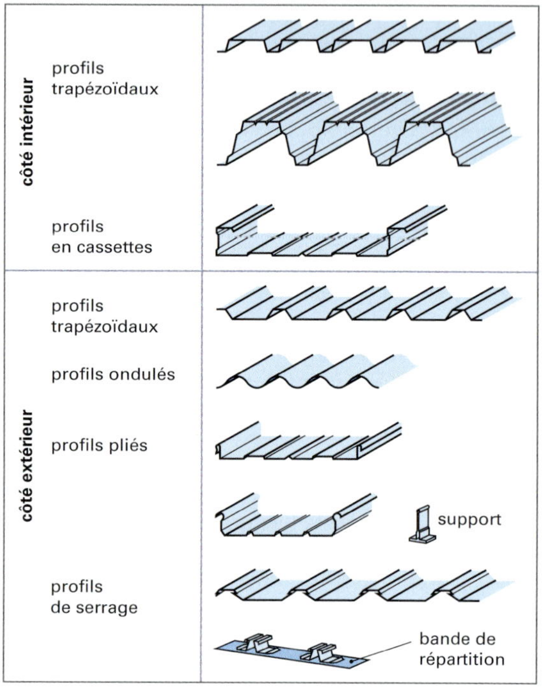

1 Tôles profilées pour parois métalliques

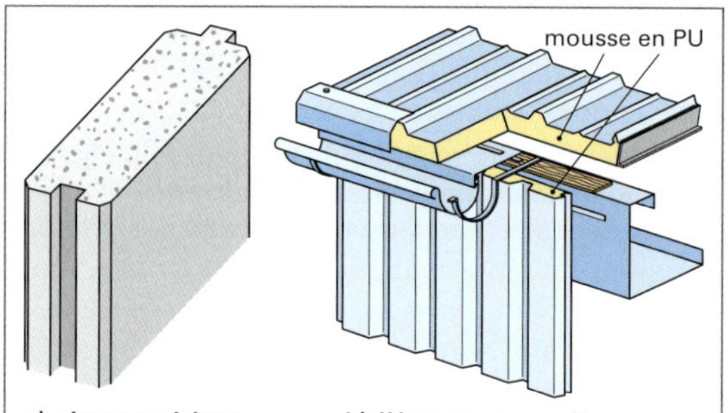

a) plaque en béton léger b) éléments composites (panneaux « sandwich »)

2 Eléments de paroi avec isolation thermique

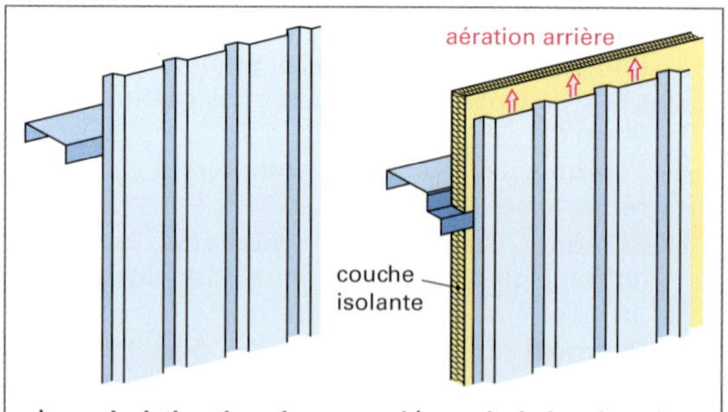

a) sans isolation thermique b) avec isolation thermique

3 Paroi simple

Une **paroi en béton léger** sous forme de **plaques murales** non porteuses jusqu'à 8 m de long, 625 mm de largeur et de 100 à 400 mm d'épaisseur est également une paroi simple. Elle peut être mise en place horizontalement ou verticalement. Le béton léger est sensible à la compression et, à une densité de 0,5 kg/ dm^3 à 0,8 kg/dm^3 offre une bonne isolation thermique et convient pour des parois coupe-feu. Les plaques ont une rainure avec un ressort et sont fixées sur des rails profilés avec des tôles clouées en aluminium ou en acier inox, et posées à sec.

Les **joints de surfaces** murales en béton léger exposées aux intempéries doivent être étanchéifiés. Pour les joints horizontaux entre des plaques, un mortier en résine synthétique suffit, pour les joints verticaux, on utilise une pâte d'étanchéité élastoplastique.

3. **Paroi double, avec isolation thermique.** Il en existe deux structures. Pour la paroi en cassettes d'acier, la coque intérieure est composée de **cassettes en tôles** en forme de U dans lesquelles l'isolation thermique est insérée **(fig. 2)** , la coque extérieure est composée d'un profil trapézoïdal ou ondulé. La paroi en profilés à deux coques est en profilés trapézoïdaux. Les **profils ondulés horizontaux** doivent être montés à une certaine distance de l'isolation thermique pour permettre une ventilation. Ceci permet d'évacuer la condensation qui a pénétré dans l'isolation. Il s'agit ici aussi d'une paroi froide.
4. **Paroi sandwich** : Elle est composée d'éléments sandwiches isolés de 1'000 mm de large. Il s'agit d'éléments composites en tôle d'acier profilée mince et d'un noyau en mousse dure de polyuréthane lié à la tôle de façon à résister à la poussée. On obtient ainsi une isolation thermique importante sans risque d'humidification et une rigidité exceptionnelle pour un faible poids volumique. La **fig. 3** montre la jointure dissimulée de cette paroi chaude en panneaux.
5. **Les revêtements de paroi** sont des composants montés sur une construction devant des parois existantes en béton ou brique. Les tôles profilées **(fig. 4)** servent surtout à la protection contre les intempéries et à l'aménagement esthétique du bâtiment. L'isolation thermique peut en outre être améliorée en ajoutant des matériaux isolants.

La **fixation des éléments** avec la sous construction doit avoir lieu avec les moyens de liaison bénéficiant d'une homologation de construction. Pour les tôles profilées, il s'agit de vis en acier galvanisé ou inoxydable, diamètre de tige ≥ 6,3 mm avec une rondelle d'étanchéité ≥ 16 mm **(fig. 3, p. 255)**, ainsi que des rivets aveugles et des chevilles de scellement.

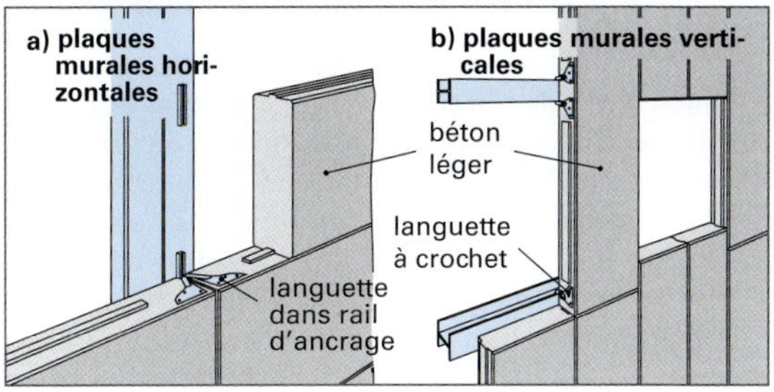

1 Paroi en béton léger

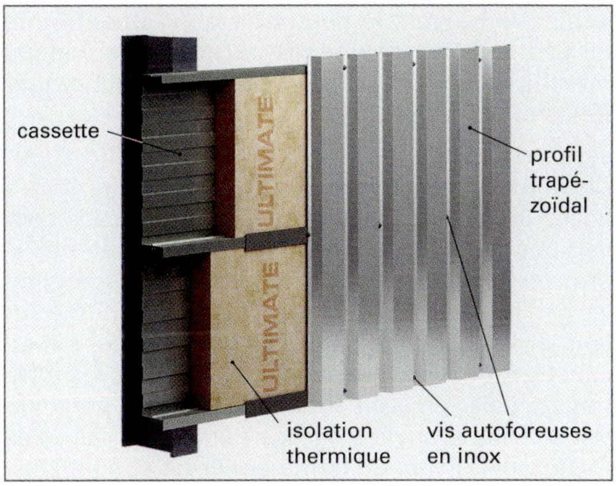

2 Paroi en cassettes d'acier

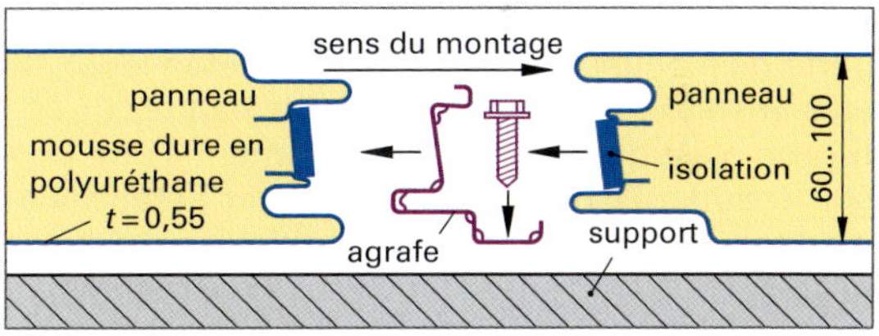

3 Liaison longitudinale dissimulée d'une paroi sandwich

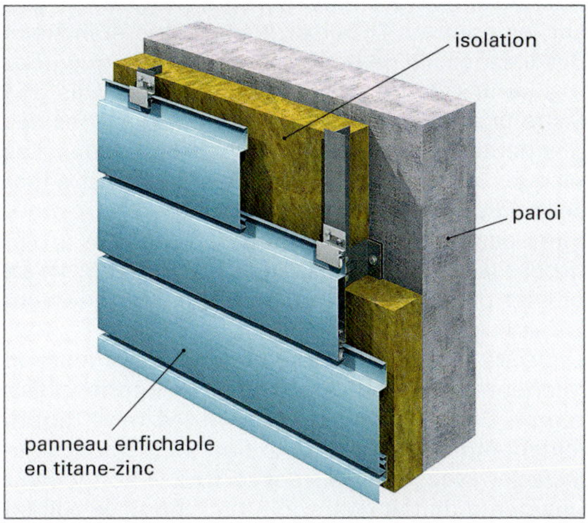

4 Revêtement de paroi avec panneau à pli emboîtable

13.9.4 Toits

Tout comme les cloisons, les toits peuvent être réalisés en tôles trapézoïdales, profils ondulés, profils à plis, plaques ondulées en fibrociment, éléments sandwiches et plaques en béton léger. Un toit est plus sollicité qu'une cloison, car outre la charge de l'aspiration due au vent, il doit aussi supporter la neige, éventuellement du gravier, l'étanchéité du toit, l'isolation thermique et les monteurs. C'est la raison pour laquelle les tôles trapézoïdales pour les toits ont des épaisseurs jusqu'à 1,5 mm. Elles sont toujours montées avec le côté large vers le haut, afin que la contrainte de compression provoquée par le pliage dans la membrure supérieure ne puisse pas la bomber **(fig. 1 et 3)**.

Types de toits

Des **toits simples non isolés** sont montés pour des halles de stockage non chauffées et pour les couvertures de tribunes de stades. Pour améliorer la protection contre la corrosion, les tôles trapézoïdales galvanisées reçoivent une couche de bitume sur leur face supérieure. La **fig. 2** montre un tel toit en **construction à pannes**, ce qui signifie que les tôles trapézoïdales en acier sont parallèles à la pente du toit et sont appuyées sur les pannes. Si les tôles trapézoïdales vont de ferme en ferme et sont ainsi assez solides pour pouvoir **renoncer à des pannes**, on parle de construction sans pannes **(fig. 3)**.

Les **toits simples isolés** peuvent être construits à partir de plaques de toit armées en béton léger. Ils sont ensuite étanchéifiés à l'aide de bandes de toiture en plastique **(fig. 4)**. Contrairement à une cloison chaude, l'isolation thermique et l'étanchéité d'un **toit chaud en profils trapézoïdaux** sont mises en place depuis l'extérieur, c'est-à-dire par le dessus. Des tôles trapézoïdales constituent ainsi une plate-forme de montage accessible.

Les **toits en plaques ondulées de fibrociment** sont une exception car elles ne sont praticables que sur les poutres. En raison de la faible étanchéité des liaisons, ils ne peuvent être utilisés que pour des pentes de toits supérieurs à 10°, tandis que les toits en tôles trapézoïdales sont étanches dès une pente de 2° et ne forment pas de flaques. Les plaques d'isolation thermique doivent être posées en décalé et perpendiculairement aux moulures des tôles trapézoïdales. Une toiture à plat nécessite trois couches (prescription) **(fig. 1)**. Le gravier protège la toiture contre le rayonnement UV et la leste contre l'aspiration du vent.

Les **toits chauds à double coques** (supérieure et inférieure) sont en tôle. L'espace intermédiaire rempli avec un matériau isolant les rend durablement étanches. Pour un toit en tôles trapézoïdales acier avec jointure transversale, il doit y avoir une pente de toit d'au moins 5° ; pour un toit en aluminium à plis verticaux 3° suffisent parce que chaque secteur ne présente aucun raccordement perpendiculaire **(fig. 3)**. Des profils cintrés en tôles trapézoïdales permettent même de réaliser des toits bombés autoporteurs.

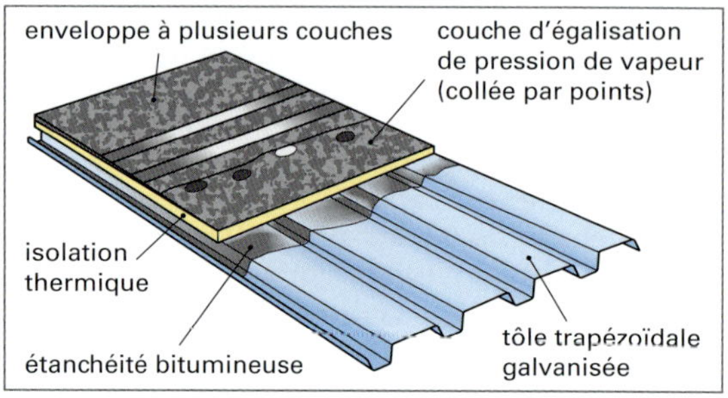

1 Toit chaud simple en tôles trapézoïdales en acier

2 Toit en construction à pannes, tribune sud, Hockenheim

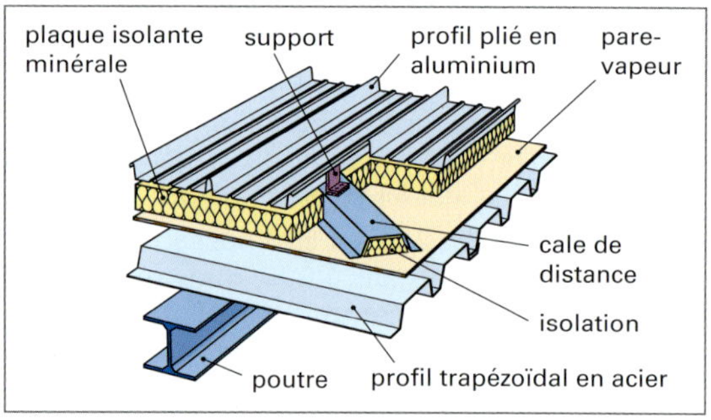

3 Toit double en aluminium à pli vertical

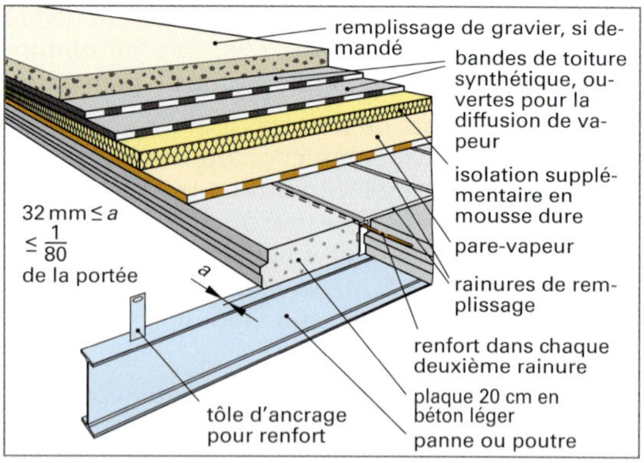

4 Toit simple en plaques de béton léger

Les éléments de **toit sandwiches** disposent en haut et en bas de coques de couverture en acier de maximum 0,88 mm d'épaisseur et ont, par rapport à leur faible poids propre, une charge admissible élevée parce que la mousse dure en PU à l'intérieur y contribue. Ils offrent une très bonne isolation thermique, une fixation cachée et ils sont posés rapidement **(fig. 1)**.

Les **toits froids** sont ventilés entre l'isolation et la coque extérieure et ne sont utilisés que pour les pentes de toit importantes. En été, les pièces situées sous de tels toits restent particulièrement fraîches.

Pose des éléments de toit

Les éléments de toits modernes sont des composants préfabriqués avec protection contre la corrosion. Ils doivent être traités avec soin. Ils sont transportés en packs palettisés dont le poids va jusqu'à 3 t. Le levage ne doit avoir lieu qu'avec des sangles de levage caoutchoutées et, pour les grandes longueurs qu'avec une traverse **(fig. 2)**. Ils doivent être stockés au sec sans quoi de l'oxydation se forme sur les tôles galvanisées.

Un plan de pause ou de montage est nécessaire. Pour les tôles trapézoïdales et éléments composés, la largeur d'appui minimale est de 40 mm pour le support final et de 60 mm pour les appuis intermédiaires. Le toit est tout d'abord « marqué » en traçant la position de chaque tôle. Les tôles sont posées individuellement à la main et fixées immédiatement pour qu'elles ne glissent pas ou ne soient pas soulevées par le vent. Pour fixer des tôles trapézoïdales sur des structures métalliques, seules des vis auto-foreuses Ø 5,5 mm ou Ø 6,3 mm, des vis auto-taraudeuses Ø 6,3 mm x 16/19 mm et des clous 4,5 mm x 21 mm **(fig. 3 et 4)** bénéficient d'une homologation de construction.

Les bords libres dans le sens de serrage du profilé nécessitent un **renfort de bord** ! Des profils ou des tôles fixés avec des vis auto-foreuses ou auto-taraudeuses ou des rivets aveugles peuvent être utilisés à cet effet **(fig. 4)**. Les **liaisons longitudinales** sont boulonnées ou rivetées au moins tous les 666 mm, les **liaisons transversales** dans chaque renfort, les appuis intermédiaires tous les deux renforts.

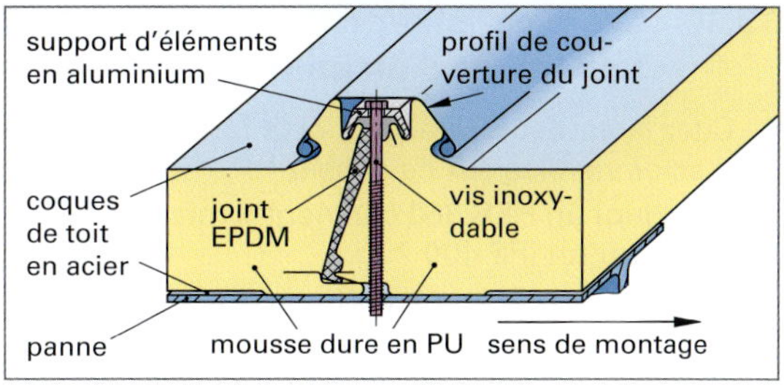

1 Liaison dissimulée ou cachée d'un toit sandwich

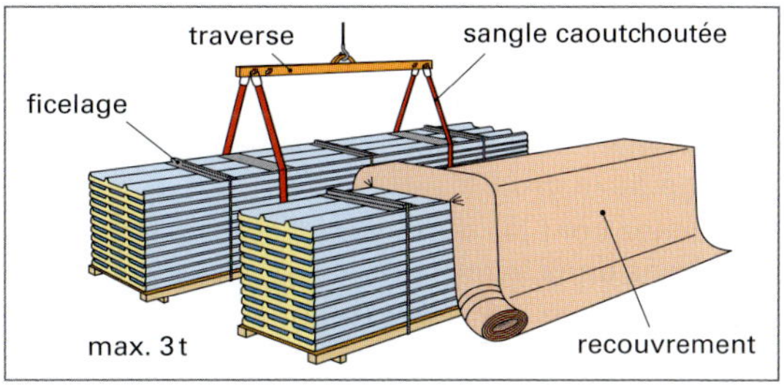

2 Levage et stockage de packs de tôles

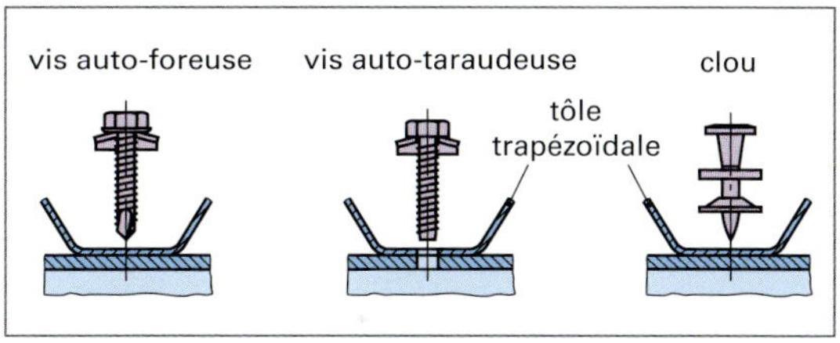

3 Fixations bénéficiant d'une homologation de construction

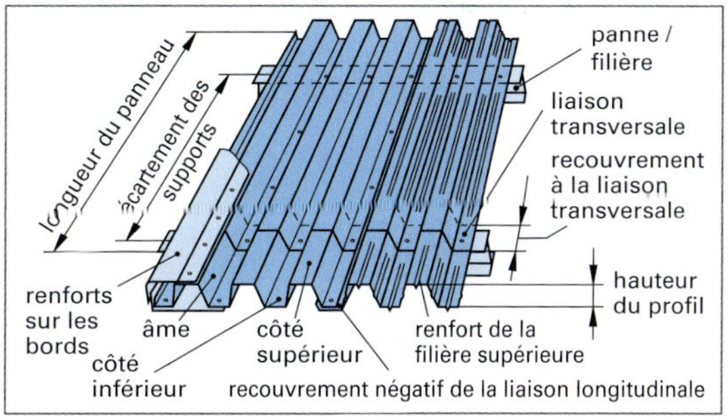

4 Fixation de profilés trapézoïdaux en acier

Les « Règles de santé et de sécurité pour le montage de panneaux profilés » (ZH1/166) doivent être respectées. Les bords, les découpes dans la surface du toit et le vent qui se lève sont particulièrement dangereux. C'est pourquoi les monteurs doivent être sécurisés par des filets de sécurité ou des cordes. Une fois le travail terminé, les packs de tôles ouverts et entamés doivent être assurés contre le vent par des sangles **(fig. 2)**.

Contrôlez vos connaissances

1 Pourquoi les parois de constructions squelettiques en acier sont-elles rarement maçonnées ou bétonnées ?
2 Avec quels matériaux une cloison avec isolation thermique peut-elle être réalisée rapidement ?
3 Quels sont les avantages d'une cloison froide et comment est-elle réalisée ?
4 Décrivez la structure et la liaison d'une cloison sandwich !
5 Qu'entend-on par toit sans pannes ?
6 Quelles règles doivent être respectées lors du montage des éléments d'un toit ?
7 Comment un toit chaud est-il constitué ?

13.10 Exercice "charpente métallique" : Construction d'une console de voie de roulement d'un pont roulant

1 Citez la hauteur, la largeur et la forme de profilé d'acier visibles sur ce dessin !

2 Pourquoi un HEB 360 convient-il mieux comme appui qu'un IPE 400 ?

3 De quel type de raccord de tête de poteau s'agit-il ici ?

4 Dessinez la vue latérale du raccord de tête de poteau et la plaque de tête à l'échelle 1:5. Quelle hauteur de cordon doit être prise en compte pour cela ?

5 Avec quels renforts la stabilité des poteaux peut-elle être obtenue malgré les forces de freinage de la grue ?

6 Quelles sont les dimensions des boulons symbolisés dans la ferme ?

7 Schématisez les représentations de vis symboliques restantes, qui ne sont certes pas normalisées, mais sont toutefois fréquemment présentes dans les plans en structure métallique.

8 Décrivez la structure et la fabrication des consoles qui portent les poutres de roulement.

9 Quelle est la fonction de l'acier plat 300 x 15 et quelle est sa désignation ?

10 Pour pouvoir compenser les imprécisions, la poutre de roulement de grue doit pouvoir être décalée de +/–20 mm. Quel élément doit pour cela comporter les trous oblongs nécessaires ?

11 Etablissez un plan de travail pour la réalisation de la pièce avec les trous oblongs !

12 La tige filetée M24 empêche la poutre de roulement de basculer. Quelle mission supplémentaire lui incombe lors du montage de la poutre de roulement ?

13 Dessinez la coupe A-A à travers l'âme de la poutre de roulement de grue et représentez également l'aile supérieure de la console.

14 Calculez la longueur de serrage des vis M24 DIN 7990 qui maintiennent la poutre de roulement. Quelle longueur de vis doit être choisie ?

15 Comment s'appellent ces vis et dans quelles classes de qualité existent-elles ? Quelles rondelles plates doivent être utilisées avec elles ?

16 Comment appelle-t-on l'indice +5140 avec le triangle sur l'arête supérieur du rail de la grue et qu'indique-t-il ?

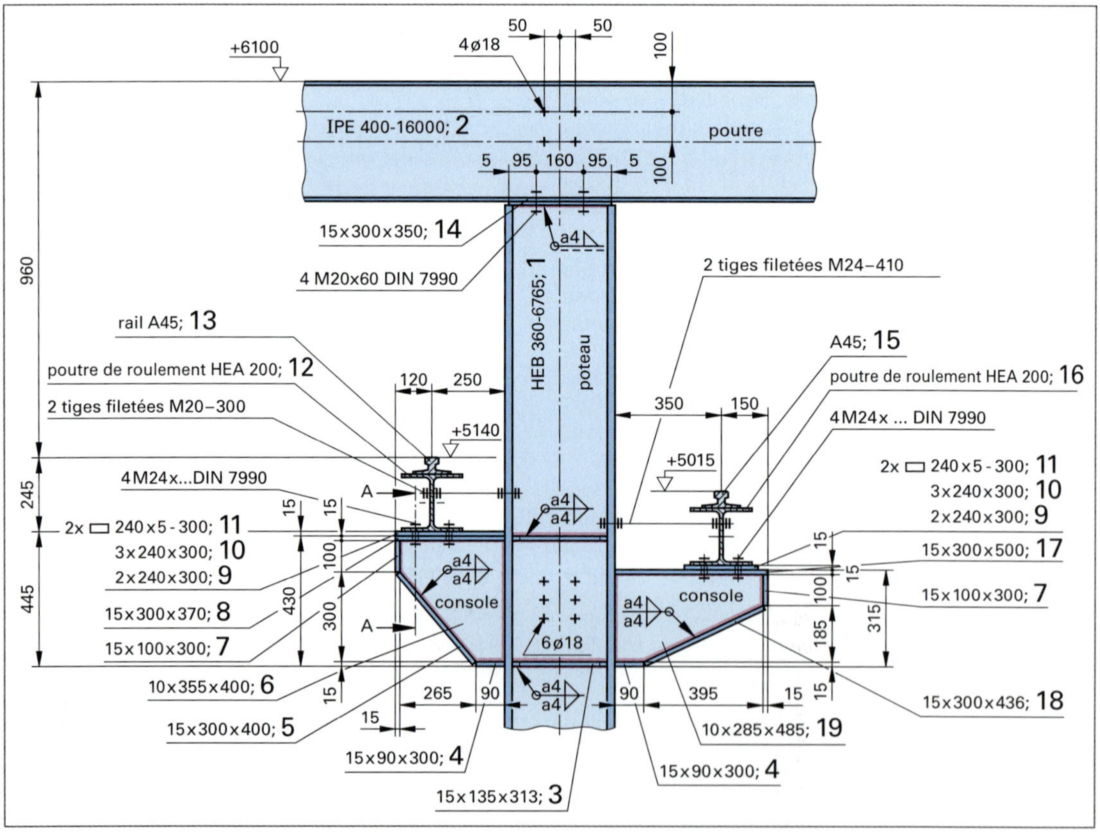

Ordre de travail : Fabrication de constructions métalliques

Construction d'une fosse de lavage de bennes

Dans une saline, les bennes des poids lourds doivent être débarrassées des restes de salissures et de sel. On érige pour cela une plate-forme depuis laquelle les bennes peuvent être aspergées.

Exercices, tâches :

1. La vue A montre l'escalier. Définissez la hauteur que l'escalier doit atteindre et calculez la diagonale c du triangle d'inclinaison.
2. Combien de **marches d'escalier** choisiriez-vous et quelle serait l'inclinaison ? Quelle est l'inclinaison de l'**escalier** sur le dessin ?
3. De combien doit être le giron selon le plan si le triangle d'inclinaison est situé 240 mm au-dessus de la chaussée ?
4. Quel est **l'angle d'inclinaison** de l'escalier ? Vérifiez à l'aide de la formule pour les escaliers s'il peut encore être emprunté d'une façon agréable !
5. Définissez à l'aide d'un schéma quelles **marches d'escalier** normalisées, de 30 mm de haut et particulièrement antidérapantes, en caillebotis avec maille de 33,33 mm, conviennent à cet escalier si le limon U 200 est choisi et si le tracé des nez de marches est à 10 mm depuis le bord supérieur de l'U 200 ! Nommez les marches conformément à la norme.
6. Dessinez les **deux premières marches** de l'escalier et déterminez les mesures à tracer pour les vis.
7. Réalisez un **plan de travail** pour fabriquer les limons.
8. Décrivez les **étapes de montage** lors de l'installation de l'escalier.
9. **Dessinez** une perspective approximative de l'installation !
10. La **passerelle** repose sur chacune des trois extrémités sur deux U 200 avec diagonales en L 60 x 6. Quelle est la fonction de ces diagonales ?
11. La passerelle a un cadre en U240, dont les ailes sont orientées vers l'intérieur. Les liaisons sont soudées bout à bout. La plinthe est en FLA 120 x 8 et est située à 10 mm du bord extérieur. Quelle taille et quelle forme ont les **caillebotis** qui doivent être commandés ?
12. Les poteaux de la **main courante** sont soudés directement sur le FLA 140 x 170 x 8 et vissés à l'aide de deux vis brutes à six pans M12. Dessinez une coupe à travers le raccord et vérifiez si les vis peuvent être à 70 mm du bord supérieur de l'U240.
13. La rambarde doit satisfaire à ISO 14122-3. Quelle est la forme de la rambarde ? Quels tubes sont nécessaires pour une charge horizontale d'environ 300 N/m ? Les intervalles entre les poteaux et la hauteur de la rambarde satisfont-ils à la norme ?

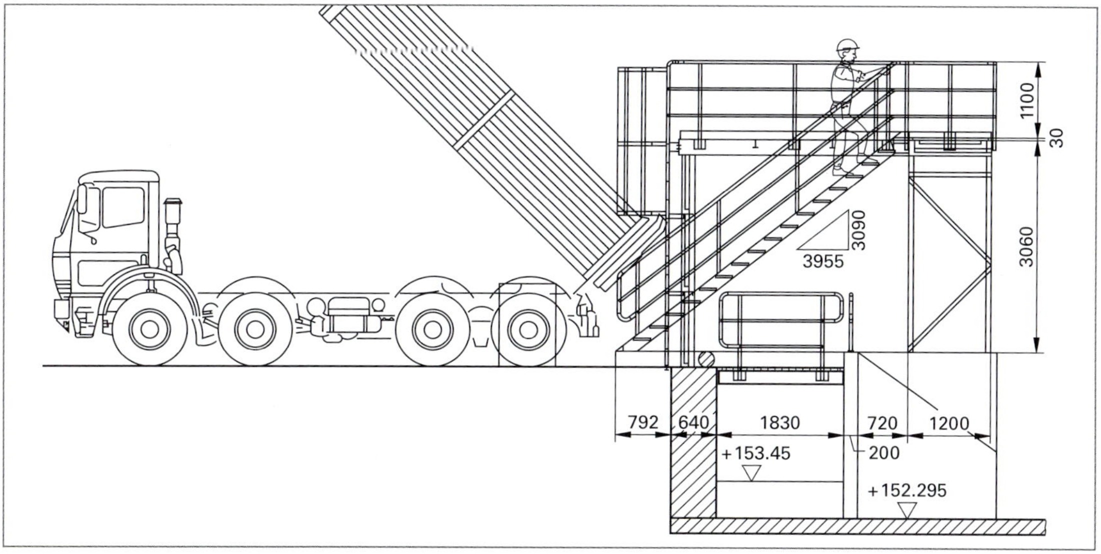

1 Poste de lavage pour bennes – fonction et vue A du plan de fabrication

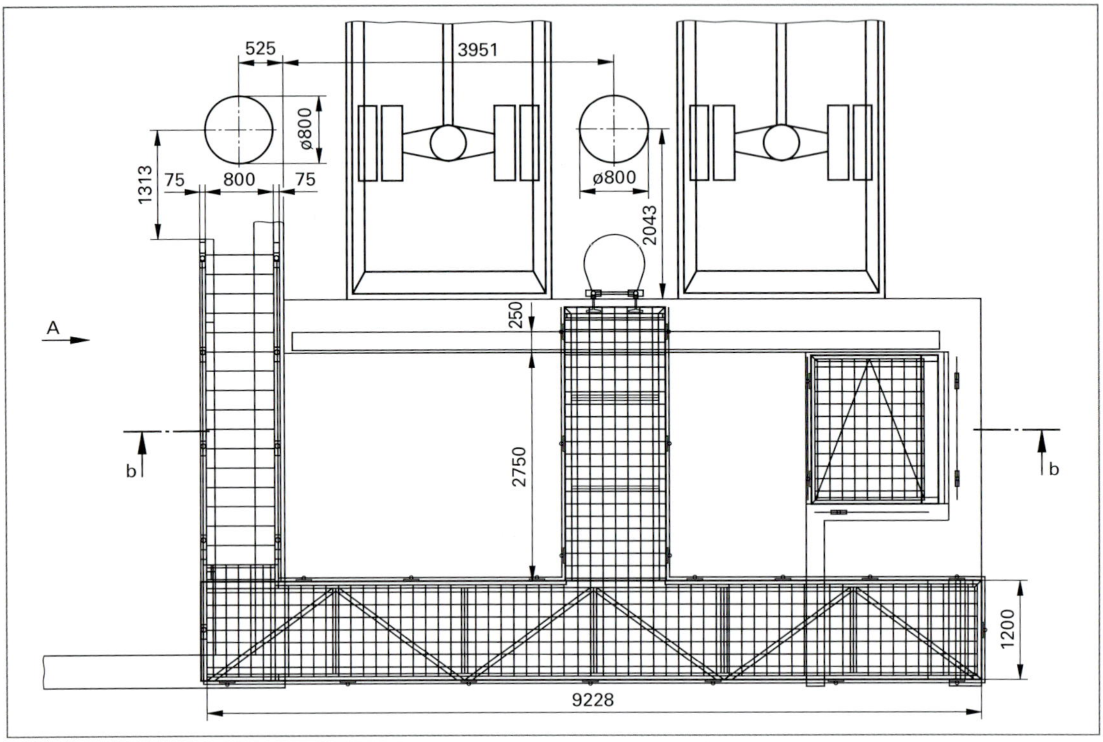

1 Poste de lavage pour bennes – Plan – Lignes de coupe

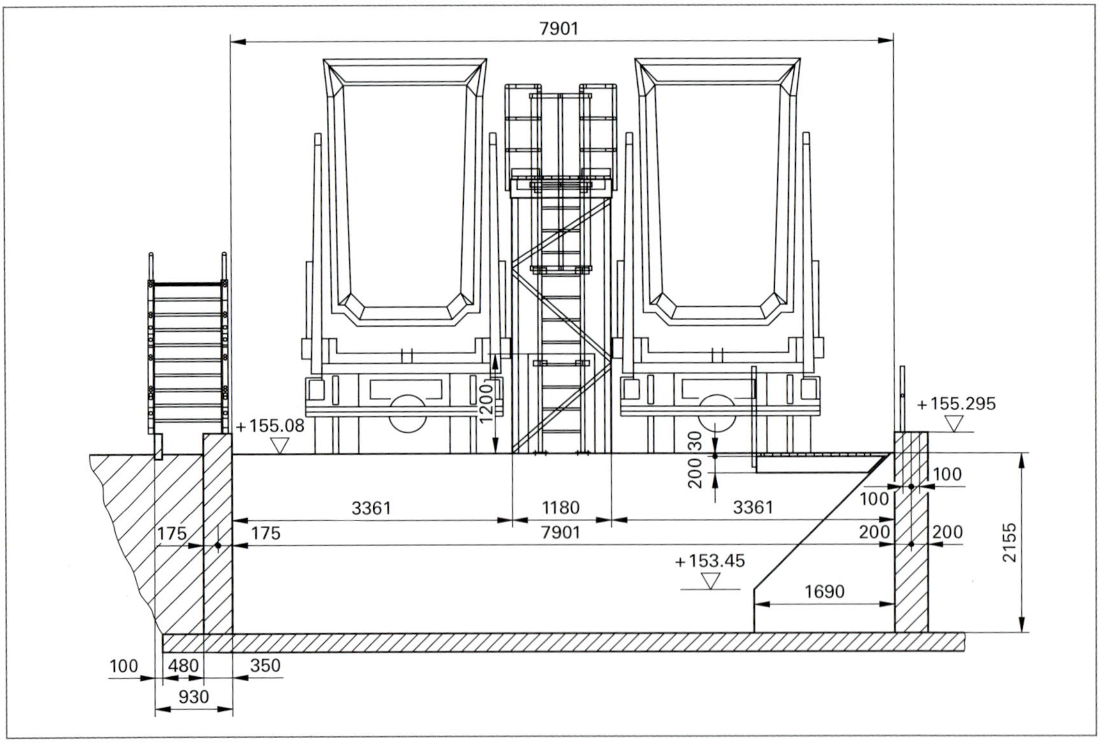

2 Coupe b-b – Vue d'ensemble et représentation de la fonction

Domaine d'apprentissage : Fabrication de portes, portails et grillages

14 Portes

Les portes servent à fermer des ouvertures dans des bâtiments, pièces intérieures et enclos. Elles se distinguent des deux autres éléments mobiles que sont les fenêtres, les portes industrielles et les portails, en ce sens qu'elles servent essentiellement à laisser passer des piétons et de petits véhicules tels que les fauteuils roulants ou poussettes d'enfants.

Les portes sont des éléments mobiles servant à fermer des ouvertures dans des murs ou des clôtures. Elles doivent empêcher l'accès aux personnes non autorisées.

Les exigences liées au type de construction d'une porte dépendent de son lieu d'installation et de ses fonctions supplémentaires. Les portes doivent toujours être de fonctionnement sûr, avoir une longue durée de vie et être faciles de maintenance et d'entretien.

Selon l'utilisation qui en est faite, les portes doivent également satisfaire aux exigences en termes de protection contre la chaleur, le bruit et la vue, d'étanchéité des joints, de résistance aux intempéries, de sécurité contre les effractions, de protection contre le feu, la fumée et contre les rayonnements ou, d'aménagement architectural.

14.1 Structure d'une porte battante

Le type de portes le plus fréquent est la porte battante. On y reconnaît les propriétés et fonctions essentielles d'une porte **(fig. 1 et 2)**. Chaque porte est composée de **trois éléments fondamentaux** cadre fixe (châssis), vantail et garnitures ou ferrures.

- Le **cadre de la porte**, composé du châssis fixe ou du chambranle qui le rapetisse, il peut être lié à la maçonnerie par des chevilles ou des ancrages muraux.
- Le **vantail ou cadre mobile**, ne fonctionne que grâce à des ferrements **(p. 273)**.
- Les **ferrements** regroupent toutes les pièces d'équipement de la porte, en règle générale les paumelles ou charnières, la serrure et la garniture de la poignée. Le vantail de la porte est relié au cadre cadre fixe par les paumelles ou charnières.

Les portes peuvent être aménagées en une **installation** avec la configuration souhaitée, à l'aide d'autres éléments fondamentaux tels que la partie fixe (partie latérale fixe) et un imposte mobile ou fixe **(fig. 1)**. Avec les portes battantes, **l'axe de rotation** vertical est parallèle au bord longitudinal du vantail. Elles ne peuvent être ouvertes que dans un sens. On les appelle portes battantes parce que le vantail bute contre le cadre fixe lors de la fermeture et assure l'étanchéité. Des verrouillages multiples permettent une fermeture hermétique de tous les côtés. La solidité et la stabilité du cadre et de l'ancrage dans la maçonnerie, les ferrures ainsi que la construction du vantail dépendent des exigences particulières (p. ex. sécurité contre les effractions ou protection contre le feu) imposées aux portes extérieures ou intérieures.

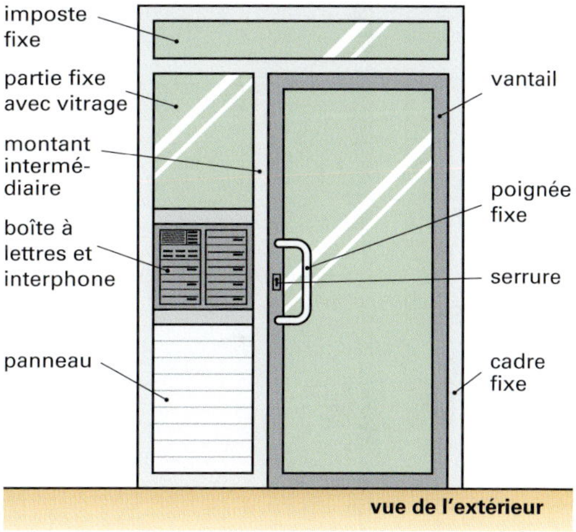

1 Installation de porte avec porte battante (DIN à gauche)

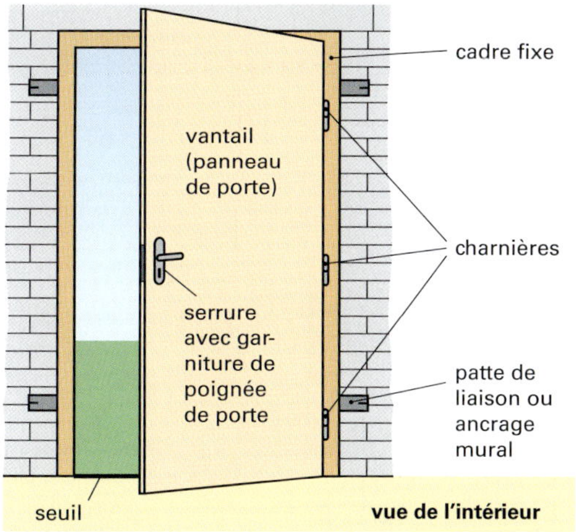

2 Structure fondamentale d'une porte battante (DIN à droite)

Mesures et désignations

Les portes elles aussi sont soumises à de nombreuses propriétés et caractéristiques de la standardisation. On compte parmi elles les dimensions des huisseries, ouvertures et vantaux, mais aussi les ferrures, ainsi que des exigences spéciales comme l'isolation, la sécurité contre les effractions, la protection contre le feu et autres **(p. 266 ss)**. Les normes suivantes donnent des directives au constructeur métallique : DIN 18100, 18101, 18111-1, 18250, 18251-1, 18252, 18255, 18257, 18262 (sélection). La désignation suivante pour la porte battante illustrée ci-dessous est un exemple :

Dimensions du passage de la porte:
largeur 1000 – (2 x 30) = 940, hauteur 2095

Porte en acier 1 e 1000 x 2125 – DIN droite U

1	à un vantail (2 = à deux vantaux)
e	à paroi simple (d = à paroi double)
1000	mesure indicative de la largeur
2125	mesure indicative de la hauteur
DIN droite	sens d'ouverture
U	huisserie enveloppante (E = huisserie d'angle)

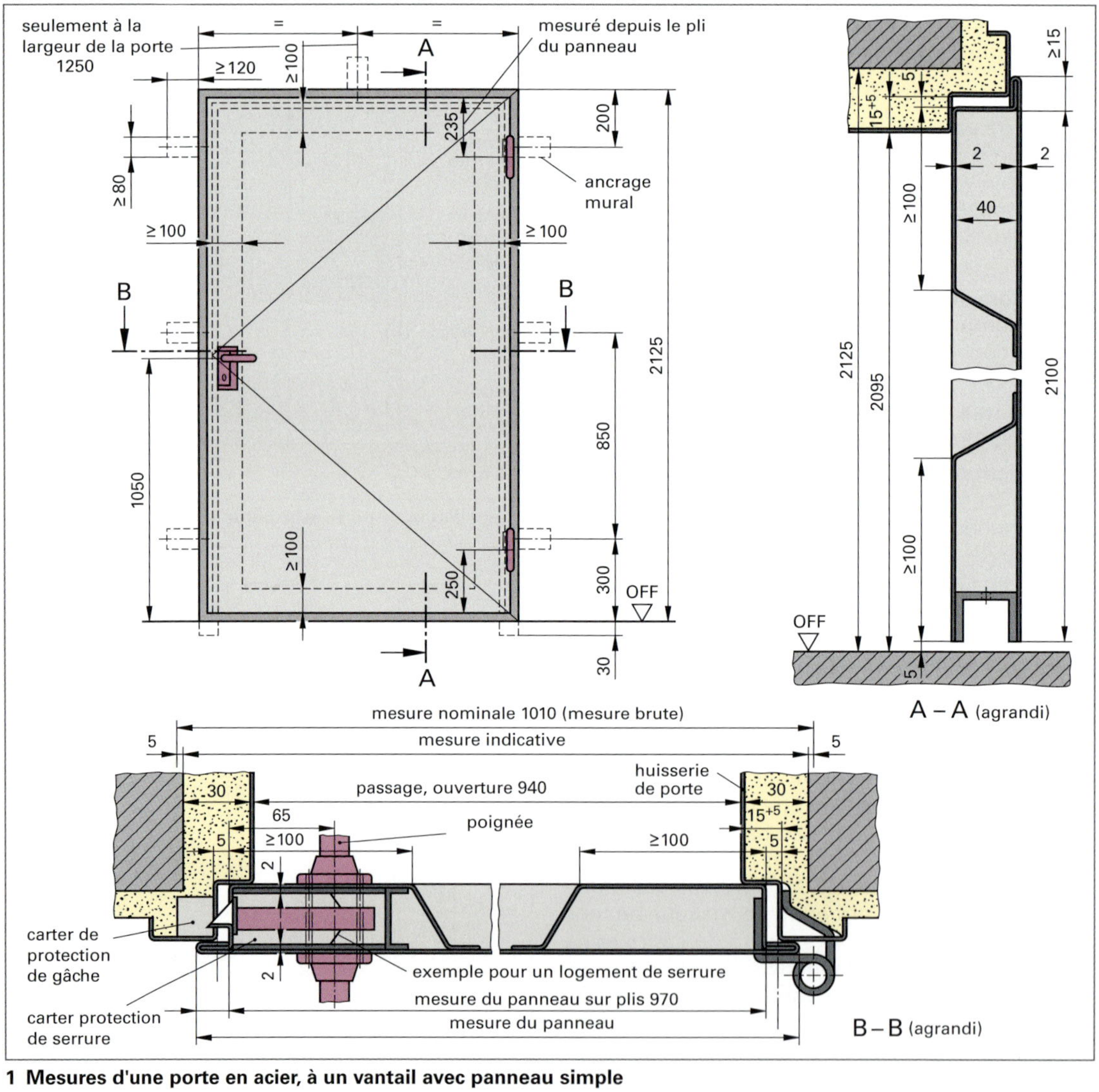

1 Mesures d'une porte en acier, à un vantail avec panneau simple

14.2 Types et caractéristiques des portes

Les portes peuvent être réparties selon différents critères. La plupart du temps, plusieurs caractéristiques s'appliquent à une porte :

- Lieu d'implantation
- Disposition
- Type d'ouverture
- Sens d'ouverture
- Type de construction
- Matériau
- Fonction principale ou supplémentaire spéciale
- Fonctionnement manuel ou automatique

14.2.1 Lieu d'implantation

On distingue les portes extérieures et intérieures selon leur lieu d'implantation. Les portes d'entrée de maison, d'appartement, de balcon et de terrasse font partie des portes extérieures que le constructeur métallique fabrique et monte la plupart du temps.

14.2.2 Type d'ouverture

Pour les portes, on fait la distinction entre les différents types d'ouverture **(fig. 1)** :

- Systèmes simples ou doubles
- Systèmes multiples (combinaisons entre systèmes simples et/ou doubles)
- Systèmes à vantaux simples, doubles ou multiples

14.2.3 Sens d'ouverture

Pour les portes battantes, l'axe de rotation vertical se trouve sur un bord longitudinal du vantail. Il faut à cet effet veiller à ce que cet axe formé par les paliers et pivots des paumelles ne s'incline pas par rapport à la verticale, afin d'obtenir un appui régulier du vantail sur le cadre et, d'empêcher toute ouverture ou fermeture indésirable.

La plupart des portes battantes sont à recouvrement simple ou double **(fig. 2)** et s'ouvrent vers l'intérieur. Des portes sans recouvrement sont rarement utilisées. Une ouverture vers l'extérieur est prescrite pour les portes d'accès à des bâtiments publics, restaurants, cinémas, etc.

> Les portes des chemins de fuite de bâtiments publics doivent s'ouvrir dans le sens de la fuite.

Selon DIN 107, on fait la distinction entre les portes battantes DIN gauche et DIN droite en observant celles-ci depuis le côté de la paumelle. P. ex., si les paumelles sont positionnées du côté gauche, il s'agit d'une porte DIN gauche.

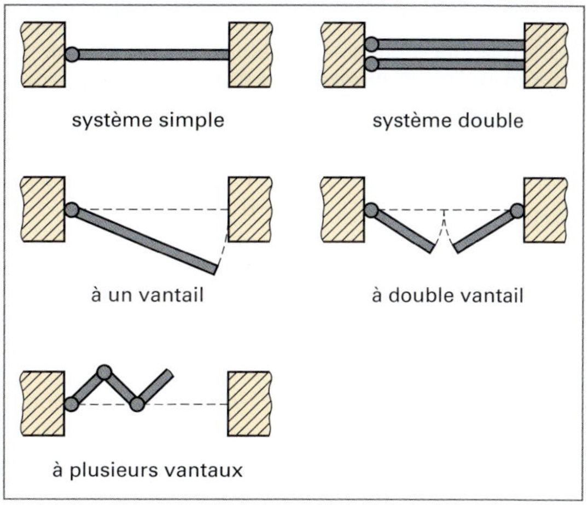

1 Systèmes de mouvement des portes

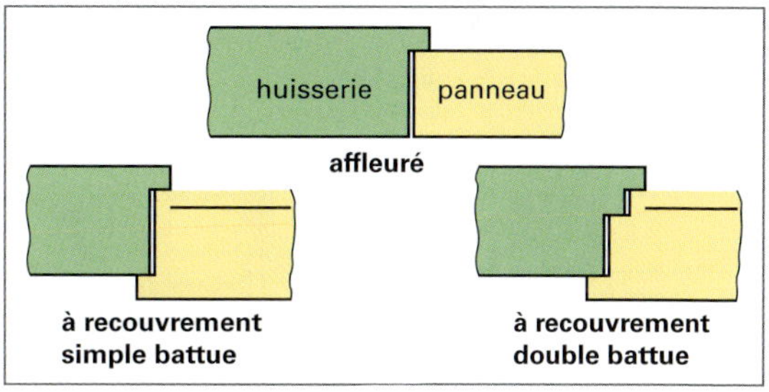

2 Ferrage de portes battantes

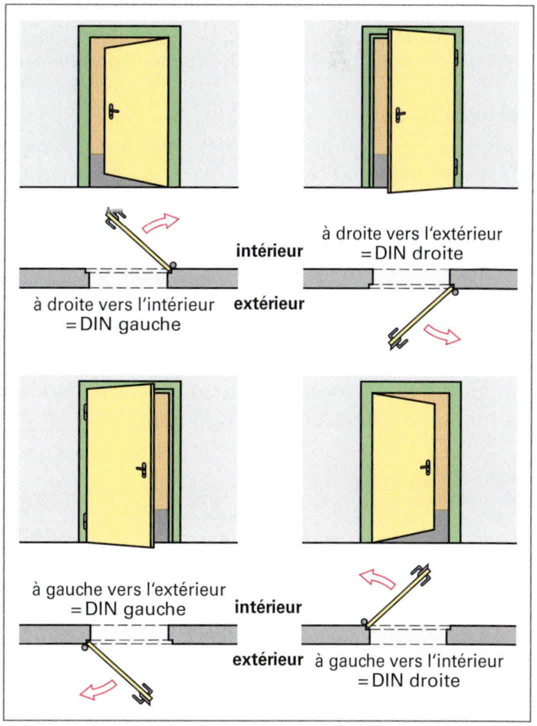

3 Distinction entre portes DIN droite et DIN gauche

14.2.4 Types de constructions de portes

On fait la distinction entre les types de portes les plus importants ci-après en fonction du nombre de vantaux, de la position de l'axe de rotation, du mouvement des vantaux, de l'entraînement ou du matériau.

Portes battantes doubles

On entend par là les portes à double vantaux qui butent l'un sur l'autre sans montant central. La **fig. 1** montre une porte à deux vantaux. Le vantail de droite est ici le « vantail côté serrure ». Il est conçu pour le passage habituel. Le vantail de gauche est le « vantail semi-fixe ou dormant » qui peut être bloqué à l'aide de crémones **(fig. 2)** Les portes à deux vantaux pour circulation alternée sont fréquemment conçues pour une « circulation à droite », les deux vantaux s'ouvrant alors vers la droite dans chaque sens de passage.

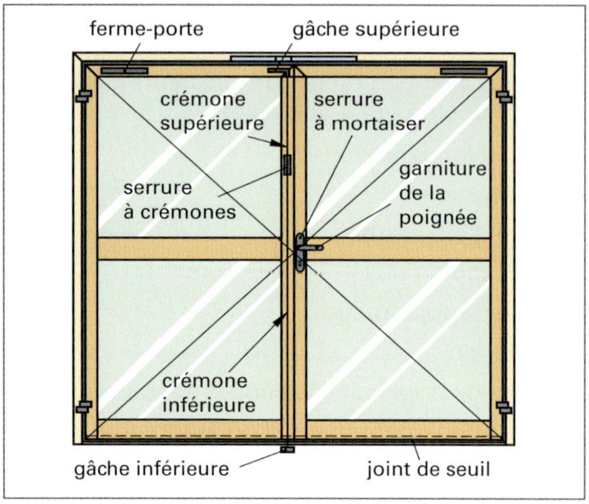

1 Porte à deux vantaux

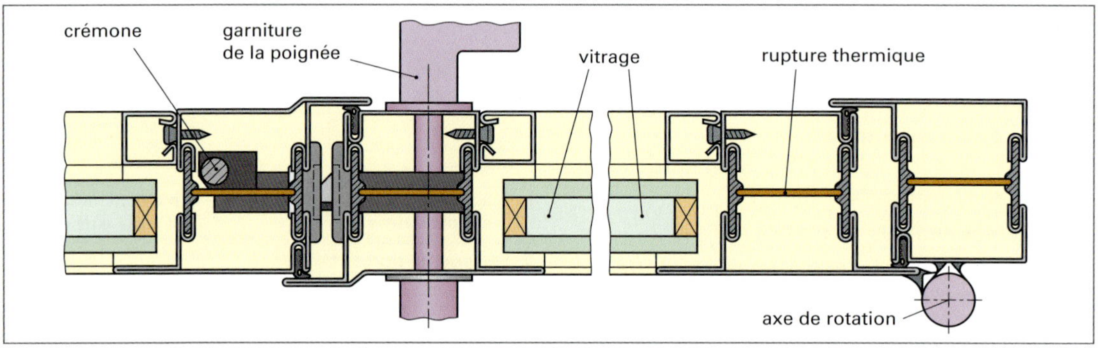

2 Coupe à travers la moitié de droite d'une porte en acier battante à deux vantaux avec isolation thermique

Portes va-et-vient

On trouve fréquemment ce type de porte dans les entrées de bâtiments administratifs et les grands magasins ayant un fort passage. Les vantaux oscillent de chaque côté du cadre. Ils sont verrouillés au seuil et au cadre à l'aide de crémones spéciales et sont automatiquement fermés par des ferme-portes au sol. Pour les portes battantes plus petites, des paumelles à ressort assurent la fermeture automatique. Des brosses ou des joints en caoutchouc assurent l'étanchéité entre les deux montants centraux. Pour ce genre de portes, l'axe de rotation des paumelles doit se trouver à l'intérieur du profil du vantail **(fig. 3)**. La partie supérieure du pivot est mise en place dans l'huisserie, la partie inférieure dans le cadre du vantail. Pour accrocher le vantail, on peut soulever le tourillon du pivot supérieur à l'aide du levier articulé et l'enclencher. Pour démonter le vantail, il faut le déclipser en haut, le basculer et puis le sortir du goujon du ferme-porte au sol. La douille de palier dans la partie inférieure du pivot est réglable et permet un ajustement précis du vantail.

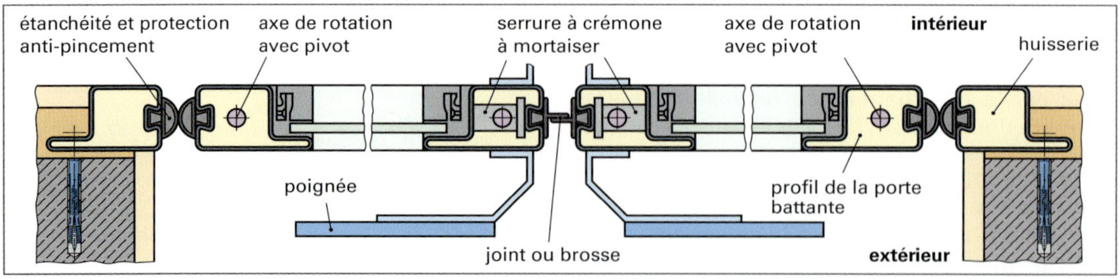

3 Porte battante à deux vantaux (coupe horizontale)

Portes automatiques

Pour les portes automatiques, il existe différents types de constructions recommandées pour des domaines d'utilisation particuliers en raison de leurs propriétés spéciales. Chacune dispose d'une unité d'entraînement, d'une commande et d'un détecteur de mouvement. Lorsqu'une personne s'approche, la porte se met automatiquement en mouvement et se referme après une durée préréglée de maintien en position ouverte. Une activation est également possible à l'aide de boutons-poussoirs ou d'autres générateurs d'impulsion.

Des exigences de sécurité sévères sont imposées à toutes les portes automatiques afin d'éviter les dommages corporels.

Les types de portes décrits en page suivante doivent aussi pouvoir fonctionner manuellement en cas d'urgence.

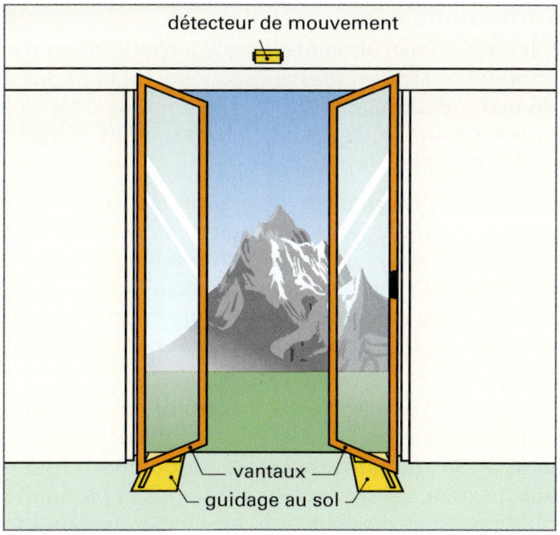

1 Structure d'une porte pivotante

Portes à gain de place

Dans la transformation de bâtiments anciens mais parfois aussi dans les bâtiments neufs, il arrive fréquemment qu'il n'y ait qu'une place limitée pour les entrées ou les passages.

Des portes pivotantes sont recommandées ici pour solutionner le problème **(fig. 1)**. Lors de l'ouverture et de la fermeture, leurs deux vantaux pivotent autour d'axes qui, en raison de leur construction, sont dissimulés dans la zone de passage. Quand ils s'ouvrent et se ferment, les vantaux décrivent ainsi un quart de cercle **(fig. 2)**. Quand la porte est ouverte, les vantaux sont parallèles et proches de l'embrasure de la porte et libèrent ainsi le passage sur pratiquement toute la largeur de montage. Avec l'équipement approprié, de telles portes conviennent aussi à une utilisation sur les chemins de fuite et de secours.

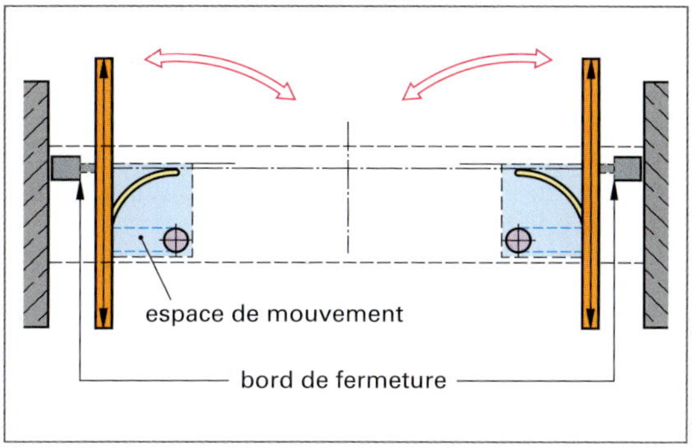

2 Mouvement des vantaux d'une porte pivotante

La **porte pliante** est un autre type très compact pouvant servir d'alternative à la porte pivotante. Elle est en fait connue dans la construction de véhicules et est fréquemment utilisée dans les bus, trams et ascenseurs. Dans d'autres pays, des wagons de chemin de fer sont équipés avec de telles portes.

Tout comme les portes battantes à deux vantaux, les portes pliantes disposent de deux vantaux fixés de façon mobile, qui sont toutefois divisés en leur centre, sur toute leur hauteur. Des charnières relient les moitiés et, lors de l'ouverture, celles proches du mur s'appuient contre l'embrasure, tandis que les moitiés éloignées du mur se rabattent sur celles proches du mur **(fig. 3)**. Tout comme avec les portes pivotantes, on évite ainsi la nécessité d'une grande zone de mouvement derrière la porte ouverte, qui réduit la surface utile comme avec les portes battantes. Aucun panneau n'entrave le passage quand la porte est ouverte.

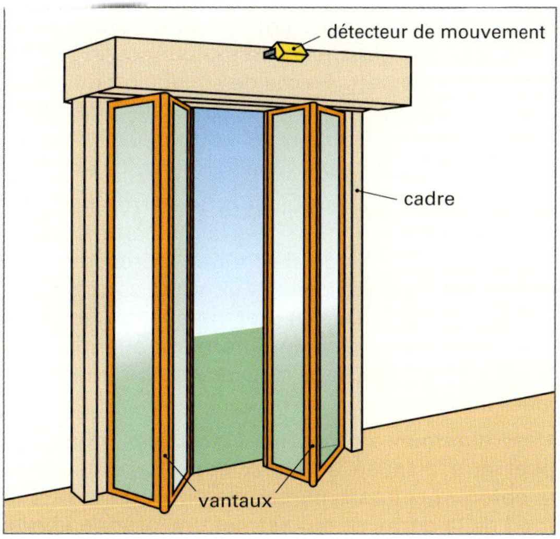

3 Structure d'une porte pliante

Portes tournantes

Elles sont aussi appelées portes à rotation, ou à carrousel, et sont composées de deux, trois ou quatre vantaux, du tourniquet auquel les vantaux sont reliés, de la partie extérieure en forme de tambour et du plafond annulaire **(fig. 1)**. Les vantaux avec des verres feuilletés sont reliés au tourniquet de façon à pouvoir tourner. Des joints à brosse sont utilisés sur le pourtour des vantaux pour éviter les pertes de chaleur et les courants d'air.

Les **portes tournantes plus grandes** sont équipées d'entraînements automatiques commandés par des générateurs d'impulsion à l'intérieur et à l'extérieur. Si une personne pénètre dans la zone de détection du générateur d'impulsion, la porte commence à tourner automatiquement et la personne peut la franchir.

Si un capteur disposé à l'intérieur détecte une personne immobile ou se déplaçant lentement, la vitesse de rotation est automatiquement réduite et la porte est si nécessaire arrêtée. Si la personne quitte la zone de détection, la vitesse de rotation normale est reprise.

Dans un autre système, les vantaux tournent lentement, p. ex. une rotation par minute, les visiteurs étant ainsi invités à pénétrer. Des capteurs et organes de commande, p. ex. détecteur infrarouge, permettent d'adapter automatiquement la vitesse de rotation à la vitesse de marche du visiteur. S'il n'y a plus aucun visiteur dans la zone de la porte, l'installation tourne à nouveau à une rotation par minute.

Si une porte tournante ou carrousel est connectée à un système d'alarme anti-incendie, la porte s'arrête et les vantaux sont pivotés en position de chemin de fuite **(fig. 2 b)**.

Les vantaux prennent automatiquement une position spéciale lors d'une panne de courant. Les vantaux du milieu fonctionnent désormais comme dans une porte battante et permettent ainsi de quitter facilement le bâtiment par le centre **(fig. 2 c)**. Cette construction offre également un passage facilité pour des personnes en fauteuil roulant et les biens encombrants. En cas de circulation inhabituellement importante ou la nécessité de faire entrer de l'air frais à l'intérieur, la porte peut être mise manuellement sur « passage permanent » **(fig. 2 d)**.

La **fig. 2e** montre la position de verrouillage de l'installation d'une porte tournante. Pour une position de verrouillage de longue durée du bâtiment, des parties latérales cintrées sont pivotées dans la zone d'accès de l'installation de porte tournante, verrouillée en la fermant entièrement. Une porte annexe dans la façade du bâtiment sert alors de sortie.

L'entraînement des portes carrousels modernes peut être disposé au choix dans la porte, dans la colonne centrale du carrousel ou dans le plafond de la porte, ce qui permet une grande liberté d'agencement architectural.

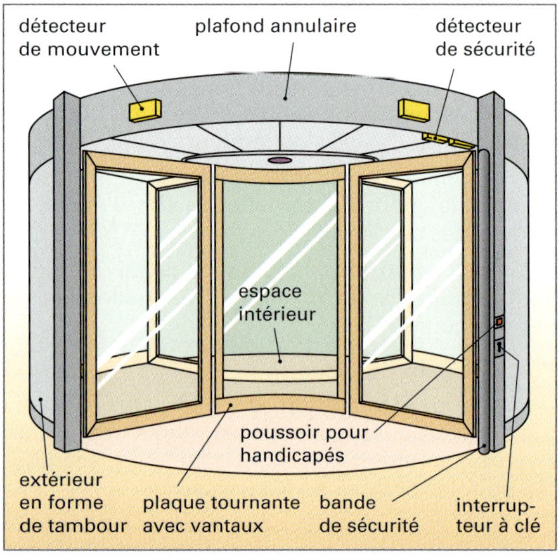

1 Structure d'une porte tournante ou carrousel

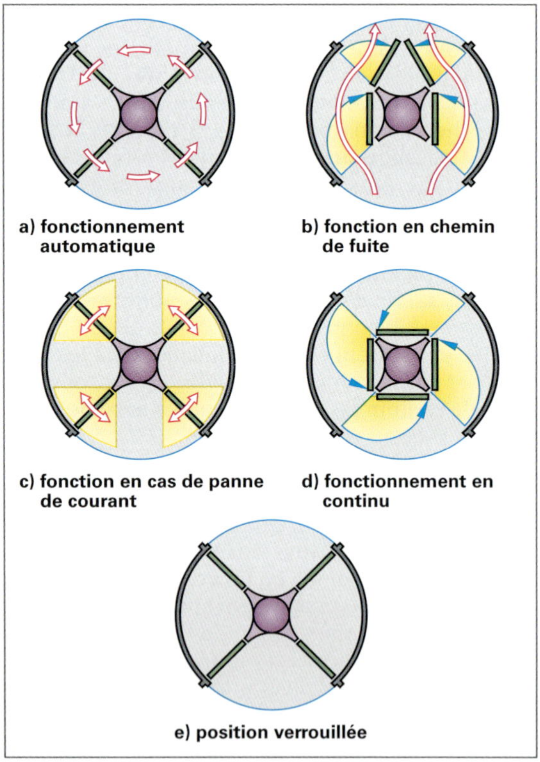

2 Fonctionnement d'une porte tournante ou carrousel sécurisé

Portes coulissantes

Elles garantissent une vue et une incidence de la lumière maximales et ont pour avantage de ne pas limiter l'espace utile ou habitable. Les **vantaux de portes coulissantes** sont guidés en haut dans des rails ou roulent sur un rail au sol.

Les portes coulissantes sont le type le plus répandu de **portes automatiques**. Elles ont en règle générale deux vantaux qui sortent de façon synchronisée vers la droite et vers la gauche. Il existe aussi des versions à un vantail pour des applications spéciales.

Les vantaux de portes coulissantes qui s'ouvrent ont besoin d'un espace de dégagement correspondant sur le côté de l'ouverture et, au niveau de la fermeture. Celui-ci est normalement assuré par des parties latérales fixes, p. ex. des éléments fixes un peu plus larges que le vantail mobile. Les portes coulissantes habituelles permettent un passage d'environ la moitié de l'ouverture d'encastrement **(fig. 1)**. Les risques de pincement ou d'écrasement entre les vantaux mobiles et, les limitations d'ouverture latérales doivent être évités par des capteurs.

Avec une ouverture d'installation suffisamment large, des flux de personnes importants peuvent franchir des portes de ce type sans encombre. C'est la raison pour laquelle on trouve fréquemment des portes coulissantes dans les entrées de magasins, hôtels, agences bancaires, hôpitaux et autres infrastructures, mais aussi dans les fermetures intermédiaires à l'intérieur des bâtiments. Les installations de portes coulissantes circulaires sont largement présentes dans les entrées de galeries marchandes.

La **fig. 2** montre deux applications de portes coulissantes circulaires automatiques avec lesquelles les vantaux entièrement vitrés parcourent un arc de cercle.

Portes de balcons et de terrasses

Pour des raisons de place, elles sont fréquemment réalisées comme portes coulissantes **(fig. 3 et 4)**, mais des combinaisons et autres variantes sont également courantes :

- Portes pivotantes
- Portes coulissantes
- Portes coulissantes à levage
- Portes pliantes
- Portes à translation coulissantes

Lors de la représentation symbolique de portes coulissantes, il faut veiller à ce que les flèches indiquent certes le sens d'ouverture, mais aussi à ce que la désignation « à droite et à gauche » dépende aussi de la position de la butée **(fig. 3 et 4)**.

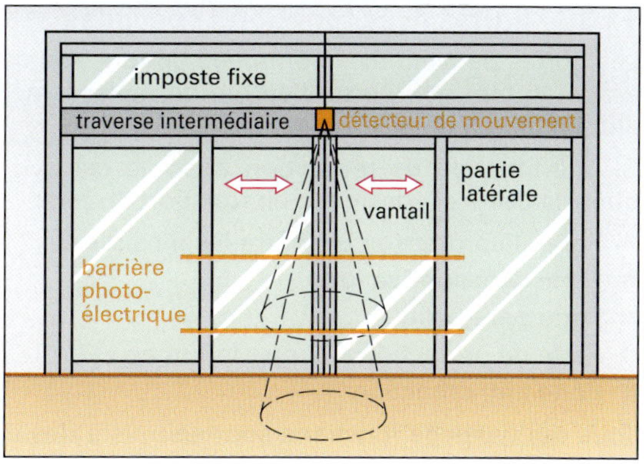

1 Structure d'une installation de porte coulissante

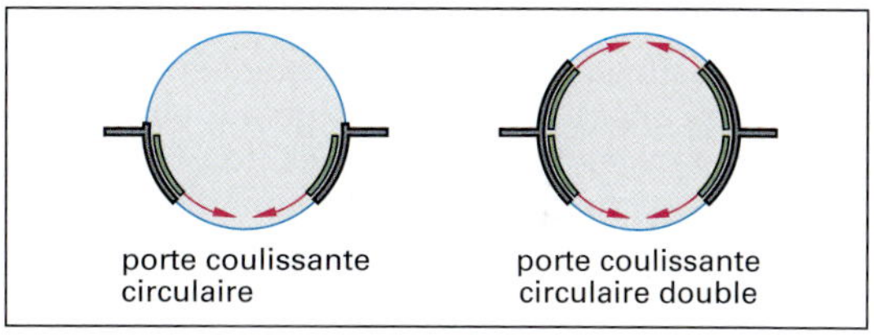

2 Portes coulissantes circulaires automatiques

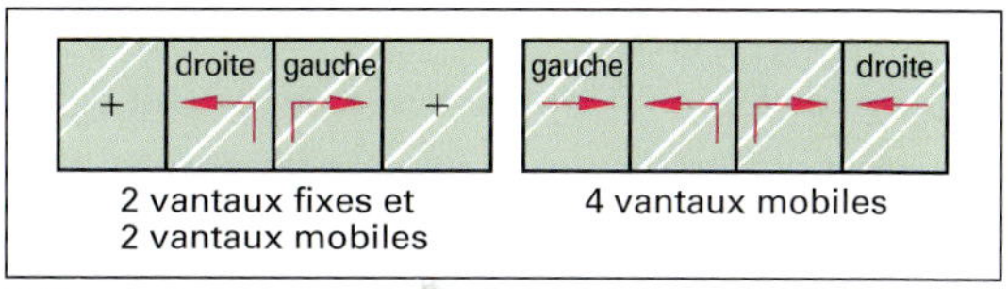

3 Symboles pour la combinaison d'installations de portes coulissantes et coulissantes levantes à plusieurs vantaux

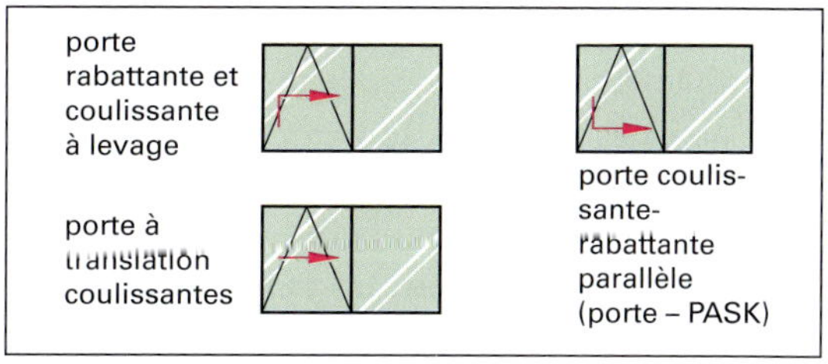

4 Symboles de portes coulissantes

Contrôlez vos connaissances

1 En fonction de quelles caractéristiques les portes peuvent-elles être différenciées et nommées ?

2 Citez les trois composants principaux d'une porte battante.

3 Schématisez une installation de porte et nommez les éléments.

4 Expliquez le terme porte battante double.

5 Une porte battante double est montée pour un « passage à droite ». Nommez les types de ferrements utilisés pour le vantail de passage et le vantail fixe.

6 Quels types de portes automatiques connaissez-vous ?

7 Expliquez le terme « à translation coulissante ».

14.3 Portes avec fonctions spéciales

Les portes peuvent être nommées en fonction de leur utilisation ou de leur matériau principal, c'est-à-dire en tant que porte d'entrée de maison ou porte d'entrée d'appartement, en tant que porte en aluminium ou en plastique.

Si une **fonction de protection** spéciale est évoquée, la porte est désignée en fonction de cela:

- Porte de protection EI contre les incendies
- Porte d'insonorisation
- Porte pare-balle
- Porte de protection E contre la fumée
- Porte anti-effraction

1 Plaque d'identification d'une porte de protection contre les incendies

Tous ces types de fonctions sont soumis à des dispositions et normes spéciales en matière d'homologation de construction.

Portes de protection contre les incendies

Pour les bâtiments publics tels que les hôpitaux, hôtels, administrations, entreprises, etc., les règlements de construction exigent qu'il y ait des fermetures de protection contre les incendies dans les couloirs et cages d'escaliers. Elles doivent satisfaire les normes DIN 4102 ou DIN 18093 et 18095 et bénéficier d'une homologation de construction délivrée par l'association des établissements cantonaux d'assurance incendie (AEAI). Les **fermetures de protection contre les incendies** sont des éléments soumis à une surveillance, devant bénéficier d'un contrôle propre et externe lors de la fabrication **(fig. 1)**.

La porte anti-incendie fermée doit retarder la propagation du feu par l'ouverture de la porte pendant un certain temps.

La plage de temps s'appelle **durée de résistance au feu** et doit être testée lors d'un essai au feu (DIN 4102).

Il en découle les **désignations des fermetures de protection contre les incendies** :

EI 30-1 : porte de protection contre les incendies à un vantail ≥ 30 min. de durée de résistance au feu, au gaz et à la chaleur.

EI 30-2 : porte de protection contre les incendies à deux vantaux ≥ 30 min. de durée de résistance au feu, au gaz et à la chaleur.

E 30 : Eléments fixes et mobile durée de résistance au feu et au gaz ≥ 30 min.

E 90 : Eléments fixes et mobile durée de résistance au feu et au gaz ≥ 90 min.

Les exigences suivantes sont imposées aux portes de protection contre les incendies, elles doivent :

- répondre à la durée de résistance au feu exigée,
- permettre une fermeture automatique,
- présenter une certaine résistance mécanique,
- garantir une fonctionnalité permanente,
- permettre l'ouverture dans le sens de fuite.

Les portes de protection contre les incendies en tubes en acier ou en profilés creux en aluminium avec un remplissage fait d'une couche intermédiaire résistante au feu (fibre silicate « Promatect ») ou en verre de protection, remplissent ces exigences.

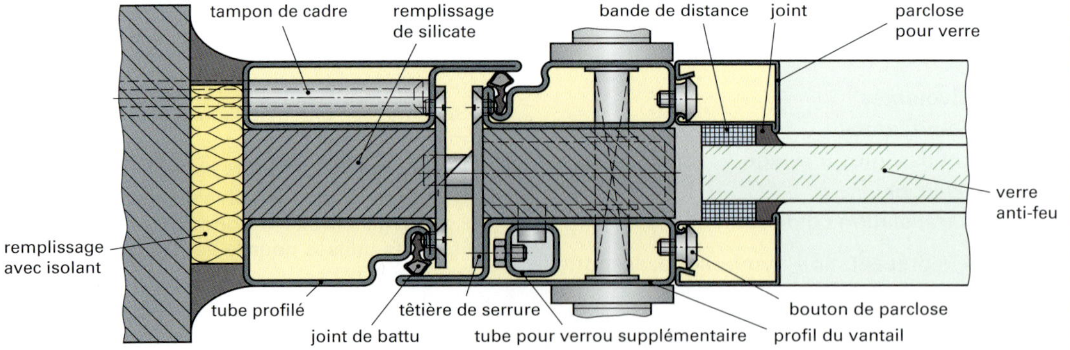

2 Coupe d'une porte de protection contre les incendies EI 30-1

Exemple pour les portes en acier coupe-feu

Désignation normalisée d'une porte **(fig. 1)** :

Porte en acier EI 30-1 L 730 x 1000 A

Cette porte appartient à un groupe dont l'exécution présente les caractéristiques suivantes :

Norme :

porte EI 30-1 pour grandeur de construction A

- Installation :

  Epaisseur de cloison minimale 115 mm dans la maçonnerie, 120 mm dans le béton selon DIN 18093 « Installation de portes anti-feu » ;

- Plage de grandeur admise (A) de l'ouverture du mur :

  Largeur 750 à 1000 mm, hauteur 1750 mm à 2000 mm

- Type de butée :

  DIN à droite (D) ou DIN à gauche (G);

- Vantail :

  A paroi double, épaisseur du vantail 54 mm, à trois plis, rigidifiée sur tout le tour avec de l'acier plat, isolée avec des plaques en laine de roche, épaisseur de tôle 1 mm, zinguée et Duplex ;

- huisserie :

  profil - Z, épaisseur 3 mm des 3 côtes, avec profil de seuil inférieur, zingué et Duplex 3 ancrages muraux par côté ;

- Ferrements :

  2 paumelles en deux parties, serrure à mortaiser à trois becs de cane, préparée pour cylindres profilés, garniture de poignée en acier, 1 goujon de sécurité (fig. 2), 1 paumelle à ressort ;

- Equipement

  Garniture de poignée en acier inox, serrure anti-panique,

- special :

  barre anti-panique, ferme-porte supérieur, gâche électrique, détecteur d'ouverture, dispositif de blocage.

En plus de la grandeur de construction A pour portes légères, on fait également la distinction de la grandeur B pour portes lourdes et C pour les clapets anti-feu.

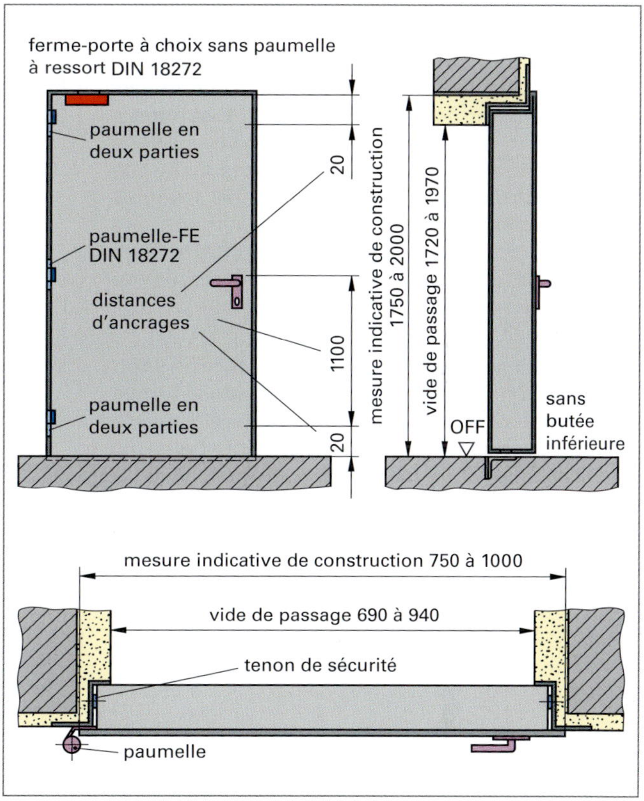

1 Porte coupe-feu en acier EI 30-1

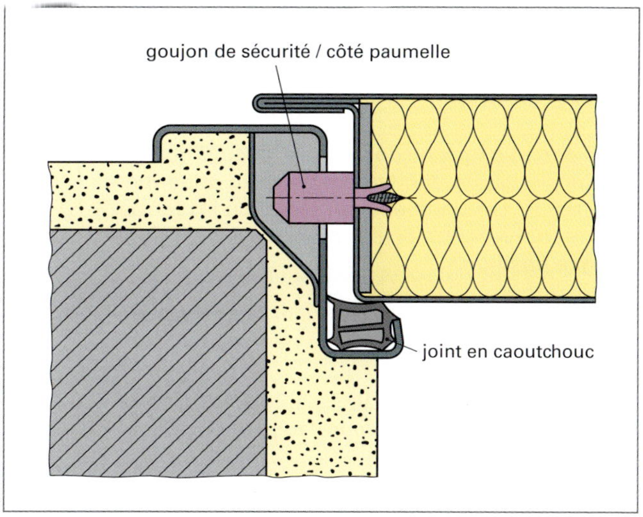

2 Goujon de sécurité coté paumelle

Porte de protection contre le feu E

En cas d'incendie, les gaz de fumée se propagent dans les bâtiments beaucoup plus vite que le feu. Ils menacent la vie des gens et retardent les secours. Les dégâts occasionnés par la fumée dépassent fréquemment de beaucoup les dégâts matériels effectifs dus à l'incendie. C'est pourquoi les règlements de construction exigent des portes de protection contre le feu E partout où la propagation de la fumée peut entraîner un risque.

Les portes de protection contre le feu E peuvent également être conçues comme des portes anti-feu EI, ce qui n'est toutefois pas toujours le cas. Les portes de protection contre le feu E servent à limiter la propagation de la fumée et du feu dans un bâtiment afin de maintenir exempts de fumée les chemins de fuite et de sauvetage par lesquels les personnes peuvent évacuer le bâtiment vers l'extérieur. Les portes de protection contre le feu E limitent simultanément les dommages occasionnés au bâtiment et au mobilier (inventaire).

En cas d'incendie, les portes de protection contre le feu E doivent limiter le passage de la fumée de sorte à ce que la pièce située derrière puisse être utilisée pour secourir les gens pendant une période d'environ dix minutes.

Les portes de protection contre le feu E sont soumises à une surveillance, ne pouvant être fabriquées que par des entreprises membres d'une association de surveillance pour les fermetures de protection contre les incendies, la fumée, et de pièces protégées. Elles sont identifiées par une plaque apposée à un endroit visible dans la battue.

Désignations de portes de protection contre la fumée :

- E – 1: porte de protection contre le feu E à un vantail (porte DIN 18095 - E – 1)
- E – 2: porte de protection contre le feu E à deux vantaux (porte DIN 18095 - E – 2)

L'exigence principale selon DIN 18095 est qu'une certaine **densité de fumée** doit être garantie dans le rapport d'essai.

Les portes de protection contre le feu E doivent se fermer automatiquement en cas d'apparition de fumée. Les paumelles à ressort ou les ferme-portes doivent fermer le vantail depuis n'importe quelle position.

Il convient notamment de veiller à **l'étanchéité au niveau du seuil**. Trois systèmes ont fait leurs preuves :

- Sans seuil, avec joint abaissable automatiquement **(fig. 2)**, joint tubulaire ou joint de sol magnétique **(fig. 3)** ;
- Joint de frappe contre le seuil **(fig. 4)** ;

Brosse sur seuil bombé, **fig. 4** en page suivante).

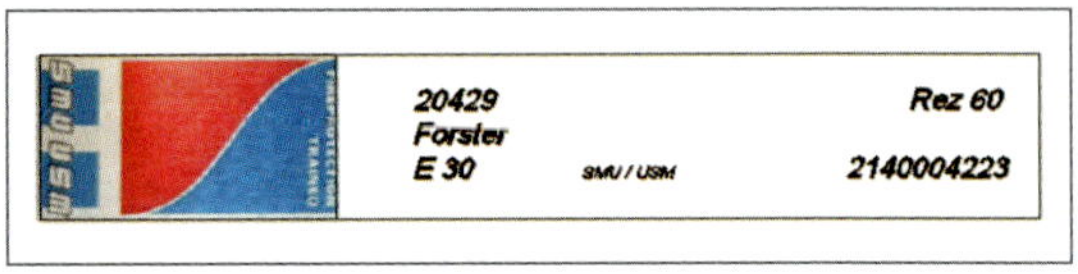

1 Plaque d'identification d'une porte de protection contre la fumée et le feu E

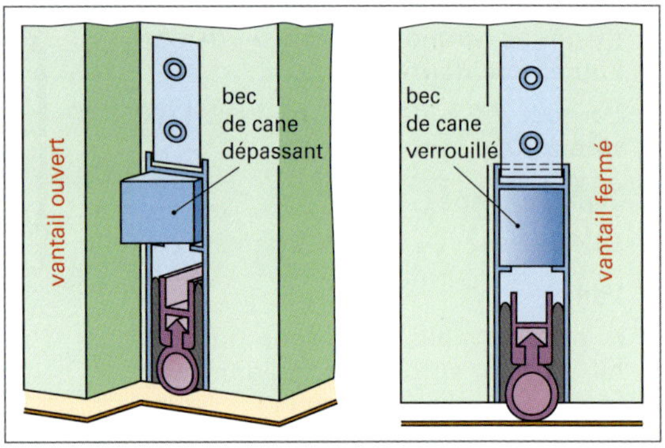

2 Joint abaissable automatique

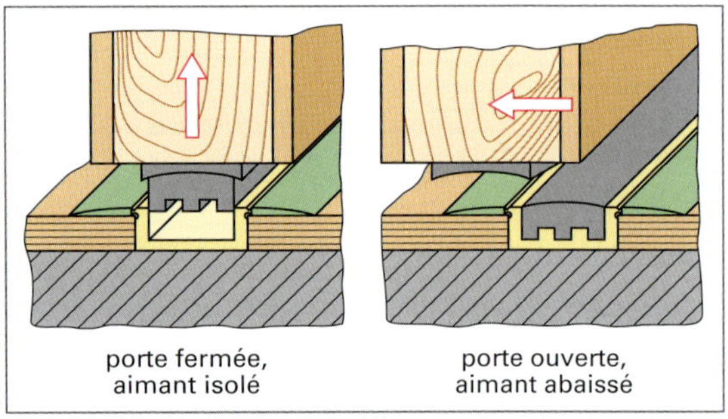

3 Joint de sol magnétique

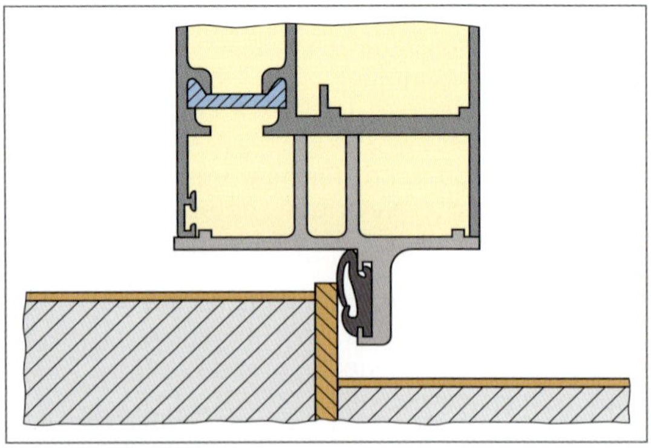

4 Joint de frappe contre le seuil

Portes anti-effractions

Tout comme les fenêtres du rez-de-chaussée, les portes constituent des points faibles au niveau de la sécurité contre l'effraction du bâtiment. C'est la raison pour laquelle les mêmes classes de résistance, les mêmes exigences et conditions de contrôle que pour les fenêtres anti-effractions s'appliquent aux portes anti-effraction. La **fig. 1** montre une porte de sécurité en acier de la classe de résistance RC 2 avec éléments de sécurité supplémentaires. Il s'agit par rapport à une porte normale :

- huisseries murales renforcées sur trois côtés, 8 ancrages muraux ;
- vantail avec battue sur trois côtés, 50 mm d'épaisseur, enveloppe extérieure en tôle d'acier de 1,5 mm, structure interne renforcée ;
- 5 goujons de verrouillage côté paumelle, qui s'accrochent derrière l'huisserie en acier ;
- paumelles sans entretien avec goupilles sécurisées ;
- serrure de sécurité à levier à 4 points de fermeture ;
- cylindres de fermeture avec protection contre le perçage ;
- butée de sécurité renforcée à l'acier ;
- relevage de la poignée possible.

Une serrure à bec-de-cane avec verrouillage supplémentaire dans la zone du linteau et du sol constitue une protection supplémentaire pour la porte de sécurité, en **fig. 3**.

Portes isolantes phoniquement

L'étanchéité des joints entre l'huisserie et le vantail, la liaison avec la construction, l'étanchéité au sol et la fermeture sont décisives pour une valeur d'insonorisation élevée. Différents systèmes d'étanchéité sont utilisés au niveau du sol. La meilleure insonorisation est garantie par un seuil à bosse combiné à une isolation intégrée dans le vantail et l'élément absorbeur situé entre les deux **(fig. 4)**.

Portes isolantes thermiquement

Des exigences accrues en termes de protection contre la chaleur sont fréquemment imposées aux portes si, p. ex. une porte extérieure mène directement vers des zones chauffées. Pour ces portes, une bonne étanchéité du seuil est importante et ainsi que pour le pourtour, pour éviter des pertes de chaleur dues au courant d'air **(fig. 4)**.

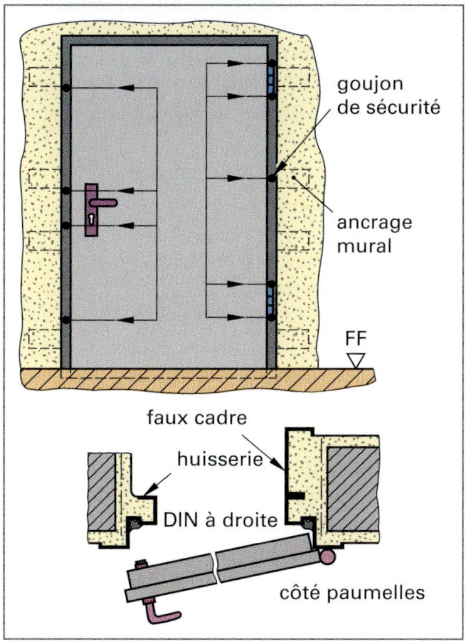

1 Porte en acier anti-effraction

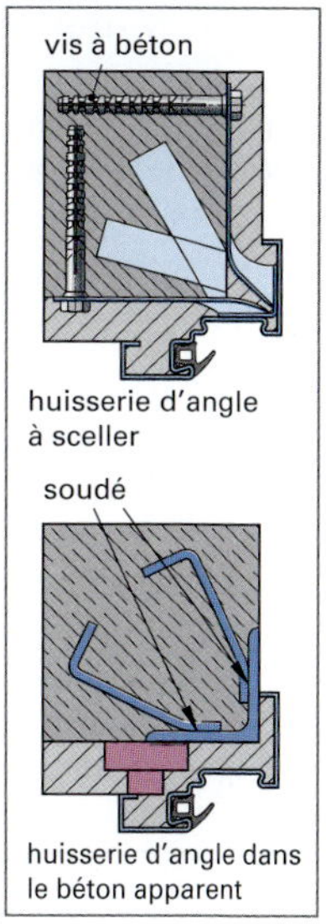

2 Huisseries pour portes de sécurité en acier

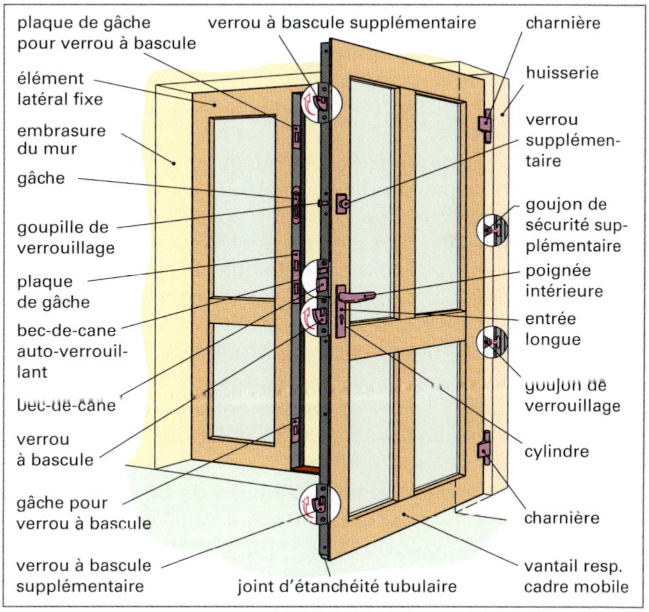

3 Porte de sécurité et anti-effraction

4 Seuils pour portes insonorisées et à isolation thermique

14.4 Matériaux pour portes

Dans la pratique de la construction métallique, les portes sont aussi désignées en fonction de leur matériau. Il existe des portes en métal, en plastique, en verre et composites.

Les **portes en métal** sont fabriquées en utilisant des tubes ou des tôles en acier et aluminium. L'avantage des portes en métal par rapport aux portes en bois est leur grande résistance et leur résistance à l'humidité. Les **tubes en acier** sont idéaux pour de grandes portes, ils garantissent la rigidité de la construction. Pour les portes extérieures, des tubes profilés en acier zingué à chaud et Duplex, des profilés en aluminium ou en acier inoxydable sont utilisés pour assurer la protection contre la corrosion.

Les **portes en aluminium** sont fabriquées à partir de tubes profilés extrudés. A l'intérieur d'un bâtiment, des tubes profilés en aluminium sans rupture thermique sont utilisés. Pour l'extérieur, des tubes profilés aluminium à rupture thermique garantissent une bonne isolation thermique **(fig. 1)**. Les systèmes de tubes profilés pour les portes se distinguent des tubes profilés pour les fenêtres uniquement par leurs dimensions, les épaisseurs de paroi, les compartiments pour les ferrures et le profil du socle. Quelques tubes profilés de base et de nombreux profilés complémentaires permettent de fabriquer des portes et installations de portes les plus diverses.

Les **portes en plastique** sont fabriquées en profilés massifs ou creux comme cadres avec ou sans remplissage de verre. Pour les mêmes dimensions, des profils fabriqués par extrusion ont une résistance à la flexion moins grande que les tubes profilés en métal. C'est pourquoi ils sont la plupart du temps renforcés par des tubes profilés en acier insérés dans les compartiments du profilé **(fig. 2)**.

Avec un vantail sans cadre, les **portes en verre** sont montées sous forme de **portes entièrement en verre**. Un vantail avec cadre et remplissage en verre est appelé une **porte vitrée**.

Les portes composites sont constituées de différents matériaux. Avec une construction bois/aluminium p. ex., les avantages de chaque matériau sont valorisés : le bois constitue le matériau du cadre avec ses bonnes propriétés d'isolation thermique et son aspect visuel ; le revêtement extérieur en aluminium protège contre les influences météorologiques et permet une coloration.

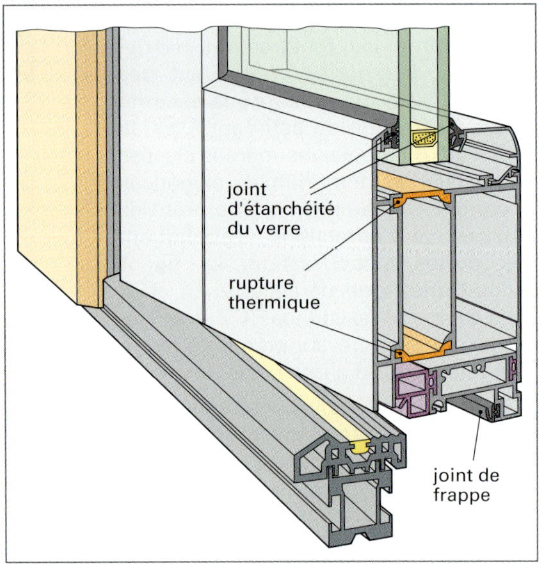

1 Porte en aluminium en tubes profilés avec rupture thermique

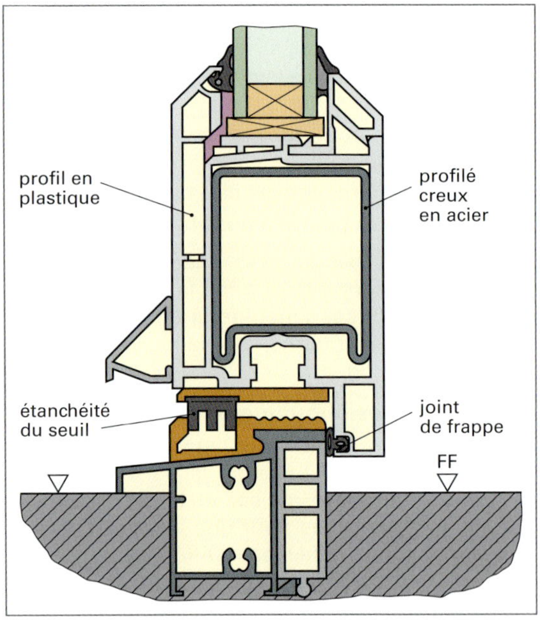

2 Porte extérieure en plastique renforcée avec des tubes profilés en acier

Contrôlez vos connaissances

1 Expliquez la désignation « Porte EI 30-2 ».
2 Quels matériaux pour les portes de protection contre les incendies connaissez-vous ?
3 Pourquoi les portes de protection contre les incendies doivent obtenir un contrôle et une homologation délivrée par l'AEAI ?
4 Pourquoi les garnitures de poignées en plastique de portes de protection contre les incendies ne sont-elles autorisées qu'avec une âme en acier ?
5 Expliquez quatre caractéristiques d'une porte anti-effraction.
6 Nommez les avantages et désavantages des différents matériaux utilisés pour la construction de portes.

14.5 Ferme - porte

Les portes doivent fréquemment se refermer après le passage des utilisateurs. L'installation de ferme - portes automatiques est alors nécessaire.

Grâce à leur force, les ferme - portes entraînent la fermeture automatique d'une porte. Ils sont prescrits pour les portes de protection contre les incendies.

Ouvrir une porte requiert de l'énergie. Celle-ci est transférée mécaniquement dans le ferme - porte, y est emmagasinée dans un ressort et utilisée pour refermer la porte. Le procédé de fermeture peut être réglé.

Il existe différentes positions de montage pour les ferme - porte. La plus fréquente est la fixation en haut du vantail, comme **ferme - porte en applique.**

Le ferme - porte le plus utilisé actuellement est le **ferme – porte en applique à bras déporté (fig. 2)**. Son fonctionnement repose sur la transformation en mouvement linéaire du mouvement de rotation du vantail par un pignon, qui s'engrène avec un piston avec crémaillère **(fig. 2a)**. Pendant ce mouvement, le piston comprime un ressort. L'énergie d'ouverture est ainsi emmagasinée **(fig. 2b)**. Dès que la porte est relâchée, le ressort se détend et comprime le piston dans le sens inverse. Ceci met l'axe en rotation par le biais de sa denture. A cet effet, le bras principal fixé sur l'axe tire la porte dans sa position de départ et la ferme.

Pour des raisons architecturales et techniques, mais aussi en raison du risque de vandalisme, les **ferme - porte à glissière** sont de plus en plus utilisés ces dernières années. Leur tige ne dépasse pas librement mais se situe le long du cadre ou du vantail de la porte, selon le type de montage **(fig. 4)**.

Les ferme - porte modernes fonctionnent avec une transmission à came **(fig. 3)**. Ils sont egalement utilisés pour les ferme-portes au sol (page suivante).

Types de montages de ferme - portes en applique

Les ferme - portes en applique sont utilisés avec des portes battantes. Cela signifie que la porte concernée ne s'ouvre que dans un sens. La position de montage habituelle (montage normal) d'un ferme - porte en applique est le montage sur le vantail côté paumelle, c'est-à-dire le côté vers lequel la porte s'ouvre **(fig. 4a)**.

S'il s'agit d'une porte extérieure, il est préférable de monter le ferme - porte côté intérieur. En accord avec les prescriptions en matière de chemins de fuite et de sécurité, de nombreuses portes s'ouvrent toutefois vers l'extérieur. Pour éviter un montage du ferme - porte à l'extérieur, il est de ce fait courant de le monter à l'envers (montage inversé) sur le cadre de la porte, à l'intérieur **(fig. 4 d)**.

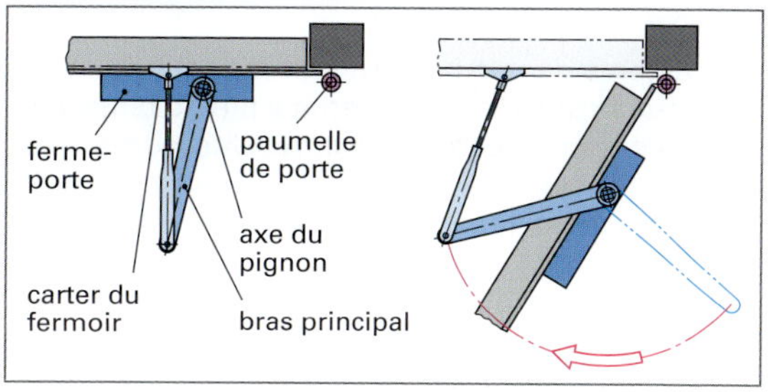

1 Mouvement d'un ferme – porte en applique à bras déporté

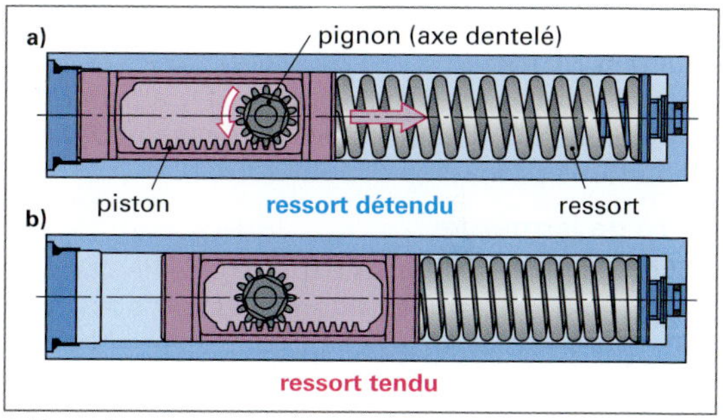

2 Fonctionnement d'un ferme - porte en applique à bras déporté

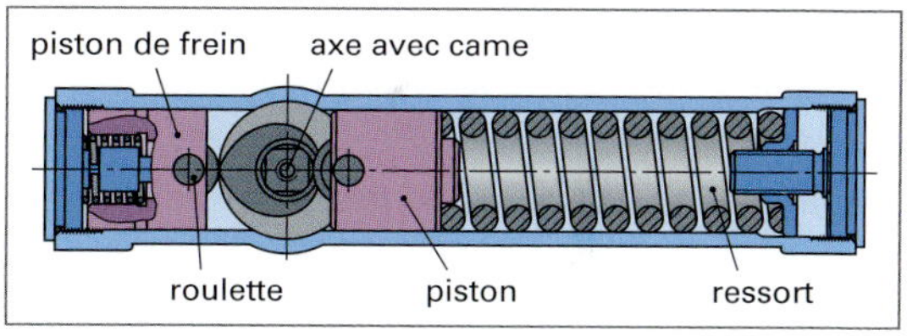

3 Fonctionnement d'un ferme - porte en applique à glissière

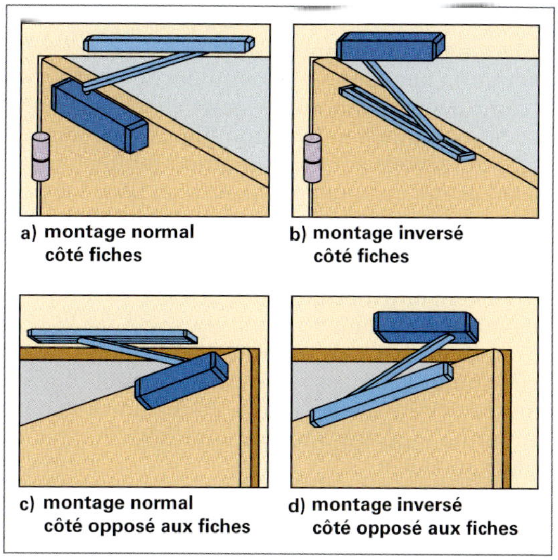

a) montage normal côté fiches

b) montage inversé côté fiches

c) montage normal côté opposé aux fiches

d) montage inversé côté opposé aux fiches

4 Positions de montage de ferme - portes en applique

Vitesse de fermeture

Une détente de ressort commandée est nécessaire pour que la porte ne se referme à pleine puissance qu'après son ouverture **(fig. 1)**. Une commande selon les besoins peut être obtenue avec de l'huile hydraulique qui remplit le boîtier du ferme - porte. A l'ouverture de la porte, l'huile passe par un trou dans le piston pour aller dans la partie du boîtier du ferme - porte qui libère le piston lors de son mouvement vers l'avant. Ce trou du piston est pourvu d'un clapet anti-retour qui ne laisse passer l'huile que dans un sens. Quand la porte se referme et, avec la force du ressort, le piston revient dans sa position initiale. L'huile revient alors côté ressort par un canal de retour. Une soupape de régulation ajustable depuis l'extérieur permet de régler le flux d'huile vers le côté ressort et ainsi d'amortir le processus de fermeture.

Force de fermeture

Le ferme - porte doit être en mesure de déplacer le vantail contre les forces extérieures (résistance de l'air, frottement, bec-de-cane, joint). Plus la porte est large et lourde, plus le ferme -porte doit être puissant. Certains ferme – portes ont une force de ressort fixe, déterminée par le fabricant. La position de montage permet ici d'adapter la force de fermeture à la situation de la porte.

Plus le ferme - porte est éloigné des paumelles, plus la force de fermeture est importante.

D'autres types de ferme - porte ont des possibilités de réglage qui confèrent au ressort une pré - tension de base différente selon les besoins **(fig. 1)**.

Ferme - porte au sol

En raison de l'absence de démultiplication du levier de la tige, ils nécessitent un couple de rotation plus élevé au niveau de l'axe pour que la porte se ferme correctement. A la différence des ferme - portes en applique, le mouvement de rotation de la came est transmis sur un galet qui comprime le ressort par la tige et le piston **(fig. 2)**. Les ferme - porte universels sont la plupart du temps utilisés au sol et, qui conviennent aussi bien pour les portes va-et-vient que pour les portes battantes.

Ferme - porte intégré

Ils peuvent être installés dans la traverse du cadre fixe supérieur, dans le profil du socle de la porte ou dans un profil de montage. Le mécanisme de fermeture est dissimulé dans le profil et n'est ainsi soumis à aucune influence météorologique. Les ferme – portes intégrés sont déjà montés et réglés en atelier.

Régulateur de fermeture

Pour les portes anti-feu à deux vantaux, le bon ordre de fermeture des deux vantaux (en 1er vantail semi-fixe, en 2eme vantail de passage) est commandé par le régulateur de fermeture **(fig. 4)**. Il est ainsi garanti que le vantail de passage reste ouvert jusqu'à ce que le vantail fixe soit presque, voire intégralement, en position fermée.

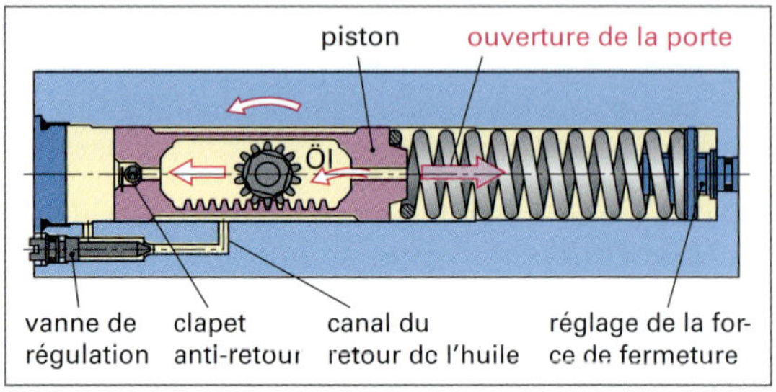

1 Amortissement de la vitesse de fermeture grâce à l'huile hydraulique

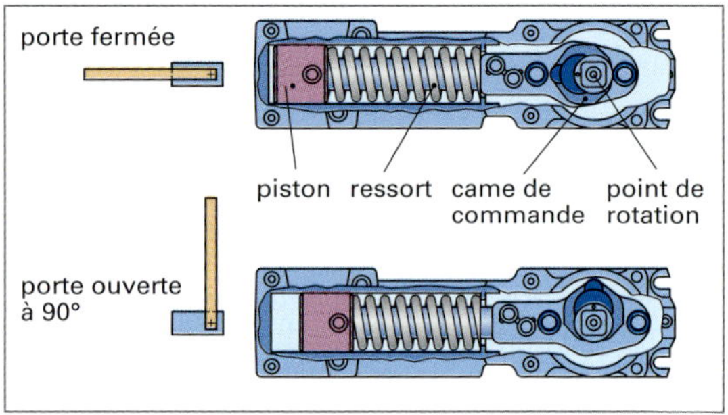

2 Fonctionnement d'un ferme - porte au sol

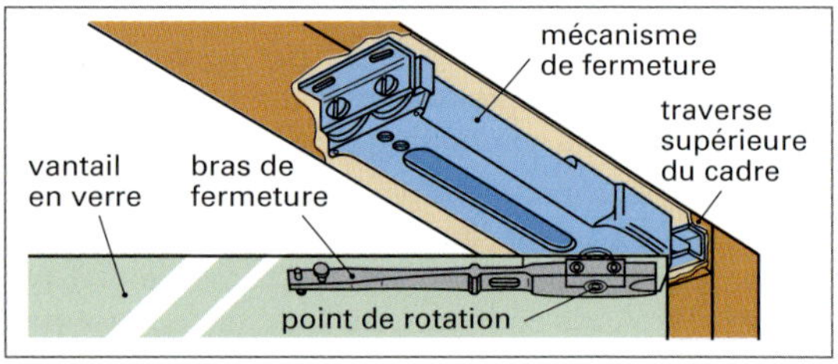

3 Ferme - porte intégré

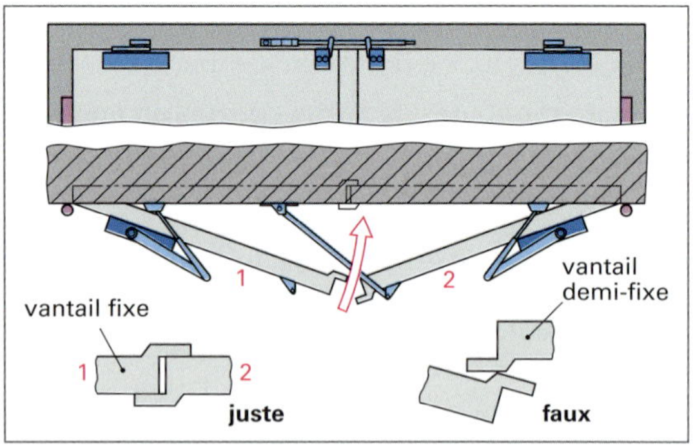

4 Réglage mécanique de l'ordre de fermeture

14.6 Ferrures pour portes

Une porte ne remplit ses fonctions pleinement qu'avec des ferrements correctement adaptés à la fonction, au poids et à l'aspect visuel du vantail.

> Les ferrures constituent une unité fonctionnelle avec le vantail et l'huisserie.

Paumelles de portes

Elles accueillent le poids du vantail et le transfèrent au cadre. Trois exigences doivent être respectées lors de l'installation :

- Les axes des paumelles doivent être d'aplomb les uns par rapport aux autres.
- Les chants de la porte ne doivent pas toucher le cadre fixe ;
- Quand la porte est fermée, il ne doit pas y avoir de passage pour l'air.

Les paumelles à souder le sont directement sur le cadre et le vantail **(fig. 1)**. Des charnières à visser avec contre-plaque sont utilisées pour les tubes profilés en aluminium. Ces charnières sont également utilisées pour les portes en tubes acier. Elles permettent un réglage dans les trois directions, à chaque fois de +/- 1,5 mm.

Ferrements de fermeture

Les ferrures de fermeture maintiennent les vantaux en position fermée. Selon le type de porte et l'utilisation qui en est faite, elles comprennent les serrures, les ferrures de verrouillage, les régulateurs de fermeture et les serrures anti-panique.

La plupart du temps, les **serrures de portes** sont installées en tant que serrures à mortaiser. Pour les tubes profilés, il existe des serrures à mortaiser de cadre dont le boîtier est peu profond.

Les **régulateurs de fermeture (voir p. 272)** sont nécessaires pour les portes à plusieurs vantaux équipés de ferme - porte, afin que **le vantail fixe** se ferme avant le **vantail de passage (vantail de service)**. Les régulateurs de fermeture sont prescrits pour la construction de portes à deux vantaux anti – feu E et EI.

Les **serrures anti-panique (fig. 2)** doivent laisser ouverte une porte à tout instant dans le sens du chemin de fuite. Depuis l'autre côté, elles ne peuvent toutefois être ouvertes qu'avec la clef appropriée.

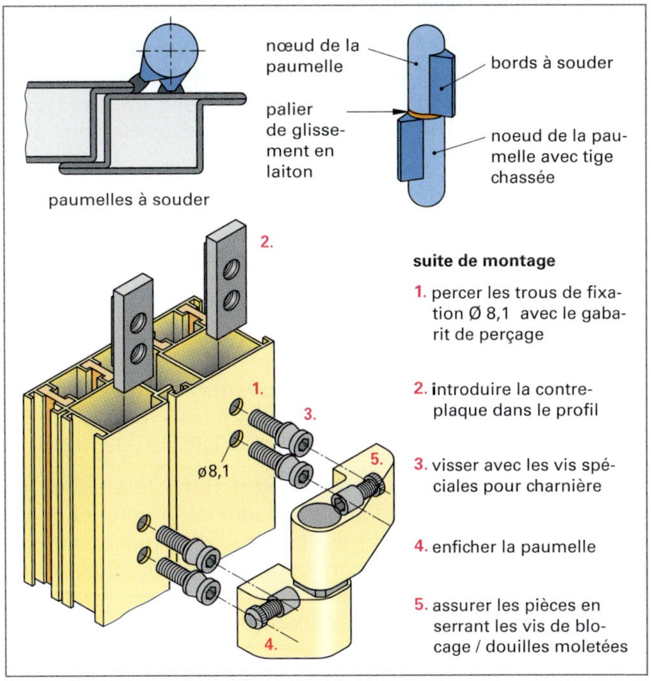

1 Exemple de montage d'une charnière à visser

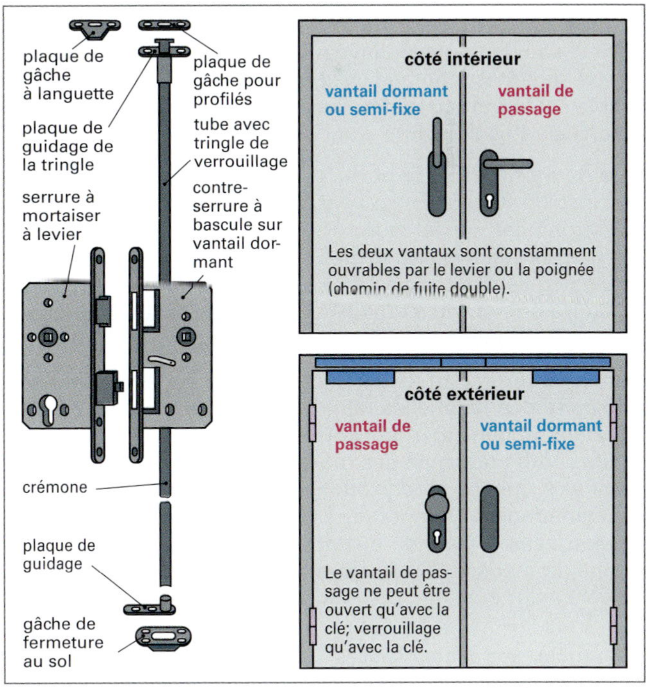

2 Fermeture anti-panique d'une porte de fuite anti-feu à deux vantaux qui s'ouvre vers l'extérieur.

> Une serrure anti-panique doit satisfaire aux prescriptions de construction.

14.7 Installation et montage

Pour la fabrication des portes, les mesures doivent être prises sur le chantier. Les cotes sont pour la plupart des cotes normalisées selon DIN 4172 (Règlement des mesures dans le bâtiment) et DIN 18100 (Ouvertures dans les cloisons pour les portes).

Les **dimensions indicatives** (DM) sont les **mesures minimales** de l'ouverture de la cloison. Les fabricants de portes et d'huisseries partent de cotes nominales plus grandes de 10 mm en largeur et, 5 mm en hauteur par rapport aux dimensions indicatives. Il faut y ajouter la largeur du jeu. Dans l'exemple **(fig. 1)**, elle est fixée à 10 mm. Il faut en outre tenir compte du fait que les tolérances de construction s'ajoutent aux mesures nominales. Pour les ouvertures brutes avec surface finie, des dimensions limites jusqu'à+/- 12 mm en largeur et en hauteur sont possibles selon DIN 18 202 **(fig. 1)**.

Les **dimensions indicatives de construction** ont ainsi un jeu d'au moins 5 mm en haut entre le cadre de la porte et la maçonnerie. Les cotes du cadre sont calculées en fonction des dimensions indicatives, en tenant compte des largeurs de joints nécessaires. Les cotes du vantail sont déterminées à partir des dimensions du cadre, en tenant compte du jeu du profil.

Les joints sont mis en place dans les rainures du profilé après la fabrication des pièces du cadre et du vantail, le montage des paumelles et l'installation des ferrements.

La mise en place de la porte dépend du niveau du sol fini. Elle est souvent appelée niveau du sol fini. Si le sol fini n'est achevé qu'après montage de la porte, le point de référence de la cote est **le trait au mètre.** Il est précisément 1 m au-dessus du niveau du sol fini FF.

Lors du **montage de la porte**, il faut veiller à ce que le cadre soit installé d'aplomb. Le vantail doit reposer et être aligné uniformément sur le cadre. Toute divergence par rapport à la verticale peut entraîner des effets de levier qui ont pour conséquence des couples de forces, les ancrages peuvent se détendre et la porte s'ouvrir ou se fermer toute seule si elle n'est pas bloquée par le bec-de-cane.

L'ancrage du cadre sur l'édifice s'effectue de préférence à proximité des paumelles, afin que les forces soient dirigées directement dans le mur. La fixation a lieu à l'aide de chevilles de cadre ou d'ancrages muraux. Elle doit être réalisée de sorte à ce que les modifications de longueur consécutives à des variations de température puissent être absorbées sans tension dans le joint de dilatation. Le **joint de dilatation** est rempli de mousse PU, de laine de roche ou de verre et isolé du côté extérieur.

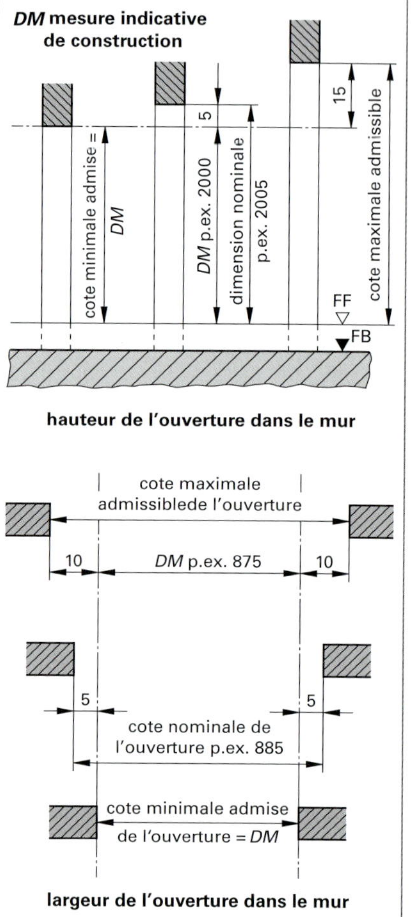

exemple de notation pour une ouverture murale
DIN 18100-875 x 2000:

grandeur en *DM*
(indication sur les dessins de projets):
875 mm x 2000 mm
grandeur nominale
(indication sur les dessins d'exécution):
885 mm x 2005 mm
cote minimale admise: 875 x 2000 mm
cote maximale admissible: 895 x 2015 mm

1 Mesures admissibles et tolérances

Contrôlez vos connaissances

1 Différenciez les ferme - porte des paumelles à ressort en termes de type construction.
2 Comment nomme-t-on les positions de montage pour les ferme - porte en applique ?
3 Pour quelles portes un régulateur d'ordre de fermeture est-il nécessaire ?
4 Expliquez le fonctionnement d'une serrure anti-panique.
5 Quelle est la signification du trait au mètre pour le montage d'une porte sur un fond brut ?
6 A quoi sert le joint de dilatation ?
7 Pourquoi les charnières de portes en aluminium sont-elles vissées et non soudées ?

15 Portes industrielles (portails)

Selon leur lieu d'implantation, les portes industrielles sont réparties entre les portes pour des locaux industriels et les portails pour l'extérieur. Elles délimitent les grands bâtiments ou les terrains et y permettent l'accès **(fig. 1 et 2)**.

1 Porte industrielle

2 Portail pour fermer une zone industrielle

L'acier est principalement utilisé comme matériau de construction essentiellement pour des raisons de solidité et de résistance à la flexion. Dans les constructions plus récentes, l'aluminium est aussi utilisé occasionnellement. En plus de satisfaire aux exigences fonctionnelles, les portes industrielles doivent être esthétiques.

Toutes les exigences de sécurité et de performance des portes actionnées mécaniquement et manuellement sont regroupées dans la norme DIN EN 13241-1.

15.1 Portes industrielles

On peut fondamentalement faire la distinction entre deux types de portes industrielles, en fonction du sens de fermeture ou d'ouverture :

1. les portes industrielles se déplaçant horizontalement, p. ex. portes battantes, coulissantes ou pliantes (**fig. ci-dessus** et **fig. 1 page suivante**)
2. les portes industrielles se déplaçant verticalement, p. ex. portes basculantes, portes à enroulement et portes sectionnelles **(fig. 1 page suivante)**.

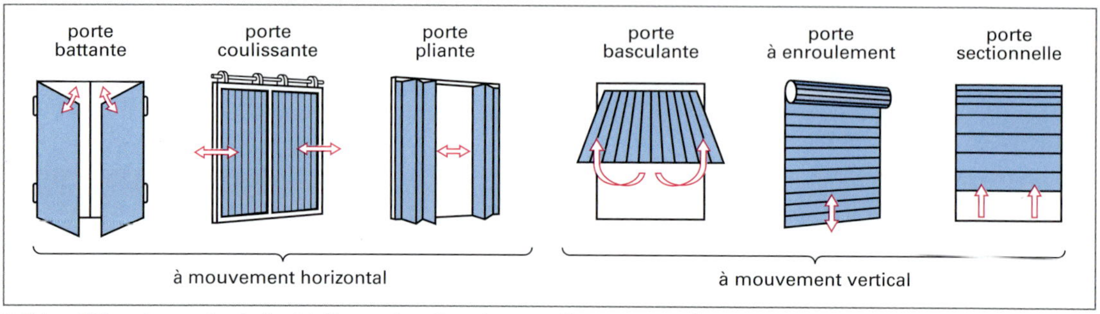

1 Répartition des portes industrielles en fonction du sens d'ouverture et fermeture

15.1.1 Portes battantes

En principe, les portes industrielles battantes sont des portes qui s'articulent sur le côté du cadre, avec des paumelles **(fig. 2)**. Elles sont en règle générale réalisées avec un cadre fixe en tubes profilés. Le remplissage des vantaux peut être agencé en fonction de l'utilisation qui en est faite.

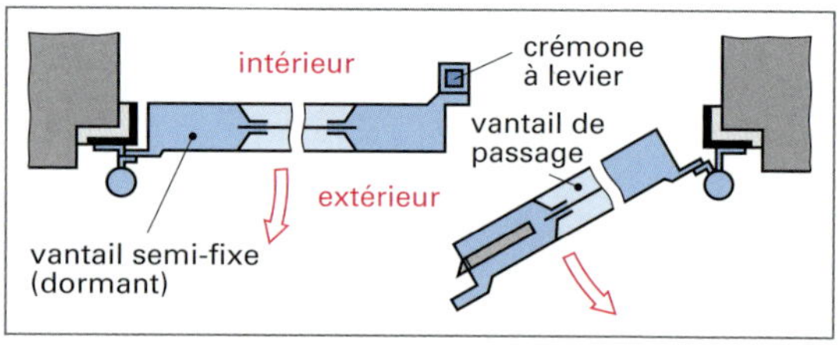

2 Eléments d'une porte industrielle battante à deux vantaux

Des profilés en acier L, en Z ou en U, ancrés dans la maçonnerie, servent de cadre fixe. Pour les portes industrielles battantes à deux vantaux, le vantail semi-fixe doit pouvoir être bloqué. Ceci est réalisé à l'aide de **crémones à levier** à l'intérieur sur le vantail dormant et actionnées par une poignée levier.

Le **blocage du vantail** semi-fixe est assuré par deux tiges de verrouillage (crémones). Si des pièces spéciales de guidage sont soudés aux extrémités des crémones. on obtient ainsi une fermeture beaucoup plus hermétique **(fig. 3)**. Le verrouillage du vantail de passage est réalisé à l'aide de serrures à mortaiser ou à tringles. La sortie des tringles est actionnée par un levier qui peut être bloqué par une serrure. L'actionnement de la poignée est indépendant du verrouillage.

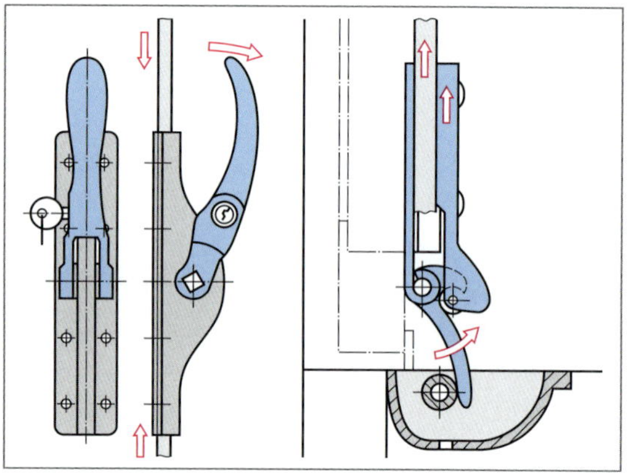

3 Ferrements: actionner et verrouiller

15.1.2 Portes coulissantes

Les portes industrielles coulissantes servent fréquemment de fermetures automatiques anti-feu. Il s'agit aussi de la solution la moins coûteuse pour fermer une grande ouverture.

Les portes industrielles coulissantes transfèrent le poids du vantail sur le rail, fixé au plafond ou au linteau par **des galets de suspensions (fig. 4)** ou des **galets de roulage (fig. 5)**. Les galets de suspension ou les galets de roulage sont pour cela fermement vissés ou soudés au vantail. Pour les portes industrielles coulissantes lourdes, la fonction de support est assurée par un rail installé au sol. Le rail de roulage de guidage supérieur ne sert alors plus qu'au guidage latéral.

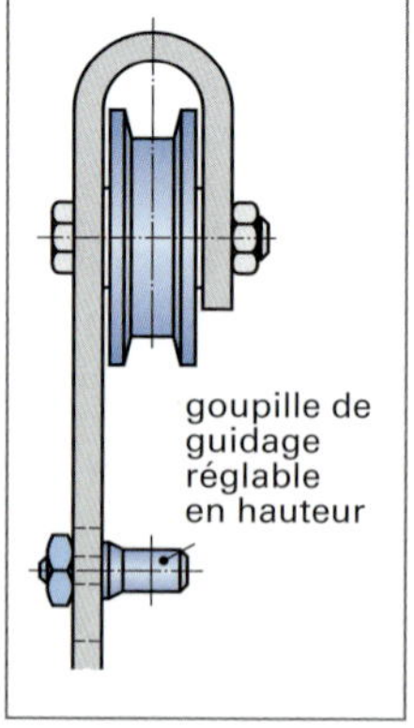

4 Galet de suspension

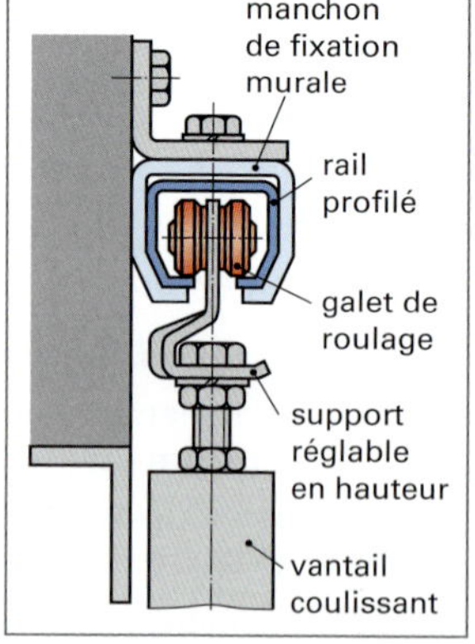

5 Mécanisme de roulage

Un inconvénient des portes coulissantes est le besoin en place latéralement relativement important **(fig. 2)**. Si les portes coulissantes sont divisées en plusieurs parties, un changement de direction jusqu'à 90° est possible sur des rails de guidage aménagés en conséquence **(fig. 3)**. Une autre alternative pour limiter l'espace latéral consiste à faire coulisser chaque élément sur des rails parallèles séparés. Les différents vantaux de la porte sont alors rassemblées en paquets parallèles les uns aux autres **(fig. 4)**. L'ordre d'ouverture et de fermeture est effectué dans un ordre chronologique.

La limitation de la course de la porte dans le rail de guidage est en règle générale assurée par des butées de rail **(fig. 1)**. Celles-ci sont fixées dans le rail à l'endroit prévu. Toutefois, les butées de fin de course dans le rail ne servent aucunement à amortir le mouvement de la porte. La force de la porte qui se déplace peut correspondre à plusieurs fois son poids. Comme de grands moments de force surviennent lorsque la grande porte percute la butée de fin de course, cela peut facilement occasionner des déformations du rail. L'amortissement de la grande porte doit pour cela être réalisé à l'aide de **buttées à ressort** séparés **(fig. 5)**.

Une porte industrielle coulissante parallèle doit toujours être amortie en son centre de gravité, c'est-à-dire à mi-hauteur.

Les étanchéités latérales des éléments coulissants sont une problématique particulière des portes coulissantes. Elles sont réalisées par des joints élastiques profilés. Pour des raisons de sécurité, l'épaisseur nécessaire des joints doit être suffisamment importante pour qu'une main pincée s'en sorte sans dommages.

Des verrous ou des serrures spécifiques aux portes coulissantes sont utilisés pour verrouiller les portes industrielles coulissantes. Elles disposent d'un verrou à crochet qui empêche tout coulissement involontaire de la porte. Les poignées ne doivent pas dépasser du plan de la porte, sans quoi il y aurait un risque qu'elles restent accrochées ou soient arrachées.

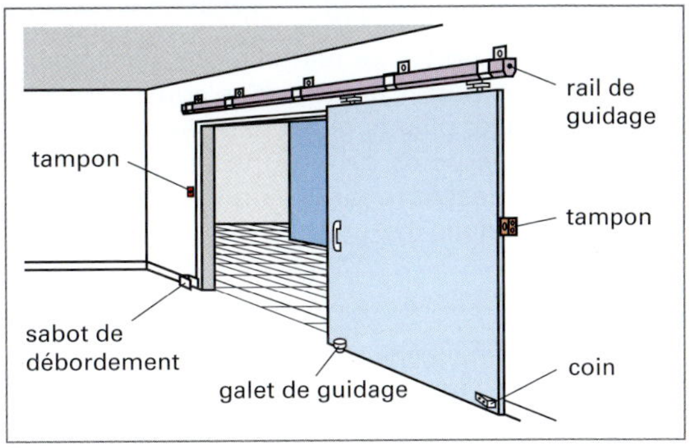

2 Porte industrielle coulissante parallèle

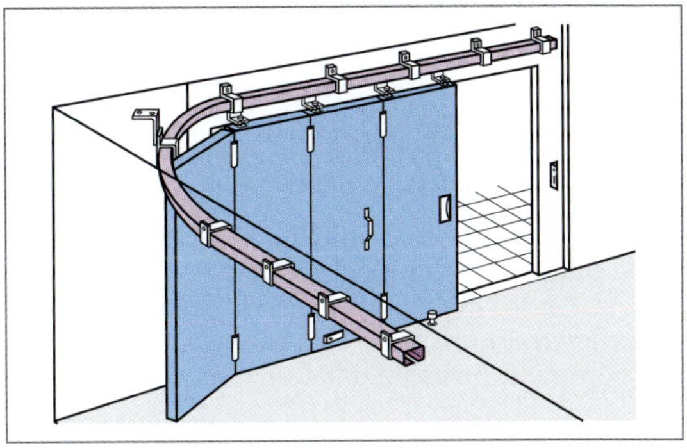

3 Porte industrielle coulissante à segments

4 Porte industrielle coulissante télescopique

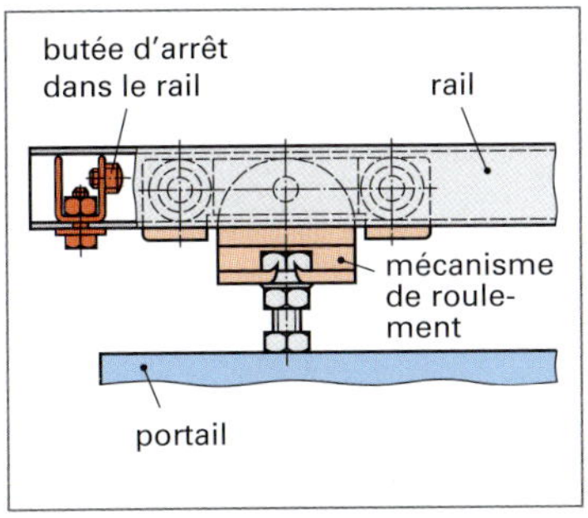

1 Butée d'arrêt dans le rail

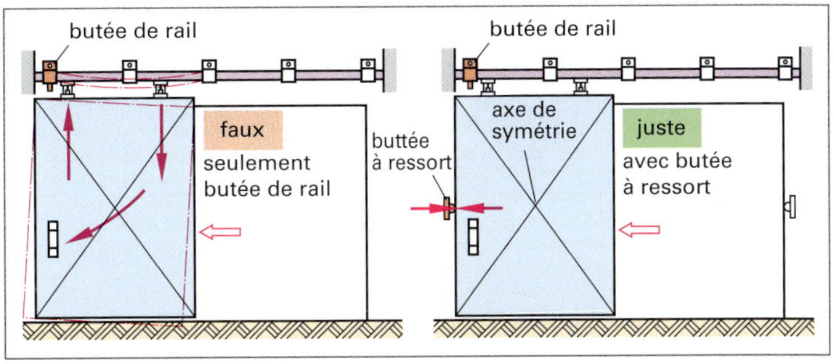

5 Limitation d'ouverture par une buttée à ressort

15.1.3 Portes coulissantes pliantes

Contrairement portes industrielles coulissantes parallèles l'encombrement sur le côté est relativement faible avec les portes industrielles coulissantes pliantes (portes accordéon). Pour l'ouverture, les vantaux coulissants pliants reliés par des charnières sont repliés sur le côté. Dans les portes industrielles coulissantes, le poids de la porte est transféré par des galets de suspension ou des galets de roulage qui se déplacent le long d'un rail de guidage. Pour cela, le galet suspendu et le galet de roulage doivent être disposés pour permettre un mouvement de rotation du vantail pliant autour de l'axe **(fig. 2)**.

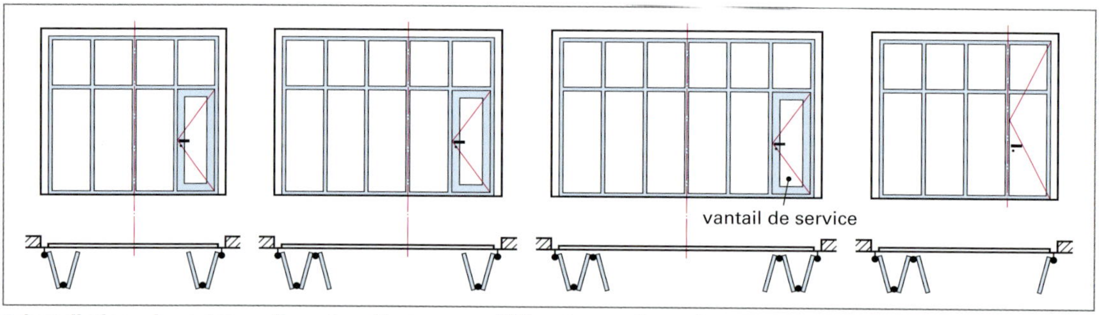

1 Installations de portes coulissantes pliantes avec différentes configurations

La division des deux moitiés d'ouverture est au choix **(fig. 1)**. On veille souvent à ce qu'un côté soit composé d'un vantail de service et l'autre côté de plusieurs vantaux coulissants pliants. Si cela s'avère impossible, une porte battante (porte de service) est fréquemment installée dans un élément coulissant.

Pour des raisons statiques et fonctionnelles la largeur du vantail individuel ne doit pas excéder 1,25 m. La **fig. 3** montre la configuration d'une porte industrielle coulissante pliante à 4 vantaux. L'élément de droite est alors constitué comme un vantail de passage DIN à droite.

Les vantaux sont fabriqués à partir de 2 tôles d'acier de 2 mm d'épaisseur, laminées à froid et pliées Des profils sont soudés pour renforcer la zone des charnières et des ferrements. L'espace entre les deux tôles de la porte est rempli de matériau isolant.

Les vantaux de portes sont aussi fréquemment réalisés sous forme de cadres, permettant un remplissage avec différents types de verre.

L'huisserie est réalisée avec des aciers - équerre.

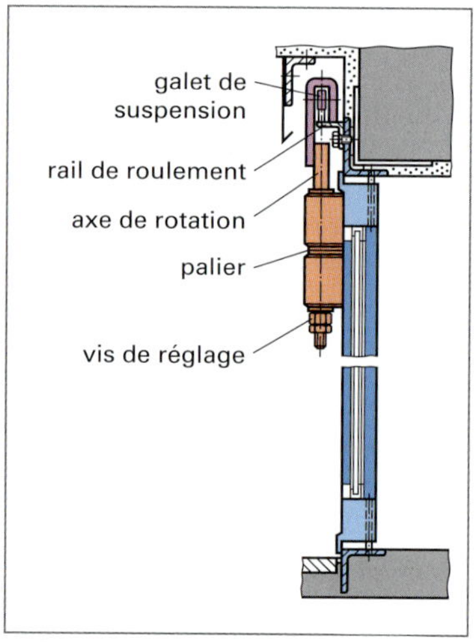

2 Galet suspendu pivotant pour porte pliante suspendue

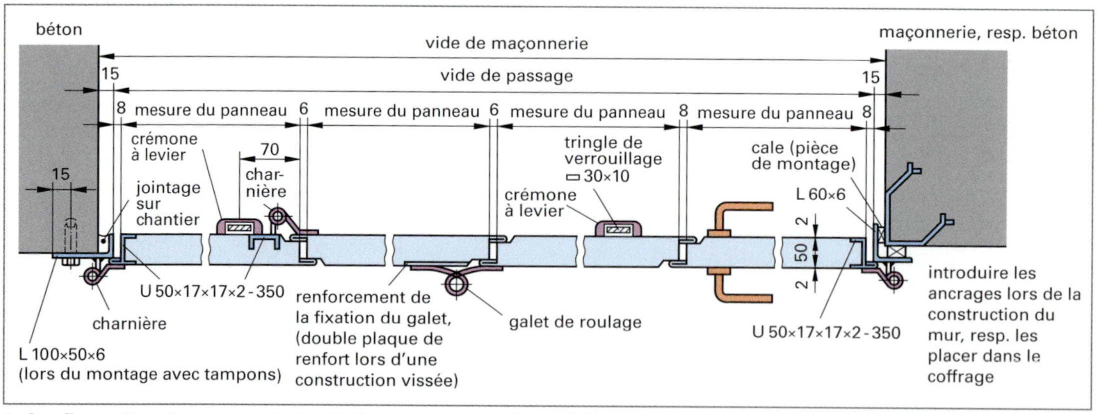

3 Configuration d'une porte industrielle coulissante pliante à 4 vantaux

La **fig. 1** montre une porte coulissante pliante à 3 vantaux. Le galet de roulage porteur doit dans ce cas être disposé entre le 2ème et le 3ème vantail. La paumelle soudée supérieure et le galet de roulage porteur constituent à cet endroit un même élément. Les paumelles sont placées en applique sur la face de la porte afin de permettre une ouverture parallèle des éléments. Le fonctionnement de la porte dépend principalement du positionnement correct du rail de guidage. Pour cela, il faut avant tout respecter la bonne distance entre la face de la porte et l'axe central du galet de la roulage.

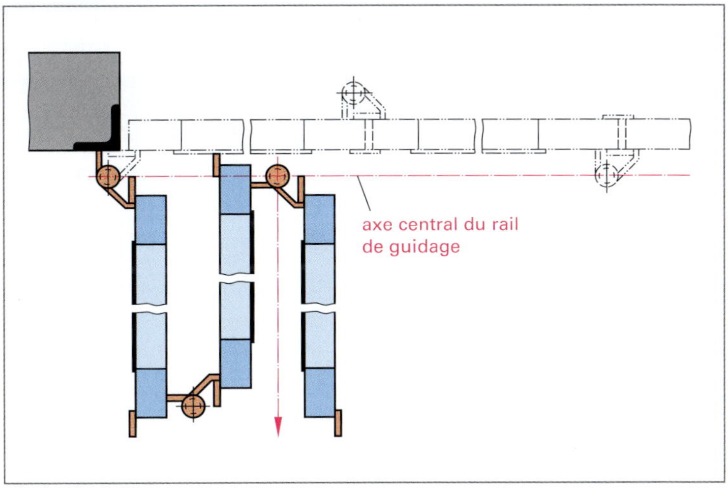

1 Porte pliante ouverte à 90°

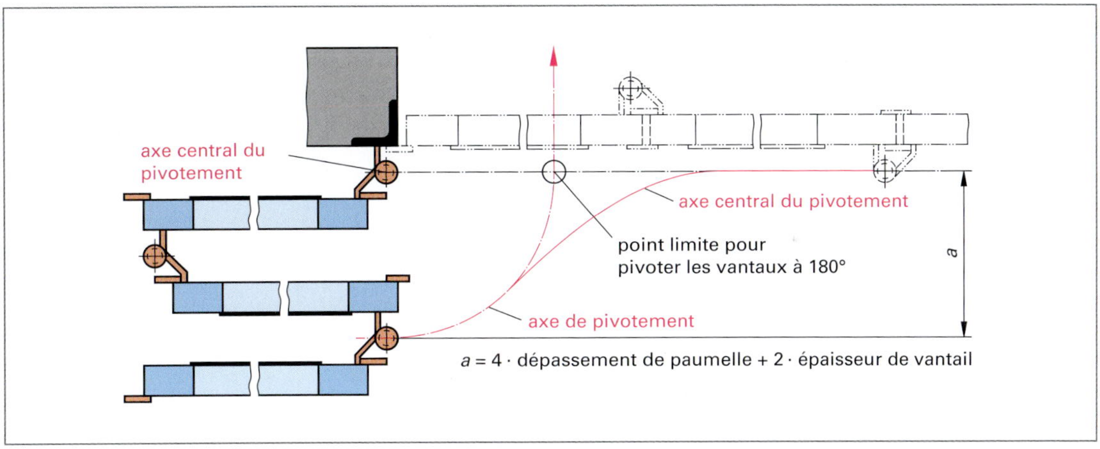

2 Porte pliante ouverte à 180°

Pour des raisons de place, il peut s'avérer nécessaire que les paquets de vantaux soient écartés de l'ouverture de la porte. Ceci requiert une position d'ouverture de la porte à 180° **(fig. 2)**. Pour y parvenir, le rail de guidage doit être coudé à son extrémité. Une position d'ouverture à 180° peut théoriquement être obtenue par un pivotement de $^1/_4$ de cercle du paquet de vantaux depuis la position à 90 °. Le point de rotation se trouve alors à l'axe du nœud de la paumelle reliée au cadre fixe. Ce quart de cercle détermine l'intervalle entre le rail de guidage et l'axe de la paumelle dans l'extrémité du rail.

Pour le même dépassement de toutes les paumelles, cet intervalle est calculé comme suit pour l'exemple 2 :

Intervalle entre le milieu du rail de guidage et l'axe de la paumelle :

***a* = 4 · dépassement de paumelle + 2 · épaisseur de vantail**

Si cet intervalle n'est pas respecté, les vantaux de la porte ne seront pas parallèles en position finale. Le début théorique de l'arc de pivotement se trouve aussi à cette distance de l'axe de la paumelle, mesurée sur la partie rectiligne du rail de guidage. Un respect précis de ce point de départ rendrait toutefois impossible une ouverture continue et un pivotement de la porte. C'est la raison pour laquelle la courbure du rail de guidage doit commencer environ 200 à 300 mm avant le point de pivotement théorique.

Plus le coude d'entrée est plat, plus la force nécessaire pour ouvrir la porte coulissante pliante est faible.

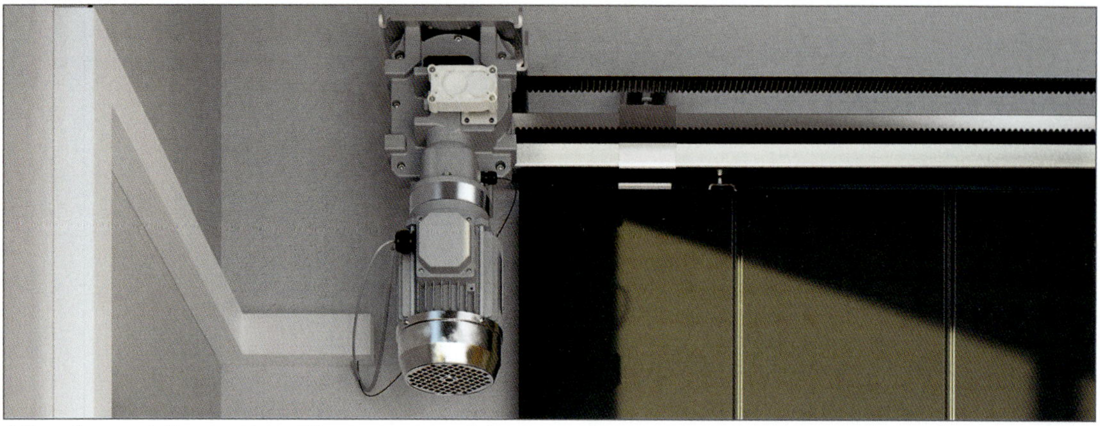

1 Entraînement d'une porte coulissante automatisée

Entraînements de portes coulissantes et portes coulissantes pliantes

Pour les entraînements de portes coulissantes et portes coulissantes pliantes, on fait la distinction entre les semi- automatisations et les automatisations intégrales. Les entraînements semi-automatiques permettent en règle générale l'ouverture à l'aide d'un élément tendu (p. ex. ressort à gaz). Une fois le verrouillage relâché, la porte est ouverte par le ressort tendu. La porte est fermée à la main.

Les portes industrielles équipées d'un entraînement entièrement automatisé s'ouvrent et se ferment toutes seules. Les entraînements de portes coulissantes fonctionnent principalement de façon électromécanique : des chaînes, des câbles ou des courroies crantées fixés à la porte entraînés par un moteur entraînant à leur tour les ferrements qui y sont fixées.

Les portes coulissantes pliantes sont aussi déplacées entièrement automatiquement par des transmetteurs de forces électropneumatiques, électro - hydrauliques ou hydropneumatiques **(fig. 2)**. Les systèmes de portes avec des vitesses d'ouverture et de fermeture particulièrement élevées sont appelés portes rapides.

2 Entraînement pour portes coulissantes pliantes

15.1.4 Portes basculantes

Les portes basculantes sont des portes qui s'ouvrent verticalement.

3 Porte basculante

Elles sont principalement utilisées comme portes de garage ou dans les salles de sport pour les locaux d'entreposage. Des rails positionnés sur le côté et au plafond, guident le mécanisme de basculement. La force de levage est assistée par des ressorts de traction ou des contrepoids qui doivent être adaptés avec précision au poids de la porte **(fig. 3)**.

Le verrouillage est assuré par une crémone à levier qui s'enfiche dans les rails latéraux.

Les remplissages du vantail sont la plupart du temps des tôles profilées, des cassettes ou des panneaux de bois. Si une isolation thermique est nécessaire, des portes à double coque pourvues d'un remplissage isolant doivent être posées.

15.1.5 Portes à enroulement

Les portes à enroulement sont des portes qui se déplacent verticalement et sont composées de parties articulées horizontales emboîtées les unes aux autres.

Elles ont un faible encombrement car les éléments enroulés se situent dans la zone du linteau de l'ouverture **(fig. 1)**.

La porte à enroulement est une fermeture peu coûteuse, facile à monter et normalisée. L'inconvénient est que l'étanchéité ne peut être garantie sur tout le pourtour, qu'aucun vitrage de grande surface et aucun actionnement manuel facile, comme p. ex. pour une grande porte basculante, ne sont possibles.

Les éléments essentiels sont les suivants : le tablier de la porte à enroulement, le rail de guidage latéral, l'arbre d'enroulement et l'entraînement.

La plupart du temps, **le tablier** est composé de pièces articulées extrudées en métal léger, glissées les unes dans les autres lors du montage. Selon les besoins, les profils sont thermolaqués, revêtus avec du plastique, éloxés ou moussés pour des raisons d'isolation thermique **(fig. 2)**. Sur le côté, les éléments sont pourvus de patins en plastique afin de réduire les frottements et l'usure.

L'arbre d'enroulement ou tambour de porte à enroulement est fabriqué en tubes d'acier. Le diamètre de l'arbre est déterminé en fonction du poids à supporter. Comme le diamètre change en permanence quand l'arbre s'enroule ou se déroule, les extrémités supérieures des rails de guidage latéraux doivent être élargies. Ceci garantit que les pièces articulées s'insèrent sans accrochage dans le rail depuis n'importe quelle position.

L'entraînement de portes à enroulement peut se faire manuellement à l'aide d'un train d'engrenages à pignons coniques si les portes roulantes sont légères. Les arbres à ressorts de torsion qui compensent le poids permettent une utilisation avec peu de force.

Pour les portes de grandes dimensions, utilisées en permanence, l'entraînement est en général assuré par un moteur électrique **(fig. 3)**.

1 Porte à enroulement

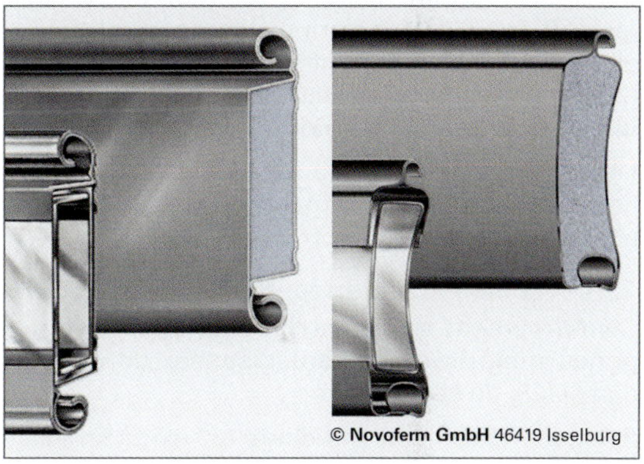

2 Profilés de portes à enroulement

3 Entraînement d'une porte à enroulement

15.1.6 Portes sectionnelles

Les portes sectionnelles sont composées de sections individuelles qui se déplacent verticalement.

Elles sont appelées portes sectionnelles car les éléments la composant, appelés sections, sont reliés les uns aux autres de façon articulée.

Les éléments sont stockés sous le plafond, si bien qu'aucune place n'est nécessaire dans la zone de circulation. Leur largeur d'ouverture est limitée à 8 m ... 10 m. Leurs éléments sont les suivants : les éléments sectionnels, les rails, le système de ressorts de torsion et l'entraînement.

Le vantail est composé de sections simples ou doubles qui font toute la largeur de la porte **(fig. 1)**. Elles sont généralement fabriquées à partir de profils creux extrudés. Il est possible d'installer des fenêtres en plastique de grande surface ou des portes de service.

Les sections sont guidées sur les côtés par des galets en plastique dans des rails de guidage. Il s'agit de profils - U fabriqués en tôle galvanisée. Elles sont en trois parties : la partie verticale, la pièce coudée derrière le linteau et la partie horizontale au-dessus de l'ouverture. Les rails sont fixés hors de l'ouverture de passage.

Le système de ressort de torsion agit comme un contrepoids pour la porte, sur toute la course **(fig. 2)**. Il est disposé derrière le linteau. Ceci permet une manipulation facile à la main, même pour les grandes portes, p. ex. à l'aide d'une chaîne. En plus de l'utilisation manuelle mentionnée, les portes sectionnelles sont principalement entraînées électro - mécaniquement. De faibles puissances d'entraînement sont nécessaires car il y a ici aussi une compensation du poids par l'arbre de torsion.

Les profils de fermeture au sol et les joints du milieu entre les éléments garantissent une bonne étanchéité et une isolation thermique

15.1.7 Dispositifs de sécurité

Conformément aux prescriptions de sécurité les portes motorisées doivent disposer de certains dispositifs de sécurité.

P. ex., un **mécanisme antichute** est exigé en guise de sécurité contre les chutes pour toutes les portes sectionnelles dont le poids de tablier excède 200 N. Pour la sécurité antichute p. ex., les chariots antichute qui se déplacent sur le côté sont immédiatement bloqués si la vitesse de fermeture normale est dépassée.

Une autre mesure de sécurité est le **système de débrayage d'arrêt** pour portes verticales, qui doit empêcher que les objets se trouvant dans l'ouverture ne soient endommagés par la porte qui descend. La sécurité est la plupart du temps pneumatique, par le biais de commutateurs actionnés par pression ou profil de contact électriques.

1 Porte sectionnelle

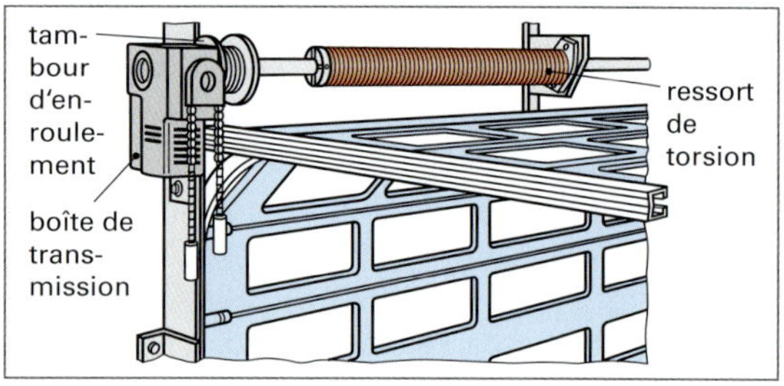

2 Ressorts de torsion

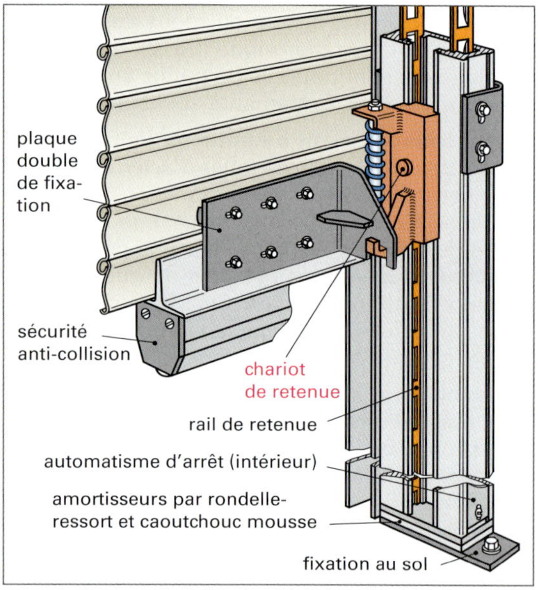

3 Mécanisme antichute pour porte à enroulement

Contrôlez vos connaissances

1 Quels sont les deux groupes dans lesquels on peut fondamentalement répartir les portes industrielles ?
2 Quel est le rôle de la crémone dans une porte coulissante pliante ?
3 Décrivez la différence entre galets de suspension et galets de roulage.
4 Dans quelle situation une porte coulissante parallèle doit-elle être amortie ? Justifiez votre réponse.
5 Quelle est la fonction d'une butée d'arrêt dans les rails de guidage d'une porte coulissante ?
6 Par quel moyen un pivotement à 180° est-il obtenu dans une porte coulissante pliante ?
7 Quels types d'entraînement existe-t-il pour les portes coulissantes et les portes coulissantes pliantes ?
8 Expliquez quelle est la différence entre les portes à enroulement et les portes sectionnelles ?

15.2 Portails extérieurs

Pour les portails extérieurs, on fait la distinction entre les portails coulissants et pivotants. Les deux types de portails font partie des portails qui se déplacent horizontalement et sont la plupart du temps fabriquées artisanalement. C'est avant tout dans l'agencement du remplissage que le constructeur métallique intervient, il veillera toutefois dans la conception à éviter les risques d'écrasement et de pincement des personnes et des objets lors de l'utilisation de telles installations.

15.2.1 Portails coulissants

Les portails coulissants sont utilisés quand de la place doit être économisée dans l'entrée elle-même et quand de grandes ouvertures doivent être fermées. Comme ils sont en outre facilement automatisables, ils conviennent pour une utilisation dans les bâtiments publics et les installations industrielles.

Si l'entrée présente un surhaussement ou si elle est soumise à de fortes influences météorologiques ou exposée à de fortes salissures, le portail coulissant doit être autoporteur. Ceci exige des galets de roulage et des fondations très solides, car toutes les forces qui surviennent doivent pouvoir être absorbées par les mécanismes de roulement **(fig. 1)**.

Les **portails coulissants avec rails de guidage** sont les plus fréquents. Le poids du portail coulissant est absorbé par des galets de roulement qui se déplacent dans les rails de guidage. Le basculement du portail coulissant sur le côté est empêché par une paire de rouleaux de guidage entre lesquels le profil supérieur du cadre se déplace **(fig. 2)**.

Des profilés creux en acier (tubes) sont principalement utilisés comme matériau de construction pour les montants et le cadre. Les grandeurs des profilés dépendent des dimensions du portail. De l'acier en barres, des tubes carrés ou des grilles soudées sont principalement utilisés pour les remplissages de la porte.

L'entraînement automatique d'un portail coulissant pour l'extérieur est en règle générale réalisé par crémaillères, d'un câble ou d'un entraînement à chaîne dentée. Le pignon à crémaillère, la roue d'entraînement par câble ou la roue à chaîne sont entraînés par un moteur électrique et un réducteur a vis sans fin **(fig. 3)**.

15.2.2 Portails pivotants

Les portails pivotants sont nécessaires où il n'y a pas d'espace de coulissement à coté de l'ouverture. Il s'agit généralement de la solution la meilleure marché pour fermer une entrée. La construction de du portail doit garantir que le cadre et le remplissage ne se voilent pas. Les cadres en tubes trop faiblement dimensionnés ont tendance à s'affaisser sous l'effet du poids du portail et d'autres sollicitations comme p. ex. des enfants qui s'assoient dessus. Cet effet est d'autant plus important si le poids du portail et la charge sont élevés.

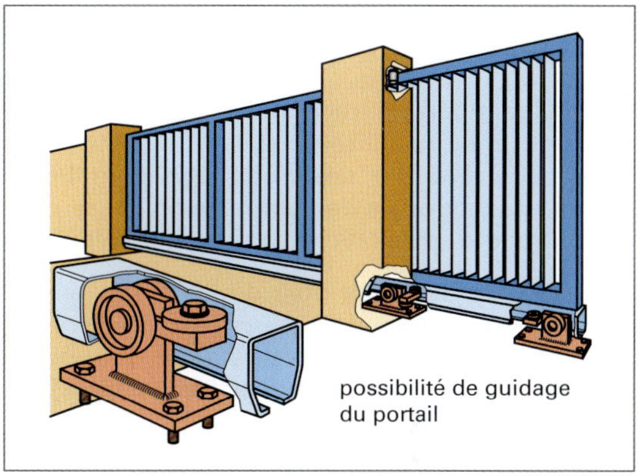

1 **Portail coulissant en porta-faux**

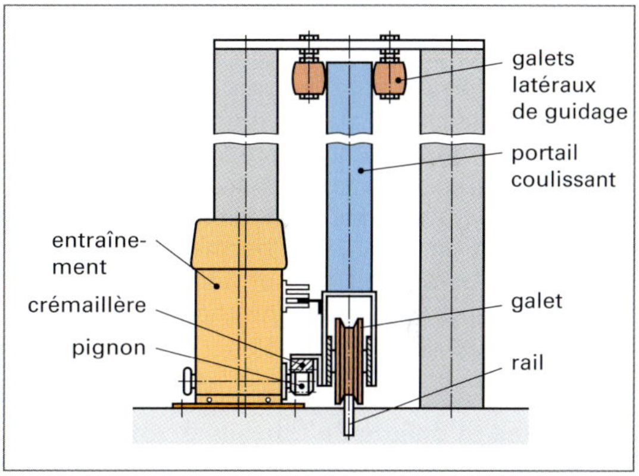

2 **Eléments de guidage d'un portail coulissant**

3 **Entraînement d'un portail coulissant**

Ces conditions statiques doivent être prises en compte dans le design et la conception. Avec l'affaissement, le rectangle prévu se déforme pour former un parallélogramme. Cette déformation a pour effet une modification des diagonales du cadre du portail. La diagonale de traction s'allonge et la diagonale de compression se raccourcit **(fig. 1)**.

La déformation du cadre est empêchée en y soudant des contreventements.

Pour la diagonale de traction, des contreventements en acier plat ou rond peuvent être utilisées car ils n'ont à supporter que des forces de traction. En revanche, des profils rigides en flexion doivent être choisis pour la diagonale de compression car le risque de flambage dû à l'importante sollicitation par pression doit être pris en compte ici.

Une division de l'ensemble du cadre en plusieurs zones triangulaires est recommandée pour les portails présentant une charge importante. Les triangles sont stables d'un point de vue statique et garantissent une absorption des forces **(fig. 2)**.

Lors du dimensionnement des contreventements, il faut tenir compte du fait que, pour un faible angle d'inclinaison, les forces à absorber peuvent devenir plus importantes que la force du poids de la porte, en raison du parallélogramme des forces ($F_Z > F$).

Pour les portails plus petits, on peut renoncer à mettre des contreventements en place si le cadre est conçu de sorte à s'autoporter. Ceci a pour avantage que le remplissage du cadre peut être réalisé non pas d'un point de vue statique mais exclusivement du point de vue esthétique. Avec les cadres autoporteurs, il faut tenir compte du fait que la sollicitation par flexion devient plus importante vers l'axe de rotation **(fig. 3)**. Ceci permet de concevoir un cadre composé d'un profilé semblable aux profilés utilisés pour une barrière. Des portails autoporteurs avec une charge relativement importante sont ainsi possibles.

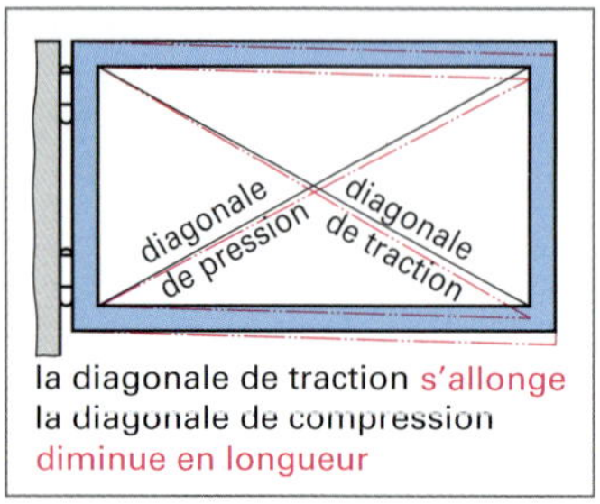

1 Modification des diagonales en cas d'affaissement

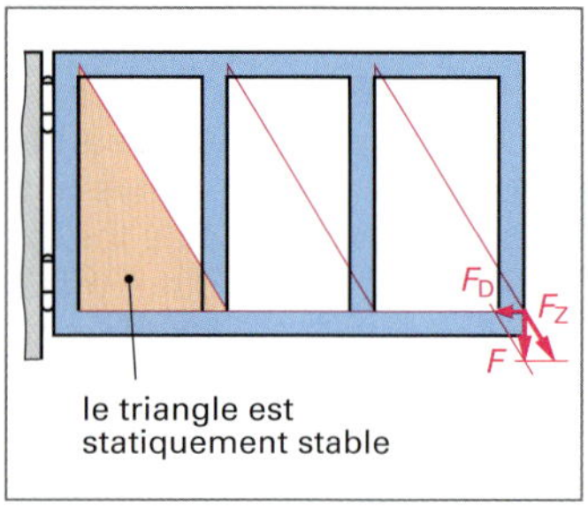

2 Répartition des forces par des triangles

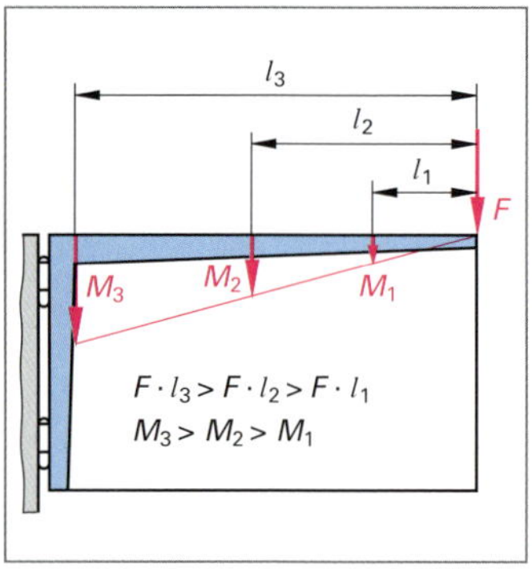

3 Sollicitation par flexion

Charnières et paliers de portails pivotants

Les portails pivotants sont appuyés sur le côté, soit sur des poteaux à l'aide de paumelles soudées **(fig. 4)**, soit à l'aide de pivots de renvoi directement sur la maçonnerie voisine.

Selon le poids de la porte, les paumelles soudées sont en 2 ou 3 parties **(fig. 4)**.

Les poids de porte plus importants sont maintenus par des paumelles spéciales en trois parties.

Le recours à des paumelles réglables permet d'aligner la porte dans les deux sens après l'installation **(fig. 5)**. Pour cela, l'ajustement dans un sens est obtenu en modifiant la position de la paumelle dans un trou oblong et dans l'autre sens en ajustant les vis sur les tiges filetées.

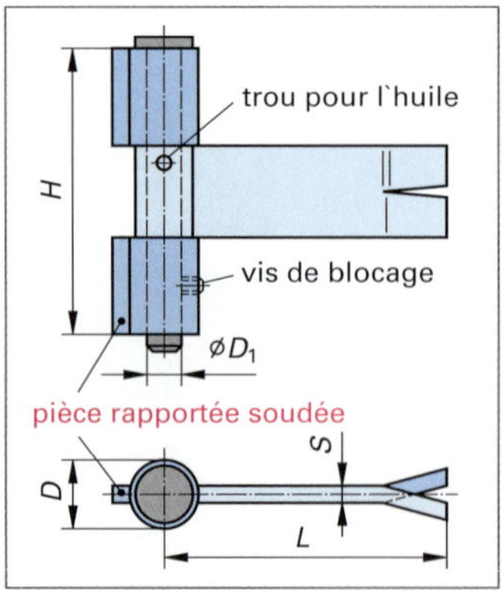

4 Paumelle soudée

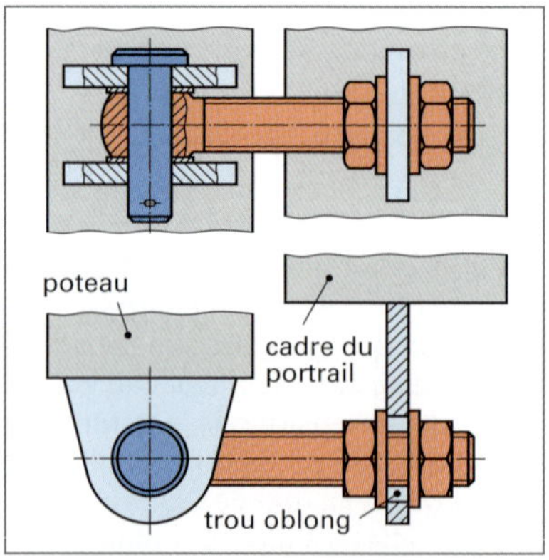

5 Paumelles spéciales réglables

Détermination de l'axe de rotation des portails pivotants

Les axes de rotation des pivots doivent être alignés avec précision pour un fonctionnement optimal du portail.

La position des axes de rotation d'un portail peut être déterminée sur un dessin. Pour cela, le cadre du vantail est dessiné en position ouverte et en position fermée.

Les points d'angle du cadre du vantail sont désignés avec 1 et 2 ou avec 1′ et 2′. Les points 1 et 1′ ou 2 et 2′ doivent se situer sur un cercle de rotation. L'axe de rotation est situé au centre commun de ces deux cercles de rotation. Pour déterminer ce point M, 1 est relié à 1′ et 2 à 2′. La médiatrice est tracée sur ces deux lignes. Le point d'intersection des deux médiatrices est le centre de l'axe de rotation **(fig. 1)**. Pour les portails à deux niveaux, le **point de rotation** ainsi déterminé s'applique pour les deux paumelles, car l'axe de rotation est vertical dans toutes les positions de la porte.

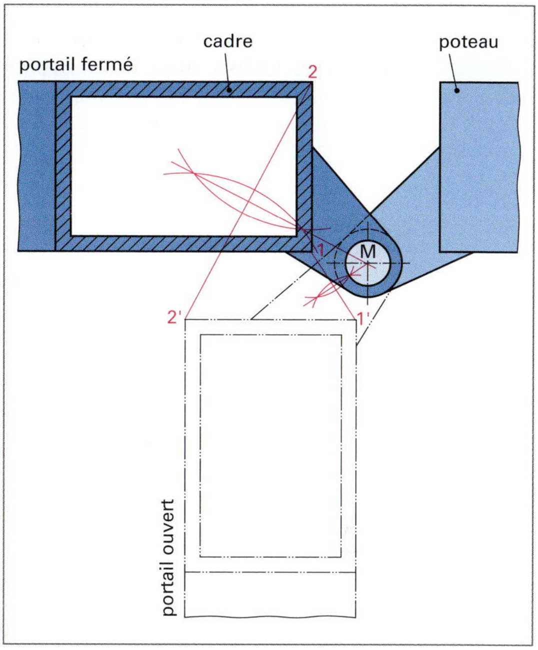

1 Détermination de l'axe de rotation

Construction de paumelles pour portails avec entrée en pente.

Si le portail doit servir à fermer une entrée en pente, le vantail doit monter pendant la fermeture. La filière inférieure du cadre doit être parallèle à l'entrée en pente lorsqu'il est ouvert.

On attend toutefois d'un portail fixé correctement que le vantail soit vertical dans les deux positions de fin de course. Pour garantir cela, les axes de rotation des deux paumelles doivent être déterminés séparément. A cette fin, le vantail de la porte est à nouveau dessiné en position fermée et en position ouverte. Les points de rotation supérieurs et inférieurs du cadre sont l'un au-dessus l'autre en position fermée, si bien que la désignation 1 et 2 suffit. En position ouverte, les points de rotation supérieurs sont désignés par 1′ et 2′. Le déplacement des points de rotation inférieurs est déterminé à partir de la pente et de la distance entre les paumelles. Ces deux points sont appelés 1″ et 2″.

D'après le procédé décrit ci-dessus, les centres des cercles de rotation sont déterminés en traçant les médianes verticales des lignes 1-1′ et 2-2′, ainsi que 1-1″ et 2-2″. Les points de rotation M 1 et M 2, qui doivent aussi être alignés (contrôle avec des aciers ronds), se situent aux points d'intersection des médianes.

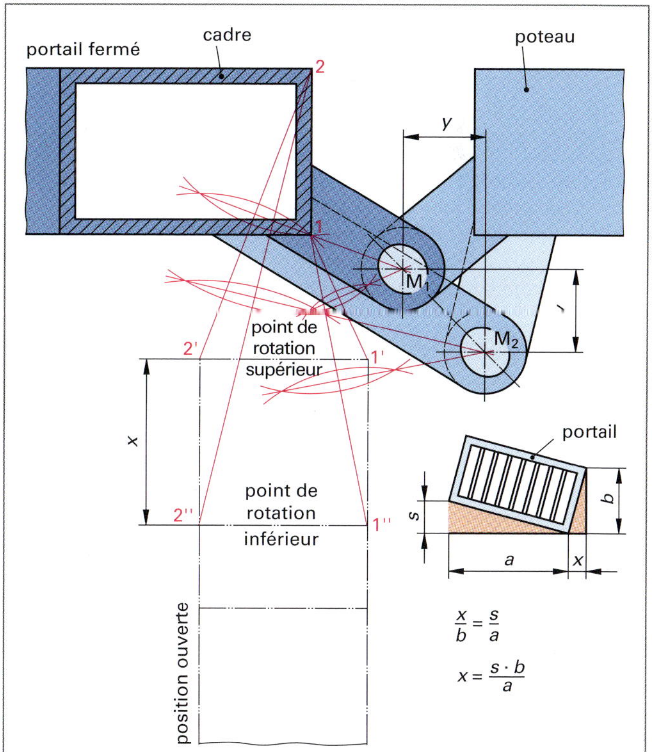

$$\frac{x}{b} = \frac{s}{a}$$

$$x = \frac{s \cdot b}{a}$$

pour une ouverture à 90° le calcul est mieux adapté:

$$y = \frac{\text{pente} \cdot \text{distance entre paumelles}}{2}$$

2 Détermination de l'axe de rotation pour un accès en pente

Pour le **verrouillage de portails extérieurs**, on utilise principalement des serrures à mortaiser avec une faible distance au canon, appelées serrures pour cadres tubulaires. Elles sont encastrées dans le cadre. Les découpes nécessaires doivent être réalisées lors de la production.

Pour les grands portails à deux vantaux, le vantail semi fixe doit pouvoir être bloqué pour accueillir le vantail de passage. Ceci est obtenu en utilisant une crémone au sol qui s'insère dans un sabot pris dans le sol **(fig. 1)**.

Les portails pivotants sont souvent équipés **d'entraînements automatiques**, afin de réduire la durée d'attente dans la zone d'accès. A cet effet, on fait principalement la distinction entre deux types d'entraînement :

- entraînement à bras articulé et
- entraînement axial

Avec **l'entraînement à bras articulé**, la porte est ouverte et fermée par un levier articulé. Celui-ci est entraîné par un moteur électrique, généralement encastré dans le sol. La transmission de la force peut être électromécanique ou électropneumatique **(fig. 2)**.

L'installation d'une résistance de sécurité permet de garantir que la porte s'arrête si elle heurte un obstacle. Dans un entraînement à bras articulé, les parties d'entraînement sont à l'extérieur de l'axe de rotation.

Pour **l'entraînement axial d'un portail pivotant**, celui-ci est aligné avec l'axe de la porte. L'élément d'entraînement est directement relié à la porte de façon rigide. Ce type d'entraînement est une construction où les pièces essentielles sont invisibles **(fig. 3)**.

L'entraînement est composé de : moteur électrique avec pompe, vérin hydraulique à double effet et entraînement à crémaillère, ainsi que de la commande. Le moteur hydraulique peut être monté sous le montant du portail, de sorte à être bien accessible lors de travaux de maintenance. Le vérin est relié à la pompe par des tuyaux. La plupart du temps, la transmission est enterrée dans un boîtier étanche.

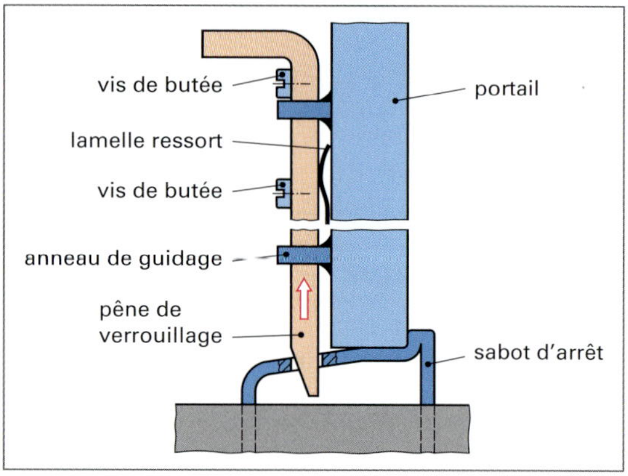

1 Crémone au sol avec sabot (gâche)

2 Entraînement à bras articulé pour portail pivotant

3 Entraînement axial pour portail pivotant

Contrôlez vos connaissances

1 Nommez deux types de portail utilisés pour l'extérieur ?

2 Comment fonctionne un entraînement automatique de portail coulissant en porta-faux ?

3 Quelles mesures constructives permettent d'empêcher l'affaissement d'un portail pivotant ?

4 Une entrée a une pente de 20 cm sur 2 m. Le portail a une longueur de 2500 mm et une hauteur de 1100 mm pour une distance de 900 mm entre les paumelles. Le cadre de la porte est fabriqué à partir d'un tube rectangulaire de 100 x 60 x 5 mm et fixé à un poteau en béton. Déterminez les positions des axes de rotation par calcul et par dessin pour une ouverture à 90°.

16 Serrures

« Tête de chat – J'en fais partie »

Le domaine de travail du « serrurier » consistait principalement à l'époque à fabriquer et installer des serrures. Cette activité a donné le nom à la profession.

Les portes possédaient des ferrures forgées avec art. Une serrure semblable à une tête de chat, jusqu'à aujourd'hui appelée « tête de chat » par les serruriers de tradition, était installée sur les coffres en bois précieux avec couvercle **(fig. 1)**. Aujourd'hui, de nombreux maîtres - serruriers ont pour insigne de corporation ou d'association un cadenas symbolisé à travers l'étrier duquel une tête de chat regarde **(fig. 2)**.

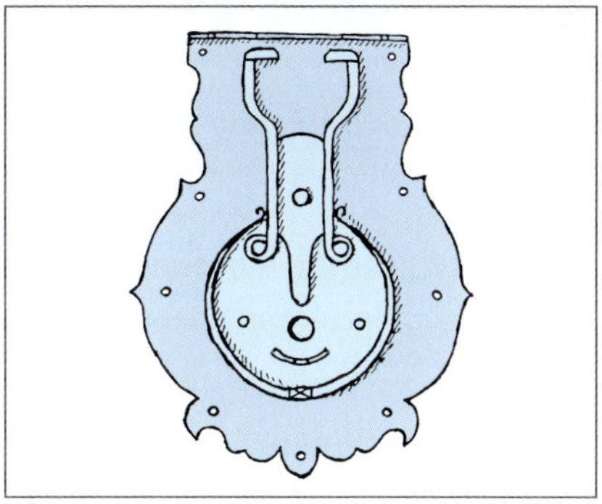

1 Serrure de coffre

2 Tête de chat

Si auparavant un compagnon serrurier, qui effectuait le tour nécessaire à sa formation, recherchait auprès d'un maître serrurier un emploi, celui-ci vérifiait son appartenance future à la corporation en lui posant la question « Tête de chat ? ». Le compagnon répondait à la question par « J'en fais partie ». Cette réponse devait attester qu'un compagnon ne pourrait jamais maîtriser tout le travail à faire chez un serrurier et qu'il avait encore beaucoup à apprendre pour devenir un maître.

> Les serrures doivent maintenir les portes, portails et conteneurs en position verrouillée, les fermer et les sécuriser contre toute ouverture non autorisée.

Plus les exigences en termes de sécurité imposées à la serrure sont importantes plus la construction est coûteuse et complexe.

16.1 Types de serrures

Les serrures sont réparties en fonction de leur lieu d'implantation et de leur utilisation : serrures à boîtier en applique, cadenas, serrures à mortaiser et serrures à crémones.

Les **serrures à boîtier** en applique sont des serrures apparentes. Elles existent avec un bec-de-cane, avec un pêne ou avec les deux et sont principalement utilisées pour les portails extérieurs **(fig. 3)**.

3 Serrure à boîtier en applique

4 Cadenas

Les **cadenas** servent à verrouiller des portes et des conteneurs. L'étrier de blocage est en acier spécial trempé **(fig. 4)**.

Si l'actionnement du mécanisme de fermeture n'est pas possible immédiatement à l'endroit du verrouillage, p. ex. pour les portes de garage, ou si un point de verrouillage ne suffit pas (p. ex. portes industrielles pliantes), on utilise des serrures à **crémones (crémone à levier) (fig. 5)**.

Les serrures les plus utilisées sont les **serrures à mortaiser**. Elles sont normalisées selon DIN 18251. Différentes formes de construction permettent de les installer dans des portes à recouvrement, mais aussi dans des cadres de portes avec une faible profondeur **(fig. 6)**.

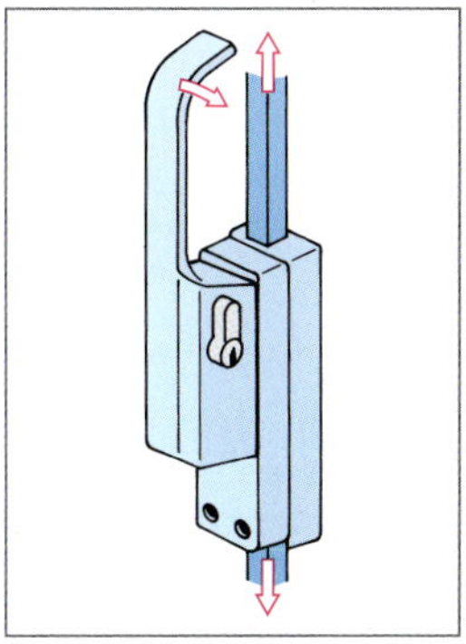

5 Crémone à levier

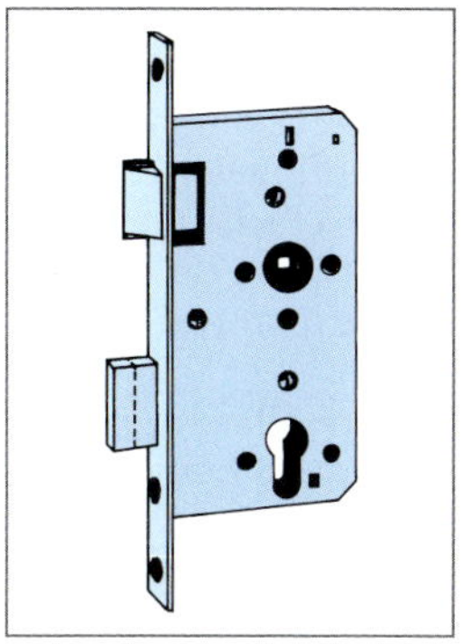

6 Serrure à mortaiser

D'après DIN 18251 les **serrures à mortaiser** se distinguent en fonction du poids de la porte et de sa sollicitation, elles sont divisées en **4 classes de serrures** :

- Classe 1 : serrure pour portes intérieures (serrure légère pour portes intérieures),
- Classe 2 : serrure pour porte intérieure avec exigences accrues (serrure moyenne pour porte intérieure),
- Classe 3 : serrure moyenne pour portes d'entrée d'appartements,
- Classe 4 : Serrure pour résistance accrue à l'effraction et fréquence d'utilisation élevée (serrure de haute sécurité).

16.2 Composants et fonctionnement de serrures à pêne et à bec-de-cane

L'exemple d'une serrure à mortaiser permet de bien identifier les désignations et les fonctions générales des composants d'une serrure **(fig. 1)**.

Le **bec-de-cane** maintient la porte fermée après avoir pénétré dans la gâche. Grâce au biais et au ressort du bec-de-cane, lors de la fermeture, ce dernier s'insère dans la gâche.

Pour **ouvrir la porte**, le bec-de-cane est ramené au-dessus du fouillot en actionnant la poignée. Le **ressort du fouillot** et celui du bec-de-cane ramènent le fouillot et le bec-de-cane dans leur position de départ après avoir relâché la poignée.

Pour **verrouiller la porte**, le pêne doit être avancé. Les fichets maintiennent le pêne en place. La clé adaptée dégage les fichets verrouillées et libère le pêne pour un tour.

On appelle **tour** la course parcourue par le pêne pour chaque tour de clé. La tête du pêne sort pour cela de la **têtière** et est ramenée d'un tour. Les ressorts de fichets ont pour rôle un enclenchement des fichets après chaque tour de clé.

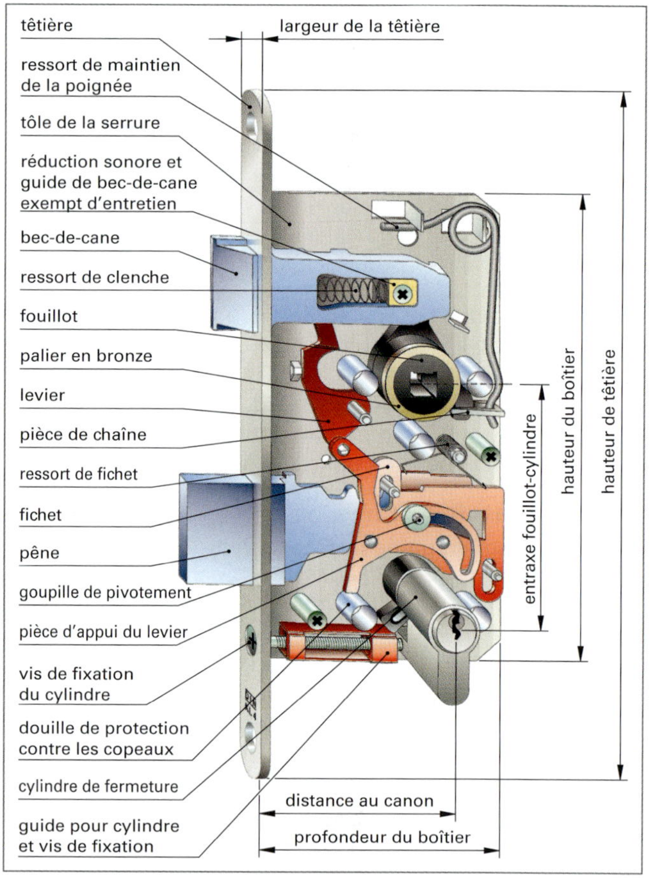

1 Structure d'une serrure à mortaiser

Le bras le plus long du levier s'engrène dans un évidement de l'arbre du bec-de-cane. Le bras le plus court du levier est mû par un tour de clé. Dans les serrures à levier, le bec-de-cane peut aussi être ramené à l'aide de la clé. Ceci est important avant tout pour les portes pour lesquelles il y a une poignée fixe, au lieu de la poignée mobile, du côté extérieur, comme c'est fréquemment le cas p. ex. pour les portes d'entrée d'immeuble.

Les goupilles et pièces de guidage, nécessaires au maintien du ressort ou au guidage de l'arbre du pêne et du bec-de-cane, sont rivetées au fond du boîtier de la serrure. Le fond de la serrure, la têtière et le levier sont en en acier ; le fouillot est en fonte, le bec-de-cane est en laiton et les ressorts sont en acier. Toutes les pièces mobiles d'une serrure s'usent en permanence en raison des frottements. Une maintenance et une lubrification régulières réduisent les frottements et garantissent un fonctionnement adéquat.

16.3 Dimensions normalisées des serrures

Les cotes principales de serrures à mortaiser et les dispositions pour le boîtier de serrures sont normalisées selon DIN 18251 **(fig. 1)**.

La distance au canon est l'intervalle entre le bord avant de la têtière et l'axe du fouillot ou l'axe du trou de clé. Elle est normalement de 55 mm pour les portes intérieures et extérieures (max. 100 mm). Une différence est possible, p. ex. pour les serrures dans des cadres en tube d'acier ou en profilés d'aluminium. Pour cela des serrures à mortaiser sont fabriquées avec des distances au canon comprises entre 25 et 50 mm.

On appelle **entre-axe** la cote entre l'axe du fouillot et l'axe du trou de clé. La distance dépend du type de protection de serrure **(fig. 2)**. Pour les serrures à clés chiffrées et les serrures avec cylindre profilé, elle est de 72 mm, pour les serrures avec cylindre rond ou ovale, de 74 mm, et pour les portes intérieures, de 78 mm. Le fouillot dispose d'un passage carré de 8, 9 ou 10 mm pour la tige d'assemblage de la poignée.

Les cotes du boîtier et de la têtière sont déterminées par le type de serrure et par la place disponible. La têtière peut être arrondie ou à angles droits et doit être en acier ou en alliage de cuivre zinc selon DIN 18251. Le fabricant doit la fixer durablement au boîtier de la serrure à au moins 3 endroits. Les têtières en acier ont un revêtement anticorrosion à l'extérieur.

Le boîtier de serrure peut être ouvert ou fermé selon les exigences. Pour les portes d'entrée d'appartement, seuls les boîtiers de serrures fermés sont autorisés. Il est recommandé de n'utiliser que des serrures provenant d'une fabrication dont la qualité est contrôlée.

La hauteur du boîtier de serrure est de 16 mm. Les cotes mentionnées ci-dessus sont avant tout importantes pour la commande, avec le sens de ferrage (ou sens d'ouverture) et d'autres caractéristiques. Les sens de ferrage dans le bâtiment sont réglementés selon DIN 107 **(fig. 3)**.

DIN à gauche est une porte dont l'axe de rotation est à gauche quand on regarde l'ouverture.

Les portes DIN gauche ont des paumelles à gauche et des serrures à droite.

DIN à droite est une porte dont l'axe de rotation est à droite quand on regarde l'ouverture.

Les portes DIN droite ont des paumelles à droite.

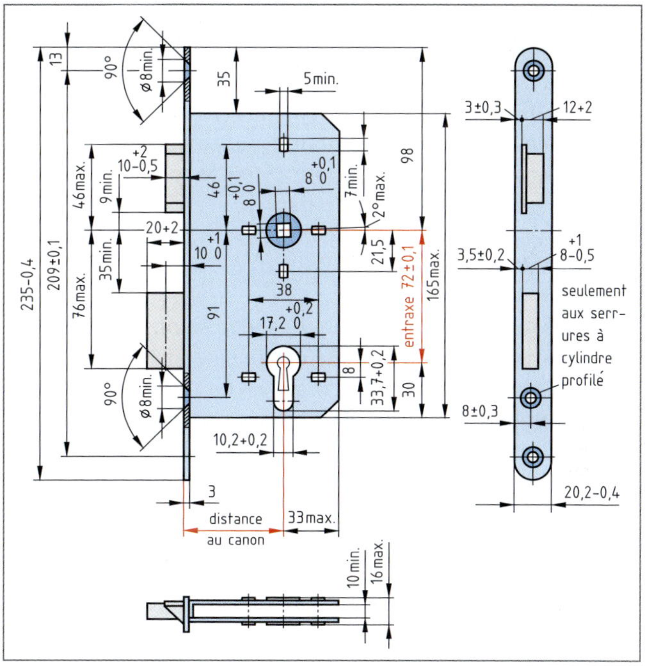

1 Cotes normalisées des serrures

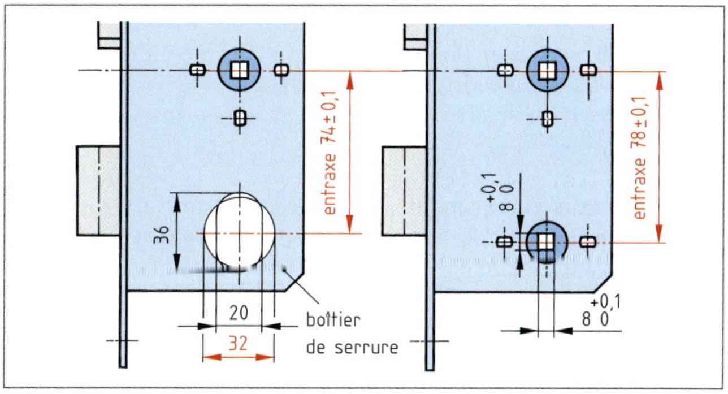

2 Distance pour un cylindre rond, un cylindre ovale et une serrure pour porte intérieure

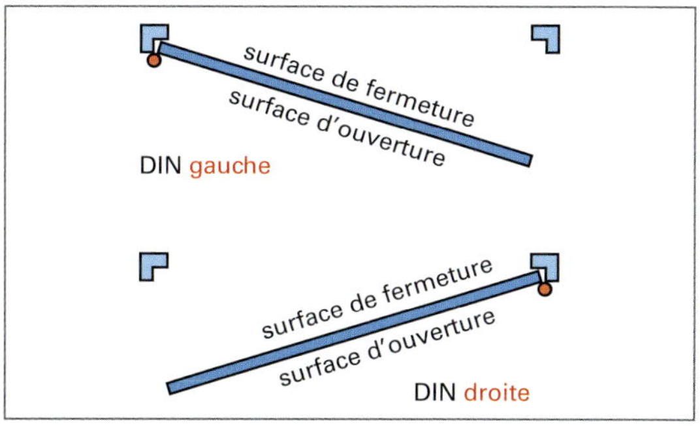

3 Sens d'ouverture

16.3.1 Désignation d'une serrure à mortaiser

Pour éviter les erreurs lors de la commande de serrures, les indications de commande ont été normalisées. La désignation a lieu à l'aide de symboles, dans l'ordre : Désignation DIN – protection de serrure – distance au canon – à levier (Wechsel) – plaque de fermeture – sens de ferrage – classe de serrure

Désignation	Symbole
Serrure à clé chiffrée	BB
Serrure à fichets	ZH
Serrure à cylindre préparée pour cylindre profilé	PZ
Serrure à cylindre préparée pour cylindre rond ou cylindre ovale	RZ
Serrure pour porte de salle de bain	BAD
Distance au canon 55 mm (65 mm)	55 (65)
Dispositif à levier (Wechsel)	W
Plaque de fermeture	S
Serrure à gauche (désignation à gauche selon DIN 107)	L
Serrure à droite (désignation à droite selon DIN 107)	R
Serrure légère pour porte intérieure, classe 1	1
Serrure moyenne pour porte intérieure, classe 2	2
Serrure moyenne pour portes d'entrée d'appartements, classe 3	3

16.3.2 Exemples de désignations

Serrure DIN 18251 – BB 55 R – 1

Désignation d'une serrure à mortaiser comme serrure à clé (BB), distance au canon 55 mm (55), comme serrure à droite (R), comme serrure légère pour porte intérieure de classe 1.

Serrure DIN 18251 – PZ 65 W S L – 2

Désignation d'une serrure à mortaiser comme serrure pour cylindre profilé (PZ), distance au canon 65 mm (65), à levier (W), avec plaque de fermeture (S), comme serrure à gauche (L), comme serrure moyenne pour porte intérieure, classe 2.

Serrure DIN 18251 – RZ 65 W S R – 3

Désignation d'une serrure à mortaiser comme serrure pour cylindre rond (RZ), distance au canon 65 mm (65), à levier (W), avec plaque de fermeture (S), comme serrure à droite (R), pour porte d'entrée d'appartement, classe 3.

16.4 Protections de serrures

On appelle protection de serrures toutes les mesures constructives ayant pour but d'empêcher l'actionnement non autorisé du pêne.

La protection de la serrure est le coeur de chaque serrure. Selon les exigences de sécurité, on utilise des systèmes simples ou complexes et par conséquent coûteux. Une clé avec ses formes très diverses joue ici le rôle le plus important.

16.4.1 Serrure à clé chiffrée

Les portes de chambre ne sont en règle générale sécurisées que par un fichet simple. La sécurité est alors garantie par la forme du trou (entrée) et du **panneton** de la clé. Elle peut être droite, crantée ou échancrée **(fig. 1)**. Le trou (entrée) de la clé doit avoir la même forme que le profil de la clé à gorge **(fig. 3 en page suivante)**.

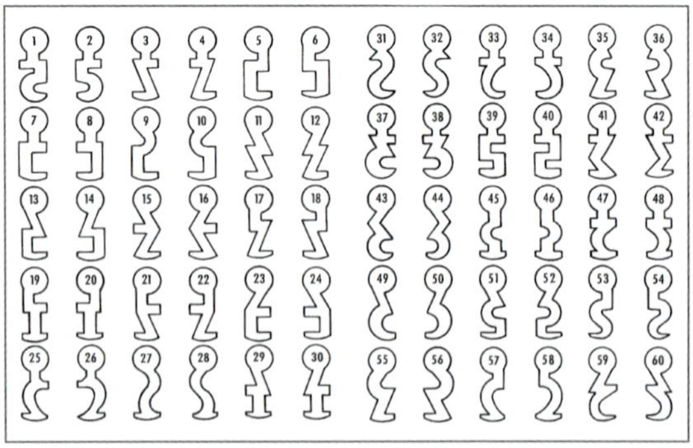

1 Formes de clés chiffrées

La sécurité contre toute ouverture non autorisée, également appelée **crochetage**, est ici très faible, malgré les nombreuses formes de clés, car l'obstacle du profil peut facilement être contourné avec un crochet. Il est possible d'augmenter la sécurité de fermeture de serrures à mortaiser grâce aux barbes du panneton. Une bande de tôle pliée est fixée sur le fond de la serrure appelé « palastre » sur lequel est disposé une obstruction appelée **« garde »**. Seules les clés disposant d'une découpe correspondante peuvent être utilisées **(fig. 1)**.

Des sécurités supplémentaires sont des **anneaux (gardes)** disposés sur le palastre dans le chemin circulaire de la clé. L'ouverture est seulement possible avec des clés disposant des entailles adaptées, appelées « pertuis ».

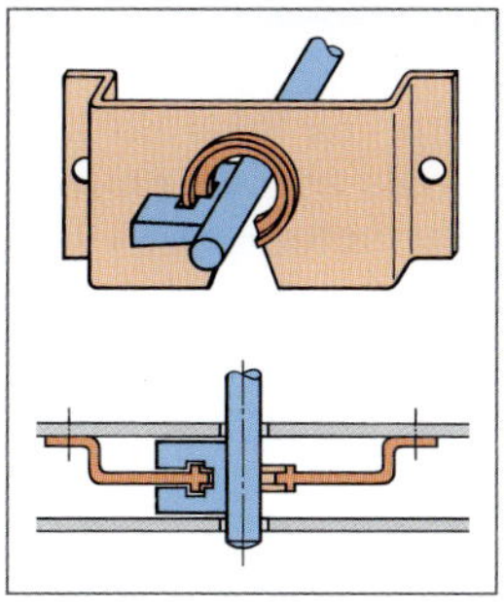

1 **Gardes sur palastre**

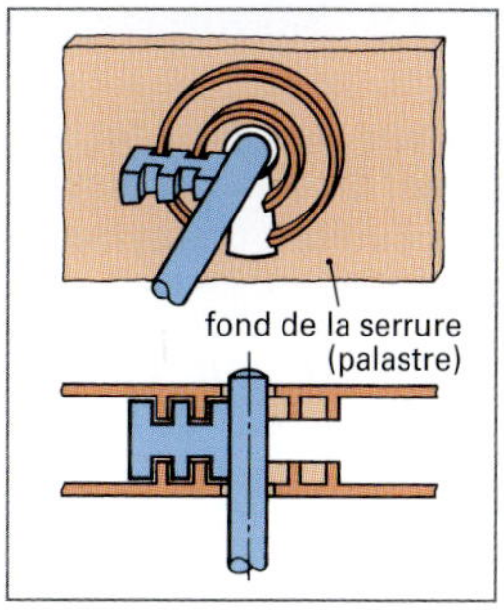

2 **Gardes**

16.4.2 Serrure à mortaiser et fichets

> Dans une serrure à mortaiser, le fichet simple est remplacé par au moins 4 feuilles, appelées fichets en forme de lamelles, afin d'augmenter la sécurité de fermeture **(fig. 3)**.

Les **fichets** possèdent tous une ouverture. Elles peuvent se différencier par l'épaisseur et par la forme du bord inférieur de la courbure du fichet. Ce n'est qu'une fois que les ouvertures de toutes les plaques sont alignées à la même hauteur que le pêne peut être déplacé **(fig. 4)**. Un panneton de clé ajusté avec précision et correspondant aux fichets, est nécessaire pour faire fonctionner la serrure **(fig. 5)**.

Comme les portes doivent pouvoir être fermées depuis les deux côtés, leurs serrures ont des évidements symétriques **(fig. 4)**. Un panneton de fermeture déplace le pêne.

Dans **les installations de fermeture**, plus de 6 fichets sont utilisés pour encore accroître la sécurité. Comme les lamelles des serrures modernes sont disposées de sorte à être inviolables, il est très difficile de déverrouiller avec des crochets. L'utilisation de 2 ensembles de fichets dans une serrure donne d'autres possibilités d'augmenter la sécurité de fermeture. Une clé chiffrée double (clé de coffres-forts) est nécessaire pour l'ouverture et la fermeture.

Dans les installations de fermeture d'hôtel p. ex., où il est nécessaire que les portes ne puissent être ouvertes que depuis un côté, même si une clé ou un corps étranger est enfilé de l'autre côté de la porte. Ceci est possible grâce à une disposition décalée des trous de serrure. Une conception élaborée du pêne et des fichets est naturellement nécessaire à cet effet.

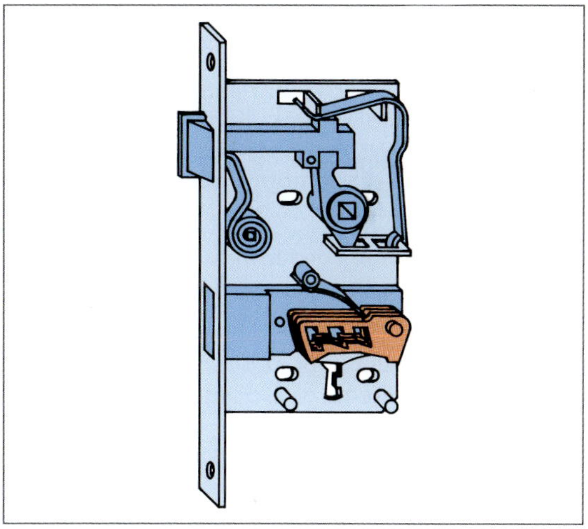

3 **Serrure à mortaiser à fichets**

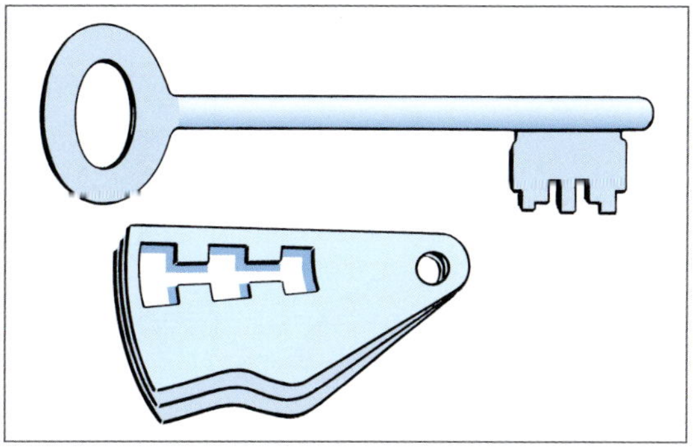

4 **Fichets avec clé à fichets**

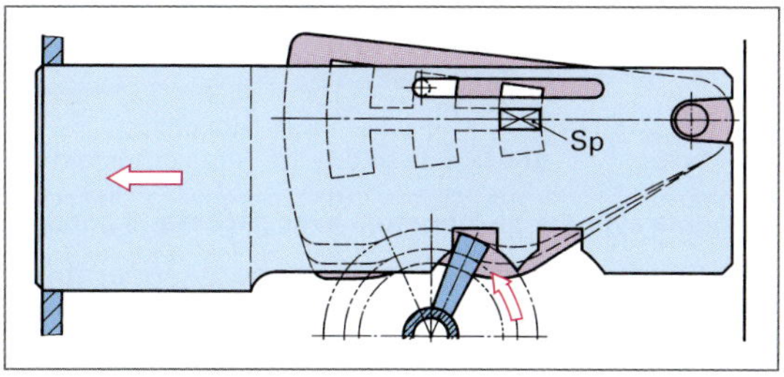

5 **Mouvement du pêne**

16.4.3 Serrures à cylindre

Dans les serrures à cylindre, les tôles du boîtier de serrure sont préparées afin de pouvoir accueillir un cylindre de fermeture selon DIN 18252.

Le précurseur de notre cylindre de fermeture moderne est la serrure à cylindre pour laquelle l'Américain Linus Yale a déposé un brevet en 1844. Chez Yale, il y avait 4 jeux de goupilles individuelles montées décalées de 90° dans un boîtier. En enfilant la clé, sur la tige de laquelle différentes cames étaient disposées, , l'ensemble des goupilles devaient créer un alignement, de sorte à ce que le barillet puisse être tourné.

Les jeux de goupilles jouent actuellement le rôle le plus important dans les cylindres de fermeture. L'avantage des systèmes de fermeture à cylindre réside dans le grand nombre de combinaisons possibles avec une seule clé.

Il existe des cylindres de fermeture profilés, ronds ou ovales, avec différents mécanismes de fermeture **(fig. 1)**.

La sécurité de fermeture dépend en premier lieu du nombre d'éléments de blocage installés. Plus il y a de jeux de goupilles dans le cylindre, plus les tentatives d'ouverture avec des outils sont compliquées.

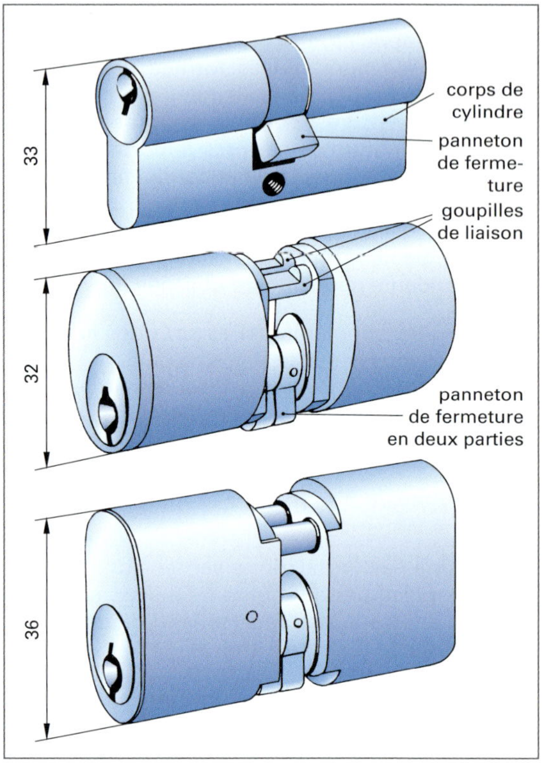

1 Formes de cylindre a) Profil, b) Rond, c) Ovale

Cylindre de fermeture avec goupilles (termes selon DIN 18252)

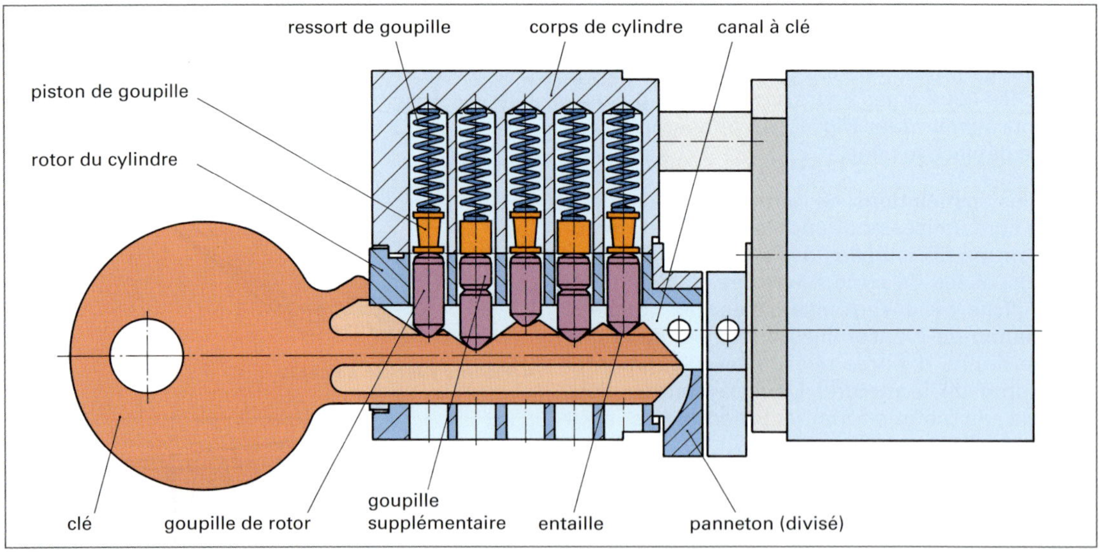

2 Double cylindre de fermeture avec gâchette à goupilles – Vue en coupe

Un **cylindre de fermeture** est un sous-ensemble interchangeable, à fixer dans le boîtier de serrure, et composé du corps du cylindre, du barillet du cylindre disposé dans le corps de façon à pouvoir pivoter, d'au moins 5 jeux de goupilles et du panneton de fermeture. Une serrure simple est ainsi transformée en une serrure à cylindre qui satisfait aux besoins de sécurité plus élevés.

Eléments des serrures à cylindres

Système à goupilles : Elément de blocage composé du piston de goupille, de la goupille de rotor, du ressort de goupille et si nécessaire de la goupille additionnelle, qui ne permet la rotation du barillet du cylindre que si la clé correspondant au cylindre. La clé correspondante permet l'alignement des goupilles avec le bord extérieur du barillet, et donc la rotation de ce dernier.

Goupille additionnelle : Goupille située entre le piston de goupille et la goupille de rotor qui libère le barillet concernée en deux niveaux de séparation. Les cylindres de fermeture pour les clés principales et les installations à serrure centrale peuvent aussi disposer de plusieurs goupilles additionnelles.

Découpe des clés : Encoches côté étroit de la clé dont le nombre, la répartition et les dimensions correspondent à l'alignement des goupilles pour permettre la rotation du barillet.

Entrée : Type de découpe de clé défini pour un cylindre de fermeture. Si un cylindre a « n » jeux de goupilles et « m » niveaux prévus pour les découpes de clés, il y a en théorie mn fermetures différentes possibles.

Canal de clé : Ouverture dans le noyau du cylindre pour accueillir la clé et qui a une section profilée pour un guidage sûr. Les différents profils servent à empêcher l'insertion d'une clé non autorisée.

Panneton de fermeture : Il correspond au panneton d'une clé chiffrée et actionne la serrure. Dans certains systèmes, le panneton de fermeture est remplacé par une roue dentée.

Maintenance : La durée de vie du cylindre de fermeture peut être prolongée grâce un entretien correct avec de la poudre de graphite ou une huile spéciale. Il ne faut en aucun cas huiler le canal de la clé ou le noyau du cylindre avec de l'huile pour machines car celle-ci fige avec le temps.

Comment un cylindre de fermeture avec goupilles fonctionne-t-il ?

La **fig. 1** montre un cylindre double sans clé, qui peut être actionné au choix de l'intérieur ou de l'extérieur de la porte. Un panneton de fermeture est pivoté par l'un des deux barillets. Les deux barillet se trouvent dans un boîtier commun fixé dans la serrure à l'aide d'une vis M5.

On voit clairement que les deux barillets de cylindres sont bloqués contre le boîtier par des goupilles, c'est-à-dire que les barillets ne peuvent pas être tournés.

En insérant la clé adaptée, les jeux de goupilles sont disposées de sorte à ce que la ligne de séparation entre la goupille du rotor et la goupille du corps corresponde à la surface du rotor du cylindre **(fig. 2)**. Ce n'est qu'alors que le barillet peut être pivoté. Cela entraîne une rotation du panneton de fermeture qui déplace le pêne.

Une rotation serait impossible en utilisant une clé ayant le même profil, mais pas les entailles correspondantes.

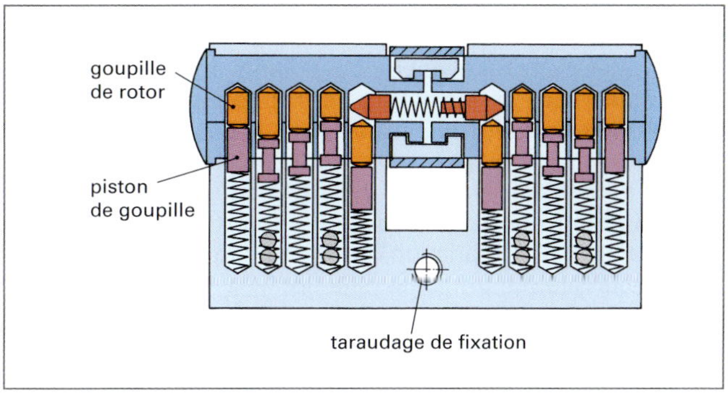

1 Cylindre double en position fermée, sans clé

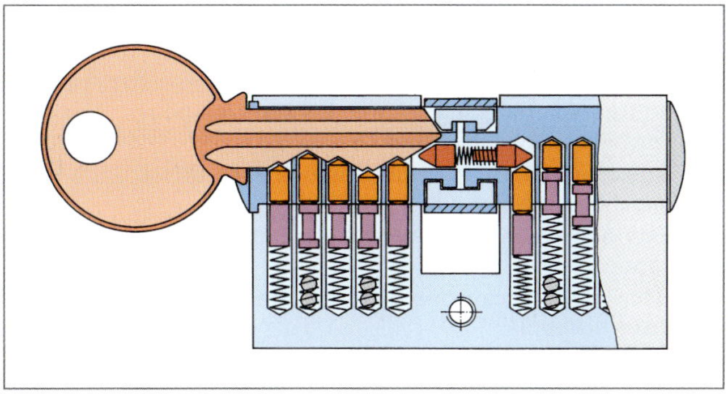

2 Cylindre double avec clé insérée

Dimensions des cylindres de fermeture

Les cylindres ronds ont un diamètre de 32 mm. Les cylindres ovales (oblongs) ont une hauteur de 36 mm et une largeur de 20 mm. Les dimensions des cylindres profilés se trouvent en **fig. 1**. Les cotes l, l_1 et l_2 sont variables car elles dépendent de l'épaisseur de la porte. A la commande, il faut veiller à ce que le cylindre de fermeture puisse être installé à fleur par rapport à la face extérieure de la porte.

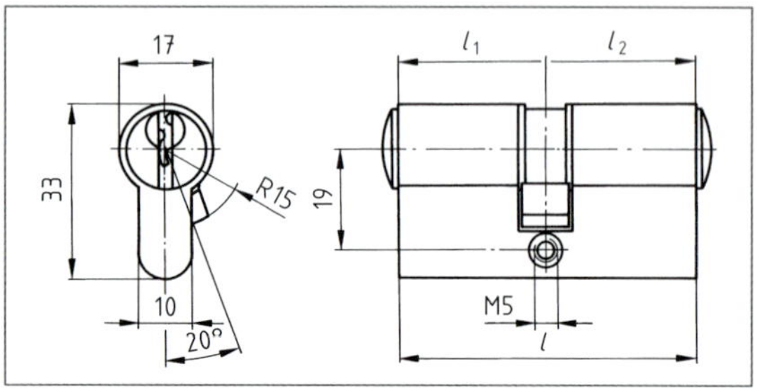

1 Dimensions du cylindre profilé

Systèmes de base de cylindres de fermeture

Si les jeux de goupilles du cylindre se situent au-dessus de la clé, le système est appelé **dispositif supérieur de verrouillage**. Ceci est le cas pour tous les cylindres ronds et ovales **(fig. 2)**.

Les cylindres pour lesquels les jeux de goupilles se situent sous la clé ont par conséquent un **dispositif inférieur de verrouillage**. Ce système est appliqué pour tous les cylindres profilés.

Les cylindres ronds et ovales sont également appelés **cylindres profilés ou cylindres insérés**. L'avantage est qu'ils peuvent être mis en place dans n'importe quelle serrure à mortaiser si elle a été prévue pour cela par le fabricant. L'interchangeabilité de ces cylindres, indépendamment de la marque, est garantie.

En revanche, le dispositif d'encliquetage inférieur présente de considérables inconvénients en matière de technique de fermeture par rapport au dispositif d'encliquetage supérieur. Avec le dispositif supérieur, les goupilles tomberaient dans la clé en cas de défaillance, p. ex. en raison d'un blocage de ressort ou due à une bavure, en vertu de la loi de la gravité. La fonction de verrouillage serait ainsi sécurisée. Ce principe, déjà appliqué par les anciens Egyptiens il y a déjà plus de 5'000 ans dans leurs serrures à loquet, est impossible avec un dispositif inférieur de verrouillage. La gravité et la force du ressort agissent ici l'une contre l'autre.

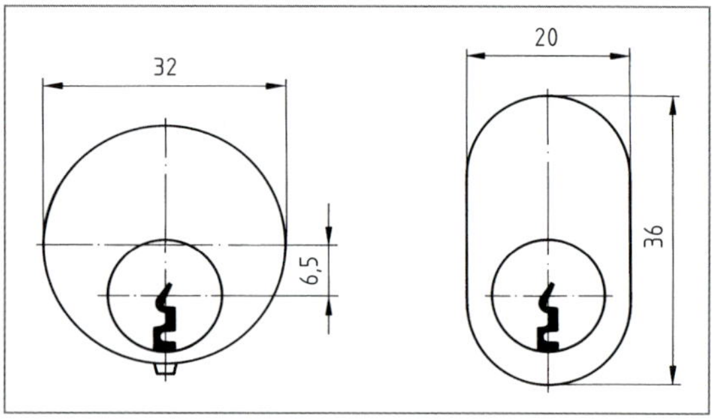

2 Cylindre ronds et ovales ou oblongs

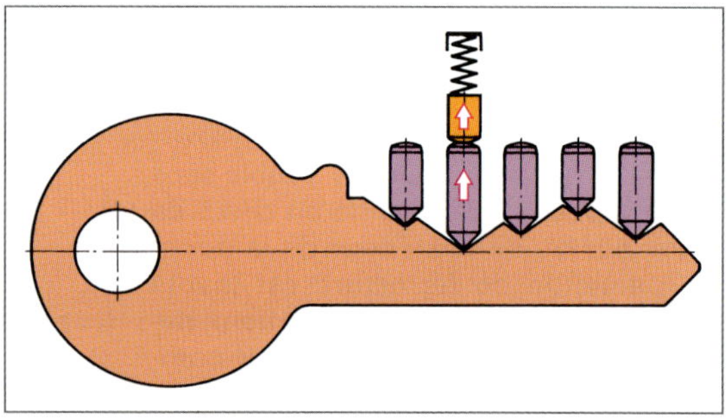

3 Cylindre avec goupilles tombantes

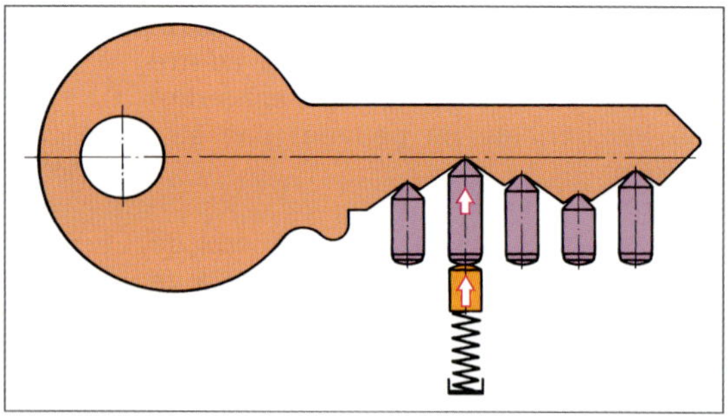

4 Cylindre avec goupilles montantes

Contrôlez vos connaissances

1 A quoi servent les serrures ?
2 En fonction de quels critères les serrures peuvent-elles être cataloguées ?
3 Quand une porte est-elle désignée avec DIN à gauche et DIN à droite ?
4 Expliquez les cotes d'entraxe et de distance au canon.
5 Décrivez le mécanisme de fermeture d'une serrure à fichets !
6 Pourquoi les serrures à fichets ont-elles toujours des découpes symétriques ?
7 D'après quel principe les serrures à cylindre fonctionnent- elles ?
8 Citez les éléments les plus importants d'un cylindre de fermeture et décrivez à quoi ils servent.
9 En quoi un dispositif inférieur de verrouillage se différencie-t-il d'un dispositif supérieur ?

Sécurisation contre le crochetage et le déverrouillage

On entend par sécurité contre le **crochetage** la protection que le cylindre offre contre toute ouverture non autorisée avec des clés semblables.

On appelle sécurité **contre le déverrouillage** la résistance que le cylindre offre contre les tentatives d'ouverture avec des outils de crochetage.

De nombreux « spécialistes » parmi les cambrioleurs essaient depuis des décennies de forcer les serrures à cylindre avec divers outils de crochetage. La plupart des tentatives d'ouverture visent à soumettre le noyau du cylindre à une pression latérale. Les goupilles se bloquent alors dans les parois latérales des canaux de guidage du barillet. Un outil approprié permet alors de les sortir précautionneusement de la ligne de séparation entre le barillet et le boîtier. Ce procédé de blocage des goupilles est appelé **procédé de Hobb**. Avec cette méthode, le maître serrurier Hobb, originaire des Etats-Unis, a réussi pour la première fois en 1853, lors de l'exposition universelle de Chicago, à ouvrir une serrure en 3 minutes et à empocher pour cela une prime de 1000 $.

Le **pistolet de crochetage** représente une amélioration de ce procédé. Il s'agit d'un outil qui ratisse les goupilles à l'aide d'un ressort afin de trouver le niveau de séparation.

Exigences minimales imposées aux cylindres de fermeture

En ce qui concerne la sécurité contre le crochetage, les exigences suivantes sont imposées en vertu de DIN 18285 :

a) le cylindre de fermeture doit avoir au moins 5 goupilles,

b) si elle a 6 découpes de fichets, la clé ne doit pas en avoir plus de 3 ayant la même profondeur,

c) il ne doit pas y avoir plus de 2 découpes de même profondeur l'une à côté de l'autre,

d) il doit y avoir au moins 3 sauts de niveau entre la découpe la plus haute et la découpe la plus basse,

e) des mesures doivent être mises en place contre le procédé d'ouverture de Hobb,

f) l'utilisation de 30'000 fermetures contre le déverrouillage doit être garantie.

Des **mesures constructives** contre le procédé d'ouverture de Hobb sont représentées en fig. 1. Quelques pistons de goupilles ont en règle générale une forme particulière à cet effet. Ceci a pour conséquence qu'en cas de torsion du noyau sur le côté, les goupilles ne peuvent plus être soulevées, car elles restent accrochées au niveau de la séparation en raison de leurs arêtes vives.

Cet effet d'accrochage de ces « goupilles champignons, vacillantes, etc. » est assisté par une rainure dans le côté opposé du boîtier du cylindre.

Pour augmenter la sécurité **contre le déverrouillage**, il faut mettre en place entre deux et trois goupilles de forme dans une fermeture. Pour un total de 5 jeux de goupilles, il doit toutefois y avoir encore au moins 2 goupilles de cylindres pleines qui retombent toujours dans les canaux de guidage, en raison de la force du ressort, lors des tentatives d'ouverture.

Toutes ces mesures de forme des pistons de goupilles ou des goupilles supérieures ne servent qu'à compliquer l'ouverture non autorisée. Une sécurité suffisante contre le déverrouillage n'est toutefois obtenue qu'avec d'autres mesures.

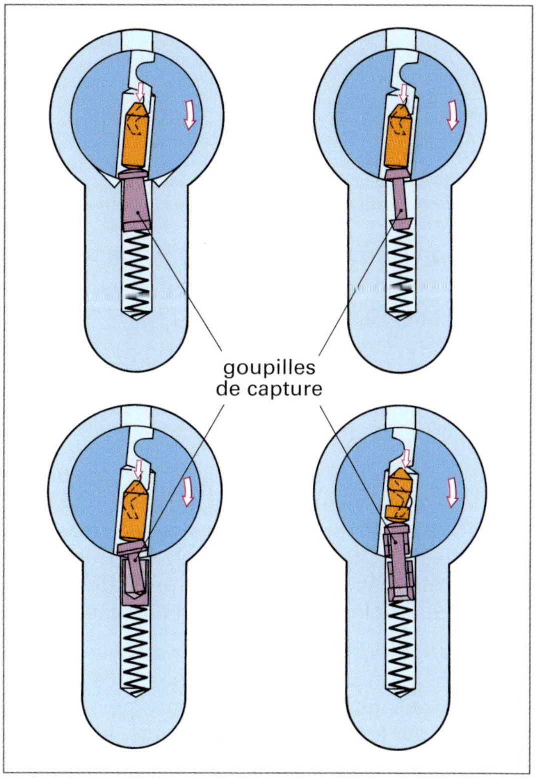

1 Organisation constructive de pistons de goupilles comme mesure contre le procédé d'ouverture de Hobb

L'ouverture avec un pistolet de crochetage ou d'autres outils est aussi compliquée pour les cylindres de fermeture avec canal de clé transversal **(fig. 1)**. Les signes extérieurs de ce cylindre de fermeture sont le canal de clé transversal qui, au lieu du profil en dents de scie, présente des perçages et rainures dont la position, la profondeur et le nombre varient. La clé peut être insérée dans la serrure dans les deux positions (clé réversible).

Une **sécurité élevée contre le crochetage** est obtenue grâce à des biseaux complexes de levage et d'attaque à la pointe de la clé. Ces biseaux s'adaptent précisément aux gradations situées au niveau des pointes de goupille du noyau. Des goupilles de contrôle latérales supplémentaires constituent une autre complication.

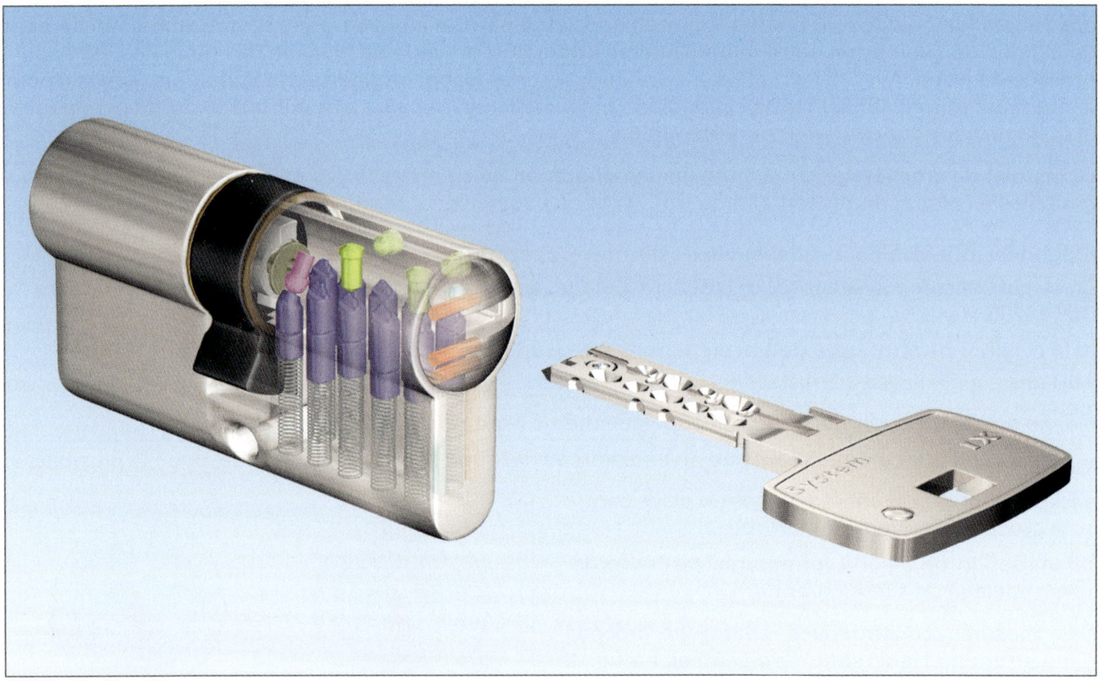

1 Cylindre de fermeture avec canal de clé transversal

Protection contre le crochetage par le profilage du canal de fermeture

DIN 18252 exige en tant que mesure de protection complémentaire que la clé à profil normal avec ses deux lignes profilées traverse le plan moyen du profil depuis les deux côtés, mais arrive au moins à le toucher.

Les fabricants de cylindres de fermeture satisfont à cette exigence en ayant recours à des profils en cascade **(fig. 2)**, et coniques **(fig. 3)**, etc.

Dans de nombreux cylindres, les nervures qui en résultent, également appelées nervures de blocage, sont palpées par des goupilles latérales supplémentaires. Ces goupilles à palper enregistrent chaque différence par rapport au profil de clé prévu et, empêchent ainsi la rotation du cylindre.

En outre, de nombreux fabricants de cylindres de fermeture munissent aussi les nervures de blocage de fraisages latéraux, qui sont palpés différemment par les goupilles de blocage. Il en résulte ainsi une protection supplémentaire contre le crochetage, indépendamment du profil de la clé et des fichets à goupilles.

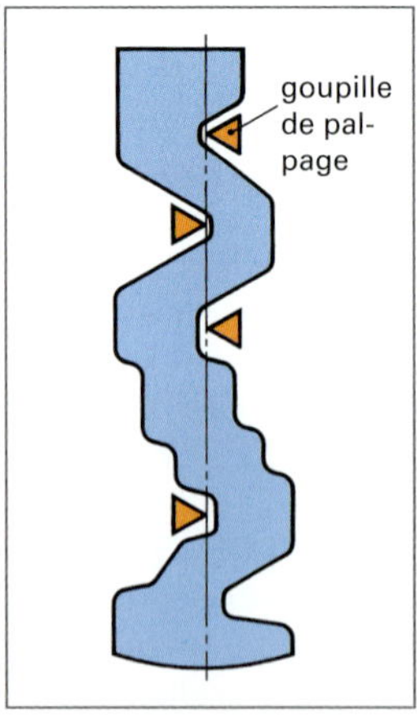

2 Profil en cascade

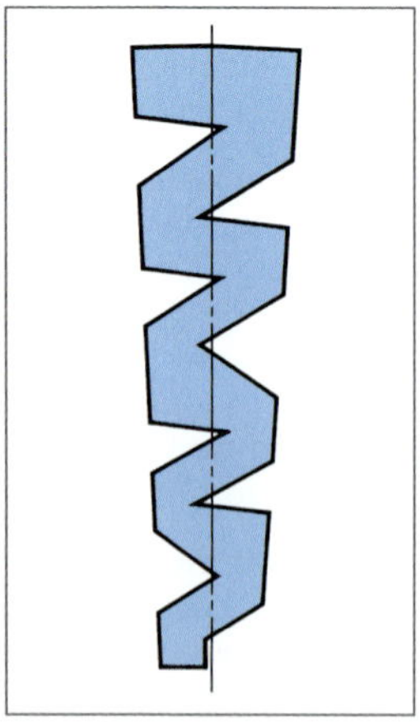

3 Profil conique

Cylindre avec système de fermeture magnétique

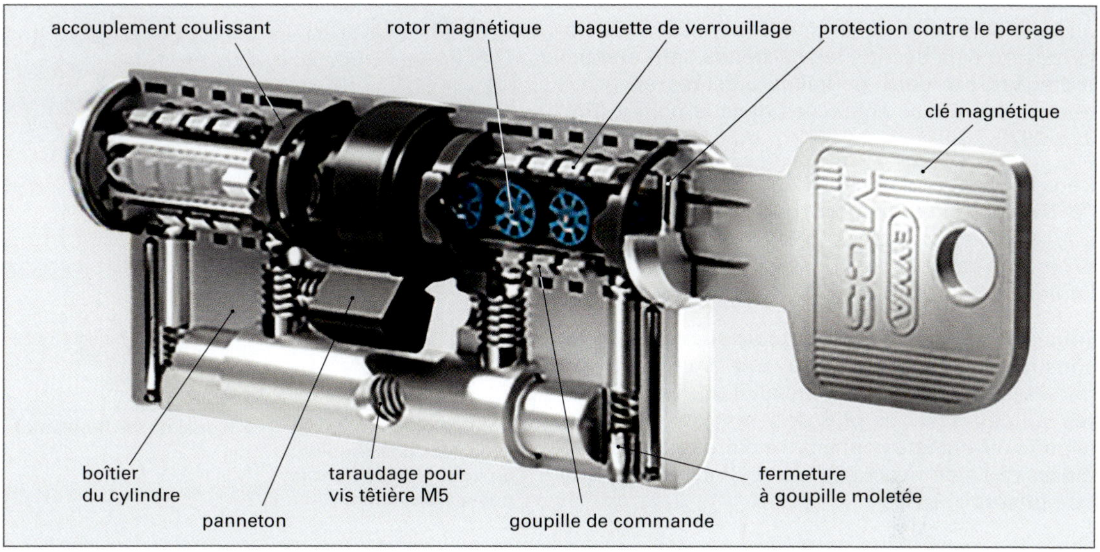

1 Cylindre à système magnétique

Le système de fermeture magnétique est une combinaison d'éléments de la technique de fermeture à goupilles avec des gâchettes pivotantes magnétiques.

Des aimants cylindriques qui présentent un champ magnétique extrêmement puissant dans des directions définies avec précision, sont disposés dans la clé et dans le barillet du cylindre. Ces zones radiales de champ magnétique déterminent le codage de la clé.

Lorsque la clé adaptée est insérée, les éléments pivotants dans le noyau du cylindre se déplacent en position d'ouverture. Deux coulisseaux de blocage ne peuvent être déplacés que dans cette position par une came de commande dans le sens axial, et ainsi permettre la procédure de fermeture. Lorsque la clé est retirée, les coulisseaux de blocage reviennent dans leur position de départ. En raison de l'influence mutuelle de leurs champs de force, les éléments pivotants prennent une position aléatoire et bloquent ainsi le cylindre.

Les nervures de blocage de la clé sont en plus palpées par des billes de blocage disposées sur le côté dans le cylindre. La procédure de fermeture ne peut avoir lieu que si le codage magnétique et mécanique du cylindre correspond à celui de la clé.

Sécurité contre l'effraction

On entend par sécurité contre le forcement, la résistance du cylindre contre tout type d'agression.

L'une des méthodes le plus fréquemment appliquées pour forcer une serrure est celle du perçage. Elle consiste à essayer de pratiquer un perçage dans le canal de la clé, au niveau de la séparation entre le noyau et le boîtier, ou dans la zone des ressorts de goupilles. Les goupilles de gâchette sont alors sorties ou verrouillées par ce perçage. En guise de mesure de protection, toutes les serrures à cylindre modernes disposent d'une protection contre le perçage. Elle peut être obtenue en utilisant un jeux de goupilles trempées. Ce jeux de goupilles peut aussi être équipée d'un revêtement en bronze afin de réduire l'usure de la clé **(fig. 2)**.

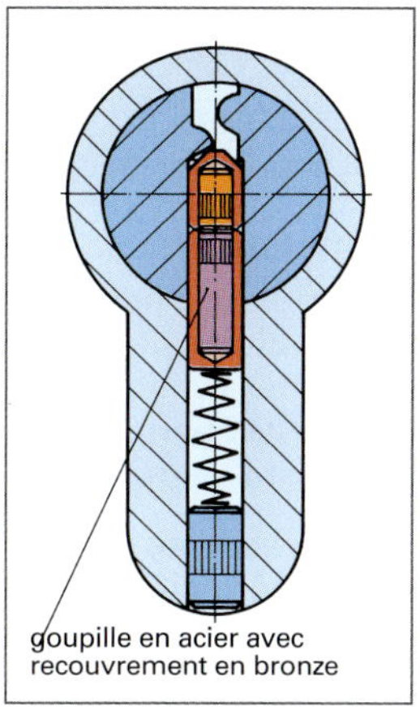

2 Protection contre le forcement par une goupille en acier

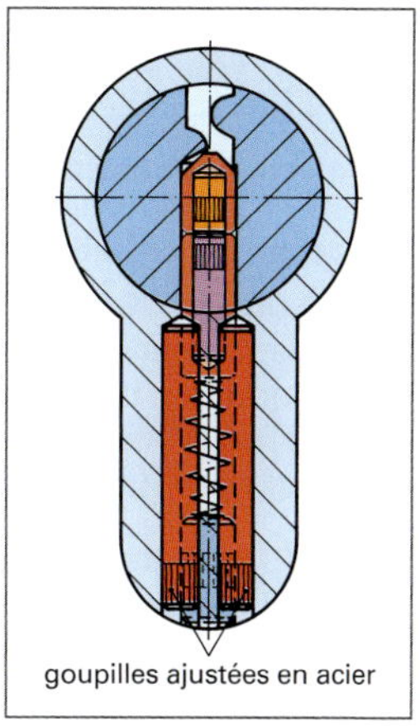

3 Protection contre le perçage par des goupilles supplémentaires en acier

Une protection contre le perçage encore plus poussée est appliquée pour les portes extérieures ou intérieures particulièrement menacées. Outre la mesure déjà décrite, les gâchettes sont encore protégées par deux goupilles ajustées en acier trempé, ou mieux, enfoncées dans le boîtier **(fig. 3, p. 297)**.

Dans la version blindée, les rangées de goupilles de barillet sont protégées par des goupilles en acier trempé **(fig. 1)**. Les mêmes protections contre le perçage peuvent aussi être utilisées pour les cylindres de fermeture avec clé transversale **(fig. 2)**.

Toutes ces mesures ne sont judicieuses que si le constructeur métallique travaille suffisamment minutieusement lors de l'installation. Les cylindres qui dépassent de plus de 2 mm de la face de la porte offrent une bonne prise d'attaque pour les pinces, à l'aide desquelles les cylindres peuvent être brisés.

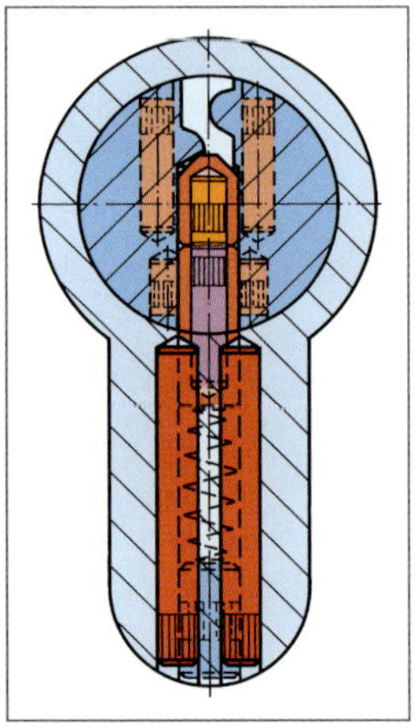

1 Protection contre le perçage avec des goupilles en acier trempé dans le noyau du cylindre

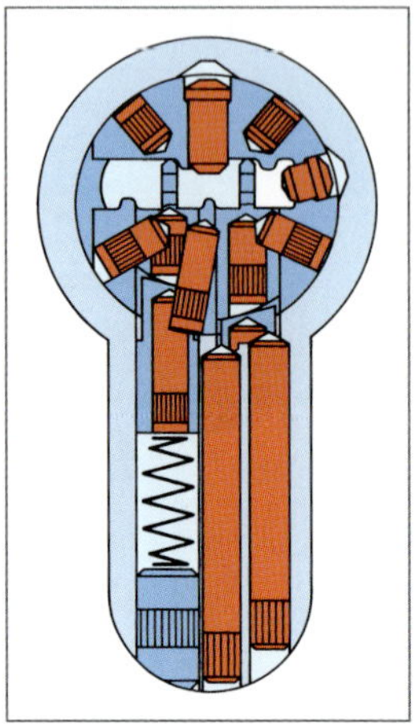

2 Canal de clé horizontal

Outre les mesures de protection contre le déverrouillage et le perçage, de nombreux fabricants de cylindres prennent également des mesures de protection contre **l'arrachage brutal du noyau** ou de l'ensemble du boîtier. Une protection contre l'arrachage du barillet est réalisée en enfonçant une partie du noyau du cylindre dans une ouverture prévue à cet effet dans le boîtier, ce qui empêche un arrachage axial **(fig. 3)**.

La **protection contre l'arrachage du boîtier** est p. ex. obtenue avec une goupille dépassant latéralement du boîtier du cylindre. Lorsque le cylindre est arraché, elle s'accroche dans le ferrement correspondant **(fig. 3)**. Cette protection fonctionne avec la combinaison adéquate du cylindre et du ferrement de protection.

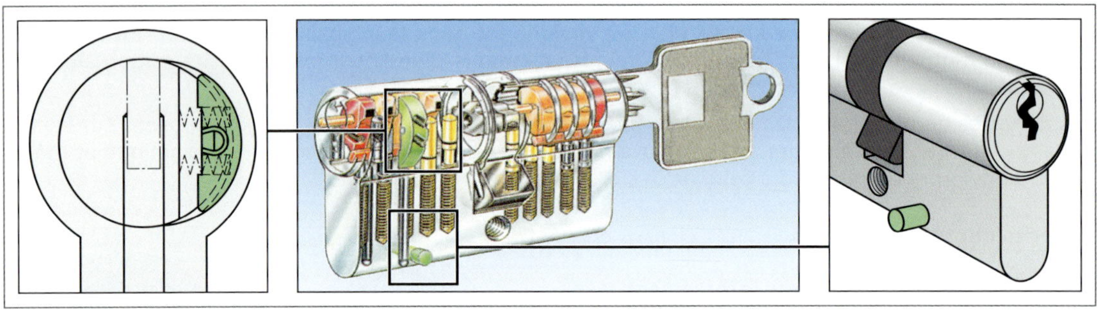

3 Protection contre l'arrachage du noyau et du boîtier

Montage de cylindres de fermeture

La mesure constructive la plus coûteuse pour la protection contre le crochetage, le déverrouillage ou le forcement est inefficace si le travail d'installation a été mal réalisé. Un contrôle extérieur est la mesure la plus adaptée contre la rupture des cylindres de fermeture. Une clé de mesure permet de réaliser cela de la façon la plus fiable **(fig. 4)**. Ceci permet d'empêcher que le cylindre ne dépasse de plus de 2 mm côté extérieur du vantail après installation.

Comme la protection contre le perçage ne se trouve la plupart du temps que d'un côté du cylindre de fermeture, il faut précisément veiller lors de l'installation à ce que le cylindre soit installé dans le bon sens. Le côté sécurisé est en règle générale marqué et doit se trouver du côté extérieur de la porte.

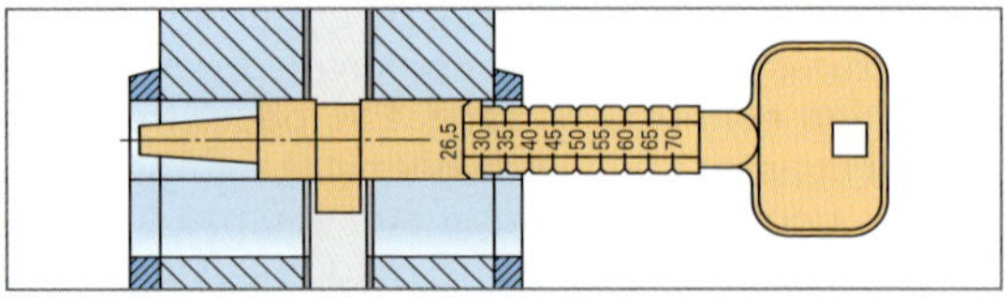

4 Clé de mesure

Les cylindres profilés sont fixés à l'aide d'une vis M 5 qui passe par un trou dans la têtière.

En règle générale, les cylindres ronds ou ovales disposent de tiges de liaison en acier chassées dans l'un des corps du cylindre. L'autre corps du cylindre dispose des perçages correspondants pour accueillir ces tiges. Un blocage qui s'emboîte dans les tiges est également logé dans cette partie **(fig. 1)**.

Lors du montage, la serrure à mortaiser est tout d'abord insérée dans le vantail de la porte. Les deux cylindres sont ensuite rassemblés jusqu'à ce que la liaison enfichée s'emboîte. Les cylindres ne peuvent désormais plus être séparés sans outil.

Le cylindre ne peut être retiré qu'avec la clé correspondante. Pour cela, la clé est insérée dans le cylindre. Le cylindre intérieur se reconnaît à son grand diamètre. La clé est alors tournée de 90° jusqu'à ce que le panneton soit dirigé côté paumelle. Un trou est alors visible à l'ouverture du dos de la clé. L'aiguille de déclenchement doit être insérée en biais dans ce trou, vers la droite. Une légère pression permet de diviser le cylindre. Important pour le constructeur métallique qui s'occupe du montage :

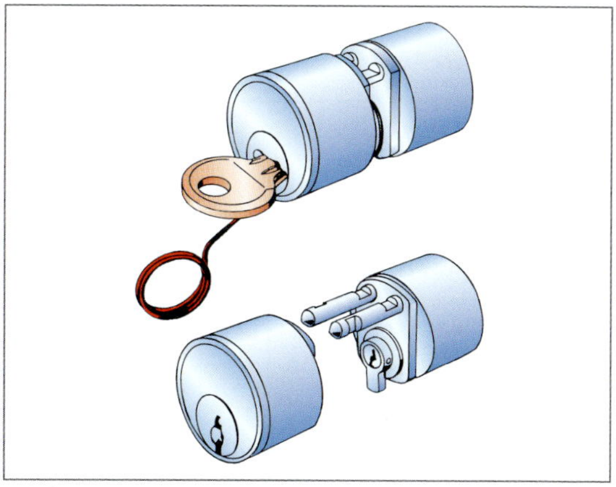

1 Démontage de cylindres ronds

Avec un cylindre intérieur et extérieur, l'assise du cylindre doit être contrôlée après avoir été encliquetée.

2 Système de clé électronique

16.4.4 Contrôle électronique des accès

Dans de nombreux domaines de l'économie et de la vie publique, p. ex. dans les hôtels, les administrations, les cliniques, etc., des exigences accrues sont aujourd'hui imposées pour les droits d'accès. Les contrôles électroniques des accès ont été développés pour de tels cas.

Avec les contrôles électroniques des accès, le droit d'accès est codé sur un support de données. Celui-ci peut être une clé **(fig. 2)**, une carte à bande magnétique ou un transpondeur sans contact sous forme d'un porte-clé ou d'une montre codé **(fig. 3)**.

Peu importe que le système soit câblé ou fonctionne en « mode autonome » sans câblage, il comporte essentiellement toujours trois composants :

- le support d'information électronique,
- l'électronique de commande,
- le cylindre électronique.

3 Supports d'information pour le contrôle électronique d'accès

La **régulation du droit d'accès**, qui peut aussi être limitée dans le temps, est réalisée sur des supports d'information (clés, cartes magnétiques, supports à puce). L'électronique de commande doit contrôler le droit d'accès et valider l'accès de sorte à ce que la serrure puisse être déverrouillée. Outre le droit d'accès, les supports d'information et l'électronique de commande correspondante permettent aussi de définir la durée et la fréquence des accès. Dans un hôtel p. ex., la durée d'utilisation du téléphone et la libération de la chambre, dans les entreprises, la saisie du temps, sont fréquemment commandées par de tels moyens **(fig. 1)**.

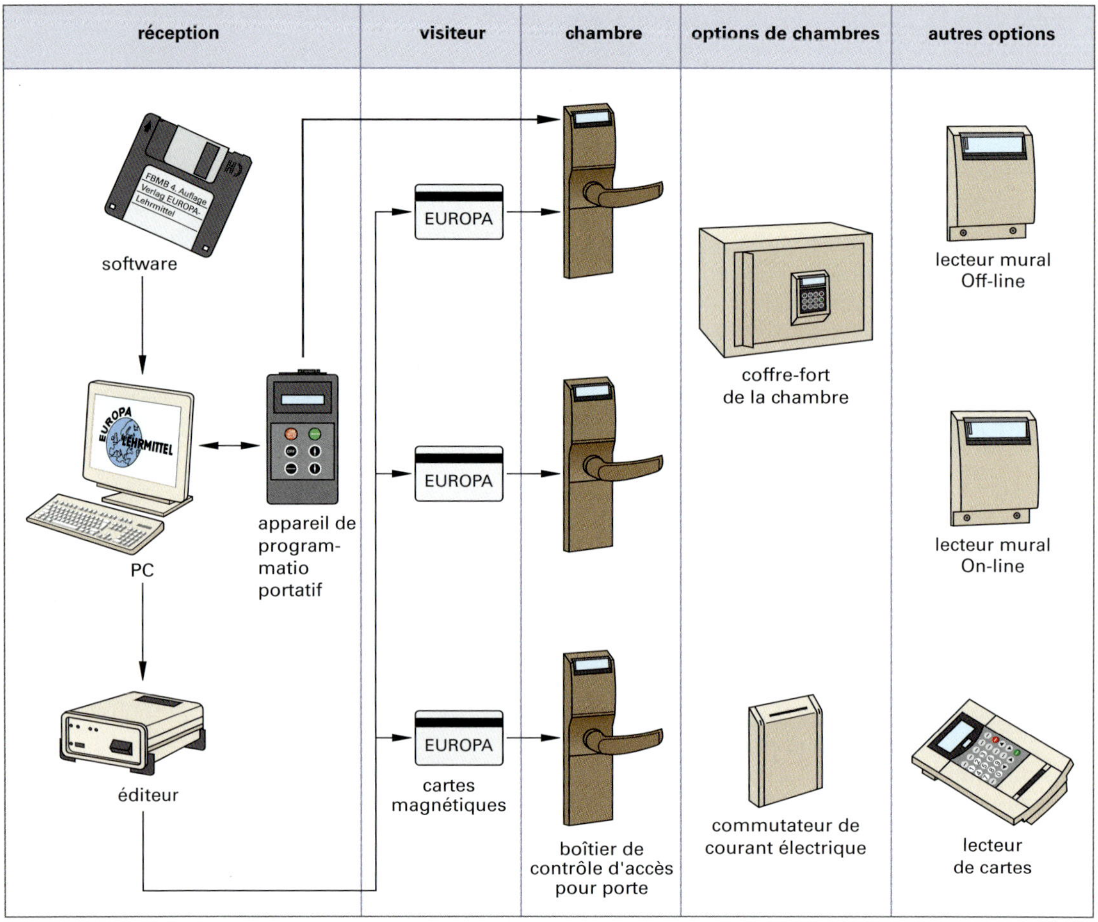

1 Contrôle électronique d'accès

Des cylindres motorisés, souvent installés en liaison avec des contrôles d'accès électroniques, servent à une sécurité accrue et au confort de fermeture. Pour cela, le système de verrouillage est actionné par un système motorisé intégré au bouton de poignée **(fig. 2)**. Ceci peut aussi avoir lieu après chaque actionnement de la porte ou en fonction d'un programme de fermeture spécifique. Du côté opposé, le cylindre peut être tourné mécaniquement à l'aide d'une clé. Ainsi, il est p. ex. possible de faire en sorte qu'une porte d'entrée de maison puisse être déverrouillée ou verrouillée depuis plusieurs endroits.

2 Cylindre motorisé

16.5 Installations de mise en passe

On appelle installations de mise en passe un nombre indéfini de serrures regroupées en une unité fonctionnelle.

Après la mise en place d'une installation de mise en passe, on distingue les types d'installations suivants **(fig. 1)** :

- **Installations à clé principale** : Tous les cylindres peuvent disposer de leur propre fermeture. Une clé individuelle ne ferme que la serrure correspondante. La clé principale ferme toutes les serrures. Exemples d'utilisation : boutiques, petites entreprises, etc.
- **Installation à clé principale générale** : Plusieurs installations à clé principale peuvent être regroupées autour d'une clé principale générale. La clé principale générale ferme toutes les serrures, la clé de groupe supérieur toutes les serrures d'un groupe supérieur, la clé de groupe toutes les serrures d'un groupe et la clé individuelle un seul cylindre. Exemples d'utilisation : grandes entreprises, banques, hôtel, écoles, hôpitaux, etc.
- **Installation à serrure centrale** : Toutes les clés individuelles ferment aussi bien le cylindre qui leur a été spécialement attribué que le cylindre central d'une ou plusieurs portes communes. Exemples d'utilisation : immeuble collectif, cylindre central dans la porte d'entrée de maison, hôtel.
- **Installations combinées** comme p. ex. installations à clé principale centrale.

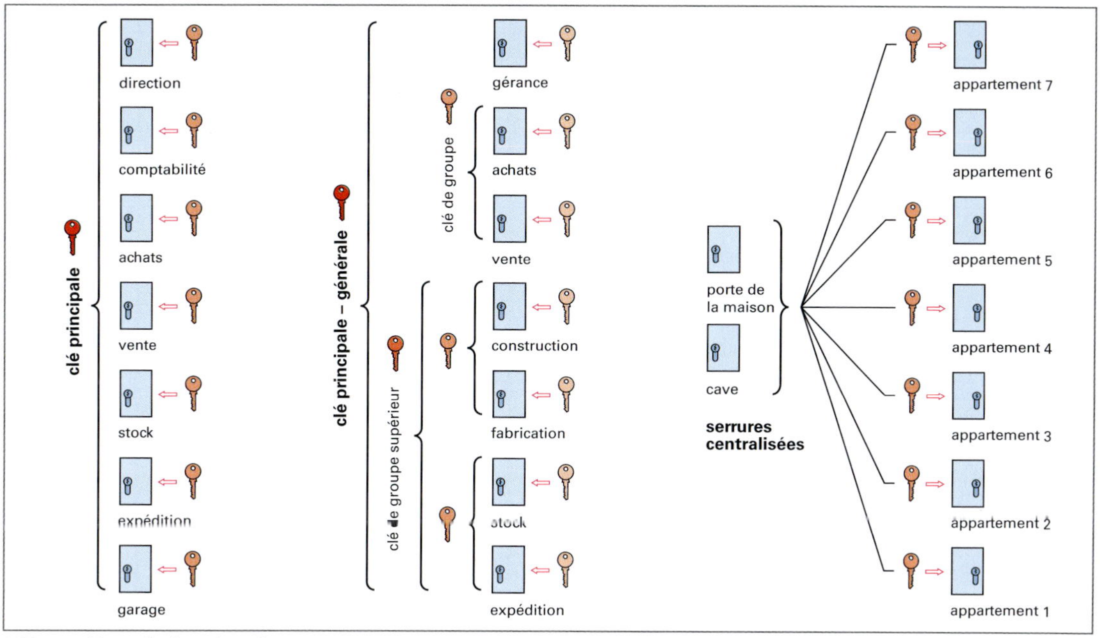

1 Types d'installation de mise en passe

Plan de fermeture

La planification d'une installation de mise en passe a une importance particulière. Pour la préparation, la plupart des fabricants de cylindres de fermeture mettent à disposition des aides à la planification et des programmes informatiques adaptés.

Une fois la décision prise pour un certain type d'installation de mise en passe, un plan de fermeture est planifié en tenant compte des souhaits du maître d'oeuvre en matière d'organisation.

A l'aide du plan du bâtiment **(fig. 2)**, tous les objets à verrouiller sont saisis et pourvus de numéros ou de désignations.

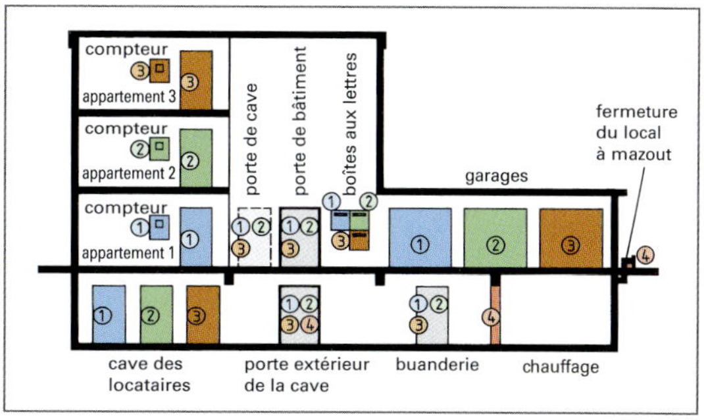

2 Plan du bâtiment

Ces désignations sont séparées dans un ordre logique, de manière appropriée par étage, et saisies dans la colonne prévue à cet effet du plan de fermeture. **(fig. 1)**. Les clés sont reprises dans la colonne « passe général », séparées d'après leur fonction de fermeture. L'identification des positions, qui doivent être verrouillables par les clés, a lieu ensuite. La quantité de clés, le type de clé et d'autres particularités doivent être mentionnés dans les autres colonnes.

projet:
plan approuvé: date:

les passes ferment:

XYZ-plan de mise en passe

à
clé générale-
clé centrale principale-
clé principale-
installation centrale de fermeture

par couleur n'indiquer que le chiffre
1 – laiton dur nicklé
2 – laiton nicklé brillant
3 – laiton chromé mat
4 – laiton chromé brillant
5 – laiton brossé mat
6 – laiton poli
7 – laiton bruni
8 – laiton noirci
9 – laiton verni à l'ancienne
10 – laiton couleur bronze
11 – laiton cuivré

livré par : numéro de commission:

désignation de la porte ou du local	numéro de la clé	nombre de cylin-dres	nombre de clés	type	dis-tance au canon	rallonge I L	rallonge A R		ral-lon-ge	Z 1	Z 2	1	2	3	4	5
appartement 1	1	1	3	333 IX				)	1			x				
compteur 1	1	1	1	382 IX				)	1			x				
boîte aux lettres 1	1	1	1	382 IX				)	1			x				
cavé louée 1	1	1	1	777 IX				)	5			x				
garage 1	1	1	1	333 IXH				)	1			x				
appartement 2	2	1	3	333 IX				)	1				x			
compteur 2	2	1	1	382 IX				)	1				x			
boîte aux lettres 2	2	1	1	382 IX				)	1				x			
cavé louée 2	2	1	1	777 IX				)	5				x			
garage 2	2	1	1	333 IXH				)	1				x			
appartement 3	3	1	3	333 IX				)	1					x		
compteur 3	3	1	1	382 IX				)	1					x		
boîte aux lettres 3	3	1	1	382 IX				)	1					x		
cavé louée 3	3	1	1	777 IX				)	5					x		
garage 3	3	1	1	333 IXH				)	1					x		
appartement 4	4	1	3	333 IX				)	1						x	
compteur 4	4	1	1	382 IX				)	1						x	
boîte aux lettres	4	1	1	382 IX				)	1						x	
cavé louée	4	1	1	777 IX				)	5						x	
porte d'entrée de la maison	Z 1	1	3	333 IX				)	1	x		x	x	x	x	
accès aux caves	Z 1	1	–	333 IX				)	1	x		x	x	x	x	
buanderie	Z 1	1	–	333 IX-K3				)	1	x		x	x	x	x	
porte extérieure de la cave	Z 2	1	–	333 IX					1		x	x	x	x	x	x
chaufferie	5	1	3	333 IX-K3				)	1							x
citernes à mazout	5	1	–	777 IX				)	5							x

1 Plan de mise en passe

Contrôlez vos connaissances

1 Expliquez les termes sécurité contre le crochetage et le déverrouillage.
2 Quelles exigences minimales sont imposées à la sécurité contre le crochetage selon DIN 18285 ?
3 Quelles mesures constructives permettent de lutter contre le procédé d'ouverture de Hobb ?
4 Quels sont les avantages des cylindres de fermeture avec canal à clé transversal ?
5 Décrivez la structure et le fonctionnement d'un système de fermeture avec cylindre magnétique !
6 Qu'entend-on par sécurité contre l'effraction d'un cylindre de fermeture ?
7 Comment la sécurité contre l'effraction d'un cylindre de fermeture peut-elle être augmentée ?
8 A quoi faut-il faire particulièrement attention lors du montage de cylindres de fermeture avec protection contre le perçage ?
9 A quoi sert une clé de mesure ?
10 Citez les trois types d'installations de mise en passe !
11 Qu'elle est la particularité d'une installation mise en passe à clé principale ?

17 Grilles et caillebotis

Les grilles sont des éléments de décoration ou de sécurité qui laissent passer la lumière et l'air.

17.1 Grilles mobiles

Elles sont construites comme porte grillagée ou avec des articulations comme porte-grille coulissante ou porte-grille à enroulement **(fig. 1)**. Les portes-grille coulissantes sont mobiles et se déplacent dans des rails de guidage. Des moteurs - réducteurs ou des moteurs installés dans le tube de l'axe de rotation servent à entraîner les portes-grille à enroulement. Pour les portes-grille légères, un ressort de tension assure la compensation du poids.

17.2 Grilles fixes

Les cloisons sont des éléments de grille qui divisent et agencent les pièces. Elles commencent au-dessus du sol et finissent soit dans le plafond soit dans un cadre. Elles limitent le passage.

Les grilles de séparation peuvent séparer les pièces et empêchent le passage. Elles se trouvent entre des murs, poteaux ou appuis. Si des grilles de séparation délimitent des terrains, on les appelle grilles de clôture.

Les grilles décoratives ont un effet esthétique. Elles décorent les rampes d'escaliers, niches de radiateurs ou délimitent une propriété. **Les grilles de porte** doivent la plupart du temps protéger le vitrage de la destruction, protéger contre les effractions et également avoir un effet décoratif.

En tant que **grilles de fenêtres (fig. 2a)**, elles doivent aussi empêcher le passage non autorisé par les fenêtres. Elles sont nommées en fonction de leur conception.

Outre les **grilles plates**, il existe la **grille en caisson** et la **grille en forme de panier**, connue depuis l'époque baroque.

En fonction de leur positionnement, on fait la distinction entre les grilles intérieures, particulièrement sûres contre l'arrachement, les grilles posées dans l'embrasure et les grilles extérieures **(fig. 2b)**.

Fabrication et montage des grilles

Les grilles sont assemblées par rivetage ou soudage à partir de profils pleins et préfabriqués. Les grilles de protection doivent satisfaire aux exigences des assurances :

Par conséquent, les dimensions minimales des sections sont p. ex. de 18 mm x 18 mm pour les barreaux carrés. Les barreaux voisins doivent être distants de maximum 100 mm à l'horizontale et de maximum 120 mm à la verticale. Les barreaux doivent être soudés les uns aux autres et leurs extrémités doivent être ancrées à au moins 80 mm de profondeur dans la maçonnerie. Comme la régularité du grillage peut sembler répétitif, on peut alterner avec des barreaux différents.

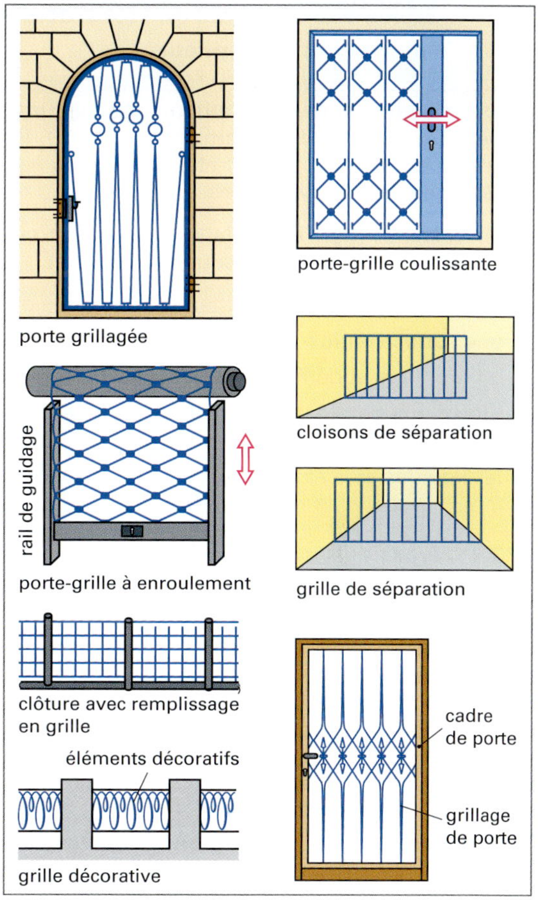

1 Types de grilles

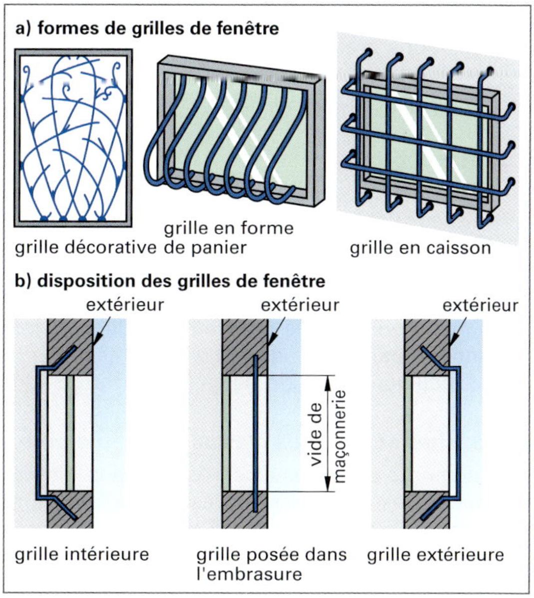

2 Grille de fenêtre

17.3 Grilles et caillebotis en tôle d'acier

17.3.1 Applications et propriétés

Les caillebotis sont des éléments métalliques plats et solides comportant des ouvertures régulières. Ils servent de revêtement de sol pouvant être empruntés à pied et éventuellement par des véhicules.

Les passerelles **(fig. 1)**, les plates-formes de travail, les escaliers et les estrades en sont équipés. Elles ont

- un faible poids pour une charge admissible élevée,
- une surface antidérapante
- un montage et démontage faciles
- une bonne perméabilité à la lumière, à l'air, aux liquides et aux produits en vrac, c'est pourquoi
- les liquides et la saleté ne peuvent pas s'y déposer.

1 **Caillebotis comme passerelle**

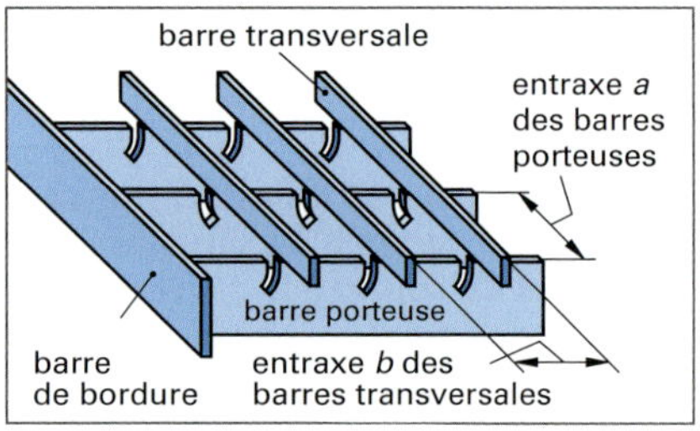

2 **Fabrication d'un caillebotis**

17.3.2 Types de constructions

1. Caillebotis pressé (exécution P)

Ils sont construits de barres porteuses sous forme de plats debout sur la tranche, avec des fentes dans lesquelles les **barres transversales** sont pressées à froid. La distance libre entre deux barreaux s'appelle le **maillage**. On appelle la distance médiane des barreaux **l'entraxe de barreaux porteurs ou transversaux (fig. 2)**. Les barreaux porteurs absorbent les charges et reposent sur les deux supports de caillebotis.

2. Caillebotis soudés par résistance et pression (version SP)

Les barreaux porteurs sont sans fentes. Les tiges transversales de forme carrée torsadée sont soudées par pression et résistance et simultanément enfoncées dans le barreau porteur à tous les points de croisement **(fig. 3)**. Ces caillebotis sont par conséquent plus solides et plus résistants à la torsion que les caillebotis pressés. La cohésion et la résistance du caillebotis restent largement conservées même en cas de coupes de montage pratiquées ultérieurement.

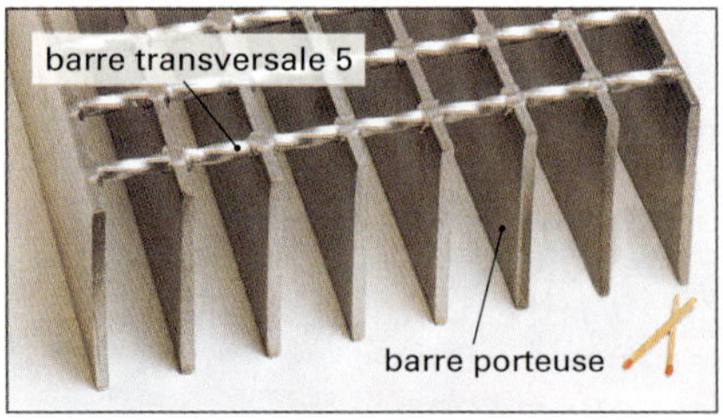

3 **Caillebotis soudée par résistance et pression**

3. Métal déployé

Le matériau de départ est une tôle ayant jusqu'à 3 mm d'épaisseur dans laquelle de courtes incisions décalées sont cisaillées. On effectue un étirement perpendiculaire à celle-ci. Des mailles en forme de losange avec des traverses torsadées se forment **(fig. 4)**. Le bord de la tôle n'est pas incisé mais replié vers le bas pour être rigidifié. Le métal déployé est antidérapant, mais doit être renforcé par un caillebotis à grand maillage en raison de sa faible charge admissible.

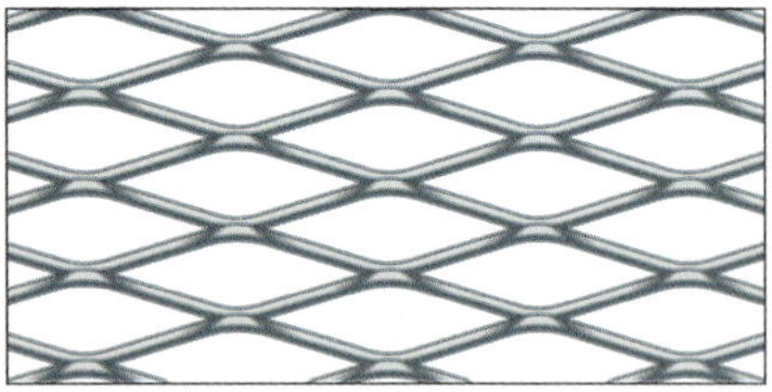

4 **Métal déployé**

4. Plancher et marches d'escalier en tôle perforée

Les éléments de plancher et les marches d'escalier peuvent être fabriqués en tôles perforées et repliés. Ils ont une charge admissible élevée. La **fig. 5** montre une lame de plancher profilée des deux côtés en tôle perforée, qui laisse couler l'eau. Elle est utilisée pour les échafaudages et les marches d'escaliers.

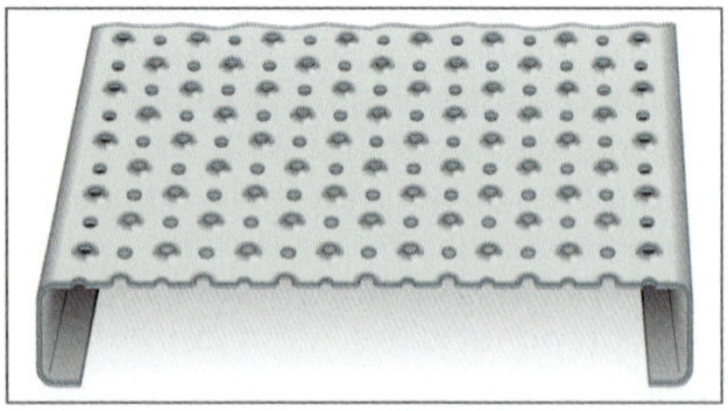

5 **Lame de plancher en tôle perforée**

17.3.3 Encoches et bordures

Des découpes, chanfreins et évidements sur ou dans le caillebotis permettent de l'adapter à la situation de montage **(fig. 1a)**. Les caillebotis sont toujours pourvus d'une bordure tout autour. Pour le contour des évidements, on utilise de l'acier plat. Des aciers plats, des aciers équerre ou des profils Z peuvent aussi être utilisés sur les côtés droits **(fig. 1b)**. En règle générale, la bordure extérieure est aussi haute que les barreaux porteurs. Des rehaussements ou des évidements **(fig. 2)** permettent d'obtenir une surface à fleur entre le bord supérieur du caillebotis et le niveau du sol.

17.3.4 Protection contre la corrosion

Les caillebotis en acier restent bruts ou sont zingués à chaud. Pour l'industrie chimique, ils peuvent aussi être plongés dans du bitume, revêtus de plastique ou thermolaqués. Dans l'agroalimentaire, on utilise aussi des caillebotis en acier inoxydable ou en aluminium.

17.3.5 Caillebotis de sécurité

Ils ont une surface particulièrement antidérapante. Les bords supérieurs des barreaux porteurs et transversaux sont crantés **(fig. 3)**. Des caillebotis de sécurité sont nécessaires si des huiles, des graisses ou de la glace représentent un risque de glissement particulier. Selon DIN EN ISO 12122-1, ils sont en outre prescrits pour les passerelles ayant une inclinaison comprise entre 6° et 20°. Pour un angle supérieur à 10°, il faudra prévoir sur toute la largeur des profils anti-dérapants supplémentaires dont l'intervalle devra être d'environ 630 mm en vertu de la formule du pas. Les inclinaisons supérieures à 24° degrés doivent être franchies par des escaliers.

17.3.6 Caillebotis normalisés et marches d'escaliers

Les caillebotis rectangulaires sont normalisés selon DIN 24 537-1. Pour les caillebotis P, le maillage est de 33,3 mm x 33,3 mm et pour les caillebotis SP de 34,3 mm × 38,1 mm. Le format maximale est de 1500 mm resp. 1000 mm, le barreau porteur est normalisé avec 30 mm × 3 mm et 40 mm × 3 mm.

Sur demande, il existe toutefois des caillebotis soudés jusqu'à 6,10 m de long et 1 m de large, appelés **caillebotis sur mesure**.

Selon le fabricant, il existe des caillebotis de **250** x 250 jusqu'à **1'700** x 600 et **600** x 1700. La première cote mentionnée est la longueur du caillebotis dans le sens du barreau porteur. Selon la norme, elle est indiquée avec le préfixe T, souligné ou écrit en gras.

> La longueur d'un caillebotis est toujours mesurée dans le sens du barreau porteur et mentionnée en premier !
>
> Pour éviter toute confusion du sens du barreau porteur, les caillebotis carrés doivent le plus possible être évités !

Les marches droites sont également normalisées selon DIN 24531 **(fig. 3)**. Elles sont normalisées dans 4 longueurs et 3 largeurs comme caillebotis (P) ou caillebotis soudés (SP) **(fig. 4)**. Les fabricants proposent d'autres dimensions.

Un bord rainuré ou percé au niveau du nez de la marche le rend plus visible et diminue le risque de glissade. Des plaques latérales avec des trous ronds ou oblongs facilitent le vissage sur le limon.

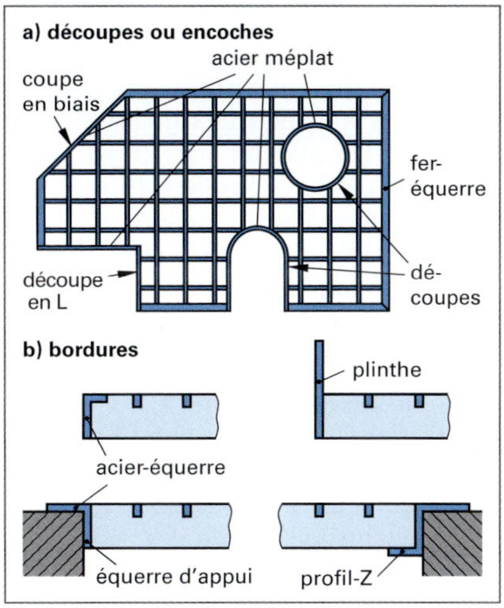

1 **Découpes et bordures**

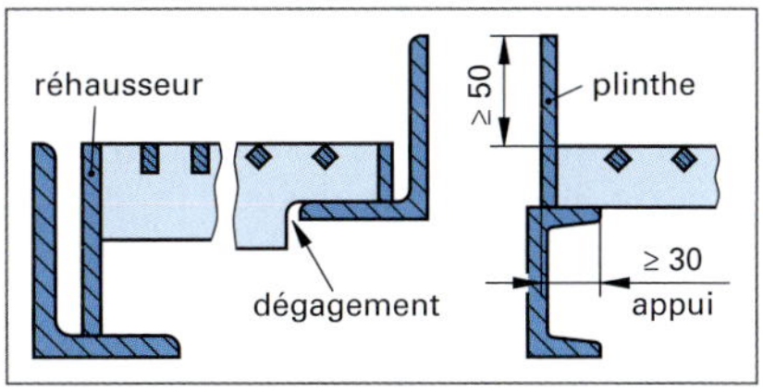

2 **Bordures spéciales**

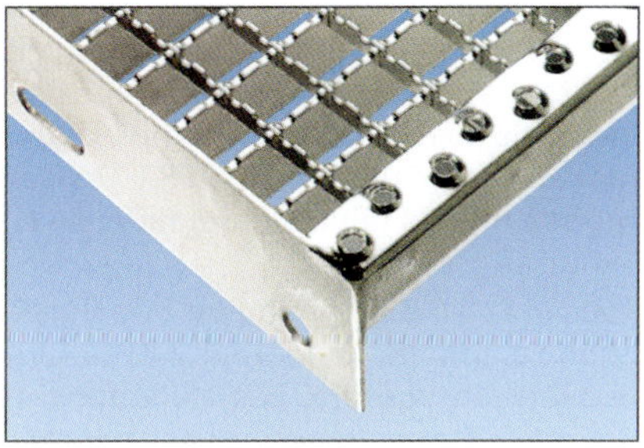

3 **Marche anti-dérapante**

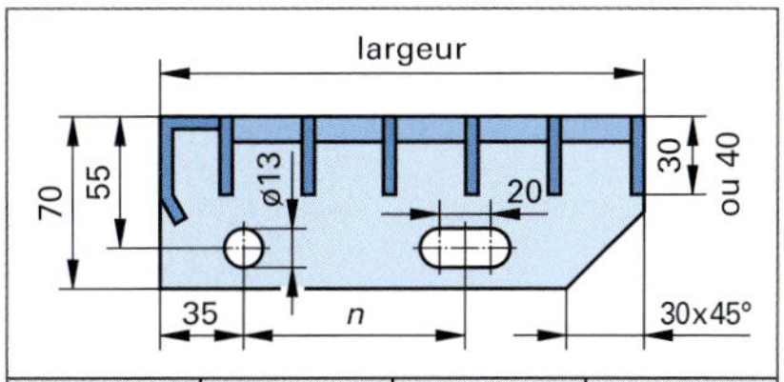

longueur en mm	largeur en mm	entraxe *n*	barreau porteur
600 800 1000 1200	240 ou 270 ou 305	120 ou 150 ou 180	30x3 ou 40x3

4 **Dimensions normalisées des marches en caillebotis**

17.3.7 Plan de pose

Il n'est pas toujours possible d'utiliser des caillebotis normalisés. Les fabricants proposent donc des caillebotis sur mesure, dont la taille et la charge admissible dépendent du souhait du client. Un plan de pose **(fig. 3)** est établi pour une surface plus grande ou irrégulière **(fig. 1)**. Sur le plan, on reconnaît la position et les dimensions des caillebotis, ainsi que leurs découpes et évidements. Il faut pour cela tenir compte des tolérances de fabrication de la structure porteuse ; pour les installations existantes, il faut effectuer une prise de mesures.

Pour le **jeu de pose (fig. 2)** sur le pourtour, 0 mm à 3 mm suffisent, car les fabricants fournissent les caillebotis dans des longueurs et largeurs plus petites de 0 à 4 mm par rapport à ce qui a été commandé. Il faut toutefois tenir compte des tolérances de l'édifice.

17.3.8 Portée

La position des barreaux porteurs est indiquée par des flèches car ils doivent toujours reposer sur la structure porteuse. La cote minimale est de 30 mm d'après le plan. En service il doit s'agir d'au moins 25 mm **(fig. 2)**. Pour les caillebotis faisant plus de 30 mm d'épaisseur, **la longueur d'appui** doit autant que possible être égale à la hauteur des barreaux porteurs.

Pour faciliter la pose et économiser le matériel de fixation, on choisit des caillebotis les plus grands possibles. Des barreaux porteurs plus solides sont toutefois nécessaires pour les grandes portées. Le **tableau 1** montre la portée maximale admise en millimètres pour des caillebotis pouvant être praticables. Ils doivent fléchir de moins de 1/200 de la portée, mais toutefois au maximum de 4 mm, pour une charge individuelle mobile de 1500 N. DIN 24 537. Les catalogues des fabricants proposent des tableaux détaillés de charges admissibles.

Tous les caillebotis peuvent être livrés avec un cadre en acier équerre adapté. La longueur et la largeur incluent alors déjà le cadre en équerre. Les caillebotis effectifs sont plus petits d'env. 10 mm en longueur et en largeur.

1 Plate-forme avec caillebotis sur mesure

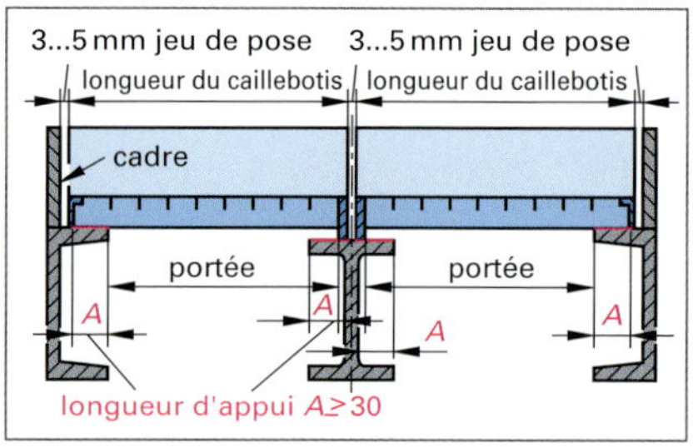

2 Jeu de pose, longueur d'appui

Tableau 1 : Dimensions de la section de barreau porteur et de la portée pour les caillebotis P (indication fabricant resp. normalisé)

Barreau porteur normalisé	Portée maximale	Largeur de caillebotis normalisé
25 x 2	700	500
30 x 3	1000	1500
40 x 2	1300	livrable seulement sur mesure
40 x 3	1500	
40 x 5	1800	
50 x 5	2200	
60 x 5	2500	

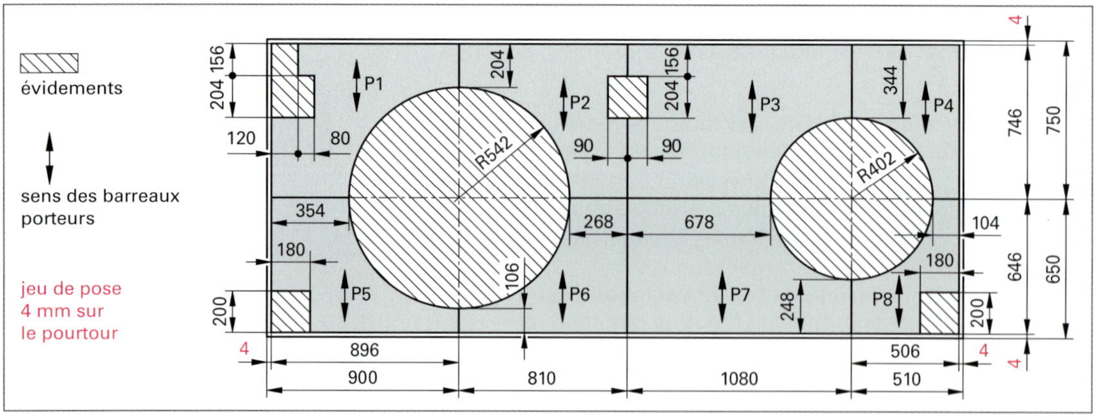

3 Plan de pose avec caillebotis sur mesure

17.3.9 Fixation des caillebotis

Les caillebotis doivent toujours être sécurisés contre le glissement, mais aussi contre le soulèvement dans le bâtiment et dans le génie civil. Un cadre en acier équerre protège contre le glissement. Il existe du matériel spécial de fixation contre le soulèvement et le glissement :

- **Fixation standard** avec équerre de serrage, vis, écrou, disque ou agrafe **(fig. 1a)**.
- **Fixation de sécurité** avec partie supérieure d'arrêt, qui permet moins de glissement et peut être montée par le dessus avec un trou de passage pour le doigt **(fig. 1b)**.
- **Fixation à crochet** pour acier équerre ou pour profilés de support avec bride inférieure **(fig. 1c)**.
- **Fixation avec goujon à clouer** et écrou douille à tête bombée **(fig. 1d)**.
- **Fixation à goujon soudé (fig. 1e)**.

Il faut au moins deux fixations. Tous les caillebotis qui ne reposent pas dans un châssis et tous les caillebotis, qui peuvent être empruntés par des véhicules, doivent être fixés à la structure porteuse à **au moins quatre endroits**.

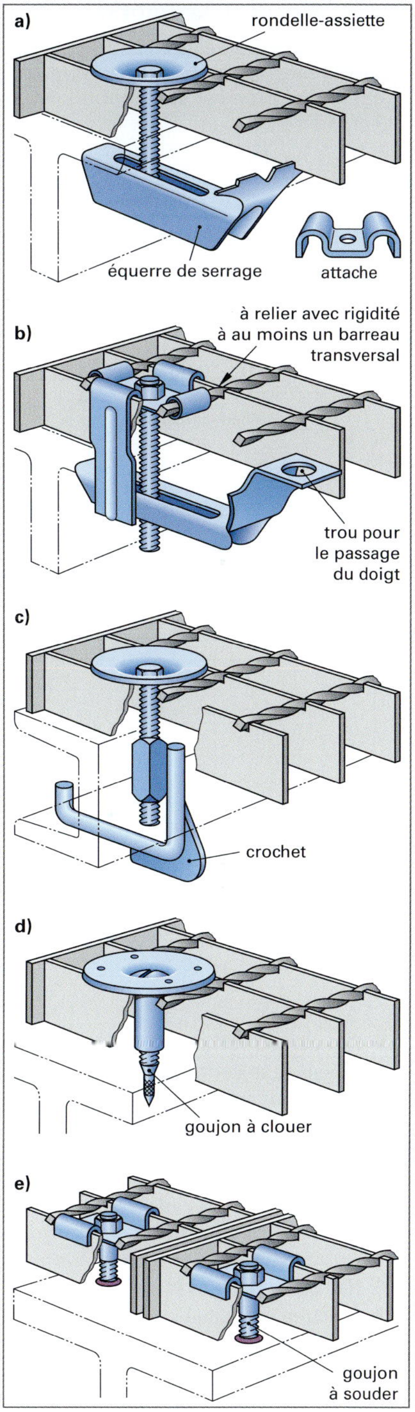

1 Fixation des caillebotis

17.3.10 Données pour la commande

Un caillebotis rectangulaire soudé (SP) avec un barreau porteur de 40 x 3, un entraxe transversal de 38,1 mm, une longueur dans le sens du barreau porteur 800 mm et une largeur 1000 mm, antidérapant (p. ex. groupe d'évaluation R11) a pour désignation :

Caillebotis DIN 24 537 – SP 40-38,1-T800 x 1000 – R11

Une marche en caillebotis (P) avec barreau porteur de 30 x 3, entre – axe transversal de 33,33 mm, longueur de marche 800 mm, largeur de marche 240 mm, antidérapant, selon le meilleur groupe d'évaluation R 13, a la désignation :

Marche DIN 24 531 – P 30 – 33,33 – 800 x 240 – R 13

D'autres indications concernent la protection anticorrosion, p. ex. zingage à chaud selon DIN 50 976 et le matériel de fixation.

Pour les caillebotis non normalisés, les fabricants attendent, en plus du matériau choisi, les dimensions du barreau porteur, le maillage (MW) ou l'entraxe (MT). Le premier chiffre indiquent l'entraxe entre les barreaux porteurs, le cadre, le caillebotis de sécurité, la plinthe, la rehausse ou l'échancrure et un plan de pose avec les évidements nécessaires.

17.3.11 Consignes de sécurité

Si les caillebotis sont posés à une hauteur de chute supérieure à 2 m ou, s'il y a en cas de chute un risque de se noyer, de s'asphyxier ou de couler, les monteurs doivent être encordés. Il y a également un risque de chute vers tous les bords de pose et dans les zones de caillebotis déjà posés mais pas encore sécurisés contre le glissement et le soulèvement.

Contrôlez vos connaissances

1 Quelle est la différence entre un caillebotis pressé et un caillebotis soudé par résistance et par pression ?
2 Comment empêcher qu'un caillebotis ne s'oxyde ?
3 Pourquoi les caillebotis ne doivent-ils pas être carrés ?
4 Quel critère défini la hauteur d'un caillebotis ?
5 Quelle est la section du barreau porteur pour une portée de 1'000 mm ?
6 Où deux fixations suffisent-elles par caillebotis ?

17.3.12 Exemple de montage – devoir de conclusion

Une plateforme de travail doit être mise en place sur une charpente de chaudière à 6'600 mm de hauteur. Cette plateforme est atteignable par une échelle avec protection dorsale selon DIN EN ISO 14122-4 à l'axe 23 et, quittée par une autre échelle parallèle à l'axe BG vers le haut.

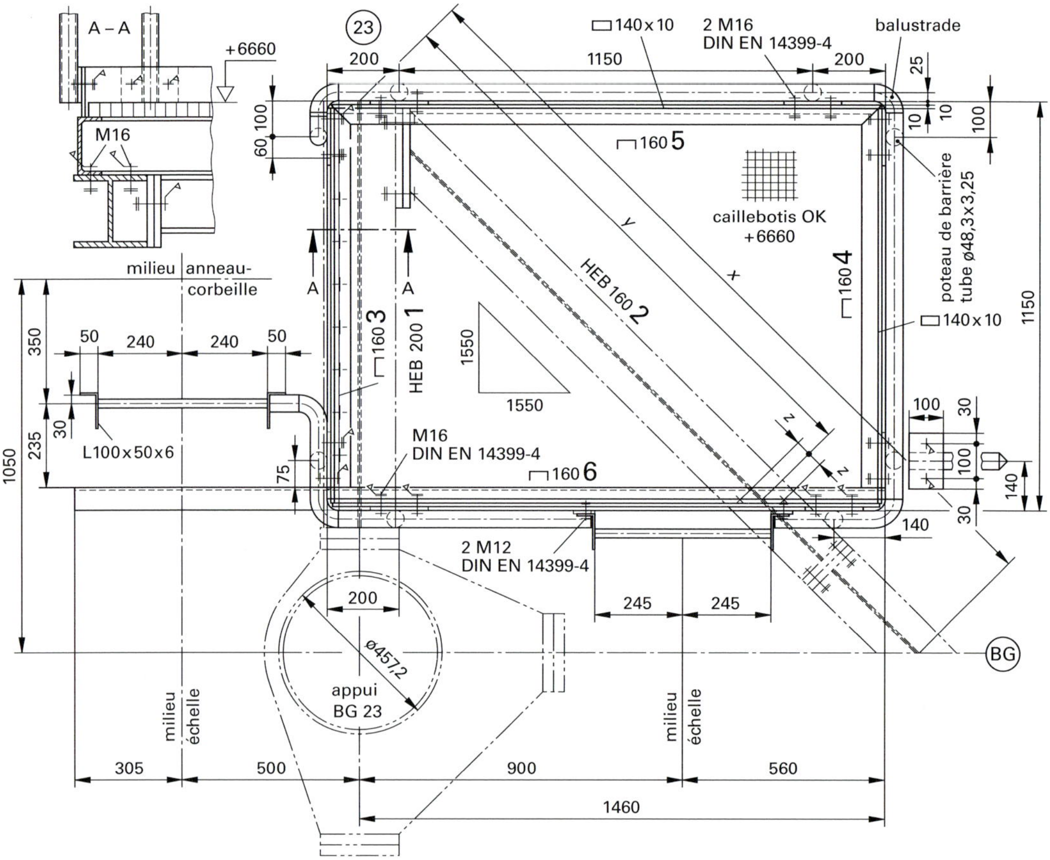

1 Sur quels profilés le caillebotis repose-t-il ?
2 Dessinez le cadre de la plateforme et indiquez la longueur des profilés !
3 Comment éviter que le caillebotis ne soit glissant ?
4 Déterminez la hauteur nécessaire du barreau porteur et la taille du caillebotis pour un jeu de pose de 5 mm sur la périphérie.
5 Quelle est la désignation normalisée de ce caillebotis ?
6 D'après la planification et l'utilisation de la plateforme, les barreaux porteurs de ce caillebotis reposent-ils suffisamment sur la structure porteuse ?
7 Combien d'éléments de fixation sont nécessaires par caillebotis et lesquels choisiriez-vous ?
8 Par quels profilés le cadre est-il supporté ?
9 Calculez les cotes x, y et z !
10 Avec combien de vis le châssis de la plateforme est-il relié à la structure porteuse ?
11 Combien de poteaux sont prévus pour la barrière ?
12 La plinthe FLA 140 x 10 correspond-elle aux exigences de DIN EN ISO 14122-3 ?
13 Quelle hauteur et forme de barrière DIN sont nécessaires pour cette plateforme de travail ?
14 Déterminez le diamètre et la longueur des vis DIN EN 14399-4 pour fixer les poteaux sur les plinthes.
15 Expliquez par une planification de montage dans quel ordre cette plateforme doit-elle être montée !
16 Reliez les deux échelles avec des vis HR M12 et L 100 x 50 x 6 resp. de l'acier plat au U 160, pos. 6 !
17 Avec quel cordon minimal les angles des plinthes pourraient-ils être soudés ?
18 A quoi ressemble la barrière à l'entrée de la plateforme ?

18 Commander et réguler

Des processus de commande font partie du fonctionnement des machines. Nous utilisons partout des appareils ou installations qui sont commandés ou régulés. Le réglage du volume sonore d'une radio et la conduite d'un véhicule sont tous deux liés à des processus de commande. Les installations qui prennent automatiquement en compte des modifications de l'extérieur, telles que l'augmentation de la température, sont régulées.

18.1 Commander

Les commandes permettent d'influencer de façon ciblée les processus d'exploitation de machines et d'installations. Les parties d'installations et d'appareils utilisées à cet effet peuvent être classées en 4 éléments selon leur fonctionnement : appareil de commande, commande de trajet, actionneur et grandeur de réglage.

Du point de vue technique de commande, la luminosité d'une pièce dont les fenêtres sont équipées de stores est une **commande de trajet (fig. 1)**. Si le store est partiellement déplié, il ne donne pas beaucoup d'ombre. Si en revanche il est complètement déplié, les rayons de soleil ne peuvent plus atteindre la fenêtre. On utilise pour cela un moteur électrique en tant qu'**actionneur**. Le moteur fonctionne avec un bouton-poussoir sur **l'appareil de commande**. Tant que le bouton est actionné, le store se déplie. L'amplitude d'ouverture est la **grandeur de réglage**.

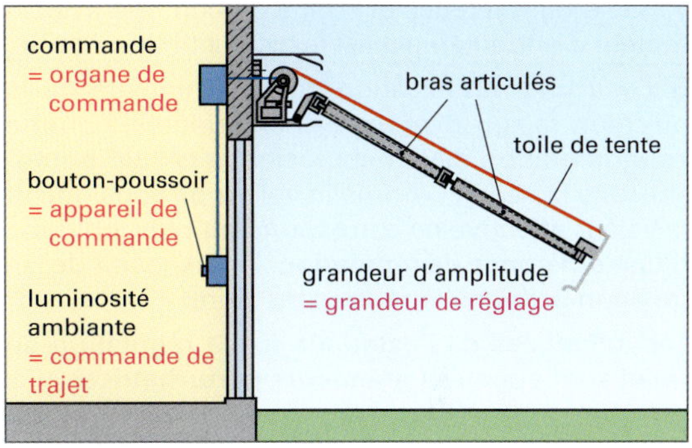

1 Commande d'un store

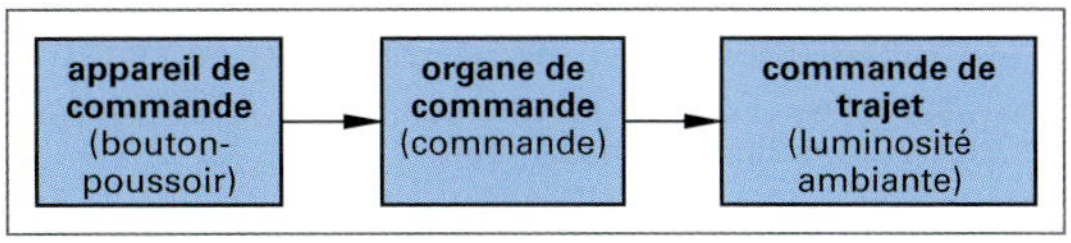

2 Schéma fonctionnel d'une commande

Sur **l'appareil de commande**, la modification est réglée, **l'actionneur** opère la modification, la **grandeur de réglage** est la dimension qui est modifiée et, la **commande de trajet** reçoit la modification.

Si le soleil disparaît et que des nuages arrivent, il commence à faire plus sombre dans la pièce. Pour qu'il y ait à nouveau assez de lumière dans la pièce, le store doit être rentré avec le bouton-poussoir. Cet exemple montre qu'une modification de la commande de trajet (luminosité de la pièce) n'influence pas le réglage des autres éléments.

Une commande agit toujours dans un seul sens.

De nombreuses commandes sont structurées de façon complexe et coûteuse. Pour que tous les éléments de commande ne soient pas en permanence dessinés individuellement ils sont simplifiés en un **schéma fonctionnel**. Tous les appareils importants sont à cet effet représentés sous forme de rectangles **(fig. 2)**.

Parfois, plusieurs éléments sont assemblés en un seul rectangle. Ils sont reliés par des flèches qui indiquent le sens dans lequel la commande agit **(fig. 2)**.

18.2 Réguler

Dans une commande, les signaux vont toujours de l'appareil de commande vers la commande de trajet. Si aucun signal de retour n'est prévu, les régulations contrôlent uniquement si la valeur souhaitée a été obtenue.

Si la commande du store est équipée d'un anémomètre et d'une photocellule, le store rentre et sort automatiquement en fonction de l'ensoleillement. En cas de tempête, il y a un risque que le store soit endommagé ; dans ce cas, il rentre complètement. Il y a désormais un message de retour sur la luminosité de la pièce et sur la vitesse du vent transmis à l'appareil de commande. La commande est devenue une régulation **(fig. 1 en page suivante)**.

La **valeur de consigne** (la luminosité souhaitée de la pièce) est ajustée sur l'appareil de commande. La valeur mesurée par la cellule photosensible est comparée à la valeur réglée. Si la pièce est trop sombre, le store rentre ; si elle est trop claire, le store sort. La luminosité de la pièce est le système contrôlé, la déviation du store est la variable contrôlée, la valeur de consigne de l'amplitude est la variable de référence et l'unité de contrôle avec le moteur d'entraînement est le dispositif de contrôle.

S'il y a une modification de la luminosité de la pièce en raison d'influences extérieures, comme l'augmentation de la nébulosité, la cellule photosensible la capte. Comme la valeur de consigne et la valeur effective ne correspondent plus, on parle d'une **différence de régulation**. Le dispositif de régulation ordonne la rentrée du store.

Les influences de l'extérieur sur la régulation de trajet sont appelées **grandeurs perturbatrices**.

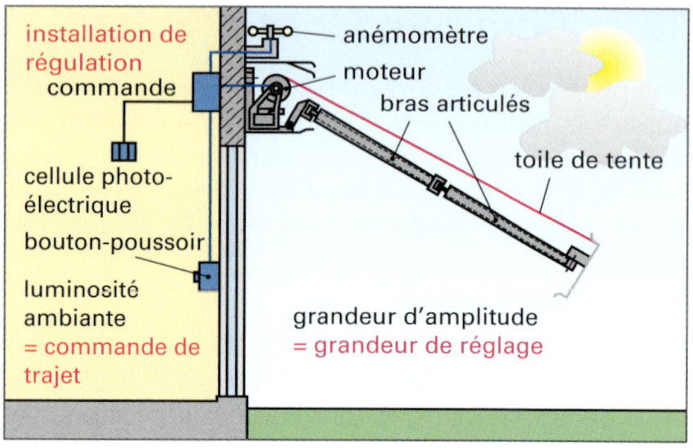

1 Régulation d'un store

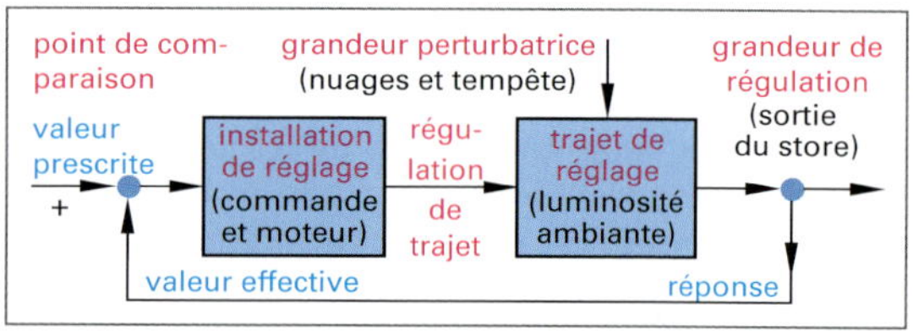

2 Schéma fonctionnel d'une régulation

> Dans une régulation, la grandeur de régulation agit toujours en retour sur le dispositif de régulation.

Ceci permet de maintenir constantes les grandeurs qui varient ou de les modifier en conséquence dans un programme donné. La **fig. 2** montre le schéma de fonctionnement de la régulation d'un store.

Contrôlez vos connaissances

1 Quelle différence y a-t-il entre commander et réguler ?
2 Pourquoi les commandes et les régulations sont-elles représentées par des schémas fonctionnels ?
3 A quoi sert l'actionneur ?
4 Expliquez les termes grandeur de régulation et régulation de trajet dans la régulation d'un radiateur avec vanne thermostatique.
5 Comment réagit une commande et comment réagit une régulation à une grandeur perturbatrice ?

18.3 Types de commandes

Les commandes sont classées selon quatre points de vue **(aperçu 1)** :

- par type de signal
- par traitement du signal
- par programmation
- selon la source d'énergie.

Aperçu : Classification des commandes

Classification en fonction du type de
signaux de commande • analogique • binaire • digital
tâche de la commande • commande interconnectée • commande séquentielle
programmation • programmes de liaison • programmation à mémoire • commandé numériquement
source d'énergie • mécanique • pneumatique • hydraulique • électrique

Commandes séquentielles

Les commandes ne permettent pas uniquement de concrétiser des processus simples tels que la sortie d'un store mais aussi d'exécuter plusieurs séquences depuis un seul appareil de commande. De telles commandes sont appelées **commandes séquentielles**.

Pour une porte coulissante automatique, l'ouverture et la fermeture peuvent avoir lieu de façon automatique **(fig. 3)**. Elle s'ouvre jusqu'à ce que le commutateur de fin de course soit actionné. Elle reste alors ouverte jusqu'à ce que le sens de déplacement soit inversé en actionnant un bouton-poussoir ; la porte se fermera alors jusqu'à atteindre un deuxième commutateur de fin de course qui met un terme au processus de fermeture.

3 Commande de trajet d'une porte coulissante automatique

L'entraînement de la porte est donc déconnecté au bout d'une course donnée. Les commandes avec lesquelles les courses déterminent les processus de commutation de commandes sont appelées **commandes de trajet**.

Une publicité lumineuse est allumée le soir de 18h00 à 22h00 et le matin de 6h00 à 8h00. Les processus de commutation sont déclenchés par une **minuterie**. Dans la commande horaire ce sont des heures données qui déterminent le déroulement **(fig. 1)**. Dans l'exemple précédent, si la porte actionnée devait rester ouverte un certain temps avant de se refermer, il s'agirait là aussi d'une commande horaire.

Un appareil de commande se procure les informations sur **le déroulement du programme** à partir d'un des **supports de programme** : disques durs fixes, CD-ROM, disquettes, bandes magnétiques ou plus rarement bandes perforées ou cartes perforées.

Il y a quelques années encore, les vérins à air comprimé étaient en règle générale commandés pneumatiquement et les moteurs électriques étaient équipés d'une commande électrique. Les composants électroniques sont devenus beaucoup moins chers et plus petits aujourd'hui, si bien que les systèmes de commande ont fait place à des automates programmables ou à des commandes numériques. L'énergie d'entraînement pour les processus de travail est fournie par l'air comprimé, l'huile sous pression ou par des moteurs électriques. La classification selon les sources d'énergie est présentée ci-dessous.

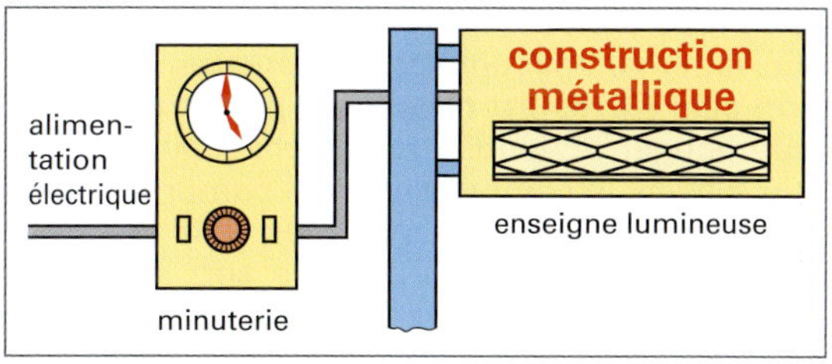

1 Commande horaire

18.3.1 Commandes mécaniques

Les commandes mécaniques comportent principalement des éléments mécaniques tels que des engrenages, des broches, des disques à cames, des disques perforés et des cames. Une serrure de porte est par exemple une commande mécanique. L'appareil de commande est la clé, les éléments de la serrure tels que le bec de cane, le pène dormant et le levier sont les actionneurs et le bec de cane est la commande de trajet **(fig. 2)**.

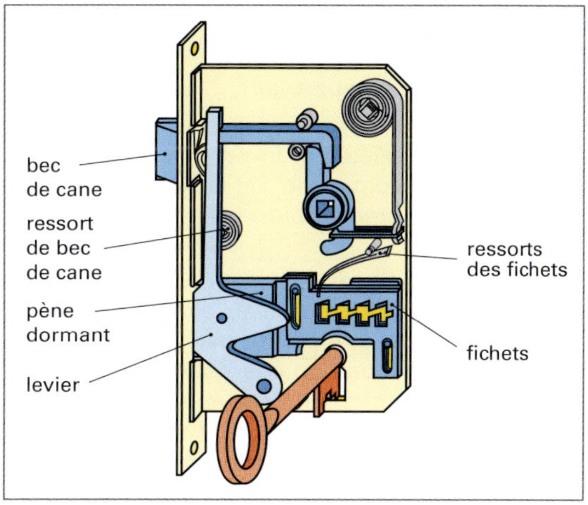

2 Serrure en guise de commande mécanique simple

On trouve des commandes mécaniques principalement dans les machines-outils telles que les perceuses automatiques et les machines d'assemblage **(fig. 3)**. Un arbre principal d'entraînement qui longe toute la machine capte les cames de commande mécaniques pour les séquences de mouvement des différents postes d'assemblage. D'autres disques à cames doivent être utilisés pour modifier la séquence de travail de la machine.

3 Automate de montage à commande mécanique et pneumatique

18.3.2 Commandes pneumatiques

Si l'air comprimé est utilisé pour commander une machine ou une installation, on parle de commande pneumatique. L'air comprimé est aussi fréquemment utilisé comme moyen d'entraînement. Les installations pneumatiques ont de nombreux avantages : 1. Les conduites d'air comprimé sont faciles à installer. 2. L'air comprimé est respectueux de l'environnement et disponible partout. 3. Après le processus de travail, l'air comprimé peut simplement être dégagé à l'air libre. 4. Les vérins et moteurs pneumatiques permettent d'atteindre des vitesses élevées. 5. Les moteurs pneumatiques atteignent un couple de rotation élevé à bas régime. 6. Les vérins pneumatiques peuvent être arrêtés sans dommages. 7. Les vérins pneumatiques existent dans de nombreuses formes différentes.

L'utilisation d'installations à air comprimé est limitée par les propriétés de l'air.

1. L'air ne peut être comprimé de façon rentable que jusqu'à une certaine pression (6 bars ... 12 bars), Pour cette raison la transmission de force est limitée.
2. L'air comprimé génère du bruit quand il se détend.
3. Dans les vérins à air comprimé, la vitesse change aussi avec la charge, c'est pourquoi les mouvements uniformes ne sont pas possibles en cas de changement de charge.

La raison est due à la **compressibilité de l'air** : Le volume diminue quand la pression augmente.

Si comme dans la **figure 1**, un vérin est sollicité plus fortement par une force extérieure, une pression plus élevée est nécessaire pour continuer à faire bouger le vérin. Pour obtenir une pression plus élevée, le compresseur doit comprimer plus d'air dans le réseau de conduites. Il lui faut pour cela plus de temps. Le cylindre sort ainsi plus lentement.

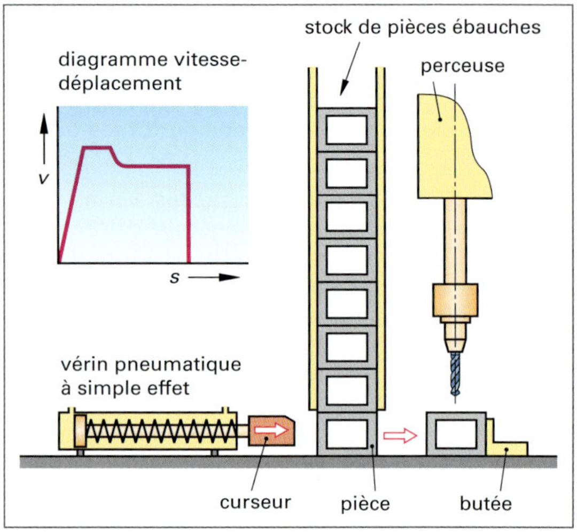

1 Alimentation en pièces avec installation à air comprimé

Eléments des commandes pneumatiques

Pour produire l'air comprimé, des installations composées de plusieurs dispositifs sont nécessaires **(fig. 1 en page suivante)**. L'élément le plus important est le **compresseur**.

Il aspire l'air de l'environnement à travers un **filtre** qui retient les saletés et la poussière contenues dans l'air, et le comprime. De la chaleur est alors produite. Pour être refroidi, l'air passe à travers un refroidisseur.

Dans de nombreuses installations d'air comprimé, une grande quantité d'air comprimé est nécessaire pendant une courte période. Pour ne pas devoir utiliser un compresseur grand et coûteux avec une consommation énergétique élevée pour les besoins de pointe très élevés, on utilise la plupart du temps un compresseur plus petit et moins cher avec un **réservoir d'air comprimé** en aval. L'accumulateur présente en outre l'avantage de continuer à refroidir l'air comprimé réchauffé. Dans les installations d'air comprimé, le moteur d'entraînement du compresseur s'arrête généralement si la pression souhaitée pour le système est atteinte. Pour des raisons de sécurité, une **soupape** laisse l'air s'échapper à l'extérieur si la pression maximale admise est dépassée. Le réservoir dispose d'un manomètre pour pouvoir déterminer à tout instant la pression dans le système.

L'air comprimé doit être sec, sinon l'installation risque de se corroder ou de se givrer. L'air ambiant comporte toutefois toujours de la vapeur d'eau, l'humidité de l'air. Si l'air est refroidi, la vapeur d'eau se sépare sous forme d'eau. Dans une installation d'air comprimé, ceci se produit surtout dans le **refroidisseur** et dans le réservoir. L'eau qui s'y accumule (condensat) doit de temps en temps être purgée par un dispositif approprié.

Un compresseur avec moteur d'entraînement, refroidisseur et réservoir est utilisé pour produire de l'air comprimé.

Avant d'être acheminé vers les éléments de commande (vannes) et les consommateurs, l'air comprimé doit encore être traité. Pour ce faire, il passe par un autre filtre avec séparateur de condensat. Ensuite, il y a une vanne de régulation de pression avec manomètre. C'est là que les variations de pression sont compensées et que la pression générée est réduite à la pression de travail nécessaire pour chaque consommateur. Les cylindres et les moteurs pneumatiques ont besoin d'un air comprimé légèrement huilé pour réduire les frottements et l'usure. Un lubrificateur enrichit l'air comprimé en huile.

L'unité de conditionnement d'air sert à préparer l'air comprimé. Elle est composée d'un filtre, d'un régulateur de pression et d'un lubrificateur.

La **fig. 1** en page suivante montre la structure d'une installation avec production et préparation d'air comprimé, ainsi qu'un vérin commandé par une vanne comme élément de travail. Lors de la conception, les différents composants d'une commande ne sont pas représentés comme sur un dessin technique mais à l'aide de symboles de circuit définis dans la norme DIN ISO 1219 **(fig. 2 en page suivante)**.

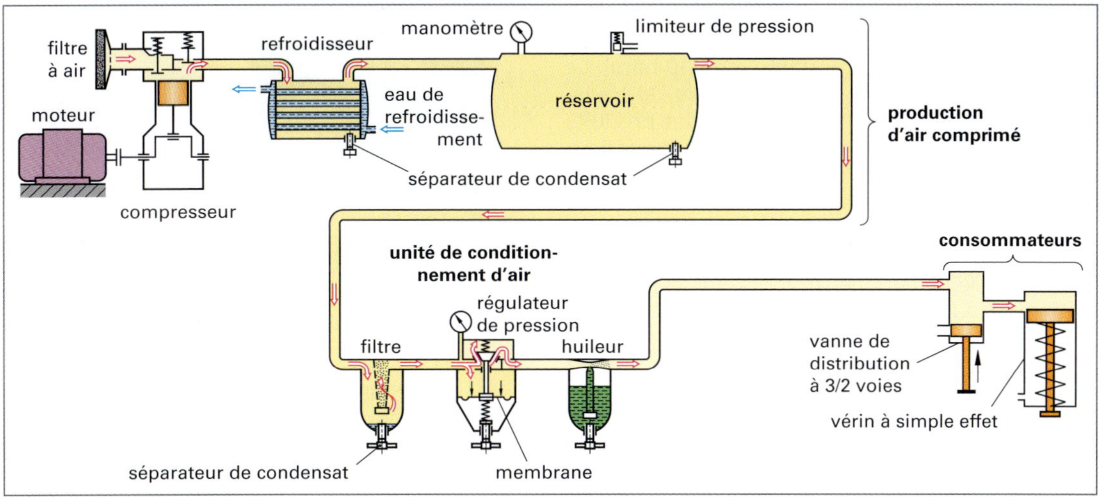

1 Principe de fonctionnement d'une installation à air comprimé

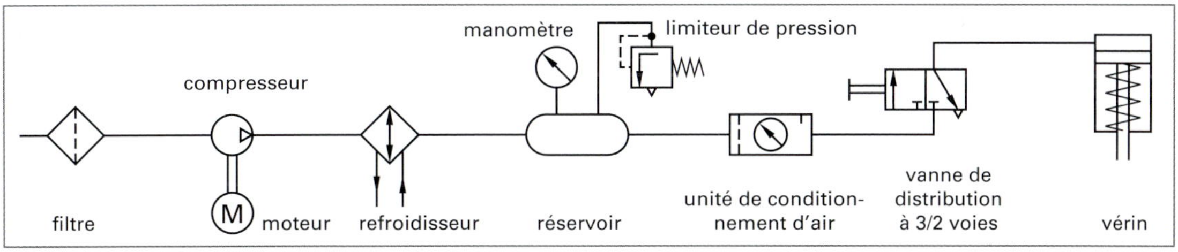

2 Schéma d'une installation à air comprimé

La compression permet de stocker de l'énergie dans l'air comprimé.

Types de compresseurs

Différents types de compresseurs sont utilisés en fonction de la pression requise, de la quantité d'air nécessaire et des exigences en matière d'absence de vibrations pour une installation. Compresseur à piston, compresseur à membrane, compresseur rotatif multicellulaire et compresseur à vis.

Le **compresseur à piston** fonctionne comme une pompe à vélo **(fig. 3)**, un piston aspire l'air de l'environnement dans la chambre du cylindre par le biais d'une soupape. Pour cela, la conduite vers le réservoir et l'utilisateur est fermée. Le piston bouge ensuite dans l'autre sens et pousse l'air comprimé vers le réservoir pendant que la soupape vers la conduite d'aspiration est fermée. Un compresseur à piston simple produit une pression d'environ 4 bars et fournit 30 m^3 d'air par minute. Avec les compresseurs à pistons à deux niveaux, on obtient une pression d'environ 7 bars et un débit d'air de 50 m^3/min.

L'air comprimé des compresseurs à pistons contient toujours de l'huile en raison de la lubrification des pistons et des cylindres. Il y a aussi une légère abrasion qui doit être retenue par le filtre dans l'unité de maintenance. Si on a besoin d'air comprimé absolument propre, on utilise des **compresseurs à membranes (fig. 4)**. Dans un compresseur à membrane, la compression est réalisée par une membrane élastique. La pression atteint environ 7 bars pour un débit d'air de 0,7 m^3/min.

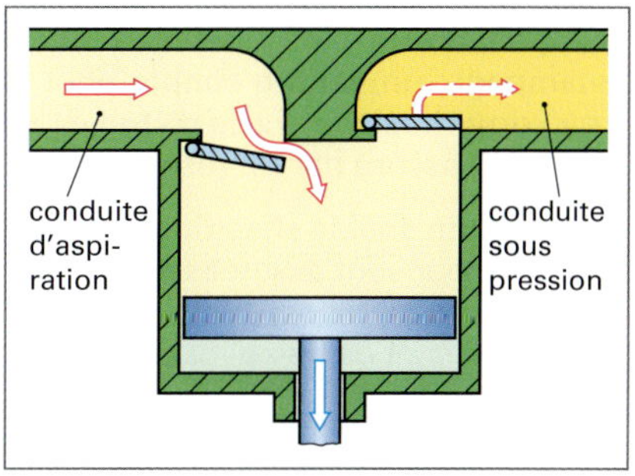

3 Principe de fonctionnement d'un compresseur à piston

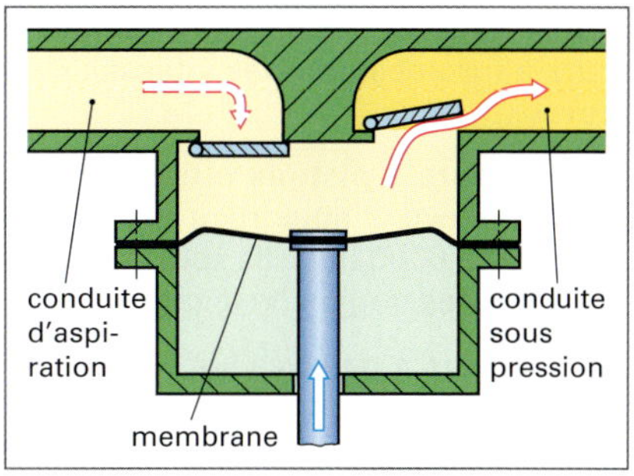

4 Principe de fonctionnement d'un compresseur à membrane

Le **compresseur rotatif multicellulaire** permet d'obtenir des débits très élevés, jusqu'à 200 m^3/min, et une pression importante (env. 10 bars). Le carter est décentré par rapport à l'axe de transmission. Les chambres de transfert sont produits par des disques qui sont poussés vers l'extérieur par la force centrifuge, dans des fentes de l'arbre d'entraînement, et se déplacent le long de la paroi interne du carter **(fig. 1)**. Le volume des chambres de transfert change pendant la rotation. Le côté sur lequel les chambres grandissent est le côté aspiration, à l'opposé le côté pression.

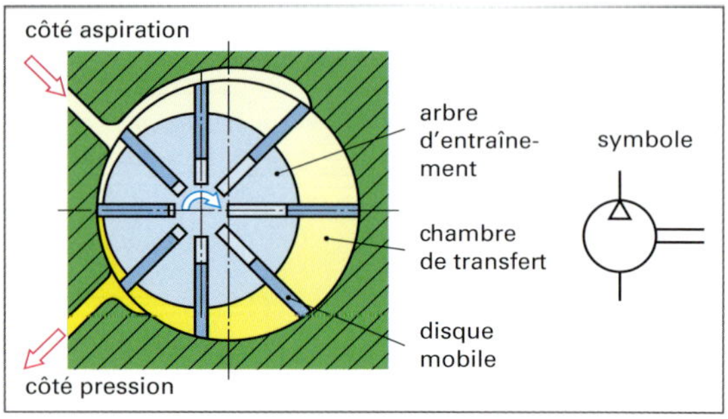

1 Compresseur rotatif multicellulaire

Le **compresseur à vis** se distingue par un fonctionnement silencieux et la production d'une pression élevée **(fig. 2)**. Il comporte la plupart du temps trois arbres hélicoïdaux placés les uns à côté des autres. Tout comme pour les roues dentées, les hélices s'engrènent les unes dans les autres. À l'endroit où le filet d'une vis sort de celui de l'autre, il se crée un espace vide et donc une dépression (côté aspiration). De l'autre côté, les filets des deux vis remplissent les espaces. Il en résulte une surpression (côté pression).

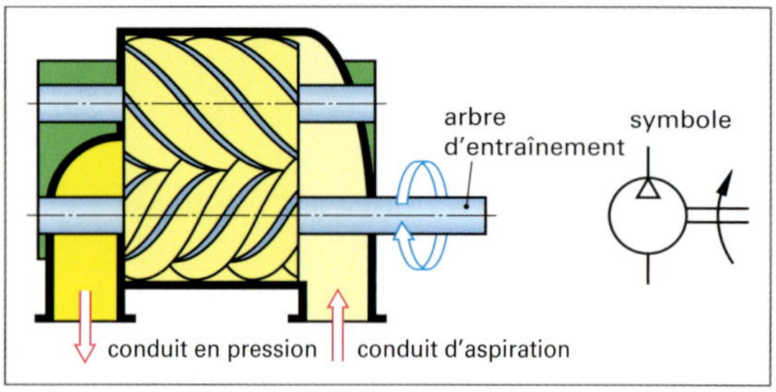

2 Compresseur a vis

Eléments de travail (actionneurs)

Les **vérins pneumatiques** exécutent des mouvements rectilignes. Ils sont principalement utilisés pour le mouvement de va-et-vient d'éléments de machines et de pièces, pour serrer les pièces, pour l'étampage et pour des procédés d'usinage ou de montage. Si le mouvement de travail ne doit avoir lieu que dans un sens, comme dans le serrage ou l'étampage, un **vérin à simple** effet suffit **(fig. 3)**. L'air comprimé déplace le piston dans un sens. Le retour est assuré par un ressort de rappel.

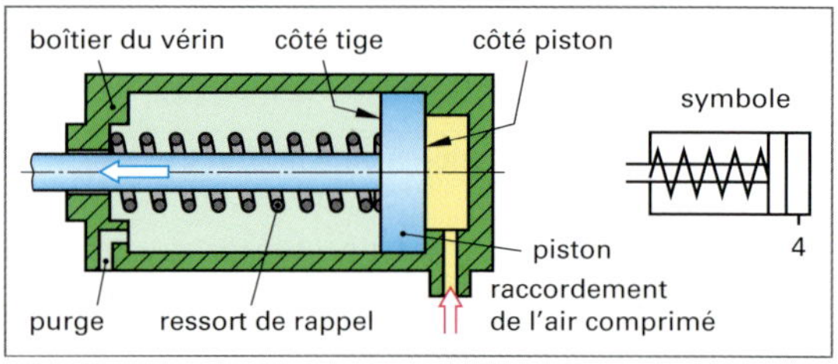

3 Vérin pneumatique à simple effet

Dans le **vérin double effet (fig. 4)**, la course aller et la course retour sont assurées par de l'air comprimé. Ceci garantit un rappel sûr et commandé et permet un mouvement de travail dans les deux sens.

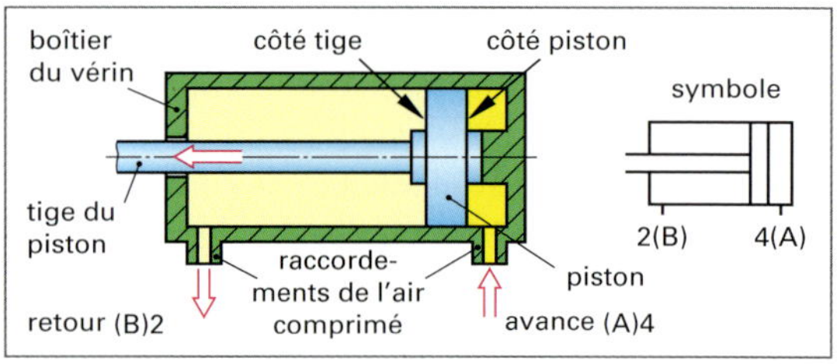

4 Vérin pneumatique à double effet

Les **moteurs pneumatiques** produisent un mouvement de rotation (couple de rotation). Ils fonctionnent selon le principe inverse des compresseurs et ont une structure similaire aux compresseurs correspondants. Il existe par conséquent des moteurs à pistons, des moteurs à lamelles et des moteurs à turbines pour les vitesses de rotation très élevées.

Les moteurs à pistons produisent un couple de rotation élevé et atteignent des vitesses de rotation jusqu'à 6000 tr/m. Ils sont principalement utilisés pour des engins de levage.

Les **moteurs à palettes** sont utilisés pour les perceuses, les ponceuses, les taraudeuses et les visseuses.. Ils conviennent pour des vitesses de rotation jusqu'à 30000 tr/m et sont construits pour fonctionner dans les deux sens de rotation **(fig. 5)**.

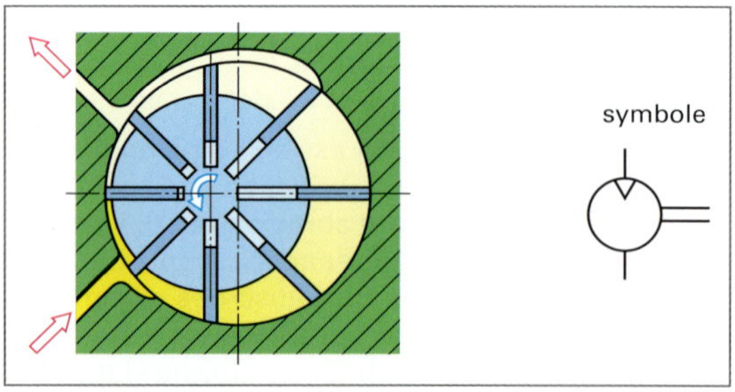

5 Moteur à palettes

Les **moteurs à turbines** sont utilisés pour des outils spéciaux avec des vitesses de rotation élevées (jusqu'à 450'000 trs./min.) comme p. ex. pour les fraises de dentistes.

Eléments de commande

Les **vannes** commandent les éléments de travail. Elles sont réparties en vannes de distribution, d'arrêt, de pression et de débit (étrangleurs).

Les **valves de distribution** permettent de bloquer ou de dévier le flux d'air comprimé afin de commander la course d'un vérin et le sens de rotation d'un moteur. On fait la distinction entre les vannes à siège et les vannes à tiroir **(fig. 1)**. La désignation des vannes de distribution résulte du nombre de raccords utiles et de positions.

Les raccords de commande ne sont pas pris en compte. Ainsi, la vanne illustrée en **fig. 2** est appelée distributeur 5/2 car elle comporte 5 raccords et 2 positions.

Désignation des vannes de distribution :
Premier chiffre = nombre de raccords
Deuxième chiffre = positions de commutation

Sur un schéma de circuit, les distributeurs sont représentés par des carrés alignés les uns à côté des autres. Chaque carré correspond à une position de commande. Celles-ci sont identifiées par des lettres minuscules a, b, ... Les raccords sont dessinés sur le carré qui correspond à la position de repos, de même que la désignation des raccords. Les majuscules A, B, C ... ou les chiffres pairs 2, 4, ... désignent les raccords, P, resp. 1 est le raccord d'air comprimé, R et S, resp. les chiffres impairs sont des conduites d'échappement, X, Y ..., resp. 12, 14 ... sont des raccords de commande. A cet effet, 12 constitue la liaison de 1 vers 2 et 14 de 1 vers 4. Le mode d'actionnement est représenté avec des symboles de circuit du côté correspondant. Les symboles de circuit et les types d'actionnement sont normalisés selon DIN ISO 1219.

Les **vannes d'arrêt** empêchent l'air comprimé de circuler dans le mauvais sens. Les vannes d'arrêt les plus utilisées sont les clapets anti-retour **(fig. 3)**. La vanne de commutation et la vanne de pression double sont des vannes d'arrêt spéciales. Les deux vannes disposent de deux raccords de commande et d'un raccord de travail. La **vanne de commutation** exécute la tâche d'une fonction OU **(fig. 4)**. Ceci permet d'actionner un élément de travail au choix avec les deux entrées. Pour que la conduite de travail ne soit pas vidée par la soupape non actionnée, ce raccord est bloqué par la vanne de commutation. La **vanne de pression double** exécute la tâche d'une fonction ET **(fig. 5)**. La sortie de la vanne ne reçoit alors la pression que si celle-ci est appliquée aux deux entrées.

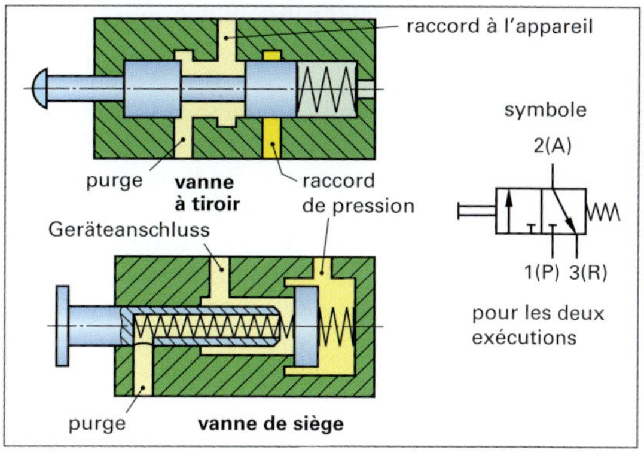

1 Vannes à tiroir et à siège

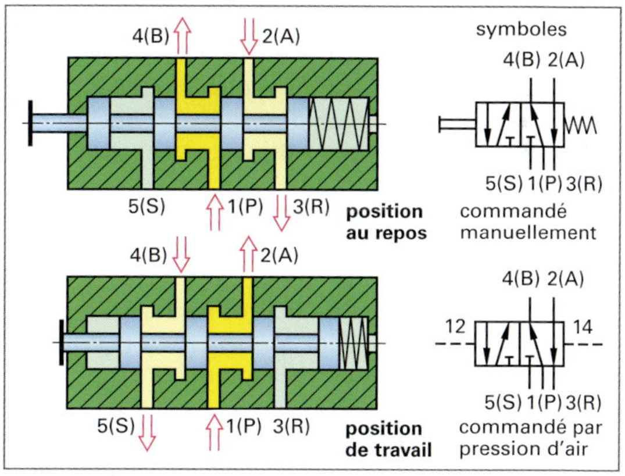

2 Vanne de distribution 5/2

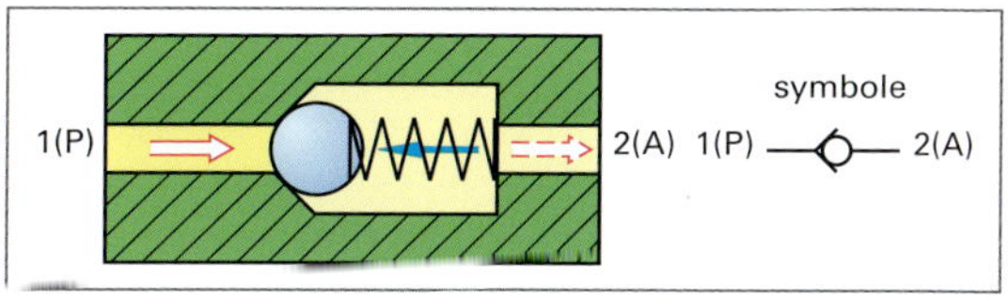

3 Clapet anti-retour

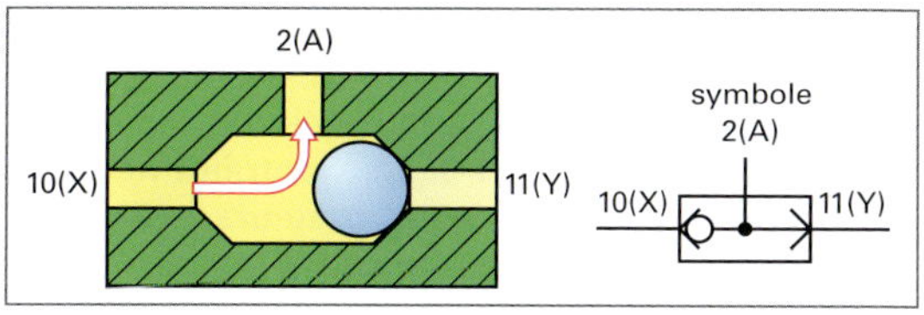

4 Vanne de commutation

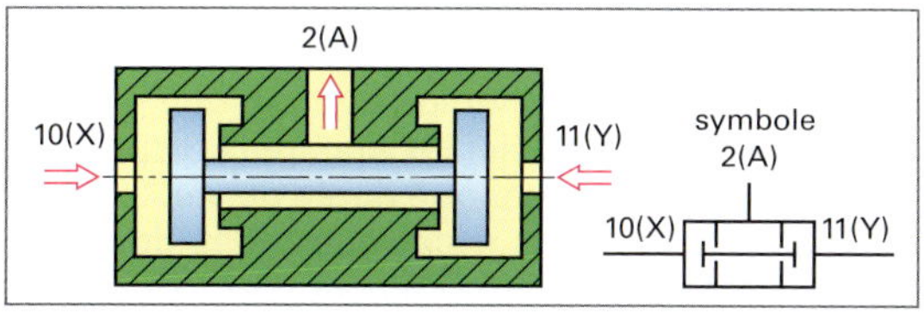

5 Vanne de pression double

Les **soupapes de pression** doivent maintenir une certaine pression constante comme le font les **régulateurs de pression (page 313, fig. 1)** ou comme les **limiteurs de pression** qui veillent à ce qu'une certaine pression ne soit pas dépassée **(fig. 1)**. Un ressort maintient le piston de blocage fermé. Si la pression augmente au-delà d'une certaine valeur, le piston s'élève et l'air s'échappe dans l'environnement. Tourner la vis de réglage permet de modifier la force du ressort et ainsi de régler la limite de pression. Les limiteurs de pression garantissent la sécurité des éléments et des conduites.

Les **étrangleurs** régulent le débit d'air. Les **étrangleurs constants** ont un rétrécissement fixe au niveau duquel le débit est limité. Dans les étrangleurs réglables, le rétrécissement peut être modifié. Si l'air comprimé ne doit être limité que dans un sens et pouvoir s'écouler librement dans l'autre sens, on utilise des **clapets anti-retour combinés à un étrangleur (fig. 2)**.

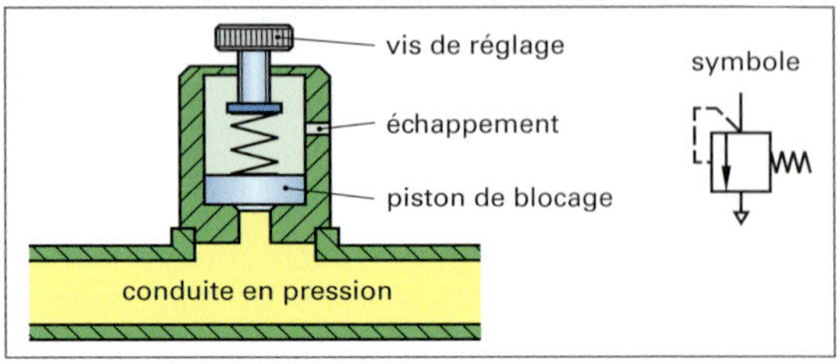

1 Vanne de limitation de pression, limiteur de pression

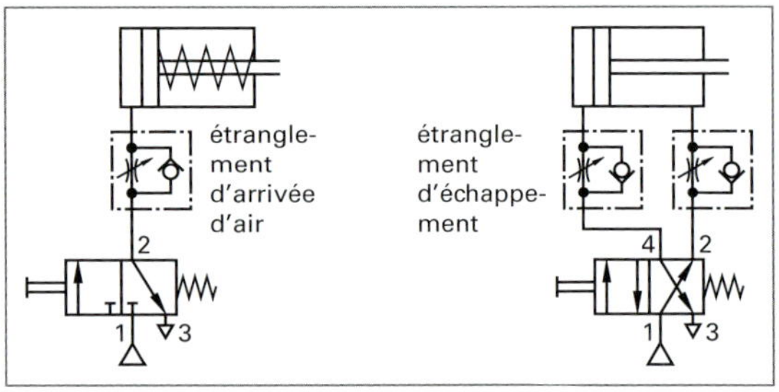

2 Commande avec clapets anti-retour et étrangleur

Contrôlez vos connaissances

1 Citez deux commandes programmables différentes.
2 Quels supports de programme connaissez-vous ?
3 Quels éléments sont principalement utilisés pour les commandes mécaniques ?
4 En quoi résident les avantages des installations pneumatiques ?
5 Par quoi l'application d'installations à air comprimé est-elle limitée ?
6 Citez différents éléments de commandes pneumatiques.
8 Pourquoi une unité de maintenance est-elle nécessaire ?
7 Quels éléments produisent de l'air comprimé ?
8 Pourquoi une unité de conditionnement d'air est-elle nécessaire dans les commandes pneumatiques ?
9 Expliquez la structure et le fonctionnement de deux types de compresseurs.
10 A quoi servent les vérins ?
11 Citez les caractéristiques qui différencient deux types de vérins.
12 Expliquez les désignations des vannes de distribution.
13 Comment les moteurs à air comprimé sont-ils construits ?
14 Citez quatre types de vannes.

18.3.3 Commandes hydrauliques

Les commandes hydrauliques sont utilisées partout où de grandes forces doivent être transmises, p. ex. dans une pelleteuse **(fig. 3)**. Dans les installations hydrauliques, le moyen de transmission à huile n'est pas utilisé que pour la commande mais aussi en tant que moyen de travail. L'avantage est que l'huile permet de transmettre des pressions de plus de 1000 bars. Les liquides étant incompressibles, il existe, contrairement à la pneumatique, une relation directe entre l'huile qui circule et la vitesse de travail. Contrairement à un entraînement électrique, les vérins et moteurs hydrauliques permettent un démarrage avec une charge maximale ainsi que des courses uniformes malgré une charge variable. Le sens de déplacement peut être inversé d'un coup.

Les grandeurs caractéristiques des éléments de travail telles que la pression, la force, le couple ou la vitesse peuvent être réglés en continu. Le liquide hydraulique utilisé étant la plupart du temps de l'huile, les appareils disposent d'une autolubrification et d'une longue durée de vie. L'huile hydraulique qui fuit peut toutefois occasionner des dommages plus importants, contrairement à l'air comprimé qui est relativement sans danger.

3 Excavatrice avec bras hydraulique

Eléments de commande hydraulique

Contrairement à la pneumatique où le moyen de travail, l'air, est disponible partout, l'hydraulique nécessite un réservoir pour le liquide. Une fois le travail effectué, le liquide sans pression doit être ramené dans le réservoir par des conduites. Tous les éléments nécessaires pour produire la pression, tels que la pompe hydraulique, le moteur d'entraînement, le réservoir, la vanne de limitation de pression, les conduites avec raccords, sont considérés comme une seule unité appelée groupe hydraulique **(fig. 1)**. Le réservoir sert de stockage, de refroidissement de l'huile et il permet d'éliminer les particules de saleté par décantation.

Pompes hydrauliques

L'entraînement des pompes hydrauliques est assuré par des moteurs électriques. Un débit et une pression élevée sont produits de différentes façons dans la pompe. Les pompes hydrauliques augmentent la teneur énergétique de l'huile.

> En agrandissant un espace, le liquide est aspiré ; l'espace est ensuite réduit et le liquide est refoulé (principe volumétrique).

Il existe de nombreux types de pompes hydrauliques : pompes à engrenages, pompes à palettes, pompes à pistons radiaux, pompes à pistons axiaux et pompes à vis.

Dans les **pompes à engrenages**, les cavités pour le liquide sont constituées par les espaces entre les dents. Le liquide est chassé quand les dents s'engrènent les unes dans les autres. Dans une pompe à engrenages avec denture extérieure **(fig. 2)**, le transport du liquide est assuré par deux engrenages à denture extérieure. La pompe à denture intérieure **(fig. 3)** possède une couronne à denture intérieure et une roue à denture extérieure. Le côté pression et le côté aspiration sont séparés par un élément de remplissage en forme de croissant. Les pompes à engrenages produisent jusqu'à 300 bars de pression.

La **pompe à palettes** est structurée comme un compresseur à rotation multicellulaire **(page 314)**. Si on laisse le rotor tourner dans une bague mobile, il est possible de modifier le débit en déplaçant la bague et éventuellement d'inverser le sens de refoulement. La pression de service de la pompe à palettes peut atteindre 120 bars.

Dans les **pompes à pistons radiaux**, plusieurs pistons sont disposés en étoile (radialement) dans les chambres cylindriques, autour d'un arbre d'entraînement excentrique.

Les pompes à **pistons axiaux** sont construites selon le principe de l'axe oblique et le principe du plateau oblique.

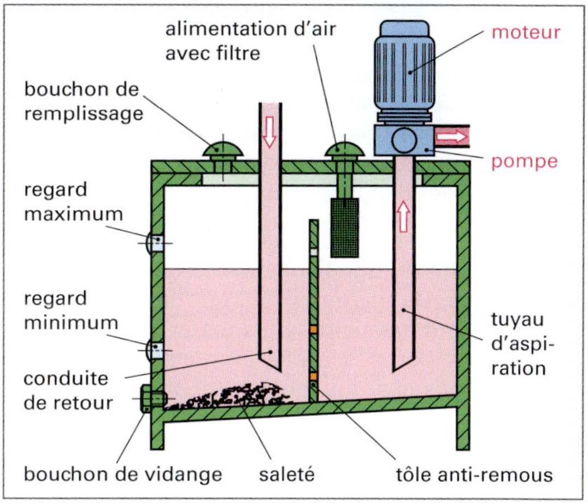

1 Groupe hydraulique

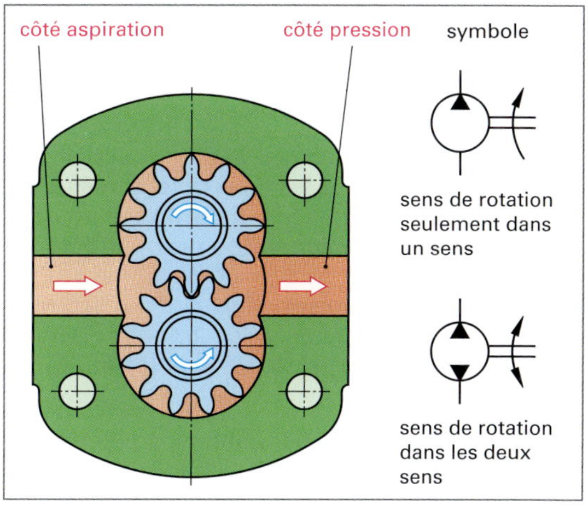

2 Pompe à engrenages (à denture extérieure)

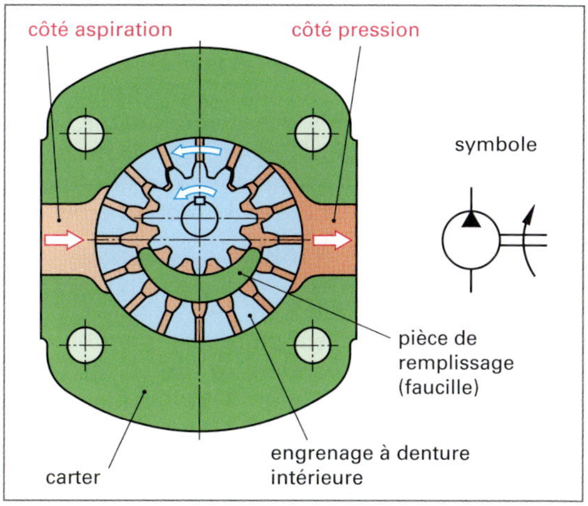

3 Pompe à denture intérieure

Dans la pompe à pistons axiaux selon le **principe de l'axe oblique**, la direction axiale des pistons est inclinée par rapport à l'axe d'entraînement. Les pistons se déplacent ainsi une fois en avant et en arrière pendant une rotation. La disposition des fentes d'aspiration et de pression produit l'effet de refoulement de la pompe.

La pompe à pistons axiaux avec le **principe du plateau oblique (fig. 1)** dispose d'un plateau fixe ou entraîné. Ce plateau provoque le mouvement de va-et-vient des pistons disposés parallèlement à l'axe. Les pompes à pistons axiaux atteignent des pressions allant jusqu'à 400 bars.

La **pompe à vis** produit un flux uniforme. Sa structure est comparable à celle d'un compresseur à vis **(p. 314)**.

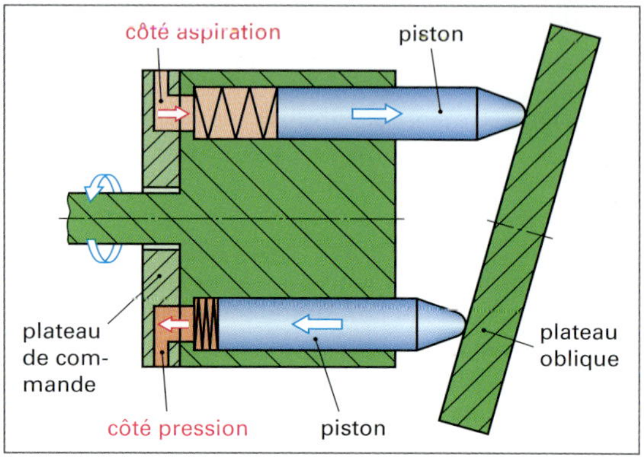

1 Principe de la pompe à pistons axiaux avec plateau oblique

Eléments de travail (actionneurs)

On fait la distinction entre les **vérins hydrauliques** à simple et double effet. Ils ont la même structure que les vérins pneumatiques mais sont construits de façon beaucoup plus solide en raison des pressions plus élevées **(page 314)**.

Outre les vérins avec un piston d'un seul côté (vérins différentiels), pour lesquels différentes forces et vitesses apparaissent lors de la rentrée et de la sortie en raison de la surface de piston différente. Il existe aussi des vérins avec un piston de chaque côté (vérins synchronisés) **(fig. 2)**. Pour les hauteurs de montage courtes avec longues courses, on utilise des vérins télescopiques (p. ex. grues hydrauliques).

Si des vérins en fonctionnement se déplacent jusqu'en fin de course, il faut utiliser des vérins avec amortisseurs de fin de course. Dans ce modèle, le flux d'huile est ralenti sur les derniers millimètres de la course. Ceci évite que le piston ne heurte le fond du vérin à pleine vitesse **(fig. 3)**.

Les **moteurs hydrauliques** sont alimentés avec de l'huile sous pression et produisent des mouvements de rotation. Ils ont pratiquement la même structure que les pompes hydrauliques, c'est pourquoi il existe les différentes versions correspondantes : moteur à engrenages, moteur à palettes, moteur à pistons radiaux et moteur à pistons axiaux.

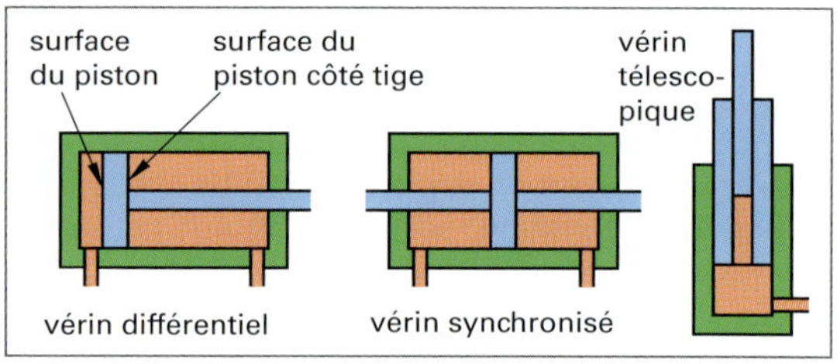

2 Types de vérins

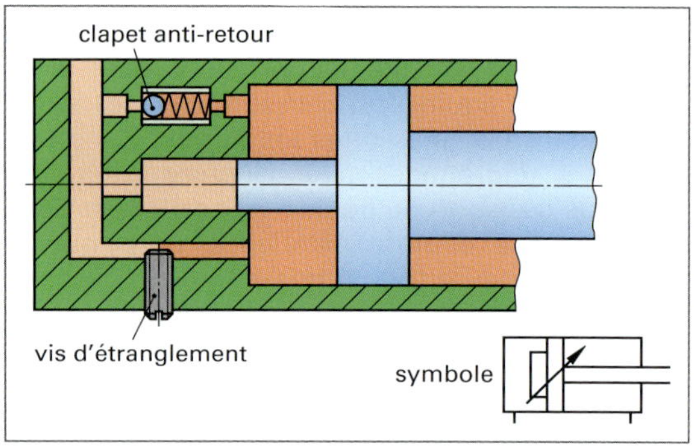

3 Principe de l'amortissement de fin de course

Eléments de commande

La désignation et la structure des distributeurs hydrauliques correspondent à celles des distributeurs pneumatiques **(p. 315)**. Comme il y a toujours de l'huile de fuite, surtout avec les distributeurs à tiroir, celle-ci doit être ramenée dans le réservoir via une conduite d'huile de fuite ou la conduite de retour **(fig. 4)**.

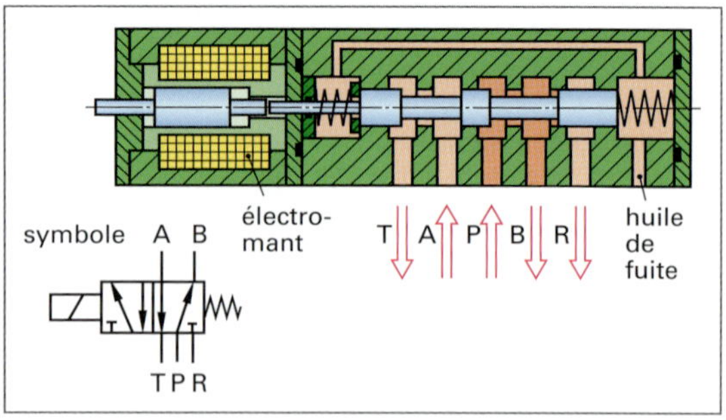

4 Vanne de distribution à tiroir à entraînement électrique

Dans le domaine de l'hydraulique en particulier, on utilise, outre les clapets anti-retour déjà évoqués dans le domaine de la pneumatique, des clapets anti-retour pilotables. Ils servent généralement de dispositif de sécurité pour éviter que le liquide hydraulique ne reflue, par exemple sur les ponts élévateurs. Ce n'est que lorsque le clapet est débloqué que le liquide reflue **(fig. 1)**.

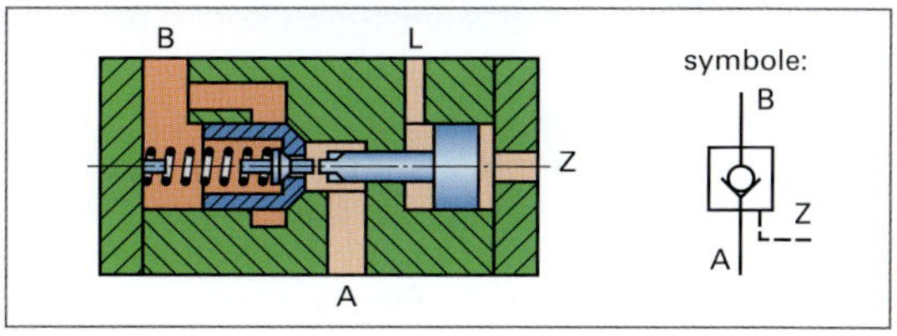

1 Clapet anti-retour piloté

Les **limiteurs de pression** protégent l'installation hydraulique contre la surpression ; cet élément est systématiquement présent dans un groupe hydraulique.

Les **régulateurs de pression (fig. 2)** (vannes de réduction de pression) permettent d'alimenter plusieurs parties d'une installation avec différentes pressions de service depuis un même groupe hydraulique.

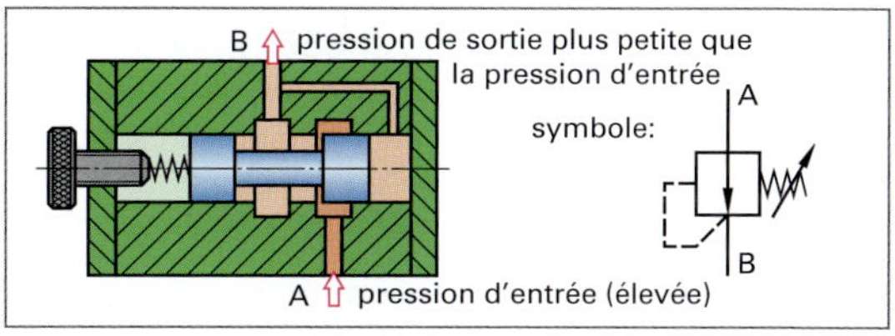

2 Régulateur de pression

Les limiteurs de débit permettent de réduire le débit de liquide qui les traverse. En cas de modification de la pression, le débit varie également. En revanche, avec les régulateurs de débit, le débit est toujours maintenu constant **(fig. 3)**.

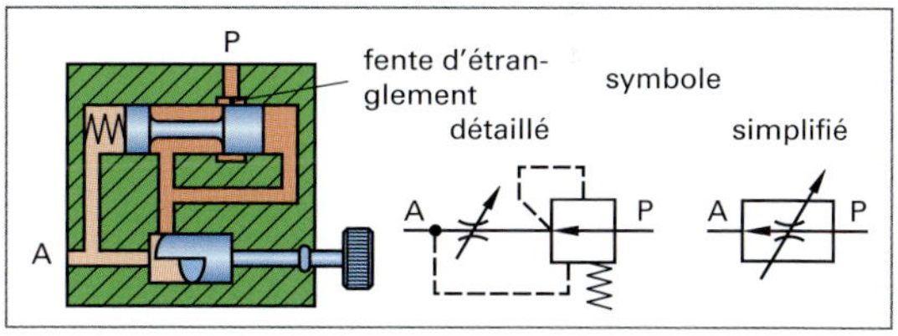

3 Régulateur de débit

Commandes hydrauliques spéciales

La **figure 4** représente une commande de sécurité pour un pont élévateur. Afin d'éviter un abaissement involontaire, par exemple en raison d'une fuite, un clapet anti-retour piloté est monté directement sur le vérin. Le vérin ne s'abaisse que lorsqu'une pression est présente à l'entrée de commande du clapet anti-retour.

Les vérins hydrauliques sortent plus lentement qu'ils ne rentrent, en raison de la différence des surfaces du piston. Le vérin différentiel **(fig. 5)**, dont la surface du piston est exactement le double de celle côté tige de piston permet de réaliser, à l'aide d'un limiteur de pression, un circuit dans lequel le vérin rentre et sort à la même vitesse.

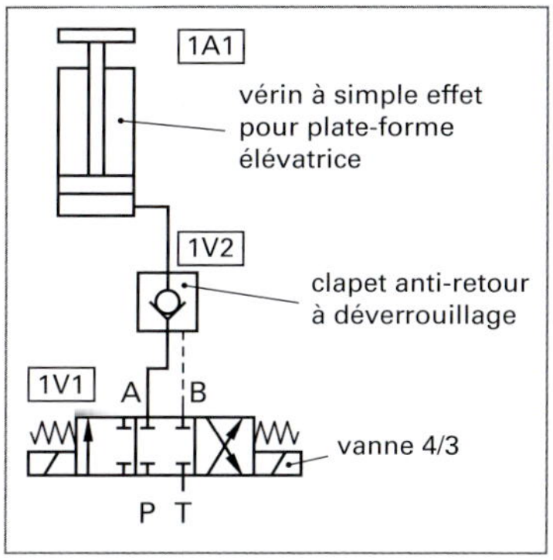

4 Commande de sécurité pour une plate-forme élévatrice

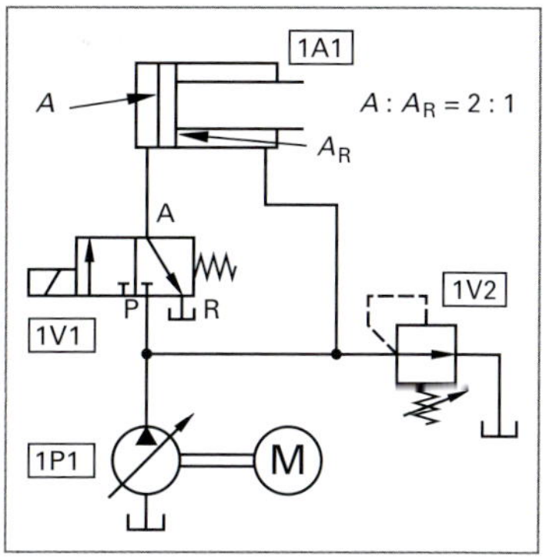

5 Commutation du sens du vérin différentiel

Contrôlez vos connaissances

1 Quels sont les avantages des commandes hydrauliques ?
2 En quoi les commandes hydrauliques se distinguent-elles fondamentalement des pneumatiques ?
3 Citez les éléments les plus importants d'une commande hydraulique.
4 Expliquez le fonctionnement d'une pompe à engrenages, d'une pompe à palettes et d'une pompe à piston.
5 Quelle est la particularité des vérins différentiels ?
6 Quand les cylindres télescopiques sont-ils utilisés ?
7 Quel est l'inconvénient des vannes à tiroirs hydrauliques ?
8 Citez quatre types de vannes différentes.
9 A quoi servent les clapets anti-retours ?
10 A quoi servent les soupapes de distribution ?
11 En quoi les limiteurs de pression se différencient-elles des réducteurs de pression ?
12 En quoi les étrangleurs se différencient-ils des régulateurs de débit ?
13 Dans les vérins télescopiques, le dernier niveau ne sort plus en cas de surcharge. Justifiez cela.

18.3.4 Commandes électriques

Les éléments électriques et électroniques sont de plus en plus petits et de moins en moins coûteux. Des ensembles complets sont souvent disponibles en un seul élément. C'est pourquoi on utilise fréquemment des commandes électriques, p. ex. dans les perceuses **(fig. 1)**. Elles sont souvent combinées à des éléments de travail pneumatiques ou hydrauliques dont la séquence est commandée électriquement ou électroniquement. Les éléments des commandes électriques sont les **boutons-poussoirs, les commutateurs, les témoins, les relais** et en tant qu'éléments de travail les **électroaimants** et les **moteurs électriques**. La **fig. 2** montre les symboles de ces éléments.

Dans les **commandes électroniques**, les connexions sont établies sans contacts. Les contacteurs et relais sont des commutateurs à actionnement électromagnétique.

Les commandes électriques sont la plupart du temps représentées dans des **schémas électriques.** Chaque élément électrique est dessiné avec un chemin de courant vertical. Les différents contacts, la bobine du relais ou le contacteur ne sont pas dessinés sous forme de symboles mais se trouvent toujours en tant que symboles de fonction dans le chemin de courant, dans lequel la fonction de commutation a lieu. Pour pouvoir reconnaître l'appartenance à un élément, les contacts et bobines qui vont ensemble reçoivent p. ex. la même désignation. Elles sont composées de lettres définies selon DIN EN 81346-2 (tableau) et de chiffres **(fig. 3)**. Les symboles utilisés dans les dessins, p. ex. X pour une lampe témoin, sont appelés symboles de circuits en électrotechnique. Ils sont normalisés selon DIN EN 60617. La **fig. 2** montre le schéma électrique de la commande d'un moteur avec la lampe témoin H1 (indication pour moteur à l'arrêt). Si le commutateur S1 est actionné, le contact 1 du relais K1 s'ouvre et la lampe témoin H1 s'éteint. Le contact 2 se ferme et H2 s'allume et le moteur commence à tourner.

Dans cet exemple, le commutateur, le relais et le témoin sont alimentés en basse tension 24 V, tandis que le moteur fonctionne avec la tension du secteur à 230 V. Les commandes électriques sont fréquemment structurées de sorte que seuls les éléments de travail pur fonctionnent avec la haute tension. Les appareils nécessaires à la commande sont en revanche alimentés en basse tension moins dangereuse.

Circuits de base

Grâce à une affectation et une interconnexion appropriées, les interrupteurs, les relais et les contacts permettent de remplir de nombreuses conditions de commutation et de commande dif-

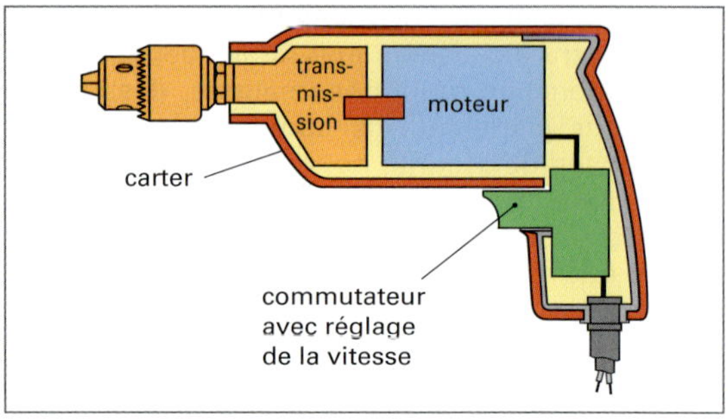

1 Perceuse électrique

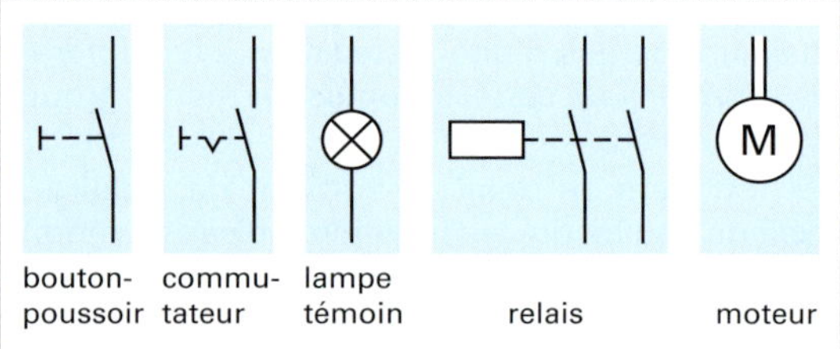

2 Symboles d'éléments électriques

Lettres d'identification d'équipements électriques		
Lettre	**moyen d'exploitation**	**Exemple**
B	conversion d'une variable d'entrée	commutateur de position
F	Protection contre le flux d'énergie ou de signal	Fusible
G	Générateur d'énergie	Batterie
K	Traitement de signaux	Relais de commutation
M	Energie mécanique	Moteur électrique
P	Représentation de l'information	Appareils de mesure
R	Limitation du flux d'énergie	Résistance
S	Conversion d'une action manuelle	Bouton-poussoir

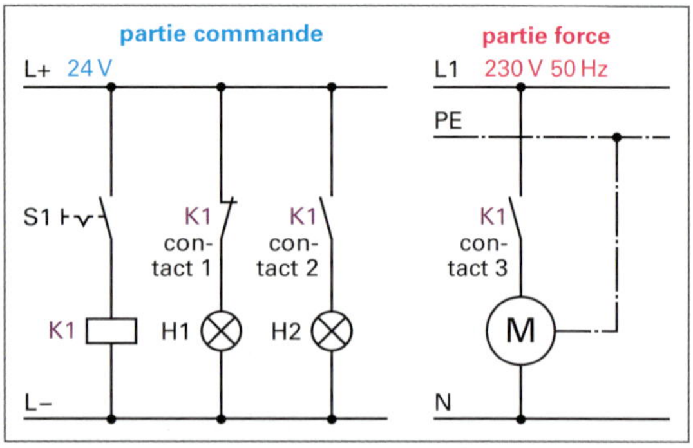

3 Schéma électrique d'une commande de moteur

férentes. Ainsi p. ex. une machine ne peut tourner que si une grille de protection est fermée et si le commutateur S1 est actionné **(fig. 1)**. Cela signifie qu'il faut aussi mettre en place un deuxième contact S2 sur la grille de protection. Le relais K1 ne commute alors que si les commutateurs S1 **et** S2 sont actionnés. On appelle cela circuit ou **opération ET**.

Si un moteur doit être actionné depuis deux endroits différents, on a besoin d'un **circuit OU (fig. 2)**. Si le commutateur S1 est actionné, le relais K1 s'active et le contact dans le relais K1 ferme le circuit de courant pour le moteur. Si c'est le commutateur S2 qui est actionné, le relais K1 s'active aussi.

La **négation** ou **circuit NON** en est un autre circuit de base. Il est généralement utilisé avec d'autres conditions. P. ex., le moteur du circuit de la **fig. 3** ne fonctionne que si le commutateur S1 n'a pas été actionné. Le commutateur S2 doit en revanche être actionné. La fonction NON est réalisée par un contact d'ouverture, c'est-à-dire un contact fermé au repos et qui ne s'ouvre que quand il est actionné.

Ces trois circuits de base permettent de résoudre la plupart des fonctions en technique de commande. Les autres circuits sont des combinaisons des circuits ET, OU et NON.

Verrouillage

Si une commande de moteur dispose d'un commutateur pour la marche à gauche et un autre pour la marche à droite, il faut s'assurer qu'ils ne sont pas actionnés simultanément, sous peine de provoquer un court-circuit. Ceci peut être réalisé sous forme d'un **verrouillage mécanique**, en reliant les deux commutateurs par une tige. Si un commutateur est actionné, l'autre commutateur est fermé par la tige **(fig. 4)**. Le commutateur S1 active un moteur et le commutateur S2 verrouillé mécaniquement détermine le sens de rotation. Les contacts des relais K1 et K2 commandent le moteur **(fig. 4)**.

Il est également possible de résoudre ce problème avec un **verrouillage électrique (fig. 4)** : Si le commutateur S3 pour la marche à gauche est actionné, le relais K3 s´active et les contacts pour « Moteur marche à gauche » sont fermés. Le moteur commence à tourner. Le contact d'ouverture K3 dans le circuit du relais K4 a été simultanément ouvert. Si maintenant le commutateur S4 pour « Moteur marche à droite » est aussi actionné, aucun courant ne peut circuler vers le relais K4. Ce n'est que lorsque le commutateur S3 est à nouveau ouvert et le relais K3 retombe, que le contact K3 se referme, que le relais K4 s' active et ouvre le contact K4 pour le verrouillage.

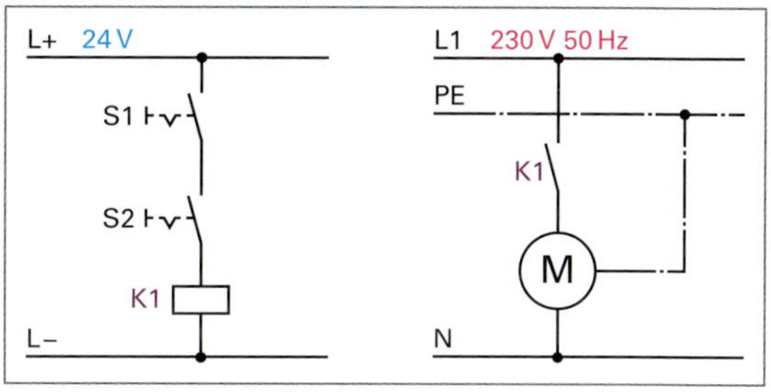

1 Circuit ET

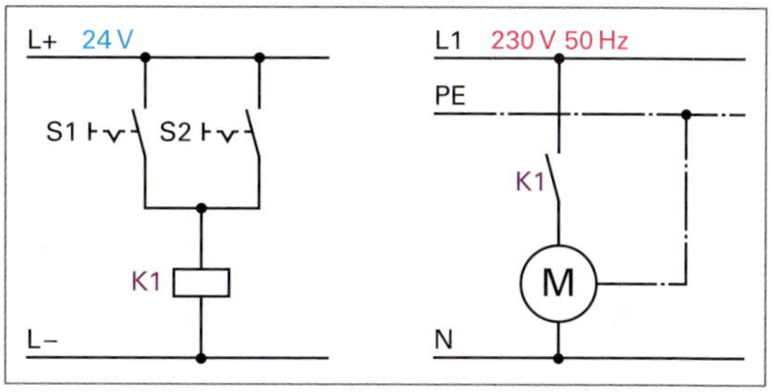

2 Circuit OU

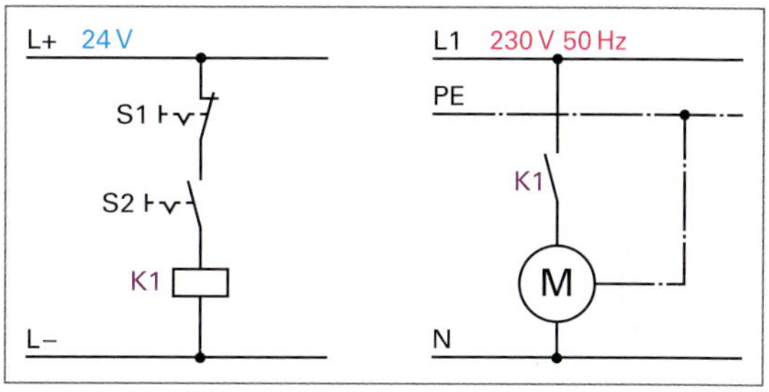

3 Circuit NON

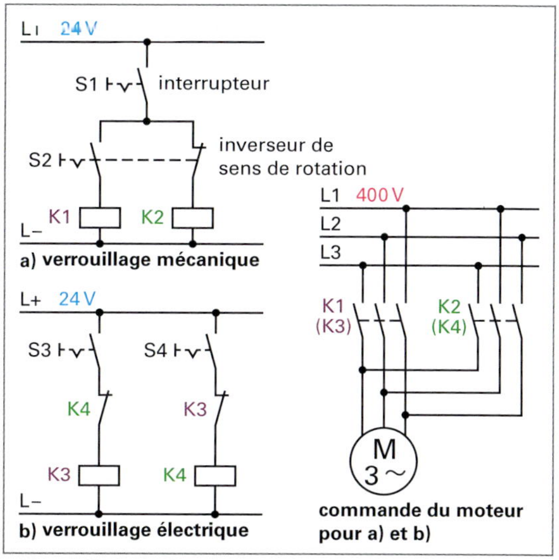

4 Verrouillage mécanique et électrique

Mémoire

Si un moteur doit être activé par un bouton-poussoir et éteint par un autre, l'état de commutation doit être mémorisé. Contrairement aux commutateurs, les boutons-poussoirs reviennent automatiquement en position de départ. En effet, si le bouton d'enclenchement est relâché, le moteur s'arrêterait à nouveau dans le cas d'une commutation simple. Un contact de maintien automatique permet toutefois d'enregistrer l'état de commutation. Si le bouton-poussoir S1 est actionné dans le circuit d'auto-maintien de la figure 1, le relais K1 s'active et ferme le contact 1 pour le moteur et le contact d'auto-maintien, le bouton-poussoir S1 est ponté. Ainsi, le courant peut également circuler vers le relais K1 lorsque le bouton-poussoir S1 n'est plus enfoncé. Pour couper le courant, le circuit doit à nouveau être interrompu. Cela peut se faire par un contact à ouverture S2 dans la ligne d'alimentation commune vers le bouton-poussoir S1 et le contact d'auto-maintien.

Si le bouton-poussoir S2 est actionné, le moteur reste à l'arrêt même si le bouton-poussoir S1 est encore pressé. Avec cette disposition du bouton-poussoir OFF, le **circuit de mémoire est effacé en priorité**.

Si le bouton-poussoir S2 est installé directement avant le contact de maintien automatique comme en **fig. 2**, le circuit est fermé par le contact de maintien automatique lorsque S2 est actionné. Le moteur continue de tourner si le bouton-poussoir ON est pressé. Ce **circuit de mémoire est sauvegardé en priorité**.

La plupart des appareils électriques qui fonctionnent avec des boutons-poussoirs et non avec des commutateurs à verrouillage sont commandés par des circuits de mémoire. Si un appareil électrique doit être commuté depuis plusieurs endroits, le circuit de mémoire peut être étendu facilement avec un contact de maintien **(fig. 3)**. Pour cela, plusieurs boutons-poussoirs (contacts de fermeture) S1, S2, S3 sont branchés en parallèle et, plusieurs boutons-poussoirs OFF (contacts d'ouverture) S4, S5, S6 forment une connexion en série.

En pratique, les commandes sont fréquemment combinées. Le distributeur d'un vérin pneumatique est ainsi commandée électriquement. La **fig. 4** montre un schéma pour un tel distributeur. Pour sortir le vérin, le bouton-poussoir S1 est actionné. Ce n'est qu'une fois le circuit de maintien interrompu par le bouton-poussoir S2 que le distributeur est remis en position de repos par le ressort et que le vérin revient en position de départ.

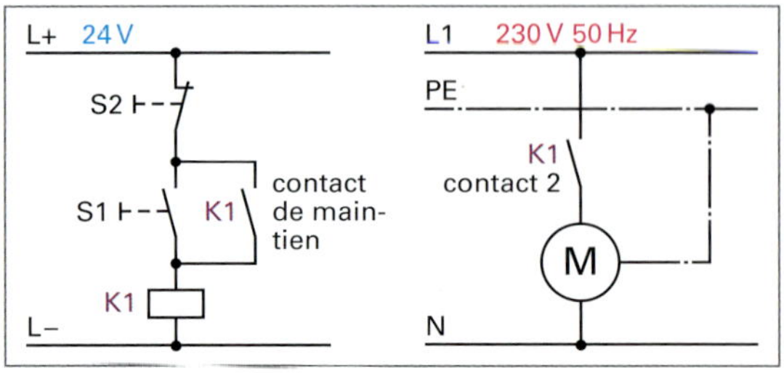

1 Effacer l'auto maintien en priorité

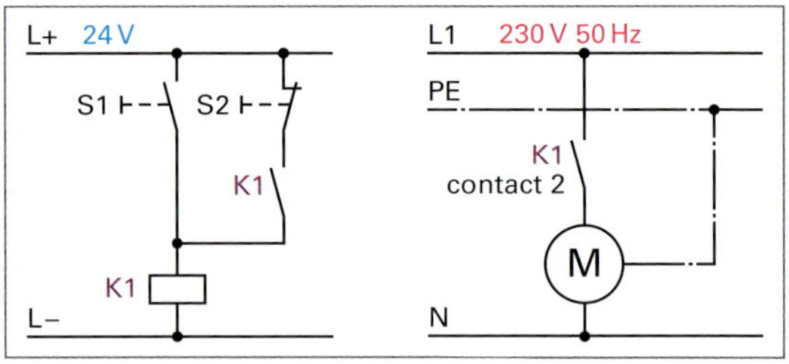

2 Sauvegarder l'auto maintien en priorité

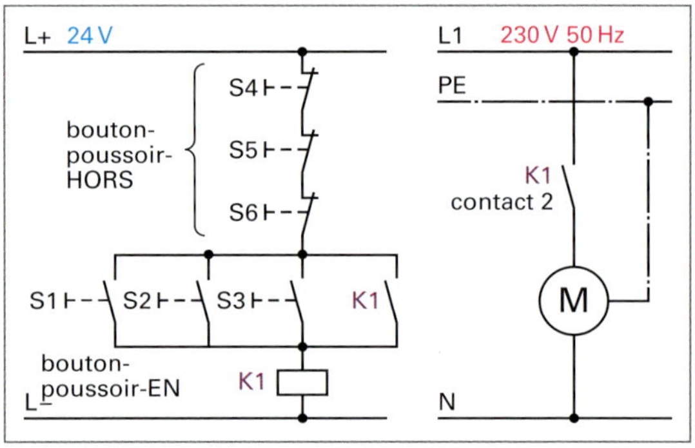

3 Auto maintien avec plusieurs boutons-poussoirs ON et OFF

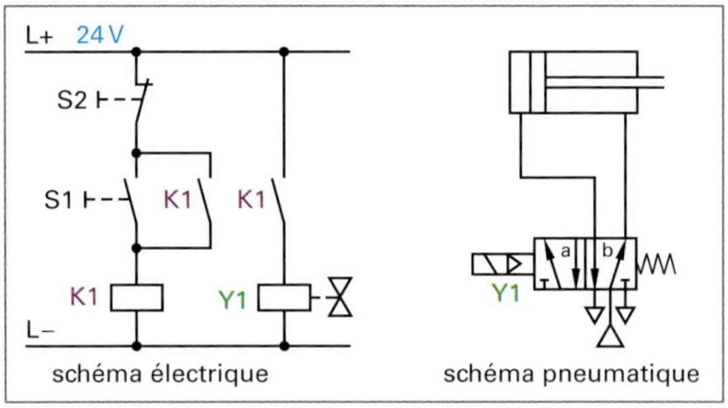

4 Commande électrique d'un vérin pneumatique

Contrôlez vos connaissances

1 Quels éléments sont utilisés pour les commandes électriques ?
2 Comment les commandes électriques peuvent-elles être représentées ?
3 Quelles désignations les éléments électriques ont-ils ?
4 Quels circuits de base connaissez-vous ?
5 Expliquez le terme verrouillage.
6 Quelles possibilités de verrouillage existe-t-il ?
7 Comment les états de commutation peuvent-ils être mémorisés ?

18.3.5 Automates programmables industriels (API)

Les commandes décrites jusqu'à maintenant sont toujours câblées ou montées de façon fixe, conformément à la tâche à accomplir d'un point de vue technique de commande. Cela signifie que les conditions en fonction desquelles le processus de commande se déroule ne peuvent être exécutées, après achèvement de l'installation, que par des mesures de transformation correspondantes. S'il faut par exemple presser le commutateur 1 **et** le commutateur 2 pour démarrer une machine, ceci serait fixé par le câblage. Si une nouvelle condition doit s'appliquer : le commutateur 1 **ou** le commutateur 2 met la machine en marche, l'installation doit être modifiée en conséquence. De telles commandes sont désignées par le terme **commandes programmées par liaison**. Jusqu'à présent, on entendait avant tout par là les commandes électriques à contacteurs. Les commandes mécaniques, pneumatiques et hydrauliques en font également partie. Pour chaque commande, les conditions de connexion sont définies par des tuyauteries fixes ou des éléments mécaniques.

Une commande est composée du niveau d'entrée, du niveau de liaison et du niveau de sortie.

Le **niveau d'entrée** est composé de capteurs, p. ex. boutons- poussoirs, commutateurs, commutateurs de fin de course, distributeurs.

Le **niveau de connexion** définit le déroulement du programme. Dans les commandes mécaniques, ceci est réalisé p. ex. par une came. Pour les commandes pneumatiques et hydrauliques, ces liaisons sont réalisées par la tuyauterie et par câblage pour les commandes électriques.

Les éléments de travail (actionneurs) tels que les moteurs ou vérins **(aperçu 1)** font partie du **niveau de sortie**.

Les **automates programmables industriels (API)** se distinguent des commandes, abordées ci-dessus, par le niveau de connexion **(fig. 1)**. Dans les API, les connexions se modifient facilement. Les conditions de connexion sont maintenues dans une mémoire de sauvegarde. On fait la distinction entre les mémoires effaçables et les **mémoires non effaçables**. Un PROM est une mémoire non effaçable. Elle est certes programmable électriquement mais ne peut pas être effacée. Si une PROM nécessite une modification du programme, le module de mémoire doit être remplacé. Pour les **mémoires effaçables**, le programme est saisi électriquement (EPROM). Le contenu de la mémoire peut être effacé électriquement ou avec de la lumière UV **(aperçu 2)**.

1 Commande à mémoire programmable

Aperçu 1 : structure des commandes

genre de commande	niveau d'entrée	niveau de connexion	niveau de sortie
mécanique	levier	came	commande des éléments de travail en fonction de l'énergie utilisée
pneumatique hydraulique	fin de course	tuyauterie, vannes	
électrique	bouton-poussoir	câblage, relais	
SPS	bouton-poussoir, commutateur	programme-SPS	

Aperçu 2 : types de mémoires

types de mémoires

mémoires volatiles; les données sont perdues lors de la mise hors tension	mémoires fixes; les données ne sont pas perdues lors de la mise hors tension			
RAM (**R**andom **A**ccess **M**emory)	**pas effacable**		**effacable**	
	ROM	**PROM**	**EPROM**	**EEPROM**
application: • ordinateurs • calculatrices de poche • mémoire intermédiaire pour API	**application:** API			

particularités des mémoires à semi-conducteurs:	
RAM	le contenu peut être écrasé à volonté
ROM	programmation fixe pendant la conception
PROM	peut être mémorisé électriquement, mais ne peut être effacé
EPROM	est effacé par rayonnement UV
EEPROM	est effacé électriquement

La **commande séquentielle** d'un API interroge chaque condition d'enchaînement les unes après les autres. On appelle cela mode de travail sériel. L'API fonctionne en outre de façon cyclique : lorsque la commande arrive à la fin des instructions, elle revient au début. Le programme tourne ainsi en permanence. Si une valeur d'entrée est modifiée, les conditions de sortie changent aussi pendant la durée d'un cycle.

La **programmation** de cette commande est réalisée à l'aide d'instructions très simples qui s'orientent sur la logique de circuit. Si le moteur doit par exemple démarrer uniquement si une grille de protection est fermée (S1) et que deux boutons-poussoirs différents (S2 et S3) sont pressés, il en découle la condition suivante : Contact 1 ET Contact 2 ET Contact 3 EGAL SORTIE 1. La **fig. 2** montre comment les boutons-poussoirs et le moteur sont câblés avec l'API. Les boutons-poussoirs sont raccordés aux entrées, un contacteur pour le moteur aux sorties. Seul le programme détermine quand le moteur doit tourner. L'aperçu 1 montre une possibilité de programmation pour cet exemple. Les instructions ne varient que légèrement selon le fabricant de la commande API.

La programmation est réalisée avec des appareils de programmation ou par un PC. Avec les appareils de saisie à l'écran, il est possible, pour la plupart des fabricants, de programmer non seulement à l'aide de la liste des instructions mais aussi avec le plan de fonction.

Avec les plans de fonction, les connexions des signaux d'entrée et la séquence par étapes de la commande sont représentées par des symboles graphiques normalisés. Les entrées sont amenées par la gauche. Les sorties sont représentées à droite. La **fig. 2** donne un aperçu des symboles de base ET, OU et NON. Le plan de fonction, pour l'exemple de commande moteur avec deux boutons-poussoirs et grille de protection, est représenté en **fig. 3**.

Pour que la machine puisse aussi être utilisée en étant assis, deux autres boutons-poussoirs pouvant être actionnés en guise d'alternative sont mis en place. Cela signifie que le moteur fonctionne si la grille de protection est fermée, si les boutons-poussoirs 2 et 3 ou les boutons-poussoirs 4 et 5 sont actionnés. La **fig. 4** montre le plan de fonction pour ce circuit.

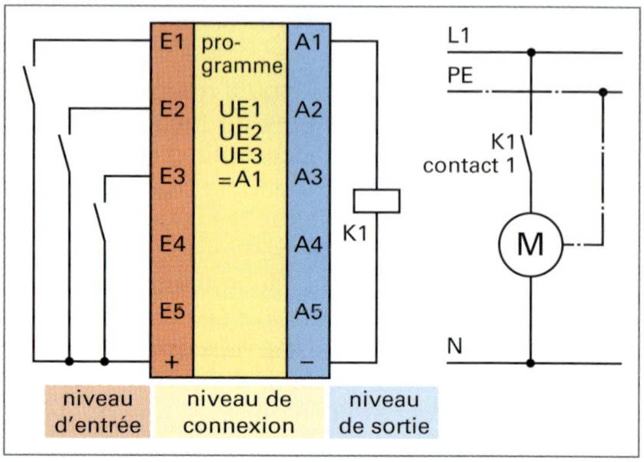

1 Exemple de commande API

Aperçu : Liste des consignes d'un programme API

adresse (numéro de la place en mémoire)	consigne	signification
001	UE 1	entrée 1 ET
002	UE 2	entrée 2 ET
003	UE 3	entrée 3 ET
004	= A 1	égal à sortie 1

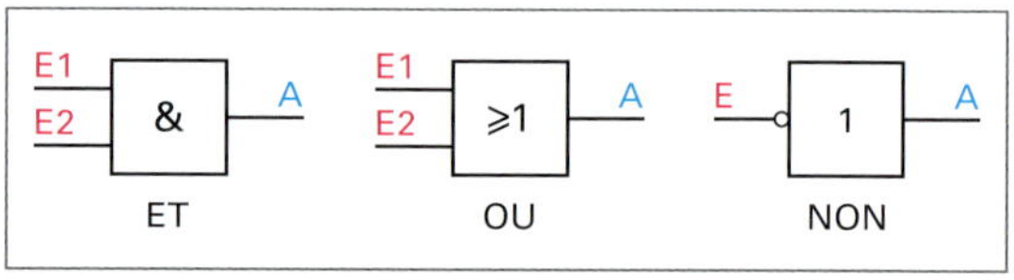

2 Symboles de base des diagrammes fonctionnels

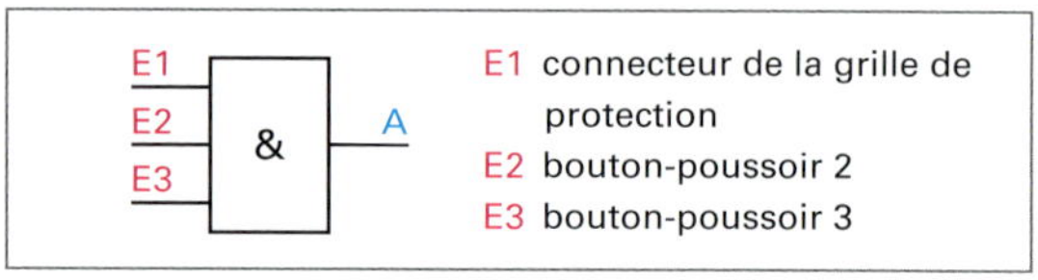

3 Commande de moteur avec grille de protection et 2 boutons-poussoirs

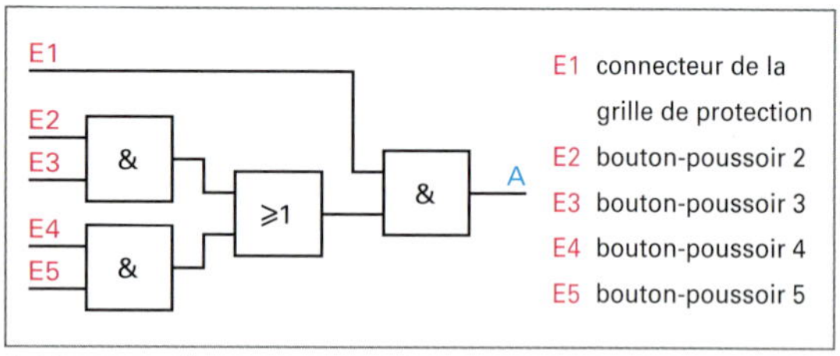

4 Commande moteur et 4 boutons-poussoirs

Contrôlez vos connaissances

1 Citez quatre types de commandes programmées par connexion.

2 Faites la distinction entre les commandes programmées par connexion et celles à mémoire programmable.

3 Quels sont les trois niveaux selon lesquelles les commandes s'organisent ?

4 En quoi PROM, EPROM et EEPROM se distinguent-t-il ?

5 Expliquez le terme travail sériel.

6 Donnez les instructions pour une commande de sécurité simple (utilisation à deux mains).

18.3.6 Projets de technique de commande

Les tâches de technique de commande peuvent tout d'abord être résolues de façon logique, indépendamment du type de commande utilisée ultérieurement (pneumatique, hydraulique, électrique).

Projet : Dispositif de sciage automatique

La tôle d'acier est poussée sous forme de bande sur des rouleaux de transport, jusqu'à une butée **(fig. 1)** Un dispositif de serrage maintient la bande. Une unité d'avance déplace la scie pour découper une bande de tôle. La scie revient ensuite en arrière et le dispositif de serrage s'ouvre. Le processus recommence.

Actionneurs nécessaires

Les éléments de travail suivants (actionneurs) sont nécessaires pour exécuter la tâche :

- Rouleaux de transport avec entraînement pour l'avance de la bande d'acier (M1),
- Dispositif de serrage pour maintenir la bande d'acier pendant la coupe (M2),
- Entraînement de la lame de scie (M3),
- Dispositif d'avance de la scie (M4).

Capteurs nécessaires :

- Dispositif pour démarrer et arrêter l'installation (S1),
- Capteur 1 pour l'information : bande d'acier contre butée (B1),
- Capteur 2 pour l'information : bande d'acier serrée (B2),
- Capteur 3 pour l'information : unité d'avance avant (réglable en fonction de la largeur de la bande d'acier B3),
- Capteur 4 pour l'information : unité d'avance retour (B4).

Connexions :

- Condition pour tous les processus : Installation en marche.
- Les rouleaux de transport fonctionnent si
  - la bande d'acier n'est pas contre la butée et
  - le dispositif de serrage n'est pas serré et
  - l'unité d'avance est complètement en arrière,
- Le dispositif de serrage est actionné si
  - la bande d'acier est contre la butée,
- Le dispositif d'avance en avant si
  - la bande d'acier est contre la butée et
  - le dispositif de serrage est actif,
- Le dispositif d'avance est inversé si
  - la position finale avant est atteinte.

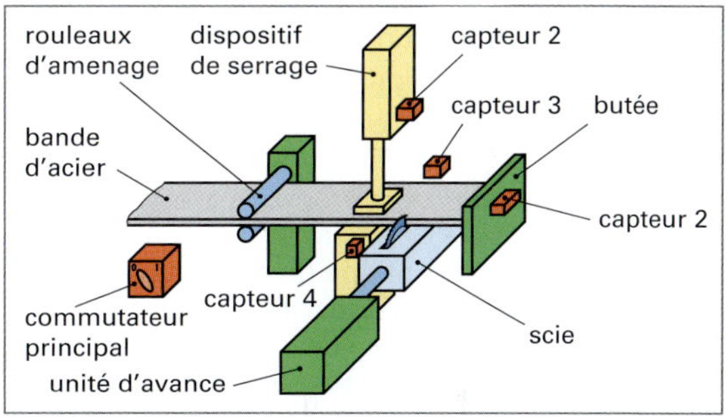

1 **Dispositif de sciage automatique**

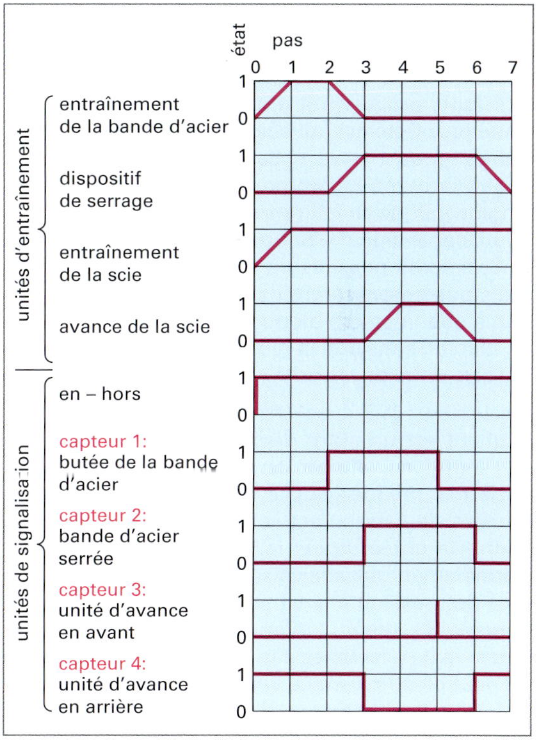

2 **Diagramme d'état de l'installation de sciage automatique**

Dans le diagramme de fonction ou d'état **(fig. 2)**, on voit la séquence de travail du dispositif de sciage automatique clairement par étapes. Les positions des capteurs tels que les commutateurs et les fins de course peuvent être représentés. Les éléments et la séquence de travail sont ainsi définis.

Pour la réalisation pratique, le type de commande et le fluide de travail doivent être sélectionnés parmi plusieurs possibilités :

- une commande purement pneumatique avec des éléments de travail entraînés pneumatiquement,
- une commande électrique avec des éléments de travail électriques et pneumatiques,
- une commande programmable avec des éléments de travail uniquement électriques ou, électriques et pneumatiques.

La **fig. 1** représente le schéma de circuit d'un dispositif de sciage automatique qui fonctionne exclusivement avec de l'air comprimé. Les entraînements pour la bande d'acier et la lame ont été réalisés avec des moteurs à air comprimé. Lors de la planification de la commande, les éléments d'entraînement (1.0 a 4.0) sont dessinés tout en haut et les parties d'alimentation (0.1 a 0.2) tout en bas. Les éléments de signal et de commande sont insérés en fonction des liaisons.

L'entraînement pour la bande d'acier est actionné par le signal « Retour cylindre d'avance ». Il est arrêté par le signal « Contre la butée » qui actionne aussi le vérin de serrage, et par le signal « serré », par mesure de sécurité. Les deux signaux sont reliés par une soupape de commutation bien qu'il y ait une liaison ET, car la bande d'acier ne doit bouger que si le vérin de serrage est desserré et que la bande d'acier n'est pas contre la butée.

Dans des installations pneumatiques et hydrauliques, aucun capteur supplémentaire (élément de signal) n'est nécessaire pour le signal « Bande d'acier serrée ». La pleine pression n'a lieu dans la conduite de travail vers le vérin de serrage que si celui-ci est à l'arrêt et que la pièce est serrée. Cette propriété est utilisée comme signal de commande pour « serré ». Le signal « Bande d'acier contre la butée » commande le vérin de serrage. On pourrait de ce fait renoncer au signal « serré » et utiliser le signal « Bande d'acier contre la butée ». Ceci serait possible en fonctionnement normal mais que se passerait-il si le vérin ne sortait pas parce que la vanne bloque ? L'avance serait mise en marche sans que la pièce ne soit serrée. Le signal sert donc de sécurité.

L'actuateur 4V3 avec clapet anti-retour et étranglement est un autre dispositif de sécurité. Dans ces soupapes, la pression est appliquée à l'entrée de la commande gauche de la vanne 4V2 quand le vérin de serrage est serré et qu'il y a une tôle contre la butée. Après la découpe, la tôle tombe normalement dans la caisse de stockage et il n'y a plus de pression à la vanne 4V2. Une fois le in de course 4S1 atteint, le vérin d'avance s'inverse. Si la tôle reste accrochée à la butée, le vérin d'avance ne peut plus reculer. La vanne 4V3 donne la priorité à l'entrée de commande de gauche de la vanne 4V2. Ensuite, elle est immédiatement remise hors pression pour permettre la rentrée du vérin dans tous les cas.

Lors de la réalisation technique d'une telle commande pour un dispositif de sciage automatique, d'autres liaisons sont nécessaires pour des raisons de sécurité, p. ex. pour sécuriser l'entraînement de la lame de scie ou pour l'arrêt d'urgence prescrit. Ceci s'applique aussi à la commande électrique et à la commande programmable.

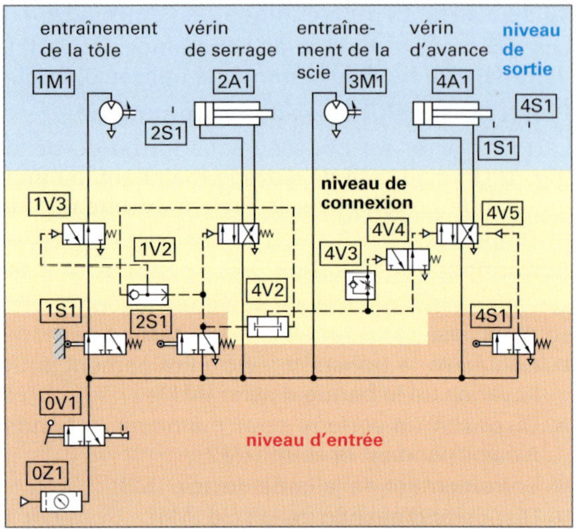

1 Schéma de circuit du dispositif de sciage automatique (à commande pneumatique)

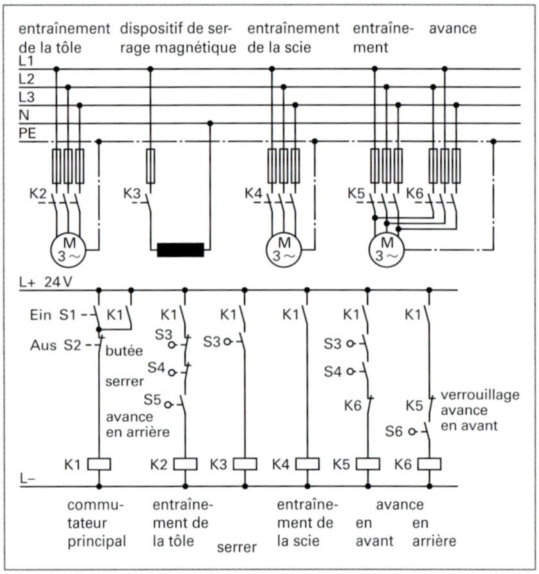

2 Schéma du dispositif de sciage automatique (à commande électrique)

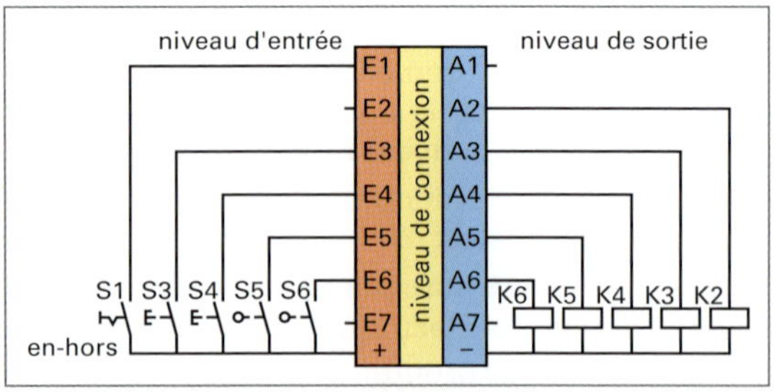

3 Schéma de circuit de la commande API

La **fig. 2 p. 326** montre le dispositif de sciage automatique avec commande électrique et éléments d'entraînement électriques. La représentation en schéma électrique a été choisie. A partir des capteurs et des liaisons déjà définis, on peut dessiner le schéma électrique à l'aide des liaisons de base ET, OU et NON.

La **fig. 3 en p. 326** montre le schéma de câblage d'un automate programmable. Le partie puissance est ici identique à celle de la commande électrique. La liste d'instructions correspondante est représentée en **fig. 1**.

adresse	consigne	explication
001 002	UE1 = A4	entraînement de la scie
003 004 005 006 007	UE1 UE5 UNE4 UNE3 = A2	entraînement de la tôle
008 009 010	UE1 UE3 = A3	dispositif de serrage
011 012 013 014	UE1 UE3 UE4 = A5	avance en avant
015 016 017	UE1 UE6 = A6	avance en arrière

1 Liste d'instructions du dispositif de sciage (à commande API)

Solution avec GRAFCET

Les processus de commande et de régulation peuvent être représentés non seulement par des organigrammes et des diagrammes d'état, mais aussi par des diagrammes de fonction spéciaux. Les commandes séquentielles sont souvent représentées avec **GRAFCET**. La **fig. 2** montre le dispositif de sciage automatique dans une représentation GRAFCET. Pour simplifier, on est parti du principe que l'entraînement de la scie démarre avec le commutateur principal.

Chaque étape est représentée avec un carré, l'étape de départ avec un double - bord. Les conditions à satisfaire pour l'étape suivante sont identifiées par un trait entre les carrés avec description des actions dessinées dans un rectangle à côté du carré. Il y a p. ex. pour « Mettre le vérin de serrage en position de repos » 1M2:=0 et pour « sortir le vérin de serrage » 2M2:=1. Vous trouverez un aperçu détaillé dans le manuel de tableaux.

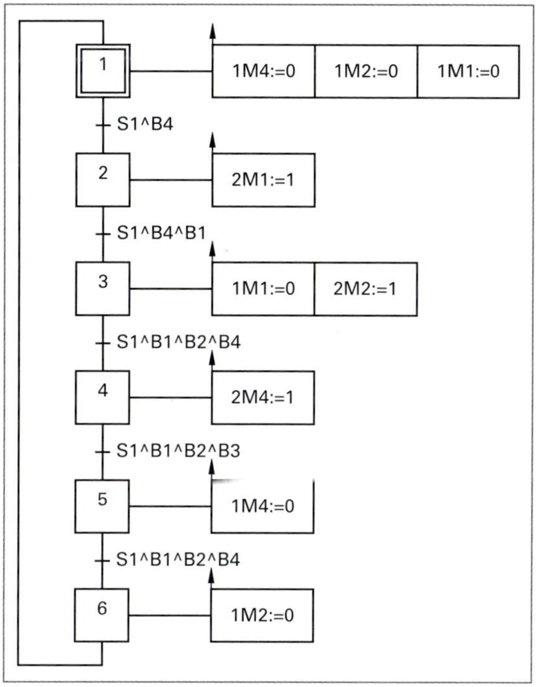

2 Dispositif de sciage avec solution GRAFCET

Projet : Commande de fenêtre de toit

Plusieurs fenêtres de toit d'un atelier de production doivent être ouvertes ou fermées par une commande pneumatique. L'ouverture doit être possible depuis deux endroits (boutons-poussoirs 1 et 2). La fenêtre est fermée avec le bouton-poussoir 3. Si aucun bouton-poussoir n'est actionné, la fenêtre reste dans la position précédemment choisie. La **fig. 3** montre la structure de la commande pneumatique d'une fenêtre de toit.

Actionner les boutons-poussoirs S1 ou S2 (éléments de signal) produit un signal de sortie pour l'ouverture. Cette commande a également lieu si les deux boutons-poussoirs sont pressés. La fenêtre se ferme si le bouton-poussoir S3 est actionné. Si le bouton-poussoir S1 et le S3 sont pressés par inadvertance simultanément, la fenêtre reste dans sa position initiale ; idem avec les bouton-poussoirs S2 et S3. Plusieurs offres ont été demandées au maître d'ouvrage.

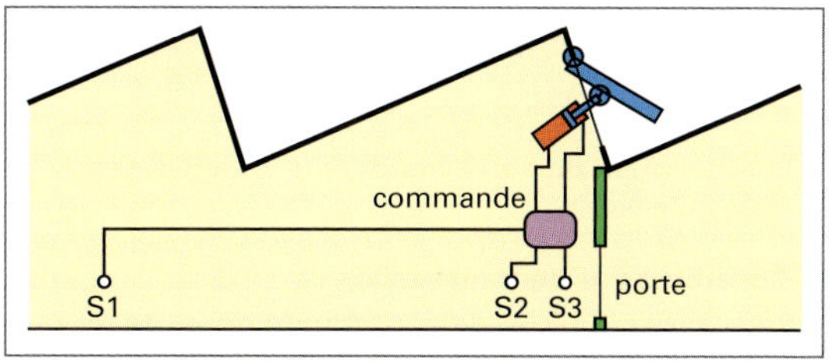

3 Fenêtre de toit à commande pneumatique

La **fig. 2** montre la solution électropneumatique de cette tâche de commande proposée par la société A. Les boutons-poussoirs électriques S1 ou S2 actionnent l'électrovanne Y1 de l'électro-distributeur 5/2 1V1 pour ouvrir la fenêtre. Pour la fermeture, l'électrovanne Y2 est actionnée par le bouton-poussoir S3.

La société B propose une installation d'ouverture de fenêtre pneumatique à commande API. Bien que l'installation puisse être un peu plus chère, une modification et une extension ultérieure seraient possibles par une simple re-programmation. Le schéma pour cette installation est représenté en **figure 3**. Les boutons-poussoirs sont branchés aux entrées E1, E2 et E3, les électrovannes de l'électro-distributeur 5/2 aux sorties A1 et A2. La programmation de la commande est réalisée à l'aide d'un appareil de programmation ou d'un PC. La **fig. 4** montre la liste d'instructions.

Projet : Commande de porte

L'entraînement de porte coulissante représenté en **fig. 1** est commandé exclusivement électriquement. La porte est ouverte à l'aide de deux détecteurs de mouvements. La porte se referme après écoulement d'une durée définie. Les détecteurs de mouvements actionnent un relais qui fait tourner le moteur dans le sens « Ouverture » jusqu'à ce qu'un contact de fin de course interrompe l'alimentation en courant. Simultanément, une minuterie entre en action et fera tourner le moteur d'entraînement dans l'autre sens « Fermeture » par le biais d'un relais, après la durée définie. Si la porte est fermée, le circuit est à nouveau coupé par un contact de fin de course.

Pour des raisons de sécurité, il y a encore un contact de sécurité entre les portes coulissantes, qui permet de les rouvrir en cas de contact. La **fig. 5** montre le schéma de cette commande. Les éléments de commande fonctionnent en basse tension, le moteur d'entraînement sous la tension de secteur.

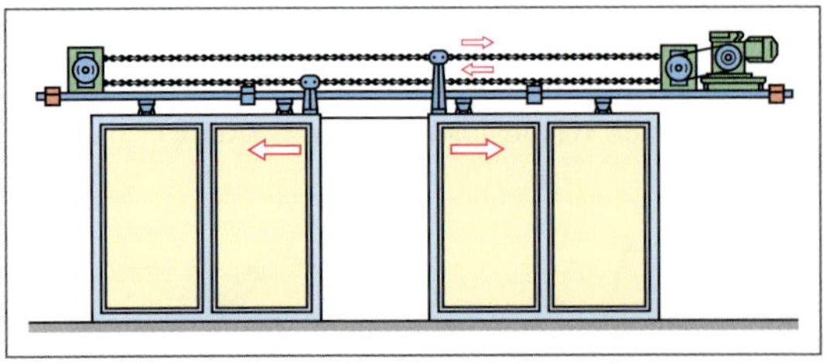

1 **Entraînement de porte coulissante entièrement automatisée**

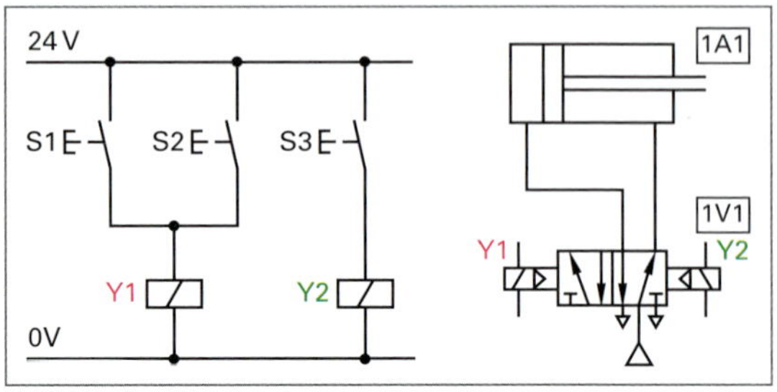

2 **Installation électropneumatique d'ouverture de fenêtres**

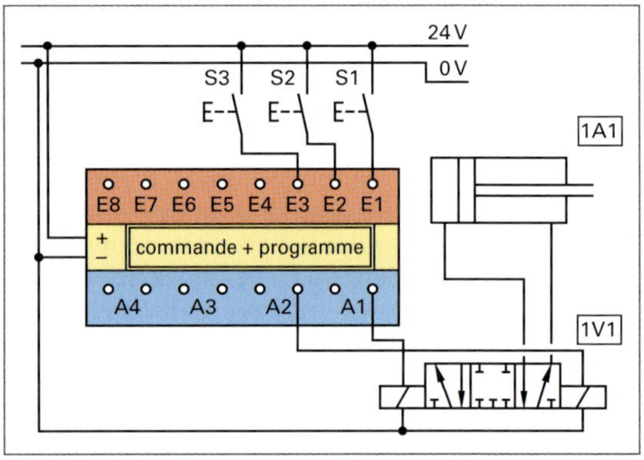

3 **Installation d'ouverture de fenêtres à commande API**

adresse	consigne	signification
001	UE1	ET entrée 1
002	OE2	OU entrée 2
003	= A1	EGAL sortie 1
004	UE3	ET entrée 3
005	UNE1	ET NON entrée 1
006	UNE2	ET NON entrée 2
007	= A2	EGAL sortie 2

4 **Liste de consignes**

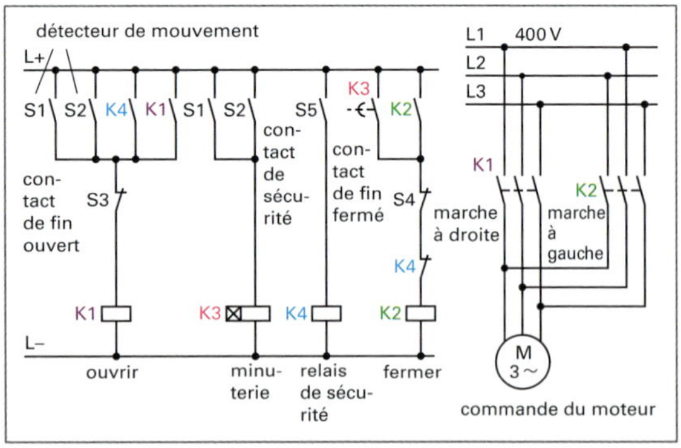

5 **Commande électrique d'une porte coulissante**

Contrôlez vos connaissances

1 Réalisez la tâche de commande de porte en tant que commande API. Dessinez pour cela le schéma de circuit et une liste de consignes ou le plan de fonction.

Commande de travail : Fabrication de portes, portails et grilles

Planification et réalisation d'une porte d'entrée de maison avec installation de fermeture

Lors de la rénovation d'un immeuble collectif de six appartements sur trois étages, l'entrée doit être refaite. Le bureau d'architectes vous envoie le croquis ci-contre, avec les dimensions de l'ouverture de la cloison et de la structure prévue du sol. A la demande de l'architecte, vous devez soumettre trois propositions fondées sur des agencements différents. Il en résulte les tâches individuelles suivantes:

1. Définissez quelles exigences techniques auxquelles l'élément d'entrée doit répondre.

2. Quelles autres données sont éventuellement encore nécessaires à la planification de l'élément d'entrée et comment se les procurer ?

3. Esquissez différentes possibilités d'aménagement visuel et de variations du type de construction de l'entrée. Listez les avantages et les inconvénients techniques et esthétiques de chacune d'entre elles.

4. Discutez des différences entre les variantes de matériaux possibles en comparant les avantages et les inconvénients des matériaux ou des combinaisons de matériaux envisagés.

5. Vérifiez de quel côté de l'élément il est judicieux de planifier le vantail de passage.

6. Comme la porte à planifier est une porte d'entrée de maison, il faut s'assurer qu'elle se ferme toujours automatiquement. Vérifier quels dispositifs de fermeture de porte entrent en ligne de compte et quelles mesures sont nécessaires à cet effet.

7. Selon l'architecte, le système de fermeture doit également être repensé dans le cadre de la commande. Différentes propositions doivent être élaborées à cet effet. Outre les 6 appartements, l'immeuble dispose encore d'un local de concierge séparé, de 6 caves affectées aux appartements, d'une salle de machines à laver et d'une chaufferie, qui doivent tous deux être librement accessibles à tous les locataires **(fig. 2)**. Pour cela, établissez au moins un plan de fermeture (selon le modèle de la **fig. 3**) et indiquez les alternatives possibles.

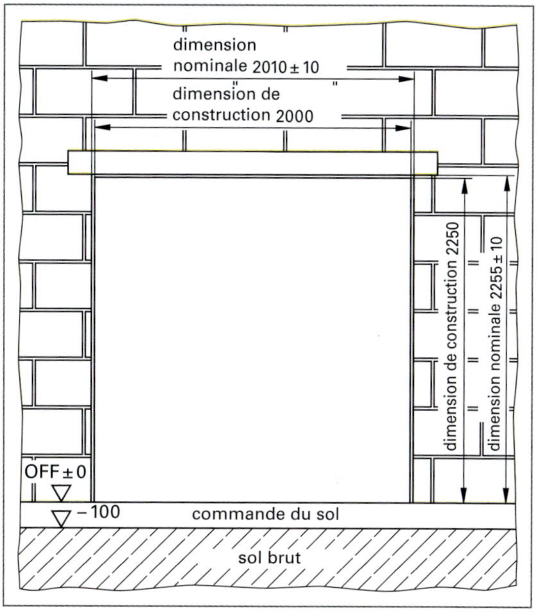

1 Dimensions de l'ouverture du mur

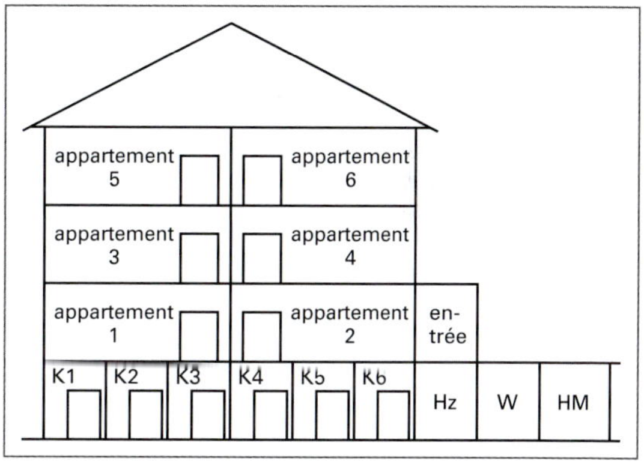

2 Conditions pour le plan de fermeture

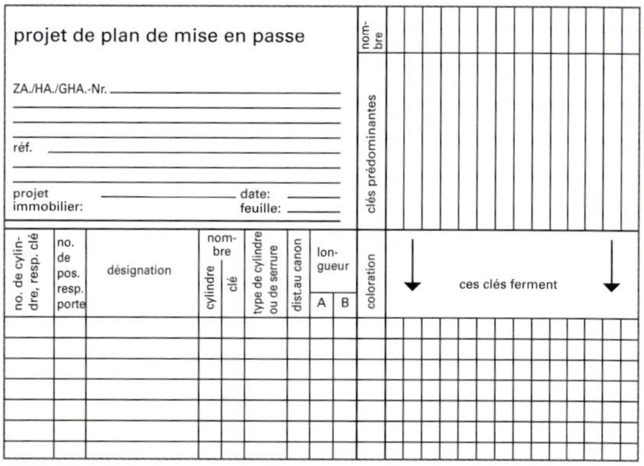

3 Plan de fermeture

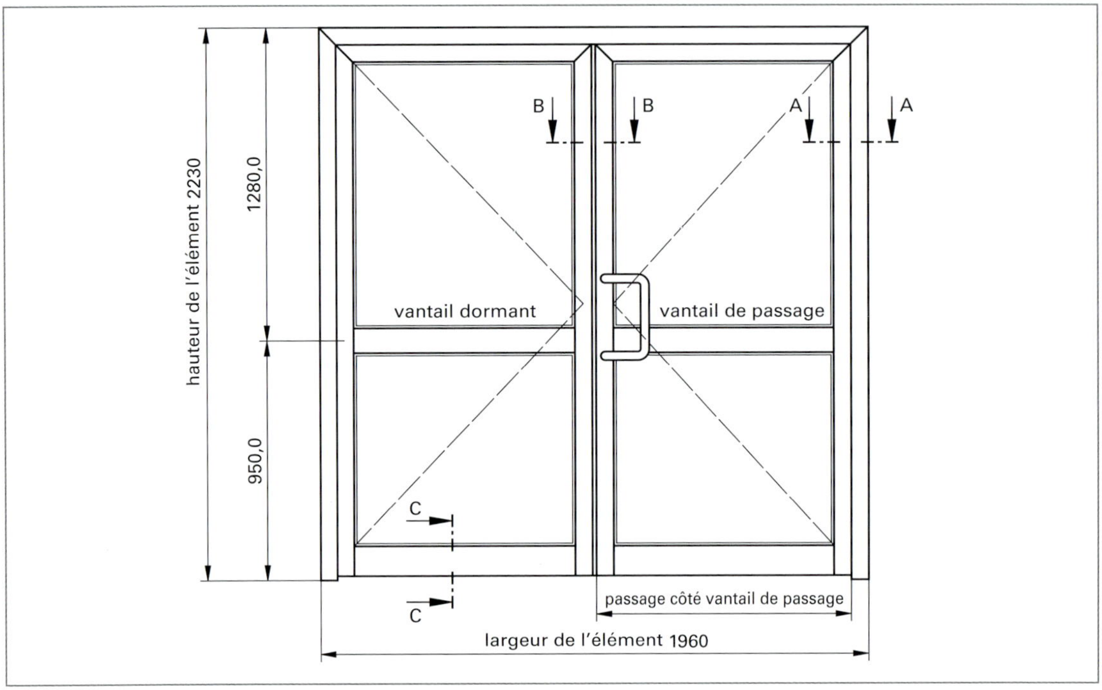

1 Dessin d'architecte de la porte à deux vantaux, vue de l'extérieur

Pour la tâche de raccordement suivante, on part du principe que le choix des architectes et des maîtres d'ouvrage s'est porté sur une porte à deux vantaux en profils d'aluminium, conformément à la figure ci-dessus. L'élément doit être monté dans l'embrasure.

1. Déterminez les cotes extérieures finales de l'élément d'entrée. Partez pour cela des dimensions brutes fournies et n'oubliez pas de déterminer et de prendre en compte la largeur des joints de raccordement.
2. Choisissez un système de profilés adéquat dans les catalogues de produits des fabricants de profilés. Utilisez aussi Internet comme possibilité de recherche.
3. Établissez un plan de l'élément avec les coupes A-A, B-B et C-C. Si vous avez accès à un système CAO, vous pouvez aussi utiliser les possibilités que les fabricants de profilés d'aluminium proposent.
4. Etablissez une liste de débitage pour chaque profilés.
5. Choisissez les ferrements nécessaires et reportez-les dans le formulaire de commande d'un fabricant. Pour cela, utilisez des catalogues ou des offres Internet de fournisseurs.
6. Déterminez une possibilité de fixation de l'élément de porte dans l'embrasure et choisissez les moyens de fixation nécessaires à cet effet.
7. Un ferme-porte à glissière est souhaité comme dispositif de fermeture de la porte. Recherchez un modèle approprié dans la documentation des fabricants.
8. Déterminez le besoin en verre et consignez-le dans une liste de commande.
9. Définissez dans un plan de travail pour chaque étape de la fabrication de l'élément d'entrée et attribuez les outils nécessaires à sa réalisation.
10. Etablissez un plan pour le montage de l'élément de porte dans l'entrée de l'immeuble collectif. Pour cela, tenez aussi compte des problèmes liés au transport et au montage ainsi qu'au réglage du ferme-porte.

Domaine d'apprentissage : Fabrication de fenêtres, façades et annexes vitrées

19 Physique du bâtiment

Les personnes qui vivent et travaillent dans un bâtiment ont des exigences très différentes. La physique du bâtiment s'occupe de développer des méthodes et de concevoir des éléments de construction qui répondent à toutes ces exigences. Lors du montage des éléments, le constructeur métallique doit respecter toutes les règles de la physique du bâtiment afin d'en garantir le fonctionnement correct **(fig. 1)**.

- La **protection thermique** doit garantir un climat agréable tout en économisant le plus d'énergie de chauffage possible.
- La **protection contre l'humidité** doit éviter la pénétration de l'humidité à travers les murs extérieurs et la condensation dans les cloisons intérieures.
- L'**isolation phonique** est nécessaire pour protéger l'intérieur du bâtiment contre le bruit extérieur mais aussi pour empêcher la propagation du son à l'intérieur de celui-ci.
- La **protection anti-feu** doit garantir une certaine sécurité contre la propagation du feu et de la fumée.

La physique du bâtiment traite de la protection des bâtiments contre les pertes et la pénétration indésirable de la chaleur, d'empêcher les dommages dus à l'humidité et aux incendies et de protéger contre le bruit.

19.1 Protection thermique

Dans les pays présentant de fortes variations des températures extérieures, le maintien d'un climat intérieur confortable est l'une des tâches principales des bâtiments **(fig. 2)**.

On entend par protection thermique toutes les mesures qui réduisent le transfert de la chaleur entre les pièces intérieures et l'air extérieur ou entre les pièces ayant une température différente.

19.1.1 Economie d'énergie de chauffage

On peut voir sur les vieilles maisons qu'autrefois, on n'accordait pas une importance particulière à l'isolation thermique. Au cours des dernières décennies, des règlements ont été adoptés pour réduire la consommation d'énergie. La pollution de l'environnement, l'effet de serre à l'origine du changement climatique, mais aussi les frais de chauffage élevés sont la principale raison de la réduction de la consommation de combustible par des mesures d'isolation thermique. Cela permet également de préserver les réserves d'énergie limitées de la planète.

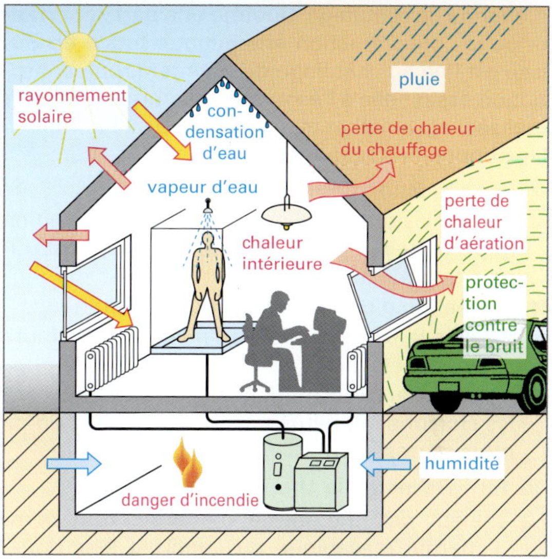

1 Problèmes abordés par la physique du bâtiment

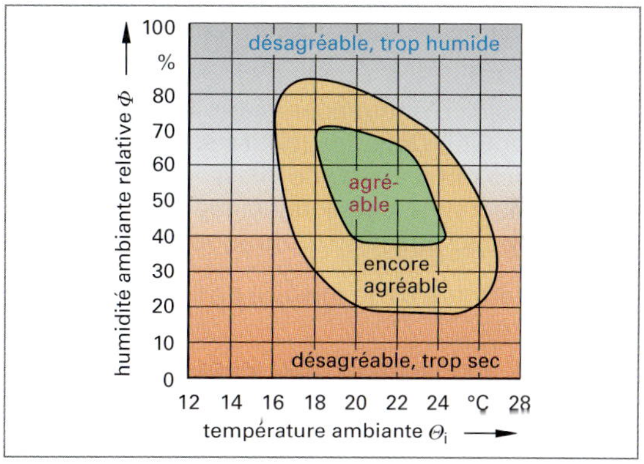

2 Conditions pour un climat agréable

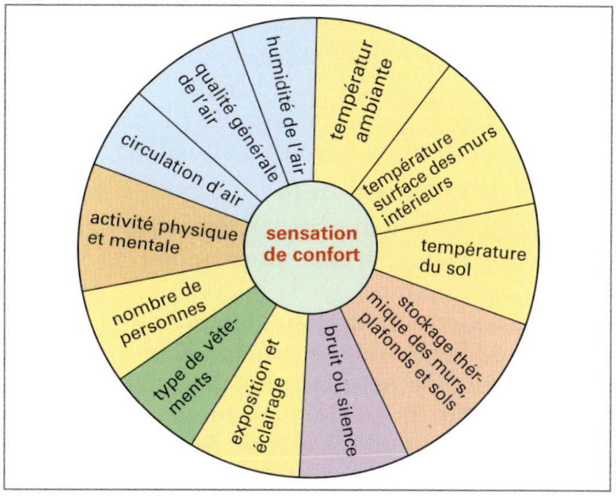

3 Influences sur le sentiment de bien-être

19.1.2 Protection thermique dans le bâtiment

La construction d'une enveloppe de bâtiment qui empêche ou restreint la perte de chaleur est la meilleure méthode pour réduire la consommation d'énergie de chauffage. Comme une part importante de la consommation énergétique totale en Suisse est liée au chauffage du bâtiment, une contribution essentielle à l'économie d'énergie peut être réalisée en améliorant l'isolation des bâtiments. Une bonne protection thermique a pour effet :

- une réduction des coûts de chauffage ;
- des émissions de dioxyde de carbone moins importantes et par conséquent une contribution à la protection du climat ;
- la création d'un climat agréable à l'intérieur ;
- d'éviter la condensation à l'intérieur des murs extérieurs et ainsi protéger l'édifice ;
- d'empêcher la formation de condensation sur les cloisons intérieures et ainsi la formation de moisissures.

19.1.3 Bases de la thermodynamique

La chaleur est une forme d'énergie tout comme l'énergie mécanique ou l'énergie électrique. On ne la reconnaît qu'à ses effets. Le signe caractéristique du réchauffement d'un objet est l'augmentation de sa température.

Température

Les molécules d'une matière sont en permanence en mouvement. Dans les matières à température élevée, elles ont une grande vitesse, dans les matières à température basse une faible vitesse **(fig. 1)**. On appelle ceci agitation thermique.

> La temperature est la mesure de l'état thermique d'un corps.

Quand le mouvement des molécules s'arrête, la température a atteint le zéro absolu. L'échelle de température thermodynamique en Kelvin (K) commence au zéro-absolu (0 K = –273,15 °C) **(fig. 2)**. Dans les calculs, on utilise généralement –273 °C (symbole de formule T).

Notre échelle de température s'exprime en degrés Celsius (°C) – symbole de formule ϑ ou Θ. Dans des conditions normales, le point de congélation de l'eau est à 0 °C et le point d'ébullition à 100 °C.

Mesure de la température

Le principe de la majorité des appareils habituels de mesure de température (**thermomètres** comme en **fig. 2 et 3**) repose sur la dilatation des matériaux (p. ex. thermomètres au mercure ou à l'alcool), sur la modification de la résistance électrique ou sur la différence de dilatation thermique entre 2 matériaux **(fig. 3)**. Les températures sont lues sur la graduation du thermomètre. Si la température mesurée est transmise par un câble électrique, on parle de sonde de température.

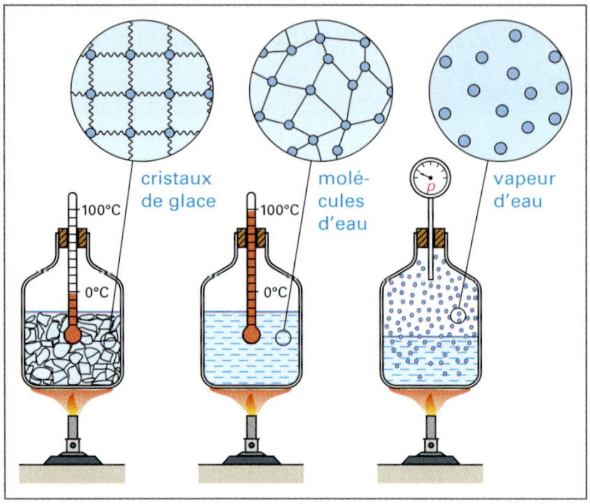

1 A l'intérieur d'un état physique, la température augmente jusqu'à passer à un autre état

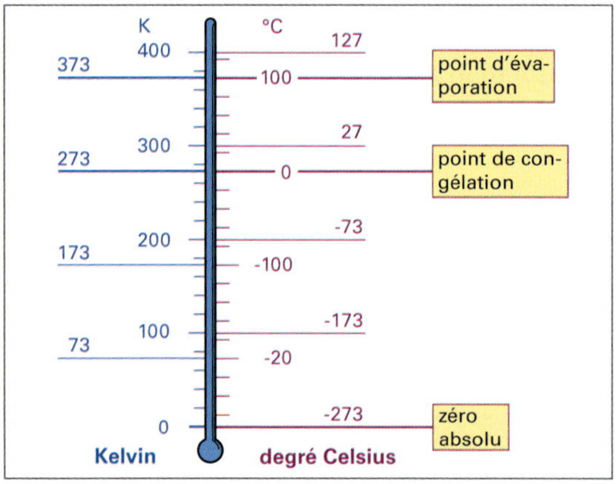

2 Echelles de mesure de températures

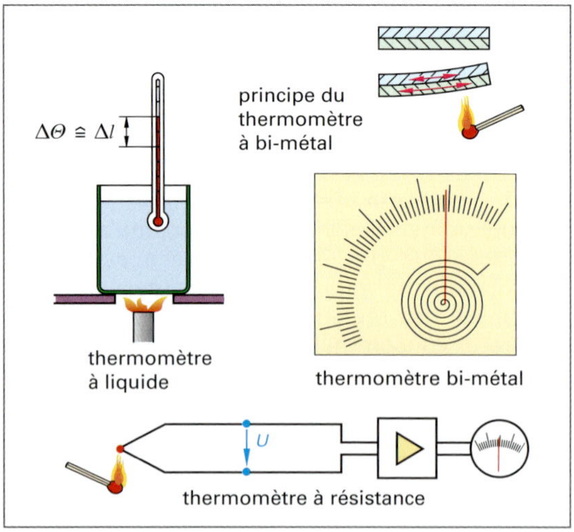

3 Différentes méthodes de mesure de la température

Chaleur

Si on frotte longtemps un morceau de bois avec un chiffon rugueux ou si on frappe une pièce métallique avec un marteau, ces objets s'échauffent. L'énergie mécanique des coups ou du mouvement a été convertie en chaleur. L'énergie chimique durant une combustion ou l'énergie électrique peuvent aussi être transformées en chaleur **(fig. 1 page suivante et fig. 1 dans cette page)**.

La chaleur est une forme d'énergie produite par transformation à partir d'autres formes d'énergies. Si un corps chaud et un corps froid entrent en contact, la chaleur passe dans le corps froid jusqu'à ce que les températures s'égalisent. L'énergie qui s'écoule est appelée quantité de chaleur (symboles de formule *Q*). L'énergie intérieure du corps préalablement froid en est augmentée.

La quantité de chaleur est une grandeur physique qui indique la teneur énergétique d'un corps.

Comme pour toute autre forme d'énergie, l'unité de chaleur est le Joule (J). Il faut une quantité de chaleur $Q = 4200$ J, pour chauffer 1 kg d'eau de 1 K. Comme cette unité d'énergie (1J) est très faible, on utilise fréquemment le kilojoule (kJ) ou le mégajoule (MJ). Dans la construction métallique ou dans le domaine du chauffage chauffage, on indique la chaleur de chauffage en kilowatts heure (kWh) : 1 kWh = 3600 kJ.

Lorsque les relations entre les différentes formes d'énergie ont été étudiées, les physiciens du XIXe siècle ont découvert l'une des lois fondamentales de la nature :

L'énergie ne peut être ni produite ni consommée. Toutes les formes d'énergie peuvent être converties les unes en les autres.

Le terme de **consommation d'énergie** signifie l'utilisation de la différence d'énergie disponible, appelée **exergie** par les physiciens. Le reste d'énergie non utilisable est appelé **anergie**.

Effets de la chaleur

Une bille métallique, qui passait préalablement à travers un anneau, est chauffée. Son diamètre a augmenté de sorte qu'elle reste coincée dans la bague **(fig. 2)**. Pour simplifier, on parle de **dilatation thermique (fig. 3)**. Une tige en cuivre et une tige en polyéthylène sont sollicitées suffisamment doucement pour ne pas se déformer de façon visible. Si on les chauffe avec une flamme, elles commencent à fléchir **(fig. 4)**.

Lorsqu'ils sont chauffés, le volume des métaux et des thermoplastiques augmente et leur résistance diminue.

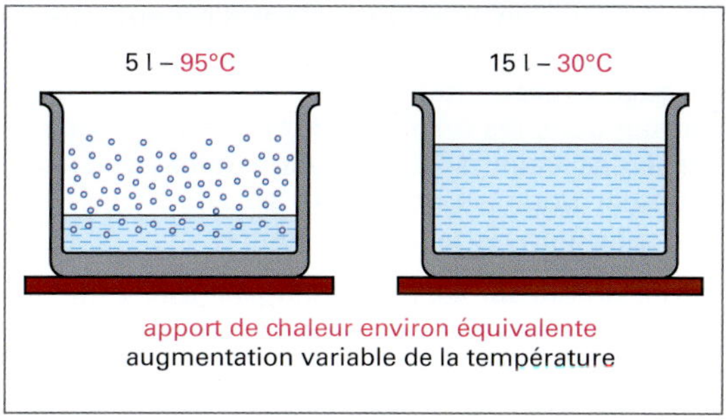

1 Transformation de l'énergie électrique en chaleur

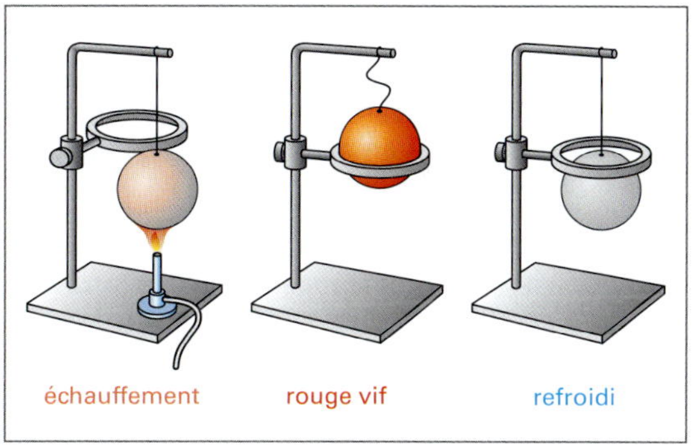

2 Augmentation du volume par échauffement

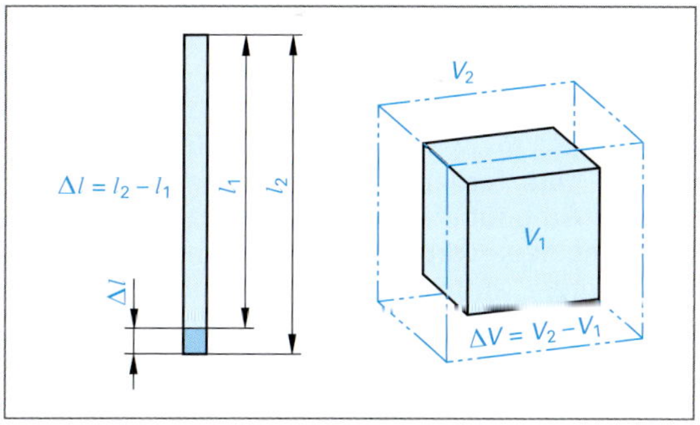

3 Principe de la « dilatation thermique »

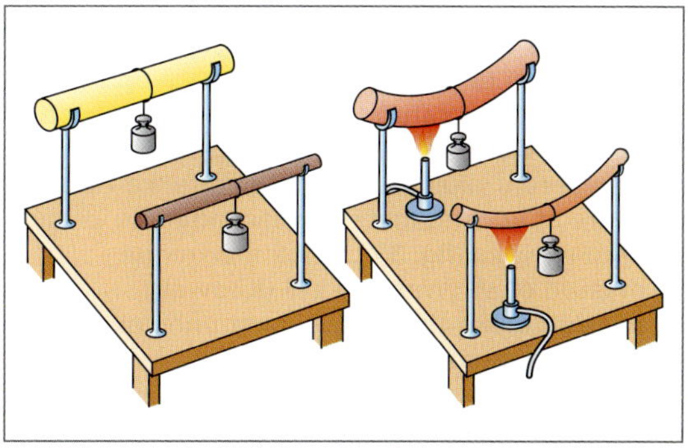

4 Diminution de la résistance en cas d'échauffement

L'augmentation du volume en cas d'échauffement, souvent abrégée en « dilatation thermique » **(fig. 3 en page précédente)** doit toujours être prise en compte dans les ouvrages composés d'éléments ayant des valeurs de dilatation différentes, notamment pour les poutres et appuis longs (voir exemples dans le tableau ci-contre).

Pour empêcher les **dégâts consécutifs à une dilatation thermique**, il convient de prévoir des joints de dilatation, supports libres ou autres mesures pour que les éléments puissent se dilater sans se déformer en cas d'augmentation de la température.

Pour les liaisons rigides des éléments, les forces liées à la dilatation pourraient entraîner des fissures ou la destruction d'ancrages et des fixations. La **perte de résistance** des éléments à température élevée est prise en compte dans les dispositions de protection contre les incendies **(p. 348)**.

19.1.4 Transport de la chaleur

Partout où il y a des **différences de température**, la chaleur s'écoule d'un corps ayant la température la plus élevée vers un corps ayant une température plus basse.

Conductibilité thermique

Si une tige en cuivre et une tige en plastique sont maintenues dans un récipient rempli d'eau chaude, on peut observer que la tige métallique s'échauffe plus vite à son extrémité supérieure que la tige en plastique **(fig. 1)**.

Si l'on place deux blocs d'acier de températures différentes l'un contre l'autre dans un espace fermé, on peut facilement observer le transfert de chaleur. Au bout d'un certain temps, les températures des deux corps se sont équilibrées, mais la température ambiante a également légèrement augmenté **(fig. 2)**. L'énergie cinétique plus élevée des molécules du bloc 1 a incité aussi bien les molécules du bloc 2 que celles de l'air à osciller plus fortement.

Dans les matières solides, le **transport de chaleur** a lieu par **flux thermique**.

La quantité de chaleur Q, qui s'écoule d'un endroit avec une température élevée vers un endroit avec une température basse, s'appelle le **flux thermique** Φ. En cas de passage à travers un mur, il est d'autant plus fort que la différence de température et la conductibilité thermique de la façade sont élevées **(fig. 3)**. Le flux thermique se mesure en W (Watt) ou kW (Kilowatt).

La **conductibilité thermique** λ est une valeur spécifique au matériau (tableau p. 336). Elle correspond au flux de chaleur qui passe à travers 1 m² d'une cloison de 1 m d'épaisseur pour une différence de température de 1 K **(fig. 3)**.

Dilatation longitudinale α_1 (coefficients de dilatation linéaires)

	α_1 en $\frac{m}{m \cdot k} \cdot 10^{-6}$	Plage de température °C
Aluminium	23,8	0 ... 100
	137,0	100 ... 500
Acier	12,0	0 ... 100
	70,6	100 ... 500
Béton	11 ... 12	
Plâtre	25	0 ... 100
Briques	3,6 ... 5,8	

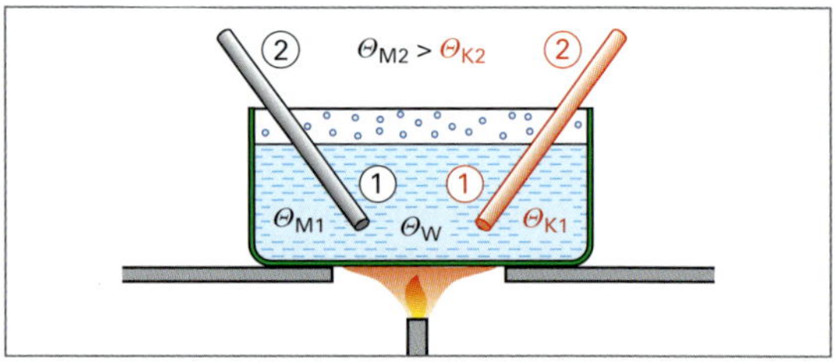

1 Différentes conductibilités thermiques en fonction du matériau

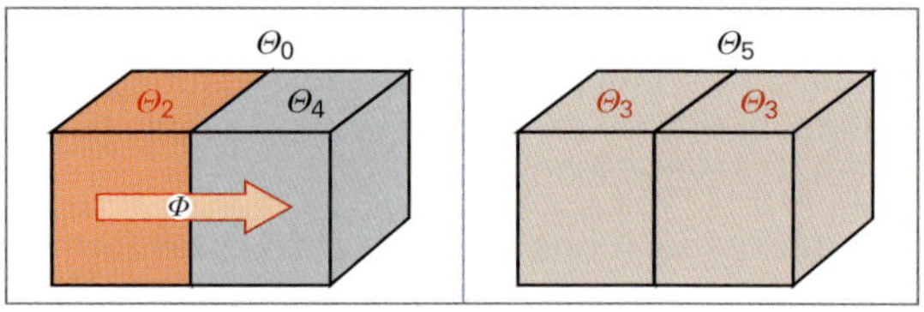

2 Modèle de conductibilité thermique

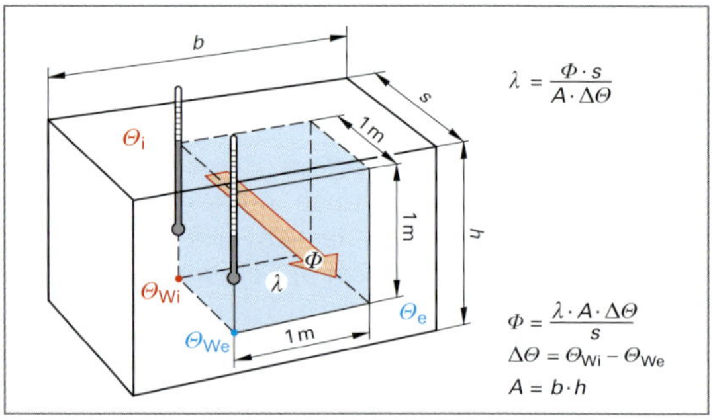

3 Détermination de la conductibilité thermique

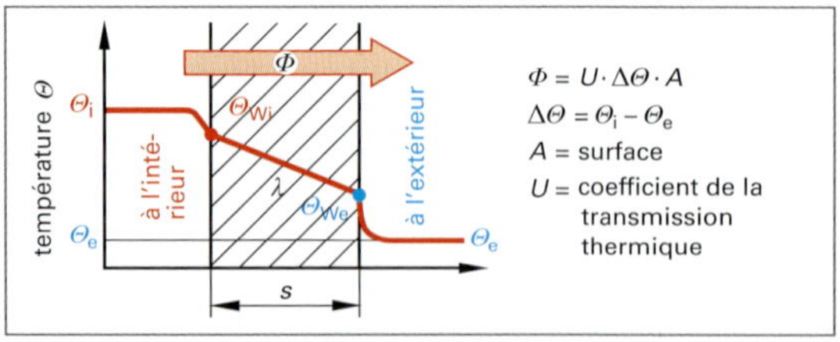

4 Courbe de température dans une façade

Convection

Une circulation d'air est produite dans une pièce chauffée par un radiateur **(fig. 1)**.

A l'endroit où l'air est chauffé, l'agitation thermique des molécules augmente et fait augmenter le volume. L'air chauffé a une densité plus faible et circule vers le haut. L'air plus froid descend. Il en résulte une circulation. Un phénomène semblable se produit avec les liquides.

> Le transport de chaleur dans les liquides et les gaz se produit en substance par **déplacement de chaleur (convection)** du fluide qui circule.

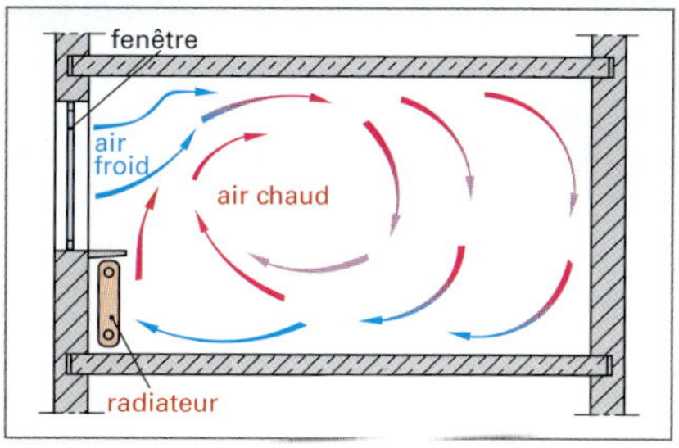

1 **Circulation de l'air dans une pièce chauffée**

Transfert de chaleur

Pendant la période de chauffage, une fine couche d'air se forme à l'intérieur et à l'extérieur, plus froide ou plus chaude que l'environnement. Comme cela influence le transfert de chaleur de l'environnement à la façade, on a introduit les résistances au transfert de chaleur Rs. Elles dépendent des conditions d'écoulement et ont été déterminées par des essais **(fig. 3)**.

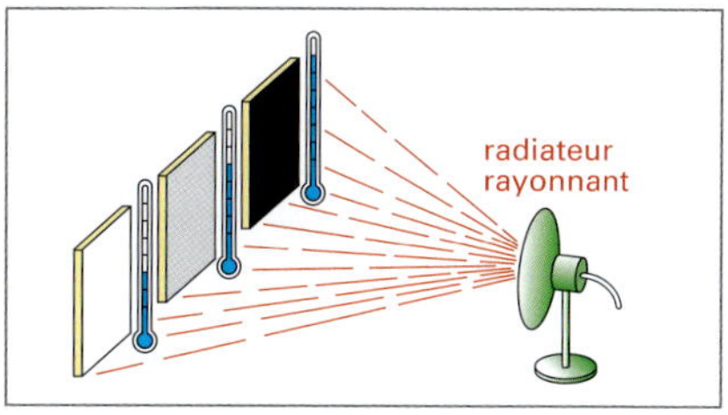

2 **Absorption différente des rayons thermiques**

Rayonnement thermique

Le transfert de chaleur par rayonnement est plus difficile à calculer. Le fait que le rayonnement solaire chauffe la terre, après des millions de kilomètres à travers l'espace où règne le vide, démontre que les rayons thermiques n'ont pas besoin de milieu de transmission.

Si on laisse le soleil irradier trois planches, une noire, une grise et une blanche, elles chauffent différemment. En mesurant les températures, on relève la plus élevée sur la planche noire et la plus basse sur la blanche **(fig. 2)**. Une surface sombre emmagasine donc plus de chaleur de rayonnement (absorption) qu'une claire. Une surface claire en renvoie plus (réflexion).

> La quantité de chaleur transmise par rayonnement ne dépend que de la différence de température et de la nature de la surface des corps irradiés.

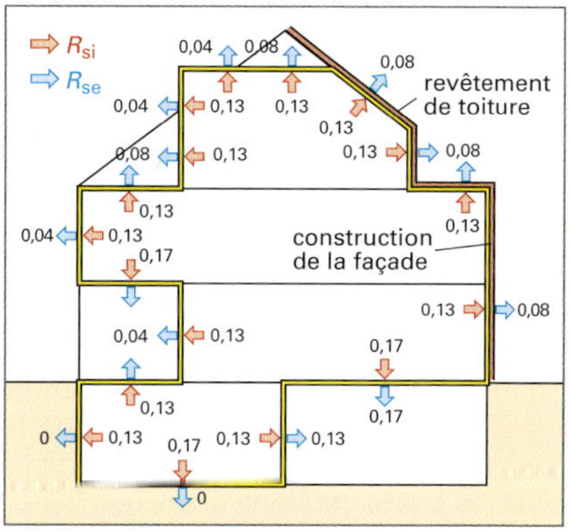

3 **Résistances au transfert de chaleur**

Transfert de chaleur

Alors que la conductibilité thermique et le transfert de chaleur sont regroupés et calculés dans la **valeur *U* (fig. 4)**, le rayonnement de chaleur est pris en compte avec des valeurs additionnelles dans le calcul normalisé du besoin en chaleur.

La performance d'isolation d'un élément de construction dépend de sa **capacité à freiner le passage de la chaleur *R*** et sa **résistance thermique RT.**

Le **coefficient de transfert de chaleur *U*** prend en compte la résistance au passage de chaleur *R* et les résistances au transfert de chaleur R_{si} et R_{se}. En physique du bâtiment, le coefficient de transfert de chaleur *U* (valeur *U*) est la plus importante dans la protection thermique **(fig. 4)** ; (exemples en page suivante).

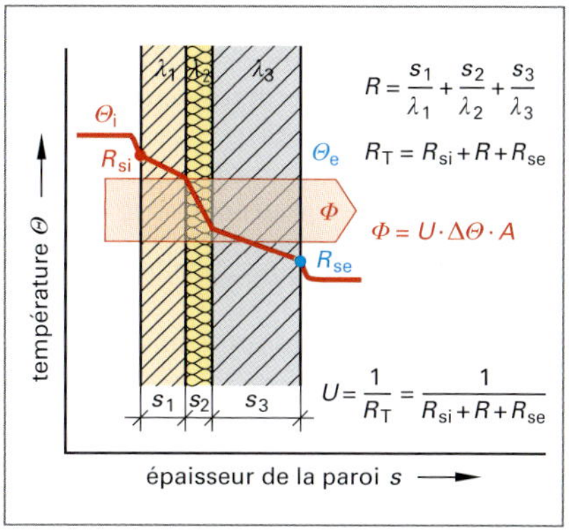

4 **Courbe de température et flux thermique dans une façade à 3 couches**

19.1.5 Isolation thermique des bâtiments

La comparaison des conductivités thermiques de différents matériaux (tableau) montre que les matériaux de construction comportant de petits pores remplis d'air conduisent le moins la chaleur. Ils ont ainsi le meilleur effet d'isolation thermique. En revanche, la résistance d'un bâtiment est garantie par des matériaux de construction ayant une densité plus élevée. Lors de la construction de bâtiments, il convient d'harmoniser la résistance constructive, une bonne isolation thermique et des coûts de construction réduits.

Matériaux de construction isolants

Si l'on veut comparer la capacité d'isolation thermique de deux matériaux, on peut utiliser la formule simplifiée de conductibilité thermique (voir exemple ci-contre). A épaisseur de mur égale, le béton normal laisse passer sept fois plus de chaleur que le béton léger, dont les pores emprisonnent de l'air (mauvais conducteur de chaleur).

Le flux de chaleur provenant de l'intérieur des bâtiments et passant par les murs vers l'air extérieur dépend, entre autres, du transfert de chaleur entre l'air et les murs, c'est-à-dire de l'humidité de l'air et des mouvements d'air. Les matériaux de construction ne peuvent influencer que la conduction de la chaleur à travers les murs. La capacité d'isolation thermique d'un matériau est d'autant plus grande que sa conductivité thermique est faible.

Les matières organiques comme le bois, les plastiques et les matériaux de construction légers et poreux ont une bonne capacité d'isolation thermique.

Mesures constructives d'isolation thermique

Toute réflexion sur l'isolation thermique et acoustique doit tenir compte du fait que les éléments du bâtiment ont d'autres fonctions. Cela signifie que les murs doivent absorber les charges, que les portes doivent pouvoir s'ouvrir facilement et que les fenêtres doivent laisser entrer suffisamment de lumière du jour. Seule la combinaison de matériaux liés à la fonction et de matériaux isolants permet de répondre à toutes les exigences. Le **coefficient de transmission thermique *U*** s'est imposé comme critère d'évaluation de la performance d'isolation thermique d'un élément de construction **(page précédente et fig. 1)**.

La valeur λ indiquée par le fabricant permet de comparer la capacité d'isolation thermique des éléments. Une valeur λ basse donne une bonne isolation thermique.

Comme les portes et fenêtres ont des valeurs *U* plus importantes que les murs, elles affaiblissent l'isolation thermique globale de l'enveloppe du bâtiment et nécessitent des mesures constructives particulières **(fig. 1 et en page suivante)**.

Conductibilité thermique des matériaux de construction

Matériaux de construction	densité brute ϱ; $\frac{kg}{m^3}$	conductibilité thermique λ; $\frac{W}{m \cdot K}$
Béton normal	2400	2,10
Béton léger	1000	0,38
Brique pleine, brique creuse	1200	0,52
Brique légère	700	0,30
Briques silico - calcaire	1800	0,99
Briques pleines en béton léger	1200	0,54
Briques creuses en béton léger	800	0,39
Blocs de béton cellulaire	800	0,18
Enduit de chaux	1800	0,87
Enduit de ciment	2000	1,40
Enduit de plâtre à la chaux, enduit en plâtre	1400	0,70
Epicéa, sapin, pin	600	0,13
Stratifié	600	0,15
Panneaux légers en fibre de bois	400	0,093
Béton cellulaire	15 ... 30	0,18
Isolants fibreux	8 ... 500	0,035 ... 0,05
Verre	2500	0,81
Acier	7500	60
Aluminium	2700	200
Air	1293	0,026
Eau	1000	0,6

Exemple : Isolation thermique et épaisseur de mur

Comparez la valeur *U* d'un mur épais de 20 cm en béton avec un mur en béton cellulaire.

R_{si} et R_{se} fig. 336-3
R tabelle cidessus

Résistance thermique pour le béton :

$$R = \frac{d_1}{\lambda_1} = \frac{0{,}24\ \text{m}}{2{,}1\ \frac{\text{W}}{\text{m} \cdot \text{K}}} = 0{,}114\ \frac{\text{m}^2 \cdot \text{K}}{\text{W}}$$

résistance thermique pour le béton cellulaire :

$$R = \frac{d_1}{\lambda_2} = \frac{0{,}24\ \text{m}}{0{,}14\ \frac{\text{W}}{\text{m} \cdot \text{K}}} = 1{,}714\ \frac{\text{m}^2 \cdot \text{K}}{\text{W}}$$

$$U_{\text{béton}} = \frac{1}{R_{si} + R + R_{se}} = \frac{1\ \text{W}}{(0{,}13 + 0{,}12 + 0{,}04)\ \text{m}^2\text{K}} = 3{,}45\ \frac{\text{W}}{\text{m}^2\text{K}}$$

$$U_{\text{béton cellulaire}} = \frac{1\ \text{W}}{(0{,}13 + 1{,}714 + 0{,}04)\ \text{m}^2\text{K}} = 0{,}531\ \frac{\text{W}}{\text{m}^2\text{K}}$$

Cela signifie qu'un mur en béton cellulaire ne perd qu'environ un septième de la chaleur par rapport à un mur en béton de même épaisseur.

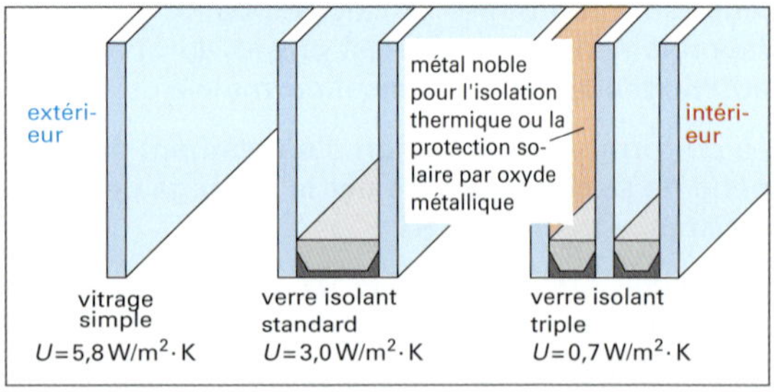

1 Comparaison de la capacité d'isolation thermique de différents vitrages isolants (cf. tab. 1 en page suivante)

Isolation thermique d'éléments de construction

Les **fenêtres** affaiblissent les murs porteurs et réduisent leur fonction d'isolation thermique. Leur construction et leur taille sont un compromis entre l'éclairage naturel des pièces, les exigences en matière d'isolation thermique et acoustique. Comme les profilés métalliques conduisent bien la chaleur, il faut couper les ponts de froid par des vides d'air ou des éléments moins conducteur de chaleur tels que les profilés plastique **(fig. 1)**.

Aujourd'hui, les cadres pour **fenêtres métalliques** sont principalement fabriqués en aluminium **(fig. 1)**. L'inconvénient de sa capacité de conductivité thermique élevée peut être atténué par l'insertion d'un profilé isolant en plastique entre les parties intérieure et extérieure du profilé aluminium. Les cavités remplies d'air garantissent en outre l'isolation thermique. On évite ainsi un pont thermique et la condensation ne peut pas se former à l'intérieur.

Le **vitrage isolant (fig. 1 en page précédente)** diminue fortement les pertes de chaleur causées par les grandes surfaces vitrées. L'espace intermédiaire est rempli avec de l'air sec ou un autre gaz. Une très fine couche en métal noble sur le coté intérieur du vitrage assure la réflexion de la chaleur vers l'intérieur pour les **verres de protection thermique avec revêtement**. La sensation de froid à proximité du vitrage est ainsi fortement diminuée. Pour toutes les fenêtres, un montage minutieux doit garantir des joints hermétiques. Des exigences particulières sont imposées aux bâtiments de grande hauteur.

Les **portes extérieures** doivent résister aux intempéries et garantir la sécurité (anti-effraction), mais ne pas constituer un obstacle pour les personnes autorisées à entrer et sortir. Leurs joints doivent être suffisamment étanches pour qu'il n'y ait pas de pertes thermiques dues à des courants d'air.

Les **portes intérieures** doivent se fermer silencieusement et ne pas laisser passer de courants d'air.

Les **murs** remplissent essentiellement les fonctions suivantes :

- Supporter les charges du bâtiment et leurs transferts vers les fondations (murs porteurs) ;
- Division des étages en pièces individuelles ;
- Protection contre la pluie et les eaux souterraines ;
- Empêcher les pertes de chaleur vers l'extérieur mais aussi à l'intérieur du bâtiment ;
- Protection contre les bruits extérieurs et contre ceux des voisins ;
- Empêcher la propagation du feu et des fumées par une protection efficace contre les incendies.

Un mur épais avec de petites fenêtres (mais avec une étanchéité moderne) comme au Moyen-âge pourrait satisfaire toutes les exigences. Grâce à sa grande capacité d'accumulation de la chaleur, il rendrait en outre inutile le chauffage pendant les entre-saisons mais apporterait peu de lumière du jour.

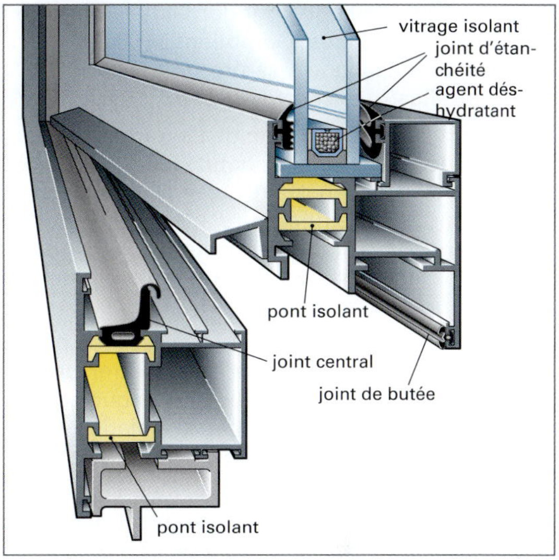

1 Fenêtre en aluminium avec cadre et vitrage isolants, valeur *U* env. 1,2 W/m²K

Tableau 1 : Fenêtre à vitrage multiple – Exemples

	Valeur U_g (W/m²K)	Translucidité (%)	Epaisseur minimale (mm)
Verre isolant	1,9	77	20
Double vitrage	1,4 ... 1,6	70 ... 77	20 bei 12 mm SZR 24 bei 16 mm SZR
Triple vitrage	0,7 ... 0,9	66 ... 77	28 bei 2 × 8 mm SZR 32 bei 2 × 10 mm SZR

Tableau 2 : Portes de fermeture – Exemples

	Valeur *U* (W/m²K)	masse resp. surface (kg/m²)	Mesure d'insonorisation (dB (A))
Porte pleine en bois env. 50 mm	2,3	35	31
Porte de sécurité en acier, 55 mm avec remplissage d'isolant	1,0	60	40
Porte avec cadre en métal léger et vitrage de grande surface en			
- verre armé 7 mm	5,5	18	24
- verre isolant double 20 mm	3,5	20	25
- nid d'abeille en polyester 24 mm	2,7	15	22
- 60 mm remplissage isolant	1,1	20	25

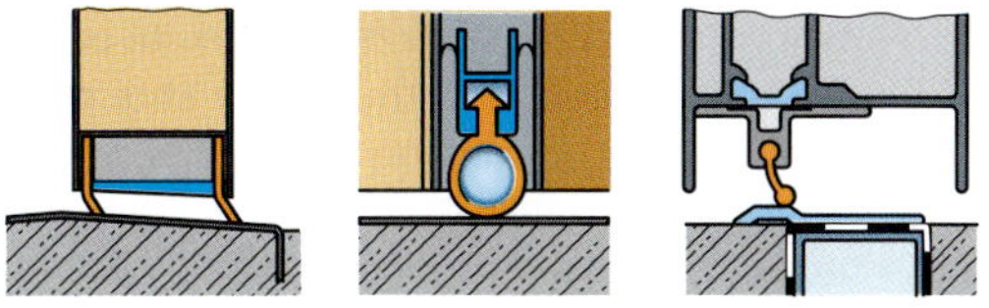

2 Solutions constructives pour étanchéifier des portes à des fins d'isolation thermique et d'insonorisation

Dans les constructions modernes, l'architecte choisit des **structures composites**. On obtient ainsi des murs à plusieurs couches dont chacune a sa propre fonction **(fig. 1)**. La valeur *U* du mur illustré ci-contre est p. ex. de 0,4 W/m²K.

La vapeur d'eau, qui résulte de l'expiration et de la transpiration dans toutes les pièces habitées, doit pouvoir s'échapper. Il faut aérer régulièrement ou rendre les murs perméables à la vapeur. Si la température à l'intérieur du mur baisse en dessous de 10°, il faut soit installer un pare-vapeur **(fig. 1)** soit prévoir une aération de part et d'autre de l'élément dans lequel se produit la condensation **(fig. 2)**.

Outre leur fonction esthétique, les façades ont pour mission d'empêcher la pluie battante de pénétrer dans le mur extérieur et d'améliorer l'isolation thermique. L'espace entre la couche extérieure et la couche d'isolation thermique ou le mur est ventilé dans les façades froides **(fig. 2)**.

Les **plafonds** doivent en premier lieu supporter les charges des pièces. L'isolation thermique n'est nécessaire que sous les espaces non chauffées et au-dessus des caves et des passages ouverts **(fig. 3)**.

Accumulation de chaleur dans les éléments de construction

Les différents matériaux ne conduisent pas seulement la chaleur de manière différente, mais ils absorbent aussi des quantités différentes de chaleur et peuvent la stocker plus ou moins longtemps.

On chauffe à la même température une brique, un bloc d'acier et un bloc de plastique ayant les mêmes masses. On immerge ensuite chaque bloc dans un récipient rempli de la même quantité d'eau à 20 °C. Une fois que la température s'est équilibrée, on mesure les températures de l'eau et on constate que les trois matériaux l'ont échauffée différemment. Ceci démontre que la **capacité thermique** spécifique (propre à chaque matériau) est différente.

Plus elle est grande, plus la capacité d'accumulation de chaleur d'un élément de construction est élevée (voir tableau ci-dessous).

Contrôlez vos connaissances

1 Citez les différentes raisons pour lesquelles les économies d'énergie sont devenues importantes au cours des dernières décennies.

2 Citez les mesures d'isolation thermique auxquelles le constructeur métallique pourrait être confronté dans l'exercice de son métier.

3 Quelles difficultés risque-t-on de rencontrer lors de la construction d'un ouvrage et du montage de ses différents éléments (p. ex. fenêtres) si l'on ne pense pas aux différentes dilatations thermiques des matériaux de construction ?

4 Expliquez la différence entre chaleur et température.

5 Décrivez les trois possibilités différentes de transfert de chaleur et leur importance pour chaque partie d'un bâtiment.

6 De quelles grandeurs physiques dépend la conduction thermique à travers un mur ?

7 Qu'est-ce qui assure l'isolation thermique des fenêtres à double vitrage et à quoi faut-il faire attention lors de l'installation de telles fenêtres ?

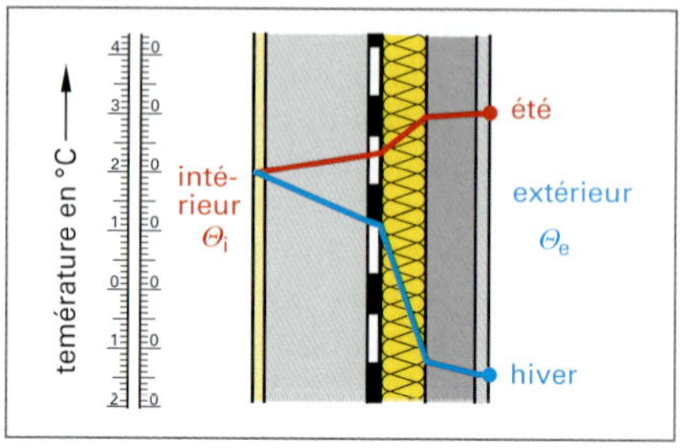

1 Courbe de température d'un mur extérieur double, en été et en hiver (valeurs ponctuelles)

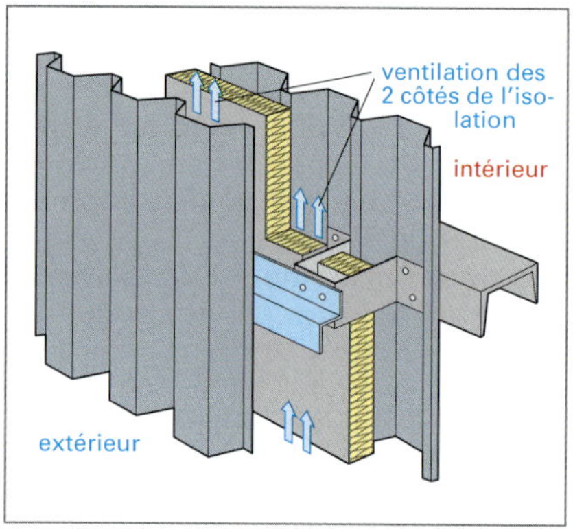

2 Construction d'un mur à plusieurs couches avec ventilé thermique, et tôle trapézoïdale

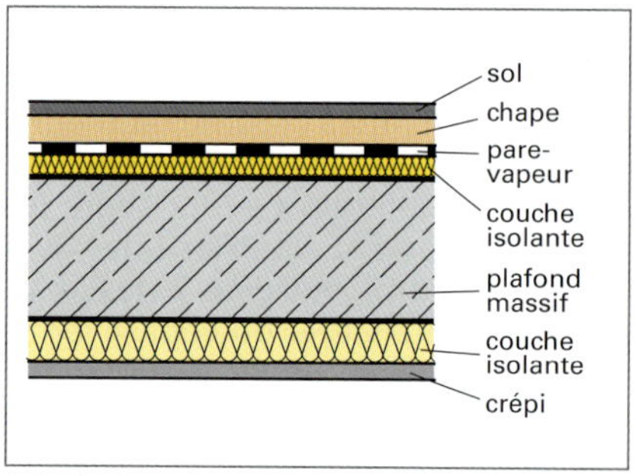

3 Isolation thermique d'un plafond en béton armé au-dessus d'un passage ouvert

Capacité thermique spécifique *c* en $\frac{kJ}{kg \cdot K}$

Aluminium	0,89	Grès	0,92
Béton	0,88	Argent	0,23
Plomb	0,13	Acier de construction	0,48
Glace	2,0	Eau	4,19
Fonte grise	0,54	Vapeur d'eau	2,05
Fioul domestique 2,05		Zinc	0,39
Cuivre	0,38	Air	1,0
Bois	2,4		
Isolation	0,8	das ≙ 1,30 $\frac{kJ}{m^3 \cdot K}$	

19.1.6 Economie d'énergie

L'Ordonnance sur l'énergie (OEne) existe depuis 2001 et a été révisée à plusieurs reprises. Elle s'applique aux bâtiments nouvellement construits ou aux rénovations. Les ordonnances ayant pour but de faire baisser la consommation de fioul domestique et de carburant ont généré des innovations significatives pour l'amélioration du rendement d'installations, de machines, de véhicules et dans l'isolation thermique de bâtiments. L'objectif est de réduire les pertes entre l'énergie primaire et l'énergie finale (utile) **(fig. 1)**.

De nombreuses observations sur le réchauffement climatique ont conduit à la certitude que le dioxyde de carbone, produit lors de la combustion des sources d'énergie fossiles, s'accumule dans la haute atmosphère et contribue à ce réchauffement (effet de serre). Cet argument de poids s'est ajouté en faveur des mesures d'économie de l'énergie de chauffage.

Principes de l'ordonnance sur l'énergie (OEne)

L'exigence principale de l'OEne réside dans la **limitation du besoin en énergie primaire**, pour tous les nouveaux bâtiments. Les températures intérieures sont fixées selon le type d'utilisation du bâtiment.

La combinaison des mesures technique d'installation, d'alimentation et de construction permettant de réduire le besoin en énergie primaire pour le chauffage des bâtiments.

En Suisse, il existe 2 possibilités pour satisfaire aux exigences liées aux besoins énergétiques des bâtiments:

Ces exigences sont définies dans la norme SIA 380/1

1. Le justificatif ponctuel qui fixe les valeurs U limites pour chaque élément de l'enveloppe du bâtiment (murs, toiture, ...)
2. Le justificatif global (bilan énergétique) qui prend en compte

- les déperditions par transmission QT
- les déperditions par ventilation QV
- les apports solaires
- les apports des personnes
- apports des appareils électriques
- l'orientation du bâtiment
- le climat (fichier météo)
- le rapport de forme entre la surface chauffée (SRE ou AE) et la surface de l'enveloppe extérieure (Ath)

Le justificatif ponctuel et plus simple donc moins cher, mais plus exigent. On l'utilise surtout pour de petites constructions ou rénovations.

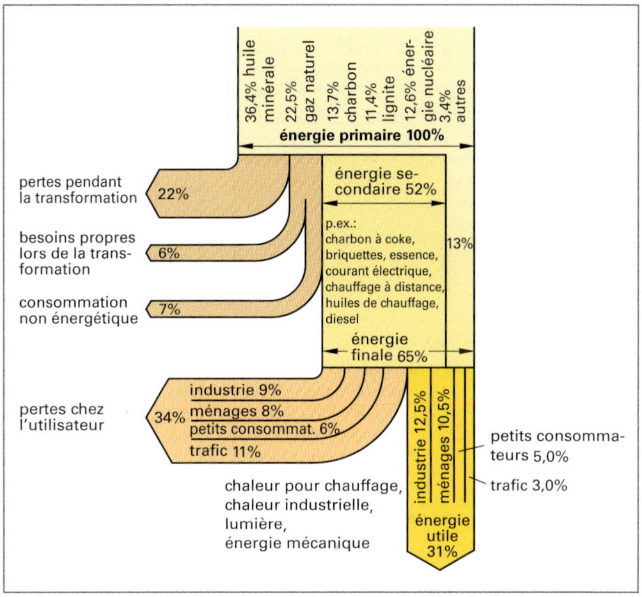

1 De l'énergie primaire à l'énergie utile (exemple - Allemagne)

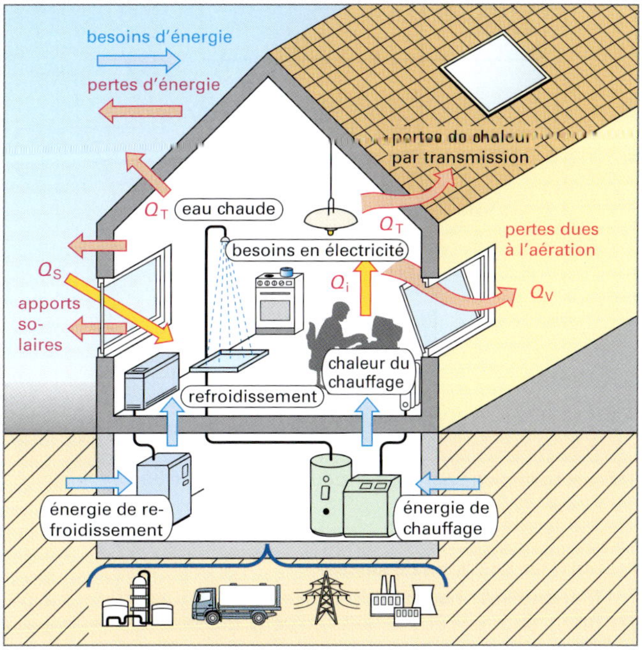

2 Eléments du bilan énergétique

La base de calcul sont les **besoins en chaleur pour le chauffage et** pour l'eau chaude sanitaire ECS.

Ce besoin doit être calculé dans le cadre de l' avant-projet à partir de l'usage du bâtiment. Pour cela, tous les gains et toutes les pertes sont additionnés pour obtenir un besoin en énergie de chauffage provisoire **(fig. 2)**. S'il est supérieur à la valeur maximale prescrite, le projet doit être retravaillé. Une mesure consisterait à améliorer la protection thermique, ce qui ferait baisser le besoin en énergie de chauffage ; on pourrait aussi planifier une installation de chauffage plus efficace.

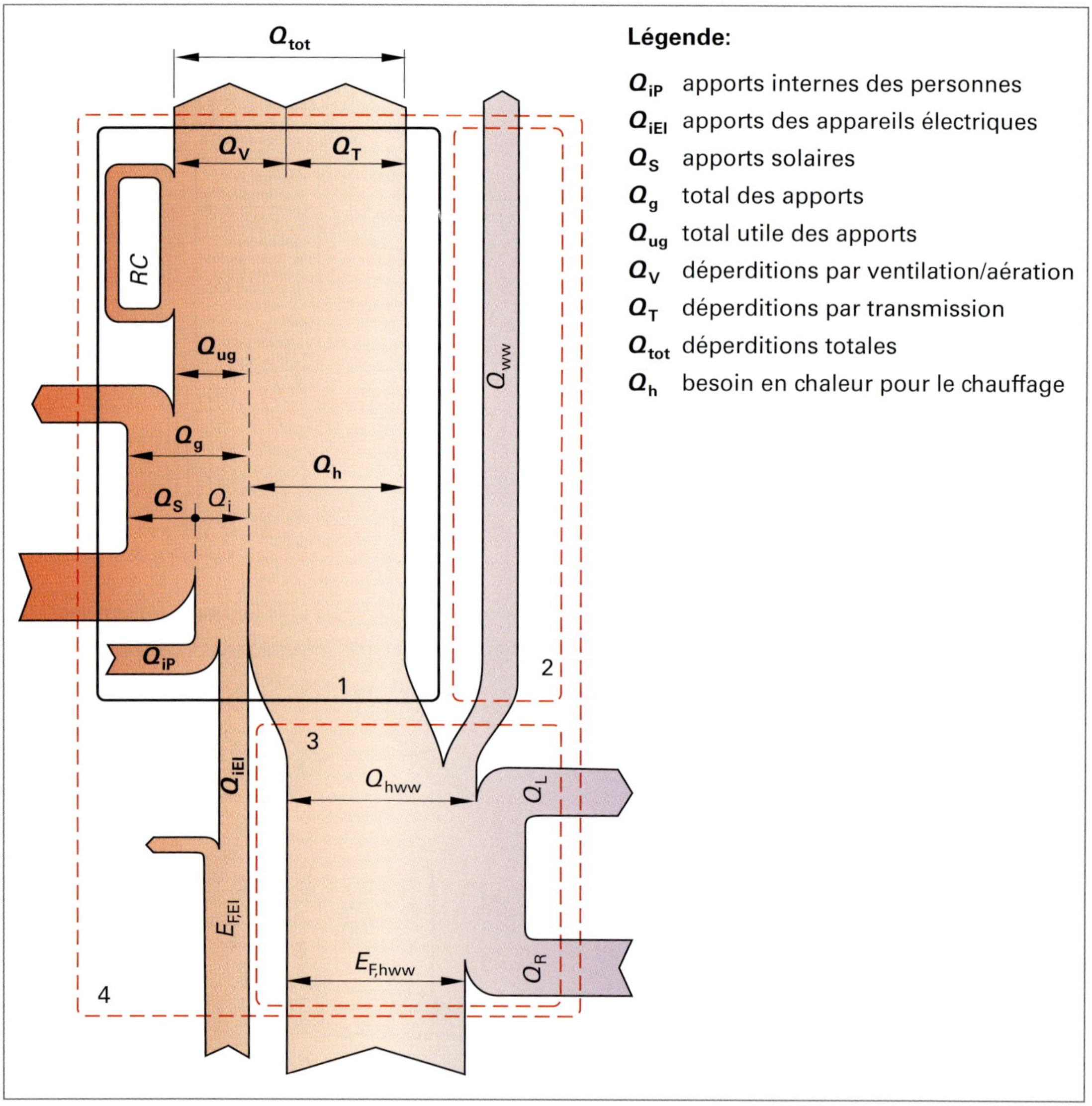

1 Schéma du flux énergétique pour déterminer le besoin finale en énergie (simplifié)

Contrôlez vos connaissances

1 Par quoi la consommation énergétique d'un bâtiment peut-elle être réduite en vertu des prescriptions de l'OEne ?

2 Où intervient le constructeur métallique dans le bilan énergétique ?

19.2 Protection contre l'humidité

Pour que les murs porteurs conservent leur résistance et que les éléments d'isolation thermique et acoustique assurent leur fonction, ils ne doivent pas devenir humides.

Les mesures de protection contre l'humidité doivent empêcher que la vapeur d'eau ne condense sur ou dans les murs ou que l'eau ne pénètre dans les murs par l'extérieur.

L'air peut absorber une certaine quantité de vapeur d'eau, jusqu'à ce que l'humidité **maximale de l'air** v_{sat} (en g/m³) soit atteinte pour une température correspondante.

L'humidité absolue de l'air v (en g/m³) est la quantité de vapeur d'eau dissoute dans l'air. Elle est en règle générale inférieure à la quantité de saturation.

Comme l'air peut absorber plus de vapeur quand la température augmente, **l'humidité relative** φ de l'air est utilisée en tant que grandeur de comparaison.

humidité relative de l'air = $\frac{\text{humidité absolue de l'air}}{\text{humidité maximale de l'air}}$

$$\varphi = \frac{v}{v_{sat}} \cdot 100\ \%$$

Les valeurs sont lues dans le diagramme de l'air humide **(fig. 1)**. Des tableaux sont utilisés pour des calculs plus précis.

Lors d'une expérience, l'air humide est refroidi dans un récipient fermé à l'aide de glace fondante. On peut ainsi montrer que la quantité de vapeur d'eau est inférieure à la quantité de saturation et qu'elle se condense sur les parois **(fig. 1 et 2)**.

Diffusion de la vapeur d'eau

Dans les bâtiments, l'humidité de l'air est principalement produite par les personnes – environ 1 l par jour dans des conditions normales. A l'extérieur la concentration de la vapeur d'eau dans l'air dépend des conditions météorologiques.

Pendant les mois d'hiver, la pression partielle de la vapeur d'eau à l'intérieur du bâtiment est plus grande qu'à l'extérieur. En raison de la différence de pression, les molécules de vapeur d'eau migrent vers extérieur à travers le mur car la plupart des matériaux de construction sont perméables à la vapeur d'eau **(fig. 3)**.

Dans les cas défavorables, le **point de rosée** est atteint à l'intérieur du mur et l'eau condense **(fig. 1)**. Cette période s'appelle période de rosée par opposition à la période d'évaporation pendant les mois d'été.

La formation de condensation peut être calculée ou déterminée graphiquement. Ceci est représenté de façon simplifiée en **fig. 4**. Les courbes des pressions de saturation et des pressions partielles sont tracées dans une section de mur. Si la pression de saturation et la pression partielle sont égales, il y a condensation.

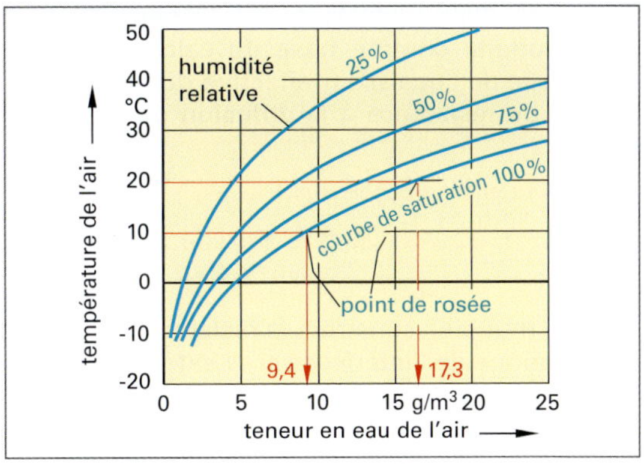

1 Humidité de l'air et point de rosée

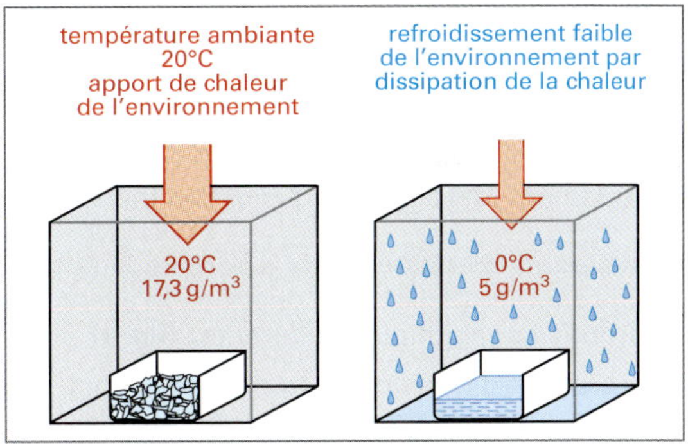

2 Refroidissement de 1 m³ d'air

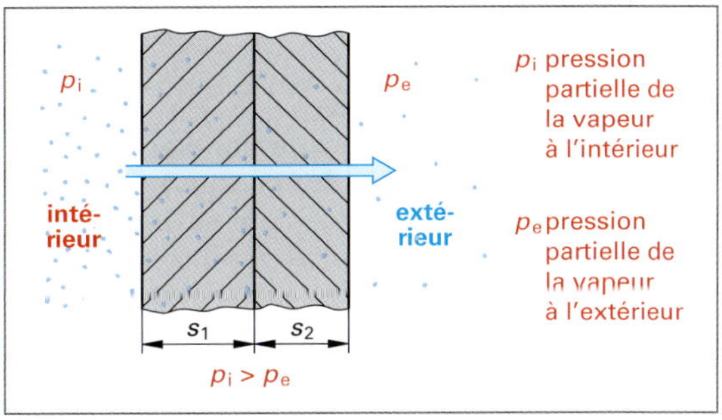

3 Gradient de concentration de la vapeur d'eau dans l'air (période de rosée)

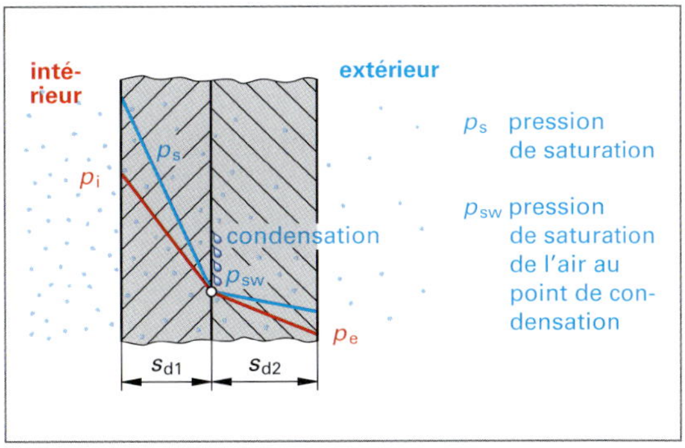

4 Formation de condensation dans un mur

La **couche d'air équivalente à la vapeur d'eau s_d** est introduite comme base de calcul ; elle est composée de l'épaisseur effective du mur s et de **l'indice de résistance à la diffusion de la vapeur d'eau μ** :

$$s_d = d \cdot \mu$$

Pour un mur bien construit, la résistance à la diffusion diminue de l'intérieur vers l'extérieur **(tab. 2)**

Ponts thermiques

Un support en acier dans le mur extérieur peut provoquer de la condensation sur le mur intérieur. L'acier forme un pont thermique, familièrement appelé « pont de froid ». Un matériau isolant sur le crépi extérieur peut réduire cet effet **(fig. 1)**.

Un **pont thermique** est une zone qui présente localement une faiblesse d'isolation thermique.

- Les ponts thermiques liés aux matériaux sont dus à des matériaux de construction ayant des propriétés thermiques différentes **(fig. 1)**.
- Les ponts thermiques géométriques sont dus à une augmentation de la surface émettrice de chaleur par rapport à la surface absorbante, p. ex. une dalle de balcon en saillie ou un angle de bâtiment **(fig. 2)**.

Formation de moisissures

Une formation permanente de condensation sur un mur intérieur trop froid crée une surface humide sur laquelle de la poussière se dépose. Les moisissures y trouvent un terrain propice à leur développement. Pour éviter les moisissures sur un mur, la surface intérieure doit avoir une température d'au moins 12,6 °C. Si de la moisissure se forme malgré tout cela signifie que, l'air de la pièce est trop humide qu'il y a des défauts de construction.

Contrôlez vos connaissances

1 Qu'entend-on par point de rosée ?

2 Expliquez la cause de moisissure sur une surface intérieure froide d'un mur.

3 Dans quelle situation doit-on prévoir une ventilation des éléments d'une façade ?

4 Comment éviter les ponts thermiques ?

5 Comment évite-t-on la formation de condensation lors de la diffusion de vapeur d'eau ?

Tableau 1 : Indices de résistance à la diffusion de la vapeur d'eau de certains matériaux de construction

Matériaux de construction	μ
Air	1
Mortier de ciment et chaux, chape en ciment	15 ... 35
Béton normal	70 ... 150
Brique pleine, brique creuse	5 ... 10
Panneaux légers en fibre de bois	2 ... 5
Laine de roche	1
Mousse de polystyrène expansé	30 ... 70
Lés bitumeux selon DIN 52128	10000 ... 80000

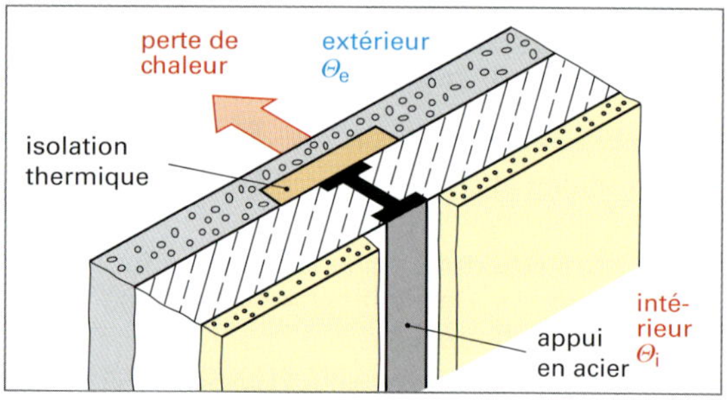

1 Pont thermique

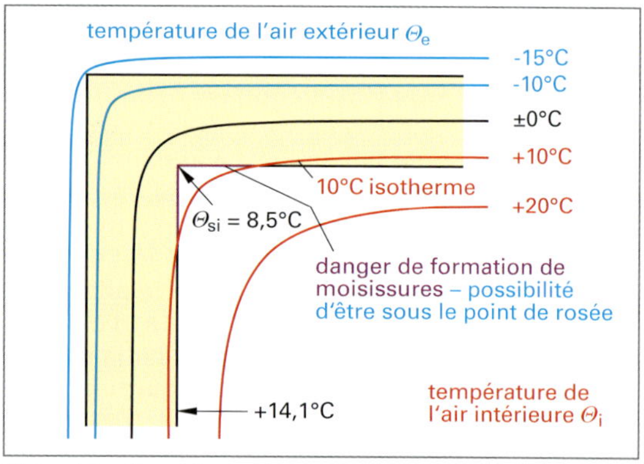

2 Tracé isothermique d'un pont thermique

Tableau 2 : Critères de la résistance à la diffusion

Effet de la couche d'élément	s_d
Perméable	$s_d \leq 0{,}5$ m
Partiellement perméable	0,5 m < s_d < 1500 m
Imperméable	$s_d \geq 1500$ m

19.3 Isolation acoustique

Les événements sonores sont par exemple le tonnerre d'un orage et les explosions, le son d'un instrument de musique, les paroles fortes et le bruit des machines et des véhicules à moteur **(fig. 1)**.

On appelle son (bruit) tout ce que l'oreille perçoit.

Après une exposition au bruit continue et forte (immission), des pertes d'audition ainsi que des troubles gastriques, cardiaques et circulatoires ont été constatés chez des personnes travaillant dans des entreprises industrielles ou sur des chantiers, mais aussi dans des immeubles d'habitation situés à proximité de grands axes de circulation.

➔ Un **bruit fort** et permanent est **dangereux pour la santé** des personnes, fait baisser la concentration et l'efficacité et augmente ainsi le risque d'accident.

Dès la construction des bâtiments, il convient de planifier et de construire de manière à ce que la diffusion et la propagation du son soient réduites par l'insonorisation.

L'insonorisation englobe toutes les mesures qui empêchent ou réduisent le bruit gênant dans l'environnement des personnes.

La production et la propagation du son peuvent être décrites par des lois physiques. La perception (subjective) du son, qui varie d'un individu à l'autre, joue toutefois un rôle décisif dans les effets du son sur l'être humain.

19.3.1 Apparition du son

Lorsque l'on frappe un diapason, on voit que les fourches exécutent des **oscillations** autour d'une position d'équilibre. Petit à petit, le son diminue pour disparaître complètement **(fig. 2)**.

Si l'on frappe un diapason sur lequel on a fixé des aiguilles et qu'on les passe sur une plaque couverte de suie, il en résulte des lignes ondulées. Elles illustrent **l'oscillation**.

Un gong ou une plaque en tôle sont frappés avec des marteaux de matériaux différents. Ils émettent des sonorités et des amplitudes différentes.

Le son est produit si des corps entrent dans des mouvements d'oscillations rapides.

Le son se propage de façon homogène autour d'une **source sonore** s'il ne rencontre pas d'obstacle **(fig. 2 et 4)**.

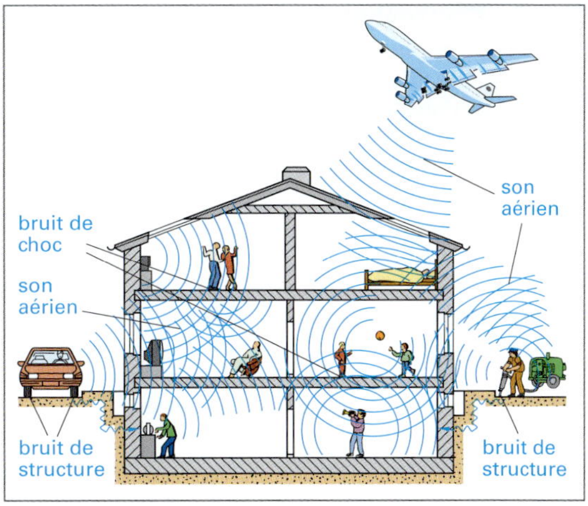

1 Nuisances sonores provenant de différentes sources

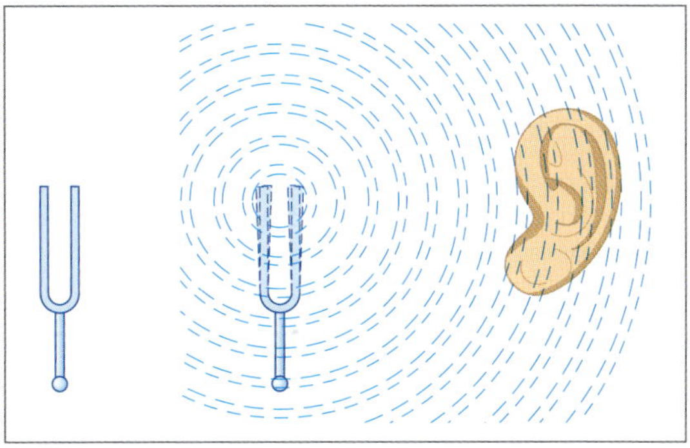

2 Production et propagation d'ondes sonores

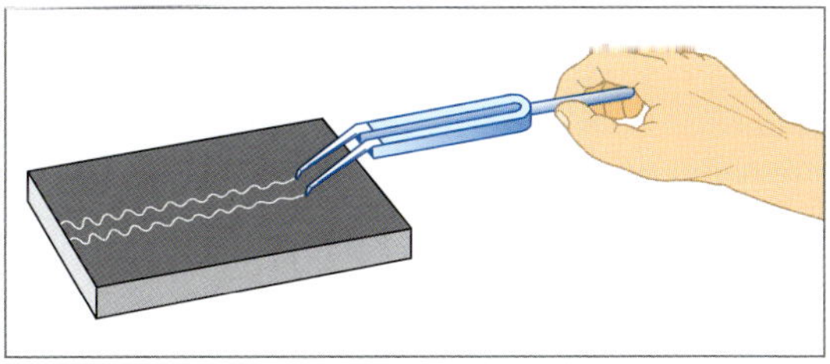

3 Enregistrement des oscillations d'un diapason

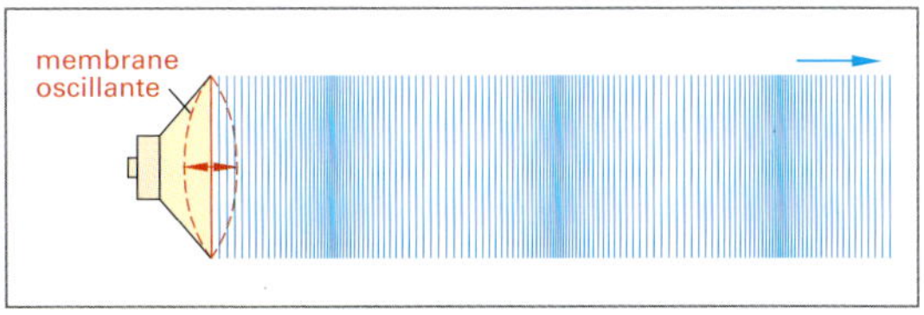

4 Production d'ondes sonores par les coups de pression d'une membrane oscillante

19.3.2 Propagation du son

Le son se propage si les molécules d'une matière entrent en oscillation grâce aux ondes de pression. Le **bruit aérien** peut se produire grâce aux oscillations de la membrane d'un haut-parleur, la **source du son (fig. 1)**. Des compressions périodiques de l'air ont alors lieu. Elles se propagent sous forme **d'ondes sonores** jusqu'à ce que les oscillations soient amorties par un obstacle ou par frottement.
Le bruit aérien se propage sous forme **d'onde longitudinale**. Les particules vibrent alors dans le sens de propagation en avant et en arrière **(fig. 1)**.
Les membranes et cordes, mais aussi les cloisons, les fenêtres et les plafonds de bâtiments oscillent sous forme **d'ondes transversales perpendiculaires** au sens de propagation du son **(fig. 2)**.
Si le bruit aérien heurte un mur, il commence à osciller et il en résulte un **bruit de structure (fig. 3)**.
Selon les propriétés du mur mais selon aussi l'intensité et le type de son, seule une certaine partie de l'énergie sonore traverse pour redevenir un bruit aérien **(fig. 4)**. Le reste est « absorbé » par des processus d'amortissement.

19.3.3 Perception du son

Le fait qu'un son soit ressenti comme perturbant dépend de ses propriétés et du ressenti subjectif de la personne qui l'entend.

Le **niveau du son** dépend de la fréquence. Les hautes fréquences correspondent à des sons aigus, les petites fréquences à des sons graves. On appelle **fréquence *f*** le nombre d'oscillations par seconde, mesuré en Hertz (Hz). Les jeunes personnes perçoivent les fréquences d'environ 16 Hz à environ 20000 Hz. La plage de 100 Hz à 3200 Hz est prise en compte dans l'acoustique du bâtiment. L'oreille humaine y est particulièrement sensible **(fig. 5)**. Le volume d'une source sonore correspond à la puissance émise par unité de surface, **l'intensité** I (en W/m^2). L'oreille peut percevoir des **intensités sonores** de 102 W/m^2 à 1 W/m^2 mais distingue à peine 120 niveaux d'intensité. Chacun de ces niveaux perceptibles vaut 1 décibel (dB).
La **perception du volume**, exprimée par le niveau **de pression acoustique** L_p, dépend aussi de la fréquence. A volume égal, les fréquences basses sont ressenties comme moins fortes que les fréquences élevées. Dans les mesures d'intensités sonores, on en tient compte avec un filtre intégré à l'appareil de mesure. L'unité du volume du niveau sonore pondéré par la fréquence est alors le décibel A (dB(A), voir **tableau 1** en p. 345).

Exemple : A une fréquence de 1'000 Hz, le volume doit être de 40 dB. Si la fréquence passe en dessous de 100 Hz, on ne ressent plus la même intensité sonore qu'avec 21 dB(A).

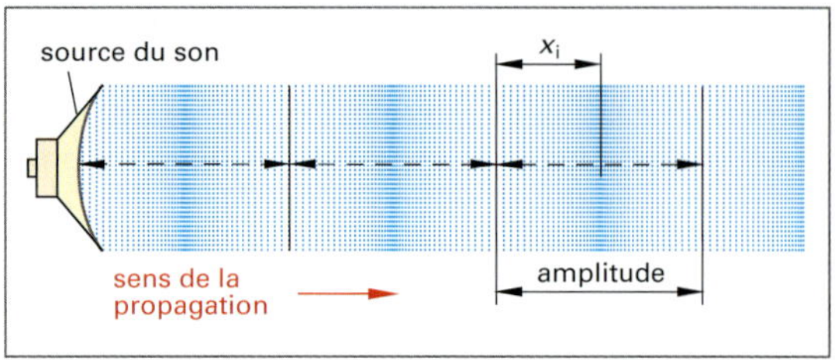

1 Oscillation d'une onde longitudinale

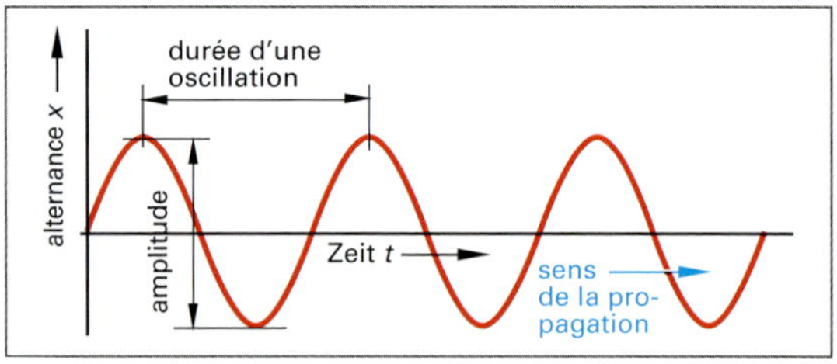

2 Oscillation d'une onde transversale

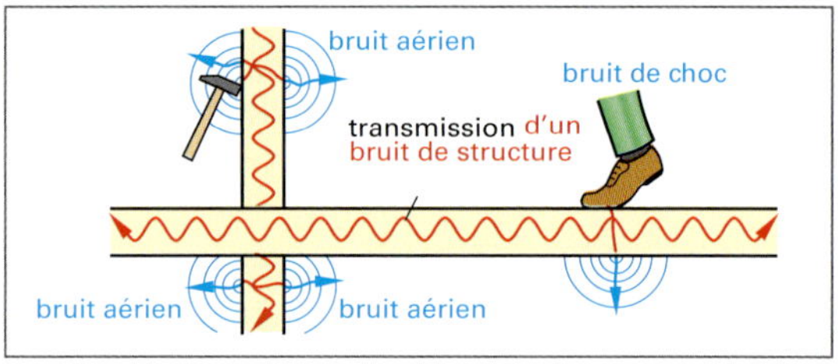

3 Propagation du son dans des édifices

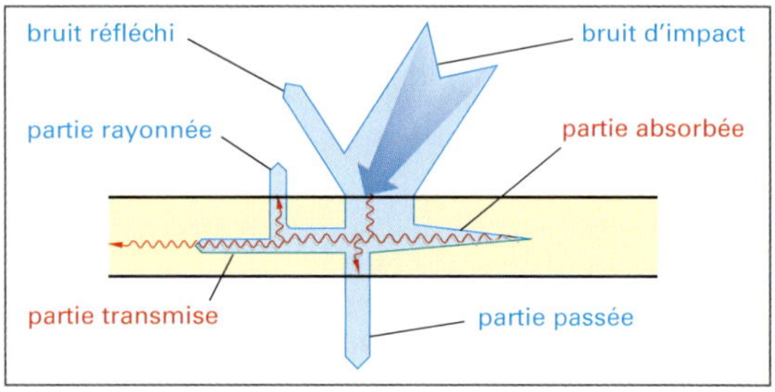

4 Propagation du bruit aérien

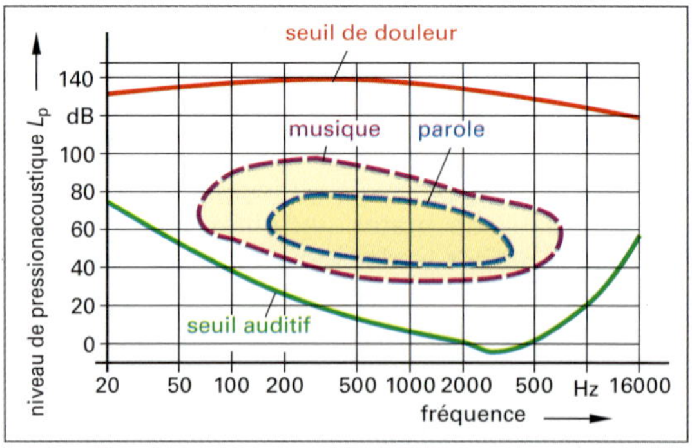

5 Perception du son sur la surface d'audition chez les personnes normales

Le seuil auditif est situé à 0 dB(A), le seuil **de douleur** de 120 dB(A) à 130 dB(A) **(tableau 1)**. Si le niveau sonore augmente de 10 dB(A), on le ressent comme deux fois plus fort.

19.3.4 Isolation acoustique dans le bâtiment

L'énergie sonore passe dans les zones d'habitation et de travail par les planchers, plafonds, fenêtres et cloisons. L'insonorisation inclut des mesures qui diminuent le transfert du son d'une source sonore vers une personne qui peut l'entendre. Si la source sonore et la personne qui entend sont dans des pièces différentes, cela se produit par **l'isolation acoustique.** L'énergie sonore qui arrive est atténuée parce que tous les éléments amortissent le son en fonction de l'épaisseur et du matériau.

La mesure de l'atténuation du son d'un élément est obtenue à partir de la différence entre le son entrant et le son émis par l'autre surface de l'élément **(fig. 1)**. Le résultat de la mesure sans influences extérieures est l'indice **d'affaiblissement acoustique R_w**. Si des mesures sont effectuées sur la construction en incluant les voies secondaires de propagation, on obtient l'indice d'affaiblissement acoustique pondéré R'_w. Il est toujours supérieur à la mesure en laboratoire **(fig. 2)**.

> **L'indice d'isolation acoustique R'_w** indique de quelle valeur (en dB) le niveau sonore diminue en traversant un élément, en tenant compte de tous les bruits environnants.

Les exigences minimales pour **l'amortissement du bruit aérien nécessaire pour les fenêtres** dépendent de la plage de niveau sonore et de l'utilisation de la pièce. Dans une rue bruyante, le bruit extérieur est p. ex. de 75 dB. Une fenêtre d'un hôpital adjacent doit avoir un indice d'insonorisation au minimum de 50 dB. Un niveau sonore d'à peine 25 dB doit alors être mesuré derrière la fenêtre. La fenêtre doit satisfaire aux exigences de la classe d'isolation acoustique 6.

Les fenêtres sont réparties en six **classes d'isolation acoustique (tableau)**. Les fenêtres composites avec vitrage isolant mince, sans joints supplémentaires, font partie du groupe 1. Une fenêtre double de la classe 5 avec vitrage isolant épais, grand intervalle entre les vitres et joints spéciaux obtient une valeur R'_w comprise entre 45 et 49 dB. L'insonorisation du vitrage est améliorée par une vitre extérieure plus épaisse **(fig. 4, page suivante)**, une structure asymétrique des vitres, le remplissage avec du gaz spécial entre les verres et un joint périphérique hermétique.

Tableau 1 : Niveau sonore évalué en dB(A)

0 :	Seuil d'audition
0 ... 10:	Silence lourd
10 ... 20:	Faible bruissement de feuilles
20 ... 30:	Bruit de passage ou d'installation avec une très bonne isolation
30 ... 40:	Seuil nocturne de base dans un quartier calme
40 ... 50:	Véhicule qui passe, dans un logement avec fenêtre fermée, bruit de pas
50 ... 60:	Conversation normale et musique
60 ... 70:	Sonorité en chambre, machine à écrire
70 ... 80:	Conversation et musique fortes, rasoir électrique
80 ... 90:	Axe de circulation principal
90 ... 100:	Klaxon de voiture, discothèque, marteau-piqueur
100 ... 130:	Train à grande vitesse à proximité
120 ... 130:	**Seuil de douleur** (différent selon les personnes)
130 ... 140:	**Ancien avion à réaction au décollage**

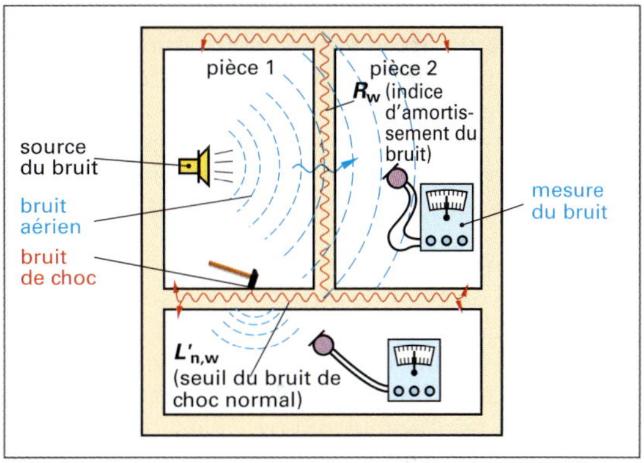

1 Mesures de l'indice amortissement du bruit

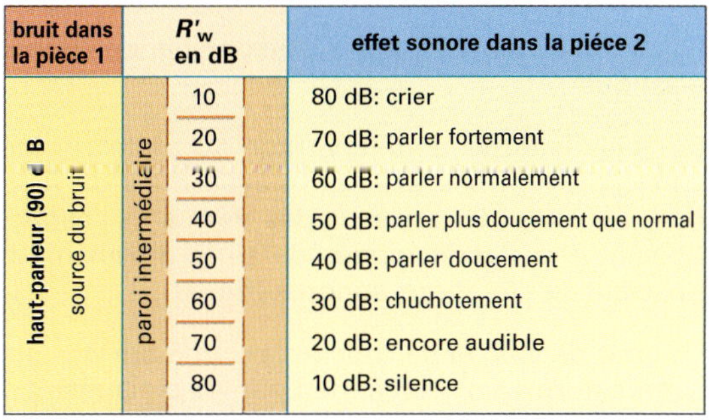

2 Effet d'éléments ayant un indice d'amortissement du bruit différent

Tableau 2 : Classes d'insonorisation pour fenêtres

Classe- Indice anti-bruit (SSK)	Classe d'insonorisation R'_w d'une fenêtre montée de façon fonctionnelle dans un bâtiment, en dB. (Mesure selon DIN EN ISO 140-5
1	25 à 29
2	30 à 34
3	35 à 39
4	40 à 44
5	45 à 49
6	≥ 50

Tous les matériaux qui ont une structure aérée et qui forment un corps solide conviennent comme **matériaux isolants**. Les isolants inorganiques peuvent être de la laine de scories (laitier), des fibres de verre, du sable et d'autres minéraux. Les isolants organiques sont les plastiques, la laine et les copeaux de bois, le liège, les bitumes et le caoutchouc.

La **résistance des matériaux isolants** est naturellement faible, c'est pourquoi ils sont utilisés pour remplir les cavités ou les interstices entre les panneaux **(fig. 1)**. La plupart des matériaux d'isolation acoustique ont aussi un effet d'isolation thermique.

Les **panneaux d'isolation acoustique** sont des plaques perforées remplies de matériaux qui absorbent le son et servent de revêtement pour les cloisons ou les plafonds **(fig. 1)**. Elles absorbent le bruit dans la pièce et la rendent plus calme. L'énergie sonore est transformée en chaleur cédée à l'air ambiant.

Les **panneaux acoustiques** sont composés de matériaux poreux, la plupart du temps des mousses. Leur utilisation est similaire à celle des panneaux d'isolation acoustique. L'interstice entre ces panneaux et d'autres éléments est important pour que la partie du son qui passe puisse se réfléchir sur la partie arrière du panneau **(fig. 2)**.

Si le **bruit aérien** heurte une cloison rigide **(fig. 3 et 4, p. 344)**, il en résulte un **bruit de structure**. Ce sont notamment les cloisons fines qui entrent en oscillation et agitent à leur tour l'air de la pièce voisine en la faisant osciller. Les cloisons lourdes retiennent donc mieux le son. Ce sont les cloisons rigides en flexion qui oscillent le mieux, elles réagissent comme une membrane. Les cloisons souples en flexion convertissent une partie de l'énergie sonore en chaleur, elles amortissent le bruit.

Il faut donc interrompre les cloisons par des joints en matière élastique.

Dans les **fenêtres** double vitrage ou triple vitrage, les verres sont fixés non pas avec du mastic mais de façon élastique dans le cadre. L'épaisseur des verres et l'espace entre eux doivent être dimensionnés de sorte à transmettre le moins possible de vibrations sonores **(fig. 4)**.

Le **bruit de pas** ou de choc est produit sur des sols rigides et se transforme en bruit aérien par les cloisons et plafonds qui oscillent **(fig. 3, p. 344)**.

Les **sols** sont recouverts d'une chape flottante qui amortit le bruit de pas avant qu'il n'atteigne le plafond porteur **(fig. 3)**.

Les **conduites encastrées** dans les cloisons ou les plafonds transmettent le bruit de structure (p. ex. écoulement d'eau). Les conduites doivent être enveloppées dans un matériau insonorisant et fixées à la structure par des colliers **(fig. 5)**.

L'insonorisation des tôles, que ce soit pour des façades, volets roulants ou engins de chantier, est obtenue avec des films insonorisants à base de feutre et de bitume, collés sur la tôle, ou à l'aide de revêtements en plastique.

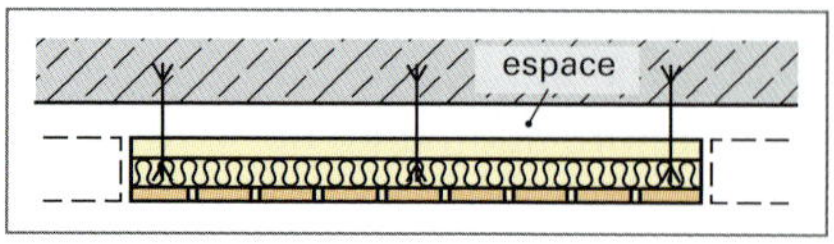

1 Panneau d'isolation phonique

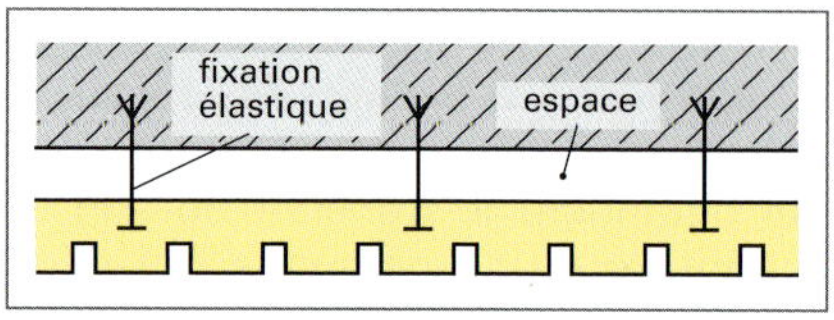

2 Panneau acoustique

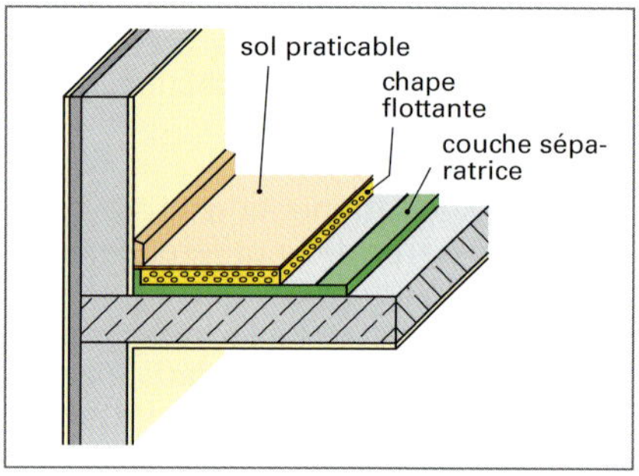

3 Plafond en béton armé avec chape flottante

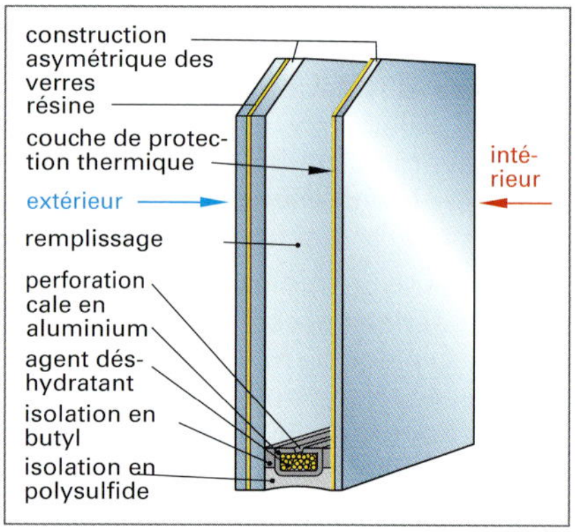

4 Coupe à travers un verre isolant acoustique

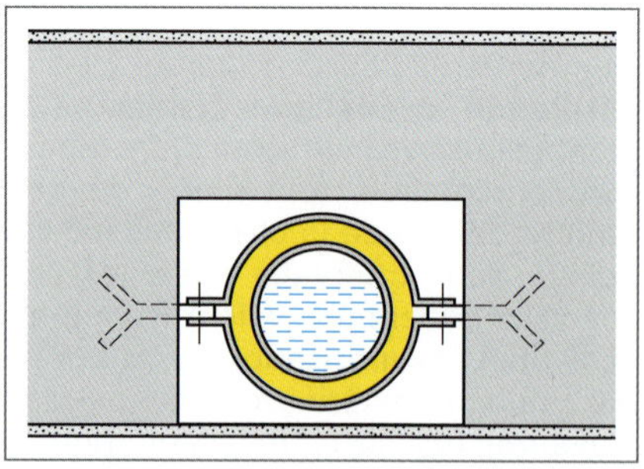

5 Tuyau d'écoulement avec isolation acoustique

19.4 Protection anti-feu

La vie, la sécurité des gens et la protection des biens doivent être garanties par un grand nombre de lois, d'ordonnances et de dispositions en termes de technique de protection contre les incendies. Les dispositions techniques anti-feu se basent sur l'utilisation qui sera faite du bâtiment, la position et la fonction des éléments par rapport à l'ensemble de l'édifice et la situation de risque.

19.4.1 Comportement au feu de matériaux et éléments de construction

Les matériaux de construction sont répartis en classes selon leur degré d'inflammabilité, le comportement au feu d'éléments est réparti selon leur résistance aux effets du feu.

Le comportement au feu de matériaux de construction dépend de leur composition chimique et de leur densité. Le **tableau 1** ci-contre mentionne les caractéristiques de chaque **classe de matériaux** de construction. L'identification figure sur le matériau ou sur l'emballage.

La **durée de résistance** au feu d'un élément est constatée à l'aide d'un essai au feu et répartie en classes de protection contre les incendies **(tableau 2)**. Si une cloison est dans la classe de protection contre les incendies EI 90 ,un feu qui agit dessus ne doit pas la traverser avant une durée d'au moins 90 minutes. Ensuite, l'essai de résistance correspondant montre si les valeurs de **résistance minimales** statiques de la paroi sont restées comme la classe de protection contre les incendies l'exige.

Pour les **classes de protection anti-feu** F et W, les indications comportent également des informations sur l'inflammabilité.

Exemples :

F 90-A (incombustible)

F 30-B (inflammable)

W 60-A (les parties essentielles sont composées de matériaux de construction incombustibles)

Dans les règlements de construction, les éléments sont catalogués par classe de protection anti-feu en coupe-feu (fh), résistant au feu (fb) et hautement résistant au feu (fhb). Les classes G de vitrages offrent juste une sécurité contre le passage des flammes et des gaz inflammables. Des fenêtres de classe F sont utilisées s'il faut aussi éviter une inflammation de l'autre côté en raison du rayonnement thermique issu de la pièce en feu.

Tableau 1 : Classes de matériaux de construction selon DIN 4102

Classe de matériaux	Dénomination de construction	Exemples
A	**Matériaux de construction incombustibles**	
A1	Sans composants inflammables	Plâtre, chaux, ciment, béton, verre, fonte acier, certains matériaux en plaques de protection contre les incendies
A2	Les matériaux de construction du groupe A2 ne doivent contenir que de faibles quantités d'éléments inflammables	Plaques de plâtre, certains produits en fibres minérales
B	**Matériaux de construction inflammables**	
B1	Matériaux difficilement inflammables	Plaques légères en laine de bois, panneaux de particules difficilement inflammables, certaines plaques en mousse dure et plastique, certains produits PVC
B2	Matériaux normalement inflammable	Bois et matériaux en bois de plus de 2 mm d'épaisseur, cartons bitumés pour toitures normalisés, revêtements de sol PVC
B3	Matériaux facilement inflammables	Papier, laine de bois, bois plus mince que 2 mm

Remarque : Depuis 2002, le statut de protection contre les incendies d'un bâtiment peut aussi être évalué en fonction du comportement au feu de chaque élémentt selon DIN EN 13501 1 et 2.

Tableau 2 : Classes de protection anti-feu selon DIN 4102 T2

Durée de résistance au feu en minutes	Murs porteurs, Plafonds Linteaux, escaliers	Murs extérieurs non porteurs barrières, tabliers	Fermetures anti-feu (portes, portails volets roulants)	Vitrages	
≥ 30	F 30	W 30	T 30	G 30	F 30
≥ 60	F 60	W 60	T 60	G 60	F 60
≥ 90	F 90	W 90	T 90	G 90	F 90
≥ 120	F 120	W 120	T 120	G 120	F 90
≥ 180	F 180	W 180	T 180	G 180	

19.4.2 Mesures de protection contre les incendies

Si un comportement au feu défavorable d'un élément est connu, il existe certaines mesures de protection constructives permettant de le protéger contre les effets du feu à l'intérieur d'un ouvrage plus résistant. Elles dépendent :

- du matériau de construction utilisé ;
- des dimensions de l'élément ;
- de l'organisation constructive de l'élément, p. ex. des raccords à la construction finie, de la fixation des façades en bardage ou de la suspension des plafonds ;
- de la position et du type de revêtements ou d'enrobages des éléments.

Les portes de protection contre les incendies et la fumée doivent empêcher la propagation des incendies et de la fumée le plus longtemps possible.

19.4.3 Protection des composants en acier

L'acier n'est inflammable qu'à de très hautes températures. En raison de sa conductibilité thermique élevée, un élément en acier s'échauffe rapidement en cas d'incendie, et sur toute sa longueur. Il se dilate alors et endommage ou déforme d'autres éléments.

Pour les températures supérieures à 250 °C, l'acier perd rapidement sa résistance. Les appuis plient et les poutres fléchissent.

Les éléments importants en acier tels que les piliers, poutres de plafond et poutres de toit doivent par conséquent être protégés contre le feu et un échauffement excessif.

Une protection directe est obtenue par :

- la mise en place d'un crépi projeté en matériaux isolants **(fig. 1 A et fig. 2 A)** ;
- des enrobages du béton et de la maçonnerie **(fig. 2 A)** ;
- la mise en place de revêtements préfabriqués **(fig. 2 B)** ;
- des revêtements anti-feu ou des peintures formant de la mousse sous l'effet de la chaleur qui constituent ainsi une couche de protection thermique ;
- le remplissage de piliers en acier creux avec de l'eau.

L'épaisseur d'une enveloppe en matériaux isolants dépend du profil à protéger, de la capacité de résistance du matériau isolant et de la résistance au feu requise **(fig. 1 et tableau 2 en page précédente)**.

Une **protection indirecte** est obtenue par :

- des plafonds suspendus en crépi isolant sur du métal déployé ou des plaques légères en laine de bois ;
- des plafonds suspendus en panneaux de fibres minérales, de plâtre ou de silicates **(fig. 3)**.

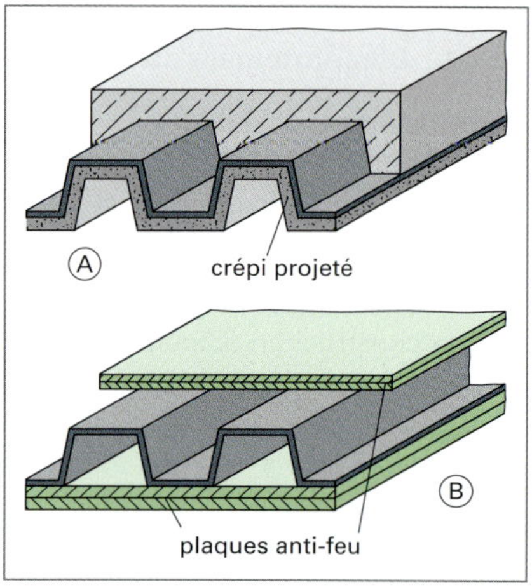

1 Protection anti-feu des plafonds

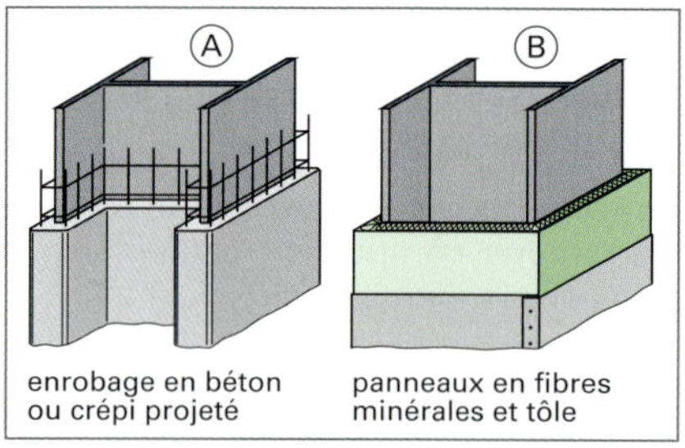

2 Protection anti-feu des appuis

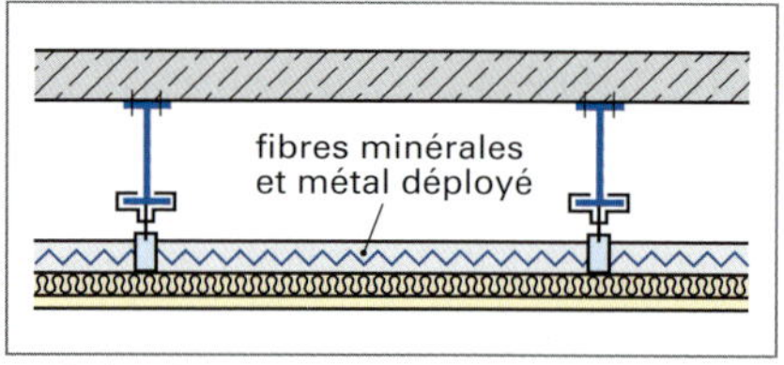

3 Plafond en poutres d'acier avec faux plafond suspendu

Contrôlez vos connaissances

1 Quel est l'effet d'un bruit fort persistant sur les gens ?
2 Comment le son est-il produit et comment se propage- t-il ?
3 Que signifie puissance et volume sonore d'un point de vue physique ?
4 Quel est l'effet du facteur humain dans la perception du son ?
5 Comment peut-on empêcher que le bruit aérien et le bruit d'impact se transforment en bruit technique dans les éléments pouvant osciller ?
6 Distinguez absorption du son et insonorisation.
7 Que signifie indice d'amortissement du bruit ?
8 Comment les matériaux de construction sont-ils classés en fonction de leur inflammabilité ?
9 De quoi la classe de résistance au feu dépend-elle ?
10 Comment les éléments en acier peuvent-ils être protégés contre le feu et la chaleur ?

20 Fenêtres

Tout comme les portes et portails, les fenêtres sont également des éléments de construction grâce auxquels les ouvertures nécessaires pratiquées dans les murs extérieurs de bâtiments peuvent être fermées. La fabrication et le montage de ces éléments sont similaires aux portes, mais leurs fonctions ont toutefois de nettes différences.

Les ouvertures de bâtiments, qui servent à amener la lumière du jour et de l'air frais à l'intérieur, sont fermées par des fenêtres.

Toutes nécessaires que sont les fenêtres pour la vie dans les bâtiments, elles n'en constituent pas moins des faiblesses pour l'enveloppe du bâtiment. C'est pourquoi, mise à part les trois fonctions principales mentionnées ci-dessus, on impose d'autres **exigences aux fenêtres** :

- la protection contre les influences extérieures naturelles telles que le froid, la chaleur, le rayonnement solaire, le vent, la pluie, la poussière, le bruit, les odeurs et la garantie d'un climat ambiant agréable ;
- la protection contre les pénétrations non autorisées et par effraction dans les pièces ;
- entraver des jets, des tirs, des effractions ou des explosions ;
- une longue durée de vie ;
- des possibilités de nettoyage simples ;
- un aspect décoratif.

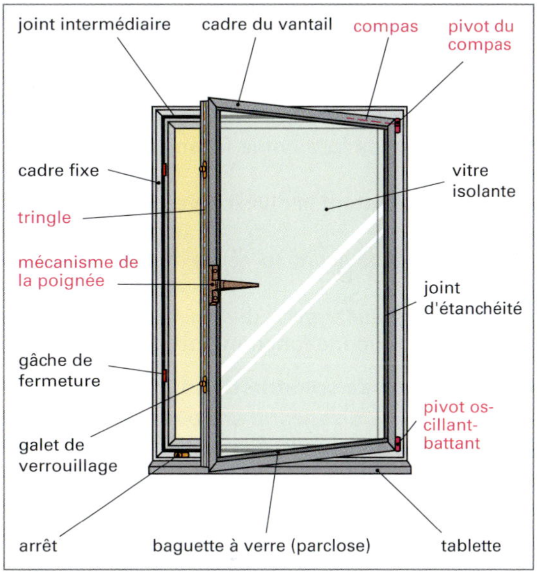

1 Eléments d'une fenêtre oscillo-battante

20.1 Structure et composants d'une fenêtre

L'ouverture à la française des fenêtres a longtemps été l'ouverture standard. Auparavant, les joints n'étaient pas hermétiques si bien qu'il y avait un changement d'air continu. Les exigences d'isolation thermique ont été améliorées par des joints de fenêtres, ce qui a engendré la nécessité d'une aération contrôlée. C'est pourquoi depuis, les **fenêtres oscillo-battantes (fig. 1 et 2)** sont généralement devenues les versions les plus utilisées.

Le **cadre fixe** est fixé à la structure du bâtiment. Les vantaux sont pendus au cadre. Pour un vitrage fixe, le verre est mis en place dans le cadre fixe sans vantail.

Le **cadre du vantail** accueille le vitrage.

Les accessoires qui servent au fonctionnement du vantail font partie des **ferrements**. Dans les fenêtres en aluminium, les **baguettes à verre (parcloses)** sont serrées dans une rainure du cadre du vantail et pressent le **joint** d'étanchéité contre la vitre.

La vitre elle-même est posée sur des cales à verre en bois ou en plastique afin de ne pas toucher le cadre du vantail et de ne pas supporter des charges verticales.

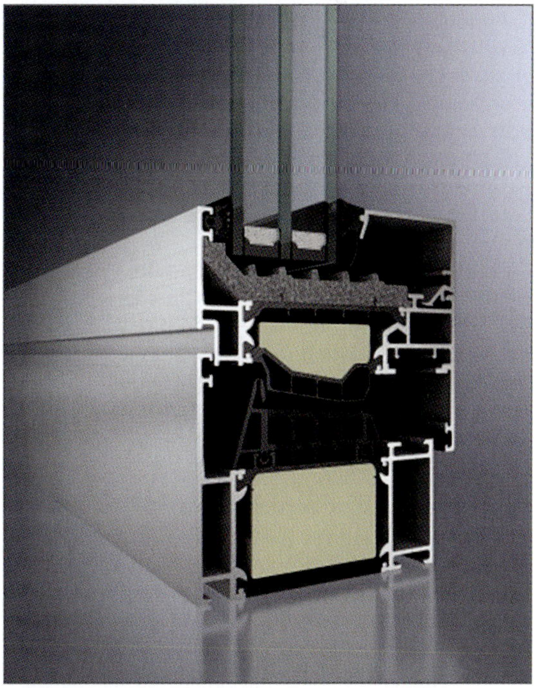

2 Structure du vantail et du cadre d'une fenêtre

20.2 Types de constructions et classification des fenêtres

Le constructeur métallique, l'architecte ou le fabriquant définissent les fenêtres de manière identique :

- Type de construction
- Type d'ouverture
- Matériau du cadre
- Fonction spéciale
- Version spéciale.

Il existe en outre des combinaisons de fenêtres : Si plusieurs fenêtres individuelles sont installées l'une à côté de l'autre, elles forment une alignée de fenêtres.

La combinaison d'une fenêtre et d'une porte donne une installation de porte **(p. 259)**.

Les **baies vitrées** forment la façade d'un bâtiment **(fig. 1)**.

On appelle **montant** la division verticale d'un cadre **(fig. 1)**.

Les **traverses** divisent le cadre horizontalement **(fig. 1)**.

Les croisillons servent à diviser les surfaces vitrées et n'ont aucune fonction porteuse **(fig. 1)**.

20.2.1 Types de constructions

On peut faire la distinction entre les fenêtres simples et doubles selon la disposition des vantaux. Les fenêtres doubles sont soit des fenêtres en caisson soit des fenêtres composées **(fig. 2)**.

Les fenêtres simples ont un cadre fixe et un vantail mobile avec vitrage simple, vitrage isolant ou vitrage spécial.

Avec les **fenêtres composites**, deux vantaux (vantail principal et secondaire) s'appuient sur un cadre fixe. Ils sont situés directement l'un derrière l'autre et sont reliés l'un à l'autre par une ferrure supplémentaire. Les deux vantaux sont ouverts ensemble pour l'aération et séparément pour le nettoyage.

Les **fenêtres en caisson** sont composées de deux fenêtres simples dont les cadres sont reliés l'un à l'autre par un caisson. Les deux vantaux doivent être ouverts séparément.

Le **vantail DIN droite** est un vantail de fenêtre battante, de porte et de volet dont le côté paumelle est à droite quand on les regarde **(fig. 3)**.

Le **vantail DIN gauche** est un vantail de fenêtre battante, de porte et de volet dont le côté paumelle est à gauche quand on les regarde **(fig. 3 et 4)**. Le constructeur métallique se situe pour cela du côté de l'ouverture.

20.2.2 Types d'ouvertures

Les fenêtres sont réalisées avec différents types d'ouverture et de vantaux selon l'utilisation qui en est faite. Outre les critères techniques, tels que la taille et le poids des vantaux, des considérations visuelles telles que l'adéquation de la fenêtre à l'architecture du bâtiment doivent être prises en compte dans le choix du type d'ouverture **(fig. p. 351)**.

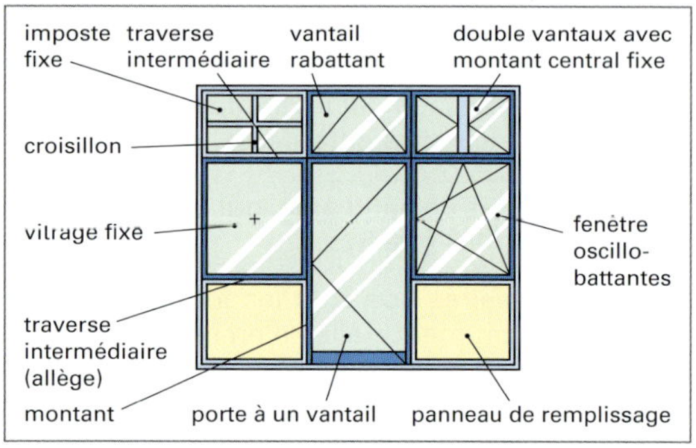

1 Eléments d'une baie vitrée

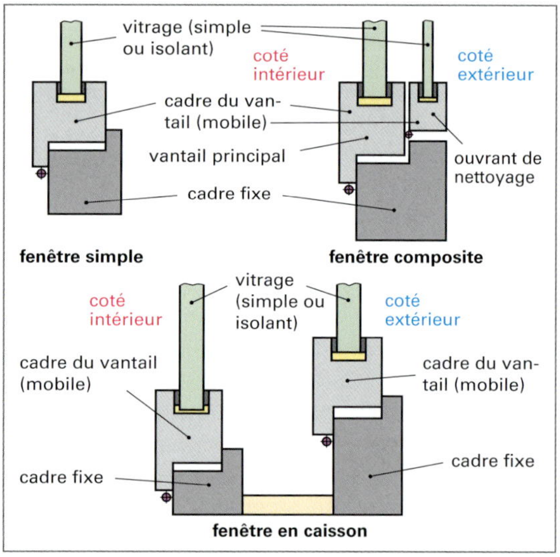

2 Désignation de fenêtres en fonction du type de construction

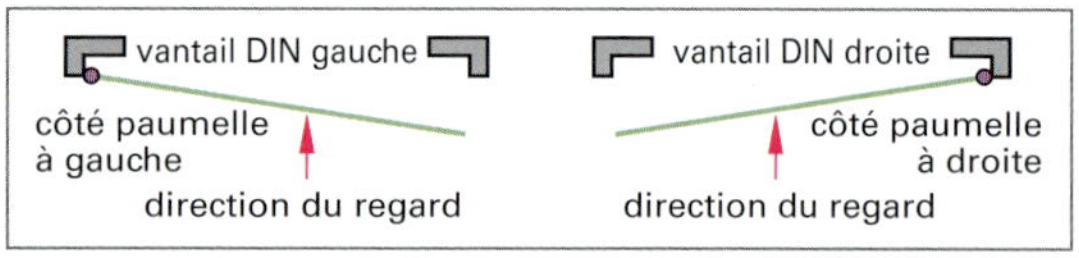

3 Distinction des fenêtres DIN gauche et DIN droite (DIN 107)

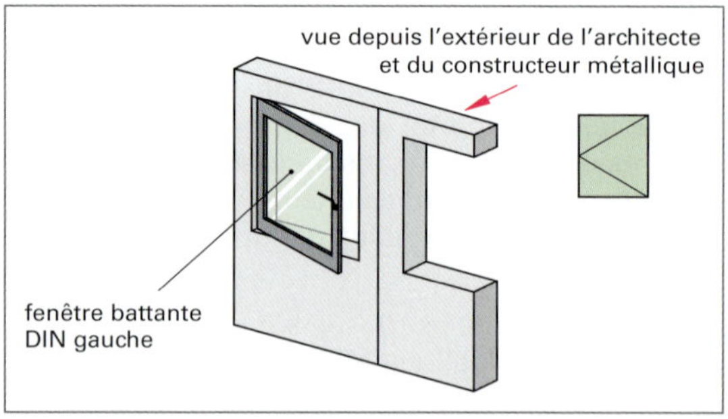

4 Représentations symboliques des fenêtres

Le **vantail à la française** et le **vantail oscillo-battant** sont actuellement les types d'ouverture les plus utilisés. Le choix du système de tube profilé, associé au type de verre adéquat permette d'atteindre les valeur d'isolation et d'insonorisation prescrites. Avec la position rabattante, le deuxième type d'ouverture offre une possibilité judicieuse pour aérer, sans que le vantail ne prenne trop de place à l'intérieur de la pièce.

Les fenêtres à deux vantaux, sans montant central fixe, permette une ouverture sur toute la largeur du cadre fixe.

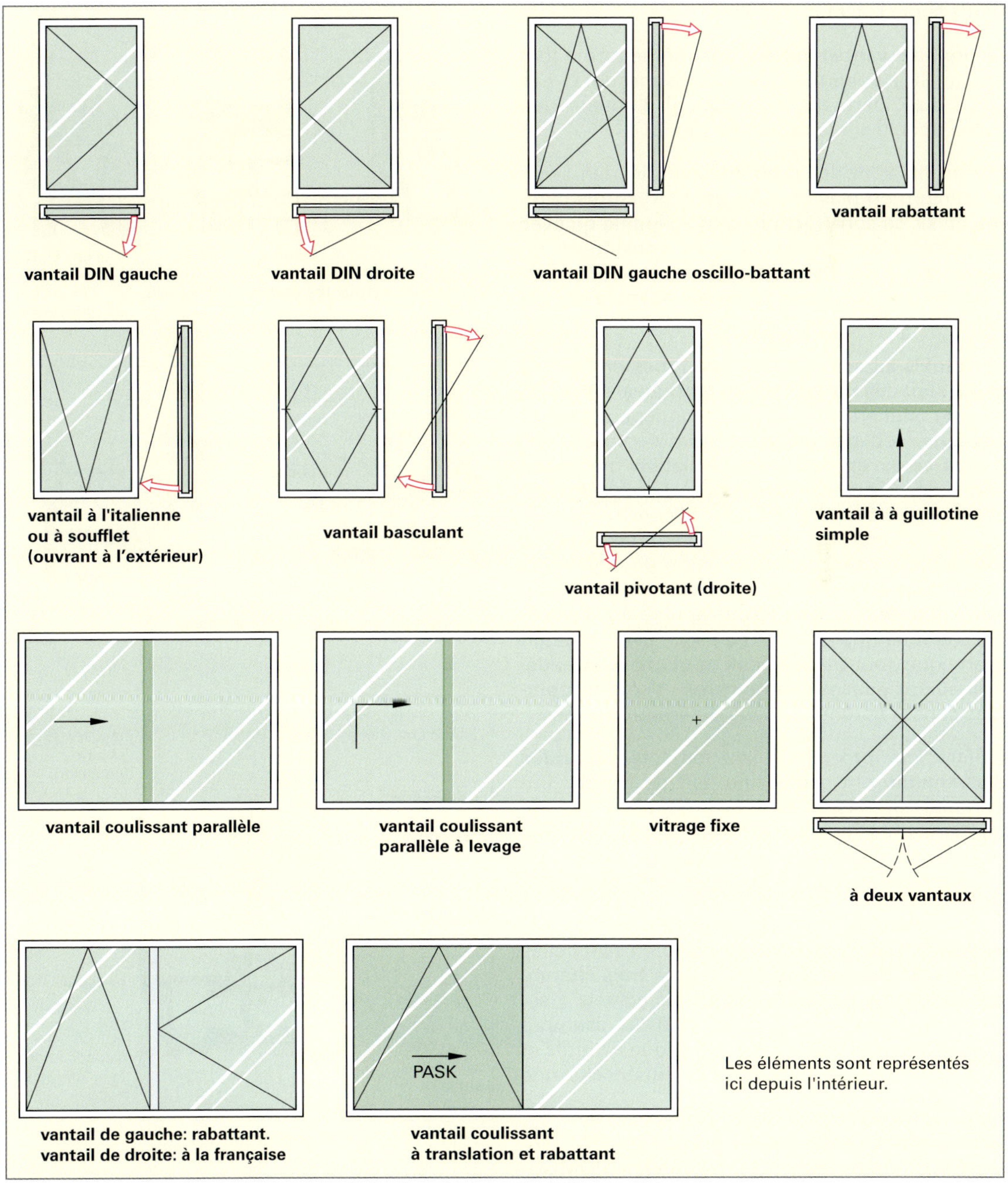

1 Types d'ouvertures de fenêtres normalisées (symboles selon DIN actuelle)

20.2.3 Matériaux des cadres

Les entreprises de construction métallique fabriquent et montent des cadres de fenêtres en acier, acier inoxydable, aluminium, plastique ou dans une combinaison de différents matériaux, tels que le bois et l'aluminium ou le plastique et l'aluminium **(fig. 1)**.

La forme des profilés utilisés pour le cadre fixe peut varier selon la situation. Les formes standards sont : L, T, et Z. **(fig. 2)**.

Le **profil de vantail battant** a la même forme tout autour. Il a généralement une forme de Z. Les côtés du Z permettent au vantail d'obtenir une butée double sur le cadre fixe **(fig. 2)**.

Les profils sont des produits semi-finis en acier, aluminium ou plastique. Ils sont structurés comme un kit de construction, ce qui signifie qu'avec les accessoires nécessaires, ils constituent un système profilé. Les cadres fixes et vantaux de fenêtres sont fabriqués en profils adaptés les uns aux autres.

Les **profils en acier** en tant que **tubes profilés de cadre** sont des profils fermés fabriqués soit à partir d'un feuillard d'acier par façonnage à froid et soudage, soit par étirage à froid de tubes. Les profils creux en acier avec isolation thermique sont aujourd'hui standard **(fig. 3)**. Les **fenêtres en acier** sont très répandues dans la construction industrielle. Toutefois, elles regagnent des parts de marché aussi dans la construction de logements et les bâtiments publics en raison de leur résistance et de leur section étroite apparente. Il convient d'ajouter que les profils en acier avec isolation thermique (tout comme ceux en aluminium) satisfont aux exigences énergétiques et sont disponibles dans le commerce sous différentes formes.

Malgré leur prix élevé, les fenêtres en **profils d'aluminium** ont gagné une part de marché importante en raison de leur résistance aux intempéries, de leur aptitude à l'usinage, de leur résistance mécanique relativement élevée, de l'étanchéité des joints et de leur aspect décoratif.

La quantité et la forme des chambres composant les tubes profilés en aluminium sont essentielles pour l'effet isolant. Des systèmes à **trois chambres** sont communs dans les profils actuels à séparation thermique **(fig. 1, p. 353)**. La chambre froide extérieure, la rupture thermique centrale et la chambre chaude intérieure constituent chacune une cavité.

Les barrettes d'isolation en polyamide (PA) renforcées en fibres de verre ou polyamide (POM) réduisent le flux thermique et garantissent ainsi une

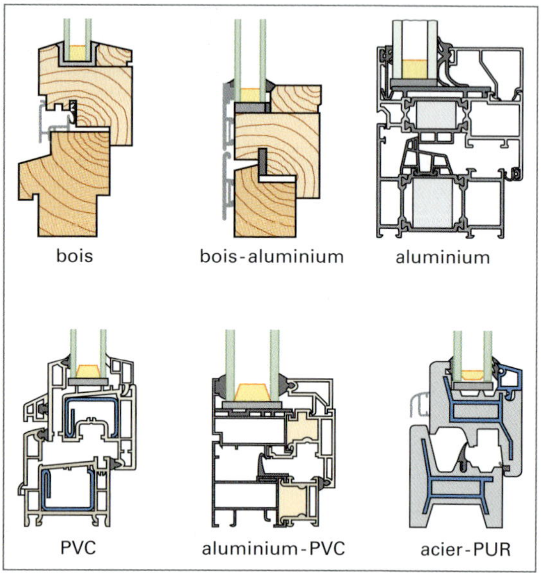

1 Matériaux pour les cadres de fenêtres

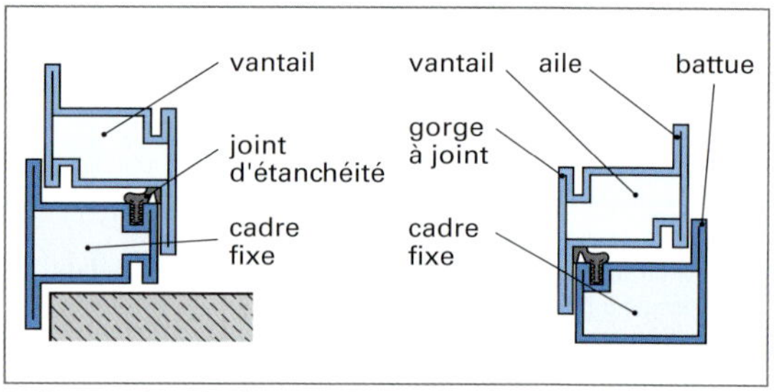

2 Coupe de principe - cadre en acier

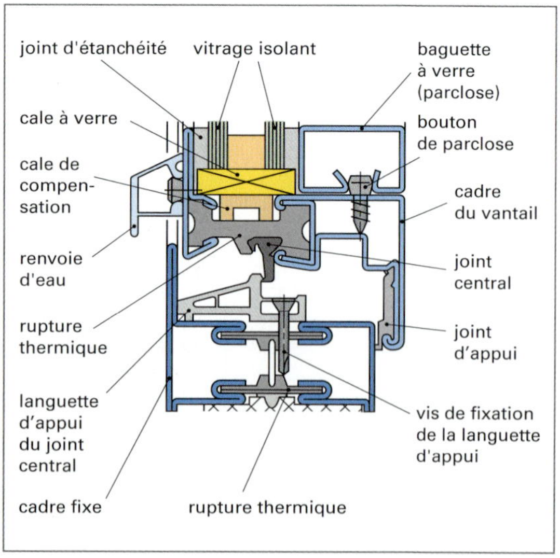

3 Profils - cadres en acier avec isolation thermique

meilleure isolation. Avec cette séparation remplie de matière isolante, et une étanchéité performante, la **fenêtre en aluminium** peut atteindre des valeurs d'isolation thermique équivalentes à celle du vitrage isolant. Le joint central empêche le passage de l'air au niveau de la fenêtre et améliore la protection thermique **(fig. 1)**.

Pendant le stockage, le transport et le montage, les **profils en aluminium** sont protégés avec des bandes adhésives amovibles, ou des films en plastique, contre les effets mécaniques, corrosifs dus au crépi, au mortier, au plâtre, au ciment et au béton. La surface du profilé peut être protégée et teintée par oxydation anodique ou thermo laquage.

Profils composites : l'aluminium, l'acier, le bois et le plastique sont souvent utilisés dans différentes combinaisons. La fenêtre bois - aluminium a ici la plus grande importance, l'aluminium prenant en charge la protection côté extérieur contre les intempéries et le bois la fonction de support et de protection contre la chaleur **(fig. 1 en page précédente)**. Les deux enveloppes doivent être ventilées par l'arrière pour éviter les dommages dus à l'humidité. Pour éviter les tensions dues à la chaleur (différents coefficients de dilatation des matériaux), l'enveloppe en aluminium est fixée sur le cadre en bois à l'aide de pinces de fixation de façon à pouvoir glisser.

En raison de leur faible conductibilité thermique, les fenêtres en **profils plastique** ont une meilleure isolation que les fenêtres métalliques. Elles n'ont par conséquent pas besoin d'une séparation thermique. Les profils sont principalement formés par extrusion à partir de PVC thermoplastique hautement renforcé et reliés au cadre et aux vantaux par le « procédé de soudage bout à bout avec miroir » **(voir p. 103)**. Pour garantir la résistance nécessaire, les profils creux pour les grandes fenêtres sont rigidifiés avec des armatures en tôle d'acier **(fig. 2)**.

Un inconvénient des fenêtres en plastique est la grande dilatation thermique qui requiert une attention tout particulière lors de la construction et de l'installation.

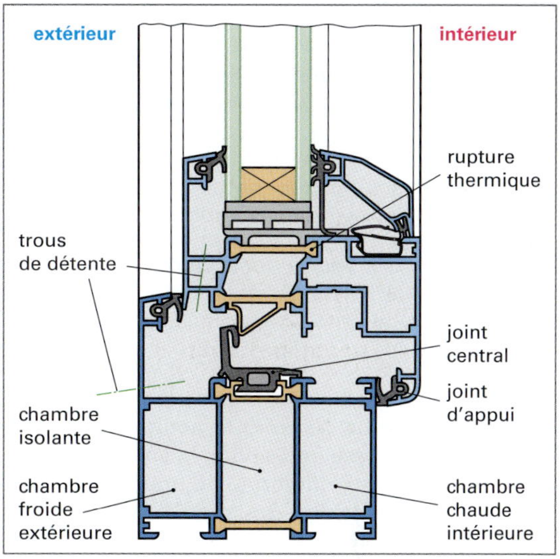

1 Profils en aluminium à rupture thermique

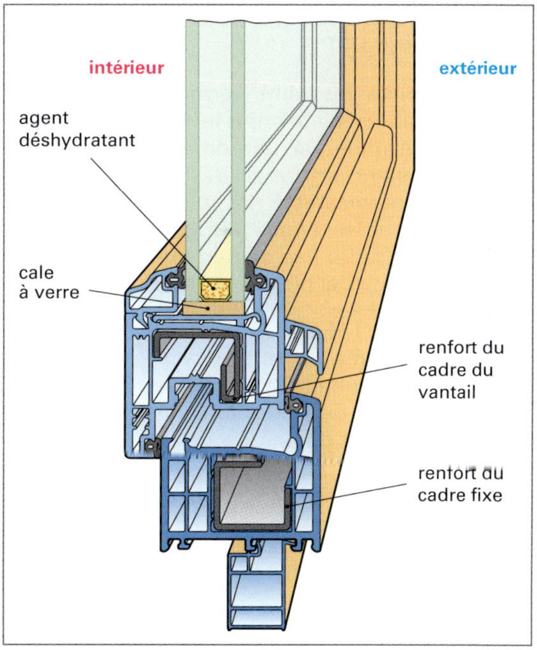

2 Fenêtres en plastique renforcées par des profils en tôle d'acier

Contrôlez vos connaissances

1 Citez cinq exigences imposées aux fenêtres.

2 Quels éléments d'une fenêtre connaissez-vous (cinq indications) ?

3 Faites la distinction entre fenêtres simples, fenêtres en caisson et fenêtres composées.

4 Dessinez six types d'ouverture de fenêtres différents.

5 Dans les fenêtres en aluminium, pourquoi la chambre extérieure et la chambre intérieure sont-elles reliées par des languettes en plastique en PA ou POM ?

6 Quels sont les avantages des profils de fenêtres composites en bois et aluminium ?

7 Comparez les fenêtres aluminium et les fenêtres PVC.

8 Citez un avantage et un inconvénient des fenêtres en acier !

20.2.4 Fenêtres avec fonctions particulières

La protection contre la chaleur, contre l'humidité, une faible perméabilité des joints et une bonne étanchéité contre la pluie battante sont exigées de toute fenêtre normale. Une isolation et une insonorisation accrues ainsi qu'une bonne protection contre les effractions nécessitent en revanche des améliorations constructives supplémentaires.

La protection thermique nécessaire pour une surface de fenêtres totale donnée doit être obtenue à l'aide du vitrage correspondant et une construction de cadre isolante **(fig. 1 et 2)**.

Le verre isolant standard n'est plus adapté aux normes d'isolation thermique actuelles. Pour le **verre isolant à basse émissivité,** la vitre côté pièce doit être pourvue à l'intérieur d'une couche très fine en métal précieux qui réduit considérablement la déperdition thermique.

Le vitrage isolant à verre triple permet d'obtenir des coefficients d'isolation thermique (Uw) très performants **(fig. 2)**.

La **perméabilité des joints** permet l'échange d'air qui a lieu par les joints entre le vantail et le cadre fixe et occasionné par une différence de pression d'air existant au niveau de la fenêtre. Le coefficient de perméabilité des joints « *a* » indique la quantité d'air échangée par les joints entre les vantaux et le cadre fixe d'une fenêtre, par heure, par mètre de joint et pour une pression d'air différentielle de 10 Pa.

Etanche à la pluie battante signifie que sous la sollicitation simultanée du vent et de la pluie, l'eau ne doit pas pénétrer dans l'espace intérieur et la construction du cadre quand la fenêtre est fermée.

L'insonorisation d'une fenêtre est influencée par le degré de perméabilité des joints, le type de vitrage, la disposition des vantaux et le raccordement au mur.

Le **vitrage d'insonorisation** (verre isolant phonique) dispose d'au moins 2 vitres d'épaisseurs différentes pour éviter les oscillations de résonance. La plupart du temps, l'unité de verre isolant la plus épaisse est située à l'extérieur. L'interstice entre les vitres est rempli d'un gaz spécial. Selon l'indice d'amortissement acoustique, les fabricants proposent des fenêtres d'insonorisation de classe 1 jusqu'à la classe 6. Une fenêtre perméable avec vitrage isolant standard correspond à la classe d'insonorisation 0, une fenêtre en caisson (cadres fixes séparés) avec joints spéciaux, très grandes distances entre les verres fins et épais, correspond aux exigences de la classe 6.

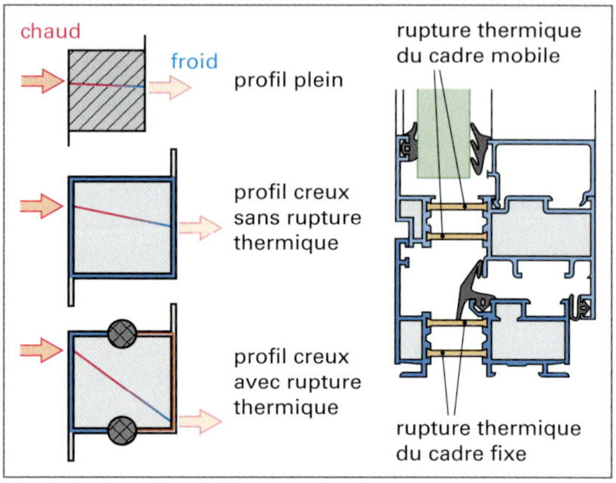

1 Principe des tubes profilés à rupture thermique

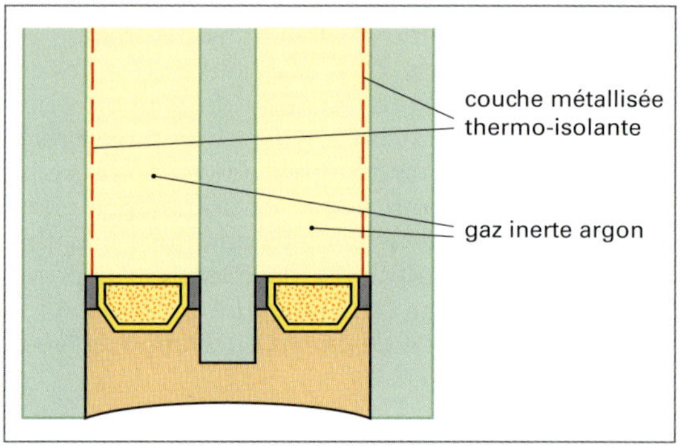

2 Vitrage isolant sous forme de construction à verre triple

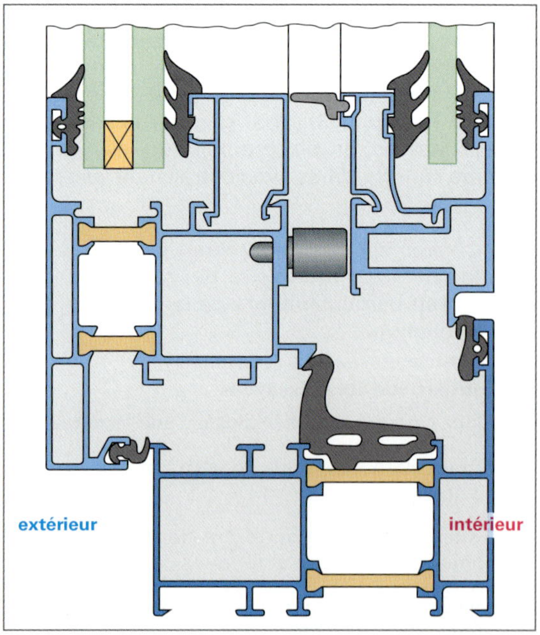

3 Coupe d'une fenêtre d'insonorisation de classe 5

Protection contre les effractions

Ni les portes ni les fenêtres ne peuvent garantir une protection intégrale contre les effractions. Les constructions mais aussi les fixations dans la maçonnerie offrent de nombreuses possibilités d'attaque aux délinquants aguerris et disposant des outils adéquats. Selon la menace, il s'agit par conséquent d'opposer à une effraction un maximum de résistance le plus longtemps possible.

Les fenêtres anti-effractions sont conçues pour compliquer une effraction lorsqu'elles sont installées et fermées.

Les exigences imposées à la **protection anti-effraction** ne peuvent être remplies qu'avec des systèmes de fenêtres spécialement fabriquées à cet effet. Aucune fenêtre ne saurait être absolument sûre ; ne compte que la durée pendant laquelle la fenêtre doit résister à une tentative d'effraction. Les six **classes de résistance** normalisée (exemples ci-dessous) donnent aux maîtres d'oeuvre et architectes des indications sur les classements de la menace. Le constructeur métallique reconnaît ainsi la nécessité de mesures spéciales lors de l'installation et de la fixation de fenêtres.

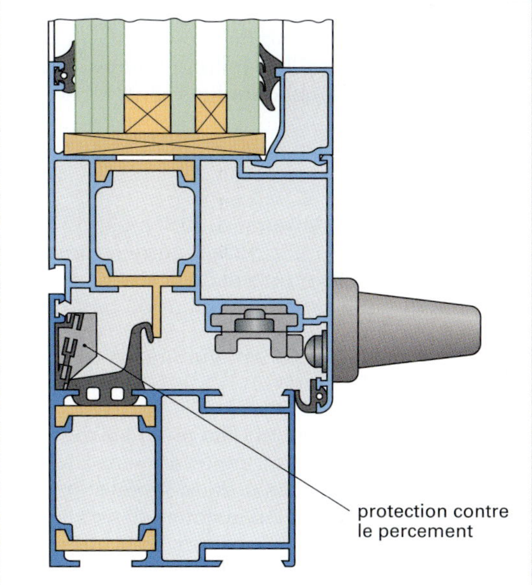

1 Protection contre le percement à hauteur du système de commande d'ouverture

La **protection anti-effraction** est améliorée par :

- des constructions de cadres renforcées ;
- des poignées de fenêtres à verrouillages ;
- une protection contre le percement à hauteur de la commande de la fenêtre **(fig. 1)**, la dureté de la surface doit être d'au moins 60 HRC :
- des baguettes à verre renforcées, éventuellement vissées ;
- le verrouillage des barres de poussée : des glissières supplémentaires s'enclenchent dans les coins du cadre fixe ;
- des systèmes à crochets arrières dans la zone de la battue **(fig. 2)**, des agrafes empêchent de soulever l'ergot de verrouillage ;
- du verre de protection contre les effractions et les projections (verre feuilleté) ;
- des ferrures renforcées (aussi en raison du poids important du verre) ;
- sécurité anti-dégondage

Les exigences et conditions d'inspection sont fixées dans les nouvelles **normes de protection contre les infractions**.

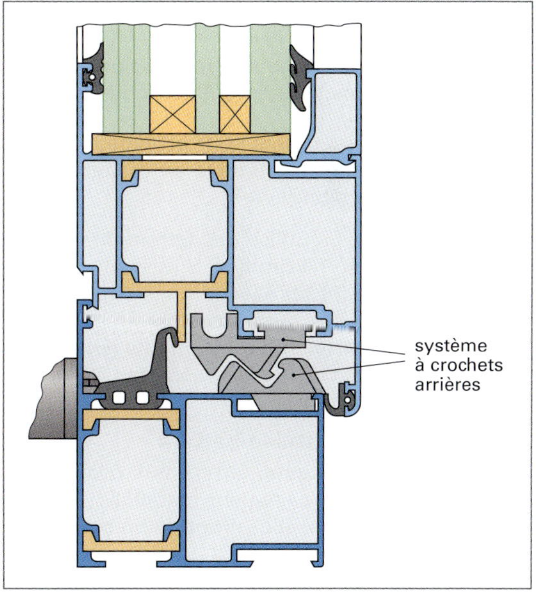

2 Système de crochets arrières

Classes de résistance selon norme EN	Méthode de travail et outillage supposés du délinquant
RC 1N (anciennement : WK 1)	Le délinquant occasionnel essaye de contourner l'élément fermé ou verrouillé en utilisant la violence physique : enfoncer à coups de pieds, sauter sur l'élément, arracher, etc., jeu d'outils 1
RC 5 (anciennement : WK 5)	Le délinquant aguerri utilise en plus des outils électriques comme une perceuse, une scie sauteuse ou une scie égoïne et une meuleuse avec un diamètre de disque maximum de 125 mm. Jeu d'outils A5

20.3 Ferrements de fenêtres

Ce n'est que l'effet combiné du vantail, du cadre et des ferrements qui fait qu'une fenêtre devient un élément fonctionnel d'un bâtiment.

Les ferrements permettent d'ouvrir et de fermer une fenêtre.

Le choix du bon ferrement, en plus du type d'ouverture et de la taille de la fenêtre (poids), dépend du système de profils et de la charge du vent (‡ groupe de sollicitations, hauteur du bâtiment).

Un ferrement de fenêtre en aluminium est décrit ci-après :

Les ferrements existent en kits prêts au montage **(fig. 1, p. 357)**. Seules les tringles doivent être coupées selon les dimensions de la fenêtre et pourvues de perforations selon la notice d'installation. La plupart des kits de ferrements sont utilisables en DIN à droite et DIN à gauche.

Les ferrements doivent :

- permettre les mouvements du vantail pour une assise sûre,
- limiter les mouvements du vantail,
- verrouiller le vantail dans le cadre fixe,
- permettre un ajustement de la pression d'appui, du jeu et du fonctionnement du vantail.

Les pièces des ferrements sont protégées contre la corrosion ou sont fabriquées en matériaux résistants à la corrosion.

Pour les fenêtres, on utilise des **ferrements en applique (visibles) ou dissimulés**. S'ils sont dissimulés, seules les paumelles et la poignée de commande sont visibles. Les autres pièces sont cachées dans le profil. Il existe différents **kits de ferrements** pour chaque type d'ouverture du vantail.

20.3.1 Ferrement oscillo-battant

Ce sont les fenêtres avec ferrements oscillo-battants qui sont le plus souvent installées. Pour la commande manuelle, elles n'ont **qu'un seul levier de commande** pour les trois fonctions pivoter, basculer et verrouiller (principe de fonctionnement en **fig. 1**).

Le ferrement comporte les éléments principaux suivants : commande avec poignée **(fig. 2)**, renvoi d'angle **(fig. 3)**, compas avec palier **(fig. 4)**, palier oscillo-battant, retenue de basculement, verrou, gâche de fermeture et tringles (**fig .1** et illustrés séparément en page suivante).

Mettre les tringles à la bonne longueur permet d'adapter une ferrure à la taille du vantail.

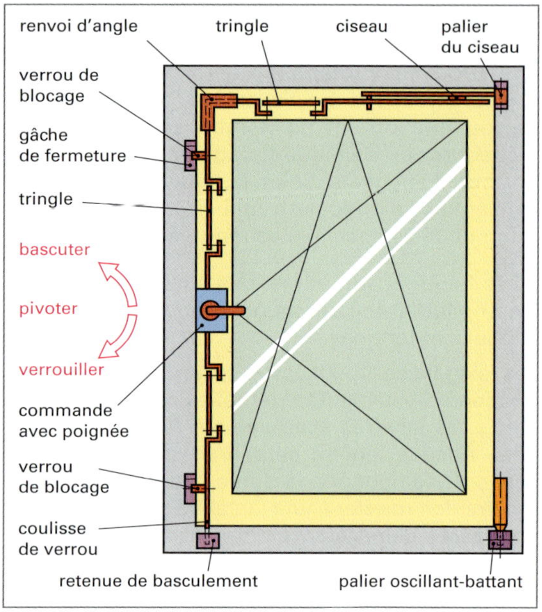

1 Ferrement oscillo-battant à une main, DIN à droite (schéma)

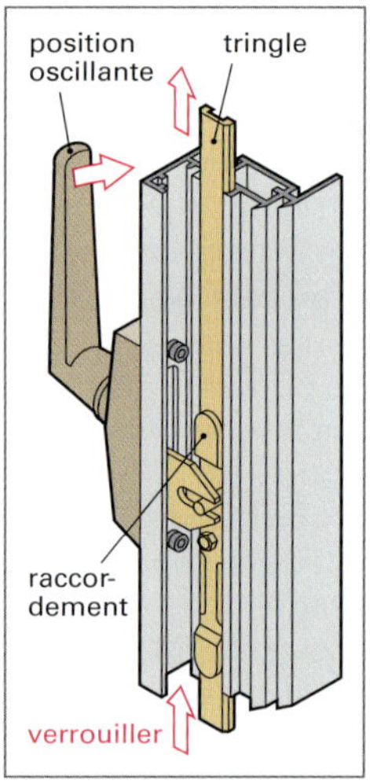

2 Commande

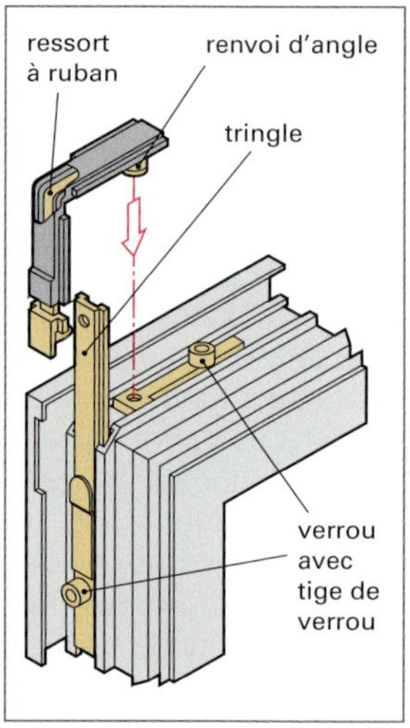

3 Renvoi d'angle

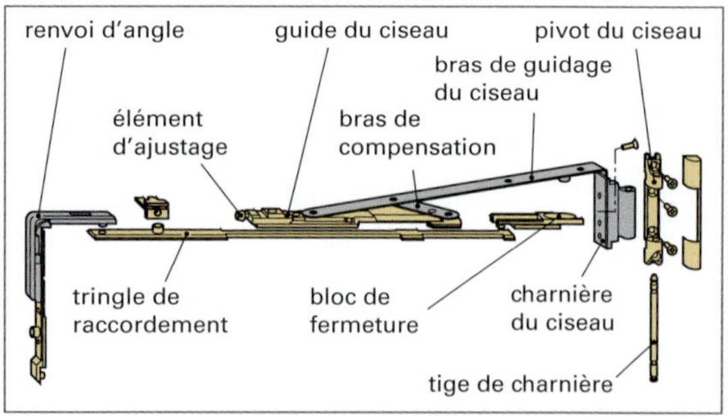

4 Pièces d'un compas oscillo-battant

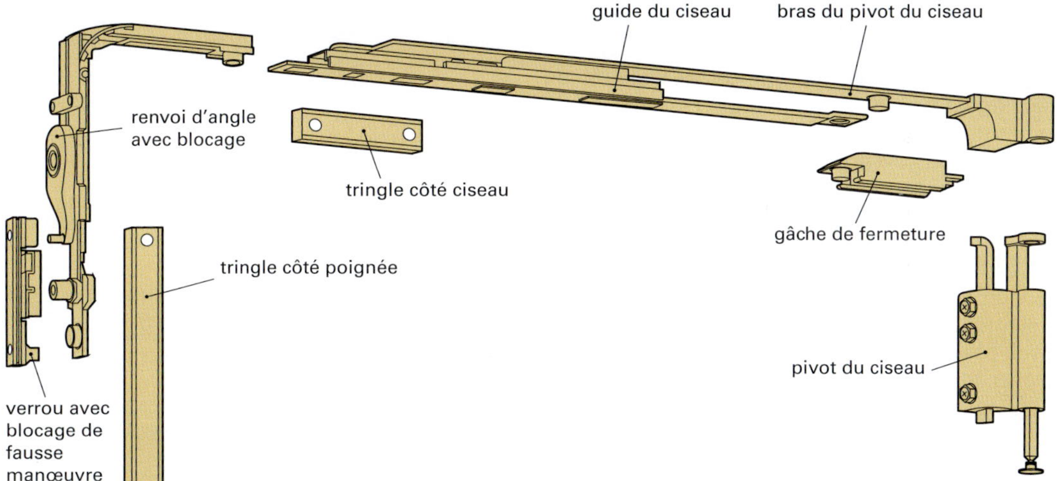

Position fermée : Un mouvement de la poignée dans le sens des aiguilles d'une montre permet d'enclencher les tiges de verrouillage dans les plaques de fermeture du cadre fixe, par le biais des tringles de poussée. Le bloc de fermeture verrouille simultanément le ciseau. Le vantail est fermé contre le cadre fixe (représentation de principe voir page précédente).

Position basculante : Une rotation de la poignée dans le sens contraire des aiguilles d'une montre déverrouille les tiges de verrouillage et le bloc de fermeture du ciseau. La barre de verrouillage (coulisse de verrou) est alors glissée dans le palier oscillo-battant. Le vantail bascule jusqu'à ce que le guide du ciseau limite la position de basculement.
En position basculante, la tringle de poussée tire le bloc de fermeture en arrière et libère le guide de ciseau.

Position oscillante : L a poignée se trouve en position médiane. Le ciseau est encore verrouillé, les tiges de verrouillage et la barre de verrouillage targette sont déverrouillées.
Le bloc de fermeture se déplace dans la rainure de ferrement du vantail ; le guide du ciseau est appuyé contre la barre de verrouillage supérieure et accueille le bras du pivot du ciseau.
Les mouvements d'inversion de la commande permettent au guide du ciseau et au bloc de fermeture de se verrouiller contre le cadre du vantail par le biais des tringles de poussée et du renvoi d'angle (verrouillage ou ouverture oscillante).

L'antifausse manoeuvre empêche que le vantail ne soit mis immédiatement en position basculée depuis la position oscillante.

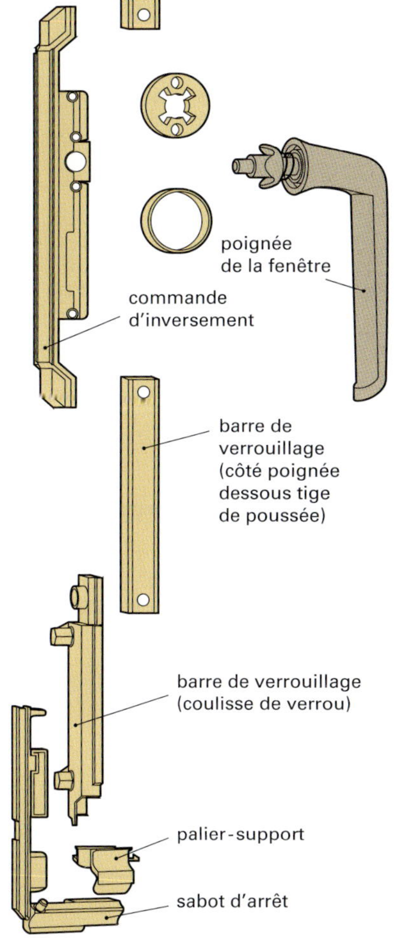

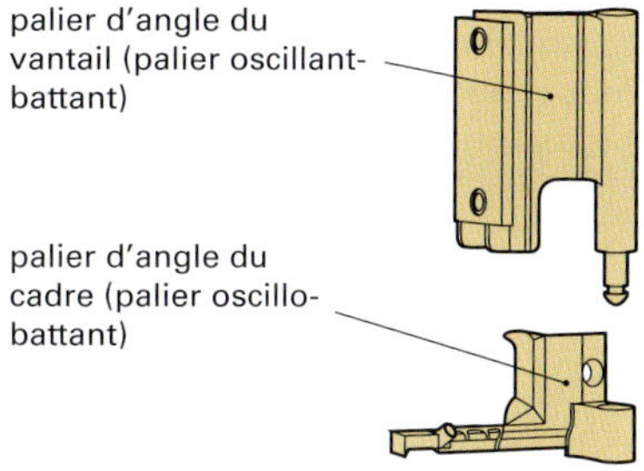

1 Pièces et fonctionnement des ferrements oscillo-battants

Un verrouillage horizontal et un deuxième compas peuvent s'avérer nécessaires pour des vantaux plus grands.

Le guide du ciseau comporte des éléments d'ajustage. La vis de réglage **(fig. 1)** permet de remonter ou d'abaisser le vantail de ±3 mm. Quelques versions comportent aussi un bras de compensation qui assiste les mouvements du compas.

> Les fenêtres oscillo-battantes doivent disposer d'un **dispositif contre la fausse manœuvre**.

Ceci empêche de passer directement de la position pivotée à la position basculée et que le vantail ne soit plus retenu que par le palier du compas et le palier oscillo-battant **(fig. 1, p. 356)**.

20.3.2 Ferrements anti-effraction

En cas de tentative d'effraction, il y a un risque particulier que l'on essaie de relever la fenêtre silencieusement. Selon les exigences de sécurité, 1 à 4 paires d'éléments de ferrements, qui s'accrochent les uns dans les autres quand on ferme la fenêtre, sont à cet effet installés dans le cadre fixe.

Dans l'exemple, un galet presse les joints du vantail sur le cadre fixe et garantit ainsi que la fenêtre soit hermétique contre la pression du vent et la pluie battante. Une têtière champignon s'enclenche dans le creux de fermeture correspondant. Peu importe la façon dont l'outil d'effraction est utilisé, les têtières champignons maintiennent le vantail fermement dans le cadre fixe.

20.3.3 Ferrement d'une fenêtre coulissante parallèle à levage

Comme pour les portes, les grands vantaux sont la plupart du temps fabriqués comme des vantaux coulissants **(fig. 3)**. Ils sont sur des galets de roulage mais les joints qui frottent gênent le déplacement du vantail. C'est pourquoi un **ferrement de levage** pour vantail coulissant est utilisé pour les fenêtres coulissantes afin d'en faciliter le déplacement. Le mouvement du vantail avant son déplacement empêche que les joints ne s'usent prématurément. Après l'abaissement du vantail, le joint se remet en place et ferme très hermétiquement.

Le ferrement comporte les pièces principales suivantes : mécanisme de levage (ne figure pas sur l'image), tringle et gâche de verrouillage avec chariot **(fig. 4)**.

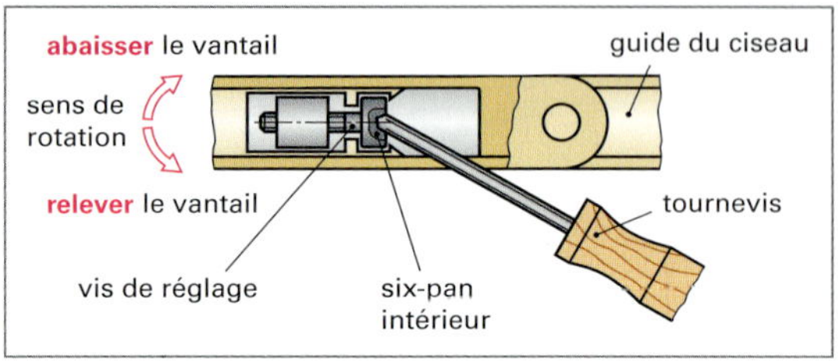

1 Elément d'ajustement d'un compas oscillo-battant

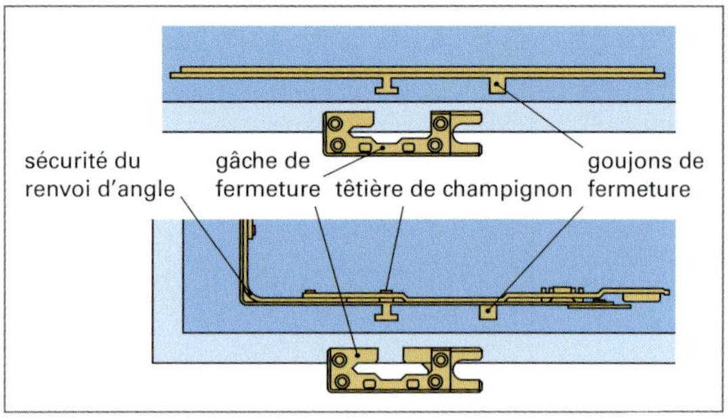

2 Pièces de ferrement anti-effraction

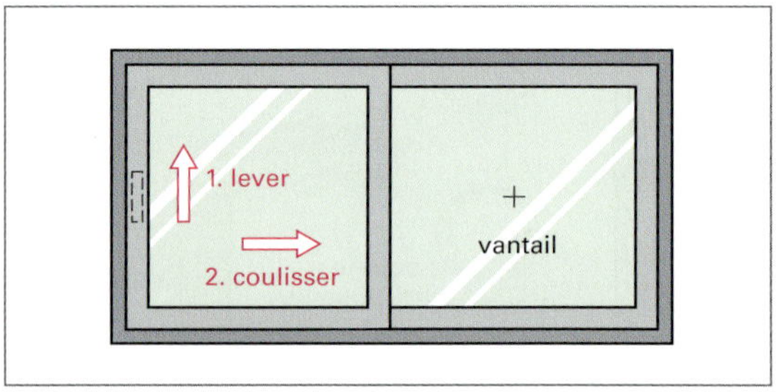

3 Fenêtre coulissante parallèle à levage à deux vantaux

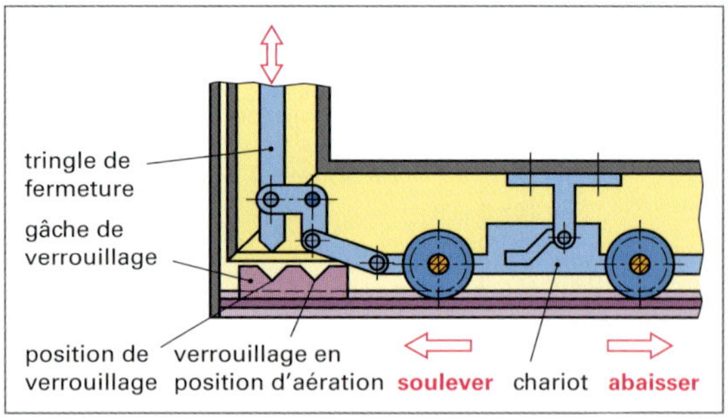

4 Mécanisme d'une fenêtre coulissante parallèle à levage

Contrôlez vos connaissances

1 Décrivez la structure d'un verre isolant.
2 Citez trois mesures constructives pour augmenter la sécurité contre les effractions sur une fenêtre.
3 Quels facteurs influencent l'indice d'amortissement du bruit d'une fenêtre ?
4 Décrivez à quoi sert le compas dans un ferrement de fenêtre.
5 Avec quelle pièce une ferrure de fenêtre peut-elle être réglée de +/– 3 mm en hauteur ?
6 Décrivez à quoi sert l'antifausse manœuvre d'un ferrement de fenêtre.

20.4 Fabrication de fenêtres

Selon l'importance d'une commande et les exigences de la clientèle on distingue trois façons de fabriquer.

- La **production unitaire** est un travail essentiellement artisanal et nécessaire pour fabriquer des fenêtres qui correspondent aux exigences particulières d'un client.
- Les **petites séries** peuvent être fabriquées sur des machines partiellement automatisé. Les dimensions et exigences correspondent là aussi à des particularités demandées par un client.
- La **fabrication en série** avec des machines spéciales est réalisée dans des dimensions standard et en grandes quantités pour le marché. Ces fenêtres sont fabriquées par des entreprises plus importantes.

20.4.1 Métré sur l'édifice

Les dimensions indicatives obtenues à l'aide du plan font référence pour déterminer les dimensions des cadres. Les dimensions indicatives sont les dimensions les plus petites (dimensions minimales) du gros oeuvre.

Dans la fabrication unitaire, les dimensions de toutes les ouvertures de fenêtres sont prises sur le chantier. L'ouverture *b* et la hauteur *h* doivent être mesurées à trois endroits différents **(fig. 1)**. La plus petite de ces mesures, la dimension indicative de gros oeuvre, fait référence. Pour la fabrication de la fenêtre, les dimensions extérieures du cadre fixe sont toutefois importantes car un joint de jonction de 10 mm ... 30 mm doit encore être pris en compte sur le pourtour, en fonction du matériau du cadre. Toutes les autres dimensions pour la découpe du profil et le vitrage sont calculées à partir des dimensions extérieures du cadre fixe.

20.4.2 Coupe et usinage

La fabrication de la fenêtre commence par la découpe des profils dont le traitement de surface est fini. Dans la fabrication de fenêtres en aluminium, des **scies circulaire à double tête** conviennent mieux car, elles découpent les pièces du cadre avec la précision requise en une seule phase de travail. Les scies circulaires sont équipées de têtes inclinables. La **scie circulaire simple** convient pour les petites séries, les découpes simples et la finition. Les cales et protections adéquates en bois empêchent que les profils ne soient déformés et endommagés pendant le sciage. Après la découpe, **des ouvertures** pour les paumelles, les poignées, les écoulements de l'eau, les perforations de fixation, sont réalisées sur des machines spéciales (fraisage par copiage, de serrure, de mortaise et de poinçonnage manuel ou à la machine). Les chablons et gabarits de perçage facilitent le travail pour les petites séries **(fig. 3)**. Là où c'est possible, on poinçonne de l'intérieur vers l'extérieur afin d'éviter une bavure possible du mauvais côté.

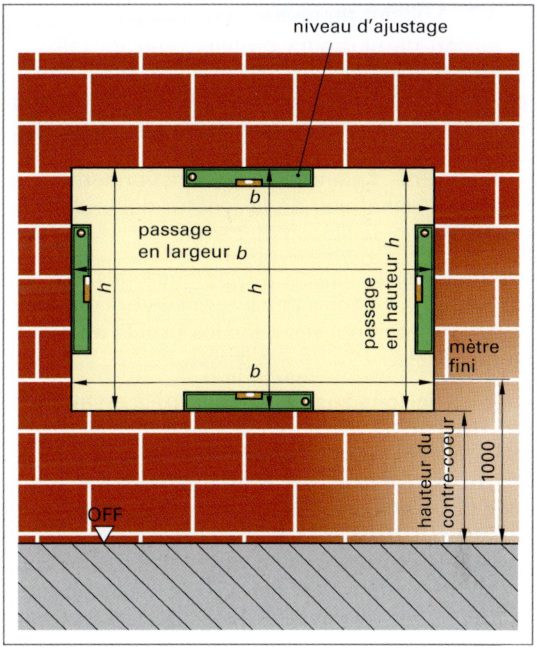

1 Métré sur le chantier

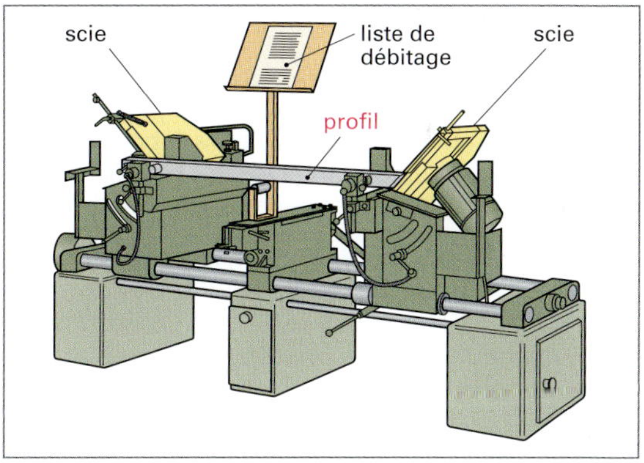

2 Scie circulaire à double tête

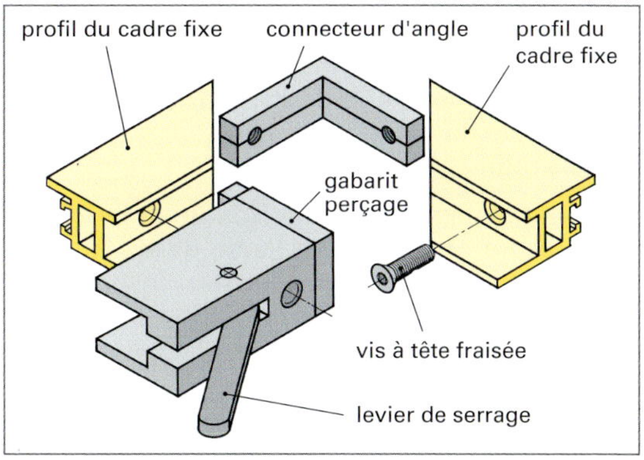

3 Gabarit de perçage

20.4.3 Liaison du cadre

La liaison de plusieurs profilés pour en faire un cadre est réalisée par des moyens mécaniques tels que les connecteurs d'angle **(fig. 1)**, les connecteurs en T **(fig. 2)** ou par soudage.

La stabilité, l'étanchéité, le fonctionnement et l'aspect esthétique de la fenêtre dépendent de la qualité de la liaison du cadre.

Les moyens de liaison mécaniques tels que les connecteurs d'angles et les connecteurs en T sont communément utilisés dans les **profils en aluminium** actuels.

Pour les **liaisons angulaires** de profils en aluminium, des connecteurs d'angles adaptées au profilé sont insérées dans les chambres du tube profilé. La fixation est ajustée mécaniquement par sertissage **(fig. 3 et 4)**, manuellement par goupillage ou par vissage **(fig. 4 et 5)**. Pour l'assemblage par sertissage, deux couteaux déchirent la paroi du tube profilé et repousse la matière dans des rainures prévues à cet effet sur les côtés des connecteurs d'angle.

Avant l'assemblage, on applique de la colle à deux composants dans les chambres et sur les connecteurs d'angle, avant qu'elles soient serties ou goupillées.

Les **profilés en acier** sont assemblés par soudage à l'arc. Dans les petites séries et la fabrication industrielle, on a recours au soudage par résistance bout à bout.

Les **profils en plastiques** sont assemblés par soudage bout à bout. Les profilés massifs en plastique sont également vissés, serrés ou assemblés en injectant une colle à prise rapide dans les perçages de liaison.

Le durcissement seul de la colle a pour effet d'étanchéifier et stabiliser la liaison de l'angle.

20.4.4 Montage des ferrements

Chaque élément de ferrement **(page 357)** doit être monté dans la fenêtre avant sa mise en place dans le cadre fixe. Afin de garantir une fonctionnalité optimale il est nécessaire de respecter le plan de montage.

Pour un montage rapide, la fixation du ferrement sur le cadre est réalisée à l'aide de vis auto taraudeuses ou d'éléments de serrage insérés dans les rainures du tube profilé. Le vantail est ensuite mis en place dans le cadre fixe et la liaison entre le vantail et le cadre fixe est obtenue grâce aux ferrements. Pour que le ferrement fonctionne impeccablement, il faut réaliser un essai de fonctionnement de toutes les pièces après assemblage.

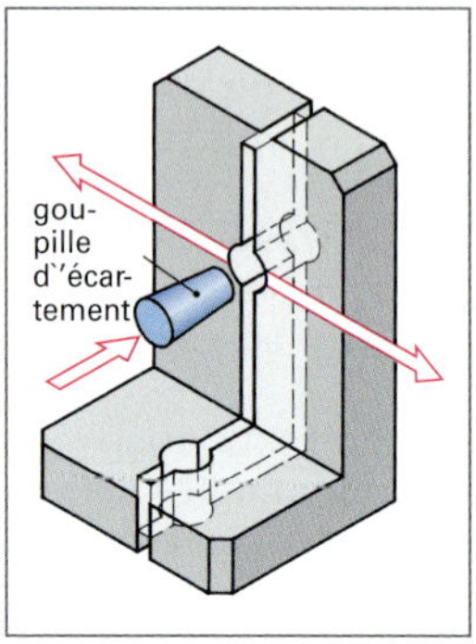

1 Connecteur d'angle

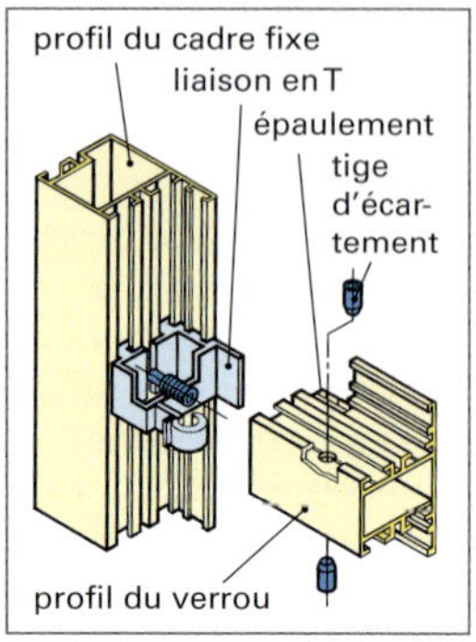

2 Connecteur en T

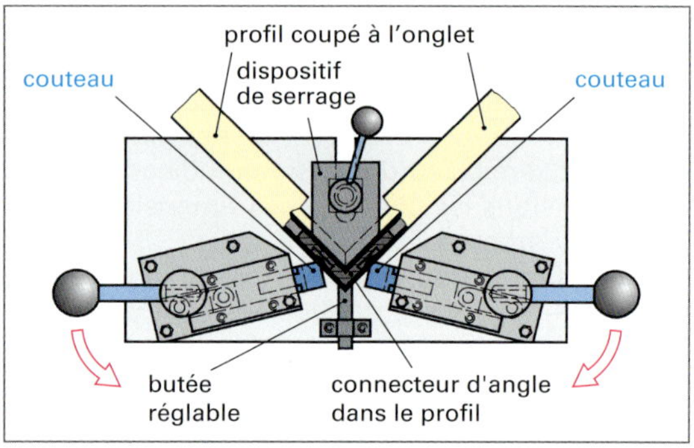

3 Machine pour lier les angles par sertissage

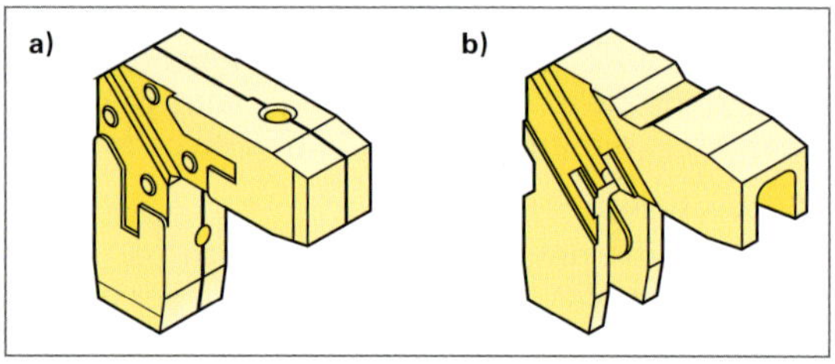

4 Connecteurs d'angle à goupiller (a) et à sertir (b)

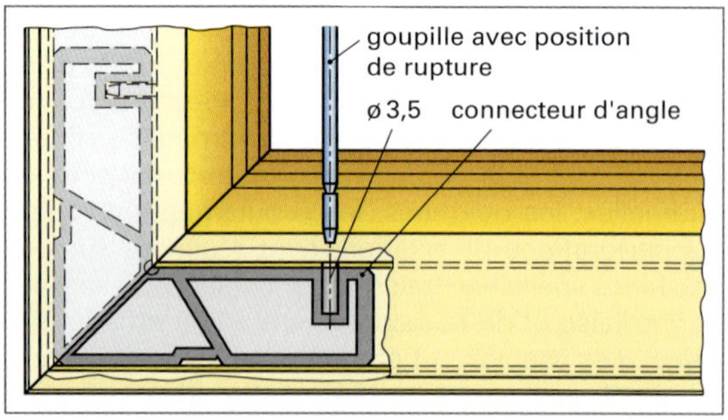

5 Liaison angulaire de l'enveloppe extérieure avec goupille à rupture

20.5 Montage de fenêtres

Les fenêtres sont des parties sensibles de l'enveloppe du bâtiment en raison de leurs fonctions et des différentes exigences. Elles doivent résister aux influences météorologiques telles que les tempêtes, la pluie battante et les chutes de grêle. C'est pourquoi un ancrage sûr des fenêtres dans le corps du bâtiment est nécessaire.

La fenêtre est un élément non porteur qui ne doit absorber aucune force provenant du bâtiment.

La fixation des fenêtres à la structure du bâtiment doit être réalisée avec soin et respecter les normes en vigueur. L'installation des fenêtres et la réalisation du joint de raccord entre la fenêtre et le bâtiment nécessitent de tenir compte d'une série d'exigences :

Toutes les contraintes appliquées à la fenêtre doivent être transmises au bâtiment avec suffisamment de sécurité.

Lors de l'installation il faut en outre veiller aux points suivants :

- Les courant d'air doivent être évités grâce à une **imperméabilité** durable des joints.
- **L'étanchéité contre la pluie battante** signifie que les précipitations ne doivent pas pénétrer à l'intérieur du bâtiment mais que la vapeur d'eau doit pouvoir se diffuser vers l'extérieur.
- En ce qui concerne les pertes de chaleur et la formation de condensation, une **isolation thermique** suffisante est nécessaire dans la zone de raccord.
- Une **insonorisation suffisante** est obtenue dans la zone de raccord grâce à un joint de raccord hermétique avec isolation thermique.

Si le montage est correct, la fenêtre oscillo-battante illustrée ci-contre satisfait à toutes ces exigences. Le **cadre fixe** dans l'ouverture du bâtiment reçoit le vantail de la fenêtre. Le vantail est la partie mobile de la fenêtre. Le **cadre du vantail** accueille le **vitrage**. Les **baguettes à verre** sont dans une rainure du cadre du vantail et pressent le joint d'étanchéité intérieur contre le verre. Les **joints d'étanchéité intérieurs** et extérieurs garantissent un positionnement hermétique et élastique du verre. Ils empêchent que les coups provoqués par le mouvement du vantail ne soient directement transmis à la vitre. Le **joint d'étanchéité** mis en place dans le cadre de vantail à l'intérieur sert de joint supplémentaire **(voir aussi fig. 1 p. 353)**.

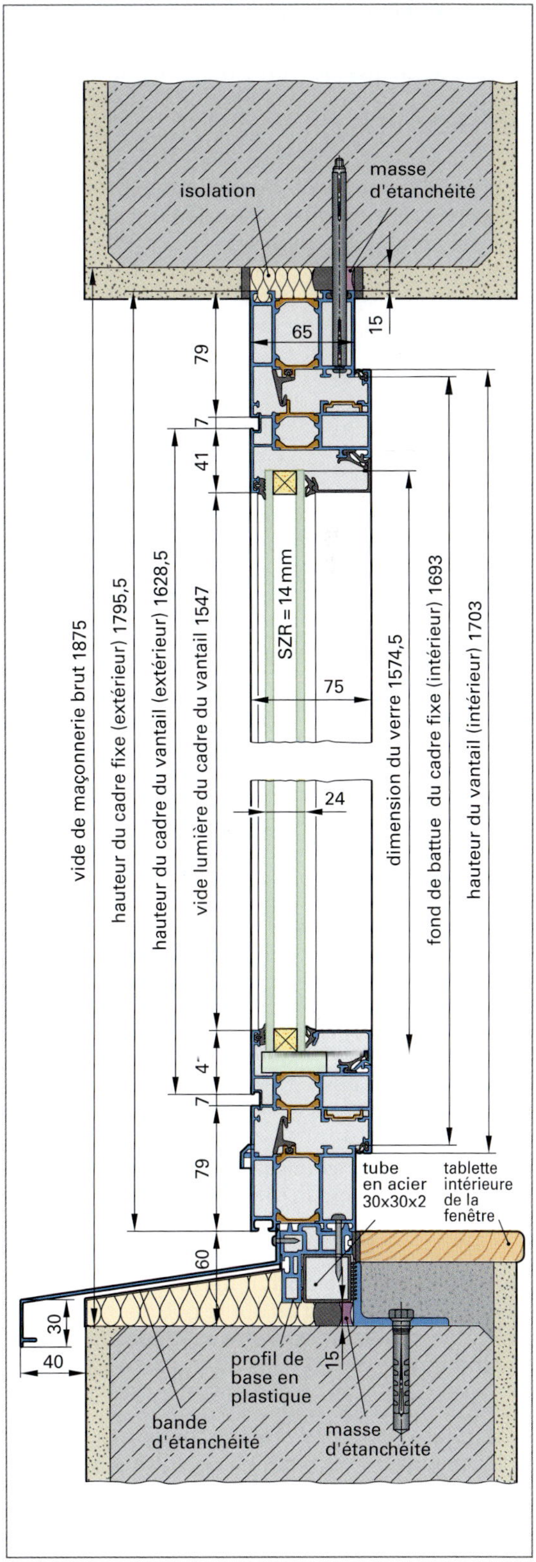

1 Vue en coupe d'une fenêtre oscillo-battante montée

20.5.1 Calage des verres

Les travaux de vitrage dans une fenêtre comportent le calage du verre dans le fond de battue, la mise en place des baguettes à verre et de l'étanchéité.

Le poids du verre est à répartir dans le cadre afin que celui-ci le supporte uniformément sur le pourtour. Un mouvement sans entrave doit être assuré lorsque les forces dues au poids du vantail doivent être transmises par les paumelles au mur. L'ajustage, resp. **calage** des verres est très important.

> Le verre ne doit prendre en charge aucune fonction porteuse.

Le poids du verre doit pour cela être réparti de sorte à ce que le cadre du vantail supporte le verre. Pour que la largeur des joints au cadre fixe reste identique sur le pourtour et que la fonctionnalité soit assurée, le cadre du vantail ne doit se déformer que très légèrement.

Des cales d'épaisseurs différentes en bois imprègné ou en plastique permettent de réaliser l'alignement angulaire du cadre du vantail. Des **cales** porteuses, des cales de distance et parfois des cales de compensation sont nécessaires pour l'ajustage **(fig. 1 et 2)**.

Les **cales porteuses** transfèrent le poids du verre sur la structure du cadre.

Des **cales de distance** garantissent l'intervalle entre le bord du verre et le fond de battue et empêchent le verre de glisser. Pour certains types d'ouverture, les cales de distance assument aussi parfois la fonction de cales porteuses.

Dans les fenêtres coulissantes, des cales de distance élastiques ont un rôle d'amortisseur lorsque le vantail vient en butée.

Les **cales de compensation** permettent une régulation de la pression d'air sur le pourtour et garantissent un écoulement des eaux de condensation et d'infiltration **(fig. 1)**.

> Dans les différentes fenêtres, les cales doivent être disposées et réparties de sorte à ce que la force du poids du verre soit équilibré pour ne pas endommager le verre sur la durée, aussi bien quand la fenêtre est fermée que quand elle est ouverte.

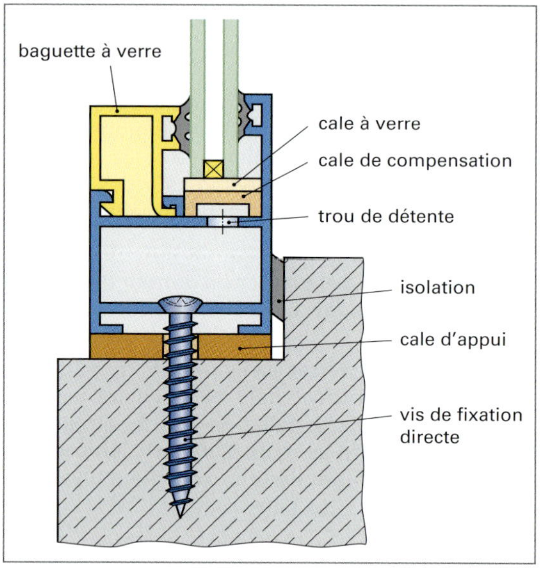

1 Types et fonctions des cales

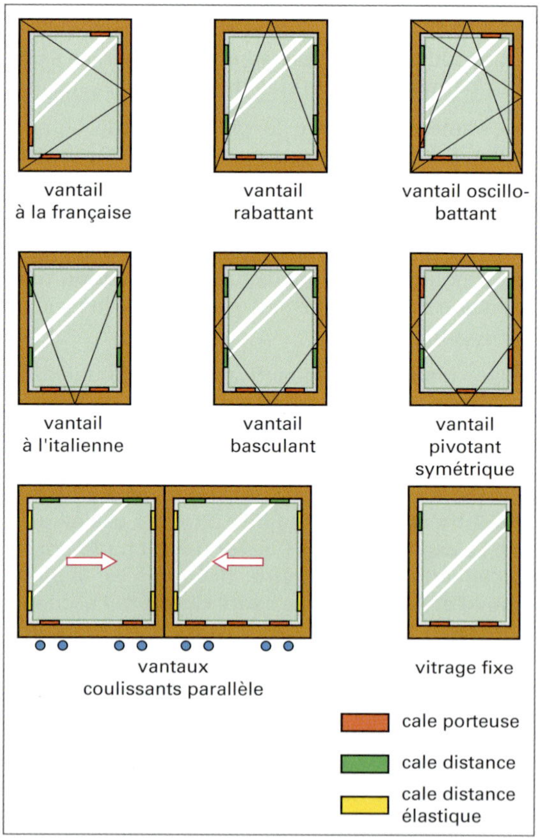

2 Propositions de calage du vitrier pour différents types d'ouvertures

20.5.2 Systèmes de vitrage

La pression du vent et les fluctuations des températures sollicitent la fenêtre et provoquent un mouvement du verre dans son logement. Pour que l'eau ne pénètre pas dans la battue du verre, et qu'aucun dégât ne surgissent sur le cadre et le vitrage, le système doit correspondre à des exigences qui résultent :

- du type d'ouverture (= utilisation)
- des effets de l'environnement
- de la taille du verre

Pour assurer l'étanchéité de l'espace de feuillure (distance libre entre le verre et les battues), les joints à sec (EPDM) sont actuellement privilégiés par rapport aux masses d'étanchéité. Les **joints à sec** établissent la liaison élastique entre le cadre et le vitrage et doivent être hermétiques à la pluie et au courant d'air **(fig. 1)**.

Les combinaisons entre **masse d'étanchéité** (la plupart du temps côté intempéries) et joint à sec (côté intérieur) sont possibles. On entend par **vitrage sec** une technique de vitrage exempte de masse d'étanchéité dans l'espace de la feuillure.

Quand la sollicitation due à l'humidité augmente, la quantité d'eau pouvant pénétrer dans l'interstice des vitres augmente aussi. Des joints étanches et des trous de détente permettant de réguler la pression selon le climat extérieur sont les conditions primordiales pour préserver l'étanchéité du système à long terme. Les ouvertures doivent être en mesure d'évacuer de façon rapide et fiable l'eau d'infiltration et de condensation vers l'extérieur **(fig. 2)**.

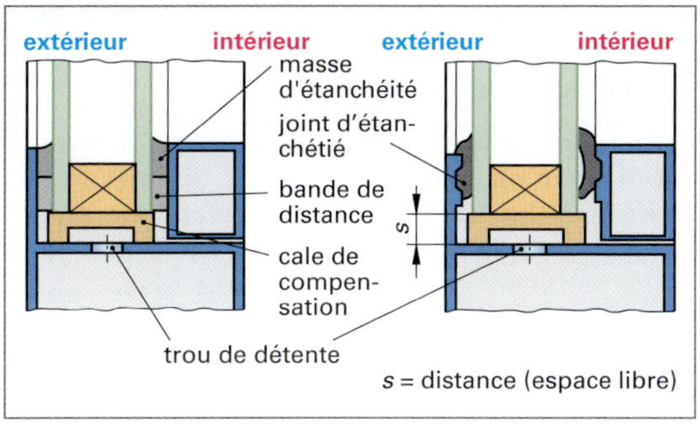

1 Exemples d'étanchéité entre les battues et le vitrage

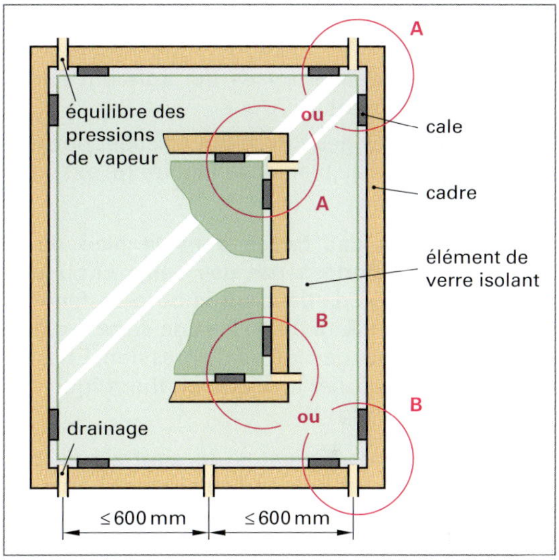

2 Nombre et position des ouvertures pour la compensation de pression de vapeur et le drainage

20.5.3 Raccordement et fixation à l'édifice

La mise en oeuvre du système de fixation (type de fixation), de l'isolation et de l'étanchéité est décisif pour une bonne utilisation de la fenêtre **(p. 361)**.

Types de montage

L'installation de fenêtres et de portes dans l'édifice est réalisé en fonction de la situation. Celui-ci est d'une grande importance pour le fonctionnement, il dépend de l'agencement de l'ouverture dans le gros oeuvre **(fig. 3)**.

La **fixation dans l'embrasure** est le type le plus fréquent. L'ouverture continue dans le mur permet un positionnement à n'importe quelle profondeur dans l'embrasure **(fig. 3 a)**. Un échafaudage n'est pas nécessaire car la fenêtre peut être montée depuis l'intérieur.

Avec un **montage en tableau intérieur**, la fenêtre est mise contre la battue du mur depuis l'intérieur **(fig. 3 b)**. Un échafaudage extérieur n'est pas né-

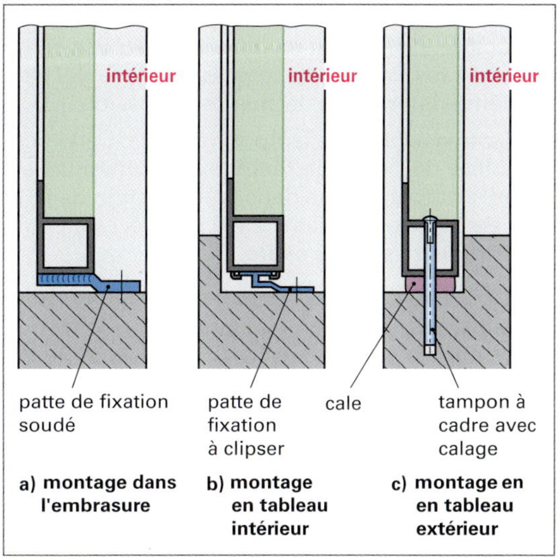

3 Trois types de mise en oeuvre et techniques de fixation

cessaire pour la mise en place. Le cadre et le joint de raccord sont bien protégés contre les influences météorologiques.

Avec un **montage en tableau extérieur**, la fenêtre est mise en place devant la battue du mur depuis l'extérieur **(fig. 3 c, p. 363)**. Un échafaudage est nécessaire pour la mise en place. Le cadre et le joint de raccord sont exposés aux intempéries.

L'ancrage des fenêtres dans le corps du bâtiment doit garantir le report de toutes les forces occasionnées à la fenêtre dans le corps du bâtiment. La fenêtre ne doit à cet effet subir aucune déformation pouvant avoir un impact sur son fonctionnement. Pour les possibilités de fixation, on fait la distinction de manière appropriée entre

- les contraintes des forces qui agissent sur le plan de la fenêtre ;
- les contraintes des forces qui agissent perpendiculairement au plan de la fenêtre (p. ex. pression du vent).

Les **contraintes des forces dans le plan de la fenêtre** sont reportées par des cales et/ou une sous-construction de base sur le bord de fenêtre. Les cales doivent être disposées de sorte à n'être sollicitées que par des forces de pression. Elles ne doivent pas empêcher la dilatation thermique des profils du cadre **(fig. 1)**.

Il existe plusieurs variantes de **contraintes des forces qui agissent perpendiculairement** au plan de la fenêtre. Le choix des possibilités de fixation dépend ici de la solidité des éléments attenants et des mouvements qui surviennent dans le joint de raccords :

- Fixation par vis de fixation direct (pour les fenêtres en aluminium) et goujons d'ancrage : dans ce cas, la fixation de l'ancre dans le cadre fixe et la résistance à le passage de la vis elle-même déterminent la charge admissible.
- Fixation à l'aide de tampons à cadre. Cette possibilité de percer la fenêtre en aluminium est entre autres utilisée dans la rénovation de bâtiments anciens. Il n'est ainsi pas nécessaire de retirer le crépi côté cadre.

La **fig. 2** montre la distance entre chaque point de fixation. Pour éviter le **risque de condensation côté intérieur** sur les profils et le verre, la position de montage de la fenêtre doit être réalisée de sorte à ce que la surface du profilé côté intérieur présente une température de 10 °C ou plus **(fig. 3)**. On part pour cela du principe d'un climat normalisé avec une température de pièce de 20 °C et une humidité de l'air de 50 %.

La position de montage (liaison avec la construction) de la fenêtre de gauche sur la **fig. 3** en page

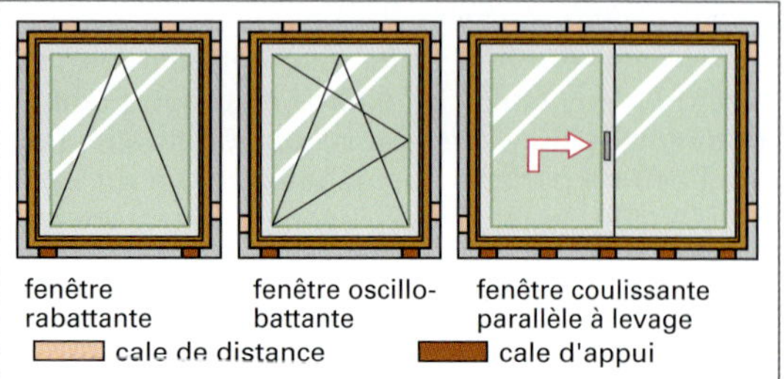

1 Disposition des cales de report de charge dans le plan de la fenêtre

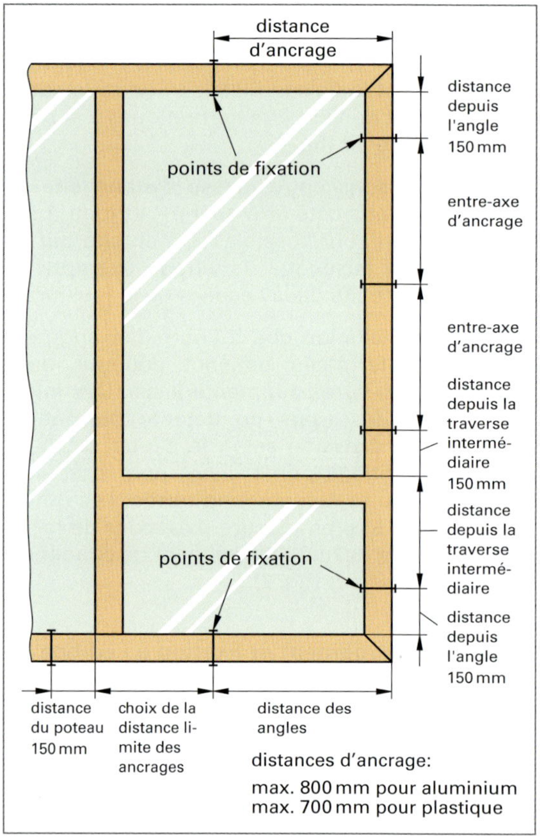

2 Point de fixation sur le cadre fixe

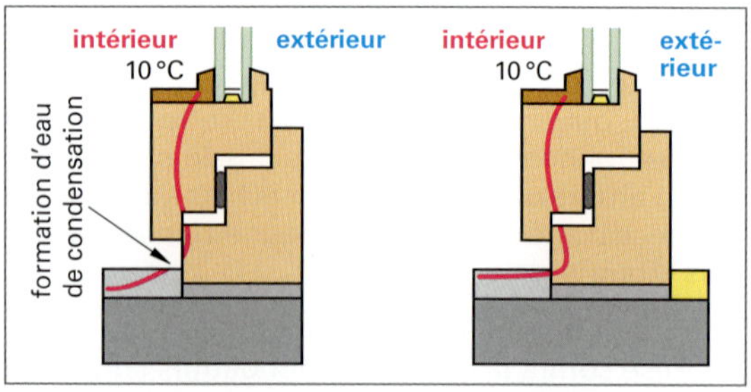

3 Tracé de principe de l'isotherme de 10 °C

précédente a été choisie de façon tellement défavorable que **l'isotherme de 10 °C** sur la surface du mur intérieur est dépassée et que la condensation peut précipiter. La **fig. 1** montre le bord d'un bâtiment qui forme un **pont thermique** pour des raisons géométriques. Dans la zone du bord extérieur, il y a de grandes surfaces par lesquelles la chaleur est cédée et auxquelles aucune surface de même taille ne correspond à l'intérieur. Cette situation entraîne une perte de chaleur accrue et une baisse de la température surfacique intérieure. Si la température du point de rosée est plus haute, il en résulte dans ces zones une précipitation de la condensation sur la surface de l'élément côté pièce. La conséquence peut en être la formation de moisissures.

La position de montage du cadre fixe est correcte si l'isotherme de 10 °C passe dans le plan fonctionnel (zone 2 dans la **fig. 3**) et se trouve ainsi à l'intérieur de l'élément avec isolation thermique (rupture thermique, espace entre les verres, isolation thermique, isolation centrale) **(fig. 2)**.

Si le joint est correctement raccordé, il en résulte trois zones **(fig. 3)** :

Dans la zone 3, le **plan de séparation entre le climat de la pièce et le climat extérieur,** des bandes d'étanchéité ou masse d'étanchéité empêchent que l'humidité de l'air de la pièce ne pénètre dans le joint de jonction et ne précipite sous forme de condensation aux endroits dont la température surfacique est inférieure à la température du point de rosée.

Dans la zone 2, le **plan fonctionnel**, il s'agit en priorité de garantir la protection contre la chaleur et le bruit. Cette zone doit de même rester sèche et être séparée du climat extérieur (zone 1).

La jonction sur le **plan de protection contre les intempéries** peut être réalisée sur un ou deux niveaux. Dans la **jonction à un niveau** (**fig. 3** en haut), la pluie et le vent sont repoussés sur un plan.

La protection contre les intempéries est composée d'une barrière contre le vent et la pluie. Si malgré tout de l'eau de pluie pénètre dans la jonction, elle doit être contrôlée et évacuée directement vers l'extérieur. Il faut en outre s'assurer que l'humidité qui pénètre depuis l'intérieur de la pièce dans la zone fonctionnelle doit pouvoir s'échapper vers l'extérieur, p. ex. par une bande perméable à la vapeur d'eau.

Dans la **jonction à deux niveaux**, la pluie et le vent sont repoussés dans des **niveaux séparés** (**fig. 3** à droite). L'eau qui passe derrière la barrière contre la pluie est contrôlée et évacuée vers l'extérieur.

> Le principe suivant s'applique pour que l'humidité puisse se diffuser vers l'extérieur dans tous les cas : **« L'intérieur plus hermétique que l'extérieur »**.

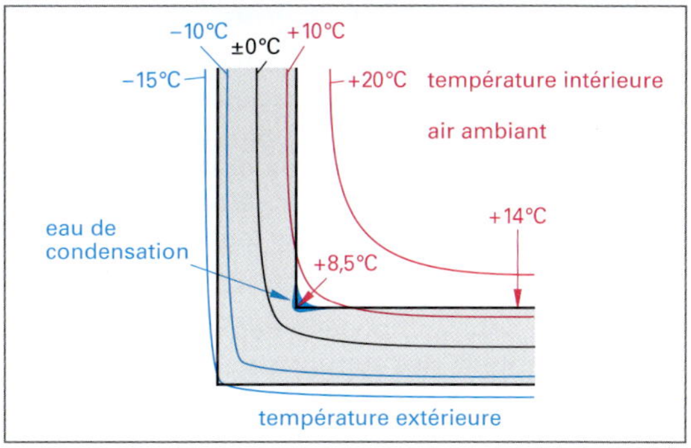

1 Schéma du chemin isothermique au bord d'un bâtiment

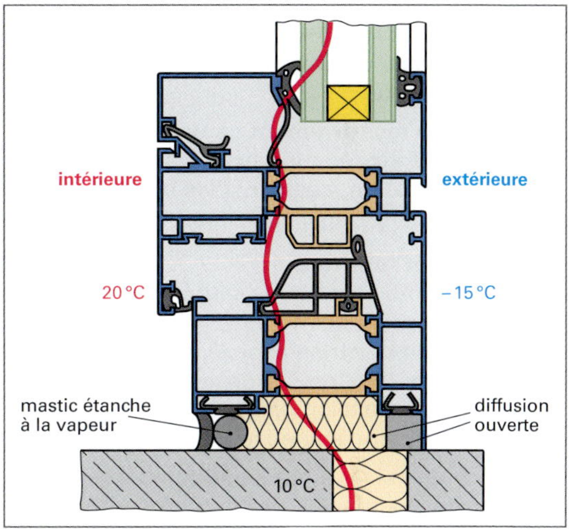

2 Cheminement d'une isothermique de 10 °C pour une jonction bord à bord d'une fenêtre

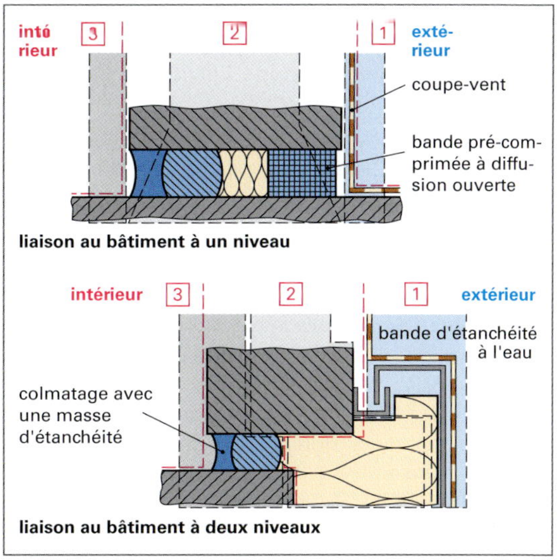

3 Les trois niveaux dans les jonctions

20.6 Devantures et vitrines

En raison de leur taille et de leur forme, les devantures sont des types de construction spéciales de fenêtres avec vitrage fixe. Plusieurs vitrines constituent une **installation de devanture** pouvant aussi inclure des portes **(fig. 1)**. La plupart des fournisseurs de profils pour fenêtres et portes ont également des profilés pour vitrines dans leur gamme.

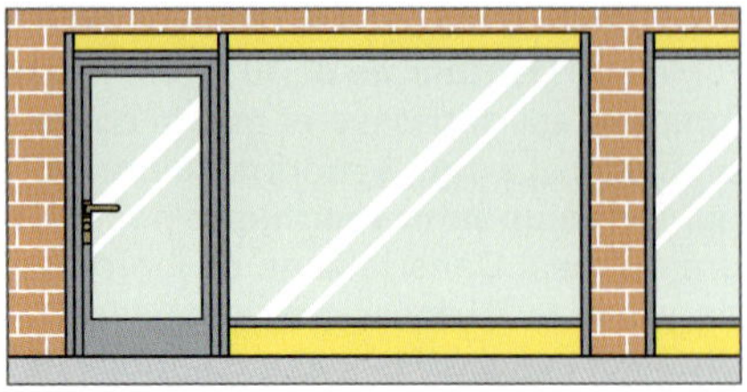

1 Installation d'une devanture

Eléments de vitrines

Les vitrines sont composées des profils de base, des profils de recouvrement, des supports de profils et du vitrage **(fig. 2)**.

Les **profils de base** forment le cadre de base et sont en acier ou en aluminium. Il s'agit des parties porteuses de la construction pour le vitrage et des profils de recouvrement. Ils doivent être rigides en flexion et en torsion pour que le verre ne subisse aucun dommage.

Les **supports des profils** de recouvrement sont serrés ou vissés sur le profilé de base. Ils peuvent en outre servir de support pour le verre.

Les **profils de recouvrement** contiennent le joint du verre. Ils sont serrés de l'extérieur dans les supports de profils. Aucun élément de fixation n'est ainsi visible de l'extérieur. Le profil de recouvrement a également une fonction esthétique.

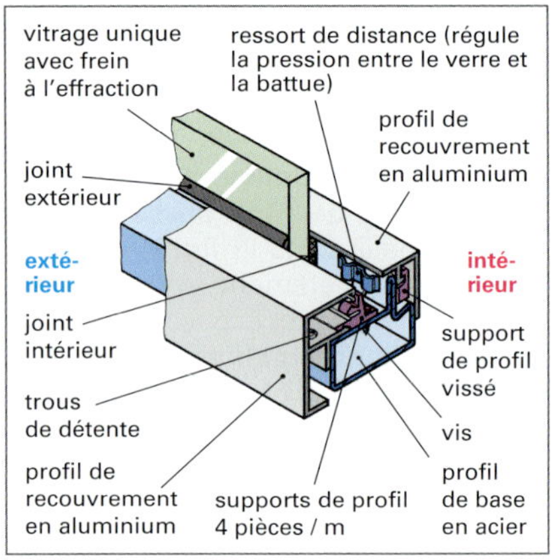

2 Eléments d'un cadre de devanture

Fabrication et montage

Lors de la fabrication d'une vitrine, les profils de base, tout comme les profils des fenêtres, sont découpés en fonction de la forme de la vitrine choisie et assemblés pour former le cadre de base. Les profils de recouvrement sont découpés et ajustés. Les installations sont assemblées en atelier afin d'éviter une finition coûteuse lors du montage sur le chantier.

Il convient de veiller à une **ventilation arrière** de la vitre dans les espaces ayant une forte humidité comme les boutiques de fleuristes, les boulangeries, etc. Lorsque la température extérieure est très basse, le côté intérieur de la vitrine peut s'embuer s'il n'y pas de radiateur à proximité du bord de fenêtre. La vapeur d'eau présente condense et précipite sur une vitre froide. Des fentes en haut et en bas dans le cadre de base produisent à l'intérieur de la vitre une circulation d'air (effet d'aération) qui stoppe l'accès de l'air chaud humide à l'intérieur de la vitre.

Les **vitrines** sont aussi des éléments d'exposition vitrées sur plusieurs côtés. Des portes permettent d'amener ou de retirer le produit exposé **(fig. 3)**.

Elles sont destinées au montage mural ou à une mise en place autonome à l'intérieur ou à l'extérieur.

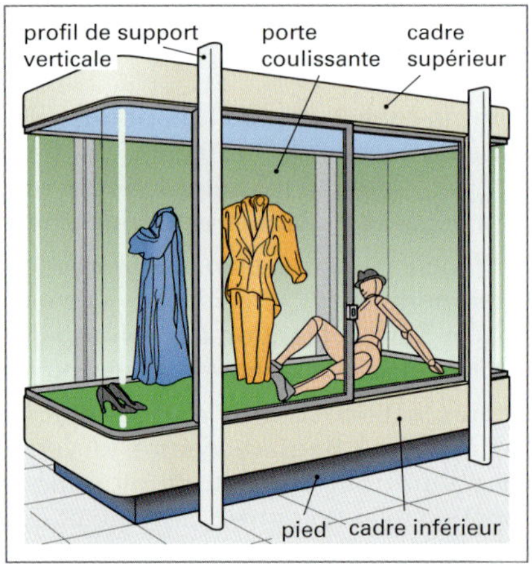

3 Vitrine

Contrôlez vos connaissances

1 Comment le métré de l'ouverture d'un mur est-il effectué ?
2 Expliquez le terme « Dimension indicative ».
3 Quels usinages doivent être réalisées en cours de fabrication sur les profils pour une fenêtre oscillo-battante ?
4 Comment l'angle d'un cadre est-il assemblé dans la construction de fenêtres en aluminium ?
5 Pourquoi les angles de cadre ne sont-ils pas soudés dans la construction de fenêtres en aluminium ?
6 A quelles exigences un joint de raccord correctement réalisé doit-il satisfaire ?
7 Faites la distinction entre les cales d'appui et les cales de distance.
8 Citez trois types de raccords.

21 Façades et constructions en verre

Le constructeur métallique entend par façades les pièces d'un bâtiment qui recouvrent ses murs extérieurs **(fig. 2)**. Les façades doivent satisfaire à de nombreuses fonctions dans la construction moderne de commerces et logements :

- l'économie d'énergie par la protection thermique,
- un éclairage et une aération adaptés à la fonction,
- la protection du climat,
- l'insonorisation,
- la protection contre les incendies,
- la protection contre les regards indiscrets, l'éblouissement et le soleil,
- une utilisation flexible du bâtiment.

Par ailleurs, la façade doit diriger les forces du vent qui agissent de l'extérieur et le poids propre dans le système d'appui et de poutres de l'édifice. Elle doit en outre occasionner de faibles dépenses en maintenance et satisfaire les souhaits et les exigences des architectes, maîtres d'oeuvre et autorités compétentes en matière d'autorisations.

L'image des façades actuelles est marquée par les matériaux aluminium, l'acier, l'acier inoxydable et les types de verre les plus variés.

2 **Façade vitrée moderne**

21.1 Classification et types de construction

Le type de construction le plus fréquent est la **façade rideau** qui, contrairement à la façade **entre dalles**, sollicite moins de volume de construction, est plus facile à monter et a un degré de préfabrication plus important **(fig. 3)**.

Selon le montage des éléments de remplissage des façades rideau, on fait la distinction entre la « construction poteaux - traverses » et la « construction en éléments ».

Dans la **construction poteaux - traverses**, les poteaux verticaux sont montés avant les traverses horizontales **(fig. 1)**. Les éléments de remplissage (vitrages fixes, fenêtres, panneaux) sont ensuite installés entre les poteaux et les traverses.

Dans la **construction en éléments (fig. 4, fig. 2 p. 375)**, les cadres, panneaux ou cassettes préfabriqués sont directement montés sur le corps du bâtiment ou installés entre les poteaux.

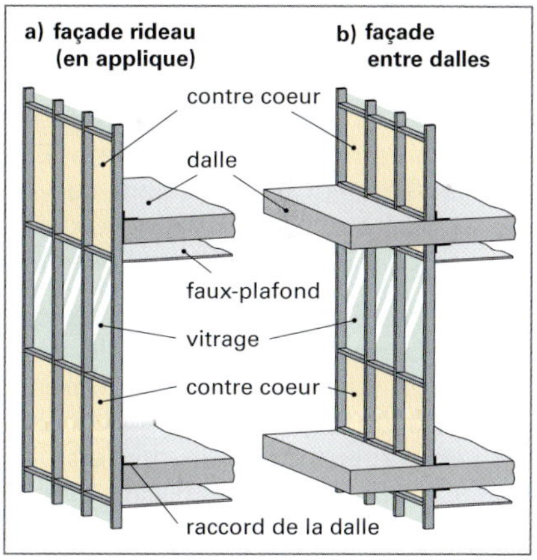

3 **Types de constructions de façade**

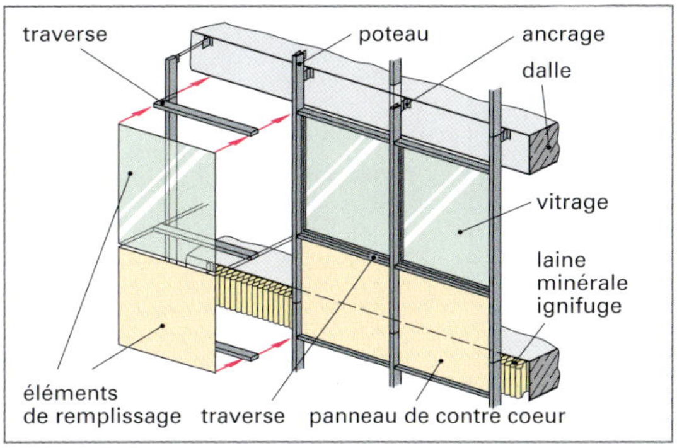

1 **Construction poteaux – poutres**

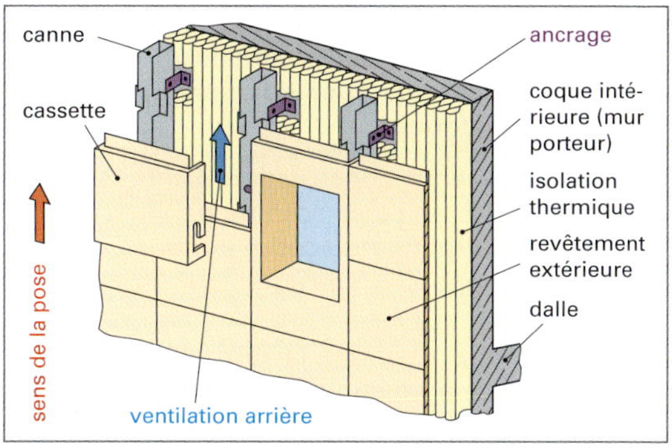

4 **Construction en éléments avec caissons accrochés**

Selon la température qui règne entre la façade et l'édifice, on fait la distinction entre :

- façades chaudes
- façades froides
- façades froides chaudes (façades CW)

Des types de **constructions spéciales** de façades sont :

- les façades à deuxième peau (façades doubles et façades de convection)
- les façades entièrement en verre (Structural Glazing)
- façade en verre à fixation ponctuelle (autoporteuse ou non autoporteuses)
- le vitrage aérien, verrières

Ne sont pas abordées ici :

- les façades énergétiques et
- les façades d'évacuation de l'air, toutes deux semblables en structure à la façade double mais qui ont un vitrage isolant à l'extérieur,
- façades double peau en galerie avec passerelles

21.1.1 Façades chaudes

Dans les façades chaudes, la température ambiante du bâtiment règne à l'intérieur et, la température extérieure règne au dehors. La façade simple établit la séparation thermique entre le climat intérieur et le climat extérieur, tout en servant de mur.

Les façades chaudes sont des structures avec un revêtement et sans ventilation arrière.

La façade chaude est composée de profilés porteurs avec une rupture thermique, ainsi que des fenêtres mobiles ou des vitrages fixes en verre isolant, ainsi que divers éléments de panneaux **(fig. 1)**.

Le **panneau** est composé d'un revêtement extérieur, du noyau isolant et du pare-vapeur côté pièce.

Soit la coque extérieure du panneau est en plaques de pierre, en tôle d'acier, d'aluminium ou elle est composée de vitres en verre simple de sécurité (ESG) avec revêtement réfléchissant. Le verre de sécurité composite (VSG) ou des vitrages isolants sont également possibles.

Pour que la vapeur d'eau présente dans l'air ambiant n'humidifie pas le **noyau isolant** en laine de roche, les fibres de verre isolant ou la mousse PUR dure, un **pare-vapeur** doit être mis en place sur la coque intérieure. Il est composé d'une tôle ou d'un film métallique collé et scellé sur la bordure.

Si malgré tout de la vapeur d'eau pénètre par le côté pièce chaude dans le panneau et condense, la condensation s'échappe par des **trous de drainage** dans le bord inférieur.

Les panneaux en « construction sandwich » sont mis en place comme un vitrage dans la structure du cadre porteur et fixés avec capots de serrage.

Les panneaux assurent la fermeture de la pièce, la protection contre les intempéries ainsi que la protection thermique, le bruit et les incendies.

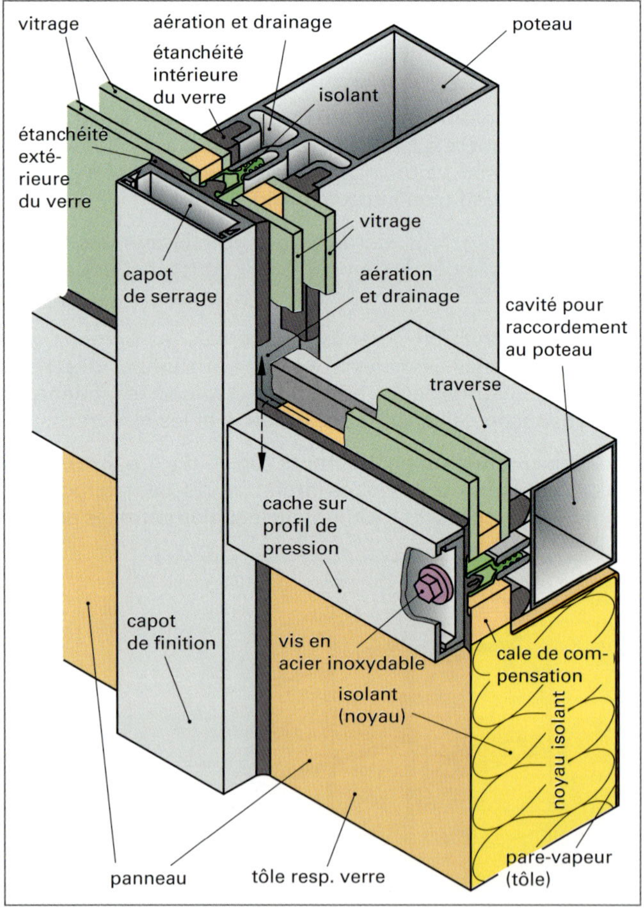

1 Façade chaude avec panneau et vitrage

21.1.2 Façades froides

Les façades froides sont des constructions à deux coques avec un interstice froid ventilé **(fig. 1)**. La **coque extérieure** de la façade froide sert « d'imperméable » en guise de protection contre les intempéries et d'agencement visuel.

Le mur en béton ou tôle trapézoïdale en tant que **coque intérieure** sert à fermer la pièce et porte l'isolation thermique et la coque extérieure en tôle d'acier ou profils en aluminium.

La coque extérieure se trouve dans le climat extérieur froid. L'« effet cheminée » dans l'interstice ventilé garantit que la vapeur d'eau, qui se diffuse depuis l'intérieur du bâtiment vers l'extérieur à travers la coque intérieure, soit absorbée par le courant d'air ascendant et dirigée vers l'extérieur. Même la chaleur estivale qui survient derrière la coque extérieure est évacuée par l'interstice ventilé.

La façade froide est une structure de mur intérieur à deux coques avec ventilation arrière, sans pare-vapeur.

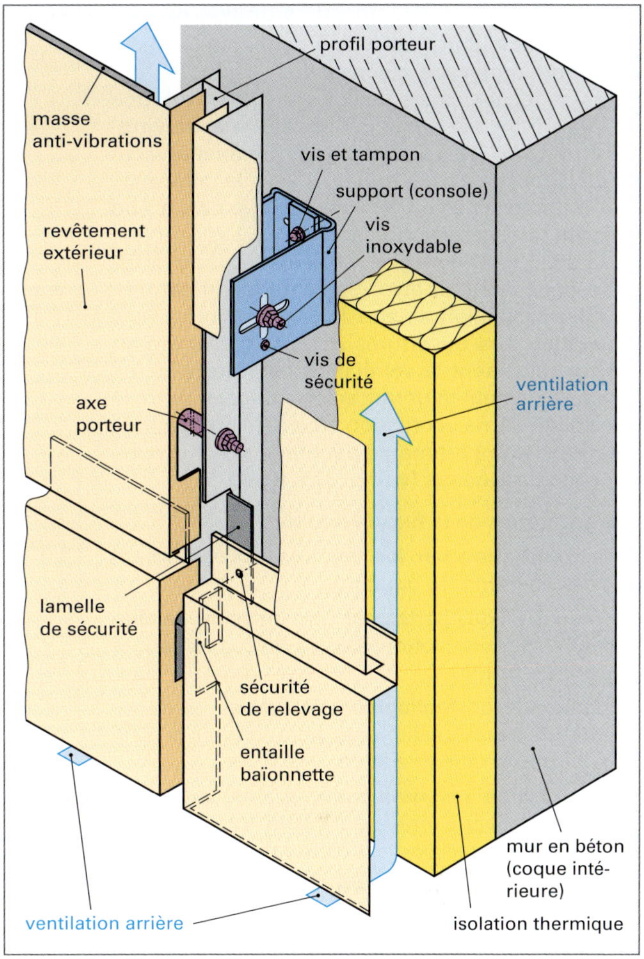

1 Façade froide avec coque extérieure en tôle pliée

21.1.3 Façades froides chaudes

Dans une façade CW (= cold - warm), les zones froides et les zones chaudes alternent à différents endroits de l'édifice. Elles sont montées sur des murs extérieurs porteurs réalisés en construction massive. Dans la **« zone chaude »**, des éléments de fenêtres fixes à vitrage isolant ou mobiles ferment les ouvertures de l'édifice, tandis que dans la **« zone froide »**, p. ex. contre coeur, les surfaces de l'édifice avec isolation thermique sont pourvues d'une protection contre les intempéries ventilées par l'arrière en tôle, en vitre de sécurité réfléchissant à verre simple ou d'autres plaques, panneaux **(fig. 2)**.

Pour des raisons d'insonorisation et de montage aisé, le cadre fixe de la « zone chaude » est formé comme un profil de cadre sur tout le pourtour et fixé au corps de bâtiment avec des consoles réglables.

Les **avantages d'une façade froide chaude** sont les suivants :

- Réduction de la durée de construction car les ouvertures de fenêtres peuvent être fermées en premier.
- Les profils dans la zone froide peuvent rester non isolés.
- Bonne protection contre la propagation du feu par des zones de garde-fou massifs.
- Bonne insonorisation et aspect extérieur uniforme de tous les champs vitrés.

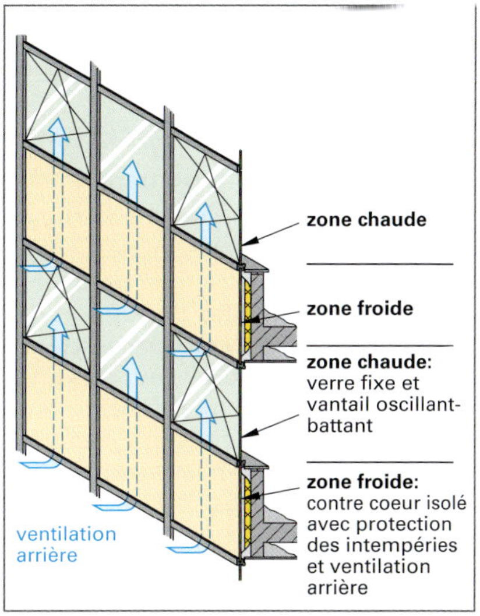

2 Principe d'une façade froide chaude

21.1.4 Double façade, façade à double peau

La façade à double peau, également appelée façade double ou façade à convection, est érigée devant une façade existante comme une enveloppe en verre transparente supplémentaire avec vitrage simple **(fig. 1)**. Le principe est semblable à celui de la façade froide, toutefois avec la différence que l'interstice de façade est beaucoup plus grand et inclut la zone devant les fenêtres. Les fenêtres de la peau intérieure peuvent ainsi être ouvertes et l'espace intérieur être ventilé de façon naturelle. Une protection solaire (store) est intégrée à l'interstice. Les ouvertures pour l'air frais et l'air vicié garantissent la ventilation de l'interstice de façade. Un ventilateur mécanique offre en outre la possibilité d'une ventilation ciblée. L'interstice de façade est compartimenté par étage et sur le côté, par zone de fenêtres **(voir p. 375, fig. 2)**.

Les avantages de la façade double :

- La **ventilation par les fenêtres** est également possible dans les buildings.
- **Réduction des pertes par transmission de chaleur** et par ventilation jusqu'à 30 % pendant la période froide.
- Réduction de **l'échauffement estival**. Le degré total de perméabilité énergétique **(voir p. 378)** peut baisser jusqu'à 20 %.
- Une bonne **insonorisation**, même avec une fenêtre ouverte grâce au grand interstice qui agit comme tampon acoustique.
- Protection du store **contre les intempéries et contre le vent**.
- L'installation de **cellules solaires** (modules photovoltaïques = PV) pour un gain d'énergie supplémentaire est possible.
- Si la fonction de support de l'ancienne façade n'est pas suffisante, la nouvelle « deuxième peau » est posée avec ses propres fondations sur le sol.

21.1.5 Façades entièrement vitrées (structural Glazing, SG)

Les façades SG **(fig. 2)** sont des évolutions connues des Etats-Unis et qui se passent de cadres visibles ou de baguettes de support du verre (SG = Structural Glazing). Les verres extérieurs sont collés au dos, par le fournisseur de verre, sur un cadre de support (structural Glazing à quatre côtés). Les joints de colle transfèrent toutes les charges du vent sur le cadre par liaison de matière. Le poids propre des vitres repose sur les consoles et cales de support. Le joint périphérique des verres n'étant pas recouvert par les profils, mais étant exposé aux rayons du soleil sans protection, la colle doit être résistante aux UV.

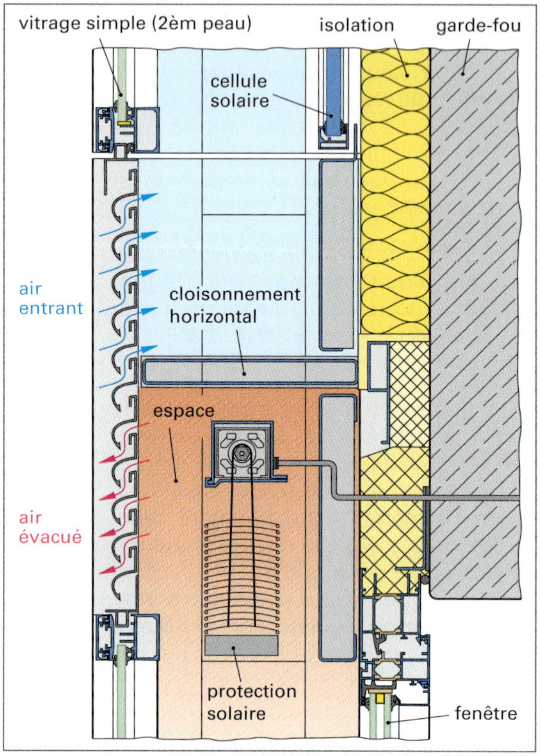

1 Façade double avec guidage ciblé de l'air, cellules solaires et protection contre le soleil

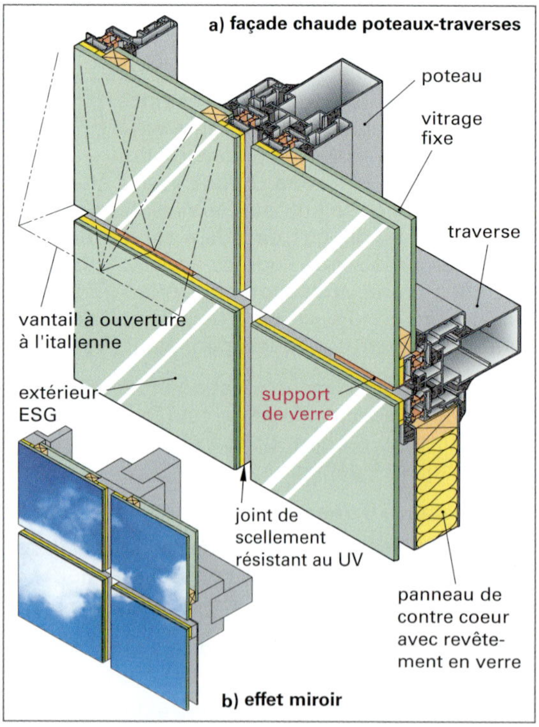

2 Façade entièrement vitrée

Montage : Le monteur de façades installe les vitres avec le cadre de support sur les poteaux et les traverses **(fig. 1)**. Du **verre de sécurité à vitrage simple** (ESG) d'une épaisseur minimale de 6 mm est prescrit pour l'extérieur. De minces cadres de support sur tout le pourtour, ou des fixations ponctuelles au niveau des coins sont possibles en guise de protection mécanique supplémentaire du verre extérieur contre l'effondrement en cas d'incendie.

En raison de la surface vitrée extérieure affleurée et du revêtement correspondant, la façade SG agit comme un miroir et le **degré de nettoyage** par l'eau de pluie de la façade lisse est très élevé.

21.1.6 Façade en verre à fixation ponctuelle

Si chaque verre isolant a plusieurs vitres ou si le vitrage simple est relié à la **structure porteuse** avec quatre supports ponctuels en métal, il est possible de réaliser des façades et des toitures sans cadre. Comme le métal ne doit pas toucher la vitre, du caoutchouc butyl est toujours posé sous les supports **(fig. 2a)**. Les espaces entre les verres sont jointoyés. Pour un **système autoporteur**, les vitres sont fixées les unes à côté des autres avec des supports. Il y a des systèmes posés au sol et des systèmes suspendus. Un dispositif d'appui limite le pliage et la flexion.

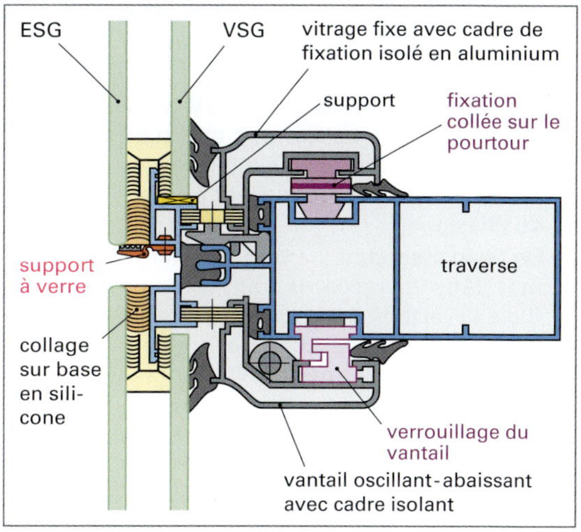

1 Coupe verticale d'une façade SG

2 Support ponctuel pour les coins de verres

21.2 Verrière (vitrage incliné)

Les toits en verre font aujourd'hui partie de l'architecture moderne. Des exemples en sont les avant-toits, les jardins d'hiver **(voir p. 376)**, les halles et les salles d'exposition climatisées, les passerelles et les pavillons non chauffés ainsi que les façades à surfaces inclinées.

Si une surface en verre est inclinée d'au moins 10° par rapport à la verticale, il s'agit d'un vitrage de toit en pente ou d'une verrière, en vertu des « Règles techniques de l'institut allemand pour la technique de construction ». (Les fenêtres basculantes n'en font pas partie). Les types de **verres homologués** pour une verrière sont les suivants :

- verre feuilleté (VSG) en verre float **(voir page 501)**
- verre feuilleté partiellement trempé (durci)
- vitrage isolant avec verre feuilleté (VSG) sur le côté inférieur.

Le verre trempé (ESG) ne retient pas les éclats et n'est par conséquent homologué que pour la partie supérieure d'une verrière.

Pour déroger à ces prescriptions, on ne peut utiliser d'autres verres que si la chute de grands éclats de verre sur la surface de circulation est empêchée par un filet tendu en dessous.

Il convient en outre de respecter ce qui suit :

- La sous-construction des vitres doit garantir un logement uniforme et sans contrainte des bords des vitres et le verre ne doit en aucun endroit être en contact avec du métal.

- Le positionnement doit aussi être efficace contre toute sollicitation par aspiration.
- L'intervalle entre le bord de la vitre et le fond de la battue doit être d'au moins 5 mm lors de l'installation. Les **cales de retenue** empêchent la vitre de glisser.
- De l'eau stagnante ne doit pas se former dans les raccords transversaux. C'est la raison pour laquelle dans les toits en verre, les champs horizontaux sont fréquemment collés sur les profilés de support, pour une évacuation de l'eau sans encombre **(fig. 1)**, et scellés à fleur. On parle alors de **structural glazing à deux côtés**.

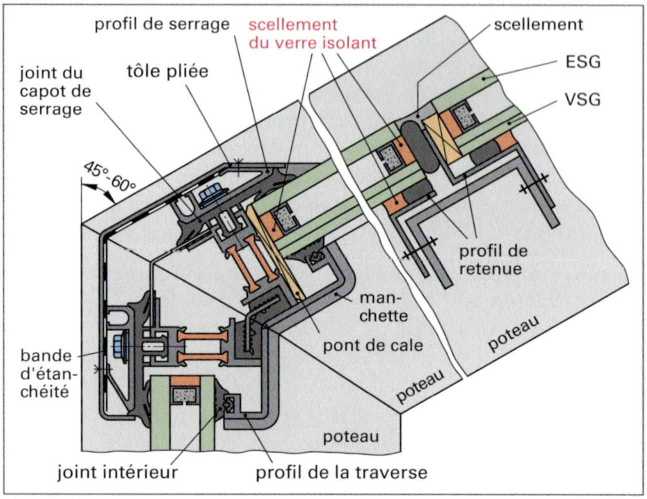

1 Vitrage incliné avec structural glazing à deux côtés

21.3 Evacuation de l'eau des façades

Malgré une étanchéité extérieure impeccable du vitrage, la **pluie battante** et la **condensation** peuvent pénétrer dans la structure du cadre des façades. Des pénétrations d'humidité dans les façades sont possibles en raison de l'effet capillaire des joints fins.

Des écrans d'étanchéité qui empêchent que le corps du bâtiment ne devienne humide doivent être mis en place à chaque raccord à la façade.

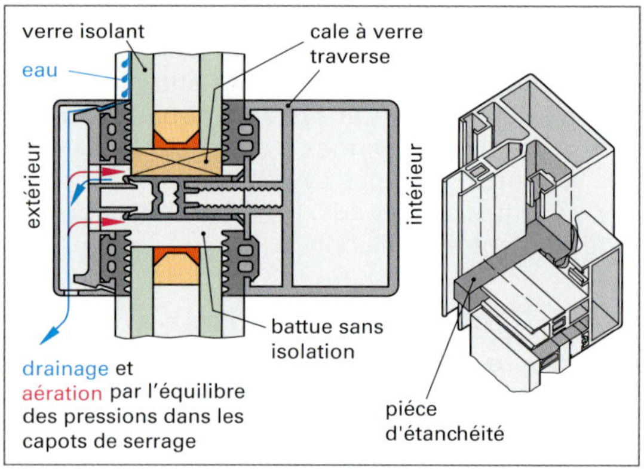

2 Aération de zone individuelle, pièce d'isolation

Les **bandes d'étanchéité** sont des bandes en matière synthétique étanche à l'eau, épaisses de quelques dixièmes de millimètres, représentées par des lignes hachurées larges dans les plans de construction métallique. La mise en place commence toujours au corps du bâtiment **(p. 374, fig. 3 et p. 377 fig. 1)** en haut derrière l'isolation thermique et finit dans la partie extérieure du système de profils **(dans la battue)**. L'écran d'étanchéité termine au niveau du sol **(p. 374, fig. 3)** à l'extérieur, devant l'isolation.

Dans les systèmes habituels de battues exemptes d'enduit d'étanchéité, l'eau s'écoule dans la feuillure et de là vers l'extérieur, en passant par les ouvertures **(fig. 2)**. Les **ouvertures de compensation de pression** dans le coin supérieur de la battue garantissent l'évacuation rapide de l'humidité de l'air.

Dans les façades, on fait la distinction entre les systèmes d'évacuation d'eau à une zone et à plusieurs zones.

Dans le **système à une zone**, chaque zone de façade est purgée et ventilée individuellement, comme les fenêtres **(fig. 2)**. Les battues de chaque zone sont étanchéifiées vers le haut et vers le bas par des **pièces d'étanchéité (fig. 2)**.

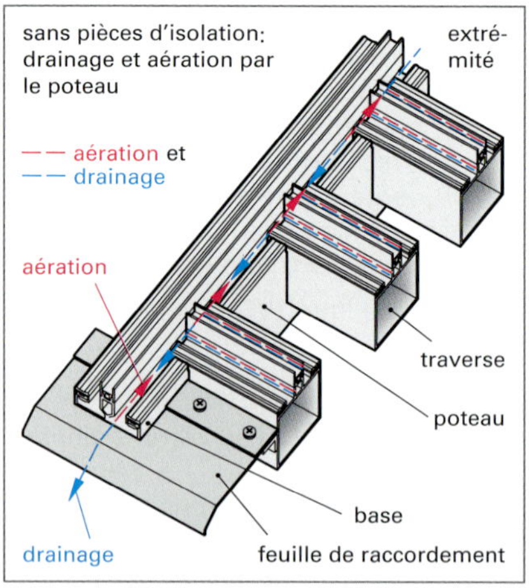

3 Aération et drainage dans un système à zones multiples

Le principe du système à plusieurs zones s'est imposé pour les façades plus grandes et les vitrages inclinés. Ici, plusieurs zones de façades sont reliées les unes aux autres par des battues ouvertes sur le côté. L'eau qui tombe s'écoule des traverses vers les poteaux puis au pied du poteau vers l'extérieur **(fig. 3)**. Les ouvertures supplémentaires dans l**es barres de pression** horizontales et les profilés de couverture, ainsi que dans le point de tête de la façade garantissent **l'évacuation de l'eau et l'aération**.

21.4 Planification, fabrication et montage de façades

La fixation de la structure porteuse de la façade doit être réalisée avec minutie pour que toutes les forces qui agissent (poids propre, pression et aspiration du vent, mouvement dû à la chaleur) puissent être transmises au gros oeuvre.

Les forces provenant du gros oeuvre (p. ex. charges du toit) ne doivent en aucun cas solliciter la façade.

21.4.1 Bases de la planification

Avec les bâtiments, il faut compter avec des **divergences de mesures** (DIN 18202 tolérance dans le bâtiment). Des moyens de fixation qui compensent les erreurs de mesure, d'aplomb et d'alignement sont nécessaires pour pouvoir préfabriquer des parties de façades et des éléments en atelier. La **fig. 1** montre une console permettant l'ajustement tridimensionnel du poteau et pouvant prendre en charge la fonction d'un **palier libre ou d'un palier fixe**. Les paliers libres sont nécessaires pour permettre la dilatation thermique des profils.

Les consoles

- relient les poteaux ou les éléments de façade finis avec le gros oeuvre,
- absorbent les mouvements de la façade et du corps du bâtiment dus à la flexion ou aux variations de temperature,
- compensent les tolérances de construction et de montage,
- garantissent que la structure porteuse repose sans contrainte autour du corps du bâtiment.

Il existe trois possibilités de **fixation de la façade (fig. 2)** :

- Les **poteaux de façade** sont mis en place en bas. Le pied de poteau est constitué comme un support immobile (palier fixe au sol en **fig. 2**, RDC et 1er étage). Paliers libres et paliers fixes se suivent en alternance (paliers libres en **fig. 2**, à chaque fois sous le plafond).
- Les **poteaux de façade** sont suspendus en haut. Le point de tête du poteau en tant que palier fixe se trouve au niveau du plafond d'un étage **(fig. 2**, 2ème étage). Paliers libres et paliers fixes se suivent en alternance vers le bas.
- **Façade en éléments**. Chaque élément est logé de façon immobile. Des joints permettent de relier les différents éléments.

Les **paliers fixes** prennent en charge les contraintes dues au vent et le poids propre de la façade. Les paliers mobiles ne peuvent transférer au gros œuvre que les contraintes dues au vent.

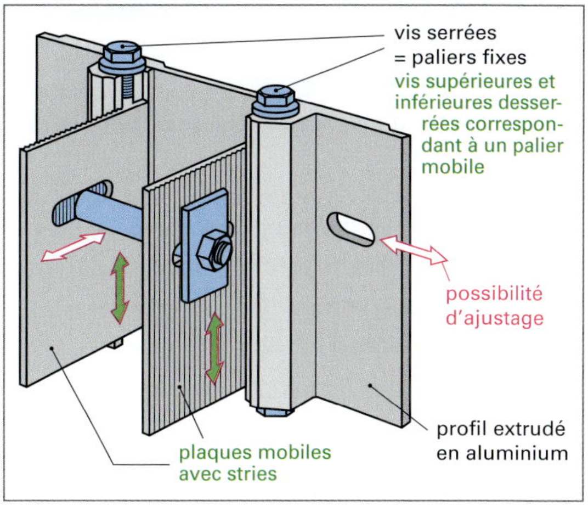

1 Console réglable sur trois dimensions pour l'ancrage des poteaux

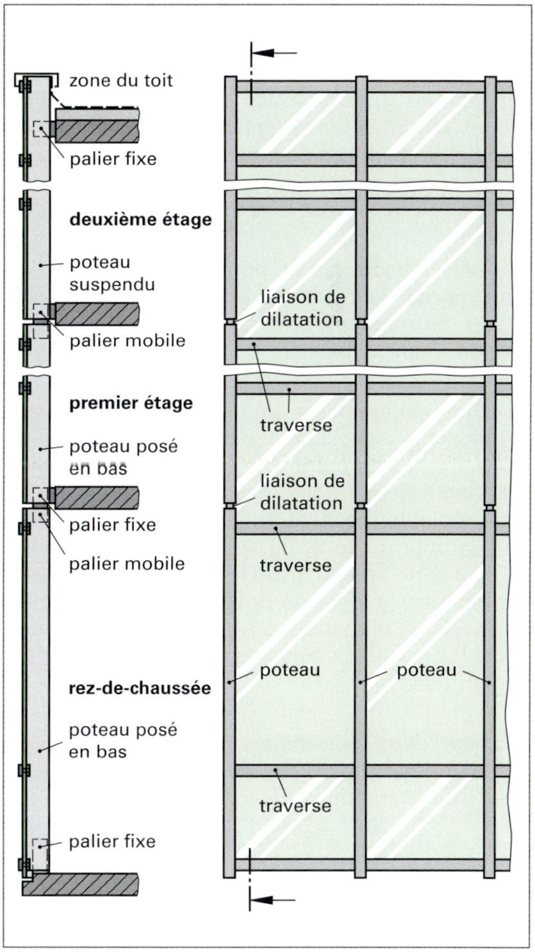

2 Fixation de la façade avec des poteaux suspendus en haut ou posés en bas

21.4.2 Montage de la structure porteuse

Le constructeur métallique trouvera les informations suivantes sur le dessin :

- la position du niveau de référence pour le premier poteau ;
- la position et le type d'ancrage des poteaux : quels paliers sont des paliers libres, quels paliers sont des paliers fixes **(fig. 2, p. 373)** ;
- où sont prévus des joints de dilatations ;
- quelles distances il y a entre les poteaux ;
- quelles mesures de hauteur sont prévues pour les traverses.

Il détermine alors les **déviations des mesures** avec un mètre à rouleau, un fil à plomb, un niveau à bulle, une lunette ou un laser de construction. Si elles sont plus importantes qu'autorisées par DIN 18202 (2013-04), il doit faire valoir ses doutes par écrit. Il monte ensuite les **ancrages des poteaux** (console, équerres de raccordement, pieds de façades) et les aligne à l'aide des moyens de contrôle. L'ancrage est réalisé à l'aide de vis d'ancrage inoxydables dans des rails d'ancrage pré-scellés ou des **tampons inoxydables** avec homologation de construction. Les distances minimales doivent impérativement être respectées. Ceci peut exclure l'utilisation de tampons lors de la mise en place.

Les **rails d'ancrage** ont pour avantage que l'on peut monter la structure porteuse sans endommager l'armature, même dans des parties en béton fortement armé.

Le poteau inférieur est tout d'abord mis en place sur une cale en bois, aligné selon les trois dimensions, préfixé au point de fixation suivant et pour finir ancré dans le pied à l'aide d'un pied de façade réglable **(fig. 1 et 3)**. Une pièce de jonction de dilatation (insert), **fig. 2)** est utilisée en haut. Le deuxième poteau entre le 1er et le 2ème étage est mis en place sur le poteau inférieur avec un intervalle de dilatation, préfixé en haut, aligné et ancré. Les poteaux suivants sont mis en place de la même façon.

Il existe deux possibilités pour compenser de petites tolérances de construction et des mouvements de dilatation verticaux du poteau :

- La console **(p. 373, fig. 1)** assume la fonction d'un palier libre si les vis supérieures sont dévissées.
- La console constitue un palier fixe, l'insert en tant que prolongation de poteau garantit un joint de dilatation et de montage suffisant.

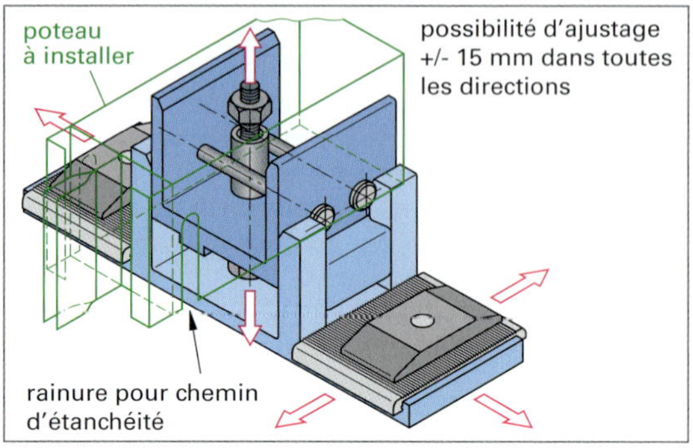

1 Pied de façade réglable

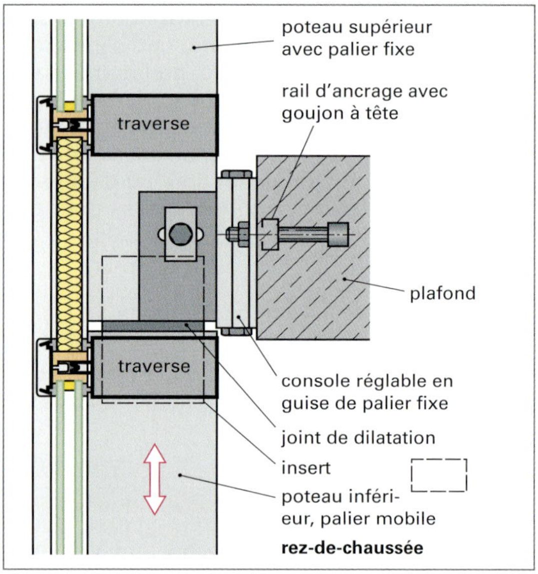

2 Console avec palier fixe et palier libre

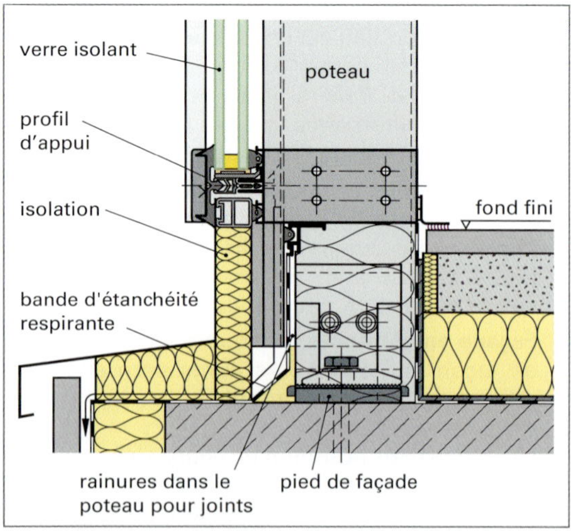

3 Montage de poteau au niveau du pied

21.4.3 Montage poteaux – traverses (poutres)

Selon le fabricant du système, il existe différents supports de traverse (connecteurs en T) qui relient la traverse horizontale au poteau.

Lors de l'utilisation de **connecteurs en T vissés (fig. 1a)**, les traverses sont vissées après montage du poteau (palier fixe). Elles sont ensuite enfichées sur le connecteur en T du poteau suivant (palier libre).

Lors de l'utilisation de **connecteurs en T avec des boulons à ressort (fig. 1b)**, tous les poteaux sont déjà érigés en fonction de la mesure de la trame, mis d'aplomb et montés. Ensuite, les traverses sont glisses entre les poteaux et alignées de sorte à ce que les boulons s'enclenchent dans les perçages des poteaux. Les connecteurs en T et les traverses restent néanmoins toujours démontables.

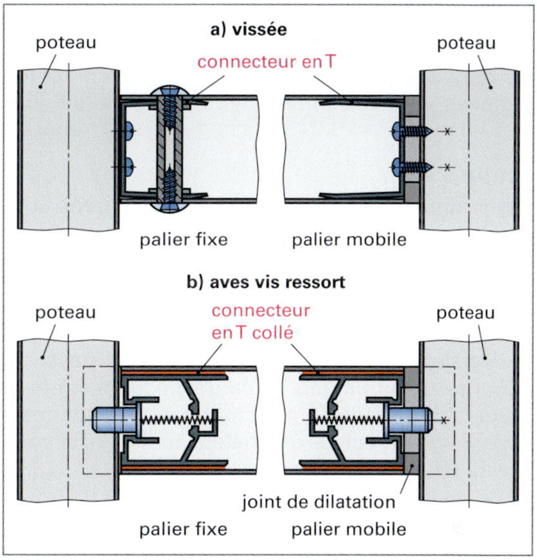

1 Support de traverse (connecteur en T)

Mise en place des éléments de remplissage

Il faut tout d'abord vérifier le positionnement correct du joint du verre intérieur **(p. 368, fig. 1)**. Les isolateurs sont ensuite fixés dans les poteaux et les traverses. Après que les ponts de cales ont été posés dans la traverse inférieure, l'élément de remplissage (vitre en verre, panneau) est mis en place, centré et préfixé en haut et en bas avec de courtes pièces du profil de serrage en guise d'aide au montage.

Des cales d'écartement sont collées dans la zone latérale supérieure. Si l'affleurement des éléments utilisés est vérifié, le profil de serrage vertical peut être vissé avec le joint du verre extérieur.

Le joint du verre horizontal est découpé et mis en place dans le profilé de serrage. Le joint d'étanchéité vers le poteau est glissé de sorte à être imperméable à l'eau. Le profil de serrage est fixe. La force de serrage doit être respectée selon les directives du fournisseur du système de façade.

21.4.4 Montage d'éléments

Le montage d'éléments est appliqué si du temps de travail doit être économisé sur le chantier. Pour cela, les poteaux et traverses sont préfabriqués en atelier en éléments ou en **éléments vitrés**. Dans la **fig. 2**, l'élément à mettre en place d'une façade double est suspendu à un chariot de montage. Les traverses et les poteaux sont liés les uns aux autres de façon rigide par soudage, vissage ou par goupillage. Pour les grands éléments, des **poteaux de dilatation** en deux parties permettent une **dilatation thermique** sans encombre, appelé aussi **dilatation**.

2 Façade en éléments pendant le montage

21.5 Annexes vitrées

Les couvertures, les verres de protection sur les balcons et les terrasses, les galeries et les jardins d'hiver font partie des annexes vitrées que le constructeur métallique fabrique et met en place.

Jardin d'hiver

Les jardins d'hiver sont des annexes vitrées en applique sur des bâtiments existants **(fig. 1 et 2)**. Ils ont plusieurs atouts :

- Espaces supplémentaires clairs, proches de la nature.
- Gain de chaleur par énergie solaire passive.
- Valorisation architecturale des bâtiments.

Le législateur reconnaît que l'utilisation passive et ciblée de l'énergie solaire a une influence positive sur le bilan énergétique du bâtiment. Le jardin d'hiver agit comme « attrape rayons » et producteur de chaleur mais, aussi comme tampon contre les pertes d'énergie.

Aujourd'hui, on entend par jardin d'hiver un espace habitable vitré sous un vitrage incliné et pouvant être utilisé toute l'année. La construction la plus économe en énergie est la « **serre modérée** », qui satisfait aux conditions suivantes :

- Température à l'intérieur entre + 4 °C et + 35 °C.
- Vitrage isolant thermiquement avec une valeur U_g < 1,3 W/m²K.
- Chauffage pendant les mois d'hiver.
- Ombrage intérieur ou extérieur contre la surchauffe.
- Installation de portes en verre vers la maison.
- Ventilation suffisante sous forme de ventilation diagonale ou par le toit **(fig. 3)**.

Il convient de respecter les exigences de l'Ordonnance sur les économies d'énergie pour les annexes vitrées chauffées.

Une isolation thermique et une climatisation de grande qualité sont des facteurs de planification importants.

Des jardins d'hiver **non chauffés** sur des **bâtiments anciens** peuvent être planifiés librement.

1 Jardin d'hiver en tube d'acier profilé

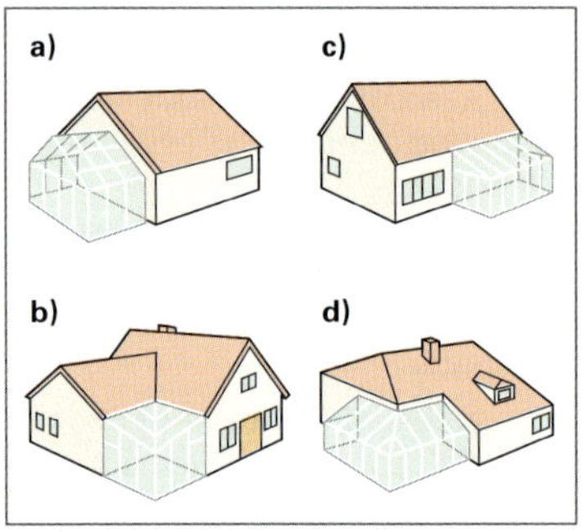

2 Réalisation d'annexes vitrées

Aération

Le jardin d'hiver peut fortement chauffer en raison de « l'effet de serre ». Protection solaire (voir deux pages plus loin) et ventilation sont indispensables.

Au lieu de ventiler uniquement par les fenêtres, un **système de ventilation** composé d'ouvertures pour l'air frais et l'air vicié doit être installé. L'air frais doit toujours circuler par le bas. Comme l'air chaud a une densité plus faible et monte, l'air vicié doit toujours pouvoir s'échapper par le haut.

Selon le sens du vent, une **ventilation diagonale** ou une **ventilation transversale** peut être obtenue selon **fig. 3**. La ventilation par le **toit avec ouverture de ventilation** automatique est particulièrement efficace. L'aération peut également être prise en charge par des ventilateurs motorisés automatiques. Pendant la période chaude de l'année, ils dirigent l'air chaud vers l'extérieur. Pendant les jours froids mais ensoleillés, ils transportent l'air chauffé depuis le jardin d'hiver dans le bâtiment principal et contribuent ainsi à l'économie d'énergie. Ceci a un effet secondaire avantageux. L'air humide du jardin d'hiver compense l'air trop sec à l'intérieur du bâtiment.

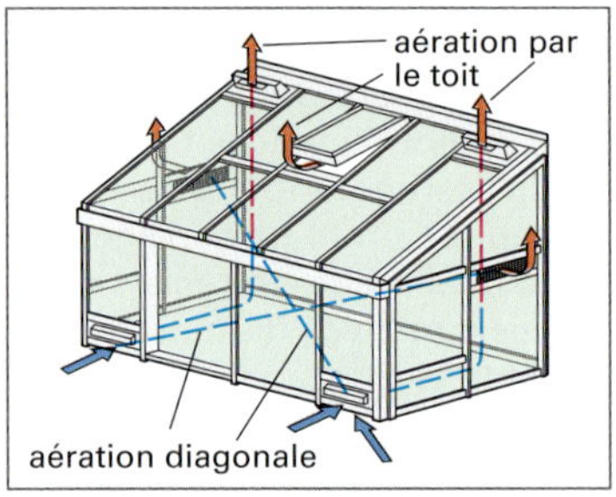

3 Aération d'un jardin d'hiver

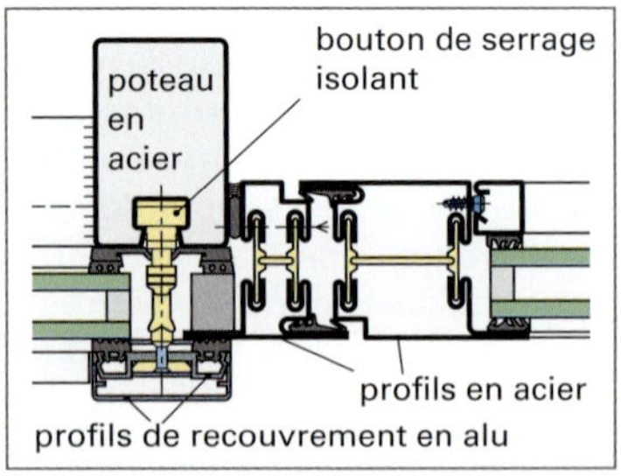

4 Profils en acier avec isolation thermique

Matériaux

Des profils **extrudés en aluminium** avec isolation thermique se sont imposés dans la construction métallique parce qu'ils sont résistants à la corrosion, légers et faciles à travailler.

Des **profilés en acier avec isolation thermique (fig. 4, en page 376)** offrent une meilleure protection contre les incendies, une résistance et une rigidité plus importantes que l'aluminium. C'est pourquoi ils s'accommodent d'une faible section apparente. Grâce aux **boutons de serrage isolant**, ils satisfont aux exigences du Groupe 1 de matériaux de cadre. Les profils de couverture extérieurs sont en aluminium et leurs couleurs peuvent être agencées de différentes façons par oxydation et thermolaquage (revêtement à poudre). La bonne soudabilité et la bonne protection anticorrosion par galvanisation à chaud sont d'autres avantages.

Les cloisons latérales, les fenêtres et les portes peuvent aussi être en **profils en plastique (PVC)** avec profils de renfort intérieurs en acier.

Le jardin d'hiver en structure **composite bois aluminium** combine les avantages des deux matériaux. Des profils en bois garantissent une atmosphère agréable et chaude à l'intérieur et prennent en charge la fonction de support. La faible valeur U du bois assure une bonne isolation thermique. Les profils en aluminium situés à l'extérieur rendent la construction résistante aux intempéries et facile à entretenir.

Construction

La structure porteuse est réalisée en construction poteaux - traverses ou par éléments.

Les **tubes en acier profilés**, en tant que **construction soudée**, conviennent particulièrement aux façades et vitrages inclinés de grande surface. Néanmoins, ils peuvent aussi être montés avec des connecteurs enfichables. Pour le raccord mural supérieur **(fig. 1)**, un renvoi d'eau dévie la **pluie battante**. L'étanchéité vers l'intérieur doit empêcher que la vapeur d'eau n'occasionne une pénétration de l'humidité dans l'isolation thermique. Au niveau de la gouttière **(fig. 2)**, une tôle pliée ponte l'intervalle entre les traverses. Pour chaque verrière, la vitre inférieure doit être en verre feuilleté (VSG). La vitre supérieure en verre trempé (ESG) protège contre la grêle. Un façonnage minutieux et des baguettes de couverture plates, éventuellement collées, ou un scellement du joint de verre avec un matériau d'étanchéité résistant aux UV permettent d'éviter les les infiltrations et les accumulations de saletés. Le pied **(fig. 3)** doit être assez haut au-dessus du fond fini extérieur pour garantir l'évacuation de l'eau des profils même en cas de vent.

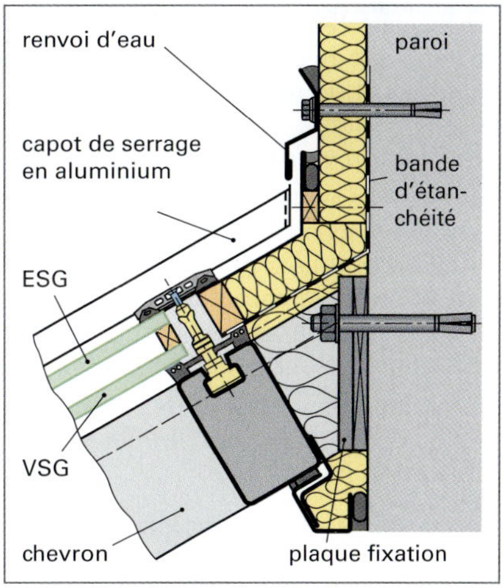

1 Raccord mural supérieur

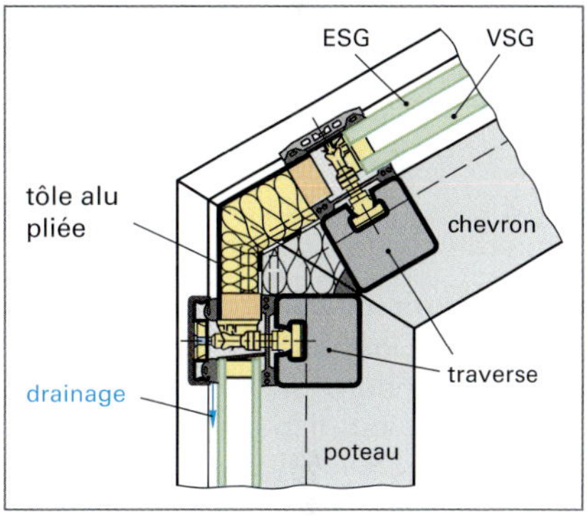

2 Zone de gouttière

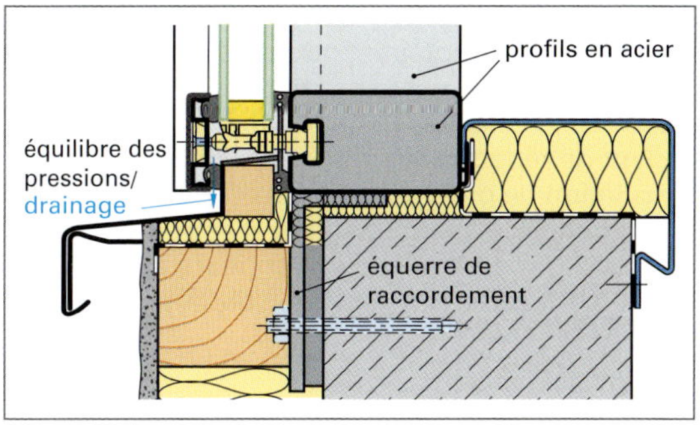

3 Zone de pied

Contrôlez vos connaissances

1 Pourquoi les anciens et nouveaux bâtiments sont-ils équipés de façades métalliques ?
2 En quoi les façades chaudes et les façades froides sont-elles différentes ?
3 Quel est le principal avantage de la façade double peau par rapport à toutes les autres ?
4 Pourquoi une façade structurale glazing (SG) a-t-elle souvent un effet miroir ?
5 Avec une verrière, comment évite-t-on que des éclats ne chutent en cas de bris de verre ?
6 Pourquoi des ouvertures dans l'espace de la battue sont-elles impératives avec un vitrage exempt d'enduit d'étanchéité ?
7 Quelles conditions la « serre modérée » satisfait-elle ?
8 Quels profilés conviennent pour les annexes vitrées ?

21.6 Protection solaire

Le verre est de plus en plus utilisé dans l'enveloppe externe des bâtiments modernes, pour des raisons visuelles et de physique de construction. Pour utiliser l'énergie solaire en guise de source de chaleur supplémentaire, la position sud ou sud-ouest est préférée pour les bâtiments, la surface vitrée est agrandie et du verre avec une isolation thermique améliorée est utilisé.

Par temps ensoleillé, un échauffement indésirable (effet de serre) des espaces intérieurs peut survenir dans les pièces ayant de grandes surfaces vitrées. En outre, la lumière incidente éblouit, les contrastes de clarté et reflets perturbent le travail, notamment à l'écran. L'Ordonnance sur l'économie d'énergie (EnEV) limite la caractéristique d'apport d'énergie solaire S pour les bâtiments ayant une proportion de surface en fenêtres f de plus de 30 %, à une certaine valeur S_{max} qui dépend de la construction et de la région climatique.

On utilise des verres et des installations de protection solaire pour la protection contre la chaleur et l'éblouissement. Le constructeur métallique monte et entretient les installations qui sont la plupart de fabrication industrielle.

Verres de protection solaire

On les reconnaît souvent à leur couleur bleue, verte, bronze ou argent. Toutefois, il existe aussi des verres de protection solaire neutres. Alors qu'un verre à isolation thermique normal laisse passer environ 62 % de l'énergie solaire, les verres de protection solaire en laissent passer à peine 18 % à 46 %. Ceci réduit considérablement la dépense en énergie pour une installation d'aération ou de climatisation.

g est le **degré total de perméabilité énergétique** d'un vitrage. Il indique quel pourcentage du rayonnement solaire pénètre à l'intérieur à travers la fenêtre.

Toutefois, la perméabilité lumineuse et le gain en chaleur baissent avec une petite **valeur *g*** pendant la période froide de l'année. C'est pourquoi des installations de protection solaire qui protégent de la lumière et de la chaleur la laissent passer ou pas.

Installations de protection solaire

Il existe des installations de protection solaire aussi bien intérieures qu'intégrées dans l'élément de remplissage ou disposées sur l'enveloppe extérieure du bâtiment **(fig. 1)**. Plus la **surface en fenêtres A_w** est grande et plus son **degré total de perméabilité énergétique g** est élevé, plus il y a de chaleur qui passe par les fenêtres. Le **facteur de réduction F_c** caractérise l'efficacité d'une installation de protection solaire. Entre un dispositif de protection solaire absent avec facteur $F_c = 1$ et un mur qui ne laisse pas passer la lumière avec $F_c = 0$, un facteur de réduction F_c précis est attribué à chaque installation de protection solaire.

Pour obtenir la caractéristique **d'apport d'énergie solaire S**, on multiplie ces grandeurs et on divise par la surface au sol nette A_G de la pièce considérée.

La formule est donc : $S = \frac{A_W \cdot g \cdot F_c}{A_G}$

1 Protection solaire extérieure

21.6.1 Installations de protection solaire intérieures

Elles protégent l'intérieur du bâtiment principalement contre les rayons *visibles* du spectre solaire. Selon la structure de la surface et la couleur, une partie de ce rayonnement est réfléchi vers l'extérieur par le verre. Le reste est absorbé et chauffe ainsi l'intérieur.

Les lamelles claires en tissu avec couche d'aluminium des **stores à lamelles** rétractables ont de bonnes propriétés de réflexion **(fig. 2, page suivante)**. Plus le tissu est dense moins le rayonnement traverse le rideau et chauffe l'intérieur. Les stores à lamelles disposés verticalement ou horizontalement peuvent pivoter autour de leur axe longitudinal pour régler l'incidence de la lumière. Les stores à lamelles en tôle fine d'aluminium cintrée = persienne conviennent encore mieux pour réfléchir la lumière.

Une partie du rayonnement lumineux et presque la totalité du rayonnement thermique ne sont pas réfléchies mais absorbées par l'installation de protection solaire et la fenêtre et, cédées à l'air intérieur ambiant. Une accumulation de chaleur, devant être évacuée par une aération naturelle ou artificielle, se forme entre la protection solaire et la vitre. Pour une bonne aération, un intervalle minimum compris entre 100 et 150 mm entre le rideau et la vitre est nécessaire, ainsi que l'absence de traverses ou de tablettes de fenêtres gênantes.

Les installations de protection solaires intérieures ne réduisent le rayonnement que de 30 % à 60 %. Elles offrent une **protection contre l'éblouissement** et augmentent l'isolation thermique en hiver. Elles peuvent être réalisées en construction légère car elles ne sont pas exposées aux intempéries.

Des rideaux, des tissus revêtus enroulables (stores), des stores pliables ou à lamelles (persiennes, **fig. 1**) sont mis en oeuvre. Ils sont utilisés soit manuellement avec une commande à chaîne, à cordon, une manivelle ou avec des entraînements électriques. La combinaison entre une installation de protection solaire intérieure et un vitrage de protection solaire constitue une amélioration notable. Elle protège l'intérieur par la réflexion partielle et l'absorption du rayonnement direct et diffus sur une grande partie du spectre solaire **(fig. 2)**.

Installations de protection solaire intégrées

Les stores électriques dans l'espace entre les verres d'une vitre isolée sont une amélioration technique **(fig. 3)**. Les films partiellement transparents microgauffrés sont soulevés et abaissés en appuyant sur un bouton et, peuvent ainsi satisfaire différentes fonctions :

- Protection contre la chaleur, le soleil et l'éblouissement
- Isolation thermique pendant la période froide de l'année
- Protection contre les regards indiscrets

21.6.2 Installations de protection solaire extérieures

Les installations de protection solaire extérieures réduisent le rayonnement de 60 % à 80 % car elles protégent l'intérieur du bâtiment sur toute la plage du spectre solaire. Les systèmes en matériaux non transparents comme le béton ou le métal léger réfléchissent et absorbent complètement le rayonnement ultraviolet ainsi que la lumière et le rayonnement thermique. Les matériaux transparents comme les tissus des stores et les verres teintés ou diffusants ne le font que partiellement. Ils dévient la part du rayonnement réfléchi et absorbé (transformé en chaleur) vers l'extérieur et maintiennent un faible échauffement des fenêtres et des murs.

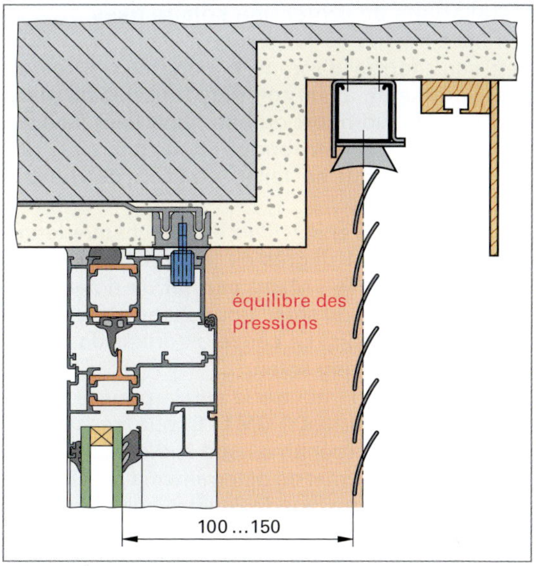

1 Persienne en aluminium à l'intérieur

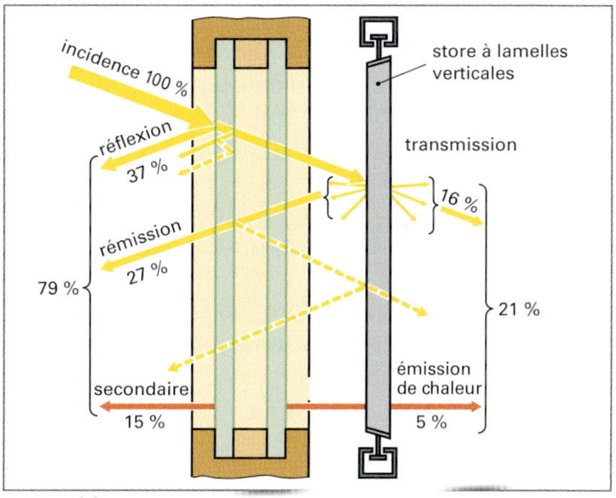

2 Combinaison de protection solaire entre un vitrage de protection solaire et un store à lamelles vertical à l'intérieur

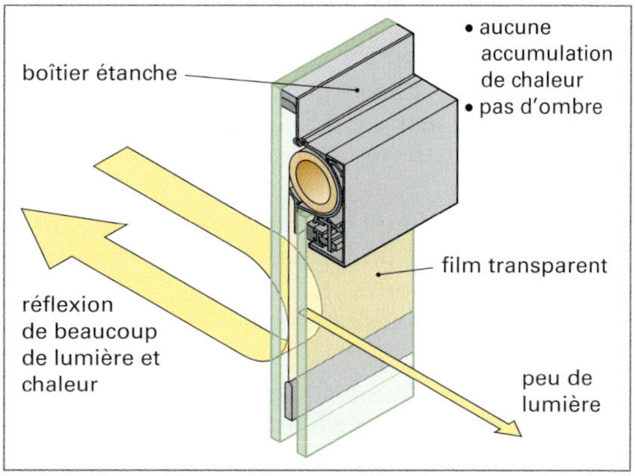

3 Store électrique intégré dans du vitrage isolant

Installations de protection solaire fixes

Les installations de protection solaire fixes existent sous forme **d'écrans horizontaux** surplombant comme un avant-toit **(fig. 1)** et mis en place côté sud ou sud-ouest du bâtiment. Leur face supérieure est souvent rendue praticable avec des caillebotis, ce qui en fait un balcon de maintenance et de fuite.

Le diagramme d'ensoleillement de chaque latitude (**fig. 2** pour 51 degrés de latitude nord, p. ex. Francfort – sur - le - Main) permet de déterminer **l'angle du zénith** du soleil pour chaque heure et le 21 de chaque mois. Le cercle extérieur donne en outre la direction du soleil.

L'exemple illustré montre le cercle pour le 21 avril ou le 21 août à 10h00 GMT+1 pour Francfort. Le soleil est à 47° du zénith au sud sud-ouest. L'angle du zénith « β » permet de déterminer **la portée « *a* »** du pare-soleil pour que la fenêtre soit ombragée à partir de 10h00. Des portées considérables sont toutefois nécessaires pour les fenêtres hautes.

Des **écrans verticaux** peuvent aussi être construits de la même façon. Comme ils bloquent toutefois fortement la vue, ils ne conviennent que pour les fenêtres en hauteur, les espaces de stockage et, en tant que ventilation permanente hermétique à la pluie battante pour les salles de machines. Les avantages des installations de protection solaire fixes sont les suivants :

- l'absence d'utilisation et de maintenance,
- l'absence de bruits de claquements en cas de vent,
- la vue dégagée, sauf pour les écrans verticaux,
- l'aération des fenêtres sans contrainte,
- l'aspect uniforme de la façade et
- la possibilité de combinaison avec des passerelles.

Installations de protection solaire mobiles

La plupart des installations de protection solaire fixes ont pour inconvénient que la densité d'éclairage dans la pièce diminue fortement.

Les installations mobiles sont disposées parallèlement à la surface d'ombrage et retiennent le rayonnement du soleil à l'aide de lamelles en métal ou d'une toile en textile. Elles peuvent aussi diriger la lumière de façon ciblée vers le plafond et avoir pour effet un gain de luminosité dans la profondeur de la pièce. Elles sont commandées individuellement à la main ou réglées automatiquement.

Les installations de protection solaire mobiles sont :

- des lamelles horizontales, mobiles axialement **(fig. 3a)** ou déplaçables devant la fenêtre en tant que cadre,
- des lamelles de grande largeur **(fig. 3b)**,
- des persiennes extérieures,
- des volets roulants,
- marquises **(fig. 1 page suivante)**

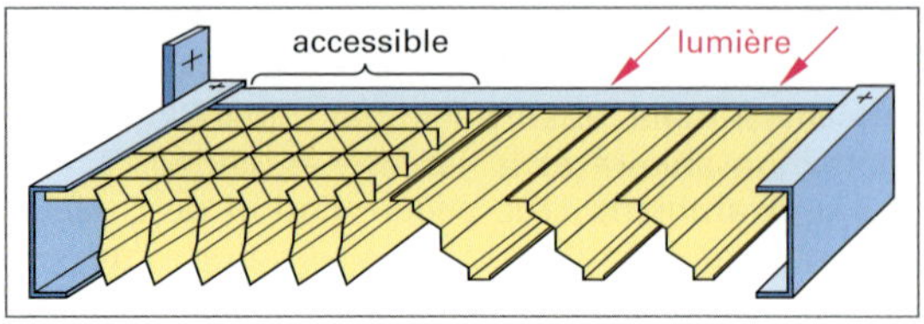

1 Ecran horizontal, partiellement accessible

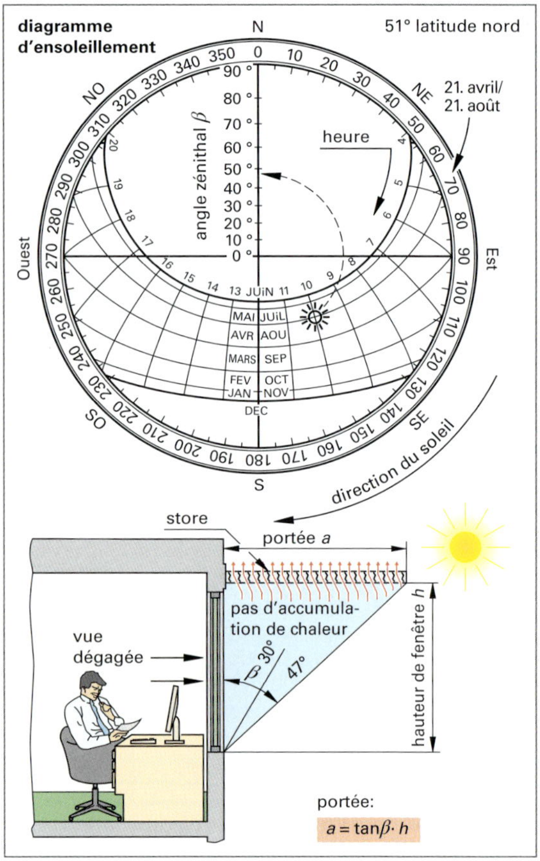

2 Diagramme d'ensoleillement pour déterminer la portée d'un pare-soleil fixe horizontal

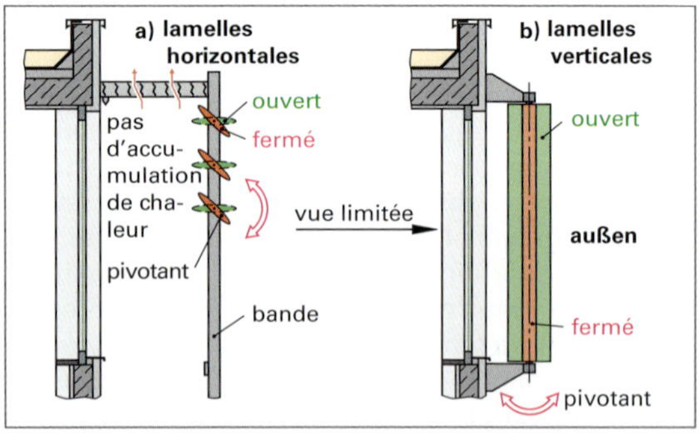

3 Lamelles mobiles horizontales et verticales

Marquises

Les marquises sont des stores en textile. Selon la structure, on fait la distinction entre les voiles solaires, les marquises en arc ou en panier et les stores enroulables **(fig. 1)** ainsi que les marquises de façade **(fig. 4)**.

Les **voiles sont** des marquises non réglables avec toile fixe.

Les **marquises en arc** donnent la protection souhaitée contre le soleil et les intempéries avec un aspect décoratif. Elles sont souvent utilisées pour les vitrines.

Les **marquises enroulables ou stores bannes** sont composées des pièces essentielles suivantes : arbre de toile ou d'enroulement, bras articulé ou de projection, toile, barre finale et entraînement. Des tissus en lin ou fibre de verre tissée ou avec revêtement plastique servent de toile de marquise. Selon la mobilité, il existe les marquises avec bras de projection, à ciseaux, à chariot ou à bras articulé.

Les **marquises à bras de projection (fig. 2)** disposent de deux bras fixes pour guider les profils de projection. La marquise se projette (roule) d'elle-même en raison du poids propre de la toile, du bras de projection et du profil de projection. Des ressorts dans le bras de projection réduisent le risque de rabattement vers le haut en cas de fortes bourrasques de vent. L'inconvénient en est la grande hauteur nécessaire pour rétracter les bras.

Les **marquises à ciseaux (fig. 3)** sont appliquées pour des portées de plus de 3,5 m. Pour être mises en place, elles n'ont besoin que d'une petite hauteur. La portée peut être d'environ le triple de la hauteur disponible. D'autres types de marquise supplantent la construction compliquée en ciseaux.

Les **marquises à chariot (fig. 4a)** disposent de tubes de guidage fixes en profils - C dans lesquels les chariots du tube de projection se déplacent. Ces marquises peuvent aussi être mises en place sur des façades inclinées ou des structures en verre.

Les **marquisolettes (fig. 4b)** disposent également d'un chariot mais sont semblables aux marquises avec bras de projection. Elles permettent de régler l'incidence de lumière dans la pièce particulièrement finement et apportent une grande surface ombragée malgré des bras de protection courts. A l'ouverture, le bras de projection est amené en position projetée par la force du ressort puis le chariot se déplace vers le bas.

Les marquises à chariot et les marquisolettes conviennent particulièrement aux façades et jardins d'hiver. C'est la raison pour laquelle on les appelle également **marquises de façade**.

Les **marquises à bras articulés** sont fréquemment présentes sur les boutiques et grands magasins ayant de grandes façades vitrées parce qu'elles prennent peu de place en position rentrée.

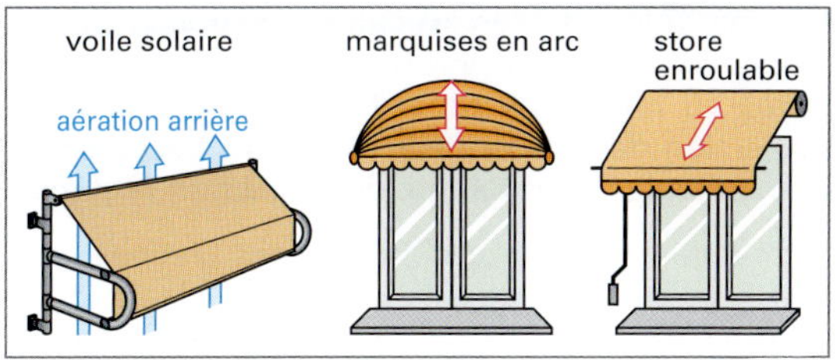

1 Types de marquises, stores

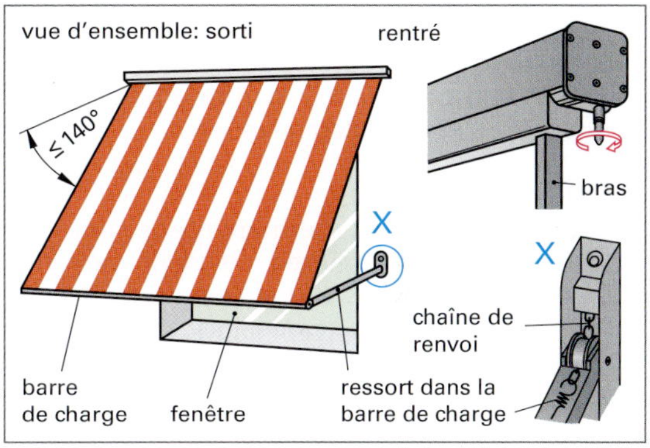

2 Marquise avec bras de projection

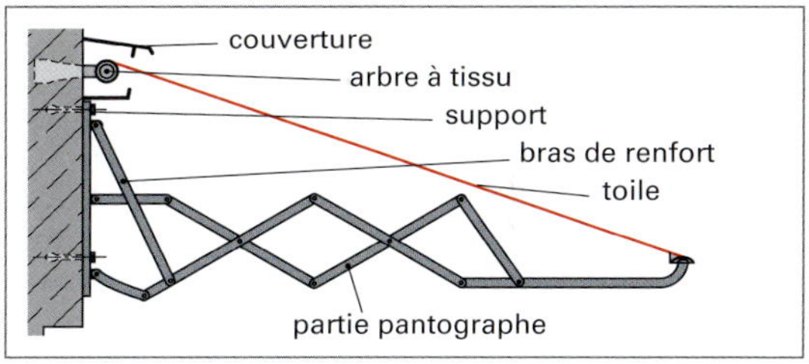

3 Marquise à pantographe

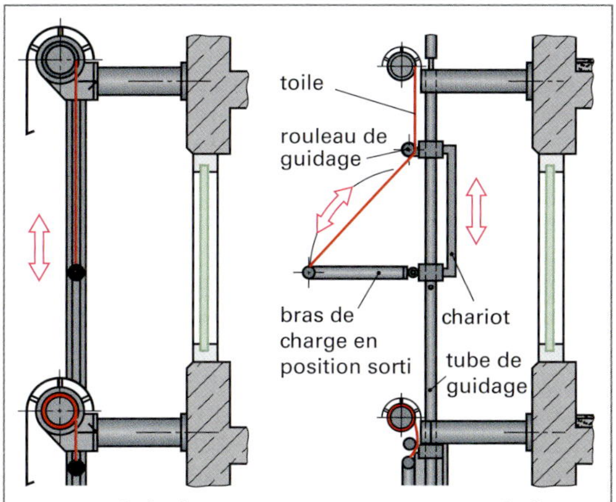

a) store à chariot **b) marquisolette**

4 Marquises de façade

Les **marquises à bras articulés basculants (fig. 1)** disposent d'articulations basculantes supplémentaires au niveau du tube de support. Lors de la projection de la marquise, elles font basculer les bras articules dans l'angle de projection réglable.

Les deux parties du bras sont reliées par l'articulation centrale. Les ressorts de traction dans les bras articulés les étirent de sorte à ce que la marquise se projette seule et résiste au vent. A la rétractation, les bras articulés se replient et peuvent ainsi être rangés dans le petit espace sous le caisson de la marquise.

Lorsque la toile est rentrée, la barre finale ferme le caisson et protége la toile contre la poussière et les influences météorologiques.

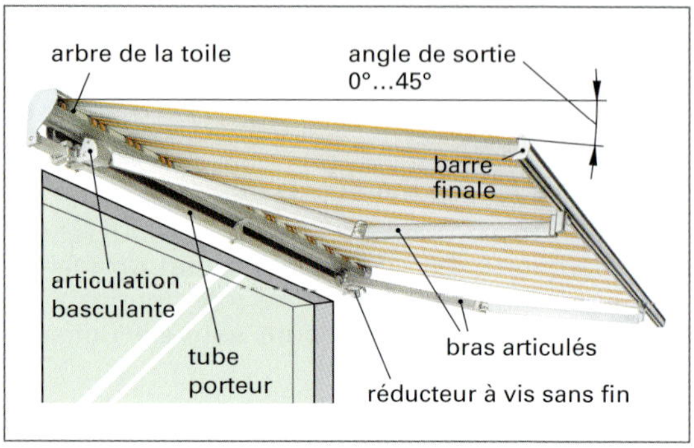

1 Marquise à bras articulés basculants

Entraînements

Des arbres à ressort permettent de dérouler et d'enrouler les marquises de taille moyenne (jusqu'à 10 m de long). La toile est sortie à l'aide d'une barre de traction, auquel cas le tube tourne et le ressort à l'intérieur de l'arbre de toile se tend. L'arbre de toile s'arrête en position finale.

Pour les grandes marquises, la rétractation de la toile est effectuée manuellement à l'aide d'une transmission à engrenage ou à vis sans fin **(fig. 1)**. La roue dentée ou la vis sans fin est mise en mouvement de rotation à l'aide d'une manivelle et d'une tige coudée.

Des moto-réducteurs électriques, appelés entraînements enfichables (moteurs tubulaires, **fig. 2**) permettent de sortir et de rentrer automatiquement les toiles et les volets roulants sans force manuelle. Les moteurs tubulaires disposent d'un réducteur planétaire qui entraîne l'arbre enrouleur de la toile.

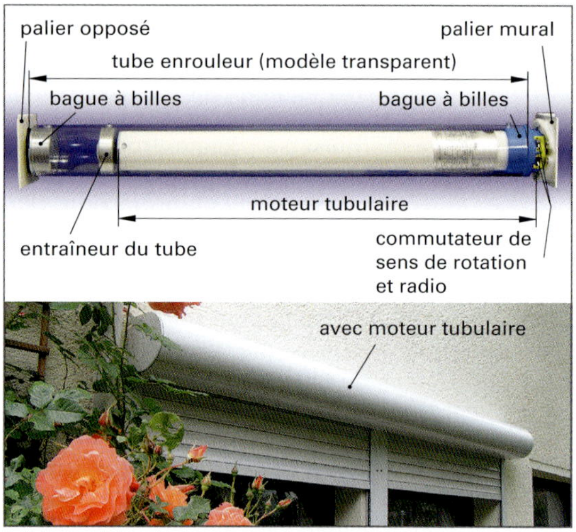

2 Volet roulant avec moteur tubulaire

Commandes

Les installations de protection solaire sont de plus en plus fréquemment commandées automatiquement. Des cellules photos garantissent une adaptation optimale aux conditions d'ensoleillement, des anémomètres et sondes de vent protégent contre les dommages par grand vent. Pendant les nuits d'hiver, les installations se ferment automatiquement et réduisent le passage de la chaleur par les fenêtres.

Contrôlez vos connaissances

1 Avec quelle valeur l'effet de protection d'un verre de protection solaire est-il décrit ?

2 Quel inconvénient ont les verres de protection solaire avec un faible indice total de perméabilité énergétique ?

3 Que signifie l'indication F_c = 0,5 pour une marquise ?

4 Evaluez l'efficacité d'installations de protection solaire intérieures par rapport à des installations extérieures.

5 Que peut-on lire sur un diagramme d'ensoleillement ?

6 Quels avantages ont des installations solaires mobiles par rapport aux fixes ?

7 Pourquoi les marquises à chariot conviennent-elles particulièrement aux façades ?

8 Pourquoi les moteurs d'entraînement de persiennes, volets roulants et marquises sont-ils invisibles ?

9 Qu'est-ce qui permet d'éviter des dommages occasionnés par des tempêtes à des installations de protection solaire mobiles ?

Commande de travail : Fabrication de fenêtres, de façades et d'annexes vitrées

Projet, construction et fabrication d'un avant-toit en verre

Le propriétaire d'une maison à deux appartements envisage de faire poser un petit avant-toit en verre pour protéger la porte d'entrée de la maison. Il prend contact avec une société de construction métallique et lui demande de lui faire des propositions. De cette demande découle toute une série d'étapes de travail qu'il convient de clarifier. Les informations nécessaires se trouvent sur la **fig. 1** qui représente l'entrée de la maison et sur la **fig. 2** qui donne les mesures nécessaires. Réalisez les commandes de travail suivantes :

1. Quelles sont les possibilités de fixation de l'avant-toit sur ou devant la maison ?
2. Avec quels matériaux un tel avant-toit peut-il être réalisé ?
3. Evaluez ces matériaux en termes de possibilités de fixation, de sollicitation, du design et de durabilité.
4. Quelles dimensions proposeriez-vous pour l'avant-toit sur la base des particularités locales et d'une fabrication rentable ?
5. Discutez des avantages et des inconvénients ainsi que des exigences relatives à une pente de toit contre la maison et à une pente de toit en partant de la maison.
6. Déterminez les avantages et les inconvénients d'une réalisation en verre véritable.
7. Déterminez les avantages et les inconvénients d'un vitrage en plastique.
8. Dans la construction, comment tenez-vous compte des grandes différences de température entre l'été et l'hiver ?
9. Concevez deux variantes possibles de l'avant-toit et dessinez-les pour que le client puisse se faire une idée de son aspect.
10. Déterminez les avantages de chaque solution pour que vous puissiez aussi justifier les propositions au client.
11. Déterminez les inconvénients de chaque solution.
12. Considérez les solutions en fonction des coûts occasionnés et évaluez les résultats
13. L'entrée de la maison est orientée au sud. De quel côté recommanderiez-vous un habillage latéral ?
14. Quels sont les problèmes liés à l'habillage latéral en fonction des particularités locales ?
15. Considérez le rapport coût/utilité pour un habillage latéral étanchéifié contre le mur de la maison.
16. Réalisez un dessin de fabrication avec la solution que vous préférez.
17. Rédigez pour cela une liste de matériel.
18. Réalisez une petite présentation avec laquelle vous exposerez votre proposition au client.

1 Entrée de la maison

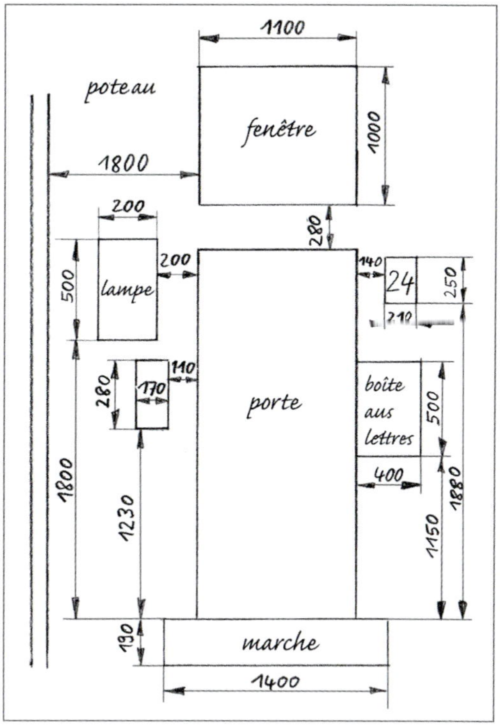

2 Schéma de l'entrée de la maison avec les mesures

Le client a opté pour une solution par laquelle le toit en verre est incliné vers l'arrière, contre le mur de la maison et exclusivement fixé au mur. Le toit doit être réalisé en verre (verre de sécurité). Il renoncera tout d'abord à un habillage latéral pour des raisons de coûts. Le **fig. 1** montre un plan de fabrication encore incomplet.

Les commandes de travail suivantes sont nécessaires pour cette commande :

1. Complétez le dessin donné avec la fixation au mur, les matériaux utilisés, la fixation de la plaque en verre sur des supports et l'étanchéité.
2. L'écoulement de l'eau de pluie doit encore être adapté aux particularités locales.
3. Comment l'étanchéité est-elle réalisée par rapport au mur de la maison ?
4. Justifiez la raison pour laquelle le support au mur de la maison a une plus grande hauteur que l'extrémité du toit en verre.
5. Comme souhaité, vous avez planifié le toit en verre avec support en acier. Votre chef est d'avis que la fixation du toit sur cette maison pourrait poser des problèmes. De quels problèmes parle-t-il ?
6. Comment pourriez-vous prendre ses doutes en compte par une autre construction ou d'autres matériaux ?
7. Vous voulez alléger la construction et proposez donc une fabrication en aluminium. Quelles modifications constructives sont alors indispensables ?
8. Calculez combien il faut gagner sur le poids du toit si l'aluminium est utilisé à la place de l'acier, pour le même profil, puis pour un profil spécialement adapté pour la construction en aluminium.

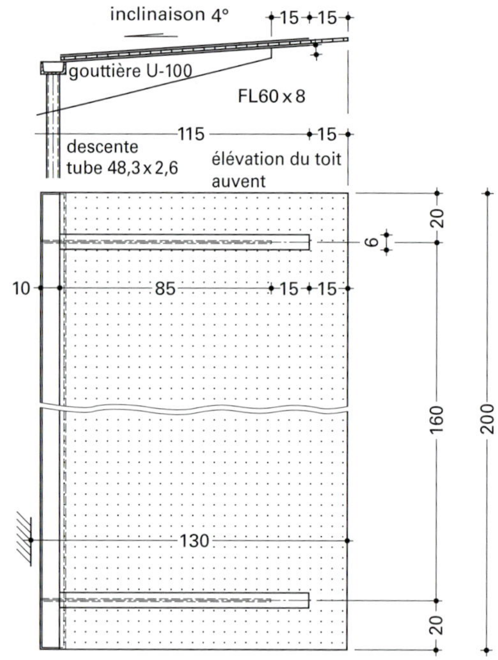

1 Projet de plan de fabrication pour l'avant-toit en verre de la porte d'entrée

9. Clarifiez avec votre entreprise formatrice si la construction en aluminium est plus coûteuse que la construction en acier ou pas ?
10. Nous partons du principe que la construction en aluminium serait 10 % plus cher. Quelle solution recommanderiez-vous au client et pourquoi ?
11. Quels coûts faut-il dans tous les cas inclure pour une construction en acier qui tombent éventuellement avec une construction en aluminium ?
12. Vous avez reçu la commande pour une construction en aluminium. Etablissez alors une liste de matériel complet et une liste de commande de matériaux bruts.
13. Sur la base des mesures, déterminez le coût de matière pour les pièces à fabriquer et le prix des pièces normalisées utilisées, à partir du tarif des fournisseurs sur Internet.
14. Réalisez une courte présentation dans laquelle vous exposerez cette commande à vos camarades de classe, de la planification à la fabrication du produit final, en passant par la construction.

Domaine d'apprentissage : Fabrication d'escaliers et barrières, garde-corps, etc.

22 Escaliers

Les escaliers servent à franchir une différence de hauteur entre au moins deux niveaux différents grâce à une montée par des marches.

Ils sont fermement reliés à l'édifice et comportent au moins une volée d'escalier d'au moins trois marches. Leur pente doit être située entre le rapport 1:6 (env. 10°) et maximum 45°. Pour une pente plus faible, on parle de rampes, pour une pente plus importante d'escaliers de meunier ou d'échelles. Les prescriptions utilisées pour la réalisation d'escaliers sont : les recommandations du BPA, la Norme SIA 500 SN 521 500 "Constructions sans obstacles", Directive de planification "habitat pour personnes âgées", la Norme SN 640 075 "Trafic piétonnier - Espace de circulation sans obstacles".

22.1 Types d'escaliers

Les **escaliers entre deux étages** sont appelés escaliers d'étage. Si toutefois un escalier ne sert qu'à compenser les différences de hauteur au sein d'un étage, on l'appelle **escalier de compensation**.

Les escaliers prescrits dans les règlements de construction sont des escaliers **principaux** par opposition aux escaliers **auxiliaires** qui peuvent malgré tout servir à l'utilisation principale.

Selon leur lieu d'implantation, on fait la distinction entre les **escaliers de circulation principale** et les **escaliers auxiliaires (fig. 1)**. Comme les escaliers de circulation principale doivent être bien praticables en raison de la forte fréquentation par des personnes dans les administrations, écoles, hôtels, immeubles d'habitation, etc., ils sont plus larges et moins raides que les escaliers annexes qui servent d'escaliers escamotables, de chaufferie, de machines, etc.

La position de la balustrade d'escalier est décisive pour faire la distinction entre un **escalier à gauche** ou un **escalier à droite**. Si la rambarde se trouve à gauche de la personne qui monte, il s'agit d'un escalier à gauche, et inversement.

Les **escaliers de meuniers (fig. 3)** et les **escaliers à pas décalés ou japonais (fig. 4)** se distinguent par une faible largeur, un angle de pente important et une construction des marches qui permet de gagner de la place. Certains de ces escaliers sont tellement raides et le recouvrement des marches tellement important qu'ils ne peuvent être utilisés à la descente qu'en marche arrière.

Selon le tracé de la trajectoire, on fait la distinction entre les escaliers **droit**, les escaliers tournant et les escaliers à marches balancées.

Ce sont principalement les escaliers droit qui sont interrompus par des **paliers**. Un palier est situé au début ou à la fin de l'élément d'escalier ; un palier le long d'un tracé est appelé **palier intermédiaire**.

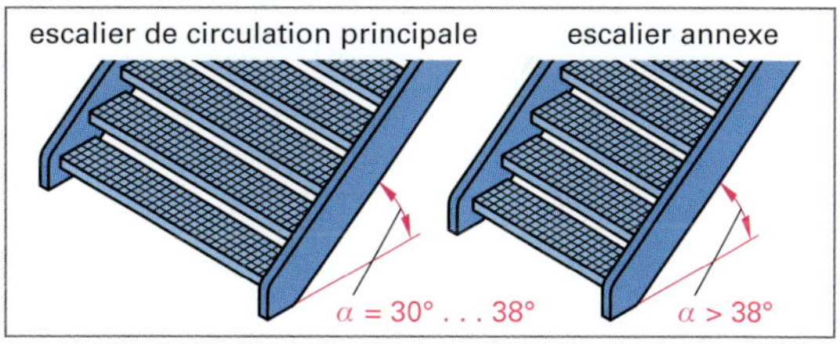

1 **Escaliers de circulation principale et escaliers annexes**

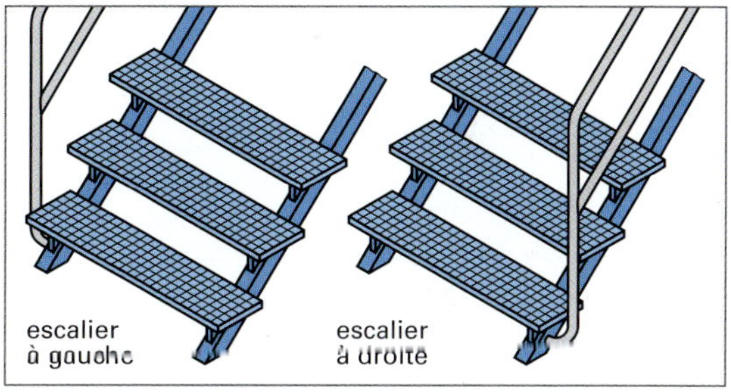

2 **Escalier à gauche et escalier à droite**

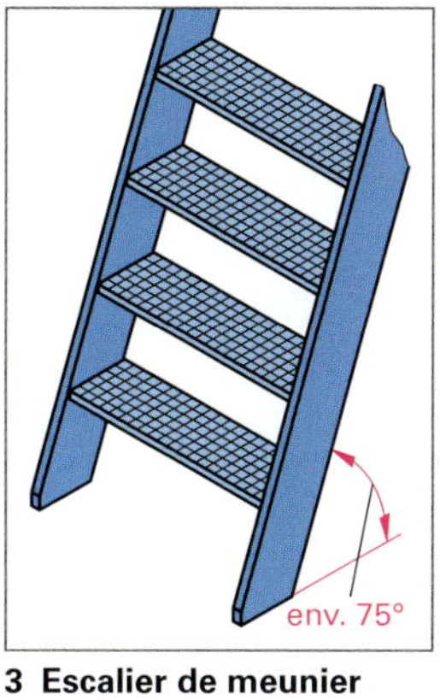

3 **Escalier de meunier**

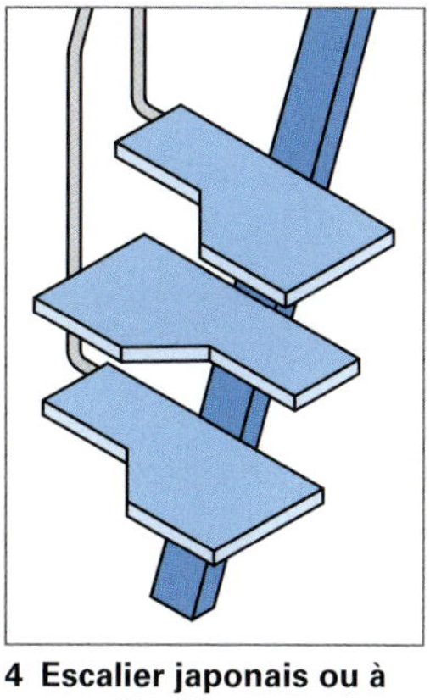

4 **Escalier japonais ou à pas décalés**

Les escaliers se réduisent essentiellement à quelque forme de base **(fig. 1-8)**. Dans l'histoire de la construction, il existe toutefois, dans des bâtiments représentatifs, des escaliers très artistiques, composés de différentes formes de base.

Escaliers à tracé droit

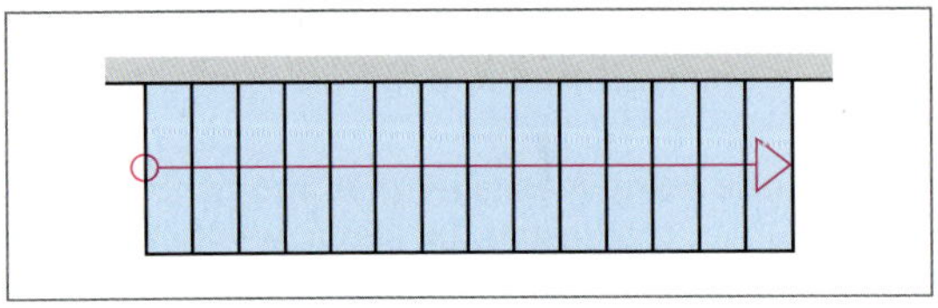

1 Escalier droit à droite, à une volée

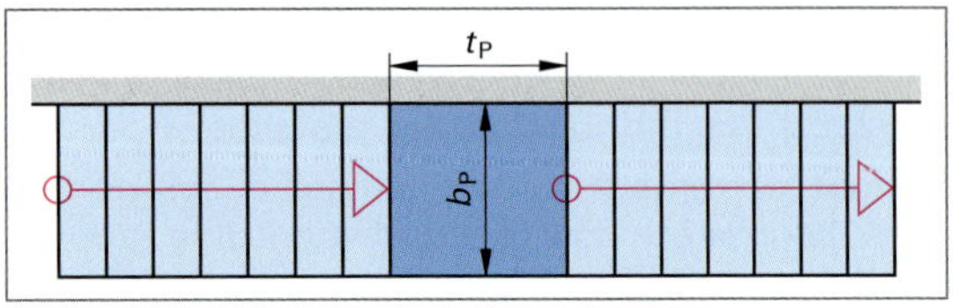

2 Escalier droit à deux volées, avec palier intermédiaire

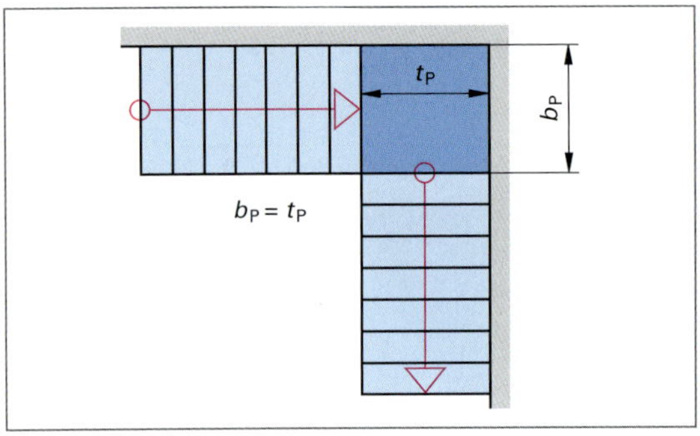

3 Escalier 1/4 tournant avec palier intermédiaire

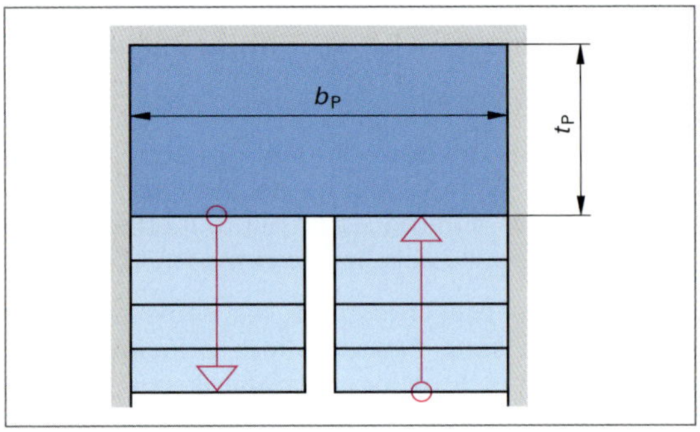

4 Escalier 1/2 tournant à gauche, à deux volées et palier intermédiaire

Escaliers tournant en colimaçon (hélicoïdal)

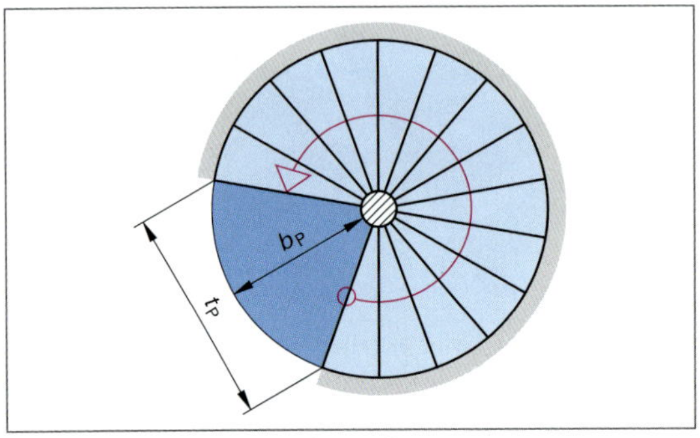

5 Escalier en colimaçon à gauche

Désignation des dimensions des paliers :

t_p: Profondeur de palier

b_p: Largeur de palier

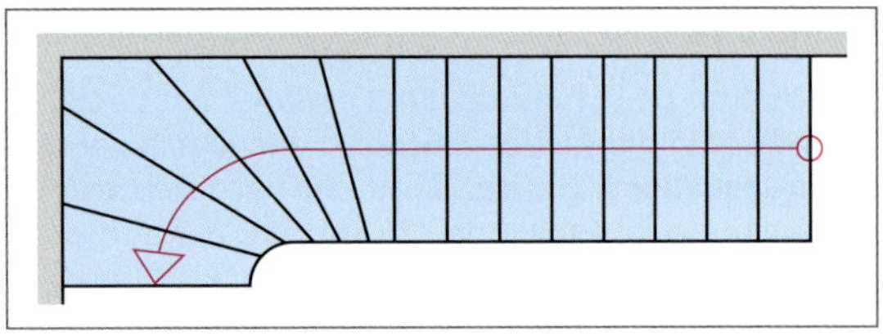

6 Escalier à gauche à une volée, avec 1/4 tournant à marches balancées

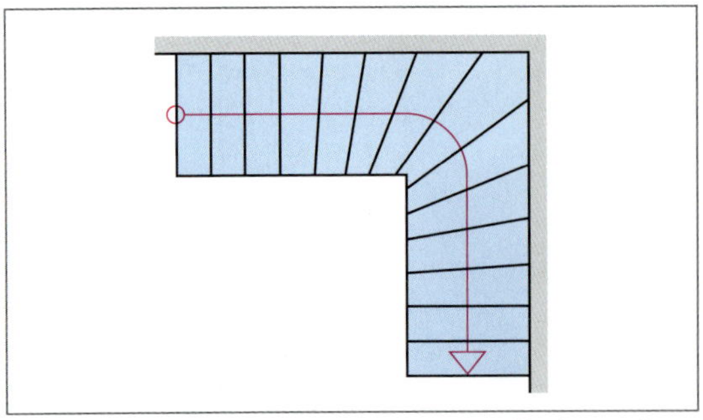

7 Escalier 1/4 tournant à droite, à une volée à marches balancées

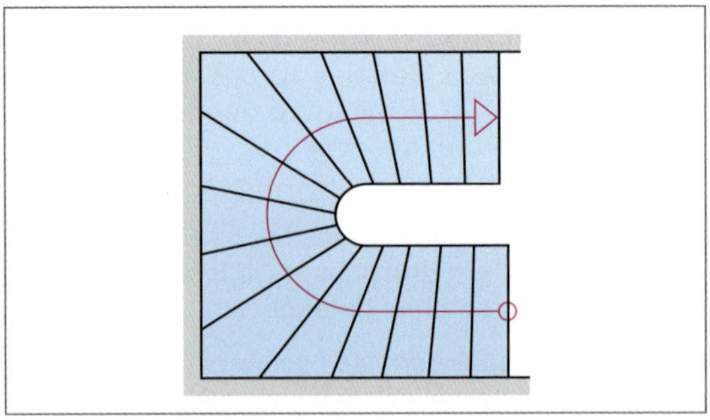

8 Escalier 1/2 tournant à droite à une volée à marches balancées

22.2 Types de constructions d'escaliers

22.2.1 Escaliers à limons latéraux

On appelle escaliers à limons latéraux les escaliers dont les marches sont montées entre deux limons qui servent de limite latérale **(fig. 2)**. Attention : la législation suisse n'autorise pas ce type de construction (barreaux horizontaux). Les barreaux doivent être verticaux.

Le montage des marches peut être réalisé par soudage ou vissage. Dans les deux cas, on parle de **marches intégrées**. Comme les limons latéraux doivent, en plus de leur propre poids, absorber et transférer le poids des marches, mais avant tout les charges dues à la circulation, des exigences importantes en termes de **résistance à la flexion et de rigidité** sont imposées à leur construction. Ils sont la plupart du temps fabriqués en acier large plat ou en acier profilé, en pierre, en bois ou en dans une construction mixte.

22.2.2 Escaliers à limon central

A la place de ces limons, on utilise fréquemment des tubes carrés ou des profils pour absorber et transférer les forces ; ils servent de support et sont appelés **limons centraux**. Selon le nombre de profilés utilisés, on parle d'escaliers à **limon central (fig. 3)** ou d'escaliers deux **limons inférieurs (fig. 1)**. Les mêmes exigences sont imposées pour tous les limons d'escaliers. Dans les escaliers à limons inférieurs, les marches doivent être en **applique**. Grâce à un agencement constructif habile et un choix judicieux des matériaux, l'escalier peut devenir le point d'attraction visuel de la maison.

1 Escalier à deux limons inférieurs

2 Escalier à limons latéraux

3 Escalier à limon central

22.2.3 Escaliers en colimaçon (hélicoïdal)

Pour des pentes standards, les escaliers en colimaçon ont comparativement l'encombrement le plus faible.

Ici, le transfert des forces est réalisé par un élément porteur principal vertical appelé pilier **(fig. 1)**. Les marches sont fixées en porte-à-faux contre le pilier. Ceci peut être réalisé par fixation directe des marches ou à l'aide de consoles sur lesquels les marches sont fixées. Des tubes ronds, carrés ou hexagonaux, sont les formes de pilier les plus fréquemment utilisés.

Pour donner à l'escalier en colimaçon (hélicoïdal) la stabilité nécessaire, le pilier doit être ancré en plusieurs points. Le socle du pilier est directement relié au sol. Le deuxième point de fixation est souvent l'extrémité supérieure du pilier, relié au palier de sortie. Le pilier peut être rempli de sable pour amortir des vibrations.

Attention : La législation suisse n'autorise pas ce type de construction (barreaux horizontaux). Les barreaux doivent être verticaux.

22.3 Types de marches

En raison des nombreuses formes de construction possibles des escaliers, le constructeur métallique a diverses possibilités d'agencement des marches d'escalier. La forme de construction et le matériau des marches offrent à cet effet différentes variantes.

Indépendamment de l'agencement et du matériau, les dispositions des règlements de construction en vigueur doivent toujours être respectées pour le dimensionnement.

Les **contremarches** en guise de liaison de deux **marches** empêchent la flexion et bloquent la vue. La sécurité est en outre accrue car aucune pièce, comme des outils, ni la saleté, etc., ne peuvent tomber **(fig. 2 a)**.

Le même effet que pour les contremarches et les marches peut aussi être obtenu en utilisant des **marches en tôles pliées (fig. 2 b)**.

Un triple pliage, à partir d'une tôle, permet de fabriquer un profil de marche de section triangulaire **(fig. 2 c)**.

Une résistance accrue à la flexion peut aussi être obtenue en repliant l'extrémité avant et arrière des marches. La **marche en caisson** ainsi obtenue convient comme support de chape **(fig. 2 d)**. Les marches en caillebotis sont essentiellement prévues pour une utilisation dans les bâtiments industriels et à l'extérieur **(fig. 1, page suivante)**.

1 Escalier en colimaçon (hélicoïdal)

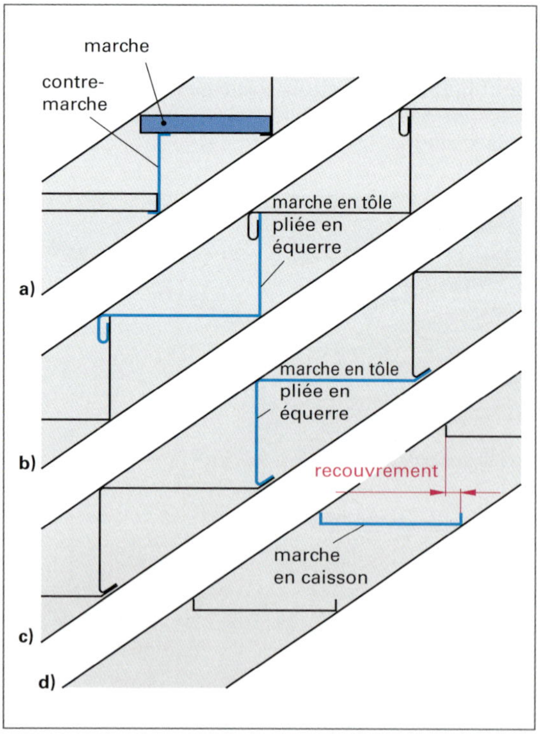

2 Types de marche (schéma de principe)

Les tôles striées sont essentiellement utilisées comme matériau pour les marches en caisson. Les fabricants de caillebotis proposent également des marches normalisées dans différentes tailles. Dans le secteur du logement en revanche, des revêtements en moquette, plastique ou carrelage sont principalement choisis pour les marches en caisson.

Dans le domaine des commerces et du logement, on trouve de plus en plus d'escaliers combinés en acier-pierre ou acier-bois.

Pour un montage visible, les marches sont vissées sur des équerres prémontées. Pour les assemblages non visibles, les marches peuvent être appuyées avec des vis spéciales dans des chevilles adaptées **(fig. 2)** ou collées sur le support avec une colle à élasticité permanente.

22.4 Désignations des éléments d'escalier

La est appelée marche d'entrée et la marche la plus haute marche de sortie **(fig. 3)**. En fonction de la position par rapport à la ligne de foulée de l'escalier, chaque escalier à plusieurs tracés, tournant ou en colimaçon, possède un limon intérieur et extérieur, un ou plusieurs limons inférieurs et, si nécessaire une main courante intérieure et extérieure.

Les changements de direction verticaux et horizontaux de la main courante sont appelés **coudes**.

Les plateformes intermédiaires d'escaliers sont appelés **paliers (fig. 3)**. On appelle **portée de l'escalier** la distance entre l'entrée et la sortie dans la vue de dessus.

Contrôlez vos connaissances

1 Faites la distinction entre les types d'escaliers les plus importants.

2 Dans quels types peut-on répartir les escaliers en fonction de la position de la balustrade ?

3 Expliquez la différence entre un escalier sur limons latéraux et inférieurs.

4 Quels profils sont souvent utilisés en construction métallique pour les escaliers ?

5 Qu'entend-on par escalier à une, deux ou trois volées ?

6 Quelles types de marche sont principalement utilisées pour les escaliers en acier ?

7 Citez les désignations les plus importantes d'un escalier.

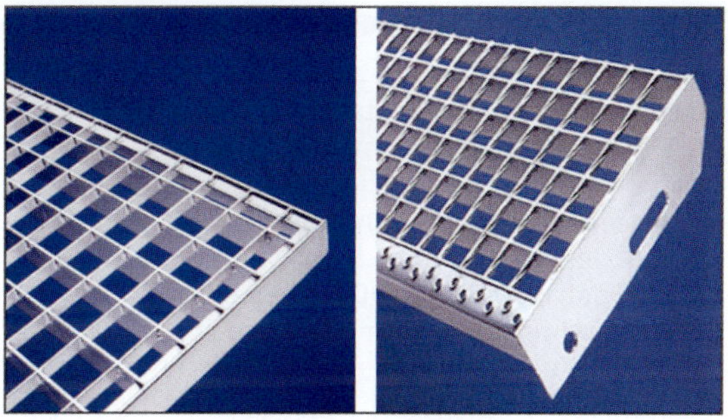

1 Marche en caisson avec caillebotis

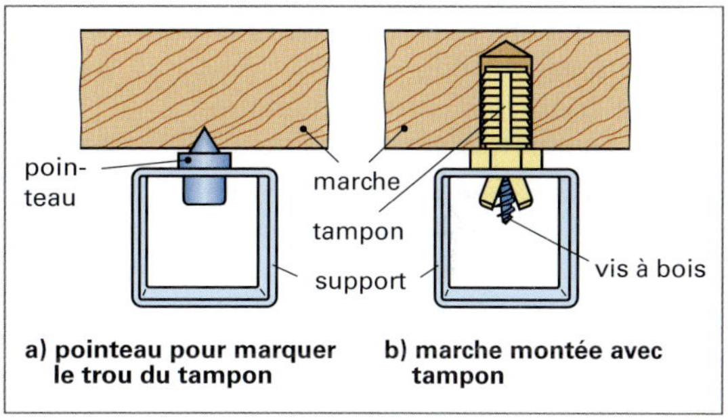

2 Assemblage non visible de marche d'escalier

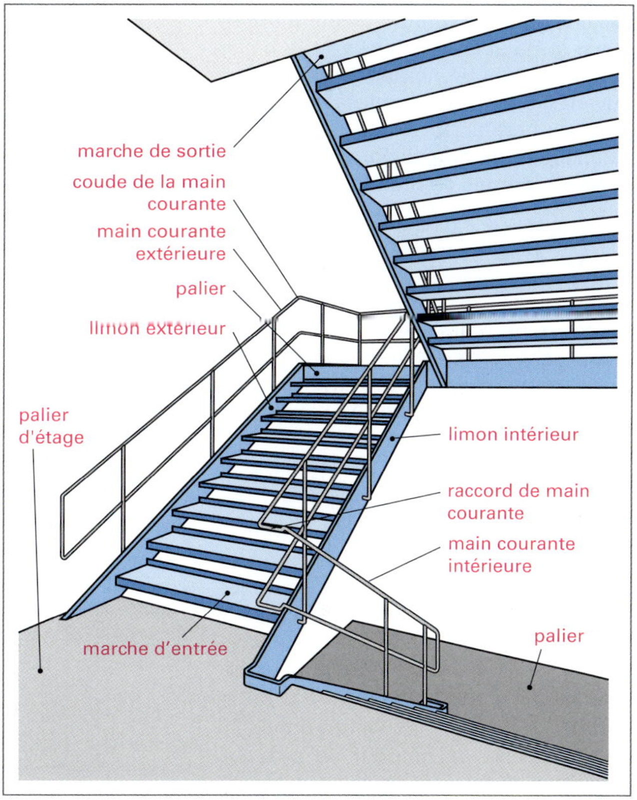

3 Désignation des éléments sur un escalier à limons, à 2 volées, avec palier intermédiaire

22.5 Mesures principales des escaliers

La mesure la plus importante des escaliers est **l'emmarchement** de l'escalier. Elle correspond à la largeur intérieure en tenant compte des mains courantes ou des rambardes. Leur cote minimale est de 500 à 1000 mm, selon l'utilisation et le type dc bâtiment **(fig. 2)**. La hauteur de marche « s » et le giron « a » font référence pour la praticabilité de l'escalier.

La **hauteur de marche « *s* »** est la distance verticale entre chaque nez de marche consécutif.

Elle ne doit pas être supérieure à 210 mm selon le bâtiment (tableau).

Le **giron « *a* »** est la distance horizontale comprise entre deux nez de marche consécutifs.

Il doit être compris entre 210 à 370 mm. Pour des personnes de taille moyenne, la longueur normale d'un pas est d'environ 730 mm. Lorsqu'il s'agit des surfaces inclinées, cette dimension se réduit à 630 mm. On emprunte donc des escaliers le plus confortablement possible si la hauteur de marche et le palier de marche ont un rapport judicieux l'un envers l'autre. La formule avec laquelle le rapport d'inclinaison est calculée s'appelle **règle du pas, formule de Rondelet ou formule de Blondel** :

2 · Hauteur + 1 giron = 600...660 mm
$2 \cdot s + a = 600...660$ mm

En vertu de cela, la somme de deux hauteurs de marches et d'une marche s'approche le plus d'un pas normal. Le diagramme d'inclinaison **(fig. 3)** permet de déterminer les meilleurs rapports au cas par cas.

Le **rapport optimal** pour une hauteur de marche de 170 mm et une marche de 290 mm donne un angle de 30°.

Il faut prévoir un palier intermédiaire après un maximum de 18 marches dont la profondeur doit être égale à la largeur utile de l'escalier. Le chevauchement (recouvrement) « *u* » pour un escalier ajouré doit être ≥ 30 mm.

DIN 18065 prescrit au minimum 2000 mm en guise de **hauteur de passage intérieure** d'un escalier (échappée). Le vide entre le mur et l'escalier (échappée) ne doit pas excéder 60 mm **(fig. 2)**.

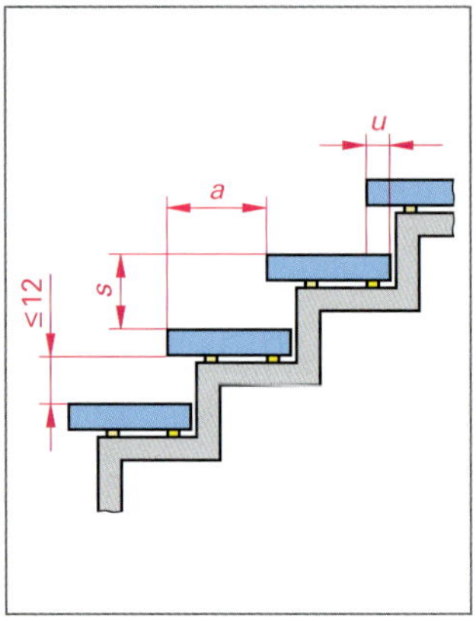

1 Hauteur de marche et giron

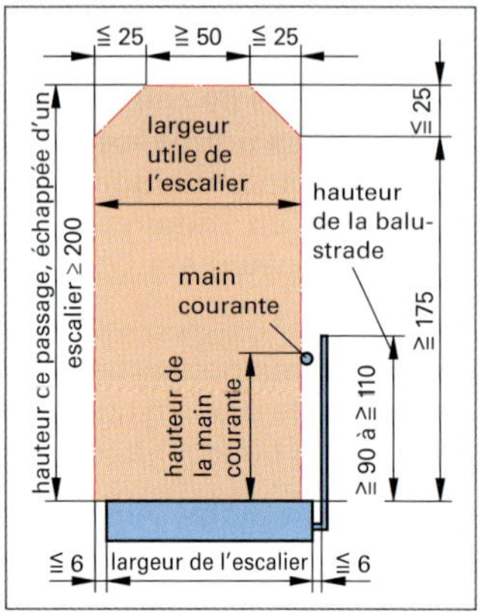

2 Espace libre d'un escalier

Tableau 1 : Mesures limites (mesures finies à l'état final en mm)

	Type d'escalier	largeur utile min.	hauteur de marche min.	hauteur de marche max.	giron min.	giron max.
Bâtiment en général	Escalier principal selon le droit de la construction	1000	140	190	260	370
Bâtiment en général	Escalier auxiliaire selon le droit de la construction (escalier auxiliaire)	500	140	210	210	370
Bâtiment d'habitation avec max. 2 logements	Escalier principal selon le droit de la construction	800	140	200	230	370
Bâtiment d'habitation avec max. 2 logements	Escalier auxiliaire selon le droit de la construction	500	140	210	210	370

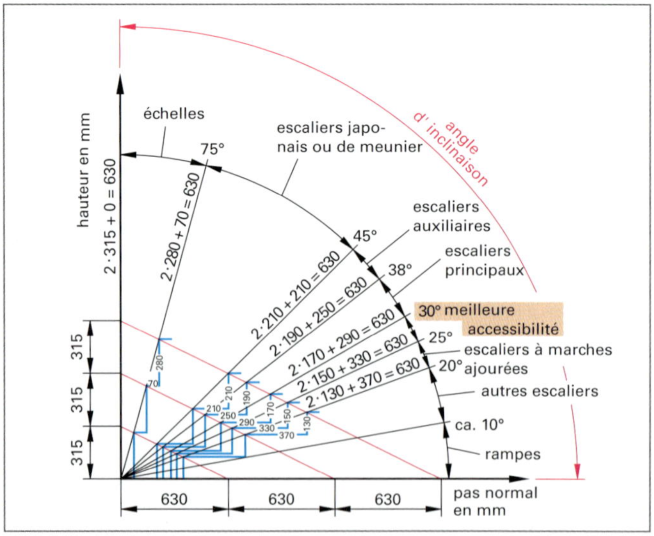

3 Diagramme de rapport d'inclinaison

La **trajectoire** est située à l'intérieur de la zone de passage de l'escalier et correspond à son sens de marche **(fig. 2)**. En ligne imaginaire, elle décrit le chemin habituel des utilisateurs (ligne de foulée). Sur le dessin, elle est représentée par une flèche qui commence par un cercle sur le bord avant de la première marche et se termine sur le bord avant de la dernière marche ou du palier. La **zone de passage** est d'environ 2/10 de la largeur utile de l'escalier ou emmarchement, et se situe au milieu de celui-ci. Pour un emmarchement de moins de 1000 mm pour les escaliers avec un emmarchement de plus de 1000 mm, la ligne de foulée se situe à 500 mm du bord du limon intérieur. Les rayons de courbure des lignes de limitation de la zone de passage doivent être d'au moins 300 mm. Le collet est la mesure du giron d'une marche balancée du coté jour (intérieur de l'escalier), il doit mesurer au minimum 100 mm de profondeur. Le **fig. 1** montre un diagramme de zone de passage par rapport à la largeur utile de l'escalier avec l'exemple d'un escalier en colimaçon. La zone de passage d'un escalier 1/2 tournant à marches balancées est représentée en **fig. 3**.

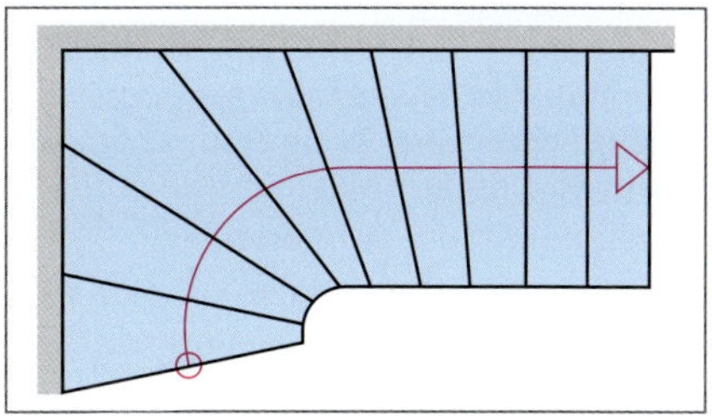

2 Trajectoire (ligne de foulée) pour un escalier 1/4 tournant à marches balancées

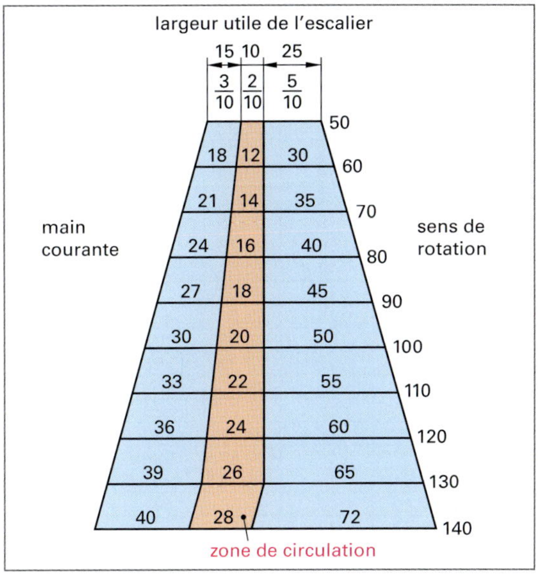

1 Diagramme de la zone de passage pour escaliers en colimaçon

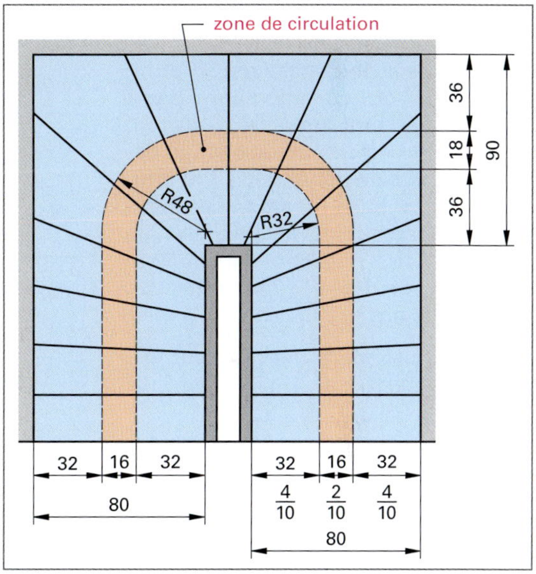

3 Zone de passage pour un escalier à une volée avec demi-tour à marches balancées

22.6 Exemple de construction

Pour une maison d'habitation, un **escalier droit encastré** doit être fabriqué entre la cave et le rez-de-chaussée avec une cote de base maximale de 4'250 mm **(fig. 4)**.

22.6.1 Calcul de hauteur d'étage

La hauteur d'étage intérieure qui figure sur le plan est de 2'550 mm. L'épaisseur de la dalle de rez-de-chaussée est indiquée avec 200 mm. Comme il faut toutefois s'attendre à d'autres hauteurs de montage du sol pour la cave et le rez-de-chaussée à partir du bord supérieur du sol brut (FB) jusqu'au bord supérieur du sol fini (FF), la **hauteur contractuelle de l'étage** doit être demandée à l'architecte ou au maître d'œuvre.

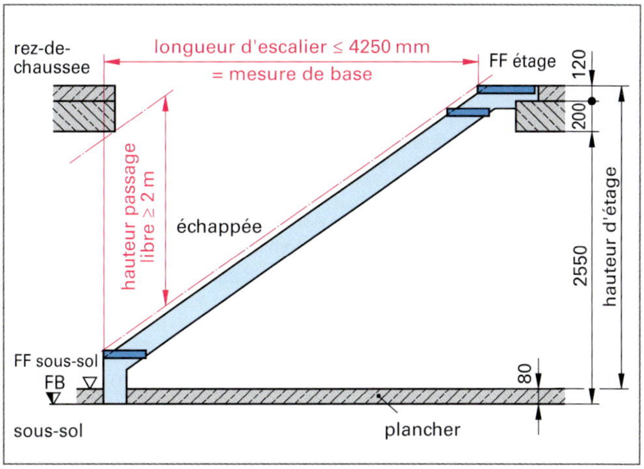

4 Section d'étage

Exemple : Pour une chape de 80 mm pour la cave et 120 mm pour le rez-de-chaussée, **la hauteur d'étage** peut être déterminée comme suit :

Hauteur d'étage intérieure
+ épaisseur de la dalle
+ épaisseur de la chape du rez-de-chaussée
- épaisseur de la chape de la cave
= Hauteur d'étage

Dans le cas présent, cela donne une hauteur de :

(2'550 + 200 + 120 – 80) mm

= 2'790 mm

22.6.2 Calcul de l'inclinaison

Une **hauteur de marche** de 170 mm est prise en considération pour un escalier empruntable de façon idéale. Pour une hauteur d'étage de 2'790 mm, cela donnerait 2'790 mm : 170 mm = 16,41 marches. Le nombre de marches devant néanmoins toujours être entier, on arrondit à titre d'essai à 16. *s* = 2790 mm : 16 = 174,375 mm

Il en résulte alors une hauteur de marche effective de 174,375 mm.

Le nombre de marches est inférieur de 1 au nombre de hauteur de marche.

Pour une mesure de base de 4'250 mm maximum disponible, la marche doit donc être de maximum 4'250 mm : 15 = 283,33 mm. Le calcul à partir de la formule du pas donne un giron de marche de *a* = 630 mm – 2 · *s* = 281,25 mm.

Avec 15 · 281,25 mm = 4'218,75 mm, l'escalier se situe alors dans la plage de longueur admise pour un pas optimal de 630 mm.

Calcul d'escaliers droits (mesures en cm)
(Extraits d'un tableau global)

Hauteur d'étage	Nombre de hauteurs de marches	Hauteur de marche	Nombre de marches	Giron	Mesure de base	Plage de mesure de base
	14	19.43	13	24.14	314	288...342
272	15	18.13	14	26.73	374	343...403
	16	17.00	15	29.00	435	404...465
	14	19.50	13	24.00	312	286...341
273	15	18.20	14	26.00	372	342...401
	16	17.06	15	28.88	433	402...463
	14	19.57	13	23.86	310	284...339
274	15	18.27	14	26.47	371	340...399
	16	17.13	15	28.75	431	400...461
	15	18.60	14	25.80	361	333...390
279	16	17.44	15	28.13	422	391...451
	17	16.41	16	30.18	483	452...515
	15	18.67	14	25.67	359	331...388
280	16	17.50	15	28.00	420	389...449
	17	16.47	16	30.06	481	450...513
	15	18.73	14	25.53	357	329...386
281	16	17.56	15	27.88	418	387...447
	17	16.53	16	29.94	479	448...511
	15	19.33	14	24.33	341	313...369
290	16	18.13	15	26.75	401	370...430
	17	17.06	16	28.88	462	431...494
	15	19.40	14	24.40	339	311...368
291	16	18.19	15	26.63	399	369...428
	17	17.12	16	28.76	460	429...492
	15	19.47	14	24.07	337	309...366
292	16	18.25	15	26.50	398	367...426
	17	17.18	16	28.65	458	427...490
	15	19.53	14	23.93	335	307...364
293	16	18.31	15	26.38	396	365...425
	17	17.24	16	28.53	456	426...488
	16	18.75	15	25.50	383	353...411
300	17	17.65	16	27.71	443	412...472
	18	16.67	17	29.67	504	473...538
	16	18.81	15	25.38	381	351...410
301	17	17.71	16	27.59	441	411...471
	18	16.72	17	29.56	502	472...536
	16	18.88	15	25.25	379	349...408
302	17	17.76	16	27.47	440	409...469
	18	16.78	17	29.44	501	470...535
	16	19.06	15	24.88	373	343...402
305	17	17.94	16	27.12	434	403...463
	18	16.94	17	29.11	495	464...529
	16	19.13	15	24.75	371	341...400
306	17	18.00	16	27.00	432	401...461
	18	17.00	17	29.00	493	462...527
	16	19.19	15	24.63	369	339...398
307	17	18.06	16	26.88	430	399...459
	18	17.06	17	28.89	491	460...525

Déterminer les mesures de l'escalier à l'aide du tableau ci-dessus donne un résultat plus rapidement qu'un calcul. Si la hauteur d'étage est connue, il permet de déterminer la hauteur d'étage, le nombre de marches et la hauteur de marche ainsi que la cote de base. Pour une plage de cotes de base fixée, les autres cotes peuvent être lues par le nombre de marches choisi.

Exemple de lecture :
Dans le cas présent, la cote de base de 4'250 mm est fixée pour une hauteur d'étage de 2'790 mm.
Les valeurs correspondantes du tableau sont les suivantes :
Nombre de marches 16, hauteur de marche *s* = 17,44 cm, marche *a* = 28,13 cm

La comparaison de l'exemple avec le calcul donne des valeurs quasiment identiques.

22.6.3 Construction des limons

Deux limons en tubes rectangulaires de 120 × 50 × 4 sont prévus en tant qu'éléments porteurs de l'escalier. Les marches sont constituées comme des marches en caisson qui seront ultérieurement remplies avec du mortier et revêtues de moquette. Pour fabriquer les marches, une tôle d'acier de 2,5 mm est repliée de 40 mm sur les deux côtés pour constituer un caisson.

Pour la partie supérieure, le tube est usiné puis soudé sur de l'acier plat de 60 × 8 **(fig. 1)**. L'acier plat sert à fixer le support sur la dalle en béton.

On procède de la même façon pour fabriquer la fixation inférieure. Ici aussi, l'acier plat sert d'élément de fixation **(fig. 2)**. La détermination de la hauteur totale jusqu'au bord inférieur de la première marche doit être réalisée de façon particulièrement précise. Pour cela, il faut scrupuleusement tenir compte aussi bien de l'épaisseur de la marche que du montage au sol, y compris l'isolation thermique et phonique (bruits de pas), la chape et le revêtement de sol.

Des difficultés particulières surviennent fréquemment lors du calcul de l'angle à couper pour le raccord vertical et horizontal.

Des coupes de même longueur ne sont obtenues que pour des angles de coupe identiques **(fig. 3)**. Pour cela, l'angle d'inclinaison peut être relevé dans le tableau d'inclinaison ou déterminé par la trigonométrie.

$$\tan \alpha = \frac{\text{Côté opposé}}{\text{Côté adjacent}}$$

$$\tan \alpha = \frac{\text{Hauteur de marche « } s \text{ »}}{\text{Marche « } a \text{ »}} = \frac{17{,}44 \text{ cm}}{28{,}13 \text{ cm}} = 0{,}62$$

$$\alpha = \arctan 0{,}62 = 31° \, 48'$$

Dans notre cas, nous avons :

pour le raccord vertical :

$$\text{Angle à couper } \gamma = \frac{\text{angle d'inclinaison } \alpha + 90°}{2} = 60{,}9° \textbf{ (fig. 4)}$$

Pour le raccord horizontal :

$$\text{Angle à couper } \gamma = \frac{180° - \text{angle d'inclinaison } \alpha}{2} = 74{,}1° \textbf{ (fig. 5)}$$

Pour tracer les bords inférieurs des marches, il faut dans ce cas également déterminer l'hypoténuse du triangle d'inclinaison. Ceci peut être réalisé par une fonction trigonométrique ou par le théorème de Pythagore :

$$\text{Hypoténuse} = H = \sqrt{a^2 + s^2} = 33{,}09 \text{ cm}$$

L'hypoténuse est alors reportée 16 fois, conformément au nombre de marches, sur le bord supérieur du limon en partant du bord avant de l'interface des limons. Un tracé horizontal marque les bords inférieurs des marches **(fig. 6)**.

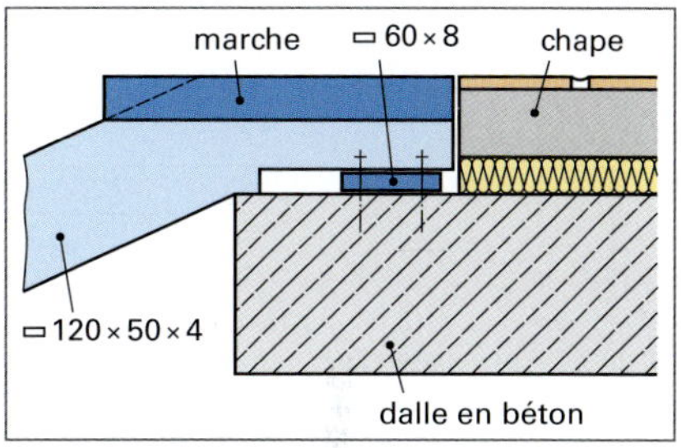

1 Appui supérieur de l'escalier

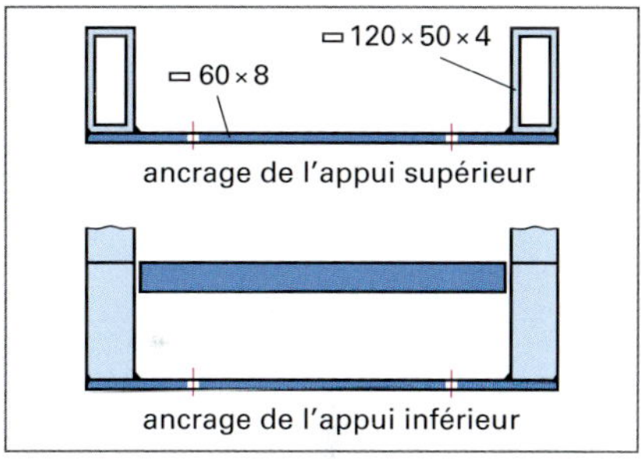

2 Ancrages supérieur et inférieur de l'escalier

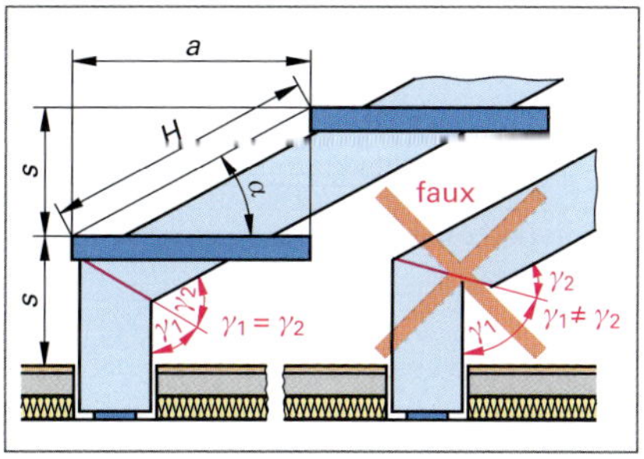

3 Détermination de l'angle d'inclinaison

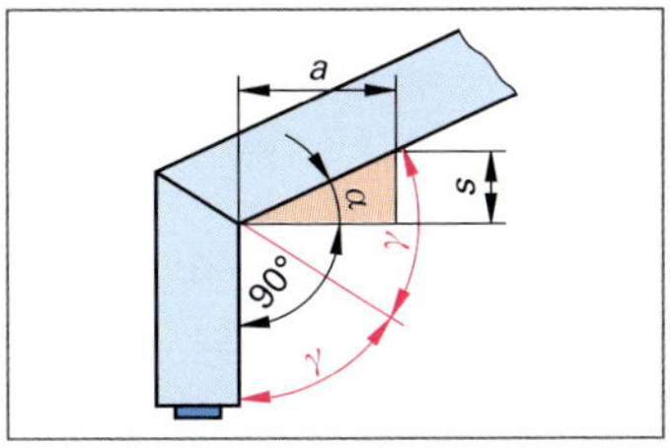

4 Détermination de l'angle à couper inférieur

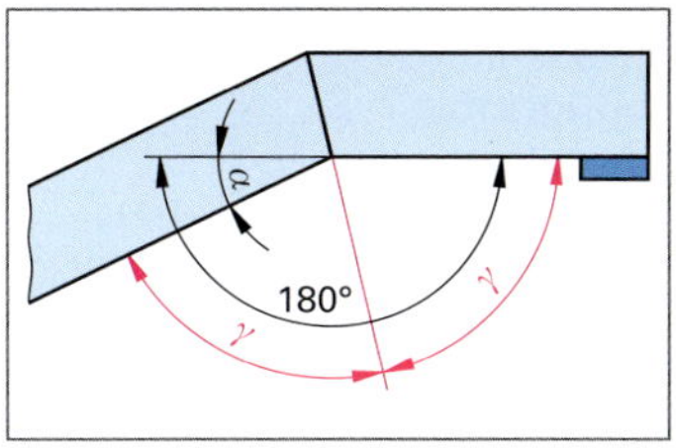

5 Détermination de l'angle à couper supérieur

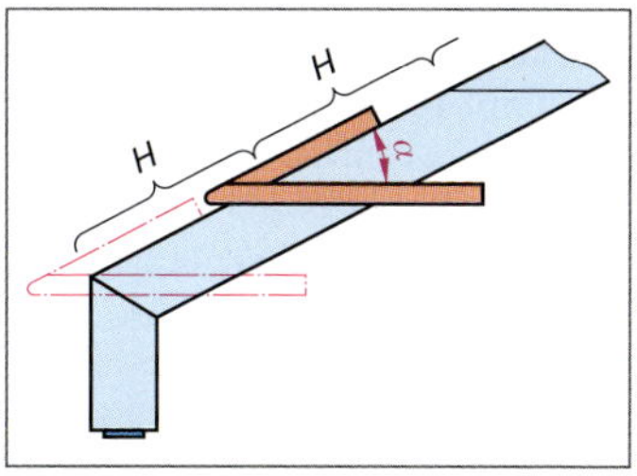

6 Traçage des marches

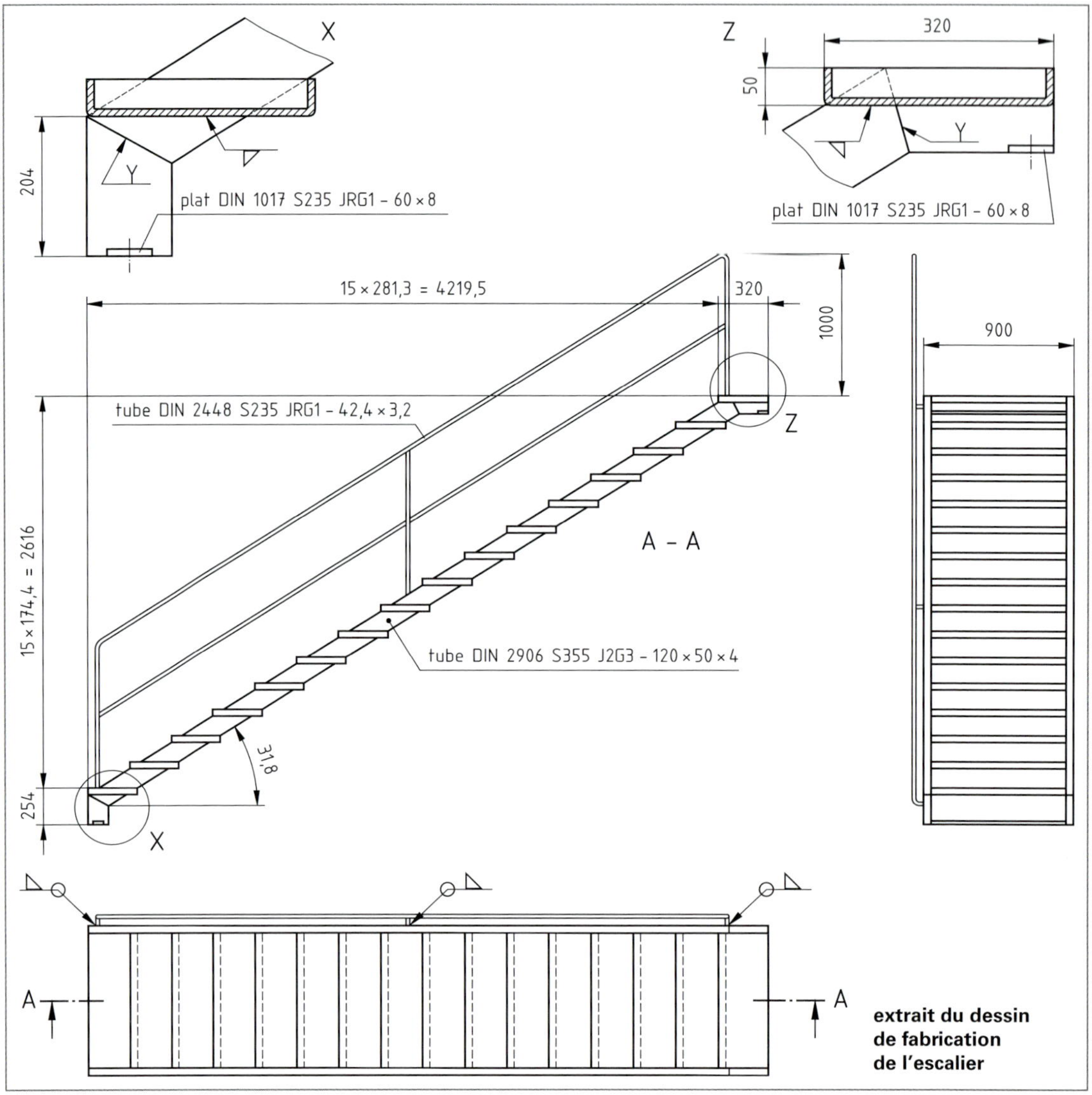

1 Plan de construction d'un escalier droit en acier

Contrôlez vos connaissances

1 Expliquez les termes emmarchement, hauteur de marche et giron.
2 Que dit la formule de Blondel (formule de Rondelet) ?
3 Quel angle d'inclinaison un escalier doit-il avoir pour pouvoir être emprunté de façon agréable ?
4 D'après DIN 18065, quelle doit être la hauteur de passage intérieur minimale (échappée) ?
5 Qu'entend-on par le terme ligne de foulée ?
6 Le nombre de marches, les cotes pour le giron « *a* » et la hauteur de marche « *s* » doivent être déterminés pour l'extrait ci-contre d'un plan de construction.

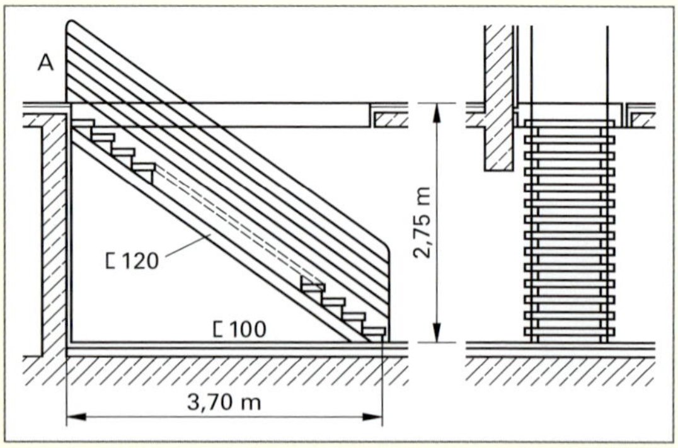

22.7 Développement des marches pour les escaliers à marches balancées

L'objectif du tracé de l'escalier à marches balancées consiste à franchir la différence de hauteur prévue en économisant le plus de place possible. A cet effet, les marches d'escalier sont développées.

On appelle **marches d'escalier balancées** celles dont le bord avant et le bord arrière (collet) ne sont pas parallèles.

La volée d'un escalier balancé est obtenue à partir du tracé de base et des marches développées en vertu de certaines règles. Seul le respect de ces règles garantit que le développement du limon intérieur donne un tracé harmonieux.

La **fig. 1** montre le tracé de base d'un escalier 1/2 tournant pour lequel le nombre de marches balancées est trop faible. Ceci a pour conséquence que des points de cassures sont produits dans le développement. L'inclinaison de l'escalier est trop importante entre les points de cassures **(fig. 2)**. Le balancement de plusieurs marches permet de donner au tracé de la volée l'harmonie souhaitée.

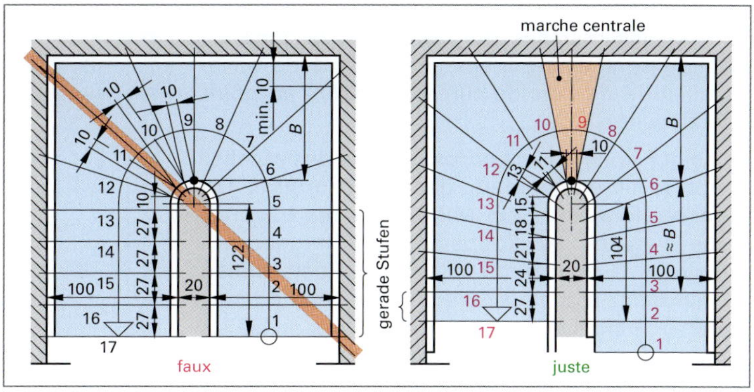

1 **Escalier 1/2 tournant, sans et avec marche centrale**

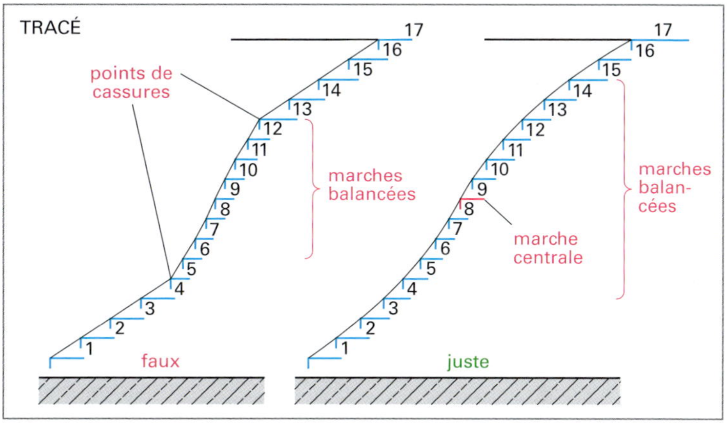

2 **Tracé du limon intérieur**

Pour conserver à peu près les mêmes largeurs pour les marches des coins coté limon extérieur, il est recommandé de mettre en place une **marche centrale** dans les escaliers à marches balancées

La marche centrale est disposée de façon symétrique par rapport à l'axe de l'escalier et à la largeur de marche (collet) la plus étroite vers le limon intérieur.

Toutes les **méthodes de développement des marches** ont le même objectif : les largeurs des marches côté limon intérieur doivent diminuer puis à nouveau augmenter de façon uniforme. Indépendamment de la méthode de développement, il faut pour cela déterminer le début des marches balancées, après avoir déterminé le tracé de base et reporté la largeur de l'escalier (b) calculée sur la ligne de foulée. Pour la mesure théorique, il est recommandé de définir le giron théorique de la première et dernière marche en fonction de la longueur disponible et du double de la largeur de l'escalier **(fig. 2b, fig. 3)** mesurée depuis la face avant de l'escalier.

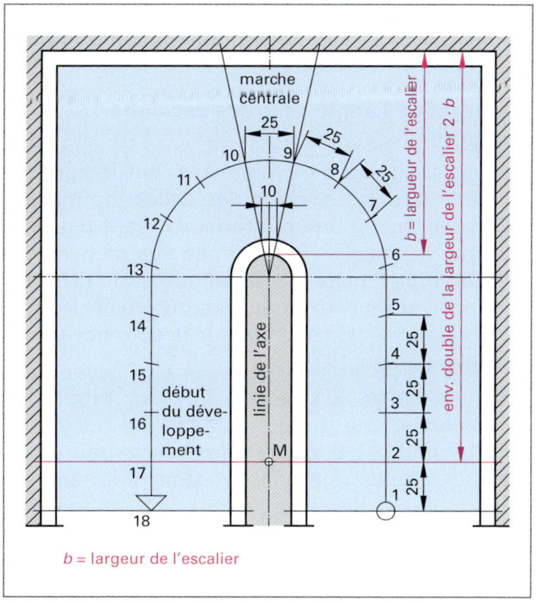

3 **Projection horizontale d'un escalier**

Méthode de l'arc de cercle pour les escaliers 1/2 tournant

Lorsque les marches qui délimitent la zone en rotation sont déterminées sur le tracé de base, le milieu M de l'arc de cercle est défini au point d'intersection.

Le point F apparaît à l'endroit où l'axe de l'escalier coupe le limon intérieur dans la courbure. Un demi-cercle avec rayon $\overline{MF}$ est ensuite tracé en guise d'arc de développement. La largeur minimale de la marche de 100 mm est déterminée en reportant à chaque fois 50 mm depuis F sur le demi-cercle. Le demi-cercle est alors divisé en nombre de marches. La projection horizontale de ces points de division de l'arc de cercle sur le côté du limon intérieur permet d'obtenir les petites largeurs de la marche (collets).

Les bords des marches sont trouvés en reliant ces projections de points partiels sur le limon intérieur avec les points précédemment déterminés sur la ligne de foulée **(fig. 1)**.

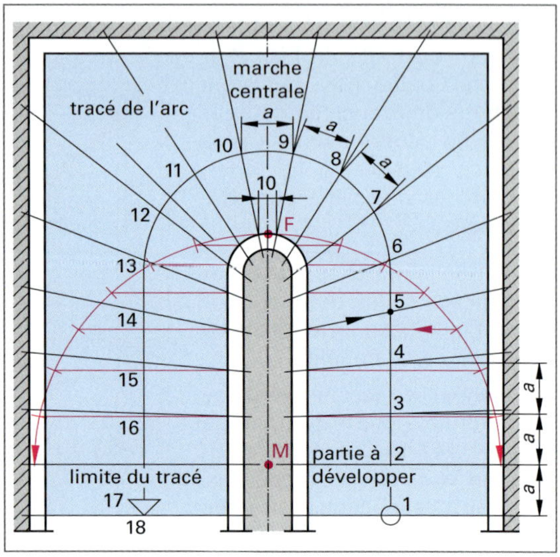

1 Méthode avec arc de cercle pour un escalier 1/2 tournant

Méthode de l'arc de cercle pour les escaliers 1/4 tournant

Pour effectuer le développement des marches, selon la méthode de l'arc de cercle, pour un escalier 1/4 tournant, deux quarts de cercle sont nécessaires **(fig. 2)**. Les points centraux M 1 et M 2 de ces arcs de cercle sont situés sur le prolongement de la ligne de délimitation de la zone en rotation à une distance « *r* » du bord intérieur du limon intérieur. Un quart de cercle avec R 1 et R 2 est tracé autour de M 1 et M 2.

La détermination des petites largeurs du giron de marche (collets) sur le côté du limon intérieur qui s'en suit est réalisée de la même façon que pour les escaliers 1/2 tournant.

Méthode de l'angle pour les escaliers 1/2 tournant

La demi-longueur à développer l_1 sur la ligne de foulée et la demi- somme des collets de marche au niveau du 1/2 limon intérieur l_2 sont déterminées par le calcul. A l'aide d'une vue d'ensemble séparée **(fig. 1, page suivante)**, un angle droit est dessiné avec un côté vertical et un côté horizontal. La longueur l_2 est reportée sur le côté horizontal comme segment $\overline{BD}$.

Avec un angle d'environ 30° par rapport à l'horizontale, une droite auxiliaire est tracée depuis le sommet B de l'angle. Les largeurs des marches a, plus une fois a/2, sont reportées sur cette droite auxiliaire en partant de B, en fonction du nombre de marches. En partant de l'extrémité C de ces droites, on trace en passant par D une droite qui coupe le côté vertical de l'angle droit au point E.

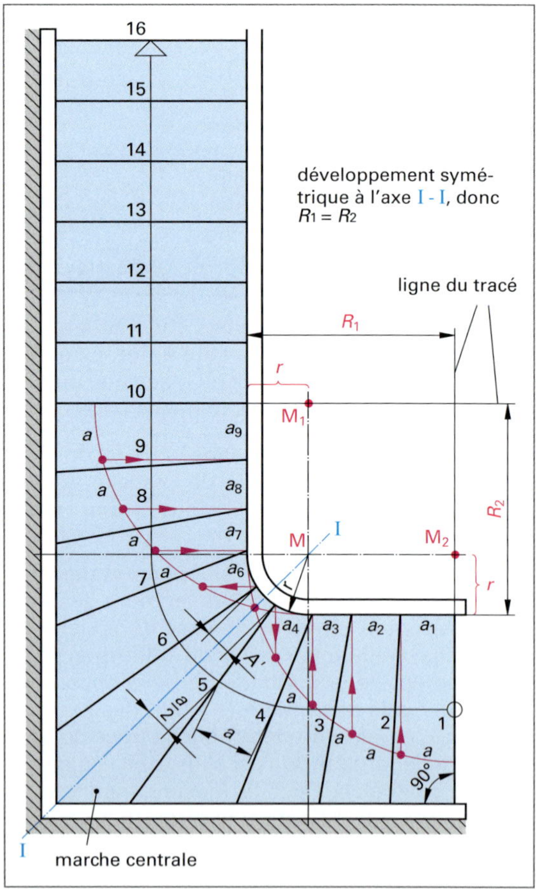

2 Méthode avec arc de cercle pour un escalier 1/4 tournant

Toutes les divisions de marches qui sont reportées sur $\overline{BC}$ sont reliées au point E. Chaque point d'intersection avec $\overline{BD}$ donne les dimensions des collets de chaque marche. Celles-ci sont transférées sur le limon intérieur et reliées aux points de la ligne de foulée.

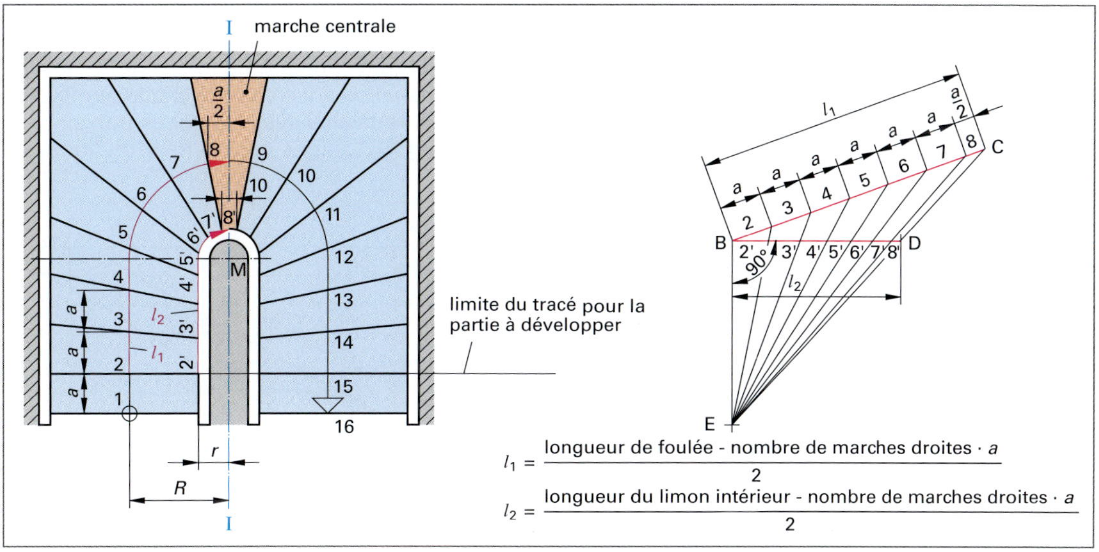

$$l_1 = \frac{\text{longueur de foulée - nombre de marches droites} \cdot a}{2}$$

$$l_2 = \frac{\text{longueur du limon intérieur - nombre de marches droites} \cdot a}{2}$$

1 Développement des marches pour escaliers 1/2 tournant d'après la méthode à l'angle

Développement des marches d'un escalier 1/4 tournant d'après la méthode à l'angle.

En principe, l'élaboration des marches d'un escalier avec quart de tour d'après la méthode à l'angle est réalisée comme pour un escalier avec demi-tour. La zone en rotation étant en règle générale symétrique à l'axe ici aussi, seul un développement d'un huitième de rotation est nécessaire.

En partant des longueurs de la ligne de foulée calculées et du côté intérieur du limon intérieur, la construction des marches est réalisée de la même façon en reportant la largeur de girons sur une droite auxiliaire **(fig. 2)**. Les collets ainsi déterminés sont transférés sur le limon.

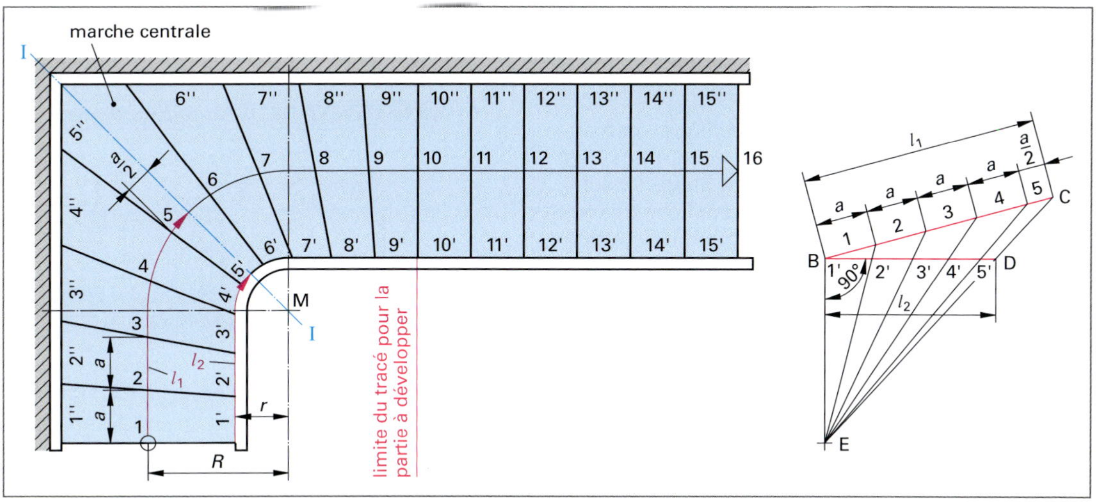

2 Développement des marches pour escaliers 1/4 tournant d'après la méthode à l'angle

22.8 Traçage des limons

Pour une fabrication précise des limons, il est la plupart du temps nécessaire qu'ils soient tracés à la dimension originale. Cela ne pose pas de problème pour les escaliers droits car toutes les mesures des marches sont les mêmes.

Pour les escaliers tournants à marches balancées, le limon intérieur et le limon extérieur diffèrent fortement l'un de l'autre. Les mêmes mesures de hauteur de marche s'appliquent toutefois aux deux. Les mesures des marches sont reportées sous forme de lignes horizontales conformément au nombre de marches. Les cotes de giron figurent sur le tracé de base et sont transférées sous forme de lignes verticales sur le tracé de limon. Les lignes horizontales et verticales reçoivent à chaque fois le numéro de la marche correspondante. Les points d'intersection des lignes verticales avec les lignes horizontales du même nombre marquent le bord avant de chaque marche **(fig. 1)**. La ligne pour le tracé du limon est réalisée avec une règle flexible ou un pistolet de traçage.

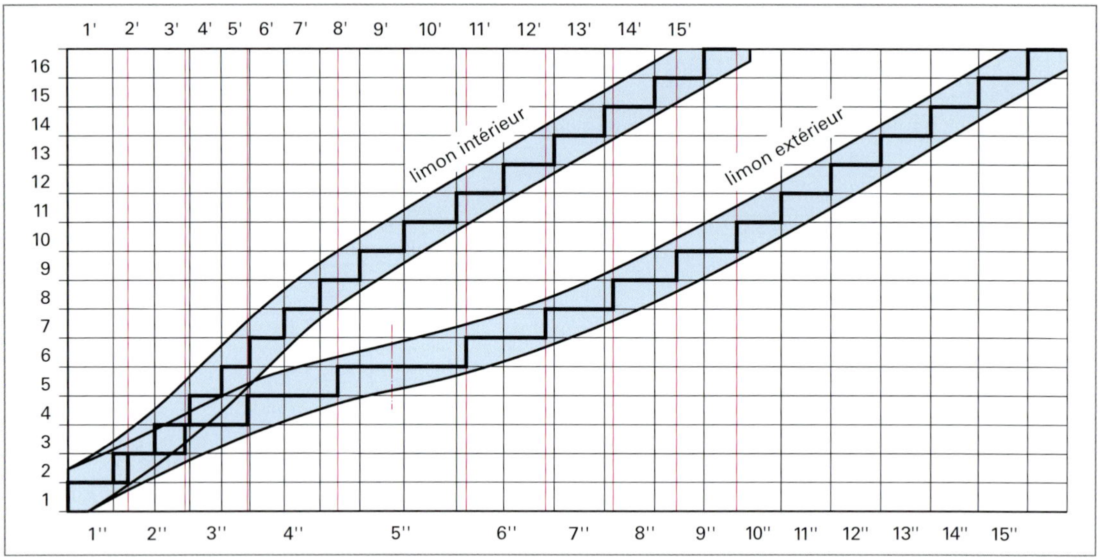

1 Tracé du limon pour un escalier 1/4 tournant

Contrôlez vos connaissances

1 L'ouverture d'escalier dans le gros oeuvre d'un bâtiment public fait 7,25 m de long et 1,2 m de large. La hauteur d'étage du FF inférieur au FF supérieur est de 4 m. Déterminez pour l'escalier droit la pente, la hauteur de chaque marche et le nombre de marche.

2 Construisez un escalier 1/2 tournant à marches balancées pour une ouverture de 2,1 m x 2,1 m et une hauteur d'étage de 2,75 m.

22.9 Calcul avec ordinateurs

La tâche du constructeur métallique consiste à déterminer sur le chantier les dimensions d'ouverture effectives, la hauteur d'étage, le sens de marche et de les reporter dans une fiche de mesures **(fig. 2)**. Un logiciel spécialement développé à cet effet permet à l'ordinateur de calculer les cotes nécessaires pour chaque forme d'escalier. Les mesures déterminées pour l'escalier peuvent être transférées, pour la fabrication des marches et des limons p. ex., sous forme de données CNC directement à des centres CNC d'oxycoupage, de plasma, de découpage au jet d'eau ou d'usinage. Par la suite, la procédure de fabrication sera clarifiée dans la façon de procéder, à l'aide d'un logiciel de construction d'escalier.

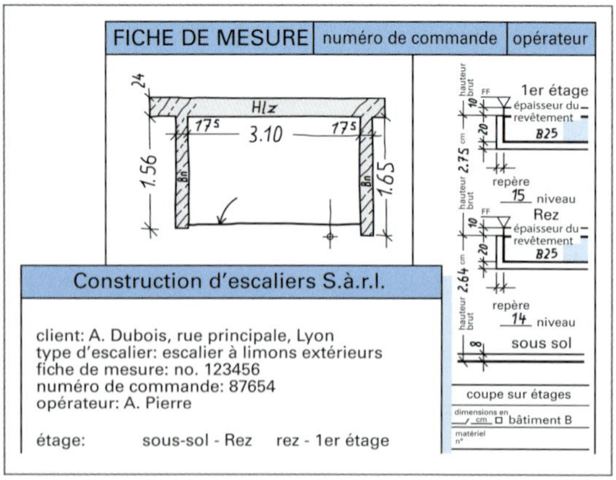

2 Fiche de mesures (exemple)

1. Détermination du type d'escalier et du sens à gravir

La caractéristique la plus importante d'un escalier est sa projection horizontale **(voir p. 386)**. La géométrie de l'escalier et le type de construction (ici : deux fois avec quart de tour d'après les dimensions de mur données) sont définies dans une boite de dialogue **(fig. 1)**.

Outre le sens à gravir (ici : escalier à gauche), des indications peuvent être données quant à la position de paliers éventuellement prévus et quant à l'entrée et la sortie. Toutes les indications et tous les calculs sont soumis à un contrôle selon les normes en vigueurs.

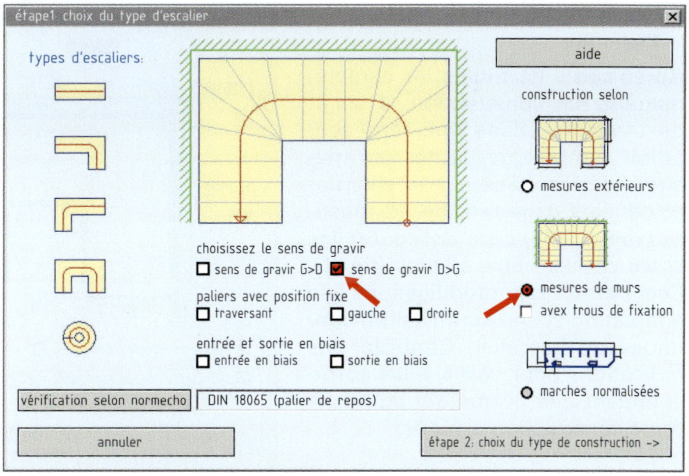

1 Type d'escalier et sens à gravir

2. Choix du type de construction et de la forme du profil

Toutes les indications essentielles sur le type de construction sont données dans une autre boîte de dialogue **(voir p. 387)**. Après avoir fait la distinction entre escaliers à longeron et à limon (ici : escalier à limon), sont demandées les dimensions souhaitées du type de construction choisie **(fig. 2)**.

Des profils possibles sont proposés dans un tableau pour les longerons ou les limons sélectionnés.

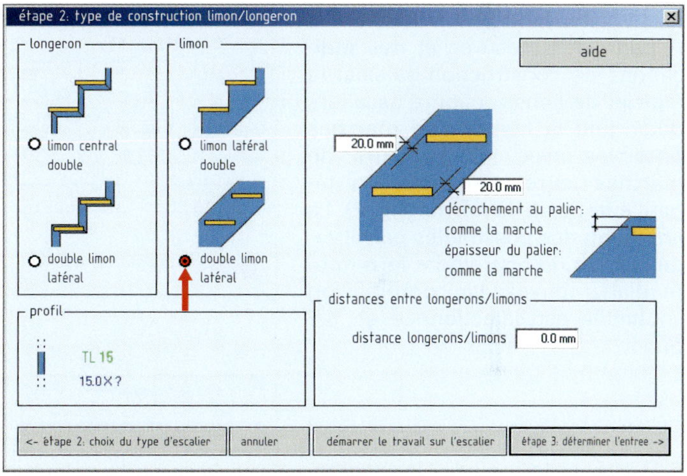

2 Type de construction et forme de profil

3. Construction de l'entrée et de la sortie

En fonction du type de construction, de la position de l'escalier et du montage au sol, il existe de nombreuses variantes de construction pour la marche d'entrée **(fig. 3)** et la marche de la sortie. Toutes les formes possibles sont proposées dans les boîtes de dialogue pour entrée et sortie et, en cas de besoin complétées par des dimensions. Les mesures peuvent être éditées, c'est-à-dire modifiées, dans ces boîtes de dialogue.

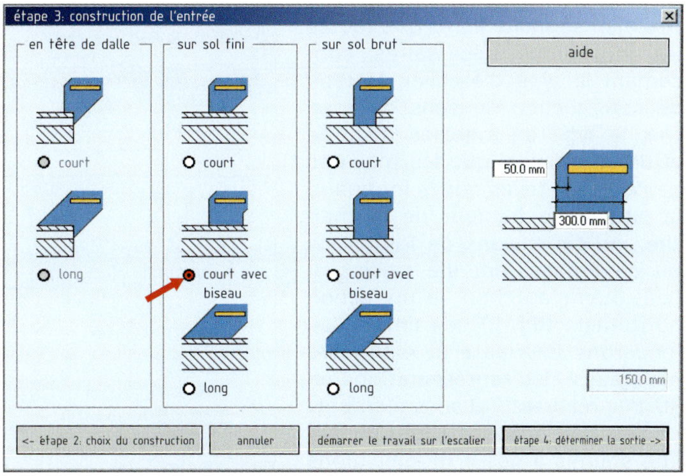

3 Forme d'entrée et forme de sortie

4. Saisie des dimensions de l'escalier

Après saisie de toutes les caractéristiques de construction, il s'agit de transférer, dans une représentation symbolique, toutes les mesures déterminées sur le chantier et définies dans la fiche de mesure **(voir p. 390)** Là aussi toutes les cotes peuvent être éditées **(fig. 1)**. Ceci permet une modification, une adaptation et une optimisation continues de l'escalier. Contrôler les indications pour voir si elles correspondent à la norme qui empêche toute construction erronée.

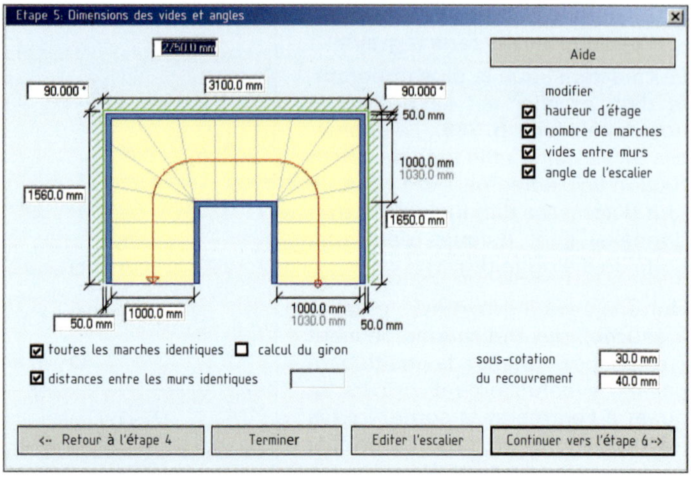

1 Dimensions d'un escalier

5. Détermination des marches

A partir des mesures et des indications de construction saisies, le logiciel de construction d'escaliers détermine le nombre de marches possibles avec les hauteurs de marches correspondantes, en tenant compte de la norme **(fig. 2)**. La limitation des possibilités par filtrage permet de restreindre le nombre d'alternatives. La combinaison souhaitée est sélectionnée en cliquant.

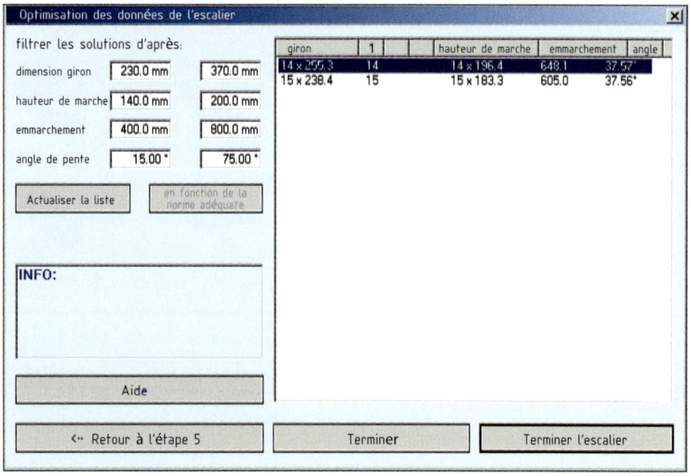

2 Détermination de la ligne de foulées et de l'élévation de l'escalier

6. Représentation de la projection horizontale de l'escalier

Le programme crée un modèle de l'escalier souhaité après que toutes les indications nécessaires concernant le type d'escalier, le type de construction, le sens de marche, le type de marches d'entrée et de sortie ainsi que les mesures de l'escalier, telles que la longueur, la largeur, la hauteur de la marche, les dimensions de longerons ou de limons, ont été saisies. Il peut ouvrir au choix la projection horizontale **(fig. 3)**, les limons ou longerons intérieurs et extérieurs mais aussi des représentations en 3D très réalistes. Tous les éléments de l'escalier peuvent à tout instant être soumis à des « modifications manuelles ».

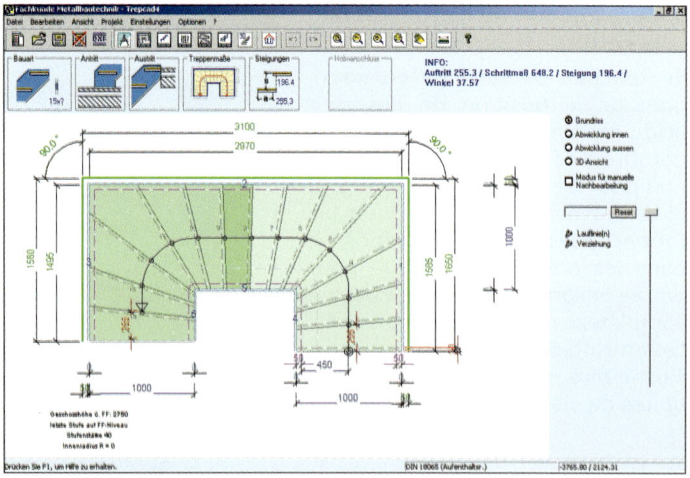

3 Base de l'escalier

7. Dessins et listes

Tous les dessins et toutes les listes nécessaires à la fabrication de l'escalier peuvent être déduits de l'escalier existant en tant que modèle de données interne à l'ordinateur. C'est naturellement la projection horizontale de l'escalier avec toutes les mesures nécessaires qui est disponible sous forme de dessin à différentes échelles **(fig. 1)**. Les développements des limons peuvent aussi être édités sous forme de dessins **(fig. 2)**. L'édition peut être réalisée en différentes tailles sur toutes les imprimantes et tables traçantes du commerce.

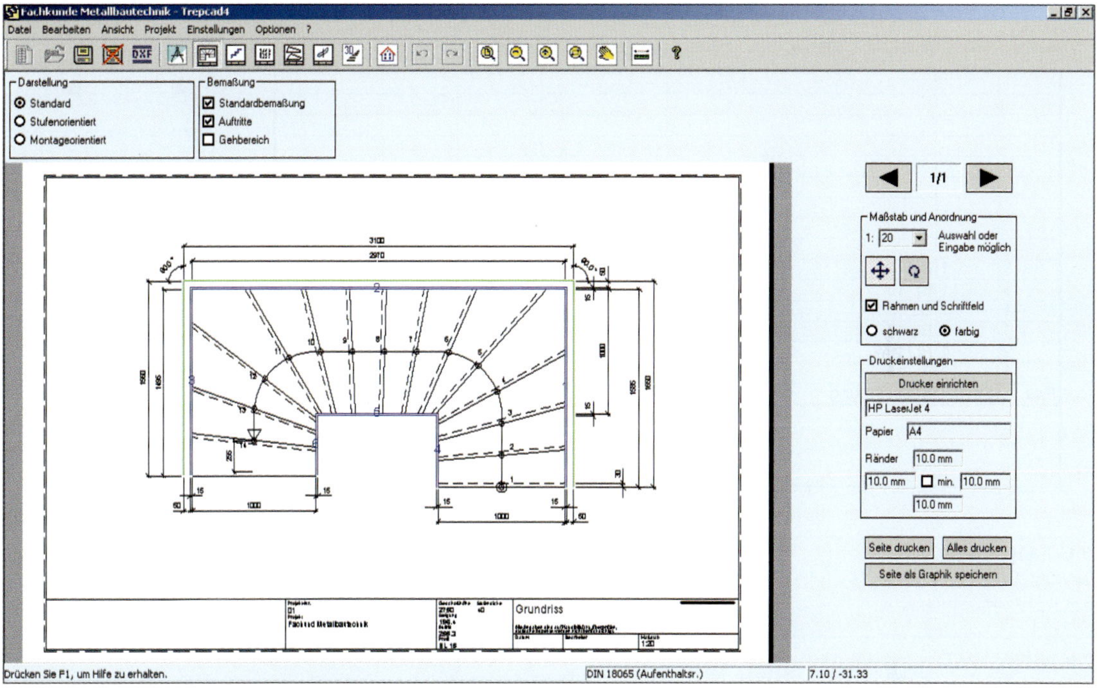

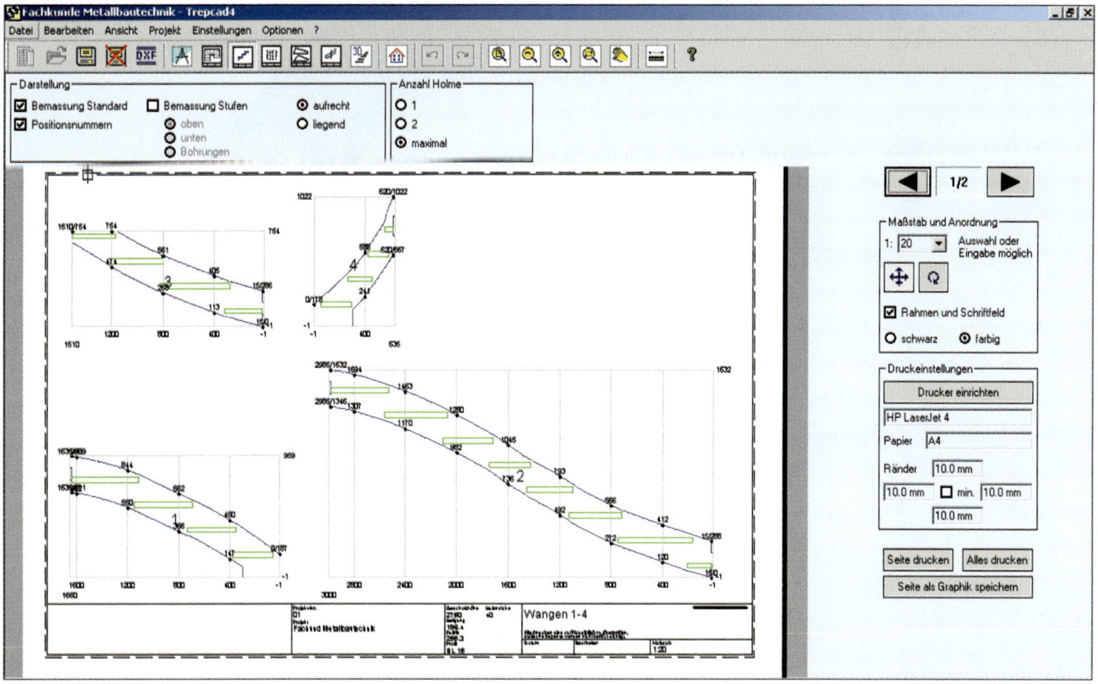

Outre la liste de pièces **(fig. 1)**, il s'agit avant tout de dessins de fabrication des marches **(fig. 2)**, qui doivent considérablement simplifier et accélérer la fabrication de l'escalier. Toutes les données peuvent être transférées à tous les systèmes CAO courants mais aussi tous les centres d'usinage CNC par le biais d'une interface. Des représentations 3D réalistes de l'escalier **(fig. 3)** soutiennent la présentation chez le client.

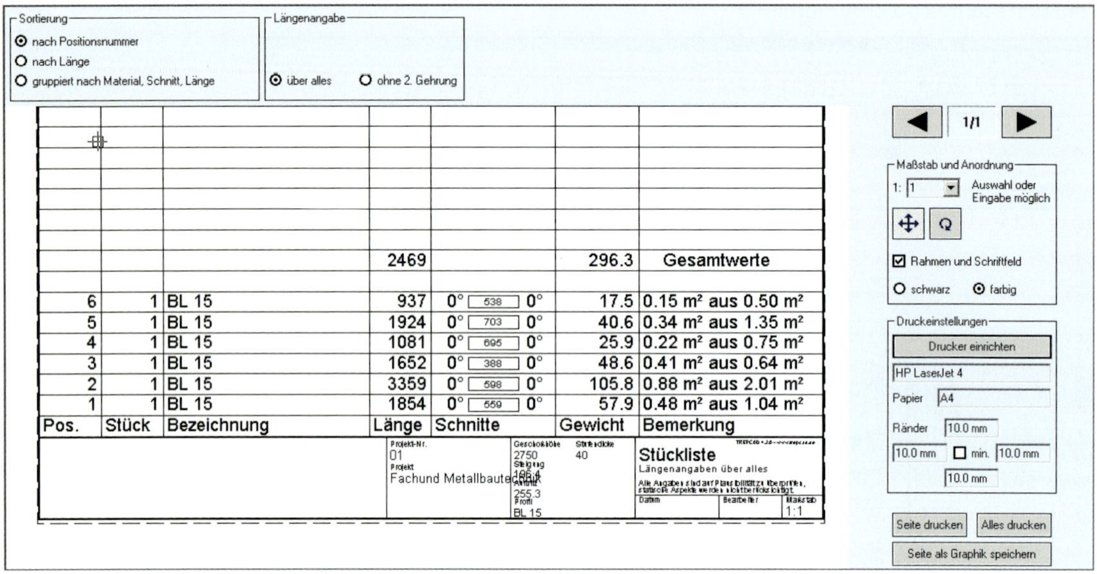

Pos.	Stück	Bezeichnung	Länge	Schnitte	Gewicht	Bemerkung
			2469		296.3	Gesamtwerte
6	1	BL 15	937	0° 538 0°	17.5	0.15 m² aus 0.50 m²
5	1	BL 15	1924	0° 703 0°	40.6	0.34 m² aus 1.35 m²
4	1	BL 15	1081	0° 695 0°	25.9	0.22 m² aus 0.75 m²
3	1	BL 15	1652	0° 388 0°	48.6	0.41 m² aus 0.64 m²
2	1	BL 15	3359	0° 598 0°	105.8	0.88 m² aus 2.01 m²
1	1	BL 15	1854	0° 559 0°	57.9	0.48 m² aus 1.04 m²

Stückliste
Längenangaben über alles
Fachund Metallbautechnik

1 Liste de pièces

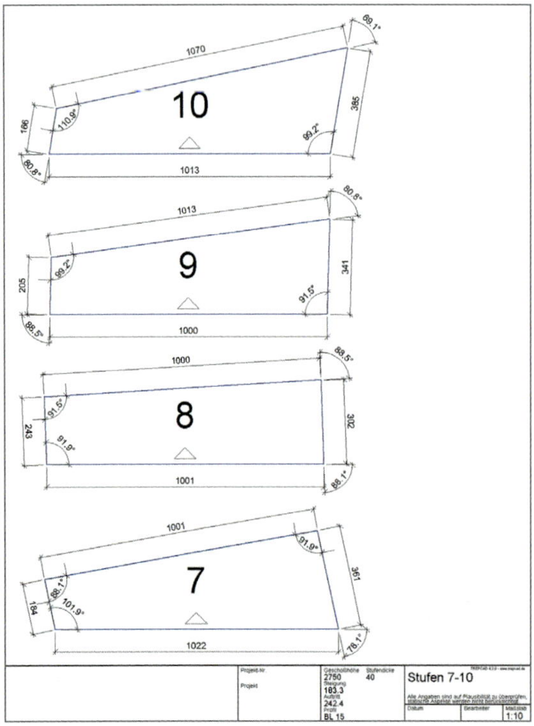

2 Marches d'escalier

3 Représentation photoréaliste (3D)

23 Garde-corps, balustrades, garde-fou, etc.

Les rambardes, balustrades, etc. font partie des **enceintes**, tout comme les clôtures, les parapets (mur à mi-hauteur) et les garde-corps. Les enceintes servent en règle générale à protéger contre les chutes et à guider les personnes. Elles garantissent ainsi plus de sécurité. Les garde-corps agencées avec goût peuvent aussi attirer le regard sur un édifice ou une installation. En fonction de la technique de fabrication, on fait la distinction entre les travaux du constructeur métallique, les travaux du forgeron ou les éléments normalisés de fabrication industrielle. Selon leur utilisation, elles sont reparties entre les garde-corps d'escaliers, de balcons, de ponts, de terrasses, de chemins, de parapets et de clôtures **(fig. 1)**.

Les garde-corps servent à :

- la protection contre les chutes
- la délimitation de surfaces pouvant être empruntées à pied ou par des véhicules
- la décoration d'édifices et d'installations

23.1 Structure du garde-corps ou balustrade

Un garde-corps est composé de **poteaux**, de la **main courante**, du **remplissage** et de sa **fixation (fig. 2)**. Si le sens d'un garde-corps change simultanément sur le plan horizontal et vertical, il en résulte une jonction courbée dans la zone de la courbure **(fig. 2 et p. 407)**. Les poteaux supportent la main courante et le remplissage de balustrade. Le remplissage doit empêcher toute chute entre les poteaux, résister aux chocs et avoir un effet décoratif. Des barreaux verticaux ou inclinés, des éléments décoratifs en acier, des tôles perforées, des tôles ondulées, des câbles tendus en acier inoxydable ou du verre peuvent être utilisés pour le remplissage du garde-corps. Tandis que les remplissages anti-chute en verre de sécurité à vitre simple (VT) ne peuvent pas être utilisés au-dessus des surfaces de circulation, l'installation de **verre de sécurité composite** (VF) est généralement possible. Comme le verre peut casser, un essai avec une **masse - pendule** souple et l'approbation des services de construction au cas par cas sont nécessaires pour les remplissages en verre. Des planches en bois, des planches plaquées en aggloméré et des panneaux composites aluminium sont en outre utilisés pour le **remplissage**.

Les éléments de la barrière doivent former un cadre solide pour absorber les forces de sollicitation **(fig. 2)**. La force longitudinale FL sollicite le garde-corps dans le sens de la main courante, p. ex. quand on monte l'escalier. La force verticale F_V agit perpendiculairement par le haut, p. ex. quand on s'appuie dessus. La force latérale F_H horizontale agit transversalement à la rambarde, p. ex. quand on s'y adosse. Des charges linéaires de 800 N/m pour les barrières dans les bâtiments d'habitation et de 1000 N/m pour les barrières dans les lieux de rassemblement doivent être appliquées pour les forces verticales, longitudinales et latérales. La fixation des poteaux doit diriger ces forces de façon sûre et durable.

1 Garde-corps

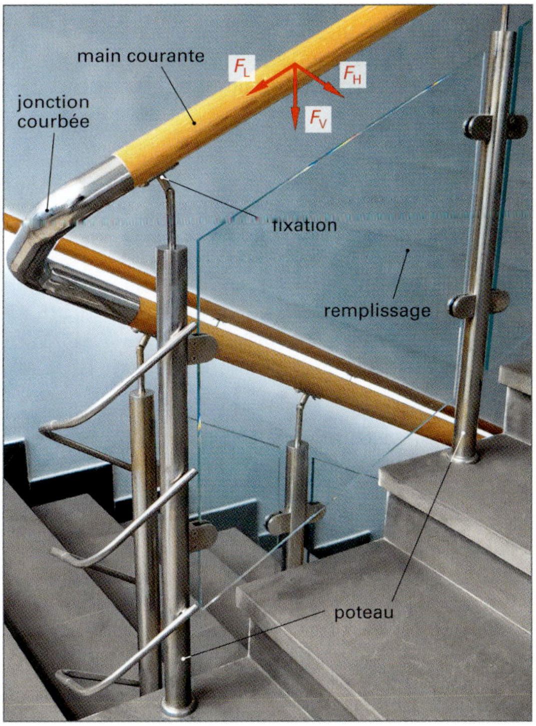

2 Dénominations et forces sur une barrière d'escalier

23.2 Barrières dans les maisons d'habitation

Les aciers de construction, inoxydables, aluminium, alliage cuivre zinc (laiton, éventuellement doré) peuvent être utilisés pour les parties porteuses d'une barrière métallique. Auparavant, on en fabriquait aussi en fonte grise.

Tous les garde-corps doivent satisfaire aux prescriptions en vigueur en matière de construction et de sécurité. En règle générale, les **règlements de construction** exigent une barrière d'escaliers à partir de 5 marches et des garde-corps s'il y a une hauteur de chute de 1 m ou plus.

Selon la norme SIA 358, les barrières doivent faire au moins **1'000 mm** de haut dans les maisons d'habitation. La hauteur est mesurée du sol jusqu'au bord supérieur de la main-courante. Pour un escalier, on mesure depuis le nez supérieur de la marche jusqu'au bord supérieur de la main courante au minimum 900 mm **(fig. 1a)**. Une **hauteur de 1'100 mm** doit être prévue pour les hauteurs de chute supérieures à 12 m. **Une hauteur de main courante** de 800 à 1150 mm doit être maintenue. Elle doit avoir une distance minimale de 50 mm par rapport au mur ou une colonne pour ne pas blesser la main **(fig. 1b)**.

Pour les **barrières en porte-à-faux** (en applique), le bord intérieur du remplissage doit être situé au maximum à 60 mm de l'escalier ou du palier, afin d'empêcher les blessures au pied au niveau du bord. Le bord inférieur doit être tiré vers le bas jusqu'à ce qu'il coupe le milieu de la marche **(fig. 2a)**.

Les rambardes **placées sur les marches**. La filière inférieure doit être suffisamment basse pour qu'un cube de 15 cm de côté ne puisse être glissé nulle part à travers **(fig. 2b)**.

Les **barrières sur parapets** sont un cas particulier. Pour un parapet de 200 mm de large, le bord supérieur de la main courante peut être à 800 mm de haut d'après les règlements de construction **(fig. 3)**.

S'il faut tenir compte de la présence **d'enfants sans surveillance** de moins de 6 ans, la distance intérieure des parties d'une barrière et la distance de la filière inférieure au sol doivent être au maximum de **120 mm (fig. 2)**. D'autres **prescriptions sur la sécurité** figurent dans les **règlements de construction locaux**, qui sont toujours plus sévères que la norme SIA : les ouvertures larges ne doivent pas dépasser 20 mm de haut dans les 600 mm inférieurs et au maximum 120 mm au-delà **(fig. 4)**. Ces ouvertures doivent empêcher les enfants de tomber à travers et d'enjamber la barrière.

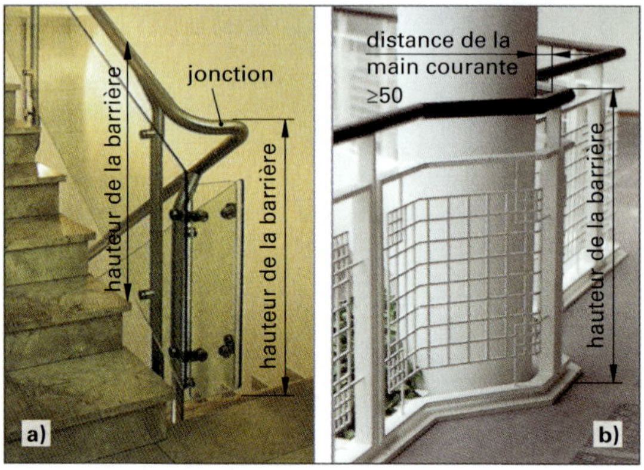

1 Mesures des barrières

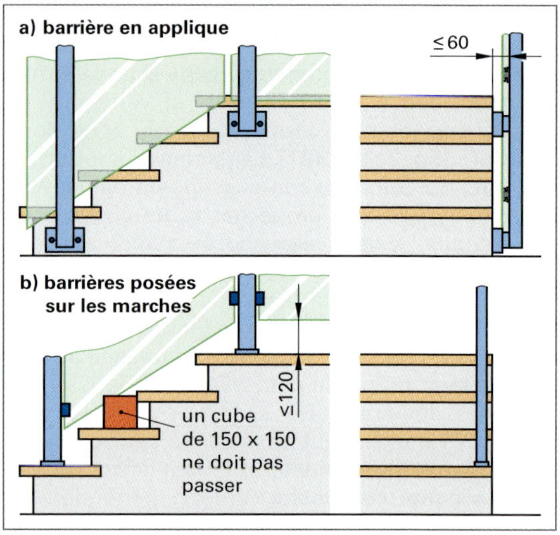

2 Disposition des barrières

3 Garde-corps sur parapet

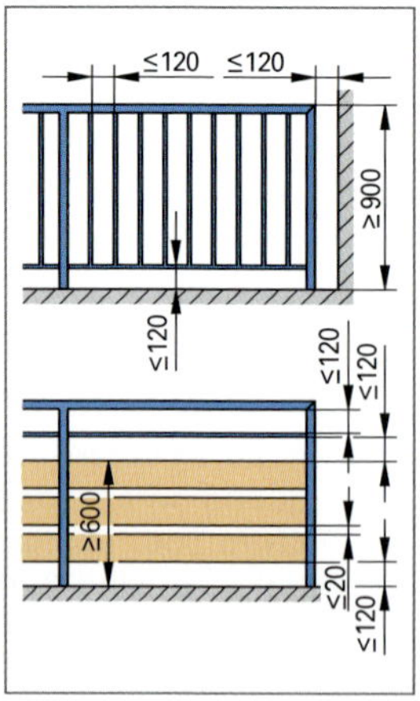

4 Protection contre le franchissement

Poteaux et mains courantes

Des tubes circulaires ou carrés sont le plus fréquemment utilisés pour les **poteaux** ou les mains courantes, mais il existe aussi des poteaux en profils - T, - L, en acier plat ou carré. Les escaliers d'intérieur en acier, droits ou tournant peuvent aussi être pourvus de mains courantes en bois **(fig. 1 et fig. 2 de la page 403)**. Elles reposent sur un acier plat debout sur le champ. Les **barrières métalliques** peuvent être en profilés pleins ou en tubes. En cas d'utilisation à l'extérieur, elles doivent toutefois être fermées de tous les côtés et n'être percées nulle part, sans quoi elles rouilleraient rapidement depuis l'intérieur. Le mieux est d'utiliser des barrières zinguées à chaud ou en acier inoxydable. La **fig. 2** montre quelques **extrémités de poteaux**. Les extrémités inférieures de poteaux peuvent être droites, cintrées, pliées ou coudées.

Systèmes d'escaliers

S'il s'agit d'escaliers fabriqués industriellement. Les barrières peuvent être en systèmes profilés en aluminium mais aussi en acier. Elles ont déjà un revêtement de surface fini et n'ont plus besoin que d'être assemblées par vissage et fixées à l'édifice. La **fig. 3** montre les liaisons de filières, du verre et des poteaux d'une telle barrière.

Barrières forgées

Elles sont conçues artistiquement dans la forge à partir de profilés pleins. La plupart du temps, la liaison entre les éléments forgés est réalisée par brasage dur ou rivetage. Les barrières forgées à prix modique sont soudées à partir d'éléments décoratifs préfabriqués industriellement.

23.3 Barrières industrielles

Pour les accès fixes aux installations de machines, la norme DIN EN ISO 14122-3 réglemente les exigences de sécurité technique et la résistance des escaliers, échelles – escaliers et barrières. Les garde-corps doivent être mis en place là où la hauteur de chute possible dépasse **500 mm** ou s'il y a un risque d'enlisement ou d'écroulement. L'Ordonnance de prévention des accidents exige pour tous les lieux de travail une hauteur de barrière de ≥ 1100 mm pour les parties horizontales. Cette valeur s'applique partout pour les installations mécaniques et le garde-corps doit avoir au moins une filière avec au maximum 500 mm de vide entre les filières horizontales. Si des barreaux verticaux sont utilisés, le passage libre horizontal ne doit pas dépasser 120 mm. Une plinthe d'au moins 100 mm de large devant être distante d'au maximum 100 mm du bord de la plate-forme et du plan de circulation est systématiquement prescrite en cas de risque de chute d'outillage ou de petit matériel. Les **barrières d'escalier** ont une hauteur de main courante de 1'000 mm, mais toutefois d'au moins 1'100 mm sur un palier de sortie **(fig. 4)**. Aucune plinthe n'est prescrite pour les escaliers. Il convient de prévoir un espace libre de 100 mm tout autour de la main courante pour empêcher que les mains ne heurtent des obstacles. La main courante doit être fixée par-dessous. Les exigences de sécurité imposées à la barrière peuvent être constatées par des mesures, des contrôles visuels, des calculs ou des essais de contraintes.

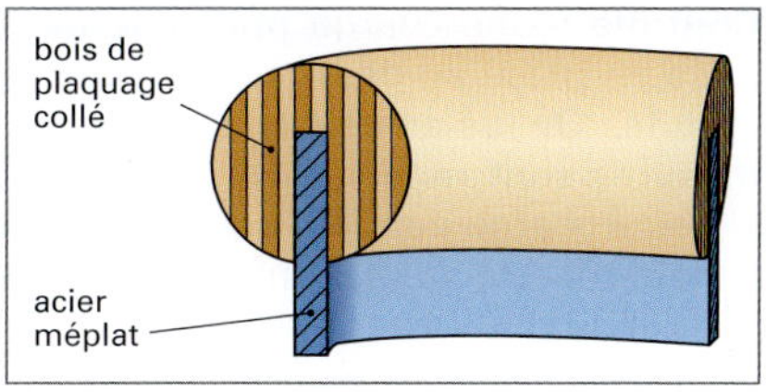

1 Main courante cintrée

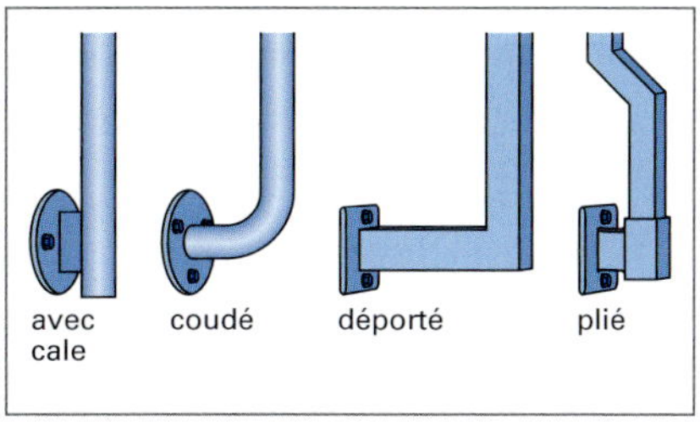

2 Extrémités des poteaux

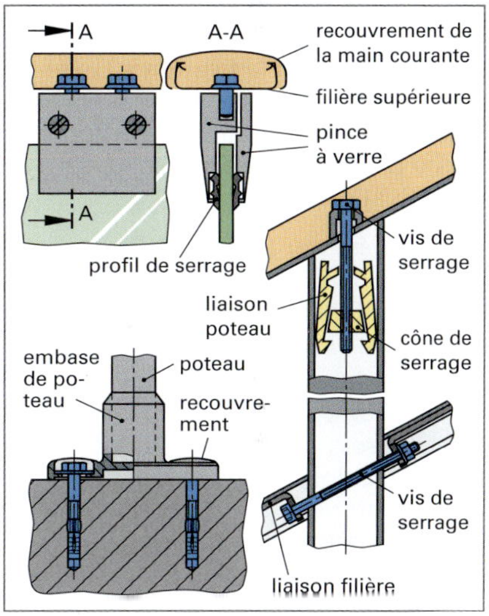

3 Barrière - système en aluminium

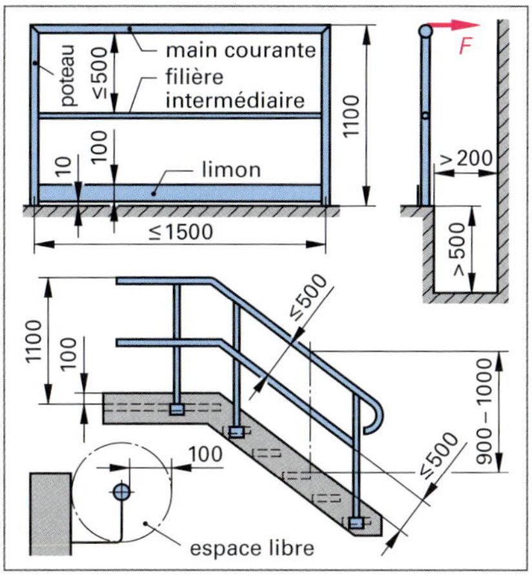

4 Barrière industrielle

Contrôle : Une charge préalable de 0,25 x F est mise en place au-dessus du poteau pendant une minute. On déleste ensuite puis les jauges de mesures sont remies à zéro. On mesure ensuite à pleine charge pendant une minute, la flexion devant alors être au maximum **30 mm**. Après délestage, il ne doit rester **aucune déformation visible**. Le même essai est réalisé entre les poteaux, sur la main courante. Des charges d'essai plus importantes pour la même flexion peuvent être appliquées selon l'utilisation de la barrière.

En plus des métaux, ces normes s'appliquent aussi aux matériaux nouvellement développés.

Toutes les pièces accessibles aux les utilisateurs ne doivent avoir d'angles vifs ni de cordons de soudure non ébavurés, afin d'éviter les blessures et les obstacles.

23.4 Fixation des barrières

Des éléments de fixation inoxydables doivent être utilisés pour la **fixation** à l'extérieur. Des mortiers chimiques doivent être utilisées car l'eau qui pénètre peut faire éclater le béton en cas de gel. Il existe plusieurs possibilités quant à la disposition de la fixation **(fig.1)** :

- Fixations **par le dessus (fig. 1a)** : La plaque de base doit être chevillée directement à la dalle de béton. L'étanchéité du revêtement en carrelage devient souvent perméable.
  - Le bétonnage des poteaux n'est judicieux qu'avec un matériau plein. Avec les profils creux, comportant des perçages de galvanisation, de la condensation se forme à l'intérieur avant de pénétrer dans la dalle de béton et de la détruire.
- Fixation **en applique** par tampons dans la dalle de béton **(fig. 1b)**. Les distances au bord caractéristiques (voir exemple) d'env. 12 cm ne peuvent être réduites que si la dalle dispose d'une armature de bord (bordure de sécurité). Autres possibilités :
  - Fixation frontale par serrage sur des rails d'ancrage existants de la dalle de béton,
  - Enfoncer frontalement les goujons d'au moins 100 mm et fixer avec du mortier chimique.
- Fixation **par dessous (fig. 1c)** la dalle du balcon. Il n'y a ici aucun problème avec les écarts par rapport au bord.
- **Fixation autoportante (fig. 1d)** : La main courante et la filière inférieure sont fixées entre deux murs ou appuis si seule une barrière droite relativement courte doit être mise en place.

L'exemple ci-contre montre le calcul de flexion d'un poteau et la force de traction dans les tampons.

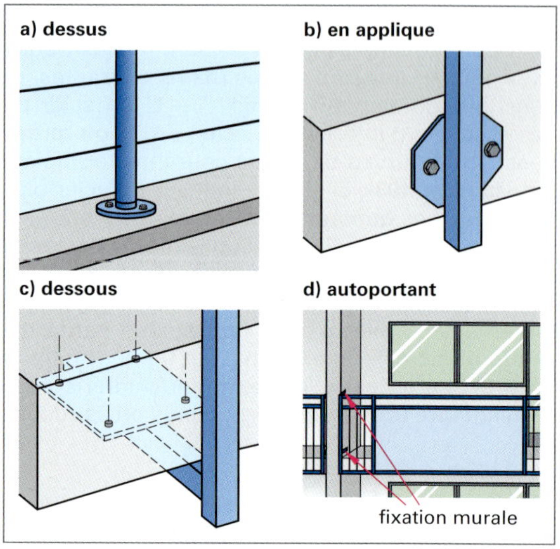

1 Fixations des poteaux

Exemple : Un poteau de garde-corps avec un intervalle $a = 1{,}5$ m entre les poteaux et une hauteur de 1 m supporte une grille. Le balcon a un retour de sécurité. Une fixation médiane avec une plaque frontale de 200 mm de haut est prévue pour une contrainte horizontale de $q = 800$ N/m linéaire :

Solution d'après Eurocode 3 :

$F_d = q \cdot a \cdot \gamma_F =$

$F_d = 800\ \text{N/m} \cdot 1{,}5\ \text{m} \cdot 1{,}5 =$

$F_d = 1800\ \text{N}$

Equilibre des couples :

$\Sigma \overset{\frown}{M} = \Sigma \overset{\frown}{M}$

$F_d \cdot H_{stat} = F_{1,d} \cdot 0{,}1\ \text{m}$

$F_{1,d} = \dfrac{F_{1,d} \cdot H_{stat}}{0{,}1\ \text{m}}$

$F_{1,d} = \dfrac{1800\ \text{N} \cdot 1{,}2\ \text{m}}{0{,}1\ \text{m}}$

$F_{1,d} = 21600\ \text{N}$

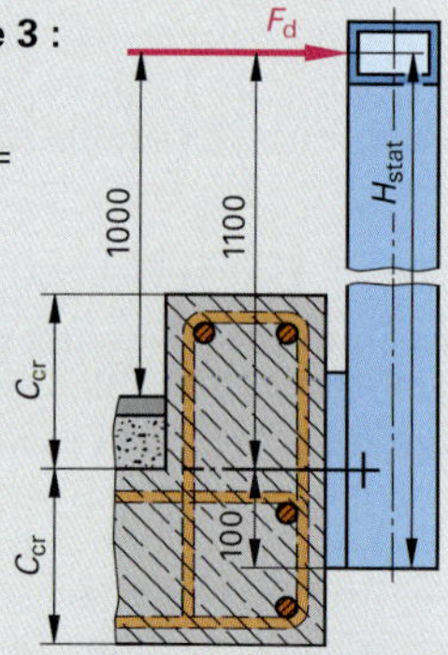

plan de situation

Equilibre des forces: $\Sigma \overleftarrow{F} = \Sigma \overrightarrow{F}$

$F_{1,d} = F_d + F_{2,d}$

$F_{2,d} = F_{1,d} - F_d = 21600\ \text{N} - 1800\ \text{N} = 19800\ \text{N}$

$M_d = F_{2,d} \cdot 0{,}1\ \text{m} = 19800\ \text{N} \cdot 0{,}1\ \text{m} = \mathbf{1980\ Nm}$

$\sigma_{R,d} = \dfrac{f_y}{\gamma_M} = \dfrac{235\ \text{Nmm}^2}{1{,}1}$

$\sigma_{R,d} = 214\ \text{N/mm}^2$

$W_{d,erf} = \dfrac{M_d}{\sigma_{R,d}} = \dfrac{1980\ \text{Nm}}{214\ \text{N/mm}^2}$

$W_{d,erf} = 9{,}25\ \text{cm}^2$

Choisi : Tube rectangulaire DIN EN 10219-2, 50 × 30 × 4 avec $W_y = 6{,}1\ \text{cm}^2$

Force de traction par tampon :

$F_{Dü} = \dfrac{F_{1,d}}{2} = \dfrac{21600\ \text{N}}{2} = 10800\ \text{N}$

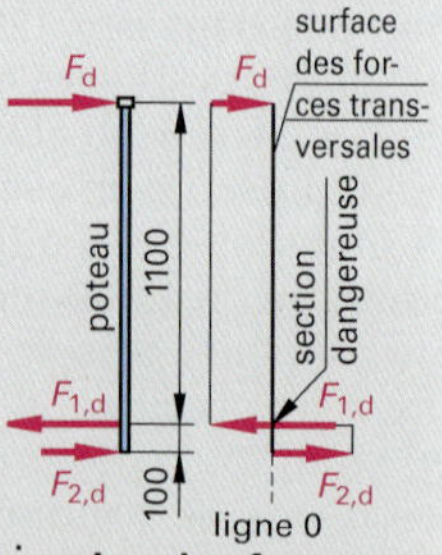

plan des forces

23.5 Cintrage de la liaison d'un garde-corps d'escalier

Pour les paliers, les mains courantes sont la plupart du temps **interrompues** et la cage d'escalier est sécurisée avec un élément de liaison **(fig. 1a)**. Ceci simplifie le montage. La configuration de la **figure 1b** est la mieux adaptée. Dans les **fig. 1c et 1d**, il y a une différence de hauteur qui peut être compensé par une **jonction recourbée**. Il en résulte une main courante **continue** qui offre un meilleur maintien même pour les escaliers décalés.

> La **liaison recourbée** relie les mains courantes. Il faut cintrer en une fois aussi bien horizontalement que verticalement.

La méthode la plus simple consiste à cintrer la main courante sur l'escalier existant afin que le profil cintré repose uniformément sur le bord avant des marches lors de sa mise en forme.

La liaison recourbée peut aussi être cintrée en atelier d'après un gabarit **(fig. 2)**. Le déroulement de la main courante est tracé sur le gabarit. Les girons sont reportés sur le côté concerné de l'escalier et sur les hauteurs de marches. La ligne de liaison continue des bords avant des marches d'escalier donne la ligne de l'escalier. On cintre ensuite le gabarit autour d'un noyau dont le diamètre extérieur correspond au diamètre intérieur de la filière recourbée de la barrière. Les profils préalablement chauffés uniformément sont ensuite cintrés à l'aide du gabarit pour former la filière recourbée. S'il faut fabriquer plusieurs limons recourbés, il est recommandé de souder un support adéquat sur le gabarit.

Contrôlez vos connaissances

1. Citez les trois directions des forces qui agissent sur la main courante d'une barrière et indiquez laquelle est prépondérante pour dimensionner les poteaux et sa fixation !
2. Quelle force agit perpendiculairement à la main courante à l'endroit d'un poteau intermédiaire de garde-corps dans un bâtiment d'habitation avec une distance entre les poteaux de 1,3 m ?
3. Expliquez la différence entre une fixation de poteau placé dessus et en applique. Quelles dimensions doivent être respectées ?
4. Quel type de goujon est prescrit pour un montage de barrière à l'extérieur ?
5. Quelles prescriptions particulières faut-il respecter pour la construction d'une barrière en présence d'enfants ?
6. Pour quelle disposition de fixation des poteaux n'y a-t-il aucun problème d'écart avec le bord ?

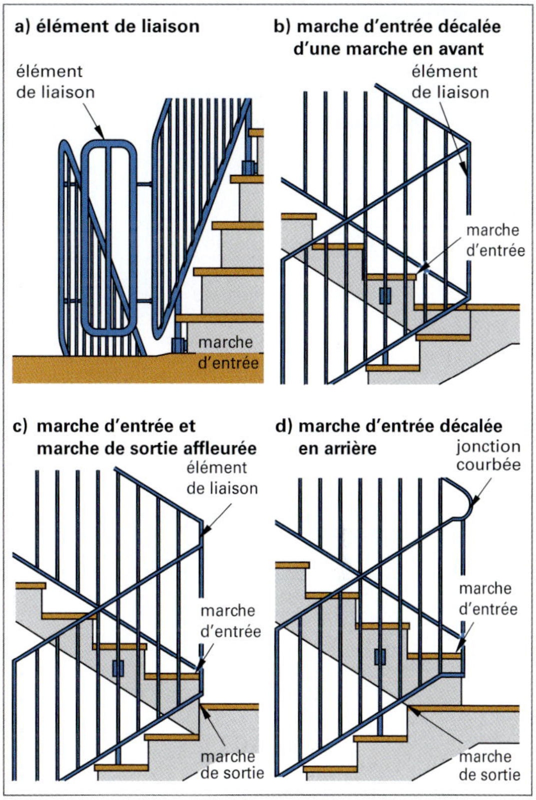

1 **Liaison de la main courante au palier**

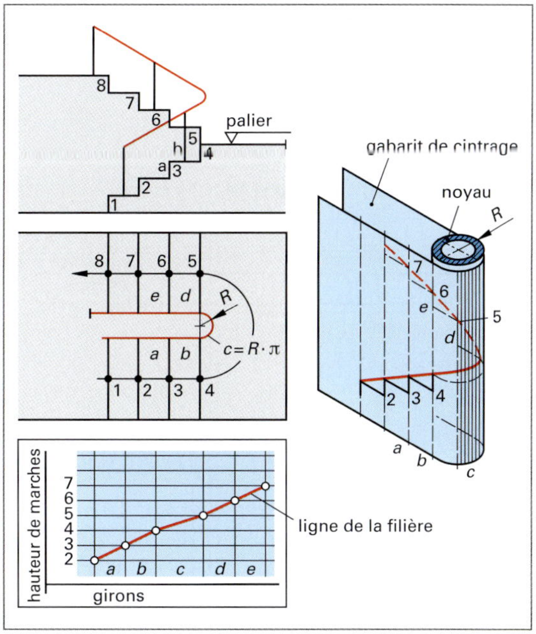

2 **Fabrication d'un gabarit de cintrage pour filière recourbée**

Construction d'un escalier pour une villa

Ech. :50

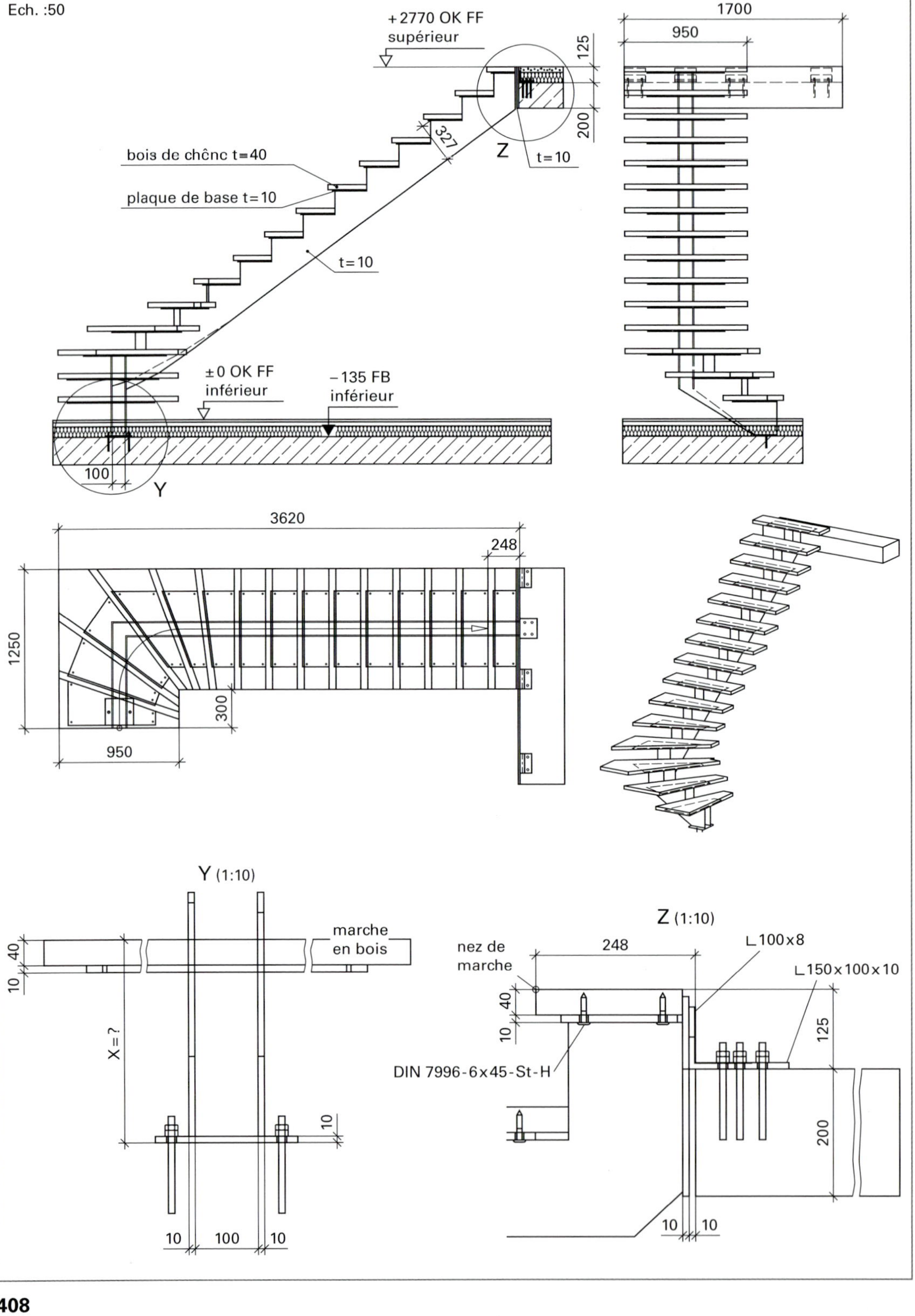

Commande de travail : Démontage et montage de sous-ensembles en atelier

Construction d'un escalier

Un escalier doit être planifié pour une nouvelle villa. Le maître d'oeuvre prend contact avec plusieurs entreprises artisanales de construction d'escaliers. Il explique qu'il souhaite avoir des marches d'escalier en chêne et une barrière en acier inoxydable. Les artisans prennent les mesures sur le chantier. L'un des techniciens réalise le dessin illustré en page précédente.

1. Quelles sont les trois mesures principales que l'artisan a prises sur le chantier, quelles sont les deux dimensions qu'il doit éventuellement demander en fonction de la progression du chantier ?
2. La place pour l'escalier n'est la plupart du temps pas très grande dans les maisons individuelles, ce qui donne souvent des escaliers raides. Quelle doit être l'inclinaison « *s* » maximale de l'escalier s'il mène à une pièce de séjour ?
3. Déterminez combien doit au minimum faire la largeur du giron sur la ligne de foulée.
4. Quel escalier le constructeur propose-t-il ?
5. Qu'est-ce qui distingue cet escalier de l'escalier en page 180-186 ?
6. Quelle est la longueur de la ligne de foulée de cet escalier si l'on suppose qu'elle se déroule au milieu des marches et que l'arrondi a son centre directement sur le coin intérieur, tel que dessiné ? La ligne de foulée est toujours mesurée sur le tracé de base !
7. Combien de marches *n* obtient-on si l'on divise tout d'abord la hauteur de l'étage par une hauteur de marche supposée de 170 mm ?
8. Le nombre n de marches est arrondi vers le bas. Quelle hauteur de marche obtient-on alors ?
9. Combien de marches a un escalier avec n marches, si l'on exclut la marche palière ?
10. De quelle profondeur est alors le giron en fonction de la tâche 3 ?
11. Pourquoi le constructeur d'escalier a-t-il choisi une marche en moins ?
12. Quelles mesures « *s* » et « *a* » le constructeur d'escalier obtient-il pour l'escalier illustré ?
13. Le giron calculé est inférieur à 260 mm. Quelle prescription existe-t-il pour de tels escaliers ?
14. Cet escalier n'a pas de contremarches. Quel recouvrement minimal est prescrit pour lui ?
15. Le constructeur d'escalier a prévu un recouvrement u = 50 mm. La prescription de la question 14 est-elle ainsi respectée ?
16. Pourquoi l'escalier n'est-il pas fixé sur le sol fini ?
17. Les escaliers en acier ont tendance à osciller. Pourquoi les appuis reçoivent-ils un support en caoutchouc ?
18. Pourquoi une distance de 10 mm a-t-elle été laissée entre la tôle de raccordement supérieure et la dalle du palier supérieur ?
19. Pourquoi l'escalier n'a-t-il pas été fixé frontalement au plafond mais sur la dalle supérieure avec des équerres de raccordement et des goujons d'ancrage ?
20. Dessinez la tôle de raccordement supérieure avec les équerres qui ont 160 m de long. Pour les perçages ø 12, respectez les écarts optimaux avec le bord e_2. Les goujons d'ancrage ont un filetage de M10.
21. Quel est l'angle d'inclinaison de l'escalier ?
22. La ligne de foulée d'un escalier tournant peut être décalée d'environ 10 % de la largeur de l'escalier vers l'extérieur. Quel avantage cela aurait-il pour cet escalier ?
23. On n'obtient la vue de dessus de l'escalier qu'après développement des marches. Développez les marches à l'aide de la méthode à l'angle pour un rayon intérieur r = 100 mm et un décalage de 10 % de la trajectoire vers le limon extérieur !
24. La figure ci-contre montre une vue en perspective par-dessous sur le limon central. Décrivez comment on détermine les dimensions de découpe en crémaillère des limons intérieurs et extérieurs. Quelle est la hauteur de chaque découpe dans le détail Y ?
25. Pour la partie 1/4 tournant, le constructeur d'escalier a fabriqué un longeron cintré. Décrivez le processus de cintrage des limons dans la partie cintrée.

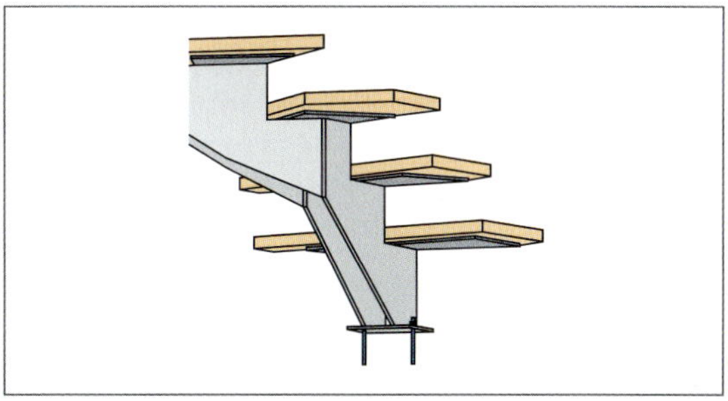

Construction d'un garde-corps

Dans des maisons d'habitation, il faut compter avec la présence de jeunes enfants. Les barrières doivent donc être conçues de sorte à ce qu'aucun enfant ne puisse se blesser en chutant. Renseignez-vous sur Internet sur les dimensions des garde-corps et la protection contre les accidents.

1. Quelles sont les causes d'accidents les plus fréquentes dans les escaliers et quelles mesures de précaution existe-t-il ?
2. Quelles dimensions doivent être respectées dans une maison d'habitation ? Réalisez une esquisse en fonction de la **fig. 1** et reportez les mesures correctes.
3. A quelle distance maximale doit se situer la filière inférieure par rapport au nez de marche ?
4. Pour quels escaliers des mains courantes sont-elles prescrites des deux côtés ?
5. Dans les maisons d'habitation, pourquoi les barreaux verticaux doivent-ils être préférés aux horizontaux ?
6. Calculez le vide entre barreaux si les poteaux ont un diamètre de 42,4 mm, les barreaux un diamètre de 12 mm et si la distance entre les poteaux est de 750 mm !
7. De quelle dimension sont les entre axes des barreaux et de combien est l'écart entre le bord extérieur du poteau et le milieu du premier barreau ?
8. Dessinez un extrait du garde-corps de cet escalier avec des barreaux verticaux pour un escalier comme en **fig. 1** avec une hauteur de marche = 185 et un giron = 250 mm, la filière inférieure est 50 mm du nez de la marche, la hauteur est de 900 mm. La filière doit être en FLA 40 × 12.
9. Le maître d'oeuvre souhaite une fixation solide de la barrière en dehors des marches en bois. Les poteaux sont en tube d'acier Ø 42,4 x 5 et leur axe se situe à 25 mm en dehors des marches en bois de chêne. Construisez un raccord correspondant à l'aide du dessin en **fig. 2**. Reportez les cordons de soudure avec leurs symboles !
10. A quelles forces, exercées sur la main courante, la barrière doit-elle résister dans les maisons d'habitation privées ?
11. Avec quelles forces faut-il compter dans le secteur public ?
12. Quel rôle la distance entre les poteaux joue-t-elle dans le calcul des forces ?
13. Quels profils de poteaux sont proposés dans les manuels techniques ? Le poteau existant suffit-il ?
14. Calculez pour un intervalle entre les poteaux de 750 mm et la hauteur du garde-corps jusque sur la main-courante.
    a) La force caractéristique F_k sur les poteaux.
    b) La valeur de mesure de la force F_d avec coefficient de sécurité $\gamma_F = 1{,}5$!
    c) Le couple de flexion M_d pour un bras de levier de 1'150 mm jusqu'au point de serrage !
    d) Cherchez dans votre manuel technique l'épaisseur et la longueur du cordon de soudure.
15. Dessinez le raccord de poteau et inscrivez les cotes nécessaire à la fabrication.
16. Quel outil le constructeur métallique utilise-t-il pour fabriquer la main courante ?

1 Exemple de garde-corps

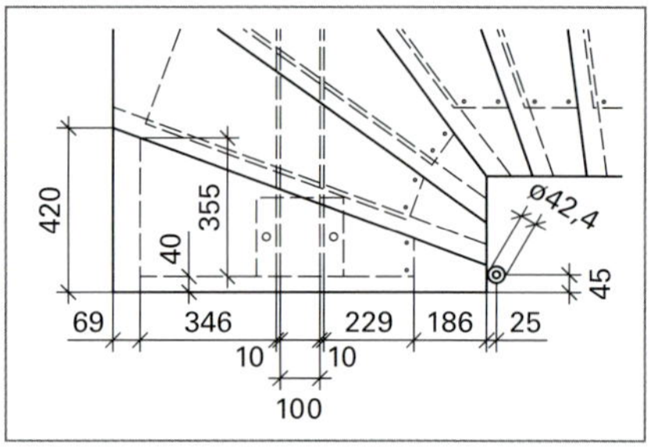

2 Vue de dessus de l'escalier avec situation des poteaux

3 Perspective de l'escalier avec son garde-corps

* Attention : La législation suisse n'autorise pas ce type de construction (barreaux horizontaux). Les barreaux doivent être verticaux.

Domaine d'apprentissage : Entretien de systèmes dans la construction métallique

24 Gestion de la qualité

Aujourd'hui, des tableaux d'affichage, des consignes et des aperçus sur le thème de la « Qualité » sont affichés à la vue de tous dans de nombreuses halles de production d'entreprises industrielles. Les collaborateurs doivent ainsi avoir une conscience plus aiguë de la qualité et il est signalé aux clients que l'entreprise s'efforce d'en obtenir la meilleure possible. L'effort systématique pour parvenir à celle-ci n'est toutefois pas un objectif qui se restreint exclusivement aux grandes entreprises. Le respect des critères de qualité est aujourd'hui d'une importance existentielle pour chaque entreprise artisanale, également dans le secteur de la construction métallique. Il règne de nos jours une concurrence d'éviction intensive et un combat massif dans de nombreux secteurs, tant et si bien que la satisfaction des clients est aussi devenue un gage de survie des entreprises artisanales. L'un des facteurs essentiels de la satisfaction des clients réside dans la qualité des éléments et dans une installation en bonne et due forme.

La notion de qualité

Le terme « qualité » apparaît aujourd'hui à de nombreux égards. Les propriétés, la valeur et la qualité d'un produit comme p. ex. les classes de qualité et de tolérance des vis, les désignations de qualité des aciers et la distinction familière entre la qualité 1A et 1B sont entre autres l'expression d'un usage différent de la même notion. Dans la norme, le terme qualité est décrit de la façon suivante :

> La totalité des caractéristiques d'un produit qui lui confèrent l'aptitude à satisfaire des besoins exprimés et implicites.

Cette formule générale est plus compréhensible par la phrase suivante :

> La qualité est ce qui satisfait le client.

La « satisfaction du client » occupe effectivement une place prépondérante dans toutes les réflexions sur la qualité, en plus d'autres aspects. Il s'agit de l'objectif proprement dit de tout travail de chaque entreprise artisanale et industrielle. Les entreprises qui souhaitent se démarquer sur le marché doivent être aptes à la qualité et agir en vertu du principe suivant :

C'est le client qui doit revenir, non le produit.

Les clients qui reviennent sont synonymes de plus de commandes, les produits qui reviennent sont quant à eux généralement accompagnés de réclamations, de retouches, de baisses de prix, de litiges et autres tracas.

La qualité n'apparaît toutefois pas d'elle-même, elle doit être planifiée, produite et sans cesse contrôlée dans un processus comportant de multiples facettes. La qualité de la prestation et la culture d'entreprise ainsi que le management de la société sont d'une importance capitale pour la qualité d'entreprise globale, en plus de la qualité du produit **(fig. 2)**.

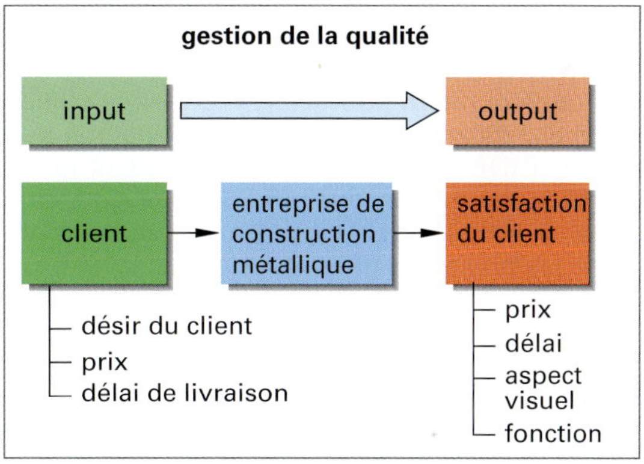

1 Gestion de la qualité dans la construction métallique

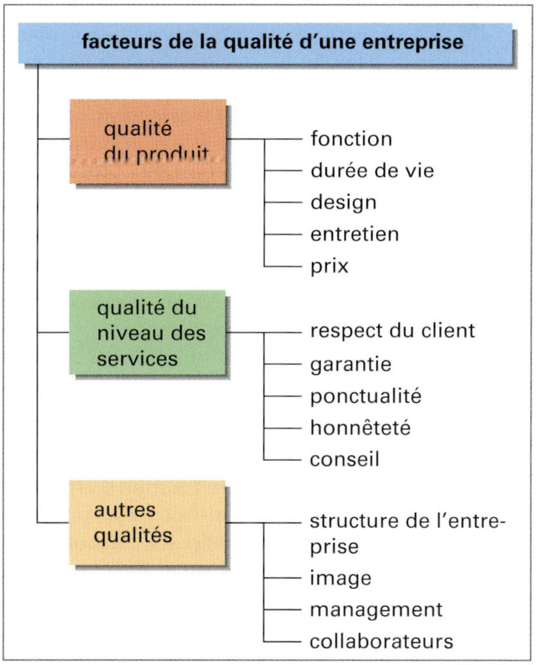

2 Qualité d'une entreprise

24.1 Missions de la gestion (management) de la qualité

Traduit librement, le terme « Management » signifie « mener quelque chose à bien » ; le management de la qualité peut ainsi être judicieusement défini par « mener la qualité à bien, accomplir la qualité ». Cela ne sert en effet à rien ou à très peu de choses si des mesures individuelles visant à accroître la qualité sont prises dans une entreprise. Ce n'est que la somme de mesures, en adéquation les unes avec les autres, qui permettent une augmentation continue de la qualité.

Les mesures nécessaires sont à cet effet prises au - delà de toutes les limites de services et de secteurs, dans tous les domaines concernant la qualité **(fig. 1)**.

Planification de la qualité → Pilotage de la qualité → Contrôle de la qualité → Amélioration de la qualité

La tâche du management de la qualité consiste à coordonner ces mesures. La somme de toutes ces mesures est appelée **système de gestion ou management de la qualité**. Un tel système de MQ ne peut fonctionner que si tous les participants, indépendamment de leur mission et de leur position dans l'entreprise, de l'apprenti en première année jusqu'au propriétaire de l'entreprise, tirent à la même corde.

24.1.1 Planification de la qualité

La première pierre du management de la qualité est la planification de la qualité. Elle englobe toutes les activités de planification précédant le début de la production, au cours desquelles la qualité d'un produit est définie. En font notamment partie les processus qui s'occupent :

- des souhaits des clients et des propriétés du produit qui en résultent,
- de la faisabilité technique de ces exigences et de leur contrôle
- des ressources matérielles, personnelles et financières d'une entreprise.

Des études menées dans différentes entreprises ont montré que la plupart des erreurs surviennent dès la phase de planification, mais ne sont toutefois corrigées qu'en phase de fabrication ou dans le pire des cas chez le client. Il est important de savoir que les coûts d'élimination de l'erreur augmentent normalement du facteur 10 de phase en phase dans le cycle de la création du produit **(fig. 2)**.

Ceci est plus clair avec un exemple provenant de la pratique en construction métallique :

En phase de planification, deux mesures (hauteur et largeur) sont interverties dans le croquis d'une porte de halle à deux vantaux, en raison d'une erreur de transmission. Si cette erreur est détectée en phase de planification, elle peut être éliminée avec une très faible dépense (nouvelle mesure). Même en phase de fabrication (p. ex. découpe des tubes profilés), le dommage occasionné par les profils mal découpés est certes cher mais encore supportable. Si cette erreur n'est toutefois remarquée qu'à l'installation de la porte, c'est-à-dire chez le client, cela occasionne une énorme dépense

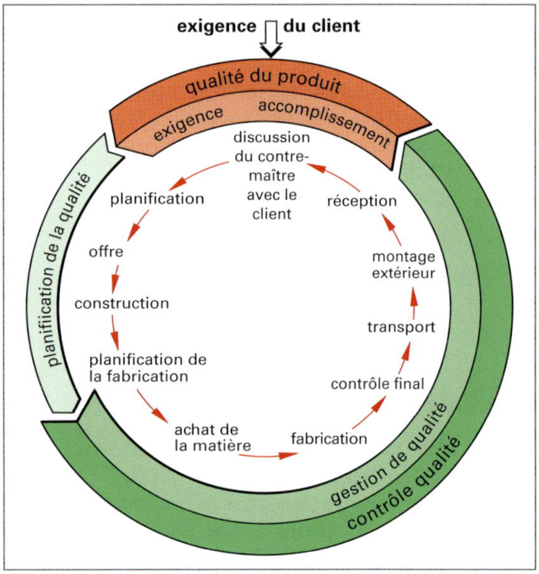

1 Cercle de qualité pour un produit

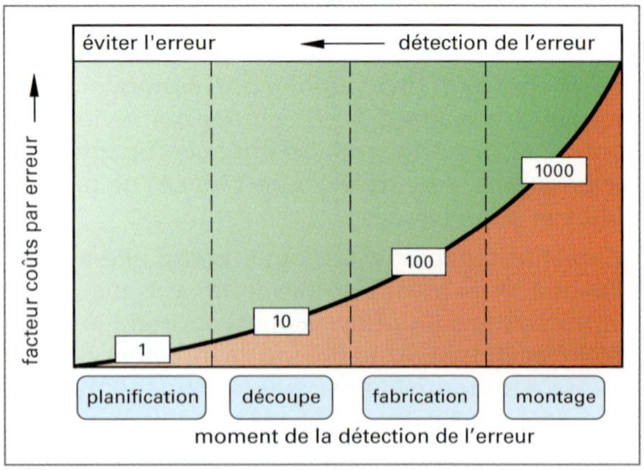

2 Règle de la dizaine pour les coûts d'une erreur

(transport à double, démontage, nouvelle découpe voire refabrication complète) et ainsi une explosion des coûts. Le déficit d'image pour l'entreprise ne saurait être mesurable par des chiffres.

24.1.2 Pilotage de la qualité

Le chemin d'un produit (p. ex. porte de halle) du souhait du client (valeur de consigne) jusqu'à l'état final apte à la réception, en passant par le processus de fabrication, peut être représenté dans une boucle de règles **(fig. 1)**. Pendant la fabrication, le produit est soumis à différentes influences perturbatrices pouvant agir de façon négative sur le processus et ainsi sur la qualité. On appelle ces grandeurs perturbatrices les « 7M ».

Homme – Machine – Matériel – Milieu (environnement) – Méthode – Mesurabilité – Management

L'objectif du pilotage de la qualité doit être de réduire le plus possible l'influence de ces grandeurs perturbatrices. Pour une entreprise de construction métallique, il peut p. ex. s'agir de la mise à disposition de l'outil adéquat, des machines, des moyens de mesure et des locaux de travail, mais aussi de la qualification des collaborateurs, p. ex. apprentissage de la soudure, etc.

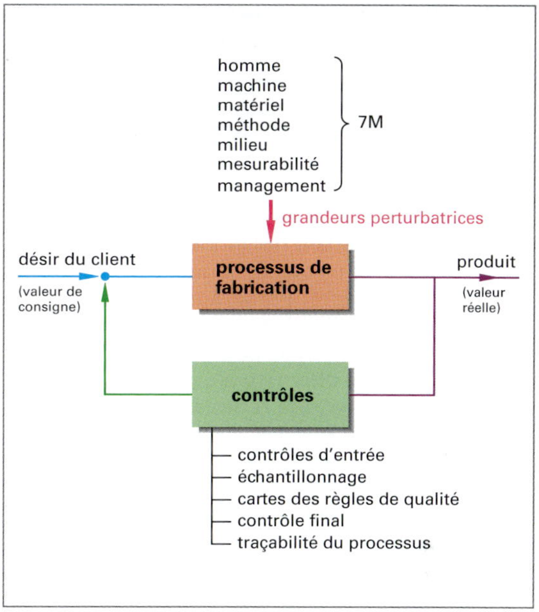

1 Boucle de règles de la qualité

24.1.3 Contrôle de la qualité

Dans une entreprise, toutes les mesures permettant de constater si un produit satisfait aux exigences fixées tombent dans le domaine du contrôle qualité. Dans la fabrication industrielle en série, celles-ci sont définies et documentées pour chaque pièce et chaque sous-ensemble dans des plans de contrôle précis. Cette procédure n'est pas adaptée dans la pratique de la construction métallique, principalement caractérisée par la fabrication à la pièce ou en petites séries. Une planification de contrôle devrait toutefois avoir lieu ici en phase de planification. On y détermine avant tout ce qui doit être contrôlé, comment, avec quoi, quand et par qui. Les contrôles sont menés aussi bien en cours de processus de fabrication qu'une fois celui-ci achevé.

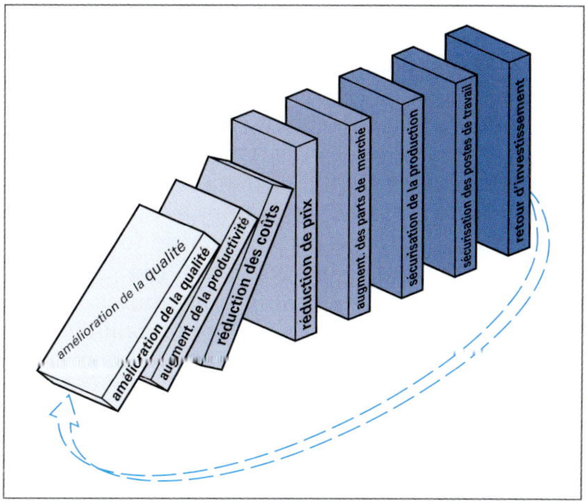

2 Réaction en chaîne par l'amélioration de la qualité

24.1.4 Amélioration de la qualité

L'objectif d'un management de la qualité conséquent doit être l'amélioration continue de la qualité. Ceci s'applique à tous les secteurs de l'entreprise. L'amélioration de la qualité peut être obtenue par des mesures qui concernent les collaborateurs ou des mesures qui concernent le produit ou le service. Tandis que les mesures concernant le produit peuvent la plupart du temps être obtenues par des propositions d'amélioration constructives ou l'amélioration des procédés de fabrication et de contrôle, différents aspects jouent un rôle auprès des collaborateurs impliqués. Il convient de citer en premier lieu la motivation, la capacité de communiquer et de travailler en équipe de toutes les personnes impliquées, ainsi que le climat de l'entreprise. Des collaborateurs extrêmement motivés qui s'identifient à l'entreprise sont plutôt prêts à un travail qualitativement élevé que ceux qui considèrent exclusivement leur travail comme un « job » pour gagner de l'argent.

L'amélioration de la qualité ainsi obtenue peut déclencher une réaction en chaîne très fructueuse dans de nombreuses entreprises **(fig. 2)**.

24.2 Management de la qualité selon DIN EN ISO 9000:2005

Des modèles d'organisation et de management utiles dans la mise en place de systèmes de management de la qualité sont nés de la série des normes DIN EN ISO 9000. La série de normes est apparue en 1987 et est applicable aussi bien en tant que norme allemande (DIN), européenne (EN) ou internationale (ISO). Elle ne dit toutefois pas à l'entreprise ce qu'est la qualité mais fournit uniquement le cadre. Par la suite, cette série de normes a été modifiée et améliorée en permanence et est disponible depuis décembre 2005 dans sa version la plus actuelle qu'est DIN EN ISO 9000:2005. Cette norme remplace toutes les normes précédentes.

La série de normes de la famille DIN EN ISO 9000 est constituée de quatre parties structurées de façon établie **(fig. 1)** :

- ISO 9000 décrit les principes des systèmes de management de la qualité et définit la terminologie (= termes) pour ceux-ci.
- ISO 9001 définit les exigences imposées à un système de management de la qualité dans l'éventualité où une organisation doit expliquer ses capacités à fabriquer des produits qui correspondent aux exigences des clients. Ceci est avant tout nécessaire si l'entreprise aspire à une certification. Grâce à la **certification**, l'entreprise montre à toutes les personnes impliquées ainsi qu'aux clients et fournisseurs qu'elle dispose d'un système de management de la qualité fonctionnel et vérifié (audité) par des organismes indépendants **(fig. 2)**. C'est aujourd'hui indispensable pour toutes les entreprises de sous-traitance qui travaillent avec de grandes sociétés, p. ex. dans l'industrie automobile.
- ISO 9004 met à disposition un guide à l'aide duquel l'efficience et l'efficacité du système de management de la qualité peuvent être étudiées.

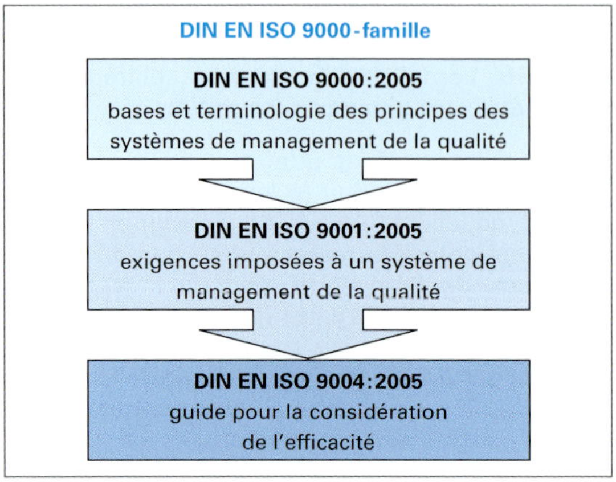

1 Parties de la série DIN EN ISO 9000

TÜV CERT

ZERTIFIKAT

Die TÜV-Zertifizierungsgemeinschaft e.V.
– TÜV CERT –
bescheinigt hiermit, dass das Unternehmen

Mustermann GmbH
68000 Mannheim

für den Geltungsbereich

Werk:
Produktlinien

ein Qualitätssicherungssystem eingeführt hat und anwendet.

Durch ein Audit am 24.05.2007, Bericht Nr. QS-M-98/234 wurde der Nachweis erbracht, dass die Forderungen der

DIN ISO 9001

erfüllt sind.

Dieses Zertifikat ist gültig bis
30. Juni 2010
Zertifikat-Register-Nr.
70 100 234

Bonn, den 12. Juni 2007 — TÜV SÜDWEST — Mannheim, den 12. Juni 2007

TÜV CERT Präsidium — Zertifizierstelle

2 Exemple de certificat

Avec ISO 9001, des instructions sont disponibles pour l'audit de systèmes de management de la qualité et de management environnemental.

24.2.1 Les huit principes du système de management de la qualité

Huit principes du management de la qualité ont été développés sur la base des expériences d'entreprises couronnées de succès, de l'artisanat et de l'industrie. Ils doivent aider à améliorer la qualité dans l'entreprise et ainsi augmenter la compétitivité

Orientation client

Toutes les entreprises dépendent en définitive de leurs clients. Identifier les attentes présentes et, tant qu'à faire, futures des clients et les satisfaire ou le cas échéant les devancer doit être le premier principe d'une entreprise économique. Tous les objectifs d'une entreprise doivent être subordonnés à ce principe.

Direction (d'entreprise)

Les dirigeants (contremaître, chef de service, chef d'entreprise, entrepreneur, propriétaire de l'entreprise) veillent à l'adéquation des tâches et objectifs de l'entreprise. Ils doivent avant tout créer un environnement dans lequel les collaborateurs développent leurs capacités et peuvent les mettre en oeuvre afin d'atteindre les objectifs. Le rôle exemplaire, la prise en compte des intérêts de groupes de personnes impliquées et le développement de conceptions claires du futur de l'entreprise sont des moyens importants à cet effet.

Implication des collaborateurs

Chaque entreprise est aussi bonne que ses collaborateurs le sont. Pour que ces derniers puissent libérer et apporter leurs capacités de la façon la plus optimale possible, il est nécessaire de les impliquer dans l'organisation des processus décisionnels. Il est pour cela nécessaire que les collaborateurs soient encouragés à tous les niveaux à s'engager et se comporter de sorte à résoudre les problèmes.

Approche orientée sur la pratique

Dans la pratique de l'entreprise, on appelle processus une suite d'étapes de travail amenant à un produit fini en guise de résultat du processus. Les résultats sont obtenus de façon plus efficace si les étapes du processus nécessaires sont définies, les entrées et sorties sont déterminées, dirigées et pilotées. Pour cela, les sources d'erreurs possibles doivent être identifiées et une responsabilité doit être définie. Les potentiels d'améliorations doivent être exploités afin d'accroître la stabilité du processus.

Approche du management orienté système

Chaque entreprise est composée de plusieurs services qui s'influencent mutuellement. C'est la raison pour laquelle il est important d'identifier les différents processus dans le déroulement du travail et de comprendre, diriger et piloter leurs interactions.

Amélioration continue

Qualité et compétence ne sont pas des grandeurs statistiques mais des processus dynamiques. Ceci s'applique à l'ensemble de l'entreprise mais aussi à ses collaborateurs. « Celui qui arrête d'être meilleur a cessé d'être bon » – cette phrase amène à la conclusion que seule l'aspiration permanente à l'amélioration dans tous les domaines mène à une évolution positive de l'entreprise.

Approche pertinente dans les prises de décision

Des décisions efficaces reposent sur l'analyse pertinente de données, faits et informations. Ce n'est qu'en les soulevant sans cesse que des décisions pertinentes peuvent être prises en rapport avec la compétence entrepreneuriale nécessaire, que leur réalisation peut être pilotée et leur succès vérifié.

Relations avec les fournisseurs pour un bénéfice mutuel

Toutes les entreprises sont dépendantes de bonnes relations commerciales avec leurs fournisseurs. Ce n'est qu'ainsi qu'un déroulement impeccable dans la production de biens et la réalisation de prestations est garanti. Une communication transparente, une estime mutuelle et une entente sur des objectifs communs sont indispensables à cet effet.

Ces huit principes fondamentaux du management de la qualité constituent la base des normes de la famille ISO 9000.

24.3 Modèle d'un système de management

La **fig. 1** montre un modèle de système de management qui fonctionne bien. Nichés entre les exigences et la satisfaction des clients, les processus internes à l'entreprise traversent des structures et déroulements définis.

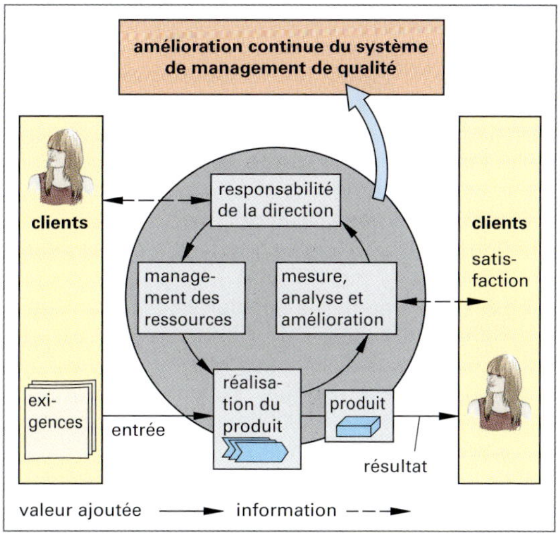

1 Modèle d'un système de management de la qualité orienté processus selon ISO 9001:2005

24.3.1 Responsabilité de la direction

La direction de l'entreprise, resp. son représentant en tant que responsable de toutes les tâches, se trouve en première ligne de ce modèle. Elle est responsable de

- l'orientation client en appréhendant les attentes des clients et leurs demandes
- la mise en oeuvre interne des attentes et des demandes
- l'obtention de la confiance du client
- la définition des objectifs et politique de l'entreprise, et des objectifs de qualité **(tableau 1)**
- la définition de la responsabilité et des compétences
- Démontrer les procédures du système.

Tableau 1 : Objectifs de qualité

Exemples d'objectifs de qualité
Objectifs à long terme : • Extension de la surface de production, • Achat et intégration d'une machine à mesurer, • Introduction des activités CIP, • Travail en groupe.
Objectifs à moyen terme : • Optimisation de l'outillage, • Introduction de porte-pièces universels, • Réalisation d'audits internes annuels dans tous les secteurs, • Diminution des coûts de retouches.
Objectifs à court terme : • Amélioration de la gestion des réclamations, • Introduction de nouvelles techniques de conditionnement, emballage • Extension du diagnostic de panne en ligne, • Utilisation du code-barres en tant que support d'informations.

24.3.2 Management des moyens

L'organisation doit mettre à disposition les moyens et ressources nécessaires à la création et à l'amélioration du système de management de la qualité. On entend par là tant les mesures personnelles que les mesures visant à l'amélioration de l'infrastructure, telles que les moyens de communication, l'environnement de travail, les procédures de documentation, etc.

24.3.3 Réalisation de produits et prestations

La réalisation de la production concerne tous les processus entre le client en tant qu'acheteur et le client en tant que destinataire de la marchandise. Les priorités de ces sections peuvent être :

- saisir les exigences du client et la vérification de la faisabilité
- régler la communication avec le client
- la mise en oeuvre et la réalisation des souhaits du client, etc.

24.3.4 Mesure, analyse et amélioration

On entend par là les exigences d'ordre général concernant les processus de mesure, d'analyse et d'amélioration. La satisfaction du client sert aussi à mesurer la performance du système de management de la qualité.

24.4 La qualité n'est pas que l'affaire du chef

La qualité doit occuper une place prépondérante dans une entreprise. Par le passé, les entreprises de construction métallique de l'artisanat et de l'industrie fournissaient déjà une bonne qualité. La nouveauté est la procédure systématique à tous les niveaux d'une entreprise. Il ne peut y avoir de qualité que si toutes les collaboratrices et collaborateurs sont conscients de l'importance de leur travail et s'ils l'exécutent de façon précise et scrupuleuse, même s'il est petit.

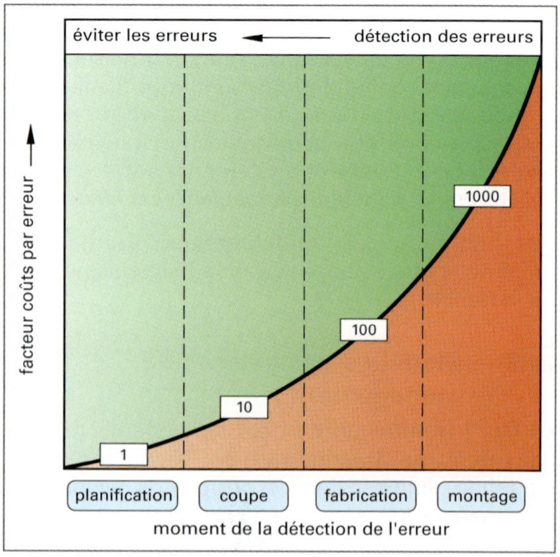

Contrôlez vos connaissances

1 Comment la « Qualité » est-elle définie selon DIN ?

2 De quelles parties la famille DIN EN ISO 9000-2005 est-elle composée ?

3 À quoi sert un système de MQ ?

4 Interprétez l'affirmation « C'est le client qui doit revenir, non le produit » en rapport avec votre entreprise de formation.

5 La figure ci-contre montre l'évolution des coûts en cas de production ou prestation erronée. Expliquez cette figure à l'aide de la fabrication d'un portail.

25 Entretien, maintenance

Des connaissances en technologie, mécanique, construction, technique de construction, technique des matériaux, électrotechnique, météorologie et gestion des entreprises sont nécessaires pour préparer et réaliser des mesures d'entretien. Ces connaissances doivent être appliquées de manière interdisciplinaire et liées les unes aux autres. De solides connaissances liées à une expérience professionnelle constituent le fondement de l'entretien **(fig. 1)**.

centrale nucléaire Biblis

„ciseau à l'origine du feu

un ciseau qu'un ouvrier a oublié, lors d'une inspection, a déclenché un incendie à la centrale nucléaire Biblis A."

Francfort (Reuters)

De: Passauer Neue Presse, 8. März 1994

1 Responsabilité dans l'entretien

25.1 Termes de base

Chaque structure métallique et chaque installation mécanique sont exposées pendant leur utilisation aux influences environnementales les plus variées telles que l'humidité et les variations de température **(fig. 2)**, mais aussi à des sollicitations mécaniques et des traces d'usure liées au fonctionnement. Des impacts sur l'aspect, des perturbations de fonctionnement et des pannes complètes d'une installation peuvent être les conséquences de telles sollicitations. Des **mesures d'entretien** sous forme d'**inspection**, de **maintenance** et de **remise en état** sont menées pour préserver la valeur et éviter les perturbations, mais aussi pour garantir la sécurité d'exploitation et la sécurité au travail.

2 Sollicitation climatique

On entend par **entretien** la combinaison de toutes les mesures techniques et organisationnelles pendant le cycle de vie d'une unité afin de conserver son état de fonctionnement ou, de revenir à celui-ci pour que la fonction requise puisse être satisfaite (cf. DIN EN 13306).

Différentes **stratégies** sont utilisées pour l'entretien.

Dans le cadre de **l'entretien préventif**, l'entretien est réalisé en fonction d'un calendrier défini, à des intervalles correspondants, ou après un nombre défini d'utilisations.

Autres types d'entretiens et stratégies mis à part ceux énumérés dans le texte sont:

- maintenance planifiée
- maintenance prédéterminée
- maintenance orientée selon l'état
- maintenance télécommandée
- maintenance orientée selon l'état
- maintenance immédiate
- maintenance pendant l'exploitation
- maintenance sur place
- maintenance effectuée par l'exploitant

3 « Structure des stratégies d'entretien » selon DIN EN 13306

Dans **l'entretien prévoyant**, un entretien dépendant de l'état est réalisé et mené après vérification préalable à une détérioration de ce système.

L'entretien correctif (correctif – latin : remédier à des défauts) est réalisé quand une erreur survient.

On fait la distinction entre l'entretien différé et l'entretien immédiat en fonction de la panne survenue. La conséquence attendue de la panne est décisive à cet effet. Le cas échéant, des conséquences inacceptables doivent être évitées par un entretien immédiat.

Formes d'entretien :

Entretien, maintenance
- **maintenance/ entretien**
- **inspection/ vérification**
- **remise en état**
- **amélioration/ modernisation**

La **maintenance** englobe toutes les mesures visant à conserver l'état NOMINAL. L'objectif de la maintenance et de l'entretien est de retarder l'usure, de sorte à prévenir les pannes.

La maintenance permet simultanément d'augmenter la fiabilité des sous-ensembles et d'éviter les pannes de l'installation **(fig. 1)**. La maintenance a lieu à des intervalles de temps déterminés, après un nombre d'heures de fonctionnement défini ou un certain nombre de cycles de travail établis. La méthode et la discipline technique de la réalisation sont importantes pour la réussite de la maintenance, en vue de prévenir les dommages.

L'alimentation en lubrifiants est le centre du travail de maintenance. Comme les lubrifiants se consomment avec le temps ou perdent leur efficacité en raison du vieillissement ou de l'encrassement, ils doivent être complétés ou remplacés à certains intervalles de temps. Les fabricants de machines établissent pour cela des plans de lubrification et de maintenance qui définissent les intervalles de temps pour le contrôle de la lubrification, l'ajout en lubrifiant et son remplacement **(fig. 2)**. Des conditions d'exploitation ou climatiques particulières peuvent entraîner une correction du plan de lubrification initial.

Le **nettoyage** est un autre axe essentiel de la maintenance. Les encrassements dus à la fabrication tels que les copeaux de métal, la calamine, les couches d'huile et de graisse mais aussi les couches de peinture qui se détachent et les produits corrosifs sont retirés de la surface de la pièce. Les encrassements dus à l'environnement, comme la poussière, entraînent une usure accrue et favorisent la corrosion. La saleté peut masquer de futurs dommages, p. ex. des fissures. Elle se dépose en outre sur les guidages et les broches et gênent le déplacement. La saleté pénètre dans les paliers, y augmente le frottement et peut ainsi occasionner d'autres dommages. Elle obstrue aussi les filtres et les rend inutilisables. Les encrassements peuvent être retirés mécaniquement ou à l'aide de produits chimiques.

Un nettoyage mécanique est réalisé en essuyant, balayant, aspirant ou soufflant avec l'air comprimé. Lors du soufflage avec l'air comprimé, il faut veiller à ce qui suit : Les prescriptions de sécurité

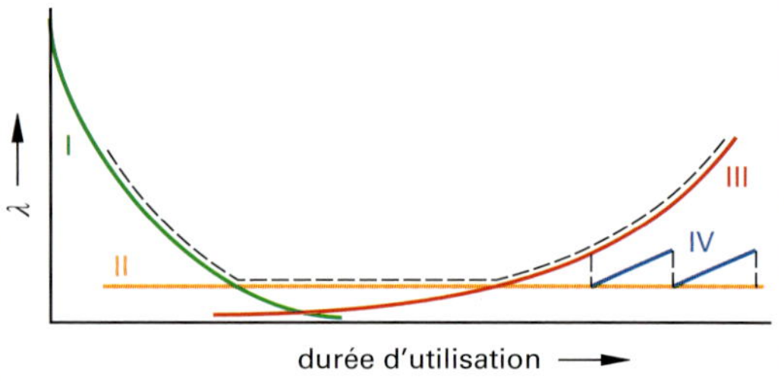

λ taux de pannes pendant la durée de fonctionnement

courbes à l'intérieur du diagramme :

--- ligne – **"courbe en baignoire"** avec les phases: pannes précoces (I), pannes aléatoires (II) und pannes dues à l'usure (III)

I taux de pannes dans le temps
II taux de pannes est constant dans le temps
III taux de pannes est croissant dans le temps
IV démontre l'influence de la maintenance

1 Courbes des défaillances typiques

sorte de maintenance	**fréquence de maintenance** journalier	hebdomadaire	toutes les 500 heures de fonctionnement	toutes les 2'000 heures de fonctionnement	annuellemnet	**résultat de l'entretien**	**entretien le/ de**
contrôle du niveau d'huile	X						
fuites	X						
température du compresseur	X						
vidange de l'eau de condensation		X					
filtre à air		X					
changem. d'huile				X	X		
vérification de la soupape de sécurité					X		
remplacement du filtre à air			X		X		
...							

2 Structure d'un plan de maintenance avec l'exemple d'un compresseur

au travail comme le port de lunettes de sécurité, doivent impérativement être respectées. Il ne faut pas utiliser de l'air comprimé humide car il peut déclencher de la corrosion. Il faut en outre diriger le jet d'air comprimé de sorte à ce que les salissures à retirer soient éjectées de la pièce et non confinées dans des ouvertures ou des paliers.

Si la salissure ne peut pas être retirée mécaniquement, il faut réaliser **un nettoyage chimique (fig. 1)**. Il faut pour cela utiliser des nettoyants industriels spéciaux, des solvants comme de l'essence ou du perchloréthylène (Per) mais aussi des solutions alcalines (p. ex. eau). Il faut suivre les consignes du fabricant et notamment respecter la sécurité au travail et la protection contre les incendies lors du maniement de ces produits chimiques. Il existe avant tout un risque d'inflammation des vapeurs d'essence, p. ex. aux postes de soudage, ou par des installations électriques non protégées à proximité du lieu de nettoyage.

Après le nettoyage, une **conservation** peut le cas échéant avoir lieu en réparant ou apposant des couches de protection, p. ex. des peintures, d'un film d'huile ou d'une couche de cire.

Le réglage et l'ajustage des pièces réglables et le resserrage des liaisons vissées ont également une priorité essentielle très importante dans la maintenance **(fig. 2)**. Lors de **l'ajustement**, p. ex. d'un entraînement de porte, les pièces réglables sont alignées de sorte à ce que les différences survenues soient compensées et se trouvent dans les tolérances admises pour le fonctionnement. Il en va de même pour tendre des chaînes et des courroies. La perte d'élasticité, appelée allongement, doit être compensée **(fig. 3)**. Un **resserrage** des liaisons vissées est nécessaire si les secousses et vibrations dues au fonctionnement ne peuvent être absorbées par les vis utilisées. Les phénomènes de tassement, p. ex. pour l'aluminium en tant que matériau « mou » peuvent nécessiter un resserrage.

L'expérience montre que le motif de maintenance peut être très varié. L'idéal est une maintenance régulière convenue dans le cadre d'un contrat de maintenance entre l'exploitant de l'installation et l'entreprise de construction métallique qui a réalisé le chantier. L'inspection annoncée par l'organisation professionnelle, un changement d'exploitant voire de propriétaire peuvent être un motif de maintenance. La maintenance d'un système doit avoir lieu selon les indications du fabricant. Un intervalle plus court peut s'avérer nécessaire si le système est utilisé fréquemment ou est exposé à des influences environnementales extrêmes. Des intervalles de maintenance habituels sont mensuels, trimestriels, semestriels ou annuels.

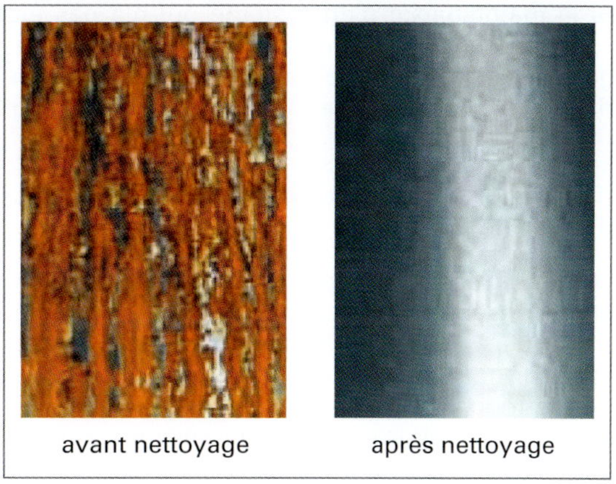

1 Nettoyage chimique de surfaces métalliques

2 Charnière avec réglage pour aligner le portail

3 Transmission par courroies

Si la maintenance d'un système qui n'a pas été construit ou érigé par soi-même est prise en charge, il est nécessaire de réaliser une analyse des risques.

La maintenance des systèmes typiques de construction métallique est considérée ci-après à l'aide d'un exemple.

Les **marquises** à usage privé sont classées comme étant presque sans entretien **(fig. 1)**. L'entraînement et la tige sont réalisés de sorte à pouvoir fonctionner de façon fiable pendant toute leur durée de vie. Indépendamment de cela, il faut contrôler que les articulations ou les coulisses fonctionnent de façon libre. Les sollicitations critiques d'une marquise sont dues aux importantes variations de température qui surviennent et aux charges agressives dues au vent. C'est la raison pour laquelle la fixation sûre de la marquise au bâtiment doit être contrôlée et éventuellement remplacée. Si le bâtiment dispose d'une isolation thermique extérieure sur laquelle la marquise a été montée, il peut y avoir des affaissements importants et la marquise peut se relâcher **(fig. 2)**. Dans ce cas, il faut décider si un resserrage de la fixation suffit ou si des tampons spéciaux, resp. des tiges filetées pour boulonner à travers doivent être utilisés.

1 Marquise

2 Cheville spéciale pour la fixation murale d'une marquise

Les **portails (grandes portes) battants** en tant qu'installation de portail sont en grande partie sans entretien. Les parties mobiles telles que les charnières et les broches doivent être lubrifiées occasionnellement selon les indications du fabricant. Si les parties mobiles sont encrassées, on commence par les nettoyer avant de les lubrifier. Pendant une maintenance, on vérifie l'efficacité des ressorts de traction et des amortisseurs en caoutchouc présents et on les remplace si nécessaire. La position des vantaux doit également être contrôlée et les paumelles, si nécessaire, rajustées. Il faut à cet effet vérifier qu'il n'y a pas de mouvement de basculement lorsque le vantail est pivoté. Les causes peuvent en être que les poteaux sont mal fixés ou que les charnières et les vis sont usés. Il faut dans ce cas remplacer la fixation ou les éléments usés. Pour les grandes portes à commande mécanique (DIN EN 12453), il faut respecter les indications du fabricant de l'entraînement. En règle générale, les moteurs sont en grande partie sans entretien grâce à une lubrification à vie. La souplesse du mouvement de l'installation de portail peut être contrôlée après avoir déverrouillé le moteur (dispositif d'urgence comme en cas de panne de courant). Après déverrouillage réussi, la porte peut être utilisée manuellement. La météo au moment de la maintenance peut avoir une forte influence sur les mesures nécessaires. Pour les portes motorisées, il faut notamment tenir compte de l'effet de la glace et du givre quant à la souplesse du mouvement **(fig. 3)**. Pour garantir la souplesse du mouvement de la serrure de portes commandées manuellement, il faut graisser les parties mobiles extérieures du pêne dans la mesure nécessaire.

Indications pour les portails commandés :

- Plus la force d'entraînement est petite, plus tôt le système est déconnecté.
- Pour des questions de sécurité et pour éviter des blessures, la force d'entraînement doit être la plus petite possible.
- Pendant la période froide, la marche du portail peut s'avérer difficile, elle nécessite une plus grande force d'entraînement.
- Avec les années une installation devient plus « lourde » à manipuler. Supprimer mécaniquement cette lourdeur mais en aucun cas en augmentant la force d'entraînement.
- Des rapports de mesure de force doivent aussi être protocolés lors de la maintenance.
- Des protocoles peuvent aussi être lus par une interface intégrée à l'installation. Le contenu est p. ex. l'indication du nombre de courses et d'éventuels dépassements de force d'entraînement.

3 Indications pour les portails commandés

Les **portails roulants** sont en règle générale construits pour être commandés mécaniquement. Lors de la maintenance, il faut prendre en compte le blindage, le dispositif d'entraînement et le dispositif de sécurité **(fig. 1)**.

Les points de faiblesse typiques de ces portes sont les suivants :

- bords de fermeture usés et ainsi que pression altérée sur l'interrupteur d'arrêt d'urgence
- rails de guidage usés
- lamelles endommagées et ainsi dysfonctionnement des mouvements
- pertes d'huile dans le réducteur

1 Dégâts sur les lamelles en conséquence d'une mauvaise sollicitation mécanique

Liste de contrôle de portails roulants à commande mécanique

1.	tablier	4.	protection de la roue à chaîne
1.1	lamelles resp. grillage	5.	commande
1.2	arrêts latéraux, à l'intérieur, gauche et droite	5.1	fin de course
1.3	fixation du tablier à l'axe d'enroulage	5.2	arrêt d'urgence
1.4	fixation et état des consoles	5.3	protection thermique du moteur
1.5	rails de guidage, cône d'introduction et coussinet en plastique	5.4	bouton-poussoir, commutateur à clé
1.6	axe d'enroulage, roulements	6.	dispositifs pour protéger contre les coupures et pincements
1.7	crochet	6.1	lamelles de contact au boîtier de fermeture
1.8	porte battante, verrouillage avec l'entraînement	7.	sécurité contre le déroulement du tablier
2.	entraînement	7.1	cran de sûreté
2.1	fixation du système d'entraînement et de sa console	7.1.1	fixations
2.2	étanchétié du carter	7.1.2	organes de blocage (loquets), autres pièces mobiles
2.3	niveau de graissage	7.1.3	patins
2.4	efficacité de freinage	7.2	ressort de l'axe
2.5	état du câblage électrique		
3.	chaîne d'entraînement		

2 Liste de contrôle de portails roulants à commande mécanique

Pendant une **inspection**, on détermine en outre les causes qui ont entraîné une divergence par rapport à l'état nominal. La détection précoce de ces changements a pour avantage que les mesures de remise en état nécessaires peuvent être planifiées.

Ce procédé permet d'éviter les dysfonctionnements tels qu'une défaillance. Si de graves défauts sont constatés, cela peut néanmoins entraîner l'arrêt immédiat de l'installation.

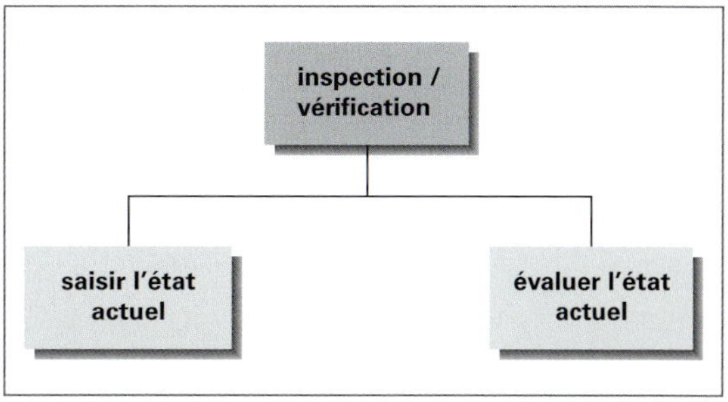

3 Tâches de l'inspection

L'étendue et l'intervalle de temps de l'inspection sont la plupart du temps réglementés de façon contraignante et peuvent avoir lieu de différentes manières. Un tel contrôle peut être mené directement ou indirectement.

Le **contrôle direct** est également appelé contrôle visuel **(fig. 1)**. Cette forme d'inspection est réalisée sans grands appareils de mesure. Elle comporte toutefois la lecture d'instruments de contrôle et la vérification du fonctionnement, p. ex. de dispositifs de lubrification, freins, dispositifs d'enclenchement ou de blocage. La prise en compte de bruits inhabituels ou de vibrations suspectes, p. ex. en cas de paliers défectueux, de formation de chaleur ou d'odeurs de combustion, est comprise dans le contrôle de fonctionnement **(fig. 2)**.

Lors du **contrôle indirect** d'un système, ce n'est pas le système lui-même qui est analysé mais son environnement. On peut p. ex. utiliser à cet effet l'état des lubrifiants ou l'apparition d'une fuite d'huile.

Étendue de l'inspection visuelle :

- dégâts extérieurs
- usures reconnaissables
- apparition de rouille
- assises et état de liaisons vissées et rivetées
- état des cordons de soudure
- étanchéité des conduites et cuves
- état des installation électriques
- état des installations pneumatiques et hydrauliques
- état de la capacité de charge d'engins de levage
- intégrités et fonctions des installations de sécurité et de protection
- état de la maintenance et de l'entretien

1 Étendue de l'inspection visuelle

Les résultats acquis par des observations subjectives et des mesures objectives sur l'état réel d'un système doivent ensuite être analysés et évalués par un professionnel.

Il faut répertorier les changements quant à l'état nominal du système et le cas échéant prendre les mesures nécessaires pour rétablir cet état. Les défauts mineurs sont éliminés immédiatement lors du contrôle. Des mesures importantes d'élimination des pannes sont réalisées dans le cadre de remises en état planifiées.

diagnostique technique

diagnostique subjectif
par percetion sensorielle

perception	constat
voir	- traces d'usure normale - modifications de formes - changement de position - changement de couleur par échauffement excessif - fissures, cassures - fuites
entendre	- bruits inhabituels
ressentir	- échauffement inadmissible
toucher	- vibration dû au mal rond
humer	- échauffement excessif - fuites de gaz - mauvaises odeurs

diagnostique objectif
au moyen d'appareils de mesure pour comparer l'état actuel et souhaité

détermination	outil de mesure
état de fonctionnement	
température	- thermomètre (palpage, infrarouge) - thermographie
nombre de tours	- stroboscope
pression	- manomètre - baromètre - capteur de mesure
usure	
mesure directe	- réglette, pied à coulisse - gabarits - appareils de mesure à ultrasons
mesure indirecte	- oscilloscope
analyse des produits d'usure	- analyse d'huile

2 Aperçu des méthodes de diagnostic pour une vérification technique

Après inspection visuelle et diagnostic, l'évaluation des résultats acquis constitue la conclusion de la vérification. Il faut à cet effet évaluer si des irrégularités sont apparues, quelles influences elles ont et quelles mesures doivent être prises dans le cadre de la remise en état **(fig. 1)**.

La réalisation d'inspections est en règle générale consignée à l'aide de listes de contrôle. La saisie et l'évaluation globale des défauts constatés constituent la base de la remise en état ultérieure de l'installation !

Évaluation de l'état réel :

- **Comparaison de l'état réel**
  tolérances / valeurs critiques
- **Évaluer la différence**
  différence momentanée / pronostic de l'évolution resp. développement
- **Planifier les mesures à prendre**
  effort / urgence

1 Évaluation de l'état réel

La remise en état englobe toutes les mesures visant à rétablir l'état nominal de l'unité observée. L'objectif de ces mesures est d'atteindre l'état fonctionnel.

L'étendue de la remise en état est déterminée par le degré d'usure et par l'état d'endommagement. Pour cela, il est décisif de savoir si l'ensemble de l'installation dispose encore d'une marge d'usure dans son état momentané, c'est-à-dire si la capacité de fonctionnement est encore disponible pendant une durée limitée avant que la limite d'usure ne soit atteinte. Ou si l'état de l'installation a déjà suffisamment changé pour que cela occasionne un dysfonctionnement ou qu'un risque pour les personnes et les machines en découle. Dans le dernier cas, l'installation doit être mise hors service immédiatement ! L'étendue et le moment d'une mesure de remise en état sont essentiellement déterminés par :

- la sollicitation de l'installation (mécanique, thermique, climatique, ...)
- la durée de fonctionnement possible jusqu'à atteindre la limite d'usure
- les prescriptions du fournisseur du système
- les contrôles prescrits par la loi.

Quelques stratégies de remises en état :

- **moment de l'intervention par rapport à la panne**
  préventivement ⟷ restaurer
- **nombre d'éléments saisis en même temps**
  un élement ⟷ plusieurs éléments / restauration compliquée
- **étendue, volume par rapport à l'installation**
  remise en état partielle ⟷ remise en état de base
- **fiabilité du système**
  réparation minimale ⟷ réparation générale
- **degré du niveau technologique**
  artisanal ⟷ industriel

2 Stratégies de remise en état

Ces nombreuses influences sur la réalisation d'une remise en état sont prises en compte par différentes stratégies **(fig. 2)**.

Les objectifs de ces stratégies diffèrent, dans les mesures concrètes toutefois, on ne fait la distinction entre le remplacement et l'amélioration.

L'amélioration est une autre branche de la remise en état qui ne sera pas développée plus en détail.

Les améliorations sont toutes les mesures qui conduisent à l'augmentation de la sécurité de fonctionnement sans modifier le fonctionnement requis. L'objectif de ces mesures est d'éliminer les points faibles d'une unité d'observation qui entraînent fréquemment des pannes.

La réussite de la maintenance et de l'inspection est également déterminée par un procédé structuré lors de la réalisation. Les plans de déroulement pour chaque mesure en constituent la base **(fig. 1 et 2)**.

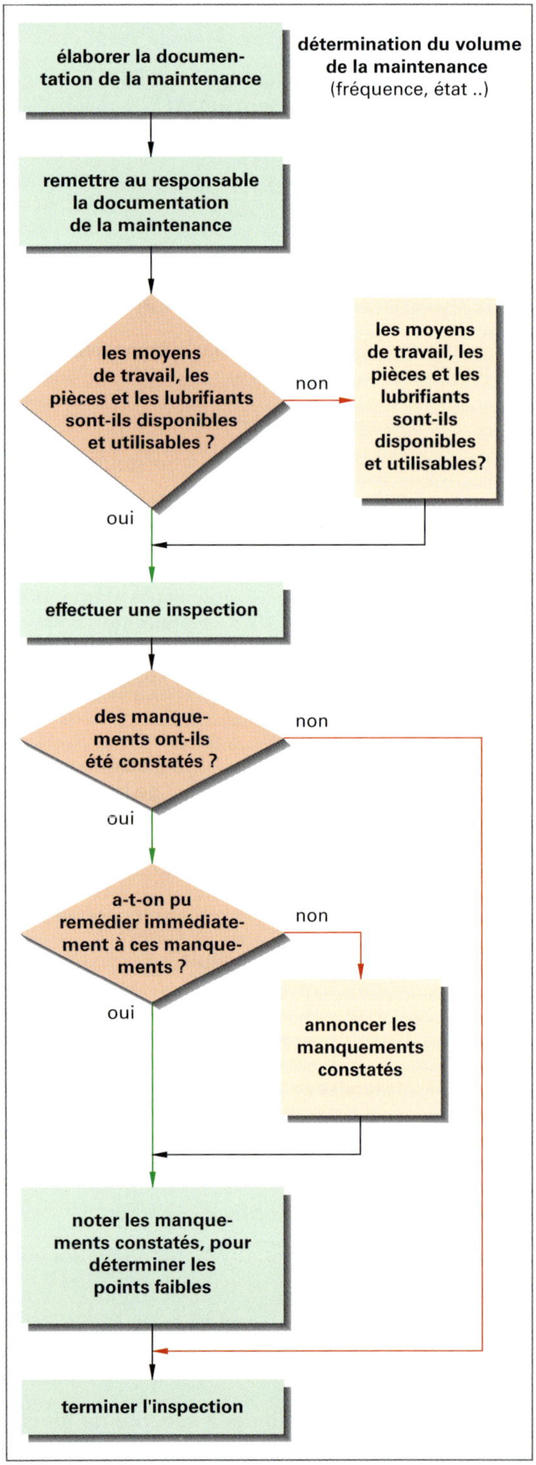

1 Déroulement d'une maintenance

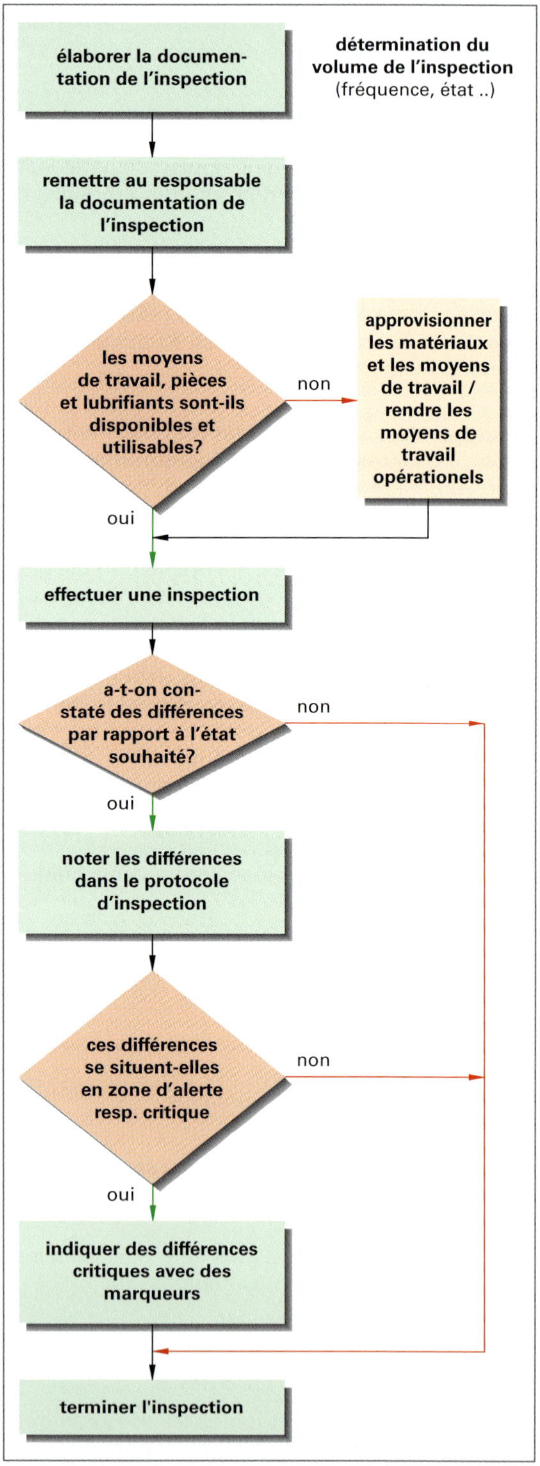

2 Déroulement d'une inspection

25.2 Entretien de systèmes dans la construction métallique

L'objectif de l'entretien est d'obtenir des systèmes qui fonctionnent de façon fiable. Pour cela, tous les éléments du système et ses sous-systèmes, comme p. ex. les sous-ensembles et leurs pièces individuelles, doivent être pris en compte avec précision.

25.2.1 Mesures d'entretiens préventifs

L'entretien préventif commence dès la **phase de planification et de construction** d'une installation. À cet instant, il est décisif de savoir quels matériaux, quelles technologies de liaison et quels éléments de système seront utilisés. On définit également à quelles sollicitations le système devra résister dans son fonctionnement et quelle qualité de produit doit être obtenue. Une construction prévisionnelle prend en outre en compte le fait que des travaux d'entretien devront être réalisés pendant la phase d'utilisation du produit. Une construction orientée sur l'entretien a les avantages suivants :

- elle est adaptée aux sollicitations, ce qui empêche les pannes,
- elle est adaptée à la fonction, p. ex. agencement constructif et accessibilité des sous-ensembles, par conséquent remise en état plus simple,
- elle est adaptée à l'usure, ce qui garantit une durée de vie plus longue des éléments,
- elle est adaptée à l'utilisation ce qui permet d'éviter les dommages dus à des fausses manipulations,
- elle est adaptée à la maintenance, ce qui permet une réalisation plus facile des travaux de maintenance,
- elle est adaptée à l'inspection, ce qui signifie une bonne accessibilité des points d'inspection et un ajustage sans entraves des éléments à position variable et des pièces d'usure,
- elle est adaptée à la remise en état pour que les éléments et sous-ensembles puissent être remplacés facilement et sans danger.

L'avantage d'un système construit de la sorte apparaît clairement pendant la durée d'utilisation, car le nombre et l'étendue des mesures d'entretien nécessaires seront par conséquent faibles. Ceci a naturellement un effet positif sur les coûts **(fig. 2 et 3)**.

Avantages économiques d'une installation orientée sur la maintenance :

- longue durée de vie des éléments, p. ex.
  → faibles coûts des pièces de rechange
- travaux de maintenance plus faible, p. ex.
  → moins de frais de personnel
- remise en état de courte durée donc temps de mise à l'arrêt de l'installation plus court p. ex.
  → faibles coûts en personnel
  → pas de pertes de production
- temps de remise en état planifiables, p. ex.
  → pas de frais dus à des pannes subites
  → pas de dégâts à des installations attenantes
  → des accidents seront évités
  → pas d'exigences de dédommagement

1 Aspects économiques de la construction orientée sur l'entretien

2 Guide de portail avec défaut

3 Guide de portail sans défaut

Malgré ces prescriptions de construction connues, on constate qu'en pratique, elles ne sont pas toujours mises en oeuvre suivant les cas. Des exigences contraires provoquent des compromis. Un démontage d'éléments sans destruction requiert p. ex. des liaisons amovibles. En revanche, il est préférable de réaliser le montage de tôles fines par des liaisons rivetées. D'un point de vue constructif et sous l'aspect de la protection anticorrosion une liaison soudée s'avérerait toutefois plus judicieuse. La taille de l'installation, le nombre et la taille de ses sous-ensembles doivent également être considérés lors du choix de la technique d'assemblage et de la liaison adaptée. Pour finir, la logistique du transport et les possibilités de montage chez le client doivent aussi être prises en compte. Dans de tels cas, il faut peser le pour et le contre sur la base d'arguments technologiques et fonctionnels. Les propriétés d'utilisation du système et de l'ensemble de l'installation dans son état d'exploitation ultérieure sont ici prioritaires **(fig. 1, tab. 1)**.

1 Construction avec liaison vissée et soudée

Tableau 1 : Comparaison de liaisons sous l'aspect de l'entretien et maintenance

Aspect de ...	**Liaison vissée**	**Liaison soudée**	**Liaison rivetée**
Démontage	sans destruction pour la pièce et l'outil	destruction de la liaison et possibles dégâts à la pièce	sans dégâts pour la pièce, mais destruction de l'élément liaison
Modifications à la pièce lors de la liaison	aucune	modification thermique de la structure lors du soudage	aucune
Corrosion	dans les cavités entre vis et pièce	que superficiellement	dans les cavités, entre rivet et pièce
entretien, maintenance	facile sous conditions : • déclarations seulement par l'aspect extérieur • contrôler les serrage des vis si nécessaire resserrer	maintenance facile • surface lisse • bonne visibilité des éléments • les fissures sont identifiables • nettoyage facile • bonne protection contre la corrosion	entretien facile sous conditions : • déclarations seulement par l'aspect extérieur
Inspection	bon marché, car l'accès est facile et permet un démontage facilité	pas facile, car l'accès n'est possible qu'après destruction de la liaison	pas facile, car l'accès n'est possible qu'après destruction de la liaison
Remise en état	très facile : • démontage, montage et • remplacement facilité	très défavorable • destruction de la liaison et risque d'endommagement d'éléments importants liaison pas possible • partout en raison des prescriptions anti-feu	défavorable : • destruction de la liaison • possibilité de montage limité ; • technologie coûteuse pour le montage

Des **mesures d'entretien préventif** ont lieu si le système n'a pas encore perdu sa capacité de fonctionnement. L'entretien n'a toutefois lieu qu'au moment où il apparaît que l'état momentané du système ne garantit la pleine capacité de fonctionnement que pour une durée limitée.

L'entretien préventif a les avantages suivants par rapport à d'autres méthodes, la remise en état suite à des dommages ou la remise en état :

- le matériel nécessaire est disponible (pièces d'usure, lubrifiants,...),
- les outils et les machines nécessaires sont disponibles,
- le personnel nécessaire est planifié,
- la synchronisation avec d'autres processus de travail de l'entreprise a eu lieu,
- la date d'entretien est convenue avec tous les collaborateurs, fournisseurs et éventuellement avec le client,
- les coûts englobent uniquement l'entretien prévu et peuvent être calculés **(fig. 1)**.

Types de coûts de l'entretien :

- coûts de maintenance planifiés (p. ex. prix des pièces de rechange, atelier, services externes, ...)
- coûts d'arrêt planifiés de l'installation (p.ex. manque à gagner, ...)
- coûts d'arrêt non planifiés de l'installation (p.ex. augmentation des coûts due à un sinistre, ...)
- coûts des dommages (p. ex. autres frais de remise en état ...)
- frais en matières plus élevés (p. ex. utilisation plus importante de matériaux et matières auxiliaires ...)
- frais liés à la réduction des performances (p. ex. augmentation des coûts par une diminution des capacités productives de l'installation et consommation plus importante d'énergie...)
- coûts liés à la diminution de la qualité (p. ex. moins de qualité des produits de l'installation ...)

1 Types de coûts de l'entretien

25.2.2 Prescriptions d'entretien

Les prescriptions d'entretien sont répertoriées dans un document écrit et appelé **manuel d'exploitation**. Ce manuel regroupe toutes les descriptions et prescriptions concernant l'exploitation d'une installation **(fig. 2)**.

Il doit contenir les **sous-documents** suivants en fonction du type, du degré de complexité et des conditions d'exploitation de l'installation :

- description technique (DT),
- mode d'emploi (ME),
- notice de soin et de maintenance / justificatif d'entretien (SM) **(fig. 3)**,
- notices pour le montage, la mise en service, le réglage et l'essai de fonctionnement sur le lieu d'implantation (MMRE),
- acte historique (H),
- fiche du produit (FP),
- étiquette (ET),
- nomenclature des pièces détachées, outils et accessoires (NPA),
- Index du manuel d'exploitation (SME).

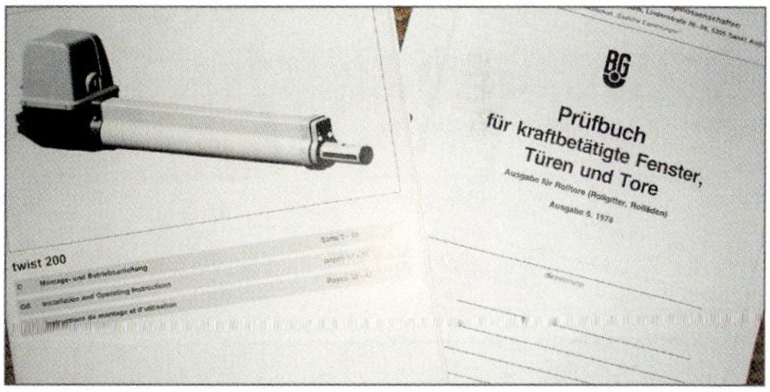

2 Document de l'entretien, maintenance

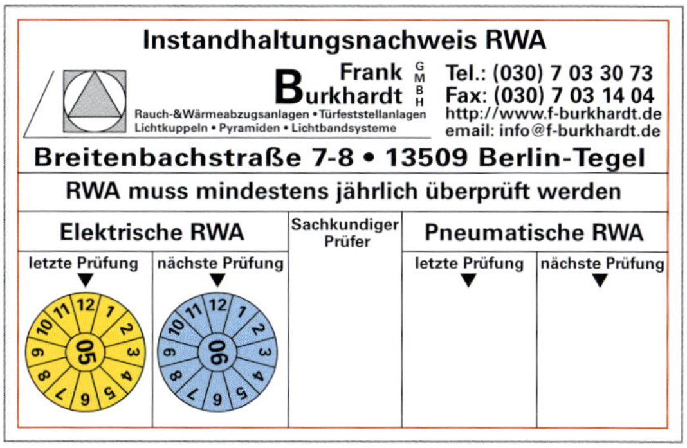

3 Justificatif d'entretien, maintenance

Le respect des prescriptions d'entretien garantit un fonctionnement sans perturbation et la durée de l'utilisation optimale d'une installation. C'est la raison pour laquelle les informations sont nécessaires. Une fausse manipulation pendant le travail de maintenance et d'entretien peut être évitée grâce aux connaissances acquises à partir du manuel d'exploitation.

Les prescriptions d'entretien servent simultanément d'interface entre le droit et la technique. Il peut y avoir des conséquences jusque dans le domaine privé du technicien chargé de l'entretien, précisément pour des exigences extrêmes, p. ex. les prescriptions émanant des lois sur la protection du travail et de l'environnement, **(fig. 2)**.

Domaines sélectionnés qui peuvent être influencés :

- sécurité au travail
- sécurité à l'atelier
- sécurité des installations
- assurance qualité
- protection de l'environnement
- préventions des catastrophes

1 Éléments du concept de sécurité d'une entreprise

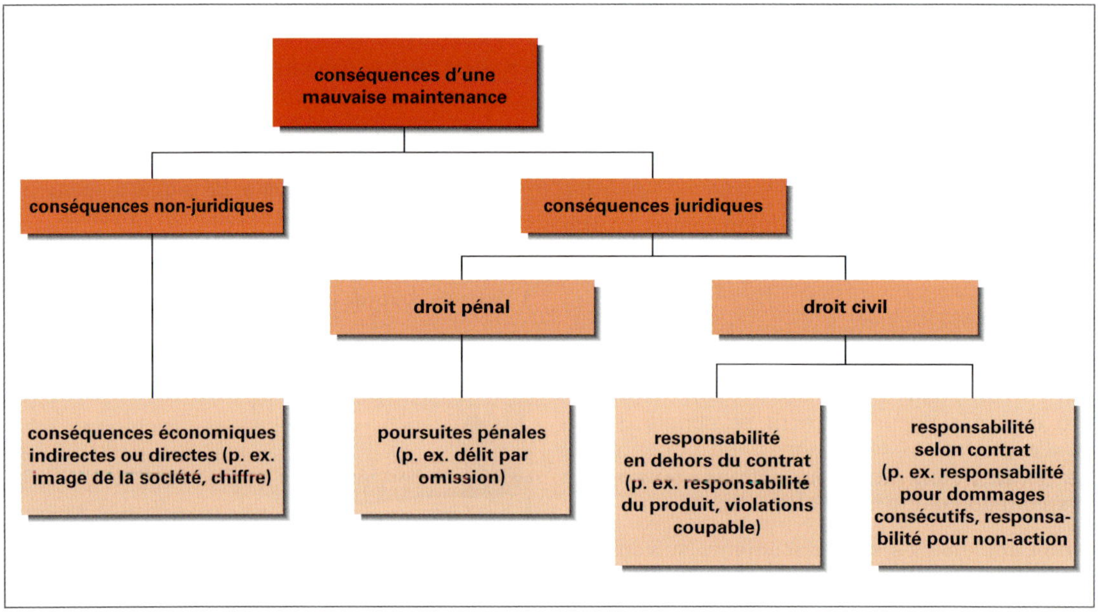

2 Conséquences d'un mauvais entretien

25.2.3 Diagnostic, analyse des erreurs et documentation

Des éléments du diagnostic ont déjà été mentionnés au chap. 25.2.1 dans le cadre de l'inspection et de la vérification **(fig. 3)**. L'objectif du diagnostic technique est de déterminer l'état ou les propriétés d'utilisation d'un système. Pour le diagnostic technique, il est typique d'utiliser des procédés et méthodes qui permettent une procédure sans démontage ou avec le moins de démontage possible.

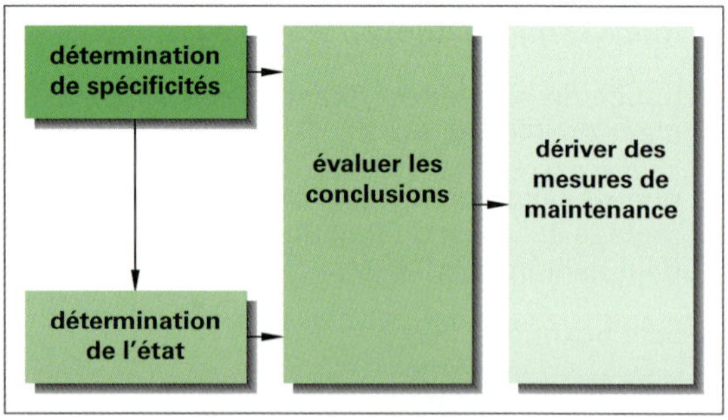

3 Diagnostic pendant la maintenance

Le diagnostic technique comprend l'ensemble de toutes les mesures techniques et technologiques visant à déterminer avec le moins de démontage possible l'état et/ou les propriétés d'utilisation d'un moyen d'exploitation ou d'un système.

Selon le moment, il faut faire la distinction entre les procédés de diagnostic suivants :

- dans le processus de montage (remontage)
- à l'arrêt du système
- pendant le fonctionnement du système.

Pendant le diagnostic d'un système technique, il est nécessaire de connaître précisément ses propriétés, telles que sa capacité de fonctionnement, l'état des éléments du système et leur interaction. Il faut en outre tenir compte de l'état de soin et le cas échéant de l'état d'endommagement, car tous les défauts ne sont pas immédiatement visibles. L'absence de certaines propriétés d'utilisation du système doit également être prise en considération, car cela permet de déterminer des causes d'erreurs et ainsi d'en déduire les conséquences pour les mesures d'entretien nécessaires.

Lors du **diagnostic de fonctionnement**, la capacité de fonctionnement et de travail d'un système est déterminée en mesurant et contrôlant les paramètres essentiels. On évalue ensuite si les valeurs déterminées se situent dans les limites de tolérance admises. Si les valeurs se trouvent en dehors des limites de tolérance, il convient de déterminer les causes de cette différence non admise. Un **diagnostic de recherche** d'erreurs est alors réalisé. Il permet de trouver les éléments ou influences à l'origine des erreurs. Toutes les conclusions nécessaires sur les origines des erreurs, p. ex. en raison d'une sollicitation excessive ou d'une mauvaise maintenance, doivent être tirées à partir du schéma d'erreurs trouvées.

La qualité du diagnostic d'erreur détermine les étapes suivantes de la maintenance et décide ainsi de la réussite de toutes les mesures d'entretien. Un **diagnostic systématique de recherche d'erreurs** est identifié par :

- la documentation précise de l'erreurs (p. ex. moment de survenance, description précise de l'erreur, ...)
- l'analyse des documents existants (p. ex. manuel d'exploitation – Indication de l'historique, prescriptions de maintenance, ...)
- la concertation avec l'exploitant, le fabricant et/ou des collègues expérimentés dans le sens d'un conseil collégial
- le procédé structuré lors de la recherche de l'erreur **(fig. 1 et 2)**
- la mise en place d'une arborescence des erreurs
- un éventuel diagnostic des erreurs assisté par ordinateur (p. ex. utilisation d'un programme de recherche d'erreurs, lecture de mémoire de données, ...)

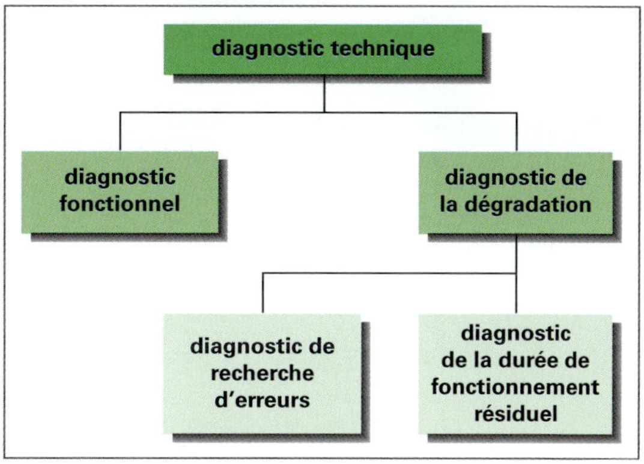

1 Structure des types de diagnostics

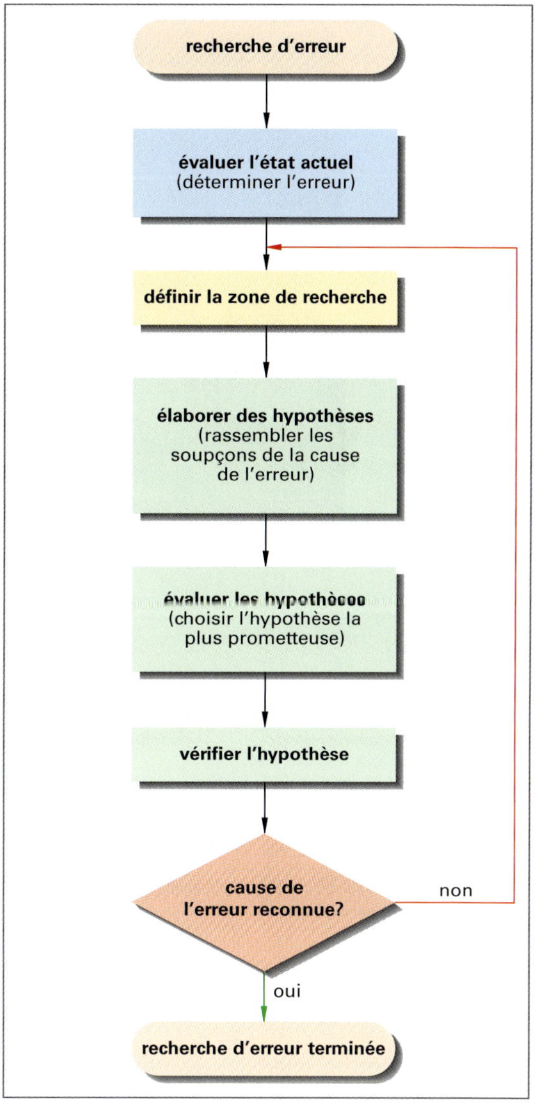

2 Recherche d'erreur structurée

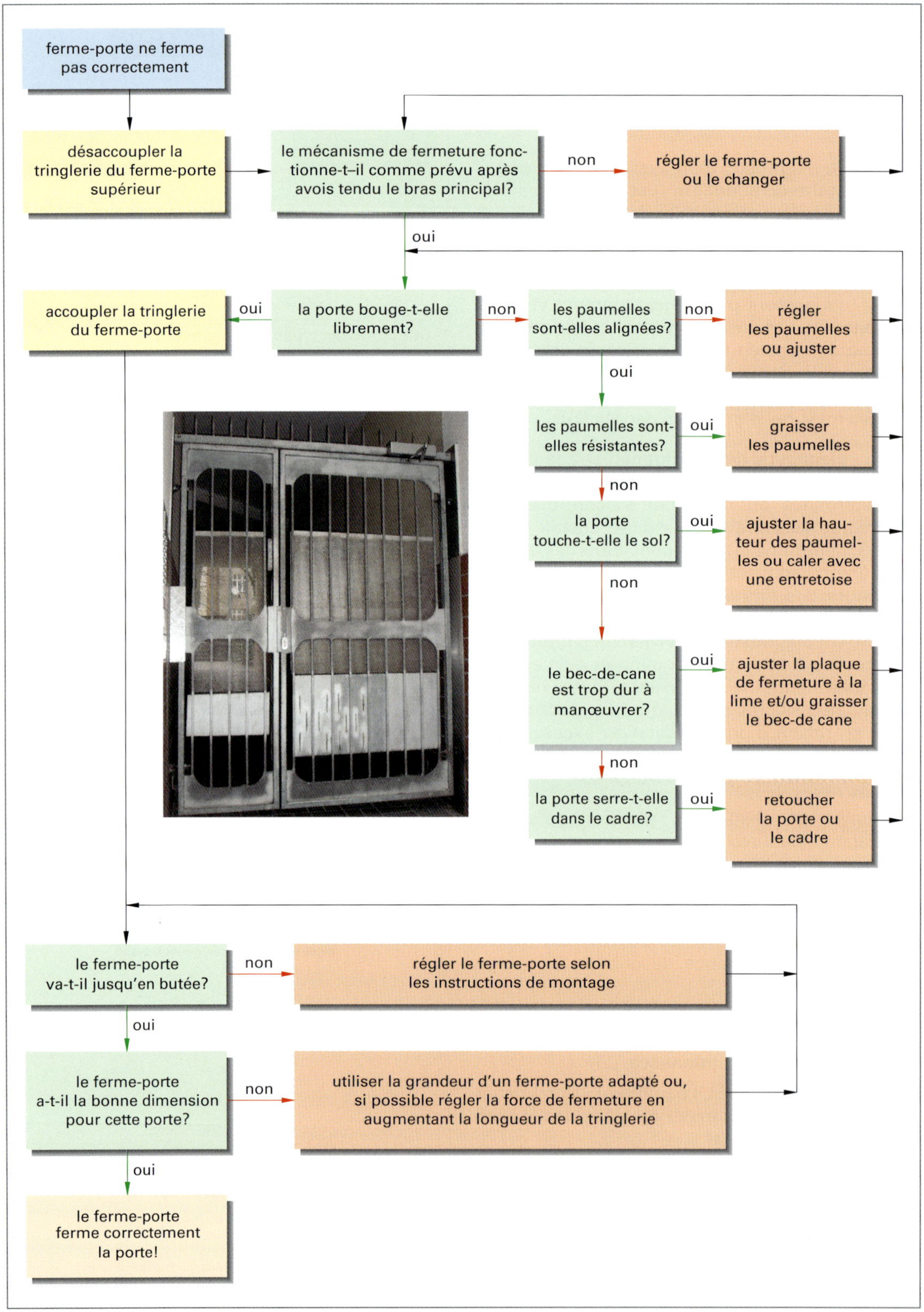

1 Diagnostic d'erreur avec l'exemple d'un ferme - porte (porte d'une installation extérieure)

25.2.4 Entretien des moyens de travail

Le maniement des moyens de travail modernes est certes aisé mais leur entretien ne doit pas pour autant être négligé. Il s'agit d'une part d'outils personnels et d'autre part du parc de machines de l'atelier qui a besoin d'un entretien. L'objectif de ces mesures est toujours de prolonger la durée de vie des outils et machines et de garantir la sécurité au travail.

La condition fondamentale pour garantir la sécurité au travail de l'outil est le sigle **« GS – « geprüfte Sicherheit » (sécurité vérifiée)**. Ce sigle n'est décerné par le Ministre fédéral allemand de l'emploi et des affaires sociales que si un examen de type concernant la sécurité au travail a été réalisé avec succès et que le respect de ces exigences fait l'objet d'une surveillance. L'association professionnelle de l'industrie de l'outillage allemande décerne en outre un sigle dont l'apposition garantit que les étapes de fabrication de l'outil, basées sur la qualité, sont réellement « Made in Germany » (fabriqué en Allemagne) et satisfont ainsi aux normes allemandes **(fig. 1)**.

Un **entretien préventif** doit avoir lieu indépendamment de la qualité des outils. Celui-ci commence par le contrôle visuel ou l'inspection avant l'utilisation des outils. Il prend fin dans le sens de l'entretien par la remise en état, p. ex. par la rectification **(fig. 2)**.

La maintenance des **outils personnels** doit être effectuée sous sa propre responsabilité **(fig. 3)**. Ceci ne concerne pas uniquement le type d'utilisation, p. ex. travailler avec un tournevis usé et, les dommages consécutifs occasionnés à la vis jusqu'à l'impact sur le démontage. L'importance particulière de ces « outils manuels » réside dans le contact immédiat avec les personnes. En cas de défaillance de l'outil manuel, p. ex. avec une lime dont la taille est cassée ou le manche endommagé ou absent, cela peut entraîner des dommages directs à la personne concernée. C'est la raison pour laquelle le professionnel respecte particulièrement les prescriptions pour un usage sûr et correct des outils manuels et pour un entretien fiable.

L'entretien du parc de machines dans l'atelier incombe fondamentalement à tous les utilisateurs. Lors du travail sur une machine, un maniement attentif permet de réaliser une forme simple de maintenance et d'inspection visuelle. La réglementation précise que la responsabilité assure en outre que l'entretien n'est pas effectué uniquement pendant les périodes d'arrêt. Les manuels d'exploitation, ou notices de consignes, des machines et agrégats disponibles constituent la base des mesures concrètes.

sigle GS
sécurité vérifiée

association
commerciale

sigle de l'association
industrielle de
l'outillage Allemand

1 Identifications sur des outils

Entretien préventif de l'outillage :

- utiliser exclusivement des outils avec le sigle « GS »
- utiliser des outils uniquement destinés spécifiquement, p. ex. pas d'endommagements inutiles
- rangement convenable, p. ex. protection contre la corrosion
- utiliser des outils que dans un état irrépro-chable, p. ex. manipulation soignée

2 Entretien préventif

Outils personnels :

- marteau, éventuellement différents types
- burin, pointeau, emporte-pièce, chasse-goupille
- tournevis
- limes, éventuellement racleurs
- clé réglable
- pinces
- ciseaux, pinces coupantes
- scies

3 Outils personnels

Entretien en atelier avec l'exemple d'une scie universelle

Les exécutions suivantes figurent dans la documentation fournie par le fabricant.

Dans le cadre de la maintenance, la scie doit être vérifiée et nettoyée au moins une fois par équipe. Les dommages ou défauts et modifications dans le comportement d'exploitation doivent être notifiés immédiatement au collaborateur responsable dans la société.

Les travaux de lubrification et de maintenance suivants doivent être réalisés dans le cadre du contrôle de fonctionnement et de sécurité **(fig. 2)**.

1 Scie circulaire

1. **chaîne de l'entraînement principal**
   - graisser si nécessaire
   - vérifier la tension de la chaîne après 50 heures de fonctionnement et, évent. la retendre, ensuite vérifier toutes les 200 heures
2. **vis de serrage**
   - graisser si nécessaire
   - vérifier le graissage toutes les 50 heures
3. **boîte de transmission**
   - remplissage initial fait en usine
   - première vidange après les 200 premières heures, ensuite tous les 1'000 heures
4. **table tournante**
   - vérifier le graissage toutes les 500 heures
   - utiliser une pompe à graisse, d'abord nettoyer les graisseurs
5. **installation hydraulique**
   - remplissage initial fait en usine
   - vérifier le niveau avec la jauge
   - nettoyer l'huile après 2'000 heures de fonctionnement ou la changer si elle est très sale
6. **filtre**
   - nettoyer après 2'000 heures de fonctionnement ou changer en cas de forte pollution
7. **dispositif de lubrification – refroidissement de la lame**
   - n'utiliser que des produits admis. Voir notice d'utilisation

2 Extrait de la notice de lubrification et de maintenance de la scie circulaire

Pour toutes les réparations, il faut solliciter un technicien du service après-vente du fabricant ou envoyer la machine à l'usine.

Le fabricant n'acceptera aucune responsabilité, ni aucune garantie pour les dommages et dysfonctionnements consécutifs au non-respect de cette notice d'utilisation. Pour les réparations, il faut utiliser uniquement de l'outillage approprié et en bon état, des pièces de rechange d'origine ou des pièces du commerce expressément homologuées par la société.

Contrôlez vos connaissances

1 Expliquez le terme Entretien par un exemple professionnel !

2 Citez les quatre formes d'entretien et explicitez-les !

3 Décrivez les différentes sections d'une courbe de défaillance typique (« courbe en baignoire ») en rapport avec l'entretien !

4 Trouvez trois exemples concrets pour les différentes perceptions lors du diagnostic subjectif !

5 a) A quel moment l'entretien préventif commence-t-il ?

b) Quels différents aspects contraignent à des compromis dans l'entretien préventif ?

6 Expliquez l'importance du manuel d'exploitation pour la personne chargée de l'entretien !

7 a) Citez l'objectif du diagnostic de fonctionnement !

b) Décrivez les quatre étapes du diagnostic de fonctionnement dans l'ordre !

Commande de travail – Entretien

1. Vous devez prendre en charge la maintenance d'une porte anti-feu à deux vantaux **(fig. 1)** !
   a) Décrivez dans les grandes lignes la mission et le principe de fonctionnement de cette porte !
   b) Rédigez un plan de maintenance pour cette porte ! Utilisez pour cela le schéma du tableau **(tab. 1)** et tenez particulièrement compte des éléments mentionnés !
   c) Citez les conditions cadres et l'influence sur l'intervalle de maintenance ! Quel intervalle de maintenance recommandez-vous ?

2. Choisissez une machine-outil dans votre entreprise de formation !
   a) Informez-vous sur les indications concernant l'entretien, mentionnées dans le manuel d'exploitation.
   b) Recherchez comment la maintenance de cette machine est réglementée dans votre entreprise de formation.
   c) Analysez la façon dont vous voyez les quatre formes d'entretien pour cette machine.
   d) Informez-vous pour savoir quand a eu lieu le dernier dysfonctionnement de cette machine et décrivez la panne survenue.
   e) Analysez les causes possibles de la panne.
   f) Informez-vous sur les conséquences qui en ont découlé.
   g) Évaluez les conséquences de la panne quant à l'entretien et aux mesures de maintenance prises pour éliminer ce dysfonctionnement.
   h) Informez-vous sur les coûts d'entretien annuels pour cette machine et évaluez-les en tenant compte des coûts occasionnés par la panne !

3. On fait la distinction entre différentes stratégies d'entretien **(voir p. 423, fig. 2)**. L'une de ces stratégies s'oriente sur la fiabilité du système et repose sur la réparation d'une machine ou d'un produit.
   a) Réfléchissez aux avantages d'une réparation minimale par rapport à une réparation générale !
   b) Déterminez dans quelles conditions une réparation générale s'avère judicieuse ?
   c) Quels travaux préparatoires doivent-ils avoir lieu en cas de réparation générale ?
   Classez ces travaux préparatoires dans l'ordre chronologique !

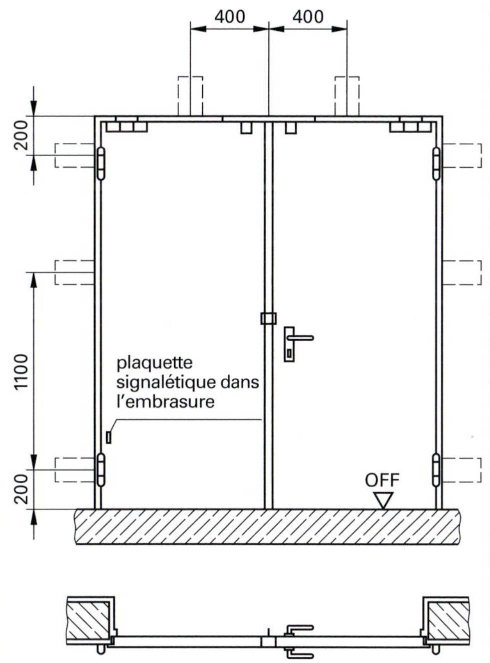

1 Dessin schématique d'une porte anti-feu à deux vantaux

Tableau 1 : Travaux de maintenance et d'entretien sur les éléments

Element	Travaux de maintenance et d'entretien
Paumelles	...
Butée à billes	...
Ferme-porte	...
Garniture de poignée	...
Serrure (vantail de service)	...
Verrou à déclic ...	...
Boulon de sécurité ...	...
Régleur d'ordre de fermeture	...

4. Un portail avec portes battantes à commande mécanique **(fig. 1)** doit être soumis à une maintenance

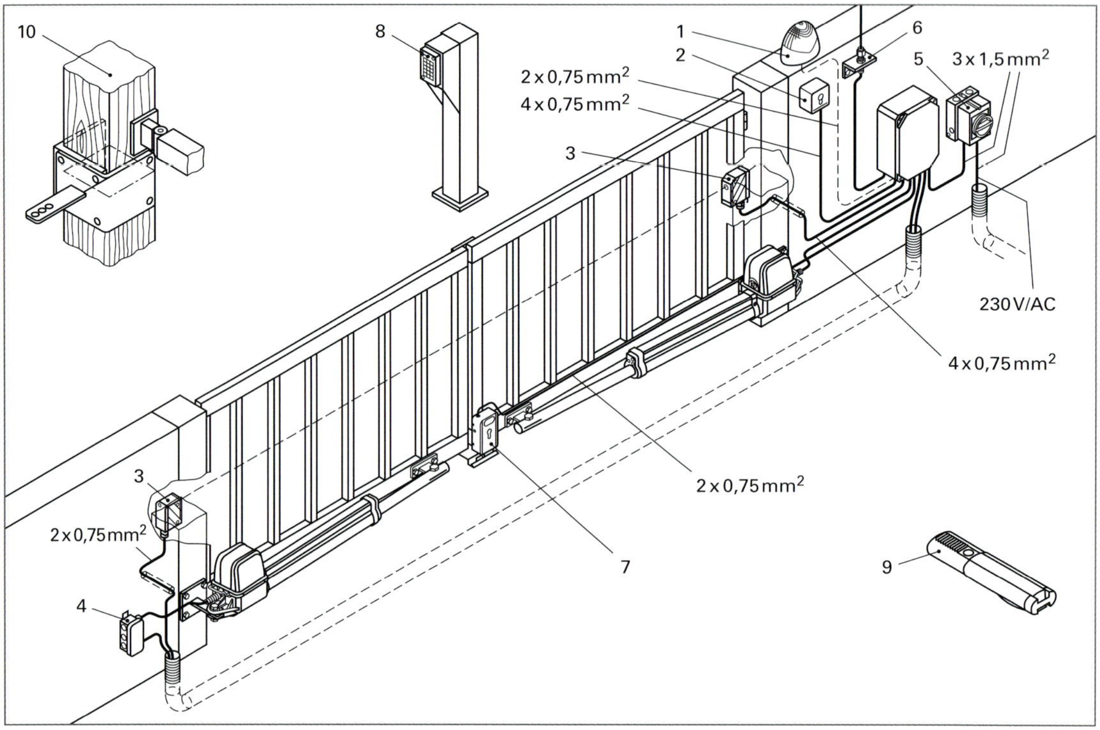

1 Un portail avec portes battantes à commande mécanique

a) Citez les éléments essentiels d'une telle porte pivotante !

b) Décrivez la façon de fonctionner de cette porte !

c) Développez la planification de déroulement pour une maintenance ! Pour votre planification, utilisez la structure de l'organigramme en **page 424, fig. 1** !

d) Rédigez un plan de maintenance pour cette installation de porte. Utilisez l'échantillon suivant :

Elément	contrôle de fonction	sources d'erreurs possibles	travaux d'entretien et de maintenance
Paumelles	...	...	...
Butée	...	...	...
...	...	...	...

e) Expliquez la différence qu'il y a entre la maintenance et l'inspection d'une installation de portail !

Le défaut suivant est survenu soudainement pendant le fonctionnement de la porte pivotante : Les vantaux s'arrêtent lors de la fermeture et se déplacent dans le sens contraire !

f) Développez une recherche d'erreur structurée pour ce dysfonctionnement. Aidez-vous des illustrations en **page 429, fig. 2 et page 430, fig. 1** !

g) Discutez dans votre groupe d'apprentissage pour savoir laquelle des stratégies de recherche d'erreur développées est la procédure la plus efficace !

h) Réfléchissez aux mesures qui peuvent être prises pour éviter ce dysfonctionnement à l'avenir !

Connaissances complémentaires

26 La technologie des matériaux

La mise en œuvre et l'emploi approprié de matériaux modernes font partie intégrante du travail du constructeur métallique et du mécanicien. Qu'il s'agisse de pièces et d'assemblages en cours de fabrication ou d'outils et de machines avec lesquels travaille le constructeur métallique, tous sont composés de matériaux. De ce fait, la connaissance des matériaux constitue un savoir-clé pour le constructeur métallique.

26.1 Aperçu des matériaux

De nos jours, des matériaux, qui quelques décennies auparavant étaient méconnus, marquent de leur empreinte l'aspect de bâtiments modernes et à faible consommation énergétique. L'entrée du bâtiment administratif d'une entreprise moderne illustre clairement la diversité des matériaux employés **(fig. 1)** :

- Le bâtiment est composé de **béton armé** et de **poutres en acier**.
- L'avant-toit de l'entrée est constitué de profils en **acier de construction non allié**.
- La rampe d'escalier est composée de tubes en **acier inoxydable** soudés.
- Le boîtier de l'interphone est en **matière plastique**.
- Les cadres de la façade et des fenêtres ainsi que le cadre de la porte coulissante sont constitués de **profils en aluminium**. Les stores sont quant à eux composés de lamelles en aluminium.
- Les vitres sont en **verre**.
- Les murs sont revêtus **de marbre**.

1 Entrée d'un immeuble administratif – industriel moderne

Une classification sommaire permet de partager les matériaux en trois groupes : **les métaux, les non-métaux et les matériaux composites (fig. 2)**.

En ce qui concerne les métaux terreux, **l'acier** est d'importance capitale dans la construction métallique. De manière analogue, **l'aluminium** prédomine dans les métaux non ferreux, de même que les matières **plastiques** prédominent dans les non-métaux.

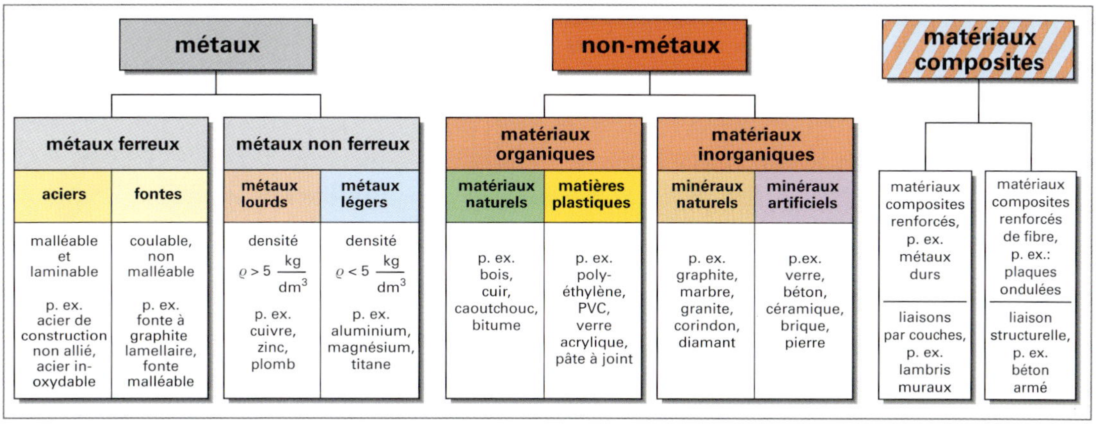

2 Classification des matériaux par groupes

26.2 Choix des matériaux selon leurs propriétés

Afin de prendre en compte les attentes du client ainsi que les exigences techniques liées à une construction, le constructeur métallique doit procéder à une sélection adéquate des matériaux. Dans ce but, il lui faut connaître les propriétés des différents matériaux.

Propriétés physiques

Elles représentent les propriétés de base d'un matériau **(fig. 1**). La **densité** ϱ correspond à la masse d'un matériau par unité de volume. Elle indique ainsi si un matériau est lourd ou léger. Ainsi, des matériaux légers tels que l'aluminium, par exemple, conviennent à des constructions légères, comme des cadres de fenêtres ou des échelles.

La **température de fusion** peut être décisive, lorsqu'il s'agit p. ex. de vérifier si un matériau est approprié dans le cas d'une porte anti-feu.

D'autres propriétés physiques sont la dilatation thermique, la conductibilité électrique, la conductibilité thermique et les propriétés magnétiques.

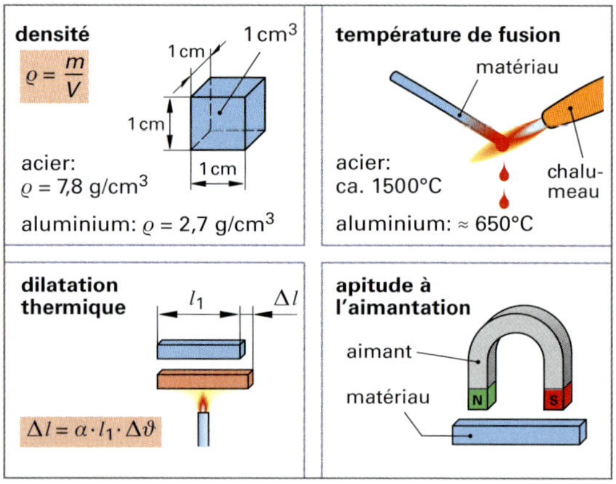

1 Propriétés physiques

Propriétés mécaniques

Elles décrivent le comportement des matériaux sous l'effet de forces mécaniques **(fig. 2)**.

Il existe quatre caractéristiques mécaniques particulièrement importantes pour déterminer l'aptitude d'un matériau à l'emploi qui lui est destiné : la résistance à la traction, la limite élastique, la dureté et l'allongement à la rupture. Ces caractéristiques permettent de déterminer si un matériau est capable de supporter les sollicitations auxquelles l'objet construit sera soumis.

Ces caractéristiques sont indiquées dans les normes et dans les catalogues des fabricants, et il est également possible de les découvrir en partie en se référant aux désignations des matériaux.

La **résistance à la traction R_m** correspond à la force de traction F_m qu'une pièce peut supporter en fonction de sa surface S_0 avant qu'elle ne cède sous le poids de la charge qui lui est soumise. La résistance à la traction se mesure en N/mm².

$$R_m = \frac{F_m}{S_0}$$

La **limite élastique** correspond à la force de traction Fe qu'une pièce peut supporter en fonction de sa surface S_0 avant qu'elle ne se déforme de façon permanente sous le poids de la charge qui lui est soumise. La limite élastique se mesure également en N/mm².

$$R_e = \frac{F_e}{S_0}$$

En guise d'exemple, un acier non allié a une résistance à la traction d'environ 400 N/mm² et une limite élastique d'environ 240 N/mm². Les alliages d'aluminium courants ont une résistance à la traction d'environ 250 N/mm² et une limite élastique d'environ 200 N/mm². Ces matériaux peuvent être employés pour des constructions soumises à des charges normales comme des barrières, grillages, etc. Dans le cas des aciers à résistance élevée, la résistance à la traction atteint jusqu'à 1200 N/mm² et la limite élastique jusqu'à 900 N/mm². Ces aciers s'emploient pour des pièces de machines fortement sollicitées (p. ex. vis, câbles).

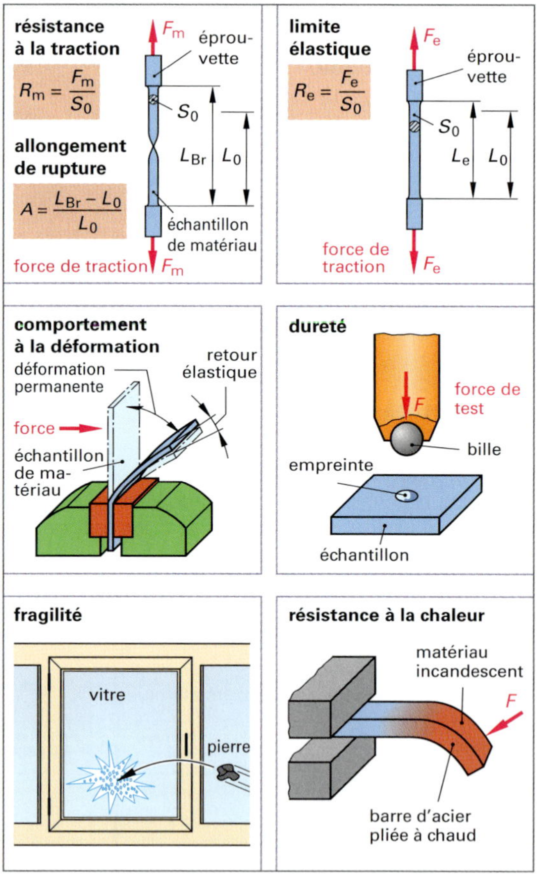

2 Propriétés mécaniques

$$A = \frac{L_{Br} - L_0}{L_0} \cdot 100\ \%$$

L'allongement à la rupture *A* correspond à l'allongement en pourcent par rapport à la longueur initiale qu'une éprouvette d'un matériau à tester subit avant de céder.
Les **matériaux élastiques et tenaces**, tels que les aciers de construction ou les alliages d'aluminium ont un allongement à la rupture de 20 % à 40 %. Des pièces issues de ces matériaux peuvent supporter des efforts soudains ainsi que des déformations **(fig. 2, page 436)**.
Les matériaux fragiles ou cassants et durs, tels que la fonte ou le verre ont un allongement à la rupture de 0,5 % à 3 %. Ils cassent sous l'effet de déformations ou de coups violents.
La dureté indique la résistance qu'oppose un matériau face à la pression d'un outil pénétrateur **(fig. 2, page 436)**. Des exemples de matériaux durs sont les aciers à outils trempés et les métaux durs. Ils servent à fabriquer des outils ainsi que des pièces dont la surface est fortement exposée au frottement, telles que des coulisses de machines-outils ou des éléments roulants. Les matériaux relativement mous, tels que l'aluminium ou le cuivre ont une surface qui ne peut subir des sollicitations mécaniques sans être endommagée.

Propriétés des techniques de fabrication

Elles permettent de connaître l'aptitude d'un matériau à être transformé dans un processus de fabrication **(fig. 1)**.
La soudabilité est une propriété importante dans le cas de la construction métallique. Les métaux soudables sont les aciers de construction, inoxydables et les alliages d'aluminium.
L'aptitude au forgeage concerne avant tout le travail artisanal des métaux.
Les matériaux destinés à fabriquer des outils doivent être trempables ; ce sont les aciers à outils.
L'usinabilité est importante pour la fabrication de pièces de machines, comme par exemple les axes ou les roues dentées.

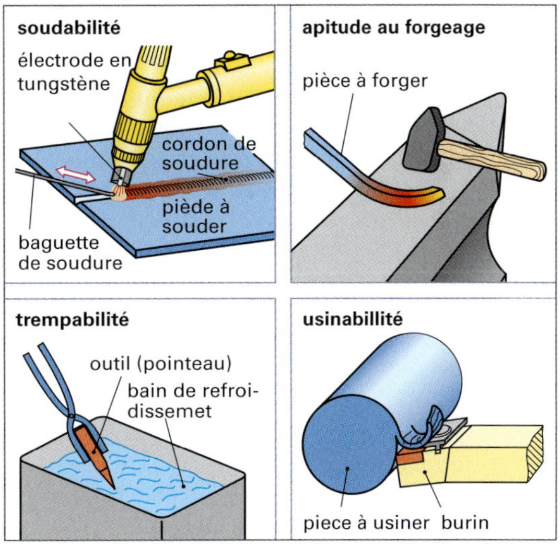

1 Propriétés relatives à la fabrication

Propriétés chimiques

Elles indiquent comment les matériaux réagissent face à des substances environnantes telles que l'eau, le feu ou un milieu industriel agressif **(fig. 2)**.
Les aciers inoxydables ou les pièces en aluminium anodisées **résistent à la corrosion**. Les aciers de construction doivent être galvanisés ou revêtus d'une couche de protection contre la corrosion.
Les aciers **réfractaires** sont des aciers spéciaux résistants à l'oxydation à chaud.
Presque toutes les matières plastiques sont **inflammables**. Elles ne peuvent être installées dans des zones à risque d'incendie.

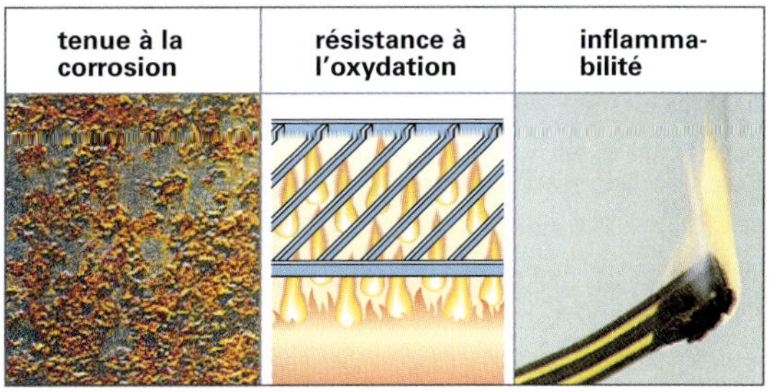

2 Propriétés chimiques

Aspect, coûts, environnement, santé

Si les pièces en acier de construction ont un aspect technique et fonctionnel, les pièces en acier inoxydable et en aluminium sont plutôt décoratives.
Les aciers de construction non alliés sont bon marché. Les aciers inoxydables et les alliages d'aluminium sont plus chers, le cuivre est quant à lui très onéreux.
Tous les aciers, les aluminiums et les matériaux cuivreux sont recyclables, à l'inverse de la majorité des matières plastiques à ce jour **(fig. 3)**.
De tous les matériaux employés dans la construction métallique, seuls quelques-uns sont toxiques : le cadmium et le plomb. Leur utilisation est à éviter.

3 Protection de l'environnement, atteintes à la santé

26.3 Aciers et fontes

26.3.1 Production de fonte brute et fabrication d'acier

Les aciers et les métaux ferreux sont les matériaux les plus importants des métiers du métal. Leur mise en œuvre s'effectue par plusieurs opérations successives **(Illustration page 439)**.

Production de fonte brute

La fonte brute est principalement obtenue par fusion dans un **haut-fourneau**. Les matières de base sont le minerai de fer et le coke chargées par couches successives dans l'ouverture supérieure du haut-fourneau. De l'air chaud injecté dans une zone inférieure du haut-fourneau brûle une partie du coke, le transformant en gaz carbonique CO_2 et en monoxyde de carbone CO, ce qui produit une forte chaleur et porte le haut-fourneau à une température de 1600 °C.

Le monoxyde de carbone CO résultant et le reste du coke C réduisent le minerai de fer (Fe_2O_3, Fe_3O_4), le transformant en fer métallique Fe.

$$Fe_2O_3 + 3\,CO \longrightarrow 2\,\mathbf{Fe} + 3\,CO_2$$

$$Fe_3O_4 + 4\,C \longrightarrow 3\,\mathbf{Fe} + 4\,CO$$

Le fer fond et coule dans la partie fermée la plus basse du haut-fourneau, avant d'être vidé dans un chariot. La fonte brute qui en résulte contient environ 10 % d'impuretés et d'éléments associés : 3 % à 5 % de carbone, ainsi que de plus faibles quantités de manganèse, de silicium, de phosphore et de souffre.

La fonte brute, avec un fort taux de silicium (1,5 % à 3 %), est le matériau de base pour différents types de fontes, appelée aussi **fonte grise** en raison de sa fracture grise.

La **fonte blanche** a une teneur en manganèse élevée (au dessus de 1 %). Elle se nomme ainsi en raison de sa fracture claire et argentée, et sert de matériau de base pour l'élaboration de l'acier.

La fonte brute est également obtenue dans une moindre mesure par le procédé de **réduction directe**. Ce procédé consiste à injecter dans un four à cuve un gaz de réduction (CO, H_2) à 1100 °C à travers le minerai de fer dont les pellets sont de la taille d'une noix. Le gaz chaud réduit le minerai en éponge de fer (fer brut poreux), qui sera par la suite transformé en acier.

Elaboration de l'acier

La fonte brute et le fer poreux obtenus par les procédés du haut-fourneau et de réduction directe ainsi que les ferrailles constituent les matières de base pour l'opération qui suit directement : la transformation de la fonte brute en acier. Il existe pour cette opération plusieurs méthodes.

Le système du **convertisseur à oxygène** est le procédé d'élaboration de l'acier le plus courant. L'opération consiste à injecter dans la fonte brute – qui est en fusion dans le convertisseur – de l'oxygène pur à travers une lance. Les éléments indésirables (carbone, phosphore et souffre) qui se trouvent dans la fonte brute réagissent violemment au contact de l'oxygène et s'échappent sous forme gazeuse ou sont éliminés dans le laitier qui flotte sur le métal en fusion. Ce procédé se nomme l'affinage. Après le soufflage d'oxygène, il reste dans le métal en général moins de 0,2 % de carbone, et quelques résidus de phosphore et de souffre. La fonte brute est devenue de l'acier. Pour obtenir des aciers alliés, il faudra ajouter des éléments d'alliage.

Dans le cas de **l'aciérie électrique**, la ferraille, le fer poreux et les éléments d'alliage sont fondus dans un four à arc électrique. Le mélange intensif du métal en fusion provoque une réaction des impuretés et du fondant qui s'échappent sous forme gazeuse ou se fondent dans le laitier. La fonte s'est transformée en acier.

Traitements secondaires de l'acier

La **désoxydation de l'acier** (calmage) consiste à introduire dans le métal en fusion du silicium et de l'aluminium dans le but de lier l'oxygène dissous (qui s'échappera ensuite dans le laitier) et de rendre la structure de l'acier homogène.

Les aciers avec des exigences de qualité particulières nécessiteront des traitements supplémentaires. La méthode de **brassage au gaz** du métal en fusion par de l'argon élimine les impuretés. La **désulfuration** consiste à ajouter des éléments qui lieront le souffre (chaux), qui se fondra ensuite dans le laitier. Le procédé du **dégazage sous vide a** pour but d'écarter dans une large mesure les gaz (H_2, O_2, N_2) dissous dans l'acier lors du processus de fabrication, ce qui rendra le métal résistant au vieillissement. Une **deuxième fusion** dans un four électrique ou dans une coquille permet grâce à l'élimination du laitier un décrassage supplémentaire, et ainsi d'obtenir des aciers nobles très purs et fortement alliés.

Coulage de l'acier. Après son affinage, l'acier liquide sera mis en forme de différentes manières : transformé en barre dans une installation à coulée continue, versé dans une coquille pour former un bloc, ou coulé dans un moule.

Résumé : production de fonte, fabrication de l'acier et traitement ultérieur, fondre

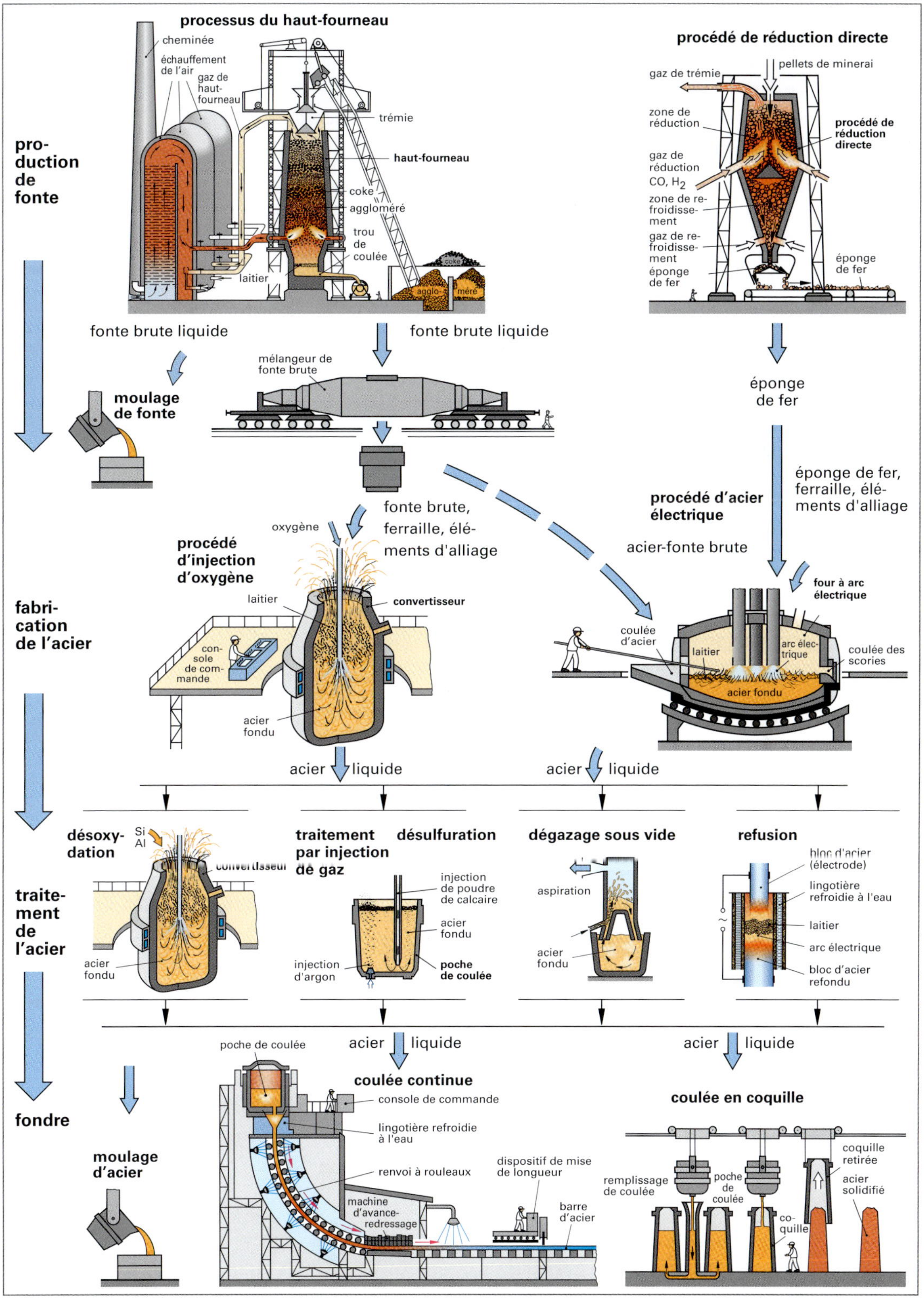

26.3.2 Transformation de l'acier en produits

L'acier issu de la coulée continue est ensuite transformé par laminage à chaud en différents produits. Les lingots sont forgés en pièces de grand format, comme par exemple des crochets de grue d'un poids considérable.

Laminage à chaud

Le laminage à chaud est le procédé le plus courant pour l'élaboration de produits en acier. L'opération consiste à déformer la barre d'acier chauffé au rouge en l'écrasant entre deux cylindres qui tournent en sens inverse et dont l'écartement est plus petit que la section de la barre. Après son passage entre les rouleaux, la barre s'est allongée et sa section est diminuée **(fig. 1)**. La structure de l'acier est alors modifiée : les cristaux sont étirés dans le sens du laminage. Ils se déforment sous l'effet de la haute température de laminage (env. 800 °C), mais reprennent immédiatement leur forme granulaire initiale ; l'acier se recristallise. Ainsi, l'acier laminé à chaud a une structure régulière et n'est pas écroui. Un produit laminé à chaud se reconnaît par ses arêtes arrondies et sa surface calaminée.

Une **installation de laminage à chaud** comprend plusieurs sections. L'acier passe par chacune d'entre elles **(fig. 2)** : le réchauffage dans un four à glissières mobiles, le décalaminage, la déformation de la matière dans le train de laminage, et le découpage.

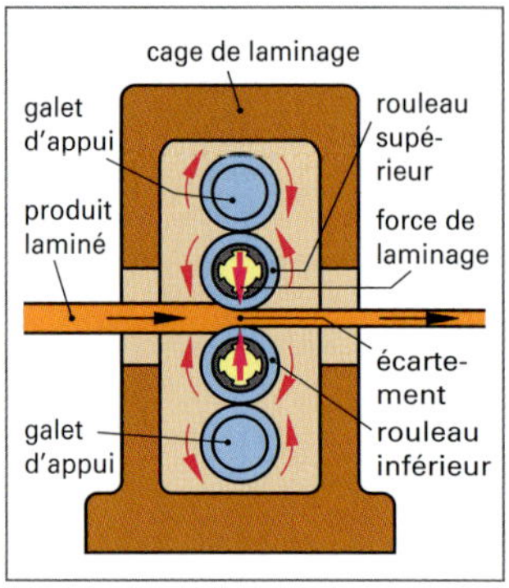

1 Processus de laminage

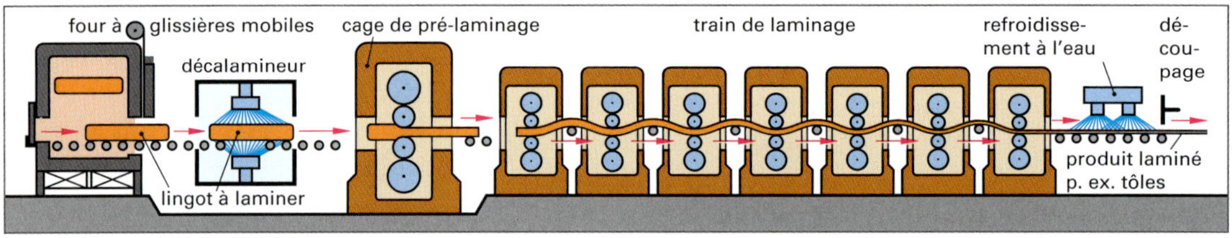

2 Laminage dans un laminoir à chaud

Le matériau ne peut subir qu'une déformation limitée à chaque étape de laminage, raison pour laquelle il doit passer par plusieurs postes l'un après l'autre avant d'être transformé en produit utilisable.

Les **produits longs** sont déformés par des cylindres de formes, les **produits plats** par des cylindres plats **(fig. 3 et fig. 4)**.

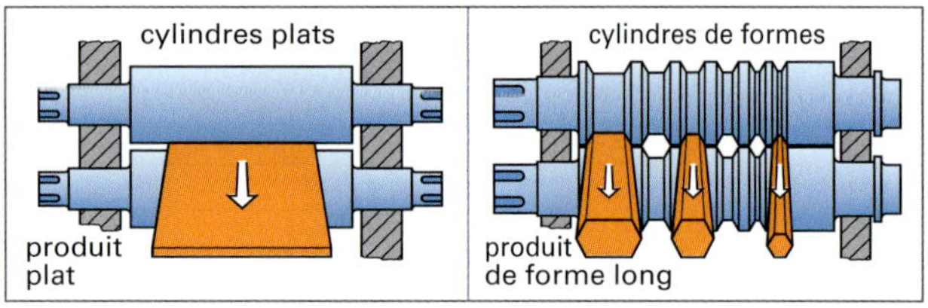

3 Laminage de produits plats et de produits de forme

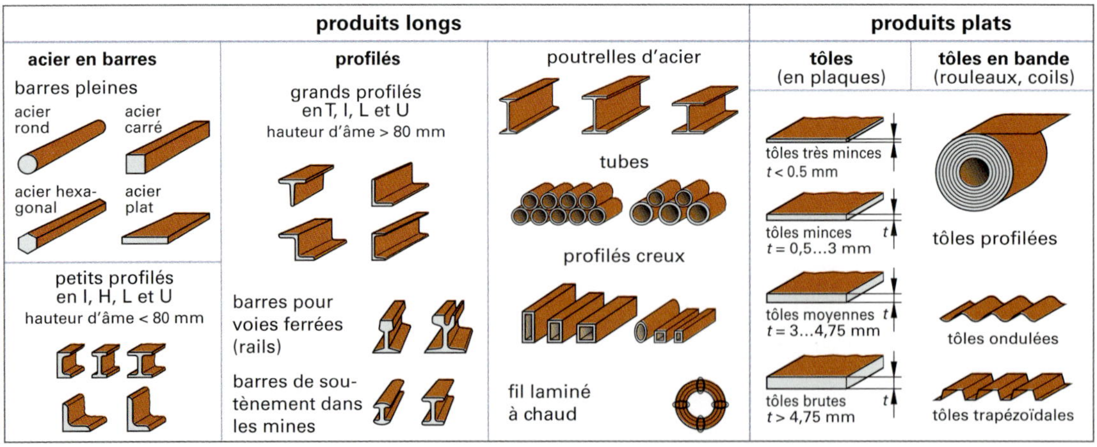

4 Produits laminés (sélection)

Extrusion

Ce procédé consiste à presser un lingot d'acier chauffé à blanc (1250 °C) à l'aide d'un piston à travers une filière **(fig. 1)**. Le profilé fini prend ainsi la forme de l'ouverture de la filière.

L'introduction d'un poinçon dans la filière permet d'extruder des tubes et des profils creux **(fig. 2)**. Les profils épais peuvent être utilisés pour des cadres de portes et de portails, servir comme tubes de refroidissement ou comme tubes d'échafaudages.

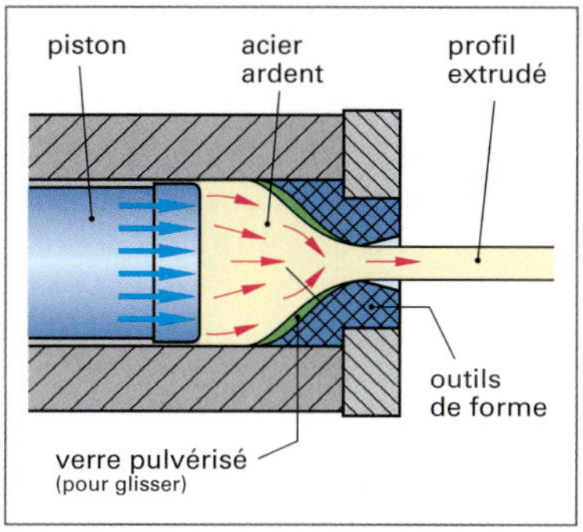

1 Extrusion

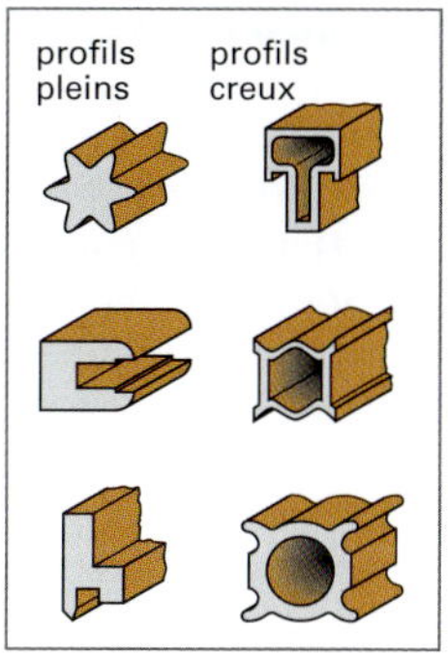

2 Profils extrudés

Formage à froid

Le formage à froid est un processus de transformation à température ambiante ou inférieure à 200 °C. Ce processus permet de transformer des produits préalablement laminés à chaud en produits finis en garantissant des dimensions précises et de très bons états de surface.

Avant l'opération, le produit à laminer est nettoyé par sablage, par décapage ou par meulage. Le formage à froid modifie alors sa forme et lui donne un très bon état de surface. Les produits finis ont des dimensions très précises, et l'écrouissage (durcissement par déformation) leur confère une résistance accrue.

Laminage à froid

Le laminage à froid est principalement employé pour la fabrication de tôles et de bandes à partir d'aciers doux, d'aciers non alliés et d'aciers inoxydables.

Le produit de base est de la tôle préalablement laminée à chaud. Elle passe ensuite à travers plusieurs cages de laminages, à galets multiples, successives pour être laminée jusqu'à l'épaisseur désirée **(fig. 3)**. Après le laminage à froid, la tôle doit subir un recuit de recristallisation, puis un redressage supplémentaire afin d'obtenir les propriétés mécaniques requises et une surface finie.

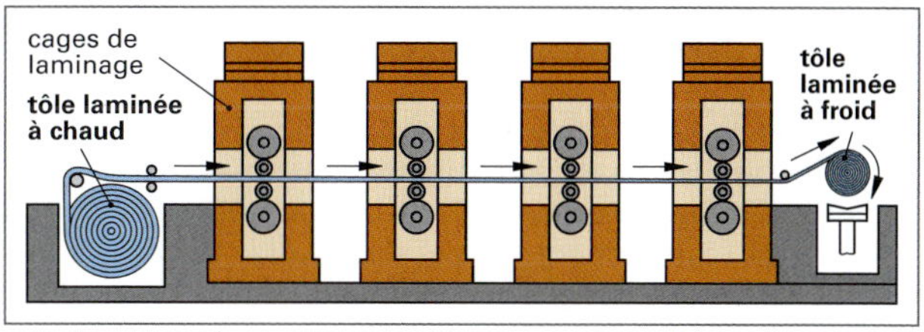

3 Laminage à froid de tôles en bandes

Certaines tôles sont garnies d'une couche superficielle de protection contre la corrosion, le plus souvent par **zingage (fig. 4)**. Les tôles sont également étamées (ferblanc), aluminées et recouvertes d'une couche de matière plastique ou de laque.

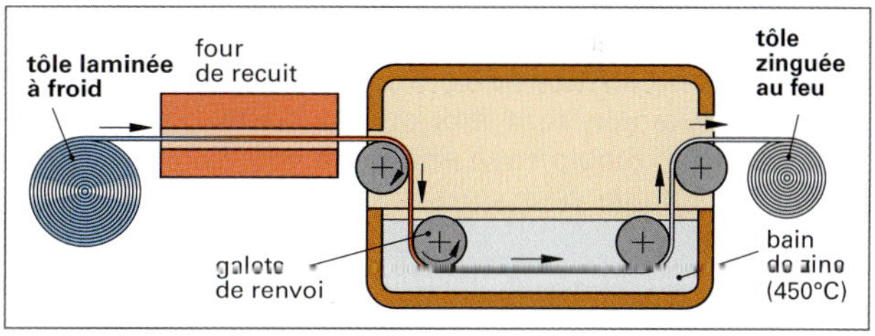

4 Zingage de tôles en bande

Le laminage à froid s'applique également à des barres de différentes sections, à des tubes ou à des fils selon le même principe.

Laminage de profilés

Ce procédé permet la fabrication de tôles profilées **(fig. 5)**. Une installation de plusieurs galets cannelés montés l'un après l'autre déforme les tôles de manière continue.

De nombreux profilés sont fabriqués de cette manière **(fig. 6)**. Ils sont employés dans le bâtiment, la construction métallique ou pour des installations diverses.

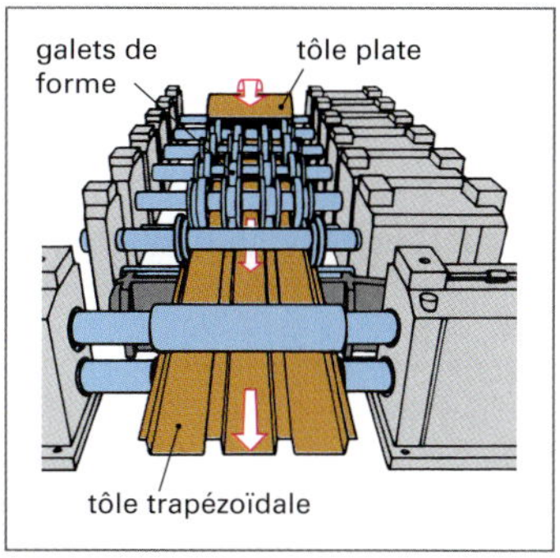

5 Laminage d'une tôle trapézoïdale

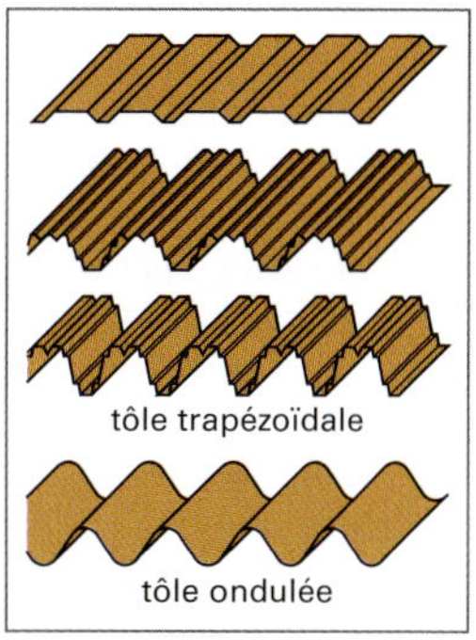

6 Tôles profilées

Etirage à froid

Dans le cas de l'étirage à froid, le matériau obtient sa forme finale en étant étiré à travers une filière dont l'ouverture diminue progressivement **(fig. 1)**. **L'étirage à creux** permet d'obtenir des profils dont seule la surface extérieure doit être lisse et avoir des dimensions précises.

Pour la réalisation de cadres ou de profilés nécessitant des dimensions très précises aussi bien à l'intérieur qu'à l'extérieur de la pièce, il convient d'opter pour la technique de **l'étirage sur olive**.

L'étirage à froid permet la fabrication de divers profils creux, comme des profils carrés, rectangulaires ou ronds, ou encore des profils tubulaires pour les cadres de portes et de fenêtres.

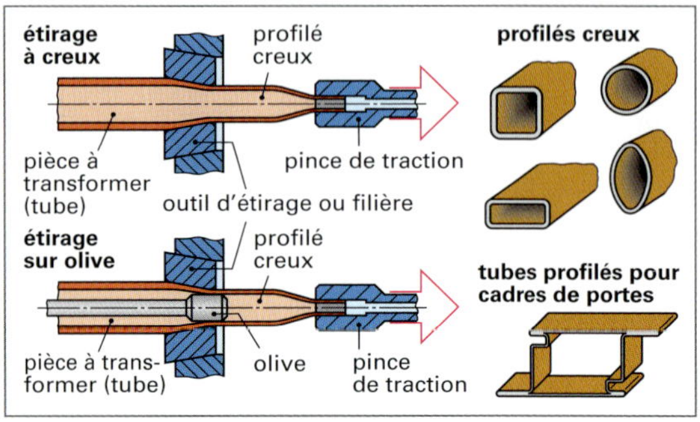

1 **Etirage à froid de profilés creux**

Fabrication de tubes et de profils creux

Les tubes de section petite à moyenne ainsi que les **tubes carrés et rectangulaires** sont fabriqués par laminage en continu de feuillard d'acier dont les arêtes sont ensuite soudées **(fig. 2)**.

La bande d'acier passe par plusieurs étapes de laminage pour être transformée en tube fendu. Les arêtes du tube fendu sont ensuite soudées. Le soudage peut se faire par résistance électrique ou par pression après préchauffage par des bobines d'induction. Finalement, la soudure subit un recuit de normalisation puis est meulée.

Les tubes sont ensuite transformés en profils creux dans un train de laminage.

Les **tubes de grande taille**, dont le diamètre mesure 1 mètre ou plus, sont fabriqués par laminage à froid de tôles ou de feuillard, puis par soudure de la jointure. Les tubes de grande taille avec soudure longitudinale sont fabriqués à partir d'une feuille de tôle transformée en tube fendu. La jointure longitudinale sera alors soudée à l'intérieur et à l'extérieur.

Les tubes avec soudure hélicoïdale sont obtenus par cylindrage hélicoïdal d'une bande puis par soudage de la jointure en forme de spirale **(fig. 3)**. Le formage et le soudage ont lieu de manière continue.

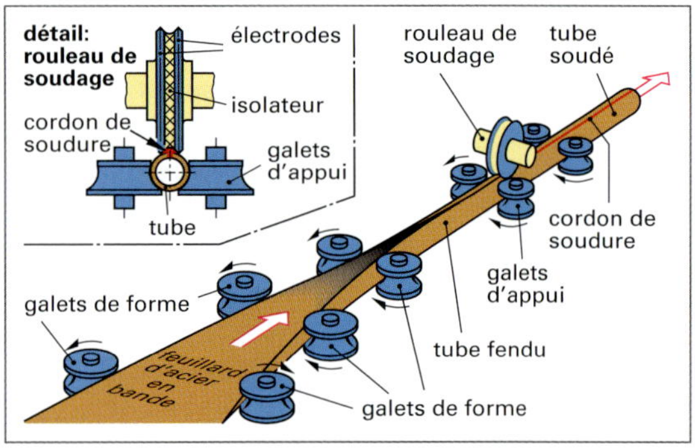

2 **Fabrication de tubes soudés**

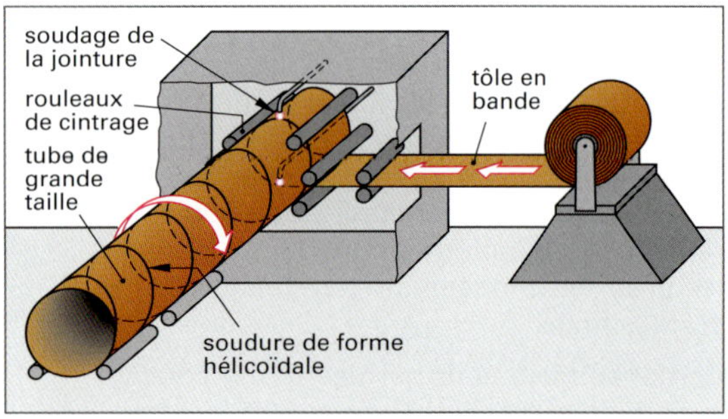

3 **Fabrication de tubes de grande taille par soudage hélicoïdal**

Contrôlez vos connaissances

1 Selon quels groupes principaux sont classés les matériaux ?
2 A quoi correspond la densité ?
3 Quelles formules permettent de calculer la résistance à la traction Rm ainsi que l'allongement à la rupture A ?
4 Nommez les principales propriétés relatives à la fabrication dans le domaine de la construction métallique.
5 Comment le minerai de fer se transforme-t-il en fer dans un haut-fourneau ?
6 Décrivez le fonctionnement d'un convertisseur à oxygène pour l'élaboration de l'acier.
7 Que signifie l'affinage ?
8 Comment la mise en forme de l'acier en produits finis a-t-elle lieu lors du laminage à chaud ?
9 Comment la structure de l'acier se transforme-t-elle lors du laminage à chaud ?
10 Pourquoi l'acier déformé à froid a-t-il une résistance accrue ?
11 Par quel procédé de transformation les tôles profilées sont-elles obtenues ?
12 Décrivez les différentes façons de fabriquer des tubes.

26.3.3 Normalisation des semi-produits en acier (normalisation selon la forme)

Les formes des semi-produits en acier se sont développées selon les exigences de la pratique. L'échelonnage des dimensions, les tolérances dimensionnelles, les matériaux employés, la qualité de surface ou les traitements subis sont des critères établis par les normes DIN ou DIN-EN. La fiche de norme relative à chaque produit donne toutes les informations lui correspondant.

Les semi-produits en acier les plus courants sont classés dans des tableaux et des catalogues de profilés en acier. Le tableau suivant présente une sélection de semi-produits en acier courants.

Tableau : produits semi-finis en acier les plus courants (sélection)

Profils-I normaux série I DIN 1025T1 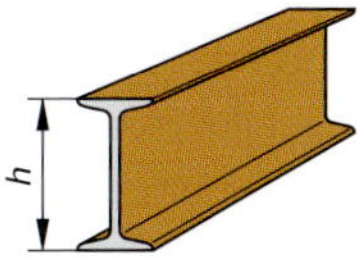 p. ex. profils-I normaux, hauteur 160 mm profil DIN 1025 – I180	**Profilés-I à ailes parallèles** série IPE DIN 1025-5 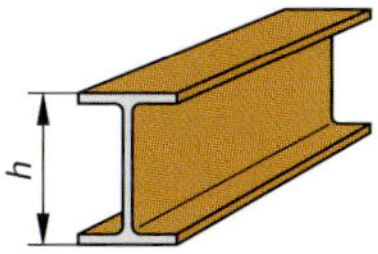 p. ex. profil-I de taille moyenne d'une hauteur de 200 mm profilé IPE DIN 1025 – IPE200	**Poutrelles à larges ailes H** série IPB DIN 1025-2 ≘ HE-B 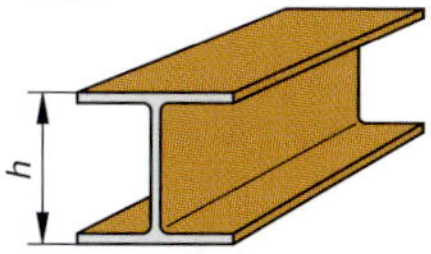 p. ex. profil-H à larges ailes d'une hauteur de 280 mm IPB280 ou HEB 280	**Profils-I à larges ailes H**, exécution renforcée série IPBV DIN 1025-4 = HE-M 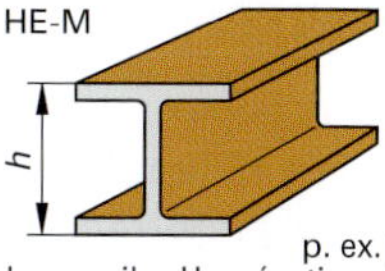 p. ex. profil à larges ailes H, exécution renforcée, d'une hauteur de 300 mm IPBv300 ou HEM 300
Acier-U normale DIN 1026-1 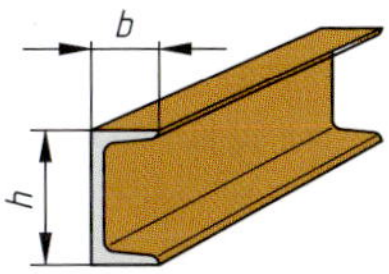 p. ex. acier-U avec ailes inclinées, hauteur de 60 mm acier-U DIN 1026 – U 60	**Acier-cornières** à ailes égales à ailes inégales DIN EN 10 056-1 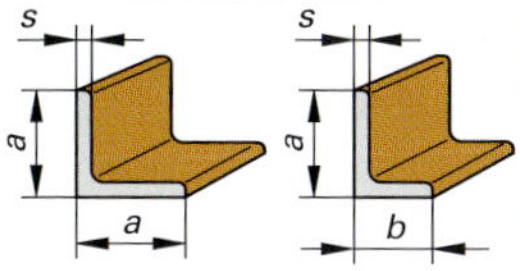 p. ex. cornière EN 10 056 – L 40 x 4	**Acier-Z** DIN 1027 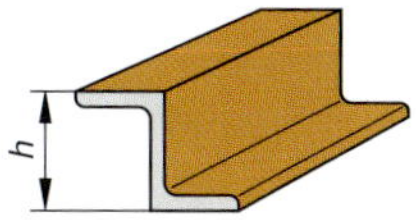 p. ex. acier-Z d'une hauteur de 80 mm profilé en Z DIN 1027 – Z 80	**Acier-T à branches égales** DIN EN 10 055 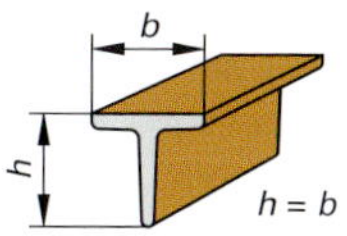 p. ex. acier-T à branches égales de 100 mm de hauteur profilé en T DIN EN 10 055 –T 100
Acier rond DIN EN 10060 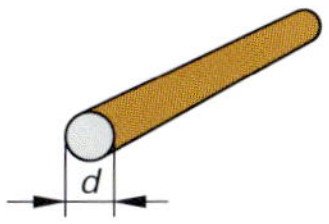 p. ex. acier rond de 30 mm de diamètre, 1'200 mm de longueur acier rond EN 10060-30x1200	**Acier carré** DIN EN10059 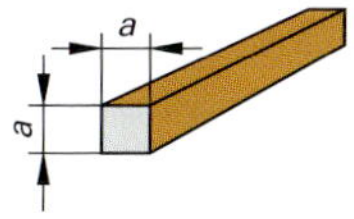 p. ex. acier carré de 50 mm de côté, 2'100 mm de longueur acier carré EN 10059-50x2100	**Acier hexagonal** DIN EN 10061 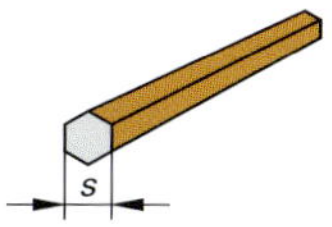 p. ex. acier hexagonal, largeur sur pans de 10 mm acier hexagonal EN10061-10	**Acier plat** DIN EN 10058 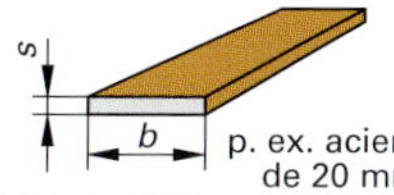 p. ex. acier plat de 20 mm de largeur, de 5 mm d'épaisseur et de 800 mm de longueur acier plat EN 10058-20x5x800
Tubes ronds sans soudure DIN EN 10220 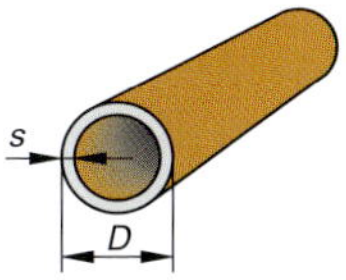 p. ex. tube rond sans soudure D = 42,4 mm, s = 4 mm tube DIN EN 10220-42,4 x 4	**Tubes carrés laminés à chaud** DIN EN 10210-2 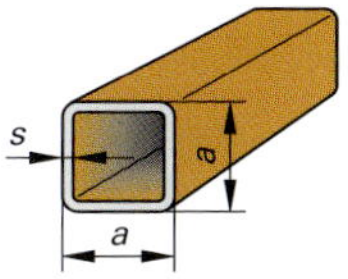 p. ex. tube carré, a = 60 mm, s = 3 mm tube carré DIN EN 10210-60 x 3	**Tubes rectangulaires laminés à chaud** DIN EN 10210-2 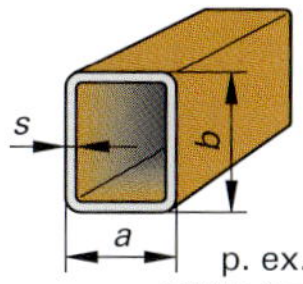 p. ex. profilé creux a = 60 mm, b = 40 mm, s = 2,9 mm tube rectangulaire DIN EN 10210 - 60 x 40 x 2,9	**Tôle laminée à chaud** DIN EN 10 051 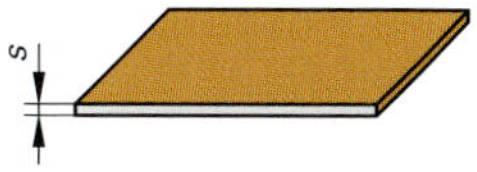 p. ex. tôle de 3 mm d'épaisseur, de 800 mm de largeur et de 2'200 mm de longueur tôle EN 10 051-3 x 800 x 2'200

Les aciéries et usines de transformation d'acier fabriquent des semi-produits en acier et les stockent, de manière à ce qu'ils puissent être disponibles rapidement.

En ce qui concerne les semi-produits non normalisés, les fabricants ont défini des standards de formes, de dimensions, de matériaux et de livraison. Les produits peuvent être commandés grâce à des listes de fabricants, ou directement chez le fournisseur.

Description brève des semi-produit en acier

Les descriptions brèves des semi-produits en acier figurent dans leurs fiches de norme. Elle comporte le symbole du produit, la norme, les dimensions principales ainsi que la désignation du matériau **(p. 445-447)**.

Les exemples illustrés ci-contre décrivent les descriptions brèves.

Ce sont de telles descriptions brèves qui permettent de passer commande.

Il existe plusieurs façons d'indiquer la quantité désirée d'un produit : par indication de la longueur, par nombre de pièces ou par poids.

Les fabricants et fournisseurs d'acier se servent également de **codes pour l'échange d'informations**. Exemple : un tube rectangulaire selon DIN EN 10210 aux dimensions 60 x 40 x 2,9 deviendra selon ces codes d'échange RRW 60 x 40 x 2,9.

Dans les listes de pièces figurant sur les dessins techniques, les matériaux sont également indiqués selon leur désignation ou selon la désignation codifiée.

symbole du produit ou description brève	norme DIN ou EN	dimensions principales	désignation brève du matériau
exemple : cornière **profil L**	**EN 10056**	**65x50x5-640**	**S235JR**
cornière à ailes inégales	selon DIN EN 10056	65 mm et 50 mm de hauteur d'ailes, 5 mm d'épaisseur, 640 mm de longueur	acier S235JR (USt 37-2)

exemple : poutrelle **HEB-Profil DIN 1025 – S355JR – HEB (IPB) 280-2200**

HEB-Profil	DIN 1025	S355JR	HEB (IPB) 280-2200
poutrelle HEB à larges ailes	selon DIN 1025	matériau S355JR (St 52-3N)	hauteur 280 mm longueur 2200 mm

Pour commander des semi-produits en acier non normalisés, il convient de se référer aux listes de commande du fournisseur. En cas de doute ou de souhait particulier, un croquis annexe permettra de décrire le produit désiré.

Autres semi-produits en acier

Il existe une multitude de semi-produits en acier largement répandus dans la construction métallique **(fig. 1)**.

Les tôles striées, antidérapantes, et perforées sont utilisées comme revêtements d'escaliers, d'entreponts, de podiums ou surfaces de travail, tandis que les tôles ondulées et les tôles trapézoïdales servent à la construction de toitures, de revêtements ou de cloisons.

Les profils pliés, les profils perforés et les tubes perforés sont quant à eux employés pour les constructions légères.

Les tubes profilés sont principalement utilisés dans la construction de fenêtres et de portes.

Les caillebotis sont utilisés pour des marches et des paliers d'escaliers, et les grillages métalliques pour des balustrades et barrières.

Les éléments de décoration, mains courantes et autres pièces de construction sont soudés aux balustrades, aux grilles et aux séparateurs de pièces.

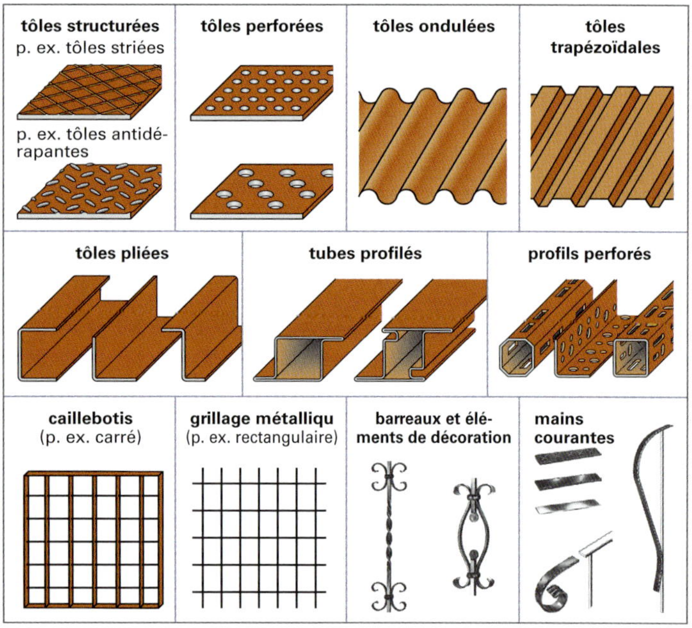

1 Semi-produits en acier (sélection)

Contrôlez vos connaissances

1 Quelles sont les indications à donner à un fabricant pour commander un semi-produit en acier normalisé ?
2 Que signifie la désignation suivante : Profil-I EN10025 – S275JO – I 120 ?
3 Quelle est la désignation correcte pour un Acier-U avec ailes inclinées de 65mm de hauteur, en acier S235JR selon la norme EN 10025 ?
4 Quelle utilisation fait-on des tubes profilés ?
5 A quoi correspondent une tôle striée et un profilé plié ?

Désignation abrégée des aciers et des fontes

Les descriptions brèves des matériaux permettent une identification plus rapide et plus aisée. Pour la plus grande partie des aciers et des fontes, il existe des descriptions abrégées selon les normes européennes EN ou DIN EN.
Pour les matériaux qui n'ont pas encore été répertoriés dans les normes européennes, les désignations selon les normes DIN servent de référence.
De plus, il existe une identification des matériaux par des numéros selon DIN EN 10027-2.

26.3.4 Désignation abrégée des aciers et des aciers coulés

Le système de désignation des aciers et des aciers coulés (DIN EN 10 027-1) est divisé en deux groupes.

Groupe 1	Désignation des aciers selon leur emploi et leurs propriétés mécaniques ou physiques.

Ces désignations se composent d'un symbole principal et d'un symbole complémentaire (voir exemple ci-contre).

Le **symbole principal** comporte une lettre permettant d'identifier l'acier en question, p.ex. S, P, L, E, et la limite élastique minimale en N/mm² (**voir tableau ci-dessous**, colonne de gauche).

Les **aciers coulés** sont précédés de la lettre G.

Les **symboles complémentaires** sont divisés en deux catégories **(voir tableau ci-dessous)**.

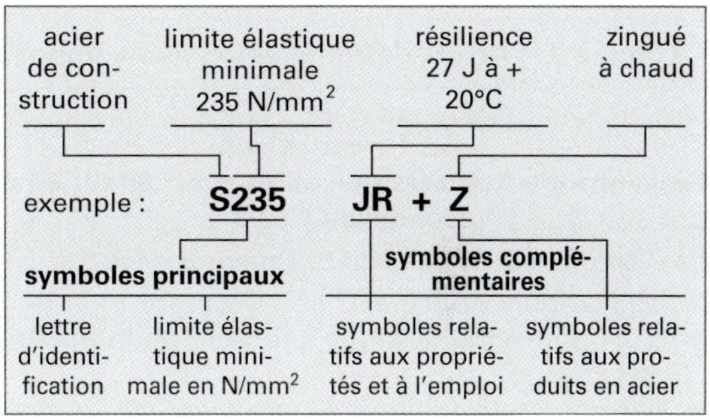

La **catégorie 1 des symboles complémentaires** comprend les aciers de construction non alliés ayant subi un essai de résilience à une température définie, p.ex. JR : L'acier a une résilience de 27 J à une température de 20° C. Pour les aciers de construction à grain fin, des indications de traitements thermiques sont données, p. ex. A, M, N ou Q. La lettre G et les chiffres 1 et 2 correspondent à des caractéristiques d'identification supplémentaires.

La **catégorie 2 des symboles complémentaires** correspond à des caractéristiques spécifiques, à l'aptitude des aciers à la transformation ou à des emplois particuliers, ou à des symboles chimiques pour des éléments d'alliages particuliers.

Les suffixes précédés d'un signe plus (+) indiquent des propriétés supplémentaires des **produits en acier**, ainsi que des types d'aciers particuliers ou des revêtements spécifiques.

Tableau : Symboles pour les désignations brèves des aciers du groupe 1

symboles principaux		symboles complémentaires		
lettres d'identification	**Propriétés mécaniques**	**catégorie 1 des symboles complémentaires**	**Catégorie 2 des symboles complémentaires**	**Pour produits en acier**
S aciers pour la construction métallique **E** aciers pour la construction mécanique **D** produits plats pour le formage à froid **H** produits plats à base d'aciers à haute résistance pour le formage à froid **P** aciers pour les réservoirs sous pression **L** aciers pour tuyaux de conduite **B** aciers à béton **G** acier coulé (quand nécessaire)	limite élastique minimale R_e en N/mm² pour l'épaisseur la plus fine des produits ou pour les produits plats : méthode du laminage	essai de résilience 27 J / 40 J / 60 J — à la température en °C JR KR LR + 20 J0 K0 L0 0 J2 K2 L2 – 20 J3 K3 L3 – 30 J4 K4 L4 – 40 J5 K5 L5 – 50 J6 K6 L6 – 60 A trempe par précipitation M laminé par voie thermomécanique N recuit ou traité par laminage normalisant Q traité par trempe et revenu G autres caractéristiques le cas échéant avec 1 ou 2 chiffres Les lettres A, M, N, et Q ne s'appliquent qu'aux aciers de construction à grain fin	C avec aptitudes particulières au formage à froid D pour revêtement par pulvérisation à chaud E pour l'émaillage F pour le forgeage H profils creux L pour basses températures M laminé par voie thermomécanique N normalisé ou traité par laminage normalisant O pour offshore P pour les palplanches Q amélioré S pour la construction navale T pour les tubes W résistant aux intempéries Cu Cu symboles chimiques correspondant aux éléments additionnels imposés, p. ex. Cu (si requis avec 0,1 % de la quantité)	+C acier à grain grossier +F acier à grain fin +H aptitude particulière à la trempe +Z Galvanisé à chaud +ZE galvanisation électrolitique +A recuit doux +N recuit normal +QT amélioré

Exemples de désignations brèves d'aciers et aciers coulés du groupe 1

S235JR	Acier de construction (S) ayant une limite élastique minimale de 235 N/mm², résilience = 27 J à 20 °C (JR).
S355J2W	Acier de construction (S) résistant aux intempéries (W) ayant une limite élastique minimale de 355 N/mm², résilience = 27 J à –20 °C (J2).
P275NL1	Acier pour réservoirs sous pression (P) ayant une limite élastique minimale de 275 N/mm², normalisé (N), résistant aux basses températures (L1).
GP240	Acier coulé (G) pour la construction de réservoirs sous pression (P), ayant une limite élastique minimale de 240 N/mm²
DC03+Z	Produit plat (D), laminé à froid (C), Groupe 03, galvanisé à chaud (+Z)

Note : Les nouvelles désignations s'écrivent sans espaces.

Groupe 2	**Aciers désignés selon leur composition chimique**

La dénomination abrégée de ces aciers du groupe 2 est divisée en quatre sous-groupes.

Sous-groupe 1 : Aciers non alliés avec teneur en manganèse moyenne < 1 % (sans les aciers de décolletage)

La désignation de ces aciers est composée :

- Du symbole principal C
- d'un chiffre indiquant le centuple de la teneur en carbone
- d'un symbole additionnel indiquant différentes teneurs et emplois particuliers
- Au besoin, d'un ou de deux chiffres supplémentaires pour différencier les types d'acier (sauf E et R).

(Voir exemple ci-contre).

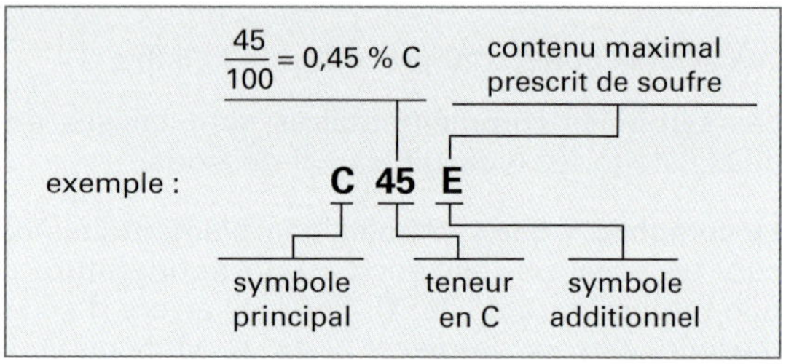

Sous-groupe 2 : Aciers non alliés à teneur en manganèse moyenne ≥ 1 %**, aciers de décolletage non alliés et aciers alliés dont la teneur de chaque élément d'alliage est < 5 %** (aciers rapides non compris).

La désignation brève est composée de différents symboles selon l'ordre suivant (voir exemple ci-contre) :

- La teneur en carbone (multipliée par cent)
- Les symboles chimiques des éléments principaux composant l'alliage
- Les chiffres permettant de calculer la teneur des éléments d'alliages dans le même ordre. Ils sont séparés par un trait d'union.

La désignation s'écrit sans espaces.

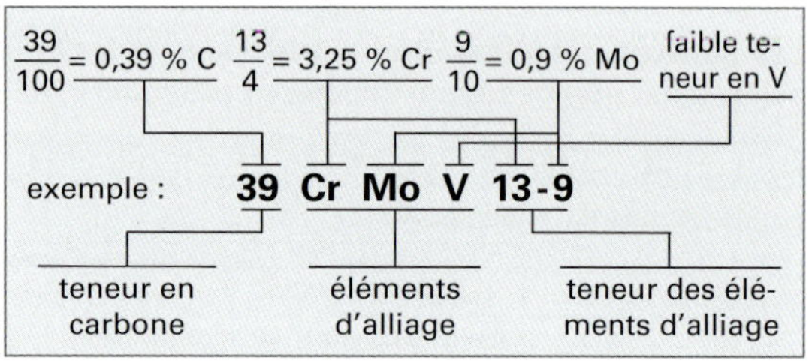

Afin de calculer la teneur de chaque élément d'alliage, il convient de diviser les chiffres indiqués dans la désignation par des dénominateurs correspondant aux différents éléments.

Il existe trois dénominateurs :

facteur 4 valable pour	chrome Cr	cobalt Co	manganèse Mn	nickel Ni	silicium Si	tungstène W		
facteur 10 valable pour	aluminium Al	cuivre Cu	molybdène Mo	niobium Nb	plomb Pb	tantale Ta	titane Ti	vanadium V
facteur 100 valable pour	carbone C	phosphore P	soufre S	azote N	cérium Ce			

Exemple : 39CrMoV13-9 correspond à un acier allié ayant 39/100 = 0,39 % C, 13/4 = 3,25 % Cr, 9/10 = 0,9 % Mo et une faible teneur en vanadium.

Sous-groupe 3 : Aciers inoxydables et autres aciers alliés, lorsqu'au moins un des éléments d'alliage a une teneur supérieure à 5 % (aciers rapides non compris).

La **désignation** abrégée de ces aciers se compose :

- de la lettre d'identification X
- d'un chiffre indiquant la teneur en carbone (multipliée par cent)
- des symboles chimiques des éléments principaux de l'alliage
- du pourcentage des éléments d'alliages dans le même ordre (séparés par un tiret)

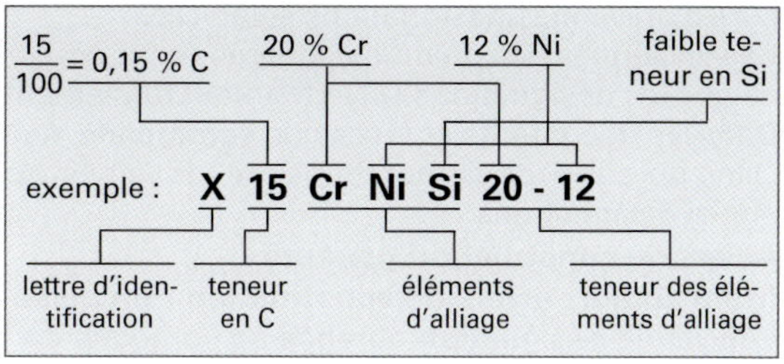

Exemple : X15CrNiSi20-12 correspond à un acier inoxydable comportant 0,15 % C, 20 % Cr, 12 % Ni et une faible teneur en silicium.

Sous-groupe 4 : Aciers rapides

La **désignation abrégée** des aciers rapides se compose, dans l'ordre suivant :

- des lettres d'identification HS
- des chiffres, séparés par des tirets, indiquent dans l'ordre le pourcentage des éléments suivants : tungstène (W), molybdène (Mo), vanadium (V) et cobalt (Co).

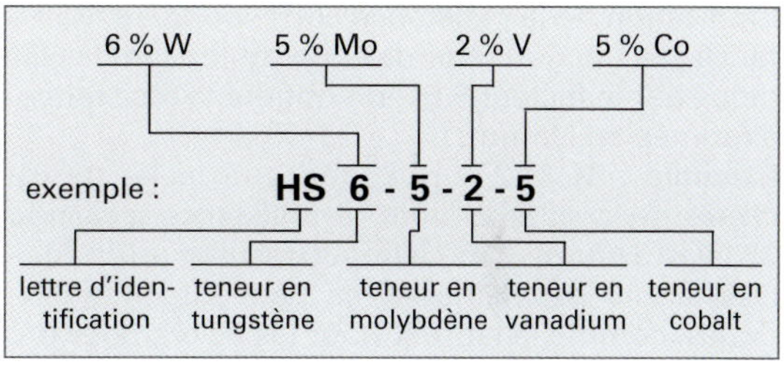

Exemple : HS18-1-2-5 correspond à un acier rapide comportant 18 % W, 1 % Mo, 2 % V et 5 % Co.

26.3.5 Désignation abrégée des fontes

Les quatre premières lettres des désignations correspondant aux fontes sont les lettres **EN-GJ**. G correspond à la fonte et J au fer (iron).

La lettre d'identification suivante indique la structure graphitique, par exemple **L** pour la fonte à graphite lamellaire, **S** pour la fonte à graphite sphéroïdal, **M** pour la fonte malléable, **N** pour la fonte sans graphite, etc.

Le symbole est alors suivi d'un tiret, puis de brèves indications sur les propriétés physiques ou sur la composition du matériau.

Les **fontes** sont classées selon leur **résistance à la traction** minimale en N/mm².

Lorsqu'un deuxième chiffre est indiqué, il correspond à l'allongement à la rupture.

Exemple : EN-GJMW-350-4 correspond à une fonte malléable blanche dont la résistance à la traction est de 350 N/mm² et l'allongement à la rupture de 4 %.

Dans le cas des **fontes** dont la caractéristique la plus importante est la **dureté**, l'indication additionnelle correspond à la dureté de la fonte.

Désignation abrégée de la fonte avec indication de la résistance à la traction

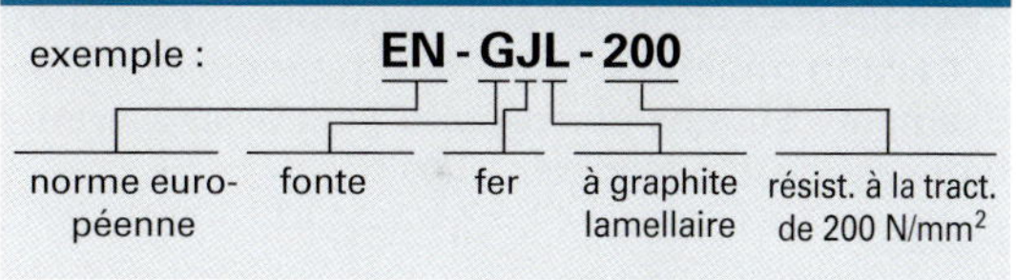

Désignation abrégée de la fonte avec indication de la dureté

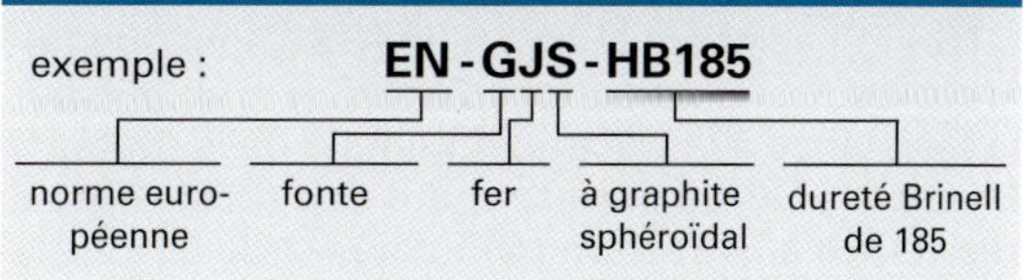

Désignation abrégée de la fonte avec indication de la composition

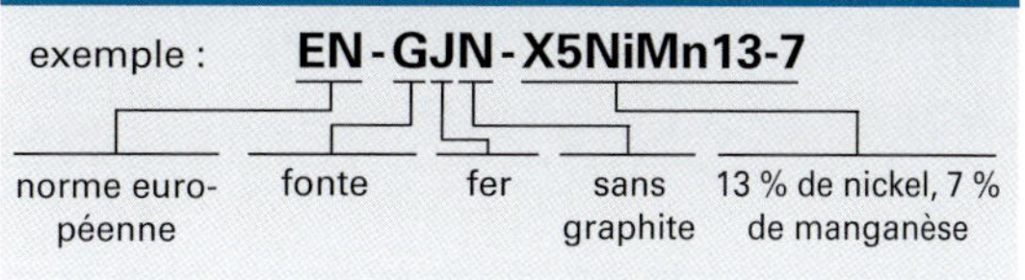

Exemple : EN-GJL-HB235 correspond à une fonte dont la dureté est de 235 HB (Brinell).

Dans le cas des **fontes** qui sont désignées selon leur **composition**, les lettres principales sont suivies de la composition des éléments d'addition, comme pour les aciers alliés.

Exemple : EN-GJL-XNiMn13-7 correspond à une fonte alliée comprenant 0,05 % C, 13 % Ni et 7 % Mn.

26.3.6 Anciennes dénominations abrégées des aciers et des fontes

Dans de nombreux catalogues et listes de produits de fabricants d'aciers et de fontes se trouvent encore d'anciennes désignations selon DIN.
Ces anciennes désignations abrégées sont encore tolérées pendant une période de transition ; jusqu'à ce que les désignations DIN EN soient totalement intégrées.
Dans les **documents** et en cas de **commande**, seules les nouvelles désignations DIN EN sont admises.
Dans un souci de compréhension, les lignes qui suivent décrivent brièvement les principales anciennes désignations.

Aciers de construction généraux
(nom actuel : aciers de construction non alliés)

L'ancienne **désignation abrégée** se compose du symbole principal St, d'un chiffre indiquant la résistance de l'acier (voir exemple de droite) et d'une indication additionnelle sur la classe de qualité (2 ou 3).
L'indication de la résistance correspond environ au dixième de la résistance à la traction minimale. En multipliant le chiffre de la résistance indiqué par le facteur 9,81, on obtient la résistance à la traction minimale exprimée en N/mm^2.
Exemple : St 37-2 correspond à un acier de construction général de classe de qualité 2, dont la résistance à la traction minimale est de 37 · 9,81 N/mm^2 = 360 N/mm^2 (résultat arrondi).
Des lettres supplémentaires peuvent indiquer des propriétés spécifiques, comme la lettre **K** pour les aciers pour profiler par laminage, ou **WT** pour les aciers résistant aux intempéries.
Exemples : KSt 360-3, WTSt 510-3.

Ancienne désignation abrégée

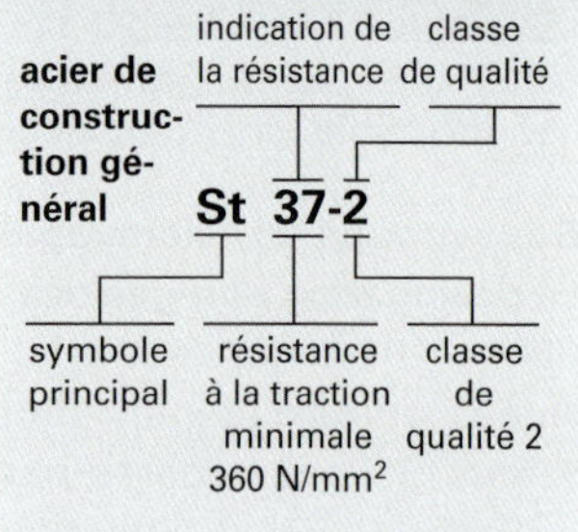

Aciers de construction soudables à grain fin

L'ancienne désignation abrégée des aciers de construction soudables à grain fin était composée du symbole principal **StE** et de la résistance à la traction minimum en N/mm^2 (voir exemple de droite).
Exemple : StE 255 correspond à un acier à grain fin dont la limite élastique est de 255 N/mm^2.

Ancienne désignation abrégée

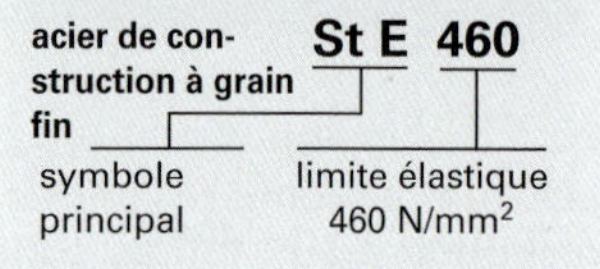

Fontes

L'ancienne désignation abrégée des fontes était composée d'un symbole principal désignant les fontes (p. ex. GG) ainsi que d'un chiffre ou d'une lettre supplémentaire (voir exemple de droite).
Les fontes les plus courantes telles que la fonte à graphite lamellaire **(GG-)**, la fonte à graphite sphéroïdal **(GGG-)**, la fonte malléable **(GTW-GTS-)** et l'acier coulé non allié **(GS-)** sont suivies d'un chiffre indiquant la résistance à la traction. Ce chiffre multiplié par le facteur 9,81 donne la résistance à la traction minimale de la fonte.
Exemple : GG-30 correspond à une fonte à graphite lamellaire dont la résistance à la traction minimale est de 30 · 9,81 N/mm^2 ≈ 294 N/mm^2.

Ancienne désignation abrégée

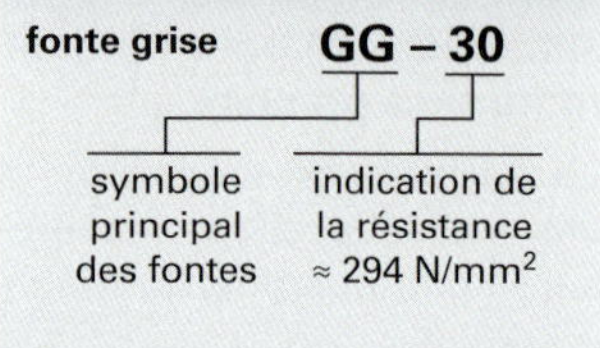

Comparaison des désignations abrégées selon DIN EN et DIN

Nouvelle désignation abrégée selon DIN EN 10027-1	Désignation abrégée selon l'ancienne norme DIN	Explication de la désignation abrégée DIN EN
S235JR	R St 37-2	acier de construction avec une limite élastique minimale de 235 N/mm^2, résilience de 27 J à +20 °C
S355J0	St 52-3U	acier de construction avec une limite élastique minimale de 355 N/mm^2, résilience de 27 J à 0 °C
S235J2W	WT St 37-3	acier de construction résistant aux intempéries et avec une limite élastique minimale de 235 N/mm^2, résilience de 27 J à –20 °C
P265GH	H II	acier pour les réservoirs sous pression dont la limite élastique minimale est de 265 N/mm^2, résistant à la chaleur (GH)
EN-GJL-250	GG-25	fonte à graphite lamellaire (fonte grise), résistance à la traction minimale 250 N/mm^2

26.3.7 Numéros de matières des aciers, des fontes et des aciers coulés

En plus des désignations normalisées, il existe un système de désignation numérique pour se référer aux matériaux. Cette façon de désigner les matériaux convient particulièrement à la commande et au stockage par traitement électronique des données ; les numéros de matières ne permettent pas de connaître directement la composition des matériaux. Les trois premiers chiffres indiquent uniquement un classement par groupes de matériaux.

Numéros de matières des aciers et des aciers coulés

Les numéros de matières des aciers et des fontes sont composés de cinq chiffres séparés par un point entre le premier chiffre et les quatre suivants (voir l'exemple ci-contre pour l'acier S275J0).

Le premier chiffre indique de quelle **famille de matière** il s'agit : le chiffre 1 correspond aux aciers et aux aciers coulés. Les deux chiffres suivants indiquent le numéro du groupe, et les deux chiffres suivant correspondent à une numérotation dans le groupe. Au besoin, un symbole additionnel peut être ajouté.

Les **numéros de groupe** correspondant aux aciers sont en général formés selon la composition et les propriétés. Par exemple, les numéros de groupe correspondant aux aciers de construction non alliés sont les numéros 00, 01, 90 et 91. D'autres aciers sont désignés par les numéros 02, 92, 03 à 06 et 93 à 96. Les aciers rapides correspondent aux numéros de groupe 32 et 33, et les aciers inoxydables aux numéros 40 à 46.

Les **numérotations dans le groupe** correspondent à des matériaux spécifiques.

Comme exemple, l'acier S235JR (St 37-2) correspond au numéro de groupe 00 et au numéro d'ordre dans le groupe 38 (voir exemple ci-contre).

Le numéro de matière correspondant aux **aciers coulés** est composé de cinq chiffres et d'un point comme dans le cas des aciers (voir exemple ci-contre). Il se compose du chiffre 1 pour l'acier coulé, puis des deux chiffres du numéro de groupe et des deux chiffres de la numérotation dans le groupe.

Numéros de matières pour les fontes

Les fontes peuvent aussi être désignées par un numéro de matière. Sa structure est semblable à celle des aciers.

Le premier chiffre est le 5, qui désigne toutes les fontes (voir exemple ci-contre)

Après le point suivent un numéro pour la structure graphitique (deuxième chiffre) et un chiffre pour la structure de base (troisième chiffre). Les chiffres suivants sont une numérotation pour une matière spéciale.

La désignation numérique des **fontes** est issue de la norme européenne EN. Elle est composée de quatre lettres et de quatre chiffres (voir l'exemple ci-contre pour la fonte EN-JL1030).

Exemple : acier S275J0

1.0143

famille de matière — numéro de groupe — numérotation dans le groupe

Exemple : S235JR

1.0038

famille de matière : 1. acier — numéro de groupe : 00 acier de base — numérotation dans le groupe 38 pour acier S235JR

Exemple : fonte d'acier GS-20Mn5

1.1120

1 : fonte d'acier — 11 : fonte d'acier pour construction métallique — numérotation : 20 pour GS-20Mn5

Numéro de matière pour fonte

5.32 □□

chiffre 5 — graphite sphérique — structure ferritique-perlitique — numérotation

Contrôlez vos connaissances

1 La désignation d'un acier donné est la suivante : S275J0. Quelles indications cette désignation comporte-t-elle ?

2 A quels matériaux correspondent les désignations suivantes ?
a) 2C30 b) 34Cr4 c) X40Cr13 d) EN-GJL-100?

3 Quelle est la composition des matériaux suivants ?
a) 45CrV7-7 b) X5CrNiMo17-12-2 c) HS6-5-2

4 Dans un ancien catalogue, on trouve l'acier St 50-2. De quel type d'acier s'agit-il, et quelles indications peut-on lire dans la désignation brève ?

5 A quels types d'acier, à quelles propriétés et à quelles compositions correspondent les désignations brèves suivantes ?
a) 42CrMo4 b) C60 c) X5CrNi18-10
d) HS10-4-3-10 e) DC04 f) S355J2

26.3.8 Classification des aciers et des fontes

On nomme **aciers** les matériaux qui ont pour élément principal du fer, une teneur en carbone généralement inférieure à 2 %, ainsi que des éléments d'addition.

Les **fontes** sont des matériaux à base de fer dont la teneur en carbone se situe généralement entre 3 % et 4 %.

Classification des aciers selon leur emploi

Les aciers et les fontes sont classés en quatre groupes selon leur emploi :

Aciers pour la construction métallique

Aciers pour la construction mécanique ou machines

Aciers à outils

Fontes

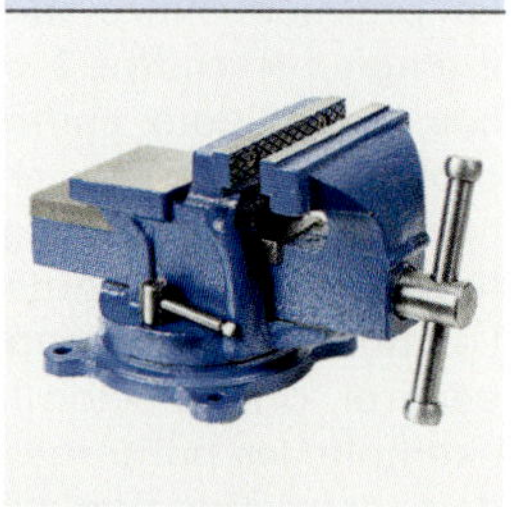

Lors de leur fabrication, les aciers et les fontes acquièrent du carbone **(p. 438)**. Il ne s'agit pas d'un élément d'alliage, mais d'un composant de base de l'acier. La teneur en carbone détermine de façon considérable les propriétés des matériaux.

Comme règle générale, les aciers pour la construction métallique et les aciers pour la construction mécanique contiennent entre 0,1 % et 0,6 % de carbone, les aciers à outil contiennent entre 0,35 % et 1,5 % de carbone, et les fontes contiennent entre 3 % et 4 % de carbone.

Classification des aciers selon leur composition chimique

Les aciers sont classés selon leur composition de la manière suivante : les **aciers non alliés**, les **aciers inoxydables** et les **autres aciers alliés (fig. 1)**. En ce qui concerne la pureté des aciers, il convient de faire une distinction entre les aciers de qualité et les aciers inoxydables ou spéciaux.

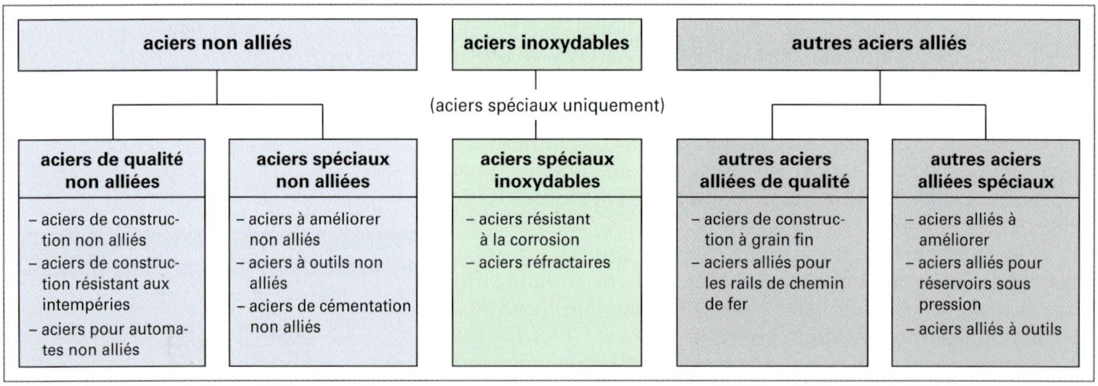

1 Classification des aciers selon leur composition

Aucun **acier non allié** n'atteint les valeurs déterminées dans le **tableau 1**.

Les **aciers inoxydables** ont une teneur minimale en chrome de 10,5 % et une teneur maximale en carbone de 1,2 %. Parmi eux figurent les **aciers résistant à la corrosion** et les aciers réfractaires.

Les **autres aciers alliés** sont des types d'acier qui, sans être des aciers inoxydables, dépassent au moins une des valeurs du **tableau ci-contre**.

Classes de qualité principales des aciers. En se basant sur leur pureté, autrement dit sur l'exactitude de leur composition, on distingue les **aciers de qualité** des **aciers inoxydables ou spéciaux**. Les aciers spéciaux se distinguent par un degré de pureté élevé et obtiennent des qualités de résistance et de dureté fiables lors de traitements thermiques.

Tableau 1 : Valeurs limites	
Aluminium (Al)	0,30 %
Chrome (Cr)	0,30 %
Cuivre (Cu)	0,40 %
Manganèse (Mn)	1,65 %
Nickel (Ni)	0,30 %
Plomb (Pb)	0,40 %
Silicium (Si)	0,60 %
Cobalt (Co)	0,60 %
Tungstène (W)	0,30 %

26.3.9 Aciers pour la construction métallique

Les aciers communément appelés aciers de construction sont utilisés pour la fabrication de charpentes métalliques, de balustrades, d'escaliers, de pylônes électriques, de cloisons, de rails, de châssis, de structures diverses, etc. **(fig. 1)**.

Laminés à chaud ou à froid, les produits finis en acier se trouvent dans le commerce sous forme de profils, de poutres, de tubes, de barres, de tôles, de bandes ou de fils **(p. 443)**. Une fois coupés, ils sont soudés ou vissés pour former diverses constructions métalliques.

Les aciers de construction sont utilisés dans la construction métallique et dans la construction de machines. Lorsqu'ils sont livrés, ils sont en mesure de supporter les contraintes envisagées. Ils ne conviennent pas à des traitements thermiques.

Aciers de construction non alliés

Les aciers de construction non alliés sont des aciers peu onéreux. De par leur résistance et leur limite élastique, ils ne peuvent supporter que des contraintes faibles ou moyennes. Il s'agit d'aciers stabilisés (FN) ou complètement stabilisés (FF).

En général, ils sont laminés à chaud en produits longs et plats **(p. 440)**.

Ces produits finis subissent des déformations ou sont soudés pour devenir des pièces de construction.

Les aciers de construction laminés à chaud sont normalisés selon la norme DIN EN 10025-2 **(voir tableau ci-contre)**.

Leur **désignation abrégée** se compose d'un **S** (aciers de construction) ou d'un **E** (aciers pour machines) ainsi que de la limite élastique minimale en N/mm². A cela peuvent s'ajouter des indications supplémentaires sur les propriétés du matériau **(voir p. 445)**.

L'acier **S235JR** (ancienne désignation St 37-2) est l'acier de construction non allié le plus utilisé pour des constructions subissant des contraintes faibles. C'est l'acier par excellence pour des constructions ou des assemblages soudés de même que pour des dispositifs peu sollicités **(fig. 1)**.

Dans le cas des pièces fortement sollicitées, comme des constructions proéminentes ou des pièces de soutènement de carrosserie, le matériau privilégié est l'acier de construction non allié **S355J0** (ancienne désignation St 52-3U). Grâce à son taux élevé de manganèse (environ 1,6 %) et un ajout d'aluminium, sa résistance et sa limite élastique sont accrues. Lors d'un laminage à température soigneusement réglée, l'acier obtient une structure de grain fin.

Tableau : aciers de construction laminés à chaud (DIN EN 10025-2)

Désignation brève selon DIN EN 10025-2	Ancienne désignation brève selon DIN 17100	Numéro de matière	Teneur en carbone %	Limite élastique[1] R_e N/mm²	Résistance à la traction[2] R_m N/mm²	Allongement à la rupture A %
Aciers de construction non alliés pour la construction métallique						
S185	St 33	1.0035	–	145...185	290...510	15...18
S235JR	St 37-2	1.0038	0,17	175...235	360...510	21...26
S235J2	–	1.0117	0,17	175...235	360...510	21...24
S275J0	St 44-3U	1.0143	0,18	205...275	410...560	18...23
S355J0	St 52-3U	1.0553	0,20	275...355	470...630	17...22
Aciers de construction non alliés pour la construction de machines						
E295	St 50-2	1.0050	–	225...295	470...610	15...20
E335	St 60-2	1.0060	–	255...335	570...710	11...16
E360	St 70-2	1.0070	–	285...360	670...830	7...11

Teneur en carbone : - signifie indéterminé

[1] pour les produits dont l'épaisseur nominale se situe entre 16 mm et 250 mm

[2] pour épaisseurs nominales entre 3 mm et 100 mm
Les produits dont l'épaisseur est moindre ont les résistances plus élevées.

1 Portail coulissant en acier S235JR

Soudabilité des aciers non alliés

La soudabilité des aciers dépend en premier lieu de leur teneur en carbone. Les aciers non alliés pour la construction métallique (symbole principal S), dont le taux de carbone est moins de 0,22 %, sont les plus aptes au soudage, sans aucune restriction. Les aciers tels que S235J0 (St 37-3U) et S355J0 (St 52-3U) ont une bonne aptitude au soudage. La résistance du cordon de soudure correspond approximativement à la résistance du matériau de base.

Certains aciers sont moins propices au soudage, comme l'acier S185 (St 33). La résistance des soudures de tels matériaux est moindre. Les aciers pour la construction mécanique non alliés tels que l'acier E295 (St 50-2), l'acier E335 (St 60-2) ou l'acier E360 (St 70-2) sont quant à eux soudables uniquement sous certaines conditions. Ils conviennent davantage à des assemblages vissés ou rivetés.

Aciers résistant aux intempéries

Les aciers résistant aux intempéries selon la norme DIN EN 10025-5 sont des aciers non alliés qui acquièrent par un faible ajout de chrome, de cuivre et de nickel une meilleure résistance à la corrosion. Certes, ces aciers rouillent également, mais très lentement. Avec une couche de protection supplémentaire, les constructions en acier résistant aux intempéries sont protégées contre la corrosion durant de nombreuses années. Ces aciers sont privilégiés et employés pour de grandes constructions, telles que des ponts, des tours, des pylônes électriques ou des ossatures d'acier **(fig. 1)** dont les éléments, de par leur taille, ne peuvent être protégés contre la corrosion par zingage.

La désignation abrégée des aciers résistant aux intempéries comporte la lettre W, comme par exemple l'acier **S235J2W** (anciennement WT St 37-3).

1 Pont en acier résistant aux intempéries S235J2W

Aciers à grain fin soudables

Dans le cas d'éléments de construction qui sont soumis à de fortes sollicitations et qui doivent être soudables, comme par exemple des éléments de charpentes, fermes **(fig. 2)**, il convient d'employer des aciers soudables à grain fin selon la norme DIN EN 10025-3 et DIN EN 10025-4 **(voir tableau)**.

Ils sont disponibles dans les exécutions suivantes : laminés et recuit (N) ou laminés par voie thermomécanique (M), et peuvent être dans les deux cas traités pour résister aux basses températures ; jusqu'à –50 °C (NL ou ML), comme par exemple l'acier S275NL.

Ces aciers contiennent environ 0,20 % de carbone, 0,20 % de silicium, dans tous les cas 0,03 % de phosphore et soufre, et suivant l'acier, 0,5 % à 1,7 % de manganèse, 0,3 % à 0,8 % de nickel, 0,3 % de chrome, 0,55 % de cuivre, ainsi que de faibles quantités de vanadium (jusqu'à 0,2 %), de niobium (jusqu'à 0,05 %) et de titane (0,03 %).

La faible teneur en carbone (0,2 %), ces aciers à grain fin sont facilement soudables. Les éléments d'alliage que sont le manganèse, le chrome, le nickel et le cuivre ont pour effet d'augmenter la ténacité. De plus, le cuivre, le chrome et le nickel augmentent la résistance à la corrosion.

Tableau : aciers à grain fin soudables

Désignation brève selon DIN EN 10025-3 et -4	ancienne désignation selon DIN 17102	numéro de la matière	limite élastique[1] R_e N/mm²	résistance à la traction[2] R_m N/mm²
S275N	StE 285	1.0490	265	370...510
S355M	StE 355TM	1.8823	345	450...610
S420N	StE 420	1.8902	400	520...680
S460M	StE 460TM	1.8827	440	530...720

N normalisé ; M laminé par voie thermomécanique
[1] épaisseurs nominales > 16 mm ≤ 40 mm
[2] épaisseurs nominales ≤ 100 mm
allongement à la rupture : de 24 % à 17 %

2 Structure en d'acier à grain fin soudable S355M

26.3.10 Aciers inoxydables

En raison de leur aspect décoratif et de leur résistance à la corrosion, les pièces en acier inoxydable sont fréquemment employées pour la construction de bâtiments modernes **(fig. 1)**.

Cet acier est disponible sous forme de profils, de tubes, de barres ou de tôles, et sera transformé pour fabriquer des balustrades, des escaliers, des cadres de portes, des fenêtres, des portes coulissantes, des revêtements de façades, etc.

Les aciers résistants à la corrosion sont appelés communément **aciers inox** et marqués par le cigle ci-contre.

EDELSTAHL® Rost frei

Des entreprises comme Nirosta, V2A, V4A produisent de l'acier inoxydable.

1 **Entrée d'une entreprise moderne comportant des éléments en acier inoxydable**

> Les aciers inoxydables sont fortement alliés et ont une teneur en chrome minimale de 10,5 % et une teneur en carbone maximale de 1,2 %.

En ce qui concerne la **structure interne**, il convient de distinguer les aciers ferritiques, martensitiques et **austénitiques (p. 463)**. Dans les domaines de la construction métallique et du bâtiment, les aciers inoxydables austénitiques sont d'importance capitale. Il s'agit d'aciers spéciaux contenant au minimum de 17 % de chrome, de 10 % de nickel, environ 1 % de silicium, 2 % de manganèse, et en partie du molybdène, du titane et du niobium. La teneur en carbone n'est que de 0,01 % à 0,06 %. Le **tableau** ci-contre donne un aperçu des principaux aciers inoxydables utilisés dans la construction métallique et dans le bâtiment. La désignation abrégée des aciers inoxydables indique la teneur des principaux éléments d'alliage.

Tableau : aciers inoxydables selon DIN 10088-3

désignation abrégée	numéro de la matière	0,2 %-limite d'élasticité en N/mm²	résistance à la traction en N/mm²	Utilisations
X6Cr17 (ferritique)	1.4016	240	400…630	meubles, étagères ; extérieur : inadapté
X5CrNi18-10 (austénitique)	1.4301	190	500…700	*intérieur : balustrades ; extérieur : emploi limité*
X5CrNiMo17-12-2 (austénitique)	1.4401	200	500…700	adapté en extérieur et en intérieur : installations sanitaires, balustrades, fenêtres, protections de cheminée, escaliers, façades
X6CrNiTi18-10 (austénitique)	1.4541	205	510…740	
X6CrNiMo-Ti17-12-2 (austénitique)	1.4571	200	500…700	
X1CrNiMo-Cu25-20-5 (austénitique)	1.4529	300	650…850	éléments de piscine, garages souterrains (résiste au chlore)

Exemple : l'acier inoxydable X6CrNiMoTi17-12-2 contient 6 : 100 = 0,06 % de carbone, 17 % de chrome, 12 % de nickel, 2 % de molybdène et un pourcentage de titane non indiqué.

Propriétés mécaniques

Les aciers inoxydables ont une résistance moyenne (entre 400 N/mm² et 700 N/mm²). Ils sont tenaces et font preuve d'un allongement à la rupture élevé (entre 35 % et 50 %) et d'une bonne aptitude à la déformation.

L'acier inoxydable X1CrNiMoCuN25-20-7 peut être admis dans le cas de constructions soutenant des charges, comme des piliers ou des poutres, mais avec autorisation.

Une fois livrés, les aciers inoxydables ont une dureté adéquate et sont prêts à l'emploi ; ils ne sont par conséquent plus traités thermiquement. En raison de leur structure austénitique, ils ne sont pas magnétisables.

Résistance à la corrosion

Les aciers inoxydables ont une surface régulière, lisse et polissable. Pour un emploi en intérieur, leur résistance est bonne sans couche de protection. En extérieur, il serait préférable d'employer des aciers contenant du molybdène comme le X5CrNiMo17-12-2. Le fait de meuler, de décaper et de polir la surface extérieure des pièces en acier inoxydable améliore la résistance à la corrosion de façon considérable **(voir page 488)**.

Utilisation

L'acier inoxydable **X5CrNi18-10** convient à une utilisation intérieure, et sous réserve à une utilisation extérieure. En cas de sollicitation extérieure normale, les aciers inoxydables contenant du molybdène, comme l'acier **X5CrNiMo17-12-2**, sont résistants à la corrosion et sont utilisés comme tôles, par exemple pour les toitures **(fig. 1)**.
Les aciers inoxydables normaux sont sensibles aux ions de chlorures (Cl^-) contenus dans l'air marin, dans les milieux industriels ou dans l'air et l'eau des piscines et des stations d'épuration. Dans de tels milieux, des piqûres de corrosion attaquent les aciers inoxydables usuels. Il convient alors d'employer les aciers inoxydables spéciaux **X2CrNiMoN17-13-5** ou **X1NiCrMoCu25-20-5**.

1 **Couverture d'un bâtiment en tôles d'acier inoxydable X5CrNiMo17-12-2**

Aptitude au soudage et au brasage

Les aciers inoxydables sont soudables **(fig. 2)**. Le procédé de soudage qui convient est celui du soudage à l'arc sous protection de gaz inerte avec électrode de tungstène (TIG). Les aciers qui contiennent du titane ou du niobium conviennent particulièrement bien au soudage. Les métaux d'apport à utiliser sont définis par la norme DIN EN 12072. Par exemple, pour souder de l'acier X5CrNiMoTi17-12-2, il convient d'utiliser le métal d'apport G 19 12 3 Nb.
Après refroidissement, le cordon doit être brossé ou meulé puis poli. Il faut ensuite décaper la soudure avec une pâte de décapage afin de faire disparaître la coloration de surface.
Les aciers inoxydables peuvent également subir un brasage tendre (par exemple avec de l'étain de soudage S-Sn95Ag5) ou un brasage dur lorsque la température de fusion du métal d'apport est basse (par exemple avec le métal d'apport à base d'argent Ag104).

2 **Soudage TIG d'une rampe d'escalier en acier inoxydable**

Transformation, usinabilité

En général, les aciers inoxydables sont livrés sous forme de tôles, de tubes, de profils ou de tôles profilées **(fig. 3)**. Les pièces peuvent être découpées, estampées, sciées, percées ou déformées. Il est important de prendre en considération un retour élastique considérable ainsi que le durcissement par déformation. Les procédés de déformation qui conviennent le mieux aux aciers inoxydables sont les procédés de pliage.

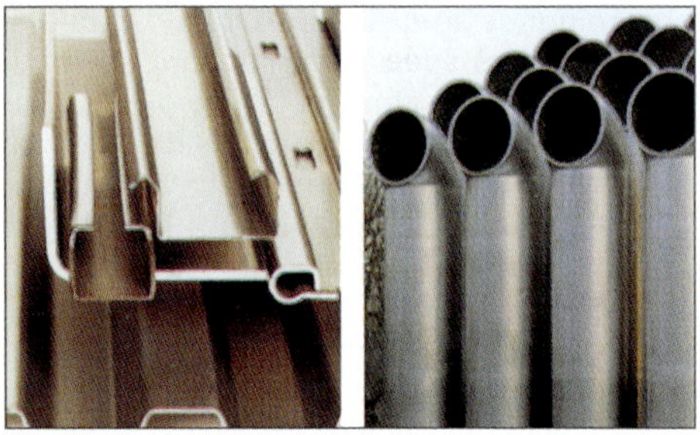

3 **Profils et tubes fabriqués à partir de tôles d'acier inoxydable**

Lors de l'usinage, en raison de la faible conductivité thermique des aciers inoxydables, il est impératif de prévoir une lubrification et un refroidissement adéquats.
Lors de la transformation de l'acier inoxydable, si l'on utilise des outils autres que ceux spécialement prévus à cet effet, des traces de matériaux étrangers provoqueront à terme de la corrosion, phénomène que l'on nomme également corrosion erratique **(page 488)**.

Contrôlez vos connaissances

1 Expliquez les différences entre les aciers de qualité et les aciers spéciaux.
2 Nommez deux aciers non alliés en indiquant leur désignation brève et leurs principaux domaines d'utilisation.
3 Quel élément influence considérablement la soudabilité des aciers de construction non alliés ?
4 Dans quels cas l'acier S235JR est-il utilisé ?
5 En ce qui concerne la résistance à la corrosion, quels sont les éléments qui caractérisent les aciers résistant aux intempéries ?
6 Dans quels cas les aciers de construction à grain fin soudables sont-ils utilisés ?
7 Quels sont les composants principaux des aciers inoxydables ?
8 Comment peut-on améliorer la résistance à la corrosion d'une pièce en acier inoxydable ?
9 Lors de la fabrication de pièces en acier inoxydable, pourquoi ne peut-on utiliser que des outils spécialement prévus à cet effet ?

26.3.11 Aciers pour tôles et bandes

Les produits plats d'acier peuvent être découpés en tôles planes ou enroulés pour former des rouleaux (également appelés coils). Selon l'épaisseur, on distingue :

- **Les tôles très minces** : épaisseur inférieure à 0,5 mm
- **Les tôles fines** : épaisseur entre 0,5 mm et 3 mm
- **Les tôles moyennes** : épaisseur entre 3 mm et 4,75 mm
- **Les tôles fortes** : épaisseur supérieure à 4,75 mm

Ces tôles sont réalisées à partir de différents aciers **(voir tableau 1)**.

Tôles en acier doux

Les tôles en acier doux pour le formage à froid ont une faible teneur en carbone (0,1 %). Ils sont aisément déformables avec des outils usuels sur chantier et présentent une bonne soudabilité. Exemple : DC01.

Tôles en acier de construction non allié

Ces tôles d'acier, anciennement nommées tôles de chaudronnerie, sont utilisées pour la fabrication de réservoirs sous pression, ainsi que pour des tubes sous pression ou appareils et conduites fonctionnant dans des milieux à température élevée.
Ces tôles sont aisément soudables et déformables, résistantes à la cassure et aux températures.

Tôles en acier inoxydable (résistantes à la corrosion)

Ces tôles en acier spécial inoxydable contiennent comme éléments d'alliage environ 18 % de chrome et 10 % de nickel. Elles sont résistantes à la corrosion et sont généralement transformées en pièces de décoration **(fig. 1, page 453)**.

Tôles protégées contre la corrosion

Les produits plats en acier doux et en acier non allié sont également disponibles avec un revêtement de protection **(voir tableau 2)**. Ils sont ainsi protégés contre la corrosion et ne nécessitent pas de couche de protection supplémentaire après avoir été transformés.
Les tôles les plus utilisées sont des tôles zinguées des deux côtés (épaisseur de zinc de 5 µm à 20 µm) **(voir tableau 2 et fig. 2)**.
Il existe aussi des **tôles laquées** et galvanisées avec protection.

Tableau 1 : Produits plats laminés à froid (tôles et bandes)

Désignation brève selon DIN EN	Ancienne désignation brève	Numéro de matière	Limite élastique R_e N/mm²	Résistance à la traction R_m N/mm²	Allongement à la rupture A %
En acier doux pour formage à froid (DIN EN 10130)					
DC01	St12	1.0330	280	270...410	28
DC03	RRSt13	1.0347	240	270...370	34
En acier de construction non allié (DIN 1623)					
S215G	St 37-2G	1.0037G	215	360...510	20
S325G	St 52-3G	1.0570G	325	410...530	23
En acier pour réservoirs sous pression (DIN EN 10028-2)					
P235GH	H I	1.0345	235	360...480	25
P265GH	H II	1.0425	265	410...530	23
13CrMo4-5	13CrMo44	1.7335	300	450...600	19
En acier inoxydable (DIN EN 10088-2)					
X5CrNi18-10		1.4301	250	600...950	≈ 40
X6CrNiMoTi17-12-2		1.4571	240	540...690	≈ 40

1 Tôle (laquée) à profil trapézoïdal en acier de construction non allié pour toiture

2 Pièces estampées de tôles zinguées en acier de construction non allié

Tableau 2 : Produits plats avec revêtement de protection

Désignation selon DIN EN	Ancienne désignation	Numéro de matière	Limite élastique R_e N/mm²	Résistance à la traction R_m N/mm²	Allongement à la rupture A %
Tôle zinguée en acier doux (DIN EN 10346)					
DX51D+Z	St 02 Z	1.0226+Z	–	500	22
DX54D+Z	St 06 Z	1.0306+Z	140...220	350	36
Tôle d'acier zinguée pour le bâtiment (DIN EN 10346)					
S250GD+Z	St E 250 Z	1.0242+Z	250	330	19
S350GD+Z	St E 350 Z	1.0229+Z	350	420	16

26.3.12 Aciers pour la construction mécanique

Ces aciers sont utilisés pour la fabrication de pièces de machines et d'éléments d'outillage ou d'entraînement, tels que des roues dentées, des arbres, des axes, des roulements, des clavettes, des leviers, etc.

Aciers améliorés

Les aciers améliorés sont des aciers non alliés ou faiblement alliés qui acquièrent lors de traitements thermiques leurs propriétés d'emploi : une limite élastique très haute et d'excellentes qualités de résistance et de ténacité.

L'amélioration correspond à deux traitements thermiques successifs : la trempe et le revenu **(voir page 468)**.

Il existe des aciers améliorés alliés et non alliés **(voir tableau)**.

Les aciers améliorés non alliés ont une teneur en carbone de 0,22 % à 0,60 %. Les aciers améliorés alliés contiennent des éléments d'alliage supplémentaires : chrome, nickel, molybdène, manganèse, vanadium et silicium. Toutefois, chaque élément d'alliage ne dépasse pas 5 %.

La désignation abrégée d'un acier amélioré permet de déduire sa composition de manière approximative **(voir page 446)**.

Les aciers améliorés non alliés sont disponibles avec une meilleure aptitude aux traitements thermiques (E) ou avec une meilleure usinabilité (R).

Exemples : l'acier C35E correspond à un acier amélioré non allié (C) dont la teneur en carbone est de 35 : 100 = 0,35 %, et dont l'aptitude à être traité thermiquement est garantie (E).
L'acier 34CrMo4 est un acier amélioré allié dont la teneur en carbone est de 34 : 100 = 0,34 %, la teneur en chrome de 4 : 4 = 1 %, et dont la teneur en molybdène n'est pas indiquée.

Les aciers améliorés non alliés permettent de fabriquer des petites pièces telles que des vis, des écrous, des axes et arbres de petite taille. Les aciers améliorés alliés permettent la fabrication de pièces de taille plus grande soumises à des sollicitations mécaniques telles que des coups ou des chocs : roues dentées, arbres d'engrenage **(fig. 1)**, pièces à forger, vis résistantes - HV.

Tableau : Aciers améliorés selon DIN EN 10083 (sélection)

Type d'acier, désignation abrégée	Limite élastique[1)] R_e N/mm²	Résistance à la traction[1)] R_m N/mm²	Allongement à la rupture[1)] A %
Aciers améliorés non alliés DIN EN 10083-2			
C35E, C35R	380	600 ... 750	19
C45E, C45R	430	650 ... 800	16
C60E, C60R	520	800 ... 950	13
Aciers améliorés alliés DIN EN 10083-3			
34Cr4	590	800 ... 950	14
34CrMo4	650	900 ... 1100	12
36CrNiMo4	800	1000 ...1200	11

[1)] R_e, R_m, A traité thermiquement, épaisseur : ≤ 16 mm ≤ 40 mm

1 Pièces de machines en acier de traitement

Aciers de décolletage

Les aciers de décolletage sont des aciers non alliés ou faiblement usinés par enlèvement de copeaux sur des décolleteuses pour obtenir des pièces telles que des vis, des douilles, des anneaux, des goujons ou des goupilles en grande quantité **(fig. 2)**.

L'ajout de soufre (entre 0,18 % et 0,4 %) et parfois de plomb (entre 0,15 % et 0,3 %) confère aux aciers de décolletage une meilleure usinabilité. Ces éléments d'alliage provoquent lors du tournage des copeaux courts, ce qui a pour effet de ne pas encombrer l'outil de coupe.

Les aciers de décolletage contenant plus de 0,2 % de carbone peuvent être traités thermiquement.

Aciers de décolletage selon DIN EN 10087		
10S20,	**10SPb20,**	**15SMn13,**
11SMn30,	**11SMnPb30,**	**46S20,**
35S20,	**35SPb20,**	**46SPb20**

2 Pièces tournées en acier de décolletage

Exemple : l'acier 10S20 est un acier dont la teneur en carbone est de 10 : 100 = 0,10 %, et dont la teneur en soufre est de 20 : 100 = 0,20 %.

26.3.13 Aciers à outils

Les aciers à outils permettent de fabriquer des outils dont on se servira pour réaliser des pièces ou des éléments de construction. Ils se distinguent par une teneur en carbone relativement élevée, située généralement entre 0,45 % et 1,15 %, et par une dureté et une résistance à l'usure élevées qu'ils acquièrent lors de la trempe **(voir page 465)**.

Les aciers à outils peuvent être alliés ou non alliés (DIN EN ISO 4957). En fonction de leur emploi, il convient de faire une distinction entre les aciers pour le travail à froid, à chaud et les aciers rapides.

Aciers pour travail à froid

On utilise les aciers pour travail à froid lorsque la surface de l'outil en action n'est pas sollicitée à une température supérieure à 200 °C.

Les **aciers non alliés pour travail à froid** sont transformés en outils qui ne seront pas exposés à des efforts trop violents **(fig. 1)**.

Par exemple, des outils tels que des marteaux ou des pinces sont fabriqués en acier C45U. L'acier C80U servira à la fabrication de ciseaux à main ou de pointes à tracer, et l'acier C105U permettra la fabrication de tarauds.

Grâce aux éléments d'alliage, les **aciers alliés pour travail à froid** tels que l'acier 100Cr6 (acier argent) ou l'acier 90MnCrV8 font preuve d'excellentes qualités de résistance, de ténacité et de résistance à l'usure. Ils servent à fabriquer par exemple des outils de coupe, des tarauds ou des burins.

Aciers pour travail à chaud

Les aciers pour le travail à chaud sont des aciers à outils alliés utilisés dans les cas où la surface de l'outil est sollicitée à des températures pouvant atteindre 400 °C.

Ils permettent la fabrication de poinçons, matrices, moules à injecter sous pression, d'outils de presse et de rouleaux de cintrage **(fig. 2)**.

Il peut s'agir d'aciers faiblement alliés, comme l'acier 55NiCrMoV7, ou d'aciers fortement alliés tels que l'acier X40CrMoV5-1.

Aciers rapides

Les aciers rapides sont des aciers à outils fortement alliés utilisés dans le cas où la surface de l'outil est sollicitée à des températures pouvant atteindre environ 600 °C.

Les aciers rapides contiennent entre 0,8 % et 1,5 % de carbone, environ 4 % de chrome, ainsi que du tungstène, molybdène, vanadium et cobalt en quantités variables.

La désignation abrégée des aciers rapides est constituée des lettres HS ainsi que de quatre chiffres indiquant le pourcentage respectif des éléments suivants dans l'ordre : tungstène, molybdène, vanadium et cobalt.

Exemple : l'acier rapide HS6-5-2-5 contient 6 % de tungstène, 5 % de molybdène, 2 % de vanadium et 5 % de cobalt.

Les aciers rapides sont utilisés pour fabriquer des lames de scie, des forets ou mèches hélicoïdales, des burins de tournage, des fraises, etc. **(fig. 3)**.

Une fine couche de protection d'une grande dureté, comme du nitrure de titane TiN (couleur laiton), augmente de façon considérable la durée de vie des outils.

Aciers pour travail à froid			
C45,	C60U,	C80U,	C105U

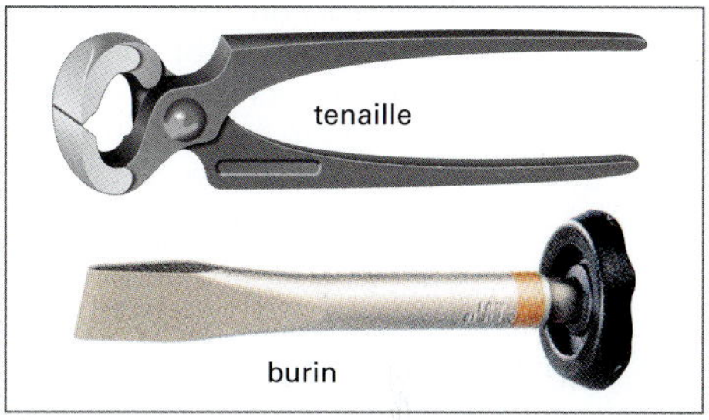

1 Outils en acier pour travail à froid

Aciers pour travail à chaud	
55NiCrMoV7,	X37CrMoV5-1
X40CrMoV5-1,	32CrMoV12-28

2 Rouleaux de cintrage en acier travaillé à chaud

Aciers rapides	
HS6-5-2C,	HS6-5-2-5
HS10-4-3-10,	HS2-9-1-8

3 Outils en acier rapide recouverts d'une couche dure de protection

26.3.14 Fontes et aciers coulés

Les pièces de forme compliquée telles que des leviers, des vis à ailettes, des clés à panneton, des raccords de tuyauterie, des fourches de traction ou des carters de machine sont fabriquées à des coûts de fabrication moindre lorsqu'elles sont moulées. Il convient donc d'employer des matériaux avec une bonne coulabilité : les fontes et les aciers coulés. Les propriétés des différents types de fonte dépendent en général de leur teneur en carbone ainsi que de la forme que prend le carbone dans la structure. Les désignations abrégées des fontes sont décrites à la **page 447**.

Fonte à graphite lamellaire (fonte grise)

La fonte à graphite lamellaire correspondant à un alliage de fer et de carbone, dont la teneur se situe entre 2,6 % et 3,6 %, qui se cristallise dans la structure du matériau en formant de fines lamelles de graphite à l'échelle microscopique **(fig. 1)**. La fonte à graphite lamellaire est dure et fragile, mais possède une bonne résistance à la pression et absorbe les vibrations. Certains types de fonte grise ont une résistance située entre 100 N/mm^2 et 300 N/mm^2. Ces fontes sont coulées pour former des carters ou des boîtiers de moteurs ou des châssis de machines à parois épaisses.

Exemple : EN-GJL-250 (ancienne désignation GG-25)

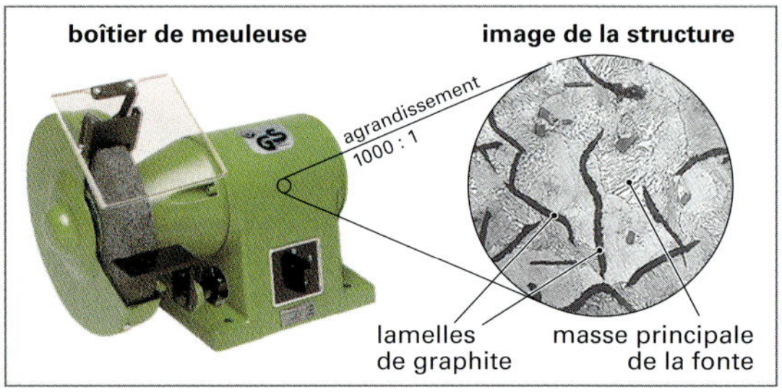

1 Carter de meuleuse en fonte à graphite lamellaire

Fonte à graphite sphéroïdal (fonte sphéroïdale)

La fonte à graphite sphéroïdal contient une faible teneur en magnésium qui a pour effet de cristalliser le carbone, dont la teneur est d'environ 3 %, en petits grains de graphite de forme sphéroïdale **(fig. 2)**. La fonte à graphite sphéroïdal est tenace, résistante aux chocs, et possède une résistance proche de celle de l'acier. Cette fonte permet de fabriquer par exemple des fourches de traction, des pièces de raccordement, des blocs-moteurs à parois minces, des vilebrequins, etc.

Exemple : EN-GJS-600-3 (ancienne désignation GGG-60)

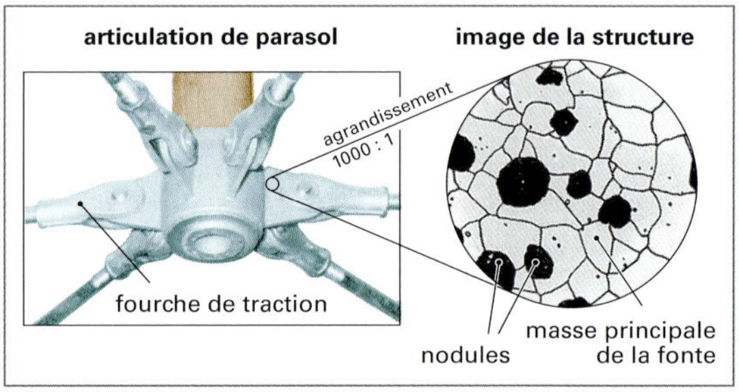

2 Fourches de traction en fonte à graphite sphéroïdal

Fonte malléable

La fonte malléable est une fonte rendue tenace grâce à un recuit (malléabilisation). La fonte malléable permet de couler des petites pièces telles que des leviers, des clés à panneton, des pièces d'outils, des tampons de haute résistance, des raccords de tuyauterie moulés, des fourches de traction, etc. **(fig. 3)**.

Exemple : EN-GJMB-450-6 (ancienne désignation GTS-45-06)

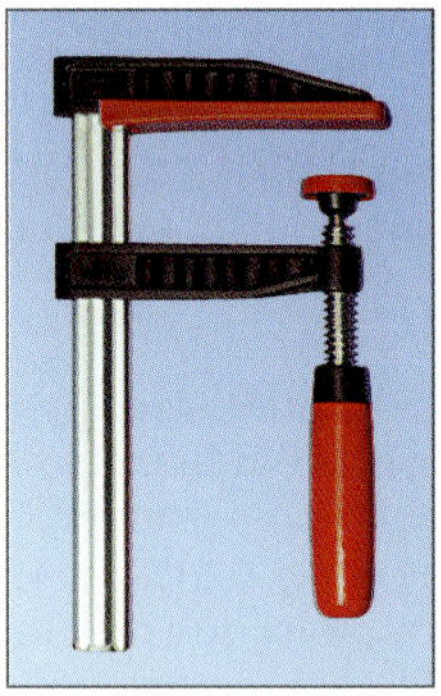

3 Serre-joint en fonte malléable

4 Embranchements de tubes en acier coulé GS-20Mn5

Acier moulé pour la construction

L'acier moulé présente une grande résistance et une bonne aptitude au soudage. Selon l'utilisation en intérieur ou en extérieur, on utilise de l'acier moulé faiblement allié ou fortement allié, par exemple GS-20Mn5 ou GS-18CrNiMo12-6. Les applications sont par exemple les poutres de toit ou les nœuds de tuyauterie des grands halls (figure 4). Les éléments en fonte malléable et en acier moulé peuvent être galvanisés à chaud pour les protéger de la corrosion.

Contrôlez vos connaissances

1 Quels éléments de construction sont fabriqués en acier amélioré ?
2 Décrivez les aciers de décolletage.
3 Dans quel but utilise-t-on des tôles galvanisées ou laquées ?
4 Quelles sont les propriétés des aciers à outils selon leur utilisation ?
5 Jusqu'à quelle température de surface extérieure les aciers à outils pour travail à froid peuvent-il être utilisés ?
6 Quels sont les différents types de fonte ?

26.4 Structure interne des métaux

A première vue, les métaux semblent être des matériaux homogènes ; on ne voit que la surface du métal **(fig. 1)**.

26.4.1 Structure et cristaux

Seul un agrandissement, par exemple en utilisant un microscope électronique, permet de reconnaître la structure interne et complexe d'un métal ($2^{\text{ème}}$ et $3^{\text{ème}}$ illustrations en partant du haut). Un agrandissement de mille fois permet de constater que le métal est constitué de **grains**. La zone frontière entre les grains se nomme **joint ou limite de grain**. Un agrandissement de 1000 fois de l'image ci-contre présente la **structure** du matériau. Un agrandissement du détail d'un grain, par exemple de 100 000 fois, permet de distinguer une construction par niveaux ; composée d'une multitude de petits cubes semblables : les **cristaux** du métal ($3^{\text{ème}}$ illustration en partant du haut). Si l'on pouvait agrandir davantage le coin d'un cube cristallin, jusqu'à 10 000 000 fois, on pourrait observer la structure atomique ; les composants les plus petits du métal : les atomes métalliques, entourés de leurs cortèges d'électrons . Des espaces et des angles réguliers lient les atomes métalliques entre eux pour former une structure cubique. Cette structure d'atomes régulièrement ordonnés se nomme **structure cristalline**. A l'inverse, une structure désordonnée, comme celle du verre, est une structure **amorphe**.

En liant les atomes métalliques entre eux par le centre, des connections se créent et forment un réseau : le **réseau cristallin**. Il se caractérise par des espaces et des angles toujours réguliers entre les atomes.

Le plus petit élément du réseau cristallin est la **maille ou cellule élémentaire**. Cette dernière illustre la disposition des atomes d'un métal donné et permet de distinguer différents types de réseaux cristallins **(page 460, fig. 1)**.

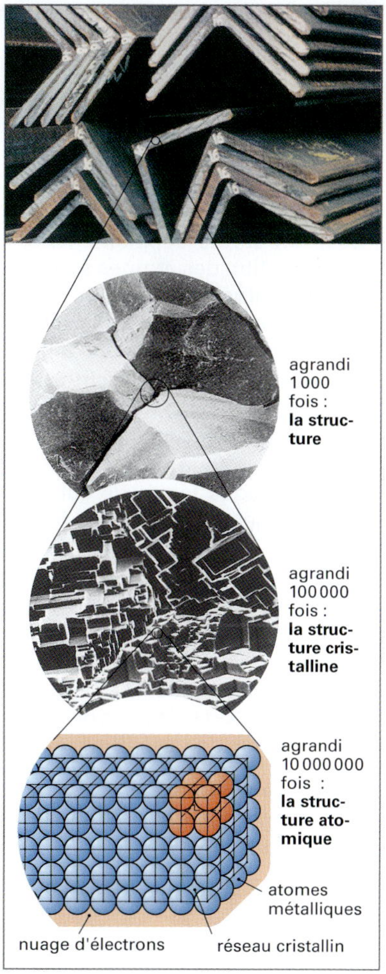

1 Structure interne des métaux

26.4.2 Structure interne et propriétés

Tous les métaux ont une structure cristalline. Le réseau cristallin, les atomes métalliques et le nuage d'électrons sont les éléments qui déterminent les propriétés des métaux :

Les forces d'attraction du nuage d'électrons agissent comme une sorte de colle qui tient les atomes métalliques entre eux ; ce qui confère aux métaux une **grande résistance**.

Le nuage d'électrons autour d'un atome métallique se déplace facilement, par exemple lorsqu'une tension électrique est appliquée. De ce fait, les métaux sont d'**excellents conducteurs** électrique et de la chaleur.

Les couches d'atomes métalliques se déplacent les unes par rapport aux autres sous l'effet d'une force extérieure, tout en restant liées par le nuage d'électrons. Ainsi, les pièces en métal peuvent être déformées sans se rompre : les métaux sont **déformables**.

Lorsqu'un métal est chauffé ou refroidi, le réseau cristallin peut se déformer et ainsi modifier les propriétés du métal. Ce phénomène est employé pour améliorer les propriétés du matériau lors de traitements thermiques comme la trempe ou l'amélioration : beaucoup de métaux sont donc **trempables.**

Des joints de grain trop importants dans la structure d'un métal sont les points faibles. Si la pièce est soumise à des forces extérieures trop importantes, les premières fissures apparaissent. Les matériaux à grains fins sont plus résistants que ceux dont les grains sont grossiers.

---

[1] Pour simplifier, nous avons choisi terme d'atome métallique ; il s'agit en réalité d'ions métalliques.

26.4.3 Les différents réseaux cristallins des métaux

Les atomes d'un métal peuvent être disposés de différentes manières et ainsi former divers réseaux cristallins **(fig. 1)**.

Dans le cas du **réseau cubique centré**, les atomes sont agencés de telle manière que leurs points centraux forment un cube au milieu duquel se trouve un atome supplémentaire. Du fait que la représentation des atomes sous forme de sphères prête à confusion, on les représente en général simplement à l'aide de traits schématiques qui relient les points centraux des atomes.

Des matériaux tels que le chrome, le tungstène, le vanadium et le fer, à une température inférieure à 911 °C, ont un réseau cubique centré.

Le réseau **cubique à faces centrées** se présente également sous forme de cube, avec en plus un atome au centre de chaque face du cube **(fig. 1, au centre)**.

L'aluminium, le cuivre, le nickel et le fer, à une température supérieure à 911 °C, ont un réseau cubique à faces centrées.

Le magnésium, le zinc et le titane ont quant à eux un **réseau hexagonal**. Les atomes de ce réseau forment un six-pan, avec trois atomes situés entre les deux faces de base **(fig 1, en bas)**.

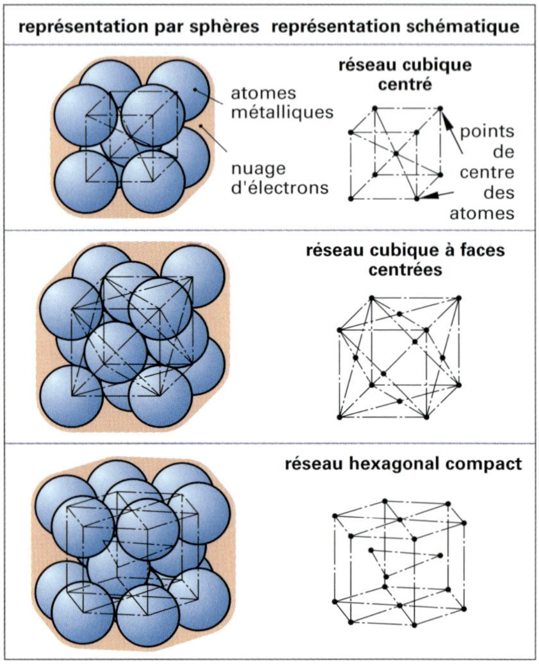

1 Réseaux cristallins des métaux (dans chaque cas une cellule unitaire est représentée)

26.4.4 Formation de la structure

La structure d'une pièce métallique se constitue lorsque le métal en fusion se solidifie et devient un corps solide. Le processus de formation de la structure se fait au niveau de l'atome **(fig. 2)**.

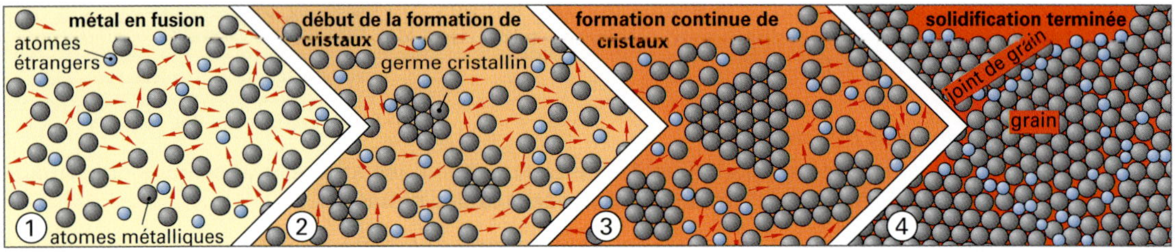

2 Etapes de la formation atomique de la structure lors de la solidification du métal fondu (schématique)

Dans le métal en fusion, les atomes se déplacent librement de manière totalement désordonnée (1). Lorsque le métal fondu refroidit et atteint sa température de solidification, les atomes métalliques commencent à se rassembler et à s'ordonner à plusieurs endroits selon la structure du réseau cristallin du métal : les premiers germes cristallins se forment (2). De plus en plus d'atomes libres dans le métal en fusion se rattachent à ces germes, accélérant la formation de cristaux (3). Lorsqu'il ne reste presque plus de métal en fusion, les cristaux grandissants se joignent. Les cristaux issus de ce processus et, dont la forme est irrégulière, sont les **grains de la structure** du métal (4). Entre les grains demeurent des petites zones où les atomes métalliques et étrangers sont désordonnés. On nomme ces zones les **joints de grains**.

Pour visualiser la structure, il faut prélever un échantillon du métal à tester puis polir et attaquer chimiquement la surface. Après avoir placé la surface à observer sous un microscope optique, on peut y découvrir la structure. L'image observée est la **micrographie (fig. 3)** ; il s'agit d'une coupe en deux dimensions des grains.

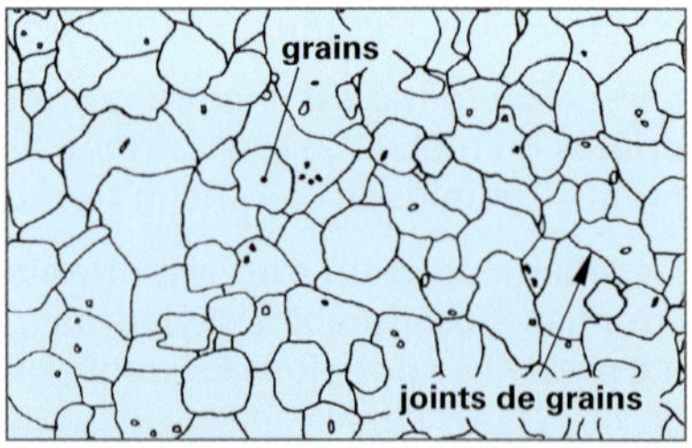

3 Micrographie de la structure du métal

26.4.5 Structure des métaux purs et des alliages

Métaux purs

Les métaux purs ont une structure homogène **(fig. 1)**. Tous les grains sont constitués du même type d'atome et sont disposés selon le même réseau cristallin. Par exemple, les atomes de fer sont ordonnés selon le réseau cubique centré. Seuls les grains se différencient par leur alignement aléatoire dans le réseau cristallin.

Les métaux purs sont mous et leur résistance est relativement faible du fait que la structure homogène se laisse facilement déformer.

Dans la technique, la plupart des métaux ne sont pas utilisés à l'état pur, mais en tant qu'alliages.

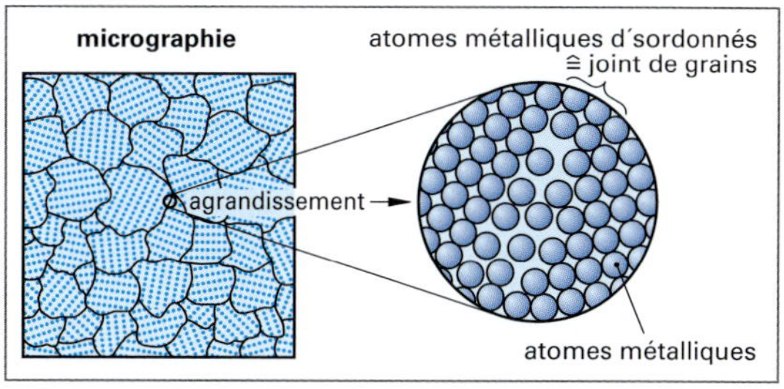

1 Structure interne d'un métal pur

lliages

Les **alliages** sont des mélanges de plusieurs métaux, ou des mélanges de métaux et de non-métaux. Leur fabrication s'effectue à l'état liquide. Les éléments d'alliage sont ajoutés au métal de base en fusion et sont dissous de façon régulière. Lors de la solidification du métal fondu, différents types de structures se forment en fonction du métal de base et des éléments d'alliage.

Dans une solution solide, autrement dit un **alliage à cristaux mixtes**, les atomes de l'élément d'alliage sont répartis de façon régulière dans le réseau cristallin du matériau de base **(fig. 2)**, ce qui donne naissance à des cristaux mixtes. Dans une micrographie, les cristaux mixtes ont le même aspect que les cristaux d'un métal pur. Les alliages à cristaux mixtes sont plus tenaces et solides que les métaux dont ils sont issus à l'état pur. Les aciers inoxydables contenant du chrome et du nickel constituent un bon exemple d'alliage à cristaux mixtes.

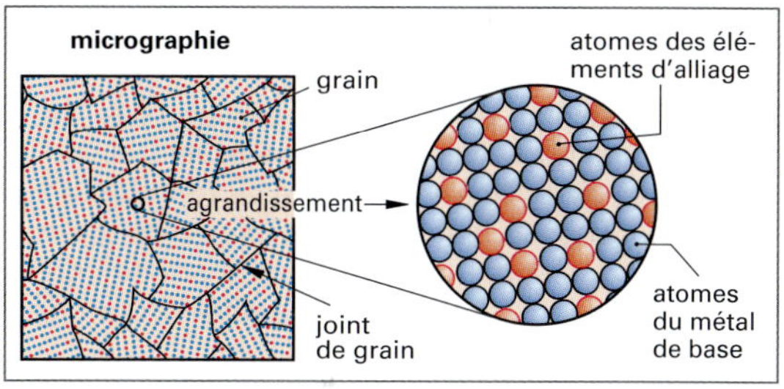

2 Structure interne d'un alliage à cristeaux mixtes

Dans le cas **d'alliages hétérogènes à deux types de grains**, les atomes du matériau de base et des éléments d'alliage forment lors de la solidification des grains différents et ne se mélangent pas **(fig. 3)**. Il se forme un mélange hétérogène, dont une micrographie dévoile des grains de couleurs différents.

La résistance des **alliages hétérogènes** est supérieure à celle des métaux de base. Cependant, les alliages hétérogènes sont généralement fragiles. La fonte (fer et graphite) est un bon exemple d'alliage hétérogène.

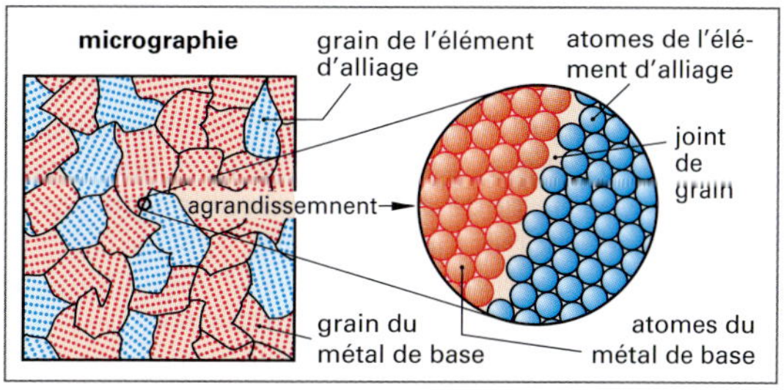

3 Structure interne d'un alliage hétérogène

Aciers non alliés

La structure des aciers non alliés se démarque des autres structures d'alliages hétérogènes du fait qu'elle se compose de fer **(ferrite)** et de 0,2 % à 0,5 % de carbone lié chimiquement à l'acier sous forme de **carbure de fer Fe_3C**. Dans la métallurgie, on nomme cet élément cémentite. Dans la structure, la **cémentite** ne forme pas de grains à proprement parler, mais se trouve dans les grains de fer sous forme de lamelles **(fig. 4)**. On nomme ces grains d'acier **perlite**.

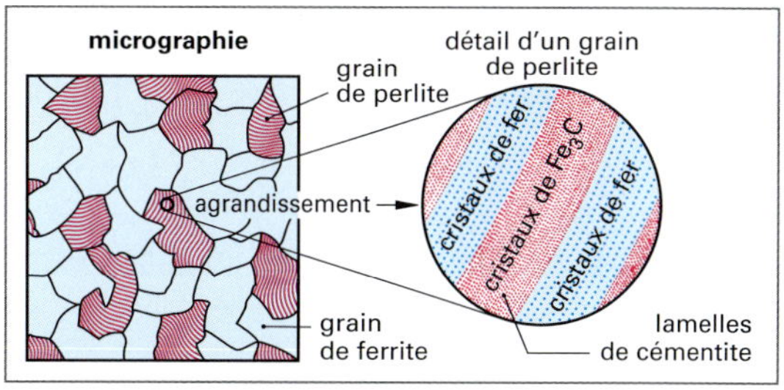

4 Structure interne d'un acier non allié

26.4.6 Comportements à la fusion et à la solidification

Métaux purs

Lorsqu'un métal pur est chauffé, sa température augmente dans un premier temps avec régularité (courbe de solidification de la **fig. 1**). Lorsque le métal atteint sa **température de fusion**, il devient progressivement liquide. Cette phase dure un certain temps avant que le métal ne soit complètement fondu. Pendant ce laps de temps, la température du mélange cristallin en fusion ne change pas ; la courbe de solidification est horizontale pendant la fusion. Lorsque le métal est complètement liquide, la température augmente de nouveau de façon régulière en réponse à l'apport de chaleur.

Lors du refroidissement, la courbe de solidification **(fig. 1)** est identique dans la direction inverse. Lorsque la courbe passe par la phase horizontale, à la **température de solidification**, le métal passe de l'état liquide à l'état solide.

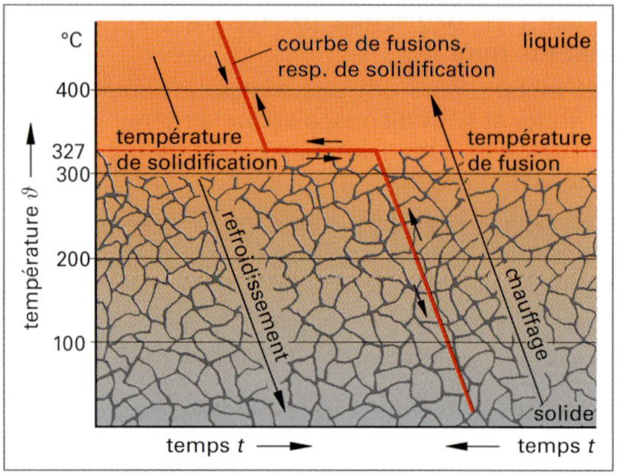

1 **Courbe de fusion/solidification d'un métal pur (exemple : plomb)**

Alliages

La courbe de solidification des alliages est différente de celle des métaux purs. Ils passent de l'état solide à l'état liquide **non pas à une température fixe**, mais en passant par une **plage de température (fig. 2)**.

Cette plage de température varie en fonction de la composition de l'alliage. Le graphique de gauche de la **fig. 3** présente les courbes de solidification d'alliages de plomb et de zinc de différentes compositions.

En reportant les températures de début et de fin de phase de solidification d'un alliage sur l'axe des abscisses d'un graphique, et les différentes teneurs des éléments qui composent cet alliage sur l'axe des ordonnées, on obtient le **diagramme d'équilibre** de cet alliage **(fig. 3, graphique à droite)**.

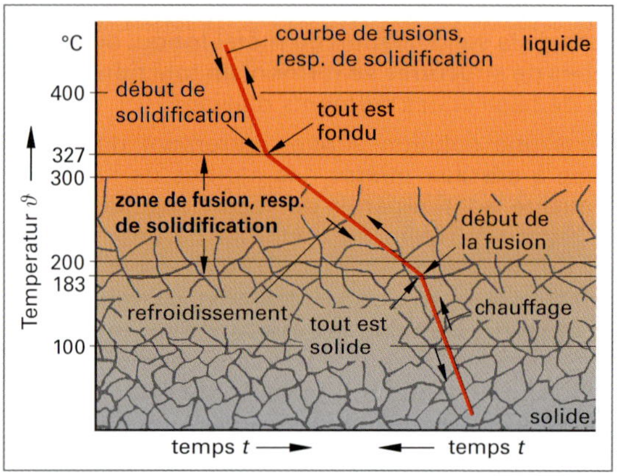

2 **Courbe de solidification d'un alliage composé de 80 % de plomb et de 20 % d'étain**

Ce graphique renseigne sur l'état physique et sur la structure des alliages à différentes températures et en considérant différentes teneurs en éléments d'alliage. Par exemple, la température de fusion d'un alliage de plomb et d'étain est au plus bas lorsque la composition est de 38 % de plomb et de 62 % d'étain. Un alliage de cette composition se nomme **alliage eutectique** ; sa température de fusion est minimale et sa structure régulière.

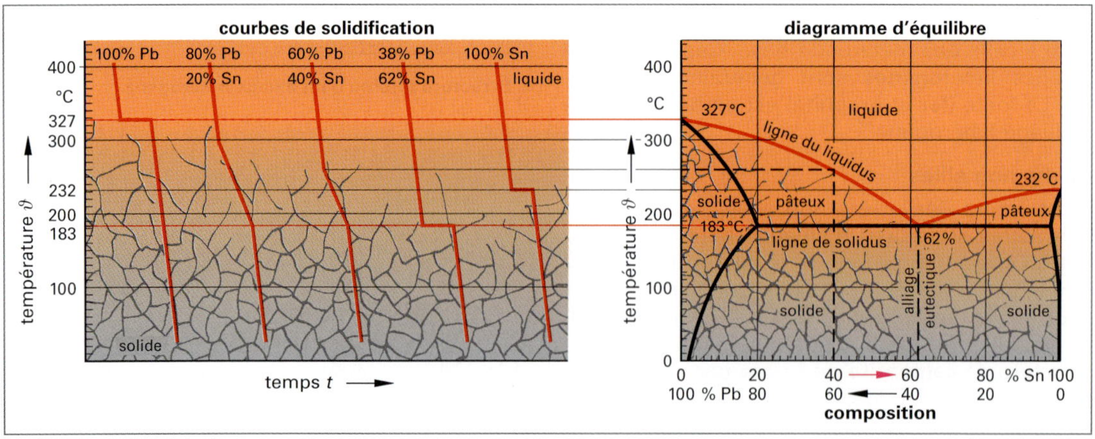

3 **Courbes de solidification et diagramme d'équilibre de l'alliage plomb-étain**

26.4.7 Diagramme fer-carbone et types de structures des aciers non alliés

De par leur composition, les aciers non alliés sont des alliages de fer et de carbone qui comportent également des éléments d'alliages minimes. Leur structure varie en fonction de la teneur en carbone (petites images dans la **fig. 1**).

Le **diagramme fer-carbone** donne un aperçu du type de structure qui correspond à une température et à une teneur en carbone précises. La **fig. 1** présente les zones les plus importantes de ce diagramme et les différentes structures des aciers non alliés.

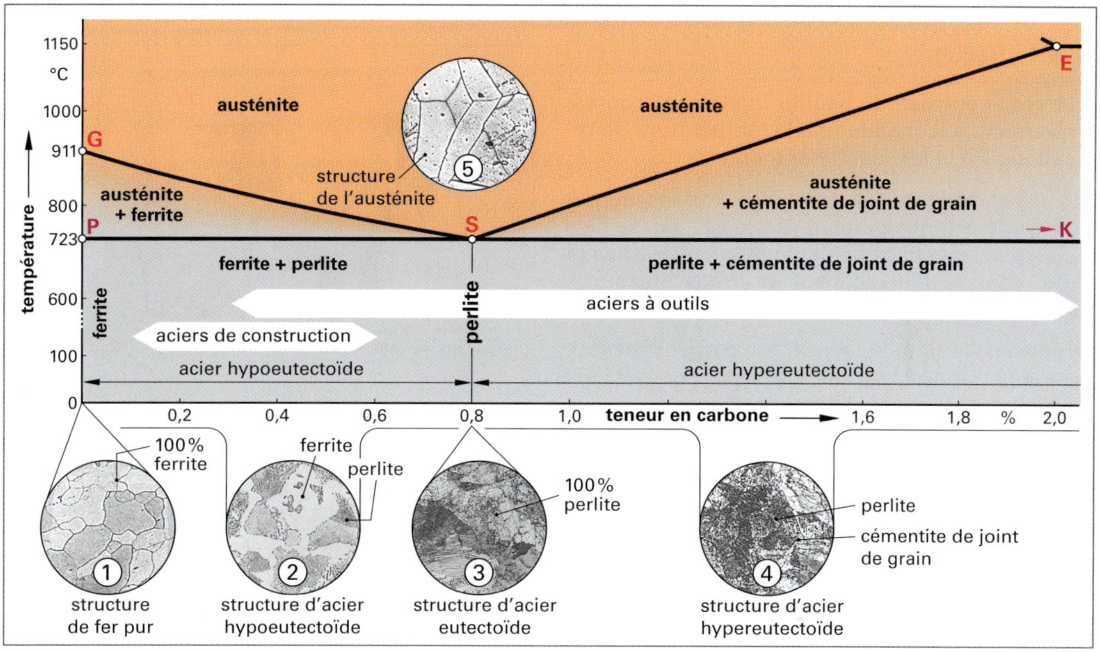

1 Diagramme fer-carbone et structures de l'acier

Fer pur. Le fer sans carbone (bord gauche du diagramme d'équilibre fer-carbone) présente une structure faite de grains de fer polygonaux que l'on nomme **ferrite** (structure ①). La ferrite est tendre et malléable.
Cémentite. Dans les aciers, le carbone agit comme lien chimique en tant que carbure de fer (Fe_3C). En métallurgie, on nomme ce composé **cémentite**. Elle est dure et fragile. Lorsque la teneur en carbone dans la perlite est faible, la cémentite prend la forme de lamelles (structures ② et ③). Lorsque la teneur en carbone est plus élevée, la cémentite se dépose aux joints de grain (structure ④).
Acier eutectoïde. Dans un acier qui contient 0,8 % de carbone (acier eutectoïde), les grains de ferrite sont remplis de lamelles de cémentite. Cette structure s'appelle **perlite** en raison de son aspect nacré qui fait penser à une perle (structure ③).
L'**acier hypoeutectoïde**, qui comporte moins de 0,8 % de carbone, est composé partiellement de grains de ferrite et partiellement de grains de perlite (structure ②). Cette structure combine **ferrite et perlite.**
Avec plus de 0,8 % de carbone, l'**acier hypereutectoïde** contient tant de carbone, qu'en plus des lamelles de cémentite présentes dans les grains de perlite, de la cémentite se dépose aux joints de grains (structure ④). Ce type de cémentite est nommé **cémentite de joint de grain**, et la structure combine **perlite et cémentite de joint de grain**. Plus la structure comporte de cémentite, plus l'acier est dur et fragile à la fois.
Austénite. Lorsque la température dépasse 723 °C, les atomes de carbone de la cémentite se libèrent dans le mélange ferreux pour former des cristaux mixtes. On appelle cette structure **austénite** ou **fer** γ (structure ⑤).

Contrôlez vos connaissances

1 Quelle est la structure des matériaux à des échelles microscopiques et atomiques ?
2 Quels sont les différents réseaux cristallins des métaux ?
3 Quelle différence y a-t-il entre une solution solide et un alliage hétérogène ?
4 Entre quelles températures se trouve la zone de solidification d'un alliage à deux métaux ?
5 Quelles informations peut-on trouver dans un diagramme d'équilibre fer-carbone ?
6 Quelle est la structure d'un acier comportant 0,8 % de carbone ?

26.5 Traitements thermiques des aciers

Afin d'améliorer les propriétés mécaniques des aciers, comme la dureté, la résistance ou la ténacité, il est possible de leur faire subir des traitements thermiques. La chaleur a pour effet de modifier la structure des matériaux, et ainsi leurs propriétés.

Il existe plusieurs **traitements thermiques** :

Le recuit | **La trempe** | **L'amélioration** | **La trempe superficielle** | **La cémentation**

26.5.1 Recuit

Le recuit consiste à chauffer une pièce progressivement, à la maintenir à la température de recuit, puis à la refroidir lentement.

Les pièces de petite taille sont placées dans un four préchauffé à la température de recuit **(fig. 1)**. Dès qu'elles ont atteint cette température, elles doivent rester dans le four pendant le temps préconisé, avant d'être retirées puis refroidies lentement.

Les pièces de grande taille et les cordons de soudure sont portés à la température de recuit à l'aide de chalumeaux ou de nattes chauffantes.

Les différents procédés de recuit ont chacun un rôle précis et se différencient par la durée et la température de recuit **(fig. 2)**.

Le **recuit de détente** vise à éliminer les tensions internes que les pièces emmagasinent lors de procédés de fabrication tels que le soudage, le pliage ou le forgeage.

Le matériau est porté à une température située entre 550 °C et 650 °C, brièvement maintenu à cette température, puis refroidi lentement.

Le recuit de détente est particulièrement important pour des cordons de soudure de charpentes ou de conduites forcées. La soudure est chauffée au chalumeau ou à l'aide d'une natte chauffante électrique ou inductive pour éliminer les tensions **(fig. 3)**.

Afin d'éviter un recuit de détente coûteux, il est possible de préchauffer les pièces en acier de construction à grain fin avant le soudage. Dans ce but, les zones à souder sont portées à une température entre 100 °C et 300 °C, ce qui empêche l'apparition de fortes tensions lors du soudage.

Le **recuit de recristallisation** est employé lorsqu'une pièce en acier rendue fragile lors d'une déformation à froid importante doit retrouver sa malléabilité. Lors du recuit de recristallisation (entre 550 °C et 650 °C), la structure déformée est réordonnée pour faire place à une nouvelle structure **(fig. 4)**.

Cette opération est également une solution à un problème occasionné par le soudage : la formation de grains grossiers le long du cordon de soudure.

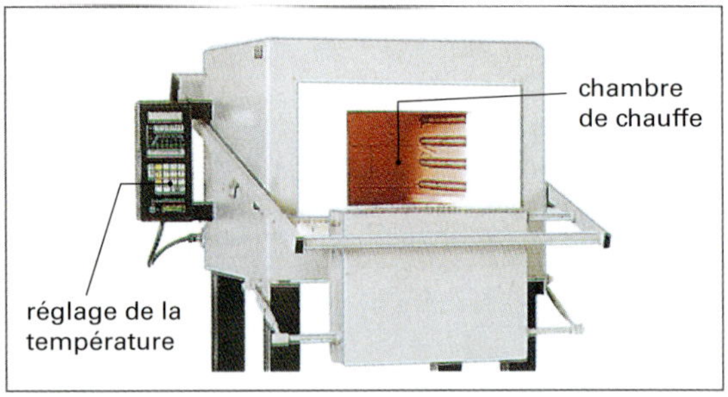

1 Four de recuit

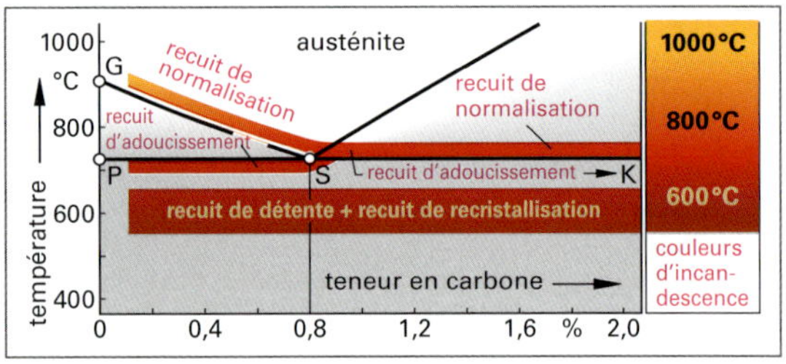

2 Températures de recuit pour aciers non alliés

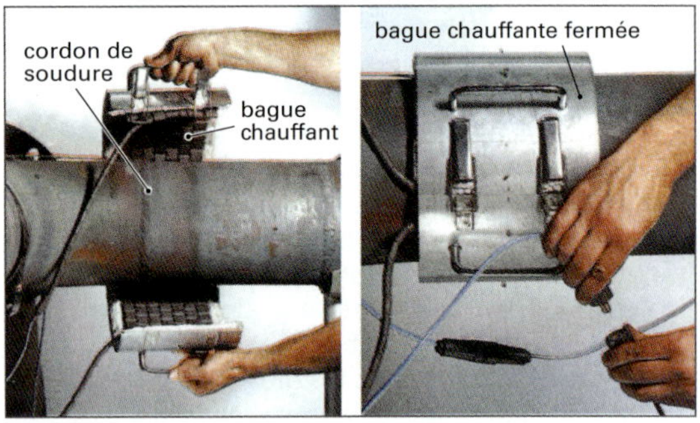

3 Recuit de détente d'un cordon de soudure

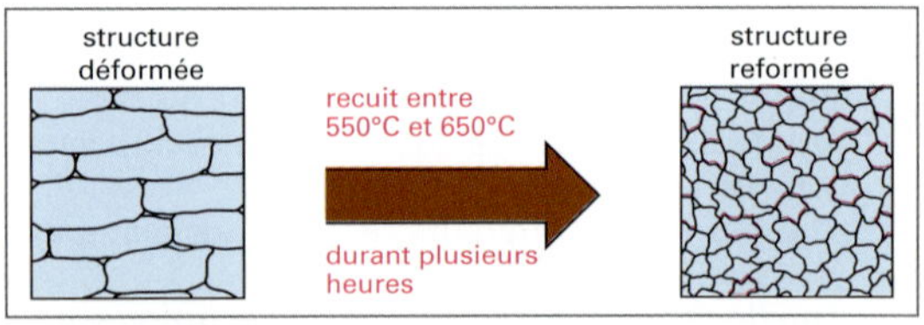

4 Modification de la structure lors d'un recuit de recristallisation

Le **recuit d'adoucissement** rend les aciers plus facilement usinables. Dans ce but, les aciers hypoeutectoïdes sont chauffés entre 680 °C et 720 °C, et les aciers hypereutectoïdes entre 730 °C et 750 °C. Ils sont ensuite maintenus à ces températures durant plusieurs heures, ce qui a pour effet de transformer la cémentite lamellaire en cémentite globulaire **(fig. 1)**. Ainsi, l'outil de coupe pénètre plus facilement dans le matériau et facilite l'enlèvement de copeaux.

Le **recuit de normalisation**, que l'on nomme également **affinage**, est employé par exemple pour le soudage de tubes d'acier **(voir p. 442)**. La structure proche du cordon de soudure est constituée de grains grossiers **(fig. 2)**. Le recuit de normalisation (juste au-dessus de la ligne GSK de la **fig. 2, p. 464**) crée une toute nouvelle structure à grain fin.

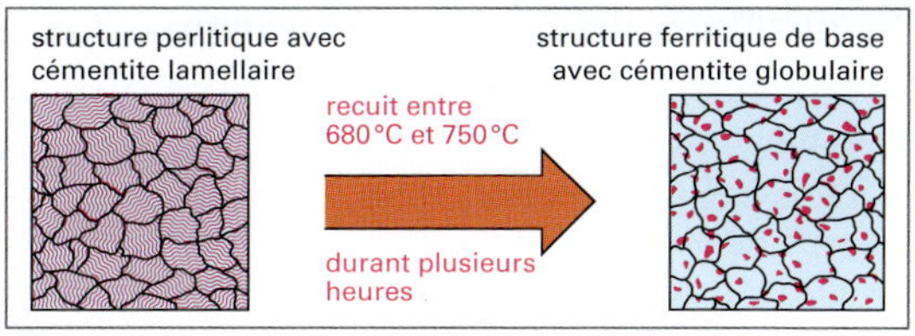

1 Transformation de la structure par recuit d'adoucissement

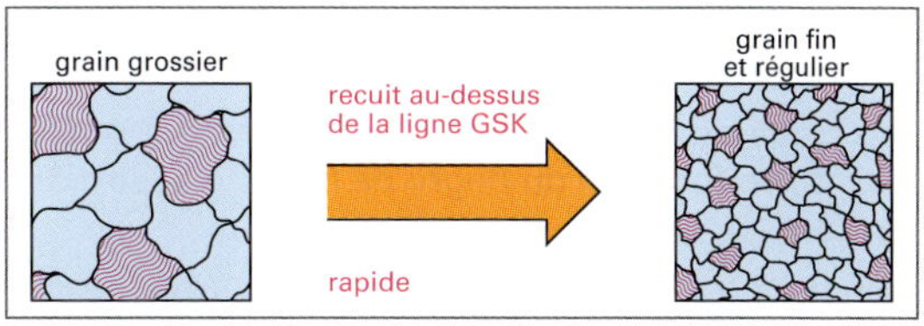

2 Transformation de la structure par recuit de normalisation

26.5.2 Trempe

La trempe permet de rendre des outils et des pièces très durs et résistants à l'usure, comme des burins, des mèches, des pointes à tracer, des bagues de roulement ou des ressorts **(fig. 3)**.

Les aciers qui peuvent être trempés sont les aciers alliés et non alliés contenant plus de 0,45 % de carbone, en particulier les aciers à outils **(page 457)**.

On obtient une trempe précise en utilisant un four de trempe et de revenu avec contrôle du temps et de la température de l'opération **(fig. 1, p. 464)**.

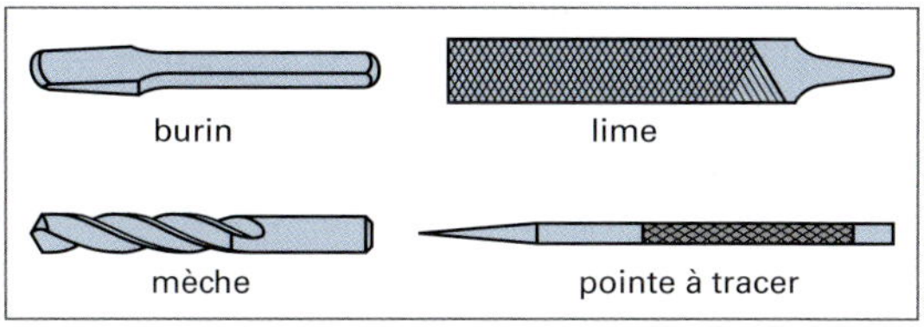

3 Outils trempés

La trempe comporte quatre opérations : chauffage, maintien à température de trempe, refroidissement brusque (trempe) et revenu.

Le **chauffage** a lieu dans un four de trempe préchauffé (**fig. 4**, illustration du haut). Dès l'instant où la pièce à tremper est de la même couleur que l'intérieur de la chambre de chauffage, elle doit y être **maintenue** encore 10 minutes. La pièce est ensuite retirée du four et immédiatement **refroidie** dans un bain de trempe, ce qui a pour effet de la durcir **(page 467)**. L'acier est alors dur comme du verre, mais fragile et cassant.

Afin d'éviter cette fragilisation, il faut placer la pièce immédiatement après la trempe dans un four de revenu, à une température située entre 150 °C et 300 °C (selon le type d'acier). Cette opération se nomme **revenu**. Il faut ensuite laisser la pièce se refroidir ou la tremper de nouveau.

Le matériau a atteint la dureté visée, et n'est plus fragile.

Lors du procédé de trempe, il faut veiller à respecter les températures de trempe et de revenu préconisées (**fig. 4**, illustration du bas).

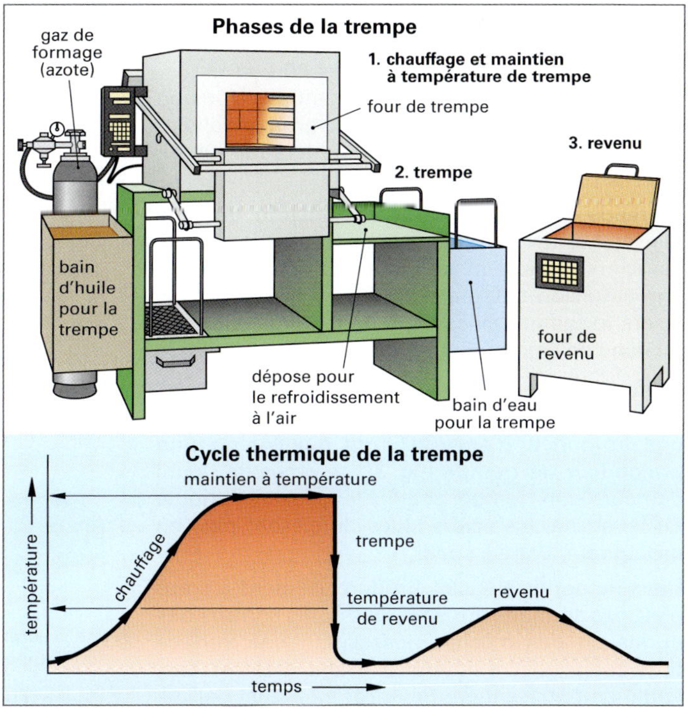

4 Cycle thermique de la trempe

Températures de trempe et de revenu

Les températures de trempe et de revenu varient en fonction du type d'acier et de sa composition.

Dans le cas d'**aciers non alliés**, la température de trempe dépend de la teneur en carbone. Une zone de température peut donc être ainsi définie dans le diagramme fer-carbone **(fig. 1)**. La zone de température de trempe doit se situer environ entre 30 et 60 °C au-dessus de la ligne GSK dans le diagramme fer-carbone (zone en jaune). Cette température garantit une transformation de la perlite en austénite.

La température de revenu se situe entre 100 °C et 300 °C, en fonction du degré de fragilité à faire disparaître.

Les températures de trempe et de revenu des **aciers alliés** sont généralement élevées. On les trouve dans la documentation de fabricants d'acier ou tabelles correspondantes.

Le **tableau 1** ci-contre indique les conditions de traitement thermique d'aciers à outils standards.

Trempe correcte

Lorsque les pièces à durcir sont plongées dans un liquide de refroidissement, elles doivent refroidir de façon rapide et régulière. Une fois dans le liquide, les pièces doivent être légèrement tournées dans un sens et dans l'autre **(fig. 2)**.

- Les pièces fines comme des mèches ou des burins doivent être plongées de façon longitudinale.
- Dans le cas de pièces asymétriques, la partie prédominante doit être plongée en premier.
- Dans le cas de pièces comportant des trous ou des parties traversantes, les ouvertures doivent être positionnées à la verticale lorsque les pièces sont plongées.

Le **fluide de trempe** varie en fonction du type d'acier. Les aciers non alliés se trempent à l'eau, les aciers faiblement alliés dans de l'huile ou dans une émulsion eau-huile (trempe à l'huile), et les aciers fortement alliés dans de l'huile également ou dans de l'air en mouvement (trempe à l'air).

Profondeur de trempe

Les aciers à outils non alliés ne durcissent que sur une profondeur d'environ 5 mm, que l'on nomme **profondeur de trempe (fig. 3)**. Le cœur de l'outil demeure non trempé, et ainsi tenace et élastique. En revanche, les aciers alliés durcissent plus en profondeur, voire à coeur.

Dans de nombreux cas, un durcissement à cœur n'est pas souhaité. En effet, des outils comme des burins ou des mèches nécessitent une surface dure mais un cœur tenace. Dans d'autres cas, l'outil doit être entièrement trempé. C'est par exemple le cas de couteaux ou de ressorts.

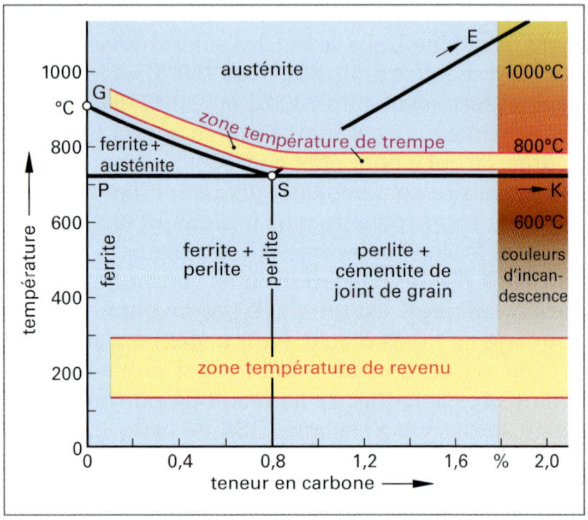

1 Températures de trempe et de revenu d'aciers non alliés dans le diagramme fer-carbone

Tableau 1 : conditions de trempe pour quelques aciers à outils

Type d'acier	Température de trempe en °C	Moyen de refroidissement	Température de revenu en °C
C70U	790...820	Eau	180
X210CrW12	950...980	Huile, air	180
HS6-5-2C	1190...1230	Huile, air	560

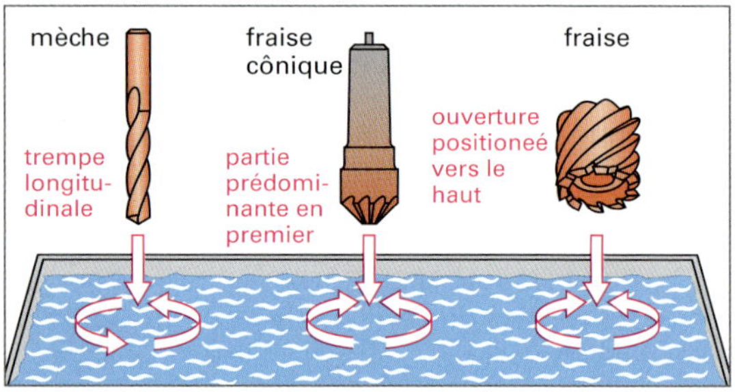

2 Façon correcte de tremper les pièces

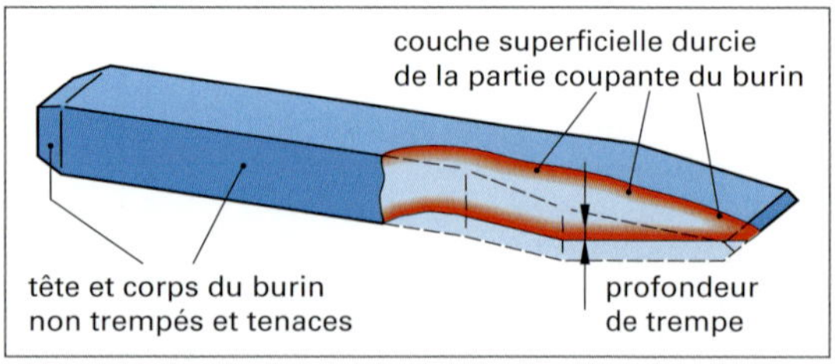

3 Coupe d'un burin trempé en acier non allié C70U

Transformation structurale lors de la trempe

Lorsque l'acier est **chauffé** pour atteindre la température située au-dessus de la ligne GSK du diagramme fer-carbone **(fig. 1, page 466)**, le réseau ferritique cubique centré se transforme en réseau austénitique cubique à faces centrées **(fig. 1, illustration du haut)**. Un atome de carbone issu de la cémentite (Fe_3C) prend la place libérée au centre du cristal. L'austénite que l'on peut observer dans la micrographie est le résultat de cette transformation.

Refroidissement lent. En refroidissant lentement l'acier austénitique, la structure reprend sa configuration initiale. Le réseau redevient un réseau cubique centré, et la structure redevient perlitique (**fig. 1**, illustration de gauche).

Trempe. Si toutefois l'acier austénitique est refroidi très rapidement (trempé), la structure austénitique cubique à faces centrées traverse la ligne GSK de façon brutale et atteint le réseau ferritique cubique centré. L'atome de carbone est alors fait prisonnier dans le réseau (**fig. 1**, illustration de droite), ce qui provoque une forte distorsion du réseau cristallin.

Cette opération crée une structure dure et en forme d'aiguille que l'on nomme **martensite**, d'une grande dureté et cassante. La martensite ne se forme que lorsque la pièce est refroidie suffisamment rapidement (à une vitesse de refroidissement minimale) et que l'acier comporte suffisamment de carbone, soit au minimum 0,2 %.

Trempe simple en atelier

Il est possible de tremper des pièces comme un burin ou un marteau avec les simples moyens disponibles dans un atelier **(fig. 2)**.

Le chauffage à température de trempe peut s'effectuer soit par un feu de forge, soit à l'aide d'un chalumeau. Il appartient alors au constructeur métallique de faire appel à son expérience pour savoir de façon fiable, à l'aide d'un échantillon des couleurs de températures, quand le métal a atteint sa température de trempe, par exemple 800 °C pour un burin en acier C70U **(fig. 3)**.

La trempe se fait dans un bac d'eau. Puisque seule la partie coupante du burin doit être durcie, cette dernière doit être plongée dans l'eau avec un léger mouvement circulaire.

La température résiduelle de la trempe servira au revenu. Le burin est retiré du bac immédiatement après que la partie coupante a été trempée. Puisque la température du reste de la pièce est encore élevée, la chaleur se transmet à la partie coupante et la réchauffe. Pour savoir quand le métal a atteint la température de revenu (environ 200 °C), il faut comparer sa couleur à un échantillon de couleur **(fig. 3)**. Enfin, on plonge le burin dans le bac d'eau pour le refroidir.

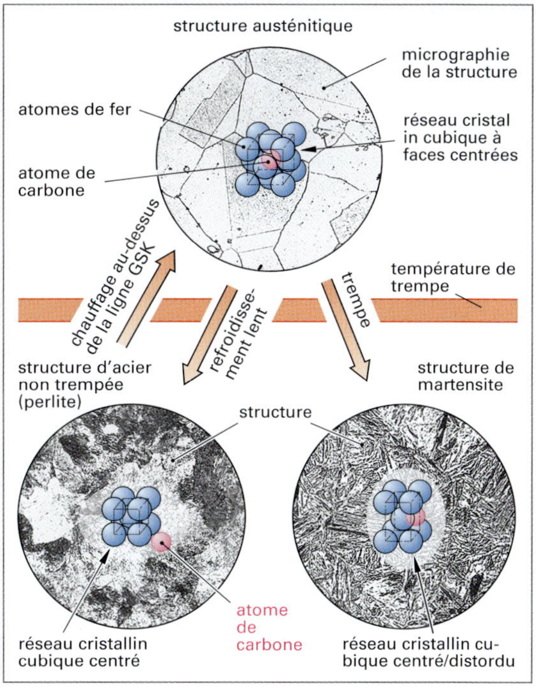

1 Changements de structures et de réseaux lors de la trempe

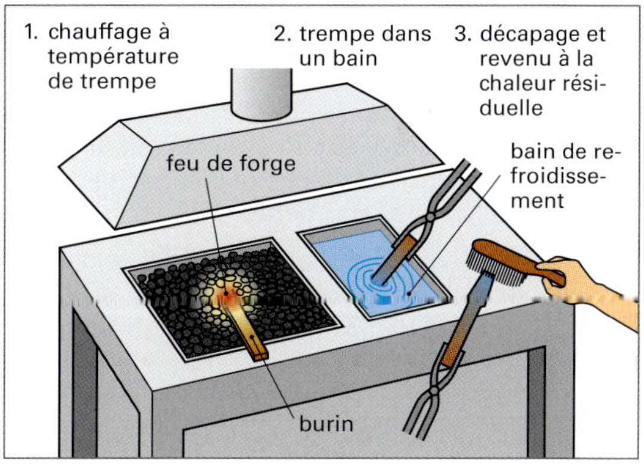

2 Trempe d'un burin en atelier

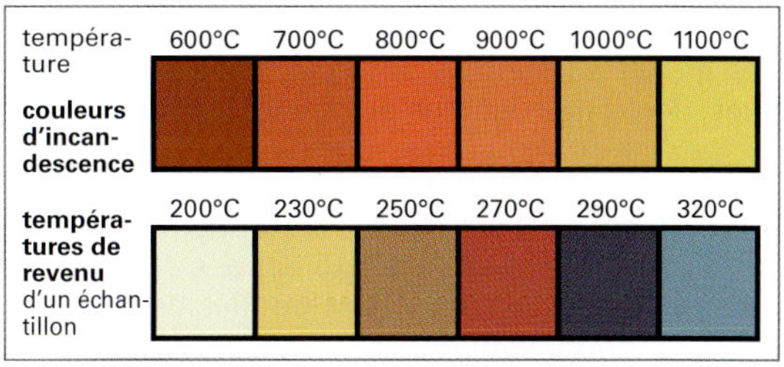

3 Couleurs d'incandescence et de revenu

26.5.3 Amélioration

L'amélioration est un traitement thermique qui consiste à conférer aux pièces une limite élastique et une résistance élevée, ainsi qu'une ténacité accrue.

Le processus de l'amélioration comporte plusieurs étapes : la pièce est tout d'abord chauffée et maintenue à température de trempe, refroidie brusquement, puis réchauffée et maintenue à température de revenu, et enfin refroidie brusquement ou lentement (**fig. 1**, illustration du haut).

Lors de l'amélioration, les températures de revenu se situent entre 450 °C et 650 °C ; elles sont donc nettement plus élevées que lors de la trempe (entre 100 °C et 300 °C).

Durant les étapes du traitement, l'acier subit plusieurs transformations de structure (**fig. 1**, illustration du bas) : lors de la trempe, la structure prédominante constituée de ferrite et de perlite se transforme en martensite. Lors du revenu, la structure martensitique se transforme en une structure améliorée constituée de petits grains.

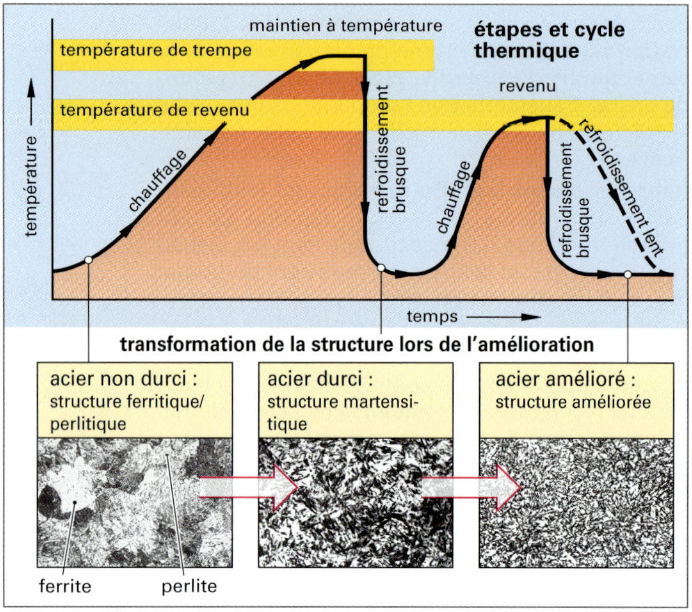

1 Cycle thermique et structures lors de l'amélioration de l'acier C45

Les propriétés mécaniques de l'acier changent également lors des différentes étapes de l'amélioration, Après le refroidissement, l'acier est très dur, mais également fragile et sensible aux fissures. Lors du revenu qui s'ensuit, la dureté diminue, mais la résistance et la ténacité (allongement à la rupture) augmentent.

Selon les qualités de résistance, de limite élastique et d'allongement à la rupture désirées, l'acier doit être revenu à des températures différentes. Le **diagramme de revenu** indique la température à prévoir en fonction de la qualité recherchée **(fig. 2)**.

Exemple : une poutre en acier 42CrMo4 d'un contreventement doit être améliorée pour atteindre une limite élastique de 600 N/mm². Le graphique de la fig. 2 indique qu'une température de 640 °C est requise. A cette température, l'allongement à la rupture est d'environ 40 %.

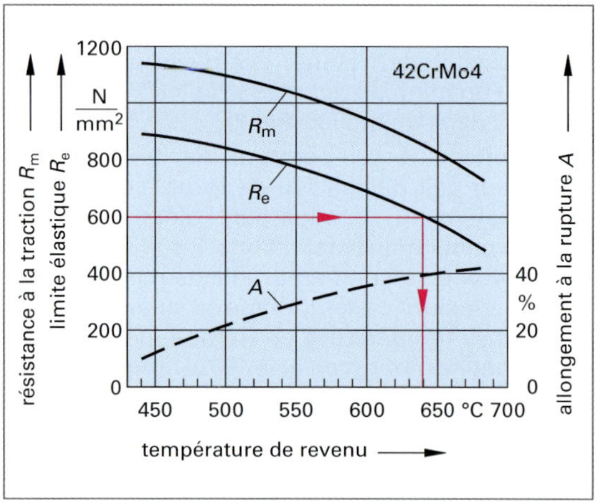

2 Diagramme de revenu de l'acier amélioré 42CrMo4

Les pièces améliorées sont des pièces soumises à de fortes contraintes mécaniques telles que des axes, des roues dentées ou des vis – HV à haute résistance. Elles sont en acier amélioré **(page 456)**.

26.5.4 Durcissement de surface

Ce traitement est employé lorsqu'une pièce doit avoir à la fois une surface dure et résistante à l'usure et un cœur tenace et ductile. C'est des conditions nécessaires pour des pièces telles que des tambours d'enroulement de câbles, des poulies de renvoi, des roues, des glissières ou des axes ; des pièces qui non seulement sont exposées à une usure en surface, mais qui en plus doivent supporter de lourdes charges. Il existe plusieurs procédés de durcissement de surface.

Trempe superficielle

La trempe superficielle consiste à chauffer rapidement la couche superficielle d'une pièce à durcir en fournissant un apport de chaleur concentrée (austénitisation), puis à la refroidir brusquement **(fig. 1)**. Seule la fine couche superficielle austénitique est durcie.

Il existe deux façons de chauffer rapidement la couche superficielle d'une pièce : à l'aide d'un chalumeau **(trempe à la flamme)**, ou en utilisant une bobine d'induction parcourue par un courant électrique **(trempe par induction)**. La pièce est refroidie par une douche.

Avant la trempe superficielle, la pièce doit être améliorée. Lors de la trempe superficielle, la couche superficielle est durcie. L'amélioration et la trempe superficielle ont pour conséquence que la pièce terminée possède un cœur amélioré et une surface trempée.

Cémentation

La **cémentation** consiste dans un premier temps à enrichir en carbone (carburer) la couche superficielle d'une pièce en acier à faible teneur en carbone grâce à des procédés spécifiques de cémentation, puis dans un deuxième temps à tremper la pièce **(fig. 2)**.

La cémentation convient à des aciers de cémentation dont la teneur en carbone se situe entre 0,1 % et 0,2 %. En raison de leur faible teneur en carbone, ces aciers ne se trempent pas. L'enrichissement en carbone de la couche superficielle, procédé que l'on nomme également **carburation**, consiste à placer les pièces à cémenter dans un milieu susceptible de leur céder du carbone et de les laisser à une température située entre 850 °C et 930 °C durant plusieurs heures. Le carbone se diffuse alors dans la couche superficielle de chaque pièce, qui permet d'être trempée.

La cémentation en milieu solide **(cémentation solide)** consiste à enfouir les pièces à cémenter dans une caisse remplie de cément, puis à placer cette caisse dans un four. La cémentation en milieu liquide **(cémentation liquide)** consiste à plonger et à maintenir les pièces à cémenter dans un bain de sel libérateur de carbone.

La **cémentation gazeuse** consiste à placer les pièces à cémenter dans un four étanche dans lequel circule un gaz libérateur de carbone.

Après la cémentation, les pièces sont soit trempées directement à température de cémentation, soit placées dans un four pour être portées à température de trempe puis trempées. Ainsi, seule la couche superficielle carburée est durcie ; le reste de la pièce pauvre en carbone demeure non durcie.

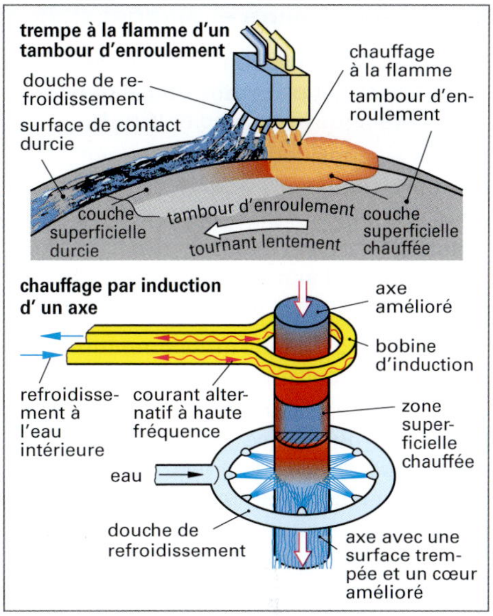

1 **Procédé de trempe superficielle**

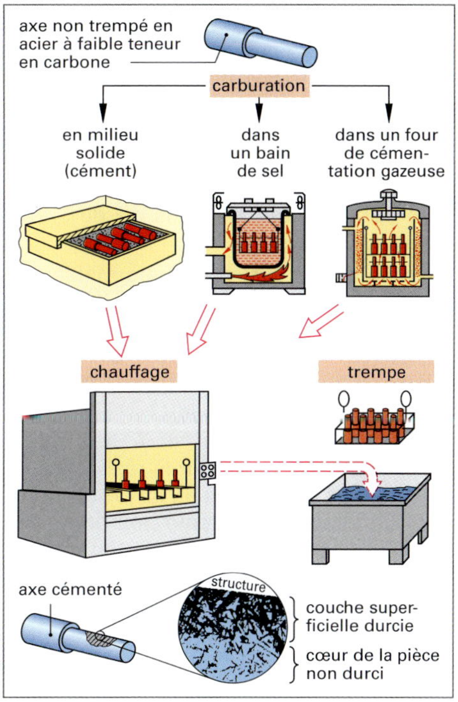

2 **Opérations lors de la cémentation**

Contrôlez vos connaissances

1 Pourquoi faut-il recuire les cordons de soudure de pièces soumises à de fortes contraintes ?
2 Quelles sont les différentes opérations de la trempe ?
3 Quelle est la température de trempe d'aciers non alliés (dans le diagramme fer-carbone) ?
4 Quelle structure se constitue lors de la trempe ?
5 Qu'est-ce qui différencie la trempe de l'amélioration ?
6 Quelles indications donne le diagramme de revenu d'un acier amélioré ?
7 Décrivez la cémentation.

26.6 Aluminium et alliages d'aluminium

L'aluminium, qui est un métal léger, est le matériau de construction le plus utilisé dans la construction métallique après l'acier **(fig. 1)**.

La place considérable qu'occupent les alliages d'aluminium dans la construction est principalement due à quelques caractéristiques bien précises.

L'aluminium est léger. La caractéristique la plus frappante de l'aluminium est sa faible densité et le poids des pièces qui en résultent.

La masse volumique de l'aluminium est d'environ 2,7 kg/dm^3, soit environ un tiers de celle de l'acier.

Une pièce en aluminium est trois fois moins lourde qu'une pièce en acier aux dimensions identiques. Grâce à leur légèreté, les pièces et appareils en aluminium tels que cadres de fenêtres, châssis légers ou machines dont les boîtiers sont en aluminium, sont aisément maniables.

L'aluminium peut supporter des contraintes mécaniques. Les produits en alliage d'aluminium standard ont une résistance à la traction d'environ 200 N/mm^2. Les alliages d'aluminium hautement résistants peuvent atteindre 400 N/mm^2, ce qui correspond à la résistance d'aciers non alliés. De ce fait, les alliages d'aluminium peuvent servir non seulement à la construction de pièces supportant des charges normales telles que des cadres de fenêtres, mais également à la construction de pièces fortement sollicitées telles que des pièces de machines, d'avions ou de structures de construction **(fig. 2)**.

L'aluminium est facilement déformable et peut être transformé de plusieurs façons. L'aluminium peut être laminé, extrudé, plié, comprimé, forgé, scié, percé, tourné, meulé ou poli. Les alliages d'aluminium pour fonderie se laissent facilement couler.

Grâce à sa résistance aux contraintes, à sa résistance à la corrosion et à son faible poids, l'aluminium est idéal pour la réalisation de cadres de portes ou de fenêtres ou de profils pour façades ou toitures. Son excellente aptitude à l'extrusion permet de réaliser toutes sortes de profils **(fig. 3)**.

L'aluminium est résistant à la corrosion. L'aluminium se couvre automatiquement d'une fine couche d'oxyde qui le protège contre la corrosion. Grâce à un traitement d'anodisation **(page 489)**, cette couche de protection est renforcée, et ainsi la résistance à la corrosion du matériau nettement améliorée. Les pièces en aluminium anodisé résistent à des conditions extérieures normales. Dans un environnement extérieur normal, la durée de vie de cadres de fenêtres, de façades ou de toitures est de 30 à 50 ans **(fig. 4)**.

L'aluminium est recyclable. Après emploi, les pièces en aluminium peuvent être fondues et transformées en de nouveaux produits.

1 Véranda constituée de profils en aluminium et de verre isolant

2 Halle construite avec des profils d'aluminium hautement résistants

3 Profils, tubes légers en aluminium

4 Couverture en tôle d'aluminium trapézoïdale

26.6.1 Matériaux en aluminium

La classification de l'aluminium permet de distinguer l'aluminium non allié, les alliages d'aluminium de corroyage, et les alliages de fonderie **(fig. 1)**.

Dans la construction métallique, ce sont avant tout les alliages d'aluminium de corroyage qui sont le plus utilisés. Ils permettent de fabriquer des profils qui se trouvent couramment dans le commerce et qui servent de base pour la réalisation de fenêtres, de portes, de toitures et de façades.

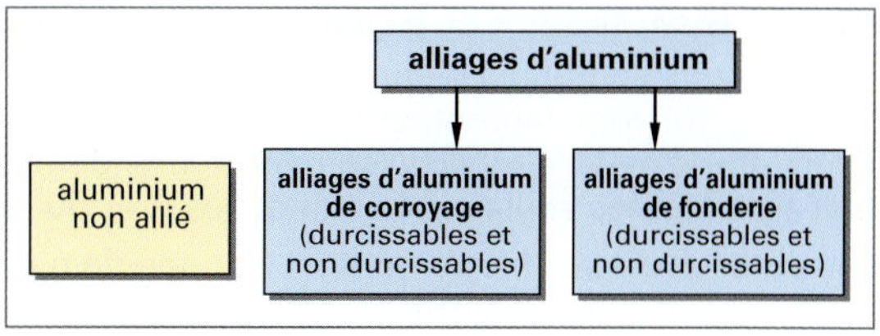

1 Classification des matériaux en aluminium

Désignation abrégée des matériaux en aluminium

La désignation abrégée des matériaux en aluminium est établie selon les normes européennes EN. Elle est composée de l'abréviation **EN**, des lettres **AW** (alliages d'aluminium de corroyage) ou **AC** (alliages de fonderie), ainsi que du numéro de matière et des symboles chimiques des éléments d'alliage entre parenthèses. Voir exemple ci-contre.

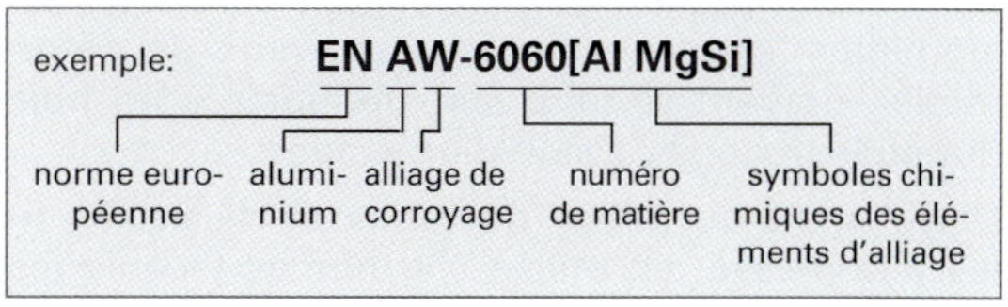

Il existe également une version simplifiée comprenant uniquement le numéro de matière, comme l'exemple **EN AW-6060**, ou comprenant uniquement les symboles chimiques, comme l'exemple **EN AW-Al MgSi**.

Lors de la commande de produits finis, il faut également préciser le traitement thermique du matériau (par exemple recuit, écroui) à l'aide de chiffres et de lettres supplémentaires, comme le montre l'exemple **EN AW-6060[Al MgSi]-T4**.

Il existe une multitude d'alliages d'aluminium. Les lignes qui suivent décrivent quelques alliages courants.

Alliages d'aluminium de corroyage non durcissables

L'alliage **EN AW-5745[Al Mg3]** est le matériau standard pour les produits laminés de résistance moyenne (résistance à la traction R_m jusqu'à 250 N/mm^2). Sa résistance à la corrosion est très bonne, surtout en eau de mer, et il est particulièrement adapté au polissage et à l'oxydation anodique. Cet alliage est généralement utilisé pour des structures métalliques, des canettes ou des pièces de bateau.

Alliages d'aluminium de corroyage durcissables

Les alliages d'aluminium durcissables acquièrent au cours d'un traitement thermique, que l'on nomme **durcissement**, des valeurs de résistance et de dureté environ deux fois plus élevées que celles du même matériau non traité.

Le durcissement compte trois étapes :

1. Recuit de mise en solution à environ 500 °C
2. Trempe à l'eau ou à l'huile (juste après la trempe, l'alliage n'est pas encore dur)
3. Maintien de la pièce à température ambiante pendant 14 jours ou à environ 200 °C pendant 24 heures. Cette dernière étape confère à l'alliage d'aluminium sa dureté et sa résistance optimale.

L'alliage d'aluminium **EN AW-6060[Al MgSi]** est le matériau-type pour les profils bon marché filés à la presse et dont la résistance ne dépasse pas 250 N/mm^2. Lors du filage à la presse, le profil déformé encore chaud qui sort de la matrice est immédiatement refroidi par soufflage d'air, puis placé dans un four à environ 180 °C. Grâce à ce durcissement peu coûteux qui suit directement le filage à la presse, les profilés d'aluminium EN AW-6060 sont très bon marché.

L'alliage d'aluminium **EN AW-6060[Al MgSi]** est le matériau le plus utilisé dans la construction métallique et dans le bâtiment. Il est tout à fait adapté au soudage et à l'oxydation anodique. Cependant, la résistance des points de soudage est faible. Ces alliages servent à la fabrication de tubes profilés pour fenêtres et stores, des ferrements, des échelles et des petites structures métalliques.

L'alliage d'aluminium **EN AW-7020[Al Zn4,5Mg1]** est un matériau spécifique prévu pour les constructions légères soudées pouvant supporter de lourdes charges. Après le soudage, la zone soudée rendue moins résistante retrouve en l'espace de quelques jours automatiquement sa résistance initiale élevée de 350 N/mm^2, sans aucune mesure particulière.

Alliages d'aluminium de fonderie

L'alliage d'aluminium **EN AC-44200[Al Si12(a)]** est l'alliage d'aluminium le plus courant et présente une bonne coulabilité ainsi qu'une bonne résistance à la corrosion. Il se durcit automatiquement et sert par exemple à fabriquer des tables d'appui sur des scies circulaires ou des carters (boîtiers) de perceuses.

26.6.2 Manutention et transformation de pièces en aluminium

Les produits semi-finis d'aluminium doivent être **stockés** et **traités avec soin**. Lorsque les pièces sont stockées horizontalement, elles doivent être posées sur des points de soutien en bois en nombre suffisant afin d'éviter un fléchissement et une déformation permanente qui en résulterait. Pour saisir les pièces, il faut les soulever. Le fait de les tirer ou de les pousser a pour effet d'endommager la surface.

Les outils et dispositifs servant à l'usinage de pièces en aluminium doivent être préalablement nettoyés afin d'éviter que des fragments issus d'autres métaux n'oxydent les pièces à réaliser.

Avant de serrer une pièce en aluminium dans un étau, il faut prévoir de placer des mordaches en aluminium de protection. Les travaux de déformation doivent se faire sur une surface en bois dur et, le traçage à l'aide d'un crayon.

Dans le cas du **pliage de tubes et de profils filés à la presse**, on utilise les mêmes techniques et dispositifs que pour le pliage d'autres métaux **(page 23)**. Le pliage peut se faire à chaud ou à froid **(fig. 1)**. On trouve également dans le commerce des profilés prépliés.

1 Pliage, roulage de profils filés à la presse

Les pièces en aluminium font preuve d'une **très bonne usinabilité**. Elles peuvent être limées, sciées, percées, tournées ou fraisées. Il faut toutefois utiliser des outils spéciaux et tenir compte des directives des fabricants.

Traitement de surface. Les pièces en aluminium dont la surface a été rendue irrégulière par le soudage ou l'usinage doivent être poncées et polies. Les produits finis en aluminium sont livrés oxydés et anodisés, et parfois recouverts d'une couche de protection colorée **(page 489)**. Afin de protéger une pièce terminée telle qu'une fenêtre contre d'éventuels chocs ou contre une éventuelle oxydation provoquée par des éclaboussures de ciment ou de mortier, il faut la recouvrir d'un film de protection plastique qui pourra être retiré une fois le montage terminé. Il faut prendre garde de ne pas endommager le film de protection lors du montage.

26.6.3 Assembler des pièces en aluminium

Des **rivets spéciaux** tels que rivets aveugles, rivets pop ou boulons à sertir sont fréquemment utilisés pour des pièces en aluminium. L'emploi de rivets pleins ne se justifie pratiquement que dans l'aviation.

Les **assemblages vissés** sont privilégiés uniquement lorsqu'il faut pouvoir démonter. On emploie dans ce cas des vis en acier inoxydable, mais cette matière donne lieu à une cellule de corrosion. Dans un tel assemblage, la pièce en aluminium n'est pas inoxydable ; elle est donc en proie à la corrosion. Cependant, du fait de la grande surface de la pièce l'aluminium en comparaison de la surface minime de la pièce en acier inoxydable, l'attaque de la corrosion sur la pièce en aluminium est insignifiante.

Contrairement au soudage, les assemblages vissés ou rivetés ne diminuent pas la résistance du matériau aux points de liaison. Toutefois, les trous nécessaires au passage des rivets ou des vis affaiblissent la section de la pièce.

Soudage (fig. 2). Le **soudage TIG** et le **soudage MIG** permettent de réaliser des cordons de soudure impeccables. En revanche, le soudage gazeux par fusions et le soudage manuel à l'arc sont inappropriés. Lors du soudage de pièces en aluminium durci, le fait de chauffer le matériau provoque une diminution de la résistance dans les zones soudées. Les alliages autotrempants de type EN AW-7020[Al Zn4,5Mg1], qui retrouvent leur résistance initiale après quelques jours, ne sont pas concernés par ce problème **(page 471)**.

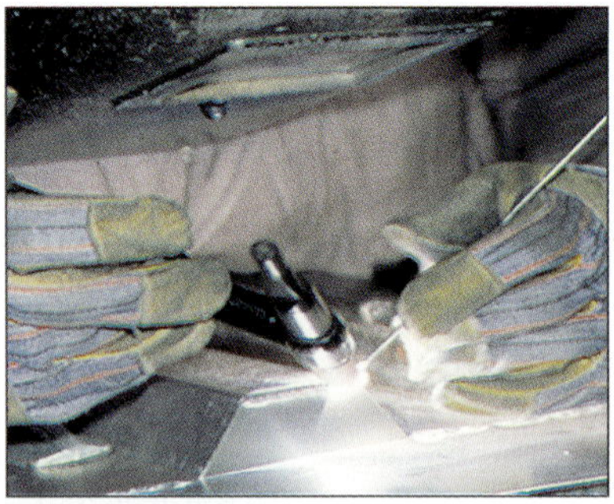

2 Soudage d'une construction en aluminium

Contrôlez vos connaissances

1 Quelles sont les propriétés particulières de l'aluminium ?
2 Quelles indications détaillées peut-on déduire de la désignation EN AW-3103[Al Mn1] ?
3 Quel est l'alliage d'aluminium le plus couramment utilisé dans la construction métallique et l'artisanat ?
4 Quels procédés de soudage permettent de souder de l'aluminium ?

26.7 Cuivre et alliages de cuivre

Le cuivre et les alliages de cuivre sont des matériaux fréquemment utilisés dans la construction métallique et le bâtiment.

Le cuivre est un métal semi-précieux dont les surfaces lisses présentent une couleur rose saumon métallique et brillante **(fig. 1)**. Avec le temps, et en fonction de l'air ambiant, une couche d'oxydation de couleur rouge brun virant au vert (vert-de-gris) se forme sur la pièce. Cette couche protège le cuivre de la corrosion due à l'air et lui donne cet aspect décoratif qui lui est propre **(fig. 2)**.

Le cuivre est un métal lourd dont la densité est de 8.93 kg/dm^3 et dont la température de fusion est de 1083 °C. A l'état brut, le cuivre est un métal mou et facilement déformable. La déformation à froid permet d'augmenter considérablement sa résistance et sa dureté. Si le cuivre est recuit, sa résistance est d'environ 200 N/mm^2, et s'il est déformé à froid, elle atteint 350 N/mm^2. De plus, la déformation à froid diminue considérablement l'élasticité ; elle peut passer de 50 % à 3 %.

Emploi. Le cuivre est un métal onéreux. De ce fait, il est employé uniquement lorsque ses propriétés particulières sont requises ou souhaitées. Dans la construction métallique, ces caractéristiques sont **la résistance à la corrosion** et l'aspect décoratif du cuivre, qui est utilisé pour des chéneaux, des tuyaux d'écoulement et des revêtements de façades **(fig. 2)**. De plus, le cuivre est un **excellent conducteur électrique**, il est donc le matériau le plus employé pour les câbles électriques.

Transformation. Le cuivre non durci est facilement déformable. Le brasage convient à tous les types de cuivre ; le brasage fort et le soudage ne conviennent uniquement qu'aux cuivres exempts d'oxygène.

26.7.1 Cuivres non alliés

Dans la construction métallique, les cuivres exempts d'oxygène sont les plus répandus **(voir tableau)**. Ils ne sont pas fragilisés par le soudage ou le brasage dur.

Selon la norme DIN EN 1976, la **désignation abrégée des matériaux à base de cuivre non alliés** est composée du symbole **Cu**, de trois lettres concernant le type de cuivre (par exemple **DHP**, correspondant à un cuivre désoxydé à teneur en phosphore élevée résiduel), et du chiffre **R** indiquant la résistance (par exemple R220 = résistance à la traction minimale de 220 N/mm^2, voir à droite). On trouve encore l'ancienne désignation DIN dans d'anciens catalogues de fournisseurs.

La **désignation abrégée des alliages de cuivre** est composée du symbole Cu et des symboles des éléments d'alliage principaux avec leur pourcentage. Voir exemple à droite.

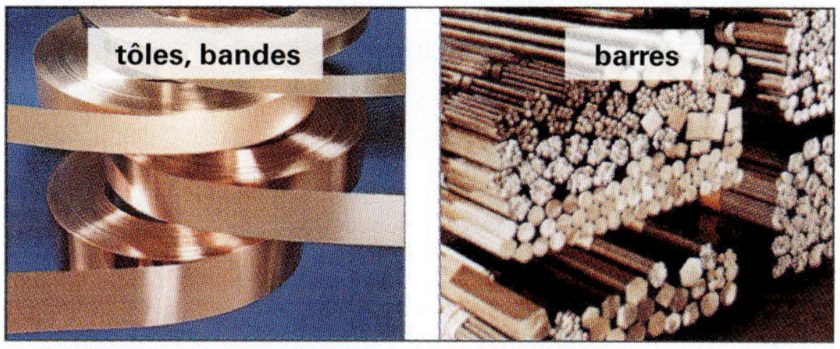

1 Produits semi-finis en cuivre non allié

2 Revêtement en cuivre de toitures et façades

Tableau : types de matériaux à base de cuivre non allié pour la construction métallique et la construction d'appareils

Désignation abrégée selon DIN EN1976	Désignation abrégée selon ancienne norme DIN 1787	Propriétés, utilisations principales
Cu-DHP (CW024A)	**SF-Cu (2.0090)**	apte au soudage et au brasage, facilement déformable. Produits semi-finis pour la construction métallique et la tuyauterie
Cu-DLP (CW023A)	**SW-Cu (2.0070)**	apte au soudage et au brasage, facilement déformable. Produits semi-finis pour la construction mécanique.

Désignation abrégée d'un matériau à base de cuivre non allié

Exemple : Cuivre exempt d'oxygène, résistance à la traction minimale de 220 N/mm^2

selon DIN EN 1976: **Cu-DHP-R220**
ancienne désignation abrégée: **SF-CuF22**
Numéro de matière: **CW024A**

Désignation abrégée d'alliages de cuivre :

Exemple : alliage de cuivre corroyé composé de 38 % de zinc et de 2 % de plomb

CuZn38Pb2 Numéro de matière : CW608N

Exemple : alliage coulé de cuivre composé de 12 % d'étain

CuSn12-C Numéro de matière : CC483K

26.7.2 Alliages de cuivre

L'ajout de zinc, d'étain et de nickel au matériau de base qu'est le cuivre permet de réaliser des alliages possédant une résistance à la corrosion plus élevée, de meilleures propriétés mécaniques, ainsi qu'un aspect décoratif.
Les alliages de cuivre sont nommés d'après les principaux éléments d'alliage qui les composent, par exemple alliage cuivre zinc, ou plus simplement alliage CuZn. De plus, il existe des appellations historiques, comme le laiton pour les alliages à base de cuivre et de zinc ou le bronze pour les alliages à base de cuivre et d'étain.
Le nom abrégé des alliages de cuivre se base sur les symboles des éléments qui le composent, ainsi que sur la teneur en pourcent des éléments **(bas de la page 473)**. De plus, un numéro de matière correspond à chaque matériau à base de cuivre selon la norme DIN EN **(voir tableau ci-contre)**.

Alliages cuivre-zinc (laiton)

Les alliages de cuivre possédant entre 5 % et 45 % de zinc (Zn) sont des matériaux dont la couleur varie entre le brun doré et le jaune clair. Dans le langage courant, on nomme ces alliages laiton **(voir tableau)**. La résistance à la corrosion du laiton est aussi bonne que celle du cuivre, mais la conductibilité électrique et thermique est amoindrie. Cependant, la capacité de transformation de la matière, comme l'usinabilité ou la coulabilité, est supérieure à celle du cuivre pur.
Il est également possible d'ajouter aux alliages cuivre zinc de faibles quantités d'autres éléments, comme le plomb (Pb) pour améliorer l'usinabilité, l'aluminium (Al) et le silicium (Si) pour améliorer les propriétés de glissement, et le manganèse (Mn) pour garantir une meilleure résistance aux intempéries.
Selon la teneur en zinc, la résistance des alliages cuivre zinc ayant subi un recuit doux se situe entre 200 N/mm² et 350 N/mm² **(fig. 1)**.
Les alliages cuivre zinc ne sont **pas trempables**.
L'**écrouissage** (étirage) augmente considérablement la résistance à la traction et la dureté. Plus la teneur en zinc est élevée, plus cette augmentation de dureté et de résistance est importante, pouvant atteindre 600 N/mm² **(fig. 1)**.
En revanche, l'écrouissage diminue l'allongement à la rupture, le faisant passer de 50 à 10 %.
Les alliages de cuivre et de zinc possédant plus de 40 % de zinc se fragilisent ; elle augmente en fonction de la teneur en zinc. De plus, ces alliages ne peuvent pas être écrouis en raison de la teneur croissante de laiton β dans la structure **(fig. 1)**. Seuls les alliages cuivre zinc possédant une structure de laiton α majoritaire peuvent être écrouis.
Lors de la **commande** de produits semi-finis d'alliage cuivre zinc, il est important de préciser la résistance du matériau désirée à l'aide d'un chiffre supplémentaire.

Exemple : CuZn30R340 est un produit semi-fini d'alliage cuivre zinc écroui possédant 30 % de zinc, et dont la résistance à la traction est de 340 N/mm².

On différencie les alliages cuivre-zinc malléables et les alliages cuivre-zinc coulés.

Tableau : alliages cuivre-zinc (laiton)

Désignation abrégée	Numéro de matière	Propriétés particulières, emplois principaux
CuZn10	CW501	facilement déformable à froid / tôles, pièces tournées en grande quantité
CuZn40	CW509L	facilement déformable à froid et à chaud / ferrements, robinetterie
CuZn36Pb3	CW603N	facilement usinable et déformable / pièces tournées, profils de construction, mains courantes

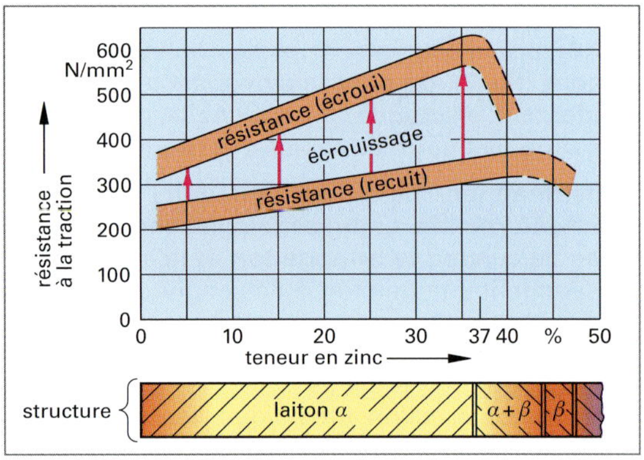

1 Résistance à la traction d'un alliage cuivre-étain à l'état recuit et à l'état écroui

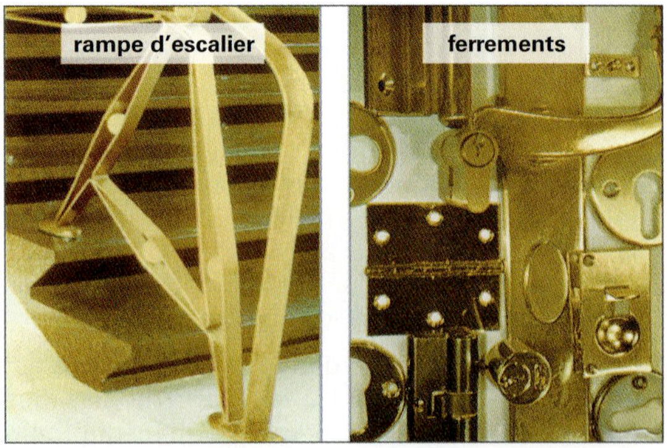

2 Pièces en alliage CuZn pour la construction intérieure

Les **alliages cuivre-zinc corroyés** se trouvent dans le commerce sous forme de tôles, de barres et de profils creux (tubes) et seront usinés ou déformés pour être transformés en pièces **(fig. 1)**.

Les alliages cuivre-zinc de corroyage contenant du plomb, comme l'alliage CuZn39Pb3, se prêtent particulièrement bien à l'usinage et au ressuage à chaud. Ils servent à la fabrication de petites pièces de fixation, de becs (buses) de brûleurs, de pièces de robinetterie pour conduits d'eau, de gaz et d'installations sanitaires **(fig. 1)**.

Les pièces vissées réalisées dans cet alliage présentent un avantage indéniable : les filetages ne rouillent pas.

Il existe également des **alliages cuivre-zinc coulés** comportant entre 5 % et 45 % de zinc, comme l'alliage **CuZn37Pb-C**. Ils sont injectés sous pression et ensuite usinés pour être transformés par exemple en pièces de robinetterie.

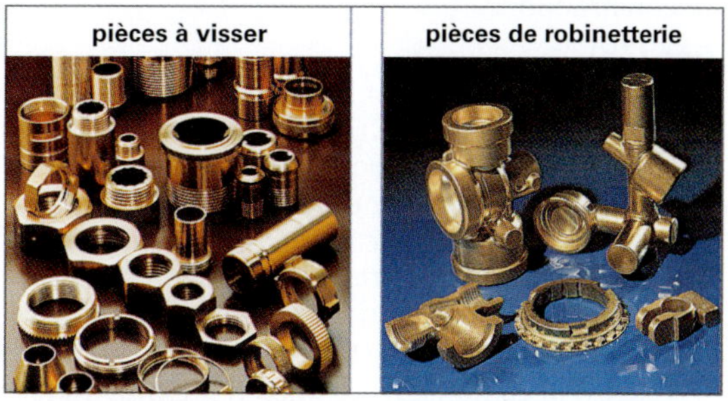

1 Petites pièces et pièces de robinetterie en alliage CuZn39Pb3

Alliages cuivre étain (bronze à l'étain)

Les alliages cuivre étain contiennent entre 4 % et 12 % d'étain (Sn) **(voir tableau)**. Ils contiennent également entre 0,1 % et 0,5 % de phosphore pour permettre la désoxydation, et parfois des éléments supplémentaires en faible quantité (Zn, Pb).

Les alliages cuivre étain sont communément appelés bronze à l'étain, ou tout simplement bronze.

Les alliages cuivre étain ont des propriétés particulières, ce qui justifie des emplois spécifiques :

- Bonne résistance à la corrosion et aux intempéries :
  → Balustrades en plein air, ferrements, robinetterie, monuments
- Bonnes propriétés de glissement et bonne résistance à l'usure :
  → Coussinets **(fig. 2)**, glissières, pièces de serrurerie et clés
- Capacité d'écrouissage jusqu'à la force de rappel :
  → Petits ressorts pour pièces de rappel
- Bonne conductibilité électrique et bonne force élastique :
  → Contacts électriques à retour élastique **(fig. 2)**.

Tableau : alliage cuivre étain (bronze)

Désignation abrégée	Numéro de matière	Propriétés particulières / emplois principaux
CuSn4	**CW450K**	bonne conductibilité électrique, écrouissage jusqu'à la force d'un ressort de rappel / contacts électriques à retour élastique
CuSn8P	**CW459K**	bonnes propriétés de glissement et de résistance à l'usure /paliers lisses, douilles, raccords

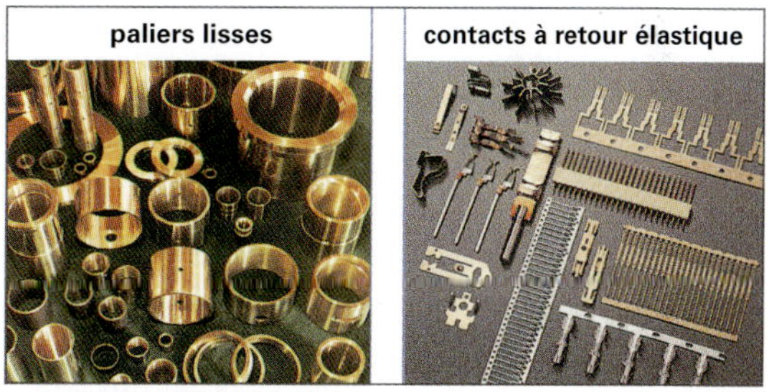

2 Pièces en alliage cuivre-étain

Alliages cuivre nickel zinc (maillechort)

Les alliages cuivre nickel zinc, connus sous le nom de **maillechort**, contiennent entre 47 % et 64 % de cuivre, entre 10 % et 25 % de nickel et entre 15 % et 42 % de zinc.

Exemples : **CuNi12Zn24, CuNi25Zn15**

Leurs particularités sont un aspect proche de l'argent, une bonne résistance à la corrosion et de bonnes propriétés de glissement.

Dans la construction métallique et dans le bâtiment, ces alliages sont employés pour des pièces telles que des serrures de sécurité, des clés, des ferrements, des balustrades, des pièces d'installations sanitaires ou des portes d'entrée décoratives **(fig. 3)**.

Les pièces de monnaie également, que l'on appelle à tort « pièces d'argent », sont en alliage cuivre nickel zinc, comme la partie de couleur argentée des pièces correspondant à 1 euro et à 2 euros.

3 Contacts à retour élastique

26.8 Autres métaux importants

En dehors des aciers et des matériaux à base d'aluminium et de cuivre, bien peu de métaux ont acquis une importance notable dans la construction métallique. Il s'agit des métaux à base de zinc, d'étain et de plomb. En raison de leur faible résistance, ces métaux ne peuvent être employés comme matériaux de construction.

Zinc (Zn)

Le zinc est un métal dont la température de fusion est relativement basse (419 °C) et dont la masse volumique est de 7,1 kg/dm^3. Les surfaces neuves d'une pièce en zinc sont d'aspect légèrement bleuté et brillant. Au cours du temps, le contact à l'air recouvre les pièces d'une fine couche de protection gris mat de carbonate de zinc, ce qui protège le matériau de la corrosion due à l'air, à l'eau ou aux rigueurs du climat.

1 **Revêtement de toit par des tôles en zinc titane**

En raison de sa faible résistance d'environ 150 N/mm^2 et de sa ductilité de 35 %, le matériau a une certaine stabilité de forme, mais il se laisse également facilement déformer. De plus, il est idéal pour le brasage tendre. Le zinc est un matériau à la fois résistant à la corrosion et malléable, il est donc idéal comme élément de revêtement ou de terminaison pour des cheminées, des lucarnes, des façades ou des toits **(fig. 1)**.

On utilise à cet effet des **tôles en zinc titane**, un alliage de zinc comprenant 0,2 % de titane et 1 % de cuivre. Les tôles sont vendues à des épaisseurs situées entre 0,6 mm et 0,8 mm. En extérieur, les tôles en zinc titane ont une durée de vie de plusieurs décennies. Elles se trouvent sous forme de plaques ou de bandes, ou de gouttières préfabriquées et tuyaux d'écoulement.

2 **Structure composée de pièces en acier zingué au feu**

Cependant, c'est comme revêtement contre la corrosion sur des pièces en acier que le zinc est le plus utilisé.

Les tôles et bandes fines en acier sont zinguées chez le fournisseur : elles sont immergées dans un bain de zinc et ainsi recouvertes d'une fine couche de protection **(page 486)**. Les profils, les tôles épaisses, les tubes, les profils creux (tubes) ainsi que les pièces en acier terminées sont galvanisées à chaud après le soudage **(page 486)**.

On reconnaît les pièces galvanisées à chaud à leur couleur grise.

Etain (Sn)

L'étain est un métal de couleur argent brillant dont la température de fusion est très basse (232 °C) et dont la masse volumique est de 7,3 kg/dm^3. Il résiste aux conditions extérieures ainsi qu'aux substances légèrement acides et alcalines (comme des aliments).

En raison de sa faible résistance, l'étain n'est pas employé comme matériau en construction métallique. C'est lorsqu'il est combiné à d'autres matériaux que son emploi se justifie réellement :

- Comme élément de base ou d'alliage pour le brasage **(fig. 3)**. L'étain à souder est constitué d'un alliage étain plomb dont la température de fusion est très basse (entre 180 °C et 300 °C) et dont la mouillabilité est très bonne sur tous les métaux **(page 106)**. Par exemple, l'alliage S-Sn63Pb37 est un excellent étain à souder.
- Comme élément d'alliage pour les alliages à base de cuivre **(page 475)** et à base d'aluminium **(page 471)**.
- Comme couche de protection pour des fines tôles d'acier **(fer-blanc)**, par exemple pour des boîtes de conserve.

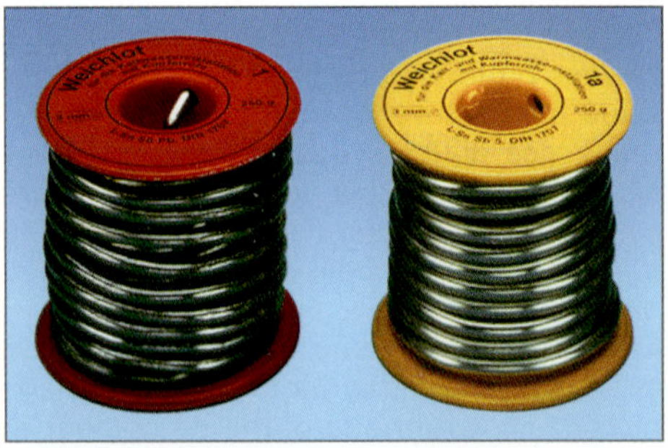

3 **Fil à souder en alliage étain-plomb**

Plomb (Pb)

1 Tôles en plomb durci pour la terminaison de toits

Le plomb est un métal d'aspect gris mat. Sa température de fusion est de 327 °C, et sa densité de 11,3 kg/dm³. Il est si mou qu'il peut être marqué de l'ongle.

Dans la construction métallique et le bâtiment, le matériau à base de plomb le plus important est le **plomb durci**, un alliage de plomb contenant jusqu'à 13 % d'antimoine (Sb). Le plomb durci est bien plus dur et plus résistant que le plomb non allié. Les tôles en plomb durci peuvent être utilisées comme éléments de terminaison de toits sur des cheminées ou des fenêtres encastrées **(fig. 1)**. Elles peuvent être pliées à la main. Le plomb résiste à la corrosion provoquée par les intempéries, les gaz s'échappant des cheminées contenant du dioxyde de soufre (SO_2), et les dépôts de suie. Le plomb peut également être allié à de l'étain pour fabriquer de l'étain à souder **(page 476)**, ou à de l'antimoine (Sb) et à de l'étain pour former des coussinets (comme l'alliage PbSb15Sn10). De plus, une faible teneur en plomb améliore l'usinabilité des aciers et des alliages d'aluminium **(page 456)**. Le plomb et les composés de plomb sont toxiques. De ce fait, il faut éviter de respirer de la poussière de plomb, ne pas manger ou boire lorsqu'on travaille avec du plomb, et se laver les mains soigneusement après avoir manipulé ce matériau.

Métaux d'alliage et de revêtement

Dans la construction métallique, les métaux d'alliage ou de revêtement ne sont **pas** utilisés en tant que métaux purs ou en tant qu'éléments de base d'un alliage. Ils sont toutefois présents comme éléments d'alliage dans un grand nombre de matériaux tels que les aciers inoxydables ou les aciers à outils. De plus, de fines couches de métaux tels que le chrome ou le nickel sont appliquées sur des pièces pour les protéger de la corrosion. Les métaux d'alliage et de revêtement les plus courants sont représentés dans l'aperçu suivant avec leurs principaux emplois.

Aperçu : propriétés et emplois des métaux d'alliage et de revêtement

Abréviation du métal	Masse volumique en kg/dm³	Température de fusion en °C	Propriétés particulières	Emploi
Chrome Cr	7,1	1900	aspect brillant métallisé, résistant à la corrosion	revêtements de protection (chromage), éléments d'alliage pour aciers inoxydables
Nickel Ni	8,9	1455	aspect clair métallisé, résistant à la corrosion	revêtements de protection (nickelage), éléments d'alliage pour aciers résistant à la corrosion
Manganèse Mn	7,3	1250	dur, fragile, cassant	métaux d'alliage pour aciers durs et tenaces
Cobalt Co	8,8	1490	tenace, résistant à la corrosion	élément d'alliage pour aciers, liant pour métaux durs
Vanadium V	6,0	1720	dur, fragile, cassant	élément d'alliage pour aciers durs et tenaces
Molybdène Mo	10,2	2600	résistant à la corrosion, résistant à la calamine	élément d'alliage pour aciers réfractaires aciers pour matériaux conducteurs de chaleur
Tungstène W	19,3	3380	dur et tenace, résistant à la corrosion, température de fusion la plus haute	électrodes pour appareils de soudage au TIG et au MIG, filaments incandescents pour lampes, élément d'alliage pour aciers rapide

Contrôlez vos connaissances

1 Quelles sont les propriétés particulières du cuivre et quels sont les emplois qui en résultent ?

2 Quel type de cuivre est privilégié dans la construction métallique, et pour quelles raisons ?

3 Quels sont les alliages que l'on appelle laiton, bronze et maillechort dans le langage courant ?

4 Comment peut-on augmenter la résistance des alliages de cuivre ?

5 Que peut-on déduire de la désignation abrégée CuZn40R340 ?

6 Quelles sont les propriétés particulières des alliages cuivre étain ?

7 Quels avantages offrent les tôles en zinc titane par rapport aux tôles en cuivre ?

8 Quels sont les emplois des alliages étain plomb dans la construction métallique ?

26.9 Matériaux frittés

Les matériaux frittés sont fabriqués au cours d'un processus constitué d'une suite d'opérations. La technique consiste à mouler de la poudre métallique par pressage avant de la fritter pour créer des pièces aux formes variées.

Le frittage consiste à porter une poudre à une certaine température et durant un certain temps – en contrôlant ces deux paramètres – afin de souder les particules pour former une pièce compacte.

26.9.1 Fabrication de pièces frittées

Mélange. La première étape consiste à mélanger les poudres métalliques pour obtenir la composition de la pièce à réaliser **(fig. 1)**. Ensuite, la poudre est pressée et ainsi transformée en ébauches dont la forme correspond à la pièce à réaliser. Les ébauches comprimées passent alors à travers un four de frittage où circule un gaz de protection. Elles y sont portées à une température d'environ 25 % inférieure à leur température de fusion, soit entre 1000 °C et 1200 °C pour les aciers frittés. Ainsi, les particules se soudent et transforment les ébauches en pièces frittées compactes.

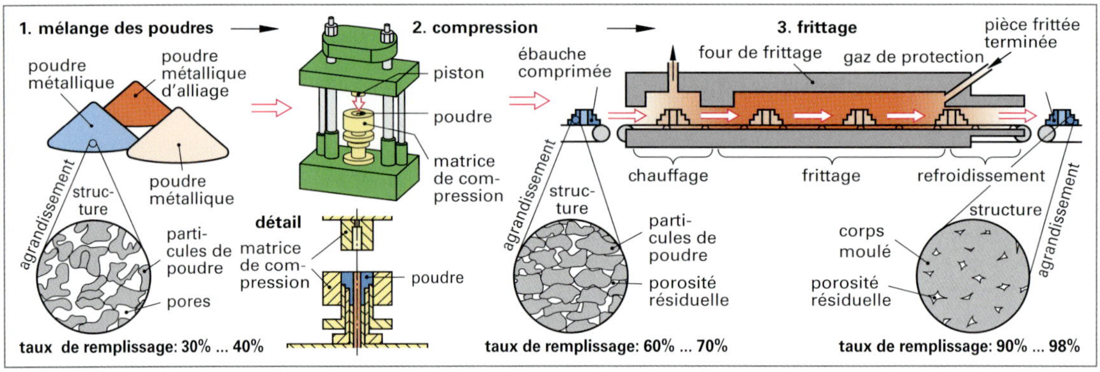

1 Schéma de réalisation de pièces frittées

Avantages du frittage

- Le frittage de petites pièces en grand nombre est plus économique que si les pièces étaient usinées ou moulés.
- Après le frittage, les pièces ont leur forme finale ; elles ne doivent plus ou presque pas subir d'opérations ultérieures. Seuls les trous dont le sens est transversal au sens de pressage doivent être percés.
- La structure des pièces frittées peut être dense ou poreuse.

Restrictions du frittage

- En raison des coûts d'outillage élevés, la réalisation de pièces uniques ou petites séries n'est pas économique.
- Le frittage ne convient qu'à des pièces relativement petites.

Classification des matériaux frittés

Certains éléments frittés sont classés selon le matériau qui les compose, comme de l'acier fritté ou le laiton fritté, d'autres selon leur porosité, c'est-à-dire selon leur taux de remplissage.

26.9.2 Emplois courants

Pièces frittées (taux de porosité résiduelle entre 1 % et 10 %). Le frittage s'applique par excellence à de petites pièces qui ont une fonction mécanique, une forme complexe, et qui doivent être réalisées en grande quantité **(fig. 2)**. Dans la construction métallique, il s'agit par exemple de clés, de pièces de serrurerie ou de ferrements en acier fritté non allié et résistant à la corrosion ou en alliage cuivre nickel fritté.

Par ailleurs, presque toutes les machines, dispositifs ou appareils de levage comportent des pièces frittées telles que des roues dentées, des leviers, des disques, des brides, des aimants permanents, etc.

2 Pièces frittées pour la construction d'appareils et de métal

Paliers lisses en métal fritté

Les paliers lisses en métal fritté **(fig. 1)** ont un taux de porosité situé entre 15 % et 25 % et sont imprégnés de lubrifiant. Lorsqu'un palier lisse est en fonction et s'échauffe, le fluide se dégage des pores et constitue un film lubrifiant. Ainsi, les paliers lisses en métal fritté autolubrifiants ne nécessitent aucun entretien. Les métaux utilisés pour les paliers lisses en métal fritté sont soit un alliage cuivre étain fritté, soit de l'acier fritté comportant des particules de graphite.

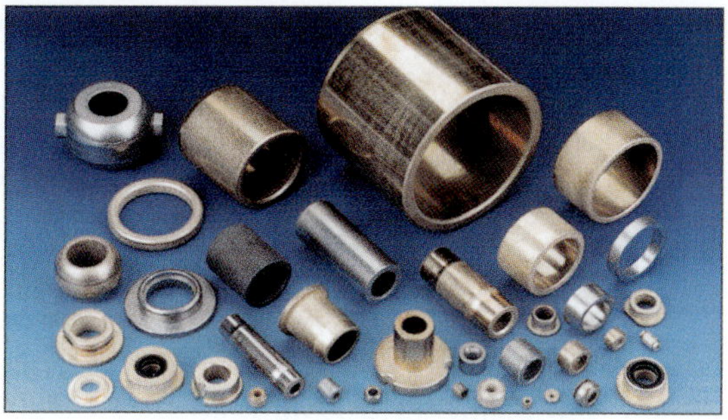

1 Paliers lisses autolubrifiants en métal fritté

Corps frittés à forte porosité

Les corps frittés à forte porosité sont constitués de microbilles sphériques et ont un volume poreux perméable de 27 %.

Ils sont fabriqués à partir d'aciers inoxydables comportant du chrome et du nickel ou à partir d'alliages cuivre zinc (bronze, laiton). Les corps frittés à forte porosité sont utilisés par exemple comme filtres métalliques dans des conduites pour filtrer des gaz de soudage, des gaz combustibles ou de l'air comprimé, comme sécurité contre le retour de flamme dans des décompresseurs de bonbonnes de soudage, ou encore comme réducteurs de bruit pour compresseurs **(fig. 2)**.

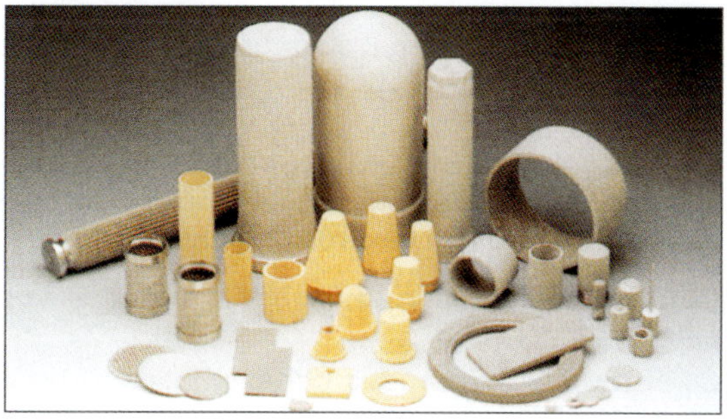

2 Filtres constitués de métal fritté à forte porosité

26.9.3 Métaux durs

Les métaux durs sont des matériaux frittés résultant d'un mélange de particules de carbure de métal dur et d'un liant métallique dur et élastique, en général du cobalt, qui est comprimé puis fritté.

L'élément de carbure le plus important est le carbure de tungstène (symbole chimique **WC**), dont la teneur se situe entre 60 % et 90 % du métal dur. La part restante de carbure est composée de carbure de titane **TiC**, de carbure de tantale **TaC** et de carbure de niobium **NbC**. Le liant métallique est le cobalt, qui est tenace, et dont la teneur varie entre 5 % et 25 % selon le type de métal dur.

Il est impossible de distinguer la structure d'un métal dur à l'œil nu, car les éléments qui la composent ne mesurent guère plus que quelques micromètres **(fig. 3)**. La structure n'est visible qu'à l'aide d'un microscope.

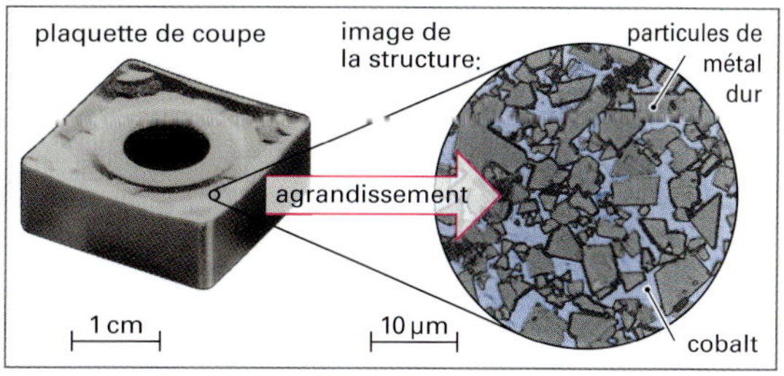

3 Plaquette de coupe en métal dur et sa structure

Propriétés et emploi. La dureté des métaux durs est deux fois plus élevée que celle des aciers rapides. En outre, les métaux durs font preuve d'une ténacité suffisante, d'une bonne résistance à l'usure et d'une résistance à la chaleur élevée, soit jusqu'à 900 °C environ. Les métaux durs permettent de réaliser des plaquettes de coupe qui se fixent sur différents outils pour l'usinage par enlèvement de copeaux, le perçage de pierres ou le sciage **(fig. 4)**. La durée de vie d'outils de coupe équipés de plaquettes en métal dur est 50 à 100 fois plus élevée que celle d'outils en acier à outils.

Le fait de recouvrir les plaquettes de coupe en métal dur d'un revêtement très résistant (par exemple en TiN) permet d'accroître davantage la résistance à l'usure. Ces plaquettes sont de couleur dorée.

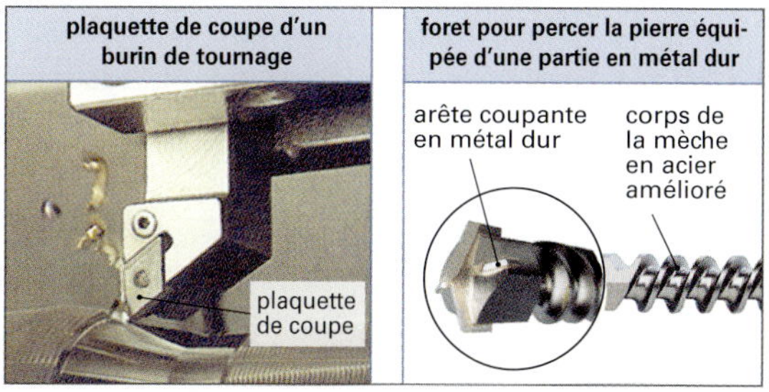

4 Plaquettes de coupe en métal dur

26.10 Corrosion et protection contre la corrosion

L'aspect des métaux change au cours du temps, en particulier lorsqu'ils se trouvent en plein air ou dans des milieux agressifs **(fig. 1)**. La surface initialement lisse du métal devient mate puis se recouvre d'une couche oxydée. Il s'agit par exemple pour l'acier d'une couche de rouille brune. On nomme ce phénomène la **corrosion**. Elle peut à terme détruire complètement une pièce.

La corrosion correspond à une destruction chimique des métaux par la surface.

26.10.1 Corrosion électrochimique

En général, l'apparition de rouille sur des pièces en acier exposées à l'air libre, s'explique par la présence d'humidité sur les surfaces du métal. Il suffit d'une couche d'humidité extrêmement fine invisible à l'œil nu pour que le processus de corrosion commence.

Elle donne naissance à des processus chimiques impliquant des particules de matières chargées électriquement (ions). Pour cette raison, la corrosion qui se développe sous l'effet de l'humidité se nomme **corrosion électrochimique**.

Corrosion électrochimique sur les surfaces de pièces en acier

Ce phénomène se produit par exemple sur des pièces en acier exposées à l'air libre, et peut être clairement illustré à l'aide d'une goutte sur la surface d'une pièce en acier **(fig. 2)**. Au centre de la goutte se libèrent des ions Fe^{2+}. Ils réagissent aux ions OH- constamment présents dans l'eau et constituent par une réaction en chaîne de la rouille FeOOH.

$$Fe \dashrightarrow Fe^{2+} \dashrightarrow Fe^{3+} \dashrightarrow Fe^{3+} + OH^- \dashrightarrow \text{Rouille FeOOH}$$

Sur une pièce oxydée, ce phénomène se produit à d'innombrables endroits et forme tout d'abord des taches de rouille, puis au cours du temps une couche de rouille sur toute la surface **(fig. 3)**. Cette couche de rouille est friable et poreuse et absorbe l'eau. La corrosion se poursuit sous la couche de rouille.

Corrosion électrochimique par une cellule de corrosion

Ce type de corrosion par contact est dû à la constitution d'un élément galvanique à un endroit de la pièce.

Un **élément galvanique** est composé de deux pièces de métaux différents (électrodes) qui sont reliées et plongées dans un liquide conducteur d'électricité, l'électrolyte **(fig. 4)**. Selon cette configuration, le métal le moins noble se dissout. Dans la fig. 4, ces métaux sont le zinc et le fer ; c'est donc le zinc (moins noble) qui libère des ions Zn^{2+} dans l'électrolyte.

La **tension électrochimique** des métaux permet de déterminer quel est le métal le moins noble dans un élément galvanique; celui qui est chimiquement attaqué **(fig. 5)**. Des deux métaux, c'est celui qui se trouve le plus à gauche dans la série électrochimique des métaux et qui se dissout.

1 Pièce en acier oxydée

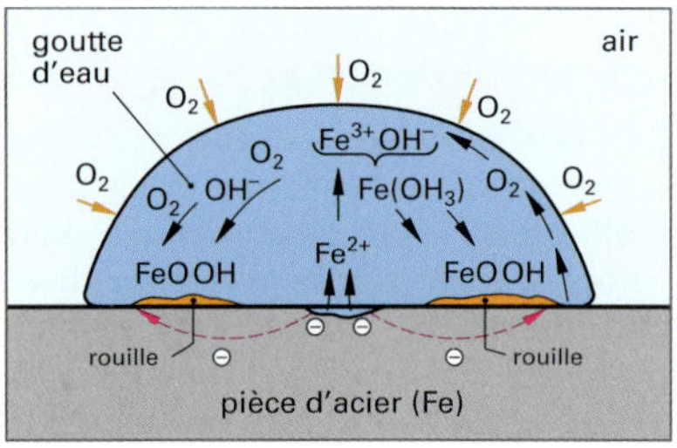

2 Processus électrochimique sur une surface d'acier humide

3 Surface d'une pièce en acier oxydée

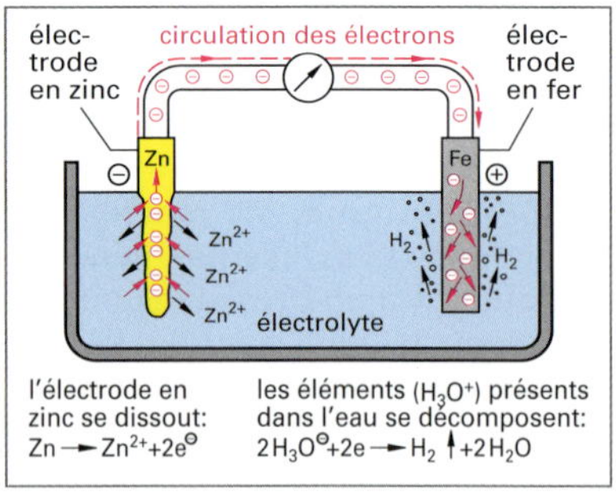

4 Elément galvanique (schéma)

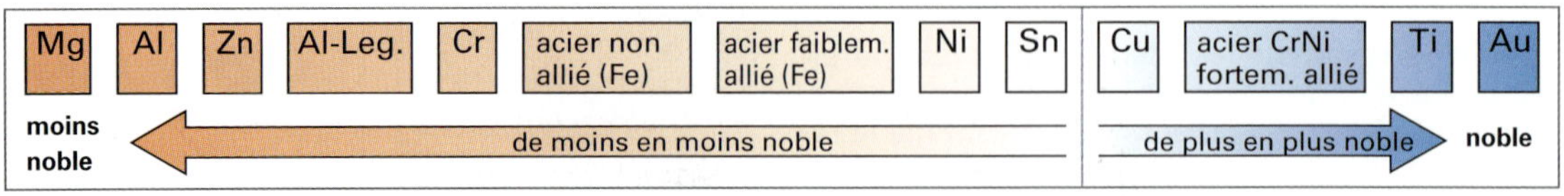

5 Tensions électrochimiques des métaux et matériaux

Exemples de dissolution dans un élément galvanique

Elément galvanique zinc/acier non allié (Fe)
→ Le zinc se dissout

Elément galvanique alliage de cuivre/acier non allié (Fe)
→ L'acier non allié se dissout

Sur une pièce ou dans une machine, les conditions nécessaires à un élément galvanique sont présentes à de multiples endroits. On nomme ces endroits **cellules de corrosion**. Elles se constituent lorsque deux métaux différents sont en contact et en présence d'un liquide, dont un film très fin suffit.

Exemples typiques de **cellules de corrosion** sur des pièces :

- **zones endommagées d'un revêtement de zinc sur de l'acier (fig. 1, en haut)**
  → La couche de zinc se dissout. Tant qu'elle est intacte, elle protège la pièce.
- **points de contact** de deux pièces de métaux différents, par exemple des pièces en acier fixées par des vis en laiton
  → Les pièces en acier s'oxydent, ce qui à la longue les détruits.

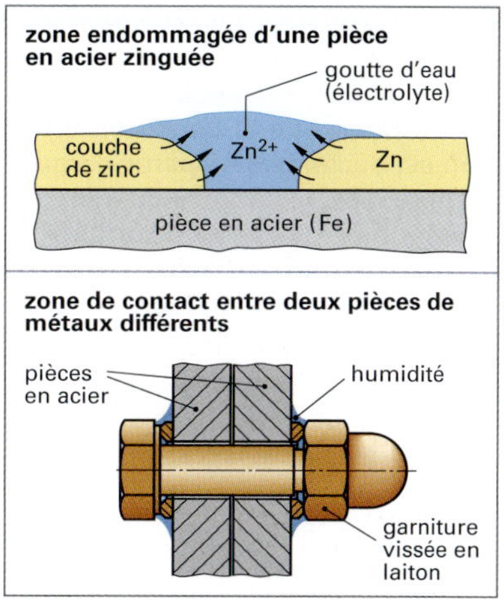

1 Eléments de corrosion

26.10.2 Types de corrosion

En fonction des matériaux attaqués, la cause de la corrosion et du type de substance à l'origine de la corrosion, peut prendre diverses formes **(fig. 2)**.

La **corrosion uniforme** (ou de surface) se caractérise par une attaque de corrosion qui a pour effet une dégradation régulière et progressive de la surface. La dégradation progresse à une vitesse régulière, ce qui permet de calculer à l'avance la durée de vie de la pièce. La corrosion uniforme se développe p. ex. sur des constructions en acier non allié ou en acier résistant aux intempéries qui sont en plein air et qui ne sont pas protégées.

La **corrosion par piqûres** (ou localisée) correspond à une attaque de corrosion isolée sur le matériau. A ces endroits se forment des trous ou des fissures profondes. Cette corrosion s'observe sur des pièces en acier inoxydable en contact avec de l'eau salée. Les ions de chlorure contenus dans l'eau salée attaquent la couche de passivation à des points isolés, ce qui aura pour effet d'oxyder la pièce à ces points.

La **corrosion de contact** concerne des pièces de métaux différents en contact. La cellule de corrosion résultant de ce contact cause la dissolution locale du métal le moins noble. Ce type de corrosion est très dangereux, car il attaque en premier lieu les points de liaison d'une construction.

La **corrosion caverneuse ou par fissuration** est un type de corrosion qui se développe dans des interstices entre deux pièces, notamment lorsque de l'humidité se trouve dans ces interstices. La corrosion caverneuse apparaît entre deux pièces pliées, entre des cales d'ajustement et entre la vis et le taraudage.

Dans le cas de la **corrosion intergranulaire**, la corrosion progresse dans des fissures minuscules à l'intérieur de la structure du matériau. Ce phénomène s'applique soit le long des joints de grains (corrosion intercristalline), soit dans toutes les directions et à travers les cristaux (corrosion transcristalline). Ce type de corrosion est dangereux, puisque il est impossible de le déceler depuis l'extérieur de la pièce.

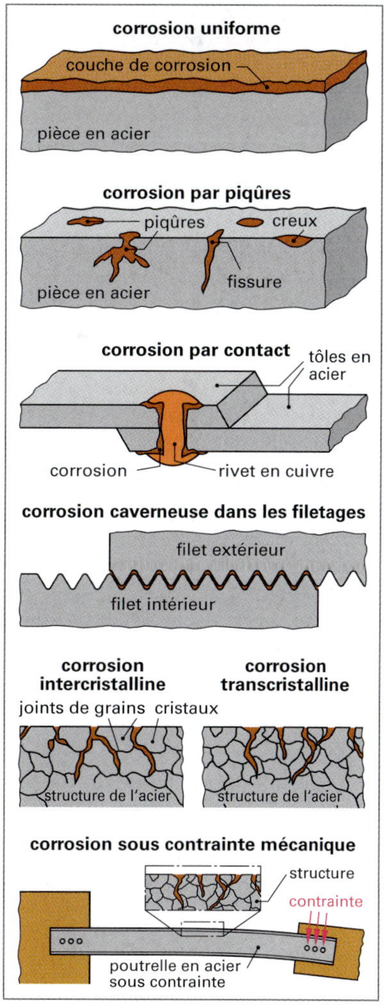

2 Formes d'apparition de la corrosion

La **corrosion sous contrainte mécanique** concerne des pièces soumises à de fortes contraintes de traction ou à des vibrations et cause des attaques de corrosion.

26.10.3 Corrosion à température élevée

Lorsqu'un matériau est porté à haute température, une réaction chimique due à l'oxygène présent dans l'air se produit. On nomme ce phénomène **corrosion à température élevée**. Cette réaction est déclenchée à partir d'une température d'environ 600 °C, comme c'est le cas lors du laminage à chaud, du soudage ou du forgeage de pièces en acier **(fig. 1)**. De la calamine (oxyde de fer Fe_2O_3) apparaît sur la surface de l'acier.

Afin d'atténuer l'effet négatif de la corrosion à température élevée, il faut limiter au maximum le temps de maintien de la pièce à haute température. Les pièces qui sont soumises à de hautes températures pendant de longues durées, comme des grilles de four ou des chaudières, sont en acier résistant à la calamine.

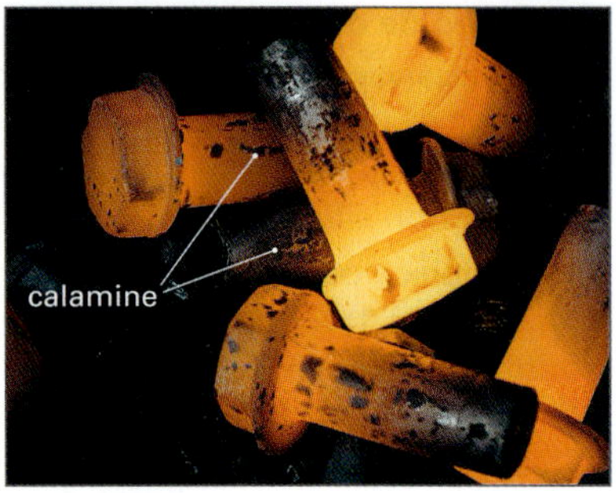

1 Formation de calamine sur une pièce forgée

26.10.4 Facteurs ayant une influence sur la corrosion d'une pièce

Environnement

L'environnement, que l'on peut également appeler milieu corrosif, est l'élément qui déclenche la corrosion. L'air pur, sec et chaud comme l'air présent dans des bâtiments chauffés ne cause que peu de corrosion. L'air à la campagne ou dans de petites villes peu polluées ne corrode que légèrement les matériaux. En revanche, les environnements industriels ou de grandes villes (SO_2), ainsi que les milieux marins (chlorites ionisés, Cl^-) sont des milieux très corrosifs, tout comme l'eau ou la terre.

Le matériau adéquat

Le choix du matériau est décisif dans le sens où il détermine quelle sera la réaction du matériau face au milieu environnant, comme de l'air ou de l'eau, et permet d'anticiper une éventuelle corrosion chimique ou électrochimique **(page 483)**.

Pollution par des métaux étrangers sur la surface des pièces

Des particules provenant de métaux étrangers sont parfois projetées accidentellement sur une pièce, comme par exemple lors du meulage ou du découpage de pièces pour un montage, ou lorsque les mêmes outils sont employés pour différents matériaux, comme de l'acier non allié et de l'acier inoxydable. Même l'eau de pluie peut déposer des particules étrangères sur une pièce **(fig. 2)**. Autour des particules de métaux étrangers se forment des points de rouille (cellule de corrosion), qu'on appelle aussi **rouille externe**.

Passivation et formation de couches de protection

Certains métaux ne réagissent pas comme on pourrait le prévoir en se référant à la tension électrochimique des métaux **(page 480, fig. 5)**. Par exemple, l'aluminium, le zinc et le chrome se situent plus à gauche que l'acier non allié ; ils sont donc, d'un point de vue électrochimique, moins nobles que le fer. En toute logique, ces métaux devraient s'oxyder plus vite que l'acier non allié. La réalité est pourtant différente : ils résistent mieux à la corrosion que l'acier non allié. Ce phénomène s'explique par la formation d'une couche de protection : la passivation. La **passivation** correspond à la formation d'une couche microscopique d'atomes d'oxygène sur le matériau. Ce phénomène apparaît par exemple sur des aciers contenant du chrome ou sur des couches de protection de chrome, ce qui rend ces matériaux très résistants à la corrosion **(page 483 et 488)**.

2 Apparition de rouille sur une pièce zinguée en raison d'une rondelle en acier non allié

L'aluminium produit automatiquement une couche **d'oxyde d'aluminium (alumine)** (Al_2O_3) au contact de l'oxygène présent dans l'air. La couche oxydée est fine et translucide, ce qui permet à l'aluminium de conserver une surface d'aspect métallique brillant. Lorsque le zinc est exposé plus longtemps à l'air ambiant, une couche de protection se forme sur sa surface. Cette couche d'aspect gris-blanc, le **carbonate de zinc**, résulte du contact du matériau au gaz carbonique (CO_2) présent dans l'air.

Les profilés laminés en acier non allié ont également une couche de protection : la **croûte de laminage**. Elle se forme en raison de la température élevée de laminage, selon le phénomène de la corrosion à température élevée (voir plus haut).

Mesures de protection contre la corrosion

Les mesures de protection ont une incidence décisive sur la corrosion des pièces. On distingue deux types de protection contre la corrosion : la protection active et la protection passive.

La **protection active contre la corrosion** correspond à toutes les mesures préventives contre la corrosion. Ces mesures sont entre autres le choix adéquat du matériau en fonction du type de corrosion et de l'emploi prévu (voir plus bas), ou le choix de pièces de formes cohérentes et disposées de façon à être protégées contre la corrosion (construction, **page 484**).

La **protection passive contre la corrosion** consiste à recouvrir les pièces d'une couche de laque ou d'un revêtement métallique afin de protéger la surface du métal des substances corrosives (par exemple l'humidité de l'air ou l'eau).

26.10.5 Choix des matériaux selon leur tenue à la corrosion

Il est primordial pour un constructeur métallique de posséder des connaissances sur la tenue à la corrosion des matériaux. Ce n'est que par un choix approprié du matériau, selon l'utilisation prévue, ou par une protection adéquate contre la corrosion que la pièce remplira sa fonction et conservera sa résistance et un bel aspect à long terme.

Les **aciers non alliés (page 451)** sont peu résistants à la corrosion. Ce n'est qu'en intérieur, dans des pièces chauffées, et avec un taux d'humidité inférieur à 60 %, qu'ils résistent à la corrosion. En extérieur, ces aciers s'oxydent déjà considérablement au contact d'air non pollué, mais s'ils se trouvent dans un environnement marin, industriel ou pollué, dans de l'eau de mer ou dans de la terre, ils sont encore plus vulnérables à la corrosion. Pour toutes utilisations d'aciers non alliés en extérieur, il faut prévoir une protection adéquate contre la corrosion **(pages 486 et suivantes)**.

Les **aciers résistant aux intempéries** et les **aciers soudables à grain fin (page 452)** sont des aciers de construction faiblement alliés contenant du chrome, du nickel et du cuivre. Avec certaines restrictions, ils peuvent être employés en plein air sans protection contre la corrosion. Certes, ils s'oxydent également, mais à un rythme quatre fois inférieur à celui des aciers non alliés, ce qui garantit un bon fonctionnement de nombreuses années. Leur aspect oxydé peut être dérangeant, mais il est parfois également très prisé d'un point de vue architectural.

Dans les cas où l'aspect oxydé de pièces en acier résistant aux intempéries ou en acier soudable à grain fin n'est pas souhaité, il faut prévoir une protection adéquate contre la corrosion **(pages 486 et 487)**.

Les **aciers inoxydables** font preuve d'une tenue à la corrosion nettement supérieure à celle des aciers non alliés et faiblement alliés. Le fait que ces aciers contiennent au minimum 12 % de chrome et 8 % de nickel (par exemple l'acier **X5CrNi18-10**) garantit une **passivation** de la surface de l'acier **(page 482)**.

En intérieur et en extérieur, dans des milieux où l'air est pur, les aciers de cette composition ne s'oxydent pas. Dans des environnements industriels ou au contact d'air marin, seuls les aciers qui contiennent en plus du molybdène et du titane sont résistants à la corrosion (par exemple l'acier **X6CrNiMoTi17-12-2**).

Sous l'effet de substances agressives telles que des solutions salines ou des acides, ces aciers sont, au cours du temps, également attaqués par la corrosion intercristalline. De plus, si l'usinage des aciers inoxydables n'est pas soigneusement exécuté, la résistance à la corrosion peut être diminuée. C'est par exemple le cas lorsque des particules de métaux étrangers provoquent des cellules de corrosion. De ce fait, les outils qui sont utilisés pour l'usinage d'aciers inoxydables ne doivent pas être employés pour usiner d'autres matériaux.

Par nature, **l'aluminium** et les **alliages d'aluminium** sont résistants à la corrosion, car ces métaux forment une couche d'oxyde d'aluminium (alumine) qui les protège. Cette oxydation naturelle peut être renforcée par une anodisation **(page 489)**, ce qui améliore également la résistance à la corrosion. Les pièces en aluminium et en alliage d'aluminium anodisées contenant du magnésium, du manganèse et du silicium ont une bonne résistance à la corrosion. Une fois anodisés, ces matériaux peuvent être employés dans des environnements industriels, marins ou en plein air. Cependant, les aluminiums contenant du cuivre résistent moins bien à la corrosion.

En plein air, le **cuivre** résiste très bien à la corrosion. Au fil des ans, une couche de protection se forme naturellement, il s'agit de la patine (carbonate de cuivre). De couleur initialement brune, puis verte au fil du temps (vert de gris), cette couche de protection est très décorative. Même dans des environnements très agressifs, l'attaque de corrosion est faible (environ 5 µm par an). La tenue à la corrosion des alliages cuivre-zinc (laiton) et des alliages cuivre-étain (bronze) est tout aussi bonne **(page 474)**. Les alliages cuivre-nickel-zinc (maillechort) sont encore plus résistants à la corrosion.

Le **zinc** n'est pas un métal noble. Cependant, une couche de protection de carbonate de zinc se constitue naturellement sur la surface du matériau au contact de l'air. Grâce à cette couche, le zinc ne s'oxyde que très lentement. La progression de la corrosion est régulière et se situe selon le climat entre 0,25 µm et 10 µm par an. De ce fait, les tôles en zinc (zinc-titane) servent de revêtement de toits et le zinc est également employé comme couche de protection de pièces en acier **(page 486)**.

Au contact de l'air, le **plomb** forme naturellement une couche de protection d'oxyde de plomb. La progression de la corrosion se situe entre 1 µm et 4 µm par an. La particularité du plomb est sa résistance à la corrosion au contact d'acide sulfurique. Les protections de cheminées réalisées en feuilles de plomb résistent bien aux gaz de chauffage chargés d'acide sulfurique **(page 477)**.

Le **chrome** et le **nickel** sont des matériaux qui résistent très bien à la corrosion. Ils sont employés pour le chromage et le nickelage. De par leur aspect, les pièces chromées et nickelées sont décoratives et peuvent être utilisées en extérieur.

26.10.6 Construction adaptée à la protection contre la corrosion

Lors de la conception de pièces, il faut tenir compte des risques de corrosion auxquels les pièces peuvent être exposées. Par exemple, il faut éviter que de l'eau, de l'humidité ou de la saleté ne puissent s'accumuler à certains endroits.

Il faut également éviter la possibilité qu'une cellule de corrosion se forme à des endroits où deux pièces de métaux différents sont en contact.

Pour éviter les risques de corrosion, il faut tenir compte de quelques règles de base lors de la construction :

- Les assemblages articulés sont à éviter dans la mesure du possible. Il faut privilégier le plus possible des profils aux surfaces unies tels que des profils ronds, carrés ou rectangulaires **(fig. 1a)**.
- Les surfaces doivent être accessibles en tous points afin de pouvoir être traitées contre la corrosion, par exemple à l'aide d'une couche de protection.
- Les endroits où de l'eau, de la poussière ou de la saleté pourraient s'accumuler sont à éviter. Dans ce but, les pièces doivent être positionnées de manière à ce que l'ouverture du profil soit orientée vers le bas. Il faut privilégier des surfaces adéquates et prévoir des trous d'écoulement d'eau **(fig. 1b)**.
- Les espaces et les décrochements entre des pièces sont à éviter. Si de tels espaces sont nécessaires ou indispensables, ils doivent être bouchés par un cordon de soudure **(fig. 1c)**.
- Les cordons de soudure, les espaces et les angles pliées sont à éviter aux endroits susceptibles d'être oxydés.
- Dans le cas de façades et de fenêtres, l'eau doit pouvoir s'écouler facilement, l'aération doit être bonne et les joints doivent être étanches.
- Les constructions constituées de matériaux différents en contact doivent être séparées par une couche isolante pour éviter la formation d'une cellule de corrosion **(fig. 1d)**.
- Les pièces qui, une fois assemblées, ne peuvent être accessibles, comme des pièces de fixation, doivent être en acier inoxydable. Ainsi, la résistance de ces pièces n'est pas amoindrie par des attaques de corrosion pendant leur durée de vie.

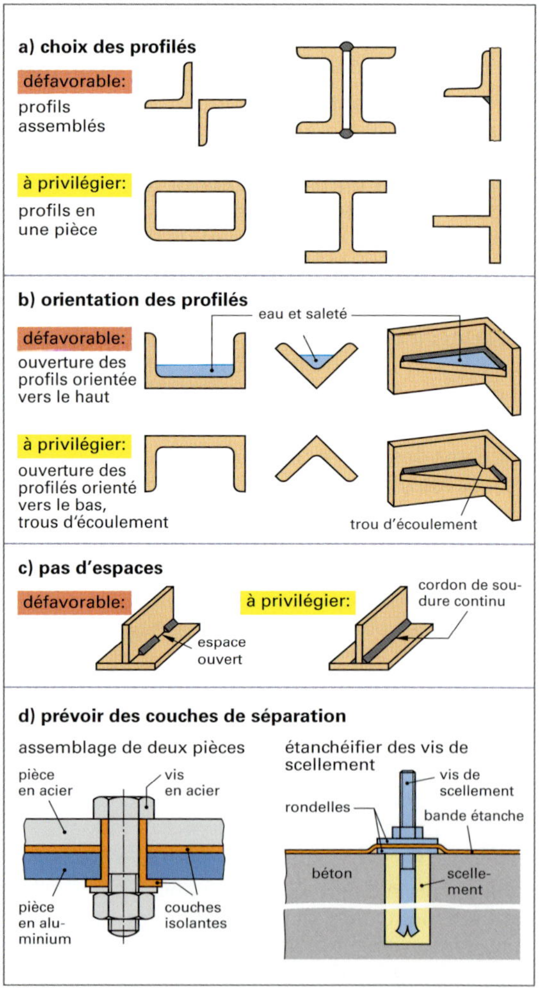

1 Conseils relatifs à la conception par rapport aux risques de corrosion

26.10.7 Protection contre la corrosion de structures en acier

Les pièces en acier non allié doivent être protégées contre la corrosion, faute de quoi elles risquent de s'oxyder rapidement. Trois mesures de protection passive contre la corrosion sont employées :

1. **Traitement de surface métallique,** avec éventuellement une ou deux couches de revêtement supplémentaires.
2. **Traitement de surface non-métallique** (peinture, thermopoudrage) une à quatre couches.
3. **Brunissage** et **noircissage** (procédé traditionnel, faible protection contre la corrosion)

La durée de vie d'une protection contre la corrosion dépend d'un certain nombre de facteurs :

- préparation soignée des surfaces à protéger
- application adéquate de la couche de protection
- choix du revêtement approprié
- prise en compte de la couche de protection lors de la conception des pièces.

26.10.8 Préparation de la surface de l'acier

Les pièces salies par de la poussière, de l'huile ou des matières grasses sont nettoyées par jet de vapeur ou de solution savonneuse (dégraissage).

Les pièces rouillées ou calaminées doivent être nettoyées. Le procédé de décapage le plus efficace est le **sablage**, il consiste à projeter sur la pièce du sable abrasif. Les pièces de petites à moyennes tailles sont sablées dans une cabine **(fig. 1)**. Les grosses pièces sont quant à elles sablées à la main directement sur le chantier, derrière des cloisons de protection. Il est alors impératif de porter une combinaison de protection et de suivre les consignes de sécurité. Le décapage à la main avec une brosse métallique rotative, une meuleuse ou un racloir est bien plus coûteux. Ces procédés sont employés pour les petites pièces, en général pour les retoucher. On utilise également le décapage au chalumeau.

Les cordons de soudure doivent être retouchés : il faut faire disparaître les restes de scories et les éclats de métal fondu, et polir les cordons de soudure craquelés pour les égaliser. Sans ces mesures, la couche de protection risque de s'écailler **(fig. 2)**.

Afin de protéger les pièces décapées contre une nouvelle apparition de rouille, il faut appliquer une **couche de protection** sur laquelle il est possible de souder.

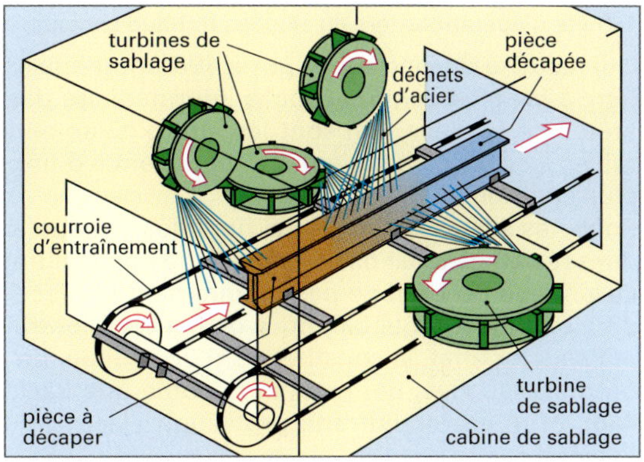

1 Passage d'une pièce dans une cabine de sablage

2 Propagation de rouille aux abords d'un cordon soudure mal préparé

Sabler les surfaces d'acier

Afin d'évaluer les surfaces d'acier, on se réfère à des descriptions normalisées.

L'état initial d'une surface d'acier oxydée peut être évalué à l'aide de **degrés de corrosion** sur une échelle de A à D (voir tableau).

La qualité recherchée de la surface d'acier à décaper est décrite à l'aide des **degrés de préparation** 1, 2, $2^1/_2$ ou 3. Ces degrés sont établis à l'aide de descriptions et de photos comparatives (voir tableau). Le plus souvent, les surfaces sont décapées pour atteindre le degré de préparation $2^1/_2$.

Tableau : surfaces de pièces en acier

Etat initial p. ex. degré de corrosion C	**Degrés de préparation de la surface par le sablage**	
	p. ex. C Sa 2	p. ex. C Sa 2½
surface totalement recouyverte de rouille	rouille partiellement éliminée	rouille presque totalement éliminée

26.10.9 Protection de pièces en acier contre la corrosion par zingage à chaud

Le zingage à chaud (anciennement appelée zingage au feu) est le moyen le plus efficace et le moins onéreux, donc le plus courant, de protéger des pièces en acier contre la corrosion. L'opération a lieu dans une usine de zingage **(fig. 1)**. Après avoir été dégraissées puis, décapées et rincées, les pièces sont trempées dans un bain de zinc en fusion à 450 °C, puis retirées.

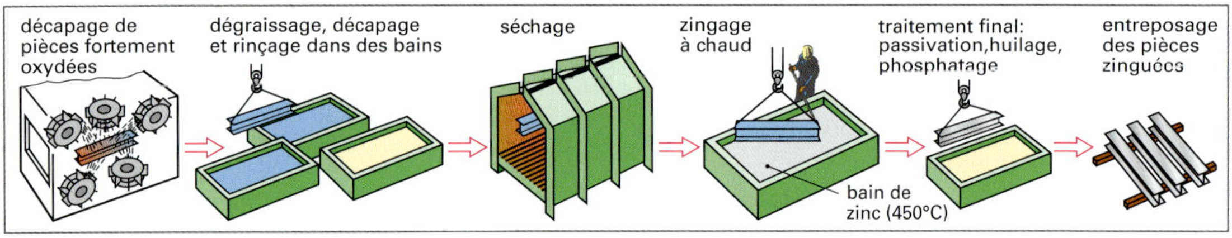

1 Suite d'opérations lors du zingage à chaud (zingage de pièces)

Une couche de zinc de 50 µm à 100 µm d'épaisseur adhère à la pièce par une couche intermédiaire **(fig. 2)**. Les arêtes de la pièce, qui sont les endroits les plus vulnérables, sont automatiquement recouvertes d'une couche plus épaisse.

Enfin, les surfaces des pièces zinguées à chaud sont rendues résistantes par passivation et/ou application d'huile.

Le zingage ne protège pas uniquement la pièce à l'aide d'un revêtement qui fait office de barrière contre la pluie et l'eau. En effet, la constitution d'une cellule de corrosion grâce au zinc, qui est moins noble que l'acier **(page 480)**, offre également une protection électrochimique à la pièce.

Le zingage à chaud constitue une protection efficace d'une durée de vie de 20 à 40 ans.

Lors de la conception de pièces à zinguer, il faut tenir compte du traitement : les pièces rectilignes et aux surfaces larges doivent être privilégiées car elles se prêtent très bien au zingage à chaud. Ces pièces sont fixées sur des constructions en étant soudées ou vissées à l'aide de vis zinguées **(fig. 3)**. Les pièces trop grandes ou trop encombrantes ne peuvent être zinguées à chaud, car elles ne rentrent pas dans les cuves de zingage (taille maximale : 15 m x 2,5 m x 2 m).

Les profilés creux en acier qui doivent être zingués doivent comporter au moins deux trous par cavité afin que le zinc liquide puisse s'introduire et s'écouler et que l'air puisse s'échapper **(fig. 4)**. Les trous sont percés ou poinçonnés.

Les pièces doivent être conçues de manière à rendre impossible toute accumulation d'eau. Si de l'eau s'accumule par endroits sur une pièce, elle provoque la formation d'efflorescence d'hydroxyde de zinc, que l'on nomme **rouille blanche**.

Selon la directive DASt 022, les pièces qui supportent de lourdes charges doivent être zinguées à chaud pour éviter tout risque de formation de fissures de tension.

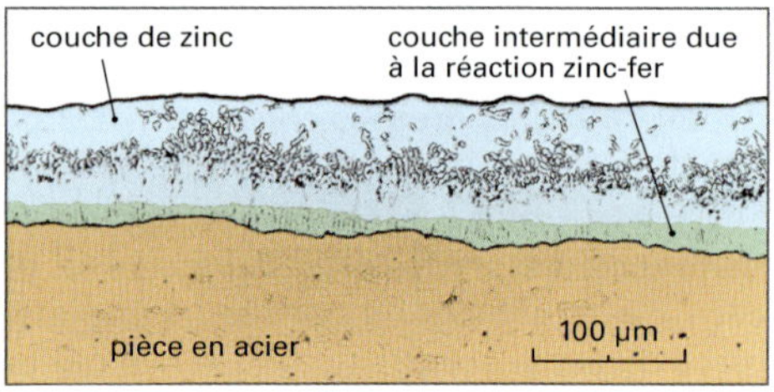

2 Coupe d'une pièce zinguée

3 Structure de charpente zinguée à chaud

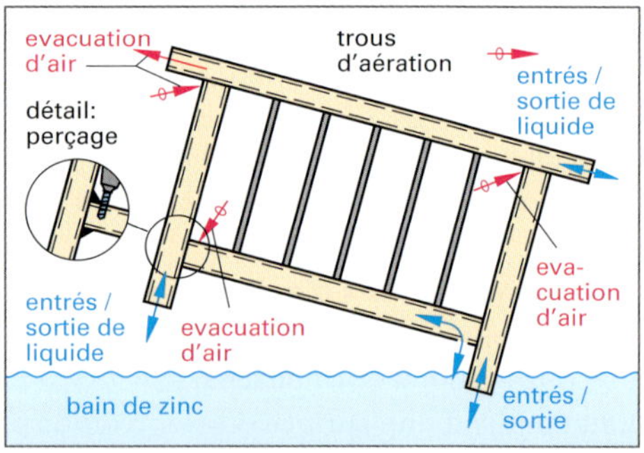

4 Zingage d'un châssis creux

Dans la mesure du possible, il faut éviter de souder des pièces déjà zinguées. Si le soudage est inévitable, la couche de zinc détruite à proximité du cordon de soudure doit être reconstituée par projection ou par application d'une couche de peinture au zinc.

Un zingage combiné avec une laque de protection supplémentaire, que l'on appelle aussi le **système duplex**, offre une protection contre la corrosion d'une durée de vie particulièrement longue. Afin de garantir une adhérence optimale de la couche de laque sur la pièce zinguée, il faut traiter la surface de la pièce (sablage) avant application de la laque spécialement adaptée.

26.10.10 Revêtements anticorrosion de constructions en acier

L'application d'un revêtement de protection contre la corrosion (que l'on appelle également peinture anticorrosive ou couche antirouille) est un moyen important pour protéger des pièces en acier contre la corrosion. Ce procédé est employé lorsque le zingage à chaud n'est pas possible (pièces trop grandes) ou lorsque les pièces doivent avoir une fonction esthétique.

Une protection contre la corrosion est constituée d'une ou de deux couches de base et d'une ou de deux couches de finition **(fig. 1)**.

Dans le cas de pièces exposées à de l'air non pollué en extérieur, **l'épaisseur totale du revêtement** doit être de 150 µm au minimum. Dans un milieu industriel agressif, l'épaisseur doit être de 250 µm.

Les **revêtements de surface** (couches antirouille) sont en général constitués de pigments sous forme de poudre et de liant liquide (voir tableau). Le mélange doit être délayé jusqu'à obtention d'une masse susceptible d'être peinte ou pulvérisée. Les résines alkyde et acrylique supportent des conditions extérieures normales. Dans des milieux agressifs, il faut utiliser des résines polyuréthane, époxyde ou de caoutchouc chloré. Dans la couche de base, des pigments actifs tels que de la poussière de zinc offrent une protection électrochimique. Pour la protection de pièces qui se trouvent dans de l'eau de mer ou dans de la terre, il faut employer des liants à base de résine, goudron de houille ou du bitume.

L'application de couches de protection s'effectue en général à l'aide d'un pinceau ou d'un pistolet qui projette le produit, procédé que l'on appelle projection à haute pression ou projection sans air **(fig. 2)**. La première couche de base doit être appliquée au pinceau afin que le produit pénètre dans toutes les irrégularités et dans toutes les fissures. Pour les couches de finition, la pulvérisation au pistolet, dont le coût est plus avantageux, convient tout à fait, tout comme la peinture au rouleau ou par immersion. Afin de garantir une bonne adhérence des couches de protection, il faut appliquer au préalable une solution de phosphate de zinc sur la surface de la pièce en acier (phosphatation). Dans des environnements normaux – que ce soit à la campagne, en ville ou dans un milieu industriel – la **durée de vie** d'un revêtement de protection contre la corrosion à plusieurs couches peut atteindre 25 ans. Dans un milieu agressif (industriel, marin) elle se situe entre 5 et 15 ans.

En mesurant l'épaisseur restante d'une couche, il est possible de déterminer le temps qu'elle pourra encore protéger la pièce **(fig. 3)**. Si l'épaisseur est inférieure à 120 µm, il faut appliquer un nouveau revêtement de protection. Si des apparitions de rouille sont visibles, une nouvelle couche est également nécessaire aux endroits concernés.

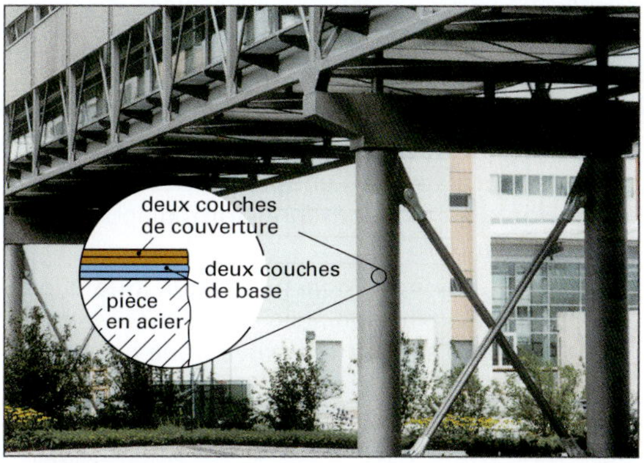

1 Revêtement de protection contre la corrosion sur une passerelle

Tableau : éléments de base des revêtements	
liant pour pièces en plein air	résine alkyde résine acrylique résine polyuréthane résine de caoutchouc chloré résine époxy
pigments pour les couches de base	poussière de zinc phosphate de zinc poudre d'aluminium dioxyde de titane
liant pour pièces placées dans l'eau ou dans la terre	mélange de résines PUR et EP, de goudron de houille et de bitume

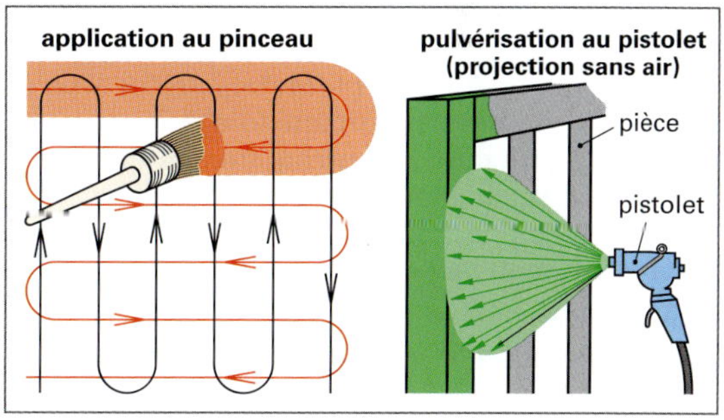

2 Application des couches

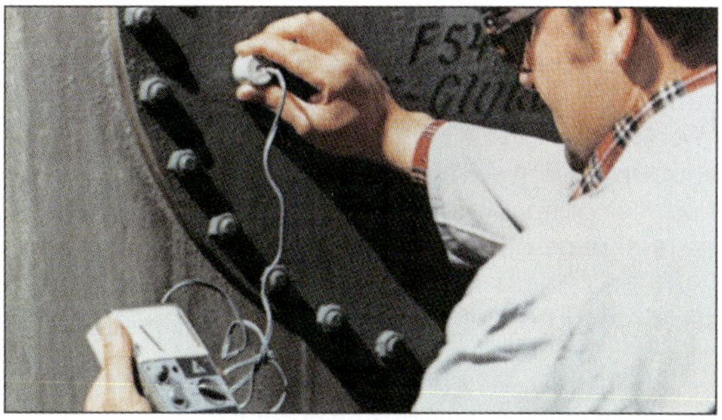

3 Mesure de l'épaisseur d'un revêtement

26.10.11 Protection cathodique de pièces contre la corrosion

En complément d'un revêtement d'isolation à base de bitume, la protection cathodique contre la corrosion s'applique à des tuyaux ou à des citernes enfouies sous terre, ainsi qu'à des constructions hydrauliques en acier ou à des éléments de bateaux. Le principe est de constituer un élément galvanique dont la pièce à protéger est la cathode (métal noble).

Protection cathodique par des anodes sacrificielles

La pièce à protéger est couplée à des plaques en métal moins noble (p. ex. du magnésium) disposées autour de la pièce sous terre **(fig. 1)**.

Grâce à l'humidité de la terre, qui joue ainsi le rôle d'électrolyte, la pièce en acier et les plaques en magnésium constituent un élément galvanique : la pièce en acier est la cathode noble et les plaques en magnésium sont les anodes non nobles. Ces anodes, que l'on nomme anodes sacrificielles, s'oxydent avec le temps. La pièce en acier, qui est l'électrode noble (cathode) est donc préservée.

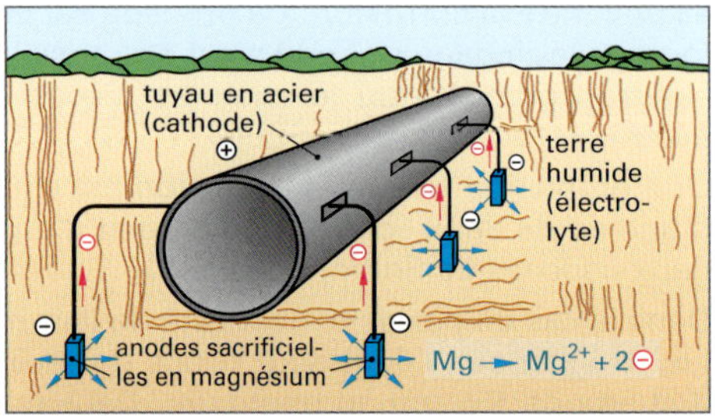

1 Protection cathodique par des anodes sacrificielles

Protection cathodique à courant externe

La pièce à protéger, par exemple une citerne, est connectée au pôle positif d'une batterie en tant que cathode +, alors que des anodes en graphite - sont connectées au pôle négatif de la batterie **(fig. 2)**. Le courant généré (potentiel de protection) est conçu de manière à ce que la pièce à protéger agisse en tant que cathode ; elle est ainsi protégée.

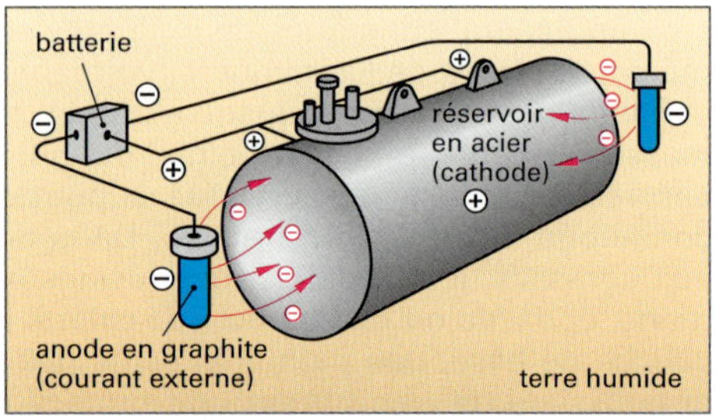

2 Protection cathodique à courant externe

26.10.12 Protection contre la corrosion des aciers inoxydables

Grâce au chrome présent dans des aciers inoxydables, tels que l'acier X5CrNiMo17-12-2, une couche de passivation se forme automatiquement **(page 482)**. Elle ne doit pas être endommagée. Si tel est le cas, il faut protéger la partie endommagée.

Par exemple, si la fabrication d'une pièce provoque des griffes ou des bavures, ces dernières doivent êtres polies ou poncées **(fig. 3)**. Il faut toutefois veiller à ne pas exercer de pression trop importante lors du ponçage, faute de quoi le métal risque de surchauffer, ce qui provoquerait l'apparition de couleurs de revenu. L'électropolissage permet d'éliminer les inégalités résiduelles et les couleurs de revenu résultant de l'opération citée précédemment.

3 Polissage de griffes sur une tôle en acier inoxydable

Afin d'augmenter la résistance de l'acier inoxydable, il faut nettoyer les pièces avec de l'acide nitrique à 20 %, ou les plonger dans ce produit, ce qui a pour effet de former une couche de passivation particulièrement stable. Après la passivation, les pièces doivent être soigneusement rincées à l'eau pour être débarrassées de l'acide résiduel.

Afin d'éliminer les couleurs de revenu et la calamine résultant du soudage, il faut poncer la pièce jusqu'à ce que la calamine et les inégalités à proximité des cordons de soudure soient éliminées. Ensuite, il faut appliquer sur les surfaces polies un produit contenant de l'acide nitrique ou de la pâte de décapage **(fig. 4)**. Ce produit élimine les couleurs de revenu résiduelles et forme une couche de passivation. Enfin, la pièce doit être soigneusement rincée.

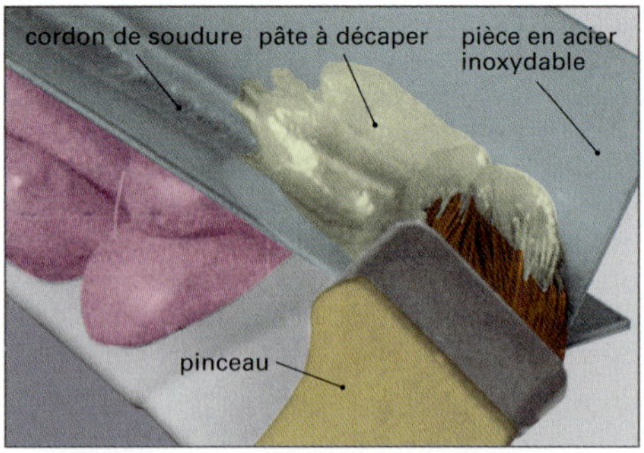

4 Décapage d'un cordon de soudure à l'aide d'une pâte de décapage

Attention : en manipulant de l'acide nitrique, il faut impérativement utiliser un masque, des gants et des vêtements de protection.

26.10.13 Protection de l'aluminium contre la corrosion

Une fine couche adhérente et solide d'oxyde (Al_2O_3) se forme naturellement sur la surface de pièces en aluminium. Toutefois, cette protection naturelle contre la corrosion n'est pas suffisante pour des pièces en plein air et doit être améliorée.

Toutes les pièces en aluminium prévues pour une utilisation extérieur, comme des fenêtres ou des façades, sont munies d'une couche de protection supplémentaire, que ce soit une couche anodisée ou une couche thermopoudrée **(fig. 1)**.

1 Tôles anodisées sur une façade et sur un toit

L'oxydation anodique (anodisation) est un procédé qui comporte plusieurs étapes : les pièces sont tout d'abord poncées, polies et décapées. Elles sont ensuite plongées dans un bain d'acide sulfurique ou oxalique et connectées comme anodes + à une source de courant continu **(fig. 2)**. De l'oxygène atomique se constitue sur la pièce et forme au contact du matériau une couche d'oxyde d'aluminium : $2\,Al + 3\,O \rightarrow Al_2O_3$.

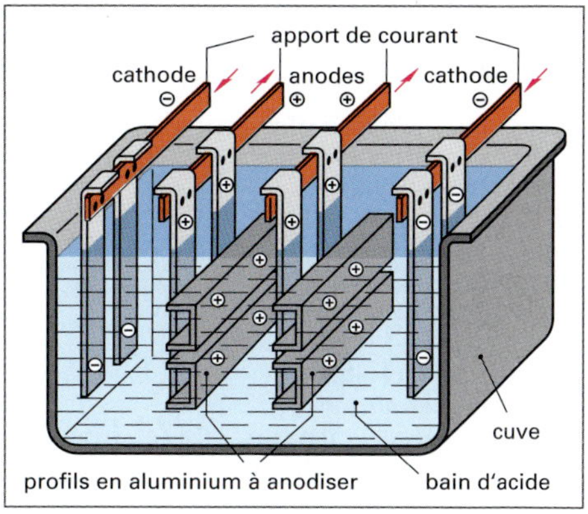

2 Anodisation de profils de fenêtres

Cette couche de 15 µm à 30 µm d'épaisseur protège le matériau contre la corrosion. Un tiers de la couche se situe à l'extérieur de la matière, les deux autres tiers à l'intérieur. La couche peut également être teintée. Enfin, la pièce est plongée dans de l'eau en ébullition, sa couche de protection est ainsi renforcée.

Afin de protéger les pièces contre des égratignures ou des éclaboussures de ciment ou de mortier, il faut les recouvrir d'un film de protection qui peut être décollé dès que le montage des pièces est terminé.

Le **thermolaquage** protège les pièces en aluminium contre la corrosion et les décore d'une couche de couleur. Certes, la laque n'offre pas la meilleure résistance à l'usure, mais protège très bien la pièce des attaques de corrosion chimique.

26.10.14 Protection de machines contre la corrosion

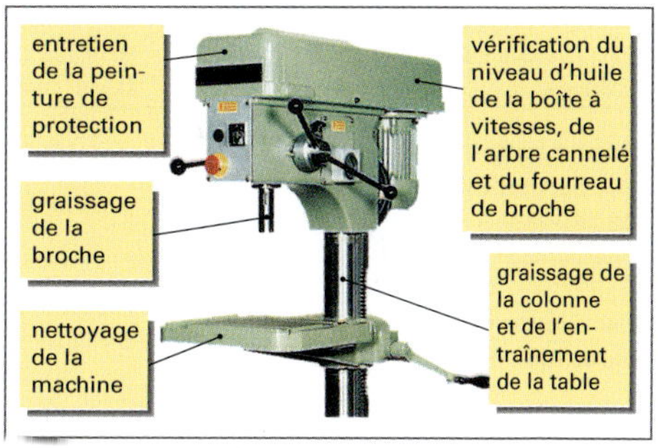

3 Protection contre la corrosion d'une perceuse

En raison de l'air humide présent dans les ateliers, les machines sont constamment menacées par la corrosion. L'habillage des machines et les pièces immobiles sont protégés d'une couche de laque. Les pièces de machines mobiles (coulisses, etc.) doivent quant à elles rester telles quelles pour remplir leur fonction. Pour protéger ces parties de la corrosion, il faut régulièrement les nettoyer, les graisser ou les lubrifier selon un plan d'entretien **(fig. 3)**. Guidages, glissières, arbres, roues dentées et roulements doivent être graissés, resp. lubrifiés ; filetages, assemblages vissés et pièces amovibles sont quant à eux lubrifiés avec de l'huile.

Contrôlez vos connaissances

1. Décrivez le processus de formation de rouille sur des pièces en acier.
2. Nommez deux types de cellules de corrosion et décrivez l'évolution de la corrosion dans les deux cas.
3. A quoi est due la corrosion par piqûres dans le cas d'aciers inoxydables ?
4. Que signifie la corrosion de contact ?
5. Nommez deux facteurs qui influencent la corrosion d'une pièce ?
6. Comment un acier de construction réagit-il face à la corrosion ?
7. Que signifie la passivation ?
8. Quels aciers conviennent à une utilisation en plein air sans protection contre la corrosion ? Nommez des exemples.
9. Comment l'aluminium réagit-il face à la corrosion ?
10. A quoi servent les degrés de préparation des surfaces ?
11. Comment fonctionne le procédé du zingage à chaud de pièces en acier ?
12. Comment une pièce en acier inoxydable terminée peut-elle être passivée ?
13. Quelles sont les différentes opérations lors de l'anodisation de pièces en aluminium ?

26.11 Matières plastiques

Les matières plastiques sont des matériaux synthétiques fabriqués de manière artificielle. Les matières de base principales nécessaires à la fabrication de plastique sont le pétrole, le gaz naturel et le charbon. Ces matières, complétées par des additifs, sont transformées chimiquement selon un procédé que l'on nomme synthèse. Les plastiques sont des matériaux organiques, car ils sont à base de d'hydrocarbures ou de composés de silicium organique.

26.11.1 Propriétés et emplois

Dans le domaine technique, les matières plastiques sont devenues incontournables. Elles ont, dans de nombreux cas, remplacé des matériaux conventionnels et offrent de nouvelles possibilités d'emploi.

L'emploi varié des matières plastiques repose sur leurs propriétés particulières et sur le fait qu'il est possible de fabriquer des produits aux spécificités très variées. Il existe en effet des plastiques durs qui ont un très bon retour élastique, des plastiques mous et élastiques comme du caoutchouc, et des plastiques déformables ou qui peuvent être coulés. Par ailleurs, les plastiques sont en général relativement bon marché.

Toutes les matières plastiques ont des propriétés spécifiques qui influencent leur emploi :

Propriétés spécifiques	Possibilités d'emplois qui en résultent	
Faible densité généralement entre 0,9 et 1,5 kg/dm³, mais moins de 2,2 kg/dm³	transport de produits : récipients, jerricanes, bouteilles ; pièces légères : plaques ondulées, films plastiques, revêtements	 jerricanes, caisses à outils, films plastiques
Propriétés mécaniques variables : certains plastiques sont durs et tenaces, d'autres mous et élastiques	Plastiques durs : pièces de machines, roues dentées, ferrements, profilés ; plastiques mous : tuyaux, mousses, joints	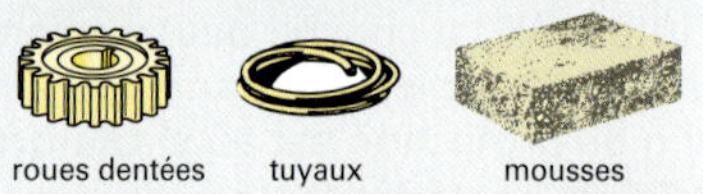 roues dentées, tuyaux, mousses
Les plastiques se laissent facilement déformer et transformer, ils sont parfois expansibles et peuvent être colorés	Pièces de formes compliquées : roues dentées, ferrements, pièces pour appareils ménagers, petites pièces, articles ménagers et de sport, boîtiers, carters	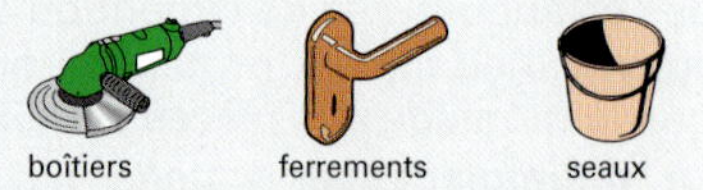 boîtiers, ferrements, seaux
Bonne isolation thermique (en particulier sous forme de mousse)	isolation thermique, revêtements, emballage	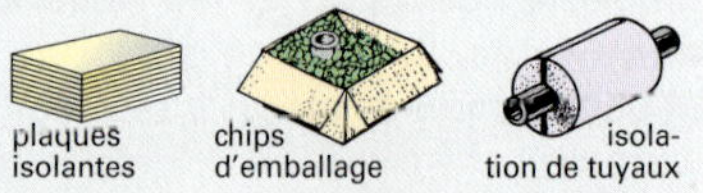 plaques isolantes, chips d'emballage, isolation de tuyaux
Excellente isolation électrique	Pièces électriques : fiches, prises, poignées isolantes, gaines de câbles, boîtiers, carters	 pièces isolantes, poignées isolantes, gaines de câbles
Bonne résistance à la corrosion et parfois aux produits chimiques	Récipients pour produits chimiques, jerricanes, tuyaux, revêtements de protection contre la corrosion, protection de bâtiments	 récipients, gants de protection, revêtement

Toutefois, les matières plastiques ont des propriétés qui sont parfois contraignantes : leur **résistance à la chaleur** est faible (généralement inférieure à 150 °C), elles sont parfois **inflammables** et ne résistent pas au contact de solvants et leur résistance est nettement inférieure à celle de l'acier.

26.11.2 Fabrication et structure interne

La fabrication des matières plastiques comporte deux étapes **(fig. 1)** :

1. Les matières premières (comme le pétrole) permettent de fabriquer des produits intermédiaires réactifs. Ils comportent des molécules composées d'atomes en faible quantité (petites molécules monomères).
2. Les produits intermédiaires sont transformés en matières plastiques par réaction chimique : des milliers de monomères se lient pour former des **macromolécules** (molécules géantes ou molécules polymères).

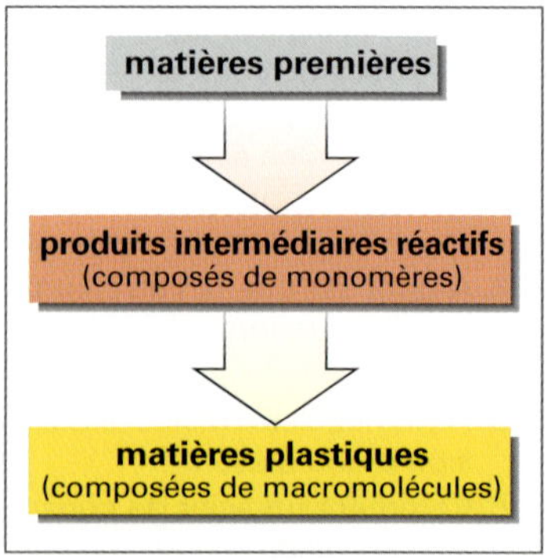

1 Fabrication de matières plastiques (schéma)

L'association de monomères, qui donne lieu à des macromolécules, peut se dérouler selon différents mécanismes de réaction.
Lors de la **polymérisation**, de longues macromolécules en forme de fils se constituent **(fig. 1, gauche)** : ce sont des **polymères**.

Exemple : les monomères de l'éthylène C_2H_4 se transforment lors de la polymérisation en macromolécules de polyéthylène – (CH_2) n –

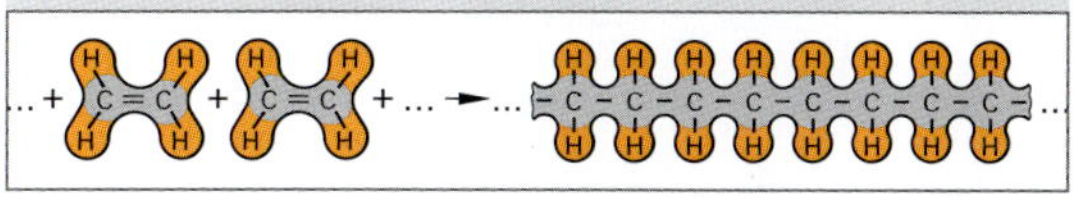

Lors de la **polycondensation** et de la **polyaddition**, des macromolécules se forment et se lient en plusieurs points, formant un réseau **(fig. 1, droite)**. On nomme ces macromolécules polycondensats et **polyaddition ou polymères**.
Les polycondensats sont : résine polyester, résine polyamide
Les polyadditions ou polymères sont : résine époxyde, résine polyuréthane

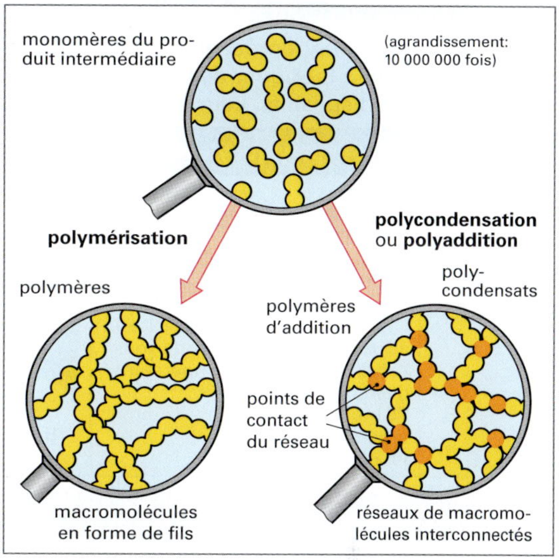

1 Synthèse chimique des matières plastiques

26.11.3 Classification technologique

Les matières plastiques sont classées en **trois groupes** selon leur structure interne et selon leur réaction à la chaleur : les thermoplastiques, les thermodurcissables et les élastomères.
Les **thermoplastiques** sont composés de macromolécules en forme de fils et non reliés **(fig. 2)**. A température ambiante, ils sont durs et solides. Au-delà de 100 °C, ils deviennent mous et facilement déformables. Si la température augmente encore, ils deviennent pâteux puis liquides. Si la température redescend, ils retrouvent leur état initial : dur et solide.

Les thermoplastiques s'amollissent à température élevée. A chaud, ils sont déformables et soudables.

A l'état final, le groupe des **thermodurcissables** est composé de macromolécules à mailles serrées **(fig. 2)**. A température ambiante, les thermodurcissables sont durs et solides. En cas d'augmentation de la température, ces propriétés ne changent que très légèrement. A température élevée, les thermodurcissables ne s'amollissent pas ; ils se décomposent.

Les thermodurcissables ne s'amollissent pas à température élevée. A chaud, ils sont ni déformables, ni soudables.

Le groupe des **élastomères** est constitué de macromolécules à mailles très larges **(fig. 2)**.

Les élastomères peuvent être légèrement déformés à chaud, mais ne sont pas soudables.

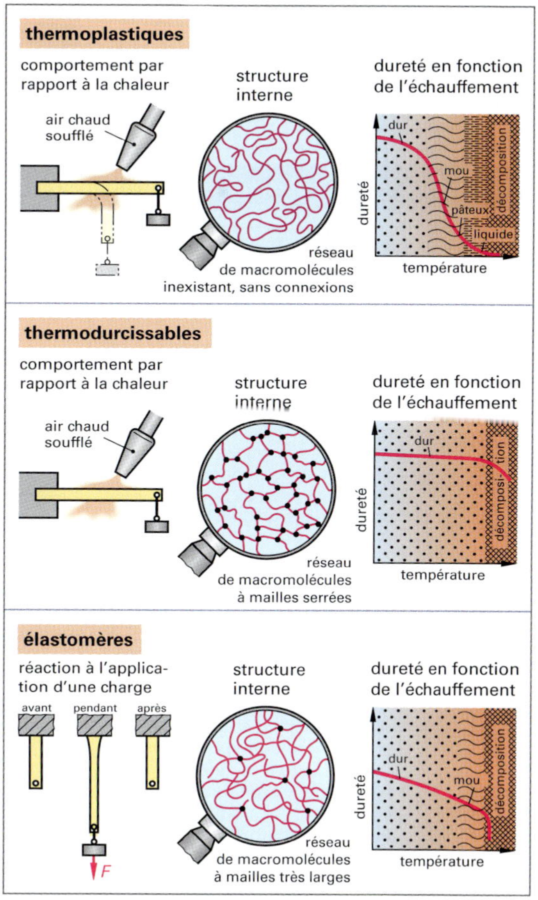

2 Structure interne des groupes de matières plastiques et leur comportement par rapport à la chaleur

26.11.4 Thermoplastiques

Les thermoplastiques représentent le groupe de matériaux le plus répandu et le plus couramment utilisé. Ils servent à fabriquer des ustensiles ménagers, des éléments de canalisation ou des pièces de machines ou de dispositifs. Leur coût de fabrication est très avantageux et leur usinage aisé.

Polyéthylène (PE) et polypropylène (PP)

Nom Commercial :
Lupolène
Hostalène
Lucalène
Novolène

Propriétés :
Incolore jusqu'au blanc laiteux ; surface lisse avec un bon coefficient de glissement. Densité : environ 0,92 kg/dm^3. Résistant aux produits de nettoyage, à l'huile, aux matières grasses, aux acides et aux bases, gonfle sous l'effet d'un solvant. Température d'emploi : jusqu'à 80 °C.
PE mou : mou et coriace comme le cuir
PE dur : rigide et tenace

Emplois courants

Barils, jerricanes

Tuyaux

PE mou : feuilles imperméables, films, tuyaux, tubes flexibles
PE dur : Tubes, récipients,- citernes, conduites d'eau, godets, bennes, caisses de bouteilles, fûts

Chlorure de polyvinyle (PVC)

Nom Commercial :
Vinoflex
Vinidur
Vinuran
Hostalit

Propriétés :
Incolore jusqu'au blanc laiteux. Densité : 1,35 kg/dm^3. Résistant à l'huile, aux matières grasses, aux acides et aux bases, gonfle sous l'effet d'un solvant. Se dissout en trichloréthylène (tri) et tétrachloréthane (tetra). Température d'emploi : jusqu'à 65 °C.
PVC dur : dur, difficile à briser
PVC mou : mou comme du caoutchouc

Emplois courants

Tuyaux d'eaux usées

Profilés de fenêtres

PVC dur : cadres de fenêtres, tuyaux d'eaux usées,- gouttières, tôles ondulées, grands boîtiers
PVC mou : bandes d'étanchéité, tuyaux d'eau

Polystyrène (PS) et polystyrène copolymérisats (ABS, SAN)

Nom Commercial :
Polystyrène
Copolymère de stryrène
Styroflex,
Styroflux,
Lustran,
ADS,
Bayblend
Mousse rigide de polystyrène
Styropur
Styrodur

Le polystyrène pur est fragile ; ses possibilités d'emploi sont donc limitées. Le polystyrène pur peut être rendu bien plus résistant par l'ajout de produits intermédiaires. Le polystyrène copolymérisat résultant de cette opération est également nommé **polystyrène choc**. Selon sa composition, son abréviation est styrène SAN, SB ou ABS.

Propriétés :
Incolore, transparent comme le verre. Dur, part en éclats en cas de rupture. Densité : 1,05 g/cm^3. Résistant aux acides dilués, aux bases et aux solutions salines. Ne résiste pas aux solvants. Peut être moussé jusqu'à l'obtention d'une densité de 20 kg/m^3.

Emplois courants

Casque de protection
(copolymère ABS)

Interphone
(styrène ABS)

Polystyrène pur : verre-regard, feux arrière de voiture
Copolymère de styrène : boîtiers, couvercles de lampe, casques de protection
Mousse rigide de styrène : isolation thermique, emballages

Polyamide (PA)

Nom Commercial :
Durethan
Ultramid

Propriétés :
Blanc laiteux, surface lisse avec un bon coefficient de glissement et une bonne résistance à l'usure. Dureté et ténacité variables selon le type de polyamide. Densité : 1,14 kg/dm^3. Résistance élevée : jusqu'à 70 N/mm^2. Résistant aux acides et bases légers, aux solvants, à l'essence, à l'huile. Peut être transformé en fibres résistantes.

Emplois courants

Roulettes de portes coulissantes

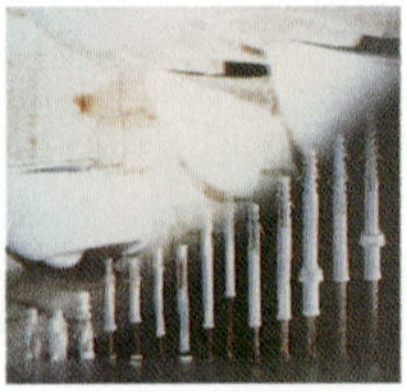

Tampons muraux

Ferrements, roues dentées, coussinets, glissières, cames, galets de guidage, boîtiers de perceuses à main, tampons muraux
Fibres de polyamide : câbles, sangles de levage

Verre acrylique (polyméthacrylate de méthyle PMMA), polycarbonate (PC)

Nom Commercial :
Verre acrylique : Plexiglas
Verre polycarbonate : Makrolon, Apec

Propriétés :
Transparent comme le verre, résistant à la lumière, verres propices à l'optique.
Dur et tenace, difficile à briser.
Densité : 1,18 kg/dm^3. Résistant aux acides et aux bases dilués, aux solutions salines, à l'huile et à l'essence. Résistant aux intempéries.

Emplois courants

Coupoles lumineuses (PMMA)

Plaques à cavités (PC)

Remplissage de sécurité pour barrières, salles de sport, cabines de douche, lunettes de protection, pare-éclats, toits de stades et de halles.

Polytétrafluoroéthylène (PTFE)

Nom Commercial :
Teflon
Fluon

Propriétés :
Blanc laiteux, surface lisse avec un bon coefficient de glissement, mou et tenace, résistant aux frottements, très bonne résistance aux agents chimiques, résistance aux températures entre – 150 °C et + 280 °C.
Densité : 2,2 kg/dm^3. Coût relativement élevé.

Emplois courants

Joints toriques

Revêtements

Douilles pour petits paliers lisses, galets de roulement, joints d'étanchéité, couches de glissement pour pièces amovibles, revêtements, lubrifiant

26.11.5 Thermodurcissables

Les thermodurcissables sont livrés soit sous forme de pièces terminées durcies telles que des citernes, des pièces de construction ou des boîtiers, soit sous forme de produits intermédiaires liquides tels que résines de réparation, peintures ou colles. Les produits liquides se durcissent après application sur la pièce.

Résines de polyesters insaturés (UP)

Nom Commercial :
Palatal

Propriétés :
Incolores, transparentes comme le verre, bonne adhérence, peuvent être coulées, peuvent être dures et élastiques ou molles et élastiques selon la fabrication.
Densité : 1,2 g/cm^3. Résistent à beaucoup d'agents chimiques et solvants. Peuvent être transformées en fibres et filés.

Emplois courants

Tôles ondulées
(UP avec fibres de verre)

Profilés de construction
(UP avec fibres de verre)

Sous forme pure : résines pour colles, réparations ou peintures
Résine liante pour pièces UP renforcées de fibre de verre
en fibres : filtres, cordons

Résines polyéthurane (PU)

Nom Commercial :
Baydur
Bayflex
Desmopan
Elastopor

Propriétés :
Incolore jusqu'à jaune-miel.
Peuvent être dures et tenaces ou molles et élastiques selon le degré de réticulation. Bonne capacité de collage. Densité : 1,26 kg/dm^3. Résistantes aux acides, aux bases et aux solvants légers.
Peuvent être transformées en mousses.

Emplois courants

Boîtiers

Isolations thermiques

Sous forme liquide : colles, peintures
Eléments terminés : rouleaux élastiques
Sous forme de mousse : couches d'isolation, mousses flexibles pour le bâtiment

Résine époxyde (EP)

Nom Commercial :
Araldite
Epikote

Propriétés :
Incolore jusqu'à jaune-miel, dure et tenace, bonne résistance. Bonne adhésion. Peut être coulée.
Très bonne résistance aux agents chimiques. Densité : 1,2 kg/dm^3.

Emplois courants

Citernes pour produits chimiques
(EP avec fibre de verre)

Colles à deux composants

Sous forme pure : colles, résines de coulée, résines de vernis
Renforcée par des fibres : citernes contenant des liquides agressifs, coques de bateaux

26.11.6 Elastomères

Les élastomères, que l'on appelle également élastiques, gommes ou caoutchoucs, se trouvent tout autant sous forme de produits finis tels que tuyaux ou joints, que sous forme de pâte pour joints p. ex. Les produits finis sont durcis, les produits pâteux se durcissent après application.

Caoutchouc styrène-butadiène (SBR)

Propriétés :
Selon la teneur en soufre, peut être dur et élastique ou mou comme du caoutchouc. Elasticité relativement faible, résistant aux frottements, bon marché.

Marteau en caoutchouc

Emplois courants :
Pneus, marteaux, butoirs, amortisseurs, butées, ressorts, joints d'étanchéité, manchons, tuyaux

Caoutchouc chloroprène (CR)

Propriétés :
Polyvalence des élastomères, résiste à l'usure.
Nom commercial :
Néoprène
Bayprène

Tuyau filtrant élastique

Emplois courants :
Soufflets, joints profilés, habillage, housses de protection

Caoutchouc butyle (IIR), Caoutchouc éthylène-propylène-diène (EPDM)

Propriétés :
Polyvalence des élastomères, laisse légèrement traverser l'air, les gaz et la vapeur, bonne résistance aux intempéries et aux agents chimiques.

Joints profilés pour cadres de fenêtres

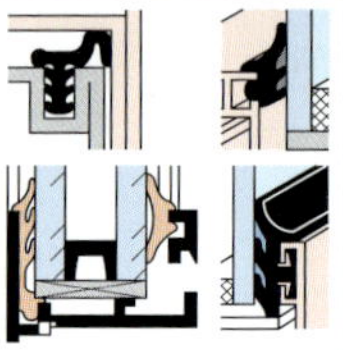

Sections de joints profilés

Emplois courants :
Joints profilés pour cadres de fenêtres et autres pièces, films étanches pour façades, gaines de câbles, joints étanchéité, membranes, tuyaux

26.11.7 Applications spécifiques des plastiques dans la construction métallique

Une grande variété de matériaux auxiliaires et principaux employés dans la construction métallique sont composés entièrement ou en partie de matières plastiques.

Colles

Les colles modernes sont des mélanges de matériaux spécifiques. Les **colles de contact** correspondent à un mélange de matière à base de caoutchouc (SBR, CR ou PU) et de solvant, qui a pour rôle de diluer la colle et de la rendre pâteuse ; elle peut ainsi être étalée sur une pièce. La colle de contact permet par exemple de coller des coins de fenêtres **(fig. 1)**.

1 Collage des coins d'une fenêtre

Les **colles réactives** ou **colles à deux composants** sont à base de thermodurcissables tels que la résine époxyde, la résine polyuréthane et les résines de polyesters insaturés. La colle est constituée de deux composants qui doivent être mélangés juste avant le collage et qui peuvent être manipulés uniquement pendant une durée de vie déterminée.

Films d'étanchéité

Les films d'étanchéité couvrent les toits plats et ont pour but d'empêcher l'eau de pénétrer. Ils doivent être absolument étanches. On trouve des films de bitume renforcés de tissu ou des bandes de polyéthylène d'env. 3 mm d'épaisseur.

2 Isolation d'un toit à l'aide d'un film d'étanchéité laissant passer l'humidité

Les films d'étanchéité, qui protègent les bâtiments des courants d'air, par exemple sous les toits et aux jointures des fenêtres, doivent empêcher la chaleur de s'échapper lors de courants d'air. L'humidité de l'air doit toutefois pouvoir s'échapper du bâtiment. Si tel n'est pas le cas, de l'humidité pourrait s'accumuler et provoquer la formation de moisissure. Dans ces cas de figure, il faut employer des films constitués de plusieurs couches ou des films spéciaux de polyéthylène d'environ 1 mm d'épaisseur qui laissent traverser l'humidité **(fig. 2)**.

Pâtes à joints

Les joints d'expansion et d'assemblage sont refermés grâce à de la pâte à joint. Cette pâte est composée de matière plastique pure ou mélangée à un produit complémentaire et est à base de silicone de caoutchouc (SIR), de polysulfure de caoutchouc (SR) ou de mousse de polyuréthane (PU). La pâte à joint est livrée dans des cartouches munies d'embouts qui permettent d'appliquer le produit dans la jointure **(fig. 1)**. Avant que la pâte sorte de l'embout, un durcissant ou un agent moussant y est incorporé. Le joint se durcit ainsi en une masse caoutchouteuse ou mousseuse.

1 Pâte à joint

Mousses

Une mousse correspond à une structure synthétique microcellulaire dont le taux de porosité est de 90 %, voire plus. Sa densité est très faible : elle se situe entre 5 kg/m^3 et 50 kg/m^3.

Les mousses rigides sont fabriquées à base de polystyrène (nom commercial : Styropor®, Styrodur®) ou à base de polyuréthane thermodurcissable (nom commercial : Baymer®).

Les mousses élastiques sont fabriquées à base de polyuréthane élastique (nom commercial : Bayfit®).

Les mousses sont le plus souvent utilisées pour l'isolation thermique **(fig. 2)** ou pour l'insonorisation des bruits de pas.

2 Pièces en mousse utilisées pour l'isolation thermique

Revêtements pour pièces métalliques

Les revêtements qui sont appliqués sur les pièces métalliques sont en général des matières plastiques rendues liquides à l'aide de solvants et auxquelles on a ajouté des pigments de couleur, appelées communément laques ou peintures **(fig. 3)**. Il s'agit le plus souvent de peintures à la résine alkyde ou acrylique. Pour des emplois spécifiques, on utilise également du chlorure de vinyle, du caoutchouc chloré, de la résine polyuréthane, de la résine époxyde ou de la peinture à la résine silicone. Une fois le produit appliqué, le solvant s'évapore et la couche résiduelle se durcit, formant un revêtement adhérent. Le revêtement protège la pièce contre la corrosion **(page 487)**.

3 Peintures de revêtement

Revêtements de protection des bâtiments

Les peintures ou crépis muraux pour intérieur et extérieur sont des dispersions à base de matière plastique et d'eau contenant en général de la résine alkyde ou acrylique. On les appelle aussi latex synthétique. Des pigments de couleur ou des minéraux granulaires peuvent également être ajoutés au mélange. Le revêtement est une couche qui protège contre la pluie mais laisse passer l'humidité (perméable à l'air). L'ajout de résine silicone améliore l'effet d'imprégnation.

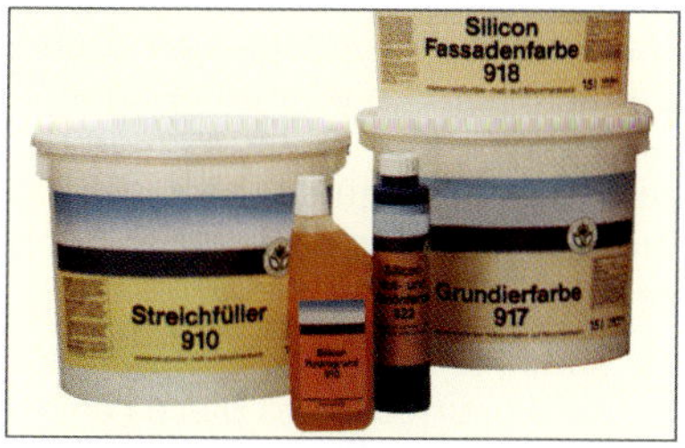

4 Peintures et crépis muraux

Mortier et béton à prise rapide

Le mortier et le béton à prise rapide sont employés lors de la fixation de pièces métalliques dans des murs ou dans des structures en béton **(fig. 5)**. Ces matériaux à prise rapide sont constitués respectivement de mortier et de béton auxquels on ajoute une résine synthétique. Après avoir été mélangé à de l'eau, le matériau durcit en l'espace de quelques minutes, ce qui implique que la pièce ne doit pas être maintenue très longtemps, p. ex. à l'aide d'un serre-joint. Les résines synthétiques utilisées sont la résine méthacrylate (MMA), la résine de polyesters insaturés (UP), la résine d'époxyde (EP) ou la résine de polyuréthane (PU).

Les goujons d'ancrage sont également fixés avec du mortier à résine synthétique **(pp. 173 et suivantes)**.

5 Montage avec du mortier rapide

26.11.8 Transformation ultérieure des produits en plastique

Les possibilités de transformer les matières plastiques varient en fonction du type de plastique et de la température.

La figure 1 donne l'exemple du **PVC dur** :

1. jusqu'à 75 °C : l'emploi et l'usinage du matériau se font à l'état solide
2. entre 120 °C et 140 °C : la déformation a lieu à l'état **thermoélastique**. Cet état ne s'applique qu'aux thermoplastiques, qui sont les seuls à pouvoir être déformés.
3. Entre 150 °C et 180 °C : la transformation primaire et le soudage des thermoplastiques a lieu à l'état **thermoplastique (fig. 1)**.

Découpage, usinage par enlèvement de copeaux. Les plaques fines en plastique peuvent être découpées ; les plaques plus épaisses ou les profilés doivent quant à eux être sciés. Les opérations de retouches manuelles telles que limage ou sciage sont possibles avec des outils adaptés. Pour ce qui est du perçage, du tournage ou du fraisage sur machine, seules les matières plastiques dures conviennent. Il faut se référer aux indications données par les fabricants pour savoir comment le matériau réagit en termes d'enlèvement de copeaux.

Déformation à chaud d'ébauches thermoplastiques

Le produit semi-fini est chauffé jusqu'à la zone thermoplastique. A cette température, il est possible de le déformer pour lui donner la forme désirée **(fig. 2)**. Il est ensuite refroidi jusqu'à ce que la forme soit dure.

Dans le cas du **soudage à air chaud**, la zone à souder est chauffée et rendue liquide par un apport d'air chaud **(fig. 3)**. La baguette d'apport, également rendue liquide, entre en contact avec les arêtes des pièces à souder et remplit l'espace libre de la jointure.

Le **soudage par miroir chauffant** consiste à appuyer les surfaces des pièces à souder contre une lame chauffée **(fig. 4)**, ce qui aura pour effet de faire fondre les surfaces plastiques. La lame est alors retirée, puis les surfaces pressées l'une contre l'autre.

Collage. On obtient un bon collage avec des thermoplastiques *solubles* tels que le **PVC**, le **PMMA** et le **PS**. Les thermoplastiques non *solubles* comme le **PE**, le **PA** et le **PTFE** sont quasiment impossibles à coller. Les thermodurcissables et les élastomères peuvent être facilement collés.

Exception : les silicones. Il faut tenir compte des consignes de collage données par le fabricant.

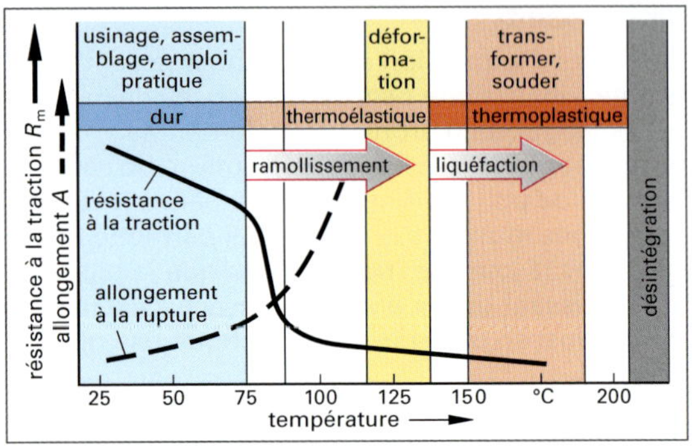

1 Zones de travail pour la transformation du PVC dur

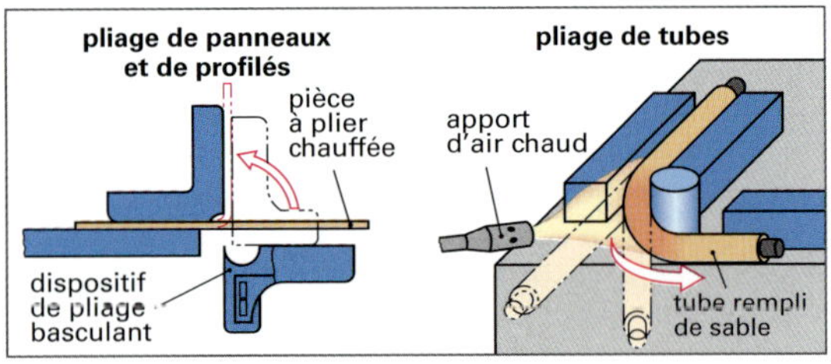

2 Pliage d'ébauches en thermoplastiques

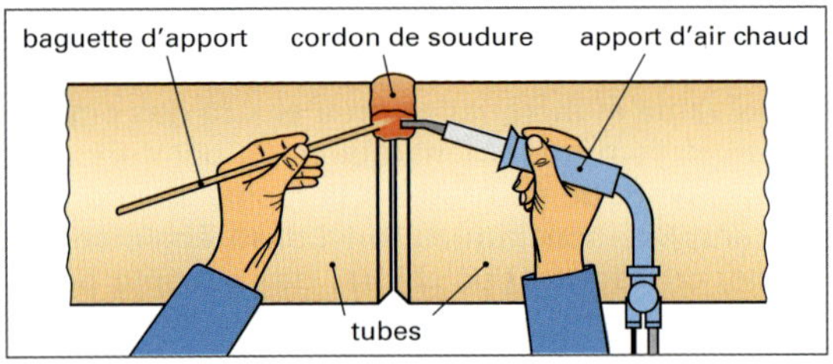

3 Soudage à air chaud de tubes

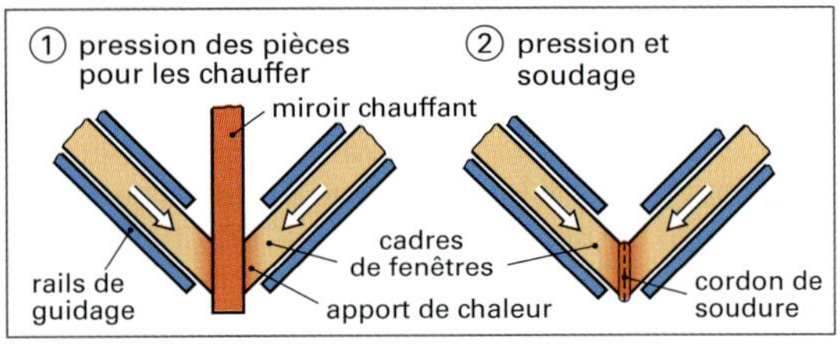

4 Soudage par miroir chauffant de cadres de fenêtres

Contrôlez vos connaissances

1. Quelles sont les propriétés spécifiques des matières plastiques ?
2. Selon quels groupes principaux les matières plastiques sont-elles classées ?
3. Quelles matières plastiques peuvent être déformées à chaud et soudées ?
4. Quelle est l'utilisation principale du polychlorure de vinyle (PVC) ?
5. Nommez trois thermodurcissables.
6. Quelle matière plastique est utilisée pour les joints de fenêtres ?
7. Quels sont les différents types de films d'étanchéité ?

26.12 Matériaux composites

Les matériaux composites sont des matériaux qui résultent de l'assemblage de deux ou de plusieurs matériaux spécifiques.

Ce principe de constitution de matériaux se trouve également dans la nature : le bois, par exemple, est constitué d'un mélange de composants fibreux et de matière liante. L'homme a également su très tôt tirer profit du principe des matériaux composites en inventant la brique en argile liée à de la paille.

Dans la technologie moderne, les principaux matériaux composites sont les matériaux renforcés de fibres de verre, le béton armé, les métaux durs **(voir page 479)**, les corps abrasifs ou les pièces en sandwich.

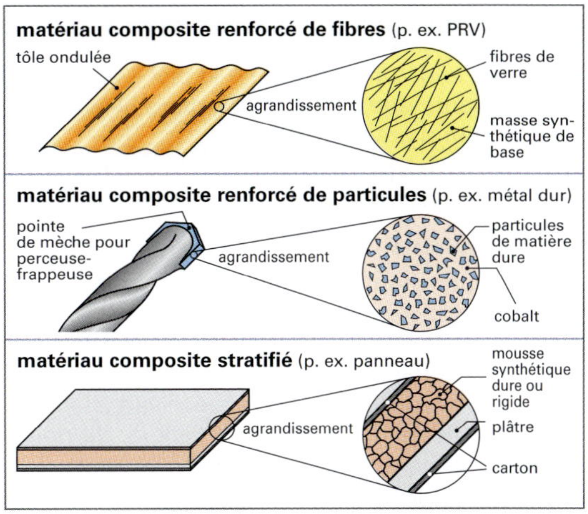

1 Matériaux composites

Les matériaux de base formant un matériau composite comportent des propriétés qui se combinent, de telle sorte que le produit final possède les avantages des produits de base et couvre leurs inconvénients.

On classe les matériaux composites selon leur composition **(fig. 1)** :

Les **matériaux composites renforcés de fibres** comportent des fibres qui sont incorporées dans une masse de base.
Exemple : matières plastiques renforcées de fibres de verre.

Les **matériaux composites renforcés de particules** comportent une masse de base relativement tenace dans laquelle sont intégrées des particules aux formes irrégulières.
Exemples : métaux durs, matières plastiques à mouler ou injecter.

Les **matériaux composites stratifiés** correspondent à des assemblages de deux ou de plusieurs couches de différents matériaux.
Exemples : tôles en aluminium renforcées de couches de matière plastique, plaques en plâtre et en mousse synthétique rigide.

2 Couverture de toit par des tôles ondulées en plastique à renforcé de fibres de verre (PRV)

26.12.1 Matériaux composites renforcés de fibres

Le **plastique renforcé de fibres de verre**, abrégé **PRV**, combine la résistance et la rigidité de la fibre de verre ainsi que la ténacité et variété de formes qu'offrent les matières plastiques. De plus, ce nouveau matériau bénéficie de la faible masse volumique des deux composants.

3 Couverture de toit par des bardeaux en ciment renforcé de fibres

Ainsi, le plastique renforcé de fibres de verre est un matériau de construction léger, très résistant avec une densité de 1,8 kg/dm^3. Dans le bâtiment, il sert à fabriquer des plaques, des profilés, des tubes et des citernes **(fig. 2)**. Il permet également de fabriquer des pièces pour avions ou véhicules, ainsi que des boîtiers ou des rotors d'éoliennes.

Le **ciment renforcé de fibres** (nom commercial Eternit) permet la fabrication de plaques de revêtement de toits et de façades, de tubes, de citernes et de bacs à plantes **(fig. 3)**. Ce matériau, dont la résistance se situe entre le bois dur et la pierre, est également très résistant aux intempéries et à la décomposition, et son apparence est proche des pierres naturelles, comme l'ardoise ou le grès. Les fibres de renforcement sont des fibres de verre ou des fibres synthétiques.

Les vieilles plaques de ciment renforcé de fibres peuvent contenir des fibres d'amiante. En raison de l'effet très nocif de l'amiante sur la santé, l'emploi de ciment renforcé de fibres d'amiante est interdit. Tout matériau ancien contenant de l'amiante est à bannir et doit être évacué comme déchet spécial. Lors de telles opérations, il faut porter des masques de protection pour éviter de respirer de la poussière d'amiante.

➔ **Ne pas découper, tronçonner ou meuler du ciment renforcé de fibres d'amiante.**

Le **béton armé** est un matériau renforcé d'acier déjà utilisé depuis plusieurs siècles **(fig. 1)**. Les barres d'acier (renfort, armure) insérées dans le béton confèrent à la pièce une grande résistance. Le béton garantit une bonne résistance à la compression, une bonne rigidité et une grande masse.

Afin d'assurer une longue durée de vie, il faut prévoir une épaisseur de béton suffisante autour des barres d'acier.

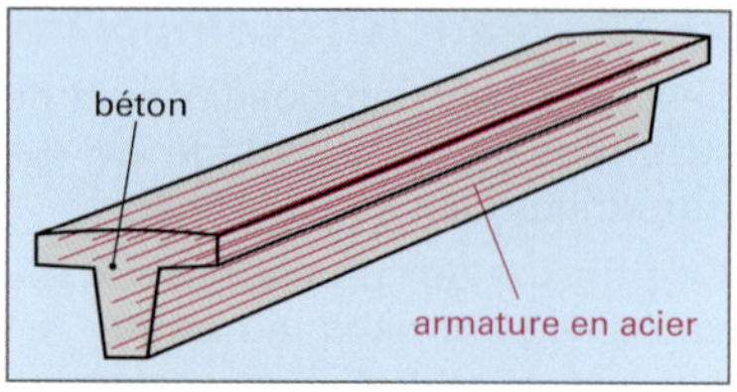

1 Poutre de pont en béton armé

26.12.2 Matériaux composites renforcés de particules

Le **plastique moulé ou injecté** correspond à un polymère dans lequel sont incorporées des particules fines de remplissage (par exemple de la poudre de roche ou de la poudre de bois). En comparaison avec les polymères non renforcés, le plastique moulé possède une meilleure résistance. Il sert à la fabrication de pièces de quincaillerie, de boîtiers, de leviers, de poignées, de composants électriques, etc. **(fig. 2)**.

2 Pièces en plastique moulé ou injecté

Les **corps abrasifs** sont fabriqués à partir d'un matériau composite constitué de particules dures aux arêtes vives (corindon, carbure de silicium) fixées entre elles par un liant synthétique ou à base de céramique **(fig. 3)**. Les particules abrasives ont pour effet d'enlever la matière de la pièce à usiner et le liant synthétique maintient les particules abrasives ensemble.

3 Corps de meulage constitué de grains abrasifs

Les **métaux durs** sont composés de particules de carbure de tungstène, dures et cassantes à la fois, qui sont liées par une pâte métallique à base de cobalt **(page 479)**. Les outils en métal dur possèdent approximativement la même dureté que les carbures et sont également tenaces.

26.12.3 Matériaux composites stratifiés

Les **matériaux composites stratifiés** combinent les propriétés avantageuses de différents matériaux en une seule pièce :

Les **plaques composites constituées de plâtre, de carton et de mousse rigide** sont des parois intérieures qui assurent une bonne isolation thermique et qui peuvent être tapissées.

Les **couches d'isolation thermique** pour toits sont constituées de laine de verre, de films d'aluminium et de films synthétiques, ce qui leur confère une bonne isolation thermique et une bonne étanchéité aux vapeurs **(fig. 4)**.

4 Couche d'isolation thermique en laine de roche

Le **carton bitumé** est un matériau composite constitué de plusieurs couches de papier ou de feutre imprégnées de bitume. Il comporte également une couche de sable sur la surface extérieure pour le protéger de l'usure.

Les **panneaux pour murs et plafonds** de halles industrielles sont constitués de deux tôles de couverture en acier entre lesquelles est collée une plaque de mousse rigide de polyuréthane ou une couche de laine de verre comprimée **(fig. 5)**. Ces pièces sont légères, offrent une bonne isolation thermique et ont une forme stable. Exemple de désignation commerciale : Hoesch-Isowand®.

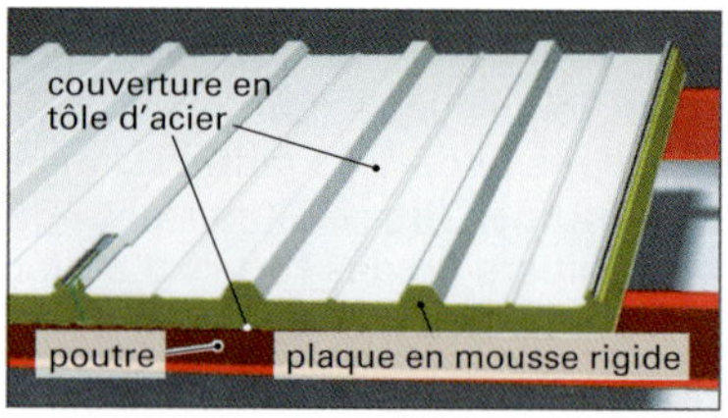

5 Panneau de plafond

Les **plafonds et poutres composites en béton armé** sont constitués de poutres d'acier et de tôles trapézoïdales sur lesquelles du béton est coulé sur place avec un renfort d'armature métallique **(fig. 6)**. Les poutres et le grillage en acier garantissent au matériau une résistance élevée. Les tôles trapézoïdales servent de couverture et permettent d'incorporer des conduites de distribution. Le béton confère à l'ouvrage une masse solide, homogène et résistante à la pression.

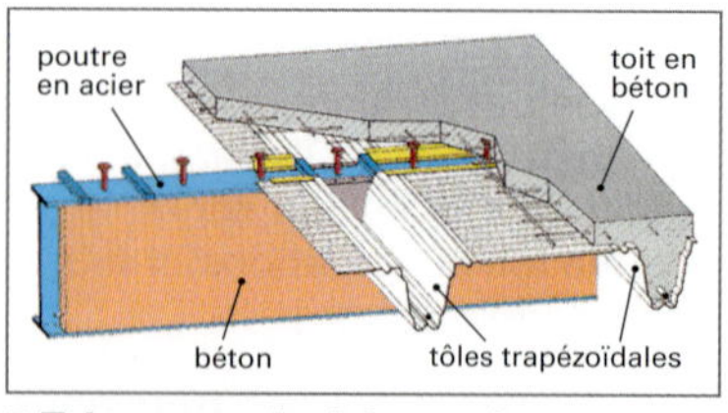

6 Toit composite béton-acier

26.13 Matières auxiliaires

On se sert de matières auxiliaires pour garantir le fonctionnement de machines sans encombres, pour la fabrication de pièces ou leur préparation en vue d'un emploi spécifique.

Lubrifiants

Le rôle des lubrifiants est de réduire les frottements et l'usure entre des pièces en contact et en mouvement. Une couche de lubrifiant se glisse entre deux pièces en mouvement. Elle garantit la fluidité du mouvement des pièces et allonge leur durée de vie ainsi que celle des machines.

Les **huiles lubrifiantes** sont utilisées dans des espaces fermés tels que roulements et carter de machines avec engrenages **(fig. 1)**.

La propriété la plus importante des huiles lubrifiantes est la **viscosité**. Un indice associé à chaque lubrifiant permet de connaître son degré de viscosité ; un indice bas correspond à une viscosité faible (proche de l'eau), un indice haut correspond à une forte viscosité (proche du miel).

Les huiles le plus souvent utilisées sont les **huiles minérales**. Elles sont complétées par des additifs qui augmentent leur résistance à l'usure, améliorent la protection contre la corrosion ainsi que leurs propriétés en cas d'utilisation extrême.

Lors de la lubrification d'une machine, il est important de se référer aux consignes d'entretien du fabricant afin de connaître l'huile adéquate pour chaque point de lubrification. Cette indication est donnée par un **symbole d'identification** visible sur le récipient du lubrifiant et sur les points de lubrification (voir exemple de droite).

Les **graisses** sont des mélanges pâteux d'huile lubrifiante et de savon **(fig. 2)**. On les emploie lorsque la lubrification doit être effective sur une longue durée (peu ou pas d'entretien) ou lorsque les pièces ne sont qu'occasionnellement en mouvement, par exemple dans le cas de charnières ou de serrures.

Les **symboles d'identification** des graisses sont constitués d'un triangle ou d'un losange dans lesquels se trouvent une lettre d'identification et un chiffre correspondant à la consistance (voir exemple).

Lubrifiants solides. Les lubrifiants solides les plus répandus sont la poudre de **graphite** (C), le **bisulfure de molybdène** (MoS_2) et le **polytétrafluoréthylène** (PTFE). Ils sont constitués de particules en forme de plaquettes bénéficiant d'un bon coefficient de frottement et qui glissent les unes sur les autres dans les espaces à lubrifier. Les lubrifiants solides ne s'emploient que dans les cas où des pièces frottent qu'occasionnellement les unes sur les autres, comme des cylindres de serrures ou des écrous - HV. On applique sur ces pièces également des huiles lubrifiantes ou des graisses pour garantir une lubrification en cas d'urgence.

La **poudre de talc** (stéatite) est également utilisée comme lubrifiant. Elle garantit de la souplesse entre un métal et une gomme, par exemple entre un cadre en aluminium et un joint d'étanchéité.

Lubrifiants de refroidissement

Lors d'opérations d'usinage par enlèvement de copeaux, un liquide lubrifiant doit être appliqué en quantité suffisante sur la zone à usiner **(fig. 3)**. Le lubrifiant diminue les frottements entre l'outil et la pièce et évacue la température générée par l'usinage.

Les **émulsions de refroidissement** sont des mélanges d'huile minérale, d'additifs et d'eau qui forment un liquide laiteux. On les utilise pour des opérations d'usinage qui nécessitent un refroidissement important, soit le perçage, le tournage ou le sciage.

1 Huile de boîte à vitesse

huile lubrifiante à base d'huile minérale

N 150	symbole: carré exemple: lubrifiante normale (N), indice de viscosité 150

huile de synthèse

E 68	symbole: rectangle exemple: huile ester (E), indice de viscosité 68

2 Graisse

graisse à base d'huile minérale

K 3 N	symbole: triangle exemple: type de graisse K, indice de consistance 3, zone de température N

3 Lubrifiant de refroidissement lors d'un perçage

Produits détergents

Ces produits permettent de faire disparaître la saleté, la graisse et des traces d'huile sur une pièce, p. ex. avant l'application d'un revêtement anti-rouille.

Les **produits détergents à base d'eau** correspondent à de l'eau combinée à des substances nettoyantes actives (tensioactifs). Le nettoyage se fait par brosse, par jet sous pression ou dans une machine et constitue en général un nettoyage suffisant pour des pièces légèrement encrassées.

Les **produits de nettoyage organiques (dissolvants)** sont employés lorsqu'il s'agit de se débarrasser de traces coriaces d'huile ou de graisse ainsi que de matières de revêtement (peintures), de mousses d'isolation ou d'autocollants sur des pièces, p. ex. après application d'une mousse de protection d'un cadre de fenêtre ou une couche contre la corrosion.

Il existe une variété de produits chimiques dissolvants : térébenthine, white-spirit, essence à détacher, alcool (propanol), glycol, acétone et solvants hydrocarbures. Ce sont des dissolvants organiques ; il ne s'agit **pas** d'hydrocarbures chlorés (HCC).

Selon l'utilisation visée, les dissolvants courants disponibles dans le commerce sont constitués d'un ou de plusieurs de ces produits **(fig. 1)**.

Afin de se débarrasser de restes de peinture ou de vernis qu'un premier nettoyage n'a pas réussi à faire disparaître, il faut employer des dissolvants à base de térébenthine, de white-spirit et de nitro hydrocarbures. Ils sont également utilisés pour diluer des peintures ou des vernis.

Les restes de mousse ou de colle à base de polyuréthane, de caoutchouc chloré ou de résine époxyde, qui n'ont pas durci, doivent être éliminés à l'aide de dissolvants à base de propanol ou de glycol.

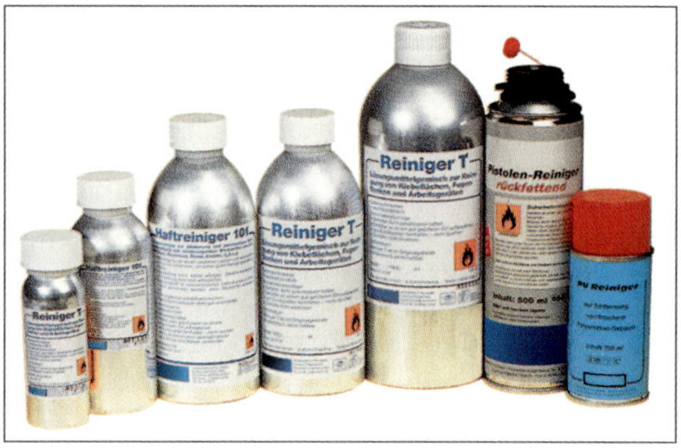

1 Nettoyants (dissolvants)

Pour se débarrasser de restes de colle, de peinture ou de mousse dont la composition est inconnue, et pour nettoyer des outils de travail, on utilise des produits qui sont des mélanges des dissolvants cités précédemment. Il s'agit de **nettoyants universels**.

Les fabricants de revêtements de protection, de mousses et de colles proposent des dissolvants adaptés à leurs produits. Pour des raisons de garantie, il faut privilégier ces produits.

➔ **Les dissolvants organiques sont des combustibles très inflammables qui peuvent également nuire à la santé. Lorsqu'on utilise de tels produits, il est important de ne pas fumer, de ne pas allumer de flamme et d'aérer suffisamment.**

Les **dissolvants qui contiennent des hydrocarbures chlorés (HCC)**, comme le trichloréthylène (tri), le perchloréthylène (per) et le tétrachloréthane (tetra), sont des produits très nocifs pour la santé (cancérigènes) et ne doivent plus être utilisés.

Décapants

Les décapants sont des solutions acides qui attaquent les surfaces des métaux. Les pièces en acier sont par exemple trempées dans une solution chlorhydrique diluée **(page 486)** avant le zingage à chaud, afin que la surface soit brillante avant le traitement.

Après le soudage et le polissage, les pièces en acier inoxydable sont polies à l'aide d'une solution nitrique afin qu'une nouvelle couche de passivation puisse se constituer **(page 488)**.

Produits de brunissage et de noircissage

Le brunissage et le noircissage permettent de colorer des pièces et de leur conférer une certaine protection contre la corrosion.

Dans le cas du **brunissage**, les pièces sont immergées dans une solution contenant de l'eau, du ferrocyanure de potassium et du chlorure de fer, jusqu'à ce que le ton de brun recherché soit obtenu. Ensuite elles sont rincées à l'eau.

Dans le cas du **noircissage**, la pièce forgée encore chaude est plongée dans de l'huile de lin puis décapée dans le feu de forge. Enfin, la pièce est brossée et enduite d'une huile de protection contre la corrosion.

➔ **Lorsque l'on travaille avec des décapants ou des produits de brunissage et de noircissage, il est impératif de porter des lunettes et des vêtements de protection.**

26.14 Verre et éléments en verre

Dans le cas de bâtiments modernes administratifs et commerciaux, le verre représente les plus grandes surfaces extérieures visibles des bâtiments **(fig. 1)**. La plus grande partie des façades extérieures est en verre.

Cette prouesse est possible grâce aux propriétés du verre moderne :

- Les surfaces en verre sont résistantes aux conditions extérieures
- Le verre isolant équipé d'un revêtement offre une excellente isolation thermique
- Le verre offre un large choix en termes de transparence et de réflexion.

1 Vitrages d'un bâtiment moderne

Fabrication de verre plat

Le verre est un matériau minéral transparent.

Le mélange de base pour la fabrication du verre est constitué d'environ 75 % de sable de silice (quartz) (SiO_2), de 15 % de soude (Na_2CO_3) et de 15 % de chaux ($CaCO_3$).

La fusion industrielle du verre se produit dans d'énormes fours de fusion d'environ 50 mètres de longueur **(fig. 2, côté gauche)**. Le mélange de base est introduit dans un côté du four de façon continue, puis se transforme sous l'effet de la température en une pâte de verre visqueuse qui se dirige vers l'autre extrémité du four. Ce sont des brûleurs orientés vers le mélange qui chauffent la pâte de verre. La pâte visqueuse quitte alors le four et poursuit son chemin à travers des rouleaux lamineurs qui lui donneront sa forme.

Verre plat coulé. La pâte de verre visqueuse qui sort du four de fusion est dirigée entre deux rouleaux lamineurs, refroidis à l'eau, pour être laminée à l'épaisseur désirée **(fig. 2, partie gauche)**. La plaque de verre encore incandescente passe alors par un tunnel de refroidissement (étenderie). Le verre plat coulé ainsi fabriqué est translucide, mais n'est pas lisse et sa transparence est irrégulière. Des cylindres de laminage aux formes variées permettent de fabriquer différents types de verres plats laminés **(page 502)**.

Le **verre à vitre et le verre à miroir** doivent être parfaitement transparents et irréprochables d'un point de vue optique. Ces propriétés peuvent être obtenues grâce à un procédé de fabrication du verre plat : le **procédé « float »** (de l'anglais to float = flotter). Ce procédé consiste à faire flotter et à entraîner le verre incandescent qui sort des cylindres de laminage sur un bain d'étain en fusion à environ 600 °C **(fig. 2)**.

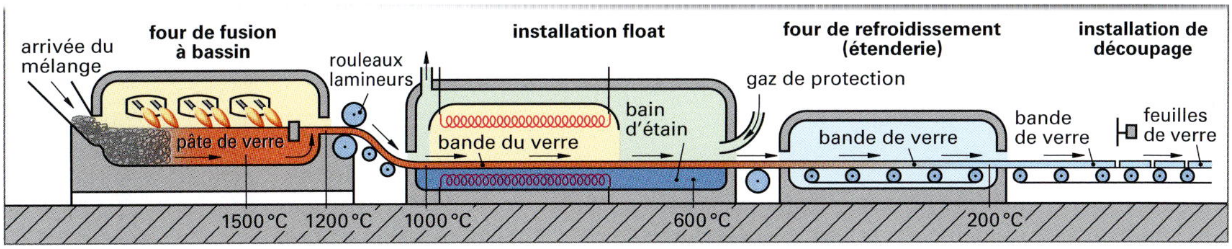

2 Fabrication de verre à vitre et de verre à miroir selon le procédé float (schéma)

Ainsi, la pâte de verre visqueuse flotte et se répand sur le bain d'étain (ϱ_{verre} = 2,5 kg/dm^3, $\varrho_{étain}$ = 7,3 kg/dm^3), formant de chaque côté du verre une surface parfaitement plane et irréprochable d'un point de vue optique. Lors de son passage sur le bain d'étain d'une longueur d'environ 60 mètres, la bande de verre se refroidit progressivement à 400 °C. Elle passe alors par une zone de refroidissement (étenderie) puis est découpée en plaques.

Propriétés du verre. La propriété la plus importante du verre, la transparence, varie en fonction du type de verre **(fig. 1)**. La densité du verre est de 2,5 kg/dm^3. Le verre est un excellent isolant électrique et thermique. A température ambiante, le verre est dur et cassant et éclate en cas de choc. Le verre commence à se ramollir à environ 700 °C, et se laisse facilement transformer à 1000 °C.

Types de verres plats laminés

Le verre plat coulé est employé lorsque le verre doit laisser passer la lumière, mais ne doit pas être transparent : pour des vitres de douches, des entrées de maison, des portes ou des cloisons en verre.

Le **verre brut** est un verre coulé dont la surface est lisse ou que légèrement ornée.

Le **verre de décoration** (structuré ou imprimé) présente une surface structurée qui, en plus de son effet décoratif, garantit une bonne qualité optique et un bon rendu de la lumière.

Le **verre armé** est constitué d'une structure armée dans laquelle un treillis métallique est incorporé.

Le **verre antique** acquiert un aspect « vieilli » par une coloration du verre à l'état visqueux, un dégazage partiel et par une reproduction volontaire d'irrégularités lors du laminage.

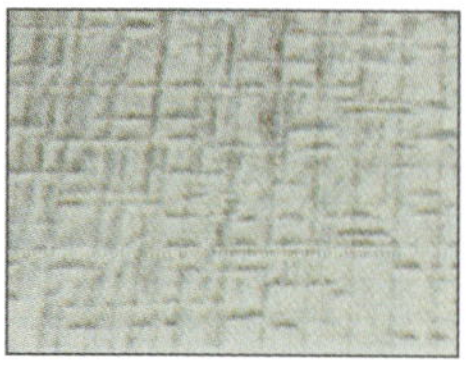

1 Verre armé

Verre à vitre et verre à miroir

Les surfaces du verre fabriqué par le procédé float sont parfaitement planes et lisses. Le verre est clair, transparent sans déformation. Il est employé le plus souvent comme verre à vitre. Un revêtement d'argent sur une des surfaces le transforme en miroir. En raison d'exigences plus élevées en termes de protection thermique, les vitrages simples ne sont plus autorisés.

A l'heure actuelle, il est plus courant de trouver des verres isolants préfabriqués constitués de deux ou de trois feuilles de verre, d'un ou deux espaces d'air entre les feuilles de verre, et d'un revêtement métallique très fin sur les verres **(fig. 2)**. La transmission de lumière se situe entre 70 % et 80 %. La section sur les fenêtres du chapitre 19 donne plus d'indications sur les constructions en verre et sur les verres spéciaux **(à partir de la page 366)**.

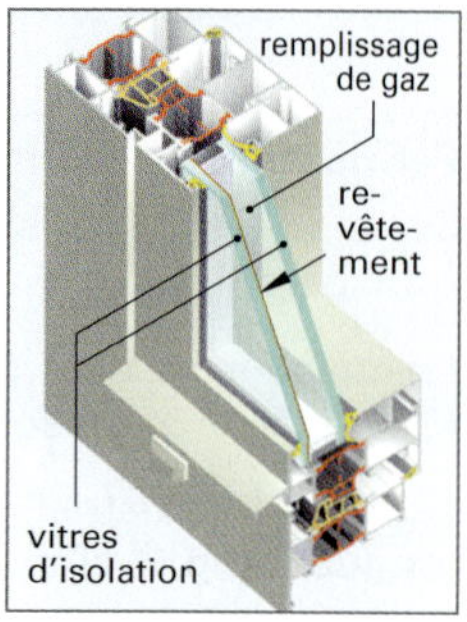

2 Vitre double isolante

Verre de sécurité

Le verre que l'on utilise pour des garde-corps ou des toits de vérandas est du verre de sécurité. Le verre de sécurité à une couche est prétraité thermiquement ; il est ainsi plus dur. Il ne se brise que sous l'action de coups très violents et éclate en petits morceaux. Le verre de sécurité à plusieurs couches (verre composite) est constitué de deux vitres collées l'une à l'autre par un film synthétique (PVB). En cas de rupture du verre, le film maintient les éclats de verre ensemble. Une vitre en verre composite combinée à une vitre supplémentaire peut ainsi être transformée en verre isolant.

3 Verre coupe-feu

Verre coupe-feu

Le verre coupe-feu EI résiste à la chaleur pendant un certain temps avant de se briser et de permettre au feu de se répandre **(fig. 3)**. Il s'agit de verre composite de plusieurs couches, comportant par exemple quatre feuilles de verre séparées par trois couches de gel endothermique. En cas de feu, ce gel endothermique s'expance, isole et retardent la propagation du feu.

Plots de verre

Les plots de verre sont des corps en verre creux de 20 cm à 30 cm de côté et de 6 à 10 cm d'épaisseur. Ils sont assemblés à l'aide de mortier pour former des fenêtres composées qui laissent passer la lumière **(fig. 4)**. Ils offrent une isolation optique, acoustique (absorption sonore de 40 décibels) et constituent un mur coupe-feu (jusqu'à 60 minutes).

4 Blocs de verre

Contrôlez vos connaissances

1. Qu'est-ce qui caractérise le plus la structure des matériaux composites ?
2. Quels sont les matériaux de base du PRV ?
3. De quoi sont composés les corps abrasifs ?
4. Quelle est la fonction de l'armature d'un mur en béton armé ?
5. Que signifie la viscosité ?
6. De quoi les graisses sont-elles composées ?
7. Dans quels cas emploie-t-on des lubrifiants solides ?
8. Dans quel but utilise-t-on des nettoyants universels ?
9. Par quel procédé le verre à vitre est-il fabriqué ?

26.15 Essais des matériaux

Les essais des matériaux remplissent principalement deux fonctions :

Déterminer les propriétés telles que la résistance, la dureté et la malléabilité	»	Ces propriétés renseignent sur la capacité de charge des matériaux et sur leurs possibilités d'emploi.
Vérifier si les pièces terminées comportent des défauts tels que fissures, inclusions ou trous	»	Les défauts des pièces peuvent être décelés et écartés.

26.15.1 Méthode d'essais technologiques

Le but principal des essais technologiques est de procéder à une évaluation générale des matériaux ou des produits semi-finis et de déterminer s'ils conviennent à tel emploi ou à telle opération de transformation **(fig. 1)**.

Le **contrôle de la malléabilité** vise à déterminer l'aptitude à forger des aciers. L'essai consiste à frapper sur une éprouvette plate incandescente avec la panne d'un marteau pour l'aplatir et augmenter sa surface d'une fois et demie. Aucune fissure ne doit apparaître.

Le **contrôle du cordon de soudure** permet d'évaluer la qualité des cordons. L'essai consiste à frapper sur une éprouvette soudée jusqu'à ce que le cordon de soudure cède. On examine alors la structure au niveau de la cassure et d'éventuels défauts de la soudure.

L'essai de pliage permet de tester la capacité de déformation de barres ou de cordons de soudure. L'éprouvette est pliée dans une direction jusqu'à ce qu'une fissure apparaisse. L'angle de pliage est alors mesuré. Si aucune fissure n'apparaît, l'éprouvette est complètement pliée.

L'essai de fatigue détermine l'aptitude d'une tôle ou d'une bande d'acier à être pliée plusieurs fois. L'éprouvette est pliée dans un sens et dans l'autre (selon une mesure) jusqu'à ce qu'une fissure apparaisse.

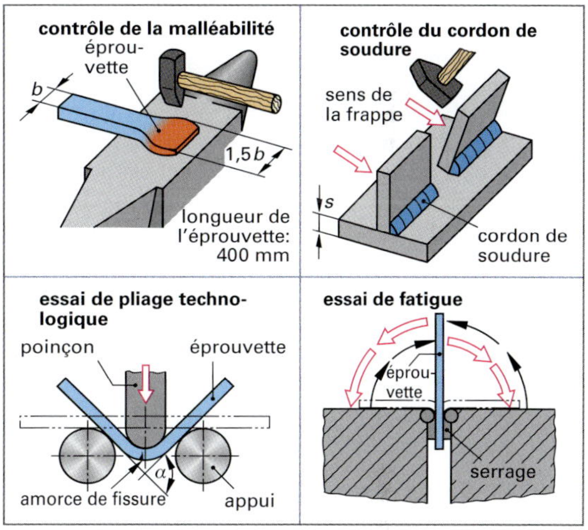

1 Méthode d'essais technologiques (sélection)

26.15.2 Essai de résilience Charpy

L'essai de résilience vise à étudier la rupture d'une éprouvette soumise à un choc violent. On obtient ainsi des indications sur la ténacité d'un matériau.

Déroulement de l'essai. Les deux extrémités d'une éprouvette normalisée avec entaille en forme de V ou de U sont placées sur les montants d'un marteau pendulaire **(fig. 1)**. Une fois libéré, le marteau pendulaire chute en suivant un mouvement circulaire et frappe l'éprouvette à l'horizontale, ce qui a pour effet de la rompre ou de la déformer. Le mouvement du pendule est ainsi freiné : les matériaux tenaces freinent considérablement le pendule, car une quantité importante d'énergie est perdue lors du choc, tandis que les matériaux fragiles ne freinent que légèrement le pendule, car l'éprouvette est rompue facilement.

Une échelle sur la machine permet de lire directement l'**énergie absorbée** lors de l'essai. Cette énergie absorbée qui correspond au résultat de l'essai et exprimée en joules (J).

Exemple de mesure : KU = 74 J (résilience 74 J, éprouvette normale avec entaille en U).

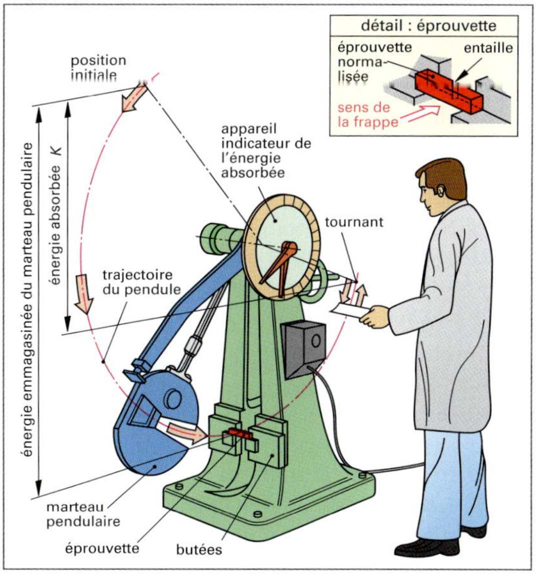

2 Essai de résilience (choc) Charpy

26.15.3 Essais de dureté

Ces essais permettent de déterminer la dureté des matériaux. Elle correspond ainsi à la résistance qu'exerce un matériau soumis à la charge d'un outil pénétrateur.

Essai de dureté selon Brinell

Une bille en métal dur est enfoncée dans une éprouvette entre 10 et 30 secondes selon une charge prédéterminée F. La **fig. 1** illustre le calcul permettant de mesurer l'empreinte, soit $d = (d_1 + d_2) : 2$.

Ce diamètre permet de déterminer la valeur de la dureté à l'aide d'une tabelle. Les machines modernes indiquent cette valeur directement sur un affichage **(fig. 4)**.

La dureté Brinell est indiquée de la façon suivante : la valeur de la dureté est suivie du symbole HBW puis des conditions relatives à l'essai (voir exemple).

320 HBW 2,5/187,5/30

dureté | dureté Brinell | diamètre de la bille en mm | charge en N · 0,102 | durée d'action en sec

L'essai Brinell s'applique à des matériaux de dureté faible à moyenne.

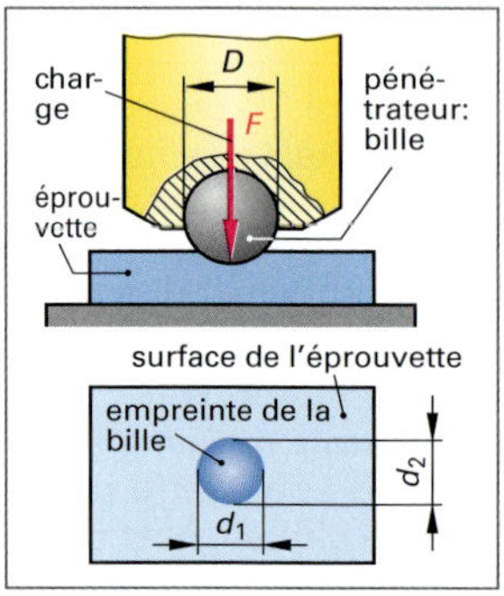

1 Essai de dureté Brinell

Essai de dureté selon Vickers

La pointe d'un pénétrateur en diamant de forme pyramidale à quatre côtés (angle au sommet de 136 °) est enfoncée dans une éprouvette entre 10 et 30 secondes selon une charge prédéterminée F. La diagonale de l'empreinte de la pyramide est alors mesurée **(fig. 2)**. La valeur de la dureté est déterminée d'après la valeur moyenne de la diagonale selon le calcul suivant : $d = (d_1 + d_2) : 2$. La dureté Vickers est indiquée de la façon suivante : la valeur de la dureté est suivie du symbole HV puis des conditions relatives à l'essai (voir exemple).

860 HV 50/30

dureté | dureté Vickers | charge en N · 0,102 | durée d'action en sec

L'essai Vickers s'applique à des matériaux mous à durs.

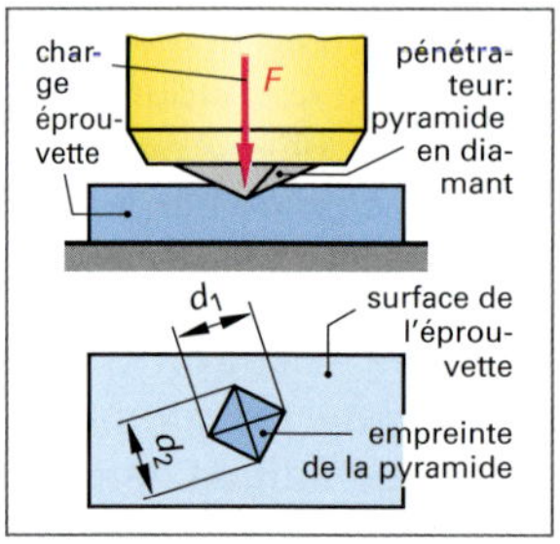

2 Essai de dureté Vickers

Essai de dureté selon Rockwell

La pointe d'un pénétrateur conique en diamant ou une bille en métal dur est enfoncée dans une éprouvette selon une charge prédéterminée, puis retirée **(fig. 3)**. Une charge additionnelle est ensuite appliquée pour atteindre l'« enfoncement rémanent ». La valeur correspondant à cet enfoncement est indiquée par un comparateur incorporé à l'appareil **(fig. 4)** et permet de déterminer la valeur de la dureté Rockwell qui est indiquée sur un affichage numérique. Le pénétrateur employé pour des matériaux durs est un cône en diamant d'un angle de 120 ° (procédés HRC et HRA). En ce qui concerne les matériaux mous, une bille en métal dur (procédés HRB et HRF) est employée. La dureté Rockwell est indiquée de la façon suivante : la valeur de la dureté est suivie d'un symbole, par exemple HRC.

62 HRC

dureté | dureté Rockwell C

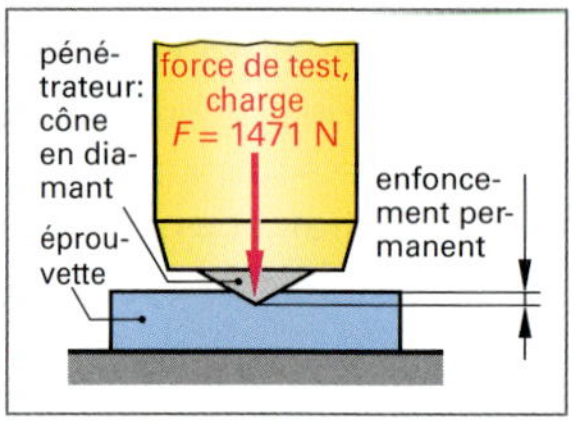

3 Essai de dureté Rockwell

Duromètres

Les différents essais de dureté sont généralement effectués sur des duromètres universels **(fig. 4)**. Ces machines sont composées d'un support réglable en hauteur, d'un porte-pénétrateur et d'un système de charge. Un affichage en verre dépoli permet de mesurer les empreintes agrandies du pénétrateur sur les éprouvettes selon les essais Brinell et Vickers.

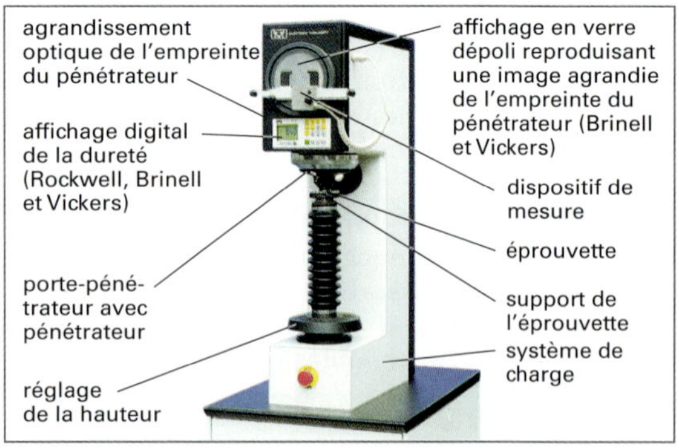

4 Duromètre universel

26.15.4 Essai de traction

Cet essai permet de déterminer les caractéristiques mécaniques d'un matériau en le soumettant à un effort de traction.

Déroulement de l'essai : Une éprouvette normalisée est fixée à ses deux extrémités sur les têtes de serrage d'une machine de traction **(fig. 1)**. La machine entre alors en fonction : la traverse mobile entraîne la tête de serrage supérieure vers le haut dans mouvement lent et régulier, ce qui a pour effet de soumettre l'éprouvette à une force de traction croissante. L'éprouvette se déforme sous l'effet de la force de traction, tout d'abord sans qu'aucune déformation de la section ne soit visible. Après un certain temps, la section diminue à un endroit, et l'éprouvette finit par rompre **(fig. 2, illustration du haut)**. Lors de l'essai, un dispositif de mesure relève de manière continue les valeurs relatives à la force F appliquée sur l'éprouvette et à l'allongement ΔL de cette dernière.

L'unité externe de la machine traite les données enregistrées (L_0, S_0) et calcule la tension σ selon la formule $\sigma = F/S_0$ et l'allongement ε selon la formule $\varepsilon = \Delta L/L_0$.

Les valeurs relatives à la tension et à l'allongement sont représentées de façon continue sur un écran lié à l'unité externe. On obtient ainsi le **diagramme de traction (fig. 2, illustration du bas)**.

Caractéristiques des matériaux. Dans le cas des aciers non trempés, la tension augmente tout d'abord proportionnellement à l'allongement. Cette symétrie linéaire entre tension σ et allongement ε se nomme **loi de Hooke** : $\sigma = E \cdot \varepsilon$.

Le facteur constant E se nomme **module d'élasticité**. C'est un indicateur de la rigidité des matériaux.

Après le point S, la courbe de traction stagne autour d'une valeur moyenne, l'éprouvette s'allonge, la déformation est permanente : il s'agit de la **limite élastique** R_e. Cette valeur peut être lue sur le graphique, ou calculée grâce à la force de traction, en divisant la force élastique F_e par la section initiale S_0.

$$R_e = \frac{F_e}{S_0}$$

La valeur maximale de la courbe de traction se nomme **résistance à la traction** R_m. Cette valeur peut être lue sur le graphique, ou calculée en divisant la force de traction maximale F_m par la section initiale S_0.

$$R_m = \frac{F_m}{S_0}$$

La déformation permanente que subit l'éprouvette au point de rupture se nomme **allongement à la rupture** A. Elle est calculée à partir de l'allongement ΔL_{Br} que subit l'éprouvette.

$$A = \frac{\Delta L_{Br}}{L_0} \cdot 100\ \%$$

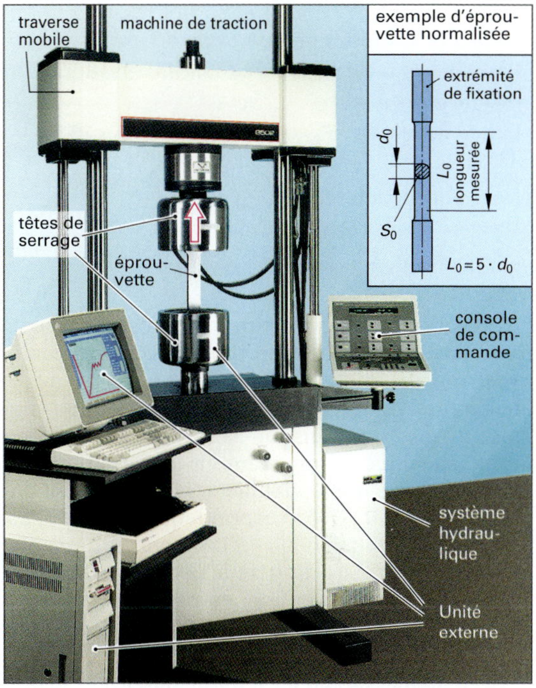

1 Essai de traction avec une machine de traction universelle

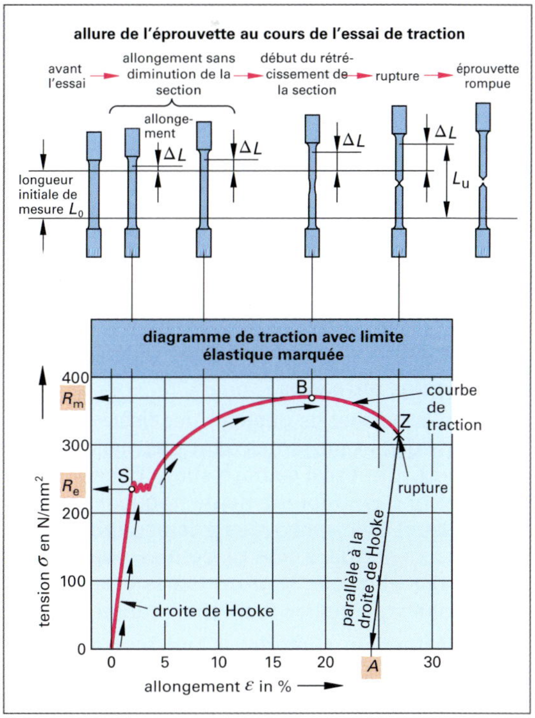

2 Essai et diagramme de traction de l'acier non trempé S235JR (St 37-2)

Exemple : une éprouvette en acier d'une section $S_0 = 50{,}26\ \text{mm}^2$ commence à s'allonger sous l'effet d'une force de 17'850 N et rompt lorsque la force atteint 28'150 N. L'allongement permanent ΔL_{Br}, avec une longueur initiale L_0 de 40 mm, est de 8,8 mm après rupture.

Les valeurs à calculer sont la limite élastique, la résistance à la traction et l'allongement à la rupture de l'acier.

Limite élastique : $\boldsymbol{R_e} = \frac{F_e}{S_0} = \frac{17850\ \text{N}}{50{,}26\ \text{mm}^2} = \mathbf{355\ \frac{N}{mm^2}}$;

résistance à la traction : $\boldsymbol{R_m} = \frac{F_m}{S_0} = \frac{28150\ \text{N}}{50{,}26\ \text{mm}^2} = \mathbf{560\ \frac{N}{mm^2}}$

allongement à la rupture : $\boldsymbol{A} = \frac{\Delta L_{Br}}{L_0} \cdot 100\ \% = \frac{8{,}8\ \text{mm}}{40\ \text{mm}} \cdot 100\ \% = \mathbf{22\ \%}$

Les **diagrammes de traction** de l'acier trempé, de l'aluminium et du cuivre ne présentent **pas de limite élastique prononcée (fig. 1)**. Dans le cas de tels matériaux, la tension augmente progressivement dès le départ, puis diminue après avoir atteint le sommet de la courbe. Aucune zone de stagnation n'est à observer. Puisque ces matériaux n'ont pas de limite élastique à proprement parler, une valeur de remplacement a été définie : la **limite conventionnelle d'élasticité** $\boldsymbol{R_{p0,2}}$, correspondant à **0,2 %**. C'est à cette valeur de tension que l'éprouvette présentera, une fois la force de traction relâchée, une déformation de 0,2 %. La limite conventionnelle d'élasticité de 0,2 % correspond à une parallèle de la courbe de traction dans sa partie initiale, décalée de 0,2 %. La valeur $R_{p0,2}$ détermine le point d'intersection de la parallèle avec la courbe de traction **(fig. 1)**. Le point le plus élevé de la courbe de traction correspond pour ces matériaux également à la **résistance à la traction** $\boldsymbol{R_m}$.

$$R_m = \frac{F_m}{S_0}$$

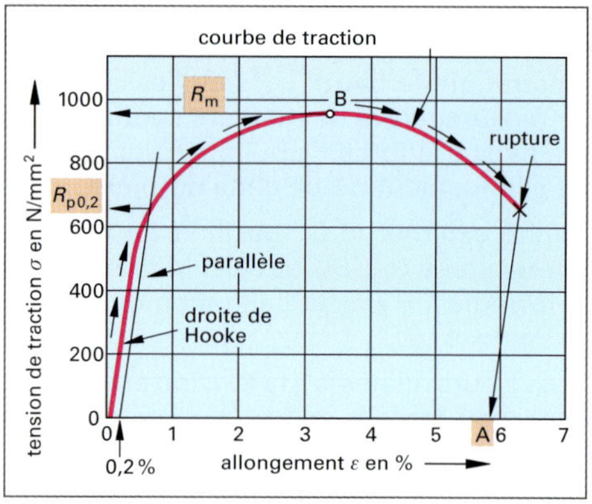

1 Diagramme de traction sans limite élastique prononcée (acier 34CrMo4)

26.15.5 Essais non destructifs

Ces essais ne nécessitent pas d'éprouvette et n'endommagent pas les pièces. Les essais non destructifs ont pour but de déterminer si des pièces ou des cordons de soudure présentent des défauts et visent ainsi à garantir une sécurité optimale.

Essai de pénétration

Cet essai, que l'on nomme également **essai d'absorption capillaire**, permet de déceler des fissures très fines qui débouchent sur la surface d'une pièce. Un fluide coloré (en général rouge) est appliqué sur la surface d'une pièce et pénètre par capillarité dans les fissures microscopiques. La pièce est ensuite nettoyée de manière à ce que la couleur disparaisse totalement. On applique alors sur la pièce une couche de craie lavée blanche (révélateur) qui absorbe la couleur encore présente dans les fissures (par exemple du rouge) et révèle ainsi les endroits où se trouvent ces fissures microscopiques.

Contrôle par ultrasons

Ce contrôle permet de détecter des fissures internes, des cavités ou des inclusions présentes dans des pièces ou dans des cordons de soudure. Cet essai se base sur le phénomène physique selon lequel les ondes sonores à haute fréquence (ultrasons) traversent la matière et sont renvoyées à leur origine lorsqu'elles rencontrent une cavité dans une pièce. Les appareils de recherche de défauts par ultrasons sont portables et se composent d'un palpeur et d'un appareil de restitution équipé d'un affichage **(fig. 2)**.

Pour effectuer un contrôle, il faut tout d'abord plaquer le palpeur contre la pièce. Lorsque les ondes rencontrent un vide, qu'il s'agisse d'une cavité ou de la face arrière de la pièce, elles sont renvoyées par réflexion (écho) et retournent au palpeur qui est équipé d'un récepteur quelques microsecondes plus tard.

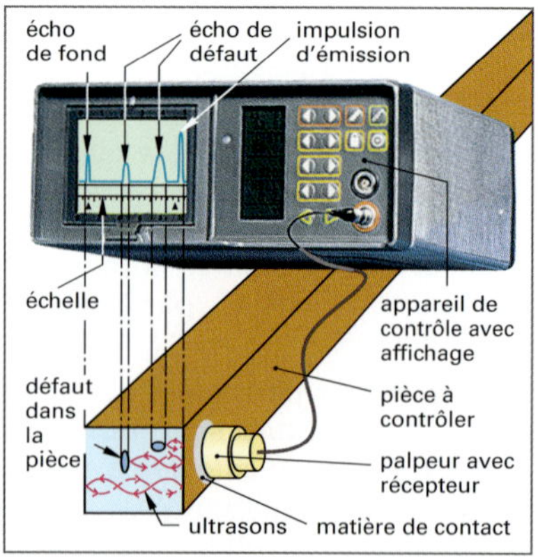

2 Contrôle d'une pièce par ultrasons

Le contrôle par ultrasons est particulièrement utilisé pour vérifier la qualité des cordons de soudure **(fig. 1)**. Puisque la surface irrégulière d'un cordon de soudure rend tout contrôle avec un palpeur droit impossible, il faut utiliser un palpeur angulaire. Les ultrasons émis par ces palpeurs sont inclinés selon un angle. Ils réfléchissent sur l'autre extrémité de la pièce et traversent le cordon de soudure depuis le côté. Afin de contrôler l'ensemble du cordon de soudure, on déplace le palpeur en le pivotant légèrement selon un tracé en zigzag dans une zone parallèle au cordon de soudure. Ainsi, on peut identifier les différents types de défauts dans le cordon de soudure.

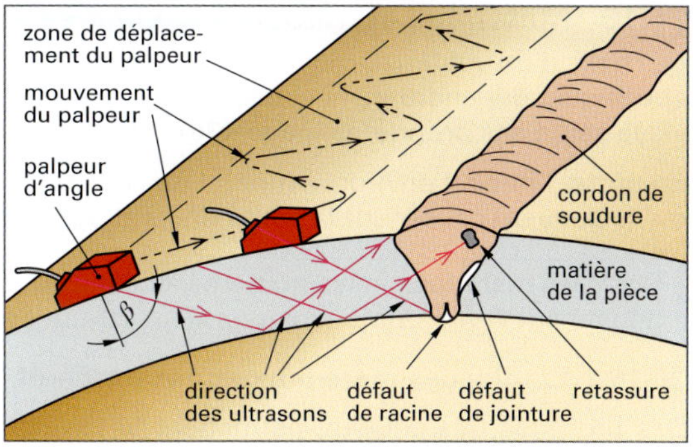

1 Contrôle par ultrasons d'un cordon de soudure

Radiographie par rayons X et gamma

Cette méthode de contrôle est principalement employée pour les cordons de soudure ou les fontes moulées et se base sur la capacité des rayons X (Röntgen) et des rayons gamma à traverser l'acier : les rayons X jusqu'à 80 mm, les rayons gamma jusqu'à 200 mm.

Les rayons traversent la pièce et subissent une perte d'intensité variable selon l'épaisseur de la pièce. Ils sont alors projetés sur un écran de blocage derrière la pièce et affichent une projection de la pièce. Les taches sur l'écran correspondent aux défauts de la pièce.

Dans le cas du **contrôle aux rayons X (Röntgen)**, la pièce à contrôler est exposée au faisceau de rayons d'un tube à rayons X **(fig. 2)**.

Dans le cas du **contrôle aux rayons gamma**, le diffuseur (en général du cobalt 60 radioactif) est placé à l'endroit à contrôler de façon à projeter le rayonnement sur un film **(fig. 3)**.

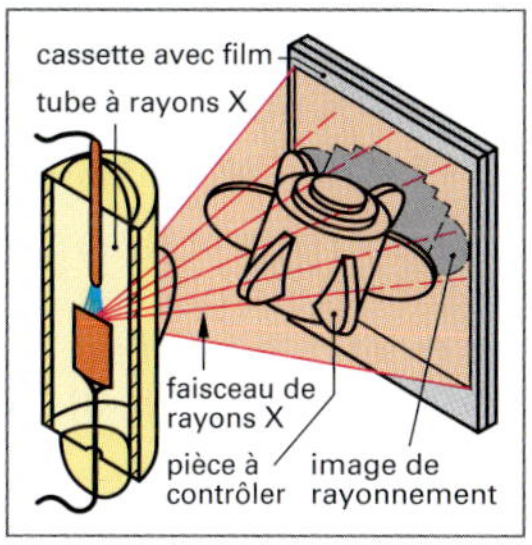

2 Contrôle d'une pièce par rayons X

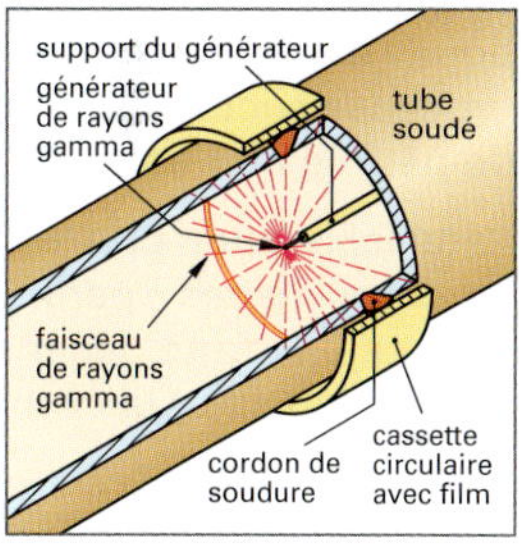

3 Contrôle d'un cordon de soudure aux rayons gamma

Attention : Les rayons X et gamma peuvent être très dangereux pour la santé.

26.15.6 Examens métallographiques

Les examens métallographiques permettent de visualiser la structure des matériaux. Afin de procéder à un tel examen, un échantillon du matériau à analyser doit être prélevé. La section de cet échantillon doit être meulée, polie et enfin attaquée par un liquide acide. On obtient ainsi une tranche de la structure **(fig. 4)**.

Des **images de macrostructures** permettent par exemple de déceler d'éventuels défauts dans un cordon de soudure (gauche). Un agrandissement n'est pas nécessaire pour visualiser cette structure. La **microstructure** d'un matériau, révélant les grains, les joints de grains et les différents éléments, n'est visible qu'au microscope (droite). Les examens microscopiques permettent par exemple de contrôler les changements de structure des aciers lors de traitements thermiques.

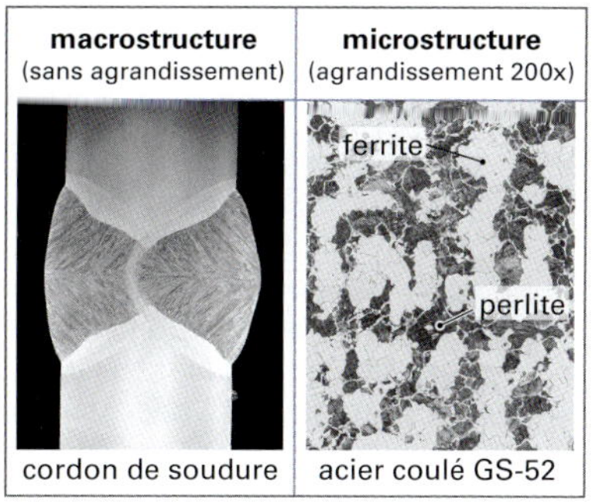

4 Examens métallographiques

Contrôlez vos connaissances

1. Quelles sont les fonctions principales des essais des matériaux ?
2. Dans quel but l'essai à l'étincelle est-il exécuté ?
3. Quelles caractéristiques propres à un matériau l'essai de traction permet-il d'obtenir ?
4. Quelles indications la limite élastique permet-elle d'obtenir, et quelle formule permet de la calculer ?
5. Comment s'effectue le contrôle de la malléabilité ?
6. Quel essai de dureté convient à la fois aux matériaux durs et aux matériaux mous ?

26.16 Matériaux et matières auxiliaires – environnement et protection de la santé

Le choix d'un matériau pour fabriquer une pièce, ou celui d'une matière auxiliaire pour un emploi spécifique, dépendra de la capacité de ce matériau ou de cette matière auxiliaire à remplir la fonction visée selon ses propriétés **(page 436)**.

En outre, l'impact environnemental de ces matériaux ou de ces matières auxiliaires et les dommages qu'ils peuvent causer sur la santé doivent également être pris en compte.

> Seuls les matériaux et les matières auxiliaires qui ne nuisent pas à la santé et qui n'ont pas un impact négatif sur l'environnement devraient être utilisés (fabrication, transformation et recyclage).

26.16.1 Emploi des matériaux et des matières auxiliaires

Des procédés très coûteux permettent la fabrication de matériaux et de matières auxiliaires à partir de matières premières disponibles dans la nature.

Par exemple, la fonte, l'acier et l'aluminium sont obtenus par réduction du charbon ou à l'électricité **(fig. 1)**.

En ce qui concerne la fabrication de matières plastiques et de lubrifiants, il faut recourir à plusieurs procédés successifs de synthèse chimique à partir de pétrole et d'autres matières chimiques **(fig. 2)**.

Cette **fabrication primaire** des matériaux et des matières auxiliaires à partir de matières premières représente une forte dépense énergétique ainsi qu'un impact considérable sur l'environnement **(fig. 3)**.

Ce constat s'applique en particulier à la production de l'aluminium et du cuivre.

La consommation énergétique lors de la fabrication de métaux à partir de ferraille et de copeaux métalliques (matériaux recyclés) est nettement moins élevée.

Les matériaux fabriqués à partir de **matériel recyclé**, comme le cuivre et l'aluminium, ne nécessitent qu'un huitième de l'énergie nécessaire à la fabrication primaire.

Dommages environnementaux. La fabrication primaire de métaux génère des gaz, de la poussière, de la crasse et des substances polluantes qui nuisent gravement à l'environnement. La concentration de gaz et de poussière produite par les installations de production de matériaux doit être nettoyée par des machines spéciales très onéreuses. Des décharges sont également nécessaires pour le débarras de produits polluants et d'autres déchets.

> Une utilisation modérée des matériaux et des matières auxiliaires et le recyclage de ces derniers contribuent grandement à ménager l'environnement.

Le fait de renoncer à utiliser ou à fabriquer des matériaux ou des matières auxiliaires soulage l'environnement, car l'énergie nécessaire à leur fabrication et les dommages environnementaux qui en découlent sont supprimés.

1 Effets nocifs sur l'environnement causés par l'obtention du fer

2 Usine de production de matières plastiques

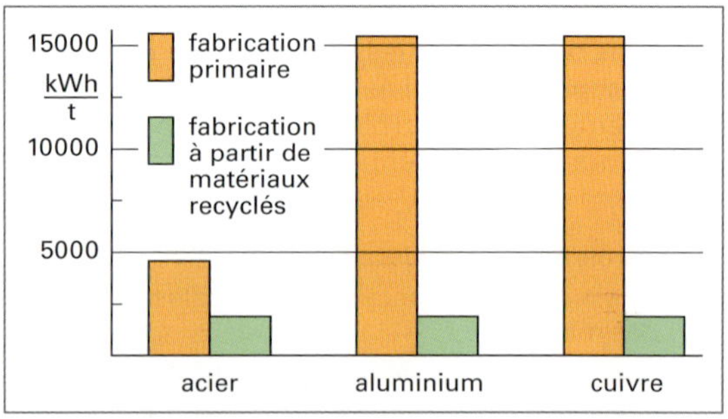

3 Consommation énergétique liée à la production de différents matériaux (1 tonne)

26.16.2 Recyclage et débarras au sein d'entreprises de construction métallique

Dans une entreprise de construction métallique, de nombreux matériaux et matières auxiliaires peuvent être recyclés. Un exemple est le **recyclage du métal de cadres de portes et de fenêtres** ainsi que des façades en aluminium **(fig. 1)**.

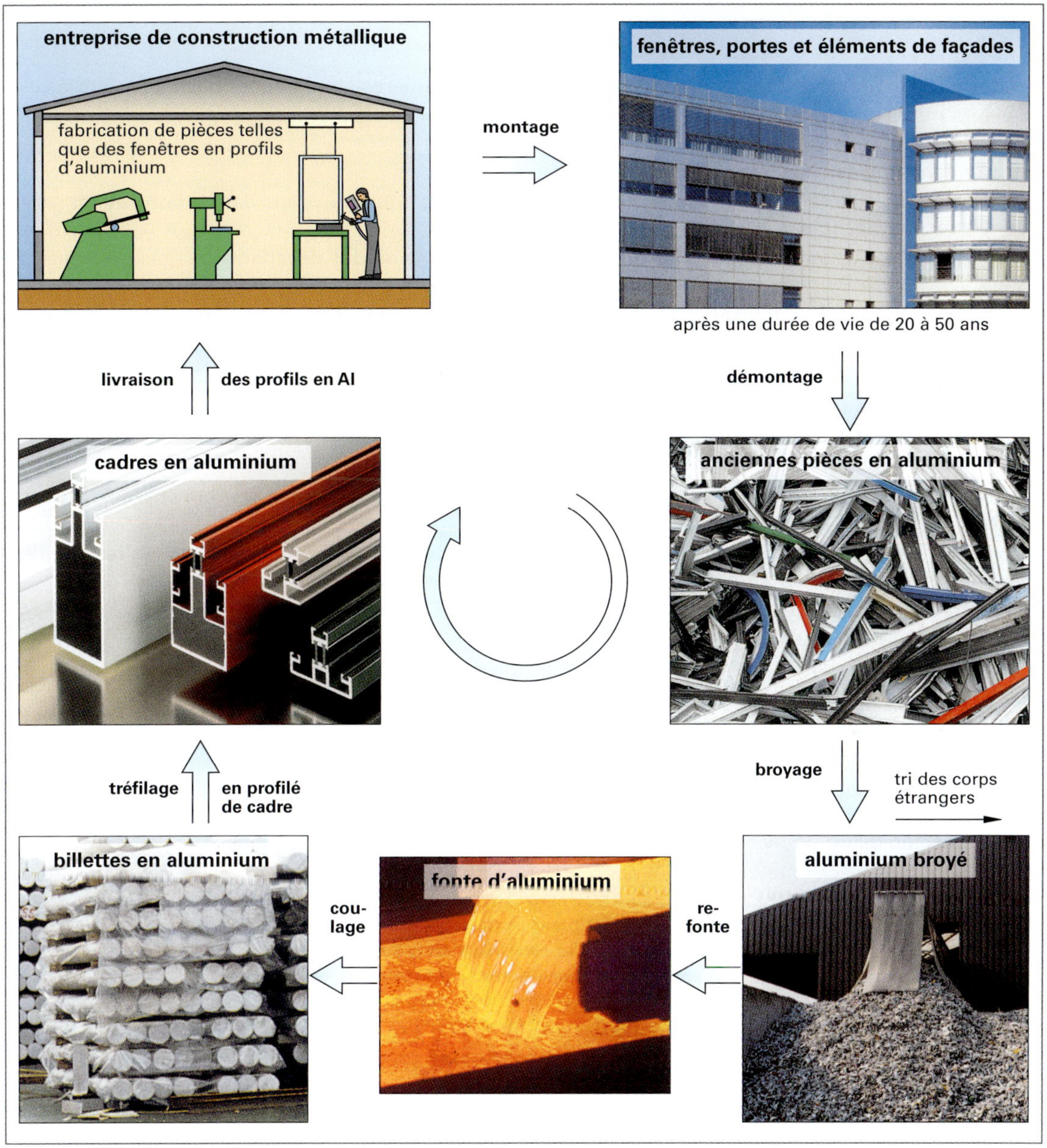

1 Recyclage de cadres de portes, de fenêtres et d'éléments de façades en aluminium

A la fin de leur durée de vie, de même que lors du démontage ou de la rénovation de bâtiments, les cadres d'aluminium deviennent inutilisables. Ils sont alors rassemblés, broyés, fondus et coulés pour être transformés en lingots ou billettes puis laminés ou extrudés pour prendre la forme de profils de cadres.

Il est ainsi possible de reconstituer un cycle de recyclage, approchant les 100 %, des matériaux permettant de fabriquer de nouvelles pièces dont l'énergie nécessaire à la fabrication et l'impact écologique sont bien inférieurs à ceux liés aux matériaux initiaux.

Les déchets métalliques constituent les ressources les plus abondantes et les moins onéreuses.

Par ailleurs, les entreprises disposent de plusieurs façons de recycler les matériaux :

Les **déchets de métaux** tels que les chutes, les copeaux ou les rebuts sont rassemblés et revendus à des entreprises de récupération pour être réintégrés dans le cycle de recyclage.

Lorsque les quantités sont importantes, il est sensé de séparer les déchets par groupes de matériaux :

acier non allié	acier inoxydable	aluminium	cuivre

Les déchets de métaux triés se vendent à des prix bien plus intéressants que les déchets non triés.

Plusieurs matières auxiliaires utilisées dans le cadre de la construction métallique peuvent également être recyclées :

Les **lubrifiants usagés** ayant servi pour percer, tourner ou fraiser.

Les **huiles usagées** telles que les huiles lubrifiantes ou l'huile contenue dans des chiffons ayant servis à l'entretien de machines.

Les récipients contenant des **restes de couleur, des dissolvants ou des décapants** usagés peuvent être réemployés après avoir été traités correctement.

Ces substances doivent être placées dans des récipients spéciaux ou idéalement retournées au fabricant ou au fournisseur dans le but d'une remise en état ou de débarras. Les fabricants sont dans l'obligation de récupérer la plupart des matières recyclables, ce qui permet en outre de réduire les frais liés au débarras.

Les lubrifiants, huiles et dissolvants usagés constituent des déchets spéciaux qui ne doivent en aucun cas être versés dans les égouts, dans de l'eau ou dans le sol. Ces produits doivent être rassemblés, puis recyclés ou débarrassés selon des règles précises.

Lors de l'emploi de matériaux et de matières auxiliaires, les règles suivantes doivent être suivies dans un ordre spécifique :

1. **Eviter :** une sélection et un emploi réfléchis des matériaux et des matières auxiliaires permettent de limiter au maximum leur usage et l'ampleur de leurs déchets.
2. **Recyclage :** les déchets, la ferraille, les matériaux et les matières auxiliaires doivent être triés et recyclés.
3. **Débarras :** les produits qui ne sont plus réutilisables doivent être débarrassés selon des consignes spécifiques.

26.16.3 Eviter l'emploi de substances toxiques et polluantes

Renoncer à des substances toxiques et polluantes et opter pour des procédés qui ne nuisent pas à l'environnement constitue le meilleur choix. En plus de protéger l'environnement, cette façon d'agir permet à l'entreprise d'éviter des frais élevés liés au débarras de matériaux nocifs. Ci-dessous quelques moyens d'éviter de recourir à des substances toxiques ou polluantes :

Dégraissage des pièces métalliques. Avant d'être recouvertes d'une couche de peinture ou d'être zinguées au feu, les pièces doivent être dégraissées. Bien que les **hydrocarbures chlorés (HCC)** soient interdits, ils sont encore trop souvent utilisés pour le dégraissage de pièces en acier. Ces produits chimiques comprennent le trichloréthylène (Tri), le perchloroéthylène (Per) et le tétrachloréthane (Tetra), et sont très nocifs, autant pour la santé que pour l'environnement.

Les pièces peuvent également être dégraissées dans des **machines à laver** à l'aide de **solutions de lavage**. Les solutions de lavage aqueuses sont constituées d'eau et de substances nettoyantes actives (tensioactifs) et peuvent être écoulées dans les canalisations comme des produits ménagers.

Revêtements de pièces métalliques. Bien souvent, les pièces en métal doivent être recouvertes d'une couche de protection contre la corrosion **(page 486)**. On emploie dans ce but des peintures ou des vernis. Ces produits doivent également être choisis en fonction de leur impact environnemental. Les dissolvants volatils présents dans certains vernis ou dans certaines peintures auront pour effet de polluer l'air. Il est possible d'éviter cet effet néfaste en optant pour des **vernis sans dissolvants**.

Les procédés de revêtement peuvent également être remplacés par des méthodes qui n'utilisent pas de dissolvants.

Le **revêtement par projection de poudre électrostatique** et **l'enduction en lit fluidisé** sont des exemples de **procédés de revêtement qui ne nuisent pas à l'environnement**. Le procédé de l'enduction en lit fluidisé consiste à plonger la pièce chauffée dans une poudre synthétique (enrobage). La poudre synthétique tient fermement sur la pièce puis fond lorsque cette dernière est chauffée. Cette opération ne nécessite pas de dissolvants qui s'évaporent et ne nuit pas à l'environnement.

26.16.4 Substances qui nuisent à la santé dans la construction métallique

Malgré tous les efforts visant à remplacer les produits nocifs, certains doivent encore être employés dans la construction métallique.

Afin d'éviter les effets négatifs sur la santé, il est important de prendre les précautions d'usage et de suivre les règles propres au corps de métier concerné.

Les substances qui constituent des dangers pour la santé se divisent en deux catégories : les substances toxiques à effets rapides et les substances toxiques à effets retardés.

Substances toxiques à effets rapides

Le fait d'avaler ou de toucher ces substances provoque des effets immédiats sur la santé.

Acides et bases de décapage : le contact de la peau avec de tels produits cause des brûlures et le fait de respirer leurs vapeurs cause une irritation des voies respiratoires. Il est nécessaire de porter des vêtements, des lunettes et des gants de protection et d'aérer suffisamment le lieu de travail en conséquence.

Gaz et poussières de soudage : ils contiennent des substances toxiques, comme le monoxyde de carbone CO et des poussières de métaux lourds contenant du chrome, du nickel, du molybdène, du manganèse et du zinc.

Vapeurs contenant du cadmium et du plomb : elles se constituent lors du brasage tendre et sont très toxiques. Il est impératif de veiller à bien aérer le lieu de travail lors du soudage ou du brasage **(fig. 1)**.

Sels de trempe (sels de cyanure) : ces sels sont employés dans des bains de trempe et sont fortement toxiques. Il est interdit de manger ou de boire lorsqu'on travaille avec de tels produits. L'atelier doit être équipé d'un système d'aspiration.

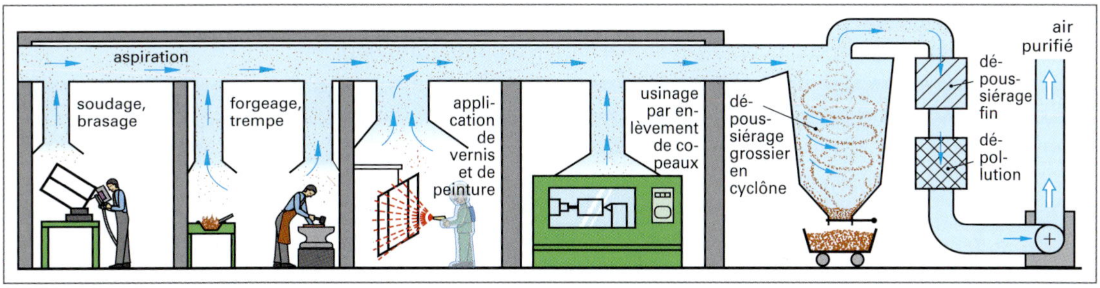

1 Aspiration de vapeurs et de poussières toxiques sur le lieu de travail

Substances toxiques à effets lents

Les dommages sur la santé n'apparaissent qu'après un long temps d'exposition, malgré des quantités impliquées très faibles. Pour cette raison, il existe des valeurs de concentration dans l'air qui ne doivent pas être dépassées, ce sont les **VME** (valeurs moyennes d'exposition).

Les **hydrocarbures chlorés** Tri, Per et Tetra ainsi que quelques **dissolvants organiques** employés dans des vernis peuvent provoquer un cancer. Par exemple, les valeurs VME du Tri et du Per ne doivent pas excéder 50 ppm. Ppm signifie en français particules par million. 50 ppm correspondent à une valeur à ne pas dépasser de 50 particules toxiques pour 1 million de particules d'air sur le lieu de travail. Dans la mesure du possible, il faut éviter d'utiliser des hydrocarbures chlorés (HCC) et des dissolvants.

Les HCC et les dissolvants ne doivent pas entrer en contact avec la peau et ne doivent pas être inspirés.

Lors de l'usinage par tournage ou fraisage, des **vapeurs de lubrifiant** se forment. En plus de l'huile, ils contiennent de nombreux additifs servant par exemple à empêcher la corrosion, le durcissement de l'huile, la formation de mousse, la stabilisation, etc. Lorsque ces vapeurs sont inspirées, elles peuvent nuire à la santé. Les nouvelles machines d'usinage fermées et équipées d'un système d'aspiration des vapeurs constituent une solution efficace à ce problème **(fig. 1)**.

Les **matériaux de construction et les pièces contenant de l'amiante** sont désormais interdits, car ils sont extrêmement nuisibles à la santé. Lors du démontage d'anciens panneaux contenant de l'amiante, il est impératif de porter un masque de protection. En travaillant, il faut veiller à ne pas soulever des tourbillons de poussière d'amiante. Les pièces qui contiennent de l'amiante ne doivent pas être tronçonnées à la meule.

Contrôlez vos connaissances

1. Pour quelles raisons les cadres de fenêtres en aluminium doivent être recyclés après usage ?
2. Que faire des lubrifiants et des huiles usagées ?
3. Quels sont les points à prendre à considération lors du choix d'un vernis ou d'une peinture ?
4. Quelles mesures de protection de la santé doivent être prises lors du soudage ou du brasage ?

Mission récapitulative : choix des matériaux pour une rampe d'escalier

Mission : une barrière doit être conçue pour un escalier dans un magasin.

L'entreprise de construction métallique est impliquée dans la conception et dispose de son savoir-faire en matière de construction métallique et des connaissances des matériaux.

Mission : examiner les possibilités d'emploi des différents matériaux et suggérer le choix d'un type de matériau.

Condition préalable : le donneur d'ordre fournit une description générale de la tâche à réaliser.

Exemple présent : La balustrade doit donner une impression décorative et agréable à regarder, tout en conservant un aspect sobre. Elle doit être robuste, son entretien doit être aisé et avoir une longue durée de vie. Le coût de fabrication doit être le plus avantageux possible **(fig. 1)**.

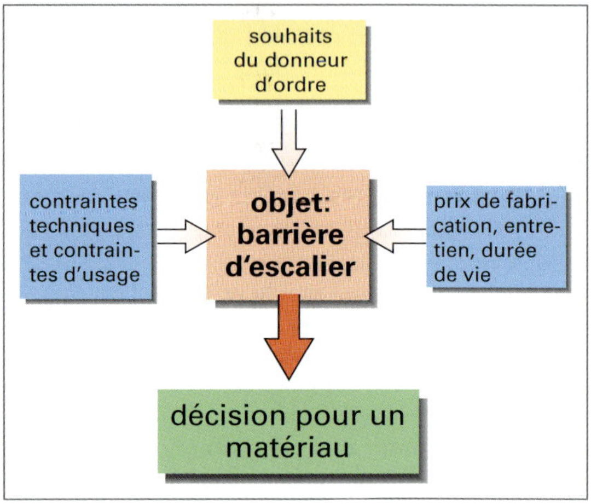

1 Influence du choix des matériaux pour une pièce

Possibilités de construction

Les rampes d'escaliers peuvent être fabriquées avec différents matériaux. Chaque matériau a des propriétés spécifiques, avec des avantages et des inconvénients **(tableau)**.

Tableau 1 : propriétés des matériaux pour une barrière (choix)

matériaux	apparence	entretien, durée de vie	prix	propriétés particulières
bois	confortable, décoratif	remise en état régulière, nécessaire env. tous les 3 ans	avantageux	inflammable
acier non allié (verni ou bruni)	massif, rustique	application régulière d'une nouvelle couche de vernis, nécessaire env. tous les 3 ans	avantageux	formation de rouille possible
acier inoxydable	agréable, léger, décoratif	polissage régulier env. tous les 2 ans	coûteux	particulièrement robuste, nécessite peu d'entretien
aluminium (anodisé)	clair, léger, décoratif	polissage régulier env. tous les 2 ans	coûteux	construction légère, nécessite peu d'entretien

Recommandation

Après avoir pesé le pour et le contre de chaque matériau, il a été convenu de suggérer le choix suivant :

barrière comportant des pièces en acier inoxydable disponibles sur le marché et des vitres de protection en polycarbonate. Ce choix peut être proposé au donneur d'ordre grâce aux modèles fournis par le fabricant des pièces en acier inoxydable **(fig. 2)**.

Justification :

1. **L'acier inoxydable**, en plus d'être résistant, est d'une finition légère et soignée. Ce matériau est décoratif, nécessite peu d'entretien et fait preuve d'une très bonne durée de vie.
2. Le fait que les **pièces existent déjà sur le marché** permet de réaliser des économies considérables.
3. Les vitres de protection en **polycarbonate** incassable sont transparentes, élégantes, sûres, nécessitent peu d'entretien et font preuve d'une très bonne durée de vie.

2 Proposition de réalisation d'une barrière d'escalier dans un magasin

27 Communication et présentation

27.1 Communication

La communication constitue la base des rapports humains et permet l'échange d'informations entre les personnes.

La communication se définit par l'échange d'informations entre les personnes.

Il existe plusieurs façons de décrire la communication entre des individus. Une distinction s'applique à la base de toute communication : il s'agit de savoir sur quel niveau la communication se situe **(niveaux de communication)** et de quel mode de communication il s'agit **(modes de communication)**.

Des **modèles de communication** permettent de décrire le processus de la communication. On s'intéresse également aux stratégies que les personnes concernées choisissent pour mener à bien leur échange **(stratégies de communication)**, respectivement remédier aux perturbations dans une communication.

27.1.1 Niveaux de communication

Toute communication entre deux personnes se situe sur deux niveaux. D'une part, des informations sont échangées et d'autre part, une relation entre ces personnes s'installe. Le premier niveau de communication se nomme le contenu et le deuxième niveau la relation **(fig. 1)**.

1 Niveaux de communication

La communication se situe sur deux niveaux : le contenu et la relation.

Dans le cas du **niveau du contenu**, la communication vise uniquement à échanger des informations entre au moins deux personnes. En obtenant de nouvelles informations, en créant des liens et en comparant ces nouvelles informations à des informations déjà existantes, une personne peut contrôler les informations disponibles et s'en servir pour approfondir ses connaissances.

Dans le cas du **niveau de la relation**, la communication vise à établir des conclusions à partir des informations échangées. Le niveau de la relation permet de créer des liens émotionnels entre les personnes, d'entretenir ces liens et de les améliorer.

27.1.2 Modes de communication

On distingue deux modes de communication entre des personnes. Tout d'abord, on peut communiquer avec des mots ; il s'agit de la **communication verbale**.

Les personnes peuvent également s'exprimer en utilisant un langage corporel ; il s'agit de la **communication non verbale**.

La communication entre des personnes peut être verbale ou non verbale.

La communication non verbale correspond en général au langage corporel.

Exemples de communication non verbale :

- l'apparence (p. ex. apparence soignée, rasé)
- l'habillement (propreté, style)
- la posture (droite ou courbée, tension du corps)
- la façon de marcher
- la gestuelle (p. ex. mains dans les poches, bras croisés)
- l'expression du visage (ricanement, visage rêveur)
- les aspects vocaux tels que
  - l'intonation,
  - le volume,
  - le niveau du son (aigus, basses)
  - et la vitesse de parole

Une voix forte et ferme est un signe d'assurance et de confiance en soi. Une voix faible et douce marque un caractère réservé, sérieux et compréhensif.

Du fait que notre langage corporel exprime tant de choses, nous communiquons à tout instant, même lorsque nous ne parlons pas. Notre corps parle pour nous.

Exemple : Suite à la présentation d'un produit, alors que l'orateur répond aux questions du public, ses épaules s'affaissent progressivement et son regard esquive celui des participants. L'auditoire remarque que l'orateur a des doutes sur le produit qu'il présente ; ce dernier ne parviendra pas à convaincre son auditoire.

On ne peut pas ne pas communiquer ! (Watzlawick)[1].

En pratique, les modes de communication verbale et non verbale se mélangent, comme le décrivent les photos de la **figure 1**.

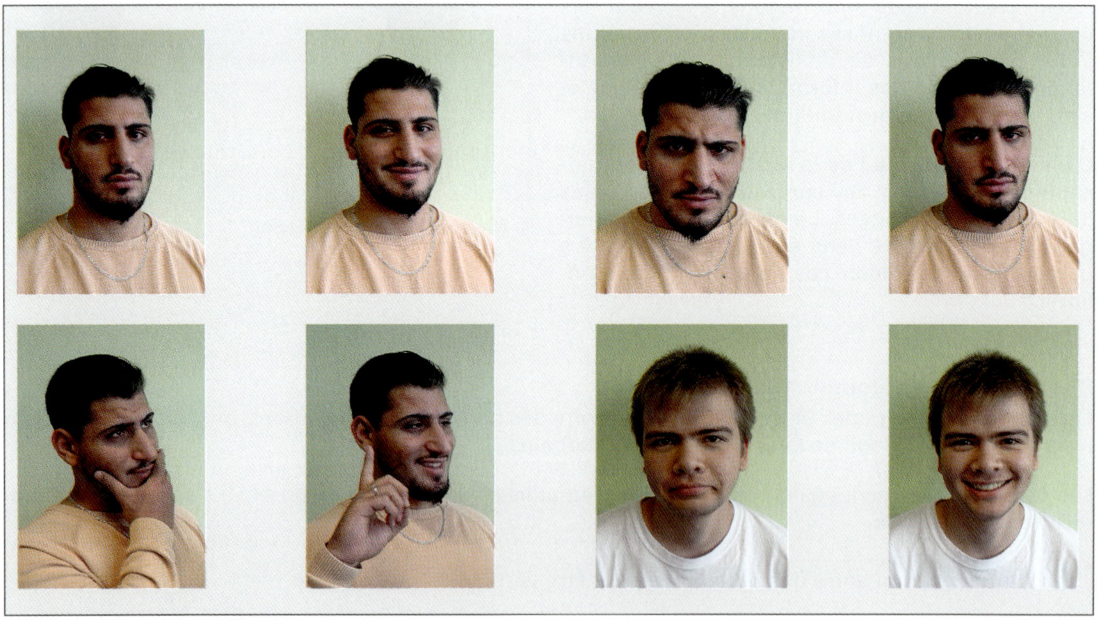

1 Modes de communication

[1] Paul Watzlawick, psychologue, sociologue et philosophe, a développé une théorie de la communication qui porte son nom.

En termes de compréhension, les mots ne constituent pas l'élément le plus important. Le reste du message, qui comprend le langage corporel et la communication non verbale, a plus de signification que le contenu verbal. La communication verbale représente uniquement une partie restreinte du message, la communication non verbale a bien plus de signification.

Exemple : Un maître d'atelier rend à un apprenti une pièce que ce dernier vient de terminer en lui disant : « Quel travail exemplaire. » Sans plus d'informations, il est impossible de savoir si cette phrase est un compliment sincère, signifiant que l'apprenti a très bien travaillé, ou si elle constitue une critique ironique visant à faire comprendre à l'apprenti que son travail est très mauvais.

La plus grande partie de la communication est basée sur le langage corporel ; seule une partie restreinte correspond aux mots prononcés.

27.1.3 Modèles de communication

Nous avons expliqué dans les paragraphes précédents que la communication humaine est très variée et qu'il existe en pratique plusieurs façons de communiquer. Afin de pouvoir expliquer clairement les différents processus de la communication, on utilise des modèles. Un des plus célèbres est celui de l'émetteur-récepteur, appelé également modèle de Shannon et Weaver **(fig. 1)**. L'émetteur correspond à la personne qui formule et fournit l'information et le récepteur est la personne qui reçoit cette information. Dans ce modèle de communication, l'information s'appelle le message.

Des modèles permettent d'expliquer la communication. Le modèle le plus connu est le modèle de l'émetteur-récepteur.

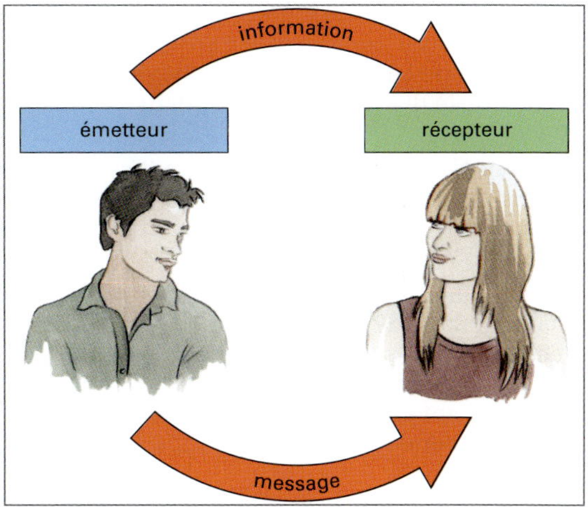

1 Modèles de communication

27.1.4 Problèmes de communication

Tant que la communication n'est pas troublée, il n'y a pas de problème entre les personnes concernées. Il arrive toutefois que la communication soit perturbée, ce qui cause souvent des conflits.

Comprendre les mots de l'autre est en général très facile. En revanche, il est bien plus difficile de saisir le message dans son intégralité.

Dans ce but, l'émetteur et le récepteur doivent posséder des facultés autres que l'intelligence : la concentration, la connaissance des comportements humains et une certaine intuition. C'est précisément parce que ce processus requiert tant d'aptitudes sociales qu'il fait si souvent l'objet de malentendus. Par exemple, il est fréquent que le récepteur ne perçoive pas le message de la même manière que l'émetteur. L'émetteur et le récepteur sont tous deux responsables du bon déroulement de l'acte de communication.

Exemple : Après une longue journée de formation, Marc est très fatigué et a du mal à se concentrer lors de la dernière heure de cours. Il est affalé sur sa chaise et ne peut s'empêcher de bâiller de temps à autre. Peu avant la fin du cours, l'enseignant dit aux étudiants : « Si vous en avez envie, je peux vous montrer un extrait vidéo très intéressant, mais le cours serait un peu prolongé. » Par politesse, Marc répond : « euh, oui, enfin, c'est sûrement passionnant... » L'enseignant comprend cette phrase comme un « oui » clair et montre le film. Marc est frustré et en veut à l'enseignant ; il préfèrerait être dans le train qui l'emmène chez lui. L'enseignant peut dorénavant montrer et expliquer tout ce qu'il veut, il ne parviendra plus à regagner l'attention de Marc.

Les malentendus peuvent être évités par l'émetteur s'il :

- donne des informations claires qui ne laissent planer aucun doute.
- s'assure que l'interlocuteur l'a bien compris (en lui posant des questions de contrôle et en clarifiant certains points au besoin).

L'émetteur n'a aucune chance de faire passer son message si le récepteur part du principe que l'émetteur est la cause de malentendus. Chaque malentendu charge l'atmosphère et empêche le récepteur d'atteindre ses objectifs. De ce fait, ce dernier devrait faire l'effort de comprendre clairement le message, ne serait-ce que par propre intérêt.

Les malentendus peuvent être évités par le récepteur s'il :

- est disposé à comprendre le message de son interlocuteur parfaitement et sans équivoque.
- écoute attentivement, est ouvert, ressent les intentions de son interlocuteur et est prêt à demander à l'émetteur des clarifications pour éviter tout malentendu.

Le manque de concentration est souvent à l'origine des malentendus, en particulier en cas de fatigue, ou lorsque le manque d'oxygène dans l'air fait rapidement chuter la capacité de concentration.

Ressentir les intentions de son interlocuteur signifie se mettre à sa place dans le but de s'exprimer clairement et de se représenter les enjeux de l'interlocuteur. Ce n'est qu'en comprenant son rôle qu'il est possible de communiquer avec lui et de réagir en conséquence.

La communication entre deux personnes est déjà complexe dans des situations normales qui se sont déjà produites. A cela s'ajoutent des facteurs qui perturbent la communication. La compréhension du message est alors fortement marquée par la relation émotionnelle entre l'émetteur et le récepteur. Lors de la compréhension d'un message, nous sommes influencés par notre relation avec l'émetteur (situations antérieures, perception de l'autre). Nous tentons de mettre en phase ce que nous entendons avec les expériences vécues.

Un niveau de communication négatif, c'est-à-dire des tensions, des réserves ou de la malveillance à l'égard de quelqu'un, produit un effet psychologique qui a pour conséquence que certaines parties d'un message passent à la trappe. Ce phénomène peut causer des conflits supplémentaires, qui peuvent être déclenchés ou renforcés par chaque critique ou par chaque attaque à l'encontre de l'interlocuteur.

Le fait de se sentir perçu par l'émetteur de façon positive accroît l'estime de soi. En revanche, une attaque de la part de l'émetteur provoque chez le récepteur un sentiment négatif qui nuit grandement à la communication. Une telle situation est dangereuse car elle implique de mauvaises décisions (émotionnelles) et des réactions irréfléchies.

Une estime positive de soi ou une reconnaissance de nos qualités accroissent notre confiance en soi et encouragent la communication.

De ce fait, l'émetteur doit veiller à ne pas critiquer le récepteur, ce qui pourrait donner lieu à une situation de communication hostile. La critique est pourtant souvent inévitable. Si des objectifs doivent être atteints dans un groupe, plusieurs avis doivent être pris en compte. Dans une telle situation, des efforts doivent être fournis pour assurer de bonnes relations et veiller à éviter les malentendus.

Une communication saine signifie qu'il faut veiller à l'estime de soi de son interlocuteur et éviter de le critiquer inutilement. Il ne faut pas être avare en compliments et lorsqu'une critique est nécessaire, elle doit être formulée dans une forme acceptable.

Nous communiquons en permanence. La communication peut générer des problèmes qui peuvent causer des conflits conséquents. Afin d'assurer une communication efficace, des stratégies de communication peuvent être appliquées.

27.1.5 Stratégies de communication

Il existe plusieurs stratégies de communication. Certaines de ces stratégies forment un groupe dont le but est de garantir une communication exempte de perturbations, c'est-à-dire **d'éviter une communication porteuse de conflits**.

Le second groupe de stratégies vise à **régler les conflits de communication** déjà existants. Les paragraphes qui suivent présentent pour chaque groupe un exemple efficace de stratégie de communication.

27.1.5.1 Stratégie de l' « écoute active » visant à éviter les conflits

L'écoute active implique la responsabilité du récepteur. Dans un acte de communication, l'écoute est plus importante que la parole. Ecouter avec attention ne signifie pas se comporter de manière passive et laisser parler son interlocuteur en faisant semblant d'être d'accord avec lui. Ecouter attentivement signifie se mettre dans la peau de son interlocuteur, peser le poids de ses paroles, être attentif et faire preuve d'intérêt. Les points suivants sont des exemples de techniques d'écoute active :

1. Répéter : reproduire de sa propre voix une phrase que l'émetteur a prononcée.

   « Il a crié en premier. »

2. Refléter : les sentiments de l'émetteur sont reflétés par le récepteur.

   « Cela l'a vraiment énervé. »

3. Réagir : demander à son interlocuteur d'expliquer un point non abordé.

   « Votre collègue n'a pas réagi suite à vos paroles ? »

4. Résumer : résumer en quelques mots les paroles de l'émetteur.

   « C'était en quelque sorte une situation sans issue. »

5. Clarifier : expliciter un point peu clair.

   « Vous avez dit que vous auriez réagi tout de suite. Était-ce le même jour ? »

6. Poursuivre :

   « Ensuite votre collègue a cherché à vous parler. Comment s'est-il alors comporté ? »

7. Peser les propos mentionnés :

   « Qu'est-ce qui était pire : le traitement agressif ou l'affront ? »

Les considérations suivantes s'appliquent également à l'écoute active :

Veiller à ce que la discussion se déroule dans des conditions agréables. S'assurer que la discussion ne soit pas perturbée, que le temps à disposition soit suffisant, que l'interlocuteur ait assez de temps pour s'exprimer, éviter si possible de juger ses actions, ne pas non plus se laisser malmener par des critiques ou des reproches, être attentif et manifester de l'intérêt par des moyens non verbaux (en regardant son interlocuteur, en acquiesçant, en adoptant une posture appropriée) et avant tout respecter des pauses pour permettre à son interlocuteur d'exprimer librement ses pensées. Il convient également de réfléchir à ses propres sentiments, de s'efforcer de reconnaître des points positifs chez son interlocuteur et de ne pas se laisser dominer par des éléments négatifs. Il ne faut pas oublier que l'interlocuteur est un être humain qui a des sentiments et des besoins.

27.1.5.2 Stratégie de la « métacommunication » visant à régler les conflits

La métacommunication entre en fonction lorsque des problèmes de communication sont présents.

La métacommunication correspond à une communication qui se situe à un niveau supérieur à la communication et qui vise le processus même de la communication.

« J'essaie de t'expliquer clairement pourquoi ton comportement m'a tant énervé ce matin, mais tu m'interromps sans arrêt. »

La métacommunication met la lumière sur le contact entre l'émetteur et le récepteur. Le contenu verbal en soi est mis de côté. L'émetteur et le récepteur se placent en quelque sorte sur une « colline » correspondant au niveau méta et observent la discussion qui se déroule sous leurs yeux **(fig. 1)**.

La méthode vise à laisser de côté le sujet de la discussion et à observer le dialogue avec un certain recul, ce qui permet d'analyser dans son ensemble le processus de communication avec ses participants et d'éventuels témoins neutres.

Exemple : « Que s'est-il réellement passé entre nous hier, lorsque tu as coupé court à notre conversation téléphonique ? C'était si abrupt. Est-ce que je me trompe ? Etais-tu énervé à cause de moi, ou à cause de ton apprentissage ? »

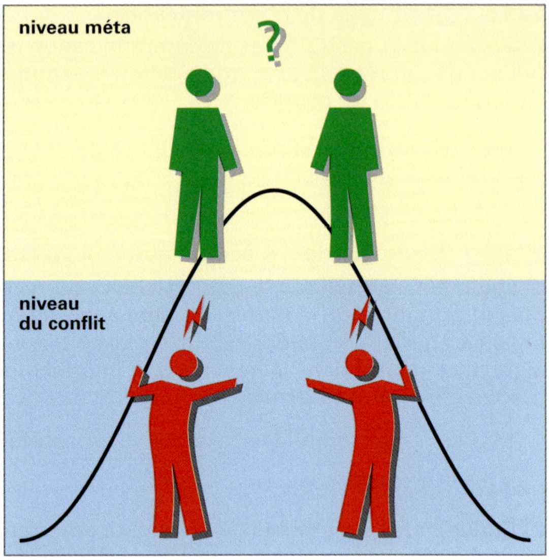

1 Métacommunication

A première vue, la plupart des conflits semblent ne pas pouvoir être résolus, car les personnes en désaccord campent sur leurs positions et ne tolèrent pas l'avis de leur interlocuteur. La métacommunication permet de débloquer de telles situations tendues. Les personnes en conflit doivent se placer au niveau de la métacommunication et tenter de connaître les causes de la discorde et de comprendre pourquoi la discussion s'est jusqu'alors déroulée de cette manière. Il faut analyser l'élément qui a déclenché le désaccord et chercher à comprendre pourquoi certaines paroles ont tant affecté l'interlocuteur et établir des règles visant à poursuivre le dialogue.

Conseils relatifs à la métacommunication :

1. Les personnes concernées doivent consentir à se placer à un niveau méta et doivent y rester. De cette manière, ils quittent le niveau du contenu.
2. Le but de la discussion au niveau méta doit être de nouveau défini.
3. Les discussions au niveau du conflit et au niveau méta doivent être séparées par une pause de réflexion suffisamment longue.
4. Le but doit être d'établir des règles claires et simples qui permettent de poursuivre la communication et qui conviennent aux personnes impliquées.
5. La discussion au niveau méta doit se dérouler comme si elle était analysée par un observateur neutre. Les pronoms « tu » et « je » doivent être remplacés par des tournures telles que « l'un d'entre nous » ou « l'autre personne ».
6. La discussion au niveau méta doit mettre l'accent sur la façon dont l'émetteur et le récepteur ont réagi lors du conflit et sur leurs intentions.
7. Chaque participant doit assumer les responsabilités qui lui incombent.

Avantages de la métacommunication :

- Le fait de recourir à la métacommunication après l'apparition d'un conflit permet de trouver une solution rapidement.
- N'importe qui peut recourir à la métacommunication, pour autant que la personne soit prête à s'impliquer.

Inconvénients de la métacommunication :

- La métacommunication ne peut pas débloquer une situation dans laquelle les personnes impliquées ne parviennent pas à quitter le niveau du conflit.
- La métacommunication ne convient pas à des situations dans lesquelles des problèmes de communication sont apparus suite à des conflits purement thématiques ou qui concernent le contenu.

La métacommunication est un outil dont le but est de résoudre des conflits, mais il arrive souvent qu'elle ne soit pas en mesure d'apporter une solution au problème dans son ensemble en raison de positions divergentes qui concernent le contenu.

27.2 Présentation

Dans la pratique professionnelle, il est de nos jours très important, en plus de connaître son sujet, de savoir ce que signifie une bonne présentation. Il est primordial de savoir se présenter et de savoir présenter ses capacités et son produit. Une présentation signifie qu'une ou plusieurs personnes s'adressent à un auditoire – le groupe cible – pour présenter un contenu spécifique, des informations ou des produits. En entreprise, les présentations se déroulent souvent avec l'aide de matériel informatique tel qu'un écran ou un projecteur (beamer). La présentation débouche régulièrement sur une phase de questions ou sur une discussion.

Le succès d'une présentation dépend en grande partie de la manière dont elle est menée. Une bonne présentation commence bien avant son déroulement. Les différentes phases de la présentation font appel à des **techniques de présentation** ; une bonne connaissance et un emploi approprié de ces techniques contribuent à garantir le succès de la présentation.

Une présentation compte trois phases :
- La préparation
- Le déroulement de la présentation
- La phase de suivi

La **phase de préparation** comporte six étapes **(fig. 1)** et débute avec le **choix du thème**. La deuxième étape consiste à **définir l'objectif** visé, en ce sens où il faut avant tout déterminer les buts que la présentation devra atteindre :

- Informer (collègues, clients), p. ex. au sujet des réclamations du mois passé.
- Convaincre (clients, supérieurs), p. ex. sur les avantages d'un nouveau procédé de fabrication.
- Motiver (collègues, employés), p. ex. pour adopter une innovation.

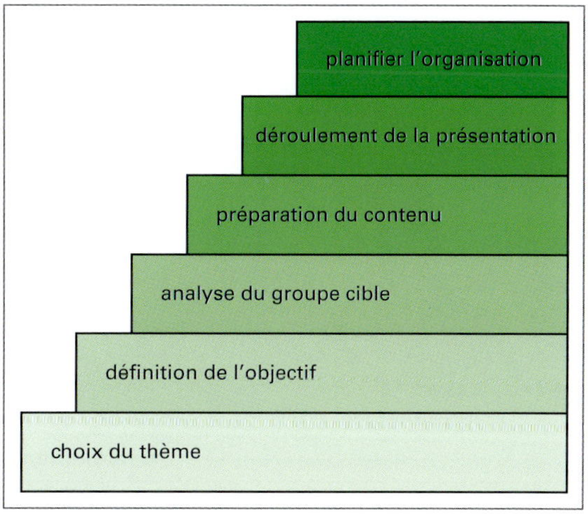

1 Phase de préparation

Le but de la présentation est souvent confondu avec le sujet de la présentation. Si le sujet d'une présentation a été défini, il n'en est pas forcément de même pour le but poursuivi, et vice versa.

Afin de pouvoir établir le contenu de la présentation ultérieurement, le but doit être défini le plus précisément possible. Ce n'est que par ce biais que l'on peut s'assurer que le sujet de la présentation ne manque pas son objectif. Les étapes qui suivent dans la planification doivent se conformer à ce but. Seules les informations qui poursuivent cet objectif doivent être présentées.

La troisième étape correspond à **l'analyse du groupe cible**. Le groupe cible correspond à l'auditoire d'une présentation. Il convient alors de se poser les questions suivantes :

- Qui prendra part à la présentation ?
- Quelles sont les connaissances, les intérêts, les attentes et les points de vue des participants ?

Une analyse du groupe cible permet d'éviter qu'une certaine frustration s'installe chez les participants lors d'une présentation, ce qui pourrait engendrer une atmosphère négative. Ces considérations permettent également à l'orateur d'anticiper les attentes des participants.

La quatrième étape est la **préparation du contenu**. Cette étape consiste à mettre en place ce qui doit être présenté et à cibler le contenu pour atteindre l'objectif visé. La préparation du contenu se divise en trois parties :

- Compilation et classification des informations
- Sélection des informations pertinentes et résumé des points clés
- Préparation graphique et textuelle des points clés

La préparation graphique et textuelle du contenu à présenter ainsi que les médias employés dans ce but, sont d'importance capitale. Comme médias le plus souvent employés, on trouve le tableau de présentation, le tableau d'affichage en liège, le rétroprojecteur et un ordinateur accompagné d'un projecteur (beamer). Quel que soit le média utilisé, il est indispensable de se préparer à l'avance et d'être à l'aise avec le média en question afin de garantir une bonne présentation. Le plus simple est de travailler avec son propre matériel. Dans tous les cas, le matériel doit être testé avant la présentation. Le présentateur doit prévoir d'éventuelles pannes (ampoules de rechange pour le rétroprojecteur) et doit toujours avoir sa présentation imprimée dans sa serviette.

La cinquième étape consiste à définir le **déroulement de la présentation (fig. 1)**. La présentation comporte trois parties qui doivent être préparées : l'introduction, la partie principale et la conclusion.

1 Déroulement de la présentation

Une présentation commence avec une formule de salutations. Il est important de préparer une formule de salutations adéquate. Dans l'introduction, l'orateur doit annoncer à l'auditoire la raison pour laquelle la présentation est donnée, le sujet abordé et l'objectif poursuivi. Le contenu de la présentation peut également être annoncé à cette occasion. A la fin de l'introduction, les participants doivent être disposés à écouter la suite de la présentation. Dans ce but, le présentateur peut leur poser des questions, les surprendre et susciter leur intérêt.

La partie principale de la présentation doit aborder systématiquement le thème central. Le sujet présenté doit être structuré en points clés et en points secondaires. L'argumentation doit être construite de façon logique et doit pouvoir être facilement comprise par l'auditoire. Il est capital de veiller à l'attention et à la capacité de concentration de l'auditoire. Dans ce but, le présentateur peut poser des questions, changer fréquemment de média, faire des pauses, montrer des images intéressantes ou faire appel à d'autres intervenants. A la fin de la partie principale, il est important de résumer brièvement les points principaux.

La conclusion de la présentation est un élément capital. Les participants retiendront surtout cette partie, il est donc primordial de bien la préparer. En principe, l'orateur termine sa présentation en remerciant les participants d'avoir pris part à l'exposé puis les salue.

La sixième partie **correspond à l'organisation** de la présentation. Malgré un bon contenu, une mauvaise organisation peut faire échouer l'ensemble de la présentation.

Une préparation organisée tient compte du lieu de la présentation, des médias à disposition, du moment, de la durée, des pauses, des invitations, des documents à remettre aux participants et de la présentation personnelle.

Il faut tout d'abord réfléchir à l'endroit où la présentation pourra avoir lieu. Lors de la présentation, la salle doit être rangée et dans un état de propreté convenable. Il faut s'assurer que la salle corresponde aux exigences requises par la présentation (prises électriques murales, éclairage adéquat et possibilité d'assombrir le local). Il faut également penser à mettre en place au besoin des indications sur le chemin à suivre pour se rendre à la réunion et réfléchir à une disposition adéquate des sièges.

Le moment et la durée de la présentation sont également des critères essentiels à prendre en compte lors de l'organisation. A quel moment, à quelle heure, la présentation doit-elle avoir lieu ? Elle doit être donnée à un moment où les participants sont disposés à se concentrer et à participer (il faudrait par exemple éviter de donner la présentation juste après la pause de midi). De plus, la présentation ne doit pas dépasser un certain laps de temps, ce qui aurait pour effet d'ennuyer les participants et de perdre leur intérêt.

Les participants doivent être conviés à la présentation. Les invitations doivent leur parvenir suffisamment à l'avance pour leur permettre de planifier leur emploi du temps.

En général, il est recommandé de transmettre aux participants un document sur la présentation, que ce soit au début ou à la fin de la présentation. Ce document contient les différents points abordés lors de la présentation. Il doit être bien structuré et doit être adapté à l'objectif et au public visés.

> La présentation personnelle consiste à se familiariser au lieu où se tiendra la présentation, à tester les médias employés, à réciter la présentation, à apprendre au besoin par cœur les mots d'introduction et de conclusion, à préparer un aide-mémoire contenant les points-clés et éventuellement faire une présentation à blanc.

Lors du **déroulement de la présentation**, il faut tirer profit de la phase de présentation pour fournir le meilleur résultat possible.

> Le succès de la présentation sera garanti si l'orateur parvient à convaincre son auditoire sur le contenu, techniquement, mais surtout sur les **qualités personnelles**.

Lors du déroulement de la présentation, l'orateur doit prendre en compte les points suivants :

Prendre au sérieux les participants :

- Porter une tenue soignée et adaptée à l'occasion et au groupe cible
- Débuter la présentation à l'heure et respecter l'horaire annoncé
- Veiller à ce que tous les participants puissent voir les documents présentés
- Toujours s'adresser aux participants, jamais au mur
- Prendre au sérieux toutes les remarques des participants
- Eviter les phrases inutiles (« voilà, j'ai terminé »)
- Conclure la présentation par des remerciements personnels

Avoir un comportement et des propos adaptés aux participants :

- Assurer un contact visuel avec les participants. L'idéal consiste à regarder dès le début une personne du public que l'on connaît
- Adopter une gestuelle agréable
- S'exprimer clairement et employer des mots adéquats (éviter des termes complexes inconnus ou des abréviations)
- Varier la voix et les gestes, par exemple lorsque certains points doivent être soulignés et que l'attention doit être totale
- Représenter les contenus abstraits de manière claire

Une bonne présentation ne se termine pas à la fin de son déroulement, mais elle débouche sur une phase systématique **d'après-présentation**. Le but est d'améliorer sa capacité à présenter des sujets et à perfectionner éventuellement les techniques et les comportements adoptés. Dans ce but, il faut analyser chaque partie de la présentation et noter les points qui ont été positifs et ceux qui pourraient être améliorés.

A cet effet, le présentateur peut se poser les questions suivantes :

- Mon objectif a-t-il été atteint ? Si ce n'est pas le cas, quelle en a été la cause ?
- La préparation du contenu m'a-t-elle permis de gagner mon auditoire ?
- Le déroulement de la présentation tel que je l'avais prévu a-t-il été efficace ? Si ce n'est pas le cas, que devrais-je changer ? Mon introduction était-elle bonne ?
- Y a-t-il eu des situations critiques dans la partie principale ?
- Ai-je réussi ma conclusion ?
- L'organisation était-elle bonne ?
- Ai-je employé les bons médias ?
- Quel a été mon contact avec les participants ?

Si le bilan a lieu en équipe, une discussion doit avoir lieu pour donner un retour (feedback) critique et constructif.

> Afin d'être efficace, le bilan critique ne doit pas être blessant, mais constructif (descriptif, concret, réaliste, direct et souhaité).

La phase de l'après-présentation peut éventuellement aussi comprendre la création d'un protocole visant à évaluer la présentation donnée. Un bilan de groupe sur une présentation peut déboucher sur des questions ouvertes qui doivent être traitées après la présentation.

Contrôlez vos connaissances

1 A quels niveaux se situent la communication ?
2 Il existe deux modes de communication, quels sont-ils ?
3 Dans une situation fictive, trouvez des oppositions entre les modes de communication.
4 Nommez un modèle de communication connu.
5 Sur quels problèmes la communication peut-elle déboucher ?
6 Décrivez une stratégie de communication.
7 Quelles sont les trois phases que comporte une présentation ?
8 Quelles sont les six étapes à suivre lors de la préparation d'une présentation ?
9 Lors du déroulement d'une présentation, quels sont les aspects auxquels l'orateur doit être attentif ?
10 Quelles questions l'orateur devrait-il se poser dans la phase de l'après-présentation ?

Index des mots-clés

A

B

C

D

E

F

G

H

N

O

P

Q

R

S

T

U

V

Z

Normes et réglementations

Il existe plusieurs centaines de normes dans la construction métallique. Ces normes réglementent les propriétés, les exigences techniques et les formes des matériaux, des composants et des pièces. Elles précisent les bases des techniques de production et assurent la qualité et la sécurité au travail ainsi qu'à la protection de l'environnement, dans les ateliers et sur les chantiers.

Ces normes étant actualisées de manière régulière, elles peuvent être consultées auprès de Metaltec Suisse.

Adresses et bibliographies

Organisations de normalisation

DIN Deutsches Institut für Normung e. V.
Burggrafenstraße 6
10787 Berlin
http//www.din.de

CEN European Committee for Standardization
36, rue de Stassart
B-1050 Brussels
http//www.cenorm.be

ISO International Organization for Standardization
1, Rue de Varembé
CH-Genf 20
http//www.iso.ch

Associations de l'artisanat du métal et autres institutions

Bundesverband Metall
Huttropstraße 58
45138 Essen
http//www.metallhandwerk.de

Dans de nombreux Länder, il existe en outre des des associations professionnelles régionales pour l'artisanat du métal

GDA – Gesamtverband der Aluminiumindustrie e.V.
Am Bonneshof 5
40474 Düsseldorf
http//www.aluinfo.de

Bundesverband des Glaserhandwerks
An der Glasfachschule 6
65589 Hadamar
http//www.glaserhandwerk.de

VFT – Verband für Fassadentechnik e.V.
Ziegelhüttenstraße 67
64832 Babenhausen
http//www.v-f-t.de

Industriefachverband Dichtstoffe e.V.
Marbacher Straße 114
40597 Düsseldorf
http//www.ivd-ev.de

VDI Verein Deutscher Ingenieure
VDI-Platz 1
40468 Düsseldorf
http//www.vdi.de

Zentralverband des Deutschen Handwerks
Mohrenstraße 20/21
10117 Berlin
http//www.zdh.de

Bundesverband Flachglas
Mülheimer Straße 1
53840 Troisdorf
http//www.bundesverband-flachglas.de

BVT – Verband Tore
An der Pönt 48
40885 Ratingen
http//www.bvt-tore.de

Bundesverband Wintergarten
Kohlisstraße 44
12623 Berlin
http//www.bundesverband-wintergarten.de

Bundesverband für Sicherheitstechnik e.V.
Feldstraße 28
66904 Brücken
http//www.bhe.de

Fachverband Schloss- und Beschlagindustrie e.V.
Offerstraße 12
42551 Velbert
http//www.fvsb.de

Institutions scientifiques dans le domaine de l'ingénierie de la construction

BAM Bundesanstalt für Materialforschung und Prüfung
Unter den Eichen 87
12205 Berlin
http//www.bam.de

Deutsches Institut für Bautechnik
Kolonnenstraße 30 B
10829 Berlin
http//www.dibt.de

Fraunhofer-Institut für Bauphysik IBP
Nobelstraße 12
Stuttgart
http//www.ibp.fraunhofer.de

Institut für Fenstertechnik Rosenheim
Theodor-Gietl-Straße 7-9
83026 Rosenheim
http//www.ift-rosenheim.de

Construction métallique et soudage

Deutscher Stahlbau-Verband DSTV
Sohnstraße 65
40237 Düsseldorf
http//www.deutscherstahlbau.de

DVS – Deutscher Verband für Schweißen und verwandte Verfahren e.V.
Aachener Straße 172
40223 Düsseldorf
http//www.die-verbindungs-spezialisten.de

Informationsstelle Edelstahl Rostfrei
Sohnstraße 65
40237 Düsseldorf
http//www.edelstahl-rostfrei.de

Stahl-Informations-Zentrum
Sohnstraße 65
40237 Düsseldorf
http//www.stahl-zentrum.de

IFBS Internationaler Verband für den Metallleichtbau
Max-Plank-Straße 4
40237 Düsseldorf
http//www.ifbs.de

Traitement de surface

Institut Feuerverzinken GmbH
Graf-Recke-Straße 82
40239 Düsseldorf
http//www.feuerverzinken.com

Verband für die Veredelung von Aluminium e.V.
Laufertormauer 6
90403 Nürnberg
http//www.voa.de

ZVO Zentralverband Oberflächentechnik e. V.
Max-Volmer-Str. 1
40724 Hilden
http//www.zvo.org

Assurance qualité et assurance qualité

Deutsche Gesellschaft für Qualität e.V. DGQ
August-Schanz-Straße 21 A
60433 Frankfurt am Main
http//www.dgq.de

RAL Deutsches Institut für Gütesicherung und Kennzeichnung e.V.
Siegburger Straße 39
53757 Sankt Augustin
http//www.ral.de

Registre des entreprises

Les entreprises mentionnées ci-dessous ont soutenu les auteurs en leur fournissant des conseils techniques et du matériel d'information. Nous les en remercions vivement.

Agero AG, Schattingen / Schweiz

Alulux Beckhoff GmbH & Co KG, Verl

ATEC GmbH, Sondermaschinen- u. Anlagenbau, Schutterwald

ATJ Jürgen Pauli, Windeck / Sieg

Atlas Copco GmbH, Winnenden

ASM Adolf Schreiber, Münsingen

ARBED Stahlwerke, Esch-sur-Alzette, Luxemburg

ATEC GmbH, Sondermaschinenbau, Schutterwald

BASF AG, Ludwigshafen

Bastian e. a.: Praxis Elektrotechnik, Europa-Lehrmittel, Haan

Becker-Antriebe GmbH, Sinn

Beratung Feuerverzinken (Institut Feuerverzinken GmbH), Düsseldorf

Biffar Türenwerke GmbH & Co. KG, Edenkoben

Bilfinger Berger AG, Mannheim

BKS-GmbH, Velbert

Bläsi: Bauphysik, Europa-Lehrmittel, Haan

Bornack Arbeitsschutz-Ausrüstungen, Heilbronn

Wilhelm BÖLLHOFF, Bielefeld

Brandt, Lehrbuch der Eisen-Constructionen, Berlin 1876 (Reprint)

Bundesanstalt für Materialprüfung, Berlin

Degussa AG, Frankfurt

DELWO Metallhandel GmbH, 66538 Neunkirchen

Determann, Architektur-Dokumentation, München

Deutscher Stahlbau-Verband, Düsseldorf

Deutsches Kupfer-Institut, Köln

Deutsches Museum, München

DOM Sicherheitstechnik, Brühl

Donges, Stahlbau GmbH, Darmstadt

Dorma GmbH und Co. KG, Ennepetal

Draht Müller GmbH u. Co. KG, Dülmen

ECKOLD GmbH & Co. KG, 37444 Andreasberg

ETH, Tenningen

EWA-Werk GmbH & Co. KG, Wien / Österreich

FAAC GmbH, Walz-Siezenheim / Österreich

S.&.E. Fein GmbH, Gelsenkirchen

Flachglas AG, Gelsenkirchen

Frick, Armin Metallbau, Neustadt/Wstr.

August Friedberg GmbH, Gelsenkirchen

Josef Gartner GmbH, Gundelfingen

GEDORE, CH 8957 Spreitenbach, Schweiz

Gesipa Blindniettechnik, Dortmund

GF Georg Fischer GmbH, Albershausen

GfS-Gesellschaft für Sicherheitstechnik mbH, Hamburg

Glaser, Groß-Umstadt

GTE Industrieelektronik GmbH, Viersen

Dr. Karl Habermann, München

Hahn + Kolb Werkzeuge GmbH, Stuttgart

Halfen GmbH, Langenfeld/Rheinland

Fritz Haller - Bauen & Forschen GmbH, Solothurn / Schweiz

Handtmann A-Punkt Automation GmbH, Baienfurt

Lorenz Hasenbach GmbH, Bad Camberg

Hazet-Werk H. Zerver, Remscheid

Hebezeug GmbH, Bergisch-Gladbach

Hebö Maschinenfabrik GmbH, 35285 Gemünden-Grüsen

Henkel Teroson GmbH, Düsseldorf

Herr: Technische Physik, Europa-Lehrmittel, Haan

Hilti Deutschland GmbH, Kaufering

Hörmann KG, Steinhagen

Hoesch Siegerlandwerke, Siegen

IISI International Iron and Steel Institute, Brüssel / Belgien

Indumasch, Siegen

Informationsstelle Edelstahl rostfrei, Düsseldorf

Informationszentrum Bauen mit Stahl, Düsseldorf

Institut für Schweißtechnik Dr. Möll GmbH, Darmstadt

Jansen, Oberried SG / Schweiz

Kaltenbach, Lörrach

Kasto Maschinenbau GmbH & Co. KG, Achern
Klaeger, Hermann, GmbH, Kernen
Knuth Werkzeugmaschinen GmbH & Co. KG, Wasbek
Köster & Co GmbH, Ennepetal
KVT-Fastening, Illerrieden
Ian Lamboth, Foster and Partners, London / UK
Längle Glas GmbH, Götzis / Österreich
Leica Geo-Systems AG, Herbrugg / Schweiz
Leinert Losberger Gruppe, Horgau
Lichtgitter GmbH, Stadtlohn
Loctite Europe Group, München
Lutz GmbH & Co., Engen, Mühlacker
Majer-Treppen, Großbottwar
MAKA Max Mayer Maschinenbau GmbH, Neu-Ulm
Mecklenburgische Lebensversicherung AG, Hannover
Media Service Online Unternehmensgruppe Fischer
Erwin Mehne, Heilbronn
Markilux, Emsdetten
Megatech Software GmbH, Niederlassung Hamburg
Mero GmbH & Co. KG, Würzburg
Metallbau Hartung, Westerholt
MFL Prüf- und Messsysteme GmbH, Mannheim
Wilhelm Müssig GmbH, Gärtringen
Nestle e. a.: Fachkunde Bautechnik, Europa-Lehrmittel, Haan
Novus Dahle GmbH & Co. KG, 49808 Lingen
Gottlieb Nestle GmbH, Dornstetten
OKU Automatik, Otto Kurz GmbH & Co. KG, Winterbach
Otter Schutz GmbH, Mühlheim / Ruhr
Patzer-Verlag, Hannover
Peiner Umformtechnik GmbH, Peine
Pfeifer Seilbauwerke, Memmingen
Peter Prinzing GmbH, Lonsee-Urspring
Polysoude Deutschland, Dußlingen
Polysoude SAS, Nantes / Frankreich
PROFIL Verbindungstechnik, Friedrichsdorf
RAS Reinhardt Maschinenbau GmbH, 71065 Sindelfingen
RASI Maschinenbau GmbH, Illingen
Rehau AG + Co., Erlangen-Eltersdorf
Rheinzink GmbH & Co. KG, Datteln
RIBE-Verbindungstechnik, Schwabach
Volker Rihse, Stade
Udo Schneider Befestigungstechnik, Dortmund
Schüco International GmbH & Co. KG, Bielefeld
Sika Industries, Bad Urach
Heinz Soyer Bolzenschweißtechnik, Wörtsee
SSZ, Sicherheits-Systeme Zimmermann GmbH, Dorsten
Staco Stapelmann GmbH, Hückehoven-Baal
Stadtler Treppen GmbH & Co. KG, Bad Saulgau
Stahlbau-Ebert, Hanau
Stahl-Informations-Zentrum, Düsseldorf
Stahlwerke Peine Salzgitter AG, Peine
Stierli-Bieger AG, CH-6210 Sursee, Schweiz
Otto Suhner GmbH, Bad Säckingen
Thierstein Metalltechnik GmbH, CH-Gümligen
August Thyssen AG, Düsseldorf
Thyssen Edelstahlwerke AG, Krefeld
Thyssen Krupp, Düsseldorf
Thyssen Krupp Stahlbau GmbH, Hannover
Gebr. Titgemeyer, Osnabrück
Triebenbacher, München
Tkotz e. a.: Fachkunde Elektrotechnik, Europa-Lehrmittel, Haan
TREPCAD GmbH, Kleve
Trumpf GmbH & Co., Ditzingen
TOX-Pressotechnik, Weingarten
Verlag Stahleisen GmbH, Düsseldorf
VVG Befestigungstechnik, Neumünster
Wilhelm Böllhoff GmbH & Co. KG, 33649 Bielefeld
Winkhaus Sicherheitssysteme, Münster
WITELS-ALBRECHT GmbH, 12277 Berlin
Wrought-Iron-Systems, 35288 Wohratal-Halsdorf
Zinkberatung e.V., Düsseldorf

Index des sources d'images

Toutes les images du livre sans indication de source ont été réalisées par le bureau de dessin de la maison d'édition Europa-Lehrmittel à Ostfildern, ou par les auteurs.

Les auteurs et la maison d'édition Europa-Lehrmittel remercient les entreprises, les institutions et les auteurs de livres mentionnés ci-dessous pour la mise à disposition de matériel iconographique.

Adobe Systems Software, Ireland Ltd., Adobe Stock, Dublin, Irland: p. 30/2 © cherezoff, p. 49/1 © motorradcbr, p. 71/1 © ADS, p. 71/2 © Dmitrix, p. 71/3 © brizmaker, p. 79/1 © Andrey Burmakin, p. 101/1 © Otto Durst, p. 102/2 © Fotoschlick, p. 136/1 © puhhha, p. 165/3 © gunterkremer, p. 239/1 © spiritofamerica, p. 240/4 © Frank Gärtner, p. 299/2 © dontree, p. 299/3 © Daniel Jedzura, p. 304/1 © dieter76, p. 316/3 © OlegDoroshin, p. 323/1 © mrdeeds, p. 367/2 © Tiberius Gracchus, p. 371/2 © rostovdriver, p. 375/2 © photo 5000, p. 376/1 © KB3, p. 378/1 © schulzfoto, p. 387/1 © Martin Hesko, p. 387/2 © VitCOM, p. 387/3 © Kybele, p. 388/1 © ArTo, p. 403/2 © Vitali, p. 450/2 © chungking, p. 450/5 © Roman Milert, p. 455/2 © Виктор Осипенко, p. 456/1 © Sergey Ryzhov, p. 456/2 © z1b, 476/2 © Phoompiphat, p. 482/1 © agnormark, p. 498/2, © Africa Studio, p. 499/2 © surakit, p. 499/3 © Pixel_B, p. 501/1 © Grand Warszawski, p. 502/3 © Bertold Werkmann Alamy Ltd., Abingdon Oxon, UK: p. 198/3 © David J. Green – technology, p. 240/3 © Peter Forsberg/Europe, p. 254/2 © aldorado

Alzmetall, Alternmarkt: p. 489/3

Armin Frick Schlosserei & Metallbau GmbH, Neustadt an der Weinstraße: p. 189/1 u. 2

BASF AG, Ludwigshafen: p. 492, p. 493, p. 494, p. 495/3, p. 508/2

BASF, WLS/DD – C100, Ludwigshafen: p. 419/1

Bauhaus GmbH, Mannheim: p. 495/5

Bayer AG, Leverkusen: p. 492, 493, 494, 495/2

BKS GmbH, Velbert: p. 298/3

Blasi Türsysteme GmbH, Mahlberg: p. 435/1

BORNACK GmbH & Co. KG, Ilsfeld: p. 196/1, p. 196/2/4/5

Boschert GmbH & Co. KG, Lörrach: p. 47/2, p. 124/2

BOTHE-HILD GmbH, Herborn: p. 280/2

BP Deutschland, Hamburg: p. 499/1

Brillux GmbH, Münster: p. 495/4

C. & E. Fein GmbH, Schwäbisch-Gmünd-Bargau: p. 40/1

Daimler Benz AG, Stuttgart: p. 437/3

Degussa, Frankfurt: p. 476/3

DELWO Metallhandel GmbH, Neunkirchen: p. 25/3

Deutscher Stahlbauverband, Düsseldorf: p. 437/2, p. 451/1, p. 452/1/2, p. 480/3, p. 485/1 Tabelle

Deutsches Kupferinstitut, Düsseldorf: p. 472/1/2, p. 474/2, p. 475/1/2/3

DICTATOR Technik GmbH, Neusäß: p. 280/1

Diybook KG, CH-Bisamberg: p. 175/2

DMG Mori AG, Bielefeld: p. 450/3

DOM Sicherheitstechnik GmbH & Co. KG, Brühl/Köln: p. 296/1

Eckold GmbH & Co. KG, St. Andreasberg: p. 27/3/5

ELMA TT Transformatoren-Technik GmbH, AT-Eisenstadt: p. 117/2

Etex Germany GmbH, Beckum: p. 497/2/3

EVVA Sicherheitstechnik, AT-Wien: p. 297/1

FAAC GmbH, Freilassing: p. 286/2/3

Fachverband Werkzeugindustrie e. V., Remschneid: p. 431/1

Fischerwerke GmbH & Co. KG, Waldachtal: p. 170/1, p. 171/4/5, p. 172/1, p. 173/1/3, p. 174/1/2/4

Flachglas AG, Gelsenkirchen: p. 502/1

Gedore, CH-Spreitenbach: p. 23/

GKN Sinter Metals, I-Bruneck: p. 478/2, p. 479/1/27

Hahn & Kolb, Stuttgart: p. 457/1

Halfen, Leviat AG, Langenfeld: p. 176/1

Hans Kaltenbach Maschinenfabrik GmbH & Co. KG, Lörrach: p. 31/3/4, p. 432/1

hebö Maschinenfabrik GmbH, Grüsen: p. 13/2

Hilti Deutschland AG, Kaufering: p. 166/1/2

Stahlinformationszentrum, Düsseldorf: p. 455/1, p. 508/1

Stierli – Bieger AG, CH-Sursee: p. 19/5, p. 23/2

Thiele, Eckhard, Wildau: p. 14/1/2/3, p. 17/2/3, p. 18/1, p. 31/1, p. 40/2, p. 417/2, p. 419/2/3, p. 421/1, p. 425/2/3, p. 426/1, p. 427/2, p. 430/1, p. 514/1

Thierstein Metalltechnik GmbH, CH-Muri bei Bern: p. 248/2

TREPPCAD GmbH, Kleve: p. 402/3

TRUMPF SE + Co. KG (Holding), Ditzingen: p. 43/4, p. 44/1, p. 139/1

Tyrolit, AT-Schwaz: p. 498/3

VAW Aluminium, Hannover: p. 470/1/2/3/4, p. 489/1, p. 509/1

Weinstock, Hans-Martin, Heilbronn: p. 178/1, p. 179/2, p. 180/1/2, p. 181/1/2/3, p. 182/1-6, p. 183/1-6, p. 184/1-6, p. 185/1-6, p. 186/1-6, p. 208/3, p. 222/1, p. 223/1/2, p. 236/3, p. 250/3/4, p. 304/3, p. 305/3, p. 306/1, p. 382/2, p. 403/1, p. 404/1

Welotherm GmbH, Essen: p. 464/3

WITELS-ALBERT GmbH, Berlin: p. 20/1

Wikimedia: p. 207/1 © Ilse Paul – CC BY-SA 3.0

ZABAG Security Engineering GmbH, Grünhainichen: p. 277/4

Zentrale für Gussverwendung, Düsseldorf: p. 458/2/3/4

Zinkberatung GmbH, Düsseldorf: p. 476/1

ZwickRoell GmbH, Ulm: p. 504/4